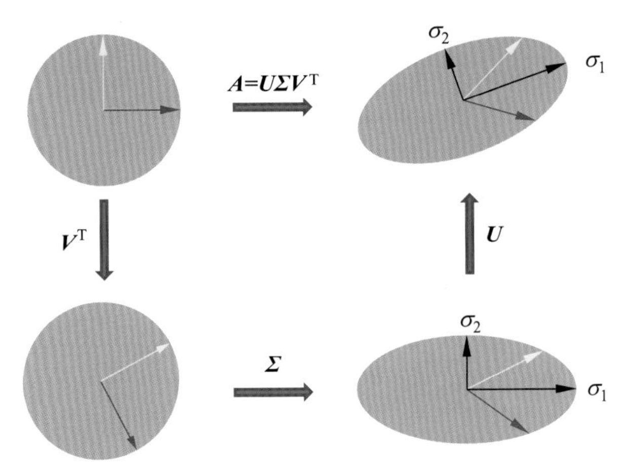

彩图 15.1　奇异值分解的几何解释

	doc 1	doc 2	doc 3	doc 4
word 1	2	2	4	3
word 2	2	1	5	3
word 3	1	1	2	0
word 4	0	1	2	1

彩图 18.1　概率潜在语义分析的直观解释

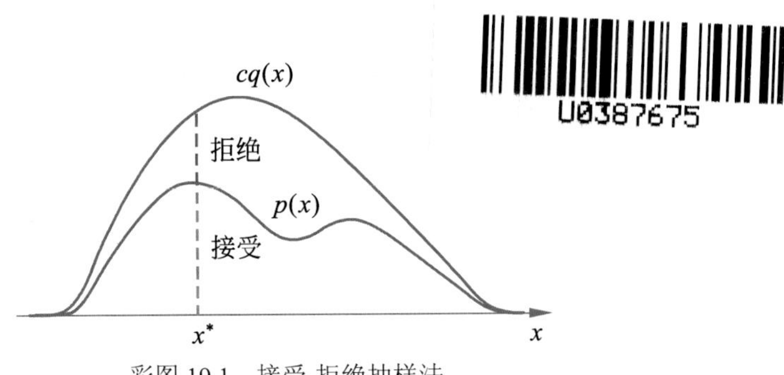

彩图 19.1　接受-拒绝抽样法

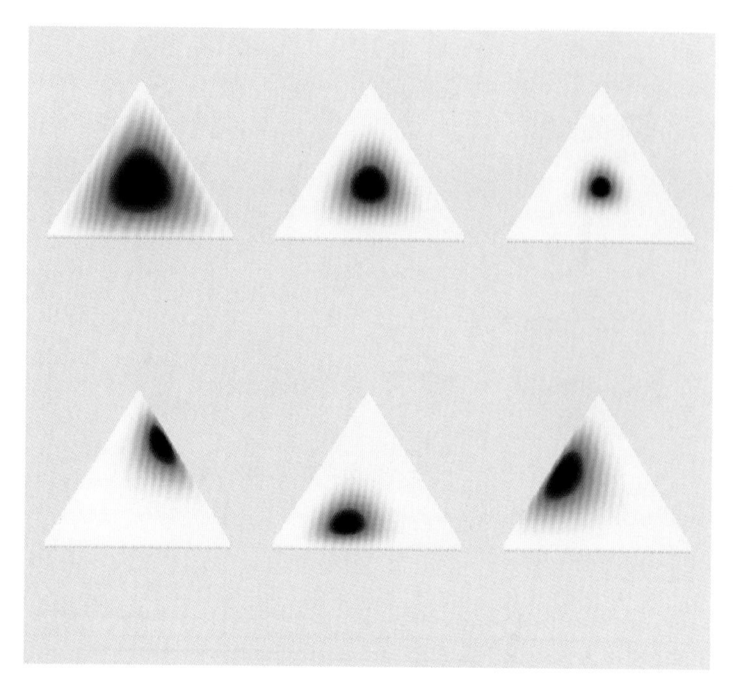

彩图 20.1　狄利克雷分布例

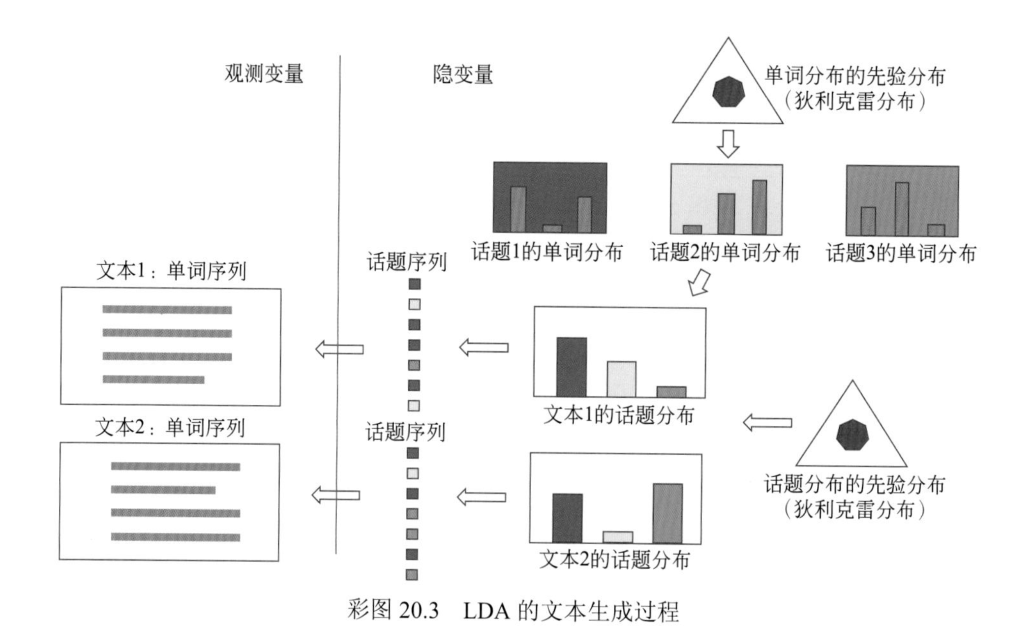

彩图 20.3　LDA 的文本生成过程

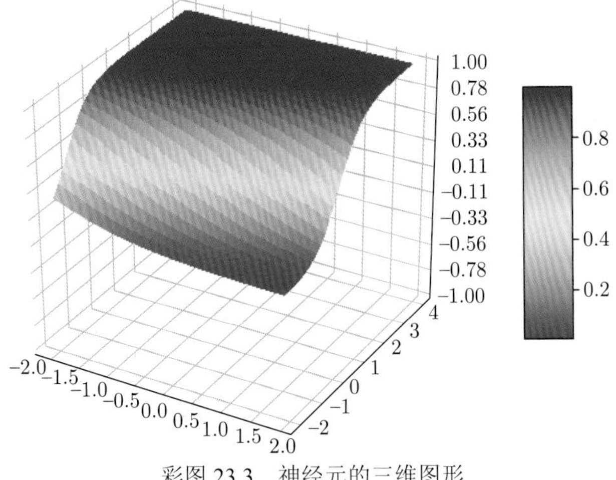

彩图 23.3　神经元的三维图形

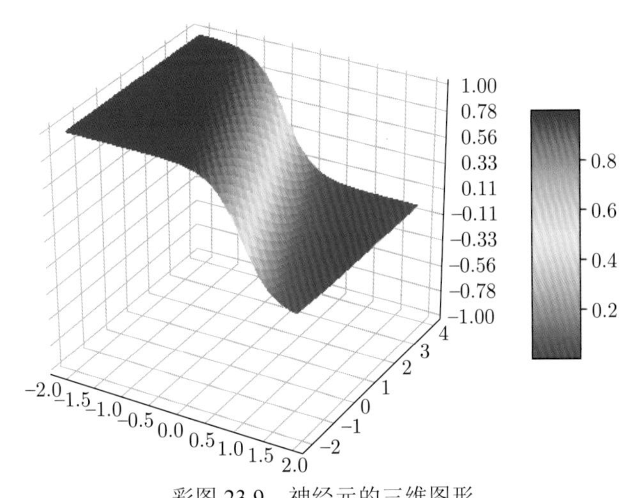

彩图 23.9　神经元的三维图形

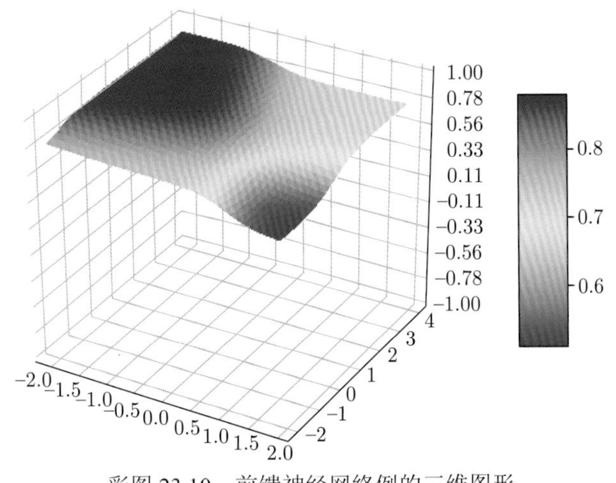

彩图 23.10　前馈神经网络例的三维图形

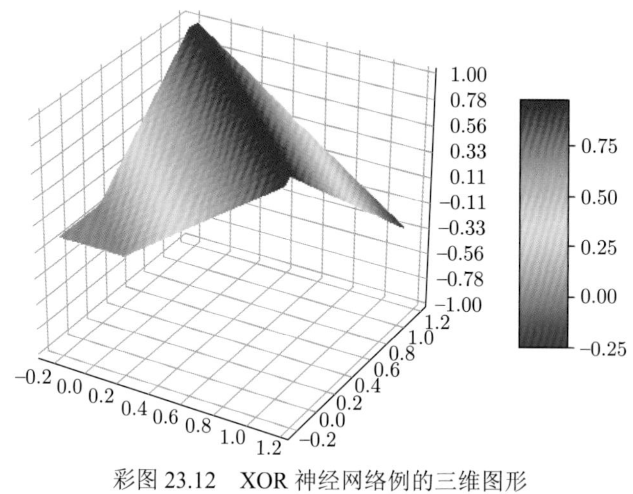

彩图 23.12　XOR 神经网络例的三维图形

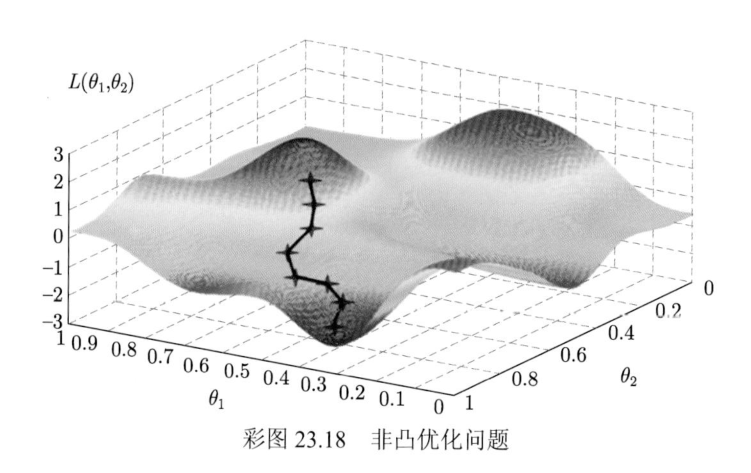

彩图 23.18　非凸优化问题

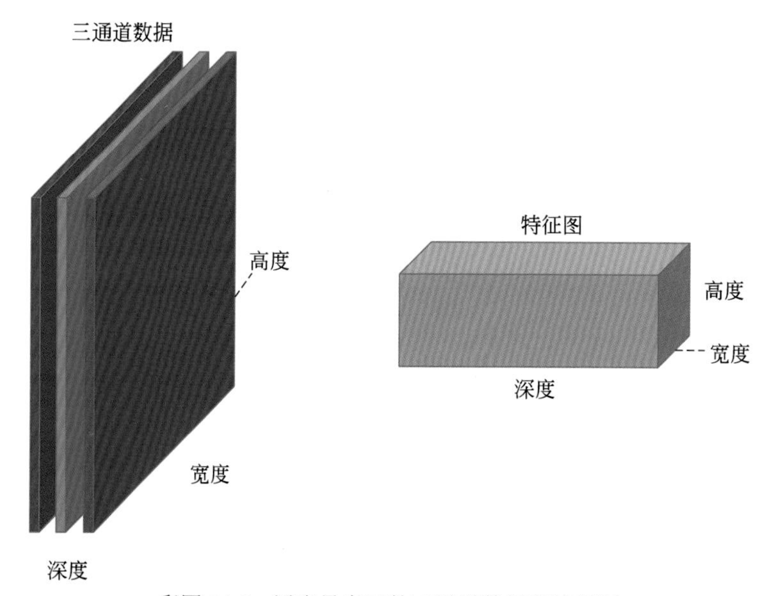

彩图 24.6　用张量表示的三通道数据和特征图

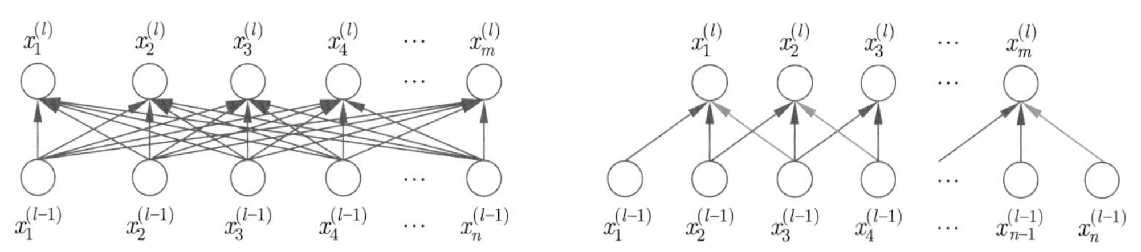

彩图 24.15　用卷积层代替全连接层

图中显示的是一维卷积

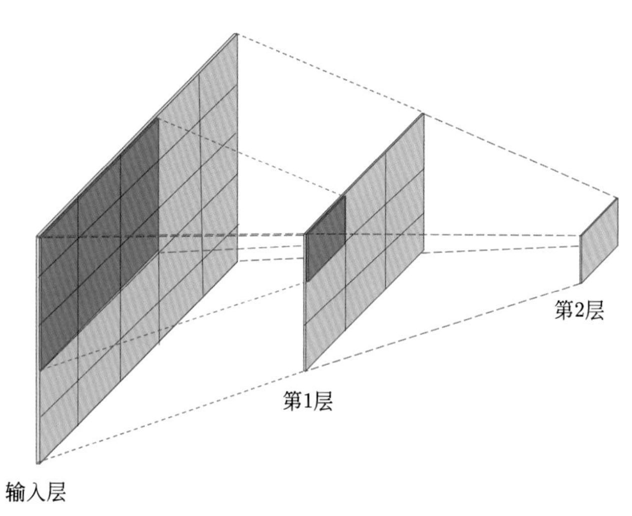

彩图 24.17　卷积神经网络中的感受野

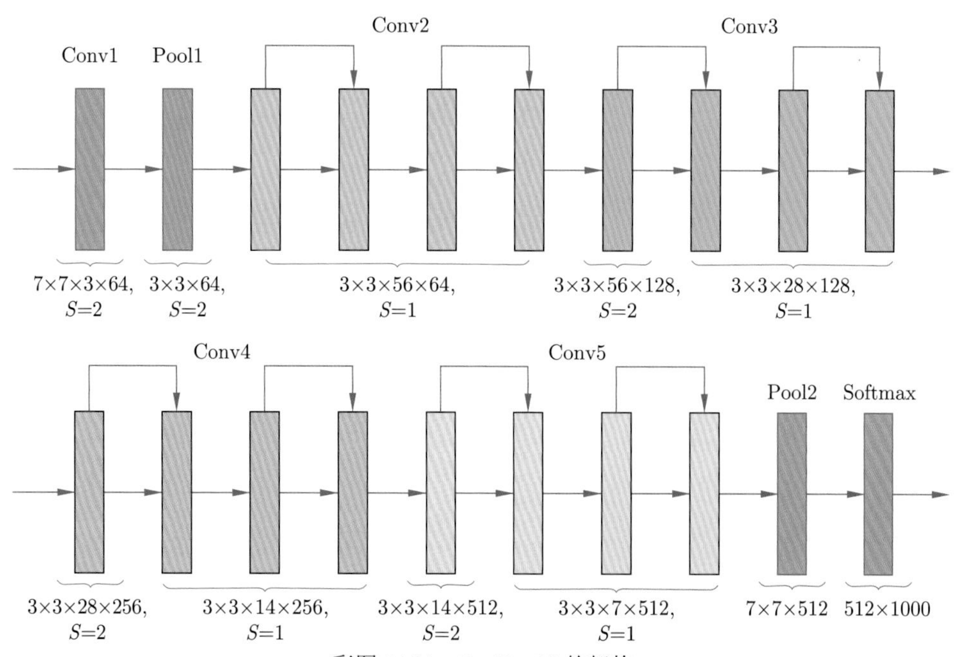

彩图 24.21　ResNet-18 的架构

每一模块表示一层，有色模块是残差网络的连接层，每一种颜色成一组，每一组有两个残差单元。数字是核的大小和步幅

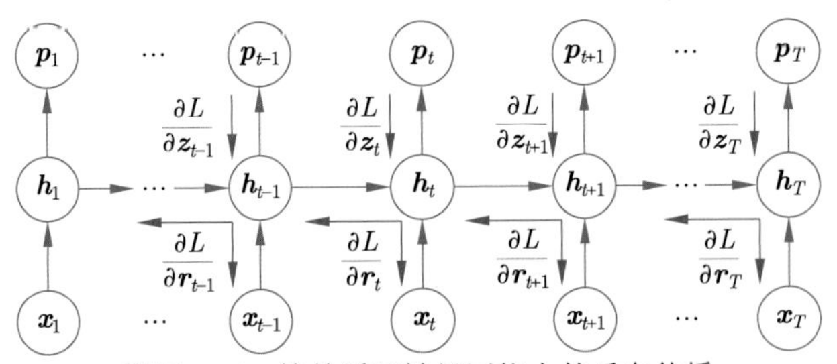

彩图 25.4　简单循环神经网络上的反向传播

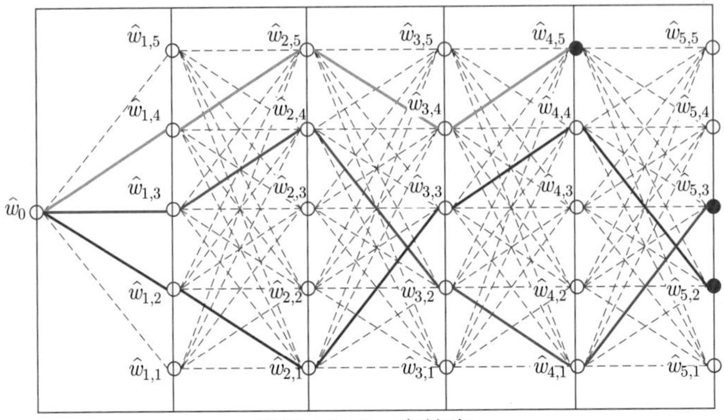

彩图 25.14　束搜索

Head 8-10

- **Direct objects** attend to their verbs
- 86.8% accuracy at the dobj relation

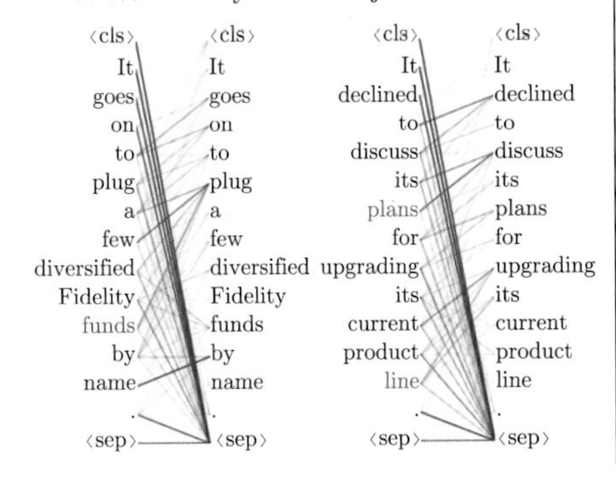

Head 8-11

- **Noun modifiers** (e.g., determiners) attend to their noun
- 94.3% accuracy at the det relation

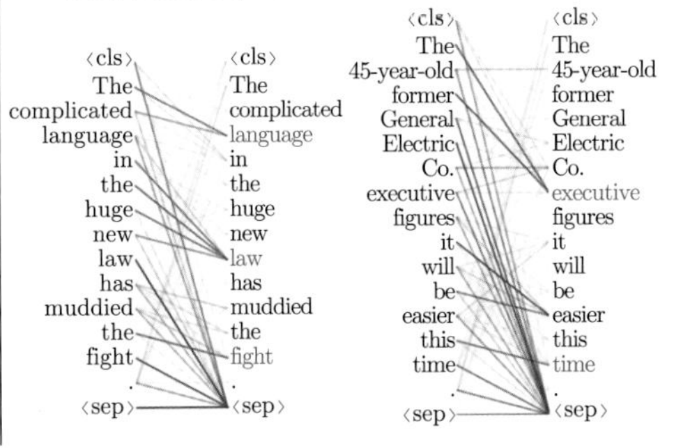

Head 9-6

- **Prepositions** attend to their objects
- 76.3% accuracy at the pobj relation

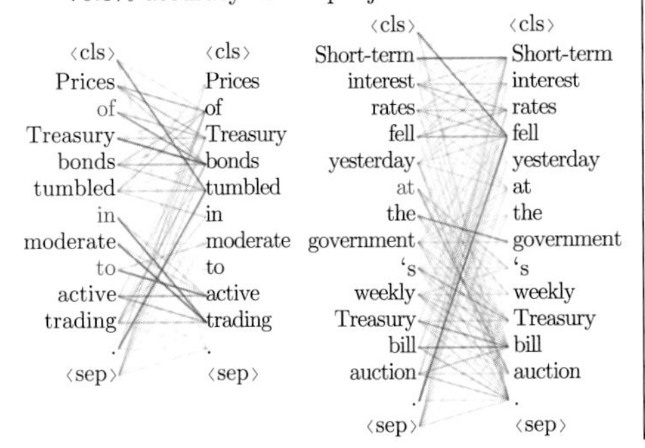

Head 5-4

- **Coreferent** mentions attend to their antecedents
- 65.1% accuracy at linking the head of a coreferent mention to the head of an antecedent

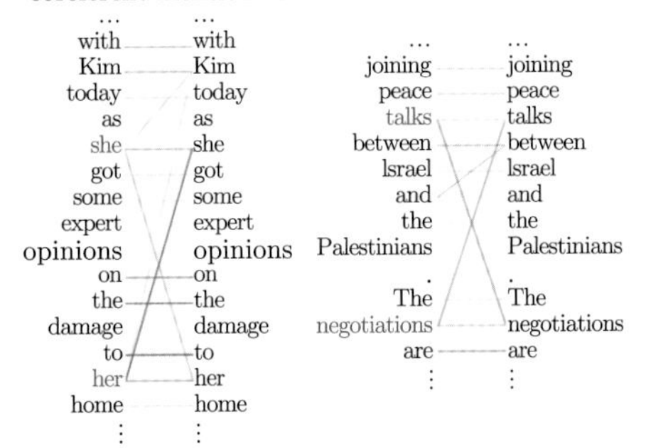

彩图 27.8　BERT 模型中的注意力权重分布的例子

可以表示词汇、语法、语义关系

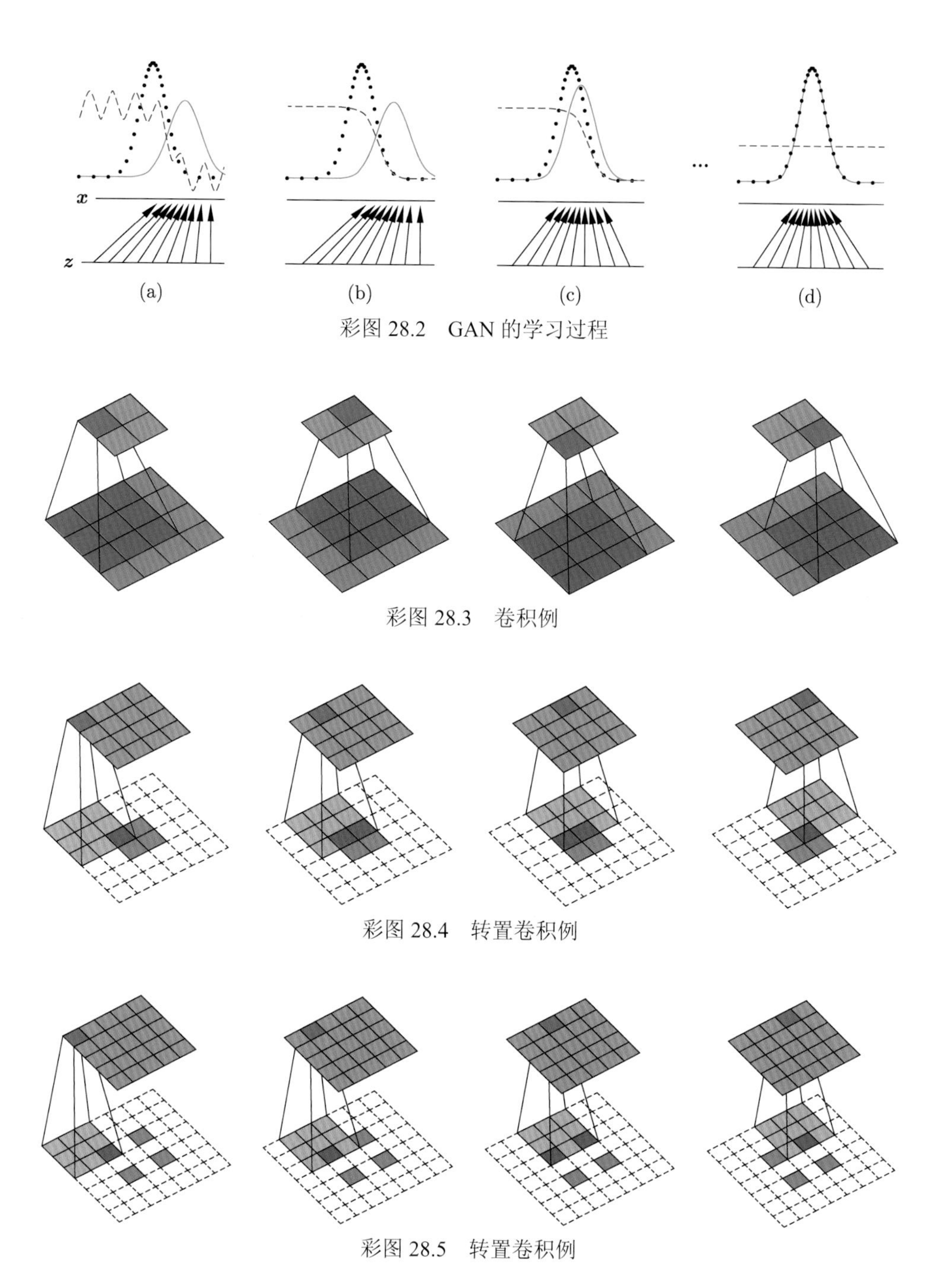

彩图 28.2　GAN 的学习过程

彩图 28.3　卷积例

彩图 28.4　转置卷积例

彩图 28.5　转置卷积例

机器学习方法

李 航 著

清华大学出版社
北京

内 容 简 介

机器学习是以概率论、统计学、信息论、最优化理论、计算理论等为基础的计算机应用理论学科，也是人工智能、数据挖掘等领域的基础学科。本书全面系统地介绍了机器学习的主要方法，共分 3 篇。第 1 篇介绍监督学习的主要方法，包括感知机、k 近邻法、朴素贝叶斯法、决策树、逻辑斯谛回归与最大熵模型、支持向量机、Boosting、EM 算法、隐马尔可夫模型、条件随机场等；第 2 篇介绍无监督学习的主要方法，包括聚类、奇异值分解、主成分分析、潜在语义分析、概率潜在语义分析、马尔可夫链蒙特卡罗法、潜在狄利克雷分配、PageRank 算法等；第 3 篇介绍深度学习的主要方法，包括前馈神经网络、卷积神经网络、循环神经网络、序列到序列模型、预训练语言模型、生成对抗网络等。书中每章介绍一两种机器学习方法。详细叙述各个方法的模型、策略和算法。从具体例子入手，由浅入深，帮助读者直观地理解基本思路，同时从理论角度出发，给出严格的数学推导，严谨详实，让读者更好地掌握基本原理和概念。目的是使读者能学会和使用这些机器学习的基本技术。为满足读者进一步学习的需要，书中还对各个方法的要点进行了总结，给出了一些习题，并列出了主要参考文献。

本书是机器学习及相关课程的教学参考书，适合人工智能、数据挖掘等专业的本科生、研究生使用，也可供计算机各个领域的专业研发人员参考。

图书在版编目(CIP)数据

机器学习方法/李航著.—北京：清华大学出版社，2022.1(2025.1 重印)
ISBN 978-7-302-59730-8

Ⅰ. ①机…　Ⅱ. ①李…　Ⅲ. ①机器学习　Ⅳ. ①TP181

中国版本图书馆 CIP 数据核字(2021)第 277513 号

责任编辑： 王　倩
封面设计： 李祥榕
责任校对： 王淑云
责任印制： 丛怀宇

出版发行： 清华大学出版社
　　网　　址： https://www.tup.com.cn, https://www.wqxuetang.com
　　地　　址： 北京清华大学学研大厦 A 座　　**邮　　编：** 100084
　　社 总 机： 010-83470000　　**邮　　购：** 010-62786544
　　投稿与读者服务： 010-62776969，c-service@tup.tsinghua.edu.cn
　　质量反馈： 010-62772015，zhiliang@tup.tsinghua.edu.cn
印 装 者： 三河市龙大印装有限公司
经　　销： 全国新华书店
开　　本： 185mm × 260mm　　**印　张：** 35.75　　**插　页：** 4　　**字　数：** 880 千字
版　　次： 2022 年 3 月第 1 版　　**印　次：** 2025 年 1 月第 5 次印刷
定　　价： 138.00 元

产品编号：093532-01

献给我的母亲

序　言

2012 年《统计学习方法 (第 1 版)》出版，内容涵盖监督学习的主要方法，2019 年第 2 版出版，增加了无监督学习的主要方法，都属于传统机器学习。在这段时间里，机器学习领域发生了巨大变化，深度学习在人工智能各个方向取得了巨大突破，成为机器学习的主流技术，彻底改变了机器学习的面貌。有些读者希望能看到与之前风格相同的讲解深度学习的书籍，这也触发了作者在原来《统计学习方法》的基础上增加深度学习内容的想法（计划今后再增加强化学习）。从 2018 年开始，历时 3 年左右，完成了深度学习的写作。

考虑到内容的变化，现将书名更改为《机器学习方法》。第 1 篇监督学习和第 2 篇无监督学习基本为原来的内容，增加第 3 篇深度学习，希望对读者有所裨益。传统机器学习是深度学习的基础，所以将这些内容放在一本书里讲述也有其合理之处。虽然深度学习目前是大家关注的重点，但传统机器学习仍然有其不容忽视的地位。事实上，传统机器学习和深度学习各自有更适合的应用场景，比如，深度学习长于大数据、复杂问题的预测，特别是人工智能的应用；传统机器学习善于小数据、相对简单问题的预测。

本书的定位是讲解机器学习的基本内容，并不完全是入门书。介绍的内容都是最基本的，在这种意义上适合初学者。但主旨是把最重要的原理和方法做系统的总结，方便大家经常阅读和复习。在写第 3 篇的时候也接受大家对第 1 篇和第 2 篇的反馈意见，在力求文字简练的同时，也确保叙述的详尽，以方便读者理解。在各章方法的导入部分适当增加了背景和动机的介绍。

第 3 篇中使用的数学符号与第 1 篇和第 2 篇有一定的对应关系，但由于深度学习的特点也有一些改变，也都能自成体系。将符号完全统一于一个框架内还需要做大量的工作，希望在增加第 4 篇强化学习之后再做处理。

对第 3 篇的原稿，郑诗源、张新松等帮助做了校阅，对一些章节的内容提出了宝贵的意见。责任编辑王倩、孙亚楠也为本书的出版做了大量工作。在此对他们表示衷心的感谢。

李　航

2021 年 5 月 27 日

《统计学习方法 (第 2 版)》序言

《统计学习方法 (第 1 版)》于 2012 年出版，讲述了统计机器学习方法，主要是一些常用的监督学习方法。第 2 版增加了一些常用的无监督学习方法，由此本书涵盖了传统统计机器学习方法的主要内容。

在撰写《统计学习方法》伊始，对全书内容做了初步规划。第 1 版出版之后，即着手无监督学习方法的写作。由于写作是在业余时间进行，常常被主要工作打断，历经 6 年多时间才使这部分工作得以完成。但犹未能加入深度学习和强化学习等重要内容，希望今后能够增补，完成整本书的写作计划。

《统计学习方法 (第 1 版)》的出版正值大数据和人工智能的热潮，生逢其时，截至 2019 年 4 月本书共印刷 25 次，152 000 册，得到了广大读者的欢迎和支持。有许多读者指出本书对学习和掌握机器学习技术有极大的帮助，也有许多读者通过电子邮件、微博等指出书中的错误，提出改进的建议和意见。一些高校将本书作为机器学习课程的教材或参考书。有的同学在网上发表了读书笔记，有的同学将本书介绍的方法在计算机上实现。清华大学深圳研究生院袁春老师精心制作了第 1 版 12 章的课件，在网上公布，为大家提供教学之便。众多老师、同学、读者的支持和鼓励，让作者深受感动和鼓舞。在这里向所有的老师、同学、读者致以诚挚的谢意!

能为中国的计算机科学、人工智能领域做出一点微薄的贡献，感到由衷的欣慰，同时也感受到作为知识传播者的重大责任，让作者决意把本书写好。也希望大家今后不吝指教，多提宝贵意见，以帮助继续提高本书的质量。在写作中作者也深切体会到教学相长的道理，经常发现自己对基础知识的掌握不够扎实，通过写作得以对相关知识进行深入的学习，受益匪浅。

本书是一部机器学习的基本读物，要求读者拥有高等数学、线性代数和概率统计的基础知识。书中主要讲述统计机器学习的方法，力求系统全面又简明扼要地阐述这些方法的理论、算法和应用，使读者能对这些机器学习的基本技术有很好的掌握。针对每个方法，详细介绍其基本原理、基础理论、实际算法，给出细致的数学推导和具体实例，既帮助读者理解，也便于日后复习。

第 2 版增加的无监督学习方法，王泉、陈嘉怡、柴琛林、赵程绮等帮助做了认真细致的校阅，提出了许多宝贵意见，在此谨对他们表示衷心的感谢。清华大学出版社的薛慧编辑一直对本书的写作给予非常专业的指导和帮助，在此对她表示衷心的感谢!

由于本人水平有限，本书一定存在不少错误，恳请各位专家、老师和同学批评指正。

李　航

2019 年 4 月

《统计学习方法 (第 1 版)》序言

计算机与网络已经融入人们的日常学习、工作和生活之中，成为人们不可或缺的助手和伙伴。计算机与网络的飞速发展完全改变了人们的学习、工作和生活方式。智能化是计算机研究与开发的一个主要目标。近几十年来的实践表明，统计机器学习方法是实现这一目标的最有效手段，尽管它还存在着一定的局限性。

本人一直从事利用统计学习方法对文本数据进行各种智能性处理的研究，包括自然语言处理、信息检索、文本数据挖掘。近 20 年来，这些领域发展之快，应用之广，实在令人惊叹！可以说，统计机器学习是这些领域的核心技术，在这些领域的发展及应用中起着决定性的作用。

本人在日常的研究工作中经常指导学生，并在国内外一些大学及讲习班上多次做过关于统计学习的报告和演讲。在这一过程中，同学们学习热情很高，希望得到指导，这使作者产生了撰写本书的想法。

国内外已出版了多本关于统计机器学习的书籍，比如，Hastie 等人的《统计学习基础》，该书对统计学习的诸多问题有非常精辟的论述，但对初学者来说显得有些深奥。统计学习范围甚广，一两本书很难覆盖所有问题。本书主要是面向将统计学习方法作为工具的科研人员与学生，特别是从事信息检索、自然语言处理、文本数据挖掘及相关领域的研究与开发的科研人员与学生。

本书力求系统而详细地介绍统计学习的方法。在内容选取上，侧重介绍那些最重要、最常用的方法，特别是关于分类与标注问题的方法。对其他问题及方法，如聚类等，计划在今后的写作中再加以介绍。在叙述方式上，每一章讲述一种方法，各章内容相对独立、完整；同时力图用统一框架来论述所有方法，使全书整体不失系统性，读者可以从头到尾通读，也可以选择单个章节细读。对每一种方法的讲述力求深入浅出，给出必要的推导证明，提供简单的实例，使初学者易于掌握该方法的基本内容，领会方法的本质，并准确地使用方法。对相关的深层理论，则予以简述。在每章后面，给出一些习题，介绍一些相关的研究动向和阅读材料，列出参考文献，以满足读者进一步学习的需求。本书第 1 章简要叙述统计学习方法的基本概念，最后一章对统计学习方法进行比较与总结。此外，在附录中简要介绍一些共用的最优化理论与方法。

本书可以作为统计机器学习及相关课程的教学参考书，适用于信息检索及自然语言处理等专业的大学生、研究生。

本书初稿完成后，田飞、王佳磊、武威、陈凯、伍浩铖、曹正、陶宇等人分别审阅了全部或部分章节，提出了许多宝贵意见，对本书质量的提高有很大帮助，在此向他们表示衷心的感谢。在本书的写作和出版过程中，清华大学出版社的责任编辑薛慧给予了很多帮助，在此特向她致谢。

由于本人水平所限，书中难免有错误和不当之处，欢迎各位专家和读者给予批评指正。

李 航

2011 年 4 月 23 日

目　　录

第 1 篇　监督学习

第 2 篇 无监督学习

第3篇 深度学习

第1篇　监督学习

第 1 章　机器学习及监督学习概论

本书第 1 篇讲述监督学习方法。监督学习是从标注数据中学习模型的机器学习问题，是机器学习的重要组成部分。

本章简要叙述机器学习及监督学习的一些基本概念，使读者对机器学习及监督学习有初步了解。1.1 节叙述机器学习或统计机器学习的定义、研究对象与方法；1.2 节叙述机器学习的分类，基本分类是监督学习、无监督学习、强化学习；1.3 节叙述机器学习方法的三要素：模型、策略和算法；1.4 节至 1.7 节相继介绍监督学习的几个重要概念，包括模型评估与模型选择、正则化与交叉验证、学习的泛化能力、生成模型与判别模型；最后 1.8 节介绍监督学习的应用：分类问题、标注问题与回归问题。

1.1 机器学习

1. 机器学习的特点

机器学习（machine learning）是关于计算机基于数据构建概率统计模型并运用模型对数据进行预测与分析的一门学科。机器学习也称为统计机器学习 (statistical machine learning）。

机器学习的主要特点是：①机器学习以计算机及网络为平台，是建立在计算机及网络上的；②机器学习以数据为研究对象，是数据驱动的学科；③机器学习的目的是对数据进行预测与分析；④机器学习以方法为中心，机器学习方法构建模型并应用模型进行预测与分析；⑤机器学习是概率论、统计学、信息论、计算理论、最优化理论及计算机科学等多个领域的交叉学科，并且在发展中逐步形成独自的理论体系与方法论。

赫尔伯特・西蒙（Herbert A. Simon）曾对“学习”给出以下定义：“如果一个系统能够通过执行某个过程改进它的性能，这就是学习。”按照这一观点，机器学习就是计算机系统通过运用数据及统计方法提高系统性能的学习。

2. 机器学习的对象

机器学习研究的对象是数据（data）。它从数据出发，提取数据的特征，抽象出数据的模型，发现数据中的知识，又回到对数据的分析与预测中去。作为机器学习的对象，数据是多样的，包括存在于计算机及网络上的各种数字、文字、图像、视频、音频数据以及它们的组合。

机器学习关于数据的基本假设是同类数据具有一定的统计规律性，这是机器学习的前提。这里的同类数据是指具有某种共同性质的数据，例如英文文章、互联网网页、数据库中的数据等。由于它们具有统计规律性，所以可以用概率统计方法处理它们。比如，可以用随机变量描述数据中的特征，用概率分布描述数据的统计规律。在机器学习中，以变量或变量组表示数据。数据分为由连续变量和离散变量表示的类型。本书以讨论离散变量的方法为主。另外，本书只涉及利用数据构建模型及利用模型对数据进行分析与预测，对数据的观测和收集等问题不作讨论。

3. 机器学习的目的

机器学习用于对数据的预测与分析，特别是对未知新数据的预测与分析。对数据的预测可以使计算机更加智能化，或者说使计算机的某些性能得到提高；对数据的分析可以让人们获取新的知识，给人们带来新的发现。

对数据的预测与分析是通过构建概率统计模型实现的。机器学习总的目标就是考虑学习什么样的模型和如何学习模型，以使模型能对数据进行准确的预测与分析，同时也要考虑尽可能地提高学习效率。

4. 机器学习的方法

机器学习的方法是基于数据构建概率统计模型从而对数据进行预测与分析。机器学习由监督学习（supervised learning）、无监督学习（unsupervised learning）和强化学习（reinforcement learning）等组成。

本书第 1 篇讲述监督学习，第 2 篇讲述无监督学习。可以说监督学习、无监督学习方法是最主要的机器学习方法。第 3 篇讲述深度学习，既可以用于监督学习，也可以用于无监督学习。

机器学习方法可以概括如下：从给定的、有限的、用于学习的训练数据（training data）集合出发，假设数据是独立同分布产生的；并且假设要学习的模型属于某个函数的集合，称为假设空间（hypothesis space）；应用某个评价准则（evaluation criterion），从假设空间中选取一个最优模型，使它对已知的训练数据及未知的测试数据（test data）在给定的评价准则下有最优的预测；最优模型的选取由算法实现。这样，机器学习方法包括模型的假设空间、模型选择的准则以及模型学习的算法，称为机器学习方法的三要素，简称为模型（model）、策略（strategy）和算法（algorithm）。

实现机器学习方法的步骤如下：

（1）得到一个有限的训练数据集合；

（2）确定包含所有可能的模型的假设空间，即学习模型的集合；

（3）确定模型选择的准则，即学习的策略；

（4）实现求解最优模型的算法，即学习的算法；

（5）通过学习方法选择最优模型；

（6）利用学习的最优模型对新数据进行预测或分析。

本书第 1 篇介绍监督学习方法，主要包括用于分类、标注与回归问题的方法。这些方法在自然语言处理、信息检索、文本数据挖掘等领域中有着极其广泛的应用。

5. 机器学习的研究

机器学习研究一般包括机器学习方法、机器学习理论及机器学习应用三个方面。机器学习方法的研究旨在开发新的学习方法；机器学习理论的研究在于探求机器学习方法的有效性与效率，以及机器学习的基本理论问题；机器学习应用的研究主要考虑将机器学习方法应用到实际问题中去，解决实际问题。

6. 机器学习的重要性

近几十年来，机器学习无论是在理论还是在应用方面都得到了巨大的发展，有许多重大突破，机器学习已被成功地应用到人工智能、模式识别、数据挖掘、自然语言处理、语音处理、计算视觉、信息检索、生物信息等许多计算机应用领域中，并且成为这些领域的核心技术。人们确信，机器学习将会在今后的科学发展和技术应用中发挥越来越大的作用。

机器学习学科在科学技术中的重要性主要体现在以下几个方面：

（1）机器学习是处理海量数据的有效方法。我们处于一个信息爆炸的时代，海量数据的处理与利用是人们必然的需求。现实中的数据不但规模大，而且常常具有不确定性，机器学习往往是处理这类数据最强有力的工具。

（2）机器学习是计算机智能化的有效手段。智能化是计算机发展的必然趋势，也是计算机技术研究与开发的主要目标。近几十年来，人工智能等领域的研究证明，利用机器学习模仿人类智能的方法虽有一定的局限性，但是还是实现这一目标的最有效手段。

（3）机器学习是计算机科学发展的一个重要组成部分。可以认为计算机科学由三维组成：系统、计算、信息。机器学习主要属于信息这一维，并在其中起着核心作用。

1.2 机器学习的分类

机器学习或统计机器学习是一个范围宽阔、内容繁多、应用广泛的领域，并不存在（至少现在不存在）一个统一的理论体系涵盖所有内容。下面从几个角度对机器学习方法进行分类。

1.2.1 基本分类

机器学习一般包括监督学习、无监督学习、强化学习。有时还包括半监督学习、主动学习。

1. 监督学习

监督学习（supervised learning）是指从标注数据中学习预测模型的机器学习问题。标注数据表示输入输出的对应关系，预测模型对给定的输入产生相应的输出。监督学习的本质是学习输入到输出的映射的统计规律。

（1）输入空间、特征空间和输出空间

在监督学习中，将输入与输出所有可能取值的集合分别称为输入空间（input space）与输出空间（output space）。输入空间与输出空间可以是有限元素的集合，也可以是整个欧氏空间。输入空间与输出空间可以是同一个空间，也可以是不同的空间，但通常输出空间远远小于输入空间。

每个具体的输入是一个实例（instance），通常由特征向量（feature vector）表示。这时，所有特征向量存在的空间称为特征空间（feature space）。特征空间的每一维对应一个特征。有时假设输入空间与特征空间为相同的空间，对它们不予区分；有时假设输入空间与特征空间为不同的空间，将实例从输入空间映射到特征空间。模型实际上都是定义在特征空间上的。

在监督学习中，将输入与输出看作是定义在输入（特征）空间与输出空间上的随机变量的取值。输入输出变量用大写字母表示，习惯上输入变量写作 X，输出变量写作 Y。输入输出变量的取值用小写字母表示，输入变量的取值写作 x，输出变量的取值写作 y。变量可以是标量或向量，都用相同类型字母表示。除特别声明外，本书中向量均为列向量。输入实例 x 的特征向量记作

$$x = \left(x^{(1)}, x^{(2)}, \cdots, x^{(i)}, \cdots, x^{(n)}\right)^{\mathrm{T}}$$

其中，$x^{(i)}$ 表示 x 的第 i 个特征。注意 $x^{(i)}$ 与 x_i 不同，本书通常用 x_i 表示多个输入变量中的第 i 个变量，即

$$x_i = \left(x_i^{(1)}, x_i^{(2)}, \cdots, x_i^{(n)}\right)^{\mathrm{T}}$$

监督学习从训练数据（training data）集合中学习模型，对测试数据（test data）进行预测。训练数据由输入（或特征向量）与输出对组成，训练集通常表示为

$$T = \{(x_1, y_1), (x_2, y_2), \cdots, (x_N, y_N)\}$$

测试数据也由输入与输出对组成。输入与输出对又称为样本（sample）或样本点。

输入变量 X 和输出变量 Y 有不同的类型，可以是连续的，也可以是离散的。人们根据输入输出变量的不同类型，对预测任务给予不同的名称：输入变量与输出变量均为连续变量的预测问题称为回归问题；输出变量为有限个离散变量的预测问题称为分类问题；输入变量与输出变量均为变量序列的预测问题称为标注问题。

（2）联合概率分布

监督学习假设输入与输出的随机变量 X 和 Y 遵循联合概率分布 $P(X,Y)$。$P(X,Y)$ 表示分布函数或分布密度函数。注意在学习过程中，假定这一联合概率分布存在，但对学习系统来说，联合概率分布的具体定义是未知的。训练数据与测试数据被看作是依联合概率分布 $P(X,Y)$ 独立同分布产生的。机器学习假设数据存在一定的统计规律，X 和 Y 具有联合概率分布就是监督学习关于数据的基本假设。

（3）假设空间

监督学习的目的在于学习一个由输入到输出的映射，这一映射由模型来表示。换句话说，学习的目的就在于找到最好的这样的模型。模型属于由输入空间到输出空间的映射的集合，这个集合就是假设空间（hypothesis space）。假设空间的确定意味着学习的范围的确定。

监督学习的模型可以是概率模型或非概率模型，由条件概率分布 $P(Y|X)$ 或决策函数（decision function）$Y = f(X)$ 表示，随具体学习方法而定。对具体的输入进行相应的输出预测时，写作 $P(y|x)$ 或 $y = f(x)$。

（4）问题的形式化

监督学习利用训练数据集学习一个模型，再用模型对测试样本集进行预测。由于在这个

过程中需要标注训练数据集，而标注的训练数据集往往是人工给出的，所以称为监督学习。监督学习分为学习和预测两个过程，由学习系统与预测系统完成，可用图 1.1 来描述。

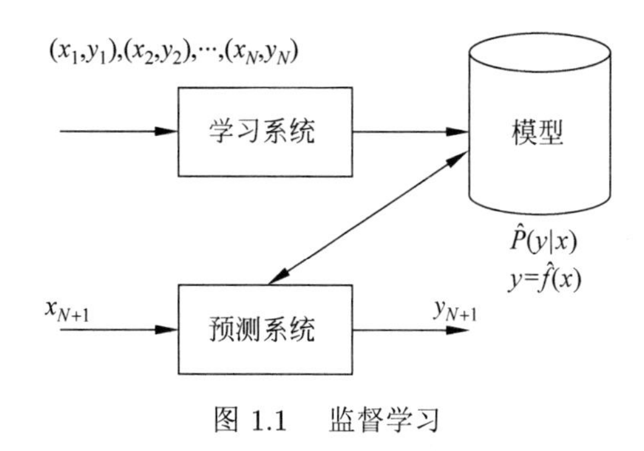

图 1.1 监督学习

首先给定一个训练数据集

$$T=\{(x_1,y_1),(x_2,y_2),\cdots,(x_N,y_N)\}$$

其中 (x_i,y_i)，$i=1,2,\cdots,N$，称为样本或样本点。$x_i\in\mathcal{X}\subseteq\boldsymbol{R}^n$ 是输入的观测值，也称为输入或实例，$y_i\in\mathcal{Y}$ 是输出的观测值，也称为输出。

监督学习分为学习和预测两个过程，由学习系统与预测系统完成。在学习过程中，学习系统利用给定的训练数据集，通过学习（或训练）得到一个模型，表示为条件概率分布 $\hat{P}(Y|X)$ 或决策函数 $Y=\hat{f}(X)$。条件概率分布 $\hat{P}(Y|X)$ 或决策函数 $Y=\hat{f}(X)$ 描述输入与输出随机变量之间的映射关系。在预测过程中，预测系统对于给定的测试样本集中的输入 x_{N+1}，由模型 $y_{N+1}=\arg\max\limits_{y}\hat{P}(y|x_{N+1})$ 或 $y_{N+1}=\hat{f}(x_{N+1})$ 给出相应的输出 y_{N+1}。

在监督学习中，假设训练数据与测试数据是依联合概率分布 $P(X,Y)$ 独立同分布产生的。

学习系统（也就是学习算法）试图通过训练数据集中的样本 (x_i,y_i) 带来的信息学习模型。具体地说，对输入 x_i，一个具体的模型 $y=f(x)$ 可以产生一个输出 $f(x_i)$，而训练数据集中对应的输出是 y_i。如果这个模型有很好的预测能力，训练样本输出 y_i 和模型输出 $f(x_i)$ 之间的差就应该足够小。学习系统通过不断地尝试，选取最好的模型，以便对训练数据集有足够好的预测，同时对未知的测试数据集的预测也有尽可能好的推广。

2. 无监督学习

无监督学习[①]（unsupervised learning）是指从无标注数据中学习预测模型的机器学习问题。无标注数据是自然得到的数据，预测模型表示数据的类别、转换或概率。无监督学习的本质是学习数据中的统计规律或潜在结构。

模型的输入与输出的所有可能取值的集合分别称为输入空间与输出空间。输入空间与输出空间可以是有限元素集合，也可以是欧氏空间。每个输入是一个实例，由特征向量表示。每一个输出是对输入的分析结果，由输入的类别、转换或概率表示。模型可以实现对数据的聚类、降维或概率估计。

假设 $\mathcal{X}$ 是输入空间，$\mathcal{Z}$ 是隐式结构空间。要学习的模型可以表示为函数 $z=g(x)$、条件

① 也译作非监督学习。

概率分布 $P(z|x)$ 或者条件概率分布 $P(x|z)$ 的形式，其中 $x \in \mathcal{X}$ 是输入，$z \in \mathcal{Z}$ 是输出。包含所有可能的模型的集合称为假设空间。无监督学习旨在从假设空间中选出在给定评价标准下的最优模型。

无监督学习通常使用大量的无标注数据学习或训练，每一个样本是一个实例。训练数据表示为 $U = \{x_1, x_2, \cdots, x_N\}$，其中 x_i，$i = 1, 2, \cdots, N$, 是样本。

无监督学习可以用于对已有数据的分析，也可以用于对未来数据的预测。分析时使用学习得到的模型，即函数 $z = \hat{g}(x)$、条件概率分布 $\hat{P}(z|x)$ 或者条件概率分布 $\hat{P}(x|z)$。预测时，和监督学习有类似的流程。由学习系统与预测系统完成，如图 1.2 所示。在学习过程中，学习系统从训练数据集学习，得到一个最优模型，表示为函数 $z = \hat{g}(x)$、条件概率分布 $\hat{P}(z|x)$ 或者条件概率分布 $\hat{P}(x|z)$。在预测过程中，预测系统对于给定的输入 x_{N+1}，由模型 $z_{N+1} = \hat{g}(x_{N+1})$ 或 $z_{N+1} = \arg\max\limits_{z} \hat{P}(z|x_{N+1})$ 给出相应的输出 z_{N+1}，进行聚类或降维，或者由模型 $\hat{P}(x|z)$ 给出输入的概率 $\hat{P}(x_{N+1}|z_{N+1})$，进行概率估计。

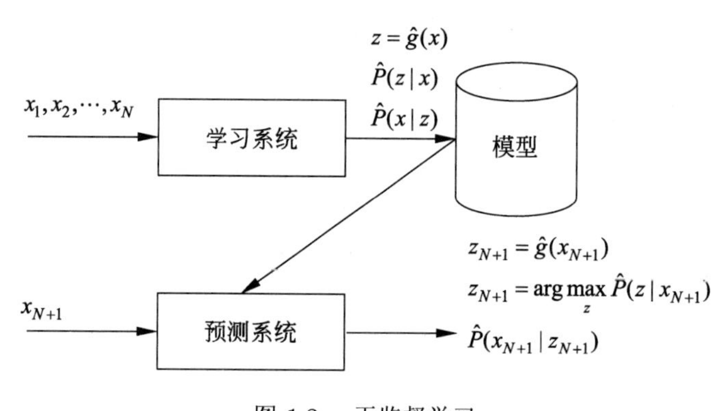

图 1.2　无监督学习

3. 强化学习

强化学习（reinforcement learning）是指智能系统在与环境的连续互动中学习最优行为策略的机器学习问题。假设智能系统与环境的互动基于马尔可夫决策过程（Markov decision process），智能系统能观测到的是与环境互动得到的数据序列。强化学习的本质是学习最优的序贯决策。

智能系统与环境的互动如图 1.3 所示。在每一步 t，智能系统从环境中观测到一个状态（state）s_t 与一个奖励（reward）r_t，采取一个动作（action）a_t。环境根据智能系统选择的

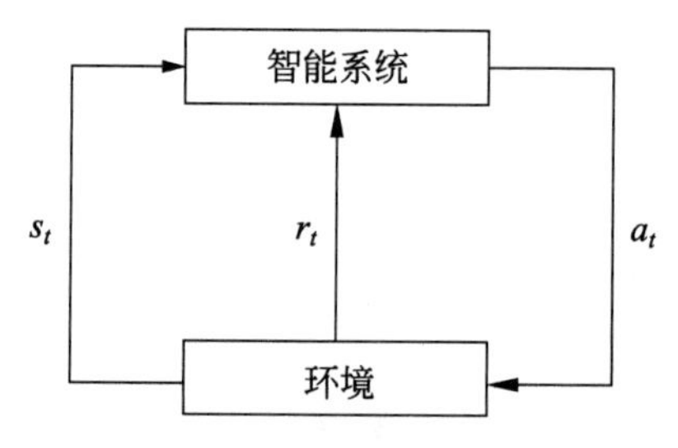

图 1.3　智能系统与环境的互动

动作，决定下一步 $t+1$ 的状态 s_{t+1} 与奖励 r_{t+1}。要学习的策略表示为给定的状态下采取的动作。智能系统的目标不是短期奖励的最大化，而是长期累积奖励的最大化。强化学习过程中，系统不断地试错（trial and error），以达到学习最优策略的目的。

强化学习的马尔可夫决策过程是状态、奖励、动作序列上的随机过程，由四元组 $\langle S,A,P,r\rangle$ 组成。

- S 是有限状态（state）的集合。
- A 是有限动作（action）的集合。
- P 是状态转移概率（transition probability）函数:

$$P(s'|s,a)=P(s_{t+1}=s'|s_t=s,a_t=a)$$

- r 是奖励函数（reward function）: $r(s,a)=E(r_{t+1}|s_t=s,a_t=a)$。

马尔可夫决策过程具有马尔可夫性，下一个状态只依赖于前一个状态与动作，由状态转移概率函数 $P(s'|s,a)$ 表示。下一个奖励依赖于前一个状态与动作，由奖励函数 $r(s,a)$ 表示。

策略 π 定义为给定状态下动作的函数 $a=f(s)$ 或者条件概率分布 $P(a|s)$。给定一个策略 π，智能系统与环境互动的行为就已确定（或者是确定性的或者是随机性的）。

价值函数（value function）或状态价值函数（state value function）定义为策略 π 从某一个状态 s 开始的长期累积奖励的数学期望:

$$v_\pi(s)=E_\pi[r_{t+1}+\gamma r_{t+2}+\gamma^2 r_{t+3}+\cdots|s_t=s] \tag{1.1}$$

动作价值函数（action value function）定义为策略 π 从某一个状态 s 和动作 a 开始的长期累积奖励的数学期望:

$$q_\pi(s,a)=E_\pi[r_{t+1}+\gamma r_{t+2}+\gamma^2 r_{t+3}+\cdots|s_t=s,a_t=a] \tag{1.2}$$

强化学习的目标就是在所有可能的策略中选出价值函数最大的策略 π^*，而在实际学习中往往从具体的策略出发，不断优化已有策略。这里 γ 是折扣率，表示未来的奖励会有衰减。

强化学习方法中有基于策略的（policy-based）、基于价值的（value-based），这两者属于无模型的（model-free）方法，还有有模型的（model-based）方法。

有模型的方法试图直接学习马尔可夫决策过程的模型，包括转移概率函数 $P(s'|s,a)$ 和奖励函数 $r(s,a)$。这样可以通过模型对环境的反馈进行预测，求出价值函数最大的策略 π^*。

无模型的、基于策略的方法不直接学习模型，而是试图求解最优策略 π^*，表示为函数 $a=f^*(s)$ 或者是条件概率分布 $P^*(a|s)$，这样也能达到在环境中做出最优决策的目的。学习通常从一个具体策略开始，通过搜索更优的策略进行。

无模型的、基于价值的方法也不直接学习模型，而是试图求解最优价值函数，特别是最优动作价值函数 $q^*(s,a)$。这样可以间接地学到最优策略，根据该策略在给定的状态下做出相应的动作。学习通常从一个具体价值函数开始，通过搜索更优的价值函数进行。

4. 半监督学习与主动学习

半监督学习（semi-supervised learning）是指利用标注数据和未标注数据学习预测模型的机器学习问题。通常有少量标注数据、大量未标注数据，因为标注数据的构建往往需要人工，成本较高，未标注数据的收集不需太多成本。半监督学习旨在利用未标注数据中的信息，辅助标注数据，进行监督学习，以较低的成本达到较好的学习效果。

主动学习（active learning）是指机器不断主动给出实例让教师进行标注，然后利用标注数据学习预测模型的机器学习问题。通常的监督学习使用给定的标注数据，往往是随机得到的，可以看作是“被动学习”，主动学习的目标是找出对学习最有帮助的实例让教师标注，以较小的标注代价达到较好的学习效果。

半监督学习和主动学习更接近监督学习。

1.2.2 按模型分类

机器学习或统计机器学习方法可以根据其模型的种类进行分类。

1. 概率模型与非概率模型

机器学习的模型可以分为概率模型（probabilistic model）和非概率模型（non-probabilistic model）或者确定性模型（deterministic model）。在监督学习中，概率模型取条件概率分布形式 $P(y|x)$，非概率模型取函数形式 $y=f(x)$，其中 x 是输入，y 是输出。在无监督学习中，概率模型取条件概率分布形式 $P(z|x)$ 或 $P(x|z)$，非概率模型取函数形式 $z=g(x)$，其中 x 是输入，z 是输出。

本书介绍的决策树、朴素贝叶斯、隐马尔可夫模型、条件随机场、概率潜在语义分析、潜在狄利克雷分配、高斯混合模型是概率模型。感知机、支持向量机、k 近邻、AdaBoost、k 均值、潜在语义分析，以及神经网络是非概率模型。逻辑斯谛回归既可看作是概率模型，又可看作是非概率模型。

条件概率分布 $P(y|x)$ 和函数 $y=f(x)$ 可以相互转化（条件概率分布 $P(z|x)$ 和函数 $z=g(x)$ 同样可以）。具体地，条件概率分布最大化后得到函数，函数归一化后得到条件概率分布。所以，概率模型和非概率模型的区别不在于输入与输出之间的映射关系，而在于模型的内在结构。概率模型通常可以表示为联合概率分布的形式，其中的变量表示输入、输出、隐变量甚至参数。而非概率模型不一定存在这样的联合概率分布。

概率模型的代表是概率图模型（probabilistic graphical model），概率图模型是联合概率分布由有向图或者无向图表示的概率模型，而联合概率分布可以根据图的结构分解为因子乘积的形式。贝叶斯网络、马尔可夫随机场、条件随机场是概率图模型。无论模型如何复杂，均可以用最基本的加法规则和乘法规则（参照图 1.4）进行概率推理。

加法规则：$P(x)=\sum_{y} P(x,y)$

乘法规则：$P(x,y)=P(x)P(y|x)$

其中 x 和 y 是随机变量

图 1.4 基本概率公式

2. 线性模型与非线性模型

机器学习模型，特别是非概率模型，可以分为线性模型（linear model）和非线性模型（non-linear model）。如果函数 $y = f(x)$ 或 $z = g(x)$ 是线性函数，则称模型是线性模型，否则称模型是非线性模型。

本书介绍的感知机、线性支持向量机、k 近邻、k 均值、潜在语义分析是线性模型，核函数支持向量机、AdaBoost、神经网络是非线性模型。

深度学习（deep learning）实际是复杂神经网络的学习，也就是复杂的非线性模型的学习。

3. 参数化模型与非参数化模型

机器学习模型又可以分为参数化模型（parametric model）和非参数化模型（non-parametric model）。参数化模型假设模型参数的维度固定，模型可以由有限维参数完全刻画；非参数化模型假设模型参数的维度不固定或者说无穷大，随着训练数据量的增加而不断增大。

本书介绍的感知机、朴素贝叶斯、逻辑斯谛回归、k 均值、高斯混合模型、潜在语义分析、概率潜在语义分析、潜在狄利克雷分配是参数化模型，决策树、支持向量机、AdaBoost、k 近邻是非参数化模型。

参数化模型适合问题简单的情况，现实中问题往往比较复杂，非参数化模型更加有效。

1.2.3 按算法分类

机器学习根据算法，可以分为在线学习（online learning）与批量学习（batch learning）。在线学习是指每次接受一个样本，进行预测，之后学习模型，并不断重复该操作的机器学习。与之对应，批量学习一次接受所有数据，学习模型，之后进行预测。有些实际应用的场景要求学习必须是在线的。比如，数据依次达到无法存储，系统需要及时做出处理；数据规模很大，不可能一次处理所有数据；数据的模式随时间动态变化，需要算法快速适应新的模式（不满足独立同分布假设）。

在线学习可以是监督学习，也可以是无监督学习，强化学习本身就拥有在线学习的特点。以下只考虑在线的监督学习。

学习和预测在一个系统，每次接受一个输入 x_t，用已有模型给出预测 $\hat{f}(x_t)$，之后得到相应的反馈，即该输入对应的输出 y_t；系统用损失函数计算两者的差异，更新模型，并不断重复以上操作，如图 1.5 所示。

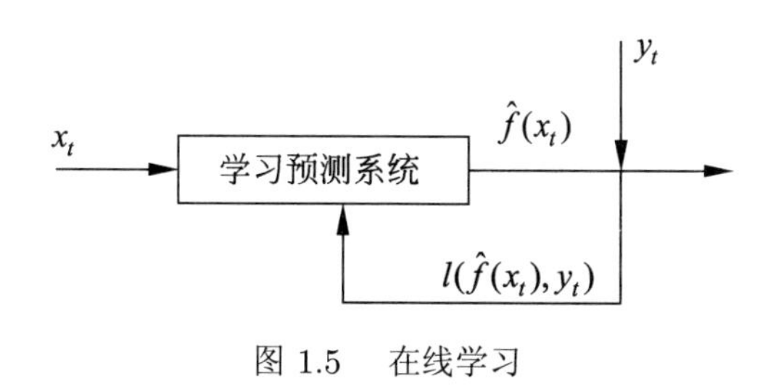

图 1.5 在线学习

利用随机梯度下降的感知机学习算法就是在线学习算法。

在线学习通常比批量学习更难，很难学到预测精确率更高的模型，因为每次模型更新中，可利用的数据有限。

1.2.4　按技巧分类

机器学习方法可以根据其使用的技巧进行分类。

1. 贝叶斯学习

贝叶斯学习（Bayesian learning）又称为贝叶斯推理（Bayesian inference），是统计学、机器学习中重要的方法。其主要想法是：在概率模型的学习和推理中，利用贝叶斯定理，计算在给定数据条件下模型的条件概率，即后验概率，并应用这个原理进行模型的估计，以及对数据的预测。将模型、未观测要素及其参数用变量表示，使用模型的先验分布是贝叶斯学习的特点。贝叶斯学习中也使用基本概率公式（图 1.4）。

本书介绍的朴素贝叶斯、潜在狄利克雷分配的学习属于贝叶斯学习。

假设随机变量 D 表示数据，随机变量 θ 表示模型参数。根据贝叶斯定理，可以用以下公式计算后验概率 $P(\theta|D)$：

$$P(\theta|D)=\frac{P(\theta)P(D|\theta)}{P(D)} \tag{1.3}$$

其中，$P(\theta)$ 是先验概率，$P(D|\theta)$ 是似然函数。

模型估计时，估计整个后验概率分布 $P(\theta|D)$。如果需要给出一个模型，通常取后验概率最大的模型。

预测时，计算数据对后验概率分布的期望值：

$$P(x|D)=\int P(x|\theta,D)P(\theta|D)\mathrm{d}\theta \tag{1.4}$$

这里 x 是新样本。

贝叶斯估计与极大似然估计在思想上有很大的不同，代表着统计学中贝叶斯学派和频率学派对统计的不同认识。其实，可以简单地把两者联系起来，假设先验分布是均匀分布，取后验概率最大，就能从贝叶斯估计得到极大似然估计。图 1.6 对贝叶斯估计和极大似然估计进行比较。

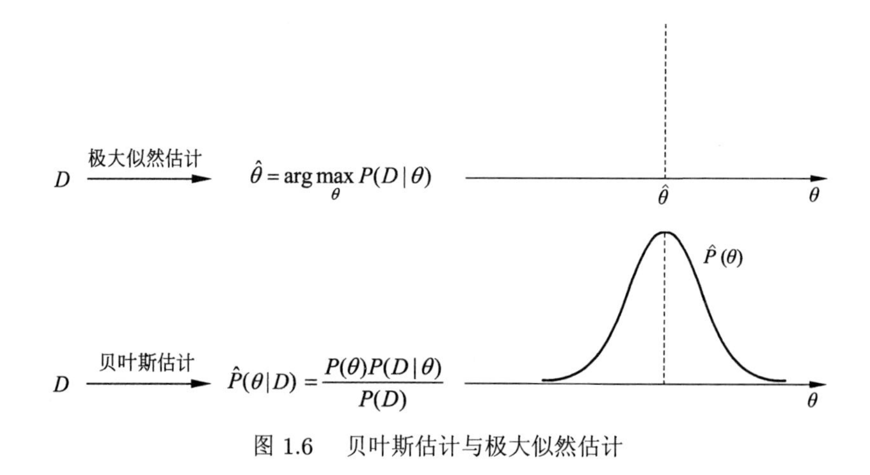

图 1.6　贝叶斯估计与极大似然估计

2. 核方法

核方法（kernel method）是使用核函数表示和学习非线性模型的一种机器学习方法，可以用于监督学习和无监督学习。有一些线性模型的学习方法基于相似度计算，更具体地，向量内积计算。核方法可以把它们扩展到非线性模型的学习，使其应用范围更广泛。

本书介绍的核函数支持向量机，以及核 PCA、核 k 均值属于核方法。

把线性模型扩展到非线性模型，直接的做法是显式地定义从输入空间（低维空间）到特征空间（高维空间）的映射，在特征空间中进行内积计算。比如支持向量机，把输入空间的线性不可分问题转化为特征空间的线性可分问题，如图 1.7 所示。核方法的技巧在于不显式地定义这个映射，而是直接定义核函数，即映射之后在特征空间的内积。这样可以简化计算，达到同样的效果。

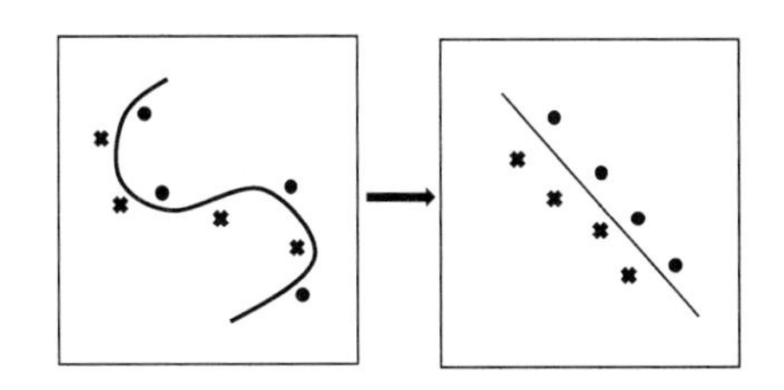

图 1.7　输入空间到特征空间的映射

假设 x_1 和 x_2 是输入空间的任意两个实例（向量），其内积是 $\langle x_1, x_2\rangle$。假设从输入空间到特征空间的映射是 φ，于是 x_1 和 x_2 在特征空间的映像是 $\varphi(x_1)$ 和 $\varphi(x_2)$，其内积是 $\langle\varphi(x_1), \varphi(x_2)\rangle$。核方法直接在输入空间中定义核函数 $K(x_1, x_2)$，使其满足 $K(x_1, x_2) = \langle\varphi(x_1), \varphi(x_2)\rangle$。表示定理给出核函数技巧成立的充要条件。

1.3 机器学习方法三要素

机器学习方法都是由模型、策略和算法构成的，即机器学习方法由三要素构成，可以简单地表示为

$$方法=模型+策略+算法$$

下面论述监督学习中的机器学习三要素。非监督学习也同样拥有这三要素。可以说构建一种机器学习方法就是确定具体的机器学习三要素。

1.3.1 模型

机器学习首要考虑的问题是学习什么样的模型。在监督学习过程中，模型就是所要学习的条件概率分布或决策函数。模型的假设空间（hypothesis space）包含所有可能的条件概率分布或决策函数。例如，假设决策函数是输入变量的线性函数，那么模型的假设空间就是所有这些线性函数构成的函数集合。假设空间中的模型一般有无穷多个。

假设空间用 $\mathcal{F}$ 表示，可以定义为决策函数的集合：

$$\mathcal{F}=\{f|Y=f(X)\} \tag{1.5}$$

其中，X 和 Y 是定义在输入空间 $\mathcal{X}$ 和输出空间 $\mathcal{Y}$ 上的变量。这时 $\mathcal{F}$ 通常是由一个参数向量决定的函数族：

$$\mathcal{F}=\{f|Y=f_\theta(X),\theta\in \boldsymbol{R}^n\} \tag{1.6}$$

参数向量 θ 取值于 n 维欧氏空间 $\boldsymbol{R}^n$，称为参数空间（parameter space）。

假设空间也可以定义为条件概率的集合：

$$\mathcal{F}=\{P|P(Y|X)\} \tag{1.7}$$

其中，X 和 Y 是定义在输入空间 $\mathcal{X}$ 和输出空间 $\mathcal{Y}$ 上的随机变量。这时 $\mathcal{F}$ 通常是由一个参数向量决定的条件概率分布族：

$$\mathcal{F}=\{P|P_\theta(Y|X),\theta\in \boldsymbol{R}^n\} \tag{1.8}$$

参数向量 θ 取值于 n 维欧氏空间 $\boldsymbol{R}^n$，也称为参数空间。

本书中称由决策函数表示的模型为非概率模型，由条件概率表示的模型为概率模型。为了简便起见，当论及模型时，有时只用其中一种模型。

1.3.2 策略

有了模型的假设空间，机器学习接着需要考虑的是按照什么样的准则学习或选择最优的模型。机器学习的目标在于从假设空间中选取最优模型。

首先引入损失函数与风险函数的概念。损失函数度量模型一次预测的好坏，风险函数度量平均意义下模型预测的好坏。

1. 损失函数和风险函数

监督学习问题是在假设空间 $\mathcal{F}$ 中选取模型 f 作为决策函数，对于给定的输入 X，由 $f(X)$ 给出相应的输出 Y，这个输出的预测值 $f(X)$ 与真实值 Y 可能一致也可能不一致，用一个损失函数（loss function）或代价函数（cost function）来度量预测错误的程度。损失函数是 $f(X)$ 和 Y 的非负实值函数，记作 $L(Y,f(X))$。

机器学习常用的损失函数有以下几种：

（1）0-1 损失函数（0-1 loss function）

$$L(Y,f(X))=\begin{cases}1, & Y\neq f(X)\\ 0, & Y=f(X)\end{cases} \tag{1.9}$$

（2）平方损失函数（quadratic loss function）

$$L(Y,f(X))=(Y-f(X))^2 \tag{1.10}$$

（3）绝对损失函数（absolute loss function）

$$L(Y,f(X)) = |Y - f(X)| \tag{1.11}$$

（4）对数损失函数（logarithmic loss function）或对数似然损失函数（log-likelihood loss function）

$$L(Y,P(Y|X)) = -\log P(Y|X) \tag{1.12}$$

损失函数值越小，模型就越好。由于模型的输入、输出 (X,Y) 是随机变量，遵循联合分布 $P(X,Y)$，所以损失函数的期望是

$$\begin{aligned} R_{\exp}(f) &= E_P[L(Y,f(X))] \\ &= \int_{\mathcal{X}\times\mathcal{Y}} L(y,f(x))P(x,y)\mathrm{d}x\mathrm{d}y \end{aligned} \tag{1.13}$$

这是理论上模型 $f(X)$ 关于联合分布 $P(X,Y)$ 的平均意义下的损失，称为风险函数（risk function）或期望损失（expected loss）。

学习的目标就是选择期望风险最小的模型。由于联合分布 $P(X,Y)$ 是未知的，$R_{\exp}(f)$ 不能直接计算。实际上，如果知道联合分布 $P(X,Y)$，可以从联合分布直接求出条件概率分布 $P(Y|X)$，也就不需要学习了。正因为不知道联合概率分布，所以才需要进行学习。这样一来，一方面根据期望风险最小学习模型要用到联合分布，另一方面联合分布又是未知的，所以监督学习就成为一个病态问题（ill-formed problem）。

给定一个训练数据集

$$T = \{(x_1,y_1),(x_2,y_2),\cdots,(x_N,y_N)\}$$

模型 $f(X)$ 关于训练数据集的平均损失称为经验风险（empirical risk）或经验损失（empirical loss），记作 R_{emp}：

$$R_{\mathrm{emp}}(f) = \frac{1}{N}\sum_{i=1}^{N} L(y_i,f(x_i)) \tag{1.14}$$

期望风险 $R_{\exp}(f)$ 是模型关于联合分布的期望损失，经验风险 $R_{\mathrm{emp}}(f)$ 是模型关于训练样本集的平均损失。根据大数定律，当样本容量 N 趋于无穷时，经验风险 $R_{\mathrm{emp}}(f)$ 趋于期望风险 $R_{\exp}(f)$。所以一个很自然的想法是用经验风险估计期望风险。但是，由于现实中训练样本数目有限，甚至很小，所以用经验风险估计期望风险常常并不理想，要对经验风险进行一定的矫正。这就关系到监督学习的两个基本策略：经验风险最小化和结构风险最小化。

2. 经验风险最小化与结构风险最小化

在假设空间、损失函数以及训练数据集确定的情况下，经验风险函数式 (1.14) 就可以确定。经验风险最小化（empirical risk minimization，ERM）的策略认为，经验风险最小的模型是最优的模型。根据这一策略，按照经验风险最小化求最优模型就是求解最优化问题：

$$\min_{f\in\mathcal{F}} \frac{1}{N}\sum_{i=1}^{N} L(y_i,f(x_i)) \tag{1.15}$$

其中，$\mathcal{F}$ 是假设空间。

当样本容量足够大时，经验风险最小化能保证有很好的学习效果，在现实中被广泛采用。比如，极大似然估计（maximum likelihood estimation）就是经验风险最小化的一个例子。当模型是条件概率分布、损失函数是对数损失函数时，经验风险最小化就等价于极大似然估计。但是，当样本容量很小时，经验风险最小化学习的效果就未必很好，会产生“过拟合”（over-fitting）现象。

结构风险最小化（structural risk minimization，SRM）是为了防止过拟合而提出来的策略。结构风险最小化等价于正则化（regularization）。结构风险在经验风险上加上表示模型复杂度的正则化项（regularizer）或罚项（penalty term）。在假设空间、损失函数以及训练数据集确定的情况下，结构风险的定义是

$$R_{\mathrm{srm}}(f)=\frac{1}{N}\sum_{i=1}^{N}L(y_i,f(x_i))+\lambda J(f) \tag{1.16}$$

其中，$J(f)$ 为模型的复杂度，是定义在假设空间 $\mathcal{F}$ 上的泛函。模型 f 越复杂，复杂度 $J(f)$ 就越大；反之，模型 f 越简单，复杂度 $J(f)$ 就越小。也就是说，复杂度表示了对复杂模型的惩罚。$\lambda \geqslant 0$ 是系数，用以权衡经验风险和模型复杂度。结构风险小需要经验风险与模型复杂度同时小。结构风险小的模型往往对训练数据以及未知的测试数据都有较好的预测。

比如，贝叶斯估计中的最大后验概率估计（maximum posterior probability estimation，MAP）就是结构风险最小化的一个例子。当模型是条件概率分布、损失函数是对数损失函数、模型复杂度由模型的先验概率表示时，结构风险最小化就等价于最大后验概率估计。

结构风险最小化的策略认为结构风险最小的模型是最优的模型，所以求最优模型就是求解最优化问题：

$$\min_{f\in\mathcal{F}}\frac{1}{N}\sum_{i=1}^{N}L(y_i,f(x_i))+\lambda J(f) \tag{1.17}$$

这样，监督学习问题就变成了经验风险或结构风险函数的最优化问题 (1.15) 和 (1.17)。这时经验或结构风险函数是最优化的目标函数。

1.3.3 算法

算法是指学习模型的具体计算方法。机器学习基于训练数据集，根据学习策略，从假设空间中选择最优模型，最后需要考虑用什么样的计算方法求解最优模型。这时，机器学习问题归结为最优化问题，机器学习的算法成为求解最优化问题的算法。如果最优化问题有显式的解析解，这个最优化问题就比较简单。但通常解析解不存在，这就需要用数值计算的方法求解。如何保证找到全局最优解，并使求解的过程非常高效，就成为一个重要问题。机器学习可以利用已有的最优化算法，有时也需要开发独自的最优化算法。

机器学习方法之间的不同主要来自其模型、策略、算法的不同。确定了模型、策略、算法，机器学习的方法也就确定了。这就是将其称为机器学习方法三要素的原因。以下介绍监督学习的几个重要概念。

1.4 模型评估与模型选择

1.4.1 训练误差与测试误差

机器学习的目的是使学到的模型不仅对已知数据而且对未知数据都能有很好的预测能力。不同的学习方法会给出不同的模型。当损失函数给定时，基于损失函数的模型的训练误差（training error）和模型的测试误差（test error）就自然成为学习方法评估的标准。注意，机器学习方法具体采用的损失函数未必是评估时使用的损失函数。当然，让两者一致是比较理想的。

假设学习到的模型是 $Y=\hat{f}(X)$，训练误差是模型 $Y=\hat{f}(X)$ 关于训练数据集的平均损失：

$$R_{\mathrm{emp}}(\hat{f})=\frac{1}{N}\sum_{i=1}^{N}L(y_i,\hat{f}(x_i)) \tag{1.18}$$

其中，N 是训练样本容量。

测试误差是模型 $Y=\hat{f}(X)$ 关于测试数据集的平均损失：

$$e_{\mathrm{test}}=\frac{1}{N'}\sum_{i=1}^{N'}L(y_i,\hat{f}(x_i)) \tag{1.19}$$

其中，N' 是测试样本容量。

例如，当损失函数是 0-1 损失时，测试误差就变成了常见的测试数据集上的误差率（error rate）：

$$e_{\mathrm{test}}=\frac{1}{N'}\sum_{i=1}^{N'}I(y_i\neq\hat{f}(x_i)) \tag{1.20}$$

这里 I 是指示函数（indicator function），即 $y\neq\hat{f}(x)$ 时为 1，否则为 0。

相应地，常见的测试数据集上的精确率（accuracy）为

$$r_{\mathrm{test}}=\frac{1}{N'}\sum_{i=1}^{N'}I(y_i=\hat{f}(x_i)) \tag{1.21}$$

显然，

$$r_{\mathrm{test}}+e_{\mathrm{test}}=1$$

训练误差的大小对判断给定的问题是不是一个容易学习的问题是有意义的，但本质上不重要。测试误差反映了学习方法对未知的测试数据集的预测能力，是学习中的重要概念。显然，给定两种学习方法，测试误差小的方法具有更好的预测能力，是更有效的方法。通常将学习方法对未知数据的预测能力称为泛化能力（generalization ability），这个问题将在 1.6 节继续论述。

1.4.2 过拟合与模型选择

当假设空间含有不同复杂度(例如,不同的参数个数)的模型时,就要面临模型选择(model selection)的问题。我们希望选择或学习一个合适的模型。如果在假设空间中存在"真"模型,那么所选择的模型应该逼近真模型。具体地,所选择的模型要与真模型的参数个数相同,所选择的模型的参数向量与真模型的参数向量相近。

如果一味追求提高对训练数据的预测能力,所选模型的复杂度则往往会比真模型更高。这种现象称为过拟合(over-fitting)。过拟合是指学习时选择的模型所包含的参数过多,以至出现这一模型对已知数据预测得很好,但对未知数据预测得很差的现象。可以说模型选择旨在避免过拟合并提高模型的预测能力。

下面,以多项式函数拟合问题为例,说明过拟合与模型选择。这是一个回归问题。

例 1.1 假设给定一个训练数据集[①]:

$$T = \{(x_1, y_1), (x_2, y_2), \cdots, (x_N, y_N)\}$$

其中,$x_i \in \boldsymbol{R}$ 是输入 x 的观测值,$y_i \in \boldsymbol{R}$ 是相应的输出 y 的观测值,$i = 1, 2, \cdots, N$。多项式函数拟合的任务是假设给定数据由 M 次多项式函数生成,选择最有可能产生这些数据的 M 次多项式函数,即在 M 次多项式函数中选择一个对已知数据以及未知数据都有很好预测能力的函数。

假设给定如图 1.8 所示的 10 个数据点,用 0~9 次多项式函数对数据进行拟合。图中画出了需要用多项式函数曲线拟合的数据。

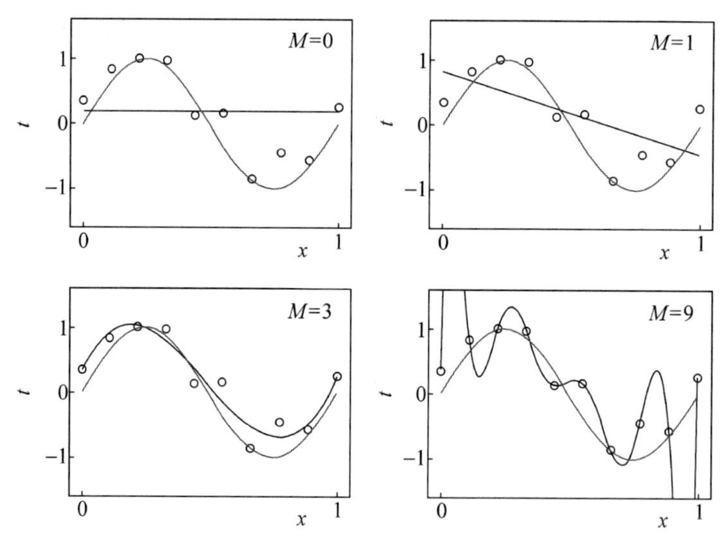

图 1.8 M 次多项式函数拟合问题的例子

设 M 次多项式为

$$f_M(x, w) = w_0 + w_1 x + w_2 x^2 + \cdots + w_M x^M = \sum_{j=0}^{M} w_j x^j \tag{1.22}$$

① 本例来自参考文献 [2]。

其中 x 是单变量输入，$w_0, w_1, \cdots, w_M$ 是 $M+1$ 个参数。

解决这一问题的方法可以是这样的：首先确定模型的复杂度，即确定多项式的次数；然后在给定的模型复杂度下，按照经验风险最小化的策略求解参数，即多项式的系数。具体地，求以下经验风险最小化：

$$L(w)=\frac{1}{2}\sum_{i=1}^{N}(f(x_i,w)-y_i)^2 \tag{1.23}$$

这时，损失函数为平方损失，系数 $\frac{1}{2}$ 是为了计算方便。

这是一个简单的最优化问题。将模型与训练数据代入式 (1.23) 中，有

$$L(w)=\frac{1}{2}\sum_{i=1}^{N}\left(\sum_{j=0}^{M}w_j x_i^j-y_i\right)^2$$

这一问题可用最小二乘法求得拟合多项式系数的唯一解，记作 w_0^*，w_1^*，$\cdots$，w_M^*。求解过程这里不予叙述，读者可参阅有关材料。

图 1.8 给出了 $M=0$，$M=1$，$M=3$ 及 $M=9$ 时多项式函数拟合的情况。如果 $M=0$，多项式曲线是一个常数，数据拟合效果很差。如果 $M=1$，多项式曲线是一条直线，数据拟合效果也很差。相反，如果 $M=9$，多项式曲线通过每个数据点，训练误差为 0。从对给定训练数据拟合的角度来说，效果是最好的。但是，因为训练数据本身存在噪声，这种拟合曲线对未知数据的预测能力往往并不是最好的，在实际学习中并不可取。这时过拟合现象就会发生。这就是说，模型选择时，不仅要考虑对已知数据的预测能力，而且还要考虑对未知数据的预测能力。当 $M=3$ 时，多项式曲线对训练数据拟合效果足够好，模型也比较简单，是一个较好的选择。

在多项式函数拟合中可以看到，随着多项式次数（模型复杂度）的增加，训练误差会减小，直至趋向于 0，但是测试误差却不如此，它会随着多项式次数（模型复杂度）的增加先减小而后增大。而最终的目的是使测试误差达到最小。这样，在多项式函数拟合中，就要选择合适的多项式次数，以达到这一目的。这一结论对一般的模型选择也是成立的。

图 1.9 描述了训练误差和测试误差与模型复杂度之间的关系。当模型复杂度增大时，训练误差会逐渐减小并趋向于 0；而测试误差会先减小，达到最小值后又增大。当选择的模型复

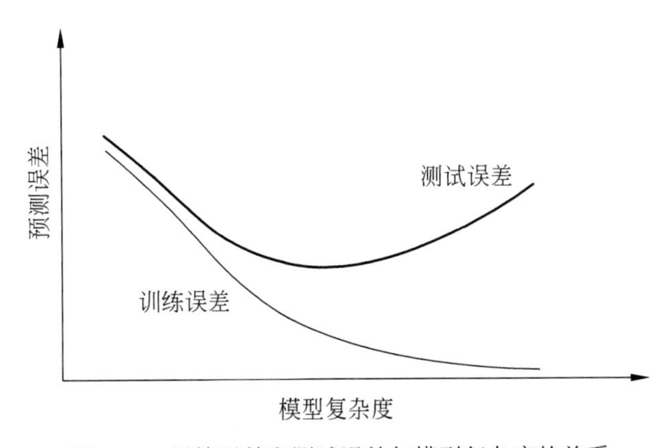

图 1.9 训练误差和测试误差与模型复杂度的关系

杂度过大时，过拟合现象就会发生。这样，在学习时就要防止过拟合，进行最优的模型选择，即选择复杂度适当的模型，以达到使测试误差最小的学习目的。下面介绍两种常用的模型选择方法：正则化与交叉验证。

1.5 正则化与交叉验证

1.5.1 正则化

模型选择的典型方法是正则化（regularization）。正则化是结构风险最小化策略的实现，是在经验风险上加一个正则化项（regularizer）或罚项（penalty term）。正则化项一般是模型复杂度的单调递增函数，模型越复杂，正则化值就越大。比如，正则化项可以是模型参数向量的范数。

正则化一般具有如下形式：

$$\min_{f \in \mathcal{F}} \frac{1}{N} \sum_{i=1}^{N} L(y_i, f(x_i)) + \lambda J(f) \tag{1.24}$$

其中，第 1 项是经验风险，第 2 项是正则化项，$\lambda \geqslant 0$ 为调整两者之间关系的系数。

正则化项可以取不同的形式。例如，在回归问题中，损失函数是平方损失，正则化项可以是参数向量的 L_2 范数：

$$L(w) = \frac{1}{N} \sum_{i=1}^{N} (f(x_i; w) - y_i)^2 + \frac{\lambda}{2} \|w\|^2 \tag{1.25}$$

这里，$\|w\|$ 表示参数向量 w 的 L_2 范数。

正则化项也可以是参数向量的 L_1 范数：

$$L(w) = \frac{1}{N} \sum_{i=1}^{N} (f(x_i; w) - y_i)^2 + \lambda \|w\|_1 \tag{1.26}$$

这里，$\|w\|_1$ 表示参数向量 w 的 L_1 范数。

第 1 项的经验风险较小的模型可能较复杂（有多个非零参数），这时第 2 项的模型复杂度会较大。正则化的作用是选择经验风险与模型复杂度同时较小的模型。

正则化符合奥卡姆剃刀（Occam's razor）原理。奥卡姆剃刀原理应用于模型选择时变为以下想法：在所有可能选择的模型中，能够很好地解释已知数据并且十分简单才是最好的模型，也就是应该选择的模型。从贝叶斯估计的角度来看，正则化项对应于模型的先验概率。可以假设复杂的模型有较小的先验概率，简单的模型有较大的先验概率。

1.5.2 交叉验证

另一种常用的模型选择方法是交叉验证（cross validation）。

如果给定的样本数据充足，进行模型选择的一种简单方法是随机地将数据集切分成三部分，分别为训练集（training set）、验证集（validation set）和测试集（test set）。训练集用来训练模型，验证集用于模型的选择，而测试集用于最终对学习方法的评估。在学习到的不同复杂度的模型中，选择对验证集有最小预测误差的模型。由于验证集有足够多的数据，用它对模型进行选择也是有效的。

但是，在许多实际应用中数据是不充足的。为了选择好的模型，可以采用交叉验证方法。交叉验证的基本想法是重复地使用数据，把给定的数据进行切分，将切分的数据集组合为训练集与测试集，在此基础上反复地进行训练、测试以及模型选择。

1. 简单交叉验证

简单交叉验证方法是：首先随机地将已给数据分为两部分，一部分作为训练集，另一部分作为测试集（例如，70%的数据为训练集，30%的数据为测试集）；然后用训练集在各种条件下（例如，不同的参数个数）训练模型，从而得到不同的模型；在测试集上评价各个模型的测试误差，选出测试误差最小的模型。

2. S 折交叉验证

应用最多的是 S 折交叉验证（S-fold cross validation），方法如下：首先随机地将已给数据切分为 S 个互不相交、大小相同的子集；然后利用 $S-1$ 个子集的数据训练模型，利用余下的子集测试模型；将这一过程对可能的 S 种选择重复进行；最后选出 S 次评测中平均测试误差最小的模型。

3. 留一交叉验证

S 折交叉验证的特殊情形是 $S=N$，称为留一交叉验证（leave-one-out cross validation），往往在数据缺乏的情况下使用。这里，N 是给定数据集的容量。

1.6 泛化能力

1.6.1 泛化误差

学习方法的泛化能力（generalization ability）是指由该方法学习到的模型对未知数据的预测能力，是学习方法本质上重要的性质。现实中采用最多的办法是通过测试误差来评价学习方法的泛化能力。但这种评价是依赖于测试数据集的。因为测试数据集是有限的，很有可能由此得到的评价结果是不可靠的。机器学习理论试图从理论上对学习方法的泛化能力进行分析。

首先给出泛化误差的定义。如果学到的模型是 $\hat{f}$，那么用这个模型对未知数据预测的误差即为泛化误差（generalization error）：

$$\begin{aligned} R_{\exp}(\hat{f}) &= E_P[L(Y,\hat{f}(X))] \\ &= \int_{\mathcal{X}\times\mathcal{Y}} L(y,\hat{f}(x))P(x,y)\mathrm{d}x\mathrm{d}y \end{aligned} \tag{1.27}$$

泛化误差反映了学习方法的泛化能力，如果一种方法学习的模型比另一种方法学习的模型具有更小的泛化误差，那么这种方法就更有效。事实上，泛化误差就是所学习到的模型的期望风险。

1.6.2 泛化误差上界

学习方法的泛化能力分析往往是通过研究泛化误差的概率上界进行的，简称为泛化误差上界（generalization error bound）。具体来说，就是通过比较两种学习方法的泛化误差上界的大小来比较它们的优劣。泛化误差上界通常具有以下性质：它是样本容量的函数，当样本容量增加时，泛化误差上界趋于 0；它是假设空间容量（capacity）的函数，假设空间容量越大，模型就越难学，泛化误差上界就越大。

下面给出一个简单的泛化误差上界的例子：二类分类问题的泛化误差上界。

考虑二类分类问题。已知训练数据集 $T=\{(x_1,y_1),(x_2,y_2),\cdots,(x_N,y_N)\}$，$N$ 是样本容量，T 是从联合概率分布 $P(X,Y)$ 独立同分布产生的，$X\in\boldsymbol{R}^n$，$Y\in\{-1,+1\}$。假设空间是函数的有限集合 $\mathcal{F}=\{f_1,f_2,\cdots,f_d\}$，$d$ 是函数个数。设 f 是从 $\mathcal{F}$ 中选取的函数。损失函数是 0-1 损失。关于 f 的期望风险和经验风险分别是

$$R(f)=E[L(Y,f(X))] \tag{1.28}$$

$$\hat{R}(f)=\frac{1}{N}\sum_{i=1}^{N}L(y_i,f(x_i)) \tag{1.29}$$

经验风险最小化函数是

$$f_N=\arg\min_{f\in\mathcal{F}}\hat{R}(f) \tag{1.30}$$

f_N 依赖训练数据集的样本容量 N。人们更关心的是 f_N 的泛化能力

$$R(f_N)=E[L(Y,f_N(X))] \tag{1.31}$$

下面讨论从有限集合 $\mathcal{F}=\{f_1,f_2,\cdots,f_d\}$ 中任意选出的函数 f 的泛化误差上界。

定理 1.1（泛化误差上界） 对二类分类问题，当假设空间是有限个函数的集合 $\mathcal{F}=\{f_1,f_2,\cdots,f_d\}$ 时，对任意一个函数 $f\in\mathcal{F}$，至少以概率 $1-\delta$，$0<\delta<1$，以下不等式成立：

$$R(f)\leqslant\hat{R}(f)+\varepsilon(d,N,\delta) \tag{1.32}$$

其中，

$$\varepsilon(d,N,\delta)=\sqrt{\frac{1}{2N}\left(\log d+\log\frac{1}{\delta}\right)} \tag{1.33}$$

不等式 (1.32) 左端 $R(f)$ 是泛化误差，右端即为泛化误差上界。在泛化误差上界中，第 1 项是训练误差，训练误差越小，泛化误差也越小。第 2 项 $\varepsilon(d,N,\delta)$ 是 N 的单调递减函数，当 N 趋于无穷时趋于 0；同时它也是 $\sqrt{\log d}$ 阶的函数，假设空间 $\mathcal{F}$ 包含的函数越多，其值越大。

证明 在证明中要用到 Hoeffding 不等式，先叙述如下。

设 $X_1, X_2, \cdots, X_N$ 是独立随机变量，且 $X_i \in [a_i, b_i]$，$i = 1, 2, \cdots, N$；$\bar{X}$ 是 $X_1, X_2, \cdots, X_N$ 的经验均值，即 $\bar{X} = \frac{1}{N}\sum_{i=1}^{N} X_i$，则对任意 $t > 0$，以下不等式成立：

$$P(\bar{X} - E(\bar{X}) \geqslant t) \leqslant \exp\left[-\frac{2N^2t^2}{\sum_{i=1}^{N}(b_i - a_i)^2}\right] \tag{1.34}$$

$$P(E(\bar{X}) - \bar{X} \geqslant t) \leqslant \exp\left[-\frac{2N^2t^2}{\sum_{i=1}^{N}(b_i - a_i)^2}\right] \tag{1.35}$$

Hoeffding 不等式的证明省略，这里用来推导泛化误差上界。

对任意函数 $f \in \mathcal{F}$，$\hat{R}(f)$ 是 N 个独立的随机变量 $L(Y, f(X))$ 的样本均值，$R(f)$ 是随机变量 $L(Y, f(X))$ 的期望值。如果损失函数取值于区间 $[0, 1]$，即对所有 i，$[a_i, b_i] = [0, 1]$，那么由 Hoeffding 不等式 (1.35) 不难得知，对 $\varepsilon > 0$，以下不等式成立：

$$P(R(f) - \hat{R}(f) \geqslant \varepsilon) \leqslant \exp(-2N\varepsilon^2) \tag{1.36}$$

由于 $\mathcal{F} = \{f_1, f_2, \cdots, f_d\}$ 是一个有限集合，故

$$\begin{aligned} P(\exists f \in \mathcal{F} : R(f) - \hat{R}(f) \geqslant \varepsilon) &= P\Big(\bigcup_{f \in \mathcal{F}} \{R(f) - \hat{R}(f) \geqslant \varepsilon\}\Big) \\ &\leqslant \sum_{f \in \mathcal{F}} P(R(f) - \hat{R}(f) \geqslant \varepsilon) \\ &\leqslant d\exp(-2N\varepsilon^2) \end{aligned}$$

或者等价地，对任意 $f \in \mathcal{F}$，有

$$P(R(f) - \hat{R}(f) < \varepsilon) \geqslant 1 - d\exp(-2N\varepsilon^2) \tag{1.37}$$

令

$$\delta = d\exp(-2N\varepsilon^2) \tag{1.38}$$

则

$$P(R(f) < \hat{R}(f) + \varepsilon) \geqslant 1 - \delta$$

即至少以概率 $1 - \delta$ 有 $R(f) < \hat{R}(f) + \varepsilon$，其中 ε 由式 (1.38) 得到，即为式 (1.33)。 ■

从泛化误差上界可知：

$$R(f_N) \leqslant \hat{R}(f_N) + \varepsilon(d, N, \delta) \tag{1.39}$$

其中，$\varepsilon(d, N, \delta)$ 由式 (1.33) 定义，f_N 由式 (1.30) 定义。

以上讨论的只是假设空间包含有限个函数情况下的泛化误差上界，对一般的假设空间要找到泛化误差上界就没有这么简单，这里不作介绍。

1.7 生成模型与判别模型

监督学习的任务就是学习一个模型，应用这一模型，对给定的输入预测相应的输出。这个模型的一般形式为决策函数：

$$Y = f(X)$$

或者条件概率分布：

$$P(Y|X)$$

监督学习方法又可以分为生成方法（generative approach）和判别方法（discrimina-tive approach）。所学到的模型分别称为生成模型（generative model）和判别模型（discriminative model）。

生成方法原理上由数据学习联合概率分布 $P(X,Y)$，然后求出条件概率分布 $P(Y|X)$ 作为预测的模型，即生成模型：

$$P(Y|X) = \frac{P(X,Y)}{P(X)} \tag{1.40}$$

这样的方法之所以称为生成方法，是因为模型表示了给定输入 X 产生输出 Y 的生成关系。典型的生成模型有朴素贝叶斯法和隐马尔可夫模型，将在后面章节进行相关讲述。

判别方法由数据直接学习决策函数 $f(X)$ 或者条件概率分布 $P(Y|X)$ 作为预测的模型，即判别模型。判别方法关心的是对给定的输入 X，应该预测什么样的输出 Y。典型的判别模型包括：k 近邻法、感知机、逻辑斯谛回归模型、最大熵模型、支持向量机、提升方法和条件随机场等，将在后面章节讲述。

在监督学习中，生成方法和判别方法各有优缺点，适合于不同条件下的学习问题。

生成方法的特点：生成方法可以还原出联合概率分布 $P(X,Y)$，而判别方法不能；生成方法的学习收敛速度更快，即当样本容量增加的时候，学到的模型可以更快地收敛于真实模型；当存在隐变量时，仍可以用生成方法学习，此时判别方法就不能用。

判别方法的特点：判别方法直接学习的是条件概率分布 $P(Y|X)$ 或决策函数 $f(X)$，直接面对预测，往往学习的精确率更高；由于直接学习 $P(Y|X)$ 或 $f(X)$，可以对数据进行各种程度上的抽象、定义特征并使用特征，因此可以简化学习问题。

1.8 监督学习应用

监督学习的应用主要在三个方面：分类问题、标注问题和回归问题。

1.8.1 分类问题

分类是监督学习的一个核心问题。在监督学习中，当输出变量 Y 取有限个离散值时，预测问题便成为分类问题。这时，输入变量 X 可以是离散的，也可以是连续的。监督学习从数据中学习一个分类模型或分类决策函数，称为分类器（classifier）。分类器对新的输入进行输出的预测，称为分类（classification）。可能的输出称为类别（class）。分类的类别为多个时，称为多类分类问题。本书主要讨论二类分类问题。

分类问题包括学习和分类两个过程。在学习过程中，根据已知的训练数据集利用有效的学习方法学习一个分类器；在分类过程中，利用学习的分类器对新的输入实例进行分类。分类问题可用图 1.10 描述。图中 $(x_1,y_1),(x_2,y_2),\cdots,(x_N,y_N)$ 是训练数据集，学习系统由训练数据学习一个分类器 $P(Y|X)$ 或 $Y=f(X)$；分类系统通过学到的分类器 $P(Y|X)$ 或 $Y=f(X)$ 对新的输入实例 x_{N+1} 进行分类，即预测其输出的类标记 y_{N+1}。

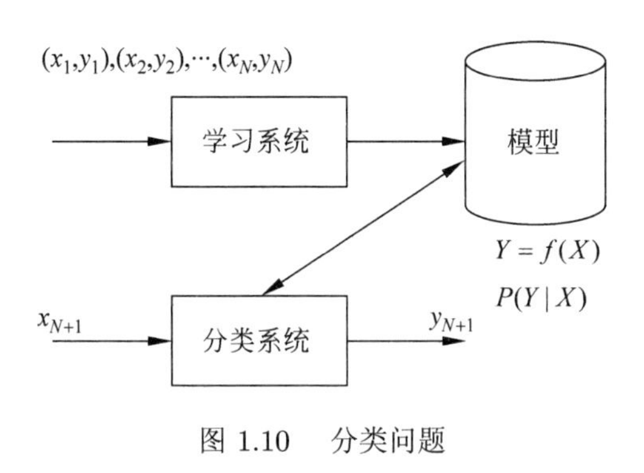

图 1.10　分类问题

评价分类器性能的指标一般是分类精确率（accuracy），其定义是：对于给定的测试数据集，分类器正确分类的样本数与总样本数之比。也就是损失函数是 0-1 损失时测试数据集上的精确率（见式 (1.21)）。

对于二类分类问题，常用的评价指标是准确率（precision）与召回率（recall）。通常以关注的类为正类，其他类为负类，分类器在测试数据集上的预测或正确或不正确，4 种情况出现的总数分别记作：

TP—— 将正类预测为正类数；

FN—— 将正类预测为负类数；

FP—— 将负类预测为正类数；

TN—— 将负类预测为负类数。

准确率定义为

$$P=\frac{\mathrm{TP}}{\mathrm{TP}+\mathrm{FP}} \tag{1.41}$$

召回率定义为

$$R=\frac{\mathrm{TP}}{\mathrm{TP}+\mathrm{FN}} \tag{1.42}$$

此外，还有 F_1，是准确率和召回率的调和均值，即

$$\frac{2}{F_1}=\frac{1}{P}+\frac{1}{R} \tag{1.43}$$

$$F_1=\frac{2\mathrm{TP}}{2\mathrm{TP}+\mathrm{FP}+\mathrm{FN}} \tag{1.44}$$

准确率和召回率都高时，F_1 值也会高。

许多机器学习方法可以用于分类，包括 k 近邻法、感知机、朴素贝叶斯法、决策树、决策列表、逻辑斯谛回归模型、支持向量机、提升方法、贝叶斯网络、神经网络、Winnow 等。本书将讲述其中一些主要方法。

分类在于根据其特性将数据“分门别类”，所以在许多领域都有广泛的应用。例如，在银行业务中，可以构建一个客户分类模型，对客户按照贷款风险的大小进行分类；在网络安全领域，可以利用日志数据的分类对非法入侵进行检测；在图像处理中，分类可以用来检测图像中是否有人脸出现；在手写识别中，分类可以用于识别手写的数字；在互联网搜索中，网页的分类可以帮助网页的抓取、索引与排序。

举一个分类应用的例子 —— 文本分类 (text classification)。这里的文本可以是新闻报道、网页、电子邮件、学术论文等。类别往往是关于文本内容的，如政治、经济、体育等；也有关于文本特点的，如正面意见、反面意见；还可以根据应用确定，如垃圾邮件、非垃圾邮件等。文本分类是根据文本的特征将其划分到已有的类中。输入是文本的特征向量，输出是文本的类别。通常把文本中的单词定义为特征，每个单词对应一个特征。单词的特征可以是二值的，如果单词在文本中出现则取值是 1，否则是 0；也可以是多值的，表示单词在文本中出现的频率。直观地，如果“股票”“银行”“货币”这些词出现很多，这个文本可能属于经济类；如果“网球”“比赛”“运动员”这些词频繁出现，这个文本可能属于体育类。

1.8.2 标注问题

标注（tagging）也是一个监督学习问题。可以认为标注问题是分类问题的一个推广，标注问题又是更复杂的结构预测（structure prediction）问题的简单形式。标注问题的输入是一个观测序列，输出是一个标记序列或状态序列。标注问题的目标在于学习一个模型，使它能够对观测序列给出标记序列作为预测。注意，可能的标记个数是有限的，但其组合所成的标记序列的个数是依序列长度呈指数级增长的。

标注问题分为学习和标注两个过程（如图 1.11 所示）。首先给定一个训练数据集

$$T=\{(x_1,y_1),(x_2,y_2),\cdots,(x_N,y_N)\}$$

这里，$x_i=(x_i^{(1)},x_i^{(2)},\cdots,x_i^{(n)})^{\mathrm{T}}$，$i=1,2,\cdots,N$，是输入观测序列；$y_i=(y_i^{(1)},y_i^{(2)},\cdots,y_i^{(n)})^{\mathrm{T}}$ 是相应的输出标记序列；n 是序列的长度，对不同样本可以有不同的值。学习系统基于训练数据集构建一个模型，表示为条件概率分布：

$$P(Y^{(1)},Y^{(2)},\cdots,Y^{(n)}|X^{(1)},X^{(2)},\cdots,X^{(n)})$$

这里，每一个 $X^{(i)}$ $(i=1,2,\cdots,n)$ 取值为所有可能的观测，每一个 $Y^{(i)}$ $(i=1,2,\cdots,n)$ 取值为所有可能的标记，一般 $n\ll N$。标注系统按照学习得到的条件概率分布模型，对新的输入观测序列找到相应的输出标记序列。具体地，对一个观测序列 $x_{N+1}=(x_{N+1}^{(1)},x_{N+1}^{(2)},\cdots,x_{N+1}^{(n)})^{\mathrm{T}}$，找到使条件概率 $P((y_{N+1}^{(1)},y_{N+1}^{(2)},\cdots,y_{N+1}^{(n)})^{\mathrm{T}}|(x_{N+1}^{(1)},x_{N+1}^{(2)},\cdots,x_{N+1}^{(n)})^{\mathrm{T}})$ 最大的标记序列 $y_{N+1}=(y_{N+1}^{(1)},y_{N+1}^{(2)},\cdots,y_{N+1}^{(n)})^{\mathrm{T}}$。

评价标注模型的指标与评价分类模型的指标一样，常用的有标注精确率、准确率和召回率。其定义与分类模型相同。

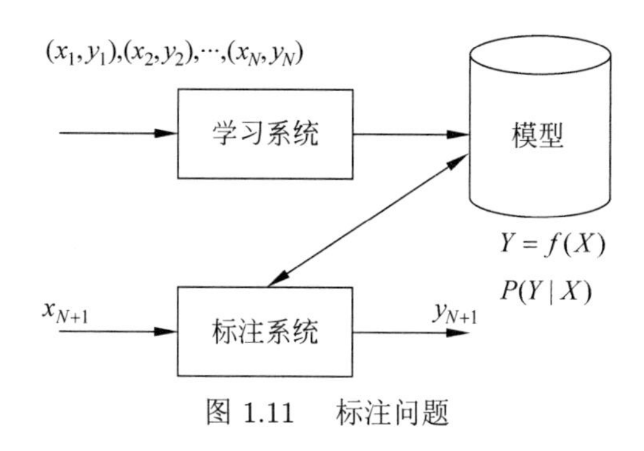

图 1.11 标注问题

标注常用的机器学习方法有隐马尔可夫模型、条件随机场。

标注问题在信息抽取、自然语言处理等领域被广泛应用，是这些领域的基本问题。例如，自然语言处理中的词性标注（part of speech tagging）就是一个典型的标注问题：给定一个由单词组成的句子，对这个句子中的每一个单词进行词性标注，即对一个单词序列预测其对应的词性标记序列。

举一个信息抽取的例子。从英文文章中抽取基本名词短语（base noun phrase）。为此，要对文章进行标注。英文单词是一个观测，英文句子是一个观测序列，标记表示名词短语的“开始”、“结束”或“其他”（分别以 B，E，O 表示），标记序列表示英文句子中基本名词短语的所在位置。信息抽取时，将标记“开始”到标记“结束”的单词作为名词短语。例如，给出以下的观测序列，即英文句子，标注系统产生相应的标记序列，即给出句子中的基本名词短语。

输入：At Microsoft Research, we have an insatiable curiosity and the desire to create new technology that will help define the computing experience.

输出：At/O Microsoft/B Research/E, we/O have/O an/O insatiable/B curiosity/E and/O the/O desire/BE to/O create/O new/B technology/E that/O will/O help/O define/O the/O computing/B experience/E.

1.8.3 回归问题

回归（regression）是监督学习的另一个重要问题。回归用于预测输入变量（自变量）和输出变量（因变量）之间的关系，特别是当输入变量的值发生变化时，输出变量的值随之发生的变化。回归模型正是表示从输入变量到输出变量之间映射的函数。回归问题的学习等价于函数拟合：选择一条函数曲线使其很好地拟合已知数据且很好地预测未知数据（参照 1.4.2 节）。

回归问题分为学习和预测两个过程（如图 1.12 所示）。首先给定一个训练数据集：

$$T = \{(x_1, y_1), (x_2, y_2), \cdots, (x_N, y_N)\}$$

这里，$x_i \in \boldsymbol{R}^n$ 是输入，$y \in \boldsymbol{R}$ 是对应的输出，$i = 1, 2, \cdots, N$。学习系统基于训练数据构建一个模型，即函数 $Y = f(X)$；对新的输入 x_{N+1}，预测系统根据学习的模型 $Y = f(X)$ 确定相应的输出 y_{N+1}。

回归问题按照输入变量的个数，分为一元回归和多元回归；按照输入变量和输出变量之间关系的类型即模型的类型，分为线性回归和非线性回归。

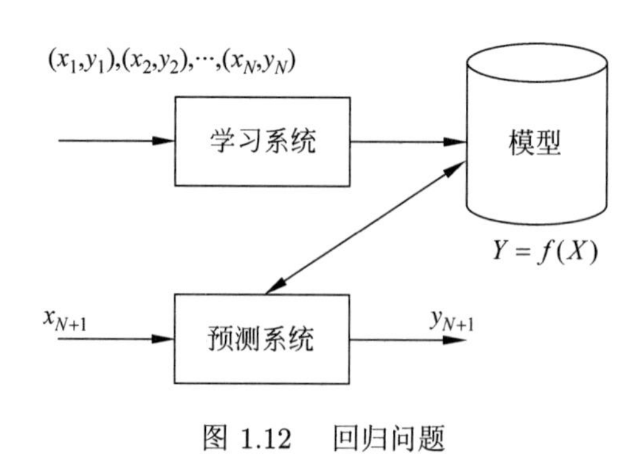

图 1.12 回归问题

回归学习最常用的损失函数是平方损失函数，在此情况下，回归问题可以由著名的最小二乘法（least squares）求解。

许多领域的任务都可以形式化为回归问题，比如，回归可以用于商务领域，作为市场趋势预测、产品质量管理、客户满意度调查、投资风险分析的工具。作为例子，简单介绍股价预测问题。假设知道某一公司在过去不同时间点（比如，每天）的市场上的股票价格（比如，股票平均价格），以及在各个时间点之前可能影响该公司股价的信息（比如，该公司前一周的营业额、利润）。目标是从过去的数据学习一个模型，使它可以基于当前的信息预测该公司下一个时间点的股票价格。可以将这个问题作为回归问题解决。具体地，将影响股价的信息视为自变量（输入的特征），而将股价视为因变量（输出的值）。将过去的数据作为训练数据就可以学习一个回归模型，并对未来的股价进行预测。可以看出这是一个困难的预测问题，因为影响股价的因素非常多，我们未必能判断出哪些信息（输入的特征）有用并能得到这些信息。

本章概要

1. 机器学习或统计机器学习是关于计算机基于数据构建概率统计模型并运用模型对数据进行分析与预测的一门学科。机器学习包括监督学习、无监督学习和强化学习。

2. 机器学习方法三要素 —— 模型、策略、算法，对理解机器学习方法起到提纲挈领的作用。

3. 本书第 1 篇主要讨论监督学习，监督学习可以概括如下：从给定的有限训练数据出发，假设数据是独立同分布的，而且假设模型属于某个假设空间，应用某一评价准则，从假设空间中选取一个最优的模型，使它对已给训练数据及未知测试数据在给定评价标准意义下有最准确的预测。

4. 机器学习中，进行模型选择或者说提高学习的泛化能力是一个重要问题。如果只考虑减少训练误差，就可能产生过拟合现象。模型选择的方法有正则化与交叉验证。学习方法泛化能力的分析是机器学习理论研究的重要课题。

5. 分类问题、标注问题和回归问题都是监督学习的重要问题。本书第 1 篇介绍的机器学习方法包括感知机、k 近邻法、朴素贝叶斯法、决策树、逻辑斯谛回归与最大熵模型、支持向量机、Boosting、EM 算法、隐马尔可夫模型和条件随机场。这些方法是主要的分类、标注以及回归方法。它们又可以归类为生成方法与判别方法。

继续阅读

关于机器学习或机器学习方法一般介绍的书籍可以参阅文献 [1] ～文献 [8]。

习 题

1.1 说明伯努利模型的极大似然估计以及贝叶斯估计中的机器学习方法三要素。伯努利模型是定义在取值为 0 与 1 的随机变量上的概率分布。假设观测到伯努利模型 n 次独立的数据生成结果，其中 k 次的结果为 1，这时可以用极大似然估计或贝叶斯估计来估计结果为 1 的概率。

1.2 通过经验风险最小化推导极大似然估计。证明模型是条件概率分布，当损失函数是对数损失函数时，经验风险最小化等价于极大似然估计。

参考文献

[1] HASTIE T, TIBSHIRANI R, FRIEDMAN J. The elements of statistical learning: data mining, inference, and prediction[M]. 范明，柴玉梅，昝红英，等译. Springer, 2001.

[2] BISHOP M. Pattern recognition and machine learning[M]. Springer, 2006.

[3] DAPHNE K, NIR F. Probabilistic graphical models: principles and techniques[M]. MIT Press, 2009.

[4] IAN G, YOSHUA B, AARON C, et al. Deep learning[M]. MIT Press, 2016.

[5] TOM M M. Machine learning[M]. 曾华军，张银奎，等译. McGraw-Hill Companies, Inc. 1997.

[6] DAVID B. Bayesian reasoning and machine learning[M]. Cambridge University Press, 2012.

[7] RICHARD S S, ANDREW G B. Reinforcement learning: an introduction[M]. MIT Press, 1998.

[8] 周志华. 机器学习 [M]. 北京：清华大学出版社，2016.

第 2 章 感 知 机

感知机（perceptron）是二类分类的线性分类模型，其输入为实例的特征向量，输出为实例的类别，取 $+1$ 和 -1 二值。感知机对应于输入空间（特征空间）中将实例划分为正负两类的分离超平面，属于判别模型。感知机学习旨在求出将训练数据进行线性划分的分离超平面，为此，导入基于误分类的损失函数，利用梯度下降法对损失函数进行极小化，求得感知机模型。感知机学习算法具有简单而易于实现的优点，分为原始形式和对偶形式。感知机预测是用学习得到的感知机模型对新的输入实例进行分类。感知机在 1957 年由 Rosenblatt 提出，是神经网络与支持向量机的基础。

本章首先介绍感知机模型；然后叙述感知机的学习策略，特别是损失函数；最后介绍感知机学习算法，包括原始形式和对偶形式，并证明算法的收敛性。

2.1 感知机模型

定义 2.1（感知机） 假设输入空间（特征空间）是 $\mathcal{X} \subseteq \boldsymbol{R}^n$，输出空间是 $\mathcal{Y} = \{+1, -1\}$。输入 $x \in \mathcal{X}$ 表示实例的特征向量，对应于输入空间（特征空间）的点；输出 $y \in \mathcal{Y}$ 表示实例的类别。由输入空间到输出空间的如下函数

$$f(x) = \operatorname{sign}(w \cdot x + b) \tag{2.1}$$

称为感知机。其中，w 和 b 为感知机模型参数，$w \in \boldsymbol{R}^n$ 叫作权值（weight）或权值向量（weight vector），$b \in \boldsymbol{R}$ 叫作偏置（bias），$w \cdot x$ 表示 w 和 x 的内积。sign 是符号函数，即

$$\operatorname{sign}(x) = \begin{cases} +1, & x \geqslant 0 \\ -1, & x < 0 \end{cases} \tag{2.2}$$

感知机是一种线性分类模型，属于判别模型。感知机模型的假设空间是定义在特征空间中的所有线性分类模型（linear classification model）或线性分类器（linear classifier），即函数集合 $\{f | f(x) = w \cdot x + b\}$。

感知机有如下几何解释：线性方程

$$w \cdot x + b = 0 \tag{2.3}$$

对应于特征空间 $\boldsymbol{R}^n$ 中的一个超平面 S，其中 w 是超平面的法向量，b 是超平面的截距。这

个超平面将特征空间划分为两个部分。位于两部分的点（特征向量）分别被分为正、负两类。因此，超平面 S称为分离超平面（separating hyperplane），如图 2.1 所示。

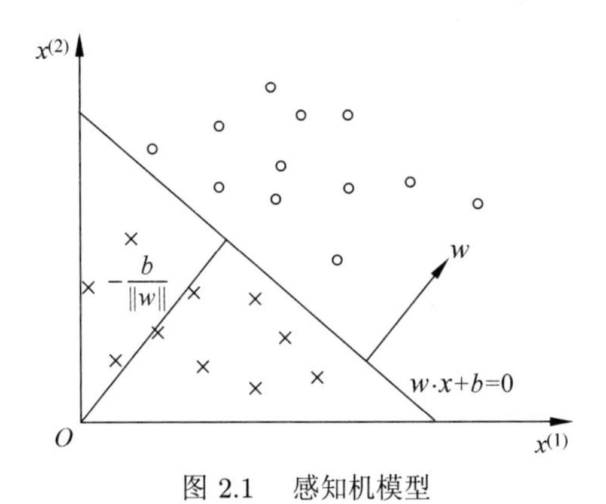

图 2.1 感知机模型

感知机学习由训练数据集（实例的特征向量及类别）

$$T=\{(x_1,y_1),(x_2,y_2),\cdots,(x_N,y_N)\}$$

其中，$x_i \in \mathcal{X}=\boldsymbol{R}^n$，$y_i \in \mathcal{Y}=\{+1,-1\}$，$i=1,2,\cdots,N$，求得感知机模型（式（2.1）），即求得模型参数 w, b。感知机预测通过学习得到的感知机模型，对新的输入实例给出其对应的输出类别。

2.2 感知机学习策略

2.2.1 数据集的线性可分性

定义 2.2（数据集的线性可分性） 给定一个数据集

$$T=\{(x_1,y_1),(x_2,y_2),\cdots,(x_N,y_N)\}$$

其中，$x_i \in \mathcal{X}=\boldsymbol{R}^n$，$y_i \in \mathcal{Y}=\{+1,-1\}$，$i=1,2,\cdots,N$，如果存在某个超平面 S

$$w \cdot x+b=0$$

能够将数据集的正实例点和负实例点完全正确地划分到超平面的两侧，即对所有 $y_i=+1$ 的实例 i，有 $w \cdot x_i+b>0$，对所有 $y_i=-1$ 的实例 i，有 $w \cdot x_i+b<0$，则称数据集 T 为线性可分数据集（linearly separable data set）；否则，称数据集 T 线性不可分。

2.2.2 感知机学习策略

假设训练数据集是线性可分的，感知机学习的目标是求得一个能够将训练集正实例点和负实例点完全正确分开的分离超平面。为了找出这样的超平面，即确定感知机模型参数 w, b，需要确定一个学习策略，即定义（经验）损失函数并将损失函数极小化。

损失函数的一个自然选择是误分类点的总数。但是，这样的损失函数不是参数 w, b 的连续可导函数，不易优化。损失函数的另一个选择是误分类点到超平面 S 的总距离，这是感知机所采用的。为此，首先写出输入空间 $\boldsymbol{R}^n$ 中任一点 x_0 到超平面 S 的距离：

$$\frac{1}{\|w\|}|w \cdot x_0 + b|$$

这里，$\|w\|$ 是 w 的 L_2 范数。

其次，对于误分类的数据 (x_i, y_i)，

$$-y_i(w \cdot x_i + b) > 0$$

成立。因为当 $w \cdot x_i + b > 0$ 时，$y_i = -1$；而当 $w \cdot x_i + b < 0$ 时，$y_i = +1$。因此，误分类点 x_i 到超平面 S 的距离是

$$-\frac{1}{\|w\|} y_i(w \cdot x_i + b)$$

假设超平面 S 的误分类点集合为 M，那么所有误分类点到超平面 S 的总距离为

$$-\frac{1}{\|w\|} \sum_{x_i \in M} y_i(w \cdot x_i + b)$$

不考虑 $\frac{1}{\|w\|}$，就得到感知机学习的损失函数①。

给定训练数据集

$$T = \{(x_1, y_1), (x_2, y_2), \cdots, (x_N, y_N)\}$$

其中，$x_i \in \mathcal{X} = \boldsymbol{R}^n$，$y_i \in \mathcal{Y} = \{+1, -1\}$，$i = 1, 2, \cdots, N$。感知机 $\text{sign}(w \cdot x + b)$ 学习的损失函数定义为

$$L(w, b) = -\sum_{x_i \in M} y_i(w \cdot x_i + b) \tag{2.4}$$

其中，M 为误分类点的集合。这个损失函数就是感知机学习的经验风险函数。

显然，损失函数 $L(w, b)$ 是非负的。如果没有误分类点，损失函数值是 0。而且，误分类点越少，误分类点离超平面越近，损失函数值就越小。一个特定的样本点的损失函数在误分类时是参数 w, b 的线性函数，在正确分类时是 0。因此，给定训练数据集 T，损失函数 $L(w, b)$ 是 w, b 的连续可导函数。

感知机学习的策略是在假设空间中选取使损失函数式 (2.4) 最小的模型参数 w, b, 即感知机模型。

2.3 感知机学习算法

感知机学习问题转化为求解损失函数式 (2.4) 的最优化问题，最优化的方法是随机梯度下降法。本节叙述感知机学习的具体算法，包括原始形式和对偶形式，并证明在训练数据线

① 第 7 章中会介绍 $y(w \cdot x + b)$ 称为样本点的函数间隔。

性可分条件下感知机学习算法的收敛性。

2.3.1 感知机学习算法的原始形式

感知机学习算法是对以下最优化问题的算法。给定一个训练数据集

$$T=\{(x_1,y_1),(x_2,y_2),\cdots,(x_N,y_N)\}$$

其中，$x_i\in\mathcal{X}=\boldsymbol{R}^n$，$y_i\in\mathcal{Y}=\{-1,1\}$，$i=1,2,\cdots,N$，求参数 w,b，使其为以下损失函数极小化问题的解：

$$\min_{w,b} L(w,b)=-\sum_{x_i\in M} y_i(w\cdot x_i+b) \tag{2.5}$$

其中，M 为误分类点的集合。

感知机学习算法是误分类驱动的，具体采用随机梯度下降法（stochastic gradient descent）。首先，任意选取一个超平面 w_0，b_0，然后用梯度下降法不断地极小化目标函数（式（2.5））。极小化过程中不是一次使 M 中所有误分类点的梯度下降，而是一次随机选取一个误分类点使其梯度下降。

假设误分类点集合 M 是固定的，那么损失函数 $L(w,b)$ 的梯度由

$$\boldsymbol{\nabla}_w L(w,b)=-\sum_{x_i\in M} y_i x_i$$

$$\boldsymbol{\nabla}_b L(w,b)=-\sum_{x_i\in M} y_i$$

给出。

随机选取一个误分类点 (x_i,y_i)，对 w,b 进行更新：

$$w\leftarrow w+\eta y_i x_i \tag{2.6}$$

$$b\leftarrow b+\eta y_i \tag{2.7}$$

式中 $\eta\,(0<\eta\leqslant 1)$ 是步长，在机器学习中又称为学习率（learning rate）。这样，通过迭代可以期待损失函数 $L(w,b)$ 不断减小，直到为 0。综上所述，得到如下算法：

算法 2.1（感知机学习算法的原始形式）

输入：训练数据集 $T=\{(x_1,y_1),(x_2,y_2),\cdots,(x_N,y_N)\}$，其中 $x_i\in\mathcal{X}=\boldsymbol{R}^n$，$y_i\in\mathcal{Y}=\{-1,+1\}$，$i=1,2,\cdots,N$；学习率 $\eta\,(0<\eta\leqslant 1)$。

输出：w,b；感知机模型 $f(x)=\mathrm{sign}(w\cdot x+b)$。

（1）选取初值 w_0,b_0；

（2）在训练集中选取数据 (x_i,y_i)；

（3）如果 $y_i(w\cdot x_i+b)\leqslant 0$，则

$$w\leftarrow w+\eta y_i x_i$$

$$b\leftarrow b+\eta y_i$$

（4）转至步骤（2），直至训练集中没有误分类点。 ■

这种学习算法直观上有如下解释：当一个实例点被误分类，即位于分离超平面的错误一侧时，则调整 w,b 的值，使分离超平面向该误分类点的一侧移动，以减少该误分类点与超平面间的距离，直至超平面越过该误分类点使其被正确分类。

算法 2.1 是感知机学习的基本算法，对应于后面的对偶形式，称为原始形式。感知机学习算法简单且易于实现。

例 2.1 如图 2.2 所示的训练数据集，其正实例点是 $x_1=(3,3)^{\mathrm{T}}$，$x_2=(4,3)^{\mathrm{T}}$，负实例点是 $x_3=(1,1)^{\mathrm{T}}$，试用感知机学习算法的原始形式求感知机模型 $f(x)=\operatorname{sign}(w\cdot x+b)$。这里，$w=(w^{(1)},w^{(2)})^{\mathrm{T}}$，$x=(x^{(1)},x^{(2)})^{\mathrm{T}}$。

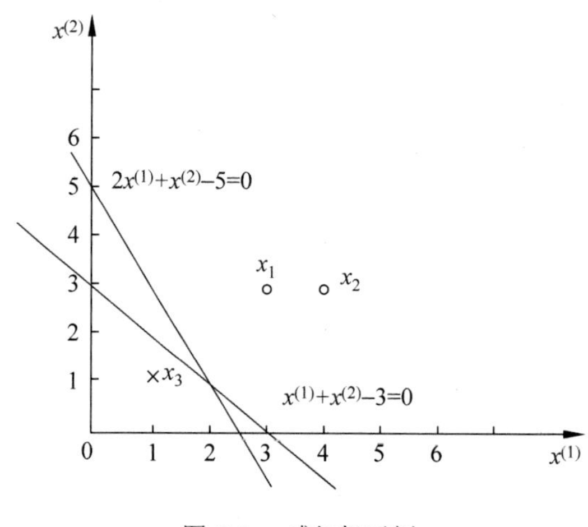

图 2.2 感知机示例

解 构建最优化问题：

$$\min_{w,b} L(w,b)=-\sum_{x_i\in M} y_i(w\cdot x_i+b)$$

按照算法 2.1 求解 w,b，$\eta=1$。

（1）取初值 $w_0=0$，$b_0=0$；

（2）对 $x_1=(3,3)^{\mathrm{T}}$，$y_1(w_0\cdot x_1+b_0)=0$，未能被正确分类，更新 w，b：

$$w_1=w_0+y_1x_1=(3,3)^{\mathrm{T}},\ b_1=b_0+y_1=1$$

得到线性模型：

$$w_1\cdot x+b_1=3x^{(1)}+3x^{(2)}+1$$

（3）对 x_1,x_2，显然，$y_i(w_1\cdot x_i+b_1)>0$，被正确分类，不修改 w，b；对 $x_3=(1,1)^{\mathrm{T}}$，$y_3(w_1\cdot x_3+b_1)<0$，被误分类，更新 w，b：

$$w_2=w_1+y_3x_3=(2,2)^{\mathrm{T}},\ b_2=b_1+y_3=0$$

得到线性模型：

$$w_2\cdot x+b_2=2x^{(1)}+2x^{(2)}$$

如此继续下去，直到

$$w_7=(1,1)^{\mathrm{T}},\ b_7=-3$$

$$w_7\cdot x+b_7=x^{(1)}+x^{(2)}-3$$

对所有数据点 $y_i(w_7\cdot x_i+b_7)>0$，没有误分类点，损失函数达到极小。

分离超平面为 $x^{(1)}+x^{(2)}-3=0$，感知机模型为 $f(x)=\mathrm{sign}(x^{(1)}+x^{(2)}-3)$。 ■

迭代过程见表 2.1。

表 2.1 例 2.1 求解的迭代过程

迭代次数	误分类点	w	b	$w\cdot x+b$
0		0	0	0
1	x_1	$(3,3)^{\mathrm{T}}$	1	$3x^{(1)}+3x^{(2)}+1$
2	x_3	$(2,2)^{\mathrm{T}}$	0	$2x^{(1)}+2x^{(2)}$
3	x_3	$(1,1)^{\mathrm{T}}$	-1	$x^{(1)}+x^{(2)}-1$
4	x_3	$(0,0)^{\mathrm{T}}$	-2	-2
5	x_1	$(3,3)^{\mathrm{T}}$	-1	$3x^{(1)}+3x^{(2)}-1$
6	x_3	$(2,2)^{\mathrm{T}}$	-2	$2x^{(1)}+2x^{(2)}-2$
7	x_3	$(1,1)^{\mathrm{T}}$	-3	$x^{(1)}+x^{(2)}-3$
8	0	$(1,1)^{\mathrm{T}}$	-3	$x^{(1)}+x^{(2)}-3$

这是在计算中误分类点先后取 $x_1,x_3,x_3,x_3,x_1,x_3,x_3$ 得到的分离超平面和感知机模型。如果在计算中误分类点依次取 $x_1,x_3,x_3,x_3,x_2,x_3,x_3,x_3,x_1,x_3,x_3$，那么得到的分离超平面是 $2x^{(1)}+x^{(2)}-5=0$。

可见，感知机学习算法由于采用不同的初值或选取不同的误分类点，解可以不同。

2.3.2 算法的收敛性

现在证明，对于线性可分数据集，感知机学习算法原始形式收敛，即经过有限次迭代可以得到一个将训练数据集完全正确划分的分离超平面及感知机模型。

为了便于叙述与推导，将偏置 b 并入权重向量 w，记作 $\hat{w}=(w^{\mathrm{T}},b)^{\mathrm{T}}$，同样也将输入向量加以扩充，加进常数 1，记作 $\hat{x}=(x^{\mathrm{T}},1)^{\mathrm{T}}$。这样，$\hat{x}\in\boldsymbol{R}^{n+1}$，$\hat{w}\in\boldsymbol{R}^{n+1}$。显然，$\hat{w}\cdot\hat{x}=w\cdot x+b$。

定理 2.1（Novikoff） 设训练数据集 $T=\{(x_1,y_1),(x_2,y_2),\cdots,(x_N,y_N)\}$ 是线性可分的，其中 $x_i\in\mathcal{X}=\boldsymbol{R}^n$，$y_i\in\mathcal{Y}=\{-1,+1\}$，$i=1,2,\cdots,N$，则

（1）存在满足条件 $\|\hat{w}_{\mathrm{opt}}\|=1$ 的超平面 $\hat{w}_{\mathrm{opt}}\cdot\hat{x}=w_{\mathrm{opt}}\cdot x+b_{\mathrm{opt}}=0$ 将训练数据集完全正确分开；且存在 $\gamma>0$，对所有 $i=1,2,\cdots,N$，有

$$y_i(\hat{w}_{\mathrm{opt}}\cdot\hat{x}_i)=y_i(w_{\mathrm{opt}}\cdot x_i+b_{\mathrm{opt}})\geqslant\gamma \tag{2.8}$$

（2）令 $R=\max\limits_{1\leqslant i\leqslant N}\|\hat{x}_i\|$，则感知机算法 2.1 在训练数据集上的误分类次数 k 满足不等式

$$k\leqslant\left(\frac{R}{\gamma}\right)^2 \tag{2.9}$$

证明 （1）由于训练数据集是线性可分的，按照定义 2.2，存在超平面可将训练数据集完全正确分开，取此超平面为 $\hat{w}_{\rm opt}\cdot\hat{x}=w_{\rm opt}\cdot x+b_{\rm opt}=0$，使 $\|\hat{w}_{\rm opt}\|=1$。由于对有限的 $i=1,2,\cdots,N$，均有

$$y_i(\hat{w}_{\rm opt}\cdot\hat{x}_i)=y_i(w_{\rm opt}\cdot x_i+b_{\rm opt})>0$$

所以存在

$$\gamma=\min_i\{y_i(w_{\rm opt}\cdot x_i+b_{\rm opt})\}$$

使

$$y_i(\hat{w}_{\rm opt}\cdot\hat{x}_i)=y_i(w_{\rm opt}\cdot x_i+b_{\rm opt})\geqslant\gamma$$

（2）感知机算法从 $\hat{w}_0=0$ 开始，如果实例被误分类，则更新权重。令 $\hat{w}_{k-1}$ 是第 k 个误分类实例之前的扩充权重向量，即

$$\hat{w}_{k-1}=(w_{k-1}^{\rm T},b_{k-1})^{\rm T}$$

则第 k 个误分类实例的条件是

$$y_i(\hat{w}_{k-1}\cdot\hat{x}_i)=y_i(w_{k-1}\cdot x_i+b_{k-1})\leqslant 0 \tag{2.10}$$

若 (x_i,y_i) 是被 $\hat{w}_{k-1}=(w_{k-1}^{\rm T},b_{k-1})^{\rm T}$ 误分类的数据，则 w 和 b 的更新是

$$\begin{aligned}w_k&\leftarrow w_{k-1}+\eta y_i x_i\\ b_k&\leftarrow b_{k-1}+\eta y_i\end{aligned}$$

即

$$\hat{w}_k=\hat{w}_{k-1}+\eta y_i\hat{x}_i \tag{2.11}$$

下面推导不等式 (2.12) 及不等式 (2.13)：

$$\hat{w}_k\cdot\hat{w}_{\rm opt}\geqslant k\eta\gamma \tag{2.12}$$

由式 (2.11) 及式 (2.8) 得：

$$\begin{aligned}\hat{w}_k\cdot\hat{w}_{\rm opt}&=\hat{w}_{k-1}\cdot\hat{w}_{\rm opt}+\eta y_i\hat{w}_{\rm opt}\cdot\hat{x}_i\\ &\geqslant\hat{w}_{k-1}\cdot\hat{w}_{\rm opt}+\eta\gamma\end{aligned}$$

由此递推即得不等式 (2.12)：

$$\hat{w}_k\cdot\hat{w}_{\rm opt}\geqslant\hat{w}_{k-1}\cdot\hat{w}_{\rm opt}+\eta\gamma\geqslant\hat{w}_{k-2}\cdot\hat{w}_{\rm opt}+2\eta\gamma\geqslant\cdots\geqslant k\eta\gamma$$

$$\|\hat{w}_k\|^2\leqslant k\eta^2R^2 \tag{2.13}$$

由式 (2.11) 及式 (2.10) 得：

$$\begin{aligned}\|\hat{w}_k\|^2 &= \|\hat{w}_{k-1}\|^2 + 2\eta y_i \hat{w}_{k-1}\cdot\hat{x}_i + \eta^2\|\hat{x}_i\|^2 \\ &\leqslant \|\hat{w}_{k-1}\|^2 + \eta^2\|\hat{x}_i\|^2 \\ &\leqslant \|\hat{w}_{k-1}\|^2 + \eta^2 R^2 \\ &\leqslant \|\hat{w}_{k-2}\|^2 + 2\eta^2 R^2 \leqslant \cdots \\ &\leqslant k\eta^2 R^2\end{aligned}$$

结合不等式 (2.12) 及式 (2.13) 即得：

$$\begin{aligned}&k\eta\gamma \leqslant \hat{w}_k\cdot\hat{w}_{\text{opt}} \leqslant \|\hat{w}_k\|\ \|\hat{w}_{\text{opt}}\| \leqslant \sqrt{k}\eta R \\ &k^2\gamma^2 \leqslant kR^2\end{aligned}$$

于是

$$k \leqslant \left(\frac{R}{\gamma}\right)^2$$

■

定理表明，误分类的次数 k 是有上界的，经过有限次搜索可以找到将训练数据完全正确分开的分离超平面。也就是说，当训练数据集线性可分时，感知机学习算法原始形式迭代是收敛的。但是例 2.1 说明，感知机学习算法存在许多解，这些解既依赖于初值的选择，也依赖于迭代过程中误分类点的选择顺序。为了得到唯一的超平面，需要对分离超平面增加约束条件。这就是第 7 章将要讲述的线性支持向量机的想法。当训练集线性不可分时，感知机学习算法不收敛，迭代结果会发生振荡。

2.3.3 感知机学习算法的对偶形式

现在考虑感知机学习算法的对偶形式。感知机学习算法的原始形式和对偶形式与第 7 章中支持向量机学习算法的原始形式和对偶形式相对应。

对偶形式的基本想法是：将 w 和 b 表示为实例 x_i 和标记 y_i 的线性组合的形式，通过求解其系数而求得 w 和 b。不失一般性，在算法 2.1 中可假设初始值 w_0, b_0 均为 0。对误分类点 (x_i, y_i) 通过

$$w \leftarrow w + \eta y_i x_i$$

$$b \leftarrow b + \eta y_i$$

逐步修改 w, b，设修改 n 次，则 w, b 关于 (x_i, y_i) 的增量分别是 $\alpha_i y_i x_i$ 和 $\alpha_i y_i$，这里 $\alpha_i = n_i\eta, n_i$ 是点 (x_i, y_i) 被误分类的次数。这样，从学习过程不难看出，最后学习到的 w,b 可以分别表示为

$$w = \sum_{i=1}^{N} \alpha_i y_i x_i \tag{2.14}$$

$$b = \sum_{i=1}^{N} \alpha_i y_i \tag{2.15}$$

这里，$\alpha_i \geqslant 0$，$i=1,2,\cdots,N$，当 $\eta=1$ 时，表示第 i 个实例点由于误分而进行更新的次数。实例点更新次数越多，意味着它距分离超平面越近，也就越难正确分类。换句话说，这样的实例对学习结果影响最大。

下面对照原始形式来叙述感知机学习算法的对偶形式。

算法 2.2（**感知机学习算法的对偶形式**）

输入：线性可分的数据集 $T=\{(x_1,y_1),(x_2,y_2),\cdots,(x_N,y_N)\}$，其中 $x_i \in \boldsymbol{R}^n$，$y_i \in \{-1,+1\}$，$i=1,2,\cdots,N$；学习率 η（$0<\eta \leqslant 1$）。

输出：α, b；感知机模型 $f(x)=\operatorname{sign}\left(\sum\limits_{j=1}^{N} \alpha_j y_j x_j \cdot x+b\right)$，其中 $\alpha=(\alpha_1,\alpha_2,\cdots,\alpha_N)^{\mathrm{T}}$。

（1）$\alpha \leftarrow 0$，$b \leftarrow 0$；

（2）在训练集中选取数据 (x_i,y_i)；

（3）如果 $y_i\left(\sum\limits_{j=1}^{N} \alpha_j y_j x_j \cdot x_i+b\right) \leqslant 0$，则

$$
\begin{aligned}
&\alpha_i \leftarrow \alpha_i+\eta \\
&b \leftarrow b+\eta y_i
\end{aligned}
$$

（4）转至步骤（2）直到没有误分类数据。■

对偶形式中训练实例仅以内积的形式出现。为了方便，可以预先将训练集中实例间的内积计算出来并以矩阵的形式存储，这个矩阵就是所谓的 Gram 矩阵（Gram matrix）：

$$
G=[x_i \cdot x_j]_{N \times N}
$$

例 2.2 数据同例 2.1，正样本点是 $x_1=(3,3)^{\mathrm{T}}$，$x_2=(4,3)^{\mathrm{T}}$，负样本点是 $x_3=(1,1)^{\mathrm{T}}$，试用感知机学习算法对偶形式求感知机模型。

解 按照算法 2.2，

（1）取 $\alpha_i=0$，$i=1,2,3$，$b=0$，$\eta=1$；

（2）计算 Gram 矩阵：

$$
G=\begin{bmatrix}
18 & 21 & 6 \\
21 & 25 & 7 \\
6 & 7 & 2
\end{bmatrix}
$$

（3）误分条件

$$
y_i\left(\sum_{j=1}^{N} \alpha_j y_j x_j \cdot x_i+b\right) \leqslant 0
$$

参数更新：

$$
\alpha_i \leftarrow \alpha_i+1,\ b \leftarrow b+y_i
$$

（4）迭代，过程从略，结果列于表 2.2；

（5）

$$w = 2x_1 + 0x_2 - 5x_3 = (1,1)^{\mathrm{T}}$$
$$b = -3$$

分离超平面为

$$x^{(1)} + x^{(2)} - 3 = 0$$

感知机模型为

$$f(x) = \mathrm{sign}(x^{(1)} + x^{(2)} - 3)$$

■

表 2.2　例 2.2 求解的迭代过程

k	0	1	2	3	4	5	6	7
		x_1	x_3	x_3	x_3	x_1	x_3	x_3
α_1	0	1	1	1	1	2	2	2
α_2	0	0	0	0	0	0	0	0
α_3	0	0	1	2	3	3	4	5
b	0	1	0	−1	−2	−1	−2	−3

对照例 2.1，结果一致，迭代步骤也是互相对应的。

与原始形式一样，感知机学习算法的对偶形式迭代是收敛的，存在多个解。

本章概要

1. 感知机是根据输入实例的特征向量 x 对其进行二类分类的线性分类模型：

$$f(x) = \mathrm{sign}(w \cdot x + b)$$

感知机模型对应于输入空间（特征空间）中的分离超平面 $w \cdot x + b = 0$。

2. 感知机学习的策略是极小化损失函数：

$$\min_{w,b} L(w,b) = -\sum_{x_i \in M} y_i(w \cdot x_i + b)$$

损失函数对应于误分类点到分离超平面的总距离。

3. 感知机学习算法是基于随机梯度下降法的对损失函数的最优化算法，有原始形式和对偶形式。算法简单且易于实现。原始形式中，首先任意选取一个超平面，然后用梯度下降法不断极小化目标函数。在这个过程中一次随机选取一个误分类点使其梯度下降。

4. 当训练数据集线性可分时，感知机学习算法是收敛的。感知机算法在训练数据集上的误分类次数 k 满足不等式

$$k \leqslant \left(\frac{R}{\gamma}\right)^2$$

当训练数据集线性可分时，感知机学习算法存在无穷多个解，其解由于不同的初值或不同的迭代顺序而可能有所不同。

继续阅读

感知机最早在 1957 年由 Rosenblatt 提出 [1]。Novikoff [2]，Minsky 与 Papert [3] 等人对感知机进行了一系列理论研究。感知机的扩展学习方法包括口袋算法（pocket algorithm）[4]、表决感知机（voted perceptron）[5]、带边缘感知机（perceptron with margin）[6]。关于感知机的介绍可进一步参考文献 [7] 和文献 [8]。

习 题

2.1 Minsky 与 Papert 指出：感知机因为是线性模型，所以不能表示复杂的函数，如异或（XOR）。验证感知机为什么不能表示异或。

2.2 模仿例题 2.1，构建从训练数据集求解感知机模型的例子。

2.3 证明以下定理：样本集线性可分的充分必要条件是正实例点集所构成的凸壳①与负实例点集所构成的凸壳互不相交。

参考文献

[1] ROSENBLATT F. The perceptron: a probabilistic model for information storage and organization in the Brain[J]. Psychological Review, 1958, 65 (6): 386–408.

[2] NOVIKOFF A B. On convergence proofs on perceptrons[C]//Polytechnic Institute of Brooklyn. Proceedings of the Symposium on the Mathematical Theory of Automata. 1962: 615–622.

[3] MINSKY M L, Papert S A. Perceptrons[M]. Cambridge, MA: MIT Press. 1969.

[4] GALLANT S I. Perceptron-based learning algorithms[J]. IEEE Transactions on Neural Networks, 1990, 1(2): 179–191.

[5] FREUND Y, SCHAPIRE R E. Large margin classification using the perceptron algorithm[C]// Proceedings of the 11th Annual Conference on Computational Learning Theory (COLT' 98). ACM Press, 1998.

[6] LI Y Y, Zaragoza H, Herbrich R, et al. The perceptron algorithm with uneven margins[C]// Proceedings of the 19th International Conference on Machine Learning. 2002: 379–386.

[7] WIDROW B, LEHR M A. 30 years of adaptive neural networks: perceptron, madaline, and backpropagation[J]. Proceedings of the IEEE, 1990, 78(9): 1415–1442.

[8] CRISTIANINI N, SHAWE-TAYLOR J. An introduction to support vector machines and other kernel-based learning methods[M]. Cambridge University Press, 2000.

① 设集合 $S \subset \boldsymbol{R}^n$ 是由 $\boldsymbol{R}^n$ 中的 k 个点所组成的集合，即 $S = \{x_1, x_2, \cdots, x_k\}$，定义 S 的凸壳 $\mathrm{conv}(S)$ 为

$$\mathrm{conv}(S) = \left\{ x = \sum_{i=1}^{k} \lambda_i x_i \,\middle|\, \sum_{i=1}^{k} \lambda_i = 1,\ \lambda_i \geqslant 0,\ i = 1, 2, \cdots, k \right\}$$

第 3 章　k 近 邻 法

k 近邻法（k-nearest neighbor，k-NN）是一种基本分类与回归方法。本书只讨论分类问题中的 k 近邻法。k 近邻法的输入为实例的特征向量，对应于特征空间的点；输出为实例的类别，可以取多类。k 近邻法假设给定一个训练数据集，其中的实例类别已定。分类时，对新的实例，根据其 k 个最近邻的训练实例的类别，通过多数表决等方式进行预测。因此，k 近邻法不具有显式的学习过程。k 近邻法实际上利用训练数据集对特征向量空间进行划分，并作为其分类的“模型”。k 值的选择、距离度量及分类决策规则是 k 近邻法的三个基本要素。k 近邻法在 1968 年由 Cover 和 Hart 提出。

本章首先叙述 k 近邻算法，然后讨论 k 近邻法的模型及三个基本要素，最后讲述 k 近邻法的一个实现方法 —— kd 树，介绍构造 kd 树和搜索 kd 树的算法。

3.1　k 近邻算法

k 近邻算法简单、直观：给定一个训练数据集，对新的输入实例，在训练数据集中找到与该实例最邻近的 k 个实例，这 k 个实例的多数属于某个类，就把该输入实例分为这个类。下面先叙述 k 近邻算法，然后再讨论其细节。

算法 3.1（k 近邻法）

输入：训练数据集

$$T = \{(x_1, y_1), (x_2, y_2), \cdots, (x_N, y_N)\}$$

其中，$x_i \in \mathcal{X} \subseteq \boldsymbol{R}^n$ 为实例的特征向量，$y_i \in \mathcal{Y} = \{c_1, c_2, \cdots, c_K\}$ 为实例的类别，$i = 1, 2, \cdots, N$。

输出：实例 x 所属的类 y。

（1）根据给定的距离度量，在训练集 T 中找出与 x 最邻近的 k 个点，涵盖这 k 个点的 x 的邻域记作 $N_k(x)$；

（2）在 $N_k(x)$ 中根据分类决策规则（如多数表决）决定 x 的类别 y：

$$y = \arg\max_{c_j} \sum_{x_i \in N_k(x)} I(y_i = c_j), \quad i = 1, 2, \cdots, N, j = 1, 2, \cdots, K \tag{3.1}$$

式 (3.1) 中，I 为指示函数，即当 $y_i = c_j$ 时 I 为 1，否则 I 为 0。■

k 近邻法的特殊情况是 $k = 1$ 的情形，称为最近邻算法。对于输入的实例点（特征向量）x，最近邻法将训练数据集中与 x 最邻近点的类作为 x 的类。

k 近邻法没有显式的学习过程。

3.2 k 近邻模型

k 近邻法使用的模型实际上对应于对特征空间的划分。模型由三个基本要素 —— 距离度量、k 值的选择和分类决策规则决定。

3.2.1 模型

k 近邻法中，当训练集、距离度量（如欧氏距离）、k 值及分类决策规则（如多数表决）确定后，对于任何一个新的输入实例，它所属的类唯一地确定。这相当于根据上述要素将特征空间划分为一些子空间，确定子空间里的每个点所属的类。这一事实从最近邻算法中可以看得很清楚。

特征空间中，对每个训练实例点 x_i，距离该点比其他点更近的所有点组成一个区域，叫作单元（cell）。每个训练实例点拥有一个单元，所有训练实例点的单元构成对特征空间的一个划分。最近邻法将实例 x_i 的类 y_i 作为其单元中所有点的类标记（class label）。这样，每个单元的实例点的类别是确定的。图 3.1 是二维特征空间划分的一个例子。

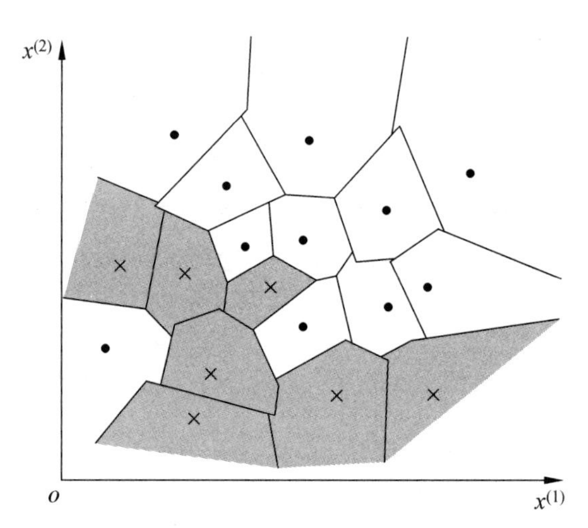

图 3.1 k 近邻法的模型对应特征空间的一个划分

3.2.2 距离度量

特征空间中两个实例点的距离是两个实例点相似程度的反映。k 近邻模型的特征空间一般是 n 维实数向量空间 $\boldsymbol{R}^n$。使用的距离是欧氏距离，但也可以是其他距离，如更一般的 L_p 距离（L_p distance）或 Minkowski 距离（Minkowski distance）。

设特征空间 $\mathcal{X}$ 是 n 维实数向量空间 $\boldsymbol{R}^n$，$x_i, x_j \in \mathcal{X}$，$x_i = (x_i^{(1)}, x_i^{(2)}, \cdots, x_i^{(n)})^{\mathrm{T}}$，$x_j = (x_j^{(1)}, x_j^{(2)}, \cdots, x_j^{(n)})^{\mathrm{T}}$，$x_i, x_j$ 的 L_p 距离定义为

$$L_p(x_i,x_j)=\left(\sum_{l=1}^{n}|x_i^{(l)}-x_j^{(l)}|^p\right)^{\frac{1}{p}} \tag{3.2}$$

这里 $p \geqslant 1$。当 $p=2$ 时，称为欧氏距离（Euclidean distance），即

$$L_2(x_i,x_j)=\left(\sum_{l=1}^{n}|x_i^{(l)}-x_j^{(l)}|^2\right)^{\frac{1}{2}} \tag{3.3}$$

当 $p=1$ 时，称为曼哈顿距离（Manhattan distance），即

$$L_1(x_i,x_j)=\sum_{l=1}^{n}|x_i^{(l)}-x_j^{(l)}| \tag{3.4}$$

当 $p=\infty$ 时，它是各个坐标距离的最大值，即

$$L_\infty(x_i,x_j)=\max_l |x_i^{(l)}-x_j^{(l)}| \tag{3.5}$$

图 3.2 给出了二维空间中 p 取不同值时，与原点的 L_p 距离为 1（$L_p=1$）的点的图形。

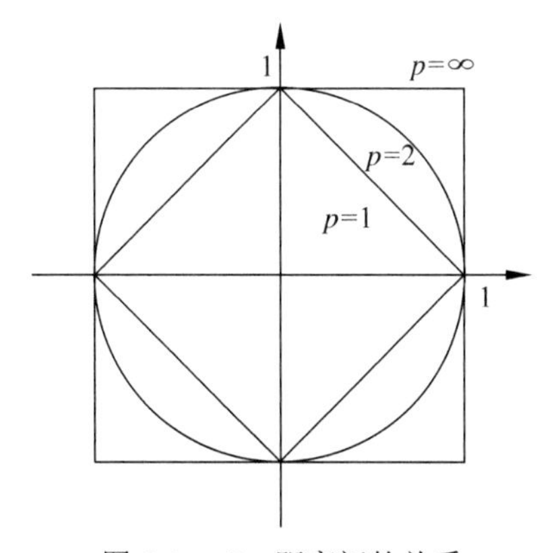

图 3.2　L_p 距离间的关系

下面的例子说明，由不同的距离度量所确定的最近邻点是不同的。

例 3.1　已知二维空间的 3 个点 $x_1=(1,1)^{\mathrm{T}}$, $x_2=(5,1)^{\mathrm{T}}$, $x_3=(4,4)^{\mathrm{T}}$，试求在 p 取不同值时，L_p 距离下 x_1 的最近邻点。

解　因为 x_1 和 x_2 只有第一维的值不同，所以 p 为任何值时，$L_p(x_1,x_2)=4$。而

$$L_1(x_1,x_3)=6,\quad L_2(x_1,x_3)=4.24,\quad L_3(x_1,x_3)=3.78,\quad L_4(x_1,x_3)=3.57$$

于是得到：$p=1$ 或 2 时，x_2 是 x_1 的最近邻点；$p \geqslant 3$ 时，x_3 是 x_1 的最近邻点。■

3.2.3　k 值的选择

k 值的选择会对 k 近邻法的结果产生重大影响。

如果选择较小的 k 值，就相当于用较小的邻域中的训练实例进行预测，“学习”的近似误差（approximation error）会减小，只有与输入实例较近的（相似的）训练实例才会对预测结

果起作用。但缺点是“学习”的估计误差（estimation error）会增大，预测结果会对近邻的实例点非常敏感[2]。如果邻近的实例点恰巧是噪声，预测就会出错。换句话说，k 值的减小就意味着整体模型变得复杂，容易发生过拟合。

如果选择较大的 k 值，就相当于用较大邻域中的训练实例进行预测。其优点是可以减少学习的估计误差，但缺点是学习的近似误差会增大。这时与输入实例较远的（不相似的）训练实例也会对预测起作用，使预测发生错误。k 值的增大就意味着整体模型变得简单。

如果 $k=N$，那么无论输入实例是什么，都将简单地预测它属于在训练实例中最多的类。这时，模型过于简单，完全忽略训练实例中的大量有用信息，是不可取的。

在应用中，k 值一般取一个比较小的数值。通常采用交叉验证法来选取最优的 k 值。

3.2.4 分类决策规则

k 近邻法中的分类决策规则往往是多数表决，即由输入实例的 k 个邻近的训练实例中的多数类决定输入实例的类。

多数表决规则（majority voting rule）有如下解释：如果分类的损失函数为 0-1 损失函数，分类函数为

$$f:\boldsymbol{R}^n\rightarrow\{c_1,c_2,\cdots,c_K\}$$

那么误分类的概率是

$$P(Y\neq f(X))=1-P(Y=f(X))$$

对给定的实例 $x\in\mathcal{X}$，其最近邻的 k 个训练实例点构成集合 $N_k(x)$。如果涵盖 $N_k(x)$ 的区域的类别是 c_j，那么误分类率是

$$\frac{1}{k}\sum_{x_i\in N_k(x)}I(y_i\neq c_j)=1-\frac{1}{k}\sum_{x_i\in N_k(x)}I(y_i=c_j)$$

要使误分类率最小即经验风险最小，就要使 $\sum\limits_{x_i\in N_k(x)}I(y_i=c_j)$ 最大，所以多数表决规则等价于经验风险最小化。

3.3 k 近邻法的实现：kd 树

实现 k 近邻法时，主要考虑的问题是如何对训练数据进行快速 k 近邻搜索。这点在特征空间的维数大及训练数据容量大时尤其必要。

k 近邻法最简单的实现方法是线性扫描（linear scan），这时要计算输入实例与每一个训练实例的距离。当训练集很大时，计算非常耗时，这种方法是不可行的。

为了提高 k 近邻搜索的效率，可以考虑使用特殊的结构存储训练数据，以减少计算距离的次数。具体方法很多，下面介绍其中的 kd 树（kd tree）方法①。

① kd 树是存储 k 维空间数据的树结构，这里的 k 与 k 近邻法的 k 意义不同，为了与习惯一致，本书仍用 kd 树的名称。

3.3.1 构造 kd 树

kd 树是一种对 k 维空间中的实例点进行存储以便对其进行快速检索的树形数据结构。kd 树是二叉树，表示对 k 维空间的一个划分（partition）。构造 kd 树相当于不断地用垂直于坐标轴的超平面将 k 维空间切分，构成一系列的 k 维超矩形区域。kd 树的每个结点对应于一个 k 维超矩形区域。

构造 kd 树的方法如下：构造根结点，使根结点对应于 k 维空间中包含所有实例点的超矩形区域；通过下面的递归方法，不断地对 k 维空间进行切分，生成子结点。在超矩形区域（结点）上选择一个坐标轴和在此坐标轴上的一个切分点，确定一个超平面，这个超平面通过选定的切分点并垂直于选定的坐标轴，将当前超矩形区域切分为左、右两个子区域（子结点），这时实例被分到两个子区域。这个过程直到子区域内没有实例时终止（终止时的结点为叶结点）。在此过程中，将实例保存在相应的结点上。

通常，依次选择坐标轴对空间切分，选择训练实例点在选定坐标轴上的中位数（median）① 为切分点，这样得到的 kd 树是平衡的。注意，平衡的 kd 树搜索时的效率未必是最优的。

下面给出构造 kd 树的算法。

算法 3.2（**构造平衡 kd 树**）

输入：k 维空间数据集 $T=\{x_1,x_2,\cdots,x_N\}$，其中 $x_i=(x_i^{(1)},x_i^{(2)},\cdots,x_i^{(k)})^{\mathrm{T}}$，$i=1,2,\cdots,N$。

输出：kd 树。

（1）开始：构造根结点，根结点对应于包含 T 的 k 维空间的超矩形区域。

选择 $x^{(1)}$ 为坐标轴，以 T 中所有实例的 $x^{(1)}$ 坐标的中位数为切分点，将根结点对应的超矩形区域切分为两个子区域。切分由通过切分点并与坐标轴 $x^{(1)}$ 垂直的超平面实现。

由根结点生成深度为 1 的左、右子结点：左子结点对应坐标 $x^{(1)}$ 小于切分点的子区域，右子结点对应坐标 $x^{(1)}$ 大于切分点的子区域。

将落在切分超平面上的实例点保存在根结点。

（2）重复：对深度为 j 的结点，选择 $x^{(l)}$ 为切分的坐标轴，$l=j(\bmod k)+1$，以该结点的区域中所有实例的 $x^{(l)}$ 坐标的中位数为切分点，将该结点对应的超矩形区域切分为两个子区域。切分由通过切分点并与坐标轴 $x^{(l)}$ 垂直的超平面实现。

由该结点生成深度为 $j+1$ 的左、右子结点：左子结点对应坐标 $x^{(l)}$ 小于切分点的子区域，右子结点对应坐标 $x^{(l)}$ 大于切分点的子区域。

将落在切分超平面上的实例点保存在该结点。

（3）直到两个子区域没有实例存在时停止，从而形成 kd 树的区域划分。 ■

例 3.2 给定一个二维空间的数据集

$$T=\{(2,3)^{\mathrm{T}},(5,4)^{\mathrm{T}},(9,6)^{\mathrm{T}},(4,7)^{\mathrm{T}},(8,1)^{\mathrm{T}},(7,2)^{\mathrm{T}}\}$$

构造一个平衡 kd 树②。

① 一组数据按大小顺序排列起来，处在中间位置的一个数或最中间两个数的平均值。

② 取自 Wikipedia。

解 根结点对应包含数据集 T 的矩形，选择 $x^{(1)}$ 轴，6 个数据点的 $x^{(1)}$ 坐标的中位数是 7 ①，以平面 $x^{(1)}=7$ 将空间分为左、右两个子矩形（子结点）；接着，左矩形以 $x^{(2)}=4$ 分为两个子矩形，右矩形以 $x^{(2)}=6$ 分为两个子矩形，如此递归，最后得到如图 3.3 所示的特征空间划分和如图 3.4 所示的 kd 树。 ■

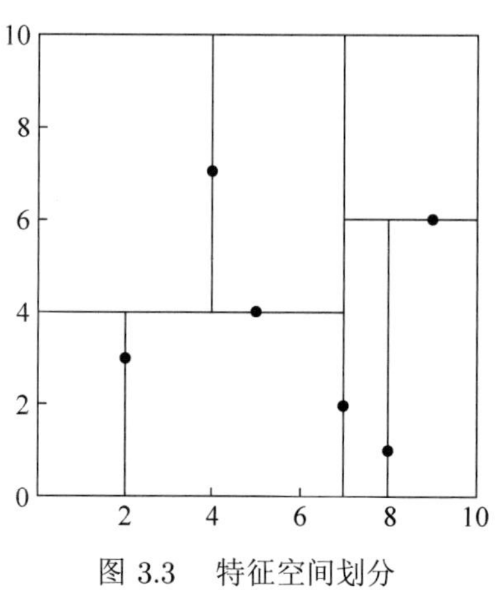

图 3.3 特征空间划分

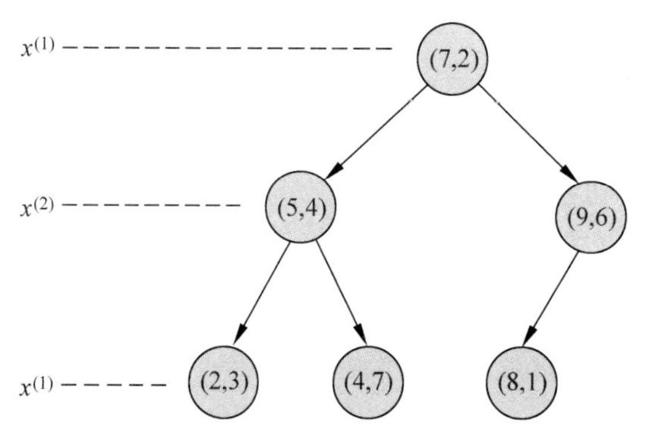

图 3.4 kd 树示例

3.3.2 搜索 kd 树

下面介绍如何利用 kd 树进行 k 近邻搜索。可以看到，利用 kd 树可以省去对大部分数据点的搜索，从而减少搜索的计算量。这里以最近邻为例加以叙述，同样的方法可以应用到 k 近邻。

给定一个目标点，搜索其最近邻。首先找到包含目标点的叶结点；然后从该叶结点出发，依次回退到父结点；不断查找与目标点最邻近的结点，当确定不可能存在更近的结点时终止。这样搜索就被限制在空间的局部区域上，效率大为提高。

包含目标点的叶结点对应包含目标点的最小超矩形区域。以此叶结点的实例点作为当前最近点，目标点的最近邻一定在以目标点为中心并通过当前最近点的超球体的内部（参阅

① $x^{(1)}=6$ 是中位数，但 $x^{(1)}=6$ 上没有数据点，故选 $x^{(1)}=7$。

图 3.5)。然后返回当前结点的父结点，如果父结点的另一子结点的超矩形区域与超球体相交，那么在相交的区域内寻找与目标点更近的实例点。如果存在这样的点，将此点作为新的当前最近点。算法转到更上一级的父结点，继续上述过程。如果父结点的另一子结点的超矩形区域与超球体不相交，或不存在比当前最近点更近的点，则停止搜索。

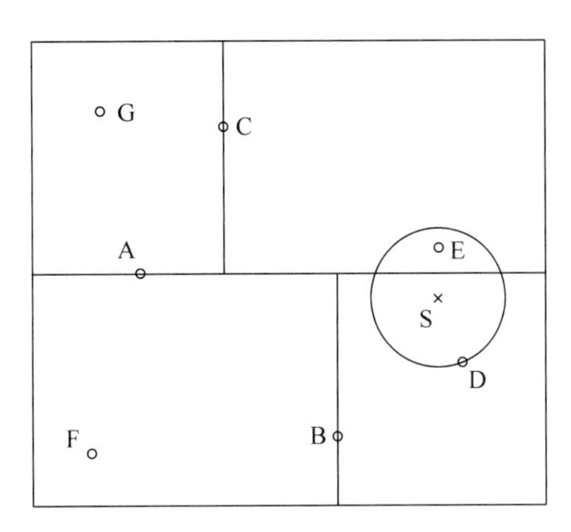

图 3.5 通过 kd 树搜索最近邻

下面叙述用 kd 树的最近邻搜索算法。

算法 3.3（用 kd 树的最近邻搜索）

输入：已构造的 kd 树，目标点 x。

输出：x 的最近邻。

（1）在 kd 树中找出包含目标点 x 的叶结点：从根结点出发，递归地向下访问 kd 树。若目标点 x 当前维的坐标小于切分点的坐标，则移动到左子结点，否则移动到右子结点，直到子结点为叶结点为止。

（2）以此叶结点为“当前最近点”。

（3）递归地向上回退，在每个结点进行以下操作：

（a）如果该结点保存的实例点比当前最近点距离目标点更近，则以该实例点为“当前最近点”。

（b）当前最近点一定存在于该结点一个子结点对应的区域。检查该子结点的父结点的另一子结点对应的区域是否有更近的点。具体地，检查另一子结点对应的区域是否与以目标点为球心、以目标点与“当前最近点”间的距离为半径的超球体相交。如果相交，可能在另一个子结点对应的区域内存在距目标点更近的点，移动到另一个子结点。接着，递归地进行最近邻搜索。如果不相交，向上回退。

（4）当回退到根结点时，搜索结束。最后的“当前最近点”即为 x 的最近邻点。 ■

如果实例点是随机分布的，kd 树搜索的平均计算复杂度是 $O(\log N)$，这里 N 是训练实例数。kd 树更适用于训练实例数远大于空间维数时的 k 近邻搜索。当空间维数接近训练实例数时，它的效率会迅速下降，几乎接近线性扫描。

下面通过一个例题来说明搜索方法。

例 3.3 给定一个如图 3.5 所示的 kd 树，根结点为 A，其子结点为 B，C 等。树上共存储 7 个实例点，另有一个输入目标实例点 S，求 S 的最近邻。

解 首先在 kd 树中找到包含点 S 的叶结点 D（图中的右下区域），以点 D 作为近似最近邻。真正最近邻一定在以点 S 为中心通过点 D 的圆的内部。然后返回结点 D 的父结点 B，在结点 B 的另一子结点 F 的区域内搜索最近邻。结点 F 的区域与圆不相交，不可能有最近邻点。继续返回上一级父结点 A，在结点 A 的另一子结点 C 的区域内搜索最近邻。结点 C 的区域与圆相交，该区域在圆内的实例点有点 E，点 E 比点 D 更近，成为新的最近邻近似。最后得到点 E 是点 S 的最近邻。 ■

本章概要

1. k 近邻法是基本且简单的分类与回归方法。k 近邻法的基本做法是：对给定的训练实例点和输入实例点，首先确定输入实例点的 k 个最近邻训练实例点，然后利用这 k 个训练实例点的类的多数来预测输入实例点的类。

2. k 近邻模型对应于基于训练数据集对特征空间的一个划分。k 近邻法中，当训练集、距离度量、k 值及分类决策规则确定后，其结果唯一确定。

3. k 近邻法三要素：距离度量、k 值的选择和分类决策规则。常用的距离度量是欧氏距离及更一般的 L_p 距离。k 值小时，k 近邻模型更复杂；k 值大时，k 近邻模型更简单。k 值的选择反映了对近似误差与估计误差之间的权衡，通常由交叉验证选择最优的 k。常用的分类决策规则是多数表决，对应于经验风险最小化。

4. k 近邻法的实现需要考虑如何快速搜索 k 个最近邻点。kd 树是一种便于对 k 维空间中的数据进行快速检索的数据结构。kd 树是二叉树，表示对 k 维空间的一个划分，其每个结点对应于 k 维空间划分中的一个超矩形区域。利用 kd 树可以省去对大部分数据点的搜索，从而减少搜索的计算量。

继续阅读

k 近邻法由 Cover 与 Hart 提出 [1]。k 近邻法相关的理论在文献 [2] 和文献 [3] 中已有论述。k 近邻法的扩展可参考文献 [4]。kd 树及其他快速搜索算法可参考文献 [5]。关于 k 近邻法的介绍可参考文献 [2]。

习 题

3.1 参照图 3.1，在二维空间中给出实例点，画出 k 为 1 和 2 时的 k 近邻法构成的空间划分，并对其进行比较，体会 k 值选择与模型复杂度及预测精确率的关系。

3.2 利用例题 3.2 构造的 kd 树求点 $x=(3,4.5)^{\mathrm{T}}$ 的最近邻点。

3.3 参照算法 3.3，写出输出为 x 的 k 近邻的算法。

参 考 文 献

[1] COVER T, HART P. Nearest neighbor pattern classification[J]. IEEE Transactions on Information Theory, 1967, 13(1): 21–27.

[2] HASTIE T, TIBSHIRANI R, FRIEDMAN J. The elements of statistical learning: data mining, inference, and prediction[M]. 范明，柴玉梅，昝红英，等译. Springer, 2001.

[3] FRIEDMAN J. Flexible metric nearest neighbor classification[J]. Technical Report, 1994.

[4] WEINBERGER K Q, BLITZER J, SAUL L K. Distance metric learning for large margin nearest neighbor classification[C]//Proceedings of the NIPS. 2005.

[5] SAMET H. The design and analysis of spatial data structures[M]. Reading, MA: Addison-Wesley, 1990.

第 4 章　朴素贝叶斯法

朴素贝叶斯（naïve Bayes）法是基于贝叶斯定理与特征条件独立假设的分类方法[①]。对于给定的训练数据集，首先基于特征条件独立假设学习输入输出的联合概率分布；然后基于此模型，对给定的输入 x，利用贝叶斯定理求出后验概率最大的输出 y。朴素贝叶斯法实现简单，学习与预测的效率都很高，是一种常用的方法。

本章叙述朴素贝叶斯法，包括朴素贝叶斯法的学习与分类、朴素贝叶斯法的参数估计算法。

4.1　朴素贝叶斯法的学习与分类

4.1.1　基本方法

设输入空间 $\mathcal{X} \subseteq \boldsymbol{R}^n$ 为 n 维向量的集合，输出空间为类标记集合 $\mathcal{Y} = \{c_1, c_2, \cdots, c_K\}$。输入为特征向量 $x \in \mathcal{X}$，输出为类标记（class label）$y \in \mathcal{Y}$。X 是定义在输入空间 $\mathcal{X}$ 上的随机向量，Y 是定义在输出空间 $\mathcal{Y}$ 上的随机变量。$P(X,Y)$ 是 X 和 Y 的联合概率分布。训练数据集

$$T = \{(x_1, y_1), (x_2, y_2), \cdots, (x_N, y_N)\}$$

由 $P(X,Y)$ 独立同分布产生。

朴素贝叶斯法通过训练数据集学习联合概率分布 $P(X,Y)$。具体地，学习以下先验概率分布及条件概率分布。先验概率分布

$$P(Y = c_k), \quad k = 1, 2, \cdots, K \tag{4.1}$$

条件概率分布

$$P(X = x|Y = c_k) = P(X^{(1)} = x^{(1)}, \cdots, X^{(n)} = x^{(n)}|Y = c_k), \quad k = 1, 2, \cdots, K \tag{4.2}$$

于是学习到联合概率分布 $P(X,Y)$。

条件概率分布 $P(X = x|Y = c_k)$ 有指数级数量的参数，其估计实际是不可行的。事实上，假设 $x^{(j)}$ 可取值有 S_j 个，$j = 1, 2, \cdots, n$，Y 可取值有 K 个，那么参数个数为 $K\prod\limits_{j=1}^{n} S_j$。

① 注意：朴素贝叶斯法与贝叶斯估计（Bayesian estimation）是不同的概念。

朴素贝叶斯法对条件概率分布作了条件独立性的假设。由于这是一个较强的假设，朴素贝叶斯法也由此得名。具体地，条件独立性假设是

$$\begin{aligned} P(X=x|Y=c_k) &= P(X^{(1)}=x^{(1)},\cdots,X^{(n)}=x^{(n)}|Y=c_k) \\ &= \prod_{j=1}^{n} P(X^{(j)}=x^{(j)}|Y=c_k) \end{aligned} \tag{4.3}$$

朴素贝叶斯法实际上学习到生成数据的机制，所以属于生成模型。条件独立假设等于是说用于分类的特征在类确定的条件下都是条件独立的。这一假设使朴素贝叶斯法变得简单，但有时会牺牲一定的分类准确率。

朴素贝叶斯法分类时，对给定的输入 x，通过学习到的模型计算后验概率分布 $P(Y=c_k|X=x)$，将后验概率最大的类作为 x 的类输出。后验概率计算根据贝叶斯定理进行：

$$P(Y=c_k|X=x) = \frac{P(X=x|Y=c_k)P(Y=c_k)}{\sum\limits_k P(X=x|Y=c_k)P(Y=c_k)} \tag{4.4}$$

将式 (4.3) 代入式 (4.4)，有

$$P(Y=c_k|X=x) = \frac{P(Y=c_k)\prod\limits_j P(X^{(j)}=x^{(j)}|Y=c_k)}{\sum\limits_k P(Y=c_k)\prod\limits_j P(X^{(j)}=x^{(j)}|Y=c_k)}, \quad k=1,2,\cdots,K \tag{4.5}$$

这是朴素贝叶斯法分类的基本公式。于是，朴素贝叶斯分类器可表示为

$$y=f(x)=\arg\max_{c_k} \frac{P(Y=c_k)\prod\limits_j P(X^{(j)}=x^{(j)}|Y=c_k)}{\sum\limits_k P(Y=c_k)\prod\limits_j P(X^{(j)}=x^{(j)}|Y=c_k)} \tag{4.6}$$

注意到，在式 (4.6) 中分母对所有 c_k 都是相同的，所以，

$$y=\arg\max_{c_k} P(Y=c_k)\prod_j P(X^{(j)}=x^{(j)}|Y=c_k) \tag{4.7}$$

4.1.2 后验概率最大化的含义

朴素贝叶斯法将实例分到后验概率最大的类中，这等价于期望风险最小化。假设选择 0-1 损失函数：

$$L(Y,f(X)) = \begin{cases} 1, & Y \neq f(X) \\ 0, & Y = f(X) \end{cases}$$

式中 $f(X)$ 是分类决策函数。这时，期望风险函数为

$$R_{\exp}(f) = E[L(Y,f(X))]$$

期望是对联合分布 $P(X,Y)$ 取的。由此取条件期望

$$R_{\exp}(f)=E_X\sum_{k=1}^{K}[L(c_k,f(X))]P(c_k|X)$$

为了使期望风险最小化，只需对 $X=x$ 逐个极小化，由此得到：

$$\begin{aligned}f(x)&=\arg\min_{y\in\mathcal{Y}}\sum_{k=1}^{K}L(c_k,y)P(c_k|X=x)\\&=\arg\min_{y\in\mathcal{Y}}\sum_{k=1}^{K}P(y\neq c_k|X=x)\\&=\arg\min_{y\in\mathcal{Y}}(1-P(y=c_k|X=x))\\&=\arg\max_{y\in\mathcal{Y}}P(y=c_k|X=x)\end{aligned}$$

这样一来，根据期望风险最小化准则就得到了后验概率最大化准则：

$$f(x)=\arg\max_{c_k}P(c_k|X=x)$$

即朴素贝叶斯法所采用的原理。

4.2 朴素贝叶斯法的参数估计

4.2.1 极大似然估计

在朴素贝叶斯法中，学习意味着估计 $P(Y=c_k)$ 和 $P(X^{(j)}=x^{(j)}|Y=c_k)$。可以应用极大似然估计法估计相应的概率。先验概率 $P(Y=c_k)$ 的极大似然估计是

$$P(Y=c_k)=\frac{\sum\limits_{i=1}^{N}I(y_i=c_k)}{N},\quad k=1,2,\cdots,K \tag{4.8}$$

设第 j 个特征 $x^{(j)}$ 可能取值的集合为 $\{a_{j1},a_{j2},\cdots,a_{jS_j}\}$，条件概率 $P(X^{(j)}=a_{jl}|Y=c_k)$ 的极大似然估计是

$$P(X^{(j)}=a_{jl}|Y=c_k)=\frac{\sum\limits_{i=1}^{N}I(x_i^{(j)}=a_{jl},y_i=c_k)}{\sum\limits_{i=1}^{N}I(y_i=c_k)},$$

$$j=1,2,\cdots,n,\quad l=1,2,\cdots,S_j,\quad k=1,2,\cdots,K \tag{4.9}$$

式中，$x_i^{(j)}$ 是第 i 个样本的第 j 个特征；a_{jl} 是第 j 个特征可能取的第 l 个值；I 为指示函数。

4.2.2 学习与分类算法

下面给出朴素贝叶斯法的学习与分类算法。

算法 4.1（朴素贝叶斯算法（naïve Bayes algorithm））

输入：训练数据集 $T=\{(x_1,y_1),(x_2,y_2),\cdots,(x_N,y_N)\}$，其中 $x_i=(x_i^{(1)},x_i^{(2)},\cdots,x_i^{(n)})^{\mathrm{T}}$，$x_i^{(j)}$ 是第 i 个样本的第 j 个特征，$x_i^{(j)}\in\{a_{j1},a_{j2},\cdots,a_{jS_j}\}$，$a_{jl}$ 是第 j 个特征可能取的第 l 个值，$j=1,2,\cdots,n$，$l=1,2,\cdots,S_j$，$y_i\in\{c_1,c_2,\cdots,c_K\}$；实例 x。

输出：实例 x 的分类。

（1）计算先验概率及条件概率

$$P(Y=c_k)=\frac{\sum\limits_{i=1}^{N}I(y_i=c_k)}{N},\quad k=1,2,\cdots,K$$

$$P(X^{(j)}=a_{jl}|Y=c_k)=\frac{\sum\limits_{i=1}^{N}I(x_i^{(j)}=a_{jl},y_i=c_k)}{\sum\limits_{i=1}^{N}I(y_i=c_k)},$$

$$j=1,2,\cdots,n,\quad l=1,2,\cdots,S_j,\quad k=1,2,\cdots,K$$

（2）对于给定的实例 $x=(x^{(1)},x^{(2)},\cdots,x^{(n)})^{\mathrm{T}}$，计算

$$P(Y=c_k)\prod_{j=1}^{n}P(X^{(j)}=x^{(j)}|Y=c_k),\quad k=1,2,\cdots,K$$

（3）确定实例 x 的类

$$y=\arg\max_{c_k}P(Y=c_k)\prod_{j=1}^{n}P(X^{(j)}=x^{(j)}|Y=c_k)$$ ■

例 4.1 试由表 4.1 的训练数据学习一个朴素贝叶斯分类器并确定 $x=(2,S)^{\mathrm{T}}$ 的类标记 y。表中 $X^{(1)}$，$X^{(2)}$ 为特征，取值的集合分别为 $A_1=\{1,2,3\}$，$A_2=\{S,M,L\}$，Y 为类标记，$Y\in C=\{1,-1\}$。

表 4.1 训练数据

	1	2	3	4	5	6	7	8	9	10	11	12	13	14	15
$X^{(1)}$	1	1	1	1	1	2	2	2	2	2	3	3	3	3	3
$X^{(2)}$	S	M	M	S	S	S	M	M	L	L	L	M	M	L	L
Y	-1	-1	1	1	-1	-1	-1	1	1	1	1	1	1	1	-1

解 根据算法 4.1，由表 4.1 容易计算下列概率：

$P(Y=1)=\dfrac{9}{15}$，$P(Y=-1)=\dfrac{6}{15}$

$$P(X^{(1)}=1|Y=1)=\frac{2}{9},\quad P(X^{(1)}=2|Y=1)=\frac{3}{9},\quad P(X^{(1)}=3|Y=1)=\frac{4}{9}$$

$$P(X^{(2)}=S|Y=1)=\frac{1}{9},\quad P(X^{(2)}=M|Y=1)=\frac{4}{9},\quad P(X^{(2)}=L|Y=1)=\frac{4}{9}$$

$$P(X^{(1)}=1|Y=-1)=\frac{3}{6},\quad P(X^{(1)}=2|Y=-1)=\frac{2}{6},\quad P(X^{(1)}=3|Y=-1)=\frac{1}{6}$$

$$P(X^{(2)}=S|Y=-1)=\frac{3}{6},\quad P(X^{(2)}=M|Y=-1)=\frac{2}{6},\quad P(X^{(2)}=L|Y=-1)=\frac{1}{6}$$

对于给定的 $x=(2,S)^{\mathrm{T}}$，计算

$$P(Y=1)P(X^{(1)}=2|Y=1)P(X^{(2)}=S|Y=1)=\frac{9}{15}\cdot\frac{3}{9}\cdot\frac{1}{9}=\frac{1}{45}$$

$$P(Y=-1)P(X^{(1)}=2|Y=-1)P(X^{(2)}=S|Y=-1)=\frac{6}{15}\cdot\frac{2}{6}\cdot\frac{3}{6}=\frac{1}{15}$$

由于 $P(Y=-1)P(X^{(1)}=2|Y=-1)P(X^{(2)}=S|Y=-1)$ 最大，所以 $y=-1$。 ■

4.2.3 贝叶斯估计

用极大似然估计可能会出现所要估计的概率值为 0 的情况。这时会影响后验概率的计算结果，使分类产生偏差。解决这一问题的方法是采用贝叶斯估计。具体地，条件概率的贝叶斯估计是

$$P_{\lambda}(X^{(j)}=a_{jl}|Y=c_k)=\frac{\displaystyle\sum_{i=1}^{N}I(x_i^{(j)}=a_{jl},y_i=c_k)+\lambda}{\displaystyle\sum_{i=1}^{N}I(y_i=c_k)+S_j\lambda}\tag{4.10}$$

式中 $\lambda\geqslant 0$，等价于在随机变量各个取值的频数上赋予一个正数 $\lambda>0$。当 $\lambda=0$ 时就是极大似然估计。常取 $\lambda=1$，这时称为拉普拉斯平滑（Laplacian smoothing）。显然，对任何 $l=1,2,\cdots,S_j$，$k=1,2,\cdots,K$，有

$$P_{\lambda}(X^{(j)}=a_{jl}|Y=c_k)>0$$

$$\sum_{l=1}^{S_j}P_{\lambda}(X^{(j)}=a_{jl}|Y=c_k)=1$$

表明式 (4.10) 确为一种概率分布。同样, 先验概率的贝叶斯估计是

$$P_{\lambda}(Y=c_k)=\frac{\displaystyle\sum_{i=1}^{N}I(y_i=c_k)+\lambda}{N+K\lambda}\tag{4.11}$$

例 4.2 问题同例 4.1，按照拉普拉斯平滑估计概率，即取 $\lambda=1$。

解 $A_1=\{1,2,3\}$，$A_2=\{S,M,L\}$，$C=\{1,-1\}$。按照式 (4.10) 和式 (4.11) 计算下列

概率：

$$P(Y=1)=\frac{10}{17},\quad P(Y=-1)=\frac{7}{17}$$

$$P(X^{(1)}=1|Y=1)=\frac{3}{12},\quad P(X^{(1)}=2|Y=1)=\frac{4}{12},\quad P(X^{(1)}=3|Y=1)=\frac{5}{12}$$

$$P(X^{(2)}=S|Y=1)=\frac{2}{12},\quad P(X^{(2)}=M|Y=1)=\frac{5}{12},\quad P(X^{(2)}=L|Y=1)=\frac{5}{12}$$

$$P(X^{(1)}=1|Y=-1)=\frac{4}{9},\quad P(X^{(1)}=2|Y=-1)=\frac{3}{9},\quad P(X^{(1)}=3|Y=-1)=\frac{2}{9}$$

$$P(X^{(2)}=S|Y=-1)=\frac{4}{9},\quad P(X^{(2)}=M|Y=-1)=\frac{3}{9},\quad P(X^{(2)}=L|Y=-1)=\frac{2}{9}$$

对于给定的 $x=(2,S)^{\mathrm{T}}$，计算

$$P(Y=1)P(X^{(1)}=2|Y=1)P(X^{(2)}=S|Y=1)=\frac{10}{17}\cdot\frac{4}{12}\cdot\frac{2}{12}=\frac{5}{153}=0.0327$$

$$P(Y=-1)P(X^{(1)}=2|Y=-1)P(X^{(2)}=S|Y=-1)=\frac{7}{17}\cdot\frac{3}{9}\cdot\frac{4}{9}=\frac{28}{459}=0.0610$$

由于 $P(Y=-1)P(X^{(1)}=2|Y=-1)P(X^{(2)}=S|Y=-1)$ 最大，所以 $y=-1$。 ■

本章概要

1. 朴素贝叶斯法是典型的生成学习方法。生成方法由训练数据学习联合概率分布 $P(X,Y)$，然后求得后验概率分布 $P(Y|X)$。具体来说，利用训练数据学习 $P(X|Y)$ 和 $P(Y)$ 的估计，得到联合概率分布：

$$P(X,Y)=P(Y)P(X|Y)$$

概率估计方法可以是极大似然估计或贝叶斯估计。

2. 朴素贝叶斯法的基本假设是条件独立性：

$$\begin{aligned}P(X=x|Y=c_k)&=P(X^{(1)}=x^{(1)},\cdots,X^{(n)}=x^{(n)}|Y=c_k)\\&=\prod_{j=1}^{n}P(X^{(j)}=x^{(j)}|Y=c_k)\end{aligned}$$

这是一个较强的假设。由于这一假设，模型包含的条件概率的数量大为减少，朴素贝叶斯法的学习与预测大为简化。因而朴素贝叶斯法高效且易于实现，其缺点是分类的性能不一定很高。

3. 朴素贝叶斯法利用贝叶斯定理与学到的联合概率模型进行分类预测。

$$P(Y|X)=\frac{P(X,Y)}{P(X)}=\frac{P(Y)P(X|Y)}{\sum\limits_{Y}P(Y)P(X|Y)}$$

将输入 x 分到后验概率最大的类 y。

$$y = \arg\max_{c_k} P(Y = c_k) \prod_{j=1}^{n} P(X_j = x^{(j)} | Y = c_k)$$

后验概率最大等价于 0-1 损失函数时的期望风险最小化。

继续阅读

朴素贝叶斯法的介绍可见文献 [1] 和文献 [2]。朴素贝叶斯法中假设输入变量都是条件独立的，如果假设它们之间存在概率依存关系，模型就变成了贝叶斯网络，参见文献 [3]。

习 题

4.1 用极大似然估计法推出朴素贝叶斯法中的概率估计公式 (4.8) 及公式 (4.9)。

4.2 用贝叶斯估计法推出朴素贝叶斯法中的概率估计公式 (4.10) 及公式 (4.11)。

参考文献

[1] MITCHELL T M. Machine Learning[M]. Engineering, 2005.

[2] HASTIE T, TIBSHIRANI R, FRIEDMAN J. The elements of statistical learning: data mining, inference, and prediction[M]. 范明，柴玉梅，昝红英，等译. Springer, 2001.

[3] BISHOP C. Pattern recognition and machine learning[M]. Springer, 2006.

第 5 章　决　策　树

决策树（decision tree）是一种基本的分类与回归方法。本章主要讨论用于分类的决策树。决策树模型呈树形结构，在分类问题中，表示基于特征对实例进行分类的过程。它可以认为是 if-then 规则的集合，也可以认为是定义在特征空间与类空间上的条件概率分布。其主要优点是模型具有可读性，分类速度快。学习时，利用训练数据，根据损失函数最小化的原则建立决策树模型。预测时，对新的数据利用决策树模型进行分类。决策树学习通常包括 3 个步骤：特征选择、决策树的生成和决策树的修剪。这些决策树学习的思想主要来源于由 Quinlan 在 1986 年提出的 ID3 算法和 1993 年提出的 C4.5 算法，以及由 Breiman 等人在 1984 年提出的 CART 算法。

本章首先介绍决策树的基本概念，然后通过 ID3 算法和 C4.5 算法介绍特征的选择、决策树的生成以及决策树的修剪，最后介绍 CART 算法。

5.1　决策树模型与学习

5.1.1　决策树模型

定义 5.1（决策树）　分类决策树模型是一种描述对实例进行分类的树形结构。决策树由结点（node）和有向边（directed edge）组成。结点有两种类型：内部结点（internal node）和叶结点（leaf node）。内部结点表示一个特征或属性，叶结点表示一个类。

用决策树分类，从根结点开始，对实例的某一特征进行测试，根据测试结果，将实例分配到其子结点，这时，每一个子结点对应该特征的一个取值。如此递归地对实例进行测试并分配，直至达到叶结点。最后将实例分到叶结点的类中。

图 5.1 是一个决策树模型，图中圆和方框分别表示内部结点和叶结点。

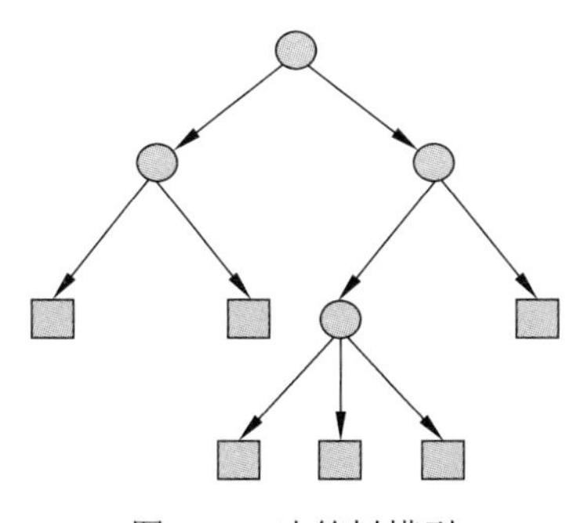

图 5.1　决策树模型

5.1.2 决策树与 if-then 规则

可以将决策树看成一个 if-then 规则的集合。将决策树转换成 if-then 规则的过程如下：由决策树的根结点到叶结点的每一条路径构建一条规则；路径上内部结点的特征对应规则的条件，而叶结点的类对应规则的结论。决策树的路径或其对应的 if-then 规则集合具有一个重要的性质：互斥并且完备。这就是说，每一个实例都被一条路径或一条规则所覆盖，而且只被一条路径或一条规则所覆盖。这里所谓覆盖是指实例的特征与路径上的特征一致或实例满足规则的条件。

5.1.3 决策树与条件概率分布

决策树还表示给定特征条件下类的条件概率分布，这一条件概率分布定义在特征空间的一个划分（partition）上。将特征空间划分为互不相交的单元（cell）或区域（region），并在每个单元定义一个类的概率分布就构成了一个条件概率分布。决策树的一条路径对应于划分中的一个单元。决策树所表示的条件概率分布由各个单元给定条件下类的条件概率分布组成。假设 X 为表示特征的随机变量，Y 为表示类的随机变量，那么这个条件概率分布可以表示为 $P(Y|X)$。X 取值于给定划分下单元的集合，Y 取值于类的集合。各叶结点（单元）上的条件概率往往偏向某一个类，即属于某一类的概率较大。决策树分类时将该结点的实例强行分到条件概率大的那一类去。

图 5.2 (a) 示意地表示特征空间的一个划分。图中的大正方形表示特征空间。这个大正方形被若干个小矩形分割，每个小矩形表示一个单元。特征空间划分上的单元构成了一个集合，X 取值为单元的集合。为简单起见，假设只有两类：正类和负类，即 Y 取值为 +1 和 –1。小矩形中的数字表示单元的类。图 5.2 (b) 示意地表示特征空间划分确定时，特征（单元）给定条件下类的条件概率分布。图 5.2 (b) 中条件概率分布对应于图 5.2 (a) 的划分。当某个单元 c 的条件概率满足 $P(Y=+1|X=c)>0.5$ 时，则认为这个单元属于正类，即落在这个单元的实例都被视为正例。图 5.2 (c) 为对应于图 5.2 (b) 中条件概率分布的决策树。

5.1.4 决策树学习

假设给定训练数据集

$$D=\{(x_1,y_1),(x_2,y_2),\cdots,(x_N,y_N)\}$$

其中，$x_i=(x_i^{(1)},x_i^{(2)},\cdots,x_i^{(n)})^{\mathrm{T}}$ 为输入实例（特征向量），n 为特征个数，$y_i\in\{1,2,\cdots,K\}$ 为类标记，$i=1,2,\cdots,N$，N 为样本容量。决策树学习的目标是根据给定的训练数据集构建一个决策树模型，使它能够对实例进行正确的分类。

决策树学习本质上是从训练数据集中归纳出一组分类规则。与训练数据集不相矛盾的决策树（即能对训练数据进行正确分类的决策树）可能有多个，也可能一个都没有。我们需要的是一个与训练数据矛盾较小的决策树，同时具有很好的泛化能力。从另一个角度看，决策树学习是由训练数据集估计条件概率模型。基于特征空间划分的类的条件概率模型有无穷多

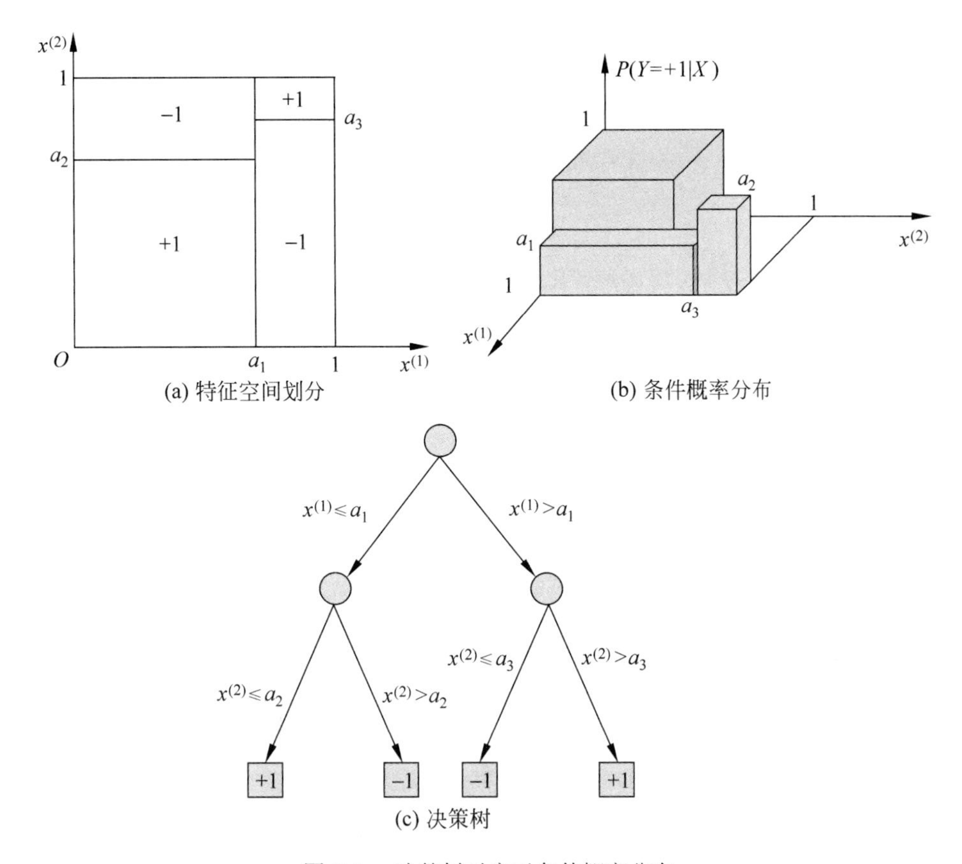

图 5.2 决策树对应于条件概率分布

个。我们选择的条件概率模型应该不仅对训练数据有很好的拟合，而且对未知数据有很好的预测。

决策树学习用损失函数表示这一目标。如下所述，决策树学习的损失函数通常是正则化的极大似然函数。决策树学习的策略是以损失函数为目标函数的最小化。

当损失函数确定以后，学习问题就变为在损失函数意义下选择最优决策树的问题。因为从所有可能的决策树中选取最优决策树是 NP 完全问题，所以现实中决策树学习算法通常采用启发式方法，近似求解这一最优化问题。这样得到的决策树是次最优（sub-optimal）的。

决策树学习的算法通常是一个递归地选择最优特征，并根据该特征对训练数据进行分割，使得对各个子数据集有一个最好的分类的过程。这一过程对应对特征空间的划分，也对应决策树的构建。首先，构建根结点，将所有训练数据都放在根结点。选择一个最优特征，按照这一特征将训练数据集分割成子集，使得各个子集有一个在当前条件下最好的分类。如果这些子集已经能够被基本正确分类，那么构建叶结点，并将这些子集分到所对应的叶结点中去；如果还有子集不能被基本正确分类，那么就对这些子集选择新的最优特征，继续对其进行分割，构建相应的结点。如此递归地进行下去，直至所有训练数据子集被基本正确分类，或者没有合适的特征为止。最后每个子集都被分到叶结点上，即都有了明确的类。这就生成了一棵决策树。

以上方法生成的决策树可能对训练数据有很好的分类能力，但对未知的测试数据未必有很好的分类能力，即可能发生过拟合现象。我们需要对已生成的树自下而上进行剪枝，将树变得更简单，从而使它具有更好的泛化能力。具体地，就是去掉过于细分的叶结点，使其回退到父结点，甚至更高的结点，然后将父结点或更高的结点改为新的叶结点。

如果特征数量很多，也可以在决策树学习开始的时候对特征进行选择，只留下对训练数据有足够分类能力的特征。

可以看出，决策树学习算法包含特征选择、决策树的生成与决策树的剪枝过程。由于决策树表示一个条件概率分布，所以深浅不同的决策树对应不同复杂度的概率模型。决策树的生成对应于模型的局部选择，决策树的剪枝对应于模型的全局选择。决策树的生成只考虑局部最优，相对地，决策树的剪枝则考虑全局最优。

决策树学习常用的算法有 ID3、C4.5 与 CART，下面结合这些算法分别叙述决策树学习的特征选择、决策树的生成和剪枝过程。

5.2 特征选择

5.2.1 特征选择问题

特征选择在于选取对训练数据具有分类能力的特征，这样可以提高决策树学习的效率。如果利用一个特征进行分类的结果与随机分类的结果没有很大差别，则称这个特征是没有分类能力的。经验上扔掉这样的特征对决策树学习的精度影响不大。通常特征选择的准则是信息增益或信息增益比。

首先通过一个例子来说明特征选择问题。

例 5.1[①] 表 5.1 是一个由 15 个样本组成的贷款申请训练数据。数据包括贷款申请人的 4 个特征（属性）：第 1 个特征是年龄，有 3 个可能值：青年，中年，老年；第 2 个特征是有工作，有两个可能值：是，否；第 3 个特征是有自己的房子，有两个可能值：是，否；第 4 个特征是信贷情况，有 3 个可能值：非常好，好，一般。表的最后一列是类别，是否同意贷款，取两个值：是，否。

希望通过所给的训练数据学习一个贷款申请的决策树，用以对未来的贷款申请进行分类，即当新的客户提出贷款申请时，根据申请人的特征利用决策树决定是否批准贷款申请。■

特征选择是决定用哪个特征来划分特征空间。

图 5.3 表示从表 5.1 数据学习到的两个可能的决策树，分别由两个不同特征的根结点构成。图 5.3 (a) 所示的根结点的特征是年龄，有 3 个取值，对应于不同的取值有不同的子结点。图 5.3 (b) 所示的根结点的特征是有工作，有两个取值，对应于不同的取值有不同的子结点。两个决策树都可以从此延续下去。问题是：究竟选择哪个特征更好些？这就要求确定选择特征的准则。直观上，如果一个特征具有更好的分类能力，或者说，按照这一特征将训练数据集分割成子集，使得各个子集在当前条件下有最好的分类，那么就更应该选择这个特征。信息增益（information gain）就能够很好地表示这一直观的准则。

① 此例取自参考文献 [5]。

表 5.1 贷款申请样本数据表

ID	年龄	有工作	有自己的房子	信贷情况	类别
1	青年	否	否	一般	否
2	青年	否	否	好	否
3	青年	是	否	好	是
4	青年	是	是	一般	是
5	青年	否	否	一般	否
6	中年	否	否	一般	否
7	中年	否	否	好	否
8	中年	是	是	好	是
9	中年	否	是	非常好	是
10	中年	否	是	非常好	是
11	老年	否	是	非常好	是
12	老年	否	是	好	是
13	老年	是	否	好	是
14	老年	是	否	非常好	是
15	老年	否	否	一般	否

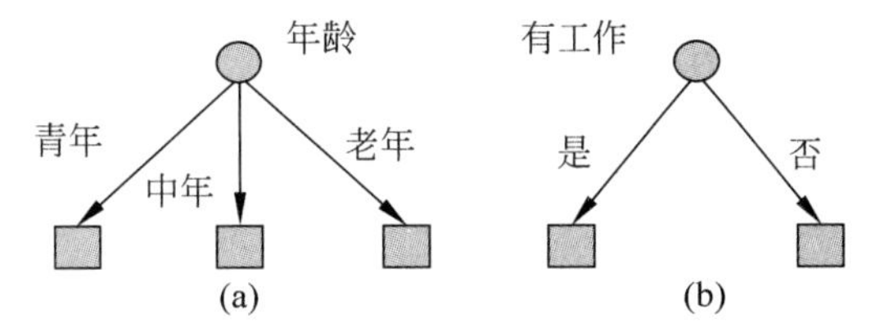

图 5.3 不同特征决定的不同决策树

5.2.2 信息增益

为了便于说明，先给出熵与条件熵的定义。

在信息论与概率统计中，熵（entropy）是表示随机变量不确定性的度量。设 X 是一个取有限个值的离散随机变量，其概率分布为

$$P(X=x_i)=p_i, \quad i=1,2,\cdots,n$$

则随机变量 X 的熵定义为

$$H(X)=-\sum_{i=1}^{n} p_i \log p_i \tag{5.1}$$

在式 (5.1) 中，若 $p_i=0$，则定义 $0\log 0=0$。通常，式 (5.1) 中的对数以 2 为底或以 e 为底（自然对数），这时熵的单位分别称作比特（bit）或纳特（nat）。由定义可知，熵只依赖于 X 的分布，而与 X 的取值无关，所以也可将 X 的熵记作 $H(p)$，即

$$H(p)=-\sum_{i=1}^{n} p_i \log p_i \tag{5.2}$$

熵越大，随机变量的不确定性就越大。从定义可验证

$$0 \leqslant H(p) \leqslant \log n \tag{5.3}$$

当随机变量只取两个值，如 1，0 时，即 X 的分布为

$$P(X=1)=p, \quad P(X=0)=1-p, \quad 0 \leqslant p \leqslant 1$$

熵为

$$H(p)=-p\log_2 p-(1-p)\log_2(1-p) \tag{5.4}$$

这时，熵 $H(p)$ 随概率 p 变化的曲线如图 5.4 所示（单位为比特）。

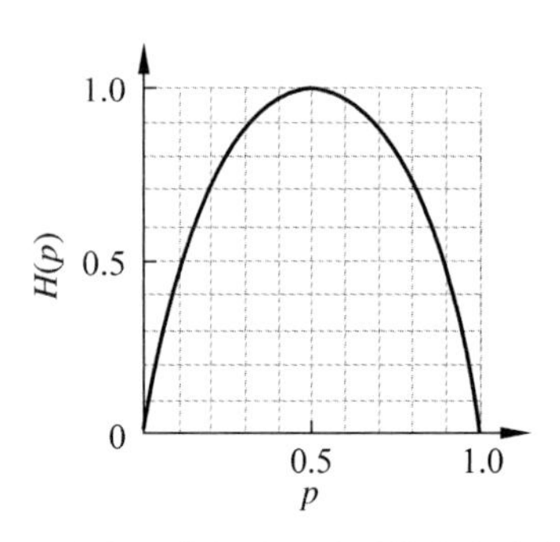

图 5.4 分布为伯努利分布时熵与概率的关系

当 $p=0$ 或 $p=1$ 时 $H(p)=0$，随机变量完全没有不确定性。当 $p=0.5$ 时，$H(p)=1$，熵取值最大，随机变量不确定性最大。

设有随机变量 (X,Y)，其联合概率分布为

$$P(X=x_i,Y=y_j)=p_{ij}, \quad i=1,2,\cdots,n, \quad j=1,2,\cdots,m$$

条件熵 $H(Y|X)$ 表示在已知随机变量 X 的条件下随机变量 Y 的不确定性。随机变量 X 给定的条件下随机变量 Y 的条件熵（conditional entropy）$H(Y|X)$ 定义为 X 给定条件下 Y 的条件概率分布的熵对 X 的数学期望：

$$H(Y|X)=\sum_{i=1}^{n}p_iH(Y|X=x_i) \tag{5.5}$$

这里，$p_i=P(X=x_i)$，$i=1,2,\cdots,n$。

当熵和条件熵中的概率由数据估计（特别是极大似然估计）得到时，所对应的熵与条件熵分别称为经验熵（empirical entropy）和经验条件熵（empirical conditional entropy）。此时，如果有 0 概率，令 $0\log 0=0$。

信息增益（information gain）表示得知特征 X 的信息而使得类 Y 的信息的不确定性减少的程度。

定义 5.2（信息增益） 特征 A 对训练数据集 D 的信息增益 $g(D,A)$ 定义为集合 D 的经验熵 $H(D)$ 与特征 A 给定条件下 D 的经验条件熵 $H(D|A)$ 之差，即

$$g(D,A)=H(D)-H(D|A) \tag{5.6}$$

一般地，熵 $H(Y)$ 与条件熵 $H(Y|X)$ 之差称为互信息（mutual information）。决策树学习中的信息增益等价于训练数据集中类与特征的互信息。

决策树学习应用信息增益准则选择特征。给定训练数据集 D 和特征 A，经验熵 $H(D)$ 表示对数据集 D 进行分类的不确定性。而经验条件熵 $H(D|A)$ 表示在特征 A 给定的条件下对数据集 D 进行分类的不确定性。那么它们的差，即信息增益，就表示由于特征 A 而使得对数据集 D 的分类的不确定性减少的程度。显然，对于数据集 D 而言，信息增益依赖于特征，不同的特征往往具有不同的信息增益。信息增益大的特征具有更强的分类能力。

根据信息增益准则的特征选择方法是：对训练数据集（或子集）D，计算其每个特征的信息增益，并比较它们的大小，选择信息增益最大的特征。

设训练数据集为 D，$|D|$ 表示其样本容量，即样本个数。设有 K 个类 C_k，$k=1,2,\cdots,K$，$|C_k|$ 为属于类 C_k 的样本个数，$\sum\limits_{k=1}^{K}|C_k|=|D|$。设特征 A 有 n 个不同的取值 $\{a_1,a_2,\cdots,a_n\}$，根据特征 A 的取值将 D 划分为 n 个子集 $D_1,D_2,\cdots,D_n$，$|D_i|$ 为 D_i 的样本个数，$\sum\limits_{i=1}^{n}|D_i|=|D|$。记子集 D_i 中属于类 C_k 的样本的集合为 D_{ik}，即 $D_{ik}=D_i\cap C_k$，$|D_{ik}|$ 为 D_{ik} 的样本个数。于是信息增益的算法如下。

算法 5.1（信息增益的算法）

输入：训练数据集 D 和特征 A。

输出：特征 A 对训练数据集 D 的信息增益 $g(D,A)$。

（1）计算数据集 D 的经验熵 $H(D)$

$$H(D)=-\sum_{k=1}^{K}\frac{|C_k|}{|D|}\log_2\frac{|C_k|}{|D|} \tag{5.7}$$

（2）计算特征 A 对数据集 D 的经验条件熵 $H(D|A)$

$$H(D|A)=\sum_{i=1}^{n}\frac{|D_i|}{|D|}H(D_i)=-\sum_{i=1}^{n}\frac{|D_i|}{|D|}\sum_{k=1}^{K}\frac{|D_{ik}|}{|D_i|}\log_2\frac{|D_{ik}|}{|D_i|} \tag{5.8}$$

（3）计算信息增益

$$g(D,A)=H(D)-H(D|A) \tag{5.9}$$

■

例 5.2 对表 5.1 所给的训练数据集 D，根据信息增益准则选择最优特征。

解 首先计算经验熵 $H(D)$：

$$H(D)=-\frac{9}{15}\log_2\frac{9}{15}-\frac{6}{15}\log_2\frac{6}{15}=0.971$$

然后计算各特征对数据集 D 的信息增益。分别以 A_1，A_2，A_3，A_4 表示年龄、有工作、有自己的房子和信贷情况 4 个特征，则

$$
\begin{aligned}
g(D,A_1)&=H(D)-\left[\frac{5}{15}H(D_1)+\frac{5}{15}H(D_2)+\frac{5}{15}H(D_3)\right]\\
&=0.971-\left[\frac{5}{15}\left(-\frac{2}{5}\log_2\frac{2}{5}-\frac{3}{5}\log_2\frac{3}{5}\right)+\right.\\
&\qquad\left.\frac{5}{15}\left(-\frac{3}{5}\log_2\frac{3}{5}-\frac{2}{5}\log_2\frac{2}{5}\right)+\frac{5}{15}\left(-\frac{4}{5}\log_2\frac{4}{5}-\frac{1}{5}\log_2\frac{1}{5}\right)\right]\\
&=0.971-0.888=0.083
\end{aligned}
$$

这里 D_1，D_2，D_3 分别是 D 中 A_1（年龄）取值为青年、中年和老年的样本子集。类似地，

$$
\begin{aligned}
g(D,A_2)&=H(D)-\left[\frac{5}{15}H(D_1)+\frac{10}{15}H(D_2)\right]\\
&=0.971-\left[\frac{5}{15}\times 0+\frac{10}{15}\left(-\frac{4}{10}\log_2\frac{4}{10}-\frac{6}{10}\log_2\frac{6}{10}\right)\right]=0.324
\end{aligned}
$$

$$
\begin{aligned}
g(D,A_3)&=0.971-\left[\frac{6}{15}\times 0+\frac{9}{15}\left(-\frac{3}{9}\log_2\frac{3}{9}-\frac{6}{9}\log_2\frac{6}{9}\right)\right]\\
&=0.971-0.551=0.420
\end{aligned}
$$

$$
g(D,A_4)=0.971-0.608=0.363
$$

最后，比较各特征的信息增益值。由于特征 A_3（有自己的房子）的信息增益值最大，所以选择特征 A_3 作为最优特征。 ■

5.2.3 信息增益比

以信息增益作为划分训练数据集的特征，存在偏向于选择取值较多的特征的问题。使用信息增益比（information gain ratio）可以对这一问题进行校正。这是特征选择的另一准则。

定义 5.3（信息增益比） 特征 A 对训练数据集 D 的信息增益比 $g_{\mathrm{R}}(D,A)$ 定义为其信息增益 $g(D,A)$ 与训练数据集 D 关于特征 A 的值的熵 $H_A(D)$ 之比，即

$$
g_{\mathrm{R}}(D,A)=\frac{g(D,A)}{H_A(D)} \tag{5.10}
$$

其中，$H_A(D)=-\sum\limits_{i=1}^{n}\frac{|D_i|}{|D|}\log_2\frac{|D_i|}{|D|}$，$n$ 是特征 A 取值的个数。

5.3 决策树的生成

本节将介绍决策树学习的生成算法。首先介绍 ID3 的生成算法，然后再介绍 C4.5 中的生成算法。这些都是决策树学习的经典算法。

5.3.1 ID3 算法

ID3 算法的核心是在决策树各个结点上应用信息增益准则选择特征，递归地构建决策树。具体方法是：从根结点（root node）开始，对结点计算所有可能的特征的信息增益，选择信息增益最大的特征作为结点的特征，由该特征的不同取值建立子结点；再对子结点递归地调用以上方法，构建决策树；直到所有特征的信息增益均很小或没有特征可以选择为止，最后得到一棵决策树。ID3 相当于用极大似然法进行概率模型的选择。

算法 5.2（ID3 算法）

输入：训练数据集 D，特征集 A 阈值 ε。

输出：决策树 T。

（1）若 D 中所有实例属于同一类 C_k，则 T 为单结点树，并将类 C_k 作为该结点的类标记，返回 T；

（2）若 $A=\varnothing$，则 T 为单结点树，并将 D 中实例数最大的类 C_k 作为该结点的类标记，返回 T；

（3）否则，按算法 5.1 计算 A 中各特征对 D 的信息增益，选择信息增益最大的特征 A_g；

（4）如果 A_g 的信息增益小于阈值 ε，则置 T 为单结点树，并将 D 中实例数最大的类 C_k 作为该结点的类标记，返回 T；

（5）否则，对 A_g 的每一可能值 a_i，依 $A_g=a_i$ 将 D 分割为若干非空子集 D_i，将 D_i 中实例数最大的类作为标记，构建子结点，由结点及其子结点构成树 T，返回 T；

（6）对第 i 个子结点，以 D_i为训练集，以 $A-\{A_g\}$ 为特征集，递归地调用步骤 (1)～步骤 (5)，得到子树 T_i，返回 T_i。 ■

例 5.3 对表 5.1 的训练数据集，利用 ID3 算法建立决策树。

解 利用例 5.2 的结果，由于特征 A_3（有自己的房子）的信息增益值最大，所以选择特征 A_3 作为根结点的特征。它将训练数据集 D 划分为两个子集 D_1（A_3 取值为“是”）和 D_2（A_3 取值为“否”）。由于 D_1 只有同一类的样本点，所以它成为一个叶结点，结点的类标记为“是”。

对 D_2 则需从特征 A_1（年龄），A_2（有工作）和 A_4（信贷情况）中选择新的特征。计算各个特征的信息增益：

$$g(D_2,A_1)=H(D_2)-H(D_2|A_1)=0.918-0.667=0.251$$
$$g(D_2,A_2)=H(D_2)-H(D_2|A_2)=0.918$$
$$g(D_2,A_4)=H(D_2)-H(D_2|A_4)=0.474$$

选择信息增益最大的特征 A_2（有工作）作为结点的特征。由于 A_2 有两个可能取值，从这一结点引出两个子结点：一个对应“是”（有工作）的子结点，包含 3 个样本，它们属于同一类，所以这是一个叶结点，类标记为“是”；另一个是对应“否”（无工作）的子结点，包含 6 个样本，它们也属于同一类，所以这也是一个叶结点，类标记为“否”。

这样生成一棵如图 5.5 所示的决策树，该决策树只用了两个特征（有两个内部结点）。 ■

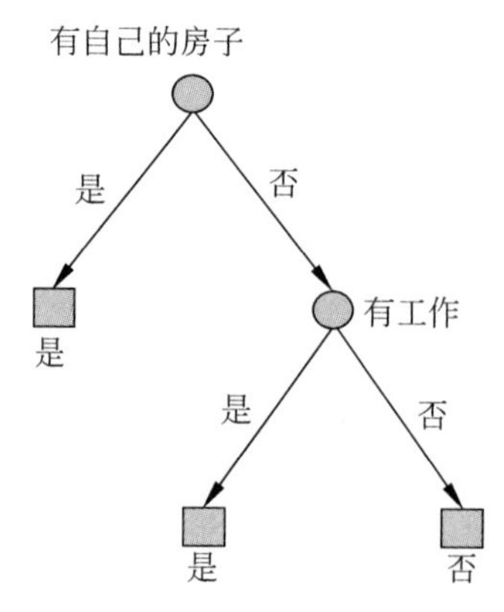

图 5.5 决策树的生成

ID3 算法只有树的生成，所以该算法生成的树容易产生过拟合。

5.3.2 C4.5 的生成算法

C4.5 算法与 ID3 算法相似，C4.5 算法对 ID3 算法进行了改进。C4.5 算法在生成的过程中，用信息增益比来选择特征。

算法 5.3（C4.5 的生成算法）

输入：训练数据集 D，特征集 A 阈值 ε。

输出：决策树 T。

（1）如果 D 中所有实例属于同一类 C_k，则置 T 为单结点树，并将 C_k 作为该结点的类，返回 T；

（2）如果 $A=\varnothing$，则置 T 为单结点树，并将 D 中实例数最大的类 C_k 作为该结点的类，返回 T；

（3）否则，按式 (5.10) 计算 A 中各特征对 D 的信息增益比，选择信息增益比最大的特征 A_g；

（4）如果 A_g 的信息增益比小于阈值 ε，则置 T 为单结点树，并将 D 中实例数最大的类 C_k 作为该结点的类，返回 T；

（5）否则，对 A_g 的每一可能值 a_i，依 $A_g=a_i$ 将 D 分割为若干非空子集 D_i，将 D_i 中实例数最大的类作为标记，构建子结点，由结点及其子结点构成树 T，返回 T；

（6）对结点 i，以 D_i 为训练集，以 $A-\{A_g\}$ 为特征集，递归地调用步骤 (1)～步骤 (5)，得到子树 T_i，返回 T_i。 ■

5.4 决策树的剪枝

决策树生成算法递归地产生决策树，直到不能继续下去为止。这样产生的树往往对训练数据的分类很准确，但对未知的测试数据的分类却没有那么准确，即出现过拟合现象。过拟合的原因在于学习时过多地考虑如何提高对训练数据的正确分类，从而构建出过于复杂的决策树。解决这个问题的办法是考虑决策树的复杂度，对已生成的决策树进行简化。

在决策树学习中将已生成的树进行简化的过程称为剪枝（pruning）。具体地，剪枝从已生成的树上裁掉一些子树或叶结点，并将其根结点或父结点作为新的叶结点，从而简化分类树模型。

本节介绍一种简单的决策树学习的剪枝算法。

决策树的剪枝往往通过极小化决策树整体的损失函数（loss function）或代价函数（cost function）来实现。设树 T 的叶结点个数为 $|T|$，t 是树 T 的叶结点，该叶结点有 N_t 个样本点，其中 k 类的样本点有 N_{tk} 个，$k=1,2,\cdots,K$，$H_t(T)$ 为叶结点 t 上的经验熵，$\alpha \geqslant 0$ 为参数，则决策树学习的损失函数可以定义为

$$C_\alpha(T)=\sum_{t=1}^{|T|} N_t H_t(T)+\alpha|T| \tag{5.11}$$

其中经验熵为

$$H_t(T)=-\sum_k \frac{N_{tk}}{N_t}\log\frac{N_{tk}}{N_t} \tag{5.12}$$

在损失函数中，将式 (5.11) 右端的第 1 项记作

$$C(T)=\sum_{t=1}^{|T|} N_t H_t(T)=-\sum_{t=1}^{|T|}\sum_{k=1}^{K} N_{tk}\log\frac{N_{tk}}{N_t} \tag{5.13}$$

这时有

$$C_\alpha(T)=C(T)+\alpha|T| \tag{5.14}$$

式 (5.14) 中，$C(T)$ 表示模型对训练数据的预测误差，即模型与训练数据的拟合程度，$|T|$ 表示模型复杂度，参数 $\alpha \geqslant 0$ 控制两者之间的影响。较大的 α 促使选择较简单的模型（树），较小的 α 促使选择较复杂的模型（树）。$\alpha=0$ 意味着只考虑模型与训练数据的拟合程度，不考虑模型的复杂度。

剪枝就是当 α 确定时，选择损失函数最小的模型，即损失函数最小的子树。当 α 值确定时，子树越大，往往与训练数据的拟合越好，但是模型的复杂度就越高；相反，子树越小，模型的复杂度就越低，但是往往与训练数据的拟合不好。损失函数正好表示了对两者的平衡。

可以看出，决策树生成只考虑了通过提高信息增益（或信息增益比）对训练数据进行更好的拟合。而决策树剪枝通过优化损失函数还考虑了减小模型复杂度。决策树生成学习局部的模型，而决策树剪枝学习整体的模型。

式（5.11）或式（5.14）定义的损失函数的极小化等价于正则化的极大似然估计。所以，利用损失函数最小原则进行剪枝就是用正则化的极大似然估计进行模型选择。

图 5.6 表示决策树剪枝过程。下面介绍剪枝算法。

算法 5.4（树的剪枝算法）

输入：生成算法产生的整个树 T，参数 α。

输出：修剪后的子树 T_α。

（1）计算每个结点的经验熵。

（2）递归地从树的叶结点向上回缩。

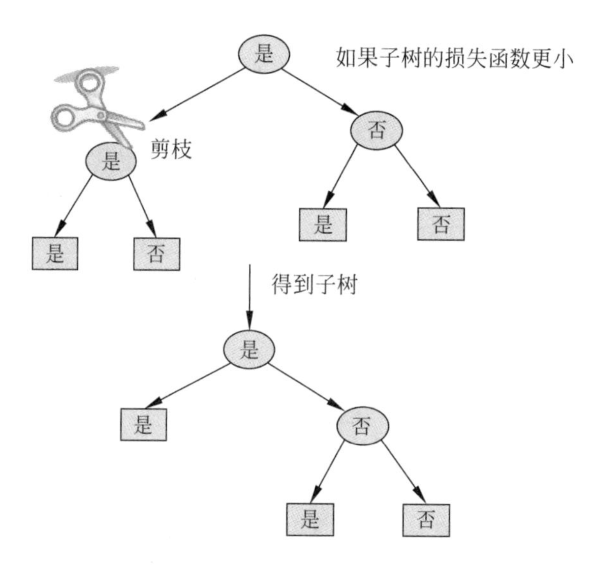

图 5.6　决策树的剪枝

设一组叶结点回缩到其父结点之前与之后的整体树分别为 T_B 与 T_A，其对应的损失函数值分别是 $C_\alpha(T_B)$ 与 $C_\alpha(T_A)$，如果

$$C_\alpha(T_A) \leqslant C_\alpha(T_B) \tag{5.15}$$

则进行剪枝，即将父结点变为新的叶结点。

（3）返回步骤（2），直至不能继续为止，得到损失函数最小的子树 T_α。■

注意，式 (5.15) 只需考虑两个树的损失函数的差，其计算可以在局部进行。所以，决策树的剪枝算法可以由一种动态规划的算法实现。类似的动态规划算法可参考文献 [10]。

5.5 CART 算法

分类与回归树（classification and regression tree，CART）模型由 Breiman 等人在 1984 年提出，是应用广泛的决策树学习方法。CART 同样由特征选择、树的生成及剪枝组成，既可以用于分类也可以用于回归。以下将用于分类与回归的树统称为决策树。

CART 是在给定输入随机变量 X 条件下输出随机变量 Y 的条件概率分布的学习方法。CART 假设决策树是二叉树，内部结点特征的取值为“是”和“否”，左分支是取值为“是”的分支，右分支是取值为“否”的分支。这样的决策树等价于递归地二分每个特征，将输入空间即特征空间划分为有限个单元，并在这些单元上确定预测的概率分布，也就是在输入给定的条件下输出的条件概率分布。

CART 算法由以下两步组成：

（1）决策树生成：基于训练数据集生成决策树，生成的决策树要尽量大。

（2）决策树剪枝：用验证数据集对已生成的树进行剪枝并选择最优子树，这时用损失函数最小作为剪枝的标准。

5.5.1 CART 生成

决策树的生成就是递归地构建二叉决策树的过程。对回归树用平方误差最小化准则，对分类树用基尼指数（Gini index）最小化准则，进行特征选择，生成二叉树。

1. 回归树的生成

假设 X 与 Y 分别为输入和输出变量，并且 Y 是连续变量，给定训练数据集

$$D=\{(x_1,y_1),(x_2,y_2),\cdots,(x_N,y_N)\}$$

考虑如何生成回归树。

一棵回归树对应着输入空间（即特征空间）的一个划分以及在划分的单元上的输出值。假设已将输入空间划分为 M 个单元 $R_1,R_2,\cdots,R_M$，并且在每个单元 R_m 上有一个固定的输出值 c_m，于是回归树模型可表示为

$$f(x)=\sum_{m=1}^{M}c_m I(x\in R_m) \tag{5.16}$$

当输入空间的划分确定时，可以用平方误差 $\sum\limits_{x_i\in R_m}(y_i-f(x_i))^2$ 来表示回归树对训练数据的预测误差，用平方误差最小的准则求解每个单元上的最优输出值。易知，单元 R_m 上的 c_m 的最优值 $\hat{c}_m$ 是 R_m 上的所有输入实例 x_i 对应的输出 y_i 的均值，即

$$\hat{c}_m=\text{ave}(y_i|x_i\in R_m) \tag{5.17}$$

问题是怎样对输入空间进行划分。这里采用启发式的方法，选择第 j 个变量 $x^{(j)}$ 和它取的值 s 作为切分变量（splitting variable）和切分点（splitting point），并定义两个区域：

$$R_1(j,s)=\{x|x^{(j)}\leqslant s\},\quad R_2(j,s)=\{x|x^{(j)}>s\} \tag{5.18}$$

然后寻找最优切分变量 j 和最优切分点 s。具体地，求解

$$\min_{j,s}\left[\min_{c_1}\sum_{x_i\in R_1(j,s)}(y_i-c_1)^2+\min_{c_2}\sum_{x_i\in R_2(j,s)}(y_i-c_2)^2\right] \tag{5.19}$$

对固定输入变量 j 可以找到最优切分点 s。

$$\hat{c}_1=\text{ave}(y_i|x_i\in R_1(j,s)),\quad \hat{c}_2=\text{ave}(y_i|x_i\in R_2(j,s)) \tag{5.20}$$

遍历所有输入变量，找到最优的切分变量 j，构成一个对 (j,s)。依此将输入空间划分为两个区域。接着，对每个区域重复上述划分过程，直到满足停止条件为止。这样就生成一棵回归树。这样的回归树通常称为最小二乘回归树（least squares regression tree），现将算法叙述如下。

算法 5.5（最小二乘回归树生成算法）

输入：训练数据集 D。

输出：回归树 $f(x)$。

在训练数据集所在的输入空间中，递归地将每个区域划分为两个子区域并决定每个子区域上的输出值，构建二叉决策树：

（1）选择最优切分变量 j 与切分点 s，求解

$$\min_{j,s}\left[\min_{c_1}\sum_{x_i\in R_1(j,s)}(y_i-c_1)^2+\min_{c_2}\sum_{x_i\in R_2(j,s)}(y_i-c_2)^2\right] \tag{5.21}$$

遍历变量 j，对固定的切分变量 j 扫描切分点 s，选择使式 (5.21) 达到最小值的对 (j,s)。

（2）用选定的对 (j,s) 划分区域并决定相应的输出值：

$$R_1(j,s)=\{x|x^{(j)}\leqslant s\},\quad R_2(j,s)=\{x|x^{(j)}>s\}$$

$$\hat{c}_m=\frac{1}{N_m}\sum_{x_i\in R_m(j,s)}y_i,\quad x\in R_m,\quad m=1,2$$

（3）继续对两个子区域调用步骤 (1) 和步骤 (2)，直至满足停止条件。

（4）将输入空间划分为 M 个区域 $R_1,R_2,\cdots,R_M$，生成决策树：

$$f(x)=\sum_{m=1}^{M}\hat{c}_mI(x\in R_m)$$ ■

2. 分类树的生成

分类树用基尼指数选择最优特征，同时决定该特征的最优二值切分点。

定义 5.4（基尼指数） 分类问题中，假设有 K 个类，样本点属于第 k 类的概率为 p_k，则概率分布的基尼指数定义为

$$\text{Gini}(p)=\sum_{k=1}^{K}p_k(1-p_k)=1-\sum_{k=1}^{K}p_k^2 \tag{5.22}$$

对于二类分类问题，若样本点属于第 1 个类的概率是 p，则概率分布的基尼指数为

$$\text{Gini}(p)=2p(1-p) \tag{5.23}$$

对于给定的样本集合 D，其基尼指数为

$$\text{Gini}(D)=1-\sum_{k=1}^{K}\left(\frac{|C_k|}{|D|}\right)^2 \tag{5.24}$$

这里，C_k 是 D 中属于第 k 类的样本子集，K 是类的个数。

如果样本集合 D 根据特征 A 是否取某一可能值 a 被分割成 D_1 和 D_2 两部分，即

$$D_1=\{(x,y)\in D|A(x)=a\},\quad D_2=D-D_1$$

则在特征 A 的条件下，集合 D 的基尼指数定义为

$$\text{Gini}(D,A)=\frac{|D_1|}{|D|}\text{Gini}(D_1)+\frac{|D_2|}{|D|}\text{Gini}(D_2) \tag{5.25}$$

基尼指数 $\text{Gini}(D)$ 表示集合 D 的不确定性，基尼指数 $\text{Gini}(D,A)$ 表示经 $A=a$ 分割后集合 D 的不确定性。基尼指数值越大，样本集合的不确定性也就越大，这一点与熵相似。

图 5.7 显示二类分类问题中基尼指数 $\text{Gini}(p)$、熵（单位比特）之半 $H(p)/2$ 和分类误差率的关系。横坐标表示概率 p，纵坐标表示损失。可以看出基尼指数和熵之半的曲线很接近，都可以近似地代表分类误差率。

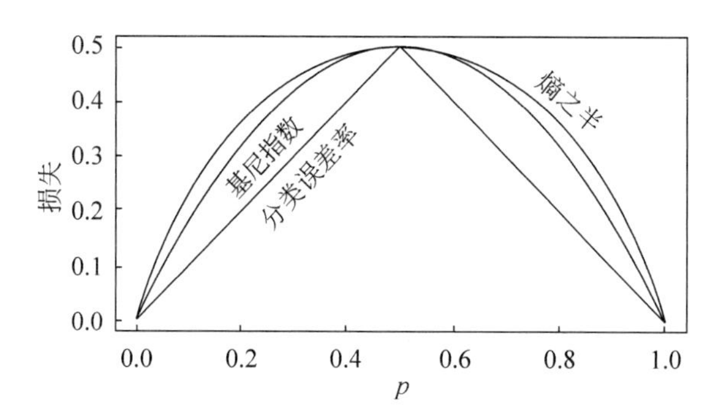

图 5.7 二类分类中基尼指数、熵之半和分类误差率的关系

算法 5.6（CART 生成算法）

输入：训练数据集 D，停止计算的条件。

输出：CART 决策树。

根据训练数据集，从根结点开始，递归地对每个结点进行以下操作，构建二叉决策树：

（1）设结点的训练数据集为 D，计算现有特征对该数据集的基尼指数。此时，对每一个特征 A，对其可能取的每个值 a，根据样本点对 $A=a$ 的测试为“是”或“否”将 D 分割成 D_1 和 D_2 两部分，利用式（5.25）计算 $A=a$ 时的基尼指数。

（2）在所有可能的特征 A 以及它们所有可能的切分点 a 中，选择基尼指数最小的特征及其对应的切分点作为最优特征与最优切分点。依最优特征与最优切分点，从现结点生成两个子结点，将训练数据集依特征分配到两个子结点中去。

（3）对两个子结点递归地调用步骤（1）和步骤（2），直至满足停止条件。

（4）生成 CART 决策树。 ■

算法停止计算的条件是结点中的样本个数小于预定阈值或样本集的基尼指数小于预定阈值（样本基本属于同一类），或者没有更多特征。

例 5.4 根据表 5.1 所给训练数据集，应用 CART 算法生成决策树。

解 首先计算各特征的基尼指数，选择最优特征以及其最优切分点。仍采用例 5.2 的记号，分别以 A_1，A_2，A_3，A_4 表示年龄、有工作、有自己的房子和信贷情况 4 个特征，并以 1，2，3 表示年龄的值为青年、中年和老年，以 1，2 表示有工作和有自己的房子的值为是和否，以 1，2，3 表示信贷情况的值为非常好、好和一般。

求特征 A_1 的基尼指数:

$$\text{Gini}(D,A_1=1)=\frac{5}{15}\left[2\times\frac{2}{5}\times\left(1-\frac{2}{5}\right)\right]+\frac{10}{15}\left[2\times\frac{7}{10}\times\left(1-\frac{7}{10}\right)\right]=0.44$$

$$\text{Gini}(D,A_1=2)=0.48$$

$$\text{Gini}(D,A_1=3)=0.44$$

由于 $\text{Gini}(D, A_1 = 1)$ 和 $\text{Gini}(D, A_1 = 3)$ 相等，且最小，所以 $A_1 = 1$ 和 $A_1 = 3$ 都可以选作 A_1 的最优切分点。

求特征 A_2 和 A_3 的基尼指数：

$$\text{Gini}(D, A_2 = 1) = 0.32$$

$$\text{Gini}(D, A_3 = 1) = 0.27$$

由于 A_2 和 A_3 只有一个切分点，所以它们就是最优切分点。

求特征 A_4 的基尼指数：

$$\text{Gini}(D, A_4 = 1) = 0.36$$

$$\text{Gini}(D, A_4 = 2) = 0.47$$

$$\text{Gini}(D, A_4 = 3) = 0.32$$

$\text{Gini}(D, A_4 = 3)$ 最小，所以 $A_4 = 3$ 为 A_4 的最优切分点。

在 A_1，A_2，A_3，A_4 几个特征中，$\text{Gini}(D, A_3 = 1) = 0.27$ 最小，所以选择特征 A_3 为最优特征，$A_3 = 1$ 为其最优切分点。于是根结点生成两个子结点，一个是叶结点。对另一个结点继续使用以上方法在 A_1，A_2，A_4 中选择最优特征及其最优切分点，结果是 $A_2 = 1$。依此计算得知，所得结点都是叶结点。 ■

对于本问题，按照 CART 算法所生成的决策树与按照 ID3 算法所生成的决策树完全一致。

5.5.2 CART 剪枝

CART 剪枝算法从“完全生长”的决策树的底端剪去一些子树，使决策树变小（模型变简单），从而能够对未知数据有更准确的预测。CART 剪枝算法由两步组成：首先从生成算法产生的决策树 T_0 底端开始不断剪枝，直到 T_0 的根结点，形成一个子树序列 $\{T_0, T_1, \cdots, T_n\}$；然后通过交叉验证法在独立的验证数据集上对子树序列进行测试，从中选择最优子树。

1. 剪枝，形成一个子树序列

在剪枝过程中，计算子树的损失函数：

$$C_\alpha(T) = C(T) + \alpha|T| \tag{5.26}$$

其中，T 为任意子树，$C(T)$ 为对训练数据的预测误差（如基尼指数），$|T|$ 为子树的叶结点个数，$\alpha \geqslant 0$ 为参数，$C_\alpha(T)$ 为参数是 α 时的子树 T 的整体损失。参数 α 权衡训练数据的拟合程度与模型的复杂度。

对固定的 α，一定存在使损失函数 $C_\alpha(T)$ 最小的子树，将其表示为 T_α。T_α 在损失函数 $C_\alpha(T)$ 最小的意义下是最优的。容易验证这样的最优子树是唯一的。当 α 大的时候，最优子树 T_α 偏小；当 α 小的时候，最优子树 T_α 偏大。极端情况：当 $\alpha = 0$ 时，整体树是最优的。当 $\alpha \to \infty$ 时，根结点组成的单结点树是最优的。

Breiman 等人证明：可以用递归的方法对树进行剪枝。将 α 从小增大，$0=\alpha_0<\alpha_1<\cdots<\alpha_n<+\infty$，产生一系列的区间 $[\alpha_i,\alpha_{i+1})$，$i=0,1,\cdots,n$；剪枝得到的子树序列对应着区间 $\alpha\in[\alpha_i,\alpha_{i+1})$，$i=0,1,\cdots,n$ 的最优子树序列 $\{T_0,T_1,\cdots,T_n\}$，序列中的子树是嵌套的。

具体地，从整体树 T_0 开始剪枝。对 T_0 的任意内部结点 t，以 t 为单结点树的损失函数是

$$C_\alpha(t)=C(t)+\alpha \tag{5.27}$$

以 t 为根结点的子树 T_t 的损失函数是

$$C_\alpha(T_t)=C(T_t)+\alpha|T_t| \tag{5.28}$$

当 $\alpha=0$ 及 α 充分小时，有不等式

$$C_\alpha(T_t)<C_\alpha(t) \tag{5.29}$$

当 α 增大时，在某一 α 有

$$C_\alpha(T_t)=C_\alpha(t) \tag{5.30}$$

当 α 再增大时，不等式 (5.29) 反向。只要 $\alpha=\dfrac{C(t)-C(T_t)}{|T_t|-1}$，$T_t$ 与 t 有相同的损失函数值，而 t 的结点少，因此 t 比 T_t 更可取，对 T_t 进行剪枝。

为此，对 T_0 中每一内部结点 t，计算

$$g(t)=\frac{C(t)-C(T_t)}{|T_t|-1} \tag{5.31}$$

它表示剪枝后整体损失函数减少的程度。在 T_0 中剪去 $g(t)$ 最小的 T_t，将得到的子树作为 T_1，同时将最小的 $g(t)$ 设为 α_1。T_1 为区间 $[\alpha_1,\alpha_2)$ 的最优子树。

如此剪枝下去，直至得到根结点。在这一过程中，不断地增加 α 的值，产生新的区间。

2. 在剪枝得到的子树序列 $T_0,T_1,\cdots,T_n$ 中通过交叉验证选取最优子树 T_α

具体地，利用独立的验证数据集，测试子树序列 $T_0,T_1,\cdots,T_n$ 中各棵子树的平方误差或基尼指数。平方误差或基尼指数最小的决策树被认为是最优的决策树。在子树序列中，每棵子树 $T_1,T_2,\cdots,T_n$ 都对应一个参数 $\alpha_1,\alpha_2,\cdots,\alpha_n$。所以，当最优子树 T_k 确定时，对应的 α_k 也确定了，即得到最优决策树 T_α。

现在写出 CART 剪枝算法。

算法 5.7（CART 剪枝算法）

输入：CART 算法生成的决策树 T_0。

输出：最优决策树 T_α。

（1）设 $k=0$，$T=T_0$。

（2）设 $\alpha=+\infty$。

（3）自下而上地对各内部结点 t 计算 $C(T_t)$，$|T_t|$ 以及

$$g(t)=\frac{C(t)-C(T_t)}{|T_t|-1}$$

$$\alpha=\min(\alpha,g(t))$$

这里，T_t 表示以 t 为根结点的子树，$C(T_t)$ 是对训练数据的预测误差，$|T_t|$ 是 T_t 的叶结点个数。

（4）对 $g(t)=\alpha$ 的内部结点 t 进行剪枝，并对叶结点 t 以多数表决法决定其类，得到树 T。

（5）设 $k=k+1$，$\alpha_k=\alpha$，$T_k=T$。

（6）如果 T_k 不是由根结点及两个叶结点构成的树，则回到步骤 (2)；否则，令 $T_k=T_n$。

（7）采用交叉验证法在子树序列 $T_0,T_1,\cdots,T_n$ 中选取最优子树 T_α。 ■

本章概要

1. 分类决策树模型是表示基于特征对实例进行分类的树形结构。决策树可以转换成一个 if-then 规则的集合，也可以看作是定义在特征空间划分上的类的条件概率分布。

2. 决策树学习旨在构建一个与训练数据拟合很好并且复杂度小的决策树。因为从可能的决策树中直接选取最优决策树是 NP 完全问题，现实中采用启发式方法学习次优的决策树。

决策树学习算法包括 3 个部分：特征选择、树的生成和树的剪枝。常用的算法有 ID3 算法、C4.5 算法和 CART 算法。

3. 特征选择的目的在于选取对训练数据能够分类的特征。特征选择的关键是其准则，常用的准则如下：

（1）样本集合 D 对特征 A 的信息增益（ID3）：

$$g(D,A)=H(D)-H(D|A)$$

$$H(D)=-\sum_{k=1}^{K}\frac{|C_k|}{|D|}\log_2\frac{|C_k|}{|D|}$$

$$H(D|A)=\sum_{i=1}^{n}\frac{|D_i|}{|D|}H(D_i)$$

其中，$H(D)$ 是数据集 D 的熵，$H(D_i)$ 是数据集 D_i 的熵，$H(D|A)$ 是数据集 D 对特征 A 的条件熵，D_i 是 D 中特征 A 取第 i 个值的样本子集，C_k 是 D 中属于第 k 类的样本子集，n 是特征 A 取值的个数，K 是类的个数。

（2）样本集合 D 对特征 A 的信息增益比（C4.5）：

$$g_{\mathrm{R}}(D,A)=\frac{g(D,A)}{H_A(D)}$$

其中，$g(D,A)$ 是信息增益，$H_A(D)$ 是 D 关于特征 A 的值的熵。

（3）样本集合 D 的基尼指数（CART）：

$$\mathrm{Gini}(D)=1-\sum_{k=1}^{K}\left(\frac{|C_k|}{|D|}\right)^2$$

特征 A 条件下集合 D 的基尼指数：

$$\mathrm{Gini}(D,A)=\frac{|D_1|}{|D|}\mathrm{Gini}(D_1)+\frac{|D_2|}{|D|}\mathrm{Gini}(D_2)$$

4. 决策树的生成。通常使用信息增益最大、信息增益比最大或基尼指数最小作为特征选择的准则。决策树的生成往往通过计算信息增益或其他指标，从根结点开始，递归地产生决策树。这相当于用信息增益或其他准则不断地选取局部最优的特征，或将训练集分割为能够基本正确分类的子集。

5. 决策树的剪枝。由于生成的决策树存在过拟合问题，需要对它进行剪枝，以简化学到的决策树。决策树的剪枝往往从已生成的树上剪掉一些叶结点或叶结点以上的子树，并将其父结点或根结点作为新的叶结点，从而简化生成的决策树。

继续阅读

介绍决策树学习方法的文献很多，关于 ID3 可见文献 [1]，C4.5 可见文献 [2]，CART 可见文献 [3] 和文献 [4]。决策树学习的一般性介绍可见文献 [5]～文献 [7]。与决策树类似的分类方法还有决策列表（decision list）。决策列表与决策树可以相互转换 [8]，决策列表的学习方法可见文献 [9]。

习　题

5.1 根据表 5.1 所给的训练数据集，利用信息增益比（C4.5 算法）生成决策树。

5.2 已知如表 5.2 所示的训练数据，试用平方误差损失准则生成一个二叉回归树。

表 5.2　训练数据表

x_i	1	2	3	4	5	6	7	8	9	10
y_i	4.50	4.75	4.91	5.34	5.80	7.05	7.90	8.23	8.70	9.00

5.3 证明 CART 剪枝算法中，当 α 确定时，存在唯一的最小子树 T_α 使损失函数 $C_\alpha(T)$ 最小。

5.4 证明 CART 剪枝算法中求出的子树序列 $\{T_0,T_1,\cdots,T_n\}$ 分别是区间 $\alpha\in[\alpha_i,\alpha_{i+1})$ 的最优子树 T_α，这里 $i=0,1,\cdots,n$，$0=\alpha_0<\alpha_1<\cdots<\alpha_n<+\infty$。

参考文献

[1] OLSHEN R A, QUINLAN J R. Induction of decision trees[J]. Machine Learning, 1986, 1(1): 81–106.

[2] OLSHEN R A, QUINLAN J R. C4.5: programs for machine learning[M]. Morgan Kaufmann, 1992.

[3] OLSHEN R A, BREIMAN L, FRIEDMAN J, et al. Classification and regression trees[M]. Wadsworth, 1984.

[4] RIPLEY B. Pattern recognition and neural networks[M]. Cambridge University Press, 1996.

[5] LIU B. Web data mining: Exploring hyperlinks, contents and usage data[M]. Springer-Verlag, 2006.

[6] HYAFIL L, RIVEST R L. Constructing optimal binary decision trees is NP-complete[J]. Information Processing Letters, 1976, 5(1): 15–17.

[7] HASTIE T, TIBSHIRANI R, FRIEDMAN J. The elements of statistical learning: data mining, inference, and prediction[M]. 范明，柴玉梅，昝红英，等译. Springer, 2001.

[8] YAMANISHI K. A learning criterion for stochastic rules[J]. Machine Learning, 1992, 9(2–3): 165–203.

[9] LI H, YAMANISHI K. Text classification using ESC-based stochastic decision lists[J]. Information Processing & Management, 2002, 38(3): 343–361.

[10] LI H, ABE N. Generalizing case frames using a thesaurus and the MDL principle[J]. Computational Linguistics, 1998, 24(2): 217–244.

第 6 章　逻辑斯谛回归与最大熵模型

逻辑斯谛回归（logistic regression）是统计学习中的经典分类方法。最大熵是概率模型学习的一个准则，将其推广到分类问题得到最大熵模型（maximum entropy model）。逻辑斯谛回归模型与最大熵模型都属于对数线性模型。本章首先介绍逻辑斯谛回归模型，然后介绍最大熵模型，最后讲述逻辑斯谛回归与最大熵模型的学习算法，包括改进的迭代尺度算法和拟牛顿法。

6.1　逻辑斯谛回归模型

6.1.1　逻辑斯谛分布

首先介绍逻辑斯谛分布（logistic distribution）。

定义 6.1（**逻辑斯谛分布**）　设 X 是连续随机变量，X 服从逻辑斯谛分布是指 X 具有下列分布函数和密度函数：

$$F(x) = P(X \leqslant x) = \frac{1}{1+\mathrm{e}^{-(x-\mu)/\gamma}} \tag{6.1}$$

$$f(x) = F'(x) = \frac{\mathrm{e}^{-(x-\mu)/\gamma}}{\gamma[1+\mathrm{e}^{-(x-\mu)/\gamma}]^2} \tag{6.2}$$

式中，μ 为位置参数，$\gamma > 0$ 为形状参数。

逻辑斯谛分布的密度函数 $f(x)$ 和分布函数 $F(x)$ 的图形如图 6.1 所示。分布函数属于逻辑斯谛函数，其图形是一条 S 形曲线（sigmoid curve）。该曲线以点 $\left(\mu, \dfrac{1}{2}\right)$ 为中心对称，即满足

$$F(-x+\mu) - \frac{1}{2} = -F(x+\mu) + \frac{1}{2}$$

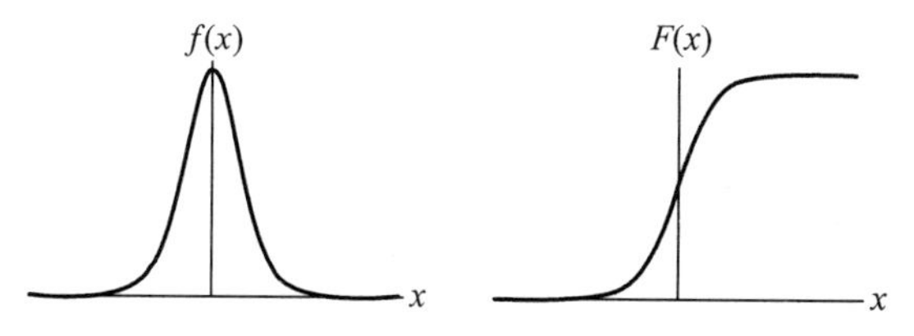

图 6.1　逻辑斯谛分布的密度函数与分布函数

曲线在中心附近增长速度较快，在两端增长速度较慢。形状参数 γ 的值越小，曲线在中心附近增长得越快。

6.1.2 二项逻辑斯谛回归模型

二项逻辑斯谛回归模型（binomial logistic regression model）是一种分类模型，由条件概率分布 $P(Y|X)$ 表示，形式为参数化的逻辑斯谛分布。这里，随机变量 X 取值为实数，随机变量 Y 取值为 1 或 0。我们通过监督学习的方法来估计模型参数。

定义 6.2（**逻辑斯谛回归模型**） *二项逻辑斯谛回归模型是如下的条件概率分布:*

$$P(Y=1|x)=\frac{\exp(w\cdot x+b)}{1+\exp(w\cdot x+b)} \tag{6.3}$$

$$P(Y=0|x)=\frac{1}{1+\exp(w\cdot x+b)} \tag{6.4}$$

这里，$x\in \boldsymbol{R}^n$ 是输入，$Y\in\{0,1\}$ 是输出，$w\in \boldsymbol{R}^n$ 和 $b\in \boldsymbol{R}$ 是参数，w 称为权值向量，b 称为偏置，$w\cdot x$ 为 w 和 x 的内积。

对于给定的输入实例 x，按照式 (6.3) 和式 (6.4) 可以求得 $P(Y=1|x)$ 和 $P(Y=0|x)$。逻辑斯谛回归比较两个条件概率值的大小，将实例 x 分到概率值较大的那一类。

有时为了方便，将权值向量和输入向量加以扩充，仍记作 w，x，即 $w=(w^{(1)}, w^{(2)},\cdots,w^{(n)},b)^{\mathrm{T}}$，$x=(x^{(1)},x^{(2)},\cdots,x^{(n)},1)^{\mathrm{T}}$。这时，逻辑斯谛回归模型如下：

$$P(Y=1|x)=\frac{\exp(w\cdot x)}{1+\exp(w\cdot x)} \tag{6.5}$$

$$P(Y=0|x)=\frac{1}{1+\exp(w\cdot x)} \tag{6.6}$$

现在考查逻辑斯谛回归模型的特点。一个事件的几率（odds）是指该事件发生的概率与该事件不发生的概率的比值。如果事件发生的概率是 p，那么该事件的几率是 $\dfrac{p}{1-p}$，该事件的对数几率（log odds）或 logit 函数是

$$\operatorname{logit}(p)=\log\frac{p}{1-p}$$

对逻辑斯谛回归而言，由式 (6.5) 与式 (6.6) 得：

$$\log\frac{P(Y=1|x)}{1-P(Y=1|x)}=w\cdot x$$

这就是说，在逻辑斯谛回归模型中，输出 $Y=1$ 的对数几率是输入 x 的线性函数。或者说，输出 $Y=1$ 的对数几率是由输入 x 的线性函数表示的模型，即逻辑斯谛回归模型。

换一个角度看，考虑对输入 x 进行分类的线性函数 $w\cdot x$，其值域为实数域。注意，这里 $x\in \boldsymbol{R}^{n+1}$, $w\in \boldsymbol{R}^{n+1}$。通过逻辑斯谛回归模型定义式 (6.5) 可以将线性函数 $w\cdot x$ 转换为概率：

$$P(Y=1|x)=\frac{\exp(w\cdot x)}{1+\exp(w\cdot x)}$$

这时，线性函数的值越接近正无穷，概率值就越接近 1；线性函数的值越接近负无穷，概率值就越接近 0（如图 6.1 所示）。这样的模型就是逻辑斯谛回归模型。

6.1.3 模型参数估计

逻辑斯谛回归模型学习时，对于给定的训练数据集 $T=\{(x_1,y_1),(x_2,y_2),\cdots,(x_N,y_N)\}$，其中，$x_i\in\boldsymbol{R}^n$，$y_i\in\{0,1\}$，可以应用极大似然估计法估计模型参数，从而得到逻辑斯谛回归模型。

设

$$P(Y=1|x)=\pi(x),\quad P(Y=0|x)=1-\pi(x)$$

似然函数为

$$\prod_{i=1}^{N}(\pi(x_i))^{y_i}(1-\pi(x_i))^{1-y_i}$$

对数似然函数为

$$\begin{aligned}L(w)&=\sum_{i=1}^{N}[y_i\log\pi(x_i)+(1-y_i)\log(1-\pi(x_i))]\\&=\sum_{i=1}^{N}\left[y_i\log\frac{\pi(x_i)}{1-\pi(x_i)}+\log(1-\pi(x_i))\right]\\&=\sum_{i=1}^{N}\{y_i(w\cdot x_i)-\log[1+\exp(w\cdot x_i)]\}\end{aligned}$$

对 $L(w)$ 求极大值，得到 w 的估计值。

这样，问题就变成了以对数似然函数为目标函数的最优化问题。逻辑斯谛回归学习中通常采用的方法是梯度下降法及拟牛顿法。

假设 w 的极大似然估计值是 $\hat{w}$，那么学到的逻辑斯谛回归模型为

$$P(Y=1|x)=\frac{\exp(\hat{w}\cdot x)}{1+\exp(\hat{w}\cdot x)}$$

$$P(Y=0|x)=\frac{1}{1+\exp(\hat{w}\cdot x)}$$

6.1.4 多项逻辑斯谛回归

上面介绍的逻辑斯谛回归模型是二项分类模型，用于二类分类。可以将其推广为多项逻辑斯谛回归模型（multi-nominal logistic regression model），用于多类分类。假设离散型随机

变量 Y 的取值集合是 $\{1, 2, \cdots, K\}$，那么多项逻辑斯谛回归模型是

$$P(Y=k|x)=\frac{\exp(w_k \cdot x)}{1+\sum\limits_{k=1}^{K-1}\exp(w_k \cdot x)}, \quad k=1,2,\cdots,K-1 \tag{6.7}$$

$$P(Y=K|x)=\frac{1}{1+\sum\limits_{k=1}^{K-1}\exp(w_k \cdot x)} \tag{6.8}$$

这里，$x \in \boldsymbol{R}^{n+1}, w_k \in \boldsymbol{R}^{n+1}$。

二项逻辑斯谛回归的参数估计法也可以推广到多项逻辑斯谛回归。

6.2 最大熵模型

最大熵模型（maximum entropy model）由最大熵原理推导实现。这里首先叙述一般的最大熵原理，然后讲解最大熵模型的推导，最后给出最大熵模型学习的形式。

6.2.1 最大熵原理

最大熵原理是概率模型学习的一个准则。最大熵原理认为：学习概率模型时，在所有可能的概率模型（分布）中，熵最大的模型是最好的模型。通常用约束条件来确定概率模型的集合，所以，最大熵原理也可以表述为在满足约束条件的模型集合中选取熵最大的模型。

假设离散随机变量 X 的概率分布是 $P(X)$，则其熵（参照 5.2.2 节）是

$$H(P)=-\sum_x P(x)\log P(x) \tag{6.9}$$

熵满足下列不等式：

$$0 \leqslant H(P) \leqslant \log|X|$$

式中，$|X|$ 是 X 的取值个数，当且仅当 X 的分布是均匀分布时右边的等号成立。这就是说，当 X 服从均匀分布时，熵最大。

直观地，最大熵原理认为要选择的概率模型首先必须满足已有的事实，即约束条件。在没有更多信息的情况下，那些不确定的部分都是“等可能的”。最大熵原理通过熵的最大化来表示等可能性。“等可能”不容易操作，而熵是一个可优化的数值指标。

首先，通过一个简单的例子来介绍一下最大熵原理①。

例 6.1 假设随机变量 X 有 5 个取值 $\{A, B, C, D, E\}$，要估计取各个值的概率 $P(A)$, $P(B), P(C), P(D), P(E)$。

解 这些概率值满足以下约束条件：

$$P(A)+P(B)+P(C)+P(D)+P(E)=1$$

① 此例来自参考文献 [1]。

满足这个约束条件的概率分布有无穷多个。如果没有任何其他信息，仍要对概率分布进行估计，一个办法就是认为这个分布中取各个值的概率是相等的：

$$P(A)=P(B)=P(C)=P(D)=P(E)=\frac{1}{5}$$

等概率表示了对事实的无知。因为没有更多的信息，这种判断是合理的。

有时，能从一些先验知识中得到一些对概率值的约束条件，例如：

$$P(A)+P(B)=\frac{3}{10}$$

$$P(A)+P(B)+P(C)+P(D)+P(E)=1$$

满足这两个约束条件的概率分布仍然有无穷多个。在缺少其他信息的情况下，可以认为 A 与 B 是等概率的，C，D 与 E 是等概率的，于是，

$$P(A)=P(B)=\frac{3}{20}$$

$$P(C)=P(D)=P(E)=\frac{7}{30}$$

如果还有第 3 个约束条件：

$$P(A)+P(C)=\frac{1}{2}$$

$$P(A)+P(B)=\frac{3}{10}$$

$$P(A)+P(B)+P(C)+P(D)+P(E)=1$$

可以继续按照满足约束条件下求等概率的方法估计概率分布。这里不再继续讨论。以上概率模型学习的方法正是遵循了最大熵原理。 ■

图 6.2 提供了用最大熵原理进行概率模型选择的几何解释。概率模型集合 $\mathcal{P}$ 可由欧氏空间中的单纯形（simplex）[①]表示，如左图的三角形（2-单纯形）。一个点代表一个模型，整个单纯形代表模型集合。右图上的一条直线对应一个约束条件，直线的交集对应满足所有约束条件的模型集合。一般地，这样的模型仍有无穷多个。学习的目的是在可能的模型集合中选择最优模型，最大熵原理则给出最优模型选择的一个准则。

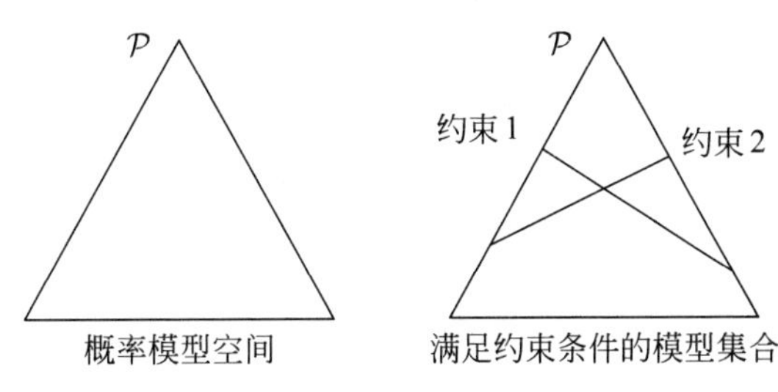

图 6.2 概率模型集合

① 单纯形是在 n 维欧氏空间中的 $n+1$ 个仿射无关的点的集合的凸包。

6.2.2 最大熵模型的定义

最大熵原理是统计学习的一般原理，将它应用到分类得到最大熵模型。

假设分类模型是一个条件概率分布 $P(Y|X)$，$X \in \mathcal{X} \subseteq \boldsymbol{R}^n$ 表示输入，$Y \in \mathcal{Y}$ 表示输出，$\mathcal{X}$ 和 $\mathcal{Y}$ 分别是输入和输出的集合。这个模型表示的是对于给定的输入 X，以条件概率 $P(Y|X)$ 输出 Y。

给定一个训练数据集

$$T = \{(x_1, y_1), (x_2, y_2), \cdots, (x_N, y_N)\}$$

学习的目标是用最大熵原理选择最好的分类模型。

首先考虑模型应该满足的条件。给定训练数据集，可以确定联合分布 $P(X, Y)$ 的经验分布和边缘分布 $P(X)$ 的经验分布，分别以 $\tilde{P}(X, Y)$ 和 $\tilde{P}(X)$ 表示。这里，

$$\tilde{P}(X = x, Y = y) = \frac{\nu(X = x, Y = y)}{N}$$
$$\tilde{P}(X = x) = \frac{\nu(X = x)}{N}$$

其中，$\nu(X = x, Y = y)$ 表示训练数据中样本 (x, y) 出现的频数，$\nu(X = x)$ 表示训练数据中输入 x 出现的频数，N 表示训练样本容量。

用特征函数（feature function）$f(x, y)$ 描述输入 x 和输出 y 之间的某一个事实。其定义是

$$f(x, y) = \begin{cases} 1, & x \text{与} y \text{满足某一事实} \\ 0, & \text{否则} \end{cases}$$

它是一个二值函数[①]，当 x 和 y 满足这个事实时取值为 1，否则取值为 0。

特征函数 $f(x, y)$ 关于经验分布 $\tilde{P}(X, Y)$ 的期望值用 $E_{\tilde{P}}(f)$ 表示：

$$E_{\tilde{P}}(f) = \sum_{x,y} \tilde{P}(x, y) f(x, y)$$

特征函数 $f(x, y)$ 关于模型 $P(Y|X)$ 与经验分布 $\tilde{P}(X)$ 的期望值用 $E_P(f)$ 表示：

$$E_P(f) = \sum_{x,y} \tilde{P}(x) P(y|x) f(x, y)$$

如果模型能够获取训练数据中的信息，那么就可以假设这两个期望值相等，即

$$E_P(f) = E_{\tilde{P}}(f) \tag{6.10}$$

或

$$\sum_{x,y} \tilde{P}(x) P(y|x) f(x, y) = \sum_{x,y} \tilde{P}(x, y) f(x, y) \tag{6.11}$$

我们将式 (6.10) 或式 (6.11) 作为模型学习的约束条件。假如有 n 个特征函数 $f_i(x, y)$，$i = 1, 2, \cdots, n$，那么就有 n 个约束条件。

① 一般地，特征函数可以是任意实值函数。

定义 6.3（最大熵模型） 假设满足所有约束条件的模型集合为

$$\mathcal{C} \equiv \{P \in \mathcal{P} | E_P(f_i) = E_{\tilde{P}}(f_i), \quad i = 1, 2, \cdots, n\} \tag{6.12}$$

定义在条件概率分布 $P(Y|X)$ 上的条件熵为

$$H(P) = -\sum_{x,y} \tilde{P}(x) P(y|x) \log P(y|x) \tag{6.13}$$

则模型集合 $\mathcal{C}$ 中条件熵 $H(P)$ 最大的模型称为最大熵模型。式中的对数为自然对数。

6.2.3 最大熵模型的学习

最大熵模型的学习过程就是求解最大熵模型的过程。最大熵模型的学习可以形式化为约束最优化问题。

对于给定的训练数据集 $T = \{(x_1, y_1), (x_2, y_2), \cdots, (x_N, y_N)\}$ 以及特征函数 $f_i(x, y)$，$i = 1, 2, \cdots, n$，最大熵模型的学习等价于约束最优化问题：

$$\begin{aligned} \max_{P \in \mathcal{C}} \quad & H(P) = -\sum_{x,y} \tilde{P}(x) P(y|x) \log P(y|x) \\ \text{s.t.} \quad & E_P(f_i) = E_{\tilde{P}}(f_i), \quad i = 1, 2, \cdots, n \\ & \sum_y P(y|x) = 1 \end{aligned}$$

按照最优化问题的习惯，将求最大值问题改写为等价的求最小值问题：

$$\min_{P \in \mathcal{C}} \quad -H(P) = \sum_{x,y} \tilde{P}(x) P(y|x) \log P(y|x) \tag{6.14}$$

$$\text{s.t.} \quad E_P(f_i) - E_{\tilde{P}}(f_i) = 0, \quad i = 1, 2, \cdots, n \tag{6.15}$$

$$\sum_y P(y|x) = 1 \tag{6.16}$$

求解约束最优化问题 (6.14)~(6.16) 得出的解就是最大熵模型学习的解。下面给出具体推导。

这里，将约束最优化的原始问题转换为无约束最优化的对偶问题①，通过求解对偶问题求解原始问题。

首先，引入拉格朗日乘子 $w_0, w_1, w_2, \cdots, w_n$，定义拉格朗日函数 $L(P, w)$：

$$\begin{aligned} L(P, w) \equiv & -H(P) + w_0 \left(1 - \sum_y P(y|x)\right) + \sum_{i=1}^n w_i (E_{\tilde{P}}(f_i) - E_P(f_i)) \\ = & \sum_{x,y} \tilde{P}(x) P(y|x) \log P(y|x) + w_0 \left(1 - \sum_y P(y|x)\right) + \\ & \sum_{i=1}^n w_i \left(\sum_{x,y} \tilde{P}(x, y) f_i(x, y) - \sum_{x,y} \tilde{P}(x) P(y|x) f_i(x, y)\right) \end{aligned} \tag{6.17}$$

① 参阅附录 C。

最优化的原始问题是

$$\min_{P\in\mathcal{C}}\max_{w} L(P,w) \tag{6.18}$$

对偶问题是

$$\max_{w}\min_{P\in\mathcal{C}} L(P,w) \tag{6.19}$$

由于拉格朗日函数 $L(P,w)$ 是 P 的凸函数，原始问题 (6.18) 的解与对偶问题 (6.19) 的解是等价的。这样，可以通过求解对偶问题 (6.19) 来求解原始问题 (6.18)。

首先，求解对偶问题 (6.19) 内部的极小化问题 $\min\limits_{P\in\mathcal{C}} L(P,w)$。$\min\limits_{P\in\mathcal{C}} L(P,w)$ 是 w 的函数，将其记作

$$\Psi(w)=\min_{P\in\mathcal{C}} L(P,w)=L(P_w,w) \tag{6.20}$$

$\Psi(w)$ 称为对偶函数。同时，将其解记作

$$P_w=\arg\min_{P\in\mathcal{C}} L(P,w)=P_w(y|x) \tag{6.21}$$

具体地，求 $L(P,w)$ 对 $P(y|x)$ 的偏导数：

$$\begin{aligned}\frac{\partial L(P,w)}{\partial P(y|x)}&=\sum_{x,y}\tilde{P}(x)\left(\log P(y|x)+1\right)-\sum_{y}w_0-\sum_{x,y}\left(\tilde{P}(x)\sum_{i=1}^{n}w_i f_i(x,y)\right)\\&=\sum_{x,y}\tilde{P}(x)\left(\log P(y|x)+1-w_0-\sum_{i=1}^{n}w_i f_i(x,y)\right)\end{aligned}$$

令偏导数等于 0，在 $\tilde{P}(x)>0$ 的情况下，解得：

$$P(y|x)=\exp\left(\sum_{i=1}^{n}w_i f_i(x,y)+w_0-1\right)=\frac{\exp\left(\sum\limits_{i=1}^{n}w_i f_i(x,y)\right)}{\exp(1-w_0)}$$

由于 $\sum\limits_{y}P(y|x)=1$，得：

$$P_w(y|x)=\frac{1}{Z_w(x)}\exp\left(\sum_{i=1}^{n}w_i f_i(x,y)\right) \tag{6.22}$$

其中，

$$Z_w(x)=\sum_{y}\exp\left(\sum_{i=1}^{n}w_i f_i(x,y)\right) \tag{6.23}$$

$Z_w(x)$ 称为规范化因子，$f_i(x,y)$ 是特征函数，w_i 是特征的权值。由式 (6.22)、式 (6.23) 表示的模型 $P_w=P_w(y|x)$ 就是最大熵模型。这里，w 是最大熵模型中的参数向量。

之后，求解对偶问题外部的极大化问题：

$$\max_{w}\ \Psi(w) \tag{6.24}$$

将其解记为 w^*，即

$$w^* = \arg\max_{w} \Psi(w) \tag{6.25}$$

这就是说，可以应用最优化算法求对偶函数 $\Psi(w)$ 的极大化，得到 w^*，用来表示 $P^* \in \mathcal{C}$。这里，$P^* = P_{w^*} = P_{w^*}(y|x)$ 是学习到的最优模型（最大熵模型）。也就是说，最大熵模型的学习归结为对偶函数 $\Psi(w)$ 的极大化。

例 6.2 学习例 6.1 中的最大熵模型。

解 为了方便，分别以 y_1, y_2, y_3, y_4, y_5 表示 A，B，C，D 和 E，于是最大熵模型学习的最优化问题是

$$\begin{aligned}
\min \quad & -H(P) = \sum_{i=1}^{5} P(y_i) \log P(y_i) \\
\text{s.t.} \quad & P(y_1) + P(y_2) = \tilde{P}(y_1) + \tilde{P}(y_2) = \frac{3}{10} \\
& \sum_{i=1}^{5} P(y_i) = \sum_{i=1}^{5} \tilde{P}(y_i) = 1
\end{aligned}$$

引入拉格朗日乘子 w_0，w_1，定义拉格朗日函数：

$$L(P, w) = \sum_{i=1}^{5} P(y_i) \log P(y_i) + w_1 \left(P(y_1) + P(y_2) - \frac{3}{10} \right) + w_0 \left(\sum_{i=1}^{5} P(y_i) - 1 \right)$$

根据拉格朗日对偶性，可以通过求解对偶最优化问题得到原始最优化问题的解，所以求解

$$\max_{w} \min_{P} L(P, w)$$

首先求解 $L(P, w)$ 关于 P 的极小化问题。为此，固定 w_0，w_1，求偏导数：

$$\begin{aligned}
\frac{\partial L(P, w)}{\partial P(y_1)} &= 1 + \log P(y_1) + w_1 + w_0 \\
\frac{\partial L(P, w)}{\partial P(y_2)} &= 1 + \log P(y_2) + w_1 + w_0 \\
\frac{\partial L(P, w)}{\partial P(y_3)} &= 1 + \log P(y_3) + w_0 \\
\frac{\partial L(P, w)}{\partial P(y_4)} &= 1 + \log P(y_4) + w_0 \\
\frac{\partial L(P, w)}{\partial P(y_5)} &= 1 + \log P(y_5) + w_0
\end{aligned}$$

令各偏导数等于 0，解得：

$$\begin{aligned}
& P(y_1) = P(y_2) = \mathrm{e}^{-w_1 - w_0 - 1} \\
& P(y_3) = P(y_4) = P(y_5) = \mathrm{e}^{-w_0 - 1}
\end{aligned}$$

于是，

$$\min_{P} L(P, w) = L(P_w, w) = -2\mathrm{e}^{-w_1 - w_0 - 1} - 3\mathrm{e}^{-w_0 - 1} - \frac{3}{10} w_1 - w_0$$

再求解 $L(P_w, w)$ 关于 w 的极大化问题：

$$\max_w L(P_w, w) = -2\mathrm{e}^{-w_1-w_0-1} - 3\mathrm{e}^{-w_0-1} - \frac{3}{10}w_1 - w_0$$

分别求 $L(P_w, w)$ 对 w_0，w_1 的偏导数并令其为 0，得到：

$$\mathrm{e}^{-w_1-w_0-1} = \frac{3}{20}$$

$$\mathrm{e}^{-w_0-1} = \frac{7}{30}$$

于是得到所要求的概率分布为

$$P(y_1) = P(y_2) = \frac{3}{20}$$

$$P(y_3) = P(y_4) = P(y_5) = \frac{7}{30}$$

■

6.2.4 极大似然估计

从以上最大熵模型学习中可以看出，最大熵模型是由式 (6.22)、式 (6.23) 表示的条件概率分布。下面证明对偶函数的极大化等价于最大熵模型的极大似然估计。

已知训练数据的经验概率分布 $\tilde{P}(X,Y)$，条件概率分布 $P(Y|X)$ 的对数似然函数表示为

$$L_{\tilde{P}}(P_w) = \log \prod_{x,y} P(y|x)^{\tilde{P}(x,y)} = \sum_{x,y} \tilde{P}(x,y) \log P(y|x)$$

当条件概率分布 $P(y|x)$ 是最大熵模型 (式 (6.22) 和式 (6.23)) 时，对数似然函数 $L_{\tilde{P}}(P_w)$ 为

$$\begin{aligned} L_{\tilde{P}}(P_w) &= \sum_{x,y} \tilde{P}(x,y) \log P(y|x) \\ &= \sum_{x,y} \tilde{P}(x,y) \sum_{i=1}^n w_i f_i(x,y) - \sum_{x,y} \tilde{P}(x,y) \log Z_w(x) \\ &= \sum_{x,y} \tilde{P}(x,y) \sum_{i=1}^n w_i f_i(x,y) - \sum_x \tilde{P}(x) \log Z_w(x) \end{aligned} \tag{6.26}$$

再看对偶函数 $\Psi(w)$。由式 (6.17) 及式 (6.20) 可得：

$$\begin{aligned} \Psi(w) =& \sum_{x,y} \tilde{P}(x) P_w(y|x) \log P_w(y|x) + \\ & \sum_{i=1}^n w_i \left(\sum_{x,y} \tilde{P}(x,y) f_i(x,y) - \sum_{x,y} \tilde{P}(x) P_w(y|x) f_i(x,y) \right) \\ =& \sum_{x,y} \tilde{P}(x,y) \sum_{i=1}^n w_i f_i(x,y) + \sum_{x,y} \tilde{P}(x) P_w(y|x) \left(\log P_w(y|x) - \sum_{i=1}^n w_i f_i(x,y) \right) \\ =& \sum_{x,y} \tilde{P}(x,y) \sum_{i=1}^n w_i f_i(x,y) - \sum_{x,y} \tilde{P}(x) P_w(y|x) \log Z_w(x) \\ =& \sum_{x,y} \tilde{P}(x,y) \sum_{i=1}^n w_i f_i(x,y) - \sum_x \tilde{P}(x) \log Z_w(x) \end{aligned} \tag{6.27}$$

最后一步用到 $\sum_y P(y|x)=1$。

比较式 (6.26) 和式 (6.27)，可得：

$$\Psi(w)=L_{\tilde{P}}(P_w)$$

既然对偶函数 $\Psi(w)$ 等价于对数似然函数 $L_{\tilde{P}}(P_w)$，于是证明了最大熵模型学习中的对偶函数极大化等价于最大熵模型的极大似然估计这一事实。

这样，最大熵模型的学习问题就转换为具体求解对数似然函数极大化或对偶函数极大化的问题。

可以将最大熵模型写成更一般的形式：

$$P_w(y|x)=\frac{1}{Z_w(x)}\exp\left(\sum_{i=1}^n w_i f_i(x,y)\right) \tag{6.28}$$

其中，

$$Z_w(x)=\sum_y \exp\left(\sum_{i=1}^n w_i f_i(x,y)\right) \tag{6.29}$$

这里，$x\in \boldsymbol{R}^n$ 为输入，$y\in\{1,2,\cdots,K\}$ 为输出，$w\in \boldsymbol{R}^n$ 为权值向量，$f_i(x,y)$，$i=1,2,\cdots,n$ 为任意实值特征函数。

最大熵模型与逻辑斯谛回归模型有类似的形式，它们又称为对数线性模型（logarithmic linear model）。模型学习就是在给定的训练数据条件下对模型进行极大似然估计或正则化的极大似然估计。

6.3 模型学习的最优化算法

逻辑斯谛回归模型、最大熵模型学习归结为以似然函数为目标函数的最优化问题，通常通过迭代算法求解。从最优化的观点看，这时的目标函数具有很好的性质。它是光滑的凸函数，因此多种最优化的方法都适用，保证能找到全局最优解。常用的方法有改进的迭代尺度法、梯度下降法、牛顿法或拟牛顿法。牛顿法或拟牛顿法一般收敛速度更快。

下面介绍基于改进的迭代尺度法与拟牛顿法的最大熵模型学习算法，梯度下降法参阅附录 A。

6.3.1 改进的迭代尺度法

改进的迭代尺度法（improved iterative scaling，IIS）是一种最大熵模型学习的最优化算法。

已知最大熵模型为

$$P_w(y|x)=\frac{1}{Z_w(x)}\exp\left(\sum_{i=1}^n w_i f_i(x,y)\right)$$

其中，

$$Z_w(x) = \sum_y \exp\left(\sum_{i=1}^n w_i f_i(x,y)\right)$$

对数似然函数为

$$L(w) = \sum_{x,y} \tilde{P}(x,y) \sum_{i=1}^n w_i f_i(x,y) - \sum_x \tilde{P}(x) \log Z_w(x)$$

目标是通过极大似然估计学习模型参数，即求对数似然函数的极大值 $\hat{w}$。

IIS 的想法是：假设最大熵模型当前的参数向量是 $w = (w_1, w_2, \cdots, w_n)^{\mathrm{T}}$，我们希望找到一个新的参数向量 $w + \delta = (w_1 + \delta_1, w_2 + \delta_2, \cdots, w_n + \delta_n)^{\mathrm{T}}$，使得模型的对数似然函数值增大。如果能有这样一种参数向量更新的方法 $\tau: w \rightarrow w + \delta$，那么就可以重复使用这一方法，直至找到对数似然函数的最大值。

对于给定的经验分布 $\tilde{P}(x,y)$，模型参数从 w 到 $w + \delta$，对数似然函数的改变量是

$$\begin{aligned} L(w+\delta) - L(w) &= \sum_{x,y} \tilde{P}(x,y) \log P_{w+\delta}(y|x) - \sum_{x,y} \tilde{P}(x,y) \log P_w(y|x) \\ &= \sum_{x,y} \tilde{P}(x,y) \sum_{i=1}^n \delta_i f_i(x,y) - \sum_x \tilde{P}(x) \log \frac{Z_{w+\delta}(x)}{Z_w(x)} \end{aligned}$$

利用不等式

$$-\log \alpha \geqslant 1 - \alpha, \quad \alpha > 0$$

建立对数似然函数改变量的下界：

$$\begin{aligned} L(w+\delta) - L(w) &\geqslant \sum_{x,y} \tilde{P}(x,y) \sum_{i=1}^n \delta_i f_i(x,y) + 1 - \sum_x \tilde{P}(x) \frac{Z_{w+\delta}(x)}{Z_w(x)} \\ &= \sum_{x,y} \tilde{P}(x,y) \sum_{i=1}^n \delta_i f_i(x,y) + 1 - \sum_x \tilde{P}(x) \sum_y P_w(y|x) \exp \sum_{i=1}^n \delta_i f_i(x,y) \end{aligned}$$

将右端记为

$$A(\delta|w) = \sum_{x,y} \tilde{P}(x,y) \sum_{i=1}^n \delta_i f_i(x,y) + 1 - \sum_x \tilde{P}(x) \sum_y P_w(y|x) \exp \sum_{i=1}^n \delta_i f_i(x,y)$$

于是有

$$L(w+\delta) - L(w) \geqslant A(\delta|w)$$

即 $A(\delta|w)$ 是对数似然函数改变量的一个下界。

如果能找到适当的 δ 使下界 $A(\delta|w)$ 提高，那么对数似然函数也会提高。然而，函数 $A(\delta|w)$ 中的 δ 是一个向量，含有多个变量，不易同时优化。IIS 试图一次只优化其中一个变量 δ_i，而固定其他变量 δ_j，$i \neq j$。

为达到这一目的，IIS 进一步降低下界 $A(\delta|w)$。具体地，IIS 引进一个量 $f^{\#}(x,y)$：

$$f^{\#}(x,y)=\sum_i f_i(x,y)$$

因为 f_i 是二值函数，故 $f^{\#}(x,y)$ 表示所有特征在 (x,y) 出现的次数。这样，$A(\delta|w)$ 可以改写为

$$A(\delta|w)=\sum_{x,y}\tilde{P}(x,y)\sum_{i=1}^{n}\delta_i f_i(x,y)+1-\\ \sum_x\tilde{P}(x)\sum_y P_w(y|x)\exp\left(f^{\#}(x,y)\sum_{i=1}^{n}\frac{\delta_i f_i(x,y)}{f^{\#}(x,y)}\right) \tag{6.30}$$

利用指数函数的凸性以及对任意 i，有 $\dfrac{f_i(x,y)}{f^{\#}(x,y)}\geqslant 0$ 且 $\displaystyle\sum_{i=1}^{n}\frac{f_i(x,y)}{f^{\#}(x,y)}=1$ 这一事实，根据 Jensen 不等式，得到：

$$\exp\left(\sum_{i=1}^{n}\frac{f_i(x,y)}{f^{\#}(x,y)}\delta_i f^{\#}(x,y)\right)\leqslant\sum_{i=1}^{n}\frac{f_i(x,y)}{f^{\#}(x,y)}\exp(\delta_i f^{\#}(x,y))$$

于是式 (6.30) 可改写为

$$A(\delta|w)\geqslant\sum_{x,y}\tilde{P}(x,y)\sum_{i=1}^{n}\delta_i f_i(x,y)+1-\\ \sum_x\tilde{P}(x)\sum_y P_w(y|x)\sum_{i=1}^{n}\left(\frac{f_i(x,y)}{f^{\#}(x,y)}\right)\exp(\delta_i f^{\#}(x,y)) \tag{6.31}$$

记不等式 (6.31) 右端为

$$B(\delta|w)=\sum_{x,y}\tilde{P}(x,y)\sum_{i=1}^{n}\delta_i f_i(x,y)+1-\sum_x\tilde{P}(x)\sum_y P_w(y|x)\sum_{i=1}^{n}\left(\frac{f_i(x,y)}{f^{\#}(x,y)}\right)\exp(\delta_i f^{\#}(x,y))$$

于是得到：

$$L(w+\delta)-L(w)\geqslant B(\delta|w)$$

这里，$B(\delta|w)$ 是对数似然函数改变量的一个新的 (相对不紧的) 下界。

求 $B(\delta|w)$ 对 δ_i 的偏导数：

$$\frac{\partial B(\delta|w)}{\partial\delta_i}=\sum_{x,y}\tilde{P}(x,y)f_i(x,y)-\sum_x\tilde{P}(x)\sum_y P_w(y|x)f_i(x,y)\exp(\delta_i f^{\#}(x,y)) \tag{6.32}$$

在式 (6.32) 里，除 δ_i 外不含任何其他变量。令偏导数为 0 得到：

$$\sum_{x,y}\tilde{P}(x)P_w(y|x)f_i(x,y)\exp(\delta_i f^{\#}(x,y))=E_{\tilde{P}}(f_i) \tag{6.33}$$

于是，依次对 δ_i 求解方程 (6.33) 可以求出 δ。

这就给出了一种求 w 的最优解的迭代算法，即改进的迭代尺度算法 IIS。

算法 6.1（改进的迭代尺度算法 IIS）

输入：特征函数 $f_1, f_2, \cdots, f_n$，经验分布 $\tilde{P}(X,Y)$，模型 $P_w(y|x)$。

输出：最优参数值 w_i^*，最优模型 P_{w^*}。

（1）对所有 $i \in \{1,2,\cdots,n\}$，取初值 $w_i = 0$。

（2）对每一个 $i \in \{1,2,\cdots,n\}$：

（a）令 δ_i 是方程

$$\sum_{x,y} \tilde{P}(x)P(y|x)f_i(x,y)\exp(\delta_i f^{\#}(x,y)) = E_{\tilde{P}}(f_i)$$

的解，这里，

$$f^{\#}(x,y) = \sum_{i=1}^{n} f_i(x,y)$$

（b）更新 w_i 值：$w_i \leftarrow w_i + \delta_i$。

（3）如果不是所有 w_i 都收敛，重复步骤 (2)。 ■

这一算法关键的一步是步骤 (a)，即求解方程 (6.33) 中的 δ_i。如果 $f^{\#}(x,y)$ 是常数，即对任何 x, y，有 $f^{\#}(x,y) = M$，那么 δ_i 可以显式地表示成

$$\delta_i = \frac{1}{M}\log\frac{E_{\tilde{P}}(f_i)}{E_P(f_i)} \tag{6.34}$$

如果 $f^{\#}(x,y)$不是常数，那么必须通过数值计算求 δ_i。简单有效的方法是牛顿法。以 $g(\delta_i)=0$ 表示方程 (6.33)，牛顿法通过迭代求得 δ_i^*，使得 $g(\delta_i^*)=0$。迭代公式是

$$\delta_i^{(k+1)} = \delta_i^{(k)} - \frac{g(\delta_i^{(k)})}{g'(\delta_i^{(k)})} \tag{6.35}$$

只要适当选取初始值 $\delta_i^{(0)}$，由于 δ_i 的方程 (6.33) 有单根，因此牛顿法恒收敛，而且收敛速度很快。

6.3.2 拟牛顿法

最大熵模型学习还可以应用牛顿法或拟牛顿法，参阅附录 B。

对于最大熵模型而言，

$$P_w(y|x) = \frac{\exp\left(\sum\limits_{i=1}^{n} w_i f_i(x,y)\right)}{\sum\limits_{y}\exp\left(\sum\limits_{i=1}^{n} w_i f_i(x,y)\right)}$$

目标函数为

$$\min_{w\in \boldsymbol{R}^n} \quad f(w) = \sum_{x}\tilde{P}(x)\log\sum_{y}\exp\left(\sum_{i=1}^{n} w_i f_i(x,y)\right) - \sum_{x,y}\tilde{P}(x,y)\sum_{i=1}^{n} w_i f_i(x,y)$$

梯度为

$$g(w)=\left(\frac{\partial f(w)}{\partial w_1},\ \frac{\partial f(w)}{\partial w_2},\cdots,\frac{\partial f(w)}{\partial w_n}\right)^{\mathrm{T}}$$

其中，

$$\frac{\partial f(w)}{\partial w_i}=\sum_{x,y}\tilde{P}(x)P_w(y|x)f_i(x,y)-E_{\tilde{P}}(f_i),\quad i=1,2,\cdots,n$$

相应的拟牛顿法 BFGS 算法如下。

算法 6.2（最大熵模型学习的 BFGS 算法）

输入：特征函数 $f_1,f_2,\cdots,f_n$，经验分布 $\tilde{P}(x,y)$，目标函数 $f(w)$，梯度 $g(w)=\nabla f(w)$，精度要求 ε。

输出：最优参数值 w^*，最优模型 $P_{w^*}(y|x)$。

（1）选定初始点 $w^{(0)}$，取 B_0 为正定对称矩阵，置 $k=0$；

（2）计算 $g_k=g(w^{(k)})$，若 $\|g_k\|<\varepsilon$，则停止计算，得 $w^*=w^{(k)}$；否则，转步骤 (3)；

（3）由 $B_kp_k=-g_k$ 求出 p_k；

（4）一维搜索：求 λ_k 使得

$$f(w^{(k)}+\lambda_kp_k)=\min_{\lambda\geqslant 0}f(w^{(k)}+\lambda p_k)$$

（5）置 $w^{(k+1)}=w^{(k)}+\lambda_kp_k$；

（6）计算 $g_{k+1}=g(w^{(k+1)})$，若 $\|g_{k+1}\|<\varepsilon$，则停止计算，得 $w^*=w^{(k+1)}$；否则，按下式求出 B_{k+1}：

$$B_{k+1}=B_k+\frac{y_ky_k^{\mathrm{T}}}{y_k^{\mathrm{T}}\delta_k}-\frac{B_k\delta_k\delta_k^{\mathrm{T}}B_k}{\delta_k^{\mathrm{T}}B_k\delta_k}$$

其中，

$$y_k=g_{k+1}-g_k,\quad \delta_k=w^{(k+1)}-w^{(k)}$$

（7）置 $k=k+1$，转步骤 (3)。 ■

本章概要

1. 逻辑斯谛回归模型是由以下条件概率分布表示的分类模型，可以用于二类或多类分类。

$$P(Y=k|x)=\frac{\exp(w_k\cdot x)}{1+\sum_{k=1}^{K-1}\exp(w_k\cdot x)},\quad k=1,2,\cdots,K-1$$

$$P(Y=K|x)=\frac{1}{1+\sum_{k=1}^{K-1}\exp(w_k\cdot x)}$$

这里，x 为输入特征，w 为特征的权值。

逻辑斯谛回归模型源自逻辑斯谛分布，其分布函数 $F(x)$ 是 S 形函数。逻辑斯谛回归模型是由输入的线性函数表示的输出的对数几率模型。

2. 最大熵模型是由以下条件概率分布表示的分类模型，也可以用于二类或多类分类。

$$P_w(y|x) = \frac{1}{Z_w(x)} \exp\left(\sum_{i=1}^{n} w_i f_i(x,y)\right)$$

$$Z_w(x) = \sum_{y} \exp\left(\sum_{i=1}^{n} w_i f_i(x,y)\right)$$

其中，$Z_w(x)$ 是规范化因子，f_i 为特征函数，w_i 为特征的权值。

3. 最大熵模型可以由最大熵原理推导得出。最大熵原理是概率模型学习或估计的一个准则。最大熵原理认为在所有可能的概率模型（分布）的集合中，熵最大的模型是最好的模型。

最大熵原理应用到分类模型的学习中，有以下约束最优化问题：

$$\begin{aligned}
\min \quad & -H(P) = \sum_{x,y} \tilde{P}(x) P(y|x) \log P(y|x) \\
\text{s.t.} \quad & P(f_i) - \tilde{P}(f_i) = 0, \quad i = 1,2,\cdots,n \\
& \sum_{y} P(y|x) = 1
\end{aligned}$$

求解此最优化问题的对偶问题得到最大熵模型。

4. 逻辑斯谛回归模型与最大熵模型都属于对数线性模型。

5. 逻辑斯谛回归模型及最大熵模型学习一般采用极大似然估计或正则化的极大似然估计。逻辑斯谛回归模型及最大熵模型学习可以形式化为无约束最优化问题，求解该最优化问题的算法有改进的迭代尺度法、梯度下降法、拟牛顿法。

继续阅读

逻辑斯谛回归的介绍参见文献 [1]，最大熵模型的介绍参见文献 [2] 和文献 [3]。逻辑斯谛回归模型与朴素贝叶斯模型的关系参见文献 [4]，逻辑斯谛回归模型与 AdaBoost 的关系参见文献 [5]，逻辑斯谛回归模型与核函数的关系参见文献 [6]。

习 题

6.1 确认逻辑斯谛分布属于指数分布族。

6.2 写出逻辑斯谛回归模型学习的梯度下降算法。

6.3 写出最大熵模型学习的 DFP 算法（关于一般的 DFP 算法参见附录 B）。

参 考 文 献

[1] BERGER A, DELLA PIETRA S D, PIETRA V D. A maximum entropy approach to natural language processing[J]. Computational Linguistics, 1996, 22(1): 39–71.

[2] BERGER A. The improved iterative scaling algorithm: a gentle introduction[R/OL]. http://www.cs.cmu.edu/afs/cs/user/aberger/www/ps/scaling.ps.

[3] HASTIE T, TIBSHIRANI R，FRIEDMAN J. The elements of statistical learning: data mining, inference, and prediction[M]. 范明，柴玉梅，昝红英，等译. Springer, 2001.

[4] MITCHELL T M. Machine learning[M]. 曾华军，张银奎，等译. McGraw-Hill Companies, Inc. 1997.

[5] COLLINS M, SCHAPIRE R E, SINGER Y. Logistic regression, AdaBoost and Bregman distances[J]. Machine Learning, 2002，48(1–3): 253–285.

[6] CANU S, SMOLA A J. Kernel method and exponential family[J]. Neurocomputing, 2005, 69: 714–720.

第 7 章　支持向量机

支持向量机（support vector machines，SVM）是一种二类分类模型。它的基本模型是定义在特征空间上的间隔最大的线性分类器，间隔最大使它有别于感知机；支持向量机还包括核技巧，这使它成为实质上的非线性分类器。支持向量机的学习策略就是间隔最大化，可形式化为一个求解凸二次规划（convex quadratic programming）的问题，也等价于正则化的合页损失函数的最小化问题。支持向量机的学习算法是求解凸二次规划的最优化算法。

支持向量机学习方法包含构建由简至繁的模型：线性可分支持向量机（linear support vector machine in linearly separable case）、线性支持向量机（linear support vector machine）以及非线性支持向量机（non-linear support vector machine）。简单模型是复杂模型的基础，也是复杂模型的特殊情况。当训练数据线性可分时，通过硬间隔最大化（hard margin maximization），学习一个线性的分类器，即线性可分支持向量机，又称为硬间隔支持向量机；当训练数据近似线性可分时，通过软间隔最大化（soft margin maximization），也学习一个线性的分类器，即线性支持向量机，又称为软间隔支持向量机；当训练数据线性不可分时，通过使用核技巧（kernel trick）及软间隔最大化，学习非线性支持向量机。

当输入空间为欧氏空间或离散集合、特征空间为希尔伯特空间时，核函数（kernel function）表示将输入从输入空间映射到特征空间得到的特征向量之间的内积。通过使用核函数可以学习非线性支持向量机，等价于隐式地在高维的特征空间中学习线性支持向量机。这样的方法称为核技巧。核方法（kernel method）是比支持向量机更为一般的机器学习方法。

Cortes 与 Vapnik 提出线性支持向量机，Boser、Guyon 与 Vapnik 又引入核技巧，提出非线性支持向量机。

本章按照上述思路介绍 3 类支持向量机、核函数及一种快速学习算法 —— 序列最小最优化算法（SMO）。

7.1　线性可分支持向量机与硬间隔最大化

7.1.1　线性可分支持向量机

考虑一个二类分类问题。假设输入空间与特征空间为两个不同的空间。输入空间为欧氏空间或离散集合，特征空间为欧氏空间或希尔伯特空间。线性可分支持向量机、线性支持向量机假设这两个空间的元素一一对应，并将输入空间中的输入映射为特征空间中的特征向量。非线性支持向量机利用一个从输入空间到特征空间的非线性映射将输入映射为特征向量。所以，输入都由输入空间转换到特征空间，支持向量机的学习是在特征空间进行的。

假设给定一个特征空间上的训练数据集

$$T=\{(x_1,y_1),(x_2,y_2),\cdots,(x_N,y_N)\}$$

其中，$x_i \in \mathcal{X}=\boldsymbol{R}^n$，$y_i \in \mathcal{Y}=\{+1,-1\}$，$i=1,2,\cdots,N$。$x_i$ 为第 i 个特征向量，也称为实例，y_i 为 x_i 的类标记。当 $y_i=+1$ 时，称 x_i 为正例；当 $y_i=-1$ 时，称 x_i 为负例。(x_i,y_i) 称为样本点。再假设训练数据集是线性可分的（见定义 2.2）。

学习的目标是在特征空间中找到一个分离超平面，能将实例分到不同的类。分离超平面对应于方程 $w\cdot x+b=0$，它由法向量 w 和截距 b 决定，可用 (w,b) 来表示。分离超平面将特征空间划分为两部分，一部分是正类，一部分是负类。法向量指向的一侧为正类，另一侧为负类。

一般地，当训练数据集线性可分时，存在无穷个分离超平面可将两类数据正确分开。感知机利用误分类最小的策略，求得分离超平面，不过这时的解有无穷多个。线性可分支持向量机利用间隔最大化求最优分离超平面，这时，解是唯一的。

定义 7.1（线性可分支持向量机） 给定线性可分训练数据集，通过间隔最大化或等价地求解相应的凸二次规划问题学习得到的分离超平面为

$$w^*\cdot x+b^*=0 \tag{7.1}$$

以及相应的分类决策函数

$$f(x)=\operatorname{sign}(w^*\cdot x+b^*) \tag{7.2}$$

称为线性可分支持向量机。

考虑如图 7.1 所示的二维特征空间中的分类问题。图中“○”表示正例，“×”表示负例。训练数据集线性可分，这时有许多直线能将两类数据正确划分。线性可分支持向量机对应着将两类数据正确划分并且间隔最大的直线，如图 7.1 所示。

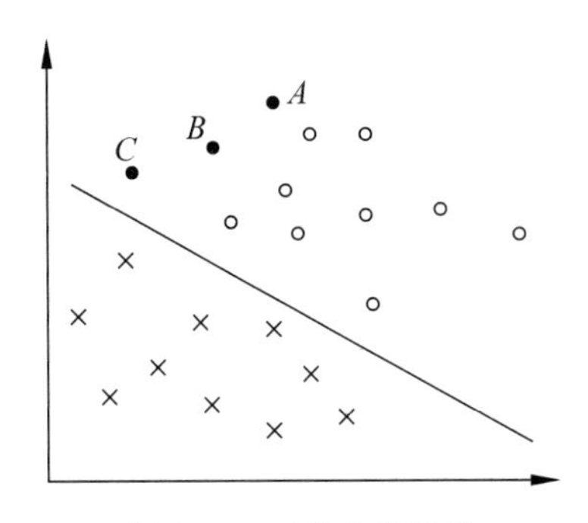

图 7.1 二类分类问题

间隔最大及相应的约束最优化问题将在下面叙述。这里先介绍函数间隔和几何间隔的概念。

7.1.2 函数间隔和几何间隔

在图 7.1 中，有 A，B，C 三个点，表示 3 个实例，均在分离超平面的正类一侧，预测它们的类。点 A 距分离超平面较远，若预测该点为正类，就比较确信预测是正确的；点 C 距分离超平面较近，若预测该点为正类就不那么确信；点 B 介于点 A 与点 C 之间，预测其为正类的确信度也在 A 与 C 之间。

一般来说，一个点距离分离超平面的远近可以表示分类预测的确信程度。在超平面 $w \cdot x+b=0$ 确定的情况下，$|w \cdot x+b|$ 能够相对地表示点 x 距离超平面的远近。而 $w \cdot x+b$ 的符号与类标记 y 的符号是否一致能够表示分类是否正确，所以可用量 $y(w \cdot x+b)$ 来表示分类的正确性及确信度，这就是函数间隔（functional margin）的概念。

定义 7.2（**函数间隔**） 对于给定的训练数据集 T 和超平面 (w,b)，定义超平面 (w,b) 关于样本点 (x_i,y_i) 的函数间隔为

$$\hat{\gamma}_i = y_i(w \cdot x_i + b) \tag{7.3}$$

定义超平面 (w,b) 关于训练数据集 T 的函数间隔为超平面 (w,b) 关于 T 中所有样本点 (x_i,y_i) 的函数间隔之最小值，即

$$\hat{\gamma} = \min_{i=1,2,\cdots,N} \hat{\gamma}_i \tag{7.4}$$

函数间隔可以表示分类预测的正确性及确信度。但是选择分离超平面时，只有函数间隔还不够。因为只要成比例地改变 w 和 b，例如，将它们改为 $2w$ 和 $2b$，超平面并没有改变，但函数间隔却成为原来的两倍。这一事实启示我们，可以对分离超平面的法向量 w 加某些约束，如规范化，$\|w\|=1$，使得间隔是确定的。这时函数间隔成为几何间隔（geometric margin）。

图 7.2 给出了超平面 (w,b) 及其法向量 w。点 A 表示某一实例 x_i，其类标记为 $y_i=+1$。点 A 与超平面 (w,b) 的距离由线段AB给出，记作 γ_i。

$$\gamma_i = \frac{w}{\|w\|} \cdot x_i + \frac{b}{\|w\|}$$

其中，$\|w\|$ 为 w 的 L_2 范数。这是点 A 在超平面正的一侧的情形。如果点 A 在超平面负的一侧，即 $y_i=-1$，那么点与超平面的距离为

$$\gamma_i = -\left(\frac{w}{\|w\|} \cdot x_i + \frac{b}{\|w\|}\right)$$

一般地，当样本点 (x_i,y_i) 被超平面 (w,b) 正确分类时，点 x_i 与超平面 (w,b) 的距离是

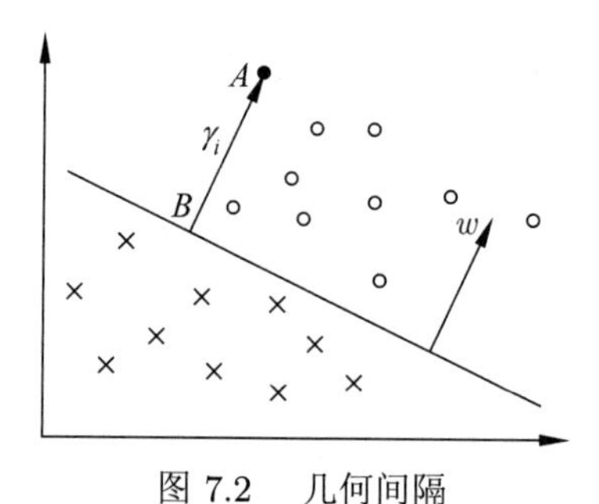

图 7.2 几何间隔

$$\gamma_i = y_i \left(\frac{w}{\|w\|} \cdot x_i + \frac{b}{\|w\|} \right)$$

由这一事实导出几何间隔的概念。

定义 7.3（几何间隔） 对于给定的训练数据集 T 和超平面 (w,b)，定义超平面 (w,b) 关于样本点 (x_i,y_i) 的几何间隔为

$$\gamma_i = y_i \left(\frac{w}{\|w\|} \cdot x_i + \frac{b}{\|w\|} \right) \tag{7.5}$$

定义超平面 (w,b) 关于训练数据集 T 的几何间隔为超平面 (w,b) 关于 T 中所有样本点 (x_i,y_i) 的几何间隔之最小值，即

$$\gamma = \min_{i=1,2,\cdots,N} \gamma_i \tag{7.6}$$

超平面 (w,b) 关于样本点 (x_i,y_i) 的几何间隔一般是实例点到超平面的带符号的距离（signed distance），当样本点被超平面正确分类时就是实例点到超平面的距离。

从函数间隔和几何间隔的定义（式 (7.3)~式 (7.6)）可知，函数间隔和几何间隔有下面的关系：

$$\gamma_i = \frac{\hat{\gamma}_i}{\|w\|} \tag{7.7}$$

$$\gamma = \frac{\hat{\gamma}}{\|w\|} \tag{7.8}$$

如果 $\|w\|=1$，那么函数间隔和几何间隔相等。如果超平面参数 w 和 b 成比例地改变（超平面没有改变），函数间隔也按此比例改变，而几何间隔不变。

7.1.3 间隔最大化

支持向量机学习的基本想法是求解能够正确划分训练数据集并且几何间隔最大的分离超平面。对线性可分的训练数据集而言，线性可分分离超平面有无穷多个（等价于感知机），但是几何间隔最大的分离超平面是唯一的。这里的间隔最大化又称为硬间隔最大化（与将要讨论的训练数据集近似线性可分时的软间隔最大化相对应）。

间隔最大化的直观解释是：对训练数据集找到几何间隔最大的超平面意味着以充分大的确信度对训练数据进行分类。也就是说，不仅将正负实例点分开，而且对最难分的实例点（离超平面最近的点）也有足够大的确信度将它们分开。这样的超平面应该对未知的新实例有很好的分类预测能力。

1. 最大间隔分离超平面

下面考虑如何求得一个几何间隔最大的分离超平面，即最大间隔分离超平面。具体地，这个问题可以表示为下面的约束最优化问题：

$$\max_{w,b} \quad \gamma \tag{7.9}$$

$$\text{s.t.} \quad y_i \left(\frac{w}{\|w\|} \cdot x_i + \frac{b}{\|w\|} \right) \geqslant \gamma, \quad i=1,2,\cdots,N \tag{7.10}$$

即我们希望最大化超平面 (w,b) 关于训练数据集的几何间隔 γ，约束条件表示的是超平面 (w,b) 关于每个训练样本点的几何间隔至少是 γ。

考虑几何间隔和函数间隔的关系式 (7.8)，可将这个问题改写为

$$\max_{w,b} \quad \frac{\hat{\gamma}}{\|w\|} \tag{7.11}$$

$$\text{s.t.} \quad y_i(w \cdot x_i + b) \geqslant \hat{\gamma}, \quad i=1,2,\cdots,N \tag{7.12}$$

函数间隔 $\hat{\gamma}$ 的取值并不影响最优化问题的解。事实上，假设将 w 和 b 按比例改变为 λw 和 λb，这时函数间隔成为 $\lambda\hat{\gamma}$。函数间隔的这一改变对上面最优化问题的不等式约束没有影响，对目标函数的优化也没有影响，也就是说，它产生一个等价的最优化问题。这样，就可以取 $\hat{\gamma}=1$。将 $\hat{\gamma}=1$ 代入上面的最优化问题，注意到最大化 $\dfrac{1}{\|w\|}$ 和最小化 $\dfrac{1}{2}\|w\|^2$ 是等价的，于是就得到下面的线性可分支持向量机学习的最优化问题：

$$\min_{w,b} \quad \frac{1}{2}\|w\|^2 \tag{7.13}$$

$$\text{s.t.} \quad y_i(w \cdot x_i + b) - 1 \geqslant 0, \quad i=1,2,\cdots,N \tag{7.14}$$

这是一个凸二次规划（convex quadratic programming）问题。

凸优化问题是指约束最优化问题：

$$\min_{w} \quad f(w) \tag{7.15}$$

$$\text{s.t.} \quad g_i(w) \leqslant 0, \quad i=1,2,\cdots,k \tag{7.16}$$

$$h_i(w) = 0, \quad i=1,2,\cdots,l \tag{7.17}$$

其中，目标函数 $f(w)$ 和约束函数 $g_i(w)$ 都是 $\boldsymbol{R}^n$ 上的连续可微的凸函数，约束函数 $h_i(w)$ 是 $\boldsymbol{R}^n$ 上的仿射函数①。

当目标函数 $f(w)$ 是二次函数且约束函数 $g_i(w)$ 是仿射函数时，上述凸最优化问题成为凸二次规划问题。

如果求出了约束最优化问题 (7.13)~(7.14) 的解 w^*, b^*，那么就可以得到最大间隔分离超平面 $w^* \cdot x + b^* = 0$ 及分类决策函数 $f(x) = \text{sign}(w^* \cdot x + b^*)$，即线性可分支持向量机模型。

综上所述，就有下面的线性可分支持向量机的学习算法 —— 最大间隔法（maximum margin method）。

算法 7.1（线性可分支持向量机学习算法 —— 最大间隔法）

输入：线性可分训练数据集 $T=\{(x_1,y_1),(x_2,y_2),\cdots,(x_N,y_N)\}$，其中，$x_i \in \mathcal{X} = \boldsymbol{R}^n$，$y_i \in \mathcal{Y} = \{-1,+1\}$，$i=1,2,\cdots,N$。

输出：最大间隔分离超平面和分类决策函数。

（1）构造并求解约束最优化问题：

$$\min_{w,b} \quad \frac{1}{2}\|w\|^2$$

$$\text{s.t.} \quad y_i(w \cdot x_i + b) - 1 \geqslant 0, \quad i=1,2,\cdots,N$$

① $f(x)$ 称为仿射函数，如果它满足 $f(x) = a \cdot x + b$，$a \in \boldsymbol{R}^n$，$b \in \boldsymbol{R}$，$x \in \boldsymbol{R}^n$。

求得最优解 w^*, b^*。

（2）由此得到分离超平面：

$$w^* \cdot x + b^* = 0$$

分类决策函数：

$$f(x) = \text{sign}(w^* \cdot x + b^*)$$ ■

2. 最大间隔分离超平面的存在唯一性

线性可分训练数据集的最大间隔分离超平面是存在且唯一的。

定理 7.1（最大间隔分离超平面的存在唯一性） *若训练数据集 T 线性可分，则可将训练数据集中的样本点完全正确分开的最大间隔分离超平面存在且唯一。*

证明 （1）存在性

由于训练数据集线性可分，所以算法 7.1 中的最优化问题 (7.13)~(7.14) 一定存在可行解。又由于目标函数有下界，所以最优化问题 (7.13)~(7.14) 必有解，记作 (w^*, b^*)。由于训练数据集中既有正类点又有负类点，所以 $(w,b)=(0,b)$ 不是最优化的可行解，因而最优解 (w^*, b^*) 必满足 $w^* \neq 0$。由此得知分离超平面的存在性。

（2）唯一性

首先证明最优化问题 (7.13)~(7.14) 解中 w^* 的唯一性。假设问题 (7.13)~(7.14) 存在两个最优解 (w_1^*, b_1^*) 和 (w_2^*, b_2^*)。显然 $\|w_1^*\| = \|w_2^*\| = c$，其中 c 是一个常数。令 $w = \dfrac{w_1^* + w_2^*}{2}$，$b = \dfrac{b_1^* + b_2^*}{2}$，易知 (w,b) 是问题 (7.13)~(7.14) 的可行解，从而有

$$c \leqslant \|w\| \leqslant \frac{1}{2}\|w_1^*\| + \frac{1}{2}\|w_2^*\| = c$$

上式表明，式中的不等号可变为等号，即 $\|w\| = \dfrac{1}{2}\|w_1^*\| + \dfrac{1}{2}\|w_2^*\|$，从而有 $w_1^* = \lambda w_2^*$，$|\lambda| = 1$。若 $\lambda = -1$，则 $w = 0$，(w,b) 不是问题 (7.13)~(7.14) 的可行解，矛盾。因此必有 $\lambda = 1$，即

$$w_1^* = w_2^*$$

由此可以把两个最优解 (w_1^*, b_1^*) 和 (w_2^*, b_2^*) 分别写成 (w^*, b_1^*) 和 (w^*, b_2^*)。再证明 $b_1^* = b_2^*$。设 x_1' 和 x_2' 是集合 $\{x_i | y_i = +1\}$ 中分别对应于 (w^*, b_1^*) 和 (w^*, b_2^*) 使得问题的不等式等号成立的点，x_1'' 和 x_2'' 是集合 $\{x_i | y_i = -1\}$ 中分别对应于 (w^*, b_1^*) 和 (w^*, b_2^*) 使得问题的不等式等号成立的点，则由 $b_1^* = -\dfrac{1}{2}(w^* \cdot x_1' + w^* \cdot x_1'')$，$b_2^* = -\dfrac{1}{2}(w^* \cdot x_2' + w^* \cdot x_2'')$，得：

$$b_1^* - b_2^* = -\frac{1}{2}[w^* \cdot (x_1' - x_2') + w^* \cdot (x_1'' - x_2'')]$$

又因为

$$w^* \cdot x_2' + b_1^* \geqslant 1 = w^* \cdot x_1' + b_1^*$$
$$w^* \cdot x_1' + b_2^* \geqslant 1 = w^* \cdot x_2' + b_2^*$$

所以，$w^* \cdot (x_1' - x_2') = 0$。同理有 $w^* \cdot (x_1'' - x_2'') = 0$。因此，

$$b_1^* - b_2^* = 0$$

由 $w_1^* = w_2^*$ 和 $b_1^* = b_2^*$ 可知，两个最优解 (w_1^*, b_1^*) 和 (w_2^*, b_2^*) 是相同的，解的唯一性得证。

由问题 (7.13)~(7.14) 解的唯一性即得分离超平面是唯一的。

（3）分离超平面能将训练数据集中的两类点完全正确地分开。

由解满足问题的约束条件即可得知。 ■

3. 支持向量和间隔边界

在线性可分情况下，训练数据集的样本点中与分离超平面距离最近的样本点的实例称为支持向量（support vector）。支持向量是使约束条件式 (7.14) 等号成立的点，即

$$y_i(w \cdot x_i + b) - 1 = 0$$

对 $y_i = +1$ 的正例点，支持向量在超平面

$$H_1 : w \cdot x + b = 1$$

上，对 $y_i = -1$ 的负例点，支持向量在超平面

$$H_2 : w \cdot x + b = -1$$

上。如图 7.3 所示，在 H_1 和 H_2 上的点就是支持向量。

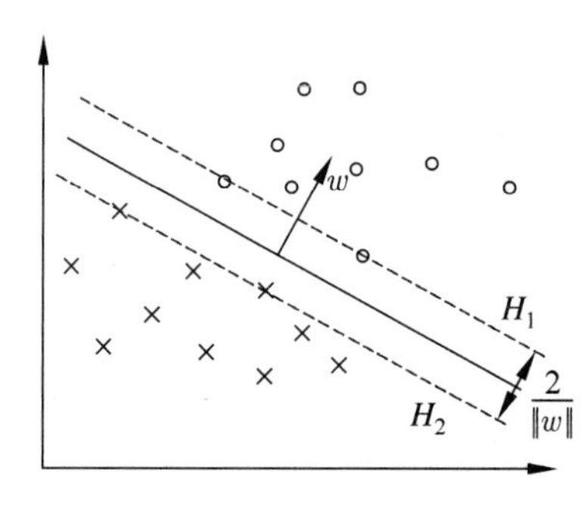

图 7.3 支持向量

注意到 H_1 和 H_2 平行，并且没有实例点落在它们中间。在 H_1 与 H_2 之间形成一条长带，分离超平面与它们平行且位于它们中央。长带的宽度，即 H_1 与 H_2 之间的距离称为间隔（margin）。间隔依赖于分离超平面的法向量 w，等于 $\dfrac{2}{\|w\|}$。H_1 和 H_2 称为间隔边界。

在决定分离超平面时只有支持向量起作用，而其他实例点并不起作用。如果移动支持向量，将改变所求的解；但是如果在间隔边界以外移动其他实例点，甚至去掉这些点，则解是不会改变的。由于支持向量在确定分离超平面中起着决定性作用，所以将这种分类模型称为支持向量机。支持向量的个数一般很少，所以支持向量机由很少的“重要的”训练样本确定。

例 7.1 数据与例 2.1 相同。已知一个如图 7.4 所示的训练数据集，其正例点是 $x_1 = (3,3)^{\mathrm{T}}$，$x_2 = (4,3)^{\mathrm{T}}$，负例点是 $x_3 = (1,1)^{\mathrm{T}}$，试求最大间隔分离超平面。

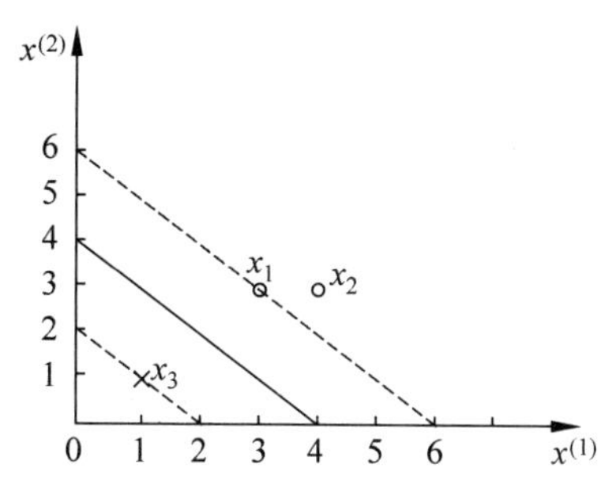

图 7.4 间隔最大分离超平面示例

解 按照算法 7.1，根据训练数据集构造约束最优化问题：

$$\begin{aligned} \min_{w,b} \quad & \frac{1}{2}(w_1^2 + w_2^2) \\ \text{s.t.} \quad & 3w_1 + 3w_2 + b \geqslant 1 \\ & 4w_1 + 3w_2 + b \geqslant 1 \\ & -w_1 - w_2 - b \geqslant 1 \end{aligned}$$

求得此最优化问题的解 $w_1 = w_2 = \dfrac{1}{2}$，$b = -2$。于是最大间隔分离超平面为

$$\frac{1}{2}x^{(1)} + \frac{1}{2}x^{(2)} - 2 = 0$$

其中，$x_1 = (3,3)^{\mathrm{T}}$ 与 $x_3 = (1,1)^{\mathrm{T}}$ 为支持向量。 ■

7.1.4 学习的对偶算法

为了求解线性可分支持向量机的最优化问题 (7.13)~(7.14)，将它作为原始最优化问题，应用拉格朗日对偶性（参阅附录 C），通过求解对偶问题（dual problem）得到原始问题（primal problem）的最优解，这就是线性可分支持向量机的对偶算法（dual algorithm）。这样做的优点如下：一是对偶问题往往更容易求解；二是自然引入核函数，进而推广到非线性分类问题。

首先构建拉格朗日函数（Lagrange function）。为此，对每一个不等式约束 (7.14) 引入拉格朗日乘子（Lagrange multiplier）$\alpha_i \geqslant 0$，$i = 1, 2, \cdots, N$，定义拉格朗日函数：

$$L(w, b, \alpha) = \frac{1}{2}\|w\|^2 - \sum_{i=1}^{N} \alpha_i y_i (w \cdot x_i + b) + \sum_{i=1}^{N} \alpha_i \tag{7.18}$$

其中，$\alpha = (\alpha_1, \alpha_2, \cdots, \alpha_N)^{\mathrm{T}}$ 为拉格朗日乘子向量。

根据拉格朗日对偶性，原始问题的对偶问题是极大极小问题：

$$\max_{\alpha} \min_{w,b} L(w, b, \alpha)$$

所以，为了得到对偶问题的解，需要先求 $L(w, b, \alpha)$ 对 w, b 的极小，再求对 α 的极大。

（1）求 $\min\limits_{w,b} L(w,b,\alpha)$

将拉格朗日函数 $L(w,b,\alpha)$ 分别对 w,b 求偏导数并令其等于 0：

$$\nabla_w L(w,b,\alpha) = w - \sum_{i=1}^{N} \alpha_i y_i x_i = 0$$

$$\nabla_b L(w,b,\alpha) = -\sum_{i=1}^{N} \alpha_i y_i = 0$$

得：

$$w = \sum_{i=1}^{N} \alpha_i y_i x_i \tag{7.19}$$

$$\sum_{i=1}^{N} \alpha_i y_i = 0 \tag{7.20}$$

将式 (7.19) 代入拉格朗日函数 (式 (7.18))，并利用式 (7.20)，即得：

$$\begin{aligned} L(w,b,\alpha) &= \frac{1}{2}\sum_{i=1}^{N}\sum_{j=1}^{N}\alpha_i\alpha_j y_i y_j (x_i \cdot x_j) - \sum_{i=1}^{N}\alpha_i y_i \left[\left(\sum_{j=1}^{N}\alpha_j y_j x_j\right)\cdot x_i + b\right] + \sum_{i=1}^{N}\alpha_i \\ &= -\frac{1}{2}\sum_{i=1}^{N}\sum_{j=1}^{N}\alpha_i\alpha_j y_i y_j (x_i \cdot x_j) + \sum_{i=1}^{N}\alpha_i \end{aligned}$$

即

$$\min_{w,b} L(w,b,\alpha) = -\frac{1}{2}\sum_{i=1}^{N}\sum_{j=1}^{N}\alpha_i\alpha_j y_i y_j (x_i \cdot x_j) + \sum_{i=1}^{N}\alpha_i$$

（2）求 $\min\limits_{w,b} L(w,b,\alpha)$ 对 α 的极大，即对偶问题

$$\begin{aligned} \max_{\alpha} \quad & -\frac{1}{2}\sum_{i=1}^{N}\sum_{j=1}^{N}\alpha_i\alpha_j y_i y_j (x_i \cdot x_j) + \sum_{i=1}^{N}\alpha_i \\ \text{s.t.} \quad & \sum_{i=1}^{N}\alpha_i y_i = 0 \\ & \alpha_i \geqslant 0, \quad i = 1,2,\cdots,N \end{aligned} \tag{7.21}$$

将式 (7.21) 的目标函数由求极大转换成求极小，就得到下面与之等价的对偶最优化问题：

$$\min_{\alpha} \quad \frac{1}{2}\sum_{i=1}^{N}\sum_{j=1}^{N}\alpha_i\alpha_j y_i y_j (x_i \cdot x_j) - \sum_{i=1}^{N}\alpha_i \tag{7.22}$$

$$\text{s.t.} \quad \sum_{i=1}^{N}\alpha_i y_i = 0 \tag{7.23}$$

$$\alpha_i \geqslant 0, \quad i = 1,2,\cdots,N \tag{7.24}$$

考虑原始最优化问题 (7.13)～(7.14) 和对偶最优化问题 (7.22)～(7.24)，原始问题满足定理 C.2 的条件，所以存在 w^*, α^*, β^*，使 w^* 是原始问题的解，α^*, β^* 是对偶问题的解。这意味着求解原始问题 (7.13)～(7.14) 可以转换为求解对偶问题 (7.22)～(7.24)。

对线性可分训练数据集，假设对偶最优化问题 (7.22)～(7.24) 对 α 的解为 $\alpha^*=(\alpha_1^*, \alpha_2^*, \cdots, \alpha_N^*)^{\mathrm{T}}$，可以由 α^* 求得原始最优化问题 (7.13)～(7.14) 对 (w,b) 的解 w^*, b^*。有下面的定理。

定理 7.2 设 $\alpha^* = (\alpha_1^*, \alpha_2^*, \cdots, \alpha_l^*)^{\mathrm{T}}$ 是对偶最优化问题 (7.22)～(7.24) 的解，则存在下标 j，使得 $\alpha_j^* > 0$，并可按下式求得原始最优化问题 (7.13)～(7.14) 的解 w^*, b^*:

$$w^* = \sum_{i=1}^{N} \alpha_i^* y_i x_i \tag{7.25}$$

$$b^* = y_j - \sum_{i=1}^{N} \alpha_i^* y_i (x_i \cdot x_j) \tag{7.26}$$

证明 根据定理 C.3，KKT 条件成立，即得:

$$\nabla_w L(w^*, b^*, \alpha^*) = w^* - \sum_{i=1}^{N} \alpha_i^* y_i x_i = 0 \tag{7.27}$$

$$\nabla_b L(w^*, b^*, \alpha^*) = -\sum_{i=1}^{N} \alpha_i^* y_i = 0$$

$$\alpha_i^* (y_i (w^* \cdot x_i + b^*) - 1) = 0, \quad i = 1, 2, \cdots, N$$

$$y_i (w^* \cdot x_i + b^*) - 1 \geqslant 0, \quad i = 1, 2, \cdots, N$$

$$\alpha_i^* \geqslant 0, \quad i = 1, 2, \cdots, N$$

由此得:

$$w^* = \sum_i \alpha_i^* y_i x_i$$

其中至少有一个 $\alpha_j^* > 0$（用反证法，假设 $\alpha^* = 0$，由式 (7.27) 可知 $w^* = 0$，而 $w^* = 0$ 不是原始最优化问题 (7.13)～(7.14) 的解，产生矛盾），对此 j 有

$$y_j (w^* \cdot x_j + b^*) - 1 = 0 \tag{7.28}$$

将式 (7.25) 代入式 (7.28) 并注意到 $y_j^2 = 1$，即得:

$$b^* = y_j - \sum_{i=1}^{N} \alpha_i^* y_i (x_i \cdot x_j)$$

■

由此定理可知，分离超平面可以写成

$$\sum_{i=1}^{N} \alpha_i^* y_i (x \cdot x_i) + b^* = 0 \tag{7.29}$$

分类决策函数可以写成

$$f(x)=\operatorname{sign}\left[\sum_{i=1}^{N}\alpha_i^* y_i(x\cdot x_i)+b^*\right] \tag{7.30}$$

这就是说，分类决策函数只依赖于输入 x 和训练样本输入的内积。式 (7.30) 称为线性可分支持向量机的对偶形式。

综上所述，对于给定的线性可分训练数据集，可以首先求对偶问题 (7.22)~(7.24) 的解 α^*，再利用式 (7.25) 和式 (7.26) 求得原始问题的解 w^*, b^*，从而得到分离超平面及分类决策函数。这种算法称为线性可分支持向量机的对偶学习算法，是线性可分支持向量机学习的基本算法。

算法 7.2（**线性可分支持向量机学习算法**）

输入：线性可分训练集 $T=\{(x_1,y_1),(x_2,y_2),\cdots,(x_N,y_N)\}$，其中 $x_i\in\mathcal{X}=\boldsymbol{R}^n$，$y_i\in\mathcal{Y}=\{-1,+1\}$，$i=1,2,\cdots,N$。

输出：分离超平面和分类决策函数。

（1）构造并求解约束最优化问题：

$$\begin{aligned}\min_{\alpha}\quad & \frac{1}{2}\sum_{i=1}^{N}\sum_{j=1}^{N}\alpha_i\alpha_j y_i y_j(x_i\cdot x_j)-\sum_{i=1}^{N}\alpha_i\\ \text{s.t.}\quad & \sum_{i=1}^{N}\alpha_i y_i=0\\ & \alpha_i\geqslant 0,\quad i=1,2,\cdots,N\end{aligned}$$

求得最优解 $\alpha^*=(\alpha_1^*,\alpha_2^*,\cdots,\alpha_N^*)^{\mathrm{T}}$。

（2）计算

$$w^*=\sum_{i=1}^{N}\alpha_i^* y_i x_i$$

并选择 α^* 的一个正分量 $\alpha_j^*>0$，计算

$$b^*=y_j-\sum_{i=1}^{N}\alpha_i^* y_i(x_i\cdot x_j)$$

（3）求得分离超平面：

$$w^*\cdot x+b^*=0$$

分类决策函数：

$$f(x)=\operatorname{sign}(w^*\cdot x+b^*)$$

■

在线性可分支持向量机中，由式 (7.25)、式 (7.26) 可知，w^* 和 b^* 只依赖于训练数据中对应于 $\alpha_i^*>0$ 的样本点 (x_i,y_i)，而其他样本点对 w^* 和 b^* 没有影响。我们将训练数据中对应于 $\alpha_i^*>0$ 的实例点 $x_i\in\boldsymbol{R}^n$ 称为支持向量。

定义 7.4（**支持向量**） *考虑原始最优化问题 (7.13)~(7.14) 及对偶最优化问题 (7.22)~(7.24)，将训练数据集中对应于 $\alpha_i^*>0$ 的样本点 (x_i,y_i) 的实例 $x_i\in\boldsymbol{R}^n$ 称为支持向量。*

根据这一定义，支持向量一定在间隔边界上。由 KKT 互补条件可知：

$$\alpha_i^*(y_i(w^* \cdot x_i + b^*) - 1) = 0, \quad i = 1, 2, \cdots, N$$

对应于 $\alpha_i^* > 0$ 的实例 x_i，有

$$y_i(w^* \cdot x_i + b^*) - 1 = 0$$

或

$$w^* \cdot x_i + b^* = \pm 1$$

即 x_i 一定在间隔边界上。这里的支持向量的定义与前面给出的支持向量的定义是一致的。

例 7.2 训练数据与例 7.1 相同。如图 7.4 所示，正例点是 $x_1 = (3,3)^{\mathrm{T}}$，$x_2 = (4,3)^{\mathrm{T}}$，负例点是 $x_3 = (1,1)^{\mathrm{T}}$，试用算法 7.2 求线性可分支持向量机。

解 根据所给数据，对偶问题是

$$\begin{aligned}
\min_{\alpha} \quad & \frac{1}{2}\sum_{i=1}^{N}\sum_{j=1}^{N}\alpha_i\alpha_j y_i y_j (x_i \cdot x_j) - \sum_{i=1}^{N}\alpha_i \\
& = \frac{1}{2}(18\alpha_1^2 + 25\alpha_2^2 + 2\alpha_3^2 + 42\alpha_1\alpha_2 - 12\alpha_1\alpha_3 - 14\alpha_2\alpha_3) - \alpha_1 - \alpha_2 - \alpha_3 \\
\text{s.t.} \quad & \alpha_1 + \alpha_2 - \alpha_3 = 0 \\
& \alpha_i \geqslant 0, \quad i = 1, 2, 3
\end{aligned}$$

解这一最优化问题。将 $\alpha_3 = \alpha_1 + \alpha_2$ 代入目标函数并记为

$$s(\alpha_1, \alpha_2) = 4\alpha_1^2 + \frac{13}{2}\alpha_2^2 + 10\alpha_1\alpha_2 - 2\alpha_1 - 2\alpha_2$$

对 α_1, α_2 求偏导数并令其为 0，易知 $s(\alpha_1, \alpha_2)$ 在点 $\left(\frac{3}{2}, -1\right)^{\mathrm{T}}$ 取极值，但该点不满足约束条件 $\alpha_2 \geqslant 0$，所以最小值应在边界上达到。

当 $\alpha_1 = 0$ 时，最小值 $s\left(0, \frac{2}{13}\right) = -\frac{2}{13}$；当 $\alpha_2 = 0$ 时，最小值 $s\left(\frac{1}{4}, 0\right) = -\frac{1}{4}$。于是 $s(\alpha_1, \alpha_2)$ 在 $\alpha_1 = \frac{1}{4}, \alpha_2 = 0$ 达到最小，此时 $\alpha_3 = \alpha_1 + \alpha_2 = \frac{1}{4}$。

这样，$\alpha_1^* = \alpha_3^* = \frac{1}{4}$ 对应的实例点 x_1, x_3 是支持向量。根据式 (7.25) 和式 (7.26) 计算得：

$$w_1^* = w_2^* = \frac{1}{2}$$

$$b^* = -2$$

分离超平面为

$$\frac{1}{2}x^{(1)} + \frac{1}{2}x^{(2)} - 2 = 0$$

分类决策函数为

$$f(x) = \mathrm{sign}\left(\frac{1}{2}x^{(1)} + \frac{1}{2}x^{(2)} - 2\right)$$

■

对于线性可分问题，上述线性可分支持向量机的学习（硬间隔最大化）算法是完美的。但是，训练数据集线性可分是理想的情形。在现实问题中，训练数据集往往是线性不可分的，即在样本中出现噪声或特异点。此时，有更一般的学习算法。

7.2 线性支持向量机与软间隔最大化

7.2.1 线性支持向量机

线性可分问题的支持向量机学习方法对线性不可分训练数据是不适用的，因为这时上述方法中的不等式约束并不能都成立。怎么才能将它扩展到线性不可分问题呢？这就需要修改硬间隔最大化，使其成为软间隔最大化。

假设给定一个特征空间上的训练数据集

$$T=\{(x_1,y_1),(x_2,y_2),\cdots,(x_N,y_N)\}$$

其中，$x_i\in\mathcal{X}=\boldsymbol{R}^n$，$y_i\in\mathcal{Y}=\{+1,-1\}$，$i=1,2,\cdots,N$，$x_i$ 为第 i 个特征向量，y_i 为 x_i 的类标记。再假设训练数据集不是线性可分的。通常情况是，训练数据中有一些特异点（outlier），将这些特异点除去后，剩下大部分的样本点组成的集合是线性可分的。

线性不可分意味着某些样本点 (x_i,y_i) 不能满足函数间隔大于等于 1 的约束条件 (7.14)。为了解决这个问题，可以对每个样本点 (x_i,y_i) 引进一个松弛变量 $\xi_i\geqslant 0$，使函数间隔加上松弛变量大于等于 1。这样，约束条件变为

$$y_i(w\cdot x_i+b)\geqslant 1-\xi_i$$

同时，对每个松弛变量 ξ_i，支付一个代价 ξ_i。目标函数由原来的 $\frac{1}{2}\|w\|^2$ 变成

$$\frac{1}{2}\|w\|^2+C\sum_{i=1}^{N}\xi_i \tag{7.31}$$

这里，$C>0$ 称为惩罚参数，一般由应用问题决定，C 值大时对误分类的惩罚增大，C 值小时对误分类的惩罚减小。最小化目标函数 (7.31) 包含两层含义：使 $\frac{1}{2}\|w\|^2$ 尽量小即间隔尽量大，同时使误分类点的个数尽量少，C 是调和二者的系数。

有了上面的思路，可以和训练数据集线性可分时一样来考虑训练数据集线性不可分时的线性支持向量机学习问题。相应于硬间隔最大化，它称为软间隔最大化。

线性不可分的线性支持向量机的学习问题变成如下凸二次规划（convex quadratic programming）问题（原始问题）：

$$\min_{w,b,\xi}\quad \frac{1}{2}\|w\|^2+C\sum_{i=1}^{N}\xi_i \tag{7.32}$$

$$\text{s.t.}\quad y_i(w\cdot x_i+b)\geqslant 1-\xi_i,\quad i=1,2,\cdots,N \tag{7.33}$$

$$\xi_i\geqslant 0,\quad i=1,2,\cdots,N \tag{7.34}$$

原始问题 (7.32)~(7.34) 是一个凸二次规划问题，因而关于 (w,b,ξ) 的解是存在的。可以证明 w 的解是唯一的，但 b 的解可能不唯一，而是存在于一个区间 [11]。

设原始问题 (7.32)~(7.34) 的解是 w^*，b^*，于是可以得到分离超平面 $w^* \cdot x + b^* = 0$ 及分类决策函数 $f(x) = \operatorname{sign}(w^* \cdot x + b^*)$。称这样的模型为训练样本线性不可分时的线性支持向量机，简称为线性支持向量机。显然，线性支持向量机包含线性可分支持向量机。由于现实中训练数据集往往是线性不可分的，线性支持向量机具有更广的适用性。

下面给出线性支持向量机的定义。

定义 7.5（线性支持向量机） 对于给定的线性不可分的训练数据集，通过求解凸二次规划问题，即软间隔最大化问题 (7.32)~(7.34)，得到的分离超平面为

$$w^* \cdot x + b^* = 0 \tag{7.35}$$

以及相应的分类决策函数

$$f(x) = \operatorname{sign}(w^* \cdot x + b^*) \tag{7.36}$$

称为线性支持向量机。

7.2.2 学习的对偶算法

原始问题即式 (7.32)~式 (7.34) 的对偶问题是

$$\min_{\alpha} \quad \frac{1}{2}\sum_{i=1}^{N}\sum_{j=1}^{N}\alpha_i\alpha_j y_i y_j (x_i \cdot x_j) - \sum_{i=1}^{N}\alpha_i \tag{7.37}$$

$$\text{s.t.} \quad \sum_{i=1}^{N}\alpha_i y_i = 0 \tag{7.38}$$

$$0 \leqslant \alpha_i \leqslant C, \quad i = 1,2,\cdots,N \tag{7.39}$$

原始最优化问题即式 (7.32)~式 (7.34) 的拉格朗日函数是

$$L(w,b,\xi,\alpha,\mu) \equiv \frac{1}{2}\|w\|^2 + C\sum_{i=1}^{N}\xi_i - \sum_{i=1}^{N}\alpha_i[y_i(w \cdot x_i + b) - 1 + \xi_i] - \sum_{i=1}^{N}\mu_i\xi_i \tag{7.40}$$

其中，$\alpha_i \geqslant 0, \mu_i \geqslant 0$。

对偶问题是拉格朗日函数的极大极小问题。首先求 $L(w,b,\xi,\alpha,\mu)$ 对 w,b,ξ 的极小，由

$$\nabla_w L(w,b,\xi,\alpha,\mu) = w - \sum_{i=1}^{N}\alpha_i y_i x_i = 0$$

$$\nabla_b L(w,b,\xi,\alpha,\mu) = -\sum_{i=1}^{N}\alpha_i y_i = 0$$

$$\nabla_{\xi_i} L(w,b,\xi,\alpha,\mu) = C - \alpha_i - \mu_i = 0$$

得：

$$w=\sum_{i=1}^{N}\alpha_i y_i x_i \tag{7.41}$$

$$\sum_{i=1}^{N}\alpha_i y_i=0 \tag{7.42}$$

$$C-\alpha_i-\mu_i=0 \tag{7.43}$$

将式 (7.41)~式 (7.43) 代入式 (7.40)，得：

$$\min_{w,b,\xi} L(w,b,\xi,\alpha,\mu)=-\frac{1}{2}\sum_{i=1}^{N}\sum_{j=1}^{N}\alpha_i\alpha_j y_i y_j (x_i\cdot x_j)+\sum_{i=1}^{N}\alpha_i$$

再对 $\min\limits_{w,b,\xi} L(w,b,\xi,\alpha,\mu)$ 求 α 的极大，即得对偶问题：

$$\max_{\alpha}\quad -\frac{1}{2}\sum_{i=1}^{N}\sum_{j=1}^{N}\alpha_i\alpha_j y_i y_j (x_i\cdot x_j)+\sum_{i=1}^{N}\alpha_i \tag{7.44}$$

$$\text{s.t.}\quad \sum_{i=1}^{N}\alpha_i y_i=0 \tag{7.45}$$

$$C-\alpha_i-\mu_i=0 \tag{7.46}$$

$$\alpha_i\geqslant 0 \tag{7.47}$$

$$\mu_i\geqslant 0,\quad i=1,2,\cdots,N \tag{7.48}$$

将对偶最优化问题 (7.44)~(7.48) 进行变换：利用等式约束 (7.46) 消去 μ_i，从而只留下变量 α_i，并将约束 (7.46)~(7.48) 写成

$$0\leqslant\alpha_i\leqslant C \tag{7.49}$$

再将对目标函数求极大转换为求极小，于是得到对偶问题 (7.37)~(7.39)。

可以通过求解对偶问题而得到原始问题的解，进而确定分离超平面和决策函数。为此，就可以以定理的形式叙述原始问题的最优解和对偶问题的最优解的关系。

定理 7.3 设 $\alpha^*=(\alpha_1^*,\alpha_2^*,\cdots,\alpha_N^*)^{\mathrm{T}}$ 是对偶问题 (7.37)~(7.39) 的一个解，若存在 α^* 的一个分量 α_j^*，$0<\alpha_j^*<C$，则原始问题 (7.32)~(7.34) 的解 w^*,b^* 可按下式求得：

$$w^*=\sum_{i=1}^{N}\alpha_i^* y_i x_i \tag{7.50}$$

$$b^*=y_j-\sum_{i=1}^{N}y_i\alpha_i^*(x_i\cdot x_j) \tag{7.51}$$

证明 原始问题是凸二次规划问题，解满足 KKT 条件，即得：

$$\nabla_w L(w^*,b^*,\xi^*,\alpha^*,\mu^*) = w^* - \sum_{i=1}^{N} \alpha_i^* y_i x_i = 0 \tag{7.52}$$

$$\nabla_b L(w^*,b^*,\xi^*,\alpha^*,\mu^*) = -\sum_{i=1}^{N} \alpha_i^* y_i = 0$$

$$\nabla_\xi L(w^*,b^*,\xi^*,\alpha^*,\mu^*) = C - \alpha^* - \mu^* = 0$$

$$\alpha_i^*(y_i(w^* \cdot x_i + b^*) - 1 + \xi_i^*) = 0 \tag{7.53}$$

$$\mu_i^* \xi_i^* = 0 \tag{7.54}$$

$$\begin{aligned} y_i(w^* \cdot x_i + b^*) - 1 + \xi_i^* &\geqslant 0 \\ \xi_i^* &\geqslant 0 \\ \alpha_i^* &\geqslant 0 \\ \mu_i^* \geqslant 0, \quad i = 1,2,&\cdots,N \end{aligned}$$

由式 (7.52) 易知式 (7.50) 成立。再由式 (7.53)~ 式 (7.54) 可知，若存在 α_j^*，$0 < \alpha_j^* < C$，则 $y_i(w^* \cdot x_i + b^*) - 1 = 0$。由此即得式 (7.51)。 ■

由此定理可知，分离超平面可以写成

$$\sum_{i=1}^{N} \alpha_i^* y_i (x \cdot x_i) + b^* = 0 \tag{7.55}$$

分类决策函数可以写成

$$f(x) = \operatorname{sign}\left[\sum_{i=1}^{N} \alpha_i^* y_i (x \cdot x_i) + b^*\right] \tag{7.56}$$

式 (7.56) 为线性支持向量机的对偶形式。

综合前面的结果，有下面的算法。

算法 7.3（线性支持向量机学习算法）

输入：训练数据集 $T = \{(x_1,y_1),(x_2,y_2),\cdots,(x_N,y_N)\}$，其中，$x_i \in \mathcal{X} = \boldsymbol{R}^n$，$y_i \in \mathcal{Y} = \{-1,+1\}$，$i = 1,2,\cdots,N$。

输出：分离超平面和分类决策函数。

（1）选择惩罚参数 $C > 0$，构造并求解凸二次规划问题：

$$\begin{aligned} \min_{\alpha} \quad & \frac{1}{2}\sum_{i=1}^{N}\sum_{j=1}^{N} \alpha_i \alpha_j y_i y_j (x_i \cdot x_j) - \sum_{i=1}^{N} \alpha_i \\ \text{s.t.} \quad & \sum_{i=1}^{N} \alpha_i y_i = 0 \\ & 0 \leqslant \alpha_i \leqslant C, \quad i = 1,2,\cdots,N \end{aligned}$$

求得最优解 $\alpha^* = (\alpha_1^*, \alpha_2^*, \cdots, \alpha_N^*)^{\mathrm{T}}$。

（2）计算 $w^* = \sum_{i=1}^{N} \alpha_i^* y_i x_i$。

选择 α^* 的一个分量 α_j^* 满足条件 $0 < \alpha_j^* < C$，计算

$$b^* = y_j - \sum_{i=1}^{N} y_i \alpha_i^* (x_i \cdot x_j)$$

（3）求得分离超平面：

$$w^* \cdot x + b^* = 0$$

分类决策函数：

$$f(x) = \mathrm{sign}(w^* \cdot x + b^*)$$ ■

步骤 (2) 中，对任一满足条件 $0 < \alpha_j^* < C$ 的 α_j^*，按式 (7.51) 都可求出 b^*，从理论上，原始问题 (7.32)~(7.34) 对 b 的解可能不唯一 [11]，然而在实际应用中，往往只会出现算法叙述的情况。

7.2.3 支持向量

在线性不可分的情况下，将对偶问题 (7.37)~(7.39) 的解 $\alpha^* = (\alpha_1^*, \alpha_2^*, \cdots, \alpha_N^*)^{\mathrm{T}}$ 中对应于 $\alpha_i^* > 0$ 的样本点 (x_i, y_i) 的实例 x_i 称为支持向量（软间隔的支持向量）。如图 7.5 所示，这时的支持向量要比线性可分时的情况复杂一些。图中，分离超平面由实线表示，间隔边界由虚线表示，正例点由“○”表示，负例点由“×”表示。图中还标出了实例 x_i 到间隔边界的距离 $\dfrac{\xi_i}{\|w\|}$。

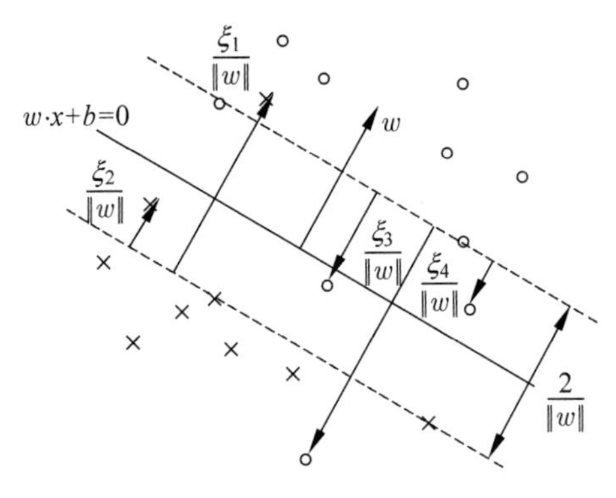

图 7.5 软间隔的支持向量

软间隔的支持向量 x_i 或者在间隔边界上，或者在间隔边界与分离超平面之间，或者在分离超平面误分一侧。若 $\alpha_i^* < C$，则 $\xi_i = 0$，支持向量 x_i 恰好落在间隔边界上；若 $\alpha_i^* = C$，$0 < \xi_i < 1$，则分类正确，x_i 在间隔边界与分离超平面之间；若 $\alpha_i^* = C$，$\xi_i = 1$，则 x_i 在分离超平面上；若 $\alpha_i^* = C$，$\xi_i > 1$，则 x_i 位于分离超平面误分一侧。

7.2.4 合页损失函数

对于线性支持向量机学习来说，其模型为分离超平面 $w^* \cdot x + b^* = 0$ 及决策函数 $f(x) = \operatorname{sign}(w^* \cdot x + b^*)$，其学习策略为软间隔最大化，学习算法为凸二次规划。

线性支持向量机学习还有另外一种解释，就是最小化以下目标函数：

$$\sum_{i=1}^{N} [1 - y_i(w \cdot x_i + b)]_+ + \lambda \|w\|^2 \tag{7.57}$$

目标函数的第 1 项是经验损失或经验风险，函数

$$L(y(w \cdot x + b)) = [1 - y(w \cdot x + b)]_+ \tag{7.58}$$

称为合页损失函数（hinge loss function）。下标“+”表示以下取正值的函数：

$$[z]_+ = \begin{cases} z, & z > 0 \\ 0, & z \leqslant 0 \end{cases} \tag{7.59}$$

这就是说，当样本点 (x_i, y_i) 被正确分类且函数间隔（确信度）$y_i(w \cdot x_i + b)$ 大于 1 时，损失是 0，否则损失是 $1 - y_i(w \cdot x_i + b)$。注意到在图 7.5 中的实例点 x_4 被正确分类，但损失不是 0。目标函数的第 2 项是系数为 λ 的 w 的 L_2 范数，是正则化项。

定理 7.4 线性支持向量机原始最优化问题

$$\min_{w,b,\xi} \quad \frac{1}{2}\|w\|^2 + C\sum_{i=1}^{N} \xi_i \tag{7.60}$$

$$\text{s.t.} \quad y_i(w \cdot x_i + b) \geqslant 1 - \xi_i, \quad i = 1, 2, \cdots, N \tag{7.61}$$

$$\xi_i \geqslant 0, \quad i = 1, 2, \cdots, N \tag{7.62}$$

等价于最优化问题

$$\min_{w,b} \quad \sum_{i=1}^{N} [1 - y_i(w \cdot x_i + b)]_+ + \lambda \|w\|^2 \tag{7.63}$$

证明 可将最优化问题 (7.63) 写成问题 (7.60)~(7.62)。令

$$[1 - y_i(w \cdot x_i + b)]_+ = \xi_i \tag{7.64}$$

则 $\xi_i \geqslant 0$，式 (7.62) 成立。由式 (7.64) 可知，当 $1 - y_i(w \cdot x_i + b) > 0$ 时，有 $y_i(w \cdot x_i + b) = 1 - \xi_i$；当 $1 - y_i(w \cdot x_i + b) \leqslant 0$ 时，$\xi_i = 0$，有 $y_i(w \cdot x_i + b) \geqslant 1 - \xi_i$。故式 (7.61) 成立。于是 w, b, ξ_i 满足约束条件 (7.61)~(7.62)，所以最优化问题 (7.63) 可写成

$$\min_{w,b} \quad \sum_{i=1}^{N} \xi_i + \lambda \|w\|^2$$

若取 $\lambda = \dfrac{1}{2C}$，则

$$\min_{w,b} \quad \frac{1}{C}\left(\frac{1}{2}\|w\|^2+C\sum_{i=1}^{N}\xi_i\right)$$

与式 (7.60) 等价。

反之，也可将最优化问题 (7.60)~(7.62) 表示成问题 (7.63)。 ■

合页损失函数的图形如图 7.6 所示，横轴是函数间隔 $y(w\cdot x+b)$，纵轴是损失。由于函数形状像一个合页，故名合页损失函数。图中还画出 0-1 损失函数，可以认为它是二类分类问题的真正的损失函数，而合页损失函数是 0-1 损失函数的上界。由于 0-1 损失函数不是连续可导的，直接优化由其构成的目标函数比较困难，可以认为线性支持向量机是优化由 0-1 损失函数的上界（合页损失函数）构成的目标函数。这时的上界损失函数又称为代理损失函数（surrogate loss function）。

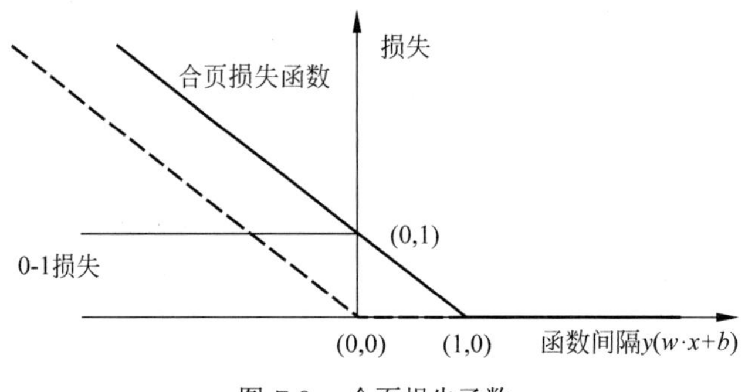

图 7.6 合页损失函数

图 7.6 中虚线显示的是感知机的损失函数 $[-y_i(w\cdot x_i+b)]_+$。这时，当样本点 (x_i,y_i) 被正确分类时，损失是 0，否则损失是 $-y_i(w\cdot x_i+b)$。相比之下，合页损失函数不仅要分类正确，而且确信度足够高时损失才是 0。也就是说，合页损失函数对学习有更高的要求。

7.3 非线性支持向量机与核函数

对于解线性分类问题，线性分类支持向量机是一种非常有效的方法。但是，有时分类问题是非线性的，这时可以使用非线性支持向量机。本节叙述非线性支持向量机，其主要特点是利用核技巧（kernel trick）。为此，先要介绍核技巧。核技巧不仅应用于支持向量机，而且应用于其他统计学习问题。

7.3.1 核技巧

1. 非线性分类问题

非线性分类问题是指通过利用非线性模型才能很好地进行分类的问题。先看一个例子：如图 7.7 左图，是一个分类问题，图中“ • ”表示正实例点，“×”表示负实例点。由图可见，无法用直线（线性模型）将正负实例正确分开，但可以用一条椭圆曲线（非线性模型）将它们正确分开。

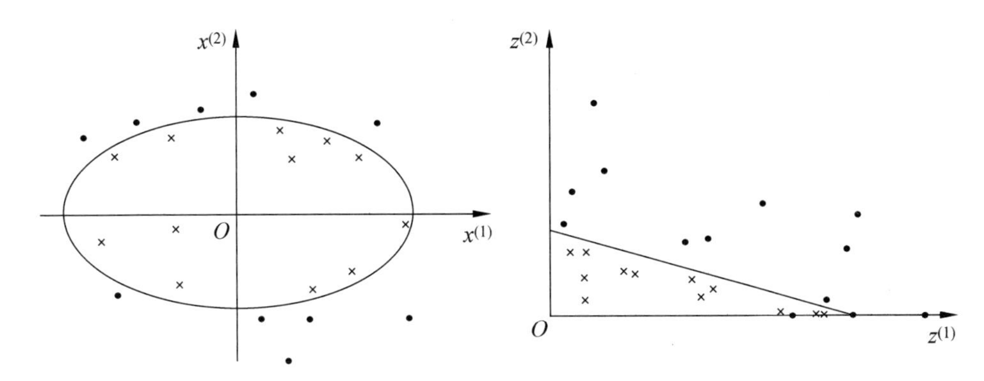

图 7.7 非线性分类问题与核技巧示例

一般来说，对给定的一个训练数据集 $T=\{(x_1,y_1),(x_2,y_2),\cdots,(x_N,y_N)\}$，其中，实例 x_i 属于输入空间，$x_i\in\mathcal{X}=\boldsymbol{R}^n$，对应的标记有两类 $y_i\in\mathcal{Y}=\{-1,+1\}$，$i=1,2,\cdots,N$。如果能用 $\boldsymbol{R}^n$ 中的一个超曲面将正负例正确分开，则称这个问题为非线性可分问题。

非线性问题往往不好求解，所以希望能用解线性分类问题的方法解决这个问题。所采取的方法是进行一个非线性变换，将非线性问题变换为线性问题，通过解变换后的线性问题的方法求解原来的非线性问题。对图 7.7 所示的例子，通过变换，将左图中椭圆变换成右图中的直线，将非线性分类问题变换为线性分类问题。

设原空间为 $\mathcal{X}\subset\boldsymbol{R}^2$，$x=(x^{(1)},x^{(2)})^{\mathrm{T}}\in\mathcal{X}$，新空间为 $\mathcal{Z}\subset\boldsymbol{R}^2$，$z=(z^{(1)},z^{(2)})^{\mathrm{T}}\in\mathcal{Z}$，定义从原空间到新空间的变换（映射）：

$$z=\phi(x)=((x^{(1)})^2,(x^{(2)})^2)^{\mathrm{T}}$$

经过变换 $z=\phi(x)$，原空间 $\mathcal{X}\subset\boldsymbol{R}^2$ 变换为新空间 $\mathcal{Z}\subset\boldsymbol{R}^2$，原空间中的点相应地变换为新空间中的点，原空间中的椭圆

$$w_1(x^{(1)})^2+w_2(x^{(2)})^2+b=0$$

变换成为新空间中的直线

$$w_1z^{(1)}+w_2z^{(2)}+b=0$$

在变换后的新空间里，直线 $w_1z^{(1)}+w_2z^{(2)}+b=0$ 可以将变换后的正负实例点正确分开。这样，原空间的非线性可分问题就变成了新空间的线性可分问题。

上面的例子说明，用线性分类方法求解非线性分类问题分为两步：首先使用一个变换将原空间的数据映射到新空间，然后在新空间里用线性分类学习方法从训练数据中学习分类模型。核技巧就属于这样的方法。

核技巧应用到支持向量机的基本想法就是通过一个非线性变换将输入空间（欧氏空间 $\boldsymbol{R}^n$ 或离散集合）对应于一个特征空间（希尔伯特空间 $\mathcal{H}$），使得在输入空间 $\boldsymbol{R}^n$ 中的超曲面模型对应于特征空间 $\mathcal{H}$ 中的超平面模型（支持向量机）。这样，分类问题的学习任务通过在特征空间中求解线性支持向量机就可以完成。

2. 核函数的定义

定义 7.6（核函数） 设 $\mathcal{X}$ 是输入空间（欧氏空间 $\boldsymbol{R}^n$ 的子集或离散集合），又设 $\mathcal{H}$ 为特征空间（希尔伯特空间），如果存在一个从 $\mathcal{X}$ 到 $\mathcal{H}$ 的映射

$$\phi(x): \mathcal{X} \rightarrow \mathcal{H} \tag{7.65}$$

使得对所有 $x, z \in \mathcal{X}$，函数 $K(x, z)$ 满足条件

$$K(x, z) = \phi(x) \cdot \phi(z) \tag{7.66}$$

则称 $K(x, z)$ 为核函数，$\phi(x)$ 为映射函数，式中 $\phi(x) \cdot \phi(z)$ 为 $\phi(x)$ 和 $\phi(z)$ 的内积。

核技巧的想法是：在学习与预测中只定义核函数 $K(x, z)$，而不显式地定义映射函数 ϕ。通常，直接计算 $K(x, z)$ 比较容易，而通过 $\phi(x)$ 和 $\phi(z)$ 计算 $K(x, z)$ 并不容易。注意，ϕ 是输入空间 $\boldsymbol{R}^n$ 到特征空间 $\mathcal{H}$ 的映射，特征空间 $\mathcal{H}$ 一般是高维的，甚至是无穷维的。可以看到，对于给定的核 $K(x, z)$，特征空间 $\mathcal{H}$ 和映射函数 ϕ 的取法并不唯一，可以取不同的特征空间，即便是在同一特征空间里也可以取不同的映射。

下面举一个简单的例子来说明核函数和映射函数的关系。

例 7.3 假设输入空间是 $\boldsymbol{R}^2$，核函数是 $K(x, z) = (x \cdot z)^2$，试找出其相关的特征空间 $\mathcal{H}$ 和映射 $\phi(x)$：$\boldsymbol{R}^2 \rightarrow \mathcal{H}$。

解 取特征空间 $\mathcal{H} = \boldsymbol{R}^3$，记 $x = (x^{(1)}, x^{(2)})^{\mathrm{T}}$，$z = (z^{(1)}, z^{(2)})^{\mathrm{T}}$，由于

$$(x \cdot z)^2 = (x^{(1)}z^{(1)} + x^{(2)}z^{(2)})^2 = (x^{(1)}z^{(1)})^2 + 2x^{(1)}z^{(1)}x^{(2)}z^{(2)} + (x^{(2)}z^{(2)})^2$$

所以可以取映射

$$\phi(x) = ((x^{(1)})^2, \sqrt{2}x^{(1)}x^{(2)}, (x^{(2)})^2)^{\mathrm{T}}$$

容易验证 $\phi(x) \cdot \phi(z) = (x \cdot z)^2 = K(x, z)$。

仍取 $\mathcal{H} = \boldsymbol{R}^3$ 以及

$$\phi(x) = \frac{1}{\sqrt{2}}((x^{(1)})^2 - (x^{(2)})^2, 2x^{(1)}x^{(2)}, (x^{(1)})^2 + (x^{(2)})^2)^{\mathrm{T}}$$

同样有 $\phi(x) \cdot \phi(z) = (x \cdot z)^2 = K(x, z)$。

还可以取 $\mathcal{H} = \boldsymbol{R}^4$ 和

$$\phi(x) = ((x^{(1)})^2, x^{(1)}x^{(2)}, x^{(1)}x^{(2)}, (x^{(2)})^2)^{\mathrm{T}}$$

■

3. 核技巧在支持向量机中的应用

我们注意到在线性支持向量机的对偶问题中，无论是目标函数还是决策函数（分离超平面）都只涉及输入实例与实例之间的内积。对偶问题的目标函数 (7.37) 中的内积 $x_i \cdot x_j$ 可以用核函数 $K(x_i, x_j) = \phi(x_i) \cdot \phi(x_j)$ 来代替，此时对偶问题的目标函数成为

$$W(\alpha) = \frac{1}{2}\sum_{i=1}^{N}\sum_{j=1}^{N}\alpha_i\alpha_j y_i y_j K(x_i, x_j) - \sum_{i=1}^{N}\alpha_i \tag{7.67}$$

同样，分类决策函数中的内积也可以用核函数代替，而分类决策函数式成为

$$\begin{aligned} f(x) &= \mathrm{sign}\left(\sum_{i=1}^{N_s} a_i^* y_i \phi(x_i) \cdot \phi(x) + b^*\right) \\ &= \mathrm{sign}\left(\sum_{i=1}^{N_s} a_i^* y_i K(x_i, x) + b^*\right) \end{aligned} \tag{7.68}$$

这等价于经过映射函数 ϕ 将原来的输入空间变换到一个新的特征空间，将输入空间中的内积 $x_i \cdot x_j$ 变换为特征空间中的内积 $\phi(x_i) \cdot \phi(x_j)$，在新的特征空间里从训练样本中学习线性支持向量机。当映射函数是非线性函数时，学习到的含有核函数的支持向量机是非线性分类模型。

也就是说，在核函数 $K(x,z)$ 给定的条件下，可以利用解线性分类问题的方法求解非线性分类问题的支持向量机。学习是隐式地在特征空间进行的，不需要显式地定义特征空间和映射函数。这样的技巧称为核技巧，它是巧妙地利用线性分类学习方法与核函数解决非线性问题的技术。在实际应用中，往往依赖领域知识直接选择核函数，核函数选择的有效性需要通过实验验证。

7.3.2 正定核

已知映射函数 ϕ, 可以通过 $\phi(x)$ 和 $\phi(z)$ 的内积求得核函数 $K(x,z)$。不用构造映射 $\phi(x)$ 能否直接判断一个给定的函数 $K(x,z)$ 是不是核函数？或者说，函数 $K(x,z)$ 满足什么条件才能成为核函数？

本节叙述正定核的充要条件。通常所说的核函数就是正定核函数（positive definite kernel function）。为证明此定理，先介绍有关的预备知识。

假设 $K(x,z)$ 是定义在 $\mathcal{X}\times\mathcal{X}$ 上的对称函数，并且对任意的 $x_1,x_2,\cdots,x_m\in\mathcal{X}$，$K(x,z)$ 关于 $x_1,x_2,\cdots,x_m$ 的 Gram 矩阵是半正定的。可以依据函数 $K(x,z)$，构成一个希尔伯特空间（Hilbert space），其步骤是：首先定义映射 ϕ 并构成向量空间 $\mathcal{S}$，然后在 $\mathcal{S}$ 上定义内积构成内积空间，最后将 $\mathcal{S}$ 完备化构成希尔伯特空间。

1. 定义映射，构成向量空间 $\mathcal{S}$

先定义映射

$$\phi: x \rightarrow K(\cdot\,,x) \tag{7.69}$$

根据这一映射，对任意 $x_i\in\mathcal{X}$，$\alpha_i\in\boldsymbol{R}$，$i=1,2,\cdots,m$，定义线性组合

$$f(\cdot)=\sum_{i=1}^{m}\alpha_i K(\cdot\,,x_i) \tag{7.70}$$

考虑由线性组合为元素的集合 $\mathcal{S}$。由于集合 $\mathcal{S}$ 对加法和数乘运算是封闭的，所以 $\mathcal{S}$ 构成一个向量空间。

2. 在 $\mathcal{S}$ 上定义内积，使其成为内积空间

在 $\mathcal{S}$ 上定义一个运算 $*$：对任意 $f,g\in\mathcal{S}$，有

$$f(\cdot)=\sum_{i=1}^{m}\alpha_i K(\cdot\,,x_i) \tag{7.71}$$

$$g(\cdot)=\sum_{j=1}^{l}\beta_j K(\cdot\,,z_j) \tag{7.72}$$

定义运算 $*$：

$$f * g = \sum_{i=1}^{m} \sum_{j=1}^{l} \alpha_i \beta_j K(x_i, z_j) \tag{7.73}$$

证明运算 $*$ 是空间 $\mathcal{S}$ 的内积。为此要证明：

（1）$(cf) * g = c(f * g)$，$c \in \boldsymbol{R}$ (7.74)

（2）$(f + g) * h = f * h + g * h$，$h \in \mathcal{S}$ (7.75)

（3）$f * g = g * f$ (7.76)

（4）$f * f \geqslant 0$ (7.77)

$$f * f = 0 \Leftrightarrow f = 0 \tag{7.78}$$

其中，步骤 (1)～ 步骤 (3) 由式 (7.70)～式 (7.72) 及 $K(x, z)$ 的对称性容易得到。现证明步骤 (4) 之式 (7.77)。由式 (7.70) 及式 (7.73) 可得：

$$f * f = \sum_{i,j=1}^{m} \alpha_i \alpha_j K(x_i, x_j)$$

由 Gram 矩阵的半正定性知上式右端非负，即 $f * f \geqslant 0$。

再证明步骤 (4) 之式 (7.78)。充分性显然。为证必要性，首先证明不等式：

$$|f * g|^2 \leqslant (f * f)(g * g) \tag{7.79}$$

设 $f, g \in \mathcal{S}$，$\lambda \in \boldsymbol{R}$，则 $f + \lambda g \in \mathcal{S}$，于是，

$$(f + \lambda g) * (f + \lambda g) \geqslant 0$$

$$f * f + 2\lambda(f * g) + \lambda^2 (g * g) \geqslant 0$$

其左端是 λ 的二次三项式，非负，其判别式小于等于 0，即

$$(f * g)^2 - (f * f)(g * g) \leqslant 0$$

于是式 (7.79) 得证。现证明若 $f * f = 0$，则 $f = 0$。事实上，若

$$f(\cdot) = \sum_{i=1}^{m} \alpha_i K(\cdot, x_i)$$

则按运算 $*$ 的定义式 (7.73)，对任意的 $x \in \mathcal{X}$，有

$$K(\cdot, x) * f = \sum_{i=1}^{m} \alpha_i K(x, x_i) = f(x)$$

于是，

$$|f(x)|^2 = |K(\cdot, x) * f|^2 \tag{7.80}$$

由式 (7.79) 和式 (7.77) 有

$$\begin{aligned} |K(\cdot, x) * f|^2 &\leqslant (K(\cdot, x) * K(\cdot, x))(f * f) \\ &= K(x, x)(f * f) \end{aligned}$$

由式 (7.80) 有

$$|f(x)|^2 \leqslant K(x,x)(f*f)$$

此式表明，当 $f*f=0$ 时，对任意的 x 都有 $|f(x)|=0$。

至此，证明了 $*$ 为向量空间 $\mathcal{S}$ 的内积，赋予内积的向量空间为内积空间。因此 $\mathcal{S}$ 是一个内积空间。既然 $*$ 为 $\mathcal{S}$ 的内积运算，那么仍然用 $\cdot$ 表示，即若

$$f(\cdot)=\sum_{i=1}^{m}\alpha_i K(\cdot,x_i),\quad g(\cdot)=\sum_{i=1}^{l}\beta_j K(\cdot,z_j)$$

则

$$f\cdot g=\sum_{i=1}^{m}\sum_{j=1}^{l}\alpha_i\beta_j K(x_i,z_j) \tag{7.81}$$

3. 将内积空间 $\mathcal{S}$ 完备化为希尔伯特空间

现在将内积空间 $\mathcal{S}$ 完备化。由式 (7.81) 定义的内积可以得到范数

$$\|f\|=\sqrt{f\cdot f} \tag{7.82}$$

因此，$\mathcal{S}$ 是一个赋范向量空间。根据泛函分析理论，对于不完备的赋范向量空间 $\mathcal{S}$，一定可以使之完备化，得到完备的赋范向量空间 $\mathcal{H}$。对于一个内积空间，当作为一个赋范向量空间是完备的时候，就是希尔伯特空间。这样，就得到了希尔伯特空间 $\mathcal{H}$。这一希尔伯特空间 $\mathcal{H}$ 称为再生核希尔伯特空间（reproducing kernel Hilbert space，RKHS）。这是由于核 K 具有再生性，即满足

$$K(\cdot,x)\cdot f=f(x) \tag{7.83}$$

及

$$K(\cdot,x)\cdot K(\cdot,z)=K(x,z) \tag{7.84}$$

称为再生核。

4. 正定核的充要条件

定理 7.5（正定核的充要条件） 设 $K:\mathcal{X}\times\mathcal{X}\rightarrow\boldsymbol{R}$ 是对称函数，则 $K(x,z)$ 为正定核函数的充要条件是对任意 $x_i\in\mathcal{X}$，$i=1,2,\cdots,m$，$K(x,z)$ 对应的 Gram 矩阵

$$K=[K(x_i,x_j)]_{m\times m} \tag{7.85}$$

是半正定矩阵。

证明 必要性。由于 $K(x,z)$ 是 $\mathcal{X}\times\mathcal{X}$ 上的正定核，所以存在从 $\mathcal{X}$ 到希尔伯特空间 $\mathcal{H}$ 的映射 ϕ，使得

$$K(x,z)=\phi(x)\cdot\phi(z)$$

于是，对任意 $x_1,x_2,\cdots,x_m$，构造 $K(x,z)$ 关于 $x_1,x_2,\cdots,x_m$ 的 Gram 矩阵：

$$[K_{ij}]_{m\times m}=[K(x_i,x_j)]_{m\times m}$$

对任意 $c_1, c_2, \cdots, c_m \in \boldsymbol{R}$，有

$$\begin{aligned}\sum_{i,j=1}^{m} c_i c_j K(x_i, x_j) &= \sum_{i,j=1}^{m} c_i c_j (\phi(x_i) \cdot \phi(x_j)) \\ &= \left(\sum_i c_i \phi(x_i)\right) \cdot \left(\sum_j c_j \phi(x_j)\right) \\ &= \left\|\sum_i c_i \phi(x_i)\right\|^2 \geqslant 0\end{aligned}$$

表明 $K(x,z)$ 关于 $x_1, x_2, \cdots, x_m$ 的 Gram 矩阵是半正定的。

充分性。对任意 $x_1, x_2, \cdots, x_m \in \mathcal{X}$，已知对称函数 $K(x,z)$ 关于 $x_1, x_2, \cdots, x_m$ 的 Gram 矩阵是半正定的。根据前面的结果，对给定的 $K(x,z)$，可以构造从 $\mathcal{X}$ 到某个希尔伯特空间 $\mathcal{H}$ 的映射：

$$\phi: x \to K(\cdot, x) \tag{7.86}$$

由式 (7.83) 可知：

$$K(\cdot, x) \cdot f = f(x)$$

并且

$$K(\cdot, x) \cdot K(\cdot, z) = K(x,z)$$

由式 (7.86) 即得：

$$K(x,z) = \phi(x) \cdot \phi(z)$$

表明 $K(x,z)$ 是 $\mathcal{X} \times \mathcal{X}$ 上的核函数。

定理给出了正定核的充要条件，因此可以作为正定核，即核函数的另一定义。

定义 7.7（正定核的等价定义） 设 $\mathcal{X} \subset \boldsymbol{R}^n$，$K(x,z)$ 是定义在 $\mathcal{X} \times \mathcal{X}$ 上的对称函数，如果对任意 $x_i \in \mathcal{X}$，$i = 1, 2, \cdots, m$，$K(x,z)$ 对应的 Gram 矩阵

$$K = [K(x_i, x_j)]_{m \times m} \tag{7.87}$$

是半正定矩阵，则称 $K(x,z)$ 是正定核。

这一定义在构造核函数时很有用。但对于一个具体函数 $K(x,z)$ 来说，检验它是否为正定核函数并不容易，因为要求对任意有限输入集 $\{x_1, x_2, \cdots, x_m\}$ 验证 K 对应的 Gram 矩阵是否为半正定的。在实际问题中往往应用已有的核函数。另外，由 Mercer 定理可以得到 Mercer 核（Mercer kernel）[11]，正定核比 Mercer 核更具一般性。下面介绍一些常用的核函数。

7.3.3 常用核函数

1. 多项式核函数 (polynomial kernel function)

$$K(x,z) = (x \cdot z + 1)^p \tag{7.88}$$

对应的支持向量机是一个 p 次多项式分类器。在此情形下，分类决策函数成为

$$f(x)=\operatorname{sign}\left[\sum_{i=1}^{N_s}a_i^*y_i(x_i\bullet x+1)^p+b^*\right] \tag{7.89}$$

2. 高斯核函数 (Gaussian kernel function)

$$K(x,z)=\exp\left(-\frac{\|x-z\|^2}{2\sigma^2}\right) \tag{7.90}$$

对应的支持向量机是高斯径向基函数（radial basis function）分类器。在此情形下，分类决策函数成为

$$f(x)=\operatorname{sign}\left[\sum_{i=1}^{N_s}a_i^*y_i\exp\left(-\frac{\|x-x_i\|^2}{2\sigma^2}\right)+b^*\right] \tag{7.91}$$

3. 字符串核函数 (string kernel function)

核函数不仅可以定义在欧氏空间上，还可以定义在离散数据的集合上。比如，字符串核是定义在字符串集合上的核函数。字符串核函数在文本分类、信息检索、生物信息学等方面都有应用。

考虑一个有限字符表 Σ。字符串 s 是从 Σ 中取出的有限个字符的序列，包括空字符串。字符串 s 的长度用 $|s|$ 表示，它的元素记作 $s(1)s(2)\cdots s(|s|)$。两个字符串 s 和 t 的连接记作 st。所有长度为 n 的字符串的集合记作 Σ^n，所有字符串的集合记作 $\Sigma^*=\bigcup\limits_{n=0}^{\infty}\Sigma^n$。

考虑字符串 s 的子串 u。给定一个指标序列 $i=(i_1,i_2,\cdots,i_{|u|})$，$1\leqslant i_1<i_2<\cdots<i_{|u|}\leqslant|s|$，$s$ 的子串定义为 $u=s(i)=s(i_1)s(i_2)\cdots s(i_{|u|})$，其长度记作 $l(i)=i_{|u|}-i_1+1$。如果 i 是连续的，则 $l(i)=|u|$；否则，$l(i)>|u|$。

假设 $\mathcal{S}$ 是长度大于或等于 n 的字符串的集合，s 是 $\mathcal{S}$ 的元素。现在建立字符串集合 $\mathcal{S}$ 到特征空间 $\mathcal{H}_n=R^{\Sigma^n}$ 的映射 $\phi_n(s)$。R^{Σ^n} 表示定义在 Σ^n 上的实数空间，其每一维对应一个字符串 $u\in\Sigma^n$，映射 $\phi_n(s)$ 将字符串 s 对应于空间 R^{Σ^n} 的一个向量，其在 u 维上的取值为

$$[\phi_n(s)]_u=\sum_{i:s(i)=u}\lambda^{l(i)} \tag{7.92}$$

这里，$0<\lambda\leqslant 1$ 是一个衰减参数，$l(i)$ 表示字符串 i 的长度，求和在 s 中所有与 u 相同的子串上进行。

例如，假设 Σ 为英文字符集，n 为 3，$\mathcal{S}$ 为长度大于或等于 3 的字符串的集合。考虑将字符集 $\mathcal{S}$ 映射到特征空间 H_3。H_3 的一维对应于字符串 asd。这时，字符串“Nasdaq”与“lass das”在这一维上的值分别是 $[\phi_3(\text{Nasdaq})]_{\text{asd}}=\lambda^3$ 和 $[\phi_3(\text{lass}\square\text{das})]_{\text{asd}}=2\lambda^5$（□ 为空格）。在第 1 个字符串里，asd 是连续的子串。在第 2 个字符串里，asd 是长度为 5 的不连续子串，共出现两次。

两个字符串 s 和 t 上的字符串核函数是基于映射 ϕ_n 的特征空间中的内积：

$$\begin{aligned} k_n(s,t) &= \sum_{u\in\Sigma^n} [\phi_n(s)]_u[\phi_n(t)]_u \\ &= \sum_{u\in\Sigma^n} \sum_{(i,j):s(i)=t(j)=u} \lambda^{l(i)}\lambda^{l(j)} \end{aligned} \tag{7.93}$$

字符串核函数 $k_n(s,t)$ 给出了字符串 s 和 t 中长度等于 n 的所有子串组成的特征向量的余弦相似度（cosine similarity）。直观上，两个字符串相同的子串越多，它们就越相似，字符串核函数的值就越大。字符串核函数可以由动态规划快速地计算。

7.3.4 非线性支持向量分类机

如上所述，利用核技巧，可以将线性分类的学习方法应用到非线性分类问题中去。将线性支持向量机扩展到非线性支持向量机，只需将线性支持向量机对偶形式中的内积换成核函数。

定义 7.8（**非线性支持向量机**） 从非线性分类训练集，通过核函数与软间隔最大化或凸二次规划 (7.95)~(7.97) 学习得到的分类决策函数

$$f(x) = \text{sign}\left(\sum_{i=1}^{N} \alpha_i^* y_i K(x,x_i) + b^*\right) \tag{7.94}$$

称为非线性支持向量机，$K(x,z)$ 是正定核函数。

下面叙述非线性支持向量机学习算法。

算法 7.4（**非线性支持向量机学习算法**）

输入：训练数据集 $T=\{(x_1,y_1),(x_2,y_2),\cdots,(x_N,y_N)\}$，其中 $x_i\in\mathcal{X}=\boldsymbol{R}^n$，$y_i\in\mathcal{Y}=\{-1,+1\}$，$i=1,2,\cdots,N$。

输出：分类决策函数。

（1）选取适当的核函数 $K(x,z)$ 和适当的参数 C，构造并求解最优化问题

$$\min_{\alpha} \quad \frac{1}{2}\sum_{i=1}^{N}\sum_{j=1}^{N}\alpha_i\alpha_j y_i y_j K(x_i,x_j) - \sum_{i=1}^{N}\alpha_i \tag{7.95}$$

$$\text{s.t.} \quad \sum_{i=1}^{N}\alpha_i y_i = 0 \tag{7.96}$$

$$0 \leqslant \alpha_i \leqslant C, \quad i=1,2,\cdots,N \tag{7.97}$$

求得最优解 $\alpha^*=(\alpha_1^*,\alpha_2^*,\cdots,\alpha_N^*)^{\mathrm{T}}$。

（2）选择 α^* 的一个正分量 $0<\alpha_j^*<C$，计算

$$b^* = y_j - \sum_{i=1}^{N}\alpha_i^* y_i K(x_i,x_j)$$

(3) 构造决策函数：

$$f(x)=\operatorname{sign}\left(\sum_{i=1}^{N}\alpha_i^* y_i K(x,x_i)+b^*\right)$$ ■

当 $K(x,z)$ 是正定核函数时，问题 (7.95)~(7.97) 是凸二次规划问题，解是存在的。

7.4 序列最小最优化算法

本节讨论支持向量机学习的实现问题。我们知道，支持向量机的学习问题可以形式化为求解凸二次规划问题。这样的凸二次规划问题具有全局最优解，并且有许多最优化算法可以用于这一问题的求解。但是当训练样本容量很大时，这些算法往往变得非常低效，以致无法使用。所以，如何高效地实现支持向量机学习就成为一个重要的问题。目前人们已提出许多快速实现算法。本节讲述其中的序列最小最优化（sequential minimal optimization，SMO）算法，这种算法于 1998 年由 Platt 提出。

SMO 算法要解如下凸二次规划的对偶问题：

$$\min_{\alpha}\quad \frac{1}{2}\sum_{i=1}^{N}\sum_{j=1}^{N}\alpha_i\alpha_j y_i y_j K(x_i,x_j)-\sum_{i=1}^{N}\alpha_i \tag{7.98}$$

$$\text{s.t.}\quad \sum_{i=1}^{N}\alpha_i y_i=0 \tag{7.99}$$

$$0\leqslant\alpha_i\leqslant C,\quad i=1,2,\cdots,N \tag{7.100}$$

在这个问题中，变量是拉格朗日乘子，一个变量 α_i 对应于一个样本点 (x_i,y_i)；变量的总数等于训练样本容量 N。

SMO 算法是一种启发式算法，其基本思路是：如果所有变量的解都满足此最优化问题的 KKT 条件（Karush-Kuhn-Tucker conditions），那么这个最优化问题的解就得到了。因为 KKT 条件是该最优化问题的充分必要条件。否则，选择两个变量，固定其他变量，针对这两个变量构建一个二次规划问题。这个二次规划问题关于这两个变量的解应该更接近原始二次规划问题的解，因为这会使得原始二次规划问题的目标函数值变得更小。重要的是，这时子问题可以通过解析方法求解，这样就可以大大提高整个算法的计算速度。子问题有两个变量，一个是违反 KKT 条件最严重的那一个，另一个由约束条件自动确定。如此，SMO 算法将原问题不断分解为子问题并对子问题求解，进而达到求解原问题的目的。

注意，子问题的两个变量中只有一个是自由变量。假设 α_1,α_2 为两个变量，$\alpha_3,\alpha_4,\cdots,\alpha_N$ 固定，那么由等式约束 (7.99) 可知：

$$\alpha_1=-y_1\sum_{i=2}^{N}\alpha_i y_i$$

如果 α_2 确定，那么 α_1 也随之确定，所以子问题中同时更新两个变量。

整个 SMO 算法包括两个部分：求解两个变量二次规划的解析方法和选择变量的启发式方法。

7.4.1 两个变量二次规划的求解方法

不失一般性，假设选择的两个变量是 α_1,α_2，其他变量 $\alpha_i(i=3,4,\cdots,N)$ 是固定的。于是 SMO 的最优化问题 (7.98)~(7.100) 的子问题可以写成

$$\min_{\alpha_1,\alpha_2}\quad W(\alpha_1,\alpha_2)=\frac{1}{2}K_{11}\alpha_1^2+\frac{1}{2}K_{22}\alpha_2^2+y_1y_2K_{12}\alpha_1\alpha_2-(\alpha_1+\alpha_2)+y_1\alpha_1\sum_{i=3}^N y_i\alpha_iK_{i1}+y_2\alpha_2\sum_{i=3}^N y_i\alpha_iK_{i2} \tag{7.101}$$

$$\text{s.t.}\quad \alpha_1y_1+\alpha_2y_2=-\sum_{i=3}^N y_i\alpha_i=\varsigma \tag{7.102}$$

$$0\leqslant\alpha_i\leqslant C,\quad i=1,2 \tag{7.103}$$

其中，$K_{ij}=K(x_i,x_j),i,j=1,2,\cdots,N$，$\varsigma$ 是常数，目标函数式 (7.101) 中省略了不含 α_1,α_2 的常数项。

为了求解两个变量的二次规划问题 (7.101)~(7.103)，首先分析约束条件，然后在此约束条件下求极小。

由于只有两个变量 (α_1,α_2)，约束可以用二维空间中的图形表示（如图 7.8 所示）。

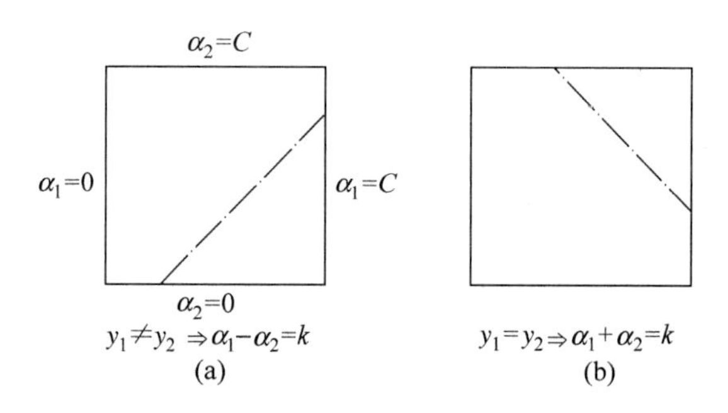

图 7.8 二变量优化问题图示

不等式约束 (7.103) 使得 (α_1,α_2) 在盒子 $[0,C]\times[0,C]$ 内，等式约束 (7.102) 使 (α_1,α_2) 在平行于盒子 $[0,C]\times[0,C]$ 的对角线的直线上，因此要求的是目标函数在一条平行于对角线的线段上的最优值。这使得两个变量的最优化问题成为实质上的单变量的最优化问题，不妨考虑为变量 α_2 的最优化问题。

假设问题 (7.101)~(7.103) 的初始可行解为 $\alpha_1^{\text{old}},\alpha_2^{\text{old}}$，最优解为 $\alpha_1^{\text{new}},\alpha_2^{\text{new}}$，并且假设在沿着约束方向未经剪辑时 α_2 的最优解为 $\alpha_2^{\text{new,unc}}$。由于 α_2^{new} 需满足不等式约束 (7.103)，所以最优值 α_2^{new} 的取值范围必须满足条件

$$L\leqslant\alpha_2^{\text{new}}\leqslant H$$

其中，L与 H是 α_2^{new} 所在的对角线段端点的界。如果 $y_1\neq y_2$（如图 7.8(a) 所示），则

$$L=\max(0,\alpha_2^{\text{old}}-\alpha_1^{\text{old}}),\quad H=\min(C,C+\alpha_2^{\text{old}}-\alpha_1^{\text{old}})$$

如果 $y_1 = y_2$（如图 7.8(b) 所示），则

$$L = \max(0, \alpha_2^{\text{old}} + \alpha_1^{\text{old}} - C), \quad H = \min(C, \alpha_2^{\text{old}} + \alpha_1^{\text{old}})$$

下面，首先求沿着约束方向未经剪辑即未考虑不等式约束 (7.103) 时 α_2 的最优解 $\alpha_2^{\text{new,unc}}$，然后再求剪辑后 α_2 的解 α_2^{new}。我们用定理来叙述这个结果。为了叙述简单，记

$$g(x) = \sum_{i=1}^{N} \alpha_i y_i K(x_i, x) + b \tag{7.104}$$

令

$$E_i = g(x_i) - y_i = \left(\sum_{j=1}^{N} \alpha_j y_j K(x_j, x_i) + b \right) - y_i, \quad i = 1, 2 \tag{7.105}$$

当 $i = 1, 2$ 时，E_i 为函数 $g(x)$ 对输入 x_i 的预测值与真实输出 y_i 之差。

定理 7.6 最优化问题 (7.101)~(7.103) 沿着约束方向未经剪辑时的解是

$$\alpha_2^{\text{new,unc}} = \alpha_2^{\text{old}} + \frac{y_2(E_1 - E_2)}{\eta} \tag{7.106}$$

其中，

$$\eta = K_{11} + K_{22} - 2K_{12} = \|\varPhi(x_1) - \varPhi(x_2)\|^2 \tag{7.107}$$

$\varPhi(x)$ 是输入空间到特征空间的映射，E_i，$i = 1, 2$，由式 (7.105) 给出。

经剪辑后 α_2 的解是

$$\alpha_2^{\text{new}} = \begin{cases} H, & \alpha_2^{\text{new,unc}} > H \\ \alpha_2^{\text{new,unc}}, & L \leqslant \alpha_2^{\text{new,unc}} \leqslant H \\ L, & \alpha_2^{\text{new,unc}} < L \end{cases} \tag{7.108}$$

由 α_2^{new} 求得 α_1^{new} 是

$$\alpha_1^{\text{new}} = \alpha_1^{\text{old}} + y_1 y_2 (\alpha_2^{\text{old}} - \alpha_2^{\text{new}}) \tag{7.109}$$

证明 引入记号

$$v_i = \sum_{j=3}^{N} \alpha_j y_j K(x_i, x_j) = g(x_i) - \sum_{j=1}^{2} \alpha_j y_j K(x_i, x_j) - b, \quad i = 1, 2$$

目标函数可写成

$$\begin{aligned} W(\alpha_1, \alpha_2) = & \frac{1}{2} K_{11} \alpha_1^2 + \frac{1}{2} K_{22} \alpha_2^2 + y_1 y_2 K_{12} \alpha_1 \alpha_2 - \\ & (\alpha_1 + \alpha_2) + y_1 v_1 \alpha_1 + y_2 v_2 \alpha_2 \end{aligned} \tag{7.110}$$

由 $\alpha_1 y_1 = \varsigma - \alpha_2 y_2$ 及 $y_i^2 = 1$，可将 α_1 表示为

$$\alpha_1 = (\varsigma - y_2 \alpha_2) y_1$$

代入式 (7.110)，得到只是 α_2 的函数的目标函数：

$$W(\alpha_2)=\frac{1}{2}K_{11}(\varsigma-\alpha_2y_2)^2+\frac{1}{2}K_{22}\alpha_2^2+y_2K_{12}(\varsigma-\alpha_2y_2)\alpha_2-\\(\varsigma-\alpha_2y_2)y_1-\alpha_2+v_1(\varsigma-\alpha_2y_2)+y_2v_2\alpha_2$$

对 α_2 求导数：

$$\frac{\partial W}{\partial\alpha_2}=K_{11}\alpha_2+K_{22}\alpha_2-2K_{12}\alpha_2-\\K_{11}\varsigma y_2+K_{12}\varsigma y_2+y_1y_2-1-v_1y_2+y_2v_2$$

令其为 0，得到：

$$\begin{aligned}(K_{11}+K_{22}-2K_{12})\alpha_2&=y_2(y_2-y_1+\varsigma K_{11}-\varsigma K_{12}+v_1-v_2)\\&=y_2\left[y_2-y_1+\varsigma K_{11}-\varsigma K_{12}+\left(g(x_1)-\sum_{j=1}^{2}y_j\alpha_jK_{1j}-b\right)-\right.\\&\qquad\left.\left(g(x_2)-\sum_{j=1}^{2}y_j\alpha_jK_{2j}-b\right)\right]\end{aligned}$$

将 $\varsigma=\alpha_1^{\text{old}}y_1+\alpha_2^{\text{old}}y_2$ 代入，得到：

$$\begin{aligned}(K_{11}+K_{22}-2K_{12})\alpha_2^{\text{new,unc}}&=y_2[(K_{11}+K_{22}-2K_{12})\alpha_2^{\text{old}}y_2+y_2-y_1+g(x_1)-g(x_2)]\\&=(K_{11}+K_{22}-2K_{12})\alpha_2^{\text{old}}+y_2(E_1-E_2)\end{aligned}$$

将 $\eta=K_{11}+K_{22}-2K_{12}$ 代入，于是得到：

$$\alpha_2^{\text{new,unc}}=\alpha_2^{\text{old}}+\frac{y_2(E_1-E_2)}{\eta}$$

要使其满足不等式约束必须将其限制在区间 $[L,H]$ 内，从而得到 α_2^{new} 的表达式 (7.108)。由等式约束 (7.102) 得到 α_1^{new} 的表达式 (7.109)，于是得到最优化问题 (7.101)~(7.103) 的解 $(\alpha_1^{\text{new}},\alpha_2^{\text{new}})$。 ■

7.4.2 变量的选择方法

SMO 算法在每个子问题中选择两个变量优化，其中至少一个变量是违反 KKT 条件的。

1. 第 1 个变量的选择

SMO 称选择第 1 个变量的过程为外层循环。外层循环在训练样本中选取违反 KKT 条件最严重的样本点，并将其对应的变量作为第 1 个变量。具体地，检验训练样本点 (x_i,y_i) 是否满足 KKT 条件，即

$$\alpha_i=0\Leftrightarrow y_ig(x_i)\geqslant 1 \tag{7.111}$$

$$0 < \alpha_i < C \Leftrightarrow y_i g(x_i) = 1 \tag{7.112}$$

$$\alpha_i = C \Leftrightarrow y_i g(x_i) \leqslant 1 \tag{7.113}$$

其中，$g(x_i) = \sum_{j=1}^{N} \alpha_j y_j K(x_i, x_j) + b$。

该检验是在 ε 范围内进行的。在检验过程中，外层循环首先遍历所有满足条件 $0 < \alpha_i < C$ 的样本点，即在间隔边界上的支持向量点，检验它们是否满足 KKT 条件。如果这些样本点都满足 KKT 条件，那么遍历整个训练集，检验它们是否满足 KKT 条件。

2. 第 2 个变量的选择

SMO 称选择第 2 个变量的过程为内层循环。假设在外层循环中已经找到第 1 个变量 α_1，现在要在内层循环中找第 2 个变量 α_2。第 2 个变量选择的标准是希望能使 α_2 有足够大的变化。

由式 (7.106) 和式 (7.108) 可知，α_2^{new} 是依赖于 $|E_1 - E_2|$ 的，为了加快计算速度，一种简单的做法是选择 α_2，使其对应的 $|E_1 - E_2|$ 最大。因为 α_1 已定，E_1 也确定了。如果 E_1 是正的，那么选择最小的 E_i 作为 E_2；如果 E_1 是负的，那么选择最大的 E_i 作为 E_2。为了节省计算时间，将所有 E_i 值保存在一个列表中。

在特殊情况下，如果内层循环通过以上方法选择的 α_2 不能使目标函数有足够的下降，那么采用以下启发式规则继续选择 α_2。遍历在间隔边界上的支持向量点，依次将其对应的变量作为 α_2 试用，直到目标函数有足够的下降。若找不到合适的 α_2，那么遍历训练数据集；若仍找不到合适的 α_2，则放弃第 1 个 α_1，再通过外层循环寻求另外的 α_1。

3. 计算阈值 b 和差值 E_i

在每次完成两个变量的优化后，都要重新计算阈值 b。当 $0 < \alpha_1^{\text{new}} < C$ 时，由 KKT 条件 (7.112) 可知：

$$\sum_{i=1}^{N} \alpha_i y_i K_{i1} + b = y_1$$

于是，

$$b_1^{\text{new}} = y_1 - \sum_{i=3}^{N} \alpha_i y_i K_{i1} - \alpha_1^{\text{new}} y_1 K_{11} - \alpha_2^{\text{new}} y_2 K_{21} \tag{7.114}$$

由 E_1 的定义式 (7.105) 有

$$E_1 = \sum_{i=3}^{N} \alpha_i y_i K_{i1} + \alpha_1^{\text{old}} y_1 K_{11} + \alpha_2^{\text{old}} y_2 K_{21} + b^{\text{old}} - y_1$$

式 (7.114) 的前两项可写成

$$y_1 - \sum_{i=3}^{N} \alpha_i y_i K_{i1} = -E_1 + \alpha_1^{\text{old}} y_1 K_{11} + \alpha_2^{\text{old}} y_2 K_{21} + b^{\text{old}}$$

代入式 (7.114)，可得：

$$b_1^{\text{new}} = -E_1 - y_1 K_{11}(\alpha_1^{\text{new}} - \alpha_1^{\text{old}}) - y_2 K_{21}(\alpha_2^{\text{new}} - \alpha_2^{\text{old}}) + b^{\text{old}} \tag{7.115}$$

同样，如果 $0 < \alpha_2^{\text{new}} < C$，那么，

$$b_2^{\text{new}} = -E_2 - y_1 K_{12}(\alpha_1^{\text{new}} - \alpha_1^{\text{old}}) - y_2 K_{22}(\alpha_2^{\text{new}} - \alpha_2^{\text{old}}) + b^{\text{old}} \tag{7.116}$$

如果 $\alpha_1^{\text{new}}, \alpha_2^{\text{new}}$ 同时满足条件 $0 < \alpha_i^{\text{new}} < C$，$i = 1,2$，那么 $b_1^{\text{new}} = b_2^{\text{new}}$。如果 $\alpha_1^{\text{new}}, \alpha_2^{\text{new}}$ 是 0 或者 C，那么 b_1^{new} 和 b_2^{new} 以及它们之间的数都是符合 KKT 条件的阈值，这时选择它们的中点作为 b^{new}。

在每次完成两个变量的优化之后，还必须更新对应的 E_i 值，并将它们保存在列表中。E_i 值的更新要用到 b^{new} 值，以及所有支持向量对应的 α_j：

$$E_i^{\text{new}} = \sum_S y_j \alpha_j K(x_i, x_j) + b^{\text{new}} - y_i \tag{7.117}$$

其中，S 是所有支持向量 x_j 的集合。

7.4.3 SMO 算法

算法 7.5（SMO 算法）

输入：训练数据集 $T=\{(x_1,y_1),(x_2,y_2),\cdots,(x_N,y_N)\}$，其中，$x_i \in \mathcal{X} = \boldsymbol{R}^n$，$y_i \in \mathcal{Y} = \{-1,+1\}$，$i=1,2,\cdots,N$，精度 ε。

输出：近似解 $\hat{\alpha}$。

（1）取初值 $\alpha^{(0)} = 0$，令 $k = 0$；

（2）选取优化变量 $\alpha_1^{(k)}, \alpha_2^{(k)}$，解析求解两个变量的最优化问题 (7.101)~(7.103)，求得最优解 $\alpha_1^{(k+1)}, \alpha_2^{(k+1)}$，更新 α 为 $\alpha^{(k+1)}$；

（3）若在精度 ε 范围内满足停机条件：

$$\sum_{i=1}^N \alpha_i y_i = 0, \quad 0 \leqslant \alpha_i \leqslant C, \quad i = 1,2,\cdots,N$$

$$y_i \cdot g(x_i) \begin{cases} \geqslant 1, & \{x_i | \alpha_i = 0\} \\ = 1, & \{x_i | 0 < \alpha_i < C\} \\ \leqslant 1, & \{x_i | \alpha_i = C\} \end{cases}$$

其中，

$$g(x_i) = \sum_{j=1}^N \alpha_j y_j K(x_j, x_i) + b$$

则转步骤 (4)；否则令 $k = k + 1$，转步骤 (2)；

（4）取 $\hat{\alpha} = \alpha^{(k+1)}$。 ■

本章概要

1. 支持向量机最简单的情况是线性可分支持向量机或硬间隔支持向量机，构建它的条件是训练数据线性可分。其学习策略是最大间隔法，可以表示为凸二次规划问题，其原始最优化问题为

$$\begin{aligned}&\min_{w,b}\quad \frac{1}{2}\|w\|^2\\&\text{s.t.}\quad y_i(w\cdot x_i+b)-1\geqslant 0,\quad i=1,2,\cdots,N\end{aligned}$$

求得最优化问题的解为 w^*，b^*，得到线性可分支持向量机，分离超平面是

$$w^*\cdot x+b^*=0$$

分类决策函数是

$$f(x)=\text{sign}(w^*\cdot x+b^*)$$

最大间隔法中，函数间隔与几何间隔是重要的概念。

线性可分支持向量机的最优解存在且唯一。位于间隔边界上的实例点为支持向量。最优分离超平面由支持向量完全决定。

二次规划问题的对偶问题是

$$\begin{aligned}&\min\quad \frac{1}{2}\sum_{i=1}^{N}\sum_{j=1}^{N}\alpha_i\alpha_jy_iy_j(x_i\cdot x_j)-\sum_{i=1}^{N}\alpha_i\\&\text{s.t.}\quad \sum_{i=1}^{N}\alpha_iy_i=0\\&\qquad\ \ \alpha_i\geqslant 0,\quad i=1,2,\cdots,N\end{aligned}$$

通常，通过求解对偶问题学习线性可分支持向量机，即首先求解对偶问题的最优值 α^*，然后求最优值 w^* 和 b^*，得出分离超平面和分类决策函数。

2. 现实中训练数据是线性可分的情形较少，训练数据往往是近似线性可分的，这时使用线性支持向量机或软间隔支持向量机。线性支持向量机是最基本的支持向量机。

对于噪声或例外，通过引入松弛变量 ξ_i，使其“可分”，得到线性支持向量机学习的凸二次规划问题，其原始最优化问题是

$$\begin{aligned}&\min_{w,b,\xi}\quad \frac{1}{2}\|w\|^2+C\sum_{i=1}^{N}\xi_i\\&\text{s.t.}\quad y_i(w\cdot x_i+b)\geqslant 1-\xi_i,\quad i=1,2,\cdots,N\\&\qquad\ \ \xi_i\geqslant 0,\quad i=1,2,\cdots,N\end{aligned}$$

求解原始最优化问题的解 w^*,b^*，得到线性支持向量机，其分离超平面为

$$w^*\cdot x+b^*=0$$

分类决策函数为

$$f(x)=\operatorname{sign}(w^*\cdot x+b^*)$$

线性支持向量机的解 w^* 唯一但 b^* 不一定唯一。

对偶问题是

$$\begin{aligned}\min_{\alpha}\quad & \frac{1}{2}\sum_{i=1}^{N}\sum_{j=1}^{N}\alpha_i\alpha_j y_i y_j(x_i\cdot x_j)-\sum_{i=1}^{N}\alpha_i\\ \text{s.t.}\quad & \sum_{i=1}^{N}\alpha_i y_i=0\\ & 0\leqslant\alpha_i\leqslant C,\quad i=1,2,\cdots,N\end{aligned}$$

线性支持向量机的对偶学习算法首先求解对偶问题得到最优解 α^*，然后求原始问题最优解 w^* 和 b^*，得出分离超平面和分类决策函数。

对偶问题的解 α^* 中满足 $\alpha_i^*>0$ 的实例点 x_i 称为支持向量。支持向量可在间隔边界上，也可在间隔边界与分离超平面之间，或者在分离超平面误分一侧。最优分离超平面由支持向量完全决定。

线性支持向量机学习等价于最小化二阶范数正则化的合页函数

$$\sum_{i=1}^{N}[1-y_i(w\cdot x_i+b)]_+ +\lambda\|w\|^2$$

3. 非线性支持向量机

对于输入空间中的非线性分类问题，可以通过非线性变换将它转化为某个高维特征空间中的线性分类问题，在高维特征空间中学习线性支持向量机。由于在线性支持向量机学习的对偶问题里，目标函数和分类决策函数都只涉及实例与实例之间的内积，所以不需要显式地指定非线性变换，而是用核函数来替换当中的内积。核函数表示通过一个非线性转换后的两个实例间的内积。具体地，$K(x,z)$ 是一个核函数或正定核，意味着存在一个从输入空间 $\mathcal{X}$ 到特征空间 $\mathcal{H}$ 的映射 $\phi(x):\mathcal{X}\rightarrow\mathcal{H}$，对任意 $x,z\in\mathcal{X}$，有

$$K(x,z)=\phi(x)\cdot\phi(z)$$

对称函数 $K(x,z)$ 为正定核的充要条件如下：对任意 $x_i\in\mathcal{X}$，$i=1,2,\cdots,m$（m 为任意正整数），对称函数 $K(x,z)$ 对应的 Gram 矩阵是半正定的。

所以，在线性支持向量机学习的对偶问题中，用核函数 $K(x,z)$ 替代内积，求解得到的就是非线性支持向量机：

$$f(x)=\operatorname{sign}\left(\sum_{i=1}^{N}\alpha_i^* y_i K(x,x_i)+b^*\right)$$

4. SMO 算法

SMO 算法是支持向量机学习的一种快速算法，其特点是不断地将原二次规划问题分解为只有两个变量的二次规划子问题，并对子问题进行解析求解，直到所有变量满足 KKT 条件为止。这样通过启发式的方法得到原二次规划问题的最优解。因为子问题有解析解，所以每次计算子问题都很快，虽然计算子问题次数很多，但在总体上还是高效的。

继续阅读

线性支持向量机（软间隔）由 Cortes 与 Vapnik 提出 [1]。同时，Boser, Guyon 与 Vapnik 又引入核技巧，提出非线性支持向量机 [2]。Drucker 等人将其扩展到支持向量回归 [3]。Vapnik Vladimir 在他的统计学习理论 [4] 一书中对支持向量机的泛化能力进行了论述。

Platt 提出了支持向量机的快速学习算法 SMO[5]，Joachims 实现的 SVM Light，以及 Chang 与 Lin 实现的 LIBSVM 软件包被广泛使用。①

原始的支持向量机是二类分类模型，又被推广到多类分类支持向量机 [6-7]，以及用于结构预测的结构支持向量机 [8]。

关于支持向量机的文献很多。支持向量机的介绍可参见文献 [9]～文献 [12]。核方法被认为是比支持向量机更具一般性的机器学习方法，核方法的介绍可参见文献 [13]～文献 [15]。

习　　题

7.1　比较感知机的对偶形式与线性可分支持向量机的对偶形式。

7.2　已知正例点 $x_1=(1,2)^{\mathrm{T}}$，$x_2=(2,3)^{\mathrm{T}}$，$x_3=(3,3)^{\mathrm{T}}$，负例点 $x_4=(2,1)^{\mathrm{T}}$，$x_5=(3,2)^{\mathrm{T}}$，试求最大间隔分离超平面和分类决策函数，并在图上画出分离超平面、间隔边界及支持向量。

7.3　线性支持向量机还可以定义为以下形式：

$$
\begin{aligned}
\min_{w,b,\xi} \quad & \frac{1}{2}\|w\|^2 + C\sum_{i=1}^{N}\xi_i^2 \\
\text{s.t.} \quad & y_i(w \cdot x_i + b) \geqslant 1-\xi_i, \quad i=1,2,\cdots,N \\
& \xi_i \geqslant 0, \quad i=1,2,\cdots,N
\end{aligned}
$$

试求其对偶形式。

7.4　证明内积的正整数幂函数

$$
K(x,z)=(x \cdot z)^p
$$

是正定核函数，这里 p 是正整数，$x,z \in \boldsymbol{R}^n$。

参考文献

[1] CORTES C, VAPNIK V. Support-vector networks[J]. Machine Learning, 1995, 20(3): 273–297.

[2] BOSER B E, GUYON I M, VAPNIK V N. A training algorithm for optimal margin classifiers[C]//Proceedings of the 5th Annual ACM Workshop on COLT. Pittsburgh, PA, 1992: 144–152.

① SVM Light：http://svmlight.joachims.org/. LIBSVM：http://www.csie.ntu.edu.tw/~cjlin/libsvm/。

[3] DRUCKER H, BURGES C J C, KAUFMAN L, et al. Support vector regression machines[C]// Advances in Neural Information Processing Systems 9. MIT Press, 1996: 155–161.
[4] VAPNIK V N. The nature of statistical learning theory[M]. 张学工，译. Berlin: Springer, 1995.
[5] PLATT J C. Fast training of support vector machines using sequential minimal optimization[Z/OL]. http://research.microsoft.com/apps/pubs/?id=68391.
[6] WESTON J A E, WATKINS C. Support vector machines for multi-class pattern recognition[C]//Proceedings of the 7th European Symposium on Articial Neural Networks. 1999.
[7] CRAMMER K, SINGER Y. On the algorithmic implementation of multiclass kernel-based machines[J]. Journal of Machine Learning Research, 2001, 2: 265–292.
[8] TSOCHANTARIDIS I, JOACHIMS T, HOFMANN T, et al. Large margin methods for structured and interdependent output variables[J]. JMLR, 2005, 6: 1453–1484.
[9] BURGES J C. A tutorial on support vector machines for pattern recognition[J]. Data mining and knowledge discovery, 1998, 2: 121–167.
[10] CRISTIANINI N, SHAWE-TAYLOR J. An introduction to support vector machines and other kernel-based learning methods[M]. 李国正，王猛，曾华军，译. Cambridge University Press，2000.
[11] 邓乃扬，田英杰. 数据挖掘中的新方法 —— 支持向量机 [M]. 北京：科学出版社，2004.
[12] 邓乃扬，田英杰. 支持向量机 —— 理论，算法与拓展 [M]. 北京：科学出版社，2009.
[13] SCHOLKPF B, SMOLA A J. Learning with kernels: support vector machines, regularization, optimization, and beyond[M]. MIT Press, 2002.
[14] HERBRICH R. Learning kernel classificrs: theory and algorithms[M]. MIT Press, 2002.
[15] HOFMANN T, SCHOLKOPF B, SMOLA A J. Kernel methods in machine learning[J]. The Annals of Statistics, 2008, 36(3): 1171–1220.

第 8 章 Boosting

Boosting是一种常用的机器学习方法，应用广泛且有效。在分类问题中，它通过改变训练样本的权重学习多个分类器，并将这些分类器进行线性组合，提高分类的性能。

本章首先介绍 Boosting 的思路和代表性的 Boosting 算法 AdaBoost；然后通过训练误差分析探讨 AdaBoost 为什么能够提高学习精度，并且从前向分步加法模型的角度解释 AdaBoost；最后叙述 Boosting 更具体的实例 —— 提升树（Boosting tree）。AdaBoost 算法是在 1995 年由 Freund 和 Schapire 提出的，提升树是 2000 年由 Friedman 等人提出的。

8.1 AdaBoost 算法

8.1.1 Boosting 的基本思路

Boosting 基于这样一种思想：对于一个复杂任务来说，将多个专家的判断进行适当的综合所得出的判断要比其中任何一个专家单独的判断好。实际上，就是“三个臭皮匠顶个诸葛亮”的道理。

历史上，Kearns 和 Valiant 首先提出了“强可学习”（strongly learnable）和“弱可学习”（weakly learnable）的概念。指出：在概率近似正确（probably approximately correct，PAC）学习的框架中，对于一个概念（一个类），如果存在一个多项式的学习算法能够学习它，并且正确率很高，那么就称这个概念是强可学习的；如果存在一个多项式的学习算法能够学习它，学习的正确率仅比随机猜测略好，那么就称这个概念是弱可学习的。非常有趣的是 Schapire 后来证明强可学习与弱可学习是等价的，也就是说，在 PAC 学习的框架下，一个概念是强可学习的充分必要条件是这个概念是弱可学习的。

这样一来，问题便成为，在学习中，如果已经发现了“弱学习算法”，那么能否将它提升（boost）为“强学习算法”。大家知道，发现弱学习算法通常要比发现强学习算法容易得多。那么如何具体实施提升，便成为开发 Boosting 时所要解决的问题。关于 Boosting 的研究很多，有很多算法被提出，最具代表性的是 AdaBoost 算法（AdaBoost algorithm）。

对于分类问题而言，给定一个训练样本集，求比较粗糙的分类规则（弱分类器）要比求精确的分类规则（强分类器）容易得多。Boosting 就是从弱学习算法出发，反复学习，得到一系列弱分类器（又称为基本分类器），然后组合这些弱分类器，构成一个强分类器。大多数的 Boosting 都是改变训练数据的概率分布（训练数据的权值分布），针对不同的训练数据分布调用弱学习算法学习一系列弱分类器。

这样，对 Boosting 来说，有两个问题需要回答：一是在每一轮如何改变训练数据的权值或概率分布；二是如何将弱分类器组合成一个强分类器。关于第 1 个问题，AdaBoost 的做法是提高那些被前一轮弱分类器错误分类样本的权值，而降低那些被正确分类样本的权值。这样一来，那些没有得到正确分类的数据，由于其权值的加大而受到后一轮的弱分类器的更大关注。于是，分类问题被一系列的弱分类器“分而治之”。至于第 2 个问题，即弱分类器的组合，AdaBoost 采取加权多数表决的方法。具体地，加大分类误差率小的弱分类器的权值，使其在表决中起较大的作用；减小分类误差率大的弱分类器的权值，使其在表决中起较小的作用。

AdaBoost 的巧妙之处就在于它将这些想法自然且有效地实现在一种算法里。

8.1.2 AdaBoost 算法

现在叙述 AdaBoost 算法。假设给定一个二类分类的训练数据集

$$T=\{(x_1,y_1),(x_2,y_2),\cdots,(x_N,y_N)\}$$

其中，每个样本点由实例与标记组成。实例 $x_i\in\mathcal{X}\subseteq\boldsymbol{R}^n$，标记 $y_i\in\mathcal{Y}=\{-1,+1\}$，$\mathcal{X}$ 是实例空间，$\mathcal{Y}$ 是标记集合。AdaBoost 利用以下算法，从训练数据中学习一系列弱分类器或基本分类器，并将这些弱分类器线性组合成为一个强分类器。

算法 8.1（AdaBoost）

输入：训练数据集 $T=\{(x_1,y_1),(x_2,y_2),\cdots,(x_N,y_N)\}$，其中 $x_i\in\mathcal{X}\subseteq\boldsymbol{R}^n$，$y_i\in\mathcal{Y}=\{-1,+1\}$；弱学习算法。

输出：最终分类器 $G(x)$。

（1）初始化训练数据的权值分布

$$D_1=(w_{11},\cdots,w_{1i},\cdots,w_{1N}),\quad w_{1i}=\frac{1}{N},\quad i=1,2,\cdots,N$$

（2）对 $m=1,2,\cdots,M$，

（a）使用具有权值分布 D_m 的训练数据集学习，得到基本分类器：

$$G_m(x):\mathcal{X}\rightarrow\{-1,+1\}$$

（b）计算 $G_m(x)$ 在训练数据集上的分类误差率：

$$e_m=\sum_{i=1}^{N}P(G_m(x_i)\neq y_i)=\sum_{i=1}^{N}w_{mi}I(G_m(x_i)\neq y_i) \tag{8.1}$$

（c）计算 $G_m(x)$ 的系数：

$$\alpha_m=\frac{1}{2}\log\frac{1-e_m}{e_m} \tag{8.2}$$

这里的对数是自然对数。

（d）更新训练数据集的权值分布：

$$D_{m+1}=(w_{m+1,1},\cdots,w_{m+1,i},\cdots,w_{m+1,N}) \tag{8.3}$$

$$w_{m+1,i} = \frac{w_{mi}}{Z_m} \exp(-\alpha_m y_i G_m(x_i)), \quad i = 1, 2, \cdots, N \tag{8.4}$$

这里，Z_m 是规范化因子，且

$$Z_m = \sum_{i=1}^{N} w_{mi} \exp(-\alpha_m y_i G_m(x_i)) \tag{8.5}$$

它使 D_{m+1} 成为一个概率分布。

（3）构建基本分类器的线性组合

$$f(x) = \sum_{m=1}^{M} \alpha_m G_m(x) \tag{8.6}$$

得到最终分类器：

$$\begin{aligned} G(x) &= \text{sign}(f(x)) \\ &= \text{sign}\left(\sum_{m=1}^{M} \alpha_m G_m(x) \right) \end{aligned} \tag{8.7}$$

■

对 AdaBoost 算法作如下说明：

（1）步骤（1）假设训练数据集具有均匀的权值分布，即每个训练样本在基本分类器的学习中作用相同，这一假设保证第 1 步能够在原始数据上学习基本分类器 $G_1(x)$。

（2）步骤（2）中 AdaBoost 反复学习基本分类器，在每一轮 $m = 1, 2, \cdots, M$ 顺次地执行下列操作：

（a）使用当前分布 D_m 加权的训练数据集学习基本分类器 $G_m(x)$。

（b）计算基本分类器 $G_m(x)$ 在加权训练数据集上的分类误差率：

$$\begin{aligned} e_m &= \sum_{i=1}^{N} P(G_m(x_i) \neq y_i) \\ &= \sum_{G_m(x_i) \neq y_i} w_{mi} \end{aligned} \tag{8.8}$$

这里，w_{mi} 表示第 m 轮中第 i 个实例的权值，$\sum\limits_{i=1}^{N} w_{mi} = 1$。这表明，$G_m(x)$ 在加权的训练数据集上的分类误差率是被 $G_m(x)$ 误分类样本的权值之和，由此可以看出数据权值分布 D_m 与基本分类器 $G_m(x)$ 的分类误差率的关系。

（c）计算基本分类器 $G_m(x)$ 的系数 α_m。α_m 表示 $G_m(x)$ 在最终分类器中的重要性。由式 (8.2) 可知，当 $e_m \leqslant \dfrac{1}{2}$ 时，$\alpha_m \geqslant 0$，并且 α_m 随着 e_m 的减小而增大，所以分类误差率越小的基本分类器在最终分类器中的作用越大。

（d）更新训练数据的权值分布为下一轮作准备。式 (8.4) 可以写成

$$w_{m+1,i} = \begin{cases} \dfrac{w_{mi}}{Z_m} \mathrm{e}^{-\alpha_m}, & G_m(x_i) = y_i \\ \dfrac{w_{mi}}{Z_m} \mathrm{e}^{\alpha_m}, & G_m(x_i) \neq y_i \end{cases}$$

由此可知，被基本分类器 $G_m(x)$ 误分类样本的权值得以扩大，而被正确分类样本的权值得以缩小。两相比较，由式 (8.2) 知误分类样本的权值被放大 $\mathrm{e}^{2\alpha_m}=\dfrac{1-e_m}{e_m}$ 倍。因此，误分类样本在下一轮学习中起更大的作用。不改变所给的训练数据，而不断改变训练数据权值的分布，使得训练数据在基本分类器的学习中起不同的作用，这是 AdaBoost 的一个特点。

（3）步骤（3）中线性组合 $f(x)$ 实现 M 个基本分类器的加权表决。系数 α_m 表示了基本分类器 $G_m(x)$ 的重要性，这里，所有 α_m 之和并不为 1。$f(x)$ 的符号决定实例 x 的类，$f(x)$ 的绝对值表示分类的确信度。利用基本分类器的线性组合构建最终分类器是 AdaBoost 的另一特点。

8.1.3 AdaBoost 的例子①

例 8.1 给定如表 8.1 所示训练数据。假设弱分类器由 $x<v$ 或 $x>v$ 产生，其阈值 v 使该分类器在训练数据集上分类误差率最低。试用 AdaBoost 算法学习一个强分类器。

表 8.1 训练数据表

序号	1	2	3	4	5	6	7	8	9	10
x	0	1	2	3	4	5	6	7	8	9
y	1	1	1	−1	−1	−1	1	1	1	−1

解 初始化数据权值分布：

$$D_1=(w_{11},w_{12},\cdots,w_{110})$$
$$w_{1i}=0.1,\quad i=1,2,\cdots,10$$

对 $m=1$，

（a）在权值分布为 D_1 的训练数据上，阈值 v 取 2.5 时分类误差率最低，故基本分类器为

$$G_1(x)=\begin{cases}1, & x<2.5\\ -1, & x>2.5\end{cases}$$

（b）$G_1(x)$ 在训练数据集上的误差率 $e_1=P(G_1(x_i)\neq y_i)=0.3$。

（c）计算 $G_1(x)$ 的系数：$\alpha_1=\dfrac{1}{2}\log\dfrac{1-e_1}{e_1}=0.4236$。

（d）更新训练数据的权值分布：

$$\begin{aligned}D_2&=(w_{21},\cdots,w_{2i},\cdots,w_{210})\\ w_{2i}&=\frac{w_{1i}}{Z_1}\exp(-\alpha_1 y_i G_1(x_i)),\quad i=1,2,\cdots,10\\ D_2&=(0.07143,0.07143,0.07143,0.07143,0.07143,0.07143,\\ &\qquad 0.16667,0.16667,0.16667,0.07143)\\ f_1(x)&=0.4236G_1(x)\end{aligned}$$

分类器 $\mathrm{sign}(f_1(x))$ 在训练数据集上有 3 个误分类点。

① 例题来源于 http://www.csie.edu.tw。

对 $m=2$，

（a）在权值分布为 D_2 的训练数据上，阈值 v 是 8.5 时分类误差率最低，基本分类器为

$$G_2(x)=\begin{cases}1, & x<8.5\\-1, & x>8.5\end{cases}$$

（b）$G_2(x)$ 在训练数据集上的误差率 $e_2=0.2143$。

（c）计算 $\alpha_2=0.6496$。

（d）更新训练数据权值分布：

$$\begin{aligned}D_3=&(0.0455,0.0455,0.0455,0.1667,0.1667,0.1667,\\&0.1060,0.1060,0.1060,0.0455)\\f_2(x)=&0.4236G_1(x)+0.6496G_2(x)\end{aligned}$$

分类器 $\text{sign}(f_2(x))$ 在训练数据集上有 3 个误分类点。

对 $m=3$，

（a）在权值分布为 D_3 的训练数据上，阈值 v 是 5.5 时分类误差率最低，基本分类器为

$$G_3(x)=\begin{cases}1, & x>5.5\\-1, & x<5.5\end{cases}$$

（b）$G_3(x)$ 在训练数据集上的误差率 $e_3=0.1820$。

（c）计算 $\alpha_3=0.7514$。

（d）更新训练数据的权值分布：

$$D_4=(0.125,0.125,0.125,0.102,0.102,0.102,0.065,0.065,0.065,0.125)$$

于是得到：

$$f_3(x)=0.4236G_1(x)+0.6496G_2(x)+0.7514G_3(x)$$

分类器 $\text{sign}(f_3(x))$ 在训练数据集上的误分类点个数为 0。

于是最终分类器为

$$G(x)=\text{sign}(f_3(x))=\text{sign}(0.4236G_1(x)+0.6496G_2(x)+0.7514G_3(x))$$ ■

8.2 AdaBoost 算法的训练误差分析

AdaBoost 最基本的性质是它能在学习过程中不断减少训练误差，即在训练数据集上的分类误差率。关于这个问题有下面的定理。

定理 8.1（AdaBoost 的训练误差界） AdaBoost 算法最终分类器的训练误差界为

$$\frac{1}{N}\sum_{i=1}^{N}I(G(x_i)\neq y_i)\leqslant\frac{1}{N}\sum_{i}\exp(-y_i f(x_i))=\prod_{m}Z_m \tag{8.9}$$

这里，$G(x)$,$f(x)$ 和 Z_m 分别由式 (8.7)、式 (8.6) 和式 (8.5) 给出。

证明 当 $G(x_i) \neq y_i$ 时，$y_i f(x_i) < 0$，因而 $\exp(-y_i f(x_i)) \geqslant 1$。由此直接推导出前半部分。后半部分的推导要用到 Z_m 的定义式 (8.5) 及式 (8.4) 的变形：

$$w_{mi} \exp(-\alpha_m y_i G_m(x_i)) = Z_m w_{m+1,i}$$

现推导如下：

$$\begin{aligned}
\frac{1}{N} \sum_i \exp(-y_i f(x_i)) &= \frac{1}{N} \sum_i \exp\left(-\sum_{m=1}^{M} \alpha_m y_i G_m(x_i)\right) \\
&= \sum_i w_{1i} \prod_{m=1}^{M} \exp(-\alpha_m y_i G_m(x_i)) \\
&= Z_1 \sum_i w_{2i} \prod_{m=2}^{M} \exp(-\alpha_m y_i G_m(x_i)) \\
&= Z_1 Z_2 \sum_i w_{3i} \prod_{m=3}^{M} \exp(-\alpha_m y_i G_m(x_i)) \\
&\quad \vdots \\
&= Z_1 Z_2 \cdots Z_{M-1} \sum_i w_{Mi} \exp(-\alpha_M y_i G_M(x_i)) \\
&= \prod_{m=1}^{M} Z_m
\end{aligned}$$

这一定理说明，可以在每一轮选取适当的 G_m 使得 Z_m 最小，从而使训练误差下降最快。对二类分类问题，有如下结果。

定理 8.2（**二类分类问题 AdaBoost 的训练误差界**）

$$\begin{aligned}
\prod_{m=1}^{M} Z_m &= \prod_{m=1}^{M} 2\sqrt{e_m(1-e_m)} \\
&= \prod_{m=1}^{M} \sqrt{1-4\gamma_m^2} \\
&\leqslant \exp\left(-2\sum_{m=1}^{M} \gamma_m^2\right)
\end{aligned} \tag{8.10}$$

这里，$\gamma_m = \dfrac{1}{2} - e_m$。

证明 由 Z_m 的定义式 (8.5) 及式 (8.8) 得：

$$\begin{aligned}
Z_m &= \sum_{i=1}^{N} w_{mi} \exp(-\alpha_m y_i G_m(x_i)) \\
&= \sum_{y_i = G_m(x_i)} w_{mi} \mathrm{e}^{-\alpha_m} + \sum_{y_i \neq G_m(x_i)} w_{mi} \mathrm{e}^{\alpha_m} \\
&= (1-e_m)\mathrm{e}^{-\alpha_m} + e_m \mathrm{e}^{\alpha_m} \\
&= 2\sqrt{e_m(1-e_m)} \\
&= \sqrt{1-4\gamma_m^2}
\end{aligned} \tag{8.11}$$

至于不等式

$$\prod_{m=1}^{M} \sqrt{1-4\gamma_m^2} \leqslant \exp\left(-2\sum_{m=1}^{M} \gamma_m^2\right)$$

则可先由 e^x 和 $\sqrt{1-x}$ 在点 $x=0$ 的泰勒展开式推出不等式 $\sqrt{1-4\gamma_m^2} \leqslant \exp(-2\gamma_m^2)$，进而得到。■

推论 8.1 如果存在 $\gamma > 0$，对所有 m 有 $\gamma_m \geqslant \gamma$，则

$$\frac{1}{N}\sum_{i=1}^{N} I(G(x_i) \neq y_i) \leqslant \exp(-2M\gamma^2) \tag{8.12}$$

这表明在此条件下 AdaBoost 的训练误差是以指数速率下降的。这一性质当然是很有吸引力的。

注意，AdaBoost 算法不需要知道下界 γ，这正是 Freund 与 Schapire 设计 Ada-Boost 时所考虑的。与一些早期的 Boosting 不同，AdaBoost 具有适应性，即它能适应弱分类器各自的训练误差率。这也是它的名称（适应的提升）的由来，Ada 是 Adaptive 的简写。

8.3 AdaBoost 算法的解释

AdaBoost 算法还有另一个解释，即可以认为 AdaBoost 算法是模型为加法模型、损失函数为指数函数、学习算法为前向分步算法时的二类分类学习方法。

8.3.1 前向分步算法

考虑加法模型（additive model）

$$f(x) = \sum_{m=1}^{M} \beta_m b(x;\gamma_m) \tag{8.13}$$

其中，$b(x;\gamma_m)$ 为基函数，γ_m 为基函数的参数，β_m 为基函数的系数。显然，式 (8.6) 是一个加法模型。

在给定训练数据及损失函数 $L(y, f(x))$ 的条件下，学习加法模型 $f(x)$ 成为经验风险极小化即损失函数极小化问题：

$$\min_{\beta_m,\gamma_m} \sum_{i=1}^{N} L\left(y_i, \sum_{m=1}^{M} \beta_m b(x_i;\gamma_m)\right) \tag{8.14}$$

通常这是一个复杂的优化问题。前向分步算法（forward stagewise algorithm）求解这一优化问题的想法是：因为学习的是加法模型，如果能够从前向后，每一步只学习一个基函数及其系数，逐步逼近优化目标函数式 (8.14)，那么就可以简化优化的复杂度。具体地，每步只需优化如下损失函数：

$$\min_{\beta,\gamma} \sum_{i=1}^{N} L\left(y_i, \beta b(x_i;\gamma)\right) \tag{8.15}$$

给定训练数据集 $T=\{(x_1,y_1),(x_2,y_2),\cdots,(x_N,y_N)\}$，$x_i \in \mathcal{X} \subseteq \boldsymbol{R}^n$，$y_i \in \mathcal{Y}=\{-1,+1\}$，损失函数 $L(y,f(x))$ 和基函数的集合 $\{b(x;\gamma)\}$，学习加法模型 $f(x)$ 的前向分步算法如下。

算法 8.2（前向分步算法）

输入：训练数据集 $T=\{(x_1,y_1),(x_2,y_2),\cdots,(x_N,y_N)\}$，损失函数 $L(y,f(x))$，基函数集 $\{b(x;\gamma)\}$。

输出：加法模型 $f(x)$。

（1）初始化 $f_0(x)=0$；

（2）对 $m=1,2,\cdots,M$，

（a）极小化损失函数：

$$(\beta_m,\gamma_m)=\arg\min_{\beta,\gamma}\sum_{i=1}^{N}L\left(y_i,f_{m-1}(x_i)+\beta b(x_i;\gamma)\right) \tag{8.16}$$

得到参数 β_m，γ_m。

（b）更新：

$$f_m(x)=f_{m-1}(x)+\beta_m b(x;\gamma_m) \tag{8.17}$$

（3）得到加法模型：

$$f(x)=f_M(x)=\sum_{m=1}^{M}\beta_m b(x;\gamma_m) \tag{8.18}$$

■

这样，前向分步算法将同时求解从 $m=1$ 到 $m=M$ 所有参数 β_m，γ_m 的优化问题简化为逐次求解各个 β_m，γ_m 的优化问题。

8.3.2 前向分步算法与 AdaBoost

由前向分步算法可以推导出 AdaBoost，用定理叙述这一关系。

定理 8.3 *AdaBoost 算法是前向分步加法算法的特例。这时，模型是由基本分类器组成的加法模型，损失函数是指数函数。*

证明 前向分步算法学习的是加法模型，当基函数为基本分类器时，该加法模型等价于 AdaBoost 的最终分类器：

$$f(x)=\sum_{m=1}^{M}\alpha_m G_m(x) \tag{8.19}$$

由基本分类器 $G_m(x)$ 及其系数 α_m 组成，$m=1,2,\cdots,M$。前向分步算法逐一学习基函数，这一过程与 AdaBoost 算法逐一学习基本分类器的过程一致。下面证明前向分步算法的损失函数是指数损失函数（exponential loss function）

$$L(y,f(x))=\exp(-yf(x))$$

时，其学习的具体操作等价于 AdaBoost 算法学习的具体操作。

假设经过 $m-1$ 轮迭代前向分步算法已经得到 $f_{m-1}(x)$：

$$
\begin{aligned}
f_{m-1}(x) &= f_{m-2}(x)+\alpha_{m-1}G_{m-1}(x) \\
&= \alpha_1 G_1(x)+\cdots+\alpha_{m-1}G_{m-1}(x)
\end{aligned}
$$

在第 m 轮迭代得到 α_m，$G_m(x)$ 和 $f_m(x)$。

$$
f_m(x)=f_{m-1}(x)+\alpha_m G_m(x)
$$

目标是使前向分步算法得到的 α_m 和 $G_m(x)$ 使 $f_m(x)$ 在训练数据集 T 上的指数损失最小，即

$$
(\alpha_m, G_m(x))=\arg\min_{\alpha, G}\sum_{i=1}^{N}\exp[-y_i(f_{m-1}(x_i)+\alpha G(x_i))] \tag{8.20}
$$

式 (8.20) 可以表示为

$$
(\alpha_m, G_m(x))=\arg\min_{\alpha, G}\sum_{i=1}^{N}\bar{w}_{mi}\exp(-y_i\alpha G(x_i)) \tag{8.21}
$$

其中，$\bar{w}_{mi}=\exp(-y_i f_{m-1}(x_i))$。因为 $\bar{w}_{mi}$ 既不依赖 α 也不依赖于 G，所以与最小化无关。但 $\bar{w}_{mi}$ 依赖于 $f_{m-1}(x)$，随着每一轮迭代而发生改变。

现证明使式 (8.21) 达到最小的 α_m^* 和 $G_m^*(x)$ 就是 AdaBoost 算法所得到的 α_m 和 $G_m(x)$。求解式 (8.21) 可分两步：

首先，求 $G_m^*(x)$。对任意 $\alpha>0$，使式 (8.21) 最小的 $G(x)$ 由下式得到：

$$
G_m^*(x)=\arg\min_{G}\sum_{i=1}^{N}\bar{w}_{mi}I(y_i\neq G(x_i))
$$

其中，$\bar{w}_{mi}=\exp(-y_i f_{m-1}(x_i))$。

此分类器 $G_m^*(x)$ 即为 AdaBoost 算法的基本分类器 $G_m(x)$，因为它是使第 m 轮加权训练数据分类误差率最小的基本分类器。

然后，求 α_m^*。参照式 (8.11)，式 (8.21) 中

$$
\begin{aligned}
\sum_{i=1}^{N}\bar{w}_{mi}\exp(-y_i\alpha G(x_i)) &= \sum_{y_i=G_m(x_i)}\bar{w}_{mi}\mathrm{e}^{-\alpha}+\sum_{y_i\neq G_m(x_i)}\bar{w}_{mi}\mathrm{e}^{\alpha} \\
&= (\mathrm{e}^{\alpha}-\mathrm{e}^{-\alpha})\sum_{i=1}^{N}\bar{w}_{mi}I(y_i\neq G(x_i))+\mathrm{e}^{-\alpha}\sum_{i=1}^{N}\bar{w}_{mi}
\end{aligned} \tag{8.22}
$$

将已求得的 $G_m^*(x)$代入式 (8.22)，对α 求导并使导数为 0，即得到使式 (8.21)最小的 α：

$$
\alpha_m^*=\frac{1}{2}\log\frac{1-e_m}{e_m}
$$

其中，e_m 是分类误差率：

$$e_m = \frac{\sum_{i=1}^{N} \bar{w}_{mi} I(y_i \neq G_m(x_i))}{\sum_{i=1}^{N} \bar{w}_{mi}}$$

$$= \sum_{i=1}^{N} w_{mi} I(y_i \neq G_m(x_i)) \tag{8.23}$$

这里的 α_m^* 与 AdaBoost 算法第 2(c) 步的 α_m 完全一致。

最后来看每一轮样本权值的更新。由

$$f_m(x) = f_{m-1}(x) + \alpha_m G_m(x)$$

以及 $\bar{w}_{mi} = \exp(-y_i f_{m-1}(x_i))$，可得：

$$\bar{w}_{m+1,i} = \bar{w}_{m,i} \exp(-y_i \alpha_m G_m(x))$$

这与 AdaBoost 算法第 2(d) 步的样本权值的更新只相差规范化因子，因而等价。 ■

8.4 提 升 树

提升树是以分类树或回归树为基本分类器的 Boosting。提升树被认为是机器学习中性能最好的方法之一。

8.4.1 提升树模型

Boosting 实际采用加法模型（即基函数的线性组合）与前向分步算法。以决策树为基函数的 Boosting 称为提升树（boosting tree）。对分类问题决策树是二叉分类树，对回归问题决策树是二叉回归树。在例 8.1 中看到的基本分类器 $x < v$ 或 $x > v$ 可以看作是由一个根结点直接连接两个叶结点的简单决策树，即所谓的决策树桩（decision stump）。提升树模型可以表示为决策树的加法模型：

$$f_M(x) = \sum_{m=1}^{M} T(x; \Theta_m) \tag{8.24}$$

其中，$T(x; \Theta_m)$ 表示决策树，Θ_m 为决策树的参数，M 为树的个数。

8.4.2 提升树算法

提升树算法采用前向分步算法。首先确定初始提升树 $f_0(x) = 0$，第 m 步的模型是

$$f_m(x) = f_{m-1}(x) + T(x; \Theta_m) \tag{8.25}$$

其中，$f_{m-1}(x)$ 为当前模型。通过经验风险极小化确定下一棵决策树的参数 Θ_m：

$$\hat{\Theta}_m = \arg\min_{\Theta_m} \sum_{i=1}^{N} L(y_i, f_{m-1}(x_i) + T(x_i; \Theta_m)) \tag{8.26}$$

由于树的线性组合可以很好地拟合训练数据，即使数据中的输入与输出之间的关系很复杂也是如此，所以提升树是一个高功能的学习算法。

下面讨论针对不同问题的提升树学习算法，其主要区别在于使用的损失函数不同。包括用平方误差损失函数的回归问题、用指数损失函数的分类问题，以及用一般损失函数的一般决策问题。

对于二类分类问题，提升树算法只需将 AdaBoost 算法 8.1 中的基本分类器限制为二类分类树即可，可以说这时的提升树算法是 AdaBoost 算法的特殊情况，这里不再细述。下面叙述回归问题的提升树。

已知一个训练数据集 $T=\{(x_1,y_1),(x_2,y_2),\cdots,(x_N,y_N)\}$，$x_i \in \mathcal{X} \subseteq \boldsymbol{R}^n$，$\mathcal{X}$ 为输入空间，$y_i \in \mathcal{Y} \subseteq \boldsymbol{R}$，$\mathcal{Y}$ 为输出空间。在 5.5 节中已经讨论了回归树的问题。如果将输入空间 $\mathcal{X}$ 划分为 J 个互不相交的区域 $R_1,R_2,\cdots,R_J$，并且在每个区域上确定输出的常量 c_j，那么树可表示为

$$T(x;\Theta) = \sum_{j=1}^{J} c_j I(x \in R_j) \tag{8.27}$$

其中，参数 $\Theta=\{(R_1,c_1),(R_2,c_2),\cdots,(R_J,c_J)\}$ 表示树的区域划分和各区域上的常数，J 是回归树的复杂度即叶结点个数。

回归问题提升树使用以下前向分步算法：

$$\begin{aligned}
&f_0(x) = 0 \\
&f_m(x) = f_{m-1}(x) + T(x;\Theta_m), \quad m=1,2,\cdots,M \\
&f_M(x) = \sum_{m=1}^{M} T(x;\Theta_m)
\end{aligned}$$

在前向分步算法的第 m 步，给定当前模型 $f_{m-1}(x)$，需求解

$$\hat{\Theta}_m = \arg\min_{\Theta_m} \sum_{i=1}^{N} L(y_i, f_{m-1}(x_i) + T(x_i; \Theta_m))$$

得到 $\hat{\Theta}_m$，即第 m 棵树的参数。

当采用平方误差损失函数时，

$$L(y, f(x)) = (y - f(x))^2$$

其损失变为

$$\begin{aligned}
L(y, f_{m-1}(x) + T(x;\Theta_m)) &= (y - f_{m-1}(x) - T(x;\Theta_m))^2 \\
&= (r - T(x;\Theta_m))^2
\end{aligned}$$

这里，

$$r = y - f_{m-1}(x) \tag{8.28}$$

是当前模型拟合数据的残差（residual）。所以，对回归问题的提升树算法来说，只需简单地拟合当前模型的残差。这样，算法是相当简单的。现将回归问题的提升树算法叙述如下。

算法 8.3（**回归问题的提升树算法**）

输入：训练数据集 $T=\{(x_1,y_1),(x_2,y_2),\cdots,(x_N,y_N)\}$，$x_i\in\mathcal{X}\subseteq\boldsymbol{R}^n$，$y_i\in\mathcal{Y}\subseteq\boldsymbol{R}$。

输出：提升树 $f_M(x)$。

（1）初始化 $f_0(x)=0$。

（2）对 $m=1,2,\cdots,M$，

（a）按式 (8.27) 计算残差：

$$r_{mi} = y_i - f_{m-1}(x_i), \quad i=1,2,\cdots,N$$

（b）拟合残差 r_{mi} 学习一个回归树，得到 $T(x;\Theta_m)$。

（c）更新 $f_m(x) = f_{m-1}(x) + T(x;\Theta_m)$。

（3）得到回归问题提升树：

$$f_M(x) = \sum_{m=1}^{M} T(x;\Theta_m)$$ ■

例 8.2 已知如表 8.2 所示的训练数据，x 的取值范围为区间 [0.5,10.5]，y 的取值范围为区间 [5.0,10.0]，学习这个回归问题的提升树模型，考虑只用树桩作为基函数。

表 8.2 训练数据表

x_i	1	2	3	4	5	6	7	8	9	10
y_i	5.56	5.70	5.91	6.40	6.80	7.05	8.90	8.70	9.00	9.05

解 按照算法 8.3，第 1 步求 $f_1(x)$ 即回归树 $T_1(x)$。

首先通过以下优化问题

$$\min_{s}\left[\min_{c_1}\sum_{x_i\in R_1}(y_i-c_1)^2+\min_{c_2}\sum_{x_i\in R_2}(y_i-c_2)^2\right]$$

求解训练数据的切分点 s：

$$R_1=\{x|x\leqslant s\}, \quad R_2=\{x|x>s\}$$

容易求得在 R_1，R_2 内部使平方损失误差达到最小值的 c_1，c_2 为

$$c_1=\frac{1}{N_1}\sum_{x_i\in R_1}y_i, \quad c_2=\frac{1}{N_2}\sum_{x_i\in R_2}y_i$$

这里 N_1，N_2 是 R_1，R_2 的样本点数。

求训练数据的切分点。根据所给数据，考虑如下切分点：

$$1.5,\ 2.5,\ 3.5,\ 4.5,\ 5.5,\ 6.5,\ 7.5,\ 8.5,\ 9.5$$

对各切分点，不难求出相应的 R_1，R_2，c_1，c_2 及

$$m(s) = \min_{c_1} \sum_{x_i \in R_1} (y_i - c_1)^2 + \min_{c_2} \sum_{x_i \in R_2} (y_i - c_2)^2$$

例如，当 $s = 1.5$ 时，$R_1 = \{1\}$，$R_2 = \{2, 3, \cdots, 10\}$，$c_1 = 5.56$，$c_2 = 7.50$，

$$m(s) = \min_{c_1} \sum_{x_i \in R_1} (y_i - c_1)^2 + \min_{c_2} \sum_{x_i \in R_2} (y_i - c_2)^2 = 0 + 15.72 = 15.72$$

现将 s 及 $m(s)$ 的计算结果列于表 8.3。

表 8.3 计算数据表

s	1.5	2.5	3.5	4.5	5.5	6.5	7.5	8.5	9.5
$m(s)$	15.72	12.07	8.36	5.78	3.91	1.93	8.01	11.73	15.74

由表 8.3 可知，当 $s = 6.5$ 时 $m(s)$ 达到最小值，此时 $R_1 = \{1, 2, \cdots, 6\}$，$R_2 = \{7, 8, 9, 10\}$，$c_1 = 6.24$，$c_2 = 8.91$，所以回归树 $T_1(x)$ 为

$$T_1(x) = \begin{cases} 6.24, & x < 6.5 \\ 8.91, & x \geqslant 6.5 \end{cases}$$

$$f_1(x) = T_1(x)$$

用 $f_1(x)$ 拟合训练数据的残差见表 8.4，表中 $r_{2i} = y_i - f_1(x_i)$，$i = 1, 2, \cdots, 10$。

表 8.4 残差表

x_i	1	2	3	4	5	6	7	8	9	10
r_{2i}	−0.68	−0.54	−0.33	0.16	0.56	0.81	−0.01	−0.21	0.09	0.14

用 $f_1(x)$ 拟合训练数据的平方损失误差：

$$L(y, f_1(x)) = \sum_{i=1}^{10} (y_i - f_1(x_i))^2 = 1.93$$

第 2 步求 $T_2(x)$。方法与求 $T_1(x)$ 一样，只是拟合的数据是表 8.4 的残差，可以得到：

$$T_2(x) = \begin{cases} -0.52, & x < 3.5 \\ 0.22, & x \geqslant 3.5 \end{cases}$$

$$f_2(x) = f_1(x) + T_2(x) = \begin{cases} 5.72, & x < 3.5 \\ 6.46, & 3.5 \leqslant x < 6.5 \\ 9.13, & x \geqslant 6.5 \end{cases}$$

用 $f_2(x)$ 拟合训练数据的平方损失误差是

$$L(y, f_2(x)) = \sum_{i=1}^{10} (y_i - f_2(x_i))^2 = 0.79$$

继续求得：

$$T_3(x)=\begin{cases}0.15, & x<6.5\\ -0.22, & x\geqslant 6.5\end{cases},\quad L(y,f_3(x))=0.47$$

$$T_4(x)=\begin{cases}-0.16, & x<4.5\\ 0.11, & x\geqslant 4.5\end{cases},\quad L(y,f_4(x))=0.30$$

$$T_5(x)=\begin{cases}0.07, & x<6.5\\ -0.11, & x\geqslant 6.5\end{cases},\quad L(y,f_5(x))=0.23$$

$$T_6(x)=\begin{cases}-0.15, & x<2.5\\ 0.04, & x\geqslant 2.5\end{cases}$$

$$\begin{aligned}f_6(x)&=f_5(x)+T_6(x)=T_1(x)+\cdots+T_5(x)+T_6(x)\\ &=\begin{cases}5.63, & x<2.5\\ 5.82, & 2.5\leqslant x<3.5\\ 6.56, & 3.5\leqslant x<4.5\\ 6.83, & 4.5\leqslant x<6.5\\ 8.95, & x\geqslant 6.5\end{cases}\end{aligned}$$

用 $f_6(x)$ 拟合训练数据的平方损失误差是

$$L(y,f_6(x))=\sum_{i=1}^{10}(y_i-f_6(x_i))^2=0.17$$

假设此时已满足误差要求，那么 $f(x)=f_6(x)$ 即为所求提升树。 ■

8.4.3 梯度提升

提升树利用加法模型与前向分步算法实现学习的优化过程。当损失函数是平方损失和指数损失函数时，每一步优化是很简单的。但对一般损失函数而言，往往每一步优化并不那么容易。针对这一问题，Freidman 提出了梯度提升（gradient boosting）算法。这是利用最速下降法的近似方法，其关键是利用损失函数的负梯度在当前模型的值

$$-\left[\frac{\partial L(y,f(x_i))}{\partial f(x_i)}\right]_{f(x)=f_{m-1}(x)}$$

作为回归问题提升树算法中的残差的近似值，拟合一个回归树。

算法 8.4（**梯度提升算法**）

输入：训练数据集 $T=\{(x_1,y_1),(x_2,y_2),\cdots,(x_N,y_N)\}$，$x_i\in\mathcal{X}\subseteq\boldsymbol{R}^n$，$y_i\in\mathcal{Y}\subseteq\boldsymbol{R}$；损失函数 $L(y,f(x))$。

输出：回归树 $\hat{f}(x)$。

（1）初始化：

$$f_0(x) = \arg\min_c \sum_{i=1}^{N} L(y_i, c)$$

（2）对 $m = 1, 2, \cdots, M$，

（a）对 $i = 1, 2, \cdots, N$，计算

$$r_{mi} = -\left[\frac{\partial L(y_i, f(x_i))}{\partial f(x_i)}\right]_{f(x)=f_{m-1}(x)}$$

（b）对 r_{mi} 拟合一个回归树，得到第 m 棵树的叶结点区域 R_{mj}，$j = 1, 2, \cdots, J$。

（c）对 $j = 1, 2, \cdots, J$，计算

$$c_{mj} = \arg\min_c \sum_{x_i \in R_{mj}} L(y_i, f_{m-1}(x_i) + c)$$

（d）更新 $f_m(x) = f_{m-1}(x) + \sum_{j=1}^{J} c_{mj} I(x \in R_{mj})$

（3）得到回归树：

$$\hat{f}(x) = f_M(x) = \sum_{m=1}^{M} \sum_{j=1}^{J} c_{mj} I(x \in R_{mj})$$ ■

算法第 1 步初始化，估计使损失函数极小化的常数值，它是只有一个根结点的树。第 2(a) 步计算损失函数的负梯度在当前模型的值，将它作为残差的估计。对于平方损失函数，它就是通常所说的残差；对于一般损失函数，它就是残差的近似值。第 2(b) 步估计回归树叶结点区域，以拟合残差的近似值。第 2(c) 步利用线性搜索估计叶结点区域的值，使损失函数极小化。第 2(d) 步更新回归树。第 3 步得到输出的最终模型 $\hat{f}(x)$。

本章概要

1. Boosting 是将弱学习算法提升为强学习算法的机器学习方法。在分类学习中，Boosting 通过反复修改训练数据的权值分布构建一系列基本分类器（弱分类器），并将这些基本分类器线性组合，构成一个强分类器。代表性的 Boosting 是 AdaBoost 算法。

AdaBoost 模型是弱分类器的线性组合：

$$f(x) = \sum_{m=1}^{M} \alpha_m G_m(x)$$

2. AdaBoost 算法的特点是通过迭代每次学习一个基本分类器。每次迭代中，提高那些被前一轮分类器错误分类数据的权值，而降低那些被正确分类的数据的权值。最后，AdaBoost 将基本分类器的线性组合作为强分类器，其中给分类误差率小的基本分类器以大的权值，给分类误差率大的基本分类器以小的权值。

3. AdaBoost 的训练误差分析表明，AdaBoost 的每次迭代可以减少它在训练数据集上的分类误差率，这说明了它作为 Boosting 的有效性。

4. AdaBoost 算法的一个解释是该算法实际是前向分步算法的一个实现。在这个方法里，模型是加法模型，损失函数是指数损失，算法是前向分步算法。

每一步中极小化损失函数

$$(\beta_m, \gamma_m) = \arg\min_{\beta,\gamma} \sum_{i=1}^{N} L\left(y_i, f_{m-1}(x_i) + \beta b(x_i; \gamma)\right)$$

得到参数 β_m，γ_m。

5. 提升树是以分类树或回归树为基本分类器的 Boosting，被认为是机器学习中最有效的方法之一。

继续阅读

Boosting 的介绍可参见文献 [1] 和文献 [2]。PAC 学习可参见文献 [3]。强可学习与弱可学习的关系可参见文献 [4]。关于 AdaBoost 的最初论文是文献 [5]。关于 AdaBoost 的前向分步加法模型的解释参见文献 [6]，提升树与梯度提升可参见文献 [6] 和文献 [7]。AdaBoost 只是用于二类分类，Schapire 与 Singer 将它扩展到多类分类问题 [8]。AdaBoost 与逻辑斯谛回归的关系也有相关研究 [9]。

习 题

8.1 某公司招聘职员考查身体、业务能力、发展潜力这 3 项。身体分为合格 1、不合格 0 两级，业务能力和发展潜力分为上 1、中 2、下 3 三级。分类为合格 1、不合格 −1 两类。已知 10 个人的数据，见表 8.5。假设弱分类器为决策树桩，试用 AdaBoost 算法学习一个强分类器。

表 8.5 应聘人员情况数据表

	1	2	3	4	5	6	7	8	9	10
身体	0	0	1	1	1	0	1	1	1	0
业务能力	1	3	2	1	2	1	1	1	3	2
发展潜力	3	1	2	3	3	2	2	1	1	1
分类	−1	−1	−1	−1	−1	−1	1	1	−1	−1

8.2 比较支持向量机、AdaBoost、逻辑斯谛回归模型的学习策略与算法。

参考文献

[1] FREUND Y, SCHAPIRE R E. A short introduction to boosting[J]. Journal of Japanese Society for Artificial Intelligence, 1999, 14(5): 771–780.

[2] HASTIE T, TIBSHIRANI R, FRIEDMAN J. The elements of statistical learning: data mining, inference, and prediction[M]. 范明，柴玉梅，昝红英，等译. Springer, 2001.

[3] VALIANT L G. A theory of the learnable[J]. Communications of the ACM, 1984, 27(11): 1134–1142.

[4] SCHAPIRE R. The strength of weak learnability[J]. Machine Learning, 1990, 5(2): 197–227.

[5] FREUND Y, SCHAPIRE R E. A decision-theoretic generalization of on-line learning and an application to boosting[J]. Lecture Notes in Computer Science, 1995, 904: 23–37.

[6] FRIEDMAN J, HASTIE T, TIBSHIRANI R. Additive logistic regression: a statistical view of boosting (with discussions)[J]. Annals of Statistics, 2000, 28: 337–407.

[7] FRIEDMAN J. Greedy function approximation: a gradient boosting machine[J]. Annals of Statistics, 2001, 29(5): 1189–1232.

[8] SCHAPIRE R E, SINGER Y. Improved boosting algorithms using confidence-rated predictions[J]. Machine Learning, 1999, 37(3): 297–336.

[9] COLLINS M, SCHAPIRE R E, SINGER Y. Logistic regression, AdaBoost and Bregman distances[J]. Machine Learning, 2002, 48(1–3): 253–285.

第 9 章　EM 算法及其推广

EM 算法是一种迭代算法，1977 年由 Dempster 等人总结提出，用于含有隐变量（hidden variable）的概率模型参数的极大似然估计或极大后验概率估计。EM 算法的每次迭代由两步组成：E 步，求期望（expectation）；M 步，求极大（maximization）。所以这一算法称为期望极大算法（expectation maximization algorithm），简称 EM 算法。本章首先叙述 EM 算法，然后讨论 EM 算法的收敛性；作为 EM 算法的应用，介绍高斯混合模型的学习；最后叙述 EM 算法的推广 —— GEM 算法。

9.1　EM 算法的引入

概率模型有时既含有观测变量（observable variable），又含有隐变量或潜在变量（latent variable）。如果概率模型的变量都是观测变量，那么给定数据，可以直接用极大似然估计法或贝叶斯估计法估计模型参数。但是，当模型含有隐变量时，就不能简单地使用这些估计方法。EM 算法就是含有隐变量的概率模型参数的极大似然估计法或极大后验概率估计法。我们仅讨论极大似然估计，极大后验概率估计与其类似。

9.1.1　EM 算法

首先介绍一个使用 EM 算法的例子。

例 9.1（三硬币模型）　假设有 3 枚硬币，分别记作 A，B，C。这些硬币正面出现的概率分别是 π，p 和 q。进行如下掷硬币试验：先掷硬币 A，根据其结果选出硬币 B 或硬币 C，正面选硬币 B，反面选硬币 C；然后掷选出的硬币，根据掷硬币的结果，出现正面记作 1，出现反面记作 0；独立地重复 n 次试验（这里，$n=10$），观测结果如下：

$$1,1,0,1,0,0,1,0,1,1$$

假设只能观测到掷硬币的结果，不能观测掷硬币的过程。问如何估计三硬币正面出现的概率，即三硬币模型的参数。

解　三硬币模型可以写作

$$\begin{aligned}P(y|\theta) &= \sum_z P(y,z|\theta) = \sum_z P(z|\theta)P(y|z,\theta) \\ &= \pi p^y(1-p)^{1-y} + (1-\pi)q^y(1-q)^{1-y}\end{aligned} \tag{9.1}$$

这里，随机变量 y 是观测变量，表示一次试验观测的结果是 1 或 0；随机变量 z 是隐变量，表示未观测到的掷硬币 A 的结果；$\theta=(\pi,p,q)$ 是模型参数。这一模型是以上数据的生成模型。注意，随机变量 y 的数据可以观测，随机变量 z 的数据不可观测。

将观测数据表示为 $Y=(Y_1,Y_2,\cdots,Y_n)^{\mathrm{T}}$，未观测数据表示为 $Z=(Z_1,Z_2,\cdots,Z_n)^{\mathrm{T}}$，则观测数据的似然函数为

$$P(Y|\theta)=\sum_{Z}P(Z|\theta)P(Y|Z,\theta) \tag{9.2}$$

即

$$P(Y|\theta)=\prod_{j=1}^{n}[\pi p^{y_j}(1-p)^{1-y_j}+(1-\pi)q^{y_j}(1-q)^{1-y_j}] \tag{9.3}$$

考虑求模型参数 $\theta=(\pi,p,q)$ 的极大似然估计，即

$$\hat{\theta}=\arg\max_{\theta}\log P(Y|\theta) \tag{9.4}$$

这个问题没有解析解，只有通过迭代的方法求解。EM 算法就是可以用于求解这个问题的一种迭代算法。下面给出针对以上问题的 EM 算法，其推导过程省略。

EM 算法首先选取参数的初值，记作 $\theta^{(0)}=(\pi^{(0)},p^{(0)},q^{(0)})$，然后通过下面的步骤迭代计算参数的估计值，直至收敛为止。第 i 次迭代参数的估计值为 $\theta^{(i)}=(\pi^{(i)},p^{(i)},q^{(i)})$。EM 算法的第 $i+1$ 次迭代如下。

E 步：计算在模型参数 $\pi^{(i)}$，$p^{(i)}$，$q^{(i)}$ 下观测数据 y_j 来自掷硬币 B 的概率。

$$\mu_j^{(i+1)}=\frac{\pi^{(i)}(p^{(i)})^{y_j}(1-p^{(i)})^{1-y_j}}{\pi^{(i)}(p^{(i)})^{y_j}(1-p^{(i)})^{1-y_j}+(1-\pi^{(i)})(q^{(i)})^{y_j}(1-q^{(i)})^{1-y_j}} \tag{9.5}$$

M 步：计算模型参数的新估计值。

$$\pi^{(i+1)}=\frac{1}{n}\sum_{j=1}^{n}\mu_j^{(i+1)} \tag{9.6}$$

$$p^{(i+1)}=\frac{\displaystyle\sum_{j=1}^{n}\mu_j^{(i+1)}y_j}{\displaystyle\sum_{j=1}^{n}\mu_j^{(i+1)}} \tag{9.7}$$

$$q^{(i+1)}=\frac{\displaystyle\sum_{j=1}^{n}(1-\mu_j^{(i+1)})y_j}{\displaystyle\sum_{j=1}^{n}(1-\mu_j^{(i+1)})} \tag{9.8}$$

进行数值计算。假设模型参数的初值取为

$$\pi^{(0)}=0.5,\quad p^{(0)}=0.5,\quad q^{(0)}=0.5$$

由式 (9.5)，对 $y_j=1$ 与 $y_j=0$ 均有 $\mu_j^{(1)}=0.5$。

利用迭代公式 (9.6)~公式 (9.8) 得到：

$$\pi^{(1)} = 0.5, \quad p^{(1)} = 0.6, \quad q^{(1)} = 0.6$$

由式 (9.5) 得：

$$\mu_j^{(2)} = 0.5, \quad j = 1, 2, \cdots, 10$$

继续迭代，得：

$$\pi^{(2)} = 0.5, \quad p^{(2)} = 0.6, \quad q^{(2)} = 0.6$$

于是得到模型参数 θ 的极大似然估计：

$$\hat{\pi} = 0.5, \quad \hat{p} = 0.6, \quad \hat{q} = 0.6$$

$\pi = 0.5$ 表示硬币 A 是均匀的，这一结果容易理解。

如果取初值 $\pi^{(0)} = 0.4$，$p^{(0)} = 0.6$，$q^{(0)} = 0.7$，那么得到的模型参数的极大似然估计是 $\hat{\pi} = 0.4064$，$\hat{p} = 0.5368$，$\hat{q} = 0.6432$。这就是说，EM 算法与初值的选择有关，选择不同的初值可能得到不同的参数估计值。 ■

一般地，用 Y 表示观测随机变量的数据，Z 表示隐随机变量的数据。Y 和 Z 连在一起称为完全数据（complete-data），观测数据 Y 又称为不完全数据（incomplete-data）。假设给定观测数据 Y，其概率分布是 $P(Y|\theta)$，其中 θ 是需要估计的模型参数，那么不完全数据 Y 的似然函数是 $P(Y|\theta)$，对数似然函数 $L(\theta) = \log P(Y|\theta)$；假设 Y 和 Z 的联合概率分布是 $P(Y, Z|\theta)$，那么完全数据的对数似然函数是 $\log P(Y, Z|\theta)$。

EM 算法通过迭代求 $L(\theta) = \log P(Y|\theta)$ 的极大似然估计。每次迭代包含两步：E 步，求期望；M 步，求极大化。下面来介绍 EM 算法。

算法 9.1（EM 算法）

输入：观测变量数据 Y，隐变量数据 Z，联合分布 $P(Y, Z|\theta)$，条件分布 $P(Z|Y, \theta)$。

输出：模型参数 θ。

（1）选择参数的初值 $\theta^{(0)}$，开始迭代。

（2）E 步：记 $\theta^{(i)}$ 为第 i 次迭代参数 θ 的估计值，在第 $i+1$ 次迭代的 E 步，计算

$$\begin{aligned} Q(\theta, \theta^{(i)}) &= E_Z[\log P(Y, Z|\theta)|Y, \theta^{(i)}] \\ &= \sum_Z \log P(Y, Z|\theta) P(Z|Y, \theta^{(i)}) \end{aligned} \tag{9.9}$$

这里，$P(Z|Y, \theta^{(i)})$ 是在给定观测数据 Y 和当前的参数估计 $\theta^{(i)}$ 下隐变量数据 Z 的条件概率分布。

（3）M 步：求使 $Q(\theta, \theta^{(i)})$ 极大化的 θ，确定第 $i+1$ 次迭代的参数的估计值 $\theta^{(i+1)}$。

$$\theta^{(i+1)} = \arg\max_{\theta} Q(\theta, \theta^{(i)}) \tag{9.10}$$

（4）重复第 2 步和第 3 步，直到收敛。 ■

式 (9.9) 的函数 $Q(\theta, \theta^{(i)})$ 是 EM 算法的核心，称为 Q 函数（Q function）。

定义 9.1（Q 函数） 完全数据的对数似然函数 $\log P(Y, Z|\theta)$ 关于在给定观测数据 Y 和当前参数 $\theta^{(i)}$ 下对未观测数据 Z 的条件概率分布 $P(Z|Y, \theta^{(i)})$ 的期望称为 Q 函数，即

$$Q(\theta, \theta^{(i)}) = E_Z[\log P(Y, Z|\theta)|Y, \theta^{(i)}] \tag{9.11}$$

下面关于 EM 算法作几点说明：

（1）步骤（1）中参数的初值可以任意选择，但需注意 EM 算法对初值是敏感的。

（2）步骤（2）中 E 步求 $Q(\theta,\theta^{(i)})$。Q 函数式中 Z 是未观测数据，Y 是观测数据。注意，$Q(\theta,\theta^{(i)})$ 的第 1 个变元表示要极大化的参数，第 2 个变元表示参数的当前估计值。每次迭代实际在求 Q 函数及其极大。

（3）步骤（3）中 M 步求 $Q(\theta,\theta^{(i)})$ 的极大化，得到 $\theta^{(i+1)}$，完成一次迭代 $\theta^{(i)} \rightarrow \theta^{(i+1)}$。后面将证明每次迭代使似然函数增大或达到局部极值。

（4）步骤（4）给出停止迭代的条件，一般是对较小的正数 $\varepsilon_1,\varepsilon_2$，若满足

$$\|\theta^{(i+1)}-\theta^{(i)}\| < \varepsilon_1 \quad 或 \quad \|Q(\theta^{(i+1)},\theta^{(i)})-Q(\theta^{(i)},\theta^{(i)})\| < \varepsilon_2$$

则停止迭代。

9.1.2 EM 算法的导出

上面叙述了 EM 算法。为什么 EM 算法能近似实现对观测数据的极大似然估计呢？下面通过近似求解观测数据的对数似然函数的极大化问题来导出 EM 算法，由此可以清楚地看出 EM 算法的作用。

我们面对一个含有隐变量的概率模型，目标是极大化观测数据（不完全数据）Y 关于参数 θ 的对数似然函数，即极大化

$$\begin{aligned} L(\theta) &= \log P(Y|\theta) = \log \sum_Z P(Y,Z|\theta) \\ &= \log\left(\sum_Z P(Y|Z,\theta)P(Z|\theta)\right) \end{aligned} \tag{9.12}$$

注意到这一极大化的主要困难是式 (9.12) 中有未观测数据并有包含和（或积分）的对数。

事实上，EM 算法是通过迭代逐步近似极大化 $L(\theta)$ 的。假设在第 i 次迭代后 θ 的估计值是 $\theta^{(i)}$。我们希望新估计值 θ 能使 $L(\theta)$ 增加，即 $L(\theta) > L(\theta^{(i)})$，并逐步达到极大值。为此，考虑两者的差：

$$L(\theta)-L(\theta^{(i)}) = \log\left(\sum_Z P(Y|Z,\theta)P(Z|\theta)\right) - \log P(Y|\theta^{(i)})$$

利用 Jensen 不等式（Jensen inequality）① 得到其下界：

$$\begin{aligned} L(\theta)-L(\theta^{(i)}) &= \log\left(\sum_Z P(Z|Y,\theta^{(i)})\frac{P(Y|Z,\theta)P(Z|\theta)}{P(Z|Y,\theta^{(i)})}\right) - \log P(Y|\theta^{(i)}) \\ &\geqslant \sum_Z P(Z|Y,\theta^{(i)})\log\frac{P(Y|Z,\theta)P(Z|\theta)}{P(Z|Y,\theta^{(i)})} - \log P(Y|\theta^{(i)}) \\ &= \sum_Z P(Z|Y,\theta^{(i)})\log\frac{P(Y|Z,\theta)P(Z|\theta)}{P(Z|Y,\theta^{(i)})P(Y|\theta^{(i)})} \end{aligned}$$

① 这里用到的是 $\log\sum_j \lambda_j y_j \geqslant \sum_j \lambda_j \log y_j$，其中 $\lambda_j \geqslant 0$，$\sum_j \lambda_j = 1$。

令

$$B(\theta,\theta^{(i)})\hat{=}L(\theta^{(i)})+\sum_Z P(Z|Y,\theta^{(i)})\log\frac{P(Y|Z,\theta)P(Z|\theta)}{P(Z|Y,\theta^{(i)})P(Y|\theta^{(i)})} \tag{9.13}$$

则

$$L(\theta)\geqslant B(\theta,\theta^{(i)}) \tag{9.14}$$

即函数 $B(\theta,\theta^{(i)})$ 是 $L(\theta)$ 的一个下界，而且由式 (9.13) 可知：

$$L(\theta^{(i)})=B(\theta^{(i)},\theta^{(i)}) \tag{9.15}$$

因此，任何可以使 $B(\theta,\theta^{(i)})$ 增大的 θ 也可以使 $L(\theta)$ 增大。为了使 $L(\theta)$ 有尽可能大的增长，选择 $\theta^{(i+1)}$ 使 $B(\theta,\theta^{(i)})$ 达到极大，即

$$\theta^{(i+1)}=\arg\max_\theta B(\theta,\theta^{(i)}) \tag{9.16}$$

现在求 $\theta^{(i+1)}$ 的表达式。省去对 θ 的极大化而言是常数的项，由式 (9.16)、式 (9.13) 及式 (9.10)，有

$$\begin{aligned}
\theta^{(i+1)}&=\arg\max_\theta\left(L(\theta^{(i)})+\sum_Z P(Z|Y,\theta^{(i)})\log\frac{P(Y|Z,\theta)P(Z|\theta)}{P(Z|Y,\theta^{(i)})P(Y|\theta^{(i)})}\right)\\
&=\arg\max_\theta\left(\sum_Z P(Z|Y,\theta^{(i)})\log(P(Y|Z,\theta)P(Z|\theta))\right)\\
&=\arg\max_\theta\left(\sum_Z P(Z|Y,\theta^{(i)})\log P(Y,Z|\theta)\right)\\
&=\arg\max_\theta Q(\theta,\theta^{(i)})
\end{aligned} \tag{9.17}$$

式 (9.17) 等价于 EM 算法的一次迭代，即求 Q 函数及其极大化。EM 算法是通过不断求解下界的极大化逼近求解对数似然函数极大化的算法。

图 9.1 给出 EM 算法的直观解释。图中上方曲线为 $L(\theta)$，下方曲线为 $B(\theta,\theta^{(i)})$。根据

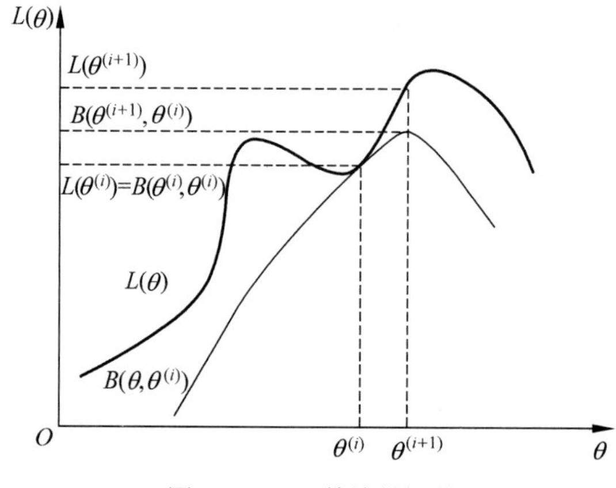

图 9.1 EM 算法的解释

式 (9.14)，$B(\theta,\theta^{(i)})$ 为对数似然函数 $L(\theta)$ 的下界。根据式 (9.15)，两个函数在点 $\theta=\theta^{(i)}$ 处相等。根据式 (9.16) 和式 (9.17)，EM 算法找到下一个点 $\theta^{(i+1)}$ 使函数 $B(\theta,\theta^{(i)})$ 极大化，也使函数 $Q(\theta,\theta^{(i)})$ 极大化。这时由于 $L(\theta)\geqslant B(\theta,\theta^{(i)})$ 和函数 $B(\theta,\theta^{(i)})$ 的增加，保证了对数似然函数 $L(\theta)$ 在每次迭代中也是增加的。EM 算法在点 $\theta^{(i+1)})$ 重新计算 Q 函数值，进行下一次迭代。在这个过程中，对数似然函数 $L(\theta)$ 不断增大。从图可以推断出 EM 算法不能保证找到全局最优值。

9.1.3 EM 算法在无监督学习中的应用

监督学习是指由训练数据 $\{(x_1,y_1),(x_2,y_2),\cdots,(x_N,y_N)\}$ 学习条件概率分布 $P(Y|X)$ 或决策函数 $Y=f(X)$ 作为模型，用于分类、回归、标注等任务。这时训练数据中的每个样本点由输入和输出对组成。

有时训练数据只有输入没有对应的输出 $\{(x_1,\ \cdot\ ),(x_2,\ \cdot\ ),\cdots,(x_N,\ \cdot\ )\}$，从这样的数据学习模型称为无监督学习问题。EM 算法可以用于生成模型的无监督学习。生成模型由联合概率分布 $P(X,Y)$ 表示，可以认为无监督学习训练数据是联合概率分布产生的数据。X 为观测数据，Y 为未观测数据。

9.2 EM 算法的收敛性

EM 算法提供一种近似计算含有隐变量概率模型的极大似然估计的方法。EM 算法的最大优点是简单性和普适性。我们很自然地要问：EM 算法得到的估计序列是否收敛？如果收敛，是否收敛到全局最大值或局部极大值？下面给出关于 EM 算法收敛性的两个定理。

定理 9.1 设 $P(Y|\theta)$ 为观测数据的似然函数，$\theta^{(i)}(i=1,2,\cdots)$ 为 EM 算法得到的参数估计序列，$P(Y|\theta^{(i)})(i=1,2,\cdots)$ 为对应的似然函数序列，则 $P(Y|\theta^{(i)})$ 是单调递增的，即

$$P(Y|\theta^{(i+1)})\geqslant P(Y|\theta^{(i)}) \tag{9.18}$$

证明 由于

$$P(Y|\theta)=\frac{P(Y,Z|\theta)}{P(Z|Y,\theta)}$$

取对数有

$$\log P(Y|\theta)=\log P(Y,Z|\theta)-\log P(Z|Y,\theta)$$

由式 (9.11) 得：

$$Q(\theta,\theta^{(i)})=\sum_Z\log P(Y,Z|\theta)P(Z|Y,\theta^{(i)})$$

令

$$H(\theta,\theta^{(i)})=\sum_Z\log P(Z|Y,\theta)P(Z|Y,\theta^{(i)}) \tag{9.19}$$

于是对数似然函数可以写成

$$\log P(Y|\theta) = Q(\theta, \theta^{(i)}) - H(\theta, \theta^{(i)}) \tag{9.20}$$

在式 (9.20) 中分别取 θ 为 $\theta^{(i)}$ 和 $\theta^{(i+1)}$ 并相减，有

$$\begin{aligned}&\log P(Y|\theta^{(i+1)}) - \log P(Y|\theta^{(i)})\\ &= [Q(\theta^{(i+1)}, \theta^{(i)}) - Q(\theta^{(i)}, \theta^{(i)})] - [H(\theta^{(i+1)}, \theta^{(i)}) - H(\theta^{(i)}, \theta^{(i)})]\end{aligned} \tag{9.21}$$

为证明式 (9.18)，只需证明式 (9.21) 右端是非负的。对于式 (9.21) 右端的第 1 项，由于 $\theta^{(i+1)}$ 使 $Q(\theta, \theta^{(i)})$ 达到极大，所以有

$$Q(\theta^{(i+1)}, \theta^{(i)}) - Q(\theta^{(i)}, \theta^{(i)}) \geqslant 0 \tag{9.22}$$

对于第 2 项，由式 (9.19) 可得：

$$\begin{aligned}H(\theta^{(i+1)}, \theta^{(i)}) - H(\theta^{(i)}, \theta^{(i)}) &= \sum_Z \left(\log \frac{P(Z|Y, \theta^{(i+1)})}{P(Z|Y, \theta^{(i)})}\right) P(Z|Y, \theta^{(i)})\\ &\leqslant \log \left(\sum_Z \frac{P(Z|Y, \theta^{(i+1)})}{P(Z|Y, \theta^{(i)})} P(Z|Y, \theta^{(i)})\right)\\ &= \log \left(\sum_Z P(Z|Y, \theta^{(i+1)})\right) = 0\end{aligned} \tag{9.23}$$

这里的不等号由 Jensen 不等式得到。

由式 (9.22) 和式 (9.23) 即知式 (9.21) 右端是非负的。 ■

定理 9.2 *设 $L(\theta) = \log P(Y|\theta)$ 为观测数据的对数似然函数，$\theta^{(i)}(i = 1, 2, \cdots)$ 为 EM 算法得到的参数估计序列，$L(\theta^{(i)})(i = 1, 2, \cdots)$ 为对应的对数似然函数序列。*

(1) 如果 $P(Y|\theta)$ 有上界，则 $L(\theta^{(i)}) = \log P(Y|\theta^{(i)})$ 收敛到某一值 L^*；

(2) 在函数 $Q(\theta, \theta')$ 与 $L(\theta)$ 满足一定条件的情况下，由 EM 算法得到的参数估计序列 $\theta^{(i)}$ 的收敛值 θ^* 是 $L(\theta)$ 的稳定点。

证明 （1）由 $L(\theta) = \log P(Y|\theta^{(i)})$ 的单调性及 $P(Y|\theta)$ 的有界性得到。

（2）证明从略，参阅文献 [5]。 ■

定理 9.2 关于函数 $Q(\theta, \theta')$ 与 $L(\theta)$ 的条件在大多数情况下都是满足的。EM 算法的收敛性包含关于对数似然函数序列 $L(\theta^{(i)})$ 的收敛性和关于参数估计序列 $\theta^{(i)}$ 的收敛性两层意思，前者并不蕴含后者。此外，定理只能保证参数估计序列收敛到对数似然函数序列的稳定点，不能保证收敛到极大值点。所以在应用中，初值的选择变得非常重要，常用的方法是选取几个不同的初值进行迭代，然后对得到的各个估计值加以比较，从中选择最好的。

9.3 EM 算法在高斯混合模型学习中的应用

EM 算法的一个重要应用是高斯混合模型的参数估计。高斯混合模型应用广泛，在许多情况下，EM 算法是学习高斯混合模型（Gaussian mixture model）的有效方法。

9.3.1 高斯混合模型

定义 9.2（高斯混合模型） 高斯混合模型是指具有如下形式的概率分布模型：

$$P(y|\theta)=\sum_{k=1}^{K}\alpha_k\phi(y|\theta_k) \tag{9.24}$$

其中，α_k 是系数，$\alpha_k\geqslant 0$，$\sum\limits_{k=1}^{K}\alpha_k=1$；$\phi(y|\theta_k)$ 是高斯分布密度，$\theta_k=(\mu_k,\sigma_k^2)$，

$$\phi(y|\theta_k)=\frac{1}{\sqrt{2\pi}\sigma_k}\exp\left[-\frac{(y-\mu_k)^2}{2\sigma_k^2}\right] \tag{9.25}$$

称为第 k 个分模型。

一般混合模型可以由任意概率分布密度代替式 (9.25) 中的高斯分布密度，我们只介绍最常用的高斯混合模型。

9.3.2 高斯混合模型参数估计的 EM 算法

假设观测数据 $y_1,y_2,\cdots,y_N$ 由高斯混合模型生成：

$$P(y|\theta)=\sum_{k=1}^{K}\alpha_k\phi(y|\theta_k) \tag{9.26}$$

其中，$\theta=(\alpha_1,\alpha_2,\cdots,\alpha_K;\theta_1,\theta_2,\cdots,\theta_K)$。我们用 EM 算法估计高斯混合模型的参数 θ。

1. 明确隐变量，写出完全数据的对数似然函数

可以设想观测数据 y_j，$j=1,2,\cdots,N$，是这样产生的：首先根据概率 α_k 选择第 k 个高斯分布分模型 $\phi(y|\theta_k)$，然后由第 k 个分模型的概率分布 $\phi(y|\theta_k)$ 生成观测数据 y_j。这时观测数据 y_j，$j=1,2,\cdots,N$，是已知的，反映观测数据 y_j 来自第 k 个分模型的数据是未知的，$k=1,2,\cdots,K$，以隐变量 γ_{jk} 表示，其定义如下：

$$\gamma_{jk}=\begin{cases}1, & \text{第 } j \text{ 个观测来自第 } k \text{ 个分模型}\\ 0, & \text{否则}\end{cases}$$

$$j=1,2,\cdots,N,\quad k=1,2,\cdots,K \tag{9.27}$$

其中，γ_{jk} 是 0-1 随机变量。

有了观测数据 y_j 及未观测数据 γ_{jk}，那么完全数据是

$$(y_j,\gamma_{j1},\gamma_{j2},\cdots,\gamma_{jK}),\quad j=1,2,\cdots,N$$

于是，可以写出完全数据的似然函数：

$$
\begin{aligned}
P(y,\gamma|\theta) &= \prod_{j=1}^{N} P(y_j,\gamma_{j1},\gamma_{j2},\cdots,\gamma_{jK}|\theta) \\
&= \prod_{k=1}^{K}\prod_{j=1}^{N}[\alpha_k\phi(y_j|\theta_k)]^{\gamma_{jk}} \\
&= \prod_{k=1}^{K}\alpha_k^{n_k}\prod_{j=1}^{N}[\phi(y_j|\theta_k)]^{\gamma_{jk}} \\
&= \prod_{k=1}^{K}\alpha_k^{n_k}\prod_{j=1}^{N}\left\{\frac{1}{\sqrt{2\pi}\sigma_k}\exp\left[-\frac{(y_j-\mu_k)^2}{2\sigma_k^2}\right]\right\}^{\gamma_{jk}}
\end{aligned}
$$

式中，$n_k=\sum\limits_{j=1}^{N}\gamma_{jk}$，$\sum\limits_{k=1}^{K}n_k=N$。

那么，完全数据的对数似然函数为

$$
\log P(y,\gamma|\theta)=\sum_{k=1}^{K}\left\{n_k\log\alpha_k+\sum_{j=1}^{N}\gamma_{jk}\left[\log\frac{1}{\sqrt{2\pi}}-\log\sigma_k-\frac{1}{2\sigma_k^2}(y_j-\mu_k)^2\right]\right\}
$$

2. EM 算法的 E 步：确定 Q 函数

$$
\begin{aligned}
Q(\theta,\theta^{(i)}) &= E[\log P(y,\gamma|\theta)|y,\theta^{(i)}] \\
&= E\sum_{k=1}^{K}\left\{n_k\log\alpha_k+\sum_{j=1}^{N}\gamma_{jk}\left[\log\frac{1}{\sqrt{2\pi}}-\log\sigma_k-\frac{1}{2\sigma_k^2}(y_j-\mu_k)^2\right]\right\} \\
&= \sum_{k=1}^{K}\left\{\sum_{j=1}^{N}(E\gamma_{jk})\log\alpha_k+\sum_{j=1}^{N}(E\gamma_{jk})\left[\log\frac{1}{\sqrt{2\pi}}-\log\sigma_k-\frac{1}{2\sigma_k^2}(y_j-\mu_k)^2\right]\right\}
\end{aligned}
\tag{9.28}
$$

这里需要计算 $E(\gamma_{jk}|y,\theta)$，记为 $\hat{\gamma}_{jk}$。

$$
\begin{aligned}
\hat{\gamma}_{jk} &= E(\gamma_{jk}|y,\theta)=P(\gamma_{jk}=1|y,\theta) \\
&= \frac{P(\gamma_{jk}=1,y_j|\theta)}{\sum\limits_{k=1}^{K}P(\gamma_{jk}=1,y_j|\theta)} \\
&= \frac{P(y_j|\gamma_{jk}=1,\theta)P(\gamma_{jk}=1|\theta)}{\sum\limits_{k=1}^{K}P(y_j|\gamma_{jk}=1,\theta)P(\gamma_{jk}=1|\theta)} \\
&= \frac{\alpha_k\phi(y_j|\theta_k)}{\sum\limits_{k=1}^{K}\alpha_k\phi(y_j|\theta_k)},\quad j=1,2,\cdots,N,\quad k=1,2,\cdots,K
\end{aligned}
$$

$\hat{\gamma}_{jk}$ 是在当前模型参数下第 j 个观测数据来自第 k 个分模型的概率，称为分模型 k 对观测数据 y_j 的响应度。

将 $\hat{\gamma}_{jk}=E\gamma_{jk}$ 及 $n_k=\sum\limits_{j=1}^{N}E\gamma_{jk}$ 代入式 (9.28)，即得：

$$Q(\theta,\theta^{(i)})=\sum_{k=1}^{K}\left\{n_k\log\alpha_k+\sum_{j=1}^{N}\hat{\gamma}_{jk}\left[\log\frac{1}{\sqrt{2\pi}}-\log\sigma_k-\frac{1}{2\sigma_k^2}(y_j-\mu_k)^2\right]\right\} \tag{9.29}$$

3. 确定 EM 算法的 M 步

迭代的 M 步是求函数 $Q(\theta,\theta^{(i)})$ 对 θ 的极大值，即求新一轮迭代的模型参数：

$$\theta^{(i+1)}=\arg\max_{\theta}Q(\theta,\theta^{(i)})$$

用 $\hat{\mu}_k$，$\hat{\sigma}_k^2$ 及 $\hat{\alpha}_k$，$k=1,2,\cdots,K$，表示 $\theta^{(i+1)}$ 的各参数。求 $\hat{\mu}_k$，$\hat{\sigma}_k^2$ 只需将式 (9.29) 分别对 μ_k，σ_k^2 求偏导数并令其为 0，即可得到；$\hat{\alpha}_k$ 是在 $\sum\limits_{k=1}^{K}\alpha_k=1$ 条件下求偏导数并令其为 0 得到的。结果如下：

$$\hat{\mu}_k=\frac{\sum\limits_{j=1}^{N}\hat{\gamma}_{jk}y_j}{\sum\limits_{j=1}^{N}\hat{\gamma}_{jk}},\quad k=1,2,\cdots,K \tag{9.30}$$

$$\hat{\sigma}_k^2=\frac{\sum\limits_{j=1}^{N}\hat{\gamma}_{jk}(y_j-\mu_k)^2}{\sum\limits_{j=1}^{N}\hat{\gamma}_{jk}},\quad k=1,2,\cdots,K \tag{9.31}$$

$$\hat{\alpha}_k=\frac{n_k}{N}=\frac{\sum\limits_{j=1}^{N}\hat{\gamma}_{jk}}{N},\quad k=1,2,\cdots,K \tag{9.32}$$

重复以上计算，直到对数似然函数值不再有明显的变化为止。

现将估计高斯混合模型参数的 EM 算法总结如下。

算法 9.2（高斯混合模型参数估计的EM算法）

输入：观测数据 $y_1,y_2,\cdots,y_N$，高斯混合模型。

输出：高斯混合模型参数。

（1）取参数的初始值开始迭代。

（2）E 步：依据当前模型参数，计算分模型 k 对观测数据 y_j 的响应度。

$$\hat{\gamma}_{jk} = \frac{\alpha_k \phi(y_j|\theta_k)}{\sum_{k=1}^{K} \alpha_k \phi(y_j|\theta_k)}, \quad j = 1, 2, \cdots, N, \quad k = 1, 2, \cdots, K$$

（3）M 步：计算新一轮迭代的模型参数。

$$\hat{\mu}_k = \frac{\sum_{j=1}^{N} \hat{\gamma}_{jk} y_j}{\sum_{j=1}^{N} \hat{\gamma}_{jk}}, \quad k = 1, 2, \cdots, K$$

$$\hat{\sigma}_k^2 = \frac{\sum_{j=1}^{N} \hat{\gamma}_{jk} (y_j - \mu_k)^2}{\sum_{j=1}^{N} \hat{\gamma}_{jk}}, \quad k = 1, 2, \cdots, K$$

$$\hat{\alpha}_k = \frac{\sum_{j=1}^{N} \hat{\gamma}_{jk}}{N}, \quad k = 1, 2, \cdots, K$$

（4）重复第 2 步和第 3 步，直到收敛。 ■

9.4 EM 算法的推广

EM 算法还可以解释为 F 函数（F function）的极大-极大算法（maximization-maximization algorithm），基于这个解释有若干变形与推广，如广义期望极大（generalized expectation maximization，GEM）算法。下面予以介绍。

9.4.1 F函数的极大-极大算法

首先引入 F 函数并讨论其性质。

定义 9.3（F 函数） 假设隐变量数据 Z 的概率分布为 $\tilde{P}(Z)$，定义分布 $\tilde{P}$ 与参数 θ 的函数 $F(\tilde{P}, \theta)$ 如下：

$$F(\tilde{P}, \theta) = E_{\tilde{P}}[\log P(Y, Z|\theta)] + H(\tilde{P}) \tag{9.33}$$

称为 F 函数。式中 $H(\tilde{P}) = -E_{\tilde{P}} \log \tilde{P}(Z)$ 是分布 $\tilde{P}(Z)$ 的熵。

在定义 9.3 中，通常假设 $P(Y, Z|\theta)$ 是 θ 的连续函数，因而 $F(\tilde{P}, \theta)$ 是 $\tilde{P}$ 和 θ 的连续函数。函数 $F(\tilde{P}, \theta)$ 还有以下重要性质。

引理 9.1 对于固定的 θ，存在唯一的分布 $\tilde{P}_\theta$ 极大化 $F(\tilde{P}, \theta)$，这时 $\tilde{P}_\theta$ 由下式给出：

$$\tilde{P}_\theta(Z) = P(Z|Y, \theta) \tag{9.34}$$

并且 $\tilde{P}_\theta$ 随 θ 连续变化。

证明 对于固定的 θ，可以求得使 $F(\tilde{P},\theta)$ 达到极大的分布 $\tilde{P}_\theta(Z)$。为此，引入拉格朗日乘子 λ，拉格朗日函数为

$$L = E_{\tilde{P}} \log P(Y,Z|\theta) - E_{\tilde{P}} \log \tilde{P}(Z) + \lambda \left(1 - \sum_Z \tilde{P}(Z)\right) \tag{9.35}$$

将其对 $\tilde{P}$ 求偏导数：

$$\frac{\partial L}{\partial \tilde{P}(Z)} = \log P(Y,Z|\theta) - \log \tilde{P}(Z) - 1 - \lambda$$

令偏导数等于 0，得出：

$$\lambda = \log P(Y,Z|\theta) - \log \tilde{P}_\theta(Z) - 1$$

由此推导出 $\tilde{P}_\theta(Z)$ 与 $P(Y,Z|\theta)$ 成比例：

$$\frac{P(Y,Z|\theta)}{\tilde{P}_\theta(Z)} = \mathrm{e}^{1+\lambda}$$

再从约束条件 $\sum\limits_Z \tilde{P}_\theta(Z) = 1$ 得式 (9.34)。

由假设 $P(Y,Z|\theta)$ 是 θ 的连续函数得到 $\tilde{P}_\theta$ 是 θ 的连续函数。 ■

引理 9.2 若 $\tilde{P}_\theta(Z) = P(Z|Y,\theta)$，则

$$F(\tilde{P},\theta) = \log P(Y|\theta) \tag{9.36}$$

证明作为习题，留给读者。

由以上引理，可以得到关于 EM 算法用 F 函数的极大-极大算法的解释。

定理 9.3 设 $L(\theta) = \log P(Y|\theta)$ 为观测数据的对数似然函数，$\theta^{(i)}$，$i = 1,2,\cdots$，为 EM 算法得到的参数估计序列，函数 $F(\tilde{P},\theta)$ 由式 (9.33) 定义。如果 $F(\tilde{P},\theta)$ 在 $\tilde{P}^*$ 和 θ^* 有局部极大值，那么 $L(\theta)$ 也在 θ^* 有局部极大值。类似地，如果 $F(\tilde{P},\theta)$ 在 $\tilde{P}^*$ 和 θ^* 达到全局最大值，那么 $L(\theta)$ 也在 θ^* 达到全局最大值。

证明 由引理 9.1 和引理 9.2 可知，$L(\theta) = \log P(Y|\theta) = F(\tilde{P}_\theta,\theta)$ 对任意 θ 成立。特别地，对于使 $F(\tilde{P},\theta)$ 达到极大的参数 θ^*，有

$$L(\theta^*) = F(\tilde{P}_{\theta^*},\theta^*) = F(\tilde{P}^*,\theta^*) \tag{9.37}$$

为了证明 θ^* 是 $L(\theta)$ 的极大点，需要证明不存在接近 θ^* 的点 θ^{**}，使 $L(\theta^{**}) > L(\theta^*)$。假如存在这样的点 θ^{**}，那么应有 $F(\tilde{P}^{**},\theta^{**}) > F(\tilde{P}^*,\theta^*)$，这里 $\tilde{P}^{**} = \tilde{P}_{\theta^{**}}$。但因 $\tilde{P}_\theta$ 是随 θ 连续变化的，$\tilde{P}^{**}$ 应接近 $\tilde{P}^*$，这与 $\tilde{P}^*$ 和 θ^* 是 $F(\tilde{P},\theta)$ 的局部极大点的假设矛盾。

类似可以证明关于全局最大值的结论。 ■

定理 9.4 EM 算法的一次迭代可由 F 函数的极大-极大算法实现。

设 $\theta^{(i)}$ 为第 i 次迭代参数 θ 的估计，$\tilde{P}^{(i)}$ 为第 i 次迭代函数 $\tilde{P}$ 的估计。第 $i+1$ 次迭代的两步如下：

(1) 对固定的 $\theta^{(i)}$，求 $\tilde{P}^{(i+1)}$ 使 $F(\tilde{P},\theta^{(i)})$ 极大化；

(2) 对固定的 $\tilde{P}^{(i+1)}$，求 $\theta^{(i+1)}$ 使 $F(\tilde{P}^{(i+1)},\theta)$ 极大化。

证明 （1）由引理 9.1，对于固定的 $\theta^{(i)}$，

$$\tilde{P}^{(i+1)}(Z)=\tilde{P}_{\theta^{(i)}}(Z)=P(Z|Y,\theta^{(i)})$$

使 $F(\tilde{P},\theta^{(i)})$ 极大化。此时，

$$\begin{aligned}F(\tilde{P}^{(i+1)},\theta)&=E_{\tilde{P}^{(i+1)}}[\log P(Y,Z|\theta)]+H(\tilde{P}^{(i+1)})\\&=\sum_Z \log P(Y,Z|\theta)P(Z|Y,\theta^{(i)})+H(\tilde{P}^{(i+1)})\end{aligned}$$

由 $Q(\theta,\theta^{(i)})$ 的定义式 (9.11) 有

$$F(\tilde{P}^{(i+1)},\theta)=Q(\theta,\theta^{(i)})+H(\tilde{P}^{(i+1)})$$

（2）固定 $\tilde{P}^{(i+1)}$，求 $\theta^{(i+1)}$ 使 $F(\tilde{P}^{(i+1)},\theta)$ 极大化，得到：

$$\theta^{(i+1)}=\arg\max_{\theta}F(\tilde{P}^{(i+1)},\theta)=\arg\max_{\theta}Q(\theta,\theta^{(i)})$$

通过以上两步完成了 EM 算法的一次迭代。由此可知，由 EM 算法与 F 函数的极大-极大算法得到的参数估计序列 $\theta^{(i)}$，$i=1,2,\cdots$，是一致的。 ■

这样，就有 EM 算法的推广。

9.4.2 GEM 算法

算法 9.3（GEM 算法 1）

输入：观测数据，F 函数。

输出：模型参数。

（1）初始化参数 $\theta^{(0)}$，开始迭代；

（2）第 $i+1$ 次迭代，第 1 步：记 $\theta^{(i)}$ 为参数 θ 的估计值，$\tilde{P}^{(i)}$ 为函数 $\tilde{P}$ 的估计，求 $\tilde{P}^{(i+1)}$ 使 $\tilde{P}$ 极大化 $F(\tilde{P},\theta^{(i)})$；

（3）第 2 步：求 $\theta^{(i+1)}$ 使 $F(\tilde{P}^{(i+1)},\theta)$ 极大化；

（4）重复步骤 (2) 和步骤 (3)，直到收敛。 ■

在 GEM 算法 1 中，有时求 $Q(\theta,\theta^{(i)})$ 的极大化是很困难的。下面介绍的 GEM 算法 2 和 GEM 算法 3 并不是直接求 $\theta^{(i+1)}$ 使 $Q(\theta,\theta^{(i)})$ 达到极大的 θ，而是找一个 $\theta^{(i+1)}$ 使得 $Q(\theta^{(i+1)},\theta^{(i)})>Q(\theta^{(i)},\theta^{(i)})$。

算法 9.4（GEM 算法 2）

输入：观测数据，Q 函数。

输出：模型参数。

（1）初始化参数 $\theta^{(0)}$，开始迭代；

（2）第 $i+1$ 次迭代，第 1 步：记 $\theta^{(i)}$ 为参数 θ 的估计值，计算

$$\begin{aligned}Q(\theta,\theta^{(i)})&=E_Z[\log P(Y,Z|\theta)|Y,\theta^{(i)}]\\&=\sum_Z P(Z|Y,\theta^{(i)})\log P(Y,Z|\theta)\end{aligned}$$

（3）第 2 步：求 $\theta^{(i+1)}$ 使

$$Q(\theta^{(i+1)},\theta^{(i)}) > Q(\theta^{(i)},\theta^{(i)})$$

（4）重复步骤 (2) 和步骤 (3)，直到收敛。 ■

当参数 θ 的维数为 d（$d \geqslant 2$）时，可采用一种特殊的 GEM 算法，它将 EM 算法的 M 步分解为 d 次条件极大化，每次只改变参数向量的一个分量，其余分量不改变。

算法 9.5（GEM 算法 3）

输入：观测数据，Q 函数。

输出：模型参数。

（1）初始化参数 $\theta^{(0)} = (\theta_1^{(0)},\theta_2^{(0)},\cdots,\theta_d^{(0)})$，开始迭代；

（2）第 $i+1$ 次迭代，第 1 步：记 $\theta^{(i)}=(\theta_1^{(i)},\theta_2^{(i)},\cdots,\theta_d^{(i)})$ 为参数 $\theta=(\theta_1,\theta_2,\cdots,\theta_d)$ 的估计值，计算

$$\begin{aligned}Q(\theta,\theta^{(i)}) &= E_Z[\log P(Y,Z|\theta)|Y,\theta^{(i)}]\\ &= \sum_Z P(Z|y,\theta^{(i)})\log P(Y,Z|\theta)\end{aligned}$$

（3）第 2 步：进行 d 次条件极大化：首先，在 $\theta_2^{(i)},\cdots,\theta_d^{(i)}$ 保持不变的条件下求使 $Q(\theta,\theta^{(i)})$ 达到极大的 $\theta_1^{(i+1)}$；然后，在 $\theta_1=\theta_1^{(i+1)}$，$\theta_j=\theta_j^{(i)}$，$j=3,4,\cdots,d$ 的条件下求使 $Q(\theta,\theta^{(i)})$ 达到极大的 $\theta_2^{(i+1)}$；如此继续，经过 d 次条件极大化，得到 $\theta^{(i+1)}=(\theta_1^{(i+1)},\theta_2^{(i+1)},\cdots,\theta_d^{(i+1)})$ 使得

$$Q(\theta^{(i+1)},\theta^{(i)}) > Q(\theta^{(i)},\theta^{(i)})$$

（4）重复步骤 (2) 和步骤 (3)，直到收敛。 ■

本章概要

1. EM 算法是含有隐变量的概率模型极大似然估计或极大后验概率估计的迭代算法。含有隐变量的概率模型的数据表示为 $P(Y,Z|\theta)$。这里，Y 是观测变量的数据，Z 是隐变量的数据，θ 是模型参数。EM 算法通过迭代求解观测数据的对数似然函数 $L(\theta)=\log P(Y|\theta)$ 的极大化，实现极大似然估计。每次迭代包括两步：E 步，求期望，即求 $\log P(Y,Z|\theta)$ 关于 $P(Z|Y,\theta^{(i)})$ 的期望：

$$Q(\theta,\theta^{(i)}) = \sum_Z \log P(Y,Z|\theta)P(Z|Y,\theta^{(i)})$$

称为 Q 函数，这里 $\theta^{(i)}$ 是参数的现估计值；M 步，求极大，即极大化 Q 函数得到参数的新估计值：

$$\theta^{(i+1)} = \arg\max_\theta Q(\theta,\theta^{(i)})$$

在构建具体的 EM 算法时，重要的是定义 Q 函数。每次迭代中，EM 算法通过极大化 Q 函数来增大对数似然函数 $L(\theta)$。

2. EM 算法在每次迭代后均提高观测数据的似然函数值，即

$$P(Y|\theta^{(i+1)}) \geqslant P(Y|\theta^{(i)})$$

在一般条件下 EM 算法是收敛的，但不能保证收敛到全局最优。

3. EM 算法应用极其广泛，主要应用于含有隐变量的概率模型的学习。高斯混合模型的参数估计是 EM 算法的一个重要应用，第 10 章将要介绍的隐马尔可夫模型的无监督学习也是 EM 算法的一个重要应用。

4. EM 算法还可以解释为 F 函数的极大-极大算法。EM 算法有许多变形，如 GEM 算法。GEM 算法的特点是每次迭代增加 F 函数值（并不一定是极大化 F 函数），从而增加似然函数值。

继续阅读

EM 算法由 Dempster 等人总结提出 [1]。类似的算法之前已被提出，如 Baum-Welch 算法，但是都没有 EM 算法那么广泛。EM 算法的介绍可参见文献 [2]～文献 [4]。EM 算法收敛性定理的有关证明见文献 [5]。GEM 是由 Neal 与 Hinton 提出的 [6]。

习　题

9.1 如例 9.1 的三硬币模型。假设观测数据不变，试选择不同的初值，例如，$\pi^{(0)}=0.46$，$p^{(0)}=0.55$，$q^{(0)}=0.67$，求模型参数 $\theta=(\pi,p,q)$ 的极大似然估计。

9.2 证明引理 9.2。

9.3 已知观测数据 −67，−48，6，8，14，16，23，24，28，29，41，49，56，60，75，试估计两个分量的高斯混合模型的 5 个参数。

9.4 EM 算法可以用到朴素贝叶斯法的无监督学习，试写出其算法。

参考文献

[1] DEMPSTER A P, LAIRD N M, RUBIN D B. Maximum-likelihood from incomplete data via the EM algorithm[J]. Journal of the Royal Statistic Society (Series B), 1977，39(1): 1–38.

[2] HASTIE T, TIBSHIRANI R, FRIEDMAN J. The elements of statistical learning: data mining, inference, and prediction[M]. 范明，柴玉梅，昝红英，等译. Springer, 2001.

[3] MCLACHLAN G, KRISHNAN T. The EM algorithm and extensions[M]. New York: John Wiley & Sons, 1996.

[4] 茆诗松，王静龙，濮晓龙. 高等数理统计 [M]. 北京：高等教育出版社，1998.

[5] WU C F J. On the convergence properties of the EM algorithm[J]. The Annals of Statistics, 1983, 11: 95–103.

[6] RADFORD N, GEOFFREY H, JORDAN M I. A view of the EM algorithm that justifies incremental, sparse, and other variants[C]//Learning in Graphical Models. Cambridge, MA: MIT Press, 1999: 355–368.

第 10 章　隐马尔可夫模型

隐马尔可夫模型（hidden Markov model, HMM）是可用于标注问题的机器学习模型，描述由隐藏的马尔可夫链随机生成观测序列的过程，属于生成模型。本章首先介绍隐马尔可夫模型的基本概念，然后分别叙述隐马尔可夫模型的概率计算算法、学习算法以及预测算法。隐马尔可夫模型在语音识别、自然语言处理、生物信息、模式识别等领域有着广泛的应用。

10.1　隐马尔可夫模型的基本概念

10.1.1　隐马尔可夫模型的定义

定义 10.1（隐马尔可夫模型）　*隐马尔可夫模型是关于时序的概率模型，描述由一个隐藏的马尔可夫链随机生成不可观测的状态随机序列，再由各个状态生成一个观测从而产生观测随机序列的过程。隐藏的马尔可夫链随机生成的状态的序列称为状态序列（state sequence）；每个状态生成一个观测，而由此产生的观测的随机序列称为观测序列（observation sequence）。序列的每一个位置又可以看作是一个时刻。*

隐马尔可夫模型由初始概率分布、状态转移概率分布以及观测概率分布确定。隐马尔可夫模型的形式定义如下：

设 Q 是所有可能的状态的集合，V 是所有可能的观测的集合：

$$Q=\{q_1,q_2,\cdots,q_N\},\quad V=\{v_1,v_2,\cdots,v_M\}$$

其中，N 是可能的状态数，M 是可能的观测数。

I 是长度为 T 的状态序列，O 是对应的观测序列：

$$I=(i_1,i_2,\cdots,i_T),\quad O=(o_1,o_2,\cdots,o_T)$$

A 是状态转移概率矩阵：

$$A=[a_{ij}]_{N\times N} \tag{10.1}$$

其中，

$$a_{ij}=P(i_{t+1}=q_j|i_t=q_i),\quad i=1,2,\cdots,N,\quad j=1,2,\cdots,N \tag{10.2}$$

是在时刻 t 处于状态 q_i 的条件下在时刻 $t+1$ 转移到状态 q_j 的概率。

B 是观测概率矩阵：

$$B = [b_j(k)]_{N\times M} \tag{10.3}$$

其中，

$$b_j(k) = P(o_t = v_k | i_t = q_j), \quad k = 1,2,\cdots,M, \quad j = 1,2,\cdots,N \tag{10.4}$$

是在时刻 t 处于状态 q_j 的条件下生成观测 v_k 的概率。

π 是初始状态概率向量：

$$\pi = (\pi_i) \tag{10.5}$$

其中，

$$\pi_i = P(i_1 = q_i), \quad i = 1,2,\cdots,N \tag{10.6}$$

是时刻 $t=1$ 处于状态 q_i 的概率。

隐马尔可夫模型由初始状态概率向量 π、状态转移概率矩阵 A 和观测概率矩阵 B 决定。π 和 A 决定状态序列，B 决定观测序列。因此，隐马尔可夫模型 λ 可以用三元符号表示，即

$$\lambda = (A, B, \pi) \tag{10.7}$$

A, B, π 称为隐马尔可夫模型的三要素。

状态转移概率矩阵 A 与初始状态概率向量 π 确定了隐藏的马尔可夫链，生成不可观测的状态序列。观测概率矩阵 B 确定了如何从状态生成观测，与状态序列综合确定了如何产生观测序列。

从定义可知，隐马尔可夫模型作了两个基本假设：

（1）齐次马尔可夫性假设，即假设隐藏的马尔可夫链在任意时刻 t 的状态只依赖于其前一时刻的状态，与其他时刻的状态及观测无关，也与时刻 t 无关：

$$P(i_t | i_{t-1}, o_{t-1}, \cdots, i_1, o_1) = P(i_t | i_{t-1}), \quad t = 1,2,\cdots,T \tag{10.8}$$

（2）观测独立性假设，即假设任意时刻的观测只依赖于该时刻的马尔可夫链的状态，与其他观测及状态无关：

$$P(o_t | i_T, o_T, i_{T-1}, o_{T-1}, \cdots, i_{t+1}, o_{t+1}, i_t, i_{t-1}, o_{t-1}, \cdots, i_1, o_1) = P(o_t | i_t) \tag{10.9}$$

隐马尔可夫模型可以用于标注，这时状态对应着标记。标注问题是给定观测的序列预测其对应的标记序列。可以假设标注问题的数据是由隐马尔可夫模型生成的，这样我们可以利用隐马尔可夫模型的学习与预测算法进行标注。

下面看一个隐马尔可夫模型的例子。

例 10.1（盒子和球模型） 假设有 4 个盒子，每个盒子里都装有红、白两种颜色的球，盒子里的红、白球数由表 10.1 列出。

按照下面的方法抽球，产生一个球的颜色的观测序列：

- 首先，从 4 个盒子里以等概率随机选取 1 个盒子，从这个盒子里随机抽出 1 个球，记录其颜色后，放回。

表 10.1 各盒子的红、白球数

	盒子			
	1	2	3	4
红球数	5	3	6	8
白球数	5	7	4	2

- 然后，从当前盒子随机转移到下一个盒子，规则是：如果当前盒子是盒子 1，那么下一盒子一定是盒子 2；如果当前是盒子 2 或 3，那么分别以概率 0.4 和 0.6 转移到左边或右边的盒子；如果当前是盒子 4，那么各以 0.5 的概率停留在盒子 4 或转移到盒子 3。
- 确定转移的盒子后，再从这个盒子里随机抽出 1 个球，记录其颜色，放回。
- 如此下去，重复进行 5 次，得到一个球的颜色的观测序列：

$$O = (\text{红},\ \text{红},\ \text{白},\ \text{白},\ \text{红})$$

在这个过程中，观察者只能观测到球的颜色的序列，观测不到球是从哪个盒子取出的，即观测不到盒子的序列。

在这个例子中有两个随机序列，一个是盒子的序列（状态序列），一个是球的颜色的观测序列（观测序列）。前者是隐藏的，只有后者是可观测的。这是一个隐马尔可夫模型的例子。根据所给条件，可以明确状态集合、观测集合、序列长度以及模型的三要素。

盒子对应状态，状态的集合是

$$Q = \{\text{盒子 1},\ \text{盒子 2},\ \text{盒子 3},\ \text{盒子 4}\}, \quad N = 4$$

球的颜色对应观测，观测的集合是

$$V = \{\text{红},\ \text{白}\}, \quad M = 2$$

状态序列和观测序列长度 $T = 5$。

初始概率分布为

$$\pi = (0.25,\ 0.25,\ 0.25,\ 0.25)^{\mathrm{T}}$$

状态转移概率分布为

$$A = \begin{bmatrix} 0 & 1 & 0 & 0 \\ 0.4 & 0 & 0.6 & 0 \\ 0 & 0.4 & 0 & 0.6 \\ 0 & 0 & 0.5 & 0.5 \end{bmatrix}$$

观测概率分布为

$$B = \begin{bmatrix} 0.5 & 0.5 \\ 0.3 & 0.7 \\ 0.6 & 0.4 \\ 0.8 & 0.2 \end{bmatrix}$$

■

10.1.2 观测序列的生成过程

根据隐马尔可夫模型定义，可以将一个长度为 T 的观测序列 $O=(o_1,o_2,\cdots,o_T)$ 的生成过程描述如下。

算法 10.1（**观测序列的生成**）

输入：隐马尔可夫模型 $\lambda=(A,B,\pi)$，观测序列长度 T。

输出：观测序列 $O=(o_1,o_2,\cdots,o_T)$。

（1）按照初始状态分布 π 产生状态 i_1；

（2）令 $t=1$；

（3）按照状态 i_t 的观测概率分布 $b_{i_t}(k)$ 生成 o_t；

（4）按照状态 i_t 的状态转移概率分布 $\{a_{i_ti_{t+1}}\}$ 产生状态 i_{t+1}，$i_{t+1}=1,2,\cdots,N$；

（5）令 $t=t+1$，如果 $t<T$，转步骤 (3)；否则，终止。 ■

10.1.3 隐马尔可夫模型的 3 个基本问题

隐马尔可夫模型有 3 个基本问题：

（1）概率计算问题。给定模型 $\lambda=(A,B,\pi)$ 和观测序列 $O=(o_1,o_2,\cdots,o_T)$，计算在模型 λ 下观测序列 O 出现的概率 $P(O|\lambda)$。

（2）学习问题。已知观测序列 $O=(o_1,o_2,\cdots,o_T)$，估计模型 $\lambda=(A,B,\pi)$ 参数，使得在该模型下观测序列概率 $P(O|\lambda)$ 最大，即用极大似然估计的方法估计参数。

（3）预测问题，也称为解码（decoding）问题。已知模型 $\lambda=(A,B,\pi)$ 和观测序列 $O=(o_1,o_2,\cdots,o_T)$，求对给定观测序列条件概率 $P(I|O)$ 最大的状态序列 $I=(i_1,i_2,\cdots,i_T)$。即给定观测序列，求最有可能的对应的状态序列。

下面各节将逐一介绍这些基本问题的解法。

10.2 概率计算算法

本节介绍计算观测序列概率 $P(O|\lambda)$ 的前向（forward）与后向（backward）算法。先介绍概念上可行但计算上不可行的直接计算法。

10.2.1 直接计算法

给定模型 $\lambda=(A,B,\pi)$ 和观测序列 $O=(o_1,o_2,\cdots,o_T)$，计算观测序列 O 出现的概率 $P(O|\lambda)$。最直接的方法是按概率公式直接计算。通过列举所有可能的长度为 T 的状态序列 $I=(i_1,i_2,\cdots,i_T)$，求各个状态序列 I 与观测序列 $O=(o_1,o_2,\cdots,o_T)$ 的联合概率 $P(O,I|\lambda)$，然后对所有可能的状态序列求和，得到 $P(O|\lambda)$。

状态序列 $I=(i_1,i_2,\cdots,i_T)$ 的概率是

$$P(I|\lambda)=\pi_{i_1}a_{i_1i_2}a_{i_2i_3}\cdots a_{i_{T-1}i_T} \tag{10.10}$$

对固定的状态序列 $I=(i_1,i_2,\cdots,i_T)$，观测序列 $O=(o_1,o_2,\cdots,o_T)$ 的概率是

$$P(O|I,\lambda)=b_{i_1}(o_1)b_{i_2}(o_2)\cdots b_{i_T}(o_T) \tag{10.11}$$

O 和 I 同时出现的联合概率为

$$\begin{aligned}P(O,I|\lambda)&=P(O|I,\lambda)P(I|\lambda)\\&=\pi_{i_1}b_{i_1}(o_1)a_{i_1i_2}b_{i_2}(o_2)\cdots a_{i_{T-1}i_T}b_{i_T}(o_T)\end{aligned} \tag{10.12}$$

然后，对所有可能的状态序列 I 求和，得到观测序列 O 的概率 $P(O|\lambda)$，即

$$\begin{aligned}P(O|\lambda)&=\sum_I P(O|I,\lambda)P(I|\lambda)\\&=\sum_{i_1,i_2,\cdots,i_T}\pi_{i_1}b_{i_1}(o_1)a_{i_1i_2}b_{i_2}(o_2)\cdots a_{i_{T-1}i_T}b_{i_T}(o_T)\end{aligned} \tag{10.13}$$

但是，利用公式 (10.13) 计算量很大，是 $O(TN^{\mathrm{T}})$ 阶的，这种算法不可行。

下面介绍计算观测序列概率 $P(O|\lambda)$ 的有效算法——前向-后向算法（forward-backward algorithm）。

10.2.2 前向算法

首先定义前向概率。

定义 10.2（前向概率） 给定隐马尔可夫模型 λ，定义到时刻 t 部分观测序列为 $o_1,o_2,\cdots,o_t$ 且状态为 q_i 的概率为前向概率，记作

$$\alpha_t(i)=P(o_1,o_2,\cdots,o_t,i_t=q_i|\lambda) \tag{10.14}$$

可以递推地求得前向概率 $\alpha_t(i)$ 及观测序列概率 $P(O|\lambda)$。

算法 10.2（观测序列概率的前向算法）

输入：隐马尔可夫模型 λ，观测序列 O。

输出：观测序列概率 $P(O|\lambda)$。

（1）初值

$$\alpha_1(i)=\pi_ib_i(o_1),\quad i=1,2,\cdots,N \tag{10.15}$$

（2）递推

对 $t=1,2,\cdots,T-1$，有

$$\alpha_{t+1}(i)=\left[\sum_{j=1}^N\alpha_t(j)a_{ji}\right]b_i(o_{t+1}),\quad i=1,2,\cdots,N \tag{10.16}$$

（3）终止

$$P(O|\lambda)=\sum_{i=1}^N\alpha_T(i) \tag{10.17}$$

■

在前向算法中，步骤（1）初始化前向概率，是初始时刻的状态 $i_1 = q_i$ 和观测 o_1 的联合概率。步骤（2）是前向概率的递推公式，计算到时刻 $t+1$ 部分观测序列为 $o_1, o_2, \cdots, o_t, o_{t+1}$ 且在时刻 $t+1$ 处于状态 q_i 的前向概率，如图 10.1 所示。在式 (10.16) 的方括号里，既然 $\alpha_t(j)$ 是到时刻 t 观测到 $o_1, o_2, \cdots, o_t$ 并在时刻 t 处于状态 q_j 的前向概率，那么乘积 $\alpha_t(j)a_{ji}$ 就是到时刻 t 观测到 $o_1, o_2, \cdots, o_t$ 并在时刻 t 处于状态 q_j 而在时刻 $t+1$ 到达状态 q_i 的联合概率。对这个乘积在时刻 t 的所有可能的 N 个状态 q_j 求和，其结果就是到时刻 t 观测为 $o_1, o_2, \cdots, o_t$ 并在时刻 $t+1$ 处于状态 q_i 的联合概率。方括号里的值与观测概率 $b_i(o_{t+1})$ 的乘积恰好是到时刻 $t+1$ 观测到 $o_1, o_2, \cdots, o_t, o_{t+1}$ 并在时刻 $t+1$ 处于状态 q_i 的前向概率 $\alpha_{t+1}(i)$。步骤（3）给出 $P(O|\lambda)$ 的计算公式。因为

$$\alpha_T(i) = P(o_1, o_2, \cdots, o_T, i_T = q_i|\lambda)$$

所以

$$P(O|\lambda) = \sum_{i=1}^{N} \alpha_T(i)$$

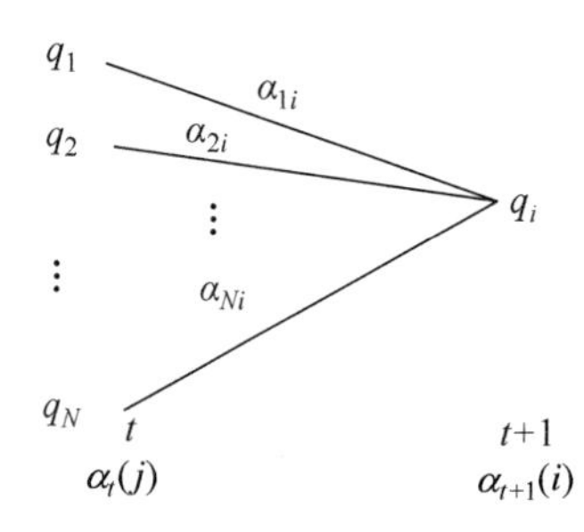

图 10.1 前向概率的递推公式

如图 10.2 所示，前向算法实际是基于“状态序列的路径结构”递推计算 $P(O|\lambda)$ 的算法。前向算法高效的关键是其局部计算前向概率，然后利用路径结构将前向概率“递推”到全局，得到 $P(O|\lambda)$。具体地，在时刻 $t=1$，计算 $\alpha_1(i)$ 的 N 个值 $(i = 1, 2, \cdots, N)$；在各个时刻 $t = 1, 2, \cdots, T-1$，计算 $\alpha_{t+1}(i)$ 的 N 个值 $(i = 1, 2, \cdots, N)$，而且每个 $\alpha_{t+1}(i)$ 的计算利用前一时刻的 N 个 $\alpha_t(j)$。减少计算量的原因在于每一次计算直接引用前一个时刻的计算结果，避免重复计算。这样，利用前向概率计算 $P(O|\lambda)$ 的计算量是 $O(N^2T)$ 阶的，而不是直接计算的 $O(TN^T)$ 阶。

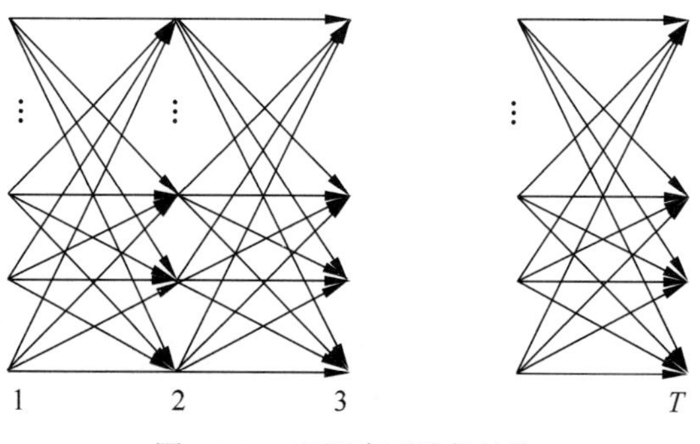

图 10.2 观测序列路径结构

例 10.2 考虑盒子和球模型 $\lambda=(A,B,\pi)$，状态集合 $Q=\{1,2,3\}$，观测集合 $V=\{红, 白\}$，

$$A=\begin{bmatrix}0.5&0.2&0.3\\0.3&0.5&0.2\\0.2&0.3&0.5\end{bmatrix},\quad B=\begin{bmatrix}0.5&0.5\\0.4&0.6\\0.7&0.3\end{bmatrix},\quad \pi=\begin{bmatrix}0.2\\0.4\\0.4\end{bmatrix}$$

设 $T=3$，$O=(红, 白, 红)$，试用前向算法计算 $P(O|\lambda)$。

解 按照算法 10.2：

（1）计算初值

$$\alpha_1(1)=\pi_1b_1(o_1)=0.10$$

$$\alpha_1(2)=\pi_2b_2(o_1)=0.16$$

$$\alpha_1(3)=\pi_3b_3(o_1)=0.28$$

（2）递推计算

$$\alpha_2(1)=\left[\sum_{i=1}^{3}\alpha_1(i)a_{i1}\right]b_1(o_2)=0.154\times0.5=0.077$$

$$\alpha_2(2)=\left[\sum_{i=1}^{3}\alpha_1(i)a_{i2}\right]b_2(o_2)=0.184\times0.6=0.1104$$

$$\alpha_2(3)=\left[\sum_{i=1}^{3}\alpha_1(i)a_{i3}\right]b_3(o_2)=0.202\times0.3=0.0606$$

$$\alpha_3(1)=\left[\sum_{i=1}^{3}\alpha_2(i)a_{i1}\right]b_1(o_3)=0.04187$$

$$\alpha_3(2)=\left[\sum_{i=1}^{3}\alpha_2(i)a_{i2}\right]b_2(o_3)=0.03551$$

$$\alpha_3(3)=\left[\sum_{i=1}^{3}\alpha_2(i)a_{i3}\right]b_3(o_3)=0.05284$$

（3）终止

$$P(O|\lambda)=\sum_{i=1}^{3}\alpha_3(i)=0.13022$$ ■

10.2.3 后向算法

定义 10.3（后向概率） 给定隐马尔可夫模型 λ，定义在时刻 t 状态为 q_i 的条件下，从 $t+1$ 到 T 的部分观测序列为 $o_{t+1},o_{t+2},\cdots,o_T$ 的概率为后向概率，记作

$$\beta_t(i) = P(o_{t+1}, o_{t+2}, \cdots, o_T | i_t = q_i, \lambda) \tag{10.18}$$

可以用递推的方法求得后向概率 $\beta_t(i)$ 及观测序列概率 $P(O|\lambda)$。

算法 10.3（观测序列概率的后向算法）

输入：隐马尔可夫模型 λ，观测序列 O。

输出：观测序列概率 $P(O|\lambda)$。

（1）

$$\beta_T(i) = 1, \quad i = 1, 2, \cdots, N \tag{10.19}$$

（2）对 $t = T-1, T-2, \cdots, 1$，

$$\beta_t(i) = \sum_{j=1}^{N} a_{ij} b_j(o_{t+1}) \beta_{t+1}(j), \quad i = 1, 2, \cdots, N \tag{10.20}$$

（3）

$$P(O|\lambda) = \sum_{i=1}^{N} \pi_i b_i(o_1) \beta_1(i) \tag{10.21}$$

■

步骤（1）初始化后向概率，对最终时刻的所有状态 q_i 规定 $\beta_T(i) = 1$。步骤（2）是后向概率的递推公式。如图 10.3 所示，为了计算在时刻 t 状态为 q_i 条件下时刻 $t+1$ 之后的观测序列为 $o_{t+1}, o_{t+2}, \cdots, o_T$ 的后向概率 $\beta_t(i)$，只需考虑在时刻 $t+1$ 所有可能的 N 个状态 q_j 的转移概率（即 a_{ij} 项），以及在此状态下的观测 o_{t+1} 的观测概率（即 $b_j(o_{t+1})$ 项），然后考虑状态 q_j 之后的观测序列的后向概率（即 $\beta_{t+1}(j)$ 项）。步骤（3）求 $P(O|\lambda)$ 的思路与步骤（2）一致，只是初始概率 π_i 代替转移概率。

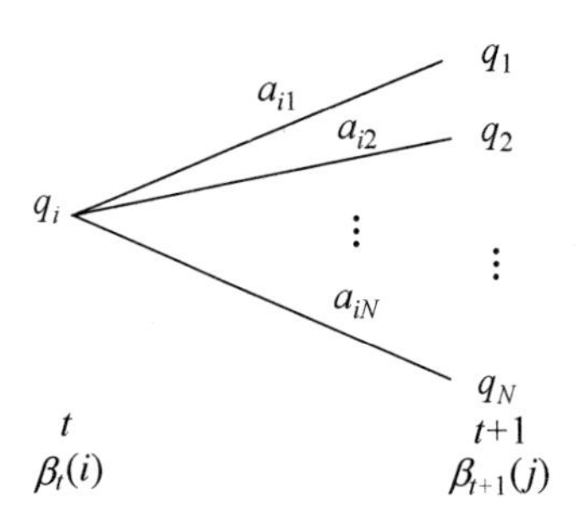

图 10.3 后向概率递推公式

利用前向概率和后向概率的定义可以将观测序列概率 $P(O|\lambda)$ 统一写成

$$P(O|\lambda) = \sum_{i=1}^{N} \sum_{j=1}^{N} \alpha_t(i) a_{ij} b_j(o_{t+1}) \beta_{t+1}(j), \quad t = 1, 2, \cdots, T-1 \tag{10.22}$$

10.2.4 一些概率与期望值的计算

利用前向概率和后向概率，可以得到关于单个状态和两个状态概率的计算公式。

1. 给定模型 λ 和观测 O，在时刻 t 处于状态 q_i 的概率。记

$$\gamma_t(i) = P(i_t = q_i | O, \lambda) \tag{10.23}$$

可以通过前向概率和后向概率计算。事实上，

$$\gamma_t(i) = P(i_t = q_i | O, \lambda) = \frac{P(i_t = q_i, O | \lambda)}{P(O | \lambda)}$$

由前向概率 $\alpha_t(i)$ 和后向概率 $\beta_t(i)$ 定义可知：

$$\alpha_t(i)\beta_t(i) = P(i_t = q_i, O | \lambda)$$

于是得到：

$$\gamma_t(i) = \frac{\alpha_t(i)\beta_t(i)}{P(O|\lambda)} = \frac{\alpha_t(i)\beta_t(i)}{\displaystyle\sum_{j=1}^{N} \alpha_t(j)\beta_t(j)} \tag{10.24}$$

2. 给定模型 λ 和观测 O，在时刻 t 处于状态 q_i 且在时刻 $t+1$ 处于状态 q_j 的概率。记

$$\xi_t(i,j) = P(i_t = q_i, i_{t+1} = q_j | O, \lambda) \tag{10.25}$$

可以通过前向概率和后向概率计算：

$$\xi_t(i,j) = \frac{P(i_t = q_i, i_{t+1} = q_j, O|\lambda)}{P(O|\lambda)} = \frac{P(i_t = q_i, i_{t+1} = q_j, O|\lambda)}{\displaystyle\sum_{i=1}^{N}\sum_{j=1}^{N} P(i_t = q_i, i_{t+1} = q_j, O|\lambda)}$$

而

$$P(i_t = q_i, i_{t+1} = q_j, O|\lambda) = \alpha_t(i) a_{ij} b_j(o_{t+1}) \beta_{t+1}(j)$$

所以

$$\xi_t(i,j) = \frac{\alpha_t(i) a_{ij} b_j(o_{t+1}) \beta_{t+1}(j)}{\displaystyle\sum_{i=1}^{N}\sum_{j=1}^{N} \alpha_t(i) a_{ij} b_j(o_{t+1}) \beta_{t+1}(j)} \tag{10.26}$$

3. 将 $\gamma_t(i)$ 和 $\xi_t(i,j)$ 对各个时刻 t 求和，可以得到一些有用的期望值。

（1）在观测 O 下状态 i 出现的期望值：

$$\sum_{t=1}^{T} \gamma_t(i) \tag{10.27}$$

（2）在观测 O 下由状态 i 转移的期望值：

$$\sum_{t=1}^{T-1} \gamma_t(i) \tag{10.28}$$

（3）在观测 O 下由状态 i 转移到状态 j 的期望值：

$$\sum_{t=1}^{T-1} \xi_t(i,j) \tag{10.29}$$

10.3 学习算法

根据训练数据是包括观测序列和对应的状态序列还是只有观测序列，隐马尔可夫模型的学习可以分别由监督学习与无监督学习实现。本节首先介绍监督学习算法，而后介绍无监督学习算法——Baum-Welch 算法（也就是 EM 算法）。

10.3.1 监督学习方法

假设已给训练数据包含 S 个长度相同的观测序列和对应的状态序列 $\{(O_1, I_1), (O_2, I_2), \cdots, (O_S, I_S)\}$，那么可以利用极大似然估计法来估计隐马尔可夫模型的参数。具体方法如下。

1. 转移概率 a_{ij} 的估计

设样本中时刻 t 处于状态 i 而时刻 $t+1$ 转移到状态 j 的频数为 A_{ij}，那么状态转移概率 a_{ij} 的估计是

$$\hat{a}_{ij} = \frac{A_{ij}}{\sum_{j=1}^{N} A_{ij}}, \quad i = 1, 2, \cdots, N, \quad j = 1, 2, \cdots, N \tag{10.30}$$

2. 观测概率 $b_j(k)$ 的估计

设样本中状态为 j 并观测为 k 的频数是 B_{jk}，那么状态为 j、观测为 k 的概率 $b_j(k)$ 的估计是

$$\hat{b}_j(k) = \frac{B_{jk}}{\sum_{k=1}^{M} B_{jk}}, \quad j = 1, 2, \cdots, N, \quad k = 1, 2, \cdots, M \tag{10.31}$$

3. 初始状态概率 π_i 的估计 $\hat{\pi}_i$ 为 S 个样本中初始状态为 q_i 的频率

由于监督学习需要使用标注的训练数据，而人工标注训练数据往往代价很高，有时就会利用无监督学习的方法。

10.3.2 Baum-Welch 算法

假设给定训练数据只包含 S 个长度为 T 的观测序列 $\{O_1, O_2, \cdots, O_S\}$ 而没有对应的状态序列，目标是学习隐马尔可夫模型 $\lambda = (A, B, \pi)$ 的参数。我们将观测序列数据看作观测数据 O，状态序列数据看作不可观测的隐数据 I，那么隐马尔可夫模型事实上是一个含有隐变量的概率模型：

$$P(O|\lambda) = \sum_{I} P(O|I, \lambda) P(I|\lambda) \tag{10.32}$$

它的参数学习可以由 EM 算法实现。

1. 确定完全数据的对数似然函数

所有观测数据写成 $O=(o_1,o_2,\cdots,o_T)$，所有隐数据写成 $I=(i_1,i_2,\cdots,i_T)$，完全数据是 $(O,I)=(o_1,o_2,\cdots,o_T,i_1,i_2,\cdots,i_T)$。完全数据的对数似然函数是 $\log P(O,I|\lambda)$。

2. EM 算法的 E 步：求 Q 函数 $Q(\lambda,\bar{\lambda})$ [①]

$$Q(\lambda,\bar{\lambda})=\sum_I \log P(O,I|\lambda)P(O,I|\bar{\lambda}) \tag{10.33}$$

其中，$\bar{\lambda}$ 是隐马尔可夫模型参数的当前估计值，λ 是要极大化的隐马尔可夫模型参数。

$$P(O,I|\lambda)=\pi_{i_1}b_{i_1}(o_1)a_{i_1i_2}b_{i_2}(o_2)\cdots a_{i_{T-1}i_T}b_{i_T}(o_T)$$

于是函数 $Q(\lambda,\bar{\lambda})$ 可以写成

$$\begin{aligned}Q(\lambda,\bar{\lambda})=&\sum_I \log\pi_{i_1}P(O,I|\bar{\lambda})+\sum_I\left(\sum_{t=1}^{T-1}\log a_{i_ti_{t+1}}\right)P(O,I|\bar{\lambda})+\\&\sum_I\left(\sum_{t=1}^{T}\log b_{i_t}(o_t)\right)P(O,I|\bar{\lambda})\end{aligned} \tag{10.34}$$

式中求和都是对所有数据的序列总长度 T 进行的。

3. EM 算法的 M 步：极大化 Q 函数 $Q(\lambda,\bar{\lambda})$ 求模型参数 A,B,π

由于要极大化的参数在式 (10.34) 中单独地出现在 3 个项中，所以只需对各项分别极大化。

（1）式 (10.34) 的第 1 项可以写成

$$\sum_I \log\pi_{i_1}P(O,I|\bar{\lambda})=\sum_{i=1}^{N}\log\pi_iP(O,i_1=i|\bar{\lambda})$$

注意到 π_i 满足约束条件 $\sum_{i=1}^{N}\pi_i=1$，利用拉格朗日乘子法，写出拉格朗日函数：

$$\sum_{i=1}^{N}\log\pi_iP(O,i_1=i|\bar{\lambda})+\gamma\left(\sum_{i=1}^{N}\pi_i-1\right)$$

对其求偏导数并令结果为 0：

$$\frac{\partial}{\partial\pi_i}\left[\sum_{i=1}^{N}\log\pi_iP(O,i_1=i|\bar{\lambda})+\gamma\left(\sum_{i=1}^{N}\pi_i-1\right)\right]=0 \tag{10.35}$$

得：

$$P(O,i_1=i|\bar{\lambda})+\gamma\pi_i=0$$

---

① 按照 Q 函数的定义

$$Q(\lambda,\bar{\lambda})=E_I[\log P(O,I|\lambda)|O,\bar{\lambda}]$$

式 (10.33) 略去了对 λ 而言的常数因子 $1/P(O|\bar{\lambda})$。

对 i 求和得到 γ:

$$\gamma = -P(O|\bar{\lambda})$$

代入式 (10.35) 即得:

$$\pi_i = \frac{P(O, i_1 = i|\bar{\lambda})}{P(O|\bar{\lambda})} \tag{10.36}$$

（2）式 (10.34) 的第 2 项可以写成

$$\sum_I \left(\sum_{t=1}^{T-1} \log a_{i_t i_{t+1}} \right) P(O, I|\bar{\lambda}) = \sum_{i=1}^N \sum_{j=1}^N \sum_{t=1}^{T-1} \log a_{ij} P(O, i_t = i, i_{t+1} = j|\bar{\lambda})$$

类似第 1 项，应用具有约束条件 $\sum_{j=1}^N a_{ij} = 1$ 的拉格朗日乘子法可以求出:

$$a_{ij} = \frac{\sum_{t=1}^{T-1} P(O, i_t = i, i_{t+1} = j|\bar{\lambda})}{\sum_{t=1}^{T-1} P(O, i_t = i|\bar{\lambda})} \tag{10.37}$$

（3）式 (10.34) 的第 3 项为

$$\sum_I \left(\sum_{t=1}^T \log b_{i_t}(o_t) \right) P(O, I|\bar{\lambda}) = \sum_{j=1}^N \sum_{t=1}^T \log b_j(o_t) P(O, i_t = j|\bar{\lambda})$$

同样用拉格朗日乘子法，约束条件是 $\sum_{k=1}^M b_j(k) = 1$。注意，只有在 $o_t = v_k$ 时 $b_j(o_t)$ 对 $b_j(k)$ 的偏导数才不为 0，以 $I(o_t = v_k)$ 表示。求得:

$$b_j(k) = \frac{\sum_{t=1}^T P(O, i_t = j|\bar{\lambda}) I(o_t = v_k)}{\sum_{t=1}^T P(O, i_t = j|\bar{\lambda})} \tag{10.38}$$

10.3.3 Baum-Welch 模型参数估计公式

将式 (10.36)~式 (10.38) 中的各概率分别用 $\gamma_t(i)$，$\xi_t(i, j)$ 表示，则可将相应的公式写成

$$a_{ij} = \frac{\sum_{t=1}^{T-1} \xi_t(i, j)}{\sum_{t=1}^{T-1} \gamma_t(i)} \tag{10.39}$$

$$b_j(k)=\frac{\sum\limits_{t=1,o_t=v_k}^{T}\gamma_t(j)}{\sum\limits_{t=1}^{T}\gamma_t(j)} \tag{10.40}$$

$$\pi_i=\gamma_1(i) \tag{10.41}$$

其中，$\gamma_t(i)$，$\xi_t(i,j)$ 分别由式 (10.24) 及式 (10.26) 给出。式 (10.39)~式 (10.41) 就是 Baum-Welch 算法（Baum-Welch algorithm），它是 EM 算法在隐马尔可夫模型学习中的具体实现，由 Baum 和 Welch 提出。

算法 10.4（Baum-Welch 算法）

输入：观测数据 $O=(o_1,o_2,\cdots,o_T)$。

输出：隐马尔可夫模型参数。

（1）初始化。对 $n=0$，选取 $a_{ij}^{(0)}$，$b_j(k)^{(0)}$，$\pi_i^{(0)}$，得到模型 $\lambda^{(0)}=(A^{(0)},B^{(0)},\pi^{(0)})$。

（2）递推。对 $n=1,2,\cdots$，

$$a_{ij}^{(n+1)}=\frac{\sum\limits_{t=1}^{T-1}\xi_t(i,j)}{\sum\limits_{t=1}^{T-1}\gamma_t(i)}$$

$$b_j(k)^{(n+1)}=\frac{\sum\limits_{t=1,o_t=v_k}^{T}\gamma_t(j)}{\sum\limits_{t=1}^{T}\gamma_t(j)}$$

$$\pi_i^{(n+1)}=\gamma_1(i)$$

右端各值按观测 $O=(o_1,o_2,\cdots,o_T)$ 和模型 $\lambda^{(n)}=(A^{(n)},B^{(n)},\pi^{(n)})$ 计算。式中 $\gamma_t(i)$，$\xi_t(i,j)$ 由式 (10.24) 和式 (10.26) 给出。

（3）终止。得到模型参数 $\lambda^{(n+1)}=(A^{(n+1)},B^{(n+1)},\pi^{(n+1)})$。 ■

10.4 预 测 算 法

下面介绍隐马尔可夫模型预测的两种算法：近似算法与维特比算法（Viterbi algorithm）。

10.4.1 近似算法

近似算法的想法是：在每个时刻 t 选择在该时刻最有可能出现的状态 i_t^*，从而得到一个状态序列 $I^*=(i_1^*,i_2^*,\cdots,i_T^*)$，将它作为预测的结果。

给定隐马尔可夫模型 λ 和观测序列 O，在时刻 t 处于状态 q_i 的概率 $\gamma_t(i)$ 是

$$\gamma_t(i)=\frac{\alpha_t(i)\beta_t(i)}{P(O|\lambda)}=\frac{\alpha_t(i)\beta_t(i)}{\sum\limits_{j=1}^{N}\alpha_t(j)\beta_t(j)} \tag{10.42}$$

在每一时刻 t 最有可能的状态 i_t^* 是

$$i_t^*=\arg\max_{1\leqslant i\leqslant N}[\gamma_t(i)],\quad t=1,2,\cdots,T \tag{10.43}$$

从而得到状态序列 $I^*=(i_1^*,i_2^*,\cdots,i_T^*)$。

近似算法的优点是计算简单，其缺点是不能保证预测的状态序列整体是最有可能的状态序列，因为预测的状态序列可能有实际不发生的部分。事实上，上述方法得到的状态序列中有可能存在转移概率为 0 的相邻状态，即对某些 i,j, $a_{ij}=0$ 时。尽管如此，近似算法仍然是有用的。

10.4.2 维特比算法

维特比算法实际是用动态规划（dynamic programming）解隐马尔可夫模型预测问题，即用动态规划求概率最大路径（最优路径）。这时一条路径对应着一个状态序列。

根据动态规划原理，最优路径具有这样的特性：如果最优路径在时刻 t 通过结点 i_t^*，那么这一路径从结点 i_t^* 到终点 i_T^* 的部分路径对于从 i_t^* 到 i_T^* 的所有可能的部分路径来说，必须是最优的。因为假如不是这样，那么从 i_t^* 到 i_T^* 就有另一条更好的部分路径存在，如果把它和从 i_1^* 到 i_t^* 的部分路径连接起来，就会形成一条比原来的路径更优的路径，这是矛盾的。依据这一原理，我们只需从时刻 $t=1$ 开始，递推地计算在时刻 t 状态为 i 的各条部分路径的最大概率，直至得到时刻 $t=T$ 时状态为 i 的各条路径的最大概率。时刻 $t=T$ 的最大概率即为最优路径的概率 P^*，最优路径的终结点 i_T^* 也同时得到。之后，为了找出最优路径的各个结点，从终结点 i_T^* 开始，由后向前逐步求得结点 $i_{T-1}^*,i_{T-2}^*,\cdots,i_1^*$，得到最优路径 $I^*=(i_1^*,i_2^*,\cdots,i_T^*)$。这就是维特比算法。

首先导入两个变量 δ 和 $\varPsi$。定义在时刻 t 状态为 i 的所有单个路径 $(i_1,i_2,\cdots,i_t)$ 中概率最大值为

$$\delta_t(i)=\max_{i_1,i_2,\cdots,i_{t-1}}P(i_t=i,i_{t-1},\cdots,i_1,o_t,\cdots,o_1|\lambda),\quad i=1,2,\cdots,N \tag{10.44}$$

由定义可得变量 δ 的递推公式：

$$\begin{aligned}\delta_{t+1}(i)&=\max_{i_1,i_2,\cdots,i_t}P(i_{t+1}=i,i_t,\cdots,i_1,o_{t+1},\cdots,o_1|\lambda)\\&=\max_{1\leqslant j\leqslant N}[\delta_t(j)a_{ji}]b_i(o_{t+1}),\quad i=1,2,\cdots,N,\quad t=1,2,\cdots,T-1\end{aligned} \tag{10.45}$$

定义在时刻 t 状态为 i 的所有单个路径 $(i_1,i_2,\cdots,i_{t-1},i)$ 中概率最大的路径的第 $t-1$ 个结点为

$$\varPsi_t(i)=\arg\max_{1\leqslant j\leqslant N}[\delta_{t-1}(j)a_{ji}],\quad i=1,2,\cdots,N \tag{10.46}$$

下面介绍维特比算法。

算法 10.5（维特比算法）

输入：模型 $\lambda=(A,B,\pi)$ 和观测 $O=(o_1,o_2,\cdots,o_T)$。

输出：最优路径 $I^*=(i_1^*,i_2^*,\cdots,i_T^*)$。

（1）初始化。

$$\delta_1(i)=\pi_i b_i(o_1),\quad i=1,2,\cdots,N$$

$$\Psi_1(i)=0,\quad i=1,2,\cdots,N$$

（2）递推。对 $t=2,3,\cdots,T$，

$$\delta_t(i)=\max_{1\leqslant j\leqslant N}[\delta_{t-1}(j)a_{ji}]b_i(o_t),\quad i=1,2,\cdots,N$$

$$\Psi_t(i)=\arg\max_{1\leqslant j\leqslant N}[\delta_{t-1}(j)a_{ji}],\quad i=1,2,\cdots,N$$

（3）终止。

$$P^*=\max_{1\leqslant i\leqslant N}\delta_T(i)$$

$$i_T^*=\arg\max_{1\leqslant i\leqslant N}[\delta_T(i)]$$

（4）最优路径回溯。对 $t=T-1,T-2,\cdots,1$，

$$i_t^*=\Psi_{t+1}(i_{t+1}^*)$$

求得最优路径 $I^*=(i_1^*,i_2^*,\cdots,i_T^*)$。 ■

下面通过一个例子来说明维特比算法。

例 10.3 对例 10.2 的模型 $\lambda=(A,B,\pi)$，

$$A=\begin{bmatrix}0.5 & 0.2 & 0.3\\0.3 & 0.5 & 0.2\\0.2 & 0.3 & 0.5\end{bmatrix},\quad B=\begin{bmatrix}0.5 & 0.5\\0.4 & 0.6\\0.7 & 0.3\end{bmatrix},\quad \pi=\begin{bmatrix}0.2\\0.4\\0.4\end{bmatrix}$$

已知观测序列 $O=$(红，白，红)，试求最优状态序列，即最优路径 $I^*=(i_1^*,i_2^*,i_3^*)$。

解 如图 10.4 所示，要在所有可能的路径中选择一条最优路径，按照以下步骤处理：

（1）初始化。在 $t=1$ 时，对每一个状态 i，$i=1,2,3$，求状态为 i、观测 o_1 为红的概率，记此概率为 $\delta_1(i)$，则

$$\delta_1(i)=\pi_i b_i(o_1)=\pi_i b_i(\text{红}),\quad i=1,2,3$$

代入实际数据

$$\delta_1(1)=0.10,\quad \delta_1(2)=0.16,\quad \delta_1(3)=0.28$$

记 $\Psi_1(i)=0$，$i=1,2,3$。

（2）在 $t=2$ 时，对每个状态 i，$i=1,2,3$，求在 $t=1$ 时状态为 j、观测为红并在 $t=2$ 时状态为 i、观测 o_2 为白的路径的最大概率，记此最大概率为 $\delta_2(i)$，则

$$\delta_2(i)=\max_{1\leqslant j\leqslant 3}[\delta_1(j)a_{ji}]b_i(o_2)$$

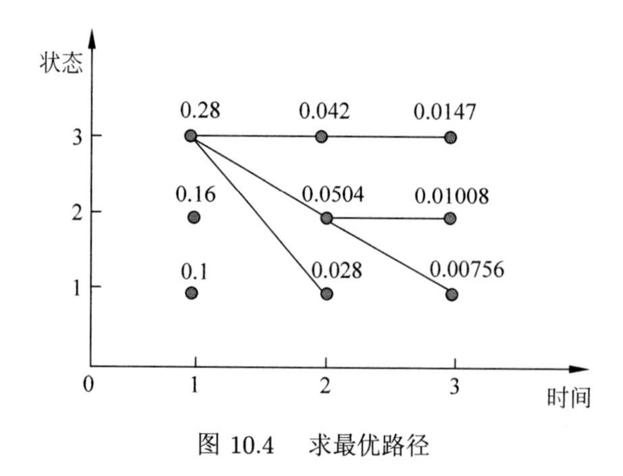

图 10.4 求最优路径

同时，对每个状态 i，$i=1,2,3$，记录概率最大路径的前一个状态 j：

$$\Psi_2(i)=\arg\max_{1\leqslant j\leqslant 3}[\delta_1(j)a_{ji}],\quad i=1,2,3$$

计算：

$$\begin{aligned}
\delta_2(1)&=\max_{1\leqslant j\leqslant 3}[\delta_1(j)a_{j1}]b_1(o_2)\\
&=\max_{j}\{0.10\times 0.5,0.16\times 0.3,0.28\times 0.2\}\times 0.5\\
&=0.028\\
\Psi_2(1)&=3\\
\delta_2(2)&=0.0504\\
\Psi_2(2)&=3\\
\delta_2(3)&=0.042\\
\Psi_2(3)&=3
\end{aligned}$$

同样，在 $t=3$ 时，

$$\begin{aligned}
&\delta_3(i)=\max_{1\leqslant j\leqslant 3}[\delta_2(j)a_{ji}]b_i(o_3)\\
&\Psi_3(i)=\arg\max_{1\leqslant j\leqslant 3}[\delta_2(j)a_{ji}]\\
&\delta_3(1)=0.00756\\
&\Psi_3(1)=2\\
&\delta_3(2)=0.01008\\
&\Psi_3(2)=2\\
&\delta_3(3)=0.0147\\
&\Psi_3(3)=3
\end{aligned}$$

（3）以 P^* 表示最优路径的概率，则

$$P^*=\max_{1\leqslant i\leqslant 3}\delta_3(i)=0.0147$$

最优路径的终点是 i_3^*：

$$i_3^* = \arg\max_i \delta_3(i) = 3$$

（4）由最优路径的终点 i_3^*，逆向找到 i_2^*, i_1^*：

$$\text{当}\, t=2\,\text{时}, \quad i_2^* = \Psi_3(i_3^*) = \Psi_3(3) = 3$$
$$\text{当}\, t=1\,\text{时}, \quad i_1^* = \Psi_2(i_2^*) = \Psi_2(3) = 3$$

于是求得最优路径，即最优状态序列 $I^* = (i_1^*, i_2^*, i_3^*) = (3,3,3)$。 ■

本章概要

1. 隐马尔可夫模型是关于时序的概率模型，描述由一个隐藏的马尔可夫链随机生成不可观测的状态的序列，再由各个状态随机生成一个观测从而产生观测序列的过程。

隐马尔可夫模型由初始状态概率向量 π、状态转移概率矩阵 A 和观测概率矩阵 B 决定。因此，隐马尔可夫模型可以写成 $\lambda = (A, B, \pi)$。

隐马尔可夫模型是一个生成模型，表示状态序列和观测序列的联合分布，但是状态序列是隐藏的，不可观测的。

隐马尔可夫模型可以用于标注，这时状态对应着标记。标注问题是指给定观测序列预测其对应的标记序列。

2. 概率计算问题。给定模型 $\lambda = (A, B, \pi)$ 和观测序列 $O = (o_1, o_2, \cdots, o_T)$，计算在模型 λ 下观测序列 O 出现的概率 $P(O|\lambda)$。前向-后向算法通过递推地计算前向-后向概率可以高效地进行隐马尔可夫模型的概率计算。

3. 学习问题。已知观测序列 $O = (o_1, o_2, \cdots, o_T)$，估计模型 $\lambda = (A, B, \pi)$ 参数，使得在该模型下观测序列概率 $P(O|\lambda)$ 最大。即用极大似然估计的方法估计参数。Baum-Welch 算法，也就是 EM 算法可以高效地对隐马尔可夫模型进行训练。它是一种无监督学习算法。

4. 预测问题。已知模型 $\lambda = (A, B, \pi)$ 和观测序列 $O = (o_1, o_2, \cdots, o_T)$，求对给定观测序列条件概率 $P(I|O)$ 最大的状态序列 $I = (i_1, i_2, \cdots, i_T)$。维特比算法应用动态规划高效地求解最优路径，即概率最大的状态序列。

继续阅读

隐马尔可夫模型的介绍可参见文献 [1] 和文献 [2]，特别地，文献 [1] 是经典的介绍性论文。关于 Baum-Welch 算法可参见文献 [3] 和文献 [4]。可以认为概率上下文无关文法（probabilistic context-free grammar）是隐马尔可夫模型的一种推广，隐马尔可夫模型的不可观测数据是状态序列，而概率上下文无关文法的不可观测数据是上下文无关文法树 [5]。动态贝叶斯网络（dynamic Bayesian network）是定义在时序数据上的贝叶斯网络，它包含隐马尔可夫模型，是一种特例 [6]。

习 题

10.1 给定盒子和球组成的隐马尔可夫模型 $\lambda=(A,B,\pi)$，其中，

$$A=\begin{bmatrix}0.5 & 0.2 & 0.3\\ 0.3 & 0.5 & 0.2\\ 0.2 & 0.3 & 0.5\end{bmatrix},\quad B=\begin{bmatrix}0.5 & 0.5\\ 0.4 & 0.6\\ 0.7 & 0.3\end{bmatrix},\quad \pi=(0.2,\ 0.4,\ 0.4)^{\mathrm{T}}$$

设 $T=4$，$O=$(红, 白, 红, 白)，试用后向算法计算 $P(O|\lambda)$。

10.2 考虑盒子和球组成的隐马尔可夫模型 $\lambda=(A,B,\pi)$，其中，

$$A=\begin{bmatrix}0.5 & 0.1 & 0.4\\ 0.3 & 0.5 & 0.2\\ 0.2 & 0.2 & 0.6\end{bmatrix},\quad B=\begin{bmatrix}0.5 & 0.5\\ 0.4 & 0.6\\ 0.7 & 0.3\end{bmatrix},\quad \pi=(0.2,\ 0.3,\ 0.5)^{\mathrm{T}}$$

设 $T=8$，$O=$(红, 白, 红, 红, 白, 红, 白, 白)，用前向-后向概率计算 $P(i_4=q_3\,|O,\lambda)$。

10.3 在习题 10.1 中，试用维特比算法求最优路径 $I^*=(i_1^*,i_2^*,i_3^*,i_4^*)$。

10.4 试用前向概率和后向概率推导

$$P(O|\lambda)=\sum_{i=1}^{N}\sum_{j=1}^{N}\alpha_t(i)a_{ij}b_j(o_{t+1})\beta_{t+1}(j),\quad t=1,2,\cdots,T-1$$

10.5 比较维特比算法中变量 δ 的计算和前向算法中变量 α 的计算的主要区别。

参考文献

[1] RABINER L, JUANG B. An introduction to hidden Markov Models[J]. IEEE ASSP Magazine, 1986, 3(1): 4–16.

[2] RABINER L. A tutorial on hidden Markov models and selected applications in speech recognition[J]. Proceedings of IEEE, 1989, 77(2): 257–286.

[3] BAUM L, et al. A maximization technique occuring in the statistical analysis of probabilistic functions of Markov chains[J]. Annals of Mathematical Statistics, 1970, 41: 164–171.

[4] BILMES J A. A gentle tutorial of the EM algorithm and its application to parameter estimation for Gaussian mixture and hidden Markov models[Z/OL]. http://ssli.ee.washington.edu/~bilmes/mypubs/bilmes1997-em.pdf.

[5] LARI K, YOUNG S J. Applications of stochastic context-free grammars using the Inside-Outside algorithm[J]. Computer Speech & Language, 1991, 5(3): 237–257.

[6] GHAHRAMANI Z. Learning dynamic Bayesian networks[J]. Lecture Notes in Computer Science, 1997, 1387: 168–197.

第 11 章 条件随机场

条件随机场（conditional random field, CRF）是给定一组输入随机变量条件下另一组输出随机变量的条件概率分布模型，其特点是假设输出随机变量构成马尔可夫随机场。条件随机场可以用于不同的预测问题，本书仅论及它在标注问题的应用。因此主要讲述线性链（linear chain）条件随机场，这时，问题变成了由输入序列对输出序列预测的判别模型，形式为对数线性模型，其学习方法通常是极大似然估计或正则化的极大似然估计。线性链条件随机场应用于标注问题是由 Lafferty 等人于 2001 年提出的。

本章首先介绍概率无向图模型，然后叙述条件随机场的定义和各种表示方法，最后介绍条件随机场的 3 个基本问题：概率计算问题、学习问题和预测问题。

11.1 概率无向图模型

概率无向图模型（probabilistic undirected graphical model）又称为马尔可夫随机场（Markov random field），是一个可以由无向图表示的联合概率分布。本节首先叙述概率无向图模型的定义，然后介绍概率无向图模型的因子分解。

11.1.1 模型定义

图（graph）是由结点（node）及连接结点的边（edge）组成的集合。结点和边分别记作 v 和 e，结点和边的集合分别记作 V 和 E，图记作 $G=(V,E)$。无向图是指边没有方向的图。

概率图模型（probabilistic graphical model）是由图表示的概率分布。设有联合概率分布 $P(Y)$，$Y\in\mathcal{Y}$ 是一组随机变量。由无向图 $G=(V,E)$ 表示概率分布 $P(Y)$，即在图 G 中，结点 $v\in V$ 表示一个随机变量 Y_v，$Y=(Y_v)_{v\in V}$；边 $e\in E$ 表示随机变量之间的概率依赖关系。

给定一个联合概率分布 $P(Y)$ 和表示它的无向图 G。首先定义无向图表示的随机变量之间存在的成对马尔可夫性（pairwise Markov property）、局部马尔可夫性（local Markov property）和全局马尔可夫性（global Markov property）。

成对马尔可夫性：设 u 和 v 是无向图 G 中任意两个没有边连接的结点，结点 u 和 v 分别对应随机变量 Y_u 和 Y_v。其他所有结点为 O，对应的随机变量组是 Y_O。成对马尔可夫性是指给定随机变量组 Y_O 的条件下随机变量 Y_u 和 Y_v 是条件独立的，即

$$P(Y_u,Y_v|Y_O)=P(Y_u|Y_O)P(Y_v|Y_O) \tag{11.1}$$

局部马尔可夫性：设 $v \in V$ 是无向图 G 中任意一个结点，W 是与 v 有边连接的所有结点，O 是 v 和 W 以外的其他所有结点。v 表示的随机变量是 Y_v，W 表示的随机变量组是 Y_W，O 表示的随机变量组是 Y_O。局部马尔可夫性是指在给定随机变量组 Y_W 的条件下随机变量 Y_v 与随机变量组 Y_O 是独立的，即

$$P(Y_v, Y_O|Y_W) = P(Y_v|Y_W)P(Y_O|Y_W) \tag{11.2}$$

在 $P(Y_O|Y_W) > 0$ 时，等价地，

$$P(Y_v|Y_W) = P(Y_v|Y_W, Y_O) \tag{11.3}$$

图 11.1 表示由式 (11.2) 或式 (11.3) 所示的局部马尔可夫性。

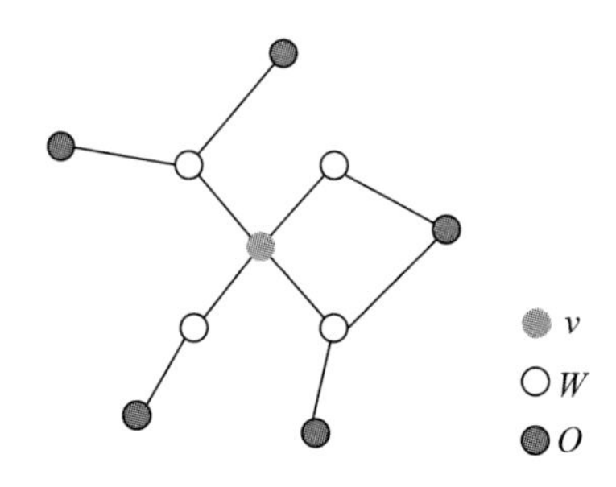

图 11.1 局部马尔可夫性

全局马尔可夫性：设结点集合 A，B 是在无向图 G 中被结点集合 C 分开的任意结点集合，如图 11.2 所示。结点集合 A，B 和 C 所对应的随机变量组分别是 Y_A，Y_B 和 Y_C。全局马尔可夫性是指给定随机变量组 Y_C 条件下随机变量组 Y_A 和 Y_B 是条件独立的，即

$$P(Y_A, Y_B|Y_C) = P(Y_A|Y_C)P(Y_B|Y_C) \tag{11.4}$$

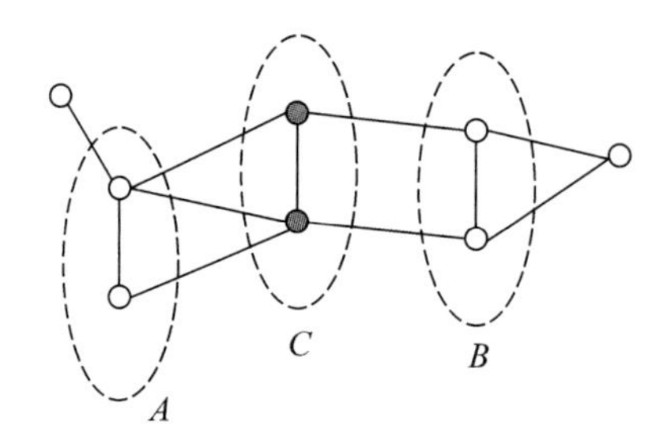

图 11.2 全局马尔可夫性

上述成对的、局部的、全局的马尔可夫性定义是等价的 [2]。

下面定义概率无向图模型。

定义 11.1（概率无向图模型） 设有联合概率分布 $P(Y)$，由无向图 $G = (V, E)$ 表示，在图 G 中，结点表示随机变量，边表示随机变量之间的依赖关系。如果联合概率分布 $P(Y)$ 满足成对、局部或全局马尔可夫性，就称此联合概率分布为概率无向图模型（probabilistic undirected graphical model）或马尔可夫随机场（Markov random field）。

以上是概率无向图模型的定义，实际上，我们更关心的是如何求其联合概率分布。对给

定的概率无向图模型，我们希望将整体的联合概率写成若干子联合概率的乘积的形式，也就是将联合概率进行因子分解，这样便于模型的学习与计算。事实上，概率无向图模型的最大特点就是易于因子分解。下面介绍这一结果。

11.1.2 概率无向图模型的因子分解

首先给出无向图中的团与最大团的定义。

定义 11.2（团与最大团） 无向图 G 中任何两个结点均有边连接的结点子集称为团（clique）。若 C 是无向图 G 的一个团，并且不能再加进任何一个 G 的结点使其成为一个更大的团，则称此 C 为最大团（maximal clique）。

图 11.3 表示由 4 个结点组成的无向图。图中由两个结点组成的团有 5 个：$\{Y_1,Y_2\}$，$\{Y_2,Y_3\}$，$\{Y_3,Y_4\}$，$\{Y_4,Y_2\}$ 和 $\{Y_1,Y_3\}$。有两个最大团：$\{Y_1,Y_2,Y_3\}$ 和 $\{Y_2,Y_3,Y_4\}$。而 $\{Y_1,Y_2,Y_3,Y_4\}$ 不是一个团，因为 Y_1 和 Y_4 没有边连接。

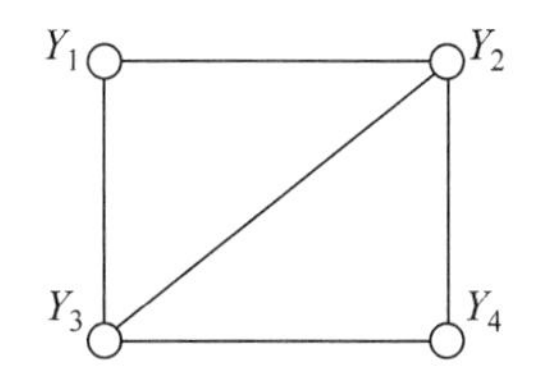

图 11.3 无向图的团和最大团

将概率无向图模型的联合概率分布表示为其最大团上的随机变量的函数的乘积形式的操作，称为概率无向图模型的因子分解（factorization）。

给定概率无向图模型，设其无向图为 G，C 为 G 上的最大团，Y_C 表示 C 对应的随机变量。那么概率无向图模型的联合概率分布 $P(Y)$ 可写作图中所有最大团 C 上的函数 $\Psi_C(Y_C)$ 的乘积形式，即

$$P(Y)=\frac{1}{Z}\prod_{C}\Psi_C(Y_C) \tag{11.5}$$

其中，Z 是规范化因子（normalization factor），由式

$$Z=\sum_{Y}\prod_{C}\Psi_C(Y_C) \tag{11.6}$$

给出。规范化因子保证 $P(Y)$ 构成一个概率分布。函数 $\Psi_C(Y_C)$ 称为势函数（potential function）。这里要求势函数 $\Psi_C(Y_C)$ 是严格正的，通常定义为指数函数：

$$\Psi_C(Y_C)=\exp(-E(Y_C)) \tag{11.7}$$

概率无向图模型的因子分解由下述定理来保证。

定理 11.1（Hammersley-Clifford 定理） 概率无向图模型的联合概率分布 $P(Y)$ 可以表示为如下形式：

$$P(Y)=\frac{1}{Z}\prod_{C}\Psi_C(Y_C)$$

$$Z = \sum_{Y} \prod_{C} \Psi_C(Y_C)$$

其中，C 是无向图的最大团，Y_C 是 C 的结点对应的随机变量，$\Psi_C(Y_C)$ 是 C 上定义的严格正函数，乘积是在无向图所有的最大团上进行的。 ■

11.2 条件随机场的定义与形式

11.2.1 条件随机场的定义

条件随机场（conditional random field）是给定随机变量 X 条件下，随机变量 Y 的马尔可夫随机场。这里主要介绍定义在线性链上的特殊的条件随机场，称为线性链条件随机场（linear chain conditional random field）。线性链条件随机场可以用于标注等问题。这时，在条件概率模型 $P(Y|X)$ 中，Y 是输出变量，表示标记序列，X 是输入变量，表示需要标注的观测序列。也把标记序列称为状态序列（参见隐马尔可夫模型）。学习时，利用训练数据集通过极大似然估计或正则化的极大似然估计得到条件概率模型 $\hat{P}(Y|X)$；预测时，对于给定的输入序列 x，求出条件概率 $\hat{P}(y|x)$ 最大的输出序列 $\hat{y}$。

首先定义一般的条件随机场，然后定义线性链条件随机场。

定义 11.3（条件随机场） 设 X 与 Y 是随机变量，$P(Y|X)$ 是在给定 X 的条件下 Y 的条件概率分布。若随机变量 Y 构成一个由无向图 $G=(V,E)$ 表示的马尔可夫随机场，即

$$P(Y_v|X, Y_w, w \neq v) = P(Y_v|X, Y_w, w \sim v) \tag{11.8}$$

对任意结点 v 成立，则称条件概率分布 $P(Y|X)$ 为条件随机场。式中 $w \sim v$ 表示在图 $G=(V,E)$ 中与结点 v 有边连接的所有结点 w，$w \neq v$ 表示结点 v 以外的所有结点，Y_v，Y_u 与 Y_w 为结点 v，u 与 w 对应的随机变量。

在定义中并没有要求 X 和 Y 具有相同的结构。现实中，一般假设 X 和 Y 有相同的图结构。本书主要考虑无向图为如图 11.4 与图 11.5 所示的线性链的情况，即

$$G = (V = \{1, 2, \cdots, n\},\ E = \{(i, i+1)\}), \quad i = 1, 2, \cdots, n-1$$

在此情况下，$X = (X_1, X_2, \cdots, X_n)$，$Y = (Y_1, Y_2, \cdots, Y_n)$，最大团是相邻两个结点的集合。线性链条件随机场有下面的定义。

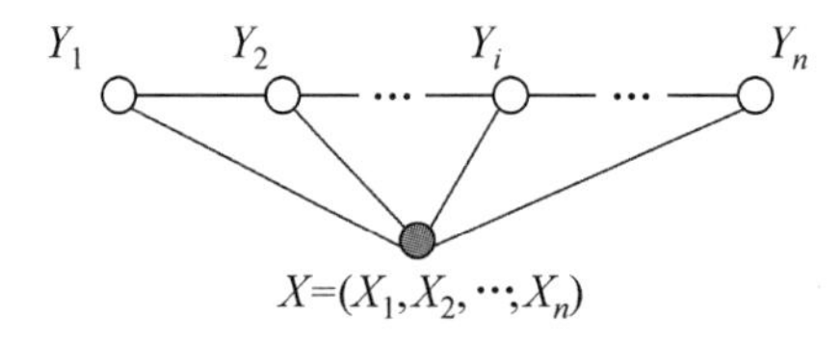

图 11.4 线性链条件随机场

定义 11.4（线性链条件随机场） 设 $X = (X_1, X_2, \cdots, X_n)$，$Y = (Y_1, Y_2, \cdots, Y_n)$ 均为线性链表示的随机变量序列，若在给定随机变量序列 X 的条件下，随机变量序列 Y 的条件

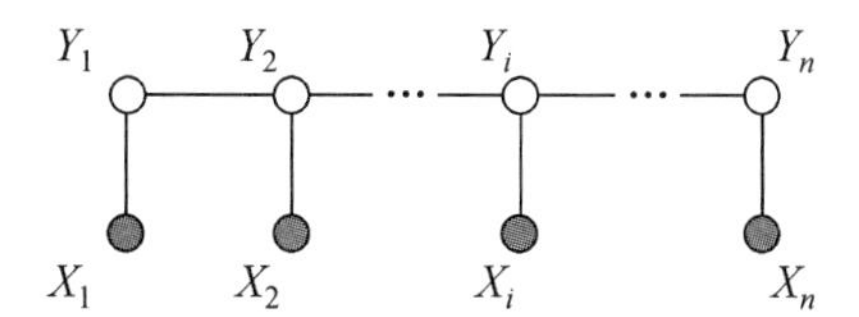

图 11.5 X 和 Y 有相同的图结构的线性链条件随机场

概率分布 $P(Y|X)$ 构成条件随机场，即满足马尔可夫性

$$P(Y_i|X,Y_1,\cdots,Y_{i-1},Y_{i+1},\cdots,Y_n)=P(Y_i|X,Y_{i-1},Y_{i+1}),$$

$$i=1,2,\cdots,n(\text{在 } i=1 \text{ 和 } i=n \text{ 时只考虑单边}) \tag{11.9}$$

则称 $P(Y|X)$ 为线性链条件随机场。在标注问题中，X 表示输入观测序列，Y 表示对应的输出标记序列或状态序列。

11.2.2 条件随机场的参数化形式

根据定理 11.1，可以给出线性链条件随机场 $P(Y|X)$ 的因子分解式，各因子是定义在相邻两个结点（最大团）上的势函数。

定理 11.2（线性链条件随机场的参数化形式） 设 $P(Y|X)$ 为线性链条件随机场，则在随机变量 X 取值为 x 的条件下，随机变量 Y 取值为 y 的条件概率具有如下形式：

$$P(y|x)=\frac{1}{Z(x)}\exp\left(\sum_{i,k}\lambda_k t_k(y_{i-1},y_i,x,i)+\sum_{i,l}\mu_l s_l(y_i,x,i)\right) \tag{11.10}$$

其中，

$$Z(x)=\sum_y \exp\left(\sum_{i,k}\lambda_k t_k(y_{i-1},y_i,x,i)+\sum_{i,l}\mu_l s_l(y_i,x,i)\right) \tag{11.11}$$

式中，t_k 和 s_l 是特征函数，λ_k 和 μ_l 是对应的权值，$Z(x)$ 是规范化因子，求和是在所有可能的输出序列上进行的。

式 (11.10) 和式 (11.11) 是线性链条件随机场模型的基本形式，表示给定输入序列 x，对输出序列 y 预测的条件概率。在式 (11.10) 和式 (11.11) 中，t_k 是定义在边上的特征函数，称为转移特征，依赖于当前和前一个位置；s_l 是定义在结点上的特征函数，称为状态特征，依赖于当前位置。t_k 和 s_l 都依赖于位置，是局部特征函数。通常，特征函数 t_k 和 s_l 取值为 1 或 0；当满足特征条件时取值为 1，否则为 0。条件随机场完全由特征函数 t_k，s_l 和对应的权值 λ_k，μ_l 确定。

线性链条件随机场也是对数线性模型（log linear model）。

下面看一个简单的例子。

例 11.1 设有一标注问题：输入观测序列为 $X=(X_1,X_2,X_3)$，输出标记序列为 $Y=(Y_1,Y_2,Y_3)$，Y_1,Y_2,Y_3 取值于 $\mathcal{Y}=\{1,2\}$。

假设特征 t_k,s_l 和对应的权值 λ_k,μ_l 如下：

$$t_1 = t_1(y_{i-1} = 1, y_i = 2, x, i), \quad i = 2, 3, \quad \lambda_1 = 1$$

这里只注明特征取值为 1 的条件，取值为 0 的条件省略，即

$$t_1(y_{i-1}, y_i, x, i) = \begin{cases} 1, & y_{i-1} = 1, y_i = 2, x, i, (i = 2, 3) \\ 0, & \text{其他} \end{cases}$$

下同。

$$\begin{aligned}
&t_2 = t_2(y_1 = 1, y_2 = 1, x, 2), && \lambda_2 = 0.6 \\
&t_3 = t_3(y_2 = 2, y_3 = 1, x, 3), && \lambda_3 = 1 \\
&t_4 = t_4(y_1 = 2, y_2 = 1, x, 2), && \lambda_4 = 1 \\
&t_5 = t_5(y_2 = 2, y_3 = 2, x, 3), && \lambda_5 = 0.2 \\
&s_1 = s_1(y_1 = 1, x, 1), && \mu_1 = 1 \\
&s_2 = s_2(y_i = 2, x, i), i = 1, 2, && \mu_2 = 0.5 \\
&s_3 = s_3(y_i = 1, x, i), i = 2, 3, && \mu_3 = 0.8 \\
&s_4 = s_4(y_3 = 2, x, 3), && \mu_4 = 0.5
\end{aligned}$$

对给定的观测序列 x，求标记序列为 $y = (y_1, y_2, y_3) = (1, 2, 2)$ 的非规范化条件概率（即没有除以规范化因子的条件概率）。

解 由式 (11.10)，线性链条件随机场模型为

$$P(y|x) \propto \exp\left[\sum_{k=1}^{5} \lambda_k \sum_{i=2}^{3} t_k(y_{i-1}, y_i, x, i) + \sum_{k=1}^{4} \mu_k \sum_{i=1}^{3} s_k(y_i, x, i)\right]$$

对给定的观测序列 x，标记序列 $y = (1, 2, 2)$ 的非规范化条件概率为

$$P(y_1 = 1, y_2 = 2, y_3 = 2|x) \propto \exp(3.2)$$

■

11.2.3 条件随机场的简化形式

条件随机场还可以由简化形式表示。注意到条件随机场 (式 (11.10)) 中同一特征在各个位置都有定义，可以对同一个特征在各个位置求和，将局部特征函数转化为一个全局特征函数，这样就可以将条件随机场写成权值向量和特征向量的内积形式，即条件随机场的简化形式。

为简便起见，首先将转移特征和状态特征及其权值用统一的符号表示。设有 K_1 个转移特征，K_2 个状态特征，$K = K_1 + K_2$，记

$$f_k(y_{i-1}, y_i, x, i) = \begin{cases} t_k(y_{i-1}, y_i, x, i), & k = 1, 2, \cdots, K_1 \\ s_l(y_i, x, i), & k = K_1 + l, \quad l = 1, 2, \cdots, K_2 \end{cases} \tag{11.12}$$

然后，对转移特征与状态特征在各个位置 i 求和，记作

$$f_k(y,x)=\sum_{i=1}^{n} f_k(y_{i-1},y_i,x,i),\quad k=1,2,\cdots,K \tag{11.13}$$

用 w_k 表示特征 $f_k(y,x)$ 的权值，即

$$w_k=\begin{cases}\lambda_k, & k=1,2,\cdots,K_1\\ \mu_l, & k=K_1+l,\ \ l=1,2,\cdots,K_2\end{cases} \tag{11.14}$$

于是，条件随机场 (式 (11.10)~式 (11.11)) 可表示为

$$P(y|x)=\frac{1}{Z(x)}\exp\sum_{k=1}^{K} w_k f_k(y,x) \tag{11.15}$$

$$Z(x)=\sum_{y}\exp\sum_{k=1}^{K} w_k f_k(y,x) \tag{11.16}$$

若以 w 表示权值向量，即

$$w=(w_1,w_2,\cdots,w_K)^{\mathrm{T}} \tag{11.17}$$

以 $F(y,x)$ 表示全局特征向量，即

$$F(y,x)=(f_1(y,x),f_2(y,x),\cdots,f_K(y,x))^{\mathrm{T}} \tag{11.18}$$

则条件随机场可以写成向量 w 与 $F(y,x)$ 的内积的形式：

$$P_w(y|x)=\frac{\exp\left(w\bullet F(y,x)\right)}{Z_w(x)} \tag{11.19}$$

其中，

$$Z_w(x)=\sum_{y}\exp\left(w\bullet F(y,x)\right) \tag{11.20}$$

11.2.4 条件随机场的矩阵形式

条件随机场还可以由矩阵表示。假设 $P_w(y|x)$ 是由式 (11.15)~式 (11.16) 给出的线性链条件随机场，表示对给定观测序列 x，相应的标记序列 y 的条件概率。对每个标记序列引进特殊的起点和终点状态标记 $y_0=\text{start}$ 和 $y_{n+1}=\text{stop}$，这时标注序列的概率 $P_w(y|x)$ 可以通过矩阵形式表示并有效计算。

对观测序列 x 的每一个位置 $i=1,2,\cdots,n+1$，由于 y_{i-1} 和 y_i 在 m 个标记中取值，可以定义一个 m 阶矩阵随机变量：

$$M_i(x)=(M_i(y_{i-1},y_i|x)) \tag{11.21}$$

矩阵随机变量的元素为

$$M_i(y_{i-1},y_i|x)=\exp\left(W_i(y_{i-1},y_i|x)\right) \tag{11.22}$$

$$W_i(y_{i-1}, y_i|x) = \sum_{k=1}^{K} w_k f_k(y_{i-1}, y_i, x, i) \tag{11.23}$$

这里 w_k 和 f_k 分别由式 (11.14) 和式 (11.12) 给出，y_{i-1} 和 y_i 是标记随机变量 Y_{i-1} 和 Y_i 的取值。

这样，给定观测序列 x，相应标记序列 y 的非规范化概率可以通过该序列 $n+1$ 个矩阵的适当元素的乘积 $\prod_{i=1}^{n+1} M_i(y_{i-1}, y_i|x)$ 表示。于是，条件概率 $P_w(y|x)$ 是

$$P_w(y|x) = \frac{1}{Z_w(x)} \prod_{i=1}^{n+1} M_i(y_{i-1}, y_i|x) \tag{11.24}$$

其中，$Z_w(x)$ 为规范化因子，是 $n+1$ 个矩阵的乘积的 (start, stop) 元素，即

$$Z_w(x) = (M_1(x)M_2(x)\cdots M_{n+1}(x))_{\text{start,stop}} \tag{11.25}$$

注意，$y_0 = \text{start}$ 与 $y_{n+1} = \text{stop}$ 表示开始状态与终止状态，规范化因子 $Z_w(x)$ 是以 start 为起点、stop 为终点通过状态的所有路径 $y_1 y_2 \cdots y_n$ 的非规范化概率 $\prod_{i=1}^{n+1} M_i(y_{i-1}, y_i|x)$ 之和。下面的例子说明了这一事实。

例 11.2 给定一个由图 11.6 所示的线性链条件随机场，观测序列 x，状态序列 y，$i = 1, 2, 3$，$n = 3$，标记 $y_i \in \{1, 2\}$，假设 $y_0 = \text{start} = 1$，$y_4 = \text{stop} = 1$，各个位置的随机矩阵 $M_1(x)$，$M_2(x)$，$M_3(x)$，$M_4(x)$ 分别是

$$M_1(x) = \begin{bmatrix} a_{01} & a_{02} \\ 0 & 0 \end{bmatrix}, \quad M_2(x) = \begin{bmatrix} b_{11} & b_{12} \\ b_{21} & b_{22} \end{bmatrix}$$

$$M_3(x) = \begin{bmatrix} c_{11} & c_{12} \\ c_{21} & c_{22} \end{bmatrix}, \quad M_4(x) = \begin{bmatrix} 1 & 0 \\ 1 & 0 \end{bmatrix}$$

试求状态序列 y 以 start 为起点、stop 为终点的所有路径的非规范化概率及规范化因子。

解 首先计算图 11.6 中从 start 到 stop 对应于 $y = (1,1,1)$，$y = (1,1,2)$，$\cdots$，$y = (2,2,2)$ 各路径的非规范化概率分别是

$$a_{01}b_{11}c_{11}, \quad a_{01}b_{11}c_{12}, \quad a_{01}b_{12}c_{21}, \quad a_{01}b_{12}c_{22}$$

$$a_{02}b_{21}c_{11}, \quad a_{02}b_{21}c_{12}, \quad a_{02}b_{22}c_{21}, \quad a_{02}b_{22}c_{22}$$

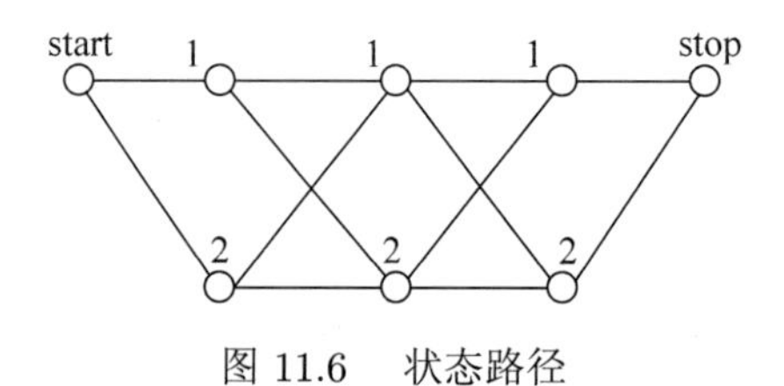

图 11.6 状态路径

然后按式 (11.25) 求规范化因子。通过计算矩阵乘积 $M_1(x)M_2(x)M_3(x)M_4(x)$ 可知，其第 1 行第 1 列的元素为

$$a_{01}b_{11}c_{11}+a_{02}b_{21}c_{11}+a_{01}b_{12}c_{21}+a_{02}b_{22}c_{22}+a_{01}b_{11}c_{12}+a_{02}b_{21}c_{12}+a_{01}b_{12}c_{22}+a_{02}b_{22}c_{21}$$

恰好等于从 start 到 stop 的所有路径的非规范化概率之和，即规范化因子 $Z(x)$。 ■

11.3 条件随机场的概率计算问题

条件随机场的概率计算问题是给定条件随机场 $P(Y|X)$、输入序列 x 和输出序列 y，计算条件概率 $P(Y_i=y_i|x)$，$P(Y_{i-1}=y_{i-1},Y_i=y_i|x)$ 以及相应的数学期望的问题。为了方便起见，像隐马尔可夫模型那样，引进前向-后向向量，递归地计算以上概率及期望值。这样的算法也称为前向-后向算法。

11.3.1 前向-后向算法

对每个指标 $i=0,1,\cdots,n+1$，定义前向向量 $\alpha_i(x)$：

$$\alpha_0(y|x)=\begin{cases}1, & y=\text{start}\\ 0, & \text{否则}\end{cases} \tag{11.26}$$

递推公式为

$$\alpha_i^{\mathrm{T}}(y_i|x)=\alpha_{i-1}^{\mathrm{T}}(y_{i-1}|x)(M_i(y_{i-1},y_i|x)),\quad i=1,2,\cdots,n+1 \tag{11.27}$$

又可表示为

$$\alpha_i^{\mathrm{T}}(x)=\alpha_{i-1}^{\mathrm{T}}(x)M_i(x) \tag{11.28}$$

$\alpha_i(y_i|x)$ 表示在位置 i 的标记是 y_i 并且从 1 到 i 的前部分标记序列的非规范化概率，y_i 可取的值有 m 个，所以 $\alpha_i(x)$ 是 m 维列向量。

同样，对每个指标 $i=0,1,\cdots,n+1$，定义后向向量 $\beta_i(x)$：

$$\beta_{n+1}(y_{n+1}|x)=\begin{cases}1, & y_{n+1}=\text{stop}\\ 0, & \text{否则}\end{cases} \tag{11.29}$$

$$\beta_i(y_i|x)=(M_{i+1}(y_i,y_{i+1}|x))\beta_{i+1}(y_{i+1}|x) \tag{11.30}$$

又可表示为

$$\beta_i(x)=M_{i+1}(x)\beta_{i+1}(x) \tag{11.31}$$

$\beta_i(y_i|x)$ 表示在位置 i 的标记为 y_i 并且从 $i+1$ 到 n 的后部分标记序列的非规范化概率。

11.3.2 概率计算

按照前向-后向向量的定义，很容易计算标记序列在位置 i 是标记 y_i 的条件概率和在位

置 $i-1$ 与 i 是标记 y_{i-1} 和 y_i 的条件概率：

$$P(Y_i=y_i|x)=\frac{\alpha_i^{\mathrm{T}}(y_i|x)\beta_i(y_i|x)}{Z(x)} \tag{11.32}$$

$$P(Y_{i-1}=y_{i-1},Y_i=y_i|x)=\frac{\alpha_{i-1}^{\mathrm{T}}(y_{i-1}|x)M_i(y_{i-1},y_i|x)\beta_i(y_i|x)}{Z(x)} \tag{11.33}$$

其中，

$$Z(x)=\alpha_n^{\mathrm{T}}(x)\boldsymbol{1}=\boldsymbol{1}^{\mathrm{T}}\beta_1(x)$$

$\boldsymbol{1}$ 是元素均为 1 的 m 维列向量。

11.3.3 期望值的计算

利用前向-后向向量，可以计算特征函数关于联合分布 $P(X,Y)$ 和条件分布 $P(Y|X)$ 的数学期望。

特征函数 f_k 关于条件分布 $P(Y|X)$ 的数学期望是

$$\begin{aligned}E_{P(Y|X)}[f_k]&=\sum_y P(y|x)f_k(y,x)\\&=\sum_{i=1}^{n+1}\sum_{y_{i-1}y_i}f_k(y_{i-1},y_i,x,i)\frac{\alpha_{i-1}^{\mathrm{T}}(y_{i-1}|x)M_i(y_{i-1},y_i|x)\beta_i(y_i|x)}{Z(x)},\\&\qquad k=1,2,\cdots,K\end{aligned} \tag{11.34}$$

其中，

$$Z(x)=\alpha_n^{\mathrm{T}}(x)\boldsymbol{1}$$

假设经验分布为 $\tilde{P}(X)$，特征函数 f_k 关于联合分布 $P(X,Y)$ 的数学期望是

$$\begin{aligned}E_{P(X,Y)}[f_k]&=\sum_{x,y}P(x,y)\sum_{i=1}^{n+1}f_k(y_{i-1},y_i,x,i)\\&=\sum_x\tilde{P}(x)\sum_y P(y|x)\sum_{i=1}^{n+1}f_k(y_{i-1},y_i,x,i)\\&=\sum_x\tilde{P}(x)\sum_{i=1}^{n+1}\sum_{y_{i-1}y_i}f_k(y_{i-1},y_i,x,i)\frac{\alpha_{i-1}^{\mathrm{T}}(y_{i-1}|x)M_i(y_{i-1},y_i|x)\beta_i(y_i|x)}{Z(x)},\\&\qquad k=1,2,\cdots,K\end{aligned} \tag{11.35}$$

其中，

$$Z(x)=\alpha_n^{\mathrm{T}}(x)\boldsymbol{1}$$

式 (11.34) 和式 (11.35) 是特征函数数学期望的一般计算公式。对于转移特征 $t_k(y_{i-1},y_i,x,i)$，

$k=1,2,\cdots,K_1$，可以将式中的 f_k 换成 t_k；对于状态特征，可以将式中的 f_k 换成 s_i，表示为 $s_l(y_i,x,i)$，$k=K_1+l$，$l=1,2,\cdots,K_2$。

有了式 (11.32)~式 (11.35)，对于给定的观测序列 x 与标记序列 y，可以通过一次前向扫描计算 α_i 及 $Z(x)$，通过一次后向扫描计算 β_i，从而计算所有的概率和特征的期望。

11.4 条件随机场的学习算法

本节讨论给定训练数据集估计条件随机场模型参数的问题，即条件随机场的学习问题。条件随机场模型实际上是定义在时序数据上的对数线性模型，其学习方法包括极大似然估计和正则化的极大似然估计。具体的优化实现算法有改进的迭代尺度法 IIS、梯度下降法以及拟牛顿法（参阅附录 A 和附录 B）。

11.4.1 改进的迭代尺度法

已知训练数据集，由此可知经验概率分布 $\tilde{P}(X,Y)$。可以通过极大化训练数据的对数似然函数来求模型参数。

训练数据的对数似然函数为

$$L(w)=L_{\tilde{P}}(P_w)=\log\prod_{x,y}P_w(y|x)^{\tilde{P}(x,y)}=\sum_{x,y}\tilde{P}(x,y)\log P_w(y|x)$$

当 P_w 是一个由式 (11.15) 和式 (11.16) 给出的条件随机场模型时，对数似然函数为

$$\begin{aligned}L(w)&=\sum_{x,y}\tilde{P}(x,y)\log P_w(y|x)\\&=\sum_{x,y}\left[\tilde{P}(x,y)\sum_{k=1}^{K}w_kf_k(y,x)-\tilde{P}(x,y)\log Z_w(x)\right]\\&=\sum_{j=1}^{N}\sum_{k=1}^{K}w_kf_k(y_j,x_j)-\sum_{j=1}^{N}\log Z_w(x_j)\end{aligned}$$

改进的迭代尺度法通过迭代的方法不断优化对数似然函数改变量的下界，达到极大化对数似然函数的目的。假设模型的当前参数向量为 $w=(w_1,w_2,\cdots,w_K)^{\mathrm{T}}$，向量的增量为 $\delta=(\delta_1,\delta_2,\cdots,\delta_K)^{\mathrm{T}}$，更新参数向量为 $w+\delta=(w_1+\delta_1,\ w_2+\delta_2,\ \cdots,w_K+\delta_K)^{\mathrm{T}}$。在每步迭代过程中，改进的迭代尺度法通过依次求解式 (11.36) 和式 (11.37)，得到 $\delta=(\delta_1,\delta_2,\cdots,\delta_K)^{\mathrm{T}}$。推导可参考本书 6.3.1 节。

关于转移特征 t_k 的更新方程为

$$\begin{aligned}E_{\tilde{P}}[t_k]&=\sum_{x,y}\tilde{P}(x,y)\sum_{i=1}^{n+1}t_k(y_{i-1},y_i,x,i)\\&=\sum_{x,y}\tilde{P}(x)P(y|x)\sum_{i=1}^{n+1}t_k(y_{i-1},y_i,x,i)\exp(\delta_kT(x,y)),\\&\qquad k=1,2,\cdots,K_1\end{aligned}\tag{11.36}$$

关于状态特征 s_l 的更新方程为

$$\begin{aligned} E_{\tilde{P}}[s_l] &= \sum_{x,y}\tilde{P}(x,y)\sum_{i=1}^{n+1}s_l(y_i,x,i) \\ &= \sum_{x,y}\tilde{P}(x)P(y|x)\sum_{i=1}^{n}s_l(y_i,x,i)\exp(\delta_{K_1+l}T(x,y)), \\ & \qquad l=1,2,\cdots,K_2 \end{aligned} \tag{11.37}$$

这里，$T(x,y)$ 是在数据 (x,y) 中出现的所有特征数的总和：

$$T(x,y)=\sum_k f_k(y,x)=\sum_{k=1}^{K}\sum_{i=1}^{n+1}f_k(y_{i-1},y_i,x,i) \tag{11.38}$$

算法 11.1（条件随机场模型学习的改进的迭代尺度法）

输入：特征函数 $t_1,t_2,\cdots,t_{K_1}$，$s_1,s_2,\cdots,s_{K_2}$，经验分布 $\tilde{P}(x,y)$。

输出：参数估计值 $\hat{w}$，模型 $P_{\hat{w}}$。

（1）对所有 $k\in\{1,2,\cdots,K\}$，取初值 $w_k=0$。

（2）对每一 $k\in\{1,2,\cdots,K\}$：

（a）当 $k=1,2,\cdots,K_1$ 时，令 δ_k 是方程

$$\sum_{x,y}\tilde{P}(x)P(y|x)\sum_{i=1}^{n+1}t_k(y_{i-1},y_i,x,i)\exp(\delta_k T(x,y))=E_{\tilde{P}}[t_k]$$

的解；

当 $k=K_1+l$，$l=1,2,\cdots,K_2$ 时，令 δ_{K_1+l} 是方程

$$\sum_{x,y}\tilde{P}(x)P(y|x)\sum_{i=1}^{n}s_l(y_i,x,i)\exp(\delta_{K_1+l}T(x,y))=E_{\tilde{P}}[s_l]$$

的解，式中 $T(x,y)$ 由式 (11.38) 给出。

（b）更新 w_k 值：$w_k\leftarrow w_k+\delta_k$。

（3）如果不是所有 w_k 都收敛，重复步骤 (2)。 ■

在式 (11.36) 和式 (11.37) 中，$T(x,y)$ 表示数据 (x,y) 中的特征总数，对不同的数据 (x,y) 取值可能不同。为了处理这个问题，定义松弛特征

$$s(x,y)=S-\sum_{i=1}^{n+1}\sum_{k=1}^{K}f_k(y_{i-1},y_i,x,i) \tag{11.39}$$

式中 S 是一个常数。选择足够大的常数 S 使得对训练数据集的所有数据 (x,y)，$s(x,y)\geqslant 0$ 成立。这时特征总数可取 S。

由式 (11.36)，对于转移特征 t_k，δ_k 的更新方程是

$$\sum_{x,y}\tilde{P}(x)P(y|x)\sum_{i=1}^{n+1}t_k(y_{i-1},y_i,x,i)\exp(\delta_k S)=E_{\tilde{P}}[t_k] \tag{11.40}$$

$$\delta_k = \frac{1}{S}\log\frac{E_{\tilde{P}}[t_k]}{E_P[t_k]} \tag{11.41}$$

其中，

$$E_P(t_k) = \sum_x \tilde{P}(x)\sum_{i=1}^{n+1}\sum_{y_{i-1},y_i} t_k(y_{i-1},y_i,x,i)\frac{\alpha_{i-1}^{\mathrm{T}}(y_{i-1}|x)M_i(y_{i-1},y_i|x)\beta_i(y_i|x)}{Z(x)} \tag{11.42}$$

同样由式 (11.37)，对于状态特征 s_l，δ_k 的更新方程是

$$\sum_{x,y}\tilde{P}(x)P(y|x)\sum_{i=1}^{n} s_l(y_i,x,i)\exp(\delta_{K_1+l}S) = E_{\tilde{P}}[s_l] \tag{11.43}$$

$$\delta_{K_1+l} = \frac{1}{S}\log\frac{E_{\tilde{P}}[s_l]}{E_P[s_l]} \tag{11.44}$$

其中，

$$E_P(s_l) = \sum_x \tilde{P}(x)\sum_{i=1}^{n}\sum_{y_i} s_l(y_i,x,i)\frac{\alpha_i^{\mathrm{T}}(y_i|x)\beta_i(y_i|x)}{Z(x)} \tag{11.45}$$

以上算法称为算法 S。在算法 S 中需要使常数 S 取足够大，这样一来，每步迭代的增量向量会变大，算法收敛会变慢。算法 T 试图解决这个问题，对每个观测序列 x 计算其特征总数最大值 $T(x)$：

$$T(x) = \max_y\ T(x,y) \tag{11.46}$$

利用前向-后向递推公式，可以很容易地计算 $T(x)=t$。这时，关于转移特征参数的更新方程可以写成

$$\begin{aligned}
E_{\tilde{P}}[t_k] &= \sum_{x,y}\tilde{P}(x)P(y|x)\sum_{i=1}^{n+1} t_k(y_{i-1},y_i,x,i)\exp(\delta_k T(x)) \\
&= \sum_x \tilde{P}(x)\sum_y P(y|x)\sum_{i=1}^{n+1} t_k(y_{i-1},y_i,x,i)\exp(\delta_k T(x)) \\
&= \sum_x \tilde{P}(x)a_{k,t}\exp(\delta_k t) \\
&= \sum_{t=0}^{T_{\max}} a_{k,t}\beta_k^t
\end{aligned} \tag{11.47}$$

这里，$a_{k,t}$ 是特征 t_k 的期待值，$\delta_k = \log\beta_k$。β_k 是多项式方程 (11.47) 唯一的实根，可以用牛顿法求得，从而求得相关的 δ_k。

同样，关于状态特征的参数更新方程可以写成

$$E_{\tilde{P}}[s_l] = \sum_{x,y}\tilde{P}(x)P(y|x)\sum_{i=1}^{n} s_l(y_i,x,i)\exp(\delta_{K_1+l}T(x))$$

$$
\begin{aligned}
&= \sum_x \tilde{P}(x) \sum_y P(y|x) \sum_{i=1}^{n} s_l(y_i, x, i) \exp(\delta_{K_1+l} T(x)) \\
&= \sum_x \tilde{P}(x) b_{l,t} \exp(\delta_k t) \\
&= \sum_{t=0}^{T_{\max}} b_{l,t} \gamma_l^t
\end{aligned} \tag{11.48}
$$

这里，$b_{l,t}$ 是特征 s_l 的期望值，$\delta_l = \log \gamma_l$，γ_l 是多项式方程 (11.48) 唯一的实根，也可以用牛顿法求得。

11.4.2 拟牛顿法

条件随机场模型学习还可以应用牛顿法或拟牛顿法（参阅附录 B）。对于条件随机场模型，有

$$
P_w(y|x) = \frac{\exp\left(\sum_{i=1}^{n} w_i f_i(x, y)\right)}{\sum_y \exp\left(\sum_{i=1}^{n} w_i f_i(x, y)\right)} \tag{11.49}
$$

学习的优化目标函数是

$$
\min_{w \in \boldsymbol{R}^n} f(w) = \sum_x \tilde{P}(x) \log \sum_y \exp\left(\sum_{i=1}^{n} w_i f_i(x, y)\right) - \sum_{x,y} \tilde{P}(x, y) \sum_{i=1}^{n} w_i f_i(x, y) \tag{11.50}
$$

其梯度函数是

$$
g(w) = \sum_{x,y} \tilde{P}(x) P_w(y|x) f(x, y) - E_{\tilde{P}}(f) \tag{11.51}
$$

拟牛顿法的 BFGS 算法如下。

算法 11.2（条件随机场模型学习的 BFGS 算法）

输入：特征函数 $f_1, f_2, \cdots, f_n$，经验分布 $\tilde{P}(X, Y)$。

输出：最优参数值 $\hat{w}$，最优模型 $P_{\hat{w}}(y|x)$。

（1）选定初始点 $w^{(0)}$，取 B_0 为正定对称矩阵，置 $k = 0$。

（2）计算 $g_k = g(w^{(k)})$。若 $g_k = 0$，则停止计算；否则，转步骤 (3)。

（3）由 $B_k p_k = -g_k$ 求出 p_k。

（4）一维搜索：求 λ_k 使得

$$
f(w^{(k)} + \lambda_k p_k) = \min_{\lambda \geqslant 0} f(w^{(k)} + \lambda p_k)
$$

（5）置 $w^{(k+1)} = w^{(k)} + \lambda_k p_k$。

（6）计算 $g_{k+1} = g(w^{(k+1)})$，若 $g_{k+1} = 0$，则停止计算；否则，按下式求出 B_{k+1}：

$$B_{k+1}=B_k+\frac{y_k y_k^{\mathrm{T}}}{y_k^{\mathrm{T}}\delta_k}-\frac{B_k\delta_k\delta_k^{\mathrm{T}}B_k}{\delta_k^{\mathrm{T}}B_k\delta_k}$$

其中，

$$y_k=g_{k+1}-g_k,\quad \delta_k=w^{(k+1)}-w^{(k)}$$

（7）置 $k=k+1$，转步骤 (3)。 ■

11.5 条件随机场的预测算法

条件随机场的预测问题是指给定条件随机场 $P(Y|X)$ 和输入序列（观测序列）x，求条件概率最大的输出序列（标记序列）y^*，即对观测序列进行标注。条件随机场的预测算法是著名的维特比算法（参阅本书 10.4 节）。

由式 (11.19) 可得：

$$\begin{aligned}
y^* &= \arg\max_y P_w(y|x)\\
&= \arg\max_y \frac{\exp(w\cdot F(y,x))}{Z_w(x)}\\
&= \arg\max_y \exp(w\cdot F(y,x))\\
&= \arg\max_y (w\cdot F(y,x))
\end{aligned}$$

于是，条件随机场的预测问题成为求非规范化概率最大的最优路径问题：

$$\max_y (w\cdot F(y,x)) \tag{11.52}$$

这里，路径表示标记序列。其中，

$$w=(w_1,w_2,\cdots,w_K)^{\mathrm{T}}$$

$$F(y,x)=(f_1(y,x),f_2(y,x),\cdots,f_K(y,x))^{\mathrm{T}}$$

$$f_k(y,x)=\sum_{i=1}^{n} f_k(y_{i-1},y_i,x,i),\quad k=1,2,\cdots,K$$

注意，这时只需计算非规范化概率，而不必计算概率，可以大大提高效率。为了求解最优路径，将式 (11.52) 写成如下形式：

$$\max_y \sum_{i=1}^{n} w\cdot F_i(y_{i-1},y_i,x) \tag{11.53}$$

其中，

$$F_i(y_{i-1},y_i,x)=(f_1(y_{i-1},y_i,x,i),f_2(y_{i-1},y_i,x,i),\cdots,f_K(y_{i-1},y_i,x,i))^{\mathrm{T}}$$

是局部特征向量。

下面叙述维特比算法。首先求出位置 1 的各个标记 $j=1,2,\cdots,m$ 的非规范化概率：

$$\delta_1(j) = w \cdot F_1(y_0 = \text{start},\ y_1 = j, x), \quad j = 1, 2, \cdots, m \tag{11.54}$$

一般地，由递推公式求出到位置 i 的各个标记 $l = 1, 2, \cdots, m$ 的非规范化概率的最大值，同时记录非规范化概率最大值的路径：

$$\delta_i(l) = \max_{1 \leqslant j \leqslant m} \{\delta_{i-1}(j) + w \cdot F_i(y_{i-1} = j, y_i = l, x)\}, \quad l = 1, 2, \cdots, m \tag{11.55}$$

$$\Psi_i(l) = \arg \max_{1 \leqslant j \leqslant m} \{\delta_{i-1}(j) + w \cdot F_i(y_{i-1} = j, y_i = l, x)\}, \quad l = 1, 2, \cdots, m \tag{11.56}$$

直到 $i = n$ 时终止。这时求得非规范化概率的最大值为

$$\max_y (w \cdot F(y, x)) = \max_{1 \leqslant j \leqslant m} \delta_n(j) \tag{11.57}$$

最优路径的终点为

$$y_n^* = \arg \max_{1 \leqslant j \leqslant m} \delta_n(j) \tag{11.58}$$

由此最优路径终点返回：

$$y_i^* = \Psi_{i+1}(y_{i+1}^*), \quad i = n-1, n-2, \cdots, 1 \tag{11.59}$$

求得最优路径 $y^* = (y_1^*, y_2^*, \cdots, y_n^*)^{\mathrm{T}}$。

综上所述，得到条件随机场预测的维特比算法。

算法 11.3（**条件随机场预测的维特比算法**）

输入：模型特征向量 $F(y, x)$ 和权值向量 w，观测序列 $x = (x_1, x_2, \cdots, x_n)$。

输出：最优路径 $y^* = (y_1^*, y_2^*, \cdots, y_n^*)^{\mathrm{T}}$。

（1）初始化：

$$\delta_1(j) = w \cdot F_1(y_0 = \text{start}, y_1 = j, x), \quad j = 1, 2, \cdots, m$$

（2）递推。对 $i = 2, 3, \cdots, n$，有

$$\delta_i(l) = \max_{1 \leqslant j \leqslant m} \{\delta_{i-1}(j) + w \cdot F_i(y_{i-1} = j, y_i = l, x)\}, \quad l = 1, 2, \cdots, m$$

$$\Psi_i(l) = \arg \max_{1 \leqslant j \leqslant m} \{\delta_{i-1}(j) + w \cdot F_i(y_{i-1} = j, y_i = l, x)\}, \quad l = 1, 2, \cdots, m$$

（3）终止：

$$\max_y (w \cdot F(y, x)) = \max_{1 \leqslant j \leqslant m} \delta_n(j)$$

$$y_n^* = \arg \max_{1 \leqslant j \leqslant m} \delta_n(j)$$

（4）返回路径：

$$y_i^* = \Psi_{i+1}(y_{i+1}^*), \quad i = n-1, n-2, \cdots, 1$$

求得最优路径 $y^* = (y_1^*, y_2^*, \cdots, y_n^*)^{\mathrm{T}}$。 ■

下面通过一个例子说明维特比算法。

例 11.3 在例 11.1 中，用维特比算法求给定的输入序列（观测序列）x 对应的最优输出序列（标记序列）$y^* = (y_1^*, y_2^*, y_3^*)^{\mathrm{T}}$。

解 特征函数及对应的权值均在例 11.1 中给出。

现在利用维特比算法求最优路径问题：

$$\max \sum_{i=1}^{3} w \cdot F_i(y_{i-1}, y_i, x)$$

（1）初始化：

$$\delta_1(j) = w \cdot F_1(y_0 = \mathrm{start}, y_1 = j, x), \quad j = 1, 2$$

$i = 1$，$\delta_1(1) = 1$，$\delta_1(2) = 0.5$。

（2）递推：

$i = 2$ 时，

$$\delta_2(l) = \max_j \{\delta_1(j) + w \cdot F_2(j, l, x)\}$$
$$\delta_2(1) = \max\{1 + \lambda_2 t_2 + \mu_3 s_3, 0.5 + \lambda_4 t_4 + \mu_3 s_3\} = 2.4, \quad \Psi_2(1) = 1$$
$$\delta_2(2) = \max\{1 + \lambda_1 t_1 + \mu_2 s_2, 0.5 + \mu_2 s_2\} = 2.5, \quad \Psi_2(2) = 1$$

$i = 3$ 时，

$$\delta_3(l) = \max_j \{\delta_2(j) + w \cdot F_3(j, l, x)\}$$
$$\delta_3(1) = \max\{2.4 + \mu_3 s_3, 2.5 + \lambda_3 t_3 + \mu_3 s_3\} = 4.3, \quad \Psi_3(1) = 2$$
$$\delta_3(2) = \max\{2.4 + \lambda_1 t_1 + \mu_4 s_4, 2.5 + \lambda_5 t_5 + \mu_4 s_4\} = 3.9, \quad \Psi_3(2) = 1$$

（3）终止：

$$\max_y (w \cdot F(y, x)) = \max \delta_3(l) = \delta_3(1) = 4.3$$

$$y_3^* = \arg\max_l \delta_3(l) = 1$$

（4）返回：

$$y_2^* = \Psi_3(y_3^*) = \Psi_3(1) = 2$$

$$y_1^* = \Psi_2(y_2^*) = \Psi_2(2) = 1$$

最优标记序列：

$$y^* = (y_1^*, y_2^*, y_3^*)^{\mathrm{T}} = (1, 2, 1)^{\mathrm{T}}$$ ■

本章概要

1. 概率无向图模型是由无向图表示的联合概率分布。无向图上的结点之间的连接关系表示了联合分布的随机变量集合之间的条件独立性，即马尔可夫性。因此，概率无向图模型也称为马尔可夫随机场。概率无向图模型或马尔可夫随机场的联合概率分布可以分解为无向图最大团上的正值函数的乘积的形式。

2. 条件随机场是给定输入随机变量 X 条件下，输出随机变量 Y 的条件概率分布模型，其形式为参数化的对数线性模型。条件随机场的最大特点是假设输出变量之间的联合概率分布构成概率无向图模型，即马尔可夫随机场。条件随机场是判别模型。

3. 线性链条件随机场是定义在观测序列与标记序列上的条件随机场。线性链条件随机场一般表示为给定观测序列条件下的标记序列的条件概率分布，由参数化的对数线性模型表示。模型包含特征及相应的权值，特征是定义在线性链的边与结点上的。线性链条件随机场模型的参数形式是最基本的形式，其他形式是其简化与变形，参数形式的数学表达式是

$$P(y|x)=\frac{1}{Z(x)}\exp\left(\sum_{i,k}\lambda_k t_k(y_{i-1},y_i,x,i)+\sum_{i,l}\mu_l s_l(y_i,x,i)\right)$$

其中，

$$Z(x)=\sum_y\exp\left(\sum_{i,k}\lambda_k t_k(y_{i-1},y_i,x,i)+\sum_{i,l}\mu_l s_l(y_i,x,i)\right)$$

4. 线性链条件随机场的概率计算通常利用前向-后向算法。

5. 条件随机场的学习方法通常是极大似然估计方法或正则化的极大似然估计，即在给定训练数据下，通过极大化训练数据的对数似然函数估计模型参数。具体的算法有改进的迭代尺度算法、梯度下降法、拟牛顿法等。

6. 线性链条件随机场的一个重要应用是标注。维特比算法是给定观测序列求条件概率最大的标记序列的方法。

继续阅读

关于概率无向图模型可以参阅文献 [1] 和文献 [2]。关于条件随机场可以参阅文献 [3] 和文献 [4]。在条件随机场提出之前已有最大熵马尔可夫模型等模型被提出 [5]。条件随机场可以看作是最大熵马尔可夫模型在标注问题上的推广。支持向量机模型也被推广到标注问题上 [6-7]。

习 题

11.1 写出图 11.3 中无向图描述的概率图模型的因子分解式。

11.2 证明 $Z(x)=\alpha_n^{\mathrm{T}}(x)\boldsymbol{1}=\boldsymbol{1}^{\mathrm{T}}\beta_1(x)$，其中 $\boldsymbol{1}$ 是元素均为 1 的 m 维列向量。

11.3 写出条件随机场模型学习的梯度下降法。

11.4 参考图 11.6 的状态路径图，假设随机矩阵 $M_1(x)$，$M_2(x)$，$M_3(x)$，$M_4(x)$ 分别是

$$M_1(x)=\begin{bmatrix}0 & 0\\ 0.5 & 0.5\end{bmatrix},\quad M_2(x)=\begin{bmatrix}0.3 & 0.7\\ 0.7 & 0.3\end{bmatrix}$$

$$M_3(x) = \begin{bmatrix} 0.5 & 0.5 \\ 0.6 & 0.4 \end{bmatrix}, \quad M_4(x) = \begin{bmatrix} 0 & 1 \\ 0 & 1 \end{bmatrix}$$

求以 start = 2 为起点、以 stop = 2 为终点的所有路径的状态序列 y 的概率及概率最大的状态序列。

参考文献

[1] BISHOP M. Pattern recognition and machine learning[M]. Springer-Verlag, 2006.

[2] KOLLER D, FRIEDMAN N. Probabilistic graphical models: principles and techniques[M]. MIT Press, 2009.

[3] LAFFERTY J, MCCALLUM A, PEREIRA F. Conditional random fields: probabilistic models for segmenting and labeling sequence data[C]//International Conference on Machine Learning, 2001.

[4] SHA F, PEREIRA F. Shallow parsing with conditional random fields[C]//Proceedings of the 2003 Conference of the North American Chapter of Association for Computational Linguistics on Human Language Technology, 2003.

[5] MCCALLUM A, FREITAG D, PEREIRA F. Maximum entropy Markov models for information extraction and segmentation[C]//Proceedings of the International Conference on Machine Learning, 2000.

[6] TASKAR B, GUESTRIN C, KOLLER D. Max-margin Markov networks[C]//Proceedings of the NIPS 2003, 2003.

[7] TSOCHANTARIDIS I, HOFMANN T, JOACHIMS T. Support vector machine learning for interdependent and structured output spaces[C]//ICML, 2004.

第 12 章　监督学习方法总结

本篇共介绍了 10 种主要的机器学习方法，属于监督学习：感知机、k 近邻法、朴素贝叶斯法、决策树、逻辑斯谛回归与最大熵模型、支持向量机、Boosting、EM 算法、隐马尔可夫模型和条件随机场。现将这 10 种监督学习方法的特点概括总结在表 12.1 中。

表 12.1　10 种监督学习方法特点的概括总结

方法	适用问题	模型特点	模型类型	学习策略	学习的损失函数	学习算法
感知机	二类分类	分离超平面	判别模型	极小化误分点到超平面距离	误分点到超平面距离	随机梯度下降
k 近邻法	多类分类，回归	特征空间，样本点	判别模型	—	—	—
朴素贝叶斯法	多类分类	特征与类别的联合概率分布，条件独立假设	生成模型	极大似然估计，最大后验概率估计	对数似然损失	概率计算公式，EM 算法
决策树	多类分类，回归	分类树，回归树	判别模型	正则化的极大似然估计	对数似然损失	特征选择，生成，剪枝
逻辑斯谛回归与最大熵模型	多类分类	特征条件下类别的条件概率分布，对数线形模型	判别模型	极大似然估计，正则化的极大似然估计	逻辑斯谛损失	改进的迭代尺度算法，梯度下降，拟牛顿法
支持向量机	二类分类	分离超平面，核技巧	判别模型	极小化正则化合页损失，软间隔最大化	合页损失	序列最小最优化算法（SMO）
Boosting	二类分类	弱分类器的线性组合	判别模型	极小化加法模型的指数损失	指数损失	前向分步加法算法
EM 算法①	概率模型参数估计	含隐变量概率模型	—	极大似然估计，最大后验概率估计	对数似然损失	迭代算法
隐马尔可夫模型	标注	观测序列与状态序列的联合概率分布模型	生成模型	极大似然估计，最大后验概率估计	对数似然损失	概率计算公式，EM 算法
条件随机场	标注	状态序列条件下观测序列的条件概率分布，对数线性模型	判别模型	极大似然估计，正则化极大似然估计	对数似然损失	改进的迭代尺度算法，梯度下降，拟牛顿法

① EM 算法在这里有些特殊，它是个一般方法，不具有具体模型。

下面对各种方法的特点及其关系进行简单的讨论。

1. 适用问题

本篇主要介绍监督学习方法。监督学习可以认为是学习一个模型，使它能对给定的输入预测相应的输出。监督学习包括分类、标注、回归。本篇主要考虑前两者的学习方法。分类问题是从实例的特征向量到类标记的预测问题，标注问题是从观测序列到标记序列（或状态序列）的预测问题。可以认为分类问题是标注问题的特殊情况。分类问题中可能的预测结果是二类或多类。而标注问题中可能的预测结果是所有的标记序列，其数目是指数级的。

感知机、k 近邻法、朴素贝叶斯法、决策树、逻辑斯谛回归与最大熵模型、支持向量机、Boosting 是分类方法。原始的感知机、支持向量机以及 Boosting 是针对二类分类的，可以将它们扩展到多类分类。隐马尔可夫模型、条件随机场是标注方法。EM 算法是含有隐变量的概率模型的一般学习算法，可以用于生成模型的无监督学习。

感知机、k 近邻法、朴素贝叶斯法、决策树是简单的分类方法，具有模型直观、方法简单、实现容易等特点。逻辑斯谛回归与最大熵模型、支持向量机、Boosting 是更复杂但更有效的分类方法，往往分类准确率更高。隐马尔可夫模型、条件随机场是主要的标注方法。通常条件随机场的标注准确率更高。

2. 模型

分类问题与标注问题的预测模型都可以认为是表示从输入空间到输出空间的映射。它们可以写成条件概率分布 $P(Y|X)$ 或决策函数 $Y = f(X)$ 的形式。前者表示给定输入条件下输出的概率模型，后者表示输入到输出的非概率模型。有时，模型更直接地表示为概率模型或者非概率模型，但有时模型兼有两种解释。

朴素贝叶斯法、隐马尔可夫模型是概率模型，感知机、k 近邻法、支持向量机、Boosting 是非概率模型。而决策树、逻辑斯谛回归与最大熵模型、条件随机场既可以看作是概率模型，又可以看作是非概率模型。

直接学习条件概率分布 $P(Y|X)$ 或决策函数 $Y = f(X)$ 的方法为判别方法，对应的模型是判别模型。感知机、k 近邻法、决策树、逻辑斯谛回归与最大熵模型、支持向量机、Boosting、条件随机场是判别方法。首先学习联合概率分布 $P(X,Y)$，从而求得条件概率分布 $P(Y|X)$ 的方法是生成方法，对应的模型是生成模型。朴素贝叶斯法、隐马尔可夫模型是生成方法。图 12.1 给出部分模型之间的关系。

可以用无监督学习的方法学习生成模型。具体地，应用 EM 算法可以学习朴素贝叶斯模型以及隐马尔可夫模型。

决策树是定义在一般的特征空间上的，可以含有连续变量或离散变量。感知机、支持向量机、k 近邻法的特征空间是欧氏空间（更一般地，是希尔伯特空间）。Boosting 的模型是弱分类器的线性组合，弱分类器的特征空间就是 Boosting 模型的特征空间。

感知机模型是线性模型，而逻辑斯谛回归与最大熵模型、条件随机场是对数线性模型。k 近邻法、决策树、支持向量机（包含核函数）、Boosting 使用的是非线性模型。

图 12.1 从生成与判别、分类与标注两个方面描述了几个机器学习方法之间的关系。

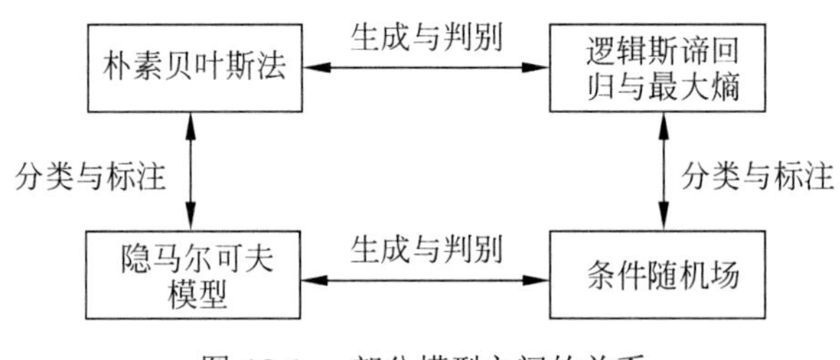

图 12.1　部分模型之间的关系

3. 学习策略

在二类分类的监督学习中，支持向量机、逻辑斯谛回归与最大熵模型、Boosting 各自使用合页损失函数、逻辑斯谛损失函数、指数损失函数。3 种损失函数分别写为

$$(1-yf(x))_+ \tag{12.1}$$

$$\log\left[1+\exp(-yf(x))\right] \tag{12.2}$$

$$\exp(-yf(x)) \tag{12.3}$$

这 3 种损失函数都是 0-1 损失函数的上界，具有相似的形状，如图 12.2 所示。所以，可以认为支持向量机、逻辑斯谛回归与最大熵模型、Boosting 使用不同的代理损失函数（surrogate loss function）表示分类的损失，定义经验风险或结构风险函数，实现二类分类学习任务。学习的策略是优化以下结构风险函数：

$$\min_{f\in H}\frac{1}{N}\sum_{i=1}^{N}L(y_i,f(x_i))+\lambda J(f) \tag{12.4}$$

这里，第 1 项为经验风险（经验损失），第 2 项为正则化项，$L(y,f(x))$ 为损失函数，$J(f)$ 为模型的复杂度，$\lambda\geqslant 0$ 为系数。

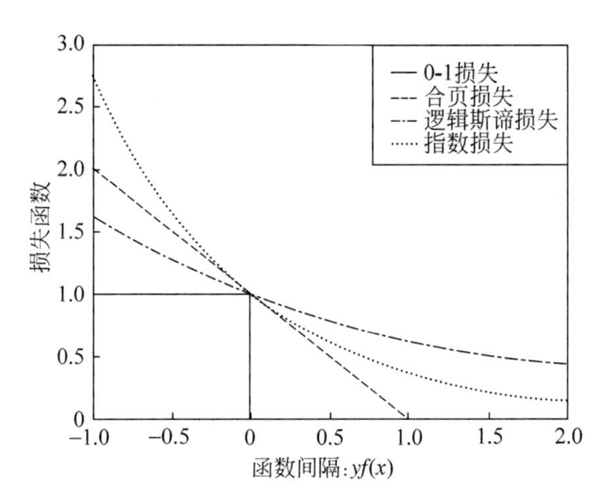

图 12.2　0-1 损失函数、合页损失函数、逻辑斯谛损失函数、指数损失函数的关系

支持向量机用 L_2 范数表示模型的复杂度。原始的逻辑斯谛回归与最大熵模型没有正则化项，可以给它们加上 L_2 范数正则化项。Boosting 没有显式的正则化项，通常通过早停止（early stopping）的方法达到正则化的效果。

以上二类分类的学习方法可以扩展到多类分类学习以及标注问题，比如标注问题的条件随机场可以看作是分类问题的最大熵模型的推广。

概率模型的学习可以形式化为极大似然估计或贝叶斯估计的最大后验概率估计。这时，学习的策略是极小化对数似然损失或极小化正则化的对数似然损失。对数似然损失可以写成

$$-\log P(y|x)$$

最大后验概率估计时，正则化项是先验概率的负对数。

决策树学习的策略是正则化的极大似然估计，损失函数是对数似然损失，正则化项是决策树的复杂度。

逻辑斯谛回归与最大熵模型、条件随机场的学习策略既可以看成是极大似然估计（或正则化的极大似然估计），又可以看成是极小化逻辑斯谛损失（或正则化的逻辑斯谛损失）。

朴素贝叶斯模型、隐马尔可夫模型的无监督学习也是极大似然估计或最大后验概率估计，但这时模型含有隐变量。

4. 学习算法

机器学习的问题有了具体的形式以后，就变成了最优化问题。有时，最优化问题比较简单，解析解存在，最优解可以由公式简单计算。但在多数情况下，最优化问题没有解析解，需要用数值计算的方法或启发式的方法求解。

对于朴素贝叶斯法与隐马尔可夫模型的监督学习，最优解即极大似然估计值，可以由概率计算公式直接计算。

感知机、逻辑斯谛回归与最大熵模型、条件随机场的学习利用梯度下降法、拟牛顿法等，这些都是一般的无约束最优化问题的解法。

支持向量机学习可以解凸二次规划的对偶问题，有序列最小最优化算法等方法。

决策树学习是基于启发式算法的典型例子。可以认为特征选择、生成、剪枝是启发式地进行正则化的极大似然估计。

Boosting 利用学习的模型是加法模型、损失函数是指数损失函数的特点，启发式地从前向后逐步学习模型，以达到逼近优化目标函数的目的。

EM 算法是一种迭代地求解含隐变量概率模型参数的方法，它的收敛性可以保证，但是不能保证收敛到全局最优。

支持向量机学习、逻辑斯谛回归与最大熵模型学习、条件随机场学习是凸优化问题，全局最优解保证存在，而其他学习问题不是凸优化问题。

第 2 篇　无监督学习

第 13 章　无监督学习概论

第 2 篇讲述机器学习或统计机器学习中的无监督学习方法。无监督学习是从无标注数据中学习模型的机器学习问题，是机器学习的重要组成部分。

本章是无监督学习的概述，首先叙述无监督学习的基本原理，之后介绍无监督学习的基本问题和基本方法。基本问题包括聚类、降维、话题分析和图分析。

13.1　无监督学习基本原理

无监督学习是从无标注的数据中学习数据的统计规律或者说内在结构的机器学习，主要包括聚类、降维、概率估计。无监督学习可以用于数据分析或者监督学习的前处理。

无监督学习使用无标注数据 $U=\{x_1,x_2,\cdots,x_N\}$ 学习或训练，其中 x_i，$i=1,2,\cdots,N$，是样本（实例），由特征向量组成。无监督学习的模型是函数 $z=g_\theta(x)$、条件概率分布 $P_\theta(z|x)$ 或条件概率分布 $P_\theta(x|z)$。其中 $x\in X$ 是输入，表示样本；$z\in Z$ 是输出，表示对样本的分析结果，可以是类别、转换、概率；θ 是参数。

假设训练数据集由 N 个样本组成，每个样本是一个 M 维向量。训练数据可以由一个矩阵表示，每一行对应一个特征，每一列对应一个样本。

$$X=\begin{bmatrix} x_{11} & \cdots & x_{1N} \\ \vdots & & \vdots \\ x_{M1} & \cdots & x_{MN} \end{bmatrix}$$

其中，x_{ij} 是第 j 个向量的第 i 维，$i=1,2,\cdots,M$，$j=1,2,\cdots,N$。

无监督学习是一个困难的任务，因为数据没有标注，也就是没有人的指导，机器需要自己从数据中找出规律。模型的输入 x 在数据中可以观测，而输出 z 隐藏在数据中。无监督学习通常需要大量的数据，因为对数据隐藏的规律的发现需要足够的观测。

无监督学习的基本想法是对给定数据（矩阵数据）进行某种“压缩”，从而找到数据的潜在结构。假定损失最小的压缩得到的结果就是最本质的结构。图 13.1 是这种想法的一个示意图。可以考虑发掘数据的纵向结构，把相似的样本聚到同类，即对数据进行聚类。还可以考虑发掘数据的横向结构，把高维空间的向量转换为低维空间的向量，即对数据进行降维。也可以同时考虑发掘数据的纵向与横向结构，假设数据由含有隐式结构的概率模型生成得到，从数据中学习该概率模型。

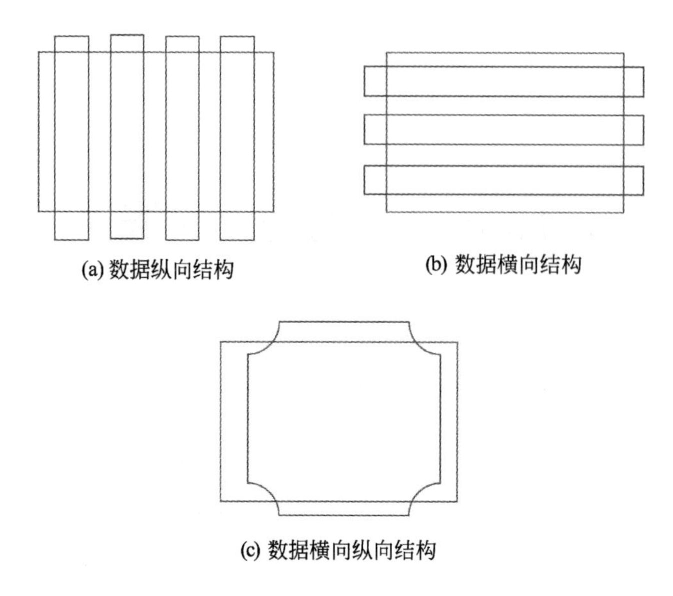

图 13.1 无监督学习的基本想法

13.2 基本问题

1. 聚类

聚类（clustering）是指将样本集合中相似的样本（实例）分配到相同的类，不相似的样本分配到不同的类。聚类时，样本通常是欧氏空间中的向量，类别不是事先给定，而是从数据中自动发现，但类别的个数通常是事先给定的。样本之间的相似度或距离由应用决定。如果一个样本只能属于一个类，则称为硬聚类（hard clustering）；如果一个样本可以属于多个类，则称为软聚类（soft clustering）。图 13.2 给出聚类（硬聚类）的例子。二维空间的样本被分到三个不同的类中。

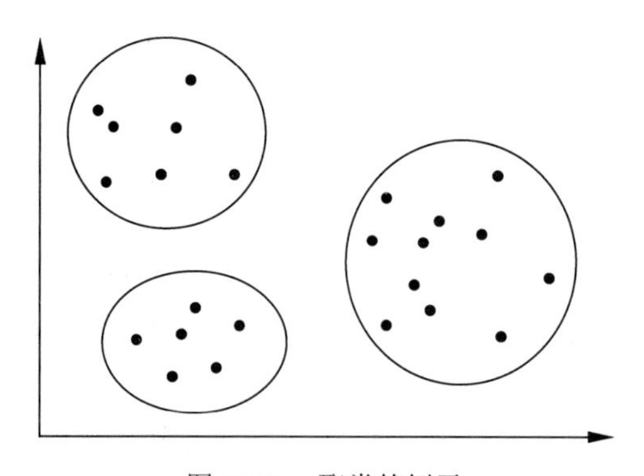

图 13.2 聚类的例子

假设输入空间是欧氏空间 $X \subseteq \boldsymbol{R}^d$，输出空间是类别集合 $Z=\{1,2,\cdots,k\}$。聚类的模型是函数 $z=g_\theta(x)$ 或者条件概率分布 $P_\theta(z|x)$，其中 $x \in X$ 是样本的向量，$z \in Z$ 是样本的类别，θ 是参数。前者的函数是硬聚类模型，后者的条件概率分布是软聚类模型。

聚类的过程就是学习聚类模型的过程。硬聚类时，每一个样本属于某一类 $z_i = g_\theta(x_i)$，$i = 1, 2, \cdots, N$；软聚类时，每一个样本依概率属于每一个类 $P_\theta(z_i|x_i)$，$i = 1, 2, \cdots, N$。如图 13.1 所示，聚类可以帮助发现数据中隐藏的纵向结构。(也有例外，co-clustering 是聚类算法，对样本和特征都进行聚类，同时发现数据中的纵向横向结构）

2. 降维

降维（dimensionality reduction）是将训练数据中的样本（实例）从高维空间转换到低维空间。假设样本原本存在于高维空间，或者近似地存在于高维空间，通过降维则可以更好地表示样本数据的结构，即更好地表示样本之间的关系。高维空间通常是高维的欧氏空间，而低维空间是低维的欧氏空间或者流形（manifold）。低维空间不是事先给定，而是从数据中自动发现，其维数通常是事先给定的。从高维到低维的降维中，要保证样本中的信息损失最小。降维有线性的降维和非线性的降维。图 13.3 给出降维的例子。二维空间的样本存在于一条直线的附近，可以将样本从二维空间转换到一维空间。通过降维可以更好地表示样本之间的关系。

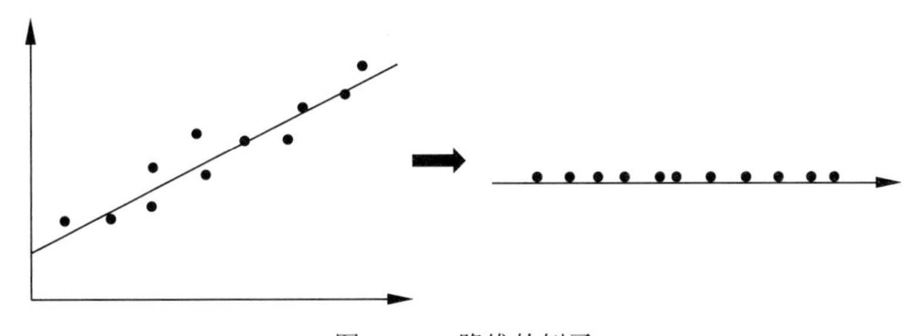

图 13.3 降维的例子

假设输入空间是欧氏空间 $\mathcal{X} \subseteq \boldsymbol{R}^d$，输出空间也是欧氏空间 $\mathcal{Z} \subseteq \boldsymbol{R}^{d'}$，$d' \ll d$，后者的维数低于前者的维数。降维的模型是函数 $z = g_\theta(x)$，其中 $x \in \mathcal{X}$ 是样本的高维向量，$z \in \mathcal{Z}$ 是样本的低维向量，θ 是参数。函数可以是线性函数也可以是非线性函数。

降维的过程就是学习降维模型的过程。降维时，每一个样本从高维向量转换为低维向量 $z_i = g_\theta(x_i)$，$i = 1, 2, \cdots, N$。如图 13.1 所示，降维可以帮助发现数据中隐藏的横向结构。

3. 概率模型估计

概率模型估计（probability model estimation）简称概率估计，假设训练数据由一个概率模型生成，由训练数据学习概率模型的结构和参数。概率模型的结构类型，或者说概率模型的集合事先给定，而模型的具体结构与参数从数据中自动学习。学习的目标是找到最有可能生成数据的结构和参数。概率模型包括混合模型、概率图模型等。概率图模型又包括有向图模型和无向图模型。图 13.4 给出混合模型估计的例子。假设数据由高斯混合模型生成，学习的目标是估计这个模型的参数。

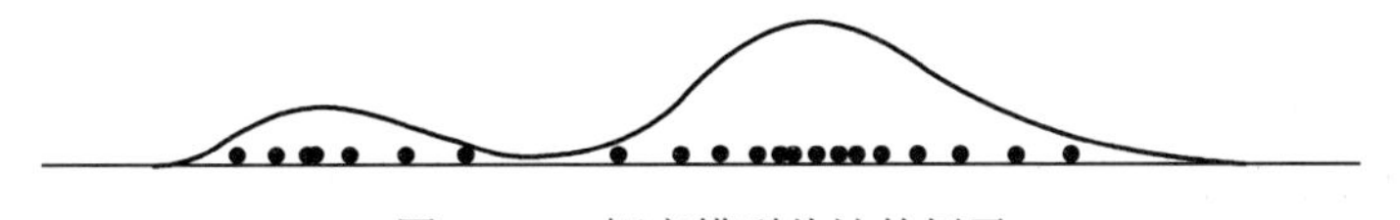

图 13.4 概率模型估计的例子

概率模型表示为条件概率分布 $P_\theta(x|z)$，其中随机变量 x 表示观测数据，可以是连续变量也可以是离散变量；随机变量 z 表示隐式结构，是离散变量；随机变量 θ 表示参数。模型是混合模型时，z 表示成分的个数；模型是概率图模型时，z 表示图的结构。

概率模型的一种特殊情况是隐式结构不存在，即满足 $P_\theta(x|z) = P_\theta(x)$。这时条件概率分布估计变成概率分布估计，只要估计分布 $P_\theta(x)$ 的参数即可。传统统计学中的概率密度估计，比如高斯分布参数估计，都属于这种情况。

概率模型估计是从给定的训练数据 $U = \{x_1, x_2, \cdots, x_N\}$ 中学习模型 $P_\theta(x|z)$ 的结构和参数。这样可以计算出模型相关的任意边缘分布和条件分布。注意随机变量 x 是多元变量，甚至是高维多元变量。如图 13.1 所示，概率模型估计可以帮助发现数据中隐藏的横向纵向结构。

软聚类也可以看作是概率模型估计问题。根据贝叶斯公式

$$P(z|x) = \frac{P(z)P(x|z)}{P(x)} \propto P(z)P(x|z) \tag{13.1}$$

假设先验概率服从均匀分布，只需要估计条件概率分布 $P_\theta(x|z)$。这样，可以通过对条件概率分布 $P_\theta(x|z)$ 的估计进行软聚类，这里 z 表示类别，θ 表示参数。

13.3 机器学习三要素

同监督学习一样，无监督学习也有三要素：模型、策略、算法。

模型就是函数 $z = g_\theta(x)$、条件概率分布 $P_\theta(z|x)$ 或条件概率分布 $P_\theta(x|z)$，在聚类、降维、概率模型估计中拥有不同的形式。比如，聚类中模型的输出是类别；降维中模型的输出是低维向量；概率模型估计中的模型可以是混合概率模型，也可以是有向概率图模型和无向概率图模型。

策略在不同的问题中有不同的形式，但都可以表示为目标函数的优化。比如，聚类中样本与所属类别中心距离的最小化，降维中样本从高维空间转换到低维空间过程中信息损失的最小化，概率模型估计中模型生成数据概率的最大化。

算法通常是迭代算法，通过迭代达到目标函数的最优化，比如，梯度下降法。

层次聚类法、k 均值聚类是硬聚类方法，高斯混合模型 EM 算法是软聚类方法。主成分分析、潜在语义分析是降维方法。概率潜在语义分析、潜在狄利克雷分配是概率模型估计方法。

13.4 无监督学习方法

1. 聚类

聚类主要用于数据分析，也可以用于监督学习的前处理。聚类可以帮助发现数据中的统计规律。数据通常是连续变量表示的，也可以是离散变量表示的。第 14 章将讲述聚类方法，包括层次聚类和 k 均值聚类。

表 13.1 给出一个简单的数据集合。有 5 个样本 A，B，C，D，E，每个样本有二维特征 x_1，x_2。图 13.5 显示样本在二维实数空间的位置。通过聚类算法，可以将样本分配到两个类别中。假设用 k 均值聚类，$k=2$。开始可以取任意两点作为两个类的中心；依据样本与类中心的欧氏距离的大小将样本分配到两个类中；然后计算两个类中样本的均值，作为两个类的新的类中心；重复以上操作，直到两类不再改变，最后得到聚类结果，A，B，C 为一个类，D 和 E 为另一个类。

表 13.1　聚类数据

	A	B	C	D	E
x_1	1	1	0	2	3
x_2	1	0	2	4	5

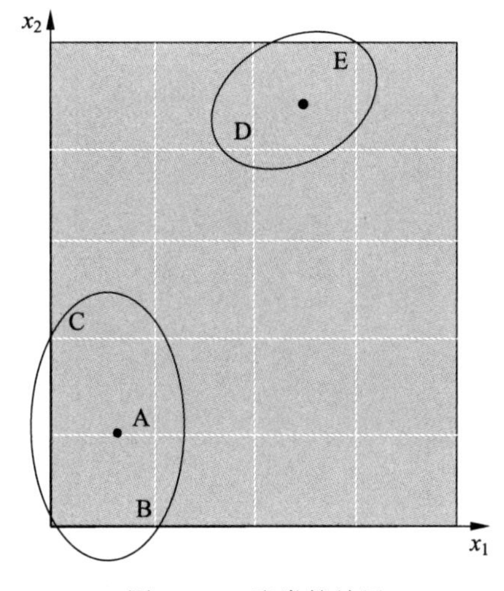

图 13.5　聚类的结果

2. 降维

降维主要用于数据分析，也可以用于监督学习的前处理。降维可以帮助发现高维数据中的统计规律。数据是连续变量表示的。第 16 章介绍降维方法的主成分分析，第 15 章介绍基础的奇异值分解。

表 13.2 给出一个简单的数据集合。有 14 个样本 A，B，C，D 等，每个样本有 9 维特征 $x_1,x_2,\cdots,x_9$。由于数据是高维（多变量）数据，很难观察变量的样本区分能力，也很难观察样本之间的关系。比如样本表示细胞，特征表示细胞中的指标。从数据中很难直接观察到哪些变量能帮助区分细胞，哪些细胞相似，哪些细胞不相似。对数据进行降维，如主成分分析，就可以更直接地分析以上问题。图 13.6 显示对样本集合进行降维（主成分分析）的结果。结果在新的二维实数空间中，有二维新的特征 y_1，y_2，14 个样本分布在不同位置。通过降维，可以发现样本可以分为三个类别。二维新特征由原始特征定义。

3. 话题分析

话题分析是文本分析的一种技术。给定一个文本集合，话题分析旨在发现文本集合中每个文本的话题，而话题由单词的集合表示。注意，这里假设有足够数量的文本，如果只有一个

表 13.2 聚类数据

	A	B	C	D	···
x_1	3	0.25	2.8	0.1	···
x_2	2.9	0.8	2.2	1.8	···
x_3	2.2	1	1.5	3.2	···
x_4	2	1.4	2	0.3	···
x_5	1.3	1.6	1.6	0	···
x_6	1.5	2	2.1	3	···
x_7	1.1	2.2	1.2	2.8	···
x_8	1	2.7	0.9	0.3	···
x_9	0.4	3	0.6	0.1	···

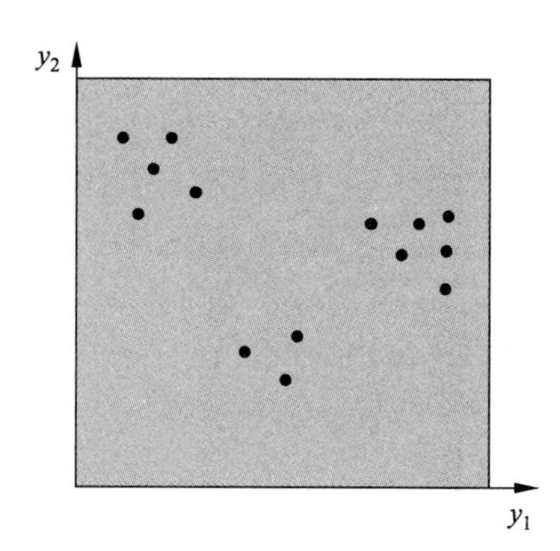

图 13.6 降维（主成分分析）的结果

文本或几个文本，是不能做话题分析的。话题分析可以形式化为概率模型估计问题或降维问题。第 17 章、第 18 章、第 20 章分别介绍话题分析方法的潜在语义分析、概率潜在语义分析、潜在狄利克雷分配，第 19 章介绍基础的马尔可夫链蒙特卡罗法。

表 13.3 给出一个文本数据集合。有 6 个文本，6 个单词，表中数字表示单词在文本中的出现次数。对数据进行话题分析，如潜在狄利克雷分配分析，得到由单词集合表示的话题，以及由话题集合表示的文本。如表 13.4 所示，具体地，话题表示为单词的概率分布，文本表示

表 13.3 话题分析的数据

单词	文本					
	doc1	doc2	doc3	doc4	doc5	doc6
word1	1	1				
word2	1		1			
word3		1	1			
word4				1	1	
word5				1		1
word6					1	1

为话题的概率分布。LDA 是含有这些概率分布的模型。直观上，一个话题包含语义相似的单词。一个文本包含若干个话题。

表 13.4 话题分析（LDA 分析）的结果

单词	话题		文本	话题	
	topic1	topic2		topic1	topic2
word1	0.33	0	doc1	1	0
word2	0.33	0	doc2	1	0
word3	0.33	0	doc3	1	0
word4	0	0.33	doc4	0	1
word5	0	0.33	doc5	0	1
word6	0	0.33	doc6	0	1

4. 图分析

很多应用中的数据是以图的形式存在，图数据表示实体之间的关系，包括有向图、无向图、超图。图分析（graph analytics）的目的是发掘隐藏在图中的统计规律或潜在结构。链接分析（link analysis）是图分析的一种，包括 PageRank 算法，主要是发现有向图中的重要结点。第 21 章介绍 PageRank 算法。

PageRank 算法是无监督学习方法。给定一个有向图，定义在图上的随机游走即马尔可夫链。随机游走者在有向图上随机跳转，到达一个结点后以等概率跳转到链接出去的结点，并不断持续这个过程。PageRank 算法就是求解该马尔可夫链的平稳分布的算法。一个结点上的平稳概率表示该结点的重要性，称为该结点的 PageRank 值。被指向的结点越多，该结点的 PageRank 值就越大；被指向的结点的 PageRank 值越大，该结点的 PageRank 值就越大。直观上 PageRank 值越大，结点也就越重要。

这里简单介绍 PageRank 的原理。图 13.7 是一个简单的有向图，有 4 个结点 A，B，C，D。给定这个图，PageRank 算法通过迭代求出结点的 PageRank 值。首先，对每个结点的概率值初始化，表示各个结点的到达概率，假设是等概率的。下一步，各个结点的概率是上一步各个结点可能跳转到该结点的概率之和，不断迭代，各个结点的到达概率分布趋于平稳分布，也就是 PageRank 值的分布。迭代过程见表 13.5。可以看出，结点 C，D 的 PageRank 值更大。

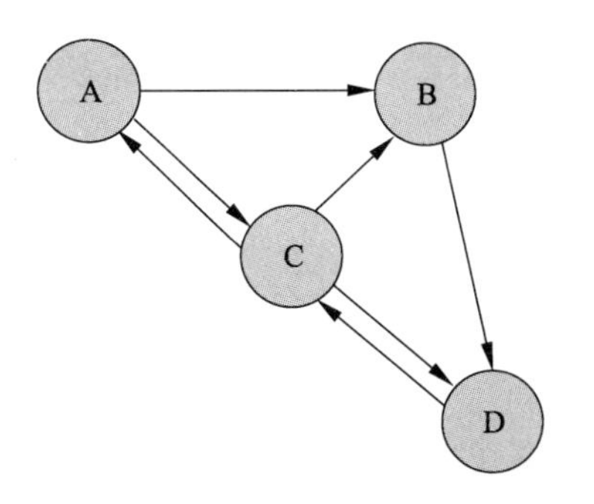

图 13.7 有向图数据

表 13.5 PageRank 计算的结果

结点	步骤		
	第 1 步	第 2 步	第 3 步
A	1/4	2/24	3/24
B	1/4	5/24	4/24
C	1/4	9/24	9/24
D	1/4	8/24	8/24

PageRank 算法最初是为互联网搜索而提出。可以将互联网看作是一个巨大的有向图，网页是结点，网页的超链接是有向边。PageRank 算法可以算出网页的 PageRank 值，表示其重要度，在搜索引擎的排序中网页的重要度起着重要作用。

本章概要

1. 机器学习或统计机器学习一般包括监督学习、无监督学习、强化学习。

无监督学习是指从无标注数据中学习模型的机器学习问题。无标注数据是自然得到的数据，模型表示数据的类别、转换或概率。无监督学习的本质是学习数据中的统计规律或潜在结构，主要包括聚类、降维、概率估计。

2. 无监督学习可以用于对已有数据的分析，也可以用于对未来数据的预测。学习得到的模型有函数 $z=g(x)$、条件概率分布 $P(z|x)$ 或条件概率分布 $P(x|z)$。

无监督学习的基本想法是对给定数据（矩阵数据）进行某种“压缩”，从而找到数据的潜在结构，假定损失最小的压缩得到的结果就是最本质的结构。可以考虑发掘数据的纵向结构，对应聚类。也可以考虑发掘数据的横向结构，对应降维。还可以同时考虑发掘数据的纵向与横向结构，对应概率模型估计。

3. 聚类是将样本集合中相似的样本（实例）分配到相同的类，不相似的样本分配到不同的类。聚类分硬聚类和软聚类。聚类方法有层次聚类和 k 均值聚类。

4. 降维是将样本集合中的样本（实例）从高维空间转换到低维空间。假设样本原本存在于高维空间，或近似地存在于高维空间，通过降维则可以更好地表示样本数据的结构，即更好地表示样本之间的关系。降维有线性降维和非线性降维，降维方法有主成分分析。

5. 概率模型估计假设训练数据由一个概率模型生成，同时利用训练数据学习概率模型的结构和参数。概率模型包括混合模型、概率图模型等。概率图模型又包括有向图模型和无向图模型。

6. 话题分析是文本分析的一种技术。给定一个文本集合，话题分析旨在发现文本集合中每个文本的话题，而话题由单词的集合表示。话题分析方法有潜在语义分析、概率潜在语义分析和潜在狄利克雷分配。

7. 图分析的目的是发掘隐藏在图中的统计规律或潜在结构。链接分析是图分析的一种，主要是发现有向图中的重要结点，包括 PageRank 算法。

继续阅读

无监督学习在主要的机器学习书籍[1-7] 中都有介绍，可以参考。

参考文献

[1] HASTIE T, TIBSHIRANI R, FRIEDMAN J. The elements of statistical learning: data mining, inference, and prediction[M]. 范明，柴玉梅，昝红英，等译. Springer. 2001.
[2] BISHOP M. Pattern Recognition and Machine Learning[M]. Springer, 2006.
[3] KOLLER D, FRIEDMAN N. Probabilistic graphical models: principles and techniques[M]. Cambridge, MA: MIT Press, 2009.
[4] GOODFELLOW I, BENGIO Y, COURVILLE A. Deep learning[M]. Cambridge, MA: MIT Press, 2016.
[5] MICHELLE T M. Machine Learning[M]. 曾华军，张银奎，等译. McGraw-Hill Companies, Inc. 1997.
[6] BARBER D. Bayesian reasoning and machine learning[M]. Cambridge, UK: Cambridge University Press, 2012.
[7] 周志华. 机器学习 [M]. 北京：清华大学出版社，2016.

第 14 章　聚 类 方 法

聚类是针对给定的样本，依据它们特征的相似度或距离，将其归并到若干个“类”或“簇”的数据分析问题。一个类是给定样本集合的一个子集。直观上，相似的样本聚集在相同的类，不相似的样本分散在不同的类。这里，样本之间的相似度或距离起着重要作用。

聚类的目的是通过得到的类或簇来发现数据的特点或对数据进行处理，在数据挖掘、模式识别等领域有着广泛的应用。聚类属于无监督学习，因为只是根据样本的相似度或距离将其进行归类，而类或簇事先并不知道。

聚类算法很多，本章介绍两种最常用的聚类算法：层次聚类（hierarchical clustering）和 k 均值聚类（k-means clustering）。层次聚类又有聚合（自下而上）和分裂（自上而下）两种方法。聚合法开始将每个样本各自分到一个类，之后将相距最近的两类合并，建立一个新的类，重复此操作直到满足停止条件，得到层次化的类别。分裂法开始将所有样本分到一个类，之后将已有类中相距最远的样本分到两个新的类，重复此操作直到满足停止条件，得到层次化的类别。k 均值聚类是基于中心的聚类方法，通过迭代，将样本分到 k 个类中，使得每个样本与其所属类的中心或均值最近，得到 k 个“平坦的”、非层次化的类别，构成对空间的划分。k 均值聚类的算法于 1967 年由 MacQueen 提出。

本章 14.1 节介绍聚类的基本概念，14.2 节和 14.3 节分别叙述层次聚类和 k 均值聚类。

14.1　聚类的基本概念

本节介绍聚类的基本概念，包括样本之间的距离或相似度、类或簇、类与类之间的距离。

14.1.1　相似度或距离

聚类的对象是观测数据或样本集合。假设有 n 个样本，每个样本由 m 个属性的特征向量组成。样本集合可以用矩阵 X 表示：

$$X=[x_{ij}]_{m\times n}=\begin{bmatrix} x_{11} & x_{12} & \cdots & x_{1n} \\ x_{21} & x_{22} & \cdots & x_{2n} \\ \vdots & \vdots & & \vdots \\ x_{m1} & x_{m2} & \cdots & x_{mn} \end{bmatrix} \tag{14.1}$$

矩阵的第 j 列表示第 j 个样本，$j=1,2,\cdots,n$；第 i 行表示第 i 个属性，$i=1,2,\cdots,m$；矩阵元素 x_{ij} 表示第 j 个样本的第 i 个属性值，$i=1,2,\cdots,m$，$j=1,2,\cdots,n$。

聚类的核心概念是相似度（similarity）或距离（distance），有多种相似度或距离的定义。因为相似度直接影响聚类的结果，所以其选择是聚类的根本问题。具体哪种相似度更合适取决于应用问题的特性。

1. 闵可夫斯基距离①

在聚类中，可以将样本集合看作是向量空间中点的集合，以该空间的距离表示样本之间的相似度。常用的距离有闵可夫斯基距离，特别是欧氏距离。闵可夫斯基距离越大，相似度越小；距离越小，相似度越大。

定义 14.1 给定样本集合 X，X 是 m 维实数向量空间 $\boldsymbol{R}^m$ 中点的集合，其中 $x_i,x_j\in X$，$x_i=(x_{1i},x_{2i},\cdots,x_{mi})^{\mathrm{T}}$，$x_j=(x_{1j},x_{2j},\cdots,x_{mj})^{\mathrm{T}}$，样本 x_i 与样本 x_j 的闵可夫斯基距离（Minkowski distance）定义为

$$d_{ij}=\left(\sum_{k=1}^{m}|x_{ki}-x_{kj}|^p\right)^{\frac{1}{p}} \tag{14.2}$$

这里 $p\geqslant 1$。当 $p=2$ 时称为欧氏距离（Euclidean distance），即

$$d_{ij}=\left(\sum_{k=1}^{m}|x_{ki}-x_{kj}|^2\right)^{\frac{1}{2}} \tag{14.3}$$

当 $p=1$ 时称为曼哈顿距离（Manhattan distance），即

$$d_{ij}=\sum_{k=1}^{m}|x_{ki}-x_{kj}| \tag{14.4}$$

当 $p=\infty$ 时称为切比雪夫距离（Chebyshev distance），取各个坐标数值差的绝对值的最大值，即

$$d_{ij}=\max_{k}|x_{ki}-x_{kj}| \tag{14.5}$$

2. 马哈拉诺比斯距离

马哈拉诺比斯距离（Mahalanobis distance）简称马氏距离，也是另一种常用的相似度，考虑各个分量（特征）之间的相关性并与各个分量的尺度无关。马哈拉诺比斯距离越大，相似度越小；距离越小，相似度越大。

定义 14.2 给定一个样本集合 X，$X=[x_{ij}]_{m\times n}$，其协方差矩阵记作 S。样本 x_i 与样本 x_j 之间的马哈拉诺比斯距离 d_{ij} 定义为

$$d_{ij}=\left[(x_i-x_j)^{\mathrm{T}}S^{-1}(x_i-x_j)\right]^{\frac{1}{2}} \tag{14.6}$$

其中，

$$x_i=(x_{1i},x_{2i},\cdots,x_{mi})^{\mathrm{T}},\quad x_j=(x_{1j},x_{2j},\cdots,x_{mj})^{\mathrm{T}} \tag{14.7}$$

① 在第 3 章叙述了闵可夫斯基距离，现重述，符号有所改变。

当 S 为单位矩阵时，即样本数据的各个分量互相独立且各个分量的方差为 1 时，由式 (14.6) 知马氏距离就是欧氏距离，所以马氏距离是欧氏距离的推广。

3. 相关系数

样本之间的相似度也可以用相关系数（correlation coefficient）来表示。相关系数的绝对值越接近 1，表示样本越相似；越接近 0，表示样本越不相似。

定义 14.3 样本 x_i 与样本 x_j 之间的相关系数定义为

$$r_{ij}=\frac{\sum\limits_{k=1}^{m}(x_{ki}-\bar{x}_i)(x_{kj}-\bar{x}_j)}{\left[\sum\limits_{k=1}^{m}(x_{ki}-\bar{x}_i)^2\sum\limits_{k=1}^{m}(x_{kj}-\bar{x}_j)^2\right]^{\frac{1}{2}}} \tag{14.8}$$

其中，

$$\bar{x}_i=\frac{1}{m}\sum_{k=1}^{m}x_{ki},\quad \bar{x}_j=\frac{1}{m}\sum_{k=1}^{m}x_{kj}$$

4. 夹角余弦

样本之间的相似度也可以用夹角余弦（cosine）来表示。夹角余弦越接近 1，表示样本越相似；越接近 0，表示样本越不相似。

定义 14.4 样本 x_i 与样本 x_j 之间的夹角余弦定义为

$$s_{ij}=\frac{\sum\limits_{k=1}^{m}x_{ki}x_{kj}}{\left(\sum\limits_{k=1}^{m}x_{ki}^2\sum\limits_{k=1}^{m}x_{kj}^2\right)^{\frac{1}{2}}} \tag{14.9}$$

由上述定义看出，用距离度量相似度时，距离越小，样本越相似；用相关系数时，相关系数越大，样本越相似。注意不同相似度度量得到的结果并不一定一致，请参照图 14.1。

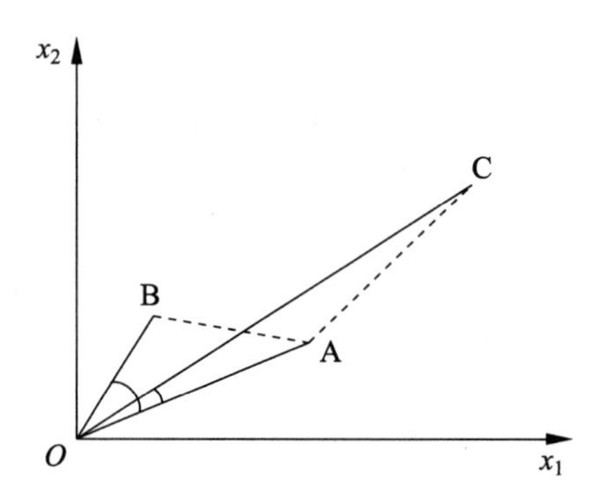

图 14.1 距离与相关系数的关系

从图 14.1 可以看出，如果从距离的角度看，A 和 B 比 A 和 C 更相似；但从相关系数的角度看，A 和 C 比 A 和 B 更相似。所以，进行聚类时，选择适合的距离或相似度非常重要。

14.1.2 类或簇

通过聚类得到的类或簇本质是样本的子集。如果一个聚类方法假定一个样本只能属于一个类或类的交集为空集，那么该方法称为硬聚类（hard clustering）方法。否则，如果一个样本可以属于多个类或类的交集不为空集，那么该方法称为软聚类（soft clustering）方法。本章只考虑硬聚类方法。

用 G 表示类或簇（cluster），用 x_i，x_j 表示类中的样本，用 n_G 表示 G 中样本的个数，用 d_{ij} 表示样本 x_i 与样本 x_j 之间的距离。类或簇有多种定义，下面给出几个常见的定义。

定义 14.5 设 T 为给定的正数，若对于集合 G 中任意两个样本 x_i, x_j，有

$$d_{ij} \leqslant T$$

则称 G 为一个类或簇。

定义 14.6 设 T 为给定的正数，若对集合 G 的任意样本 x_i，一定存在 G 中的另一个样本 x_j，使得

$$d_{ij} \leqslant T$$

则称 G 为一个类或簇。

定义 14.7 设 T 为给定的正数，若对集合 G 中任意一个样本 x_i，G 中的另一个样本 x_j 满足

$$\frac{1}{n_G - 1} \sum_{x_j \in G} d_{ij} \leqslant T$$

其中 n_G 为 G 中样本的个数，则称 G 为一个类或簇。

定义 14.8 设 T 和 V 为给定的两个正数，如果集合 G 中任意两个样本 x_i, x_j 的距离 d_{ij} 满足

$$\frac{1}{n_G(n_G - 1)} \sum_{x_i \in G} \sum_{x_j \in G} d_{ij} \leqslant T$$

$$d_{ij} \leqslant V$$

则称 G 为一个类或簇。

以上四个定义中，第一个定义最常用，并且由它可推出其他三个定义。

类的特征可以通过不同角度来刻画，常用的特征有下面三种：

（1）类的均值 $\bar{x}_G$，又称为类的中心

$$\bar{x}_G = \frac{1}{n_G} \sum_{i=1}^{n_G} x_i \tag{14.10}$$

式中 n_G 是类 G 的样本个数。

（2）类的直径（diameter）D_G

类的直径 D_G 是类中任意两个样本之间的最大距离，即

$$D_G = \max_{x_i, x_j \in G} d_{ij} \tag{14.11}$$

（3）类的样本散布矩阵（scatter matrix）A_G 与样本协方差矩阵（covariance matrix）S_G

类的样本散布矩阵 A_G 为

$$A_G = \sum_{i=1}^{n_G} (x_i - \bar{x}_G)(x_i - \bar{x}_G)^{\mathrm{T}} \tag{14.12}$$

样本协方差矩阵 S_G 为

$$\begin{aligned} S_G &= \frac{1}{n_G - 1} A_G \\ &= \frac{1}{n_G - 1} \sum_{i=1}^{n_G} (x_i - \bar{x}_G)(x_i - \bar{x}_G)^{\mathrm{T}} \end{aligned} \tag{14.13}$$

14.1.3 类与类之间的距离

下面考虑类 G_p 与类 G_q 之间的距离 $D(p,q)$，也称为连接（linkage）。类与类之间的距离也有多种定义。

设类 G_p 包含 n_p 个样本，G_q 包含 n_q 个样本，分别用 $\bar{x}_p$ 和 $\bar{x}_q$ 表示 G_p 和 G_q 的均值，即类的中心。

（1）最短距离或单连接（single linkage）

定义类 G_p 的样本与类 G_q 的样本之间的最短距离为两类之间的距离：

$$D_{pq} = \min\{d_{ij} | x_i \in G_p, x_j \in G_q\} \tag{14.14}$$

（2）最长距离或完全连接（complete linkage）

定义类 G_p 的样本与类 G_q 的样本之间的最长距离为两类之间的距离：

$$D_{pq} = \max\{d_{ij} | x_i \in G_p, x_j \in G_q\} \tag{14.15}$$

（3）中心距离

定义类 G_p 与类 G_q 的中心 $\bar{x}_p$ 与 $\bar{x}_q$ 之间的距离为两类之间的距离：

$$D_{pq} = d_{\bar{x}_p \bar{x}_q} \tag{14.16}$$

（4）平均距离

定义类 G_p 与类 G_q 任意两个样本之间距离的平均值为两类之间的距离：

$$D_{pq} = \frac{1}{n_p n_q} \sum_{x_i \in G_p} \sum_{x_j \in G_q} d_{ij} \tag{14.17}$$

14.2 层次聚类

层次聚类假设类别之间存在层次结构，将样本聚到层次化的类中。层次聚类又有聚合（agglomerative）或自下而上（bottom-up）聚类、分裂（divisive）或自上而下（top-down）聚类两种方法。因为每个样本只属于一个类，所以层次聚类属于硬聚类。

聚合聚类开始将每个样本各自分到一个类，之后将相距最近的两类合并，建立一个新的类，重复此操作直到满足停止条件，得到层次化的类别。分裂聚类开始将所有样本分到一个类，之后将已有类中相距最远的样本分到两个新的类，重复此操作直到满足停止条件，得到层次化的类别。本书只介绍聚合聚类。

聚合聚类的具体过程如下：对于给定的样本集合，开始将每个样本分到一个类；然后按照一定规则，如类间距离最小，将最满足规则条件的两个类进行合并；如此反复进行，每次减少一个类，直到满足停止条件，如所有样本聚为一类。

由此可知，聚合聚类需要预先确定下面三个要素：

（1）距离或相似度；

（2）合并规则；

（3）停止条件。

根据这些要素的不同组合，就可以构成不同的聚类方法。距离或相似度可以是闵可夫斯基距离、马哈拉诺比斯距离、相关系数、夹角余弦。合并规则一般是类间距离最小，类间距离可以是最短距离、最长距离、中心距离、平均距离。停止条件可以是类的个数达到阈值（极端情况类的个数是 1）、类的直径超过阈值。

如果采用欧氏距离为样本之间距离；类间距离最小为合并规则，其中最短距离为类间距离；类的个数是 1，即所有样本聚为一类为停止条件，那么聚合聚类的算法如下。

算法 14.1（聚合聚类算法）

输入：n 个样本组成的样本集合及样本之间的距离。

输出：对样本集合的一个层次化聚类。

（1）计算 n 个样本两两之间的欧氏距离 $\{d_{ij}\}$，记作矩阵 $D=[d_{ij}]_{n\times n}$。

（2）构造 n 个类，每个类只包含一个样本。

（3）合并类间距离最小的两个类，其中最短距离为类间距离，构建一个新类。

（4）计算新类与当前各类的距离。若类的个数为 1，终止计算，否则，回到步骤 (3)。 ■

可以看出聚合层次聚类算法的复杂度是 $O(n^3m)$，其中 m 是样本的维数，n 是样本个数。

下面通过一个例子说明聚合层次聚类算法。

例 14.1 给定 5 个样本的集合，样本之间的欧氏距离由如下矩阵 D 表示：

$$D=[d_{ij}]_{5\times 5}=\begin{bmatrix} 0 & 7 & 2 & 9 & 3 \\ 7 & 0 & 5 & 4 & 6 \\ 2 & 5 & 0 & 8 & 1 \\ 9 & 4 & 8 & 0 & 5 \\ 3 & 6 & 1 & 5 & 0 \end{bmatrix}$$

其中 d_{ij} 表示第 i 个样本与第 j 个样本之间的欧氏距离。显然 D 为对称矩阵。应用聚合层次聚类法对这 5 个样本进行聚类。

解 （1）首先用 5 个样本构建 5 个类，$G_i=\{x_i\}$，$i=1,2,\cdots,5$，这样，样本之间的距离也就变成类之间的距离，所以 5 个类之间的距离矩阵亦为 D。

(2) 由矩阵 D 可以看出，$D_{35}=D_{53}=1$ 为最小，所以把 G_3 和 G_5 合并为一个新类，记作 $G_6=\{x_3,x_5\}$。

(3) 计算 G_6 与 G_1，G_2，G_4 之间的最短距离，有

$$D_{61}=2,\quad D_{62}=5,\quad D_{64}=5$$

又注意到其余两类之间的距离是

$$D_{12}=7,\quad D_{14}=9,\quad D_{24}=4$$

显然，$D_{61}=2$ 最小，所以将 G_1 与 G_6 合并成一个新类，记作 $G_7=\{x_1,x_3,x_5\}$。

(4) 计算 G_7 与 G_2，G_4 之间的最短距离：

$$D_{72}=5,\quad D_{74}=5$$

又注意到

$$D_{24}=4$$

显然，其中 $D_{24}=4$ 最小，所以将 G_2 与 G_4 合并成一个新类，记作 $G_8=\{x_2,x_4\}$。

(5) 将 G_7 与 G_8 合并成一个新类，记作 $G_9=\{x_1,x_2,x_3,x_4,x_5\}$，即将全部样本聚成一类，聚类终止。 ■

上述层次聚类过程可以用图 14.2 所示的层次聚类图表示。

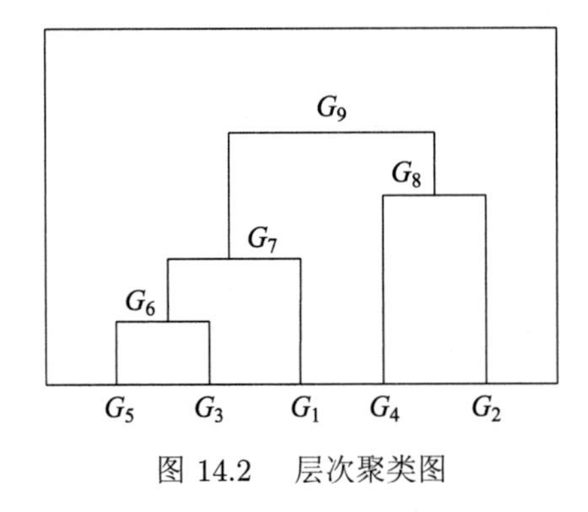

图 14.2 层次聚类图

14.3 k 均值聚类

k 均值聚类是基于样本集合划分的聚类算法。k 均值聚类将样本集合划分为 k 个子集，构成 k 个类，将 n 个样本分到 k 个类中，每个样本到其所属类的中心的距离最小。每个样本只能属于一个类，所以 k 均值聚类是硬聚类。下面分别介绍 k 均值聚类的模型、策略、算法，讨论算法的特性及相关问题。

14.3.1 模型

给定 n 个样本的集合 $X=\{x_1,x_2,\cdots,x_n\}$，每个样本由一个特征向量表示，特征向量的

维数是 m。k 均值聚类的目标是将 n 个样本分到 k 个不同的类或簇中，这里假设 $k < n$。k 个类 $G_1, G_2, \cdots, G_k$ 形成对样本集合 X 的划分，其中 $G_i \cap G_j = \varnothing$，$\bigcup_{i=1}^{k} G_i = X$。用 C 表示划分，一个划分对应着一个聚类结果。

划分 C 是一个多对一的函数。事实上，如果把每个样本用一个整数 $i \in \{1, 2, \cdots, n\}$ 表示，每个类也用一个整数 $l \in \{1, 2, \cdots, k\}$ 表示，那么划分或者聚类可以用函数 $l = C(i)$ 表示，其中 $i \in \{1, 2, \cdots, n\}$，$l \in \{1, 2, \cdots, k\}$。所以 k 均值聚类的模型是一个从样本到类的函数。

14.3.2 策略

k 均值聚类归结为样本集合 X 的划分，或者从样本到类的函数的选择问题。k 均值聚类的策略是通过损失函数的最小化选取最优的划分或函数 C^*。

首先，采用欧氏距离平方（squared Euclidean distance）作为样本之间的距离 $d(x_i, x_j)$：

$$
\begin{aligned}
d(x_i, x_j) &= \sum_{k=1}^{m} (x_{ki} - x_{kj})^2 \\
&= \|x_i - x_j\|^2
\end{aligned} \tag{14.18}
$$

然后，定义样本与其所属类的中心之间的距离的总和为损失函数，即

$$
W(C) = \sum_{l=1}^{k} \sum_{C(i)=l} \|x_i - \bar{x}_l\|^2 \tag{14.19}
$$

式中 $\bar{x}_l = (\bar{x}_{1l}, \bar{x}_{2l}, \cdots, \bar{x}_{ml})^{\mathrm{T}}$ 是第 l 个类的均值或中心，$n_l = \sum_{i=1}^{n} I(C(i) = l)$，$I(C(i) = l)$ 是指示函数，取值为 1 或 0。函数 $W(C)$ 也称为能量，表示相同类中的样本相似的程度。

k 均值聚类就是求解最优化问题：

$$
\begin{aligned}
C^* &= \arg\min_{C} W(C) \\
&= \arg\min_{C} \sum_{l=1}^{k} \sum_{C(i)=l} \|x_i - \bar{x}_l\|^2
\end{aligned} \tag{14.20}
$$

相似的样本被聚到同类时，损失函数值最小，这个目标函数的最优化能达到聚类的目的。但是，这是一个组合优化问题，n 个样本分到 k 类，所有可能分法的数目是

$$
S(n, k) = \frac{1}{k!} \sum_{l=1}^{k} (-1)^{k-l} \binom{k}{l} l^n \tag{14.21}
$$

这个数字是指数级的。事实上，k 均值聚类的最优解求解问题是 NP 困难问题。现实中采用迭代的方法求解。

14.3.3 算法

k 均值聚类的算法是一个迭代的过程，每次迭代包括两个步骤。首先选择 k 个类的中心，将样本逐个指派到与其最近的中心的类中，得到一个聚类结果；然后更新每个类的样本的均值，作为类的新的中心；重复以上步骤，直到收敛为止。具体过程如下。

首先，对于给定的中心值 $(m_1, m_2, \cdots, m_k)$，求一个划分 C，使得目标函数极小化：

$$\min_{C} \sum_{l=1}^{k} \sum_{C(i)=l} \|x_i - m_l\|^2 \tag{14.22}$$

就是说在类中心确定的情况下，将每个样本分到一个类中，使样本和其所属类的中心之间的距离总和最小。求解结果，将每个样本指派到与其最近的中心 m_l 的类 G_l 中。

然后，对给定的划分 C，再求各个类的中心 $(m_1, m_2, \cdots, m_k)$，使得目标函数极小化：

$$\min_{m_1, m_2, \cdots, m_k} \sum_{l=1}^{k} \sum_{C(i)=l} \|x_i - m_l\|^2$$

就是说在划分确定的情况下，使样本和其所属类的中心之间的距离总和最小。求解结果，对于每个包含 n_l 个样本的类 G_l，更新其均值 m_l：

$$m_l = \frac{1}{n_l} \sum_{C(i)=l} x_i, \quad l = 1, 2, \cdots, k$$

重复以上两个步骤，直到划分不再改变，得到聚类结果。现将 k 均值聚类算法叙述如下。

算法 14.2（k 均值聚类算法）

输入：n 个样本的集合 X。

输出：样本集合的聚类 C^*。

（1）初始化。令 $t = 0$，随机选择 k 个样本点作为初始聚类中心 $m^{(0)} = (m_1^{(0)}, \cdots, m_l^{(0)}, \cdots, m_k^{(0)})$。

（2）对样本进行聚类。对固定的类中心 $m^{(t)} = (m_1^{(t)}, \cdots, m_l^{(t)}, \cdots, m_k^{(t)})$，其中 $m_l^{(t)}$ 为类 G_l 的中心，计算每个样本到类中心的距离，将每个样本指派到与其最近的中心的类中，构成聚类结果 $C^{(t)}$。

（3）计算新的类中心。对聚类结果 $C^{(t)}$，计算当前各个类中的样本的均值，作为新的类中心 $m^{(t+1)} = (m_1^{(t+1)}, \cdots, m_l^{(t+1)}, \cdots, m_k^{(t+1)})$。

（4）如果迭代收敛或符合停止条件，输出 $C^* = C^{(t)}$；否则，令 $t = t + 1$，返回步骤 (2)。■

k 均值聚类算法的复杂度是 $O(mnk)$，其中 m 是样本维数，n 是样本个数，k 是类别个数。

例 14.2 给定含有 5 个样本的集合

$$X = \begin{bmatrix} 0 & 0 & 1 & 5 & 5 \\ 2 & 0 & 0 & 0 & 2 \end{bmatrix}$$

试用 k 均值聚类算法将样本聚到两个类中。

解 按照算法 14.2:

(1) 选择两个样本点作为类的中心。假设选择 $m_1^{(0)} = x_1 = (0,2)^{\mathrm{T}}$，$m_2^{(0)} = x_2 = (0,0)^{\mathrm{T}}$。

(2) 以 $m_1^{(0)}$，$m_2^{(0)}$ 为类 $G_1^{(0)}$，$G_2^{(0)}$ 的中心，计算 $x_3 = (1,0)^{\mathrm{T}}$，$x_4 = (5,0)^{\mathrm{T}}$，$x_5 = (5,2)^{\mathrm{T}}$ 与 $m_1^{(0)} = (0,2)^{\mathrm{T}}$，$m_2^{(0)} = (0,0)^{\mathrm{T}}$ 的欧氏距离平方。

(a) 对 $x_3 = (1,0)^{\mathrm{T}}$，$d(x_3, m_1^{(0)}) = 5$，$d(x_3, m_2^{(0)}) = 1$，将 x_3 分到类 $G_2^{(0)}$。

(b) 对 $x_4 = (5,0)^{\mathrm{T}}$，$d(x_4, m_1^{(0)}) = 29$，$d(x_4, m_2^{(0)}) = 25$，将 x_4 分到类 $G_2^{(0)}$。

(c) 对 $x_5 = (5,2)^{\mathrm{T}}$，$d(x_5, m_1^{(0)}) = 25$，$d(x_5, m_2^{(0)}) = 29$，将 x_5 分到类 $G_1^{(0)}$。

(3) 得到新的类 $G_1^{(1)} = \{x_1, x_5\}$，$G_2^{(1)} = \{x_2, x_3, x_4\}$，计算类的中心 $m_1^{(1)}$，$m_2^{(1)}$：

$$m_1^{(1)} = (2.5, 2.0)^{\mathrm{T}}, \quad m_2^{(1)} = (2, 0)^{\mathrm{T}}$$

(4) 重复步骤 (2) 和步骤 (3)。将 x_1 分到类 $G_1^{(1)}$，将 x_2 分到类 $G_2^{(1)}$，x_3 分到类 $G_2^{(1)}$，x_4 分到类 $G_2^{(1)}$，x_5 分到类 $G_1^{(1)}$，得到新的类 $G_1^{(2)} = \{x_1, x_5\}$，$G_2^{(2)} = \{x_2, x_3, x_4\}$。

由于得到的新的类没有改变，聚类停止。得到聚类结果：

$$G_1^* = \{x_1, x_5\}, \quad G_2^* = \{x_2, x_3, x_4\}$$ ■

14.3.4 算法特性

1. 总体特点

k 均值聚类有以下特点：基于划分的聚类方法；类别数 k 事先指定；以欧氏距离平方表示样本之间的距离，以中心或样本的均值表示类别；以样本和其所属类的中心之间的距离的总和为最优化的目标函数；得到的类别是平坦的、非层次化的；算法是迭代算法，不能保证得到全局最优。

2. 收敛性

k 均值聚类属于启发式方法，不能保证收敛到全局最优，初始中心的选择会直接影响聚类结果。注意，类中心在聚类的过程中会发生移动，但是往往不会移动太大，因为在每一步，样本被分到与其最近的中心的类中。

3. 初始类的选择

选择不同的初始中心会得到不同的聚类结果。针对上面的例 14.2，如果改变两个类的初始中心，比如选择 $m_1^{(0)} = x_1$ 和 $m_2^{(0)} = x_5$，那么 x_2，x_3 会分到 $G_1^{(0)}$，x_4 会分到 $G_2^{(0)}$，形成聚类结果 $G_1^{(1)} = \{x_1, x_2, x_3\}$，$G_2^{(1)} = \{x_4, x_5\}$。中心是 $m_1^{(1)} = (0.33, 0.67)^{\mathrm{T}}$，$m_2^{(1)} = (5, 1)^{\mathrm{T}}$。继续迭代，聚类结果仍然是 $G_1^{(2)} = \{x_1, x_2, x_3\}$，$G_2^{(2)} = \{x_4, x_5\}$。聚类停止。

对于初始中心的选择，可以用层次聚类对样本进行聚类，得到 k 个类时停止，然后从每个类中选取一个与中心距离最近的点。

4. 类别数 k 的选择

k 均值聚类中的类别数 k 值需要预先指定，而在实际应用中最优的 k 值是不知道的。解决这个问题的一个方法是尝试用不同的 k 值聚类，检验各自得到的聚类结果的质量，推测最

优的 k 值。聚类结果的质量可以用类的平均直径来衡量。一般地，类别数变小时，平均直径会增加；类别数变大超过某个值以后，平均直径会不变，而这个值正是最优的 k 值。图 14.3 说明类别数与平均直径的关系。实验时，可以采用二分查找，快速找到最优的 k 值。

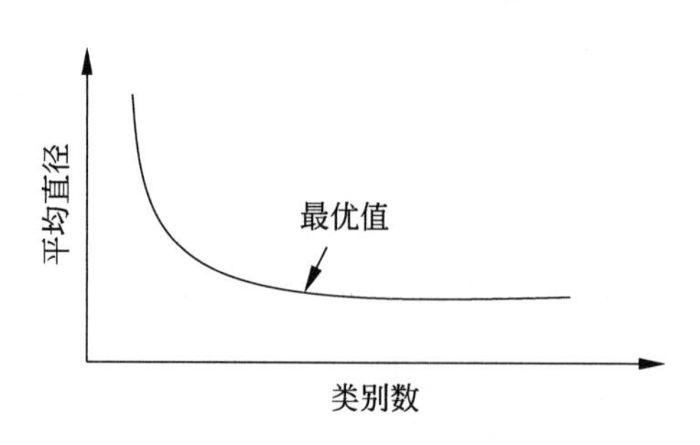

图 14.3 类别数与平均直径的关系

本章概要

1. 聚类是针对给定的样本，依据它们属性的相似度或距离，将其归并到若干个“类”或“簇”的数据分析问题。一个类是样本的一个子集。直观上，相似的样本聚集在同类，不相似的样本分散在不同类。

2. 距离或相似度度量在聚类中起着重要作用。

常用的距离度量有闵可夫斯基距离，包括欧氏距离、曼哈顿距离、切比雪夫距离以及马哈拉诺比斯距离。常用的相似度度量有相关系数、夹角余弦。

用距离度量相似度时，距离越小表示样本越相似；用相关系数时，相关系数越大表示样本越相似。

3. 类是样本的子集，比如有如下基本定义：

用 G 表示类或簇，用 x_i，x_j 等表示类中的样本，用 d_{ij} 表示样本 x_i 与样本 x_j 之间的距离。如果对任意的 $x_i, x_j \in G$，有

$$d_{ij} \leqslant T$$

则称 G 为一个类或簇。

描述类的特征的指标有中心、直径、散布矩阵、协方差矩阵。

4. 聚类过程中用到的类与类之间的距离也称为连接。类与类之间的距离包括最短距离、最长距离、中心距离、平均距离。

5. 层次聚类假设类别之间存在层次结构，将样本聚到层次化的类中。层次聚类又有聚合或自下而上、分裂或自上而下两种方法。

聚合聚类开始将每个样本各自分到一个类，之后将相距最近的两类合并，建立一个新的类，重复此操作直到满足停止条件，得到层次化的类别。分裂聚类开始将所有样本分到一个类，之后将已有类中相距最远的样本分到两个新的类，重复此操作直到满足停止条件，得到层次化的类别。

聚合聚类需要预先确定下面三个要素：

（1）距离或相似度；

（2）合并规则；

（3）停止条件。

根据这些概念的不同组合，就可以得到不同的聚类方法。

6. k 均值聚类是常用的聚类算法，有以下特点：基于划分的聚类方法；类别数 k 事先指定；以欧氏距离平方表示样本之间的距离或相似度，以中心或样本的均值表示类别；以样本和其所属类的中心之间的距离的总和为优化的目标函数；得到的类别是平坦的、非层次化的；算法是迭代算法，不能保证得到全局最优。

对于 k 均值聚类算法，首先选择 k 个类的中心，将样本分到与中心最近的类中，得到一个聚类结果；然后计算每个类的样本的均值，作为类的新的中心；重复以上步骤，直到收敛为止。

继续阅读

聚类的方法很多，各种方法的详细介绍可参见文献 [1] 和文献 [2]。层次化聚类的方法可参见文献 [2]，k 均值聚类可参见文献 [3] 和文献 [4]。k 均值聚类的扩展有 X-means[5]。其他常用的聚类方法还有基于混合分布的方法，如高斯混合模型与 EM 算法；基于密度的方法，如 DBScan[6]；基于谱聚类的方法, 如 Normalized Cuts[7]。以上方法是对样本的聚类，也有对样本与属性同时聚类的方法，如 Co-Clustering[8]。

习　题

14.1 试写出分裂聚类算法，自上而下地对数据进行聚类，并给出其算法复杂度。

14.2 证明类或簇的四个定义中，第一个定义可推出其他三个定义。

14.3 证明式 (14.21) 成立，即 k 均值的可能解的个数是指数级的。

14.4 比较 k 均值聚类与高斯混合模型加 EM 算法的异同。

参考文献

[1] JAIN A, DUBES R. Algorithms for clustering data[M]. Prentice-Hall, 1988.

[2] AGGARWAL C C, REDDY C K. Data clustering: algorithms and applications[M]. CRC Press, 2013.

[3] MACQUEEN J B. Some methods for classification and analysis of multivariate observations[C]// Procceedings of 5th Symposium on Mathematical Statistics and Probability. 1967: 396–410.

[4] HASTIE T, TIBSHIRANI R, FRIEDMAN J. The elements of statistical learning: data mining, inference, and prediction[M]. 范明，柴玉梅，昝红英，等译. Springer, 2001.

[5] PELLEG D, MOORE A W. X-means: extending K-means with efficient estimation of the number of clusters[C]//Proceedings of ICML. 2000: 727–734.

[6] ESTER M, KRIEGEL H, SANDER J, et al. A density-based algorithm for discovering clusters in large spatial databases with noise[C]//Proceedings of ACM SIGKDD. 1996: 226–231.

[7] SHI J, MALIK J. Normalized cuts and image segmentation[J]. IEEE Transactions on Pattern Analysis and Machine Intelligence, 2000, 22(8): 888–905.

[8] DHILLON I S. Co-clustering documents and words using bipartite spectral graph partitioning[C]//Proceedings of ACM SIGKDD. 2001: 269–274.

第 15 章 奇异值分解

奇异值分解（singular value decomposition, SVD）是一种矩阵因子分解方法，是线性代数的概念，但在机器学习中被广泛使用，成为其重要工具。本书介绍的主成分分析、潜在语义分析都用到奇异值分解。

任意一个 $m \times n$ 矩阵，都可以表示为三个矩阵的乘积（因子分解）形式，分别是 m 阶正交矩阵、由降序排列的非负的对角线元素组成的 $m \times n$ 矩形对角矩阵和 n 阶正交矩阵，称为该矩阵的奇异值分解。矩阵的奇异值分解一定存在，但不唯一。奇异值分解可以看作是矩阵数据压缩的一种方法，即用因子分解的方式近似地表示原始矩阵，这种近似是在平方损失意义下的最优近似。

15.1 节讲述矩阵奇异值分解的定义与基本定理，叙述奇异值分解的紧凑和截断形式、几何解释、主要性质；15.2 节讲述奇异值分解的算法；15.3 节论述奇异值分解是矩阵的一种最优近似方法。

15.1 奇异值分解的定义与性质

15.1.1 定义与定理

定义 15.1（奇异值分解） 矩阵的奇异值分解是指将一个非零的 $m \times n$ 实矩阵 $\boldsymbol{A}$，$\boldsymbol{A} \in \boldsymbol{R}^{m\times n}$，表示为以下三个实矩阵乘积形式的运算[①]，即进行矩阵的因子分解：

$$\boldsymbol{A} = \boldsymbol{U}\boldsymbol{\Sigma}\boldsymbol{V}^{\mathrm{T}} \tag{15.1}$$

其中，$\boldsymbol{U}$ 是 m 阶正交矩阵（orthogonal matrix），$\boldsymbol{V}$ 是 n 阶正交矩阵，$\boldsymbol{\Sigma}$ 是由降序排列的非负的对角线元素组成的 $m \times n$ 矩形对角矩阵（rectangular diagonal matrix），满足

$$\begin{aligned}
&\boldsymbol{U}\boldsymbol{U}^{\mathrm{T}} = \boldsymbol{I}\\
&\boldsymbol{V}\boldsymbol{V}^{\mathrm{T}} = \boldsymbol{I}\\
&\boldsymbol{\Sigma} = \mathrm{diag}(\sigma_1, \sigma_2, \cdots, \sigma_p)\\
&\sigma_1 \geqslant \sigma_2 \geqslant \cdots \geqslant \sigma_p \geqslant 0\\
&p = \min(m, n)
\end{aligned}$$

① 奇异值分解可以更一般地定义在复数矩阵上，这里并不涉及。

$\boldsymbol{U\Sigma V}^{\mathrm{T}}$ 称为矩阵 $\boldsymbol{A}$ 的奇异值分解（singular value decomposition，SVD），σ_i 称为矩阵 $\boldsymbol{A}$ 的奇异值（singular value），$\boldsymbol{U}$ 的列向量称为左奇异向量（left singular vector），$\boldsymbol{V}$ 的列向量称为右奇异向量（right singular vector）。

注意奇异值分解不要求矩阵 $\boldsymbol{A}$ 是方阵，事实上矩阵的奇异值分解可以看作是方阵的对角化的推广。

下面看一个奇异值分解的例子。

例 15.1 给定一个 5×4 矩阵 $\boldsymbol{A}$：

$$\boldsymbol{A}=\begin{bmatrix}1&0&0&0\\0&0&0&4\\0&3&0&0\\0&0&0&0\\2&0&0&0\end{bmatrix}$$

它的奇异值分解由三个矩阵的乘积 $\boldsymbol{U\Sigma V}^{\mathrm{T}}$ 给出，矩阵 $\boldsymbol{U}$，$\boldsymbol{\Sigma}$，$\boldsymbol{V}^{\mathrm{T}}$ 分别为

$$\boldsymbol{U}=\begin{bmatrix}0&0&\sqrt{0.2}&0&\sqrt{0.8}\\1&0&0&0&0\\0&1&0&0&0\\0&0&0&1&0\\0&0&\sqrt{0.8}&0&-\sqrt{0.2}\end{bmatrix},\quad \boldsymbol{\Sigma}=\begin{bmatrix}4&0&0&0\\0&3&0&0\\0&0&\sqrt{5}&0\\0&0&0&0\\0&0&0&0\end{bmatrix}$$

$$\boldsymbol{V}^{\mathrm{T}}=\begin{bmatrix}0&0&0&1\\0&1&0&0\\1&0&0&0\\0&0&1&0\end{bmatrix}$$

矩阵 $\boldsymbol{\Sigma}$ 是对角矩阵，对角线外的元素都是 0，对角线上的元素非负，按降序排列。矩阵 $\boldsymbol{U}$ 和 $\boldsymbol{V}$ 是正交矩阵，它们与各自的转置矩阵相乘是单位矩阵，即

$$\boldsymbol{UU}^{\mathrm{T}}=\boldsymbol{I}_5,\quad \boldsymbol{VV}^{\mathrm{T}}=\boldsymbol{I}_4$$

矩阵的奇异值分解不是唯一的。在此例中如果选择 $\boldsymbol{U}$ 为

$$\boldsymbol{U}=\begin{bmatrix}0&0&\sqrt{0.2}&\sqrt{0.4}&-\sqrt{0.4}\\1&0&0&0&0\\0&1&0&0&0\\0&0&0&\sqrt{0.5}&\sqrt{0.5}\\0&0&\sqrt{0.8}&-\sqrt{0.1}&\sqrt{0.1}\end{bmatrix}$$

而 $\boldsymbol{\Sigma}$ 与 $\boldsymbol{V}$ 不变，那么 $\boldsymbol{U\Sigma V}^{\mathrm{T}}$ 也是 $\boldsymbol{A}$ 的一个奇异值分解。 ■

任意给定一个实矩阵，其奇异值分解是否一定存在呢？答案是肯定的，下面的奇异值分解的基本定理给予保证。

定理 15.1（奇异值分解基本定理） 若 $\boldsymbol{A}$ 为一个 $m \times n$ 实矩阵，$\boldsymbol{A} \in \boldsymbol{R}^{m\times n}$，则 $\boldsymbol{A}$ 的奇异值分解存在:

$$\boldsymbol{A} = \boldsymbol{U\Sigma V}^{\mathrm{T}} \tag{15.2}$$

其中，$\boldsymbol{U}$ 是 m 阶正交矩阵，$\boldsymbol{V}$ 是 n 阶正交矩阵，$\boldsymbol{\Sigma}$ 是 $m \times n$ 矩形对角矩阵，其对角线元素非负，且按降序排列。

证明 证明是构造性的，对给定的矩阵 $\boldsymbol{A}$，构造出其奇异值分解的各个矩阵。为了方便，不妨假设 $m \geqslant n$，如果 $m < n$ 证明仍然成立。证明由三步完成。①

（1）确定 $\boldsymbol{V}$ 和 $\boldsymbol{\Sigma}$

首先构造 n 阶正交实矩阵 $\boldsymbol{V}$ 和 $m \times n$ 矩形对角实矩阵 $\boldsymbol{\Sigma}$。

矩阵 $\boldsymbol{A}$ 是 $m\times n$ 实矩阵，则矩阵 $\boldsymbol{A}^{\mathrm{T}}\boldsymbol{A}$ 是 n 阶实对称矩阵。因而 $\boldsymbol{A}^{\mathrm{T}}\boldsymbol{A}$ 的特征值都是实数，并且存在一个 n 阶正交实矩阵 $\boldsymbol{V}$ 实现 $\boldsymbol{A}^{\mathrm{T}}\boldsymbol{A}$ 的对角化，使得 $\boldsymbol{V}^{\mathrm{T}}\left(\boldsymbol{A}^{\mathrm{T}}\boldsymbol{A}\right)\boldsymbol{V} = \boldsymbol{\Lambda}$ 成立，其中 $\boldsymbol{\Lambda}$ 是 n 阶对角矩阵，其对角线元素由 $\boldsymbol{A}^{\mathrm{T}}\boldsymbol{A}$ 的特征值组成。而且，$\boldsymbol{A}^{\mathrm{T}}\boldsymbol{A}$ 的特征值都是非负的。事实上，令 λ 是 $\boldsymbol{A}^{\mathrm{T}}\boldsymbol{A}$ 的一个特征值，$\boldsymbol{x}$ 是对应的特征向量，则

$$\|\boldsymbol{Ax}\|^2 = \boldsymbol{x}^{\mathrm{T}}\boldsymbol{A}^{\mathrm{T}}\boldsymbol{Ax} = \lambda\boldsymbol{x}^{\mathrm{T}}\boldsymbol{x} = \lambda\|\boldsymbol{x}\|^2$$

于是

$$\lambda = \frac{\|\boldsymbol{Ax}\|^2}{\|\boldsymbol{x}\|^2} \geqslant 0 \tag{15.3}$$

可以假设正交矩阵 $\boldsymbol{V}$ 的列的排列使得对应的特征值形成降序排列:

$$\lambda_1 \geqslant \lambda_2 \geqslant \cdots \geqslant \lambda_n \geqslant 0$$

计算特征值的平方根（实际就是矩阵 $\boldsymbol{A}$ 的奇异值）:

$$\sigma_j = \sqrt{\lambda_j}, \quad j = 1, 2, \cdots, n$$

设矩阵 $\boldsymbol{A}$ 的秩是 r，$\operatorname{rank}(\boldsymbol{A}) = r$，则矩阵 $\boldsymbol{A}^{\mathrm{T}}\boldsymbol{A}$ 的秩也是 r。由于 $\boldsymbol{A}^{\mathrm{T}}\boldsymbol{A}$ 是对称矩阵，它的秩等于正的特征值的个数，所以

$$\lambda_1 \geqslant \lambda_2 \geqslant \cdots \geqslant \lambda_r > 0, \quad \lambda_{r+1} = \lambda_{r+2} = \cdots = \lambda_n = 0 \tag{15.4}$$

对应地有

$$\sigma_1 \geqslant \sigma_2 \geqslant \cdots \geqslant \sigma_r > 0, \quad \sigma_{r+1} = \sigma_{r+2} = \cdots = \sigma_n = 0 \tag{15.5}$$

令

$$\boldsymbol{V}_1 = [\boldsymbol{\nu}_1 \quad \boldsymbol{\nu}_2 \quad \cdots \quad \boldsymbol{\nu}_r], \quad \boldsymbol{V}_2 = [\boldsymbol{\nu}_{r+1} \quad \boldsymbol{\nu}_{r+2} \quad \cdots \quad \boldsymbol{\nu}_n]$$

其中，$\boldsymbol{\nu}_1, \boldsymbol{\nu}_2, \cdots, \boldsymbol{\nu}_r$ 为 $\boldsymbol{A}^{\mathrm{T}}\boldsymbol{A}$ 的正特征值对应的特征向量，$\boldsymbol{\nu}_{r+1}, \boldsymbol{\nu}_{r+2}, \cdots, \boldsymbol{\nu}_n$ 为 0 特征值对

① 线性代数的基本知识可参见本章的参考文献。

应的特征向量，则

$$\boldsymbol{V} = [\boldsymbol{V}_1 \quad \boldsymbol{V}_2] \tag{15.6}$$

这就是矩阵 $\boldsymbol{A}$ 的奇异值分解中的 n 阶正交矩阵 $\boldsymbol{V}$。

令

$$\boldsymbol{\Sigma}_1 = \begin{bmatrix} \sigma_1 & & & \\ & \sigma_2 & & \\ & & \ddots & \\ & & & \sigma_r \end{bmatrix}$$

则 $\boldsymbol{\Sigma}_1$ 是一个 r 阶对角矩阵，其对角线元素为按降序排列的正的 $\sigma_1, \sigma_2, \cdots, \sigma_r$，于是 $m \times n$ 矩形对角矩阵 $\boldsymbol{\Sigma}$ 可以表示为

$$\boldsymbol{\Sigma} = \begin{bmatrix} \boldsymbol{\Sigma}_1 & 0 \\ 0 & 0 \end{bmatrix} \tag{15.7}$$

这就是矩阵 $\boldsymbol{A}$ 的奇异值分解中的 $m \times n$ 矩形对角矩阵 $\boldsymbol{\Sigma}$。

下面推出后面要用到的一个公式。在式 (15.6) 中，$\boldsymbol{V}_2$ 的列向量是 $\boldsymbol{A}^{\mathrm{T}}\boldsymbol{A}$ 对应于特征值为 0 的特征向量。因此

$$\boldsymbol{A}^{\mathrm{T}}\boldsymbol{A}\boldsymbol{v}_j = 0, \quad j = r+1, r+2, \cdots, n \tag{15.8}$$

于是，$\boldsymbol{V}_2$ 的列向量构成了 $\boldsymbol{A}^{\mathrm{T}}\boldsymbol{A}$ 的零空间 $N(\boldsymbol{A}^{\mathrm{T}}\boldsymbol{A})$，而 $N(\boldsymbol{A}^{\mathrm{T}}\boldsymbol{A}) = N(\boldsymbol{A})$，所以 $\boldsymbol{V}_2$ 的列向量构成 $\boldsymbol{A}$ 的零空间的一组标准正交基。因此，

$$\boldsymbol{A}\boldsymbol{V}_2 = 0 \tag{15.9}$$

由于 $\boldsymbol{V}$ 是正交矩阵，由式 (15.6) 可得：

$$\boldsymbol{I} = \boldsymbol{V}\boldsymbol{V}^{\mathrm{T}} = \boldsymbol{V}_1\boldsymbol{V}_1^{\mathrm{T}} + \boldsymbol{V}_2\boldsymbol{V}_2^{\mathrm{T}} \tag{15.10}$$

$$\boldsymbol{A} = \boldsymbol{A}\boldsymbol{I} = \boldsymbol{A}\boldsymbol{V}_1\boldsymbol{V}_1^{\mathrm{T}} + \boldsymbol{A}\boldsymbol{V}_2\boldsymbol{V}_2^{\mathrm{T}} = \boldsymbol{A}\boldsymbol{V}_1\boldsymbol{V}_1^{\mathrm{T}} \tag{15.11}$$

（2）确定 $\boldsymbol{U}$

接着构造 m 阶正交实矩阵 $\boldsymbol{U}$。

令

$$\boldsymbol{u}_j = \frac{1}{\sigma_j}\boldsymbol{A}\boldsymbol{v}_j, \quad j = 1, 2, \cdots, r \tag{15.12}$$

$$\boldsymbol{U}_1 = [\boldsymbol{u}_1 \quad \boldsymbol{u}_2 \quad \cdots \quad \boldsymbol{u}_r] \tag{15.13}$$

则有

$$\boldsymbol{A}\boldsymbol{V}_1 = \boldsymbol{U}_1\boldsymbol{\Sigma}_1 \tag{15.14}$$

$\boldsymbol{U}_1$ 的列向量构成了一组标准正交集，因为

$$\begin{aligned}\boldsymbol{u}_i^{\mathrm{T}}\boldsymbol{u}_j &= \left(\frac{1}{\sigma_i}\boldsymbol{v}_i^{\mathrm{T}}\boldsymbol{A}^{\mathrm{T}}\right)\left(\frac{1}{\sigma_j}\boldsymbol{A}\boldsymbol{v}_j\right)\\ &= \frac{1}{\sigma_i\sigma_j}\boldsymbol{v}_i^{\mathrm{T}}(\boldsymbol{A}^{\mathrm{T}}\boldsymbol{A}\boldsymbol{v}_j)\\ &= \frac{\sigma_j}{\sigma_i}\boldsymbol{v}_i^{\mathrm{T}}\boldsymbol{v}_j\\ &= \delta_{ij}, \quad i=1,2,\cdots,r, \quad j=1,2,\cdots,r \end{aligned} \tag{15.15}$$

由式 (15.12) 和式 (15.15) 可知，$\boldsymbol{u}_1,\boldsymbol{u}_2,\cdots,\boldsymbol{u}_r$ 构成 A 的列空间的一组标准正交基，列空间的维数为 r。如果将 $\boldsymbol{A}$ 看成是从 $\boldsymbol{R}^n$ 到 $\boldsymbol{R}^m$ 的线性变换，则 $\boldsymbol{A}$ 的列空间和 $\boldsymbol{A}$ 的值域 $R(\boldsymbol{A})$ 是相同的。因此 $\boldsymbol{u}_1,\boldsymbol{u}_2,\cdots,\boldsymbol{u}_r$ 也是 $R(\boldsymbol{A})$ 的一组标准正交基。

若 $R(\boldsymbol{A})^{\perp}$ 表示 $R(\boldsymbol{A})$ 的正交补，则有 $R(\boldsymbol{A})$ 的维数为 r，$R(\boldsymbol{A})^{\perp}$ 的维数为 $m-r$，两者的维数之和等于 m。而且有 $R(\boldsymbol{A})^{\perp}=N(\boldsymbol{A}^{\mathrm{T}})$ 成立。[①]

令 $\{\boldsymbol{u}_{r+1},\boldsymbol{u}_{r+2},\cdots,\boldsymbol{u}_m\}$ 为 $N(\boldsymbol{A}^{\mathrm{T}})$ 的一组标准正交基，并令

$$\boldsymbol{U}_2 = [\boldsymbol{u}_{r+1} \quad \boldsymbol{u}_{r+2} \quad \cdots \quad \boldsymbol{u}_m]$$

$$\boldsymbol{U} = [\boldsymbol{U}_1 \quad \boldsymbol{U}_2] \tag{15.16}$$

则 $\boldsymbol{u}_1,\boldsymbol{u}_2,\cdots,\boldsymbol{u}_m$ 构成了 $\boldsymbol{R}^m$ 的一组标准正交基。因此，$\boldsymbol{U}$ 是 m 阶正交矩阵，这就是矩阵 A 的奇异值分解中的 m 阶正交矩阵。

（3）证明 $\boldsymbol{U\Sigma V}^{\mathrm{T}}=\boldsymbol{A}$

由式 (15.6)、式 (15.7)、式 (15.11)、式 (15.14) 和式 (15.16) 得：

$$\begin{aligned}\boldsymbol{U\Sigma V}^{\mathrm{T}} &= [\boldsymbol{U}_1 \quad \boldsymbol{U}_2]\begin{bmatrix}\boldsymbol{\Sigma}_1 & 0\\ 0 & 0\end{bmatrix}\begin{bmatrix}\boldsymbol{V}_1^{\mathrm{T}}\\ \boldsymbol{V}_2^{\mathrm{T}}\end{bmatrix}\\ &= \boldsymbol{U}_1\boldsymbol{\Sigma}_1\boldsymbol{V}_1^{\mathrm{T}}\\ &= \boldsymbol{A}\boldsymbol{V}_1\boldsymbol{V}_1^{\mathrm{T}}\\ &= \boldsymbol{A}\end{aligned} \tag{15.17}$$

至此证明了矩阵 $\boldsymbol{A}$ 存在奇异值分解。 ■

15.1.2 紧奇异值分解与截断奇异值分解

定理 15.1 给出的奇异值分解

$$\boldsymbol{A} = \boldsymbol{U\Sigma V}^{\mathrm{T}}$$

又称为矩阵的完全奇异值分解（full singular value decomposition）。实际常用的是奇异值分

① 参照附录 D。

解的紧凑形式和截断形式。紧奇异值分解是与原始矩阵等秩的奇异值分解，截断奇异值分解是比原始矩阵低秩的奇异值分解。

1. 紧奇异值分解

定义 15.2 设有 $m\times n$ 实矩阵 $\boldsymbol{A}$，其秩为 $\mathrm{rank}(\boldsymbol{A})=r$，$r\leqslant\min(m,n)$，则称 $\boldsymbol{U}_r\boldsymbol{\Sigma}_r\boldsymbol{V}_r^{\mathrm{T}}$ 为 $\boldsymbol{A}$ 的紧奇异值分解（compact singular value decomposition），即

$$\boldsymbol{A}=\boldsymbol{U}_r\boldsymbol{\Sigma}_r\boldsymbol{V}_r^{\mathrm{T}} \tag{15.18}$$

其中，$\boldsymbol{U}_r$ 是 $m\times r$ 矩阵，$\boldsymbol{V}_r$ 是 $n\times r$ 矩阵，$\boldsymbol{\Sigma}_r$ 是 r 阶对角矩阵；矩阵 $\boldsymbol{U}_r$ 由完全奇异值分解中 $\boldsymbol{U}$ 的前 r 列、矩阵 $\boldsymbol{V}_r$ 由 $\boldsymbol{V}$ 的前 r 列、矩阵 $\boldsymbol{\Sigma}_r$ 由 $\boldsymbol{\Sigma}$ 的前 r 个对角线元素得到。紧奇异值分解的对角矩阵 $\boldsymbol{\Sigma}_r$ 的秩与原始矩阵 $\boldsymbol{A}$ 的秩相等。

例 15.2 由例 15.1 给出的矩阵 $\boldsymbol{A}$ 的秩 $r=3$，

$$\boldsymbol{A}=\begin{bmatrix}1&0&0&0\\0&0&0&4\\0&3&0&0\\0&0&0&0\\2&0&0&0\end{bmatrix}$$

$\boldsymbol{A}$ 的紧奇异值分解是

$$\boldsymbol{A}=\boldsymbol{U}_r\boldsymbol{\Sigma}_r\boldsymbol{V}_r^{\mathrm{T}}$$

其中，

$$\boldsymbol{U}_r=\begin{bmatrix}0&0&\sqrt{0.2}\\1&0&0\\0&1&0\\0&0&0\\0&0&\sqrt{0.8}\end{bmatrix},\quad \boldsymbol{\Sigma}_r=\begin{bmatrix}4&0&0\\0&3&0\\0&0&\sqrt{5}\end{bmatrix},\quad \boldsymbol{V}_r^{\mathrm{T}}=\begin{bmatrix}0&0&0&1\\0&1&0&0\\1&0&0&0\end{bmatrix}$$ ■

2. 截断奇异值分解

在矩阵的奇异值分解中，只取最大的 k 个奇异值（$k<r$，r 为矩阵的秩）对应的部分，就得到矩阵的截断奇异值分解。实际应用中提到矩阵的奇异值分解时，通常指截断奇异值分解。

定义 15.3 设 $\boldsymbol{A}$ 为 $m\times n$ 实矩阵，其秩 $\mathrm{rank}(\boldsymbol{A})=r$，且 $0<k<r$，则称 $\boldsymbol{U}_k\boldsymbol{\Sigma}_k\boldsymbol{V}_k^{\mathrm{T}}$ 为矩阵 $\boldsymbol{A}$ 的截断奇异值分解（truncated singular value decomposition），即

$$\boldsymbol{A}\approx\boldsymbol{U}_k\boldsymbol{\Sigma}_k\boldsymbol{V}_k^{\mathrm{T}} \tag{15.19}$$

其中，$\boldsymbol{U}_k$ 是 $m\times k$ 矩阵，$\boldsymbol{V}_k$ 是 $n\times k$ 矩阵，$\boldsymbol{\Sigma}_k$ 是 k 阶对角矩阵；矩阵 $\boldsymbol{U}_k$ 由完全奇异值分解中 $\boldsymbol{U}$ 的前 k 列、矩阵 $\boldsymbol{V}_k$ 由 $\boldsymbol{V}$ 的前 k 列、矩阵 $\boldsymbol{\Sigma}_k$ 由 $\boldsymbol{\Sigma}$ 的前 k 个对角线元素得到。对角矩阵 $\boldsymbol{\Sigma}_k$ 的秩比原始矩阵 $\boldsymbol{A}$ 的秩低。

例 15.3 由例 15.1 给出的矩阵 $\boldsymbol{A}$

$$\boldsymbol{A}=\begin{bmatrix}1&0&0&0\\0&0&0&4\\0&3&0&0\\0&0&0&0\\2&0&0&0\end{bmatrix}$$

的秩为 3，若取 $k=2$，则其截断奇异值分解是

$$\boldsymbol{A}\approx\boldsymbol{A}_2=\boldsymbol{U}_2\boldsymbol{\Sigma}_2\boldsymbol{V}_2^{\mathrm{T}}$$

其中，

$$\boldsymbol{U}_2=\begin{bmatrix}0&0\\1&0\\0&1\\0&0\\0&0\end{bmatrix},\quad \boldsymbol{\Sigma}_2=\begin{bmatrix}4&0\\0&3\end{bmatrix},\quad \boldsymbol{V}_2^{\mathrm{T}}=\begin{bmatrix}0&0&0&1\\0&1&0&0\end{bmatrix},$$

$$\boldsymbol{A}_2=\boldsymbol{U}_2\boldsymbol{\Sigma}_2\boldsymbol{V}_2^{\mathrm{T}}=\begin{bmatrix}0&0&0&0\\0&0&0&4\\0&3&0&0\\0&0&0&0\\0&0&0&0\end{bmatrix}$$

这里的 $\boldsymbol{U}_2$，$\boldsymbol{V}_2$ 是例 15.1 的 $\boldsymbol{U}$ 和 $\boldsymbol{V}$ 的前两列，$\boldsymbol{\Sigma}_2$ 是 $\boldsymbol{\Sigma}$ 的前两行前两列。$\boldsymbol{A}_2$ 与 $\boldsymbol{A}$ 相比，$\boldsymbol{A}$ 的元素 1 和 2 在 $\boldsymbol{A}_2$ 中均变成 0。 ■

在实际应用中，常常需要对矩阵的数据进行压缩，将其近似表示，奇异值分解提供了一种方法。后面将要叙述，奇异值分解是在平方损失（弗罗贝尼乌斯范数）意义下对矩阵的最优近似。紧奇异值分解对应无损压缩，截断奇异值分解对应有损压缩。

15.1.3 几何解释

从线性变换的角度理解奇异值分解，$m\times n$ 矩阵 $\boldsymbol{A}$ 表示从 n 维空间 $\boldsymbol{R}^n$ 到 m 维空间 $\boldsymbol{R}^m$ 的一个线性变换：

$$T:\boldsymbol{x}\rightarrow\boldsymbol{A}\boldsymbol{x}$$

其中，$\boldsymbol{x}\in\boldsymbol{R}^n$，$\boldsymbol{A}\boldsymbol{x}\in\boldsymbol{R}^m$，$\boldsymbol{x}$ 和 $\boldsymbol{A}\boldsymbol{x}$ 分别是各自空间的向量。线性变换可以分解为三个简单的变换：一个坐标系的旋转或反射变换、一个坐标轴的缩放变换、另一个坐标系的旋转或反射变换。奇异值定理保证这种分解一定存在。这就是奇异值分解的几何解释。

对矩阵 $\boldsymbol{A}$ 进行奇异值分解，得到 $\boldsymbol{A}=\boldsymbol{U\Sigma V}^{\mathrm{T}}$，$\boldsymbol{V}$ 和 $\boldsymbol{U}$ 都是正交矩阵，所以 $\boldsymbol{V}$ 的列向量 $\boldsymbol{v}_1,\boldsymbol{v}_2,\cdots,\boldsymbol{v}_n$ 构成 $\boldsymbol{R}^n$ 空间的一组标准正交基，表示 $\boldsymbol{R}^n$ 中的正交坐标系的旋转或反射变换；$\boldsymbol{U}$ 的列向量 $\boldsymbol{u}_1,\boldsymbol{u}_2,\cdots,\boldsymbol{u}_m$ 构成 $\boldsymbol{R}^m$ 空间的一组标准正交基，表示 $\boldsymbol{R}^m$ 中的正交坐标系的旋转或反射变换；$\boldsymbol{\Sigma}$ 的对角元素 $\sigma_1,\sigma_2,\cdots,\sigma_n$ 是一组非负实数，表示 $\boldsymbol{R}^n$ 中的原始正交坐标系坐标轴的 $\sigma_1,\sigma_2,\cdots,\sigma_n$ 倍的缩放变换。

对于任意一个向量 $\boldsymbol{x}\in\boldsymbol{R}^n$，经过基于 $\boldsymbol{A}=\boldsymbol{U\Sigma V}^{\mathrm{T}}$ 的线性变换，等价于经过坐标系的旋转或反射变换 $\boldsymbol{V}^{\mathrm{T}}$、坐标轴的缩放变换 $\boldsymbol{\Sigma}$，以及坐标系的旋转或反射变换 $\boldsymbol{U}$，得到向量 $\boldsymbol{Ax}\in\boldsymbol{R}^m$。图 15.1 给出直观的几何解释。原始空间的标准正交基（红色与黄色）经过坐标系的旋转变换 $\boldsymbol{V}^{\mathrm{T}}$、坐标轴的缩放变换 $\boldsymbol{\Sigma}$（黑色 σ_1,σ_2）、坐标系的旋转变换 $\boldsymbol{U}$，得到和经过线性变换 $\boldsymbol{A}$ 等价的结果。

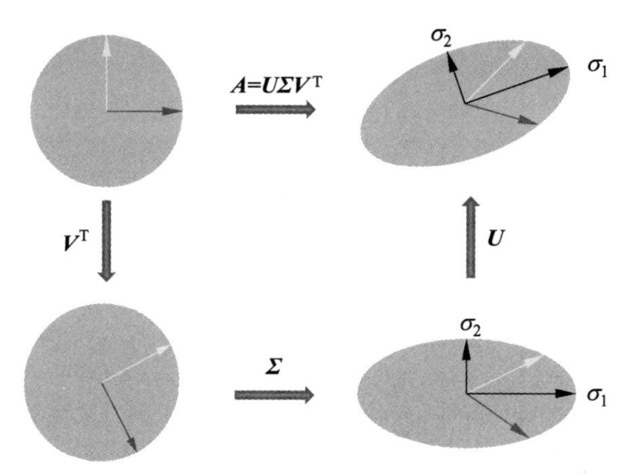

图 15.1 奇异值分解的几何解释 (见文前彩图)

下面通过一个例子直观地说明奇异值分解的几何意义。

例 15.4 给定一个 2 阶矩阵：

$$\boldsymbol{A}=\begin{bmatrix}3 & 1\\ 2 & 1\end{bmatrix}$$

其奇异值分解为

$$\boldsymbol{U}=\begin{bmatrix}0.8174 & -0.5760\\ 0.5760 & 0.8174\end{bmatrix},\quad \boldsymbol{\Sigma}=\begin{bmatrix}3.8643 & 0\\ 0 & 0.2588\end{bmatrix},\quad \boldsymbol{V}^{\mathrm{T}}=\begin{bmatrix}0.9327 & 0.3606\\ -0.3606 & 0.9327\end{bmatrix}$$

观察基于矩阵 $\boldsymbol{A}$ 的奇异值分解将 $\boldsymbol{R}^2$ 的标准正交基

$$\boldsymbol{e}_1=\begin{bmatrix}1\\ 0\end{bmatrix},\quad \boldsymbol{e}_2=\begin{bmatrix}0\\ 1\end{bmatrix}$$

进行线性转换的情况。

首先，$\boldsymbol{V}^{\mathrm{T}}$ 表示一个旋转变换，将标准正交基 $\boldsymbol{e}_1$，$\boldsymbol{e}_2$ 旋转，得到向量 $\boldsymbol{V}^{\mathrm{T}}\boldsymbol{e}_1$，$\boldsymbol{V}^{\mathrm{T}}\boldsymbol{e}_2$：

$$\boldsymbol{V}^{\mathrm{T}}\boldsymbol{e}_1=\begin{bmatrix}0.9327\\-0.3606\end{bmatrix},\quad \boldsymbol{V}^{\mathrm{T}}\boldsymbol{e}_2=\begin{bmatrix}0.3606\\0.9327\end{bmatrix}$$

其次，$\boldsymbol{\Sigma}$ 表示一个缩放变换，将向量 $\boldsymbol{V}^{\mathrm{T}}\boldsymbol{e}_1$，$\boldsymbol{V}^{\mathrm{T}}\boldsymbol{e}_2$ 在坐标轴方向缩放 σ_1 倍和 σ_2 倍，得到向量 $\boldsymbol{\Sigma}\boldsymbol{V}^{\mathrm{T}}\boldsymbol{e}_1$，$\boldsymbol{\Sigma}\boldsymbol{V}^{\mathrm{T}}\boldsymbol{e}_2$：

$$\boldsymbol{\Sigma}\boldsymbol{V}^{\mathrm{T}}\boldsymbol{e}_1=\begin{bmatrix}3.6042\\-0.0933\end{bmatrix},\quad \boldsymbol{\Sigma}\boldsymbol{V}^{\mathrm{T}}\boldsymbol{e}_2=\begin{bmatrix}1.3935\\0.2414\end{bmatrix}$$

最后，$\boldsymbol{U}$ 表示一个旋转变换，再将向量 $\boldsymbol{\Sigma}\boldsymbol{V}^{\mathrm{T}}\boldsymbol{e}_1$，$\boldsymbol{\Sigma}\boldsymbol{V}^{\mathrm{T}}\boldsymbol{e}_2$ 旋转，得到向量 $\boldsymbol{U}\boldsymbol{\Sigma}\boldsymbol{V}^{\mathrm{T}}e_1$，$\boldsymbol{U}\boldsymbol{\Sigma}\boldsymbol{V}^{\mathrm{T}}\boldsymbol{e}_2$，也就是向量 $\boldsymbol{A}\boldsymbol{e}_1$ 和 $\boldsymbol{A}\boldsymbol{e}_2$：

$$\boldsymbol{A}\boldsymbol{e}_1=\boldsymbol{U}\boldsymbol{\Sigma}\boldsymbol{V}^{\mathrm{T}}\boldsymbol{e}_1=\begin{bmatrix}3\\2\end{bmatrix},\quad \boldsymbol{A}\boldsymbol{e}_2=\boldsymbol{U}\boldsymbol{\Sigma}\boldsymbol{V}^{\mathrm{T}}\boldsymbol{e}_2\begin{bmatrix}1\\1\end{bmatrix}$$

综上，矩阵的奇异值分解也可以看作是将其对应的线性变换分解为旋转变换、缩放变换及旋转变换的组合。根据定理 15.1，这个变换的组合一定存在。 ■

15.1.4 主要性质

（1）设矩阵 $\boldsymbol{A}$ 的奇异值分解为 $\boldsymbol{A}=\boldsymbol{U}\boldsymbol{\Sigma}\boldsymbol{V}^{\mathrm{T}}$，则以下关系成立：

$$\boldsymbol{A}^{\mathrm{T}}\boldsymbol{A}=(\boldsymbol{U}\boldsymbol{\Sigma}\boldsymbol{V}^{\mathrm{T}})^{\mathrm{T}}(\boldsymbol{U}\boldsymbol{\Sigma}\boldsymbol{V}^{\mathrm{T}})=\boldsymbol{V}(\boldsymbol{\Sigma}^{\mathrm{T}}\boldsymbol{\Sigma})\boldsymbol{V}^{\mathrm{T}} \tag{15.20}$$

$$\boldsymbol{A}\boldsymbol{A}^{\mathrm{T}}=(\boldsymbol{U}\boldsymbol{\Sigma}\boldsymbol{V}^{\mathrm{T}})(\boldsymbol{U}\boldsymbol{\Sigma}\boldsymbol{V}^{\mathrm{T}})^{\mathrm{T}}=\boldsymbol{U}(\boldsymbol{\Sigma}\boldsymbol{\Sigma}^{\mathrm{T}})\boldsymbol{U}^{\mathrm{T}} \tag{15.21}$$

也就是说，矩阵 $\boldsymbol{A}^{\mathrm{T}}\boldsymbol{A}$ 和 $\boldsymbol{A}\boldsymbol{A}^{\mathrm{T}}$ 的特征分解存在，且可以由矩阵 $\boldsymbol{A}$ 的奇异值分解的矩阵表示。$\boldsymbol{V}$ 的列向量是 $\boldsymbol{A}^{\mathrm{T}}\boldsymbol{A}$ 的特征向量，$\boldsymbol{U}$ 的列向量是 $\boldsymbol{A}\boldsymbol{A}^{\mathrm{T}}$ 的特征向量，$\boldsymbol{\Sigma}$ 的奇异值是 $\boldsymbol{A}^{\mathrm{T}}\boldsymbol{A}$ 和 $\boldsymbol{A}\boldsymbol{A}^{\mathrm{T}}$ 的特征值的平方根。

（2）在矩阵 $\boldsymbol{A}$ 的奇异值分解中，奇异值、左奇异向量和右奇异向量之间存在对应关系。

由 $\boldsymbol{A}=\boldsymbol{U}\boldsymbol{\Sigma}\boldsymbol{V}^{\mathrm{T}}$ 易知：

$$\boldsymbol{A}\boldsymbol{V}=\boldsymbol{U}\boldsymbol{\Sigma}$$

比较这一等式两端的第 j 列，得到：

$$\boldsymbol{A}\boldsymbol{v}_j=\sigma_j\boldsymbol{u}_j,\quad j=1,2,\cdots,n \tag{15.22}$$

这是矩阵 $\boldsymbol{A}$ 的右奇异向量和奇异值、左奇异向量的关系。

类似地，由

$$\boldsymbol{A}^{\mathrm{T}}\boldsymbol{U}=\boldsymbol{V}\boldsymbol{\Sigma}^{\mathrm{T}}$$

得到：

$$\boldsymbol{A}^{\mathrm{T}}\boldsymbol{u}_j=\sigma_j\boldsymbol{v}_j,\quad j=1,2,\cdots,n \tag{15.23}$$

$$A^{\mathrm{T}}u_j = 0, \quad j = n+1, n+2, \cdots, m \tag{15.24}$$

这是矩阵 $\boldsymbol{A}$ 的左奇异向量和奇异值、右奇异向量的关系。

（3）矩阵 $\boldsymbol{A}$ 的奇异值分解中，奇异值 $\sigma_1, \sigma_2, \cdots, \sigma_n$ 是唯一的，而矩阵 $\boldsymbol{U}$ 和 $\boldsymbol{V}$ 不是唯一的。

（4）矩阵 $\boldsymbol{A}$ 和 $\boldsymbol{\Sigma}$ 的秩相等，等于正奇异值 σ_i 的个数 r（包含重复的奇异值）。

（5）矩阵 $\boldsymbol{A}$ 的 r 个右奇异向量 $\boldsymbol{v}_1, \boldsymbol{v}_2, \cdots, \boldsymbol{v}_r$ 构成 $\boldsymbol{A}^{\mathrm{T}}$ 的值域 $R(\boldsymbol{A}^{\mathrm{T}})$ 的一组标准正交基。因为矩阵 $\boldsymbol{A}^{\mathrm{T}}$ 是从 $\boldsymbol{R}^m$ 映射到 $\boldsymbol{R}^n$ 的线性变换，则 $\boldsymbol{A}^{\mathrm{T}}$ 的值域 $R(\boldsymbol{A}^{\mathrm{T}})$ 和 $\boldsymbol{A}^{\mathrm{T}}$ 的列空间是相同的，$\boldsymbol{v}_1, \boldsymbol{v}_2, \cdots, \boldsymbol{v}_r$ 是 $\boldsymbol{A}^{\mathrm{T}}$ 的一组标准正交基，因而也是 $R(\boldsymbol{A}^{\mathrm{T}})$ 的一组标准正交基。[①]

矩阵 $\boldsymbol{A}$ 的 $n-r$ 个右奇异向量 $\boldsymbol{v}_{r+1}, \boldsymbol{v}_{r+2}, \cdots, \boldsymbol{v}_n$ 构成 $\boldsymbol{A}$ 的零空间 $N(\boldsymbol{A})$ 的一组标准正交基。矩阵 $\boldsymbol{A}$ 的 r 个左奇异向量 $\boldsymbol{u}_1, \boldsymbol{u}_2, \cdots, \boldsymbol{u}_r$ 构成值域 $R(\boldsymbol{A})$ 的一组标准正交基。矩阵 $\boldsymbol{A}$ 的 $m-r$ 个左奇异向量 $\boldsymbol{u}_{r+1}, \boldsymbol{u}_{r+2}, \cdots, \boldsymbol{u}_m$ 构成 $\boldsymbol{A}^{\mathrm{T}}$ 的零空间 $N(\boldsymbol{A}^{\mathrm{T}})$ 的一组标准正交基。

15.2 奇异值分解的计算

奇异值分解基本定理的证明过程蕴含了奇异值分解的计算方法。矩阵 $\boldsymbol{A}$ 的奇异值分解可以通过求对称矩阵 $\boldsymbol{A}^{\mathrm{T}}\boldsymbol{A}$ 的特征值和特征向量得到。$\boldsymbol{A}^{\mathrm{T}}\boldsymbol{A}$ 的特征向量构成正交矩阵 $\boldsymbol{V}$ 的列，$\boldsymbol{A}^{\mathrm{T}}\boldsymbol{A}$ 的特征值 λ_j 的平方根为奇异值 σ_j，即

$$\sigma_j = \sqrt{\lambda_j}, \quad j = 1, 2, \cdots, n$$

对其由大到小排列作为对角线元素，构成对角矩阵 $\boldsymbol{\Sigma}$；求正奇异值对应的左奇异向量，再求扩充的 $\boldsymbol{A}^{\mathrm{T}}$ 的标准正交基，构成正交矩阵 $\boldsymbol{U}$ 的列，从而得到 $\boldsymbol{A}$ 的奇异值分解 $\boldsymbol{A} = \boldsymbol{U}\boldsymbol{\Sigma}\boldsymbol{V}^{\mathrm{T}}$。

给定 $m \times n$ 矩阵 $\boldsymbol{A}$，可以按照上面的叙述写出矩阵奇异值分解的计算过程。

（1）求 $\boldsymbol{A}^{\mathrm{T}}\boldsymbol{A}$ 的特征值和特征向量

计算对称矩阵 $\boldsymbol{W} = \boldsymbol{A}^{\mathrm{T}}\boldsymbol{A}$。

求解特征方程

$$(\boldsymbol{W} - \lambda \boldsymbol{I})\boldsymbol{x} = 0$$

得到特征值 λ_j，并将特征值由大到小排列：

$$\lambda_1 \geqslant \lambda_2 \geqslant \cdots \geqslant \lambda_n \geqslant 0$$

将特征值 λ_j $(j = 1, 2, \cdots, n)$ 代入特征方程求得对应的特征向量。

（2）求 n 阶正交矩阵 $\boldsymbol{V}$

将特征向量单位化，得到单位特征向量 $\boldsymbol{v}_1, \boldsymbol{v}_2, \cdots, \boldsymbol{v}_n$，构成 n 阶正交矩阵 $\boldsymbol{V}$：

$$\boldsymbol{V} = \begin{bmatrix} \boldsymbol{v}_1 & \boldsymbol{v}_2 & \cdots & \boldsymbol{v}_n \end{bmatrix}$$

（3）求 $m \times n$ 对角矩阵 $\boldsymbol{\Sigma}$

计算 $\boldsymbol{A}$ 的奇异值：

$$\sigma_j = \sqrt{\lambda_j}, \quad j = 1, 2, \cdots, n$$

① 参照附录 D。

构造 $m \times n$ 矩形对角矩阵 $\boldsymbol{\Sigma}$，主对角线元素是奇异值，其余元素是零：

$$\boldsymbol{\Sigma} = \text{diag}(\sigma_1, \sigma_2, \cdots, \sigma_n)$$

（4）求 m 阶正交矩阵 $\boldsymbol{U}$

对 $\boldsymbol{A}$ 的前 r 个正奇异值，令

$$\boldsymbol{u}_j = \frac{1}{\sigma_j}\boldsymbol{A}\boldsymbol{v}_j, \quad j = 1, 2, \cdots, r$$

得到：

$$\boldsymbol{U}_1 = [\ \boldsymbol{u}_1 \quad \boldsymbol{u}_2 \quad \cdots \quad \boldsymbol{u}_r\ ]$$

求 $\boldsymbol{A}^{\mathrm{T}}$ 的零空间的一组标准正交基 $\{\boldsymbol{u}_{r+1}, \boldsymbol{u}_{r+2}, \cdots, \boldsymbol{u}_m\}$，令

$$\boldsymbol{U}_2 = [\ \boldsymbol{u}_{r+1} \quad \boldsymbol{u}_{r+2} \quad \cdots \quad \boldsymbol{u}_m\ ]$$

并令

$$\boldsymbol{U} = [\ \boldsymbol{U}_1 \quad \boldsymbol{U}_2\ ]$$

（5）得到奇异值分解

$$\boldsymbol{A} = \boldsymbol{U}\boldsymbol{\Sigma}\boldsymbol{V}^{\mathrm{T}}$$

下面通过一个简单的例题，说明奇异值分解的算法。

例 15.5 试求矩阵

$$\boldsymbol{A} = \begin{bmatrix} 1 & 1 \\ 2 & 2 \\ 0 & 0 \end{bmatrix}$$

的奇异值分解。

解 （1）求矩阵 $\boldsymbol{A}^{\mathrm{T}}\boldsymbol{A}$ 的特征值和特征向量

求对称矩阵 $\boldsymbol{A}^{\mathrm{T}}\boldsymbol{A}$：

$$\boldsymbol{A}^{\mathrm{T}}\boldsymbol{A} = \begin{bmatrix} 1 & 2 & 0 \\ 1 & 2 & 0 \end{bmatrix} \begin{bmatrix} 1 & 1 \\ 2 & 2 \\ 0 & 0 \end{bmatrix} = \begin{bmatrix} 5 & 5 \\ 5 & 5 \end{bmatrix}$$

特征值 λ 和特征向量 $\boldsymbol{x}$ 满足特征方程

$$(\boldsymbol{A}^{\mathrm{T}}\boldsymbol{A} - \lambda\boldsymbol{I})\boldsymbol{x} = 0$$

得到齐次线性方程组：

$$\begin{cases} (5-\lambda)x_1 + 5x_2 = 0 \\ 5x_1 + (5-\lambda)x_2 = 0 \end{cases}$$

该方程组有非零解的充要条件是

$$\begin{vmatrix} 5-\lambda & 5 \\ 5 & 5-\lambda \end{vmatrix} = 0$$

即

$$\lambda^2 - 10\lambda = 0$$

解此方程，得到矩阵 $\boldsymbol{A}^{\mathrm{T}}\boldsymbol{A}$ 的特征值 $\lambda_1 = 10$ 和 $\lambda_2 = 0$。

将特征值 $\lambda_1 = 10$ 代入线性方程组，得到对应的单位特征向量：

$$\boldsymbol{v}_1 = \begin{bmatrix} \dfrac{1}{\sqrt{2}} \\ \dfrac{1}{\sqrt{2}} \end{bmatrix}$$

同样得到特征值 $\lambda_2 = 0$ 对应的单位特征向量：

$$\boldsymbol{v}_2 = \begin{bmatrix} \dfrac{1}{\sqrt{2}} \\ -\dfrac{1}{\sqrt{2}} \end{bmatrix}$$

（2）求正交矩阵 $\boldsymbol{V}$

构造正交矩阵 $\boldsymbol{V}$：

$$\boldsymbol{V} = \begin{bmatrix} \dfrac{1}{\sqrt{2}} & \dfrac{1}{\sqrt{2}} \\ \dfrac{1}{\sqrt{2}} & -\dfrac{1}{\sqrt{2}} \end{bmatrix}$$

（3）求对角矩阵 $\boldsymbol{\Sigma}$

奇异值为 $\sigma_1 = \sqrt{\lambda_1} = \sqrt{10}$ 和 $\sigma_2 = 0$。构造对角矩阵：

$$\boldsymbol{\Sigma} = \begin{bmatrix} \sqrt{10} & 0 \\ 0 & 0 \\ 0 & 0 \end{bmatrix}$$

注意在 $\boldsymbol{\Sigma}$ 中要加上零行向量，使得 $\boldsymbol{\Sigma}$ 能够与 $\boldsymbol{U}$，$\boldsymbol{V}$ 进行矩阵乘法运算。

（4）求正交矩阵 $\boldsymbol{U}$

基于 $\boldsymbol{A}$ 的正奇异值计算得到列向量 $\boldsymbol{u}_1$：

$$\boldsymbol{u}_1 = \frac{1}{\sigma_1}\boldsymbol{A}\boldsymbol{v}_1 = \frac{1}{\sqrt{10}} \begin{bmatrix} 1 & 1 \\ 2 & 2 \\ 0 & 0 \end{bmatrix} \begin{bmatrix} \dfrac{1}{\sqrt{2}} \\ \dfrac{1}{\sqrt{2}} \end{bmatrix} = \begin{bmatrix} \dfrac{1}{\sqrt{5}} \\ \dfrac{2}{\sqrt{5}} \\ 0 \end{bmatrix}$$

列向量 $\boldsymbol{u}_2$，$\boldsymbol{u}_3$ 是 $\boldsymbol{A}^{\mathrm{T}}$ 的零空间 $N(\boldsymbol{A}^{\mathrm{T}})$ 的一组标准正交基。为此，求解以下线性方程组：

$$
\boldsymbol{A}^{\mathrm{T}}\boldsymbol{x}=\begin{bmatrix}1 & 2 & 0\\ 1 & 2 & 0\end{bmatrix}\begin{bmatrix}x_1\\ x_2\\ x_3\end{bmatrix}=\begin{bmatrix}0\\ 0\end{bmatrix}
$$

即

$$
x_1+2x_2+0x_3=0
$$

$$
x_1=-2x_2+0x_3
$$

分别取 (x_2,x_3) 为 $(1,0)$ 和 $(0,1)$，得到 $N(\boldsymbol{A}^{\mathrm{T}})$ 的基：

$$
(-2,1,0)^{\mathrm{T}},\quad (0,0,1)^{\mathrm{T}}
$$

$N(\boldsymbol{A}^{\mathrm{T}})$ 的一组标准正交基是

$$
\boldsymbol{u}_2=\left(-\frac{2}{\sqrt{5}},\frac{1}{\sqrt{5}},0\right)^{\mathrm{T}},\quad \boldsymbol{u}_3=(0,0,1)^{\mathrm{T}}
$$

构造正交矩阵 $\boldsymbol{U}$：

$$
\boldsymbol{U}=\begin{bmatrix}\dfrac{1}{\sqrt{5}} & -\dfrac{2}{\sqrt{5}} & 0\\ \dfrac{2}{\sqrt{5}} & \dfrac{1}{\sqrt{5}} & 0\\ 0 & 0 & 1\end{bmatrix}
$$

（5）矩阵 $\boldsymbol{A}$ 的奇异值分解

$$
\boldsymbol{A}=\boldsymbol{U}\boldsymbol{\Sigma}\boldsymbol{V}^{\mathrm{T}}=\begin{bmatrix}\dfrac{1}{\sqrt{5}} & -\dfrac{2}{\sqrt{5}} & 0\\ \dfrac{2}{\sqrt{5}} & \dfrac{1}{\sqrt{5}} & 0\\ 0 & 0 & 1\end{bmatrix}\begin{bmatrix}\sqrt{10} & 0\\ 0 & 0\\ 0 & 0\end{bmatrix}\begin{bmatrix}\dfrac{1}{\sqrt{2}} & \dfrac{1}{\sqrt{2}}\\ \dfrac{1}{\sqrt{2}} & -\dfrac{1}{\sqrt{2}}\end{bmatrix}
$$

■

上面的算法和例题只是为了说明计算的过程，并不是实际应用中的算法。可以看出，奇异值分解算法关键在于 $\boldsymbol{A}^{\mathrm{T}}\boldsymbol{A}$ 的特征值的计算。实际应用的奇异值分解算法是通过求 $\boldsymbol{A}^{\mathrm{T}}\boldsymbol{A}$ 的特征值进行，但不直接计算 $\boldsymbol{A}^{\mathrm{T}}\boldsymbol{A}$。按照这个思路产生了许多矩阵奇异值分解的有效算法，这里不予介绍，读者可以参考文献 [3] 和文献 [4]。

15.3 奇异值分解与矩阵近似

15.3.1 弗罗贝尼乌斯范数

奇异值分解也是一种矩阵近似的方法，这个近似是在弗罗贝尼乌斯范数（Frobenius norm）意义下的近似。矩阵的弗罗贝尼乌斯范数是向量的 L_2 范数的直接推广，对应机器学习中的平方损失函数。

定义 15.4（弗罗贝尼乌斯范数） 设矩阵 $\boldsymbol{A} \in \boldsymbol{R}^{m\times n}$，$\boldsymbol{A} = [a_{ij}]_{m\times n}$，定义矩阵 $\boldsymbol{A}$ 的弗罗贝尼乌斯范数为

$$\|\boldsymbol{A}\|_F = \left(\sum_{i=1}^{m}\sum_{j=1}^{n} a_{ij}^2\right)^{\frac{1}{2}} \tag{15.25}$$

引理 15.1 设矩阵 $\boldsymbol{A} \in \boldsymbol{R}^{m\times n}$，$\boldsymbol{A}$ 的奇异值分解为 $\boldsymbol{U\Sigma V}^{\mathrm{T}}$，其中 $\boldsymbol{\Sigma} = \mathrm{diag}(\sigma_1, \sigma_2, \cdots, \sigma_n)$，则

$$\|\boldsymbol{A}\|_F = (\sigma_1^2 + \sigma_2^2 + \cdots + \sigma_n^2)^{\frac{1}{2}} \tag{15.26}$$

证明 一般地，若 $\boldsymbol{Q}$ 是 m 阶正交矩阵，则有

$$\|\boldsymbol{QA}\|_F = \|\boldsymbol{A}\|_F \tag{15.27}$$

因为

$$\begin{aligned}\|\boldsymbol{QA}\|_F^2 &= \|(\boldsymbol{Qa}_1, \boldsymbol{Qa}_2, \cdots, \boldsymbol{Qa}_n)\|_F^2 \\ &= \sum_{i=1}^{n}\|\boldsymbol{Qa}_i\|_2^2 = \sum_{i=1}^{n}\|\boldsymbol{a}_i\|_2^2 = \|\boldsymbol{A}\|_F^2\end{aligned}$$

同样，若 $\boldsymbol{P}$ 是 n 阶正交矩阵，则有

$$\|\boldsymbol{AP}^{\mathrm{T}}\|_F = \|\boldsymbol{A}\|_F \tag{15.28}$$

故

$$\|\boldsymbol{A}\|_F = \|\boldsymbol{U\Sigma V}^{\mathrm{T}}\|_F = \|\boldsymbol{\Sigma}\|_F \tag{15.29}$$

即

$$\|\boldsymbol{A}\|_F = (\sigma_1^2 + \sigma_2^2 + \cdots + \sigma_n^2)^{\frac{1}{2}} \tag{15.30}$$

■

15.3.2 矩阵的最优近似

奇异值分解是在平方损失（弗罗贝尼乌斯范数）意义下对矩阵的最优近似，即数据压缩。

定理 15.2 设矩阵 $\boldsymbol{A} \in \boldsymbol{R}^{m\times n}$，矩阵的秩 $\mathrm{rank}(\boldsymbol{A}) = r$，并设 $\mathcal{M}$ 为 $\boldsymbol{R}^{m\times n}$ 中所有秩不超过 k 的矩阵集合，$0 < k < r$，则存在一个秩为 k 的矩阵 $\boldsymbol{X} \in \mathcal{M}$，使得

$$\|\boldsymbol{A} - \boldsymbol{X}\|_F = \min_{S\in\mathcal{M}} \|\boldsymbol{A} - \boldsymbol{S}\|_F \tag{15.31}$$

称矩阵 $\boldsymbol{X}$ 为矩阵 $\boldsymbol{A}$ 在弗罗贝尼乌斯范数意义下的最优近似。

本书不证明这一定理，将应用这个结果，通过矩阵 $\boldsymbol{A}$ 的奇异值分解求出近似矩阵 $\boldsymbol{X}$。

定理 15.3 设矩阵 $\boldsymbol{A} \in \boldsymbol{R}^{m\times n}$，矩阵的秩 $\mathrm{rank}(\boldsymbol{A}) = r$，有奇异值分解 $\boldsymbol{A} = \boldsymbol{U\Sigma V}^{\mathrm{T}}$，并设 $\mathcal{M}$ 为 $\boldsymbol{R}^{m\times n}$ 中所有秩不超过 k 的矩阵的集合，$0 < k < r$，若秩为 k 的矩阵 $\boldsymbol{X} \in \mathcal{M}$ 满足

$$\|\boldsymbol{A} - \boldsymbol{X}\|_F = \min_{S\in\mathcal{M}} \|\boldsymbol{A} - \boldsymbol{S}\|_F \tag{15.32}$$

则

$$\|\boldsymbol{A}-\boldsymbol{X}\|_F=(\sigma_{k+1}^2+\sigma_{k+2}^2+\cdots+\sigma_n^2)^{\frac{1}{2}} \tag{15.33}$$

特别地，若 $\boldsymbol{A}'=\boldsymbol{U}\boldsymbol{\Sigma}'\boldsymbol{V}^{\mathrm{T}}$，其中，

$$\boldsymbol{\Sigma}'=\begin{bmatrix}\sigma_1 & & & & & \\ & \ddots & & & 0 & \\ & & \sigma_k & & & \\ & & & 0 & & \\ & 0 & & & \ddots & \\ & & & & & 0\end{bmatrix}=\begin{bmatrix}\boldsymbol{\Sigma}_k & \boldsymbol{0}\\ \boldsymbol{0} & \boldsymbol{0}\end{bmatrix}$$

则

$$\|\boldsymbol{A}-\boldsymbol{A}'\|_F=(\sigma_{k+1}^2+\sigma_{k+2}^2+\cdots+\sigma_n^2)^{\frac{1}{2}}=\min_{S\in\mathcal{M}}\|\boldsymbol{A}-\boldsymbol{S}\|_F \tag{15.34}$$

证明 令 $\boldsymbol{X}\in\mathcal{M}$ 为满足式 (15.32) 的一个矩阵。由于

$$\|\boldsymbol{A}-\boldsymbol{X}\|_F\leqslant\|\boldsymbol{A}-\boldsymbol{A}'\|_F=(\sigma_{k+1}^2+\sigma_{k+2}^2+\cdots+\sigma_n^2)^{\frac{1}{2}} \tag{15.35}$$

下面证明

$$\|\boldsymbol{A}-\boldsymbol{X}\|_F\geqslant(\sigma_{k+1}^2+\sigma_{k+2}^2+\cdots+\sigma_n^2)^{\frac{1}{2}}$$

于是式 (15.33) 成立。

设 $\boldsymbol{X}$ 的奇异值分解为 $\boldsymbol{Q}\boldsymbol{\Omega}\boldsymbol{P}^{\mathrm{T}}$，其中，

$$\boldsymbol{\Omega}=\begin{bmatrix}\omega_1 & & & & & \\ & \ddots & & & 0 & \\ & & \omega_k & & & \\ & & & 0 & & \\ & 0 & & & \ddots & \\ & & & & & 0\end{bmatrix}=\begin{bmatrix}\boldsymbol{\Omega}_k & \boldsymbol{0}\\ \boldsymbol{0} & \boldsymbol{0}\end{bmatrix}$$

若令矩阵 $\boldsymbol{B}=\boldsymbol{Q}^{\mathrm{T}}\boldsymbol{A}\boldsymbol{P}$，则 $\boldsymbol{A}=\boldsymbol{Q}\boldsymbol{B}\boldsymbol{P}^{\mathrm{T}}$，由此得到：

$$\|\boldsymbol{A}-\boldsymbol{X}\|_F=\|\boldsymbol{Q}(\boldsymbol{B}-\boldsymbol{\Omega})\boldsymbol{P}^{\mathrm{T}}\|_F=\|\boldsymbol{B}-\boldsymbol{\Omega}\|_F \tag{15.36}$$

用 $\boldsymbol{\Omega}$ 分块方法对 $\boldsymbol{B}$ 分块：

$$\boldsymbol{B}=\begin{bmatrix}\boldsymbol{B}_{11} & \boldsymbol{B}_{12}\\ \boldsymbol{B}_{21} & \boldsymbol{B}_{22}\end{bmatrix}$$

其中，$\boldsymbol{B}_{11}$ 是 $k\times k$ 子矩阵，$\boldsymbol{B}_{12}$ 是 $k\times(n-k)$ 子矩阵，$\boldsymbol{B}_{21}$ 是 $(m-k)\times k$ 子矩阵，$\boldsymbol{B}_{22}$ 是

$(m-k)\times(n-k)$ 子矩阵。可得：

$$\begin{aligned}\|\boldsymbol{A}-\boldsymbol{X}\|_F^2&=\|\boldsymbol{B}-\boldsymbol{\Omega}\|_F^2\\&=\|\boldsymbol{B}_{11}-\boldsymbol{\Omega}_k\|_F^2+\|\boldsymbol{B}_{12}\|_F^2+\|\boldsymbol{B}_{21}\|_F^2+\|\boldsymbol{B}_{22}\|_F^2\end{aligned}\tag{15.37}$$

现证 $\boldsymbol{B}_{12}=\boldsymbol{0}$，$\boldsymbol{B}_{21}=\boldsymbol{0}$。用反证法。若 $\boldsymbol{B}_{12}\neq\boldsymbol{0}$，令

$$\boldsymbol{Y}=\boldsymbol{Q}\begin{bmatrix}\boldsymbol{B}_{11}&\boldsymbol{B}_{12}\\\boldsymbol{0}&\boldsymbol{0}\end{bmatrix}\boldsymbol{P}^{\mathrm{T}}$$

则 $\boldsymbol{Y}\in\mathcal{M}$，且

$$\|\boldsymbol{A}-\boldsymbol{Y}\|_F^2=\|\boldsymbol{B}_{21}\|_F^2+\|\boldsymbol{B}_{22}\|_F^2<\|\boldsymbol{A}-\boldsymbol{X}\|_F^2\tag{15.38}$$

这与 $\boldsymbol{X}$ 的定义式 (15.35) 矛盾。证明了 $\boldsymbol{B}_{12}=\boldsymbol{0}$，同样可证 $\boldsymbol{B}_{21}=\boldsymbol{0}$。于是

$$\|\boldsymbol{A}-\boldsymbol{X}\|_F^2=\|\boldsymbol{B}_{11}-\boldsymbol{\Omega}_k\|_F^2+\|\boldsymbol{B}_{22}\|_F^2\tag{15.39}$$

再证 $\boldsymbol{B}_{11}=\boldsymbol{\Omega}_k$。为此令

$$\boldsymbol{Z}=\boldsymbol{Q}\begin{bmatrix}\boldsymbol{B}_{11}&\boldsymbol{0}\\\boldsymbol{0}&\boldsymbol{0}\end{bmatrix}\boldsymbol{P}^{\mathrm{T}}$$

则 $\boldsymbol{Z}\in\mathcal{M}$，且

$$\|\boldsymbol{A}-\boldsymbol{Z}\|_F^2=\|\boldsymbol{B}_{22}\|_F^2\leqslant\|\boldsymbol{B}_{11}-\boldsymbol{\Omega}_k\|_F^2+\|\boldsymbol{B}_{22}\|_F^2=\|\boldsymbol{A}-\boldsymbol{X}\|_F^2\tag{15.40}$$

由式 (15.35) 知，$\|\boldsymbol{B}_{11}-\boldsymbol{\Omega}_k\|_F^2=0$，即 $\boldsymbol{B}_{11}=\boldsymbol{\Omega}_k$。

最后看 $\boldsymbol{B}_{22}$。若 $(m-k)\times(n-k)$ 子矩阵 $\boldsymbol{B}_{22}$ 有奇异值分解 $\boldsymbol{U}_1\boldsymbol{\Lambda}\boldsymbol{V}_1^{\mathrm{T}}$，则

$$\|\boldsymbol{A}-\boldsymbol{X}\|_F=\|\boldsymbol{B}_{22}\|_F=\|\boldsymbol{\Lambda}\|_F\tag{15.41}$$

证明 $\boldsymbol{\Lambda}$ 的对角线元素为 $\boldsymbol{A}$ 的奇异值。为此，令

$$\boldsymbol{U}_2=\begin{bmatrix}\boldsymbol{I}_k&\boldsymbol{0}\\\boldsymbol{0}&\boldsymbol{U}_1\end{bmatrix},\quad\boldsymbol{V}_2=\begin{bmatrix}\boldsymbol{I}_k&\boldsymbol{0}\\\boldsymbol{0}&\boldsymbol{V}_1\end{bmatrix}$$

其中，$\boldsymbol{I}_k$ 是 k 阶单位矩阵，$\boldsymbol{U}_2$，$\boldsymbol{V}_2$ 的分块与 $\boldsymbol{B}$ 的分块一致。注意到 $\boldsymbol{B}$ 及 $\boldsymbol{B}_{22}$ 的奇异值分解，即得：

$$\boldsymbol{U}_2^{\mathrm{T}}\boldsymbol{Q}^{\mathrm{T}}\boldsymbol{A}\boldsymbol{P}\boldsymbol{V}_2=\begin{bmatrix}\boldsymbol{\Omega}_k&\boldsymbol{0}\\\boldsymbol{0}&\boldsymbol{\Lambda}\end{bmatrix}\tag{15.42}$$

$$\boldsymbol{A}=(\boldsymbol{Q}\boldsymbol{U}_2)\begin{bmatrix}\boldsymbol{\Omega}_k&\boldsymbol{0}\\\boldsymbol{0}&\boldsymbol{\Lambda}\end{bmatrix}(\boldsymbol{P}\boldsymbol{V}_2)^{\mathrm{T}}\tag{15.43}$$

由此可知 $\boldsymbol{\Lambda}$ 的对角线元素为 $\boldsymbol{A}$ 的奇异值。故有

$$\|\boldsymbol{A}-\boldsymbol{X}\|_F=\|\boldsymbol{\Lambda}\|_F\geqslant(\sigma_{k+1}^2+\sigma_{k+2}^2+\cdots+\sigma_n^2)^{\frac{1}{2}}\tag{15.44}$$

于是证明了

$$\|\boldsymbol{A}-\boldsymbol{X}\|_F=(\sigma_{k+1}^2+\sigma_{k+2}^2+\cdots+\sigma_n^2)^{\frac{1}{2}}=\|\boldsymbol{A}-\boldsymbol{A}'\|_F \quad \blacksquare$$

定理 15.3 表明，在秩不超过 k 的 $m\times n$ 矩阵的集合中，存在矩阵 $\boldsymbol{A}$ 的弗罗贝尼乌斯范数意义下的最优近似矩阵 $\boldsymbol{X}$。$\boldsymbol{A}'=\boldsymbol{U}\boldsymbol{\Sigma}'\boldsymbol{V}^{\mathrm{T}}$ 是达到最优值的一个矩阵。

前面定义了矩阵的紧奇异值分解与截断奇异值分解。事实上，紧奇异值分解是在弗罗贝尼乌斯范数意义下的无损压缩，截断奇异值分解是有损压缩。截断奇异值分解得到的矩阵的秩为 k，通常远小于原始矩阵的秩 r，所以是由低秩矩阵实现了对原始矩阵的压缩。

15.3.3 矩阵的外积展开式

下面介绍利用外积展开式对矩阵 $\boldsymbol{A}$ 的近似。矩阵 $\boldsymbol{A}$ 的奇异值分解 $\boldsymbol{U}\boldsymbol{\Sigma}\boldsymbol{V}^{\mathrm{T}}$ 也可以由外积形式表示。事实上，若将 $\boldsymbol{A}$ 的奇异值分解看成矩阵 $\boldsymbol{U}\boldsymbol{\Sigma}$ 和 $\boldsymbol{V}^{\mathrm{T}}$ 的乘积，将 $\boldsymbol{U}\boldsymbol{\Sigma}$ 按列向量分块，将 $\boldsymbol{V}^{\mathrm{T}}$ 按行向量分块，即得：

$$\boldsymbol{U}\boldsymbol{\Sigma}=\begin{bmatrix}\sigma_1\boldsymbol{u}_1 & \sigma_2\boldsymbol{u}_2 & \cdots & \sigma_n\boldsymbol{u}_n\end{bmatrix}$$

$$\boldsymbol{V}^{\mathrm{T}}=\begin{bmatrix}\boldsymbol{v}_1^{\mathrm{T}}\\ \boldsymbol{v}_2^{\mathrm{T}}\\ \vdots\\ \boldsymbol{v}_n^{\mathrm{T}}\end{bmatrix}$$

则

$$\boldsymbol{A}=\sigma_1\boldsymbol{u}_1\boldsymbol{v}_1^{\mathrm{T}}+\sigma_2\boldsymbol{u}_2\boldsymbol{v}_2^{\mathrm{T}}+\cdots+\sigma_n\boldsymbol{u}_n\boldsymbol{v}_n^{\mathrm{T}} \tag{15.45}$$

式 (15.45) 称为矩阵 $\boldsymbol{A}$ 的外积展开式，其中 $\boldsymbol{u}_k\boldsymbol{v}_k^{\mathrm{T}}$ 为 $m\times n$ 矩阵，是列向量 $\boldsymbol{u}_k$ 和行向量 $\boldsymbol{v}_k^{\mathrm{T}}$ 的外积，其第 i 行第 j 列元素为 $\boldsymbol{u}_k$ 的第 i 个元素与 $\boldsymbol{v}_k^{\mathrm{T}}$ 的第 j 个元素的乘积。即

$$\boldsymbol{u}_i\boldsymbol{v}_j^{\mathrm{T}}=\begin{bmatrix}u_{1i}\\ u_{2i}\\ \vdots\\ u_{mi}\end{bmatrix}\begin{bmatrix}v_{1j} & v_{2j} & \cdots & v_{nj}\end{bmatrix}=\begin{bmatrix}u_{1i}v_{1j} & u_{1i}v_{2j} & \cdots & u_{1i}v_{nj}\\ u_{2i}v_{1j} & u_{2i}v_{2j} & \cdots & u_{2i}v_{nj}\\ \vdots & \vdots & & \vdots\\ u_{mi}v_{1j} & u_{mi}v_{2j} & \cdots & u_{mi}v_{nj}\end{bmatrix}$$

$\boldsymbol{A}$ 的外积展开式也可以写成下面的形式：

$$\boldsymbol{A}=\sum_{k=1}^{n}\sigma_k\boldsymbol{u}_k\boldsymbol{v}_k^{\mathrm{T}} \tag{15.46}$$

其中，$\sigma_k\boldsymbol{u}_k\boldsymbol{v}_k^{\mathrm{T}}$ 是 $m\times n$ 矩阵。式 (15.46) 将矩阵 $\boldsymbol{A}$ 分解为矩阵的有序加权和。

由矩阵 $\boldsymbol{A}$ 的外积展开式知，若 $\boldsymbol{A}$ 的秩为 n，则

$$\boldsymbol{A}=\sigma_1\boldsymbol{u}_1\boldsymbol{v}_1^{\mathrm{T}}+\sigma_2\boldsymbol{u}_2\boldsymbol{v}_2^{\mathrm{T}}+\cdots+\sigma_n\boldsymbol{u}_n\boldsymbol{v}_n^{\mathrm{T}} \tag{15.47}$$

设矩阵

$$\boldsymbol{A}_{n-1}=\sigma_1\boldsymbol{u}_1\boldsymbol{v}_1^{\mathrm{T}}+\sigma_2\boldsymbol{u}_2\boldsymbol{v}_2^{\mathrm{T}}+\cdots+\sigma_{n-1}\boldsymbol{u}_{n-1}\boldsymbol{v}_{n-1}^{\mathrm{T}}$$

则 $\boldsymbol{A}_{n-1}$ 的秩为 $n-1$，并且 $\boldsymbol{A}_{n-1}$ 是秩为 $n-1$ 矩阵在弗罗贝尼乌斯范数意义下 $\boldsymbol{A}$ 的最优近似矩阵。

类似地，设矩阵

$$\boldsymbol{A}_{n-2}=\sigma_1\boldsymbol{u}_1\boldsymbol{v}_1^{\mathrm{T}}+\sigma_2\boldsymbol{u}_2\boldsymbol{v}_2^{\mathrm{T}}+\cdots+\sigma_{n-2}\boldsymbol{u}_{n-2}\boldsymbol{v}_{n-2}^{\mathrm{T}}$$

则 $\boldsymbol{A}_{n-2}$ 的秩为 $n-2$，并且 $\boldsymbol{A}_{n-2}$ 是秩为 $n-2$ 矩阵中在弗罗贝尼乌斯范数意义下 A 的最优近似矩阵。依此类推。一般地，设矩阵

$$\boldsymbol{A}_k=\sigma_1\boldsymbol{u}_1\boldsymbol{v}_1^{\mathrm{T}}+\sigma_2\boldsymbol{u}_2\boldsymbol{v}_2^{\mathrm{T}}+\cdots+\sigma_k\boldsymbol{u}_k\boldsymbol{v}_k^{\mathrm{T}}$$

则 $\boldsymbol{A}_k$ 的秩为 k，并且 $\boldsymbol{A}_k$ 是秩为 k 的矩阵中在弗罗贝尼乌斯范数意义下 $\boldsymbol{A}$ 的最优近似矩阵。矩阵 $\boldsymbol{A}_k$ 就是 $\boldsymbol{A}$ 的截断奇异值分解。

由于通常奇异值 σ_i 递减很快，所以 k 取很小值时，$\boldsymbol{A}_k$ 也可以对 $\boldsymbol{A}$ 有很好的近似。

例 15.6 由例 15.1 给出的矩阵

$$\boldsymbol{A}=\begin{bmatrix}1&0&0&0\\0&0&0&4\\0&3&0&0\\0&0&0&0\\2&0&0&0\end{bmatrix}$$

的秩为 3，求 $\boldsymbol{A}$ 的秩为 2 的最优近似。

解 由例 15.3 可知：

$$\boldsymbol{u}_1=\begin{bmatrix}0\\1\\0\\0\\0\end{bmatrix},\quad \boldsymbol{u}_2=\begin{bmatrix}0\\0\\1\\0\\0\end{bmatrix},\quad \boldsymbol{v}_1=\begin{bmatrix}0\\0\\0\\1\end{bmatrix},\quad \boldsymbol{v}_2=\begin{bmatrix}0\\1\\0\\0\end{bmatrix}$$

$$\sigma_1=4,\quad \sigma_2=3$$

于是得到：

$$\boldsymbol{A}_2=\sigma_1\boldsymbol{u}_1\boldsymbol{v}_1^{\mathrm{T}}+\sigma_2\boldsymbol{u}_2\boldsymbol{v}_2^{\mathrm{T}}=\begin{bmatrix}0&0&0&0\\0&0&0&4\\0&3&0&0\\0&0&0&0\\0&0&0&0\end{bmatrix}$$

以此矩阵作为 $\boldsymbol{A}$ 的最优近似。 ■

本章概要

1. 矩阵的奇异值分解是指将 $m \times n$ 实矩阵 $\boldsymbol{A}$ 表示为以下三个实矩阵乘积形式的运算：

$$\boldsymbol{A} = \boldsymbol{U\Sigma V}^{\mathrm{T}}$$

其中，$\boldsymbol{U}$ 是 m 阶正交矩阵，$\boldsymbol{V}$ 是 n 阶正交矩阵，$\boldsymbol{\Sigma}$ 是 $m \times n$ 矩形对角矩阵。

$$\boldsymbol{\Sigma} = \mathrm{diag}(\sigma_1, \sigma_2, \cdots, \sigma_p), \quad p = \min\{m, n\}$$

其对角线元素非负，且满足

$$\sigma_1 \geqslant \sigma_2 \geqslant \cdots \geqslant \sigma_p \geqslant 0$$

2. 任意给定一个实矩阵，其奇异值分解一定存在，但并不唯一。

3. 奇异值分解包括紧奇异值分解和截断奇异值分解。紧奇异值分解是与原始矩阵等秩的奇异值分解，截断奇异值分解是比原始矩阵低秩的奇异值分解。

4. 奇异值分解有明确的几何解释。奇异值分解对应三个连续的线性变换：一个旋转变换、一个缩放变换和另一个旋转变换。第一个和第三个旋转变换分别基于空间的标准正交基进行。

5. 设矩阵 $\boldsymbol{A}$ 的奇异值分解为 $\boldsymbol{A} = \boldsymbol{U\Sigma V}^{\mathrm{T}}$，则有

$$\boldsymbol{A}^{\mathrm{T}}\boldsymbol{A} = \boldsymbol{V}(\boldsymbol{\Sigma}^{\mathrm{T}}\boldsymbol{\Sigma})\boldsymbol{V}^{\mathrm{T}}$$

$$\boldsymbol{A}\boldsymbol{A}^{\mathrm{T}} = \boldsymbol{U}(\boldsymbol{\Sigma}\boldsymbol{\Sigma}^{\mathrm{T}})\boldsymbol{U}^{\mathrm{T}}$$

即对称矩阵 $\boldsymbol{A}^{\mathrm{T}}\boldsymbol{A}$ 和 $\boldsymbol{A}\boldsymbol{A}^{\mathrm{T}}$ 的特征分解可以由矩阵 $\boldsymbol{A}$ 的奇异值分解矩阵表示。

6. 矩阵 $\boldsymbol{A}$ 的奇异值分解可以通过求矩阵 $\boldsymbol{A}^{\mathrm{T}}\boldsymbol{A}$ 的特征值和特征向量得到：$\boldsymbol{A}^{\mathrm{T}}\boldsymbol{A}$ 的特征向量构成正交矩阵 $\boldsymbol{V}$ 的列；从 $\boldsymbol{A}\boldsymbol{A}^{\mathrm{T}}$ 的特征值 λ_j 的平方根得到奇异值 σ_i，即

$$\sigma_j = \sqrt{\lambda_j}, \quad j = 1, 2, \cdots, n$$

对其由大到小排列，作为对角线元素，构成对角矩阵 $\boldsymbol{\Sigma}$；求正奇异值对应的左奇异向量，再求扩充的 $\boldsymbol{A}^{\mathrm{T}}$ 的标准正交基，构成正交矩阵 $\boldsymbol{U}$ 的列。

7. 矩阵 $\boldsymbol{A} = [a_{ij}]_{m\times n}$ 的弗罗贝尼乌斯范数定义为

$$\|\boldsymbol{A}\|_F = \left(\sum_{i=1}^{m}\sum_{j=1}^{n} a_{ij}^2\right)^{\frac{1}{2}}$$

在秩不超过 k 的 $m \times n$ 矩阵的集合中，存在矩阵 $\boldsymbol{A}$ 的弗罗贝尼乌斯范数意义下的最优近似矩阵 $\boldsymbol{X}$。秩为 k 的截断奇异值分解得到的矩阵 $\boldsymbol{A}_k$ 能够达到这个最优值。奇异值分解是弗罗贝尼乌斯范数意义下，也就是平方损失意义下的矩阵最优近似。

8. 任意一个实矩阵 $\boldsymbol{A}$ 可以由其外积展开式表示：

$$\boldsymbol{A} = \sigma_1\boldsymbol{u}_1\boldsymbol{v}_1^{\mathrm{T}} + \sigma_2\boldsymbol{u}_2\boldsymbol{v}_2^{\mathrm{T}} + \cdots + \sigma_n\boldsymbol{u}_n\boldsymbol{v}_n^{\mathrm{T}}$$

其中，$\boldsymbol{u}_k\boldsymbol{v}_k^{\mathrm{T}}$ 为 $m \times n$ 矩阵，是列向量 $\boldsymbol{u}_k$ 和行向量 $\boldsymbol{v}_k^{\mathrm{T}}$ 的外积，σ_k 为奇异值，$\boldsymbol{u}_k$，$\boldsymbol{v}_k^{\mathrm{T}}$，$\sigma_k$ 通过矩阵 $\boldsymbol{A}$ 的奇异值分解得到。

继续阅读

要进一步了解奇异值分解及相关内容可以参考线性代数教材，如文献 [1] 和文献 [2]，也可以观看网上公开课程，如“MIT 18.06SC Linear Algebra”，文献 [2] 为其教科书。在计算机上奇异值分解通常用数值计算方法进行，奇异值分解的数值计算方法可参阅文献 [3] 和文献 [4]。本章介绍的奇异值分解是定义在矩阵上的，奇异值分解可以扩展到张量（tensor），有两种不同的定义，张量奇异值分解详见文献 [5]。

习　题

15.1 试求矩阵

$$\boldsymbol{A}=\begin{bmatrix}1 & 2 & 0\\ 2 & 0 & 2\end{bmatrix}$$

的奇异值分解。

15.2 试求矩阵

$$\boldsymbol{A}=\begin{bmatrix}2 & 4\\ 1 & 3\\ 0 & 0\\ 0 & 0\end{bmatrix}$$

的奇异值分解并写出其外积展开式。

15.3 比较矩阵的奇异值分解与对称矩阵的对角化的异同。

15.4 证明任何一个秩为 1 的矩阵可写成两个向量的外积形式，并给出实例。

15.5 搜索中的点击数据记录用户搜索时提交的查询语句，点击的网页 URL 以及点击的次数构成一个二部图，其中一个结点集合 $\{q_i\}$ 表示查询，另一个结点集合 $\{u_j\}$ 表示 URL，边表示点击关系，边上的权重表示点击次数。图 15.2 是一个简化的点击数据例。点击数据可

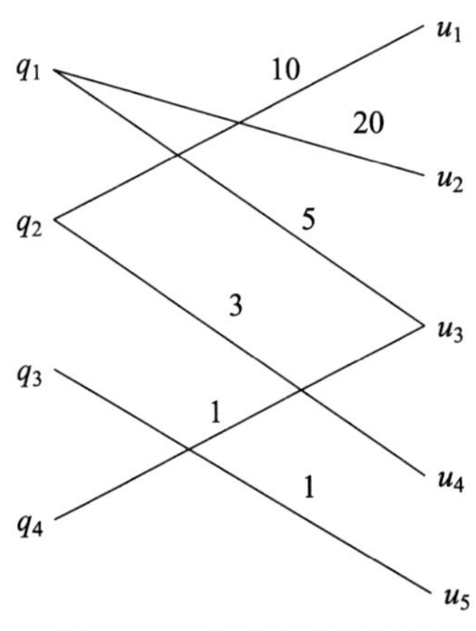

图 15.2　搜索点击数据例

以由矩阵表示，试对该矩阵进行奇异值分解，并解释得到的三个矩阵所表示的内容。

参考文献

[1] LEON S J. Linear algebra with applications[M]. 张文博，张丽静，译. Pearson,2009.
[2] STRANG G. Introduction to linear algebra[M]. 4th ed. Wellesley-Cambridge Press, 2009.
[3] CLINE A K. DHILLON I S. Computation of the singular value decomposition, Handbook of linear algebra[M]. CRC Press, 2006.
[4] 徐树方. 矩阵计算的理论与方法 [M]. 北京：北京大学出版社，1995.
[5] KOLDA T G, BADER B W. Tensor decompositions and applications[J]. SIAM Review, 2009, 51(3): 455–500.

第 16 章　主成分分析

主成分分析 (principal component analysis, PCA）是一种常用的无监督学习方法，这一方法利用正交变换把由线性相关变量表示的观测数据转换为少数几个由线性无关变量表示的数据，线性无关的变量称为主成分。主成分的个数通常小于原始变量的个数，所以主成分分析属于降维方法。主成分分析主要用于发现数据中的基本结构，即数据中变量之间的关系，是数据分析的有力工具，也用于其他机器学习方法的前处理。主成分分析属于多元统计分析的经典方法，首先由 Pearson 于 1901 年提出，但只是针对非随机变量，1933 年由 Hotelling 推广到随机变量。

本章 16.1 节介绍主成分分析的基本想法，叙述总体主成分分析的定义、定理与性质。16.2 节介绍样本主成分分析的概念，重点叙述主成分分析的算法，包括协方差矩阵的特征值分解方法和数据矩阵的奇异值分解方法。

16.1　总体主成分分析

16.1.1　基本想法

统计分析中，数据的变量之间可能存在相关性，以致增加了分析的难度。于是，考虑由少数不相关的变量来代替相关的变量，用来表示数据，并且要求能够保留数据中的大部分信息。

主成分分析中，首先对给定数据进行规范化，使得数据每一变量的平均值为 0，方差为 1。之后对数据进行正交变换，原来由线性相关变量表示的数据通过正交变换变成由若干个线性无关的新变量表示的数据。新变量是可能的正交变换中变量的方差的和（信息保存）最大的，方差表示在新变量上信息的大小。将新变量依次称为第一主成分、第二主成分等。这就是主成分分析的基本思想。通过主成分分析，可以利用主成分近似地表示原始数据，这可理解为发现数据的“基本结构”；也可以把数据由少数主成分表示，这可理解为对数据降维。

下面给出主成分分析的直观解释。数据集合中的样本由实数空间（正交坐标系）中的点表示，空间的一个坐标轴表示一个变量，规范化处理后得到的数据分布在原点附近。对原坐标系中的数据进行主成分分析等价于进行坐标系旋转变换，将数据投影到新坐标系的坐标轴上；新坐标系的第一坐标轴、第二坐标轴等分别表示第一主成分、第二主成分等，数据在每一轴上的坐标值的平方表示相应变量的方差；并且，这个坐标系是在所有可能的新的坐标系中，坐标轴上的方差的和最大的。

例如，数据由两个变量 x_1 和 x_2 表示，存在于二维空间中，每个点表示一个样本，如图 16.1(a) 所示。对数据已做规范化处理，可以看出，这些数据分布在以原点为中心的左下至右上倾斜的椭圆之内。很明显在这个数据中的变量 x_1 和 x_2 是线性相关的，具体地，当知道其中一个变量 x_1 的取值时，对另一个变量 x_2 的预测不是完全随机的，反之亦然。

主成分分析对数据进行正交变换，具体地，对原坐标系进行旋转变换，并将数据在新坐标系表示，如图 16.1(b) 所示。数据在原坐标系由变量 x_1 和 x_2 表示，通过正交变换后，在新坐标系里，由变量 y_1 和 y_2 表示。主成分分析选择方差最大的方向（第一主成分）作为新坐标系的第一坐标轴，即 y_1 轴，在这里意味着选择椭圆的长轴作为新坐标系的第一坐标轴；之后选择与第一坐标轴正交且方差次之的方向（第二主成分）作为新坐标系的第二坐标轴，即 y_2 轴，在这里意味着选择椭圆的短轴作为新坐标系的第二坐标轴。在新坐标系里，数据中的变量 y_1 和 y_2 是线性无关的，当知道其中一个变量 y_1 的取值时，对另一个变量 y_2 的预测是完全随机的，反之亦然。如果主成分分析只取第一主成分，即新坐标系的 y_1 轴，那么等价于将数据投影在椭圆长轴上，用这个主轴表示数据，将二维空间的数据压缩到一维空间中。

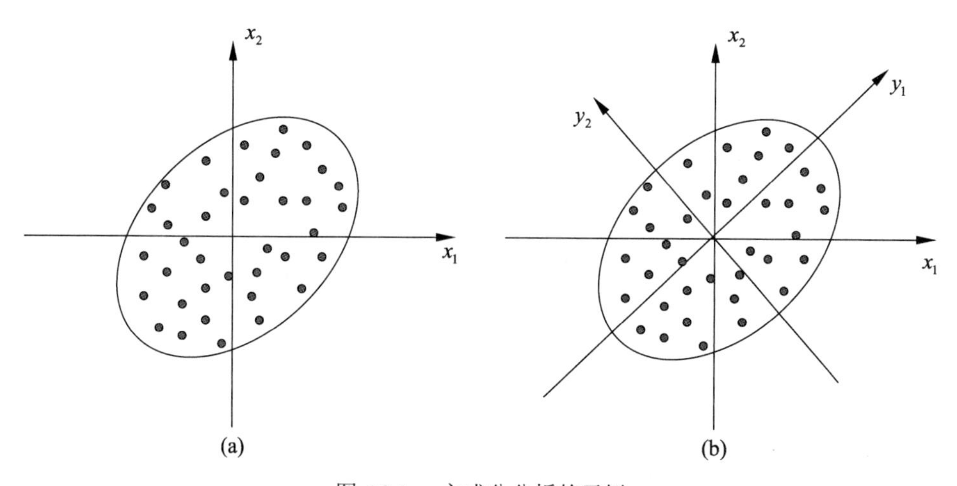

图 16.1　主成分分析的示例

下面再看方差最大的解释。假设有两个变量 x_1 和 x_2，三个样本点 A，B，C，样本分布在由 x_1 轴和 x_2 轴组成的坐标系中，如图 16.2 所示。对坐标系进行旋转变换，得到新的坐标轴 y_1，表示新的变量 y_1。样本点 A，B、C 在 y_1 轴上投影，得到 y_1 轴的坐标值 A′，B′，C′。

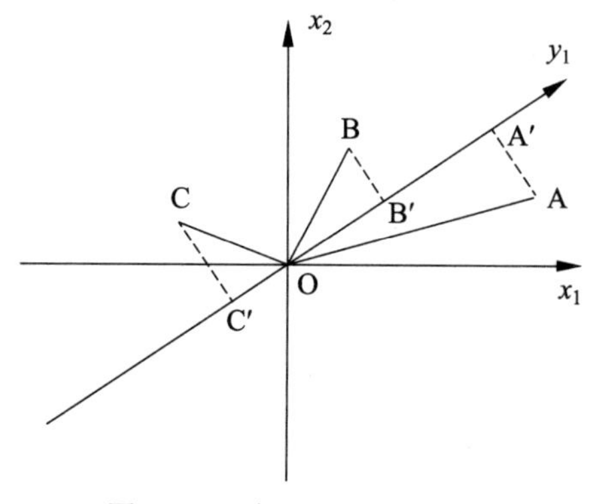

图 16.2　主成分的几何解释

坐标值的平方和 $\mathrm{OA}'^2 + \mathrm{OB}'^2 + \mathrm{OC}'^2$ 表示样本在变量 y_1 上的方差和。主成分分析旨在选取正交变换中方差最大的变量，作为第一主成分，也就是旋转变换中坐标值的平方和最大的轴。注意到旋转变换中样本点到原点的距离的平方和 $\mathrm{OA}^2 + \mathrm{OB}^2 + \mathrm{OC}^2$ 保持不变，根据勾股定理，坐标值的平方和 $\mathrm{OA}'^2 + \mathrm{OB}'^2 + \mathrm{OC}'^2$ 最大等价于样本点到 y_1 轴的距离的平方和 $\mathrm{AA}'^2 + \mathrm{BB}'^2 + \mathrm{CC}'^2$ 最小。所以，等价地，主成分分析在旋转变换中选取离样本点的距离平方和最小的轴作为第一主成分。第二主成分等的选取在保证与已选坐标轴正交的条件下类似地进行。

在数据总体（population）上进行的主成分分析称为总体主成分分析，在有限样本上进行的主成分分析称为样本主成分分析，前者是后者的基础。以下分别予以介绍。

16.1.2 定义和导出

假设 $\boldsymbol{x} = (x_1, x_2, \cdots, x_m)^{\mathrm{T}}$ 是 m 维随机变量，其均值向量是 $\boldsymbol{\mu}$：

$$\boldsymbol{\mu} = E(\boldsymbol{x}) = (\mu_1, \mu_2, \cdots, \mu_m)^{\mathrm{T}}$$

协方差矩阵是 $\boldsymbol{\Sigma}$：

$$\boldsymbol{\Sigma} = \mathrm{cov}(\boldsymbol{x}, \boldsymbol{x}) = E[(\boldsymbol{x} - \boldsymbol{\mu})(\boldsymbol{x} - \boldsymbol{\mu})^{\mathrm{T}}]$$

考虑由 m 维随机变量 $\boldsymbol{x}$ 到 m 维随机变量 $\boldsymbol{y} = (y_1, y_2, \cdots, y_m)^{\mathrm{T}}$ 的线性变换：

$$y_i = \boldsymbol{\alpha}_i^{\mathrm{T}} \boldsymbol{x} = \alpha_{1i} x_1 + \alpha_{2i} x_2 + \cdots + \alpha_{mi} x_m \tag{16.1}$$

其中，$\boldsymbol{\alpha}_i^{\mathrm{T}} = (\alpha_{1i}, \alpha_{2i}, \cdots, \alpha_{mi})$，$i = 1, 2, \cdots, m$。

由随机变量的性质可知：

$$E(y_i) = \boldsymbol{\alpha}_i^{\mathrm{T}} \boldsymbol{\mu}, \quad i = 1, 2, \cdots, m \tag{16.2}$$

$$\mathrm{var}(y_i) = \boldsymbol{\alpha}_i^{\mathrm{T}} \boldsymbol{\Sigma} \boldsymbol{\alpha}_i, \quad i = 1, 2, \cdots, m \tag{16.3}$$

$$\mathrm{cov}(y_i, y_j) = \boldsymbol{\alpha}_i^{\mathrm{T}} \boldsymbol{\Sigma} \boldsymbol{\alpha}_j, \quad i = 1, 2, \cdots, m; \quad j = 1, 2, \cdots, m \tag{16.4}$$

下面给出总体主成分的定义。

定义 16.1（总体主成分） 给定一个如式 (16.1) 所示的线性变换，如果它们满足下列条件：

（1）系数向量 $\boldsymbol{\alpha}_i^{\mathrm{T}}$ 是单位向量，即 $\boldsymbol{\alpha}_i^{\mathrm{T}} \boldsymbol{\alpha}_i = 1$，$i = 1, 2, \cdots, m$；

（2）变量 y_i 与 y_j 互不相关，即 $\mathrm{cov}(y_i, y_j) = 0 (i \neq j)$；

（3）变量 y_1 是 $\boldsymbol{x}$ 的所有线性变换中方差最大的；y_2 是与 y_1 不相关的 $\boldsymbol{x}$ 的所有线性变换中方差最大的；一般地，y_i 是与 $y_1, y_2, \cdots, y_{i-1}$ $(i = 1, 2, \cdots, m)$ 都不相关的 $\boldsymbol{x}$ 的所有线性变换中方差最大的，这时分别称 $y_1, y_2, \cdots, y_m$ 为 $\boldsymbol{x}$ 的第一主成分、第二主成分、……、第 m 主成分。

定义中的条件 (1) 表明线性变换是正交变换，$\boldsymbol{\alpha}_1, \boldsymbol{\alpha}_2, \cdots, \boldsymbol{\alpha}_m$ 是其一组标准正交基：

$$\boldsymbol{\alpha}_i^{\mathrm{T}} \boldsymbol{\alpha}_j = \begin{cases} 1, & i = j \\ 0, & i \neq j \end{cases}$$

条件 (2) 和条件 (3) 给出了一个求主成分的方法：第一步，在 $\boldsymbol{x}$ 的所有线性变换

$$\boldsymbol{\alpha}_1^{\mathrm{T}}\boldsymbol{x}=\sum_{i=1}^{m}\alpha_{i1}x_i$$

中，在 $\boldsymbol{\alpha}_1^{\mathrm{T}}\boldsymbol{\alpha}_1=1$ 的条件下，求方差最大的，得到 $\boldsymbol{x}$ 的第一主成分；第二步，在与 $\boldsymbol{\alpha}_1^{\mathrm{T}}\boldsymbol{x}$ 不相关的 $\boldsymbol{x}$ 的所有线性变换

$$\boldsymbol{\alpha}_2^{\mathrm{T}}\boldsymbol{x}=\sum_{i=1}^{m}\alpha_{i2}x_i$$

中，在 $\boldsymbol{\alpha}_2^{\mathrm{T}}\alpha_2=1$ 的条件下，求方差最大的，得到 $\boldsymbol{x}$ 的第二主成分；第 k 步，在与 $\boldsymbol{\alpha}_1^{\mathrm{T}}\boldsymbol{x},\boldsymbol{\alpha}_2^{\mathrm{T}}\boldsymbol{x},\cdots,\boldsymbol{\alpha}_{k-1}^{\mathrm{T}}\boldsymbol{x}$ 不相关的 $\boldsymbol{x}$ 的所有线性变换

$$\boldsymbol{\alpha}_k^{\mathrm{T}}\boldsymbol{x}=\sum_{i=1}^{m}\alpha_{ik}x_i$$

中，在 $\boldsymbol{\alpha}_k^{\mathrm{T}}\boldsymbol{\alpha}_k=1$ 的条件下，求方差最大的，得到 $\boldsymbol{x}$ 的第 k 主成分；如此继续下去，直到得到 $\boldsymbol{x}$ 的第 m 主成分。

16.1.3 主要性质

首先叙述一个关于总体主成分的定理。这一定理阐述了总体主成分与协方差矩阵的特征值和特征向量的关系，同时给出了一个求主成分的方法。

定理 16.1 设 $\boldsymbol{x}$ 是 m 维随机变量，$\boldsymbol{\Sigma}$ 是 $\boldsymbol{x}$ 的协方差矩阵，$\boldsymbol{\Sigma}$ 的特征值分别是 $\lambda_1\geqslant\lambda_2\geqslant\cdots\geqslant\lambda_m\geqslant 0$，特征值对应的单位特征向量分别是 $\boldsymbol{\alpha}_1,\boldsymbol{\alpha}_2,\cdots,\boldsymbol{\alpha}_m$，则 $\boldsymbol{x}$ 的第 k 主成分是

$$y_k=\boldsymbol{\alpha}_k^{\mathrm{T}}\boldsymbol{x}=\alpha_{1k}x_1+\alpha_{2k}x_2+\cdots+\alpha_{mk}x_m,\quad k=1,2,\cdots,m \tag{16.5}$$

$\boldsymbol{x}$ 的第 k 主成分的方差是

$$\operatorname{var}(y_k)=\boldsymbol{\alpha}_k^{\mathrm{T}}\boldsymbol{\Sigma}\boldsymbol{\alpha}_k=\lambda_k,\quad k=1,2,\cdots,m \tag{16.6}$$

即协方差矩阵 $\boldsymbol{\Sigma}$ 的第 k 个特征值。①

证明 采用拉格朗日乘子法求出主成分。

首先求 $\boldsymbol{x}$ 的第一主成分 $y_1=\boldsymbol{\alpha}_1^{\mathrm{T}}\boldsymbol{x}$，即求系数向量 $\boldsymbol{\alpha}_1$。由定义 16.1 知，第一主成分的 $\boldsymbol{\alpha}_1$ 是在 $\boldsymbol{\alpha}_1^{\mathrm{T}}\boldsymbol{\alpha}_1=1$ 条件下 $\boldsymbol{x}$ 的所有线性变换中使方差

$$\operatorname{var}(\boldsymbol{\alpha}_1^{\mathrm{T}}\boldsymbol{x})=\boldsymbol{\alpha}_1^{\mathrm{T}}\boldsymbol{\Sigma}\boldsymbol{\alpha}_1$$

达到最大的。

求第一主成分就是求解约束最优化问题：

$$\max_{\alpha_1}\quad \boldsymbol{\alpha}_1^{\mathrm{T}}\boldsymbol{\Sigma}\boldsymbol{\alpha}_1 \tag{16.7}$$

$$\text{s.t.}\quad \boldsymbol{\alpha}_1^{\mathrm{T}}\boldsymbol{\alpha}_1=1$$

① 若特征值有重根，对应的特征向量组成 m 维空间 $\boldsymbol{R}^m$ 的一个子空间，子空间的维数等于重根数，在子空间任取一个正交坐标系，这个坐标系的单位向量就可作为特征向量。这时坐标系的取法不唯一。

定义拉格朗日函数

$$\boldsymbol{\alpha}_1^{\mathrm{T}}\boldsymbol{\Sigma}\boldsymbol{\alpha}_1-\lambda(\boldsymbol{\alpha}_1^{\mathrm{T}}\boldsymbol{\alpha}_1-1)$$

其中，λ 是拉格朗日乘子。将拉格朗日函数对 $\boldsymbol{\alpha}_1$ 求导，并令其为 0，得：

$$\boldsymbol{\Sigma}\boldsymbol{\alpha}_1-\lambda\boldsymbol{\alpha}_1=0$$

因此，λ 是 $\boldsymbol{\Sigma}$ 的特征值，$\boldsymbol{\alpha}_1$ 是对应的单位特征向量。于是，目标函数为

$$\boldsymbol{\alpha}_1^{\mathrm{T}}\boldsymbol{\Sigma}\boldsymbol{\alpha}_1=\boldsymbol{\alpha}_1^{\mathrm{T}}\lambda\boldsymbol{\alpha}_1=\lambda\boldsymbol{\alpha}_1^{\mathrm{T}}\boldsymbol{\alpha}_1=\lambda$$

假设 $\boldsymbol{\alpha}_1$ 是 $\boldsymbol{\Sigma}$ 的最大特征值 λ_1 对应的单位特征向量，显然 $\boldsymbol{\alpha}_1$ 与 λ_1 是最优化问题的解①。所以，$\boldsymbol{\alpha}_1^{\mathrm{T}}\boldsymbol{x}$ 构成第一主成分，其方差等于协方差矩阵的最大特征值：

$$\mathrm{var}(\boldsymbol{\alpha}_1^{\mathrm{T}}\boldsymbol{x})=\boldsymbol{\alpha}_1^{\mathrm{T}}\boldsymbol{\Sigma}\boldsymbol{\alpha}_1=\lambda_1 \tag{16.8}$$

接着求 $\boldsymbol{x}$ 的第二主成分 $y_2=\boldsymbol{\alpha}_2^{\mathrm{T}}\boldsymbol{x}$。第二主成分的 $\boldsymbol{\alpha}_2$ 是在 $\boldsymbol{\alpha}_2^{\mathrm{T}}\boldsymbol{\alpha}_2=1$ 且 $\boldsymbol{\alpha}_2^{\mathrm{T}}\boldsymbol{x}$ 与 $\boldsymbol{\alpha}_1^{\mathrm{T}}\boldsymbol{x}$ 不相关的条件下 $\boldsymbol{x}$ 的所有线性变换中使方差

$$\mathrm{var}(\boldsymbol{\alpha}_2^{\mathrm{T}}\boldsymbol{x})=\boldsymbol{\alpha}_2^{\mathrm{T}}\boldsymbol{\Sigma}\boldsymbol{\alpha}_2$$

达到最大的。

求第二主成分需要求解约束最优化问题：

$$\max_{\boldsymbol{\alpha}_2}\quad \boldsymbol{\alpha}_2^{\mathrm{T}}\boldsymbol{\Sigma}\boldsymbol{\alpha}_2 \tag{16.9}$$

$$\text{s.t.}\quad \boldsymbol{\alpha}_1^{\mathrm{T}}\boldsymbol{\Sigma}\boldsymbol{\alpha}_2=0,\qquad \boldsymbol{\alpha}_2^{\mathrm{T}}\boldsymbol{\Sigma}\boldsymbol{\alpha}_1=0$$

$$\boldsymbol{\alpha}_2^{\mathrm{T}}\boldsymbol{\alpha}_2=1$$

注意到

$$\boldsymbol{\alpha}_1^{\mathrm{T}}\boldsymbol{\Sigma}\boldsymbol{\alpha}_2=\boldsymbol{\alpha}_2^{\mathrm{T}}\boldsymbol{\Sigma}\boldsymbol{\alpha}_1=\boldsymbol{\alpha}_2^{\mathrm{T}}\lambda_1\boldsymbol{\alpha}_1=\lambda_1\boldsymbol{\alpha}_2^{\mathrm{T}}\boldsymbol{\alpha}_1=\lambda_1\boldsymbol{\alpha}_1^{\mathrm{T}}\boldsymbol{\alpha}_2$$

以及

$$\boldsymbol{\alpha}_1^{\mathrm{T}}\boldsymbol{\alpha}_2=0,\qquad \boldsymbol{\alpha}_2^{\mathrm{T}}\boldsymbol{\alpha}_1=0$$

定义拉格朗日函数

$$\boldsymbol{\alpha}_2^{\mathrm{T}}\boldsymbol{\Sigma}\boldsymbol{\alpha}_2-\lambda(\boldsymbol{\alpha}_2^{\mathrm{T}}\boldsymbol{\alpha}_2-1)-\phi\boldsymbol{\alpha}_2^{\mathrm{T}}\boldsymbol{\alpha}_1$$

其中，λ，ϕ 是拉格朗日乘子。对 $\boldsymbol{\alpha}_2$ 求导，并令其为 0，得：

$$2\boldsymbol{\Sigma}\boldsymbol{\alpha}_2-2\lambda\boldsymbol{\alpha}_2-\phi\boldsymbol{\alpha}_1=0 \tag{16.10}$$

将方程左乘以 $\boldsymbol{\alpha}_1^{\mathrm{T}}$ 有

$$2\boldsymbol{\alpha}_1^{\mathrm{T}}\boldsymbol{\Sigma}\boldsymbol{\alpha}_2-2\lambda\boldsymbol{\alpha}_1^{\mathrm{T}}\boldsymbol{\alpha}_2-\phi\boldsymbol{\alpha}_1^{\mathrm{T}}\boldsymbol{\alpha}_1=0$$

此式前两项为 0，且 $\boldsymbol{\alpha}_1^{\mathrm{T}}\boldsymbol{\alpha}_1=1$，推导出 $\phi=0$，因此式 (16.10) 变为

$$\boldsymbol{\Sigma}\boldsymbol{\alpha}_2-\lambda\boldsymbol{\alpha}_2=0$$

① 为了叙述方便，这里将变量和其最优值用同一符号表示。

由此，λ 是 $\boldsymbol{\Sigma}$ 的特征值，$\boldsymbol{\alpha}_2$ 是对应的单位特征向量。于是，目标函数为

$$\boldsymbol{\alpha}_2^{\mathrm{T}} \boldsymbol{\Sigma} \boldsymbol{\alpha}_2 = \boldsymbol{\alpha}_2^{\mathrm{T}} \lambda \boldsymbol{\alpha}_2 = \lambda \boldsymbol{\alpha}_2^{\mathrm{T}} \boldsymbol{\alpha}_2 = \lambda$$

假设 $\boldsymbol{\alpha}_2$ 是 $\boldsymbol{\Sigma}$ 的第二大特征值 λ_2 对应的单位特征向量，显然 $\boldsymbol{\alpha}_2$ 与 λ_2 是以上最优化问题的解①。于是 $\boldsymbol{\alpha}_2^{\mathrm{T}} \boldsymbol{x}$ 构成第二主成分，其方差等于协方差矩阵的第二大特征值：

$$\operatorname{var}(\boldsymbol{\alpha}_2^{\mathrm{T}} \boldsymbol{x}) = \boldsymbol{\alpha}_2^{\mathrm{T}} \boldsymbol{\Sigma} \boldsymbol{\alpha}_2 = \lambda_2 \tag{16.11}$$

一般地，$\boldsymbol{x}$ 的第 k 主成分是 $\boldsymbol{\alpha}_k^{\mathrm{T}} \boldsymbol{x}$，并且 $\operatorname{var}(\boldsymbol{\alpha}_k^{\mathrm{T}} \boldsymbol{x}) = \lambda_k$，这里 λ_k 是 $\boldsymbol{\Sigma}$ 的第 k 个特征值并且 $\boldsymbol{\alpha}_k$ 是对应的单位特征向量。可以从第 $k-1$ 个主成分出发递推证明第 k 个主成分的情况，这里省去。

按照上述方法求得第一、第二直到第 m 主成分，其系数向量 $\boldsymbol{\alpha}_1$，$\boldsymbol{\alpha}_2$，$\cdots$，$\boldsymbol{\alpha}_m$ 分别是 $\boldsymbol{\Sigma}$ 的第一个、第二个直到第 m 个单位特征向量，$\lambda_1, \lambda_2, \cdots, \lambda_m$ 分别是对应的特征值。并且，第 k 主成分的方差等于 $\boldsymbol{\Sigma}$ 的第 k 个特征值：

$$\operatorname{var}(\boldsymbol{\alpha}_k^{\mathrm{T}} \boldsymbol{x}) = \boldsymbol{\alpha}_k^{\mathrm{T}} \boldsymbol{\Sigma} \boldsymbol{\alpha}_k = \lambda_k, \quad k = 1, 2, \cdots, m \tag{16.12}$$

定理证毕。 ■

由定理 16.1 得到下述推论。

推论 16.1 m 维随机变量 $\boldsymbol{y} = (y_1, y_2, \cdots, y_m)^{\mathrm{T}}$ 的分量依次是 $\boldsymbol{x}$ 的第一主成分到第 m 主成分的充要条件是:

（1）$\boldsymbol{y} = \boldsymbol{A}^{\mathrm{T}} \boldsymbol{x}$，$\boldsymbol{A}$ 为正交矩阵:

$$\boldsymbol{A} = \begin{bmatrix} \alpha_{11} & \alpha_{12} & \cdots & \alpha_{1m} \\ \alpha_{21} & \alpha_{22} & \cdots & \alpha_{2m} \\ \vdots & \vdots & & \vdots \\ \alpha_{m1} & \alpha_{m2} & \cdots & \alpha_{mm} \end{bmatrix}$$

（2）$\boldsymbol{y}$ 的协方差矩阵为对角矩阵:

$$\operatorname{cov}(\boldsymbol{y}) = \operatorname{diag}(\lambda_1, \lambda_2, \cdots, \lambda_m)$$

$$\lambda_1 \geqslant \lambda_2 \geqslant \cdots \geqslant \lambda_m$$

其中，λ_k 是 $\boldsymbol{\Sigma}$ 的第 k 个特征值，$\boldsymbol{\alpha}_k$ 是对应的单位特征向量，$k = 1, 2, \cdots, m$。

以上证明中，λ_k 是 $\boldsymbol{\Sigma}$ 的第 k 个特征值，$\boldsymbol{\alpha}_k$ 是对应的单位特征向量，即

$$\boldsymbol{\Sigma} \boldsymbol{\alpha}_k = \lambda_k \boldsymbol{\alpha}_k, \quad k = 1, 2, \cdots, m \tag{16.13}$$

用矩阵表示即为

$$\boldsymbol{\Sigma} \boldsymbol{A} = \boldsymbol{A} \boldsymbol{\Lambda} \tag{16.14}$$

这里 $\boldsymbol{A} = [\alpha_{ij}]_{m \times m}$，$\boldsymbol{\Lambda}$ 是对角矩阵，其第 k 个对角元素是 λ_k。因为 $\boldsymbol{A}$ 是正交矩阵，即

① 为了叙述方便，这里将变量和其最优值用同一符号表示。

$\boldsymbol{A}^{\mathrm{T}}\boldsymbol{A}=\boldsymbol{A}\boldsymbol{A}^{\mathrm{T}}=\boldsymbol{I}$，由式 (16.14) 得到两个公式：

$$\boldsymbol{A}^{\mathrm{T}}\boldsymbol{\Sigma}\boldsymbol{A}=\boldsymbol{\Lambda} \tag{16.15}$$

和

$$\boldsymbol{\Sigma}=\boldsymbol{A}\boldsymbol{\Lambda}\boldsymbol{A}^{\mathrm{T}} \tag{16.16}$$

下面叙述总体主成分的性质：

（1）总体主成分 $\boldsymbol{y}$ 的协方差矩阵是对角矩阵：

$$\operatorname{cov}(\boldsymbol{y})=\boldsymbol{\Lambda}=\operatorname{diag}(\lambda_1,\lambda_2,\cdots,\lambda_m) \tag{16.17}$$

（2）总体主成分 $\boldsymbol{y}$ 的方差之和等于随机变量 $\boldsymbol{x}$ 的方差之和，即

$$\sum_{i=1}^{m}\lambda_i=\sum_{i=1}^{m}\sigma_{ii} \tag{16.18}$$

其中，σ_{ii} 是随机变量 x_i 的方差，即协方差矩阵 $\boldsymbol{\Sigma}$ 的对角元素。事实上，利用式 (16.16) 及矩阵的迹（trace）的性质，可知：

$$\begin{aligned}\sum_{i=1}^{m}\operatorname{var}(x_i)&=\operatorname{tr}(\boldsymbol{\Sigma}^{\mathrm{T}})=\operatorname{tr}(\boldsymbol{A}\boldsymbol{\Lambda}\boldsymbol{A}^{\mathrm{T}})=\operatorname{tr}(\boldsymbol{A}^{\mathrm{T}}\boldsymbol{\Lambda}\boldsymbol{A})\\&=\operatorname{tr}(\boldsymbol{\Lambda})=\sum_{i=1}^{m}\lambda_i=\sum_{i=1}^{m}\operatorname{var}(y_i)\end{aligned} \tag{16.19}$$

（3）第 k 个主成分 y_k 与变量 x_i 的相关系数 $\rho(y_k,x_i)$ 称为因子负荷量（factor loading），它表示第 k 个主成分 y_k 与变量 x_i 的相关关系。计算公式是

$$\rho(y_k,x_i)=\frac{\sqrt{\lambda_k}\alpha_{ik}}{\sqrt{\sigma_{ii}}},\quad k,i=1,2,\cdots,m \tag{16.20}$$

因为

$$\rho(y_k,x_i)=\frac{\operatorname{cov}(y_k,x_i)}{\sqrt{\operatorname{var}(y_k)\operatorname{var}(x_i)}}=\frac{\operatorname{cov}(\boldsymbol{\alpha}_k^{\mathrm{T}}\boldsymbol{x},\boldsymbol{e}_i^{\mathrm{T}}\boldsymbol{x})}{\sqrt{\lambda_k}\sqrt{\sigma_{ii}}}$$

其中，$\boldsymbol{e}_i$ 为基本单位向量，其第 i 个分量为 1，其余为 0。再由协方差的性质

$$\operatorname{cov}(\boldsymbol{\alpha}_k^{\mathrm{T}}\boldsymbol{x},\boldsymbol{e}_i^{\mathrm{T}}\boldsymbol{x})=\boldsymbol{\alpha}_k^{\mathrm{T}}\boldsymbol{\Sigma}\boldsymbol{e}_i=\boldsymbol{e}_i^{\mathrm{T}}\boldsymbol{\Sigma}\boldsymbol{\alpha}_k=\lambda_k\boldsymbol{e}_i^{\mathrm{T}}\boldsymbol{\alpha}_k=\lambda_k\alpha_{ik}$$

故得式 (16.20)。

（4）第 k 个主成分 y_k 与 m 个变量的因子负荷量满足

$$\sum_{i=1}^{m}\sigma_{ii}\rho^2(y_k,x_i)=\lambda_k \tag{16.21}$$

由式 (16.20) 有

$$\sum_{i=1}^{m}\sigma_{ii}\rho^2(y_k,x_i)=\sum_{i=1}^{m}\lambda_k\alpha_{ik}^2=\lambda_k\boldsymbol{\alpha}_k^{\mathrm{T}}\boldsymbol{\alpha}_k=\lambda_k$$

（5）m 个主成分与第 i 个变量 x_i 的因子负荷量满足

$$\sum_{k=1}^{m} \rho^2(y_k, x_i) = 1 \tag{16.22}$$

由于 $y_1, y_2, \cdots, y_m$ 互不相关，故

$$\rho^2(x_i, (y_1, y_2, \cdots, y_m)) = \sum_{k=1}^{m} \rho^2(y_k, x_i)$$

又因 x_i 可以表示为 $y_1, y_2, \cdots, y_m$ 的线性组合，所以 x_i 与 $y_1, y_2, \cdots, y_m$ 的相关系数的平方为 1，即

$$\rho^2(x_i, (y_1, y_2, \cdots, y_m)) = 1$$

故得式 (16.22)。

16.1.4 主成分的个数

主成分分析的主要目的是降维，所以一般选择 k（$k \ll m$）个主成分（线性无关变量）来代替 m 个原有变量（线性相关变量），使问题得以简化，并能保留原有变量的大部分信息。这里所说的信息是指原有变量的方差。为此，先给出一个定理，说明选择 k 个主成分是最优选择。

定理 16.2 对任意正整数 q，$1 \leqslant q \leqslant m$，考虑正交线性变换

$$\boldsymbol{y} = \boldsymbol{B}^{\mathrm{T}} \boldsymbol{x} \tag{16.23}$$

其中，$\boldsymbol{y}$ 是 q 维向量，$\boldsymbol{B}^{\mathrm{T}}$ 是 $q \times m$ 矩阵，令 $\boldsymbol{y}$ 的协方差矩阵为

$$\boldsymbol{\Sigma}_{\boldsymbol{y}} = \boldsymbol{B}^{\mathrm{T}} \boldsymbol{\Sigma} \boldsymbol{B} \tag{16.24}$$

则 $\boldsymbol{\Sigma}_{\boldsymbol{y}}$ 的迹 $\mathrm{tr}(\boldsymbol{\Sigma}_{\boldsymbol{y}})$ 在 $\boldsymbol{B} = \boldsymbol{A}_q$ 时取得最大值，其中矩阵 $\boldsymbol{A}_q$ 由正交矩阵 $\boldsymbol{A}$ 的前 q 列组成。

证明 令 $\boldsymbol{\beta}_k$ 是 $\boldsymbol{B}$ 的第 k 列，由于正交矩阵 $\boldsymbol{A}$ 的列构成 m 维空间的基，所以 $\boldsymbol{\beta}_k$ 可以由 $\boldsymbol{A}$ 的列表示，即

$$\boldsymbol{\beta}_k = \sum_{j=1}^{m} c_{jk} \boldsymbol{\alpha}_j, \quad k = 1, 2, \cdots, q$$

等价地，

$$\boldsymbol{B} = \boldsymbol{A} \boldsymbol{C} \tag{16.25}$$

其中，$\boldsymbol{C}$ 是 $m \times q$ 矩阵，其第 j 行第 k 列元素为 c_{jk}。

首先，

$$\boldsymbol{B}^{\mathrm{T}} \boldsymbol{\Sigma} \boldsymbol{B} = \boldsymbol{C}^{\mathrm{T}} \boldsymbol{A}^{\mathrm{T}} \boldsymbol{\Sigma} \boldsymbol{A} \boldsymbol{C} = \boldsymbol{C}^{\mathrm{T}} \boldsymbol{\Lambda} \boldsymbol{C} = \sum_{j=1}^{m} \lambda_j \boldsymbol{c}_j \boldsymbol{c}_j^{\mathrm{T}}$$

其中，$\boldsymbol{c}_j^{\mathrm{T}}$ 是 $\boldsymbol{C}$ 的第 j 行。因此

$$\begin{aligned}\operatorname{tr}(\boldsymbol{B}^{\mathrm{T}}\boldsymbol{\Sigma}\boldsymbol{B}) &= \sum_{j=1}^{m}\lambda_j \operatorname{tr}(\boldsymbol{c}_j\boldsymbol{c}_j^{\mathrm{T}}) \\ &= \sum_{j=1}^{m}\lambda_j \operatorname{tr}(\boldsymbol{c}_j^{\mathrm{T}}\boldsymbol{c}_j) \\ &= \sum_{j=1}^{m}\lambda_j \boldsymbol{c}_j^{\mathrm{T}}\boldsymbol{c}_j \\ &= \sum_{j=1}^{m}\sum_{k=1}^{q}\lambda_j c_{jk}^2 \end{aligned} \tag{16.26}$$

其次，由式 (16.25) 及 $\boldsymbol{A}$ 的正交性知：

$$\boldsymbol{C} = \boldsymbol{A}^{\mathrm{T}}\boldsymbol{B}$$

由于 $\boldsymbol{A}$ 是正交的，$\boldsymbol{B}$ 的列是正交的，所以

$$\boldsymbol{C}^{\mathrm{T}}\boldsymbol{C} = \boldsymbol{B}^{\mathrm{T}}\boldsymbol{A}\boldsymbol{A}^{\mathrm{T}}\boldsymbol{B} = \boldsymbol{B}^{\mathrm{T}}\boldsymbol{B} = \boldsymbol{I}_q$$

即 $\boldsymbol{C}$ 的列也是正交的。于是

$$\operatorname{tr}(\boldsymbol{C}^{\mathrm{T}}\boldsymbol{C}) = \operatorname{tr}(\boldsymbol{I}_q)$$

$$\sum_{j=1}^{m}\sum_{k=1}^{q} c_{jk}^2 = q \tag{16.27}$$

这样，矩阵 $\boldsymbol{C}$ 可以认为是某个 m 阶正交矩阵 $\boldsymbol{D}$ 的前 q 列。正交矩阵 $\boldsymbol{D}$ 的行也正交，所以满足

$$\boldsymbol{d}_j^{\mathrm{T}}\boldsymbol{d}_j = 1, \quad j = 1, 2, \cdots, m$$

其中，$\boldsymbol{d}_j^{\mathrm{T}}$ 是 $\boldsymbol{D}$ 的第 j 行。由于矩阵 $\boldsymbol{D}$ 的行包括矩阵 $\boldsymbol{C}$ 的行的前 q 个元素，所以

$$\boldsymbol{c}_j^{\mathrm{T}}\boldsymbol{c}_j \leqslant 1, \quad j = 1, 2, \cdots, m$$

即

$$\sum_{k=1}^{q} c_{jk}^2 \leqslant 1, \quad j = 1, 2, \cdots, m \tag{16.28}$$

注意到在式 (16.26) 中 $\sum\limits_{k=1}^{q} c_{jk}^2$ 是 λ_j 的系数，由式 (16.27) 知这些系数之和是 q，且由式 (16.28) 知这些系数小于等于 1。因为 $\lambda_1 \geqslant \lambda_2 \geqslant \cdots \geqslant \lambda_q \geqslant \cdots \geqslant \lambda_m$，显然，当能找到 c_{jk} 使得

$$\sum_{k=1}^{q} c_{jk}^2 = \begin{cases} 1, & j = 1, 2, \cdots, q \\ 0, & j = q+1, q+2, \cdots, m \end{cases} \tag{16.29}$$

时，$\sum\limits_{j=1}^{m}\left(\sum\limits_{k=1}^{q} c_{jk}^2\right)\lambda_j$ 最大。而当 $\boldsymbol{B}=\boldsymbol{A}_q$ 时，有

$$c_{jk}=\begin{cases}1, & 1\leqslant j=k\leqslant q\\ 0, & \text{其他}\end{cases}$$

满足式 (16.29)。所以，当 $\boldsymbol{B}=\boldsymbol{A}_q$ 时，$\mathrm{tr}(\boldsymbol{\Sigma}_{\boldsymbol{y}})$ 达到最大值。 ■

定理 16.2 表明，当 $\boldsymbol{x}$ 的线性变换 $\boldsymbol{y}$ 在 $\boldsymbol{B}=\boldsymbol{A}_q$ 时，其协方差矩阵 $\boldsymbol{\Sigma}_{\boldsymbol{y}}$ 的迹 $\mathrm{tr}(\boldsymbol{\Sigma}_{\boldsymbol{y}})$ 取得最大值，这就是说，当取 $\boldsymbol{A}$ 的前 q 列、取 $\boldsymbol{x}$ 的前 q 个主成分时，能够最大限度地保留原有变量方差的信息。

定理 16.3 考虑正交变换

$$\boldsymbol{y}=\boldsymbol{B}^{\mathrm{T}}\boldsymbol{x}$$

这里 $\boldsymbol{B}^{\mathrm{T}}$ 是 $p\times m$ 矩阵，$\boldsymbol{A}$ 和 $\boldsymbol{\Sigma}_{\boldsymbol{y}}$ 的定义与定理 16.2 相同，则 $\mathrm{tr}(\boldsymbol{\Sigma}_{\boldsymbol{y}})$ 在 $\boldsymbol{B}=\boldsymbol{A}_p$ 时取得最小值，其中矩阵 $\boldsymbol{A}_p$ 由 $\boldsymbol{A}$ 的后 p 列组成。

证明类似定理 16.2，有兴趣的读者可以自行证明。定理 16.3 可以理解为，当舍弃 $\boldsymbol{A}$ 的后 p 列，即舍弃变量 $\boldsymbol{x}$ 的后 p 个主成分时，原有变量的方差的信息损失最少。

以上两个定理可以作为选择 k 个主成分的理论依据。具体选择 k 的方法通常利用方差贡献率。

定义 16.2 第 k 主成分 y_k 的方差贡献率定义为 y_k 的方差与所有方差之和的比，记作 η_k:

$$\eta_k=\frac{\lambda_k}{\sum\limits_{i=1}^{m}\lambda_i} \tag{16.30}$$

k 个主成分 $y_1,y_2,\cdots,y_k$ 的累计方差贡献率定义为 k 个方差之和与所有方差之和的比:

$$\sum_{i=1}^{k}\eta_i=\frac{\sum\limits_{i=1}^{k}\lambda_i}{\sum\limits_{i=1}^{m}\lambda_i} \tag{16.31}$$

通常取 k 使得累计方差贡献率达到规定的百分比以上，如 70%~80% 以上。累计方差贡献率反映了主成分保留信息的比例，但它不能反映对某个原有变量 x_i 保留信息的比例，这时通常利用 k 个主成分 $y_1,y_2,\cdots,y_k$ 对原有变量 x_i 的贡献率。

定义 16.3 k 个主成分 $y_1,y_2,\cdots,y_k$ 对原有变量 x_i 的贡献率定义为 x_i 与 $(y_1,y_2,\cdots,y_k)$ 的相关系数的平方，记作 ν_i:

$$\nu_i=\rho^2(x_i,(y_1,y_2,\cdots,y_k))$$

计算公式如下:

$$\nu_i=\rho^2(x_i,(y_1,y_2,\cdots,y_k))=\sum_{j=1}^{k}\rho^2(x_i,y_j)=\sum_{j=1}^{k}\frac{\lambda_j\alpha_{ij}^2}{\sigma_{ii}} \tag{16.32}$$

16.1.5 规范化变量的总体主成分

在实际问题中，不同变量可能有不同的量纲，直接求主成分有时会产生不合理的结果。为了消除这个影响，常常对各个随机变量实施规范化，使其均值为 0，方差为 1。

设 $\boldsymbol{x}=(x_1,x_2,\cdots,x_m)^{\mathrm{T}}$ 为 m 维随机变量，x_i 为第 i 个随机变量，$i=1,2,\cdots,m$，令

$$x_i^*=\frac{x_i-E(x_i)}{\sqrt{\operatorname{var}(x_i)}},\quad i=1,2,\cdots,m \tag{16.33}$$

其中，$E(x_i)$，$\operatorname{var}(x_i)$ 分别是随机变量 x_i 的均值和方差，这时 x_i^* 就是 x_i 的规范化随机变量。

显然，规范化随机变量的协方差矩阵就是相关矩阵 $\boldsymbol{R}$。主成分分析通常在规范化随机变量的协方差矩阵即相关矩阵上进行。

对照总体主成分的性质可知，规范化随机变量的总体主成分有以下性质：

（1）规范化变量主成分的协方差矩阵是

$$\boldsymbol{\Lambda}^*=\operatorname{diag}(\lambda_1^*,\lambda_2^*,\cdots,\lambda_m^*) \tag{16.34}$$

其中，$\lambda_1^*\geqslant\lambda_2^*\geqslant\cdots\geqslant\lambda_m^*\geqslant 0$ 为相关矩阵 $\boldsymbol{R}$ 的特征值。

（2）协方差矩阵的特征值之和为 m：

$$\sum_{k=1}^{m}\lambda_k^*=m \tag{16.35}$$

（3）规范化随机变量 x_i^* 与主成分 y_k^* 的相关系数（因子负荷量）为

$$\rho(y_k^*,x_i^*)=\sqrt{\lambda_k^*}e_{ik}^*,\quad k,i=1,2,\cdots,m \tag{16.36}$$

其中，$\boldsymbol{e}_k^*=(e_{1k}^*,e_{2k}^*,\cdots,e_{mk}^*)^{\mathrm{T}}$ 为矩阵 $\boldsymbol{R}$ 对应于特征值 λ_k^* 的单位特征向量。

（4）所有规范化随机变量 x_i^* 与主成分 y_k^* 的相关系数的平方和等于 λ_k^*：

$$\sum_{i=1}^{m}\rho^2(y_k^*,x_i^*)=\sum_{i=1}^{m}\lambda_k^*e_{ik}^{*2}=\lambda_k^*,\quad k=1,2,\cdots,m \tag{16.37}$$

（5）规范化随机变量 x_i^* 与所有主成分 y_k^* 的相关系数的平方和等于 1：

$$\sum_{k=1}^{m}\rho^2(y_k^*,x_i^*)=\sum_{k=1}^{m}\lambda_k^*e_{ik}^{*2}=1,\quad i=1,2,\cdots,m \tag{16.38}$$

16.2 样本主成分分析

16.1 节叙述了总体主成分分析，是定义在样本总体上的。在实际问题中，需要在观测数据上进行主成分分析，这就是样本主成分分析。有了总体主成分的概念，容易理解样本主成分的概念。样本主成分也和总体主成分具有相同的性质，所以本节重点叙述样本主成分的算法。

16.2.1 样本主成分的定义和性质

假设对 m 维随机变量 $\boldsymbol{x}=(x_1,x_2,\cdots,x_m)^{\mathrm{T}}$ 进行 n 次独立观测，$\boldsymbol{x}_1,\boldsymbol{x}_2,\cdots,\boldsymbol{x}_n$ 表示观测样本，其中 $\boldsymbol{x}_j=(x_{1j},x_{2j},\cdots,x_{mj})^{\mathrm{T}}$ 表示第 j 个观测样本，x_{ij} 表示第 j 个观测样本的第 i 个变量，$j=1,2,\cdots,n$。观测数据用样本矩阵 $\boldsymbol{X}$ 表示，记作

$$\boldsymbol{X}=\begin{bmatrix}\boldsymbol{x}_1 & \boldsymbol{x}_2 & \cdots & \boldsymbol{x}_n\end{bmatrix}=\begin{bmatrix}x_{11} & x_{12} & \cdots & x_{1n}\\ x_{21} & x_{22} & \cdots & x_{2n}\\ \vdots & \vdots & & \vdots\\ x_{m1} & x_{m2} & \cdots & x_{mn}\end{bmatrix} \tag{16.39}$$

给定样本矩阵 $\boldsymbol{X}$，可以估计样本均值以及样本协方差。样本均值向量 $\bar{\boldsymbol{x}}$ 为

$$\bar{\boldsymbol{x}}=\frac{1}{n}\sum_{j=1}^{n}\boldsymbol{x}_j \tag{16.40}$$

样本协方差矩阵 $\boldsymbol{S}$ 为

$$\boldsymbol{S}=[s_{ij}]_{m\times m}$$

$$s_{ij}=\frac{1}{n-1}\sum_{k=1}^{n}(x_{ik}-\bar{x}_i)(x_{jk}-\bar{x}_j),\quad i,j=1,2,\cdots,m \tag{16.41}$$

其中，$\bar{x}_i=\dfrac{1}{n}\displaystyle\sum_{k=1}^{n}x_{ik}$ 为第 i 个变量的样本均值，$\bar{x}_j=\dfrac{1}{n}\displaystyle\sum_{k=1}^{n}x_{jk}$ 为第 j 个变量的样本均值。

样本相关矩阵 $\boldsymbol{R}$ 为

$$\boldsymbol{R}=[r_{ij}]_{m\times m},\quad r_{ij}=\frac{s_{ij}}{\sqrt{s_{ii}s_{jj}}},\quad i,j=1,2,\cdots,m \tag{16.42}$$

定义 m 维向量 $\boldsymbol{x}=(x_1,x_2,\cdots,x_m)^{\mathrm{T}}$ 到 m 维向量 $\boldsymbol{y}=(y_1,y_2,\cdots,y_m)^{\mathrm{T}}$ 的线性变换：

$$\boldsymbol{y}=\boldsymbol{A}^{\mathrm{T}}\boldsymbol{x} \tag{16.43}$$

其中，

$$\boldsymbol{A}=\begin{bmatrix}\boldsymbol{a}_1 & \boldsymbol{a}_2 & \cdots & \boldsymbol{a}_m\end{bmatrix}=\begin{bmatrix}a_{11} & a_{12} & \cdots & a_{1m}\\ a_{21} & a_{22} & \cdots & a_{2m}\\ \vdots & \vdots & & \vdots\\ a_{m1} & a_{m2} & \cdots & a_{mm}\end{bmatrix}$$

$$\boldsymbol{a}_i=(a_{1i},a_{2i},\cdots,a_{mi})^{\mathrm{T}},\quad i=1,2,\cdots,m$$

考虑式 (16.43) 的任意一个线性变换：

$$\boldsymbol{y}_i=\boldsymbol{a}_i^{\mathrm{T}}\boldsymbol{x}=a_{1i}\boldsymbol{x}_1+a_{2i}\boldsymbol{x}_2+\cdots+a_{mi}\boldsymbol{x}_m,\quad i=1,2,\cdots,m \tag{16.44}$$

其中，y_i 是 m 维向量 $\boldsymbol{y}$ 的第 i 个变量，相应于容量为 n 的样本 $\boldsymbol{x}_1,\boldsymbol{x}_2,\cdots,\boldsymbol{x}_n$，$y_i$ 的样本均值 $\bar{y}_i$ 为

$$\bar{y}_i=\frac{1}{n}\sum_{j=1}^{n}\boldsymbol{a}_i^{\mathrm{T}}\boldsymbol{x}_j=\boldsymbol{a}_i^{\mathrm{T}}\bar{\boldsymbol{x}} \tag{16.45}$$

其中，$\bar{\boldsymbol{x}}$ 是随机向量 $\boldsymbol{x}$ 的样本均值：

$$\bar{\boldsymbol{x}}=\frac{1}{n}\sum_{j=1}^{n}\boldsymbol{x}_j$$

y_i 的样本方差 $\mathrm{var}(y_i)$ 为

$$\begin{aligned}\mathrm{var}(y_i)&=\frac{1}{n-1}\sum_{j=1}^{n}(\boldsymbol{a}_i^{\mathrm{T}}\boldsymbol{x}_j-\boldsymbol{a}_i^{\mathrm{T}}\bar{\boldsymbol{x}})^2\\&=\boldsymbol{a}_i^{\mathrm{T}}\left[\frac{1}{n-1}\sum_{j=1}^{n}(\boldsymbol{x}_j-\bar{\boldsymbol{x}})(\boldsymbol{x}_j-\bar{\boldsymbol{x}})^{\mathrm{T}}\right]\boldsymbol{a}_i=\boldsymbol{a}_i^{\mathrm{T}}\boldsymbol{S}\boldsymbol{a}_i\end{aligned} \tag{16.46}$$

对任意两个线性变换 $y_i=\boldsymbol{\alpha}_i^{\mathrm{T}}\boldsymbol{x}$，$y_k=\boldsymbol{\alpha}_k^{\mathrm{T}}\boldsymbol{x}$，相应于容量为 n 的样本 $\boldsymbol{x}_1,\boldsymbol{x}_2,\cdots,\boldsymbol{x}_n$，$y_i$ 和 y_k 的样本协方差为

$$\mathrm{cov}(y_i,y_k)=\boldsymbol{a}_i^{\mathrm{T}}\boldsymbol{S}\boldsymbol{a}_k \tag{16.47}$$

现在给出样本主成分的定义。

定义 16.4（样本主成分） 给定样本矩阵 $\boldsymbol{X}$。样本第一主成分 $y_1=\boldsymbol{a}_1^{\mathrm{T}}\boldsymbol{x}$ 是在 $\boldsymbol{a}_1^{\mathrm{T}}\boldsymbol{a}_1=1$ 条件下，使 $\boldsymbol{a}_1^{\mathrm{T}}\boldsymbol{x}_j\,(j=1,2,\cdots,n)$ 的样本方差 $\boldsymbol{a}_1^{\mathrm{T}}\boldsymbol{S}\boldsymbol{a}_1$ 最大的 $\boldsymbol{x}$ 的线性变换；样本第二主成分 $y_2=\boldsymbol{a}_2^{\mathrm{T}}\boldsymbol{x}$ 是在 $\boldsymbol{a}_2^{\mathrm{T}}\boldsymbol{a}_2=1$ 和 $\boldsymbol{a}_2^{\mathrm{T}}\boldsymbol{x}_j$ 与 $\boldsymbol{a}_1^{\mathrm{T}}\boldsymbol{x}_j\,(j=1,2,\cdots,n)$ 的样本协方差 $\boldsymbol{a}_1^{\mathrm{T}}\boldsymbol{S}\boldsymbol{a}_2=0$ 条件下，使 $\boldsymbol{a}_2^{\mathrm{T}}\boldsymbol{x}_j\,(j=1,2,\cdots,n)$ 的样本方差 $\boldsymbol{a}_2^{\mathrm{T}}\boldsymbol{S}\boldsymbol{a}_2$ 最大的 $\boldsymbol{x}$ 的线性变换；一般地，样本第 i 主成分 $y_i=\boldsymbol{a}_i^{\mathrm{T}}\boldsymbol{x}$ 是在 $\boldsymbol{a}_i^{\mathrm{T}}\boldsymbol{a}_i=1$ 和 $\boldsymbol{a}_i^{\mathrm{T}}\boldsymbol{x}_j$ 与 $\boldsymbol{a}_k^{\mathrm{T}}\boldsymbol{x}_j\,(k<i,\ j=1,2,\cdots,n)$ 的样本协方差 $\boldsymbol{a}_k^{\mathrm{T}}\boldsymbol{S}\boldsymbol{a}_i=0$ 条件下，使 $\boldsymbol{a}_i^{\mathrm{T}}\boldsymbol{x}_j\,(j=1,2,\cdots,n)$ 的样本方差 $\boldsymbol{a}_i^{\mathrm{T}}\boldsymbol{S}\boldsymbol{a}_i$ 最大的 $\boldsymbol{x}$ 的线性变换。

样本主成分与总体主成分具有同样的性质，这从样本主成分的定义容易看出。只要以样本协方差矩阵 $\boldsymbol{S}$ 代替总体协方差矩阵 $\boldsymbol{\varSigma}$ 即可。总体主成分的定理 16.2 及定理 16.3 对样本主成分依然成立。样本主成分的性质不再重述。

在使用样本主成分时，一般假设样本数据是规范化的，即对样本矩阵作如下变换：

$$x_{ij}^{*}=\frac{x_{ij}-\bar{x}_i}{\sqrt{s_{ii}}},\quad i=1,2,\cdots,m,\quad j=1,2,\cdots,n \tag{16.48}$$

其中，

$$\bar{x}_i=\frac{1}{n}\sum_{j=1}^{n}x_{ij},\quad i=1,2,\cdots,m$$

$$s_{ii}=\frac{1}{n-1}\sum_{j=1}^{n}(x_{ij}-\bar{x}_i)^2,\quad i=1,2,\cdots,m$$

为了方便，将规范化变量 x_{ij}^* 仍记作 x_{ij}，规范化的样本矩阵仍记作 $\boldsymbol{X}$。这时，样本协方差矩阵 $\boldsymbol{S}$ 就是样本相关矩阵 $\boldsymbol{R}$：

$$\boldsymbol{R}=\frac{1}{n-1}\boldsymbol{X}\boldsymbol{X}^{\mathrm{T}} \tag{16.49}$$

样本协方差矩阵 $\boldsymbol{S}$ 是总体协方差矩阵 $\boldsymbol{\Sigma}$ 的无偏估计，样本相关矩阵 $\boldsymbol{R}$ 是总体相关矩阵的无偏估计，$\boldsymbol{S}$ 的特征值和特征向量是 $\boldsymbol{\Sigma}$ 的特征值和特征向量的极大似然估计。关于这个问题本书不作讨论，有兴趣的读者可参阅多元统计的书籍，如文献 [1]。

16.2.2 相关矩阵的特征值分解算法

传统的主成分分析通过数据的协方差矩阵或相关矩阵的特征值分解进行，现在常用的方法是通过数据矩阵的奇异值分解进行。首先叙述数据的协方差矩阵或相关矩阵的特征值分解方法。

给定样本矩阵 $\boldsymbol{X}$，利用数据的样本协方差矩阵或者样本相关矩阵的特征值分解进行主成分分析。具体步骤如下：

（1）对观测数据按式 (16.48) 进行规范化处理，得到规范化数据矩阵，仍以 $\boldsymbol{X}$ 表示。

（2）依据规范化数据矩阵，计算样本相关矩阵 $\boldsymbol{R}$：

$$\boldsymbol{R}=[r_{ij}]_{m\times m}=\frac{1}{n-1}\boldsymbol{X}\boldsymbol{X}^{\mathrm{T}}$$

其中，

$$r_{ij}=\frac{1}{n-1}\sum_{l=1}^{n}x_{il}x_{jl},\quad i,j=1,2,\cdots,m$$

（3）求样本相关矩阵 $\boldsymbol{R}$ 的 k 个特征值和对应的 k 个单位特征向量。

求解 $\boldsymbol{R}$ 的特征方程

$$|\boldsymbol{R}-\lambda\boldsymbol{I}|=0$$

得 $\boldsymbol{R}$ 的 m 个特征值：

$$\lambda_1\geqslant\lambda_2\geqslant\cdots\geqslant\lambda_m$$

求方差贡献率 $\sum_{i=1}^{k}\eta_i$ 达到预定值的主成分个数 k。

求前 k 个特征值对应的单位特征向量：

$$\boldsymbol{a}_i=(a_{1i},a_{2i},\cdots,a_{mi})^{\mathrm{T}},\quad i=1,2,\cdots,k$$

（4）求 k 个样本主成分

以 k 个单位特征向量为系数进行线性变换，求出 k 个样本主成分：

$$y_i=\boldsymbol{a}_i^{\mathrm{T}}\boldsymbol{x},\quad i=1,2,\cdots,k \tag{16.50}$$

（5）计算 k 个主成分 y_j 与原变量 x_i 的相关系数 $\rho(x_i,y_j)$，以及 k 个主成分对原变量 x_i 的贡献率 ν_i。

(6) 计算 n 个样本的 k 个主成分值

将规范化样本数据代入 k 个主成分式 (16.50)，得到 n 个样本的主成分值。第 j 个样本 $\boldsymbol{x}_j=(x_{1j},x_{2j},\cdots,x_{mj})^{\mathrm{T}}$ 的第 i 主成分值是

$$y_{ij}=(a_{1i},a_{2i},\cdots,a_{mi})(x_{1j},x_{2j},\cdots,x_{mj})^{\mathrm{T}}=\sum_{l=1}^{m}a_{li}x_{lj},$$
$$i=1,2,\cdots,m,\quad j=1,2,\cdots,n$$

主成分分析得到的结果可以用于其他机器学习方法的输入。比如，将样本点投影到以主成分为坐标轴的空间中，然后应用聚类算法就可以对样本点进行聚类。

下面举例说明主成分分析方法。

例 16.1 假设有 n 个学生参加四门课程的考试，将学生们的考试成绩看作随机变量的取值，对考试成绩数据进行标准化处理，得到样本相关矩阵 $\boldsymbol{R}$，列于表 16.1。

表 16.1 样本相关矩阵 $\boldsymbol{R}$

课程	语文	外语	数学	物理
语文	1.00	0.44	0.29	0.33
外语	0.44	1.00	0.35	0.32
数学	0.29	0.35	1.00	0.60
物理	0.33	0.32	0.60	1.00

试对数据进行主成分分析。

解 设变量 x_1,x_2,x_3,x_4 分别表示语文、外语、数学、物理的成绩。对样本相关矩阵进行特征值分解，得到相关矩阵的特征值，并按大小排序：

$$\lambda_1=2.17,\quad \lambda_2=0.87,\quad \lambda_3=0.57,\quad \lambda_4=0.39$$

这些特征值就是各主成分的方差贡献率。假设要求主成分的累计方差贡献率大于 75%，那么只需取前两个主成分即可，即 $k=2$，因为

$$\frac{\lambda_1+\lambda_2}{\sum\limits_{i=1}^{4}\lambda_i}=0.76$$

求出对应于特征值 λ_1,λ_2 的单位特征向量，列于表 16.2，表中最后一列为主成分的方差贡献率。

表 16.2 单位特征向量和主成分的方差贡献率

项目	x_1	x_2	x_3	x_4	方差贡献率
y_1	0.460	0.476	0.523	0.537	0.543
y_2	0.574	0.486	−0.476	−0.456	0.218

由此按照式 (16.50) 可得第一、第二主成分：

$$y_1=0.460x_1+0.476x_2+0.523x_3+0.537x_4$$
$$y_2=0.574x_1+0.486x_2-0.476x_3-0.456x_4$$

这就是主成分分析的结果。变量 y_1 和 y_2 表示第一、第二主成分。

接下来由特征值和单位特征向量求出第一、第二主成分的因子负荷量，以及第一、第二主成分对变量 x_i 的贡献率，列于表 16.3。

表 16.3 主成分的因子负荷量和贡献率

项目	x_1	x_2	x_3	x_4
y_1	0.678	0.701	0.770	0.791
y_2	0.536	0.453	−0.444	−0.425
y_1, y_2 对 x_i 的贡献率	0.747	0.697	0.790	0.806

从表 16.3 中可以看出，第一主成分 y_1 对应的因子负荷量 $\rho(y_1, x_i), i = 1, 2, 3, 4$，均为正数，表明各门课程成绩提高都可使 y_1 提高，也就是说，第一主成分 y_1 反映了学生的整体成绩。还可以看出，因子负荷量的数值相近，且 $\rho(y_1, x_4)$ 的数值最大，这表明物理成绩在整体成绩中占最重要位置。

第二主成分 y_2 对应的因子负荷量 $\rho(y_2, x_i), i = 1, 2, 3, 4$，有正有负，正的是语文和外语，负的是数学和物理，表明文科成绩提高都可使 y_2 提高，而理科成绩提高都可使 y_2 降低，也就是说，第二主成分 y_2 反映了学生的文科成绩与理科成绩的关系。

图 16.3 将原变量 x_1, x_2, x_3, x_4（分别表示语文、外语、数学、物理）和主成分 y_1, y_2（分别表示整体成绩、文科对理科成绩）的因子负荷量在平面坐标系中表示，从中可以看出变量之间的关系。4 个原变量聚成了两类：因子负荷量相近的语文、外语为一类，数学、物理为一类，前者反映文科课程成绩，后者反映理科课程成绩。 ■

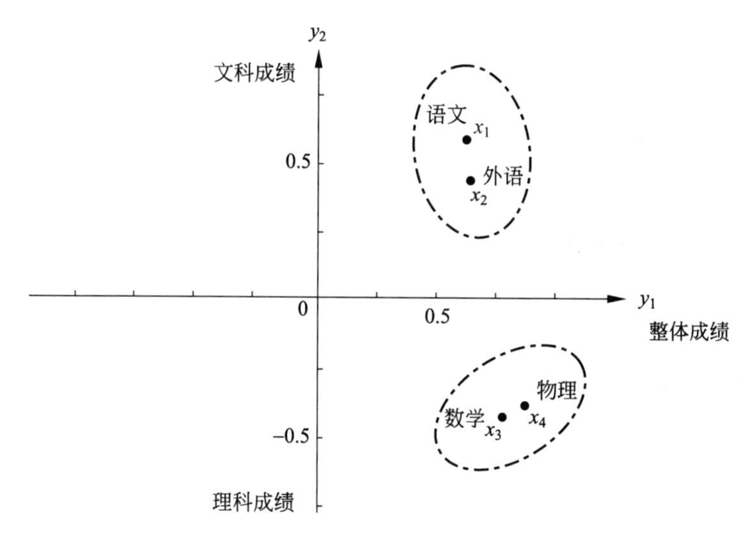

图 16.3 因子负荷量的分布图

16.2.3 数据矩阵的奇异值分解算法

给定样本矩阵 $\boldsymbol{X}$，利用数据矩阵奇异值分解进行主成分分析。具体过程如下，这里假设有 k 个主成分。

参照式 (15.19)，对于 $m \times n$ 实矩阵 $\boldsymbol{A}$，假设其秩为 r，$0 < k < r$，则可以将矩阵 $\boldsymbol{A}$ 进行截断奇异值分解：

$$\boldsymbol{A} \approx \boldsymbol{U}_k \boldsymbol{\Sigma}_k \boldsymbol{V}_k^{\mathrm{T}}$$

式中 $\boldsymbol{U}_k$ 是 $m \times k$ 矩阵，$\boldsymbol{V}_k$ 是 $n \times k$ 矩阵，$\boldsymbol{\Sigma}_k$ 是 k 阶对角矩阵；$\boldsymbol{U}_k$，$\boldsymbol{V}_k$ 分别由取 $\boldsymbol{A}$ 的完全奇异值分解的矩阵 $\boldsymbol{U}$，$\boldsymbol{V}$ 的前 k 列，$\boldsymbol{\Sigma}_k$ 由取 $\boldsymbol{A}$ 的完全奇异值分解的矩阵 $\boldsymbol{\Sigma}$ 的前 k 个对角线元素得到。

定义一个新的 $n \times m$ 矩阵 $\boldsymbol{X}'$：

$$\boldsymbol{X}' = \frac{1}{\sqrt{n-1}} \boldsymbol{X}^{\mathrm{T}} \tag{16.51}$$

$\boldsymbol{X}'$ 的每一列均值为零。不难得知：

$$\begin{aligned} \boldsymbol{X}'^{\mathrm{T}} \boldsymbol{X}' &= \left(\frac{1}{\sqrt{n-1}} \boldsymbol{X}^{\mathrm{T}} \right)^{\mathrm{T}} \left(\frac{1}{\sqrt{n-1}} \boldsymbol{X}^{\mathrm{T}} \right) \\ &= \frac{1}{n-1} \boldsymbol{X} \boldsymbol{X}^{\mathbf{T}} \end{aligned} \tag{16.52}$$

即 $\boldsymbol{X}'^{\mathrm{T}} \boldsymbol{X}'$ 等于 $\boldsymbol{X}$ 的协方差矩阵 $\boldsymbol{S}_X$：

$$\boldsymbol{S}_X = \boldsymbol{X}'^{\mathbf{T}} \boldsymbol{X}' \tag{16.53}$$

主成分分析归结于求协方差矩阵 $\boldsymbol{S}_X$ 的特征值和对应的单位特征向量，所以问题转化为求矩阵 $\boldsymbol{X}'^{\mathbf{T}} \boldsymbol{X}'$ 的特征值和对应的单位特征向量。

假设 $\boldsymbol{X}'$ 的截断奇异值分解为 $\boldsymbol{X}' = \boldsymbol{U} \boldsymbol{\Sigma} \boldsymbol{V}^{\mathrm{T}}$，那么 $\boldsymbol{V}$ 的列向量就是 $\boldsymbol{S}_X = \boldsymbol{X}'^{\mathbf{T}} \boldsymbol{X}'$ 的单位特征向量。因此，$\boldsymbol{V}$ 的列向量构成 $\boldsymbol{X}$ 的主成分的正交直角坐标系。于是，求 $\boldsymbol{X}$ 主成分可以通过求 $\boldsymbol{X}'$ 的奇异值分解来实现。具体算法如下。

算法 16.1（主成分分析算法）

输入：$m \times n$ 样本矩阵 $\boldsymbol{X}$，其每一行元素的均值为零。

输出：$k \times n$ 样本主成分矩阵 $\boldsymbol{Y}$。

参数：主成分个数 k。

（1）构造新的 $n \times m$ 矩阵：

$$\boldsymbol{X}' = \frac{1}{\sqrt{n-1}} \boldsymbol{X}^{\mathbf{T}}$$

$\boldsymbol{X}'$ 每一列的均值为零。

（2）对矩阵 $\boldsymbol{X}'$ 进行截断奇异值分解，得到：

$$\boldsymbol{X}' = \boldsymbol{U} \boldsymbol{\Sigma} \boldsymbol{V}^{\mathrm{T}}$$

有 k 个奇异值、奇异向量。矩阵 $\boldsymbol{V}^{\mathrm{T}}$ 和 $\boldsymbol{X}$ 的乘积构成样本主成分矩阵。

（3）求 $k \times n$ 样本主成分矩阵：

$$\boldsymbol{Y} = \boldsymbol{V}^{\mathrm{T}} \boldsymbol{X}$$

■

本章概要

1. 假设 $\boldsymbol{x}$ 为 m 维随机变量，其均值为 $\boldsymbol{\mu}$，协方差矩阵为 $\boldsymbol{\Sigma}$。考虑由 m 维随机变量 $\boldsymbol{x}$ 到 m 维随机变量 $\boldsymbol{y}$ 的线性变换：

$$y_i=\boldsymbol{\alpha}_i^{\mathrm{T}}\boldsymbol{x}=\sum_{k=1}^{m}\alpha_{ki}x_k,\quad i=1,2,\cdots,m$$

其中，$\boldsymbol{\alpha}_i^{\mathrm{T}}=(\alpha_{1i},\alpha_{2i},\cdots,\alpha_{mi})$。

如果该线性变换满足以下条件，则称之为总体主成分：

（1）$\boldsymbol{\alpha}_i^{\mathrm{T}}\boldsymbol{\alpha}_i=1$，$i=1,2,\cdots,m$；

（2）$\mathrm{cov}(y_i,y_j)=0(i\neq j)$；

（3）变量 y_1 是 $\boldsymbol{x}$ 的所有线性变换中方差最大的；y_2 是与 y_1 不相关的 $\boldsymbol{x}$ 的所有线性变换中方差最大的；一般地，y_i 是与 $y_1,y_2,\cdots,y_{i-1}(i=1,2,\cdots,m)$ 都不相关的 $\boldsymbol{x}$ 的所有线性变换中方差最大的，这时分别称 $y_1,y_2,\cdots,y_m$ 为 $\boldsymbol{x}$ 的第一主成分、第二主成分、……、第 m 主成分。

2. 假设 $\boldsymbol{x}$ 是 m 维随机变量，其协方差矩阵是 $\boldsymbol{\Sigma}$，$\boldsymbol{\Sigma}$ 的特征值分别是 $\lambda_1\geqslant\lambda_2\geqslant\cdots\geqslant\lambda_m\geqslant0$，特征值对应的单位特征向量分别是 $\boldsymbol{\alpha}_1,\boldsymbol{\alpha}_2,\cdots,\boldsymbol{\alpha}_m$，则 $\boldsymbol{x}$ 的第 i 主成分可以写作

$$y_i=\boldsymbol{\alpha}_i^{\mathrm{T}}\boldsymbol{x}=\sum_{k=1}^{m}\alpha_{ki}x_k,\quad i=1,2,\cdots,m$$

并且，$\boldsymbol{x}$ 的第 i 主成分的方差是协方差矩阵 $\boldsymbol{\Sigma}$ 的第 i 个特征值，即

$$\mathrm{var}(y_i)=\boldsymbol{\alpha}_i^{\mathrm{T}}\boldsymbol{\Sigma}\boldsymbol{\alpha}_i=\lambda_i$$

3. 主成分有以下性质：

主成分 $\boldsymbol{y}$ 的协方差矩阵是对角矩阵：

$$\mathrm{cov}(\boldsymbol{y})=\boldsymbol{\Lambda}=\mathrm{diag}(\lambda_1,\lambda_2,\cdots,\lambda_m)$$

主成分 $\boldsymbol{y}$ 的方差之和等于随机变量 $\boldsymbol{x}$ 的方差之和：

$$\sum_{i=1}^{m}\lambda_i=\sum_{i=1}^{m}\sigma_{ii}$$

其中，σ_{ii} 是 x_i 的方差，即协方差矩阵 $\boldsymbol{\Sigma}$ 的对角线元素。

主成分 y_k 与变量 x_i 的相关系数 $\rho(y_k,x_i)$ 称为因子负荷量 (factor loading)，它表示第 k 个主成分 y_k 与变量 x_i 的相关关系，即 y_k 对 x_i 的贡献程度。

$$\rho(y_k,x_i)=\frac{\sqrt{\lambda_k}\alpha_{ik}}{\sqrt{\sigma_{ii}}},\quad k,i=1,2,\cdots,m$$

4. 样本主成分分析就是基于样本协方差矩阵的主成分分析。

给定样本矩阵

$$X = [\ \boldsymbol{x}_1 \quad \boldsymbol{x}_2 \quad \cdots \quad \boldsymbol{x}_n\ ] = \begin{bmatrix} x_{11} & x_{12} & \cdots & x_{1n} \\ x_{21} & x_{22} & \cdots & x_{2n} \\ \vdots & \vdots & & \vdots \\ x_{m1} & x_{m2} & \cdots & x_{mn} \end{bmatrix}$$

其中，$\boldsymbol{x}_j = (x_{1j}, x_{2j}, \cdots, x_{mj})^{\mathrm{T}}$ 是 $\boldsymbol{x}$ 的第 j 个独立观测样本，$j = 1, 2, \cdots, n$。

$\boldsymbol{X}$ 的样本协方差矩阵

$$\boldsymbol{S} = [s_{ij}]_{m\times m}, \quad s_{ij} = \frac{1}{n-1}\sum_{k=1}^{n}(x_{ik} - \bar{x}_i)(x_{jk} - \bar{x}_j),$$

$$i = 1, 2, \cdots, m, \quad j = 1, 2, \cdots, m$$

其中，$\bar{x}_i = \dfrac{1}{n}\sum_{k=1}^{n} x_{ik}$。

给定样本数据矩阵 $\boldsymbol{X}$，考虑向量 $\boldsymbol{x}$ 到 $\boldsymbol{y}$ 的线性变换：

$$\boldsymbol{y} = \boldsymbol{A}^{\mathrm{T}}\boldsymbol{x}$$

这里，

$$\boldsymbol{A} = \begin{bmatrix} \boldsymbol{a}_1 & \boldsymbol{a}_2 & \cdots & \boldsymbol{a}_m \end{bmatrix} = \begin{bmatrix} a_{11} & a_{12} & \cdots & a_{1m} \\ a_{21} & a_{22} & \cdots & a_{2m} \\ \vdots & \vdots & & \vdots \\ a_{m1} & a_{m2} & \cdots & a_{mm} \end{bmatrix}$$

如果该线性变换满足以下条件，则称之为样本主成分。样本第一主成分 $y_1 = \boldsymbol{a}_1^{\mathrm{T}}\boldsymbol{x}$ 是在 $\boldsymbol{a}_1^{\mathrm{T}}\boldsymbol{a}_1 = 1$ 条件下，使 $\boldsymbol{a}_1^{\mathrm{T}}\boldsymbol{x}_j$（$j = 1, 2, \cdots, n$）的样本方差 $\boldsymbol{a}_1^{\mathrm{T}}\boldsymbol{S}\boldsymbol{a}_1$ 最大的 $\boldsymbol{x}$ 的线性变换；样本第二主成分 $y_2 = \boldsymbol{a}_2^{\mathrm{T}}\boldsymbol{x}$ 是在 $\boldsymbol{a}_2^{\mathrm{T}}\boldsymbol{a}_2 = 1$ 和 $\boldsymbol{a}_2^{\mathrm{T}}\boldsymbol{x}_j$ 与 $\boldsymbol{a}_1^{\mathrm{T}}\boldsymbol{x}_j$（$j = 1, 2, \cdots, n$）的样本协方差 $\boldsymbol{a}_1^{\mathrm{T}}\boldsymbol{S}\boldsymbol{a}_2 = 0$ 条件下，使 $\boldsymbol{a}_2^{\mathrm{T}}\boldsymbol{x}_j$（$j = 1, 2, \cdots, n$）的样本方差 $\boldsymbol{a}_2^{\mathrm{T}}\boldsymbol{S}\boldsymbol{a}_2$ 最大的 $\boldsymbol{x}$ 的线性变换；一般地，样本第 i 主成分 $y_i = \boldsymbol{a}_i^{\mathrm{T}}\boldsymbol{x}$ 是在 $\boldsymbol{a}_i^{\mathrm{T}}\boldsymbol{a}_i = 1$ 和 $\boldsymbol{a}_i^{\mathrm{T}}\boldsymbol{x}_j$ 与 $\boldsymbol{a}_k^{\mathrm{T}}\boldsymbol{x}_j$（$k < i$，$j = 1, 2, \cdots, n$）的样本协方差 $\boldsymbol{a}_k^{\mathrm{T}}\boldsymbol{S}\boldsymbol{a}_i = 0$ 条件下，使 $\boldsymbol{a}_i^{\mathrm{T}}\boldsymbol{x}_j$（$j = 1, 2, \cdots, n$）的样本方差 $\boldsymbol{a}_i^{\mathrm{T}}\boldsymbol{S}\boldsymbol{a}_i$ 最大的 $\boldsymbol{x}$ 的线性变换。

5. 主成分分析方法主要有两种，可以通过相关矩阵的特征值分解或样本矩阵的奇异值分解进行。

（1）相关矩阵的特征值分解算法。针对 $m \times n$ 样本矩阵 $\boldsymbol{X}$，求样本相关矩阵

$$\boldsymbol{R} = \frac{1}{n-1}\boldsymbol{X}\boldsymbol{X}^{\mathrm{T}}$$

再求样本相关矩阵的 k 个特征值和对应的单位特征向量，构造正交矩阵：

$$\boldsymbol{V} = (\boldsymbol{v}_1, \boldsymbol{v}_2, \cdots, \boldsymbol{v}_k)$$

$\boldsymbol{V}$ 的每一列对应一个主成分，得到 $k \times n$ 样本主成分矩阵：

$$\boldsymbol{Y} = \boldsymbol{V}^{\mathrm{T}}\boldsymbol{X}$$

（2）矩阵 $\boldsymbol{X}$ 的奇异值分解算法。针对 $m \times n$ 样本矩阵 $\boldsymbol{X}$：

$$\boldsymbol{X}' = \frac{1}{\sqrt{n-1}}\boldsymbol{X}^{\mathrm{T}}$$

对矩阵 $\boldsymbol{X}'$ 进行截断奇异值分解，保留 k 个奇异值、奇异向量，得到：

$$\boldsymbol{X}' = \boldsymbol{U}\boldsymbol{S}\boldsymbol{V}^{\mathrm{T}}$$

$\boldsymbol{V}$ 的每一列对应一个主成分，得到 $k \times n$ 样本主成分矩阵 $\boldsymbol{Y}$：

$$\boldsymbol{Y} = \boldsymbol{V}^{\mathrm{T}}\boldsymbol{X}$$

继续阅读

要进一步了解主成分分析，可参阅文献 [1] ～文献 [4]。可以通过核方法隐式地在高维空间中进行主成分分析，相关的方法称为核主成分分析（kernel principal component analysis）[5]。主成分分析是关于一组变量之间的相关关系的分析方法，典型相关分析（canonical correlation analysis）是关于两组变量之间的相关关系的分析方法 [6]。近年，稳健的主成分分析（robust principal component analysis）被提出，是主成分分析的扩展，适合于严重受损数据的基本结构发现 [7]。

习 题

16.1 对以下样本数据进行主成分分析：

$$\boldsymbol{X} = \begin{bmatrix} 2 & 3 & 3 & 4 & 5 & 7 \\ 2 & 4 & 5 & 5 & 6 & 8 \end{bmatrix}$$

16.2 证明样本协方差矩阵 $\boldsymbol{S}$ 是总体协方差矩阵方差 $\boldsymbol{\Sigma}$ 的无偏估计。

16.3 设 $\boldsymbol{X}$ 为数据规范化样本矩阵，则主成分等价于求解以下最优化问题：

$$\begin{aligned} \min_{L} \quad & \|\boldsymbol{X} - \boldsymbol{L}\|_F \\ \text{s.t.} \quad & \operatorname{rank}(\boldsymbol{L}) \leqslant k \end{aligned}$$

其中，F 是弗罗贝尼乌斯范数，k 是主成分个数。试问为什么？

参考文献

[1] 方开泰. 实用多元统计分析 [M]. 上海：华东师范大学出版社，1989.
[2] 夏绍玮，杨家本，杨振斌. 系统工程概论 [M]. 北京：清华大学出版社，1995.

[3] JOLLIFFE I. Principal component analysis[M]. 2nd ed. John Wiley & Sons, 2002.

[4] SHLENS J. A tutorial on principal component analysis[Z/OL]. arXiv preprint arXiv: 14016.1100, 2014.

[5] SCHÖLKOPF B, SMOLA A, MÜLLER K-R. Kernel principal component analysis[C]// Artificial Neural Networks—ICANN'97. Springer, 1997: 583–588.

[6] HARDOON D R, SZEDMAK S, SHAWE-TAYLOR J. Canonical correlation analysis: an overview with application to learning methods[J]. Neural Computation, 2004, 16(12): 2639–2664.

[7] CANDES E J, LI X D, MA Y, et al. Robust principal component analysis?[J]. Journal of the ACM (JACM), 2011, 58(3): 11.

第 17 章　潜在语义分析

潜在语义分析（latent semantic analysis，LSA）是一种无监督学习方法，主要用于文本的话题分析，其特点是通过矩阵分解发现文本与单词之间的基于话题的语义关系。潜在语义分析由 Deerwester 等于 1990 年提出，最初应用于文本信息检索，所以也被称为潜在语义索引（latent semantic indexing，LSI），在推荐系统、图像处理、生物信息学等领域也有广泛应用。

文本信息处理中，传统的方法以单词向量表示文本的语义内容，以单词向量空间的度量表示文本之间的语义相似度。潜在语义分析旨在解决这种方法不能准确表示语义的问题，试图从大量的文本数据中发现潜在的话题，以话题向量表示文本的语义内容，以话题向量空间的度量更准确地表示文本之间的语义相似度。这也是话题分析（topic modeling）的基本想法。

潜在语义分析使用的是非概率的话题分析模型。具体地，将文本集合表示为单词-文本矩阵，对单词-文本矩阵进行奇异值分解，从而得到话题向量空间，以及文本在话题向量空间的表示。奇异值分解（singular value decomposition，SVD）即在第 15 章介绍的矩阵因子分解方法，其特点是分解的矩阵正交。

非负矩阵分解（non-negative matrix factorization，NMF）是另一种矩阵的因子分解方法，其特点是分解的矩阵非负。1999 年 Lee 和 Sheung 的论文 [3] 发表之后，非负矩阵分解引起高度重视和广泛使用。非负矩阵分解也可以用于话题分析。

本章 17.1 节介绍单词向量空间模型和话题向量空间模型，指出进行潜在语义分析的必要性。17.2 节叙述潜在语义分析的奇异值分解算法。17.3 节叙述非负矩阵分解算法。

17.1　单词向量空间与话题向量空间

17.1.1　单词向量空间

文本信息处理，比如文本信息检索、文本数据挖掘的一个核心问题是对文本的语义内容进行表示，并进行文本之间的语义相似度计算。最简单的方法是利用向量空间模型（vector space model, VSM），也就是单词向量空间模型（word vector space model）。向量空间模型的基本想法是：给定一个文本，用一个向量表示该文本的“语义”，向量的每一维对应一个单词，其数值为该单词在该文本中出现的频数或权值；基本假设是文本中所有单词的出现情况表示了文本的语义内容；文本集合中的每个文本都表示为一个向量，存在于一个向量空间；向量空间的度量，如内积或标准化内积表示文本之间的“语义相似度”。

例如，文本信息检索的任务是用户提出查询时，帮助用户找到与查询最相关的文本，以排序的形式展示给用户。一个最简单的做法是采用单词向量空间模型，将查询与文本表示为单词的向量，计算查询向量与文本向量的内积，作为语义相似度，以这个相似度的高低对文本进行排序。在这里，查询被看成是一个伪文本，查询与文本的语义相似度表示查询与文本的相关性。

下面给出严格定义。给定一个含有 n 个文本的集合 $\boldsymbol{D}=\{d_1,d_2,\cdots,d_n\}$，以及在所有文本中出现的 m 个单词的集合 $\boldsymbol{W}=\{w_1,w_2,\cdots,w_m\}$。将单词在文本中出现的数据用一个单词-文本矩阵（word-document matrix）表示，记作 $\boldsymbol{X}$：

$$\boldsymbol{X}=\begin{bmatrix} x_{11} & x_{12} & \cdots & x_{1n} \\ x_{21} & x_{22} & \cdots & x_{2n} \\ \vdots & \vdots & & \vdots \\ x_{m1} & x_{m2} & \cdots & x_{mn} \end{bmatrix} \tag{17.1}$$

这是一个 $m\times n$ 矩阵，元素 x_{ij} 表示单词 w_i 在文本 d_j 中出现的频数或权值。由于单词的种类很多，而每个文本中出现单词的种类通常较少，所以单词-文本矩阵是一个稀疏矩阵。

权值通常用单词频率-逆文本频率（term frequency-inverse document frequency，TF-IDF）表示，其定义是

$$\text{TF-IDF}_{ij}=\frac{\text{tf}_{ij}}{\text{tf}_{\bullet j}}\log\frac{\text{df}}{\text{df}_i},\quad i=1,2,\cdots,m,\quad j=1,2,\cdots,n \tag{17.2}$$

式中 tf_{ij} 是单词 w_i 出现在文本 d_j 中的频数，$\text{tf}_{\bullet j}$ 是文本 d_j 中出现的所有单词的频数之和，df_i 是含有单词 w_i 的文本数，df 是文本集合 D 的全部文本数。直观上，一个单词在一个文本中出现的频数越高，这个单词在这个文本中的重要度就越高；一个单词在整个文本集合中出现的文本数越少，这个单词就越能表示其所在文本的特点，重要度就越高；一个单词在一个文本的 TF-IDF 是两种重要度的积，表示综合重要度。

单词向量空间模型直接使用单词-文本矩阵的信息。单词-文本矩阵的第 j 列向量 $\boldsymbol{x}_j$ 表示文本 d_j：

$$\boldsymbol{x}_j=\begin{bmatrix} x_{1j} \\ x_{2j} \\ \vdots \\ x_{mj} \end{bmatrix},\quad j=1,2,\cdots,n \tag{17.3}$$

其中，x_{ij} 是单词 w_i 在文本 d_j 的权值，$i=1,2,\cdots,m$，权值越大，该单词在该文本中的重要度就越高。这时矩阵 $\boldsymbol{X}$ 也可以写作 $\boldsymbol{X}=[\boldsymbol{x}_1\quad \boldsymbol{x}_2\quad \cdots\quad \boldsymbol{x}_n]$。

两个单词向量的内积或标准化内积（余弦）表示对应的文本之间的语义相似度。因此，文本 d_i 与 d_j 之间的相似度为

$$\boldsymbol{x}_i\bullet\boldsymbol{x}_j,\quad \frac{\boldsymbol{x}_i\bullet\boldsymbol{x}_j}{\|\boldsymbol{x}_i\|\|\boldsymbol{x}_j\|} \tag{17.4}$$

式中 $\bullet$ 表示向量的内积，$\|\bullet\|$ 表示向量的范数。

直观上，在两个文本中共同出现的单词越多，其语义内容就越相近，这时，对应的单词向量同不为零的维度就越多，内积就越大（单词向量元素的值都是非负的），表示两个文本在语义内容上越相似。这个模型虽然简单，却能很好地表示文本之间的语义相似度，与人们对语义相似度的判断接近，在一定程度上能够满足应用的需求，至今仍在文本信息检索、文本数据挖掘等领域被广泛使用，可以认为是文本信息处理的一个基本原理。注意，两个文本的语义相似度并不是由一两个单词是否在两个文本中出现决定，而是由所有的单词在两个文本中共同出现的“模式”决定。

单词向量空间模型的优点是模型简单，计算效率高。因为单词向量通常是稀疏的，两个向量的内积计算只需要在其同不为零的维度上进行即可，需要的计算很少，可以高效地完成。单词向量空间模型也有一定的局限性，体现在内积相似度未必能够准确表达两个文本的语义相似度上。因为自然语言的单词具有一词多义性（polysemy）及多词一义性（synonymy），即同一个单词可以表示多个语义，多个单词可以表示同一个语义，所以基于单词向量的相似度计算存在不精确的问题。

图 17.1 给出一个例子——单词-文本矩阵，每一行表示一个单词，每一列表示一个文本，矩阵的每一个元素表示单词在文本中出现的频数，频数 0 省略。单词向量空间模型中，文本 d_1 与 d_2 相似度并不高，尽管两个文本的内容相似，这是因为同义词“airplane”与“aircraft”被当作了两个独立的单词，单词向量空间模型不考虑单词的同义性，在此情况下无法进行准确的相似度计算。另一方面，文本 d_3 与 d_4 有一定的相似度，尽管两个文本的内容并不相似，这是因为单词“apple”具有多义，可以表示“apple computer”和“fruit”，单词向量空间模型不考虑单词的多义性，在此情况下也无法进行准确的相似度计算。

	d_1	d_2	d_3	d_4
airplane	2			
aircraft		2		
computer			1	
apple			2	3
fruit				1
produce	1	2	2	1

图 17.1 单词-文本矩阵例

17.1.2 话题向量空间

两个文本的语义相似度可以体现在两者的话题相似度上。所谓话题（topic），并没有严格的定义，就是指文本所讨论的内容或主题。一个文本一般含有若干个话题。如果两个文本的话题相似，那么两者的语义应该也相似。话题可以由若干个语义相关的单词表示，同义词（如“airplane”与“aircraft”）可以表示同一个话题，而多义词（如“apple”）可以表示不同的话题。这样，基于话题的模型就可以解决上述基于单词的模型存在的问题。

可以设想定义一种话题向量空间模型（topic vector space model）。给定一个文本，用话题空间的一个向量表示该文本，该向量的每一分量对应一个话题，其数值为该话题在该文本中出现的权值。用两个向量的内积或标准化内积表示对应的两个文本的语义相似度。注意话题的个数通常远远小于单词的个数，话题向量空间模型更加抽象。事实上潜在语义分析正是构建话题向量空间的方法（即话题分析的方法），单词向量空间模型与话题向量空间模型可以互为补充，现实中，两者可以同时使用。

1. 话题向量空间

给定一个文本集合 $\boldsymbol{D}=\{d_1,d_2,\cdots,d_n\}$ 和一个相应的单词集合 $\boldsymbol{W}=\{w_1,w_2,\cdots,w_m\}$，可以获得其单词-文本矩阵 $\boldsymbol{X}$，$\boldsymbol{X}$ 构成原始的单词向量空间, 每一列是一个文本在单词向量空间中的表示。

$$\boldsymbol{X}=\begin{bmatrix} x_{11} & x_{12} & \cdots & x_{1n} \\ x_{21} & x_{22} & \cdots & x_{2n} \\ \vdots & \vdots & & \vdots \\ x_{m1} & x_{m2} & \cdots & x_{mn} \end{bmatrix} \tag{17.5}$$

矩阵 $\boldsymbol{X}$ 也可以写作 $\boldsymbol{X}=[\boldsymbol{x}_1 \quad \boldsymbol{x}_2 \quad \cdots \quad \boldsymbol{x}_n]$。

假设所有文本共含有 k 个话题，每个话题由一个定义在单词集合 W 上的 m 维向量表示，称为话题向量，即

$$\boldsymbol{t}_l=\begin{bmatrix} t_{1l} \\ t_{2l} \\ \vdots \\ t_{ml} \end{bmatrix}, \quad l=1,2,\cdots,k \tag{17.6}$$

其中，t_{il} 是单词 w_i 在话题 t_l 的权值，$i=1,2,\cdots,m$，权值越大，该单词在该话题中的重要度就越高。这 k 个话题向量 $\boldsymbol{t}_1,\boldsymbol{t}_2,\cdots,\boldsymbol{t}_k$ 张成一个话题向量空间（topic vector space），维数为 k。注意话题向量空间 $\boldsymbol{T}$ 是单词向量空间 $\boldsymbol{X}$ 的一个子空间。

话题向量空间 $\boldsymbol{T}$ 也可以表示为一个矩阵，称为单词-话题矩阵（word-topic matrix），记作

$$\boldsymbol{T}=\begin{bmatrix} t_{11} & t_{12} & \cdots & t_{1k} \\ t_{21} & t_{22} & \cdots & t_{2k} \\ \vdots & \vdots & & \vdots \\ t_{m1} & t_{m2} & \cdots & t_{mk} \end{bmatrix} \tag{17.7}$$

矩阵 $\boldsymbol{T}$ 也可以写作 $\boldsymbol{T}=[\boldsymbol{t}_1 \quad \boldsymbol{t}_2 \quad \cdots \quad \boldsymbol{t}_k]$。

2. 文本在话题向量空间的表示

现在考虑文本集合 $\boldsymbol{D}$ 的文本 d_j，在单词向量空间中由一个向量 $\boldsymbol{x}_j$ 表示，将 $\boldsymbol{x}_j$ 投影到

话题向量空间 $\boldsymbol{T}$ 中，得到在话题向量空间的一个向量 $\boldsymbol{y}_j$，$\boldsymbol{y}_j$ 是一个 k 维向量，其表达式为

$$\boldsymbol{y}_j = \begin{bmatrix} y_{1j} \\ y_{2j} \\ \vdots \\ y_{kj} \end{bmatrix}, \quad j = 1, 2, \cdots, n \tag{17.8}$$

其中，y_{lj} 是文本 d_j 在话题 $\boldsymbol{t}_l$ 的权值，$l = 1, 2, \cdots, k$，权值越大，该话题在该文本中的重要度就越高。

矩阵 $\boldsymbol{Y}$ 表示话题在文本中出现的情况，称为话题-文本矩阵（topic-document matrix），记作

$$\boldsymbol{Y} = \begin{bmatrix} y_{11} & y_{12} & \cdots & y_{1n} \\ y_{21} & y_{22} & \cdots & y_{2n} \\ \vdots & \vdots & & \vdots \\ y_{k1} & y_{k2} & \cdots & y_{kn} \end{bmatrix} \tag{17.9}$$

矩阵 $\boldsymbol{Y}$ 也可以写作 $\boldsymbol{Y} = [\boldsymbol{y}_1 \quad \boldsymbol{y}_2 \quad \cdots \quad \boldsymbol{y}_n]$。

3. 从单词向量空间到话题向量空间的线性变换

这样一来，在单词向量空间的文本向量 $\boldsymbol{x}_j$ 可以通过它在话题空间中的向量 $\boldsymbol{y}_j$ 近似表示，具体地，由 k 个话题向量以 $\boldsymbol{y}_j$ 为系数的线性组合近似表示。

$$\boldsymbol{x}_j \approx y_{1j}\boldsymbol{t}_1 + y_{2j}\boldsymbol{t}_2 + \cdots + y_{kj}\boldsymbol{t}_k, \quad j = 1, 2, \cdots, n \tag{17.10}$$

所以，单词-文本矩阵 $\boldsymbol{X}$ 可以近似地表示为单词-话题矩阵 $\boldsymbol{T}$ 与话题-文本矩阵 $\boldsymbol{Y}$ 的乘积形式。这就是潜在语义分析。

$$\boldsymbol{X} \approx \boldsymbol{T}\boldsymbol{Y} \tag{17.11}$$

直观上潜在语义分析是将文本在单词向量空间的表示通过线性变换转换为在话题向量空间中的表示，如图 17.2 所示。这个线性变换由矩阵因子分解式 (17.11) 的形式体现。图 17.3 示意性地表示实现潜在语义分析的矩阵因子分解。

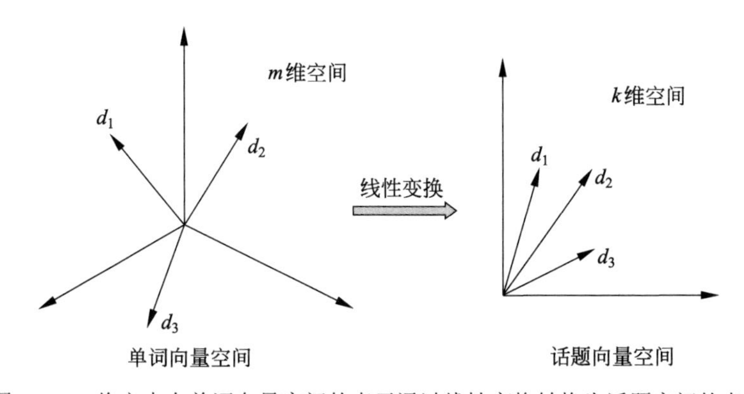

图 17.2　将文本在单词向量空间的表示通过线性变换转换为话题空间的表示

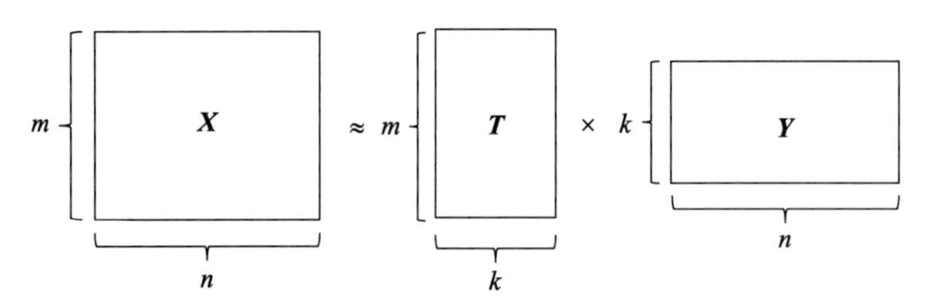

图 17.3 潜在语义分析通过矩阵因子分解实现，单词-文本矩阵 $\boldsymbol{X}$ 可以近似地表示为单词-话题矩阵 $\boldsymbol{T}$ 与话题-文本矩阵 $\boldsymbol{Y}$ 的乘积形式

在原始的单词向量空间中，两个文本 d_i 与 d_j 的相似度可以由对应的向量的内积表示，即 $\boldsymbol{x}_i \bullet \boldsymbol{x}_j$。经过潜在语义分析之后，在话题向量空间中，两个文本 d_i 与 d_j 的相似度可以由对应的向量的内积即 $\boldsymbol{y}_i \bullet \boldsymbol{y}_j$ 表示。

要进行潜在语义分析，需要同时决定两部分的内容，一是话题向量空间 $\boldsymbol{T}$，二是文本在话题空间的表示 $\boldsymbol{Y}$，使两者的乘积是原始矩阵数据的近似，而这一结果完全从话题-文本矩阵的信息中获得。

17.2 潜在语义分析算法

潜在语义分析利用矩阵奇异值分解，具体地，对单词-文本矩阵进行奇异值分解，将其左矩阵作为话题向量空间，将其对角矩阵与右矩阵的乘积作为文本在话题向量空间的表示。

17.2.1 矩阵奇异值分解算法

1. 单词-文本矩阵

给定文本集合 $\boldsymbol{D}=\{d_1,d_2,\cdots,d_n\}$ 和单词集合 $\boldsymbol{W}=\{w_1,w_2,\cdots,w_m\}$。潜在语义分析首先将这些数据表示成一个单词-文本矩阵：

$$\boldsymbol{X}=\begin{bmatrix} x_{11} & x_{12} & \cdots & x_{1n} \\ x_{21} & x_{22} & \cdots & x_{2n} \\ \vdots & \vdots & & \vdots \\ x_{m1} & x_{m2} & \cdots & x_{mn} \end{bmatrix} \tag{17.12}$$

这是一个 $m\times n$ 矩阵，元素 x_{ij} 表示单词 w_i 在文本 d_j 中出现的频数或权值。

2. 截断奇异值分解

潜在语义分析根据确定的话题个数 k 对单词-文本矩阵 $\boldsymbol{X}$ 进行截断奇异值分解：

$$\boldsymbol{X}\approx \boldsymbol{U}_k\boldsymbol{\Sigma}_k\boldsymbol{V}_k^{\mathrm{T}}=[\boldsymbol{u}_1\quad \boldsymbol{u}_2\quad \cdots\quad \boldsymbol{u}_k]\begin{bmatrix} \sigma_1 & & & \\ & \sigma_2 & & \\ & & \ddots & \\ & & & \sigma_k \end{bmatrix}\begin{bmatrix} \boldsymbol{v}_1^{\mathrm{T}} \\ \boldsymbol{v}_2^{\mathrm{T}} \\ \vdots \\ \boldsymbol{v}_k^{\mathrm{T}} \end{bmatrix} \tag{17.13}$$

式中 $k \leqslant n \leqslant m$；$\boldsymbol{U}_k$ 是 $m \times k$ 矩阵，它的列由 $\boldsymbol{X}$ 的前 k 个互相正交的左奇异向量组成；$\boldsymbol{\Sigma}_k$ 是 k 阶对角方阵，对角元素为前 k 个最大奇异值；$\boldsymbol{V}_k$ 是 $n \times k$ 矩阵，它的列由 $\boldsymbol{X}$ 的前 k 个互相正交的右奇异向量组成。

3. 话题向量空间

在单词-文本矩阵 $\boldsymbol{X}$ 的截断奇异值分解式 (17.13) 中，矩阵 $\boldsymbol{U}_k$ 的每一个列向量 $\boldsymbol{u}_1, \boldsymbol{u}_2, \cdots, \boldsymbol{u}_k$ 表示一个话题，称为话题向量。由这 k 个话题向量张成一个子空间：

$$\boldsymbol{U}_k = \begin{bmatrix} \boldsymbol{u}_1 & \boldsymbol{u}_2 & \cdots & \boldsymbol{u}_k \end{bmatrix}$$

称为话题向量空间。

4. 文本的话题空间表示

有了话题向量空间，接着考虑文本在话题空间的表示。将式 (17.13) 写作

$$\begin{aligned}
\boldsymbol{X} = \begin{bmatrix} \boldsymbol{x}_1 & \boldsymbol{x}_2 & \cdots & \boldsymbol{x}_n \end{bmatrix} &\approx \boldsymbol{U}_k \boldsymbol{\Sigma}_k \boldsymbol{V}_k^{\mathrm{T}} \\
&= \begin{bmatrix} \boldsymbol{u}_1 & \boldsymbol{u}_2 & \cdots & \boldsymbol{u}_k \end{bmatrix} \begin{bmatrix} \sigma_1 & & & \\ & \sigma_2 & & \\ & & \ddots & \\ & & & \sigma_k \end{bmatrix} \begin{bmatrix} v_{11} & v_{21} & \cdots & v_{n1} \\ v_{12} & v_{22} & \cdots & v_{n2} \\ \vdots & \vdots & & \vdots \\ v_{1k} & v_{2k} & \cdots & v_{nk} \end{bmatrix} \\
&= \begin{bmatrix} \boldsymbol{u}_1 & \boldsymbol{u}_2 & \cdots & \boldsymbol{u}_k \end{bmatrix} \begin{bmatrix} \sigma_1 v_{11} & \sigma_1 v_{21} & \cdots & \sigma_1 v_{n1} \\ \sigma_2 v_{12} & \sigma_2 v_{22} & \cdots & \sigma_2 v_{n2} \\ \vdots & \vdots & & \vdots \\ \sigma_k v_{1k} & \sigma_k v_{2k} & \cdots & \sigma_k v_{nk} \end{bmatrix}
\end{aligned} \tag{17.14}$$

其中，

$$\boldsymbol{u}_l = \begin{bmatrix} u_{1l} \\ u_{2l} \\ \vdots \\ u_{ml} \end{bmatrix}, \quad l = 1, 2, \cdots, k$$

由式 (17.14) 知，矩阵 $\boldsymbol{X}$ 的第 j 列向量 $\boldsymbol{x}_j$ 满足

$$\begin{aligned}
\boldsymbol{x}_j &\approx \boldsymbol{U}_k (\boldsymbol{\Sigma}_k \boldsymbol{V}_k^{\mathrm{T}})_j \\
&= \begin{bmatrix} \boldsymbol{u}_1 & \boldsymbol{u}_2 & \cdots & \boldsymbol{u}_k \end{bmatrix} \begin{bmatrix} \sigma_1 v_{j1} \\ \sigma_2 v_{j2} \\ \vdots \\ \sigma_k v_{jk} \end{bmatrix} \\
&= \sum_{l=1}^{k} \sigma_l v_{jl} \boldsymbol{u}_l, \quad j = 1, 2, \cdots, n
\end{aligned} \tag{17.15}$$

式中 $(\boldsymbol{\Sigma}_k \boldsymbol{V}_k^{\mathrm{T}})_j$ 是矩阵 $(\boldsymbol{\Sigma}_k \boldsymbol{V}_k^{\mathrm{T}})$ 的第 j 列向量。式 (17.15) 是文本 d_j 的近似表达式，由 k 个话题向量 $\boldsymbol{u}_l$ 的线性组合构成。矩阵 $(\boldsymbol{\Sigma}_k \boldsymbol{V}_k^{\mathrm{T}})$ 的每一个列向量

$$
\begin{bmatrix} \sigma_1 v_{11} \\ \sigma_2 v_{12} \\ \vdots \\ \sigma_k v_{1k} \end{bmatrix}, \quad \begin{bmatrix} \sigma_1 v_{21} \\ \sigma_2 v_{22} \\ \vdots \\ \sigma_k v_{2k} \end{bmatrix}, \cdots, \begin{bmatrix} \sigma_1 v_{n1} \\ \sigma_2 v_{n2} \\ \vdots \\ \sigma_k v_{nk} \end{bmatrix}
$$

是一个文本在话题向量空间的表示。

综上，可以通过对单词-文本矩阵的奇异值分解进行潜在语义分析

$$
\boldsymbol{X} \approx \boldsymbol{U}_k \boldsymbol{\Sigma}_k \boldsymbol{V}_k^{\mathrm{T}} = \boldsymbol{U}_k (\boldsymbol{\Sigma}_k \boldsymbol{V}_k^{\mathrm{T}}) \tag{17.16}
$$

得到话题空间 $\boldsymbol{U}_k$，以及文本在话题空间的表示 $(\boldsymbol{\Sigma}_k \boldsymbol{V}_k^{\mathrm{T}})$。

17.2.2 例子

下面介绍潜在语义分析的一个例子[①]。假设有 9 个文本、11 个单词，单词-文本矩阵 $\boldsymbol{X}$ 为 11×9 矩阵，矩阵的元素是单词在文本中出现的频数，表示如下：

单词	文本								
	T1	T2	T3	T4	T5	T6	T7	T8	T9
book			1	1					
dads						1			1
dummies		1						1	
estate							1		1
guide	1					1			
investing	1	1	1	1	1	1	1	1	1
market	1		1						
real							1		1
rich						2			1
stock	1		1					1	
value				1	1				

然后进行潜在语义分析。实施对矩阵的截断奇异值分解，假设话题的个数是 3，矩阵的截断奇异值分解结果为

book	0.15	−0.27	0.04
dads	0.24	0.38	−0.09
dummies	0.13	−0.17	0.07
estate	0.18	0.19	0.45
guide	0.22	0.09	−0.46
investing	0.74	−0.21	0.21
market	0.18	−0.30	−0.28
real	0.18	0.19	0.45
rich	0.36	0.59	−0.34
stock	0.25	−0.42	−0.28
value	0.12	−0.14	0.23

*

3.91	0	0
0	2.61	0
0	0	2.00

*

T1	T2	T3	T4	T5	T6	T7	T8	T9
0.35	0.22	0.34	0.26	0.22	0.49	0.28	0.29	0.44
−0.32	−0.15	−0.46	−0.24	−0.14	0.55	0.07	−0.31	0.44
−0.41	0.14	−0.16	0.25	0.22	−0.51	0.55	0.00	0.34

① http://www.puffinwarellc.com/index.php/news-and-articles/articles/33-latent-semantic-anal-ysis-tutorial.html?showall=1。

可以看出，左矩阵 $\boldsymbol{U}_3$ 有 3 个列向量（左奇异向量）。第 1 列向量 $\boldsymbol{u}_1$ 的值均为正，第 2 列向量 $\boldsymbol{u}_2$ 和第 3 列向量 $\boldsymbol{u}_3$ 的值有正有负。中间的对角矩阵 $\boldsymbol{\Sigma}_3$ 的元素是 3 个由大到小的奇异值（正值）。右矩阵是 $\boldsymbol{V}_3^{\mathrm{T}}$，其转置矩阵 $\boldsymbol{V}_3$ 也有 3 个列向量（右奇异向量）。第 1 列向量 $\boldsymbol{v}_1$ 的值也都为正，第 2 列向量 $\boldsymbol{v}_2$ 和第 3 列向量 $\boldsymbol{v}_3$ 的值有正有负。

现在，将 $\boldsymbol{\Sigma}_3$ 与 $\boldsymbol{V}_3^{\mathrm{T}}$ 相乘，整体变成两个矩阵乘积的形式：

$$\begin{aligned}\boldsymbol{X} &\approx \boldsymbol{U}_3(\boldsymbol{\Sigma}_3\boldsymbol{V}_3^{\mathrm{T}})\\ &= \begin{bmatrix} 0.15 & -0.27 & 0.04\\ 0.24 & 0.38 & -0.09\\ 0.13 & -0.17 & 0.07\\ 0.18 & 0.19 & 0.45\\ 0.22 & 0.09 & -0.46\\ 0.74 & -0.21 & 0.21\\ 0.18 & -0.30 & -0.28\\ 0.18 & 0.19 & 0.45\\ 0.36 & 0.59 & -0.34\\ 0.25 & -0.42 & -0.28\\ 0.12 & -0.14 & 0.23 \end{bmatrix} \begin{bmatrix} 1.37 & 0.86 & 1.33 & 1.02 & 0.86 & 1.92 & 1.09 & 1.13 & 1.72\\ -0.84 & -0.39 & -1.20 & -0.63 & -0.37 & 1.44 & 0.18 & -0.81 & 1.15\\ -0.82 & 0.28 & -0.32 & 0.50 & 0.44 & -1.02 & 1.10 & 0.00 & 0.68 \end{bmatrix}\end{aligned}$$

矩阵 $\boldsymbol{U}_3$ 有 3 个列向量，表示 3 个话题，矩阵 $\boldsymbol{U}_3$ 表示话题向量空间。矩阵 $(\boldsymbol{\Sigma}_3\boldsymbol{V}_3^{\mathrm{T}})$ 有 9 个列向量，表示 9 个文本，矩阵 $(\boldsymbol{\Sigma}_3\boldsymbol{V}_3^{\mathrm{T}})$ 是文本集合在话题向量空间的表示。

17.3 非负矩阵分解算法

非负矩阵分解也可以用于话题分析。对单词-文本矩阵进行非负矩阵分解，将其左矩阵作为话题向量空间，将其右矩阵作为文本在话题向量空间的表示。注意通常单词-文本矩阵是非负的。

17.3.1 非负矩阵分解

若一个矩阵的所有元素非负，则称该矩阵为非负矩阵，若 $\boldsymbol{X}$ 是非负矩阵，则记作 $\boldsymbol{X} \geqslant 0$。

给定一个非负矩阵 $\boldsymbol{X} \geqslant 0$，找到两个非负矩阵 $\boldsymbol{W} \geqslant 0$ 和 $\boldsymbol{H} \geqslant 0$，使得

$$\boldsymbol{X} \approx \boldsymbol{W}\boldsymbol{H} \tag{17.17}$$

即将非负矩阵 $\boldsymbol{X}$ 分解为两个非负矩阵 $\boldsymbol{W}$ 和 $\boldsymbol{H}$ 的乘积的形式，称为非负矩阵分解。因为 $\boldsymbol{W}\boldsymbol{H}$ 与 $\boldsymbol{X}$ 完全相等很难实现，所以只要求 $\boldsymbol{W}\boldsymbol{H}$ 与 $\boldsymbol{X}$ 近似相等。

假设非负矩阵 $\boldsymbol{X}$ 是 $m \times n$ 矩阵，非负矩阵 $\boldsymbol{W}$ 和 $\boldsymbol{H}$ 分别为 $m \times k$ 矩阵和 $k \times n$ 矩阵。假设 $k < \min(m, n)$，即 $\boldsymbol{W}$ 和 $\boldsymbol{H}$ 小于原矩阵 $\boldsymbol{X}$，所以非负矩阵分解是对原数据的压缩。

由式 (17.17) 知，矩阵 $\boldsymbol{X}$ 的第 j 列向量 $\boldsymbol{x}_j$ 满足

$$
\begin{aligned}
\boldsymbol{x}_j &\approx \boldsymbol{W}\boldsymbol{h}_j \\
&= \begin{bmatrix} \boldsymbol{w}_1 & \boldsymbol{w}_2 & \cdots & \boldsymbol{w}_k \end{bmatrix} \begin{bmatrix} h_{1j} \\ h_{2j} \\ \vdots \\ h_{kj} \end{bmatrix} \\
&= \sum_{l=1}^{k} h_{lj}\boldsymbol{w}_l, \quad j=1,2,\cdots,n
\end{aligned} \tag{17.18}
$$

其中，$\boldsymbol{h}_j$ 是矩阵 $\boldsymbol{H}$ 的第 j 列，$\boldsymbol{w}_l$ 是矩阵 $\boldsymbol{W}$ 的第 l 列，h_{lj} 是 $\boldsymbol{h}_j$ 的第 l 个元素，$l=1,2,\cdots,k$。

式 (17.18) 表明，矩阵 $\boldsymbol{X}$ 的第 j 列 $\boldsymbol{x}_j$ 可以由矩阵 $\boldsymbol{W}$ 的 k 个列 $\boldsymbol{w}_l$ 的线性组合逼近，线性组合的系数是矩阵 $\boldsymbol{H}$ 的第 j 列 $\boldsymbol{h}_j$ 的元素。这里矩阵 $\boldsymbol{W}$ 的列向量为一组基，矩阵 $\boldsymbol{H}$ 的列向量为线性组合系数。称 $\boldsymbol{W}$ 为基矩阵，$\boldsymbol{H}$ 为系数矩阵。非负矩阵分解旨在用较少的基向量、系数向量来表示较大的数据矩阵。

17.3.2 潜在语义分析模型

给定一个 $m\times n$ 非负的单词-文本矩阵 $\boldsymbol{X}\geqslant 0$。假设文本集合共包含 k 个话题，对 $\boldsymbol{X}$ 进行非负矩阵分解，即求非负的 $m\times k$ 矩阵 $\boldsymbol{W}\geqslant 0$ 和 $k\times n$ 矩阵 $\boldsymbol{H}\geqslant 0$，使得

$$
\boldsymbol{X}\approx \boldsymbol{W}\boldsymbol{H} \tag{17.19}
$$

令 $\boldsymbol{W}=[\boldsymbol{w}_1 \quad \boldsymbol{w}_2 \quad \cdots \quad \boldsymbol{w}_k]$ 为话题向量空间，$\boldsymbol{w}_1,\boldsymbol{w}_2,\cdots,\boldsymbol{w}_k$ 表示文本集合的 k 个话题，令 $\boldsymbol{H}=[\boldsymbol{h}_1 \quad \boldsymbol{h}_2 \quad \cdots \quad \boldsymbol{h}_n]$ 为文本在话题向量空间的表示，$\boldsymbol{h}_1,\boldsymbol{h}_2,\cdots,\boldsymbol{h}_n$ 表示文本集合的 n 个文本。这就是基于非负矩阵分解的潜在语义分析模型。

非负矩阵分解具有很直观的解释，话题向量和文本向量都非负，对应“伪概率分布”，向量的线性组合表示局部叠加构成整体。

17.3.3 非负矩阵分解的形式化

非负矩阵分解可以形式化为最优化问题求解。首先定义损失函数或代价函数。

第一种损失函数是平方损失。设两个非负矩阵 $\boldsymbol{A}=[a_{ij}]_{m\times n}$ 和 $\boldsymbol{B}=[b_{ij}]_{m\times n}$，平方损失函数定义为

$$
\|\boldsymbol{A}-\boldsymbol{B}\|^2=\sum_{i,j}(a_{ij}-b_{ij})^2 \tag{17.20}
$$

其下界是 0，当且仅当 $\boldsymbol{A}=\boldsymbol{B}$ 时达到下界。

另一种损失函数是散度（divergence）。设两个非负矩阵 $\boldsymbol{A}=[a_{ij}]_{m\times n}$ 和 $\boldsymbol{B}=[b_{ij}]_{m\times n}$，散度损失函数定义为

$$
D(\boldsymbol{A}\|\boldsymbol{B})=\sum_{i,j}\left(a_{ij}\log\frac{a_{ij}}{b_{ij}}-a_{ij}+b_{ij}\right) \tag{17.21}
$$

其下界也是 0，当且仅当 $\boldsymbol{A}=\boldsymbol{B}$ 时达到下界。$\boldsymbol{A}$ 和 $\boldsymbol{B}$ 不对称。当 $\sum\limits_{i,j}a_{ij}=\sum\limits_{i,j}b_{ij}=1$ 时散度损失函数退化为 Kullback-Leiber 散度或相对熵，这时 $\boldsymbol{A}$ 和 $\boldsymbol{B}$ 是概率分布。

接着定义以下的最优化问题。

目标函数 $\|\boldsymbol{X}-\boldsymbol{W}\boldsymbol{H}\|^2$ 关于 $\boldsymbol{W}$ 和 $\boldsymbol{H}$ 的最小化满足约束条件 $\boldsymbol{W},\boldsymbol{H}\geqslant 0$，即

$$\begin{aligned}\min_{W,H}\quad & \|\boldsymbol{X}-\boldsymbol{W}\boldsymbol{H}\|^2 \\ \text{s.t.}\quad & \boldsymbol{W},\boldsymbol{H}\geqslant 0\end{aligned}\tag{17.22}$$

或者，目标函数 $D(\boldsymbol{X}\|\boldsymbol{W}\boldsymbol{H})$ 关于 $\boldsymbol{W}$ 和 $\boldsymbol{H}$ 的最小化满足约束条件 $\boldsymbol{W},\boldsymbol{H}\geqslant 0$，即

$$\begin{aligned}\min_{W,H}\quad & D(\boldsymbol{X}\|\boldsymbol{W}\boldsymbol{H}) \\ \text{s.t.}\quad & \boldsymbol{W},\boldsymbol{H}\geqslant 0\end{aligned}\tag{17.23}$$

17.3.4 算法

考虑求解最优化问题 (17.22) 和问题 (17.23)。由于目标函数 $\|\boldsymbol{X}-\boldsymbol{W}\boldsymbol{H}\|^2$ 和 $D(\boldsymbol{X}\|\boldsymbol{W}\boldsymbol{H})$ 只是对变量 $\boldsymbol{W}$ 和 $\boldsymbol{H}$ 之一的凸函数，而不是同时对两个变量的凸函数，因此找到全局最优（最小值）比较困难，可以通过数值最优化方法求局部最优（极小值）。梯度下降法比较容易实现，但是收敛速度慢。共轭梯度法收敛速度快，但实现比较复杂。Lee 和 Seung 提出了新的基于“乘法更新规则”的优化算法，交替地对 $\boldsymbol{W}$ 和 $\boldsymbol{H}$ 进行更新，其理论依据是下面的定理。

定理 17.1 平方损失 $\|\boldsymbol{X}-\boldsymbol{W}\boldsymbol{H}\|^2$ 对下列乘法更新规则

$$H_{lj}\leftarrow H_{lj}\frac{(\boldsymbol{W}^{\mathrm{T}}\boldsymbol{X})_{lj}}{(\boldsymbol{W}^{\mathrm{T}}\boldsymbol{W}\boldsymbol{H})_{lj}}\tag{17.24}$$

$$W_{il}\leftarrow W_{il}\frac{(\boldsymbol{X}\boldsymbol{H}^{\mathrm{T}})_{il}}{(\boldsymbol{W}\boldsymbol{H}\boldsymbol{H}^{\mathrm{T}})_{il}}\tag{17.25}$$

是非增的，当且仅当 $\boldsymbol{W}$ 和 $\boldsymbol{H}$ 是平方损失函数的稳定点时函数的更新不变。

定理 17.2 散度损失 $D(\boldsymbol{X}-\boldsymbol{W}\boldsymbol{H})$ 对下列乘法更新规则

$$H_{lj}\leftarrow H_{lj}\frac{\sum\limits_{i}[W_{il}X_{ij}/(\boldsymbol{W}\boldsymbol{H})_{ij}]}{\sum\limits_{i}W_{il}}\tag{17.26}$$

$$W_{il}\leftarrow W_{il}\frac{\sum\limits_{j}[H_{lj}X_{ij}/(\boldsymbol{W}\boldsymbol{H})_{ij}]}{\sum\limits_{j}H_{lj}}\tag{17.27}$$

是非增的，当且仅当 $\boldsymbol{W}$ 和 $\boldsymbol{H}$ 是散度损失函数的稳定点时函数的更新不变。

定理 17.1 和定理 17.2 给出了乘法更新规则。定理的证明可以参阅文献 [4]。

现叙述非负矩阵分解的算法。只介绍第一个问题 (17.22) 的算法，第二个问题 (17.23) 的算法类似。

最优化目标函数是 $\|\boldsymbol{X}-\boldsymbol{W}\boldsymbol{H}\|^2$，为了方便将目标函数乘以 1/2，其最优解与原问题相同，记作

$$J(\boldsymbol{W},\boldsymbol{H})=\frac{1}{2}\|\boldsymbol{X}-\boldsymbol{W}\boldsymbol{H}\|^2=\frac{1}{2}\sum[X_{ij}-(\boldsymbol{W}\boldsymbol{H})_{ij}]^2$$

应用梯度下降法求解。首先求目标函数的梯度：

$$\begin{aligned}\frac{\partial J(\boldsymbol{W},\boldsymbol{H})}{\partial W_{il}}&=-\sum_j[X_{ij}-(\boldsymbol{W}\boldsymbol{H})_{ij}]H_{lj}\\&=-[(\boldsymbol{X}\boldsymbol{H}^{\mathrm{T}})_{il}-(\boldsymbol{W}\boldsymbol{H}\boldsymbol{H}^{\mathrm{T}})_{il}]\end{aligned}\tag{17.28}$$

同样可得：

$$\frac{\partial J(\boldsymbol{W},\boldsymbol{H})}{\partial H_{lj}}=-[(\boldsymbol{W}^{\mathrm{T}}\boldsymbol{X})_{lj}-(\boldsymbol{W}^{\mathrm{T}}\boldsymbol{W}\boldsymbol{H})_{lj}]\tag{17.29}$$

然后求得梯度下降法的更新规则，由式 (17.28) 和式 (17.29) 有

$$W_{il}=W_{il}+\lambda_{il}[(\boldsymbol{X}\boldsymbol{H}^{\mathrm{T}})_{il}-(\boldsymbol{W}\boldsymbol{H}\boldsymbol{H}^{\mathrm{T}})_{il}]\tag{17.30}$$

$$H_{lj}=H_{lj}+\mu_{lj}[(\boldsymbol{W}^{\mathrm{T}}\boldsymbol{X})_{lj}-(\boldsymbol{W}^{\mathrm{T}}\boldsymbol{W}\boldsymbol{H})_{lj}]\tag{17.31}$$

式中 λ_{il}，μ_{lj} 是步长。选取

$$\lambda_{il}=\frac{W_{il}}{(\boldsymbol{W}\boldsymbol{H}\boldsymbol{H}^{\mathrm{T}})_{il}},\quad \mu_{lj}=\frac{H_{lj}}{(\boldsymbol{W}^{\mathrm{T}}\boldsymbol{W}\boldsymbol{H})_{lj}}\tag{17.32}$$

即得乘法更新规则：

$$W_{il}=W_{il}\frac{(\boldsymbol{X}\boldsymbol{H}^{\mathrm{T}})_{il}}{(\boldsymbol{W}\boldsymbol{H}\boldsymbol{H}^{\mathrm{T}})_{il}},\quad i=1,2,\cdots,m,\quad l=1,2,\cdots,k\tag{17.33}$$

$$H_{lj}=H_{lj}\frac{(\boldsymbol{W}^{\mathrm{T}}\boldsymbol{X})_{lj}}{(\boldsymbol{W}^{\mathrm{T}}\boldsymbol{W}\boldsymbol{H})_{lj}},\quad l=1,2,\cdots,k,\quad j=1,2,\cdots,n\tag{17.34}$$

选取初始矩阵 $\boldsymbol{W}$ 和 $\boldsymbol{H}$ 为非负矩阵，可以保证迭代过程及结果的矩阵 $\boldsymbol{W}$ 和 $\boldsymbol{H}$ 均为非负。

下面叙述基于乘法更新规则的矩阵非负分解迭代算法。算法交替对 $\boldsymbol{W}$ 和 $\boldsymbol{H}$ 迭代，每次迭代对 $\boldsymbol{W}$ 的列向量归一化，使基向量为单位向量。

算法 17.1（非负矩阵分解的迭代算法）

输入：单词-文本矩阵 $\boldsymbol{X}\geqslant 0$，文本集合的话题个数 k，最大迭代次数 t。

输出：话题矩阵 $\boldsymbol{W}$，文本表示矩阵 $\boldsymbol{H}$。

（1）初始化

$\boldsymbol{W}\geqslant 0$，并对 $\boldsymbol{W}$ 的每一列数据归一化；$\boldsymbol{H}\geqslant 0$。

（2）迭代

对迭代次数由 1 到 t 执行下列步骤：

(a) 更新 $\boldsymbol{W}$ 的元素，对 l 从 1 到 k，i 从 1 到 m 按式 (17.33) 更新 W_{il}；

(b) 更新 $\boldsymbol{H}$ 的元素，对 l 从 1 到 k，j 从 1 到 n 按式 (17.34) 更新 H_{lj}。

■

本章概要

1. 单词向量空间模型通过单词的向量表示文本的语义内容。以单词-文本矩阵 $\boldsymbol{X}$ 为输入，其中每一行对应一个单词，每一列对应一个文本，每一个元素表示单词在文本中的频数或权值（如 TF-IDF）。

$$\boldsymbol{X}=\left[\begin{array}{cccc}x_{11} & x_{12} & \cdots & x_{1n} \\ x_{21} & x_{22} & \cdots & x_{2n} \\ \vdots & \vdots & & \vdots \\ x_{m1} & x_{m2} & \cdots & x_{mn}\end{array}\right]$$

单词向量空间模型认为，这个矩阵的每一列向量是单词向量，表示一个文本，两个单词向量的内积或标准化内积表示文本之间的语义相似度。

2. 话题向量空间模型通过话题的向量表示文本的语义内容。假设有话题-文本矩阵

$$\boldsymbol{Y}=\left[\begin{array}{cccc}y_{11} & y_{12} & \cdots & y_{1n} \\ y_{21} & y_{22} & \cdots & y_{2n} \\ \vdots & \vdots & & \vdots \\ y_{k1} & y_{k2} & \cdots & y_{kn}\end{array}\right]$$

其中每一行对应一个话题，每一列对应一个文本，每一个元素表示话题在文本中的权值。话题向量空间模型认为，这个矩阵的每一列向量是话题向量，表示一个文本，两个话题向量的内积或标准化内积表示文本之间的语义相似度。假设有单词-话题矩阵 $\boldsymbol{T}$：

$$\boldsymbol{T}=\left[\begin{array}{cccc}t_{11} & t_{12} & \cdots & t_{1k} \\ t_{21} & t_{22} & \cdots & t_{2k} \\ \vdots & \vdots & & \vdots \\ t_{m1} & t_{m2} & \cdots & t_{mk}\end{array}\right]$$

其中每一行对应一个单词，每一列对应一个话题，每一个元素表示单词在话题中的权值。

给定一个单词-文本矩阵 $\boldsymbol{X}$：

$$\boldsymbol{X}=\left[\begin{array}{cccc}x_{11} & x_{12} & \cdots & x_{1n} \\ x_{21} & x_{22} & \cdots & x_{2n} \\ \vdots & \vdots & & \vdots \\ x_{m1} & x_{m2} & \cdots & x_{mn}\end{array}\right]$$

潜在语义分析的目标是找到合适的单词-话题矩阵 $\boldsymbol{T}$ 与话题-文本矩阵 $\boldsymbol{Y}$，将单词-文本矩阵 $\boldsymbol{X}$ 近似地表示为 $\boldsymbol{T}$ 与 $\boldsymbol{Y}$ 的乘积形式：

$$\boldsymbol{X} \approx \boldsymbol{T}\boldsymbol{Y}$$

等价地，潜在语义分析将文本在单词向量空间的表示 $\boldsymbol{X}$ 通过线性变换 $\boldsymbol{T}$ 转换为话题向量空间中的表示 $\boldsymbol{Y}$。

潜在语义分析的关键是对单词-文本矩阵进行以上的矩阵因子分解（话题分析）。

3. 潜在语义分析的算法是奇异值分解。通过对单词-文本矩阵进行截断奇异值分解，得到：

$$\boldsymbol{X} \approx \boldsymbol{U}_k \boldsymbol{\Sigma}_k \boldsymbol{V}_k^{\mathrm{T}} = \boldsymbol{U}_k (\boldsymbol{\Sigma}_k \boldsymbol{V}_k^{\mathrm{T}})$$

矩阵 $\boldsymbol{U}_k$ 表示话题空间，矩阵 $(\boldsymbol{\Sigma}_k \boldsymbol{V}_k^{\mathrm{T}})$ 是文本在话题空间的表示。

4. 非负矩阵分解也可以用于话题分析。非负矩阵分解将非负的单词-文本矩阵近似分解成两个非负矩阵 $\boldsymbol{W}$ 和 $\boldsymbol{H}$ 的乘积，得到：

$$\boldsymbol{X} \approx \boldsymbol{W}\boldsymbol{H}$$

矩阵 $\boldsymbol{W}$ 表示话题空间，矩阵 $\boldsymbol{H}$ 是文本在话题空间的表示。

非负矩阵分解可以表示为以下的最优化问题：

$$\min_{W,H} \|\boldsymbol{X} - \boldsymbol{W}\boldsymbol{H}\|^2$$

$$\text{s.t.} \quad \boldsymbol{W}, \boldsymbol{H} \geqslant 0$$

非负矩阵分解的算法是迭代算法。乘法更新规则的迭代算法，交替地对 $\boldsymbol{W}$ 和 $\boldsymbol{H}$ 进行更新。本质是梯度下降法，通过定义特殊的步长和非负的初始值，保证迭代过程及结果的矩阵 $\boldsymbol{W}$ 和 $\boldsymbol{H}$ 均为非负。

继续阅读

文献 [1] 为潜在语义分析的原始论文，相关的介绍还有文献 [2]，主要是关于基于矩阵奇异值分解的潜在语义分析。基于非负矩阵分解的潜在语义分析可以参照文献 [3] ～文献 [5]。还有基于稀疏矩阵分解的方法 [6]。后两种方法可以通过并行计算实现，大大提高计算效率。

习 题

17.1 试将图 17.1 的例子进行潜在语义分析，并对结果进行观察。

17.2 给出损失函数是散度损失时的非负矩阵分解（潜在语义分析）的算法。

17.3 给出潜在语义分析的两种算法的计算复杂度，包括奇异值分解法和非负矩阵分解法。

17.4 列出潜在语义分析与主成分分析的异同。

参考文献

[1] DEERWESTER S C, DUMAIS S T, LANDAUER T K, et al. Indexing by latent semantic analysis[J]. Journal of the Association for Information Science and Technology, 1990, 41: 391–407.

[2] LANDAUER T K. Latent semantic analysis[C]//Encyclopedia of Cognitive Science, Wiley. 2006.

[3] LEE D D, SEUNG H S. Learning the parts of objects by non-negative matrix factorization[J]. Nature, 1999, 401(6755): 788–791.

[4] LEE D D, SEUNG H S. Algorithms for non-negative matrix factorization[J]. Advances in Neural Information Processing Systems, 2001: 556–562.

[5] XU W, LIU X, GONG Y. Document clustering based on non-negative matrix factorization[C]// Proceedings of the 26th Annual International ACM SIGIR Conference on Research and Development in Information Retrieval, 2003.

[6] WANG Q, XU J, LI H, et al. Regularized latent semantic indexing[C]//Proceedings of the 34th International ACM SIGIR Conference on Research and Development in Information Retrieval, 2011.

第 18 章 概率潜在语义分析

概率潜在语义分析（probabilistic latent semantic analysis, PLSA）也称概率潜在语义索引（probabilistic latent semantic indexing, PLSI），是一种利用概率生成模型对文本集合进行话题分析的无监督学习方法。模型的最大特点是用隐变量表示话题；整个模型表示文本生成话题，话题生成单词，从而得到单词-文本共现数据的过程；假设每个文本由一个话题分布决定，每个话题由一个单词分布决定。

概率潜在语义分析受潜在语义分析的启发，于 1999 年由 Hofmann 提出，前者基于概率模型，后者基于非概率模型。概率潜在语义分析最初用于文本数据挖掘，后来扩展到其他领域。

本章首先在 18.1 节叙述概率潜在语义分析的模型，包括生成模型和共现模型。然后在 18.2 节介绍概率潜在语义分析模型的学习策略和算法。

18.1 概率潜在语义分析模型

首先叙述概率潜在语义分析的直观解释。概率潜在语义分析模型有生成模型以及等价的共现模型。首先介绍生成模型，然后介绍共现模型，最后讲解模型的性质。

18.1.1 基本想法

给定一个文本集合，每个文本讨论若干个话题，每个话题由若干个单词表示。对文本集合进行概率潜在语义分析，就能够发现每个文本的话题，以及每个话题的单词。话题是不能从数据中直接观察到的，是潜在的。

文本集合转换为文本-单词共现数据，具体表现为单词-文本矩阵，图 18.1 给出一个单词-文本矩阵的例子。每一行对应一个单词，每一列对应一个文本，每一个元素表示单词在文本中出现的次数。一个话题表示一个语义内容。文本数据基于如下的概率模型产生（共现模型）：首先有话题的概率分布，然后有话题给定条件下文本的条件概率分布，以及话题给定条件下单词的条件概率分布。概率潜在语义分析就是发现由隐变量表示的话题，即潜在语义。直观上，语义相近的单词、语义相近的文本会被聚到相同的“软的类别”中，而话题所表示的就是这样的软的类别。假设有 3 个潜在的话题，图中红、绿、蓝框各表示一个话题。

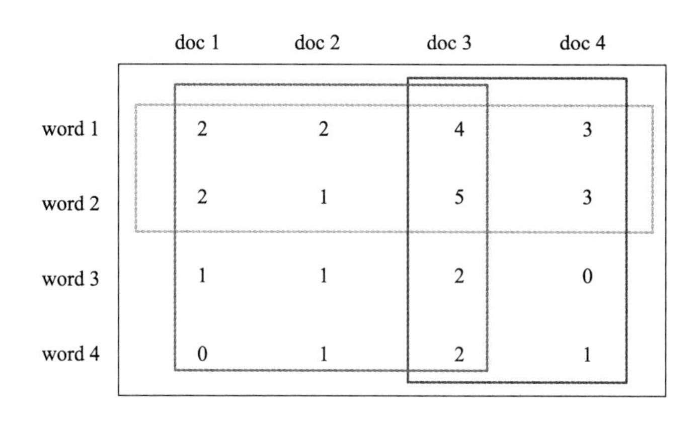

图 18.1 概率潜在语义分析的直观解释 (见文前彩图)

18.1.2 生成模型

假设有单词集合 $W=\{w_1,w_2,\cdots,w_M\}$，其中 M 是单词个数；文本（指标）集合 $D=\{d_1,d_2,\cdots,d_N\}$，其中 N 是文本个数；话题集合 $Z=\{z_1,z_2,\cdots,z_K\}$，其中 K 是预先设定的话题个数。随机变量 w 取值于单词集合，随机变量 d 取值于文本集合，随机变量 z 取值于话题集合。概率分布 $P(d)$、条件概率分布 $P(z|d)$、条件概率分布 $P(w|z)$ 皆属于多项分布，其中 $P(d)$ 表示生成文本 d 的概率，$P(z|d)$ 表示文本 d 生成话题 z 的概率，$P(w|z)$ 表示话题 z 生成单词 w 的概率。

每个文本 d 拥有自己的话题概率分布 $P(z|d)$，每个话题 z 拥有自己的单词概率分布 $P(w|z)$，也就是说一个文本的内容由其相关话题决定，一个话题的内容由其相关单词决定。

生成模型通过以下步骤生成文本-单词共现数据：

（1）依据概率分布 $P(d)$，从文本（指标）集合中随机选取一个文本 d，共生成 N 个文本，针对每个文本，执行以下操作；

（2）在文本 d 给定的条件下，依据条件概率分布 $P(z|d)$，从话题集合随机选取一个话题 z，共生成 L 个话题，这里 L 是文本长度；

（3）在话题 z 给定的条件下，依据条件概率分布 $P(w|z)$，从单词集合中随机选取一个单词 w。

注意这里为叙述方便，假设文本都是等长的，现实中不需要这个假设。

生成模型中，单词变量 w 与文本变量 d 是观测变量，话题变量 z 是隐变量。也就是说模型生成的是单词-话题-文本三元组 (w,z,d) 的集合，但观测到的是单词-文本二元组 (w,d) 的集合，观测数据表示为单词-文本矩阵 T 的形式，矩阵 T 的行表示单词，列表示文本，元素表示单词-文本对 (w,d) 的出现次数。

从数据的生成过程可以推出，文本-单词共现数据 T 的生成概率为所有单词-文本对 (w,d) 的生成概率的乘积：

$$P(T)=\prod_{(w,d)} P(w,d)^{n(w,d)} \tag{18.1}$$

这里 $n(w,d)$ 表示 (w,d) 的出现次数，单词-文本对出现的总次数是 $N\times L$。每个单词-文本对

(w,d) 的生成概率由以下公式决定：

$$\begin{aligned} P(w,d) &= P(d)P(w|d) \\ &= P(d)\sum_{z} P(w,z|d) \\ &= P(d)\sum_{z} P(z|d)P(w|z) \end{aligned} \tag{18.2}$$

式 (18.2) 即生成模型的定义。

生成模型假设在话题 z 给定的条件下，单词 w 与文本 d 条件独立，即

$$P\left(w,z|d\right) = P\left(z|d\right)P(w|z) \tag{18.3}$$

生成模型属于概率有向图模型，可以用有向图（directed graph）表示，如图 18.2 所示。图中实心圆表示观测变量，空心圆表示隐变量，箭头表示概率依存关系，方框表示多次重复，方框内数字表示重复次数。文本变量 d 是一个观测变量，话题变量 z 是一个隐变量，单词变量 w 是一个观测变量。

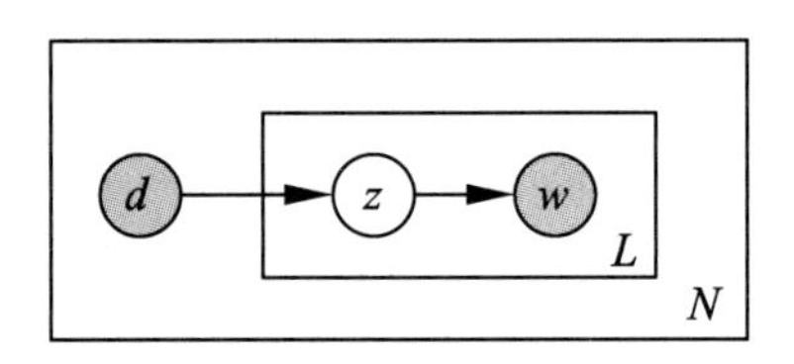

图 18.2 概率潜在语义分析的生成模型

18.1.3 共现模型

可以定义与以上的生成模型等价的共现模型。

文本-单词共现数据 T 的生成概率为所有单词-文本对 (w,d) 的生成概率的乘积：

$$P\left(T\right) = \prod_{(w,d)} P(w,d)^{n(w,d)} \tag{18.4}$$

每个单词-文本对 (w,d) 的概率由以下公式决定：

$$P(w,d) = \sum_{z \in Z} P(z)P(w|z)P(d|z) \tag{18.5}$$

式 (18.5) 即共现模型的定义。容易验证，生成模型 (18.2) 和共现模型 (18.5) 是等价的。

共现模型假设在话题 z 给定的条件下，单词 w 与文本 d 是条件独立的，即

$$P(w,d|z) = P(w|z)P(d|z) \tag{18.6}$$

图 18.3 所示是共现模型。图中文本变量 d 是一个观测变量，单词变量 w 是一个观测变量，话题变量 z 是一个隐变量。图 18.1 是共现模型的直观解释。

虽然生成模型与共现模型在概率公式意义上是等价的，但是具有不同的性质。生成模型刻画文本-单词共现数据生成的过程，共现模型描述文本-单词共现数据拥有的模式。生成模

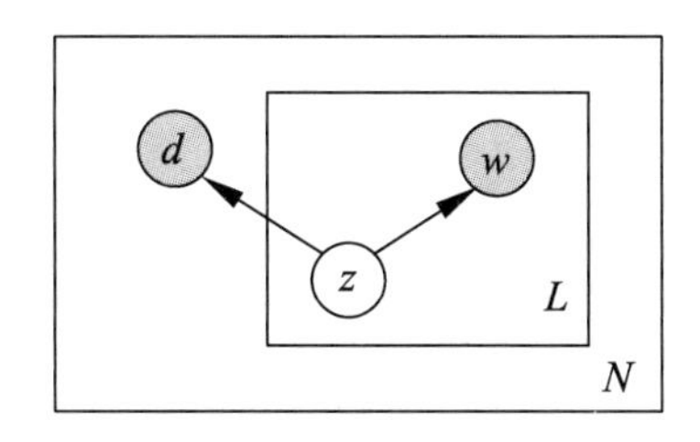

图 18.3 概率潜在语义模型的共现模型

型式 (18.2) 中单词变量 w 与文本变量 d 是非对称的，而共现模型式 (18.5) 中单词变量 w 与文本变量 d 是对称的，所以前者也称为非对称模型，后者也称为对称模型。由于两个模型的形式不同，其学习算法的形式也不同。

18.1.4 模型性质

1. 模型参数

如果直接定义单词与文本的共现概率是 $P(w,d)$，模型参数的个数是 $O(M \cdot N)$，其中 M 是单词数，N 是文本数。概率潜在语义分析的生成模型和共现模型的参数个数是 $O(M \cdot K + N \cdot K)$，其中 K 是话题数。现实中 $K \ll M$，所以概率潜在语义分析通过话题对数据进行了更简洁的表示，减少了学习过程中过拟合的可能性。图 18.4 显示模型中文本、话题、单词之间的关系。

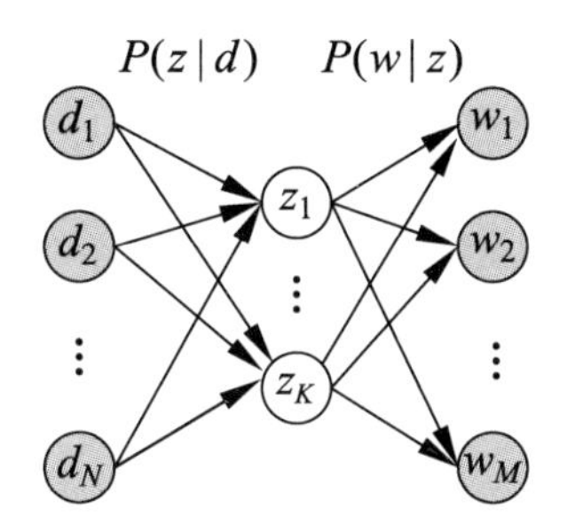

图 18.4 概率潜在语义分析中文本、话题、单词之间的关系

2. 模型的几何解释

下面给出生成模型的几何解释。概率分布 $P(w|d)$表示文本 d 生成单词 w 的概率：

$$\sum_{i=1}^{M} P(w_i|d) = 1, \quad 0 \leqslant P(w_i|d) \leqslant 1, \quad i = 1, 2, \cdots, M$$

可以由 M 维空间的 $(M-1)$ 单纯形（simplex）中的点表示。图 18.5 为三维空间的情况。单纯形上的每个点表示一个分布 $P(w|d)$（分布的参数向量），所有的分布 $P(w|d)$（分布的参数向量）都在单纯形上，称这个 $(M-1)$ 单纯形为单词单纯形。

从式 (18.2) 可知，概率潜在分析模型（生成模型）中的文本概率分布 $P(w|d)$ 有下面的关

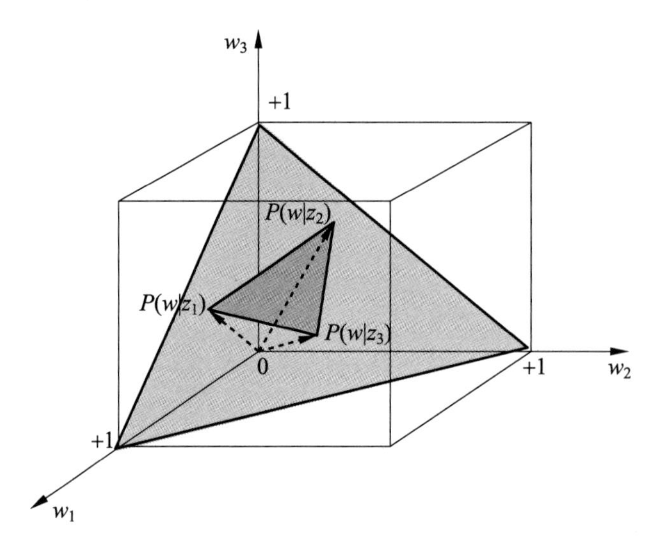

图 18.5 单词单纯形与话题单纯形

系成立：

$$P(w|d) = \sum_z P(z|d)P(w|z) \tag{18.7}$$

这里概率分布 $P(w|z)$ 表示话题 z 生成单词 w 的概率。

概率分布 $P(w|z)$ 也存在于 M 维空间中的 $(M-1)$ 单纯形之中。如果有 K 个话题，那么就有 K 个概率分布 $P(w|z_k)$，$k=1,2,\cdots,K$，由 $(M-1)$ 单纯形上的 K 个点表示（参照图 18.5）。以这 K 个点为顶点，构成一个 $(K-1)$ 单纯形，称为话题单纯形。话题单纯形是单词单纯形的子单纯形，参阅图 18.5。

从式 (18.7) 知，生成模型中文本的分布 $P(w|d)$ 可以由 K 个话题的分布 $P(w|z_k)$，$k=1,2,\cdots,K$ 的线性组合表示，文本对应的点就在 K 个话题的点构成的 $(K-1)$ 话题单纯形中。这就是生成模型的几何解释。注意通常 $K \ll M$，概率潜在语义模型存在于一个相对很小的参数空间中。图 18.5 中显示的是 $M=3$，$K=3$ 时的情况。当 $K=2$ 时话题单纯形是一个线段，当 $K=1$ 时话题单纯形是一个点。

3. 与潜在语义分析的关系

概率潜在语义分析模型（共现模型）可以在潜在语义分析模型的框架下描述。图 18.6 显示潜在语义分析，对单词-文本矩阵进行奇异值分解得到 $X=U\Sigma V^{\mathrm{T}}$，其中 U 和 V 为正交矩阵，Σ 为非负降序对角矩阵（参照第 17 章）。

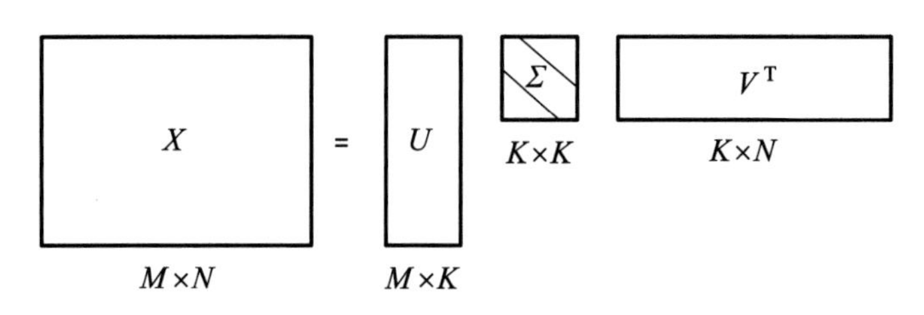

图 18.6 概率潜在语义分析与潜在语义分析的关系

共现模型 (18.5) 也可以表示为三个矩阵乘积的形式。这样，概率潜在语义分析与潜在语义分析的对应关系可以从中看得很清楚。下面是共现模型的矩阵乘积形式：

$$\left\{\begin{array}{l} X' = U'\Sigma'V'^{\mathrm{T}} \\ X' = [P(w,d)]_{M\times N} \\ U' = [P(w|z)]_{M\times K} \\ \Sigma' = [P(z)]_{K\times K} \\ V' = [P(d|z)]_{N\times K} \end{array}\right. \tag{18.8}$$

概率潜在语义分析模型 (18.8) 中的矩阵 U' 和 V' 是非负的、规范化的，表示条件概率分布，而潜在语义分析模型中的矩阵 U 和 V 是正交的，未必非负，并不表示概率分布。

18.2 概率潜在语义分析的算法

概率潜在语义分析模型是含有隐变量的模型，其学习通常使用 EM 算法。本节介绍生成模型学习的 EM 算法。

EM 算法是一种迭代算法，每次迭代包括交替的两步：E 步，求期望；M 步，求极大。E 步是计算 Q 函数，即完全数据的对数似然函数对不完全数据的条件分布的期望。M 步是对 Q 函数极大化，更新模型参数。详细介绍见第 9 章。下面叙述生成模型的 EM 算法。

设单词集合为 $W=\{w_1,w_2,\cdots,w_M\}$，文本集合为 $D=\{d_1,d_2,\cdots,d_N\}$，话题集合为 $Z=\{z_1,z_2,\cdots,z_K\}$。给定单词-文本共现数据 $T=\{n(w_i,d_j)\},i=1,2,\cdots,M,\ j=1,2,\cdots,N$，目标是估计概率潜在语义分析模型（生成模型）的参数。如果使用极大似然估计，对数似然函数是

$$\begin{aligned} L &= \sum_{i=1}^{M}\sum_{j=1}^{N} n(w_i,d_j)\log P(w_i,d_j) \\ &= \sum_{i=1}^{M}\sum_{j=1}^{N} n(w_i,d_j)\log\left[\sum_{k=1}^{K} P(w_i|z_k)P(z_k|d_j)\right] \end{aligned}$$

但是模型含有隐变量，对数似然函数的优化无法用解析方法求解，这时使用 EM 算法。应用 EM 算法的核心是定义 Q 函数。

（1）E 步：计算 Q 函数

Q 函数为完全数据的对数似然函数对不完全数据的条件分布的期望。针对概率潜在语义分析的生成模型，Q 函数是

$$Q=\sum_{k=1}^{K}\left\{\sum_{j=1}^{N} n(d_j)\left[\log P(d_j)+\sum_{i=1}^{M}\frac{n(w_i,d_j)}{n(d_j)}\log P(w_i|z_k)P(z_k|d_j)\right]\right\}P(z_k|w_i,d_j) \tag{18.9}$$

式中 $n(d_j)=\sum_{i=1}^{M} n(w_i,d_j)$ 表示文本 d_j 中的单词个数，$n(w_i,d_j)$ 表示单词 w_i 在文本 d_j 中出

现的次数。条件概率分布 $P(z_k|w_i,d_j)$ 代表不完全数据，是已知变量。条件概率分布 $P(w_i|z_k)$ 和 $P(z_k|d_j)$ 的乘积代表完全数据，是未知变量。

由于可以从数据中直接统计得出 $P(d_j)$ 的估计，这里只考虑 $P(w_i|z_k)$，$P(z_k|d_j)$ 的估计，可将 Q 函数简化为函数 Q'：

$$Q' = \sum_{i=1}^{M}\sum_{j=1}^{N} n(w_i,d_j)\sum_{k=1}^{K} P(z_k|w_i,d_j)\log[P(w_i|z_k)P(z_k|d_j)] \tag{18.10}$$

Q' 函数中的 $P(z_k|w_i,d_j)$ 可以根据贝叶斯公式计算：

$$P(z_k|w_i,d_j) = \frac{P(w_i|z_k)P(z_k|d_j)}{\sum\limits_{k=1}^{K} P(w_i|z_k)P(z_k|d_j)} \tag{18.11}$$

其中 $P(z_k|d_j)$ 和 $P(w_i|z_k)$ 由上一步迭代得到。

（2）M 步：极大化 Q 函数

通过约束最优化求解 Q 函数的极大值，这时 $P(z_k|d_j)$ 和 $P(w_i|z_k)$ 是变量。因为变量 $P(w_i|z_k)$，$P(z_k|d_j)$ 形成概率分布，满足约束条件：

$$\sum_{i=1}^{M} P(w_i|z_k) = 1, \quad k=1,2,\cdots,K$$

$$\sum_{k=1}^{K} P(z_k|d_j) = 1, \quad j=1,2,\cdots,N$$

应用拉格朗日法，引入拉格朗日乘子 τ_k 和 ρ_j，定义拉格朗日函数 $\varLambda$：

$$\varLambda = Q' + \sum_{k=1}^{K}\tau_k\Big(1-\sum_{i=1}^{M}P(w_i|z_k)\Big) + \sum_{j=1}^{N}\rho_j\Big(1-\sum_{k=1}^{K}P(z_k|d_j)\Big)$$

将拉格朗日函数 $\varLambda$ 分别对 $P(w_i|z_k)$ 和 $P(z_k|d_j)$ 求偏导数，并令其等于 0，得到下面的方程组：

$$\sum_{j=1}^{N} n(w_i,d_j)P(z_k|w_i,d_j) - \tau_k P(w_i|z_k) = 0, \quad i=1,2,\cdots,M, \quad k=1,2,\cdots,K$$

$$\sum_{i=1}^{M} n(w_i,d_j)P(z_k|w_i,d_j) - \rho_j P(z_k|d_j) = 0, \quad j=1,2,\cdots,N, \quad k=1,2,\cdots,K$$

解方程组得到 M 步的参数估计公式：

$$P(w_i|z_k) = \frac{\sum\limits_{j=1}^{N} n(w_i,d_j)P(z_k|w_i,d_j)}{\sum\limits_{m=1}^{M}\sum\limits_{j=1}^{N} n(w_m,d_j)P(z_k|w_m,d_j)} \tag{18.12}$$

$$P(z_k|d_j) = \frac{\sum_{i=1}^{M} n(w_i, d_j) P(z_k|w_i, d_j)}{n(d_j)} \tag{18.13}$$

总结有下面的算法：

算法 18.1（概率潜在语义模型参数估计的 EM 算法）

输入：设单词集合为 $W = \{w_1, w_2, \cdots, w_M\}$，文本集合为 $D = \{d_1, d_2, \cdots, d_N\}$，话题集合为 $Z = \{z_1, z_2, \cdots, z_K\}$，共现数据 $\{n(w_i, d_j)\}, i = 1, 2, \cdots, M, j = 1, 2, \cdots, N$。

输出：$P(w_i|z_k)$ 和 $P(z_k|d_j)$。

（1）设置参数 $P(w_i|z_k)$ 和 $P(z_k|d_j)$ 的初始值。

（2）迭代执行以下 E 步和 M 步，直到收敛为止。

E 步：

$$P(z_k|w_i, d_j) = \frac{P(w_i|z_k) P(z_k|d_j)}{\sum_{k=1}^{K} P(w_i|z_k) P(z_k|d_j)}$$

M 步：

$$P(w_i|z_k) = \frac{\sum_{j=1}^{N} n(w_i, d_j) P(z_k|w_i, d_j)}{\sum_{m=1}^{M} \sum_{j=1}^{N} n(w_m, d_j) P(z_k|w_m, d_j)}$$

$$P(z_k|d_j) = \frac{\sum_{i=1}^{M} n(w_i, d_j) P(z_k|w_i, d_j)}{n(d_j)}$$

■

本章概要

1. 概率潜在语义分析是利用概率生成模型对文本集合进行话题分析的方法。概率潜在语义分析受潜在语义分析的启发提出，两者可以通过矩阵分解关联起来。

给定一个文本集合，通过概率潜在语义分析，可以得到各个文本生成话题的条件概率分布，以及各个话题生成单词的条件概率分布。

概率潜在语义分析的模型有生成模型以及等价的共现模型。其学习策略是观测数据的极大似然估计，其学习算法是 EM 算法。

2. 生成模型表示文本生成话题，话题生成单词，从而得到单词-文本共现数据的过程；假设每个文本由一个话题分布决定，每个话题由一个单词分布决定。单词变量 w 与文本变量 d 是观测变量，话题变量 z 是隐变量。生成模型的定义如下：

$$P(T) = \prod_{(w,d)} P(w, d)^{n(w,d)}$$

$$P(w,d)=P(d)P(w|d)=P(d)\sum_{z}P(z|d)P(w|z)$$

3. 共现模型描述文本单词共现数据拥有的模式。共现模型的定义如下：

$$P\left(T\right)=\prod_{(w,d)}P(w,d)^{n(w,d)}$$

$$P(w,d)=\sum_{z\in Z}P(z)P(w|z)P(d|z)$$

4. 概率潜在语义分析模型的参数个数是 $O(M\cdot K+N\cdot K)$。现实中 $K\ll M$，所以概率潜在语义分析通过话题对数据进行了更简洁的表示，实现了数据压缩。

5. 模型中的概率分布 $P(w|d)$ 可以由参数空间中的单纯形表示。M 维参数空间中，单词单纯形表示所有可能的文本的分布，其中的话题单纯形表示在 K 个话题定义下的所有可能的文本的分布。话题单纯形是单词单纯形的子集，表示潜在语义空间。

6. 概率潜在语义分析的学习通常采用 EM 算法。通过迭代学习模型的参数、$P(w|z)$ 和 $P(z|d)$，而 $P(d)$ 可直接统计得出。

继续阅读

概率潜在语义分析的原始文献有文献 [1]～文献 [3]。在文献 [4] 中，作者讨论了概率潜在语义分析与非负矩阵分解的关系。

习　题

18.1 证明生成模型与共现模型是等价的。

18.2 推导共现模型的 EM 算法。

18.3 对以下文本数据集进行概率潜在语义分析。

单词	文本								
	T1	T2	T3	T4	T5	T6	T7	T8	T9
book			1	1					
dads						1			1
dummies		1						1	
estate							1		1
guide	1					1			
investing	1	1	1	1	1	1	1	1	1
market	1		1						
real							1		1
rich						2			1
stock	1		1					1	
value				1	1				

参考文献

[1] HOFMANN T. Probabilistic latent semantic analysis[C]//Proceedings of the Fifteenth Conference on Uncertainty in Artificial Intelligence. 1999: 289–296.

[2] HOFMANN T. Probabilistic latent semantic indexing[C]//Proceedings of the 22nd Annual International ACM SIGIR Conference on Research and Development in Information Retrieval, 1999.

[3] HOFMANN T. Unsupervised learning by probabilistic latent semantic analysis[J]. Machine Learning, 2001, 42: 177–196.

[4] DING C, LI T, PENG W. On the equivalence between non-negative matrix factorization and probabilistic latent semantic indexing[J]. Computational Statistics & Data Analysis, 2008, 52(8): 3913–3927.

第 19 章　马尔可夫链蒙特卡罗法

蒙特卡罗法（Monte Carlo method）也称为统计模拟方法（statistical simulation method），是通过从概率模型的随机抽样进行近似数值计算的方法。马尔可夫链蒙特卡罗法（Markov Chain Monte Carlo，MCMC）则是以马尔可夫链（Markov chain）为概率模型的蒙特卡罗法。马尔可夫链蒙特卡罗法构建一个马尔可夫链，使其平稳分布就是要进行抽样的分布，首先基于该马尔可夫链进行随机游走，产生样本的序列，之后使用该平稳分布的样本进行近似数值计算。

Metropolis-Hastings 算法是最基本的马尔可夫链蒙特卡罗法，Metropolis 等人在 1953 年提出原始的算法，Hastings 在 1970 年对之加以推广，形成了现在的形式。吉布斯抽样（Gibbs sampling）是更简单、使用更广泛的马尔可夫链蒙特卡罗法，1984 年由 S. Geman 和 D. Geman 提出。

马尔可夫链蒙特卡罗法被应用于概率分布的估计、定积分的近似计算、最优化问题的近似求解等问题，特别是被应用于机器学习中概率模型的学习与推理，是重要的机器学习计算方法。

本章首先在 19.1 节介绍一般的蒙特卡罗法，在 19.2 节介绍马尔可夫链，然后在 19.3 节叙述马尔可夫链蒙特卡罗法的一般方法，最后在 19.4 节和 19.5 节分别讲述 Metropolis-Hastings 算法和吉布斯抽样。

19.1　蒙特卡罗法

本节介绍一般的蒙特卡罗法在随机抽样、数学期望估计、定积分计算的应用。马尔可夫链蒙特卡罗法是蒙特卡罗法的一种方法。

19.1.1　随机抽样

统计学和机器学习的目的是基于数据对概率分布的特征进行推断，蒙特卡罗法要解决的问题是：假设概率分布的定义已知，通过抽样获得概率分布的随机样本，并通过得到的随机样本对概率分布的特征进行分析。比如，从样本得到经验分布，从而估计总体分布；或者从样本计算出样本均值，从而估计总体期望。所以蒙特卡罗法的核心是随机抽样（random sampling）。

一般的蒙特卡罗法有直接抽样法、接受-拒绝抽样法、重要性抽样法等。接受-拒绝抽样法、重要性抽样法适合于概率密度函数复杂（如密度函数含有多个变量，各变量相互不独立，密度函数形式复杂）、不能直接抽样的情况。

这里介绍接受-拒绝抽样法（accept-reject sampling method）。假设有随机变量 x，取值 $x \in \mathcal{X}$，其概率密度函数为 $p(x)$。目标是得到该概率分布的随机样本，以对这个概率分布进行分析。

接受-拒绝法的基本想法如下。假设 $p(x)$ 不可以直接抽样。找一个可以直接抽样的分布，称为建议分布（proposal distribution）。假设 $q(x)$ 是建议分布的概率密度函数，并且有 $q(x)$ 的 c 倍一定大于等于 $p(x)$，其中 $c>0$，如图 19.1 所示。按照 $q(x)$ 进行抽样，假设得到的结果是 x^*，再按照 $\dfrac{p(x^*)}{cq(x^*)}$ 的比例随机决定是否接受 x^*。直观上，落到 $p(x^*)$ 范围内的就接受（绿色），落到 $p(x^*)$ 范围外的就拒绝（红色）。接受-拒绝法实际是按照 $p(x)$ 的涵盖面积（或涵盖体积）占 $cq(x)$ 的涵盖面积（或涵盖体积）的比例进行抽样。

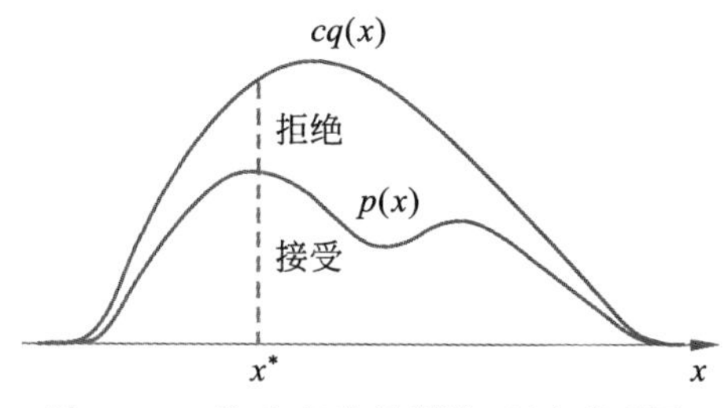

图 19.1 接受-拒绝抽样法 (见文前彩图)

接受-拒绝法的具体算法如下。

算法 19.1（接受-拒绝法）

输入：抽样的目标概率分布的概率密度函数 $p(x)$。

输出：概率分布的随机样本 $x_1, x_2, \cdots, x_n$。

参数：样本数 n。

（1）选择概率密度函数为 $q(x)$ 的概率分布，作为建议分布，使其对任一 x 满足 $cq(x) \geqslant p(x)$，其中 $c>0$。

（2）按照建议分布 $q(x)$ 随机抽样得到样本 x^*，再按照均匀分布在 $(0,1)$ 范围内抽样得到 u。

（3）如果 $u \leqslant \dfrac{p(x^*)}{cq(x^*)}$，则将 x^* 作为抽样结果；否则，回到步骤 (2)。

（4）直至得到 n 个随机样本，结束。 ■

接受-拒绝法的优点是容易实现，缺点是效率可能不高。如果 $p(x)$ 的涵盖体积占 $cq(x)$ 的涵盖体积的比例很低，就会导致拒绝的比例很高，抽样效率很低。注意，一般是在高维空间进行抽样，即使 $p(x)$ 与 $cq(x)$ 很接近，两者涵盖体积的差异也可能很大（与我们在三维空间的直观不同）。

19.1.2 数学期望估计

一般的蒙特卡罗法如直接抽样法、接受-拒绝抽样法、重要性抽样法，也可以用于数学期望估计（estimation of mathematical cxpectation）。假设有随机变量 x，取值 $x \in \mathcal{X}$，其概率

密度函数为 $p(x)$，$f(x)$ 为定义在 $\mathcal{X}$ 上的函数，目标是求函数 $f(x)$ 关于密度函数 $p(x)$ 的数学期望 $E_{p(x)}[f(x)]$。

针对这个问题，蒙特卡罗法按照概率分布 $p(x)$ 独立地抽取 n 个样本 $x_1,x_2,\cdots,x_n$，比如用以上的抽样方法，之后计算函数 $f(x)$ 的样本均值 $\hat{f}_n$：

$$\hat{f}_n = \frac{1}{n}\sum_{i=1}^{n} f(x_i) \tag{19.1}$$

作为数学期望 $E_{p(x)}[f(x)]$ 的近似值。

根据大数定律，当样本容量增大时，样本均值以概率 1 收敛于数学期望：

$$\hat{f}_n \rightarrow E_{p(x)}[f(x)], \quad n \rightarrow \infty \tag{19.2}$$

这样就得到了数学期望的近似计算方法：

$$E_{p(x)}[f(x)] \approx \frac{1}{n}\sum_{i=1}^{n} f(x_i) \tag{19.3}$$

19.1.3 积分计算

一般的蒙特卡罗法也可以用于定积分的近似计算，称为蒙特卡罗积分（Monte Carlo integration）。假设有一个函数 $h(x)$，目标是计算该函数的积分：

$$\int_{\mathcal{X}} h(x)\,\mathrm{d}x$$

如果能够将函数 $h(x)$ 分解成一个函数 $f(x)$ 和一个概率密度函数 $p(x)$ 的乘积的形式，那么就有

$$\int_{\mathcal{X}} h(x)\,\mathrm{d}x = \int_{\mathcal{X}} f(x)\,p(x)\,\mathrm{d}x = E_{p(x)}[f(x)] \tag{19.4}$$

于是函数 $h(x)$ 的积分可以表示为函数 $f(x)$ 关于概率密度函数 $p(x)$ 的数学期望。实际上，给定一个概率密度函数 $p(x)$，只要取 $f(x)=\dfrac{h(x)}{p(x)}$，就可得式 (19.4)。就是说，任何一个函数的积分都可以表示为某一个函数的数学期望的形式，而函数的数学期望又可以通过函数的样本均值估计。于是，就可以利用样本均值来近似计算积分，这就是蒙特卡罗积分的基本想法。

$$\int_{\mathcal{X}} h(x)\,\mathrm{d}x = E_{p(x)}[f(x)] \approx \frac{1}{n}\sum_{i=1}^{n} f(x_i) \tag{19.5}$$

例 19.1[①] 用蒙特卡罗积分法求 $\int_0^1 \mathrm{e}^{-x^2/2}\mathrm{d}x$

解 令 $f(x)=\mathrm{e}^{-x^2/2}$，

$$p(x)=1 \quad (0<x<1)$$

也就是说，假设随机变量 x 在 (0,1) 区间遵循均匀分布。

① 例 19.1~例 19.2 来自 Jarad Niemi。

使用蒙特卡罗积分法，如图 19.2 所示，在 (0,1) 区间按照均匀分布抽取 10 个随机样本 $x_1, x_2, \cdots, x_{10}$。计算样本的函数均值 $\hat{f}_{10}$：

$$\hat{f}_{10} = \frac{1}{10}\sum_{i=1}^{10} \mathrm{e}^{-x_i^2/2} = 0.832$$

也就是积分的近似。随机样本数越大，计算就越精确。 ■

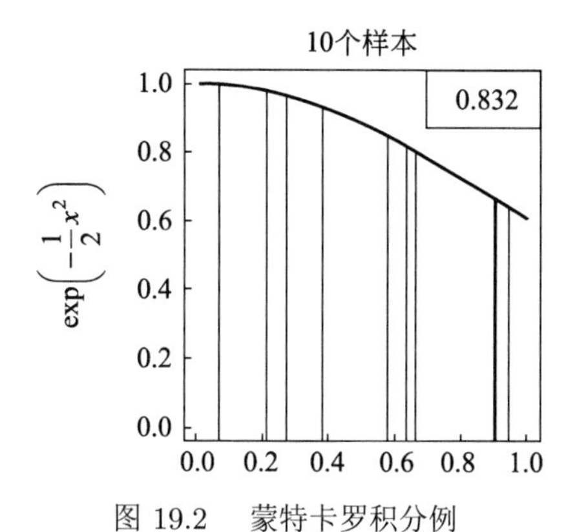

图 19.2 蒙特卡罗积分例

例 19.2 用蒙特卡罗积分法求 $\int_{-\infty}^{\infty} x \frac{1}{\sqrt{2\pi}} \exp\left(\frac{-x^2}{2}\right) \mathrm{d}x$。

解 令 $f(x) = x$，

$$p(x) = \frac{1}{\sqrt{2\pi}} \exp\left(\frac{-x^2}{2}\right)$$

$p(x)$ 是标准正态分布的密度函数。

使用蒙特卡罗积分法，按照标准正态分布在区间 $(-\infty, \infty)$ 抽样 $x_1, x_2, \cdots, x_n$，取其平均值，就得到要求的积分值。当样本增大时，积分值趋于 0。 ■

本章介绍的马尔可夫链蒙特卡罗法也适合于概率密度函数复杂、不能直接抽样的情况，旨在解决一般的蒙特卡罗法，如接受-拒绝抽样法、重要性抽样法，抽样效率不高的问题。一般的蒙特卡罗法中的抽样样本是独立的，而马尔可夫链蒙特卡罗法中的抽样样本不是独立的，样本序列形成马尔可夫链。

19.2 马尔可夫链

本节首先给出马尔可夫链的定义，之后介绍马尔可夫链的一些性质。马尔可夫链蒙特卡罗法用到这些性质。

19.2.1 基本定义

定义 19.1（马尔可夫链） 考虑一个随机变量的序列 $X = \{X_0, X_1, \cdots, X_t, \cdots\}$，这里 X_t 表示时刻 t 的随机变量，$t = 0, 1, 2, \cdots$。每个随机变量 X_t（$t = 0, 1, 2, \cdots$）的取值集合相

同，称为状态空间，表示为 $\mathcal{S}$。随机变量可以是离散的，也可以是连续的。以上随机变量的序列构成随机过程（stochastic process）。

假设在时刻 0 的随机变量 X_0 遵循概率分布 $P(X_0)=\pi_0$，称为初始状态分布。在某个时刻 $t\geqslant 1$ 的随机变量 X_t 与前一个时刻的随机变量 X_{t-1} 之间有条件分布 $P(X_t|X_{t-1})$，如果 X_t 只依赖于 X_{t-1}，而不依赖于过去的随机变量 $\{X_0,X_1,\cdots,X_{t-2}\}$，这一性质称为马尔可夫性，即

$$P(X_t|X_0,X_1,\cdots,X_{t-1})=P(X_t|X_{t-1}),\quad t=1,2,\cdots \tag{19.6}$$

具有马尔可夫性的随机序列 $X=\{X_0,X_1,\cdots,X_t,\cdots\}$ 称为马尔可夫链（Markov chain）或马尔可夫过程（Markov process）。条件概率分布 $P(X_t|X_{t-1})$ 称为马尔可夫链的转移概率分布。转移概率分布决定了马尔可夫链的特性。

马尔可夫性的直观解释是“未来只依赖于现在（假设现在已知），而与过去无关”。这个假设在许多应用中是合理的。

若转移概率分布 $P(X_t|X_{t-1})$ 与 t 无关，即

$$P(X_{t+s}|X_{t-1+s})=P(X_t|X_{t-1}),\quad t=1,2,\cdots,\quad s=1,2,\cdots \tag{19.7}$$

则称该马尔可夫链为时间齐次的马尔可夫链（time homogenous Markov chain）。本书中提到的马尔可夫链都是时间齐次的。

以上定义的是一阶马尔可夫链，可以扩展到 n 阶马尔可夫链，满足 n 阶马尔可夫性：

$$P(X_t|X_0X_1\cdots X_{t-2}X_{t-1})=P(X_t|X_{t-n}\cdots X_{t-2}X_{t-1}) \tag{19.8}$$

本书主要考虑一阶马尔可夫链。容易验证 n 阶马尔可夫链可以转换为一阶马尔可夫链。

19.2.2 离散状态马尔可夫链

1. 转移概率矩阵和状态分布

离散状态马尔可夫链 $X=\{X_0,X_1,\cdots,X_t,\cdots\}$，随机变量 X_t（$t=0,1,2,\cdots$）定义在离散空间 $\mathcal{S}$，转移概率分布可以由矩阵表示。

若马尔可夫链在时刻 $(t-1)$ 处于状态 j，在时刻 t 移动到状态 i，将转移概率记作

$$p_{ij}=(X_t=i|X_{t-1}=j),\quad i=1,2,\cdots,\quad j=1,2,\cdots \tag{19.9}$$

满足

$$p_{ij}\geqslant 0,\quad \sum_i p_{ij}=1$$

马尔可夫链的转移概率 p_{ij} 可以由矩阵表示，即

$$P=\begin{bmatrix} p_{11} & p_{12} & p_{13} & \cdots \\ p_{21} & p_{22} & p_{23} & \cdots \\ p_{31} & p_{32} & p_{33} & \cdots \\ \cdots & \cdots & \cdots & \cdots \end{bmatrix} \tag{19.10}$$

称为马尔可夫链的转移概率矩阵，转移概率矩阵 P 满足条件 $p_{ij} \geqslant 0$，$\sum_i p_{ij} = 1$。满足这两个条件的矩阵称为随机矩阵（stochastic matrix）。注意这里矩阵列元素之和为 1。

考虑马尔可夫链 $X = \{X_0, X_1, \cdots, X_t, \cdots\}$ 在时刻 t（$t = 0, 1, 2, \cdots$）的概率分布，称为时刻 t 的状态分布，记作

$$\pi(t) = \begin{bmatrix} \pi_1(t) \\ \pi_2(t) \\ \vdots \end{bmatrix} \tag{19.11}$$

其中，$\pi_i(t)$ 表示时刻 t 状态为 i 的概率 $P(X_t = i)$：

$$\pi_i(t) = P(X_t = i), \quad i = 1, 2, \cdots$$

特别地，马尔可夫链的初始状态分布可以表示为

$$\pi(0) = \begin{bmatrix} \pi_1(0) \\ \pi_2(0) \\ \vdots \end{bmatrix} \tag{19.12}$$

其中，$\pi_i(0)$ 表示时刻 0 状态为 i 的概率 $P(X_0 = i)$。通常初始分布 $\pi(0)$ 的向量只有一个分量是 1，其余分量都是 0，表示马尔可夫链从一个具体状态开始。

有限离散状态的马尔可夫链可以由有向图表示。结点表示状态，边表示状态之间的转移，边上的数值表示转移概率。从一个初始状态出发，根据有向边上定义的概率在状态之间随机跳转（或随机转移），就可以产生状态的序列。马尔可夫链实际上是刻画随时间在状态之间转移的模型，假设未来的转移状态只依赖于现在的状态，而与过去的状态无关。

下面通过一个简单的例子给出马尔可夫链的直观解释。假设观察某地的天气，按日依次是“晴、雨、晴、晴、晴、雨、晴……”，具有一定的规律。马尔可夫链可以刻画这个过程。假设天气的变化具有马尔可夫性，即明天的天气只依赖于今天的天气，而与昨天及以前的天气无关。这个假设经验上是合理的，至少是现实情况的近似。具体地，比如，如果今天是晴天，那么明天是晴天的概率是 0.9，是雨天的概率是 0.1；如果今天是雨天，那么明天是晴天的概率是 0.5，是雨天的概率也是 0.5。图 19.3 表示这个马尔可夫链。基于这个马尔可夫链，从一个初始状态出发，随时间在状态之间随机转移，就可以产生天气的序列，可以对天气进行预测。

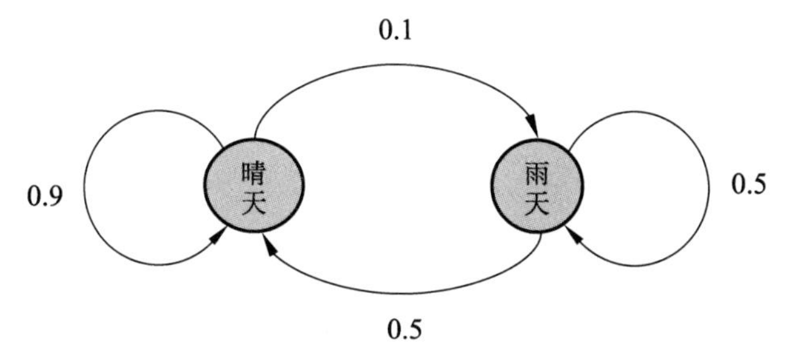

图 19.3 马尔可夫链例

下面看一个马尔可夫链应用的例子。自然语言处理、语音处理中经常用到语言模型（language model），是建立在词表上的 n 阶马尔可夫链。比如，在英语语音识别中，语音模型产生出两个候选："How to recognize speech" 与 "How to wreck a nice beach"[①]，要判断哪个可能性更大。显然从语义的角度前者的可能性更大，语言模型可以帮助做出这个判断。

将一个语句看作是一个单词的序列 $w_1w_2\cdots w_s$，目标是计算其概率。同一个语句很少在语料中重复多次出现，所以直接从语料中估计每个语句的概率是困难的。语言模型用局部的单词序列的概率组合计算出全局的单词序列的概率，可以很好地解决这个问题。

假设每个单词只依赖于其前面出现的单词，也就是说单词序列具有马尔可夫性，那么可以定义一阶马尔可夫链，即语言模型，计算语句的概率。

$$
\begin{aligned}
&P(w_1w_2\cdots w_s)\\
&=P(w_1)P(w_2|w_1)P(w_3|w_1w_2)\cdots P(w_i|w_1w_2\cdots w_{i-1})\cdots P(w_s|w_1w_2\cdots w_{s-1})\\
&=P(w_1)P(w_2|w_1)P(w_3|w_2)\cdots P(w_i|w_{i-1})\cdots P(w_s|w_{s-1})
\end{aligned}
$$

这里第三个等式基于马尔可夫链假设。在这个马尔可夫链中，状态空间为词表，一个位置上单词的产生只依赖于前一个位置的单词，而不依赖于更前面的单词。以上是一阶马尔可夫链，一般可以扩展到 n 阶马尔可夫链。

语言模型的学习等价于确定马尔可夫链中的转移概率值，如果有充分的语料，转移概率可以直接从语料中估计。直观上，"wreck a nice" 出现之后，下面出现 "beach" 的概率极低，所以第二个语句的概率应该更小，从语言模型的角度看第一个语句的可能性更大。

马尔可夫链 X 在时刻 t 的状态分布可以由在时刻 $(t-1)$ 的状态分布以及转移概率分布决定：

$$
\pi(t)=P\pi(t-1) \tag{19.13}
$$

这是因为

$$
\begin{aligned}
\pi_i(t)&=P(X_t=i)\\
&=\sum_m P(X_t=i|X_{t-1}=m)P(X_{t-1}=m)\\
&=\sum_m p_{im}\pi_m(t-1)
\end{aligned}
$$

马尔可夫链在时刻 t 的状态分布可以通过递推得到。事实上，由式 (19.13)

$$
\pi(t)=P\pi(t-1)=P[P\pi(t-2)]=P^2\pi(t-2)
$$

递推得到：

$$
\pi(t)=P^t\pi(0) \tag{19.14}
$$

这里的 P^t 称为 t 步转移概率矩阵：

$$
P_{ij}^t=P(X_t=i|X_0=j)
$$

① 这两句英文的发音相近，但后者语义不可解释。

表示时刻 0 从状态 j 出发、时刻 t 达到状态 i 的 t 步转移概率。P^t 也是随机矩阵。式 (19.14) 说明，马尔可夫链的状态分布由初始分布和转移概率分布决定。

对图 19.3 中的马尔可夫链，转移矩阵为

$$P=\begin{bmatrix} 0.9 & 0.5 \\ 0.1 & 0.5 \end{bmatrix}$$

如果第一天是晴天，其天气概率分布（初始状态分布）如下：

$$\pi(0)=\begin{bmatrix} 1 \\ 0 \end{bmatrix}$$

根据这个马尔可夫链模型，可以计算第二天、第三天及之后的天气概率分布（状态分布）。

$$\pi(1)=P\pi(0)=\begin{bmatrix} 0.9 & 0.5 \\ 0.1 & 0.5 \end{bmatrix}\begin{bmatrix} 1 \\ 0 \end{bmatrix}=\begin{bmatrix} 0.9 \\ 0.1 \end{bmatrix}$$

$$\pi(2)=P^2\pi(0)=\begin{bmatrix} 0.9 & 0.5 \\ 0.1 & 0.5 \end{bmatrix}^2\begin{bmatrix} 1 \\ 0 \end{bmatrix}=\begin{bmatrix} 0.86 \\ 0.14 \end{bmatrix}$$

2. 平稳分布

定义 19.2（平稳分布） 设有马尔可夫链 $X=\{X_0,X_1,\cdots,X_t,\cdots\}$，其状态空间为 $\mathcal{S}$，转移概率矩阵为 $P=(p_{ij})$，如果存在状态空间 $\mathcal{S}$ 上的一个分布

$$\pi=\begin{bmatrix} \pi_1 \\ \pi_2 \\ \vdots \end{bmatrix}$$

使得

$$\pi=P\pi \tag{19.15}$$

则称 π 为马尔可夫链 $X=\{X_0,X_1,\cdots,X_t,\cdots\}$ 的平稳分布。

直观上，如果马尔可夫链的平稳分布存在，那么以该平稳分布作为初始分布，面向未来进行随机状态转移，之后任何一个时刻的状态分布都是该平稳分布。

引理 19.1 给定一个马尔可夫链 $X=\{X_0,X_1,\cdots,X_t,\cdots\}$，状态空间为 $\mathcal{S}$，转移概率矩阵为 $P=(p_{ij})$，则分布 $\pi=(\pi_1,\pi_2,\cdots)^{\mathrm{T}}$ 为 X 的平稳分布的充分必要条件是 $\pi=(\pi_1,\pi_2,\cdots)^{\mathrm{T}}$ 是下列方程组的解：

$$x_i=\sum_j p_{ij}x_j,\quad i=1,2,\cdots \tag{19.16}$$

$$x_i\geqslant 0,\quad i=1,2,\cdots \tag{19.17}$$

$$\sum_i x_i=1 \tag{19.18}$$

证明 必要性。假设 $\pi=(\pi_1,\pi_2,\cdots)^{\mathrm{T}}$ 是平稳分布，显然满足式 (19.17) 和式 (19.18)，且

$$\pi_i=\sum_j p_{ij}\pi_j,\quad i=1,2,\cdots$$

即 $\pi=(\pi_1,\pi_2,\cdots)^{\mathrm{T}}$ 满足式 (19.16)。

充分性。由式 (19.17) 和式 (19.18) 知 $\pi=(\pi_1,\pi_2,\cdots)^{\mathrm{T}}$ 是一个概率分布。假设 $\pi=(\pi_1,\pi_2,\cdots)^{\mathrm{T}}$ 为 X_t 的分布，则

$$P(X_t=i)=\pi_i=\sum_j p_{ij}\pi_j=\sum_j p_{ij}P(X_{t-1}=j),\quad i=1,2,\cdots$$

$\pi=(\pi_1,\pi_2,\cdots)^{\mathrm{T}}$ 也为 X_{t-1} 的分布。事实上这对任意 t 成立，所以 $\pi=(\pi_1,\pi_2,\cdots)^{\mathrm{T}}$ 是马尔可夫链的平稳分布。 ■

引理 19.1 给出一个求马尔可夫链平稳分布的方法。

例 19.3 设有图 19.4 所示马尔可夫链，其转移概率矩阵为

$$P=\begin{bmatrix}1/2 & 1/2 & 1/4\\ 1/4 & 0 & 1/4\\ 1/4 & 1/2 & 1/2\end{bmatrix}$$

求其平稳分布。

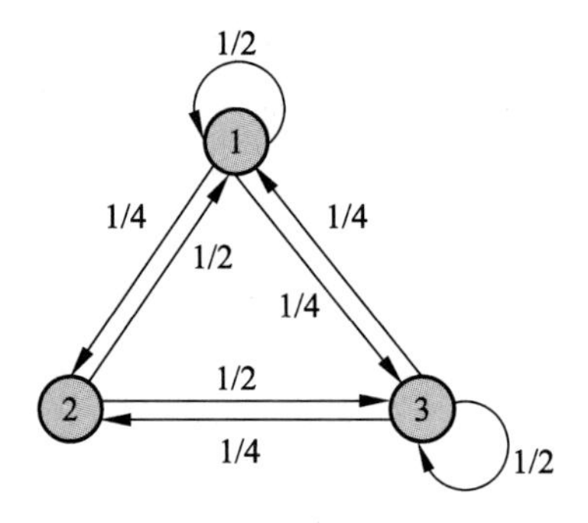

图 19.4 马尔可夫链例

解 设平稳分布为 $\pi=(x_1,x_2,x_3)^{\mathrm{T}}$，则由式 (19.16)~式 (19.18) 有

$$x_1=\frac{1}{2}x_1+\frac{1}{2}x_2+\frac{1}{4}x_3$$

$$x_2=\frac{1}{4}x_1+\frac{1}{4}x_3$$

$$x_3=\frac{1}{4}x_1+\frac{1}{2}x_2+\frac{1}{2}x_3$$

$$x_1+x_2+x_3=1$$

$$x_i\geqslant 0,\quad i=1,2,3$$

解方程组，得到唯一的平稳分布：

$$\pi = (2/5 \quad 1/5 \quad 2/5)^{\mathrm{T}}$$ ■

例 19.4 设有图 19.5 所示马尔可夫链，其转移概率分布如下，求其平稳分布。

$$\begin{bmatrix} 1 & 1/3 & 0 \\ 0 & 1/3 & 0 \\ 0 & 1/3 & 1 \end{bmatrix}$$

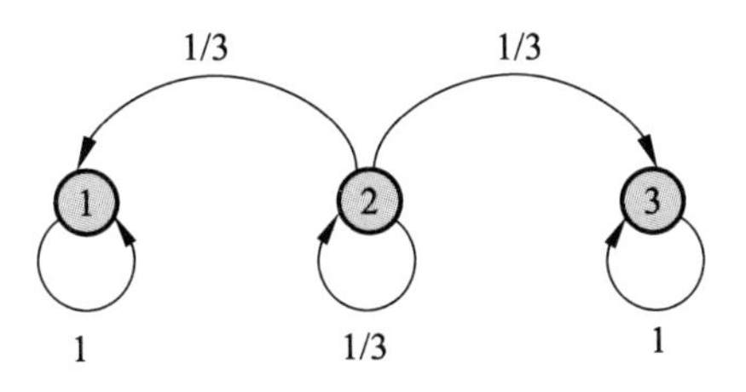

图 19.5 马尔可夫链例

解 这个马尔可夫链的平稳分布并不唯一，$\pi = (3/4 \ 0 \ 1/4)^{\mathrm{T}}$，$\pi = (2/3 \ 0 \ 1/3)^{\mathrm{T}}$ 等皆为其平稳分布。 ■

马尔可夫链可能存在唯一的平稳分布、无穷多个平稳分布或不存在平稳分布①。

19.2.3 连续状态马尔可夫链

连续状态马尔可夫链 $X = \{X_0, X_1, \cdots, X_t, \cdots\}$，随机变量 $X_t(t = 0, 1, 2, \cdots)$ 定义在连续状态空间 $\mathcal{S}$，转移概率分布由概率转移核或转移核（transition kernel）表示。

设 $\mathcal{S}$ 是连续状态空间，对任意的 $x \in \mathcal{S}, A \subset \mathcal{S}$，转移核 $P(x, A)$ 定义为

$$P(x, A) = \int_A p(x, y)\mathrm{d}y \tag{19.19}$$

其中，$p(x, \bullet)$ 是概率密度函数，满足 $p(x, \bullet) \geqslant 0$；$P(x, \mathcal{S}) = \int_{\mathcal{S}} p(x, y)\,\mathrm{d}y = 1$。转移核 $P(x, A)$ 表示从 $x \sim A$ 的转移概率：

$$P(X_t = A | X_{t-1} = x) = P(x, A) \tag{19.20}$$

有时也将概率密度函数 $p(x, \bullet)$ 称为转移核。

若马尔可夫链的状态空间 $\mathcal{S}$ 上的概率分布 $\pi(x)$ 满足条件

$$\pi(y) = \int p(x, y)\pi(x)\mathrm{d}x, \quad \forall y \in \mathcal{S} \tag{19.21}$$

① 当离散状态马尔可夫链有无穷个状态时，有可能没有平稳分布。

则称分布 $\pi(x)$ 为该马尔可夫链的平稳分布。等价地，

$$\pi(A)=\int P(x,A)\pi(x)\mathrm{d}x, \quad \forall A\subset\mathcal{S} \tag{19.22}$$

或简写为

$$\pi=P\pi \tag{19.23}$$

19.2.4 马尔可夫链的性质

以下介绍离散状态马尔可夫链的性质，可以自然推广到连续状态马尔可夫链。

1. 不可约

定义 19.3（**不可约**） 设有马尔可夫链 $X=\{X_0,X_1,\cdots,X_t,\cdots\}$，状态空间为 $\mathcal{S}$，对于任意状态 $i,j\in\mathcal{S}$，如果存在一个时刻 $t(t>0)$ 满足

$$P\left(X_t=i|X_0=j\right)>0 \tag{19.24}$$

也就是说，时刻 0 从状态 j 出发、时刻 t 到达状态 i 的概率大于 0，则称此马尔可夫链 X 是不可约的（irreducible），否则称马尔可夫链是可约的（reducible）。

直观上，一个不可约的马尔可夫链从任意状态出发，当经过充分长时间后，可以到达任意状态。例 19.3 中的马尔可夫链是不可约的，例 19.5 中的马尔可夫链是可约的。

例 19.5 图 19.6 所示马尔可夫链是可约的。

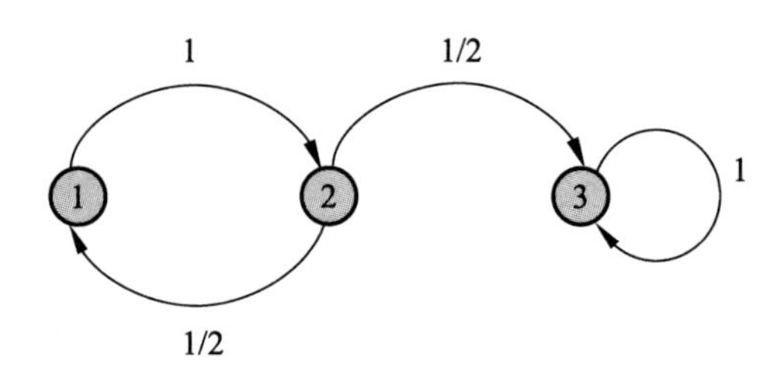

图 19.6 马尔可夫链例

解 转移概率矩阵为

$$\begin{bmatrix} 0 & 1/2 & 0 \\ 1 & 0 & 0 \\ 0 & 1/2 & 1 \end{bmatrix}$$

平稳分布 $\pi=(0\quad 0\quad 1)^{\mathrm{T}}$。此马尔可夫链转移到状态 3 后，就在该状态上循环跳转，不能到达状态 1 和状态 2，最终停留在状态 3。 ■

2. 非周期

定义 19.4（**非周期**） 设有马尔可夫链 $X=\{X_0,X_1,\cdots,X_t,\cdots\}$，状态空间为 $\mathcal{S}$，对于任意状态 $i\in\mathcal{S}$，如果时刻 0 从状态 i 出发、时刻 t 返回状态的所有时间长 $\{t:P(X_t=i\,|\,X_0=i)>0\}$

的最大公约数是 1，则称此马尔可夫链 X 是非周期的（aperiodic），否则称马尔可夫链是周期的（periodic）。

直观上，一个非周期性马尔可夫链不存在一个状态，从这一个状态出发，再返回到这个状态时所经历的时间长呈一定的周期性。例 19.3 中的马尔可夫链是非周期的，例 19.6 中的马尔可夫链是周期的。

例 19.6　图 19.7 所示的马尔可夫链是周期的。

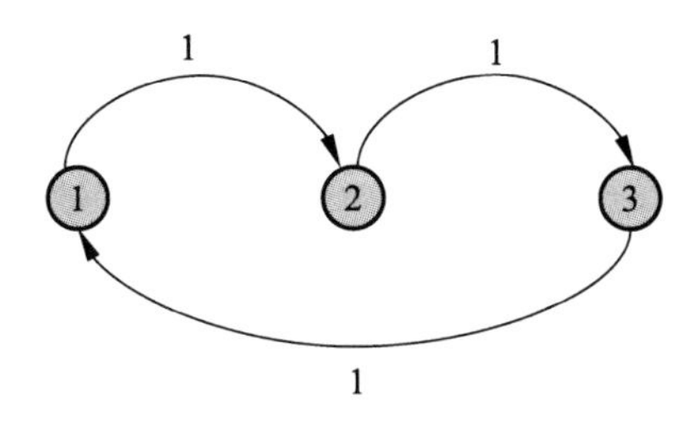

图 19.7　马尔可夫链例

解　转移概率矩阵为

$$\begin{bmatrix} 0 & 0 & 1 \\ 1 & 0 & 0 \\ 0 & 1 & 0 \end{bmatrix}$$

其平稳分布是 $\pi = (1/3 \quad 1/3 \quad 1/3)^{\mathrm{T}}$。此马尔可夫链从每个状态出发返回该状态的时刻都是 3 的倍数，$\{3, 6, 9\}$，具有周期性，最终停留在每个状态的概率都为 1/3。　■

定理 19.2　不可约且非周期的有限状态马尔可夫链有唯一平稳分布存在。

3. 正常返

定义 19.5（正常返）　设有马尔可夫链 $X = \{X_0, X_1, \cdots, X_t, \cdots\}$，状态空间为 $\mathcal{S}$，对于任意状态 $i, j \in \mathcal{S}$，定义概率 p_{ij}^t 为时刻 0 从状态 j 出发、时刻 t 首次转移到状态 i 的概率，即 $p_{ij}^t = P(X_t = i, X_s \neq i, s = 1, 2, \cdots, t-1 | X_0 = j), t = 1, 2, \cdots$。若对所有状态 i, j 都满足 $\lim\limits_{t \to \infty} p_{ij}^t > 0$，则称马尔可夫链 X 是正常返的（positive recurrent）。

直观上，对于一个正常返的马尔可夫链中的任意一个状态，从其他任意一个状态出发，当时间趋于无穷时，首次转移到这个状态的概率不为 0。例 19.7 中的马尔可夫链根据不同条件是正常返的或不是正常返的。

例 19.7　对于图 19.8 所示无限状态马尔可夫链，证明当 $p > q$ 时是正常返的，当 $p \leqslant q$ 时不是正常返的。

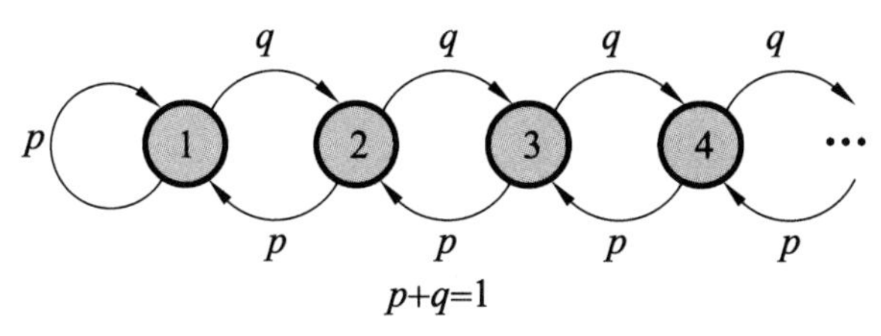

图 19.8　马尔可夫链例

解 转移概率矩阵为

$$\begin{bmatrix} p & p & 0 & 0 & \\ q & 0 & p & 0 & \\ 0 & q & 0 & p & \cdots \\ 0 & 0 & q & 0 & \\ & \vdots & & & \ddots \end{bmatrix}$$

当 $p > q$ 时，平稳分布是

$$\pi_i = \left(\frac{q}{p}\right)^i \left(\frac{p-q}{p}\right), \quad i = 1, 2, \cdots$$

当时间趋于无穷时，转移到任何一个状态的概率不为 0，马尔可夫链是正常返的。

当 $p \leqslant q$ 时，不存在平稳分布，马尔可夫链不是正常返的。 ■

定理 19.3 不可约、非周期且正常返的马尔可夫链有唯一平稳分布存在。

4. 遍历定理

下面叙述马尔可夫链的遍历定理。

定理 19.4（遍历定理） 设有马尔可夫链 $X = \{X_0, X_1, \cdots, X_t, \cdots\}$，状态空间为 $\mathcal{S}$，若马尔可夫链 X 是不可约、非周期且正常返的，则该马尔可夫链有唯一平稳分布 $\pi = (\pi_1, \pi_2, \cdots)^{\mathrm{T}}$，并且转移概率的极限分布是马尔可夫链的平稳分布。

$$\lim_{t \to \infty} P(X_t = i | X_0 = j) = \pi_i, \quad i = 1, 2, \cdots, \quad j = 1, 2, \cdots \tag{19.25}$$

若 $f(X)$ 是定义在状态空间上的函数，$E_\pi[|f(X)|] < \infty$，则

$$P\{\hat{f}_t \to E_\pi[f(X)]\} = 1 \tag{19.26}$$

其中，

$$\hat{f}_t = \frac{1}{t} \sum_{s=1}^{t} f(x_s)$$

$E_\pi[f(X)] = \sum\limits_i f(i)\pi_i$ 是 $f(X)$ 关于平稳分布 $\pi = (\pi_1, \pi_2, \cdots)^{\mathrm{T}}$ 的数学期望，式 (19.26) 表示

$$\hat{f}_t \to E_\pi[f(X)], \quad t \to \infty \tag{19.27}$$

几乎处处成立或以概率 1 成立。

遍历定理的直观解释：对于满足相应条件的马尔可夫链，当时间趋于无穷时，马尔可夫链的状态分布趋近于平稳分布，随机变量的函数的样本均值以概率 1 收敛于该函数的数学期望。样本均值可以认为是时间均值，而数学期望是空间均值。遍历定理实际表述了遍历性的含义：当时间趋于无穷时，时间均值等于空间均值。遍历定理的三个条件：不可约、非周期、正常返，保证了当时间趋于无穷时达到任意一个状态的概率不为 0。

理论上并不知道经过多少次迭代，马尔可夫链的状态分布才能接近于平稳分布，在实际

应用遍历定理时，取一个足够大的整数 m，经过 m 次迭代之后认为状态分布就是平稳分布，这时计算从第 $m+1$ 次迭代到第 n 次迭代的均值，即

$$\hat{E}f = \frac{1}{n-m} \sum_{i=m+1}^{n} f(x_i) \tag{19.28}$$

称为遍历均值。

5. 可逆马尔可夫链

定义 19.6（**可逆马尔可夫链**） 设有马尔可夫链 $X = \{X_0, X_1, \cdots, X_t, \cdots\}$，状态空间为 $\mathcal{S}$，转移概率矩阵为 P，如果有状态分布 $\pi = (\pi_1, \pi_2, \cdots)^{\mathrm{T}}$，对于任意状态 $i, j \in \mathcal{S}$，对任意一个时刻 t 满足

$$P(X_t = i | X_{t-1} = j)\pi_j = P(X_{t-1} = j | X_t = i)\pi_i, \quad i, j = 1, 2, \cdots \tag{19.29}$$

或简写为

$$p_{ij}\pi_j = p_{ji}\pi_i, \quad i, j = 1, 2, \cdots \tag{19.30}$$

则称此马尔可夫链 X 为可逆马尔可夫链（reversible Markov chain），式 (19.30) 称为细致平衡方程（detailed balance equation）。

直观上，如果有可逆的马尔可夫链，那么以该马尔可夫链的平稳分布作为初始分布，进行随机状态转移，无论是面向未来还是面向过去，任何一个时刻的状态分布都是该平稳分布。例 19.3 中的马尔可夫链是可逆的，例 19.8 中的马尔可夫链是不可逆的。

例 19.8 图 19.9 所示马尔可夫链是不可逆的。

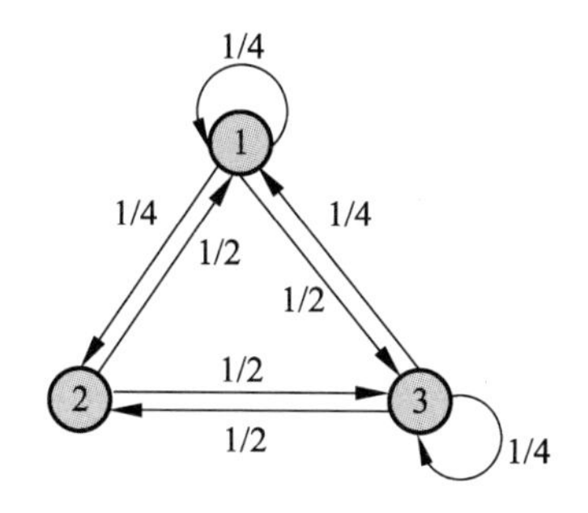

图 19.9 马尔可夫链例

解 转移概率矩阵为

$$\begin{bmatrix} 1/4 & 1/2 & 1/4 \\ 1/4 & 0 & 1/2 \\ 1/2 & 1/2 & 1/4 \end{bmatrix}$$

平稳分布 $\pi = (8/25 \quad 7/25 \quad 2/5)^{\mathrm{T}}$，不满足细致平稳方程。 ■

定理 19.5（**细致平衡方程**） 满足细致平衡方程的状态分布 $\boldsymbol{\pi}$ 就是该马尔可夫链的平稳分布。即

$$P\pi = \pi$$

证明 事实上，

$$(P\pi)_i = \sum_j p_{ij}\pi_j = \sum_j p_{ji}\pi_i = \pi_i \sum_j p_{ji} = \pi_i, \quad i = 1, 2, \cdots \tag{19.31}$$

■

定理 19.5 说明，可逆马尔可夫链一定有唯一平稳分布，给出了一个马尔可夫链有平稳分布的充分条件（不是必要条件）。也就是说，可逆马尔可夫链满足遍历定理 19.4 的条件。

19.3 马尔可夫链蒙特卡罗法

19.3.1 基本想法

假设目标是对一个概率分布进行随机抽样，或者是求函数关于该概率分布的数学期望。可以采用传统的蒙特卡罗法，如接受-拒绝法、重要性抽样法，也可以使用马尔可夫链蒙特卡罗法。马尔可夫链蒙特卡罗法更适用于随机变量是多元的、密度函数是非标准形式的、随机变量各分量不独立等情况。

假设多元随机变量 x 满足 $x \in \mathcal{X}$，其概率密度函数为 $p(x)$，$f(x)$ 为定义在 $x \in \mathcal{X}$ 上的函数，目标是获得概率分布 $p(x)$ 的样本集合，以及求函数 $f(x)$ 的数学期望 $E_{p(x)}[f(x)]$。

应用马尔可夫链蒙特卡罗法解决这个问题。基本想法是：在随机变量 x 的状态空间 $\mathcal{S}$ 上定义一个满足遍历定理的马尔可夫链 $X = \{X_0, X_1, \cdots, X_t, \cdots\}$，使其平稳分布就是抽样的目标分布 $p(x)$。然后在这个马尔可夫链上进行随机游走，每个时刻得到一个样本。根据遍历定理，当时间趋于无穷时，样本的分布趋近平稳分布，样本的函数均值趋近函数的数学期望。所以，当时间足够长时（时刻大于某个正整数 m），在之后的时间（时刻小于等于某个正整数 n，$n > m$）里随机游走得到的样本集合 $\{x_{m+1}, x_{m+2}, \cdots, x_n\}$ 就是目标概率分布的抽样结果，得到的函数均值（遍历均值）就是要计算的数学期望值：

$$\hat{E}f = \frac{1}{n-m} \sum_{i=m+1}^{n} f(x_i) \tag{19.32}$$

到时刻 m 为止的时间段称为燃烧期。

如何构建具体的马尔可夫链成为这个方法的关键。连续变量的时候，需要定义转移核函数；离散变量的时候，需要定义转移矩阵。一个方法是定义特殊的转移核函数或者转移矩阵，构建可逆马尔可夫链，这样可以保证遍历定理成立。常用的马尔可夫链蒙特卡罗法有 Metropolis-Hastings 算法、吉布斯抽样。

由于这个马尔可夫链满足遍历定理，随机游走的起始点并不影响得到的结果，即从不同的起始点出发，都会收敛到同一平稳分布。

马尔可夫链蒙特卡罗法的收敛性的判断通常是经验性的，比如，在马尔可夫链上进行随机游走，检验遍历均值是否收敛。具体地，每隔一段时间取一次样本，得到多个样本以后，计算遍历均值，当计算的均值稳定后，认为马尔可夫链已经收敛。再比如，在马尔可夫链上并行进行多个随机游走，比较各个随机游走的遍历均值是否接近一致。

对于马尔可夫链蒙特卡罗法中得到的样本序列，相邻的样本点是相关的，而不是独立的。因此，在需要独立样本时，可以在该样本序列中再次进行随机抽样，比如每隔一段时间取一次样本，将这样得到的子样本集合作为独立样本集合。

马尔可夫链蒙特卡罗法比接受-拒绝法更容易实现，因为只需要定义马尔可夫链，而不需要定义建议分布。一般来说马尔可夫链蒙特卡罗法比接受-拒绝法效率更高，没有大量被拒绝的样本，虽然燃烧期的样本也要抛弃。

19.3.2 基本步骤

根据上面的讨论，可以将马尔可夫链蒙特卡罗法概括为以下三步：

（1）首先，在随机变量 x 的状态空间 $\mathcal{S}$ 上构造一个满足遍历定理的马尔可夫链，使其平稳分布为目标分布 $p(x)$；

（2）从状态空间的某一点 x_0 出发，用构造的马尔可夫链进行随机游走，产生样本序列 $x_0, x_1, \cdots, x_t, \cdots$；

（3）应用马尔可夫链的遍历定理，确定正整数 m 和 n $(m < n)$，得到样本集合 $\{x_{m+1}, x_{m+2}, \cdots, x_n\}$，求得函数 $f(x)$ 的均值（遍历均值）

$$\hat{E}f = \frac{1}{n-m}\sum_{i=m+1}^{n} f(x_i) \tag{19.33}$$

就是马尔可夫链蒙特卡罗法的计算公式。

这里有几个重要问题：

（1）如何定义马尔可夫链，保证马尔可夫链蒙特卡罗法的条件成立。

（2）如何确定收敛步数 m，保证样本抽样的无偏性。

（3）如何确定迭代步数 n，保证遍历均值计算的精度。

19.3.3 马尔可夫链蒙特卡罗法与统计学习

马尔可夫链蒙特卡罗法在统计学习，特别是贝叶斯学习中起着重要的作用，这主要是因为马尔可夫链蒙特卡罗法可以用在概率模型的学习和推理上。

假设观测数据由随机变量 $y \in \mathcal{Y}$ 表示，模型由随机变量 $x \in \mathcal{X}$ 表示，贝叶斯学习通过贝叶斯定理计算给定数据条件下模型的后验概率，并选择后验概率最大的模型。后验概率为

$$p(x|y) = \frac{p(x)p(y|x)}{\displaystyle\int_{\mathcal{X}} p(y|x')p(x')\mathrm{d}x'} \tag{19.34}$$

贝叶斯学习中经常需要进行三种积分运算：归范化（normalization）、边缘化（marginalization）、数学期望（expectation）。

后验概率计算中需要归范化计算：

$$\int_{\mathcal{X}} p(y|x')p(x')\mathrm{d}x' \tag{19.35}$$

如果有隐变量 $z \in \mathcal{Z}$，后验概率的计算需要边缘化计算：

$$p(x|y) = \int_{\mathcal{Z}} p(x, z|y) \mathrm{d}z \tag{19.36}$$

如果有一个函数 $f(x)$，可以计算该函数关于后验概率分布的数学期望：

$$E_{P(x|y)}[f(x)] = \int_{\mathcal{X}} f(x) p(x|y) \mathrm{d}x \tag{19.37}$$

当观测数据和模型都很复杂的时候，以上的积分计算变得困难。马尔可夫链蒙特卡罗法为这些计算提供了一个通用的有效解决方案。

19.4 Metropolis-Hastings 算法

本节叙述 Metropolis-Hastings 算法，该算法是马尔可夫链蒙特卡罗法的代表算法。

19.4.1 基本原理

1. 马尔可夫链

假设要抽样的概率分布为 $p(x)$。Metropolis-Hastings 算法采用转移核为 $p(x, x')$ 的马尔可夫链：

$$p(x, x') = q(x, x') \alpha(x, x') \tag{19.38}$$

其中，$q(x, x')$ 和 $\alpha(x, x')$ 分别称为建议分布（proposal distribution）和接受分布（acceptance distribution）。

建议分布 $q(x, x')$ 是另一个马尔可夫链的转移核，并且 $q(x, x')$ 是不可约的，即其概率值恒不为 0，同时是一个容易抽样的分布。接受分布 $\alpha(x, x')$ 是

$$\alpha(x, x') = \min\left\{1, \frac{p(x')q(x', x)}{p(x)q(x, x')}\right\} \tag{19.39}$$

这时，转移核 $p(x, x')$ 可以写成

$$p(x, x') = \begin{cases} q(x, x'), & p(x')q(x', x) \geqslant p(x)q(x, x') \\ q(x', x)\dfrac{p(x')}{p(x)}, & p(x')q(x', x) < p(x)q(x, x') \end{cases} \tag{19.40}$$

转移核为 $p(x, x')$ 的马尔可夫链上的随机游走以以下方式进行。如果在时刻 $(t-1)$ 处于状态 x，即 $x_{t-1} = x$，则先按建议分布 $q(x, x')$ 抽样产生一个候选状态 x'，然后按照接受分布 $\alpha(x, x')$ 抽样决定是否接受状态 x'。以概率 $\alpha(x, x')$ 接受 x'，决定时刻 t 转移到状态 x'，而以概率 $1-\alpha(x, x')$ 拒绝 x'，决定时刻 t 仍停留在状态 x。具体地，从区间 $(0,1)$ 上的均匀分布中抽取一个随机数 u，决定时刻 t 的状态。

$$x_t = \begin{cases} x', & u \leqslant \alpha(x,x') \\ x, & u > \alpha(x,x') \end{cases}$$

可以证明，转移核为 $p(x,x')$ 的马尔可夫链是可逆马尔可夫链（满足遍历定理），其平稳分布就是 $p(x)$，即要抽样的目标分布。也就是说这是马尔可夫链蒙特卡罗法的一个具体实现。

定理 19.6 由转移核 (19.38)~(19.40) 构成的马尔可夫链是可逆的，即

$$p(x)p(x,x') = p(x')p(x',x) \tag{19.41}$$

并且 $p(x)$ 是该马尔可夫链的平稳分布。

证明 若 $x = x'$，则式 (19.41) 显然成立。

设 $x \neq x'$，则

$$\begin{aligned} p(x)p(x,x') &= p(x)q(x,x')\min\left\{1, \frac{p(x')q(x',x)}{p(x)q(x,x')}\right\} \\ &= \min\{p(x)q(x,x'), p(x')q(x',x)\} \\ &= p(x')q(x',x)\min\left\{\frac{p(x)q(x,x')}{p(x')q(x',x)}, 1\right\} \\ &= p(x')p(x',x) \end{aligned}$$

式 (19.41) 成立。

由式 (19.41) 知：

$$\begin{aligned} \int p(x)p(x,x')\mathrm{d}x &= \int p(x')p(x',x)\mathrm{d}x \\ &= p(x')\int p(x',x)\mathrm{d}x \\ &= p(x') \end{aligned}$$

根据平稳分布的定义 (式 (19.21))，$p(x)$ 是马尔可夫链的平稳分布。 ■

2. 建议分布

建议分布 $q(x,x')$ 有多种可能的形式，这里介绍两种常用形式。

第一种形式：假设建议分布是对称的，即对任意的 x 和 x' 有

$$q(x,x') = q(x',x) \tag{19.42}$$

这样的建议分布称为 Metropolis 选择，也是 Metropolis-Hastings 算法最初采用的建议分布。这时，接受分布 $\alpha(x,x')$ 简化为

$$\alpha(x,x') = \min\left\{1, \frac{p(x')}{p(x)}\right\} \tag{19.43}$$

Metropolis 选择的一个特例是 $q(x,x')$ 取条件概率分布 $p(x'|x)$，定义为多元正态分布，其均值是 x，其协方差矩阵是常数矩阵。

Metropolis 选择的另一个特例是令 $q(x,x') = q(|x - x'|)$，这时算法称为随机游走 Metropolis 算法。例如，

$$q(x,x') \propto \exp\left[-\frac{(x'-x)^2}{2}\right]$$

Metropolis 选择的特点是当 x' 与 x 接近时，$q(x,x')$ 的概率值高，否则 $q(x,x')$ 的概率值低。状态转移在附近点的可能性更大。

第二种形式称为独立抽样。假设 $q(x,x')$ 与当前状态 x 无关，即 $q(x,x') = q(x')$。建议分布的计算按照 $q(x')$ 独立抽样进行。此时，接受分布 $\alpha(x,x')$ 可以写成

$$\alpha(x,x') = \min\left\{1, \frac{w(x')}{w(x)}\right\} \tag{19.44}$$

其中，$w(x') = p(x')/q(x')$，$w(x) = p(x)/q(x)$。

独立抽样实现简单，但可能收敛速度慢，通常选择接近目标分布 $p(x)$ 的分布作为建议分布 $q(x)$。

3. 满条件分布

马尔可夫链蒙特卡罗法的目标分布通常是多元联合概率分布 $p(x) = p(x_1, x_2, \cdots, x_k)$，其中 $x = (x_1, x_2, \cdots, x_k)^{\mathrm{T}}$ 为 k 维随机变量。如果条件概率分布 $p(x_I|x_{-I})$ 中所有 k 个变量全部出现，其中 $x_I = \{x_i, i \in I\}$，$x_{-I} = \{x_i, i \notin I\}$，$I \subseteq K = \{1, 2, \cdots, k\}$，那么称这种条件概率分布为满条件分布（full conditional distribution）。

满条件分布有以下性质：对任意的 $x \in \mathcal{X}$ 和任意的 $I \subseteq K$，有

$$p\left(x_I|x_{-I}\right) = \frac{p(x)}{\displaystyle\int p\left(x\right) \mathrm{d}x_I} \propto p(x) \tag{19.45}$$

而且，对任意的 $x, x' \in \mathcal{X}$ 和任意的 $I \subseteq K$，有

$$\frac{p(x'_I|x'_{-I})}{p(x_I|x_{-I})} = \frac{p(x')}{p(x)} \tag{19.46}$$

Metropolis-Hastings 算法中，可以利用性质 (19.46) 简化计算，提高计算效率。具体地，通过满条件分布概率的比 $\dfrac{p(x'_I|x'_{-I})}{p(x_I|x_{-I})}$ 计算联合概率的比 $\dfrac{p(x')}{p(x)}$，而前者更容易计算。

例 19.9 设 x_1 和 x_2 的联合概率分布的密度函数为

$$p(x_1, x_2) \propto \exp\left[-\frac{1}{2}(x_1 - 1)^2(x_2 - 1)^2\right]$$

求其满条件分布。

解 由满条件分布的定义有

$$\begin{aligned}
p(x_1|x_2) &\propto p(x_1, x_2) \\
&\propto \exp\left[-\frac{1}{2}(x_1 - 1)^2(x_2 - 1)^2\right] \\
&\propto N(1, (x_2 - 1)^{-2})
\end{aligned}$$

这里 $N(1,(x_2-1)^{-2})$ 是均值为 1、方差为 $(x_2-1)^{-2}$ 的正态分布，这时 x_1 是变量，x_2 是参数。同样可得：

$$\begin{aligned} p(x_2|x_1) &\propto p(x_1,x_2) \\ &\propto \exp\left[-\frac{1}{2}(x_2-1)^2(x_1-1)^2\right] \\ &\propto N(1,(x_1-1)^{-2}) \end{aligned}$$

■

19.4.2 Metropolis-Hastings 算法

算法 19.2（Metropolis-Hastings 算法）

输入：抽样的目标分布的密度函数 $p(x)$，函数 $f(x)$。

输出：$p(x)$ 的随机样本 $x_{m+1},x_{m+2},\cdots,x_n$，函数样本均值 f_{mn}。

参数：收敛步数 m，迭代步数 n。

（1）任意选择一个初始值 x_0。

（2）对 $i=1,2,\cdots,n$ 循环执行：

（a）设状态 $x_{i-1}=x$，按照建议分布 $q(x,x')$ 随机抽取一个候选状态 x'。

（b）计算接受概率：

$$\alpha(x,x')=\min\left\{1,\frac{p(x')q(x',x)}{p(x)q(x,x')}\right\}$$

（c）从区间 $(0,1)$ 中按均匀分布随机抽取一个数 u。若 $u\leqslant\alpha(x,x')$，则状态 $x_i=x'$；否则，状态 $x_i=x$。

（3）得到样本集合 $\{x_{m+1},x_{m+2},\cdots,x_n\}$，计算

$$f_{mn}=\frac{1}{n-m}\sum_{i=m+1}^{n}f(x_i)$$

■

19.4.3 单分量 Metropolis-Hastings 算法

在 Metropolis-Hastings 算法中，通常需要对多元变量分布进行抽样。有时对多元变量分布的抽样是困难的，可以对多元变量的每一变量的条件分布依次分别进行抽样，从而实现对整个多元变量的一次抽样，这就是单分量 Metropolis-Hastings（single-component Metropolis-Hastings）算法。

假设马尔可夫链的状态由 k 维随机变量表示：

$$x=(x_1,x_2,\cdots,x_k)^{\mathrm{T}}$$

其中，x_j 表示随机变量 x 的第 j 个分量，$j=1,2,\cdots,k$，而 $x^{(i)}$ 表示马尔可夫链在时刻 i 的状态

$$x^{(i)}=(x_1^{(i)},x_2^{(i)},\cdots,x_k^{(i)})^{\mathrm{T}},\quad i=1,2,\cdots,n$$

其中，$x_j^{(i)}$ 是随机变量 $x^{(i)}$ 的第 j 个分量，$j=1,2,\cdots,k$。

为了生成容量为 n 的样本集合 $\{x^{(1)}, x^{(2)}, \cdots, x^{(n)}\}$，单分量 Metropolis-Hastings 算法由下面的 k 步迭代实现 Metropolis-Hastings 算法的一次迭代。

设在第 $(i-1)$ 次迭代结束时分量 x_j 的取值为 $x_j^{(i-1)}$，在第 i 次迭代的第 j 步，对分量 x_j 根据 Metropolis-Hastings 算法更新，得到其新的取值 $x_j^{(i)}$。首先，由建议分布 $q(x_j^{(i-1)}, x_j|x_{-j}^{(i)})$ 抽样产生分量 x_j 的候选值 $x'^{(i)}_j$，这里 $x_{-j}^{(i)}$ 表示在第 i 次迭代的第 $(j-1)$ 步后的 $x^{(i)}$ 除去 $x_j^{(i-1)}$ 的所有值，即

$$x_{-j}^{(i)} = (x_1^{(i)}, \cdots, x_{j-1}^{(i)}, x_{j+1}^{(i-1)}, \cdots, x_k^{(i-1)})^{\mathrm{T}}$$

其中分量 $1, 2, \cdots, j-1$ 已经更新。然后，按照接受概率

$$\alpha(x_j^{(i-1)}, x'^{(i)}_j|x_{-j}^{(i)}) = \min\left\{1, \frac{p(x'^{(i)}_j|x_{-j}^{(i)})q(x'^{(i)}_j, x_j^{(i-1)}|x_{-j}^{(i)})}{p(x_j^{(i-1)}|x_{-j}^{(i)})q(x_j^{(i-1)}, x'^{(i)}_j|x_{-j}^{(i)})}\right\} \tag{19.47}$$

抽样决定是否接受候选值 $x'^{(i)}_j$。如果 $x'^{(i)}_j$ 被接受，则令 $x_j^{(i)} = x'^{(i)}_j$；否则，令 $x_j^{(i)} = x_j^{(i-1)}$。其余分量在第 j 步不改变。马尔可夫链的转移概率为

$$p\left(x_j^{(i-1)}, x'^{(i)}_j|x_{-j}^{(i)}\right) = \alpha(x_j^{(i-1)}, x'^{(i)}_j|x_{-j}^{(i)})q(x_j^{(i-1)}, x'^{(i)}_j|x_{-j}^{(i)}) \tag{19.48}$$

图 19.10 示意了单分量 Metropolis-Hastings 算法的迭代过程。目标是对含有两个变量的随机变量 x 进行抽样。如果变量 x_1 或 x_2 更新，那么在水平或垂直方向产生一个移动，连续水平移动和垂直移动产生一个新的样本点。注意由于建议分布可能不被接受，Metropolis-Hastings 算法可能在一些相邻的时刻不产生移动。

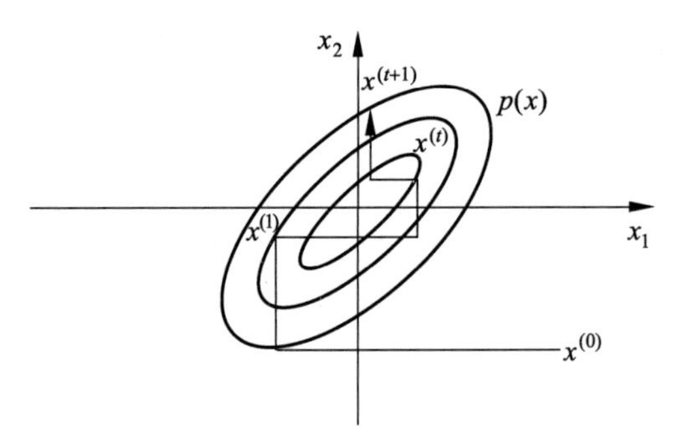

图 19.10 单分量 Metropolis-Hastings 算法例

19.5 吉布斯抽样

本节叙述马尔可夫链蒙特卡罗法的常用算法吉布斯抽样，可以认为是 Metropolis-Hastings 算法的特殊情况，但是更容易实现，因而被广泛使用。

19.5.1 基本原理

吉布斯抽样 (Gibbs sampling) 用于多元变量联合分布的抽样和估计[①]。其基本做法是：

① 吉布斯抽样以统计力学奠基人吉布斯 (Josiah Willard Gibbs) 命名，将该算法与统计力学进行类比。

从联合概率分布定义满条件概率分布，依次对满条件概率分布进行抽样，得到样本的序列。可以证明这样的抽样过程是在一个马尔可夫链上的随机游走，每一个样本对应着马尔可夫链的状态，平稳分布就是目标的联合分布。整体成为一个马尔可夫链蒙特卡罗法，燃烧期之后的样本就是联合分布的随机样本。

假设多元变量的联合概率分布为 $p(x)=p(x_1,x_2,\cdots,x_k)$。吉布斯抽样从一个初始样本 $x^{(0)}=(x_1^{(0)},x_2^{(0)},\cdots,x_k^{(0)})^{\mathrm{T}}$ 出发，不断进行迭代，每一次迭代得到联合分布的一个样本 $x^{(i)}=(x_1^{(i)},x_2^{(i)},\cdots,x_k^{(i)})^{\mathrm{T}}$。最终得到样本序列 $\{x^{(0)},x^{(1)},\cdots,x^{(n)}\}$。

在每次迭代中，依次对 k 个随机变量中的一个变量进行随机抽样。如果在第 i 次迭代中，对第 j 个变量进行随机抽样，那么抽样的分布是满条件概率分布 $p(x_j|x_{-j}^{(i)})$，这里 $x_{-j}^{(i)}$ 表示第 i 次迭代中变量 j 以外的其他变量。

设在第 $(i-1)$ 步得到样本 $(x_1^{(i-1)},x_2^{(i-1)},\cdots,x_k^{(i-1)})^{\mathrm{T}}$，在第 i 步，首先对第一个变量按照以下满条件概率分布随机抽样：

$$p(x_1|x_2^{(i-1)},\cdots,x_k^{(i-1)})$$

得到 $x_1^{(i)}$，之后依次对第 j 个变量按照以下满条件概率分布随机抽样：

$$p(x_j|x_1^{(i)},\cdots,x_{j-1}^{(i)},x_{j+1}^{(i-1)},\cdots,x_k^{(i-1)}),\quad j=2,3,\cdots,k-1$$

得到 $x_j^{(i)}$，最后对第 k 个变量按照以下满条件概率分布随机抽样：

$$p(x_k|x_1^{(i)},\cdots,x_{k-1}^{(i)})$$

得到 $x_k^{(i)}$，于是得到整体样本 $x^{(i)}=(x_1^{(i)},x_2^{(i)},\cdots,x_k^{(i)})^{\mathrm{T}}$。

吉布斯抽样是单分量 Metropolis-Hastings 算法的特殊情况。定义建议分布是当前变量 x_j，$j=1,2,\cdots,k$ 的满条件概率分布：

$$q(x,x')=p(x'_j|x_{-j}) \tag{19.49}$$

这时，接受概率 $\alpha=1$，

$$\begin{aligned}\alpha(x,x')&=\min\left\{1,\frac{p(x')q(x',x)}{p(x)q(x,x')}\right\}\\&=\min\left\{1,\frac{p(x'_{-j})p(x'_j|x'_{-j})p(x_j|x'_{-j})}{p(x_{-j})p(x_j|x_{-j})p(x'_j|x_{-j})}\right\}=1\end{aligned} \tag{19.50}$$

这里用到 $p(x_{-j})=p(x'_{-j})$ 和 $p(\,\cdot\,|x_{-j})=p(\,\cdot\,|x'_{-j})$。

转移核就是满条件概率分布：

$$p(x,x')=p(x'_j|x_{-j}) \tag{19.51}$$

也就是说依次按照单变量的满条件概率分布 $p(x'_j|x_{-j})$ 进行随机抽样，就能实现单分量 Metropolis-Hastings 算法。吉布斯抽样对每次抽样的结果都接受，没有拒绝，这一点和一般的 Metropolis-Hastings 算法不同。

这里，假设满条件概率分布 $p(x'_j|x_{-j})$ 不为 0，即马尔可夫链是不可约的。

19.5.2 吉布斯抽样算法

算法 19.3 (吉布斯抽样)

输入：目标概率分布的密度函数 $p(x)$，函数 $f(x)$。

输出：$p(x)$ 的随机样本 $x_{m+1}, x_{m+2}, \cdots, x_n$ ，函数样本均值 f_{mn}。

参数：收敛步数 m，迭代步数 n。

（1）初始化。给出初始样本 $x^{(0)} = (x_1^{(0)}, x_2^{(0)}, \cdots, x_k^{(0)})^{\mathrm{T}}$。

（2）对 i 循环执行：

设第 $(i-1)$ 次迭代结束时的样本为 $x^{(i-1)} = (x_1^{(i-1)}, x_2^{(i-1)}, \cdots, x_k^{(i-1)})^{\mathrm{T}}$，则第 i 次迭代进行如下几步操作：

$$
\left\{\begin{array}{l}
\text{(1) 由满条件分布 } p(x_1|x_2^{(i-1)}, x_3^{(i-1)}, \cdots, x_k^{(i-1)}) \text{ 抽取 } x_1^{(i)}; \\
\quad \vdots \\
\text{(j) 由满条件分布 } p(x_j|x_1^{(i)}, x_2^{(i)}, \cdots, x_{j-1}^{(i)}, x_{j+1}^{(i-1)}, \cdots, x_k^{(i-1)}) \text{ 抽取 } x_j^{(i)}; \\
\quad \vdots \\
\text{(k) 由满条件分布 } p(x_k|x_1^{(i)}, x_2^{(i)}, \cdots, x_{k-1}^{(i)}) \text{ 抽取 } x_k^{(i)};
\end{array}\right.
$$

得到第 i 次迭代值 $x^{(i)} = (x_1^{(i)}, x_2^{(i)}, \cdots, x_k^{(i)})^{\mathrm{T}}$。

（3）得到样本集合

$$
\{x^{(m+1)}, x^{(m+2)}, \cdots, x^{(n)}\}
$$

（4）计算

$$
f_{mn} = \frac{1}{n-m} \sum_{i=m+1}^{n} f(x^{(i)})
$$

■

例 19.10 用吉布斯抽样从以下二元正态分布中抽取随机样本。

$$
x = (x_1, x_2)^{\mathrm{T}} \sim p(x_1, x_2)
$$

$$
p(x_1, x_2) = N(0, \Sigma), \quad \Sigma = \begin{bmatrix} 1 & \rho \\ \rho & 1 \end{bmatrix}
$$

解 条件概率分布为一元正态分布：

$$
p(x_1|x_2) = N(\rho x_2, 1-\rho^2)
$$

$$
p(x_2|x_1) = N(\rho x_1, 1-\rho^2)
$$

假设初始样本为 $x^{(0)} = (x_1^{(0)}, x_2^{(0)})$，通过吉布斯抽样，可以得到以下样本序列：

迭代次数	对 x_1 抽样	对 x_2 抽样	产生样本
1	$x_1 \sim N(\rho x_2^{(0)}, 1-\rho^2)$，得到 $x_1^{(1)}$	$x_2 \sim N(\rho x_1^{(1)}, 1-\rho^2)$，得到 $x_2^{(1)}$	$x^{(1)} = (x_1^{(1)}, x_2^{(1)})^{\mathrm{T}}$
$\vdots$	$\vdots$	$\vdots$	$\vdots$
i	$x_1 \sim N(\rho x_2^{(t-1)}, 1-\rho^2)$，得到 $x_1^{(t)}$	$x_2 \sim N(\rho x_1^{(t)}, 1-\rho^2)$，得到 $x_2^{(t)}$	$x^{(t)} = (x_1^{(t)}, x_2^{(t)})^{\mathrm{T}}$
$\vdots$	$\vdots$	$\vdots$	$\vdots$

得到的样本集合 $\{x^{(m+1)}, x^{(m+2)}, \cdots, x^{(n)}\}$，$m < n$ 就是二元正态分布的随机抽样。图 19.11 示意了吉布斯抽样的过程。 ■

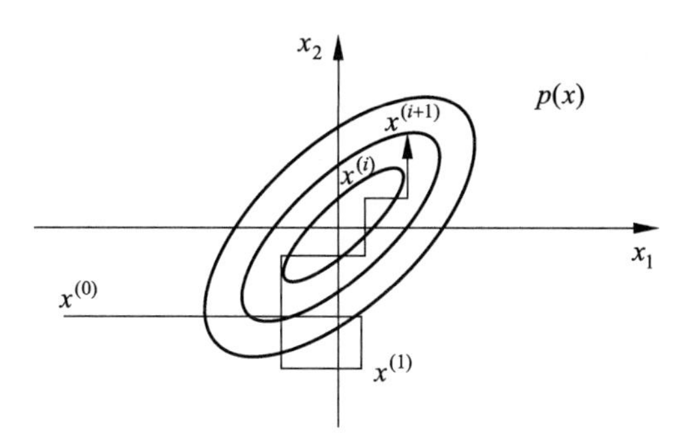

图 19.11 吉布斯抽样例

单分量 Metropolis-Hastings 算法和吉布斯抽样的不同之处在于，在前者算法中，抽样会在样本点之间移动，但其间可能在某一些样本点上停留（由于抽样被拒绝）；而在后者算法中，抽样会在样本点之间持续移动。

吉布斯抽样适合于满条件概率分布容易抽样的情况，而单分量 Metropolis-Hastings 算法适合于满条件概率分布不容易抽样的情况，这时使用容易抽样的条件分布作建议分布。

19.5.3 抽样计算

吉布斯抽样中需要对满条件概率分布进行重复多次抽样，可以利用概率分布的性质提高抽样的效率。下面以贝叶斯学习为例介绍这个技巧。

设 y 表示观测数据，α, θ, z 分别表示超参数、模型参数、未观测数据，$x = (\alpha, \theta, z)$，如图 19.12 所示。贝叶斯学习的目的是估计后验概率分布 $p(x|y)$，求后验概率最大的模型。

$$p(x|y) = p(\alpha, \theta, z|y) \propto p(z, y|\theta)p(\theta|\alpha)p(\alpha) \tag{19.52}$$

式中 $p(\alpha)$ 是超参数分布，$p(\theta|\alpha)$ 是先验分布，$p(z, y|\theta)$ 是完全数据的分布。

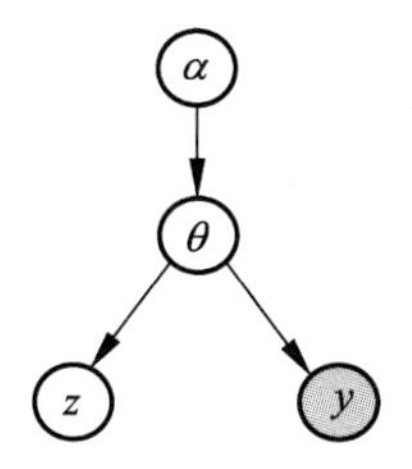

图 19.12 贝叶斯学习的图模型表示

现在用吉布斯抽样估计 $p(x|y)$，其中 y 已知，$x = (\alpha, \theta, z)$ 未知。吉布斯抽样中各个变量 α, θ, z 的满条件分布有以下关系：

$$p(\alpha_i|\alpha_{-i}, \theta, z, y) \propto p(\theta|\alpha)p(\alpha) \tag{19.53}$$

$$p(\theta_j|\theta_{-j}, \alpha, z, y) \propto p(z, y|\theta)p(\theta|\alpha) \tag{19.54}$$

$$p(z_k|z_{-k},\alpha,\theta,y)\propto p(z,y|\theta) \tag{19.55}$$

其中，α_{-i} 表示变量 α_i 以外的所有变量，θ_{-j} 和 z_{-k} 类似。满条件概率分布与若干条件概率分布的乘积成正比，各个条件概率分布只由少量的相关变量组成（图模型中相邻结点表示的变量）。所以，依满条件概率分布的抽样可以通过依这些条件概率分布的乘积的抽样进行。这样可以大幅减少抽样的计算复杂度，因为计算只涉及部分变量。

本章概要

1. 蒙特卡罗法是通过基于概率模型的抽样进行数值近似计算的方法，蒙特卡罗法可以用于概率分布的抽样、概率分布数学期望的估计、定积分的近似计算。

随机抽样是蒙特卡罗法的一种应用，有直接抽样法、接受-拒绝抽样法等。接受-拒绝法的基本想法是找一个容易抽样的建议分布，其密度函数的数倍大于等于想要抽样的概率分布的密度函数。按照建议分布随机抽样得到样本，再按照要抽样的概率分布与建议分布的倍数的比例随机决定接受或拒绝该样本，循环执行以上过程。

数学期望估计是蒙特卡罗法的另一种应用，按照概率分布 $p(x)$ 抽取随机变量 x 的 n 个独立样本，根据大数定律，当样本容量增大时，函数的样本均值以概率 1 收敛于函数的数学期望：

$$\hat{f}_n\rightarrow E_{p(x)}[f(x)],\quad n\rightarrow\infty$$

计算样本均值 $\hat{f}_n$，作为数学期望 $E_{p(x)}[f(x)]$ 的估计值。

2. 马尔可夫链是具有马尔可夫性的随机过程：

$$P(X_t|X_0X_1\cdots X_{t-1})=P(X_t|X_{t-1}),\quad t=1,2,\cdots$$

通常考虑时间齐次马尔可夫链。有离散状态马尔可夫链和连续状态马尔可夫链，分别由概率转移矩阵 P 和概率转移核 $p(x,y)$ 定义。

满足 $\pi=P\pi$ 或 $\pi(y)=\int p(x,y)\pi(x)\mathrm{d}x$ 的状态分布称为马尔可夫链的平稳分布。

马尔可夫链有不可约性、非周期性、正常返等性质。一个马尔可夫链若是不可约、非周期、正常返的，则该马尔可夫链满足遍历定理。当时间趋于无穷时，马尔可夫链的状态分布趋近于平稳分布，函数的样本平均依概率收敛于该函数的数学期望。

$$\lim_{t\rightarrow\infty}P(X_t=i|X_0=j)=\pi_i,\quad i=1,2,\cdots,\quad j=1,2,\cdots$$

$$\hat{f}_t\rightarrow E_\pi[f(X)],\quad t\rightarrow\infty$$

可逆马尔可夫链是满足遍历定理的充分条件。

3. 马尔可夫链蒙特卡罗法是以马尔可夫链为概率模型的蒙特卡罗积分方法，其基本想法如下：

（1）在随机变量 x 的状态空间 $\mathcal{X}$ 上构造一个满足遍历定理条件的马尔可夫链，其平稳分布为目标分布 $p(x)$；

（2）由状态空间的某一点 X_0 出发，用所构造的马尔可夫链进行随机游走，产生样本序列 $X_1, X_2, \cdots, X_t, \cdots$；

（3）应用马尔可夫链遍历定理，确定正整数 m 和 $n(m<n)$，得到样本集合 $\{x_{m+1}, x_{m+2}, \cdots, x_n\}$，进行函数 $f(x)$ 的均值（遍历均值）估计：

$$\hat{E}f = \frac{1}{n-m}\sum_{i=m+1}^{n} f(x_i)$$

4. Metropolis-Hastings 算法是最基本的马尔可夫链蒙特卡罗法。假设目标是对概率分布 $p(x)$ 进行抽样，构造建议分布 $q(x,x')$，定义接受分布 $\alpha(x,x')$。进行随机游走，假设当前处于状态 x，按照建议分布 $q(x,x')$ 随机抽样，按照概率 $\alpha(x,x')$ 接受抽样，转移到状态 x'，按照概率 $1-\alpha(x,x')$ 拒绝抽样，停留在状态 x，持续以上操作，得到一系列样本。这样的随机游走是根据转移核为 $p(x,x')=q(x,x')\alpha(x,x')$ 的可逆马尔可夫链（满足遍历定理条件）进行的，其平稳分布就是要抽样的目标分布 $p(x)$。

5. 吉布斯抽样（Gibbs sampling）用于多元联合分布的抽样和估计，是单分量 Metropolis-Hastings 算法的特殊情况。这时建议分布为满条件概率分布

$$q(x,x') = p(x'_j|x_{-j})$$

吉布斯抽样的基本做法是：从联合分布定义满条件概率分布，依次从满条件概率分布进行抽样，得到联合分布的随机样本。假设多元联合概率分布为 $p(x)=p(x_1,x_2,\cdots,x_k)$，吉布斯抽样从一个初始样本 $x^{(0)}=(x_1^{(0)},x_2^{(0)},\cdots,x_k^{(0)})^{\mathrm{T}}$ 出发，不断进行迭代，每一次迭代得到联合分布的一个样本 $x^{(i)}=(x_1^{(i)},x_2^{(i)},\cdots,x_k^{(i)})^{\mathrm{T}}$。在第 i 次迭代中，依次对第 j 个变量按照满条件概率分布随机抽样 $p(x_j|x_1^{(i)},\cdots,x_{j-1}^{(i)},x_{j+1}^{(i-1)},\cdots,x_k^{(i-1)})$，$j=1,2,\cdots,k$，得到 $x_j^{(i)}$。最终得到样本序列 $\{x^{(0)},x^{(1)},\cdots,x^{(n)}\}$。

继续阅读

马尔可夫链的介绍可见文献 [1]。Metropolis-Hastings 算法和吉布斯抽样的原始论文分别是文献 [2] 和文献 [3]。随机抽样的介绍见文献 [4]。马尔可夫链蒙特卡罗法的介绍可以参阅文献 [4]~文献 [8]，也可以观看 YouTube 上的视频：Mathematicalmonk, Markov Chain Monte Carlo (MCMC) Introduction。

习　题

19.1　用蒙特卡罗积分法求

$$\int_{-\infty}^{\infty} x^2 \exp\left(-\frac{x^2}{2}\right)\mathrm{d}x$$

19.2　证明如果马尔可夫链是不可约的，且有一个状态是非周期的，则其他所有状态也是非周期的，即这个马尔可夫链是非周期的。

19.3 验证具有以下转移概率矩阵的马尔可夫链是可约的，但是非周期的。

$$P = \begin{bmatrix} 1/2 & 1/2 & 0 & 0 \\ 1/2 & 0 & 1/2 & 0 \\ 0 & 1/2 & 0 & 0 \\ 0 & 0 & 1/2 & 1 \end{bmatrix}$$

19.4 验证具有以下转移概率矩阵的马尔可夫链是不可约的, 但是周期性的。

$$P = \begin{bmatrix} 0 & 1/2 & 0 & 0 \\ 1 & 0 & 1/2 & 0 \\ 0 & 1/2 & 0 & 1 \\ 0 & 0 & 1/2 & 0 \end{bmatrix}$$

19.5 证明可逆马尔可夫链一定是不可约的。

19.6 从一般的 Metropolis-Hastings 算法推导出单分量 Metropolis-Hastings 算法。

19.7 假设进行伯努利实验，后验概率为 $P(\theta|y)$，其中变量 $y \in \{0,1\}$ 表示实验可能的结果，变量 θ 表示结果为 1 的概率。再假设先验概率 $P(\theta)$ 遵循 Beta 分布 $B(\alpha,\beta)$，其中 $\alpha = 1, \beta = 1$；似然函数 $P(y|\theta)$ 遵循二项分布 $\text{Bin}(n,k,\theta)$，其中 $n = 10, k = 4$，即实验进行 10 次其中结果为 1 的次数为 4。试用 Metropolis-Hastings 算法求后验概率分布 $P(\theta|y) \propto P(\theta)P(y|\theta)$ 的均值和方差。（提示：可采用 Metropolis 选择，即假设建议分布是对称的）

19.8 设某试验可能有五种结果，其出现的概率分别为

$$\frac{\theta}{4}+\frac{1}{8}, \quad \frac{\theta}{4}, \quad \frac{\eta}{4}, \quad \frac{\eta}{4}+\frac{3}{8}, \quad \frac{1}{2}(1-\theta-\eta)$$

模型含有两个参数 θ 和 η，都介于 0 和 1 之间。现有 22 次试验结果的观测值为

$$y = (y_1,\ y_2,\ y_3,\ y_4,\ y_5) = (14,\ 1,\ 1,\ 1,\ 5)$$

其中，y_i 表示 22 次试验中第 i 个结果出现的次数，$i = 1,2,\cdots,5$。试用吉布斯抽样估计参数 θ 和 η 的均值和方差。

参考文献

[1] SERFOZO R. Basics of applied stochastic processes[M]. Springer, 2009.

[2] METROPOLIS N, ROSENBLUTH A W, ROSENBLUTH M N, et al. Equation of state calculations by fast computing machines[J]. The Journal of Chemical Physics, 1953, 21(6): 1087–1092.

[3] GEMAN S, GEMAN D. Stochastic relaxation, Gibbs distribution and the Bayesian restoration of images[J]. IEEE Transactions on Pattern Analysis and Machine Intelligence, 1984, 6: 721–741.

[4] BISHOP C M. Pattern recognition and machine learning[M]. Springer, 2006.
[5] GILKS W R, RICHARDSON S, SPIEGELHALTER, D J. Introducing Markov chain Monte Carlo[M]. Markov Chain Monte Carlo in Practice, 1996.
[6] ANDRIEU C, DE FREITAS N, DOUCET A, et al. An introduction to MCMC for machine learning[J]. Machine Learning, 2003, 50(1–2): 5–43.
[7] HOFF P. A first course in Bayesian statistical methods[M]. Springer, 2009.
[8] 茆诗松，王静龙，濮晓龙. 高等数理统计 [M]. 北京：高等教育出版社，1998.

第 20 章　潜在狄利克雷分配

潜在狄利克雷分配（latent Dirichlet allocation，LDA）作为基于贝叶斯学习的话题模型，是潜在语义分析、概率潜在语义分析的扩展，于 2002 年由 Blei 等提出。LDA 在文本数据挖掘、图像处理、生物信息处理等领域被广泛使用。

LDA 模型是文本集合的生成概率模型。假设每个文本由话题的一个多项分布表示，每个话题由单词的一个多项分布表示，特别假设文本的话题分布的先验分布是狄利克雷分布，话题的单词分布的先验分布也是狄利克雷分布。先验分布的导入使 LDA 能够更好地应对话题模型学习中的过拟合现象。

LDA 的文本集合的生成过程如下：首先随机生成一个文本的话题分布，之后在该文本的每个位置，依据该文本的话题分布随机生成一个话题，然后在该位置依据该话题的单词分布随机生成一个单词，直至文本的最后一个位置，生成整个文本。重复以上过程生成所有文本。

LDA 模型是含有隐变量的概率图模型。模型中，每个话题的单词分布、每个文本的话题分布和文本的每个位置的话题是隐变量，文本的每个位置的单词是观测变量。LDA 模型的学习与推理无法直接求解，通常使用吉布斯抽样（Gibbs sampling）和变分 EM 算法（variational EM algorithm），前者是蒙特卡罗法，而后者是近似算法。

本章 20.1 节介绍狄利克雷分布，20.2 节阐述潜在狄利克雷分配模型，20.3 节和 20.4 节叙述模型的算法，包括吉布斯抽样和变分 EM 算法。

20.1　狄利克雷分布

20.1.1　分布定义

首先介绍作为 LDA 模型基础的多项分布和狄利克雷分布。

1. 多项分布

多项分布（multinomial distribution）是一种多元离散随机变量的概率分布，是二项分布（binomial distribution）的扩展。

假设重复进行 n 次独立随机试验，每次试验可能出现的结果有 k 种，第 i 种结果出现的概率为 p_i，第 i 种结果出现的次数为 n_i。如果用随机变量 $X = (X_1, X_2, \cdots, X_k)$ 表示试验所有可能结果的次数，其中 X_i 表示第 i 种结果出现的次数，那么随机变量 X 服从多项分布。

定义 20.1（多项分布） 若多元离散随机变量 $X=(X_1,X_2,\cdots,X_k)$ 的概率质量函数为

$$P(X_1=n_1,X_2=n_2,\cdots,X_k=n_k)=\frac{n!}{n_1!n_2!\cdots n_k!}p_1^{n_1}p_2^{n_2}\cdots p_k^{n_k}$$

$$=\frac{n!}{\prod\limits_{i=1}^{k}n_i!}\prod_{i=1}^{k}p_i^{n_i} \tag{20.1}$$

其中，$p=(p_1,p_2,\cdots,p_k)$，$p_i\geqslant 0,i=1,2,\cdots,k$，$\sum\limits_{i=1}^{k}p_i=1$，$\sum\limits_{i=1}^{k}n_i=n$，则称随机变量 X 服从参数为 (n,p) 的多项分布，记作 $X\sim \text{Mult}(n,p)$。

当试验的次数 n 为 1 时，多项分布变成类别分布（categorical distribution）。类别分布表示试验可能出现的 k 种结果的概率。显然多项分布包含类别分布。

2. 狄利克雷分布

狄利克雷分布（Dirichlet distribution）是一种多元连续随机变量的概率分布，是贝塔分布（beta distribution）的扩展。在贝叶斯学习中，狄利克雷分布常作为多项分布的先验分布使用。

定义 20.2（狄利克雷分布） 若多元连续随机变量 $\theta=(\theta_1,\theta_2,\cdots,\theta_k)$ 的概率密度函数为

$$p(\theta|\alpha)=\frac{\Gamma\left(\sum\limits_{i=1}^{k}\alpha_i\right)}{\prod\limits_{i=1}^{k}\Gamma(\alpha_i)}\prod_{i=1}^{k}\theta_i^{\alpha_i-1} \tag{20.2}$$

其中，$\sum\limits_{i=1}^{k}\theta_i=1$，$\theta_i\geqslant 0$，$\alpha=(\alpha_1,\alpha_2,\cdots,\alpha_k)$，$\alpha_i>0$，$i=1,2,\cdots,k$，则称随机变量 θ 服从参数为 α 的狄利克雷分布，记作 $\theta\sim \text{Dir}(\alpha)$。

式中 $\Gamma(s)$ 是伽马函数，定义为

$$\Gamma(s)=\int_0^{\infty}x^{s-1}\mathrm{e}^{-x}\mathrm{d}x,\quad s>0$$

具有性质

$$\Gamma(s+1)=s\Gamma(s)$$

当 s 是自然数时，有

$$\Gamma(s+1)=s!$$

由于满足条件

$$\theta_i\geqslant 0,\quad \sum_{i=1}^{k}\theta_i=1$$

所以狄利克雷分布 θ 存在于 $(k-1)$ 维单纯形上。图 20.1 为二维单纯形上的狄利克雷分布（详见文前彩图）。$\theta_1+\theta_2+\theta_3=1$，$\theta_1,\theta_2,\theta_3\geqslant 0$。图中狄利克雷分布的参数为 $\alpha=(3,3,3)$，$\alpha=(7,7,7)$，$\alpha=(20,20,20)$，$\alpha=(2,6,11)$，$\alpha=(14,9,5)$，$\alpha=(6,2,6)$。

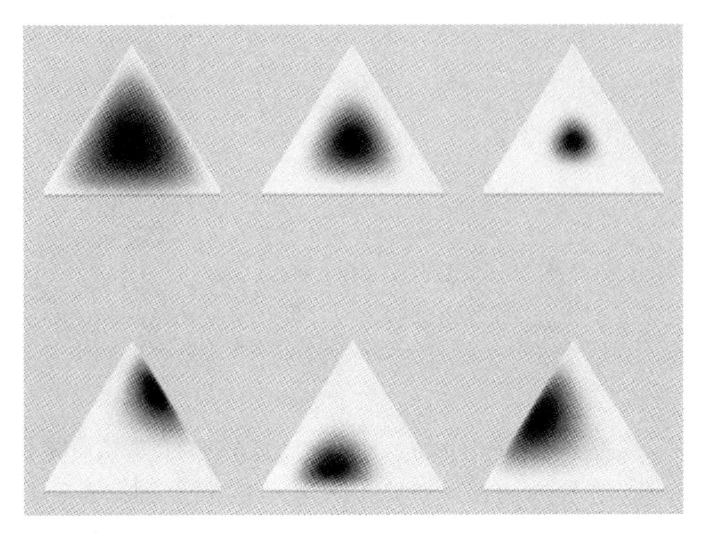

图 20.1 狄利克雷分布例 (见文前彩图)

令

$$
\mathrm{B}(\alpha)=\frac{\prod_{i=1}^{k}\Gamma(\alpha_i)}{\Gamma\left(\sum_{i=1}^{k}\alpha_i\right)} \tag{20.3}
$$

则狄利克雷分布的密度函数可以写成

$$
p(\theta|\alpha)=\frac{1}{\mathrm{B}(\alpha)}\prod_{i=1}^{k}\theta_i^{\alpha_i-1} \tag{20.4}
$$

$\mathrm{B}(\alpha)$ 是规范化因子，称为多元贝塔函数（或扩展的贝塔函数）。由密度函数的性质

$$
\int\frac{\Gamma\left(\sum_{i=1}^{k}\alpha_i\right)}{\prod_{i=1}^{k}\Gamma(\alpha_i)}\prod_{i=1}^{k}\theta_i^{\alpha_i-1}\mathrm{d}\theta=\frac{\Gamma\left(\sum_{i=1}^{k}\alpha_i\right)}{\prod_{i=1}^{k}\Gamma(\alpha_i)}\int\prod_{i=1}^{k}\theta_i^{\alpha_i-1}\mathrm{d}\theta=1
$$

得：

$$
\mathrm{B}(\alpha)=\int\prod_{i=1}^{k}\theta_i^{\alpha_i-1}\mathrm{d}\theta \tag{20.5}
$$

所以式 (20.5) 是多元贝塔函数的积分表示。

3. 二项分布和贝塔分布

二项分布是多项分布的特殊情况，贝塔分布是狄利克雷分布的特殊情况。

二项分布是指如下概率分布。X 为离散随机变量，取值为 m，其概率质量函数为

$$P(X=m)=\binom{n}{m}p^m(1-p)^{n-m},\quad m=0,1,2,\cdots,n \tag{20.6}$$

其中，n 和 p（$0\leqslant p\leqslant 1$）是参数。

贝塔分布是指如下概率分布，X 为连续随机变量，取值范围为 $[0,1]$，其概率密度函数为

$$p(x)=\begin{cases}\dfrac{1}{\mathrm{B}(s,t)}x^{s-1}(1-x)^{t-1}, & 0\leqslant x\leqslant 1\\ 0, & 其他\end{cases} \tag{20.7}$$

其中，$s>0$ 和 $t>0$ 是参数，$\mathrm{B}(s,t)=\dfrac{\Gamma(s)\Gamma(t)}{\Gamma(s+t)}$ 是贝塔函数，定义为

$$\mathrm{B}(s,t)=\int_0^1 x^{s-1}(1-x)^{t-1}\mathrm{d}x \tag{20.8}$$

当 s,t 是自然数时，

$$\mathrm{B}(s,t)=\frac{(s-1)!(t-1)!}{(s+t-1)!} \tag{20.9}$$

当 n 为 1 时，二项分布变成伯努利分布（Bernoulli distribution）或 0-1 分布。伯努利分布表示试验可能出现的两种结果的概率。显然二项分布包含伯努利分布。图 20.2 给出几种概率分布的关系。

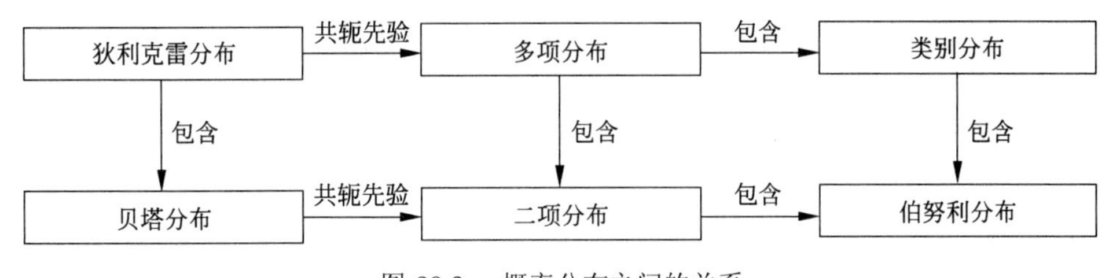

图 20.2 概率分布之间的关系

20.1.2 共轭先验

狄利克雷分布有一些重要性质：①狄利克雷分布属于指数分布族；②狄利克雷分布是多项分布的共轭先验（conjugate prior）。

贝叶斯学习中常使用共轭分布。如果后验分布与先验分布属于同类，则先验分布与后验分布称为共轭分布（conjugate distributions），先验分布称为共轭先验（conjugate prior）。如果多项分布的先验分布是狄利克雷分布，则其后验分布也为狄利克雷分布，两者构成共轭分布。作为先验分布的狄利克雷分布的参数又称为超参数。使用共轭分布的好处是便于从先验分布计算后验分布。

设 $\mathcal{W}=\{w_1,w_2,\cdots,w_k\}$ 是由 k 个元素组成的集合。随机变量 X 服从 $\mathcal{W}$ 上的多项分布，$X\sim \mathrm{Mult}(n,\theta)$，其中 $n=(n_1,n_2,\cdots,n_k)$ 和 $\theta=(\theta_1,\theta_2,\cdots,\theta_k)$ 是参数。参数 n 为从 $\mathcal{W}$ 中重复独立抽取样本的次数，n_i 为样本中 w_i 出现的次数（$i=1,2,\cdots,k$）；参数 θ_i 为 w_i 出现的概率（$i=1,2,\cdots,k$）。

将样本数据表示为 D，目标是计算在样本数据 D 给定条件下参数 θ 的后验概率 $p(\theta|D)$。对于给定的样本数据 D，似然函数是

$$p(D|\theta)=\theta_1^{n_1}\theta_2^{n_2}\cdots\theta_k^{n_k}=\prod_{i=1}^{k}\theta_i^{n_i} \tag{20.10}$$

假设随机变量 θ 服从狄利克雷分布 $p(\theta|\alpha)$，其中 $\alpha=(\alpha_1,\alpha_2,\cdots,\alpha_k)$ 为参数，则 θ 的先验分布为

$$p(\theta|\alpha)=\frac{\Gamma\left(\sum\limits_{i=1}^{k}\alpha_i\right)}{\prod\limits_{i=1}^{k}\Gamma(\alpha_i)}\prod_{i=1}^{k}\theta_i^{\alpha_i-1}=\frac{1}{\mathrm{B}(\alpha)}\prod_{i=1}^{k}\theta_i^{\alpha_i-1}=\mathrm{Dir}(\theta|\alpha),\quad \alpha_i>0 \tag{20.11}$$

根据贝叶斯规则，在给定样本数据 D 和参数 α 的条件下，θ 的后验概率分布是

$$\begin{aligned}
p(\theta|D,\alpha)&=\frac{p(D|\theta)p(\theta|\alpha)}{p(D|\alpha)}\\
&=\frac{\prod\limits_{i=1}^{k}\theta_i^{n_i}\dfrac{1}{\mathrm{B}(\alpha)}\theta_i^{\alpha_i-1}}{\displaystyle\int\prod_{i=1}^{k}\theta_i^{n_i}\frac{1}{\mathrm{B}(\alpha)}\theta_i^{\alpha_i-1}\mathrm{d}\theta}\\
&=\frac{1}{\mathrm{B}(\alpha+n)}\prod_{i=1}^{k}\theta_i^{\alpha_i+n_i-1}\\
&=\mathrm{Dir}(\theta|\alpha+n)
\end{aligned} \tag{20.12}$$

可以看出先验分布 (20.11) 和后验分布 (20.12) 都是狄利克雷分布，两者有不同的参数，所以狄利克雷分布是多项分布的共轭先验。狄利克雷后验分布的参数等于狄利克雷先验分布参数 $\alpha=(\alpha_1,\alpha_2,\cdots,\alpha_k)$ 加上多项分布的观测计数 $n=(n_1,n_2,\cdots,n_k)$，好像试验之前就已经观察到计数 $\alpha=(\alpha_1,\alpha_2,\cdots,\alpha_k)$，因此也把 α 叫做先验伪计数（prior pseudo-counts）。

20.2 潜在狄利克雷分配模型

20.2.1 基本想法

潜在狄利克雷分配（LDA）是文本集合的生成概率模型。模型假设话题由单词的多项分

布表示，文本由话题的多项分布表示，单词分布和话题分布的先验分布都是狄利克雷分布。文本内容的不同是由于它们的话题分布不同。(严格意义上说，这里的多项分布都是类别分布，在机器学习与自然语言处理中，有时对两者不作严格区分)

LDA 模型表示文本集合的自动生成过程：首先，基于单词分布的先验分布（狄利克雷分布）生成多个单词分布，即决定多个话题内容；然后，基于话题分布的先验分布（狄利克雷分布）生成多个话题分布，即决定多个文本内容；最后，基于每一个话题分布生成话题序列，针对每一个话题，基于话题的单词分布生成单词，整体构成一个单词序列，即生成文本，重复这个过程生成所有文本。文本的单词序列是观测变量，文本的话题序列是隐变量，文本的话题分布和话题的单词分布也是隐变量。图 20.3 示意了 LDA 的文本生成过程（详见文前彩图）。

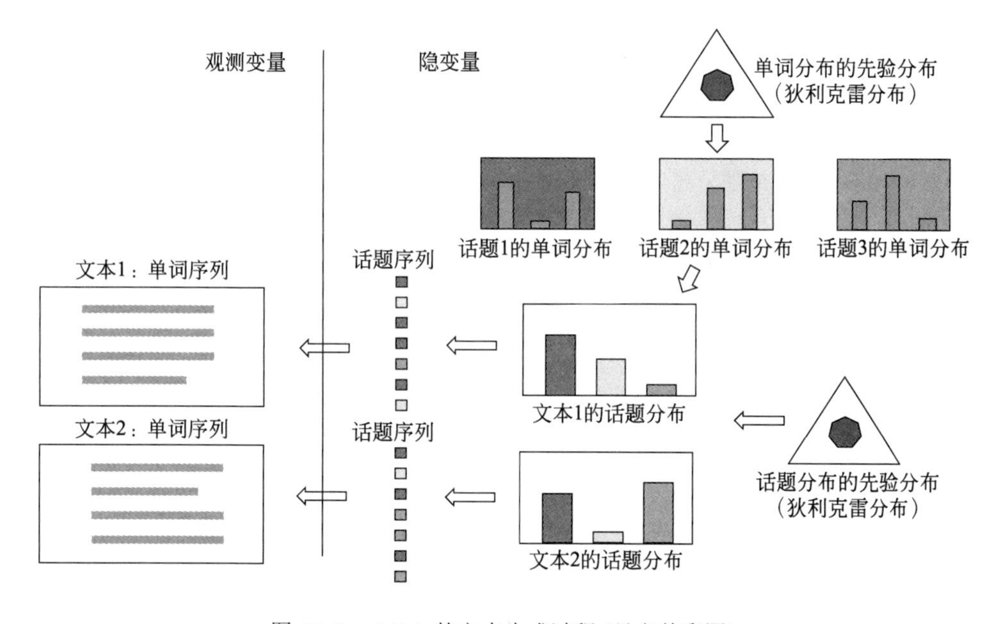

图 20.3 LDA 的文本生成过程 (见文前彩图)

LDA 模型是概率图模型，其特点是以狄利克雷分布为多项分布的先验分布，学习就是给定文本集合，通过后验概率分布的估计，推断模型的所有参数。利用 LDA 进行话题分析就是对给定文本集合，学习到每个文本的话题分布，以及每个话题的单词分布。

可以认为 LDA 是 PLSA（概率潜在语义分析）的扩展，相同点是两者都假设话题是单词的多项分布，文本是话题的多项分布。不同点是 LDA 使用狄利克雷分布作为先验分布，而 PLSA 不使用先验分布（或者说假设先验分布是均匀分布），两者对文本生成过程有不同假设；学习过程 LDA 基于贝叶斯学习，而 PLSA 基于极大似然估计。LDA 的优点是使用先验概率分布，可以防止学习过程中产生的过拟合（over-fitting）。

20.2.2 模型定义

本书采用常用 LDA 模型的定义，与原始文献中提出的模型略有不同。

1. 模型要素

潜在狄利克雷分配（LDA）使用三个集合：一是单词集合 $W=\{w_1,w_2,\cdots,w_v,\cdots,w_V\}$，其中 w_v 是第 v 个单词，$v=1,2,\cdots,V$，V 是单词的个数。二是文本集合 $D=\{\mathbf{w}_1,\mathbf{w}_2,\cdots,\mathbf{w}_m,\cdots,\mathbf{w}_M\}$，其中 $\mathbf{w}_m$ 是第 m 个文本，$m=1,2,\cdots,M$，M 是文本的个数。文本 $\mathbf{w}_m$ 是一个单词序列 $\mathbf{w}_m=(w_{m1},w_{m2},\cdots,w_{mn},\cdots,w_{mN_m})$，其中 w_{mn} 是文本 $\mathbf{w}_m$ 的第 n 个单词，$n=1,2,\cdots,N_m$，N_m 是文本 $\mathbf{w}_m$ 中单词的个数。三是话题集合 $Z=\{z_1,z_2,\cdots,z_k,\cdots,z_K\}$，其中 z_k 是第 k 个话题，$k=1,2,\cdots,K$，K 是话题的个数。

每一个话题 z_k 由一个单词的条件概率分布 $p(w|z_k)$ 决定，$w\in W$。分布 $p(w|z_k)$ 服从多项分布（严格意义上类别分布），其参数为 φ_k。参数 φ_k 服从狄利克雷分布（先验分布），其超参数为 β。参数 φ_k 是一个 V 维向量 $\varphi_k=(\varphi_{k1},\varphi_{k2},\cdots,\varphi_{kV})$，其中 φ_{kv} 表示话题 z_k 生成单词 w_v 的概率。所有话题的参数向量构成一个 $K\times V$ 矩阵 $\varphi=\{\varphi_k\}_{k=1}^K$。超参数 β 也是一个 V 维向量 $\beta=(\beta_1,\beta_2,\cdots,\beta_V)$。

每一个文本 $\mathbf{w}_m$ 由一个话题的条件概率分布 $p(z|\mathbf{w}_m)$ 决定，$z\in Z$。分布 $p(z|\mathbf{w}_m)$ 服从多项分布（严格意义上类别分布），其参数为 θ_m。参数 θ_m 服从狄利克雷分布（先验分布），其超参数为 α。参数 θ_m 是一个 K 维向量 $\theta_m=(\theta_{m1},\theta_{m2},\cdots,\theta_{mK})$，其中 θ_{mk} 表示文本 $\mathbf{w}_m$ 生成话题 z_k 的概率。所有文本的参数向量构成一个 $M\times K$ 矩阵 $\theta=\{\theta_m\}_{m=1}^M$。超参数 α 也是一个 K 维向量 $\alpha=(\alpha_1,\alpha_2,\cdots,\alpha_K)$。

每一个文本 $\mathbf{w}_m$ 中的每一个单词 w_{mn} 由该文本的话题分布 $p(z|\mathbf{w}_m)$ 以及所有话题的单词分布 $p(w|z_k)$ 决定。

2. 生成过程

给定单词集合 W，文本集合 D，话题集合 Z，狄利克雷分布的超参数 α 和 β，LDA 文本集合的生成过程如下：

（1）生成话题的单词分布

随机生成 K 个话题的单词分布。具体过程如下：按照狄利克雷分布 $\text{Dir}(\beta)$ 随机生成一个参数向量 φ_k，$\varphi_k\sim\text{Dir}(\beta)$，作为话题 z_k 的单词分布 $p(w|z_k)$，$w\in W$，$k=1,2,\cdots,K$。

（2）生成文本的话题分布

随机生成 M 个文本的话题分布。具体过程如下：按照狄利克雷分布 $\text{Dir}(\alpha)$ 随机生成一个参数向量 θ_m，$\theta_m\sim\text{Dir}(\alpha)$，作为文本 $\mathbf{w}_m$ 的话题分布 $p(z|\mathbf{w}_m)$，$m=1,2,\cdots,M$。

（3）生成文本的单词序列

随机生成 M 个文本的 N_m 个单词。文本 $\mathbf{w}_m$（$m=1,2,\cdots,M$）的单词 w_{mn}（$n=1,2,\cdots,N_m$）的生成过程如下：

（a）首先按照多项分布 $\text{Mult}(\theta_m)$ 随机生成一个话题 z_{mn}，$z_{mn}\sim\text{Mult}(\theta_m)$。

（b）然后按照多项分布 $\text{Mult}(\varphi_{z_{mn}})$ 随机生成一个单词 w_{mn}，$w_{mn}\sim\text{Mult}(\varphi_{z_{mn}})$。

文本 $\mathbf{w}_m$ 本身是单词序列 $\mathbf{w}_m=(w_{m1},w_{m2},\cdots,w_{mN_m})$，对应着隐式的话题序列 $\mathbf{z}_m=(z_{m1},z_{m2},\cdots,z_{mN_m})$。

总结 LDA 生成文本的算法如下。

算法 20.1（LDA 的文本生成算法）

（1）对于话题 z_k（$k=1,2,\cdots,K$）：

生成多项分布参数 $\varphi_k \sim \mathrm{Dir}(\beta)$，作为话题的单词分布 $p(w|z_k)$；

（2）对于文本 $\mathbf{w}_m$（$m=1,2,\cdots,M$）：

生成多项分布参数 $\theta_m \sim \mathrm{Dir}(\alpha)$，作为文本的话题分布 $p(z|\mathbf{w}_m)$；

（3）对于文本 $\mathbf{w}_m$ 的单词 w_{mn}（$m=1,2,\cdots,M$，$n=1,2,\cdots,N_m$）：

（a）生成话题 $z_{mn} \sim \mathrm{Mult}(\theta_m)$，作为单词对应的话题；

（b）生成单词 $w_{mn} \sim \mathrm{Mult}(\varphi_{z_{mn}})$。 ■

LDA 的文本生成过程中，假定话题个数 K 给定，实际通常通过实验选定。狄利克雷分布的超参数 α 和 β 通常也是事先给定的。在没有其他先验知识的情况下，可以假设向量 α 和 β 的所有分量均为 1，这时的文本的话题分布 θ_m 是对称的，话题的单词分布 φ_k 也是对称的。

20.2.3 概率图模型

LDA 模型本质是一种概率图模型（probabilistic graphical model）。图 20.4 为 LDA 作为概率图模型的板块表示（plate notation）。图中结点表示随机变量，实心结点是观测变量，空心结点是隐变量；有向边表示概率依存关系；矩形（板块）表示重复，板块内数字表示重复的次数。

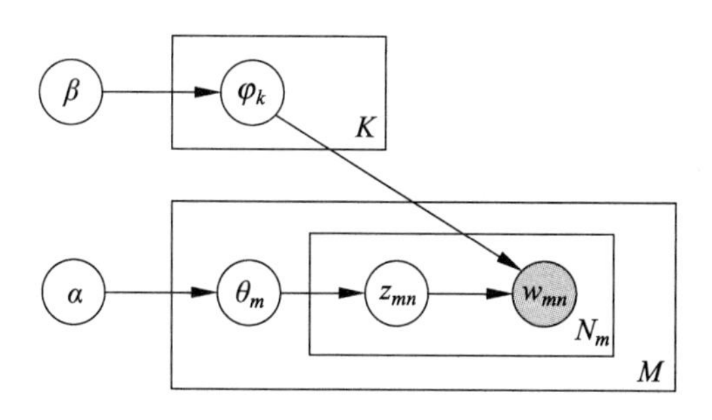

图 20.4 LDA 的板块表示

对于图 20.4 中的 LDA 板块表示，结点 α 和 β 是模型的超参数，结点 φ_k 表示话题的单词分布的参数，结点 θ_m 表示文本的话题分布的参数，结点 z_{mn} 表示话题，结点 w_{mn} 表示单词。结点 β 指向结点 φ_k，重复 K 次，表示根据超参数 β 生成 K 个话题的单词分布的参数 φ_k；结点 α 指向结点 θ_m，重复 M 次，表示根据超参数 α 生成 M 个文本的话题分布的参数 θ_m；结点 θ_m 指向结点 z_{mn}，重复 N_m 次，表示根据文本的话题分布 θ_m 生成 N_m 个话题 z_{mn}；结点 z_{mn} 指向结点 w_{mn}，同时 K 个结点 φ_k 也指向结点 w_{mn}，表示根据话题 z_{mn} 以及 K 个话题的单词分布 φ_k 生成单词 w_{mn}。

板块表示的优点是简洁，板块表示展开之后，成为普通的有向图表示（图 20.5）。有向图中结点表示随机变量，有向边表示概率依存关系。可以看出 LDA 是相同随机变量被重复多次使用的概率图模型。

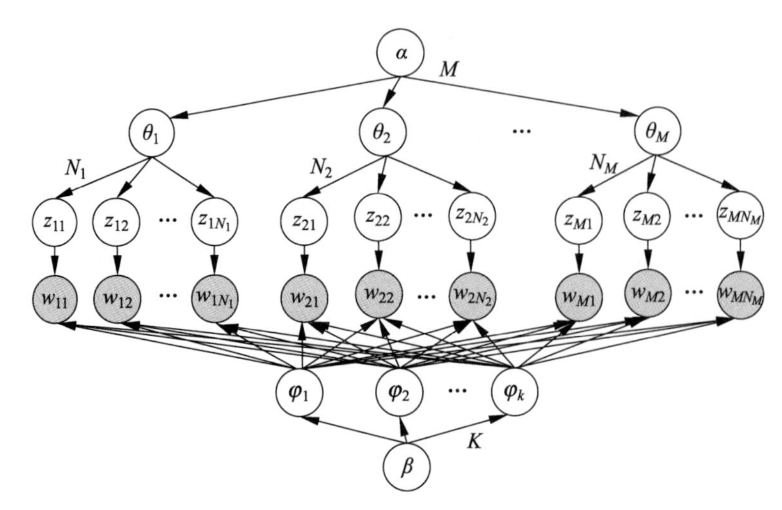

图 20.5 LDA 的展开图模型表示

20.2.4 随机变量序列的可交换性

一个有限的随机变量序列是可交换的（exchangeable），是指随机变量的联合概率分布对随机变量的排列不变。

$$P(x_1, x_2, \cdots, x_N) = P(x_{\pi(1)}, x_{\pi(2)}, \cdots, x_{\pi(N)}) \tag{20.13}$$

这里 $\pi(1), \pi(2), \cdots, \pi(N)$ 代表自然数 $1, 2, \cdots, N$ 的任意一个排列。一个无限的随机变量序列是无限可交换（infinitely exchangeable）的，是指它的任意一个有限子序列都是可交换的。

如果一个随机变量序列 $X_1, X_2, \cdots, X_N, \cdots$ 是独立同分布的，那么它们是无限可交换的。反之不然。

随机变量序列可交换的假设在贝叶斯学习中经常使用。根据 De Finetti 定理，任意一个无限可交换的随机变量序列对一个随机参数是条件独立同分布的。即任意一个无限可交换的随机变量序列 $X_1, X_2, \cdots, X_i, \cdots$ 的基于一个随机参数 Y 的条件概率等于基于这个随机参数 Y 的各个随机变量 $X_1, X_2, \cdots, X_i, \cdots$ 的条件概率的乘积。

$$P\left(X_1, X_2, \cdots, X_i, \cdots | Y\right) = P(X_1|Y)P(X_2|Y)\cdots P(X_i|Y)\cdots \tag{20.14}$$

LDA 假设文本由无限可交换的话题序列组成。由 De Finetti 定理知，实际是假设文本中的话题对一个随机参数是条件独立同分布的。所以在参数给定的条件下，文本中话题的顺序可以忽略。作为对比，概率潜在语义模型假设文本中的话题是独立同分布的，文本中的话题的顺序也可以忽略。

20.2.5 概率公式

LDA 模型整体是由观测变量和隐变量组成的联合概率分布，可以表示为

$$p(w, z, \theta, \varphi|\alpha, \beta) = \prod_{k=1}^{K} p(\varphi_k|\beta) \prod_{m=1}^{M} p(\theta_m|\alpha) \prod_{n=1}^{N_m} p(z_{mn}|\theta_m) p(w_{mn}|z_{mn}, \varphi) \tag{20.15}$$

其中，观测变量 w 表示所有文本中的单词序列，隐变量 z 表示所有文本中的话题序列，隐变量 θ 表示所有文本的话题分布的参数，隐变量 φ 表示所有话题的单词分布的参数，α 和 β 是超参数。式中 $p(\varphi_k|\beta)$ 表示超参数 β 给定条件下第 k 个话题的单词分布的参数 φ_k 的生成概率，$p(\theta_m|\alpha)$ 表示超参数 α 给定条件下第 m 个文本的话题分布的参数 θ_m 的生成概率，$p(z_{mn}|\theta_m)$ 表示第 m 个文本的话题分布 θ_m 给定条件下文本的第 n 个位置的话题 z_{mn} 的生成概率，$p(w_{mn}|z_{mn},\varphi)$ 表示在第 m 个文本的第 n 个位置的话题 z_{mn} 及所有话题的单词分布的参数 φ 给定条件下第 m 个文本的第 n 个位置的单词 w_{mn} 的生成概率。参见图 20.5。

第 m 个文本的联合概率分布可以表示为

$$p(w_m,z_m,\theta_m,\varphi|\alpha,\beta)=\prod_{k=1}^{K}p(\varphi_k|\beta)p(\theta_m|\alpha)\prod_{n=1}^{N_m}p(z_{mn}|\theta_m)p(w_{mn}|z_{mn},\varphi) \tag{20.16}$$

其中，w_m 表示该文本中的单词序列，z_m 表示该文本的话题序列，θ_m 表示该文本的话题分布参数。

LDA 模型的联合分布含有隐变量，对隐变量进行积分得到边缘分布。

参数 θ_m 和 φ 给定条件下第 m 个文本的生成概率是

$$p(w_m|\theta_m,\varphi)=\prod_{n=1}^{N_m}\left[\sum_{k=1}^{K}p(z_{mn}=k|\theta_m)p(w_{mn}|\varphi_k)\right] \tag{20.17}$$

超参数 α 和 β 给定条件下第 m 个文本的生成概率是

$$p(w_m|\alpha,\beta)=\prod_{k=1}^{K}\int p(\varphi_k|\beta)\left\{\int p(\theta_m|\alpha)\prod_{n=1}^{N_m}\left[\sum_{l=1}^{K}p(z_{mn}=l|\theta_m)p(w_{mn}|\varphi_l)\right]\mathrm{d}\theta_m\right\}\mathrm{d}\varphi_k \tag{20.18}$$

超参数 α 和 β 给定条件下所有文本的生成概率是

$$p(w|\alpha,\beta)=\prod_{k=1}^{K}\int p(\varphi_k|\beta)\left\{\prod_{m=1}^{M}\int p(\theta_m|\alpha)\prod_{n=1}^{N_m}\left[\sum_{l=1}^{K}p(z_{mn}=l|\theta_m)p(w_{mn}|\varphi_l)\right]\mathrm{d}\theta_m\right\}\mathrm{d}\varphi_k \tag{20.19}$$

20.3 LDA 的吉布斯抽样算法

潜在狄利克雷分配（LDA）的学习（参数估计）是一个复杂的最优化问题，很难精确求解，只能近似求解。常用的近似求解方法有吉布斯抽样（Gibbs sampling）和变分推理（variational inference）。本节讲述吉布斯抽样，20.4 节讲述变分推理算法。吉布斯抽样的优点是实现简单，缺点是迭代次数可能较多。

20.3.1 基本想法

对于 LDA 模型的学习，给定文本（单词序列）的集合 $D=\{w_1,\cdots,w_m,\cdots,w_M\}$，其中

w_m 是第 m 个文本（单词序列），$w_m = (w_{m1}, \cdots, w_{mn}, \cdots, w_{mN_m})$，以 w 表示文本集合的单词序列，即 $w = (w_{11}, w_{12}, \cdots, w_{1N_1}, w_{21}, w_{22}, \cdots, w_{2N_2}, \cdots, w_{M1}, w_{M2}, \cdots, w_{MN_M})$（参考图 20.5）；超参数 α 和 β 已知。目标是要推断：①话题序列的集合 $z = \{z_1, \cdots, z_m, \cdots, z_M\}$ 的后验概率分布，其中 z_m 是第 m 个文本的话题序列，$z_m = (z_{m1}, \cdots, z_{mn}, \cdots, z_{mN_m})$；②参数 $\theta = \{\theta_1, \cdots, \theta_m, \cdots, \theta_M\}$，其中 θ_m 是文本 w_m 的话题分布的参数；③参数 $\varphi = \{\varphi_1, \cdots, \varphi_k, \cdots, \varphi_K\}$，其中 φ_k 是话题 z_k 的单词分布的参数。也就是说，要对联合概率分布 $p(w, z, \theta, \varphi|\alpha, \beta)$ 进行估计，其中 w 是观测变量，而 z，θ，φ 是隐变量。

第 19 章讲述了吉布斯抽样，这是一种常用的马尔可夫链蒙特卡罗法。为了估计多元随机变量 x 的联合分布 $p(x)$，吉布斯抽样法选择 x 的一个分量，固定其他分量，按照其条件概率分布进行随机抽样，依次循环对每一个分量执行这个操作，得到联合分布 $p(x)$ 的一个随机样本，重复这个过程，在燃烧期之后，得到联合概率分布 $p(x)$ 的样本集合。

LDA 模型的学习通常采用收缩的吉布斯抽样（collapsed Gibbs sampling）方法[①]，基本想法是：通过对隐变量 θ 和 φ 积分，得到边缘概率分布 $p(w, z|\alpha, \beta)$（也是联合分布），其中变量 w 是可观测的，变量 z 是不可观测的；对后验概率分布 $p(z|w, \alpha, \beta)$ 进行吉布斯抽样，得到分布 $p(z|w, \alpha, \beta)$ 的样本集合；再利用这个样本集合对参数 θ 和 φ 进行估计，最终得到 LDA 模型 $p(w, z, \theta, \varphi|\alpha, \beta)$ 的所有参数估计。

20.3.2 算法的主要部分

根据上面的分析，问题转化为对后验概率分布 $p(z|w, \alpha, \beta)$ 的吉布斯抽样，该分布表示在所有文本的单词序列给定条件下所有可能话题序列的条件概率。这里先给出该分布的表达式，之后给出该分布的满条件分布表达式。

1. 抽样分布的表达式

首先有关系

$$p(z|w, \alpha, \beta) = \frac{p(w, z|\alpha, \beta)}{p(w|\alpha, \beta)} \propto p(w, z|\alpha, \beta) \tag{20.20}$$

这里变量 w，α 和 β 已知，分母相同，可以不予考虑。联合分布 $p(w, z|\alpha, \beta)$ 的表达式可以进一步分解为

$$p(w, z|\alpha, \beta) = p(w|z, \alpha, \beta)p(z|\alpha, \beta) = p(w|z, \beta)p(z|\alpha) \tag{20.21}$$

两个因子可以分别处理。

推导第一个因子 $p(w|z, \beta)$ 的表达式。首先

$$p(w|z, \varphi) = \prod_{k=1}^{K} \prod_{v=1}^{V} \varphi_{kv}^{n_{kv}} \tag{20.22}$$

其中，φ_{kv} 是第 k 个话题生成单词集合第 v 个单词的概率，n_{kv} 是数据中第 k 个话题生成第 v 个单词的次数。于是

① 原理上也可以考虑整体吉布斯抽样（full Gibbs sampling），但算法更加复杂。

$$\begin{aligned}
p(w|z,\beta) &= \int p(w|z,\varphi)p(\varphi|\beta)\mathrm{d}\varphi \\
&= \int \prod_{k=1}^{K} \frac{1}{\mathrm{B}(\beta)} \prod_{v=1}^{V} \varphi_{kv}^{n_{kv}+\beta_v-1} \mathrm{d}\varphi \\
&= \prod_{k=1}^{K} \frac{1}{\mathrm{B}(\beta)} \int \prod_{v=1}^{V} \varphi_{kv}^{n_{kv}+\beta_v-1} \mathrm{d}\varphi \\
&= \prod_{k=1}^{K} \frac{\mathrm{B}(n_k+\beta)}{\mathrm{B}(\beta)}
\end{aligned} \tag{20.23}$$

其中，$n_k = \{n_{k1}, n_{k2}, \cdots, n_{kV}\}$。

第二个因子 $p(z|\alpha)$ 的表达式可以类似推导。首先

$$p(z|\theta) = \prod_{m=1}^{M} \prod_{k=1}^{K} \theta_{mk}^{n_{mk}} \tag{20.24}$$

其中，θ_{mk} 是第 m 个文本生成第 k 个话题的概率，n_{mk} 是数据中第 m 个文本生成第 k 个话题的次数。于是

$$\begin{aligned}
p(z|\alpha) &= \int p(z|\theta)p(\theta|\alpha)\mathrm{d}\theta \\
&= \int \prod_{m=1}^{M} \frac{1}{\mathrm{B}(\alpha)} \prod_{k=1}^{K} \theta_{mk}^{n_{mk}+\alpha_k-1} \mathrm{d}\theta \\
&= \prod_{m=1}^{M} \frac{1}{\mathrm{B}(\alpha)} \int \prod_{k=1}^{K} \theta_{mk}^{n_{mk}+\alpha_k-1} \mathrm{d}\theta \\
&= \prod_{m=1}^{M} \frac{\mathrm{B}(n_m+\alpha)}{\mathrm{B}(\alpha)}
\end{aligned} \tag{20.25}$$

其中，$n_m = \{n_{m1}, n_{m2}, \cdots, n_{mK}\}$。由式 (20.23) 和式 (20.25) 得：

$$p(z,w|\alpha,\beta) = \prod_{k=1}^{K} \frac{\mathrm{B}(n_k+\beta)}{\mathrm{B}(\beta)} \cdot \prod_{m=1}^{M} \frac{\mathrm{B}(n_m+\alpha)}{\mathrm{B}(\alpha)} \tag{20.26}$$

故由式 (20.20) 和式 (20.26) 得收缩的吉布斯抽样分布的公式：

$$p(z|w,\alpha,\beta) \propto \prod_{k=1}^{K} \frac{\mathrm{B}(n_k+\beta)}{\mathrm{B}(\beta)} \cdot \prod_{m=1}^{M} \frac{\mathrm{B}(n_m+\alpha)}{\mathrm{B}(\alpha)} \tag{20.27}$$

2. 满条件分布的表达式

分布 $p(z|w,\alpha,\beta)$ 的满条件分布可以写成

$$p(z_i|z_{-i},w,\alpha,\beta) = \frac{1}{Z_{z_i}} p(z|w,\alpha,\beta) \tag{20.28}$$

这里 w_i 表示所有文本的单词序列的第 i 个位置的单词，z_i 表示单词 w_i 对应的话题，$i=(m,n)$，$i=1,2,\cdots,I$，$z_{-i}=\{z_j:j\neq i\}$，Z_{z_i} 表示分布 $p(z|w,\alpha,\beta)$ 对变量 z_i 的边缘化因子。式 (20.28) 是在所有文本单词序列、其他位置话题序列给定条件下第 i 个位置的话题的条件概率分布。由式 (20.27) 和式 (20.28) 可以推出：

$$p(z_i|z_{-i},w,\alpha,\beta)\propto\frac{n_{kv}+\beta_v}{\sum\limits_{v=1}^{V}(n_{kv}+\beta_v)}\cdot\frac{n_{mk}+\alpha_k}{\sum\limits_{k=1}^{K}(n_{mk}+\alpha_k)} \tag{20.29}$$

其中，第 m 个文本的第 n 个位置的单词 w_i 是单词集合的第 v 个单词，其话题 z_i 是话题集合的第 k 个话题；n_{kv} 表示第 k 个话题中第 v 个单词的计数，但减去当前单词的计数；n_{mk} 表示第 m 个文本中第 k 个话题的计数，但减去当前单词的话题的计数。

20.3.3 算法的后处理

通过吉布斯抽样得到的分布 $p(z|w,\alpha,\beta)$ 的样本可以得到变量 z 的分配值，也可以估计变量 θ 和 φ。

1. 参数 $\theta=\{\theta_m\}$ 的估计

根据 LDA 模型的定义，后验概率满足

$$p(\theta_m|z_m,\alpha)=\frac{1}{Z_{\theta_m}}\prod_{n=1}^{N_m}p(z_{mn}|\theta_m)p(\theta_m|\alpha)=\mathrm{Dir}(\theta_m|n_m+\alpha) \tag{20.30}$$

这里 $n_m=\{n_{m1},n_{m2},\cdots,n_{mK}\}$ 是第 m 个文本的话题的计数，Z_{θ_m} 表示分布 $p(\theta_m,z_m|\alpha)$ 对变量 θ_m 的边缘化因子。于是得到参数 $\theta=\{\theta_m\}$ 的估计式：

$$\theta_{mk}=\frac{n_{mk}+\alpha_k}{\sum\limits_{k=1}^{K}(n_{mk}+\alpha_k)},\quad m=1,2,\cdots,M,\quad k=1,2,\cdots,K \tag{20.31}$$

2. 参数 $\varphi=\{\varphi_k\}$ 的估计

后验概率满足

$$p(\varphi_k|w,z,\beta)=\frac{1}{Z_{\varphi_k}}\prod_{i=1}^{I}p(w_i|\varphi_k)p(\varphi_k|\beta)=\mathrm{Dir}(\varphi_k|n_k+\beta) \tag{20.32}$$

这里 $n_k=\{n_{k1},n_{k2},\cdots,n_{kV}\}$ 是第 k 个话题的单词的计数，Z_{φ_k} 表示分布 $p(\varphi_k,w|z,\beta)$ 对变量 φ_k 的边缘化因子，I 是文本集合单词序列 w 的单词总数。于是得到参数的估计式：

$$\varphi_{kv}=\frac{n_{kv}+\beta_v}{\sum\limits_{v=1}^{V}(n_{kv}+\beta_v)},\quad k=1,2,\cdots,K,\quad v=1,2,\cdots,V \tag{20.33}$$

20.3.4 算法

总结 LDA 的吉布斯抽样的具体算法。

对给定的所有文本的单词序列 w，每个位置上随机指派一个话题，整体构成所有文本的话题序列 z。然后循环执行以下操作。

在每一个位置上计算在该位置上的话题的满条件概率分布，然后进行随机抽样，得到该位置的新的话题，分派给这个位置。

$$p(z_i|z_{-i},w,\alpha,\beta) \propto \frac{n_{kv}+\beta_v}{\sum\limits_{v=1}^{V}(n_{kv}+\beta_v)} \cdot \frac{n_{mk}+\alpha_k}{\sum\limits_{k=1}^{K}(n_{mk}+\alpha_k)}$$

这个条件概率分布由两个因子组成，第一个因子表示话题生成该位置的单词的概率，第二个因子表示该位置的文本生成话题的概率。

整体准备两个计数矩阵：话题-单词矩阵 $N_{K\times V}=[n_{kv}]$ 和文本-话题矩阵 $N_{M\times K}=[n_{mk}]$。在每一个位置，对两个矩阵中该位置的已有话题的计数减 1，计算满条件概率分布，然后进行抽样，得到该位置的新话题，之后对两个矩阵中该位置的新话题的计数加 1。计算移到下一个位置。

在燃烧期之后得到的所有文本的话题序列就是条件概率分布 $p(z|w,\alpha,\beta)$ 的样本。

算法 20.2（LDA 吉布斯抽样算法）

输入：文本的单词序列 $w=\{w_1,w_2,\cdots,w_m,\cdots,w_M\}$，$w_m=(w_{m1},w_{m2},\cdots,w_{mn},\cdots,w_{mN_m})$。

输出：文本的话题序列 $z=\{z_1,z_2,\cdots,z_m,\cdots,z_M\}$，$z_m=(z_{m1},z_{m2},\cdots,z_{mn},\cdots,z_{mN_m})$ 的后验概率分布 $p(z|w,\alpha,\beta)$ 的样本计数，模型的参数 φ 和 θ 的估计值。

参数：超参数 α 和 β，话题个数 K。

（1）设所有计数矩阵的元素 n_{mk}，n_{kv}，计数向量的元素 n_m，n_k 初值为 0。

（2）对所有文本 w_m，$m=1,2,\cdots,M$，对第 m 个文本中的所有单词 w_{mn}，$n=1,2,\cdots,N_m$，抽样话题 $z_{mn}=z_k\sim \text{Mult}\left(\dfrac{1}{K}\right)$；增加文本-话题计数 $n_{mk}=n_{mk}+1$，增加文本-话题和计数 $n_m=n_m+1$，增加话题-单词计数 $n_{kv}=n_{kv}+1$，增加话题-单词和计数 $n_k=n_k+1$。

（3）循环执行以下操作，直到进入燃烧期。对所有文本 w_m，$m=1,2,\cdots,M$，对第 m 个文本中的所有单词 w_{mn}，$n=1,2,\cdots,N_m$：

（a）当前的单词 w_{mn} 是第 v 个单词，话题指派 z_{mn} 是第 k 个话题；减少计数 $n_{mk}=n_{mk}-1$，$n_m=n_m-1$，$n_{kv}=n_{kv}-1$，$n_k=n_k-1$；

（b）按照满条件分布进行抽样：

$$p(z_i|z_{-i},w,\alpha,\beta) \propto \frac{n_{kv}+\beta_v}{\sum\limits_{v=1}^{V}(n_{kv}+\beta_v)} \cdot \frac{n_{mk}+\alpha_k}{\sum\limits_{k=1}^{K}(n_{mk}+\alpha_k)}$$

得到新的第 k' 个话题，分配给 z_{mn}；

（c）增加计数 $n_{mk'}=n_{mk'}+1$，n_m=n_m+1，$n_{k'v}=n_{k'v}+1$，$n_{k'}$=$n_{k'}$+1；

（d）得到更新的两个计数矩阵 $N_{K\times V}=[n_{kv}]$ 和 $N_{M\times K}=[n_{mk}]$，表示后验概率分布 $p(z|w,\alpha,\beta)$ 的样本计数。

（4）利用得到的样本计数，计算模型参数：

$$\theta_{mk}=\frac{n_{mk}+\alpha_k}{\sum\limits_{k=1}^{K}(n_{mk}+\alpha_k)}$$

$$\varphi_{kv}=\frac{n_{kv}+\beta_v}{\sum\limits_{v=1}^{V}(n_{kv}+\beta_v)}$$

■

20.4 LDA 的变分 EM 算法

本节首先介绍变分推理，然后介绍变分 EM 算法，最后介绍将变分 EM 算法应用到 LDA 模型学习的具体算法。LDA 的变分 EM 算法具有推理与学习效率高的优点。

20.4.1 变分推理

变分推理（variational inference）是贝叶斯学习中常用的、含有隐变量模型的学习和推理方法。变分推理和马尔可夫链蒙特卡罗法（MCMC）属于不同的技巧。MCMC 通过随机抽样的方法近似地计算模型的后验概率，变分推理则通过解析的方法计算模型的后验概率的近似值。

变分推理的基本想法如下。假设模型是联合概率分布 $p(x,z)$，其中 x 是观测变量（数据），z 是隐变量，包括参数。目标是学习模型的后验概率分布 $p(z|x)$，用模型进行概率推理。但这是一个复杂的分布，直接估计分布的参数很困难。所以考虑用概率分布 $q(z)$ 近似条件概率分布 $p(z|x)$，用 KL 散度 $D(q(z)\|p(z|x))$ 计算两者的相似度，$q(z)$ 称为变分分布（variational distribution）。如果能找到与 $p(z|x)$ 在 KL 散度意义下最近的分布 $q^*(z)$，则可以用这个分布近似 $p(z|x)$。

$$p(z|x)\approx q^*(z) \tag{20.34}$$

图 20.6 给出了 $q^*(z)$ 与 $p(z|x)$ 的关系。KL 散度的定义见附录 E。

KL 散度可以写成以下形式：

$$\begin{aligned}D(q(z)\|p(z|x))&=E_q[\log q(z)]-E_q[\log p(z|x)]\\&=E_q[\log q(z)]-E_q[\log p(x,z)]+\log p(x)\\&=\log p(x)-\{E_q[\log p(x,z)]-E_q[\log q(z)]\}\end{aligned} \tag{20.35}$$

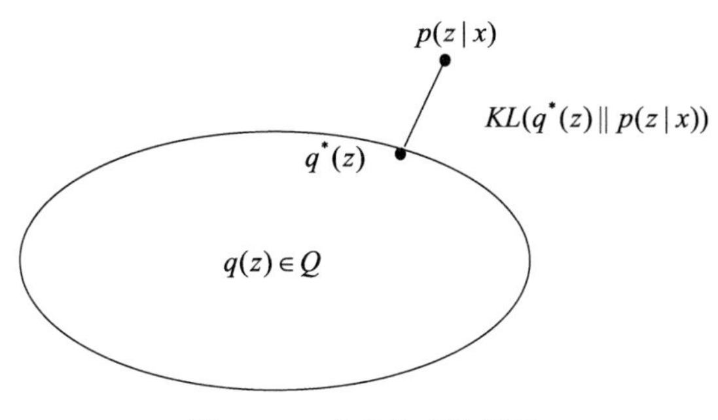

图 20.6 变分推理的原理

注意到 KL 散度大于等于零，当且仅当两个分布一致时为零，由此可知式 (20.35) 右端第一项与第二项满足关系

$$\log p(x) \geqslant E_q[\log p(x,z)] - E_q[\log q(z)] \tag{20.36}$$

不等式右端是左端的下界，左端称为证据（evidence），右端称为证据下界（evidence lower bound, ELBO），证据下界记作

$$L(q) = E_q[\log p(x,z)] - E_q[\log q(z)] \tag{20.37}$$

KL 散度 (20.35) 的最小化可以通过证据下界 (20.37) 的最大化实现，因为目标是求 $q(z)$ 使 KL 散度最小化，这时 $\log p(x)$ 是常量。因此，变分推理变成求解证据下界最大化的问题。

变分推理可以从另一个角度理解。目标是通过证据 $\log p(x)$ 的最大化估计联合概率分布 $p(x,z)$。因为含有隐变量 z，直接对证据进行最大化困难，转而根据式 (20.36) 对证据下界进行最大化。

对变分分布 $q(z)$ 要求是具有容易处理的形式，通常假设 $q(z)$ 对 z 的所有分量都是互相独立的（实际是条件独立于参数），即满足

$$q(z) = q(z_1)q(z_2)\cdots q(z_n) \tag{20.38}$$

这时的变分分布称为平均场（mean field）[1]。KL 散度的最小化或证据下界最大化实际是在平均场的集合，即满足独立假设的分布集合 $Q = \{q(z)|q(z) = \prod_{i=1}^{n} q(z_i)\}$ 之中进行的。

总结起来，变分推理有以下几个步骤：定义变分分布 $q(z)$；推导其证据下界表达式；用最优化方法对证据下界进行优化，如坐标上升，得到最优分布 $q^*(z)$，作为后验分布 $p(z|x)$ 的近似。

20.4.2 变分 EM 算法

变分推理中，可以通过迭代的方法最大化证据下界，这时算法是 EM 算法的推广，称为变分 EM 算法。

假设模型是联合概率分布 $p(x,z|\theta)$，其中 x 是观测变量，z 是隐变量，θ 是参数。目标是

① 平均场的概念最初来自物理学。

通过观测数据的概率（证据）$\log p(x|\theta)$ 的最大化，估计模型的参数 θ。使用变分推理，导入平均场 $q(z)=\prod_{i=1}^{n} q(z_i)$，定义证据下界

$$L(q,\theta)=E_q[\log p(x,z|\theta)]-E_q[\log q(z)] \tag{20.39}$$

通过迭代，分别以 q 和 θ 为变量对证据下界进行最大化，就得到变分 EM 算法。

算法 20.3（变分 EM 算法）

循环执行以下 E 步和 M 步，直到收敛。

（1）E 步：固定 θ，求 $L(q,\theta)$ 对 q 的最大化。

（2）M 步：固定 q，求 $L(q,\theta)$ 对 θ 的最大化。

给出模型参数 θ 的估计值。 ■

根据变分推理原理，观测数据的概率和证据下界满足

$$\log p(x|\theta)-L(q,\theta)=D(q(z)\|p(z|x,\theta))\geqslant 0 \tag{20.40}$$

变分 EM 算法的迭代过程中，以下关系成立：

$$\log p(x|\theta^{(t-1)})=L(q^{(t)},\theta^{(t-1)})\leqslant L(q^{(t)},\theta^{(t)})\leqslant \log p(x|\theta^{(t)}) \tag{20.41}$$

其中上角标 $t-1$ 和 t 表示迭代次数，左边的等式基于 E 步计算和变分推理原理，中间的不等式基于 M 步计算，右边的不等式基于变分推理原理。说明每次迭代都保证观测数据的概率不递减。因此，变分 EM 算法一定收敛，但可能收敛到局部最优。

EM 算法实际也是对证据下界进行最大化。不妨对照 9.4 节 EM 算法的推广，EM 算法的推广是求 F 函数的极大-极大算法，其中的 F 函数就是证据下界。EM 算法假设 $q(z)=p(z|x)$ 且 $p(z|x)$ 容易计算，而变分 EM 算法考虑一般情况使用容易计算的平均场 $q(z)=\prod_{i=1}^{n} q(z_i)$。当模型复杂时，EM 算法未必可用，但变分 EM 算法仍然可以使用。

20.4.3 算法推导

将变分 EM 算法应用到图 20.7 的 LDA 模型的学习上，是图 20.4 的 LDA 模型的简化。首先定义具体的变分分布，推导证据下界的表达式，接着推导变分分布的参数和 LDA 模型的参数的估计式，最后给出 LDA 模型的变分 EM 算法。

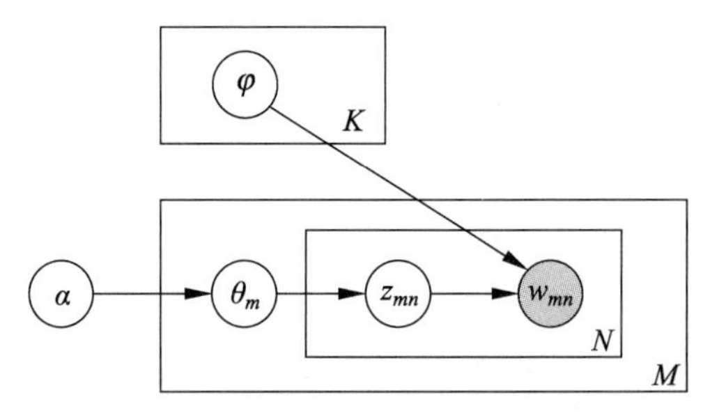

图 20.7 LDA 模型

1. 证据下界的定义

为简单起见，一次只考虑一个文本，记作 w。文本的单词序列 $w=(w_1,\cdots,w_n,\cdots,w_N)$，对应的话题序列 $z=(z_1,\cdots,z_n,\cdots,z_N)$，随机变量 w，z 和话题分布 θ 的联合分布是

$$p(\theta,z,w|\alpha,\varphi)=p(\theta|\alpha)\prod_{n=1}^{N}p(z_n|\theta)p(w_n|z_n,\varphi) \tag{20.42}$$

其中，w 是可观测变量，θ 和 z 是隐变量，α 和 φ 是参数。

定义基于平均场的变分分布

$$q(\theta,z|\gamma,\eta)=q(\theta|\gamma)\prod_{n=1}^{N}q(z_n|\eta_n) \tag{20.43}$$

其中，γ 是狄利克雷分布参数，$\eta=(\eta_1,\eta_2,\cdots,\eta_n)$ 是多项分布参数，变量 θ 和 z 的各个分量都是条件独立的。目标是求 KL 散度意义下最相近的变分分布 $q(\theta,z|\gamma,\eta)$，以近似 LDA 模型的后验分布 $p(\theta,z|w,\alpha,\varphi)$。

图 20.8 是变分分布的板块表示。LDA 模型中隐变量 θ 和 z 之间存在依存关系，变分分布中这些依存关系被去掉，变量 θ 和 z 条件独立。

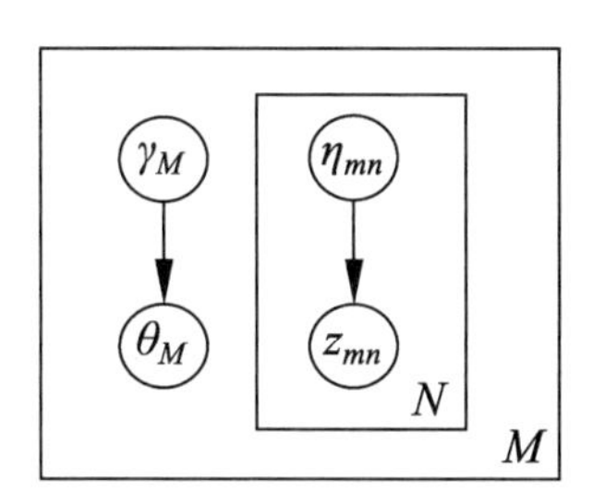

图 20.8 基于平均场的变分分布

由此得到一个文本的证据下界：

$$L(\gamma,\eta,\alpha,\varphi)=E_q[\log p(\theta,z,w|\alpha,\varphi)]-E_q[\log q(\theta,z|\gamma,\eta)] \tag{20.44}$$

其中，数学期望是对分布 $q(\theta,z|\gamma,\eta)$ 定义的，为了方便写作 $E_q[\,\cdot\,]$；γ 和 η 是变分分布的参数；α 和 φ 是 LDA 模型的参数。

所有文本的证据下界为

$$L_w(\gamma,\eta,\alpha,\varphi)=\sum_{m=1}^{M}\{E_{q_m}[\log p(\theta_m,z_m,w_m|\alpha,\varphi)]-E_{q_m}[\log q(\theta_m,z_m|\gamma_m,\eta_m)]\} \tag{20.45}$$

为求解证据下界 $L(\gamma,\eta,\alpha,\varphi)$ 的最大化，首先写出证据下界的表达式。为此展开证据下界式 (20.44)：

$$\begin{aligned}L(\gamma,\eta,\alpha,\varphi)=&E_q[\log p(\theta|\alpha)]+E_q[\log p(z|\theta)]+E_q[\log p(w|z,\varphi)]-\\&E_q[\log q(\theta|\gamma)]-E_q[\log q(z|\eta)]\end{aligned} \tag{20.46}$$

根据变分参数 γ 和 η，模型参数 α 和 φ 继续展开，并将展开式的每一项写成一行：

$$\begin{aligned}L(\gamma,\eta,\alpha,\varphi)=&\log\Gamma\left(\sum_{l=1}^{K}\alpha_l\right)-\sum_{k=1}^{K}\log\Gamma(\alpha_k)+\sum_{k=1}^{K}(\alpha_k-1)\left[\Psi(\gamma_k)-\Psi\left(\sum_{l=1}^{K}\gamma_l\right)\right]+\\&\sum_{n=1}^{N}\sum_{k=1}^{K}\eta_{nk}\left[\Psi(\gamma_k)-\Psi\left(\sum_{l=1}^{K}\gamma_l\right)\right]+\\&\sum_{n=1}^{N}\sum_{k=1}^{K}\sum_{v=1}^{V}\eta_{nk}w_n^v\log\varphi_{kv}-\\&\log\Gamma\left(\sum_{l=1}^{K}\gamma_l\right)+\sum_{k=1}^{K}\log\Gamma(\gamma_k)-\sum_{k=1}^{K}(\gamma_k-1)\left[\Psi(\gamma_k)-\Psi\left(\sum_{l=1}^{K}\gamma_l\right)\right]-\\&\sum_{n=1}^{N}\sum_{k=1}^{K}\eta_{nk}\log\eta_{nk}\end{aligned}\tag{20.47}$$

式中 $\Psi(\alpha_k)$ 是对数伽马函数的导数，即

$$\Psi(\alpha_k)=\frac{\mathrm{d}}{\mathrm{d}\alpha_k}\log\Gamma(\alpha_k)\tag{20.48}$$

第一项推导求 $E_q\left[\log p(\theta|\alpha)\right]$，是关于分布 $q(\theta,z|\gamma,\eta)$ 的数学期望。

$$E_q\left[\log p(\theta|\alpha)\right]=\sum_{k=1}^{K}(\alpha_k-1)E_q\left[\log\theta_k\right]+\log\Gamma\left(\sum_{l=1}^{K}\alpha_l\right)-\sum_{k=1}^{K}\log\Gamma(\alpha_k)\tag{20.49}$$

其中，$\theta\sim\mathrm{Dir}(\theta|\gamma)$，所以利用附录 E 中式 (E.7) 有

$$E_{q(\theta|\gamma)}\left[\log\theta_k\right]=\Psi\left(\gamma_k\right)-\Psi\left(\sum_{l=1}^{K}\gamma_l\right)\tag{20.50}$$

故得：

$$E_q[\log p(\theta|\alpha)]=\log\Gamma\left(\sum_{l=1}^{K}\alpha_l\right)-\sum_{k=1}^{K}\log\Gamma(\alpha_k)+\sum_{k=1}^{K}(\alpha_k-1)\left[\Psi(\gamma_k)-\Psi\left(\sum_{l=1}^{K}\gamma_l\right)\right]\tag{20.51}$$

式中 α_k 和 γ_k 表示第 k 个话题的狄利克雷分布参数。

第二项推导求 $E_q[\log p(z|\theta)]$，是关于分布 $q(\theta,z|\gamma,\eta)$ 的数学期望。

$$\begin{aligned}E_q(\log p(z|\theta))&=\sum_{n=1}^{N}E_q\left[\log p(z_n|\theta)\right]\\&=\sum_{n=1}^{N}E_{q(\theta,z_n|\gamma,\eta)}[\log(z_n|\theta)]\end{aligned}$$

$$
\begin{aligned}
&= \sum_{n=1}^{N}\sum_{k=1}^{K} q(z_{nk}|\eta) E_{q(\theta|\gamma)}[\log \theta_k] \\
&= \sum_{n=1}^{N}\sum_{k=1}^{K} \eta_{nk} \left[\Psi(\gamma_k) - \Psi\left(\sum_{l=1}^{K}\gamma_l\right)\right] \qquad (20.52)
\end{aligned}
$$

式中 η_{nk} 表示文档第 n 个位置的单词由第 k 个话题产生的概率，γ_k 表示第 k 个话题的狄利克雷分布参数。最后一步用到附录 E 中式 (E.4)。

第三项推导求 $E_q[\log p(w|z,\varphi)]$，是关于分布 $q(\theta,z|\gamma,\eta)$ 的数学期望。

$$
\begin{aligned}
E_q[\log p(w|z,\varphi)] &= \sum_{n=1}^{N} E_q[\log p(w_n|z_n,\varphi)] \\
&= \sum_{n=1}^{N} E_{q(z_n|\eta)}[\log p(w_n|z_n,\varphi)] \\
&= \sum_{n=1}^{N}\sum_{k=1}^{K} q(z_{nk}|\eta)\log p(w_n|z_{nk},\varphi) \\
&= \sum_{n=1}^{N}\sum_{k=1}^{K}\sum_{v=1}^{V} \eta_{nk} w_n^v \log \varphi_{kv} \qquad (20.53)
\end{aligned}
$$

式中 η_{nk} 表示文档第 n 个位置的单词由第 k 个话题产生的概率；w_n^v 在第 n 个位置的单词是单词集合的第 v 个单词时取值为 1，否则取值为 0；φ_{kv} 表示第 k 个话题生成单词集合中第 v 个单词的概率。

第四项推导求 $E_q[\log q(\theta|\gamma)]$，是关于分布 $q(\theta,z|\gamma,\eta)$ 的数学期望。由于 $\theta \sim \mathrm{Dir}(\gamma)$，类似式 (20.50) 可以得到：

$$
E_q[\log q(\theta|\gamma)] = \log\Gamma\left(\sum_{l=1}^{K}\gamma_l\right) - \sum_{k=1}^{K}\log\Gamma(\gamma_k) + \sum_{k=1}^{K}(\gamma_k - 1)\left[\Psi(\gamma_k) - \Psi\left(\sum_{l=1}^{K}\gamma_l\right)\right] \qquad (20.54)
$$

式中 γ_k 表示第 k 个话题的狄利克雷分布参数。

第五项公式推导求 $E_q[\log q(z|\eta)]$，是关于分布 $q(\theta,z|\gamma,\eta)$ 的数学期望。

$$
\begin{aligned}
E_q[\log q(z|\eta)] &= \sum_{n=1}^{N} E_q[\log q(z_n|\eta)] \\
&= \sum_{n=1}^{N} E_{q(z_n|\eta)}[\log q(z_n|\eta)] \\
&= \sum_{n=1}^{N}\sum_{k=1}^{K} q(z_{nk}|\eta)\log q(z_{nk}|\eta) \\
&= \sum_{n=1}^{N}\sum_{k=1}^{K} \eta_{nk}\log \eta_{nk} \qquad (20.55)
\end{aligned}
$$

式中 η_{nk} 表示文档第 n 个位置的单词由第 k 个话题产生的概率，γ_k 表示第 k 个话题的狄利克雷分布参数。

2. 变分参数 γ 和 η 的估计

首先通过证据下界最优化估计参数 η。η_{nk} 表示第 n 个位置的单词由第 k 个话题生成的概率。考虑式 (20.47) 关于 η_{nk} 的最大化，η_{nk} 满足约束条件 $\sum\limits_{l=1}^{K} \eta_{nl} = 1$。包含 η_{nk} 的约束最优化问题拉格朗日函数为

$$L_{[\eta_{nk}]} = \eta_{nk}\left[\Psi(\gamma_k) - \Psi\left(\sum_{l=1}^{K}\gamma_l\right)\right] + \eta_{nk}\log\varphi_{kv} - \eta_{nk}\log\eta_{nk} + \lambda_n\left(\sum_{l=1}^{K}\eta_{nl} - 1\right) \tag{20.56}$$

这里 φ_{kv} 是（在第 n 个位置）由第 k 个话题生成第 v 个单词的概率。

对 η_{nk} 求偏导数得：

$$\frac{\partial L}{\partial \eta_{nk}} = \Psi(\gamma_k) - \Psi\left(\sum_{l=1}^{K}\gamma_l\right) + \log\varphi_{kv} - \log\eta_{nk} - 1 + \lambda_n \tag{20.57}$$

令偏导数为零，得到参数 η_{nk} 的估计值：

$$\eta_{nk} \propto \varphi_{kv}\exp\left[\Psi(\gamma_k) - \Psi\left(\sum_{l=1}^{K}\gamma_l\right)\right] \tag{20.58}$$

接着通过证据下界最优化估计参数 γ。γ_k 是第 k 个话题的狄利克雷分布参数。考虑式 (20.47) 关于 γ_k 的最大化：

$$\begin{aligned} L_{[\gamma_k]} = &\sum_{k=1}^{K}(\alpha_k - 1)\left[\Psi(\gamma_k) - \Psi\left(\sum_{l=1}^{K}\gamma_l\right)\right] + \sum_{n=1}^{N}\sum_{k=1}^{K}\eta_{nk}\left[\Psi(\gamma_k) - \Psi\left(\sum_{l=1}^{K}\gamma_l\right)\right] - \\ &\log\Gamma\left(\sum_{l=1}^{K}\gamma_l\right) + \log\Gamma(\gamma_k) - \sum_{k=1}^{K}(\gamma_k - 1)\left[\Psi(\gamma_k) - \Psi\left(\sum_{l=1}^{K}\gamma_l\right)\right] \end{aligned} \tag{20.59}$$

简化为

$$L_{[\gamma_k]} = \sum_{k=1}^{K}\left[\Psi(\gamma_k) - \Psi\left(\sum_{l=1}^{K}\gamma_l\right)\right]\left(\alpha_k + \sum_{n=1}^{N}\eta_{nk} - \gamma_k\right) - \log\Gamma\left(\sum_{l=1}^{K}\gamma_l\right) + \log\Gamma(\gamma_k) \tag{20.60}$$

对 γ_k 求偏导数得：

$$\frac{\partial L}{\partial \gamma_k} = \left[\Psi'(\gamma_k) - \Psi'\left(\sum_{l=1}^{K}\gamma_l\right)\right]\left(\alpha_k + \sum_{n=1}^{N}\eta_{nk} - \gamma_k\right) \tag{20.61}$$

令偏导数为零，求解得到参数 γ_k 的估计值：

$$\gamma_k = \alpha_k + \sum_{n=1}^{N}\eta_{nk} \tag{20.62}$$

据此，得到由坐标上升算法估计变分参数的方法，具体算法如下。

算法 20.4（LDA 的变分参数估计算法）

（1）初始化：对所有 k 和 n，$\eta_{nk}^{(0)} = 1/K$；

（2）初始化：对所有 k，$\gamma_k = \alpha_k + N/K$；

（3）重复；

（4）对 $n=1$ 到 $n=N$，对 $k=1$ 到 $k=K$，

$$\eta_{nk}^{(t+1)} = \varphi_{kv} \exp\left[\Psi(\gamma_k^{(t)}) - \Psi\left(\sum_{l=1}^{K} \gamma_l^{(t)}\right)\right]$$

（5）规范化 $\eta_{nk}^{(t+1)}$ 使其和为 1；

（6）$\gamma^{(t+1)} = \alpha + \sum_{n=1}^{N} \eta_n^{(t+1)}$；

（7）直到收敛。■

3. 模型参数 α 和 φ 的估计

给定一个文本集合 $D = \{w_1, w_2, \cdots, w_m, \cdots, w_M\}$，模型参数估计对所有文本同时进行。

首先通过证据下界的最大化估计 φ。φ_{kv} 表示第 k 个话题生成单词集合第 v 个单词的概率。将式 (20.47) 扩展到所有文本，并考虑关于 φ 的最大化。满足 K 个约束条件

$$\sum_{v=1}^{V} \varphi_{kv} = 1, \quad k = 1, 2, \cdots, K$$

约束最优化问题的拉格朗日函数为

$$L_{[\beta]} = \sum_{m=1}^{M} \sum_{n=1}^{N_m} \sum_{k=1}^{K} \sum_{v=1}^{V} \eta_{mnk} w_{mn}^{v} \log \varphi_{kv} + \sum_{k=1}^{K} \lambda_k \left(\sum_{v=1}^{V} \varphi_{kv} - 1\right) \tag{20.63}$$

对 φ_{kv} 求偏导数并令其为零，归一化求解，得到参数 φ_{kv} 的估计值：

$$\varphi_{kv} = \sum_{m=1}^{M} \sum_{n=1}^{N_m} \eta_{mnk} w_{mn}^{v} \tag{20.64}$$

其中，η_{mnk} 为第 m 个文本的第 n 个单词属于第 k 个话题的概率，w_{mn}^{v} 在第 m 个文本的第 n 个单词是单词集合的第 v 个单词时取值为 1，否则为 0。

接着通过证据下界的最大化估计参数 α。α_k 表示第 k 个话题的狄利克雷分布参数。将式 (20.47) 扩展到所有文本，并考虑关于 α 的最大化：

$$L_{[\alpha]} = \sum_{m=1}^{M} \left\{\log \Gamma\left(\sum_{l=1}^{K} \alpha_l\right) - \sum_{k=1}^{K} \log \Gamma(\alpha_k) + \sum_{k=1}^{K} (\alpha_k - 1)\left[\Psi(\gamma_{mk}) - \Psi\left(\sum_{l=1}^{K} \gamma_{ml}\right)\right]\right\} \tag{20.65}$$

对 α_k 求偏导数得：

$$\frac{\partial L}{\partial \alpha_k} = M\left[\Psi\left(\sum_{l=1}^{K}\alpha_l\right) - \Psi(\alpha_k)\right] + \sum_{m=1}^{M}\left[\Psi(\gamma_{mk}) - \Psi\left(\sum_{l=1}^{K}\gamma_{ml}\right)\right] \tag{20.66}$$

再对 α_l 求偏导数得：

$$\frac{\partial^2 L}{\partial \alpha_k \partial \alpha_l} = M\left[\Psi'\left(\sum_{l=1}^{K}\alpha_l\right) - \delta(k,l)\Psi'(\alpha_k)\right] \tag{20.67}$$

这里 $\delta(k,l)$ 是 delta 函数。

式 (20.65) 和式 (20.66) 分别是函数 (20.64) 对变量 α 的梯度 $g(\alpha)$ 和 Hessian 矩阵 $H(\alpha)$。应用牛顿法（又称为牛顿-拉弗森方法）求该函数的最大化①。用以下公式迭代，得到参数 α 的估计值。

$$\alpha_{\text{new}} = \alpha_{\text{old}} - H(\alpha_{\text{old}})^{-1} g(\alpha_{\text{old}}) \tag{20.68}$$

据此，得到估计参数 α 的算法。

20.4.4 算法总结

根据上面的推导给出 LDA 的变分 EM 算法。

算法 20.5（LDA 的变分 EM 算法）

输入：给定文本集合 $D = \{w_1, w_2, \cdots, w_m, \cdots, w_M\}$。

输出：变分参数 γ，η，模型参数 α，φ。

交替迭代 E 步和 M 步，直到收敛。

（1）E 步

固定模型参数 α，φ，通过关于变分参数 γ，η 的证据下界的最大化，估计变分参数 γ，η。具体见算法 20.4。

（2）M 步

固定变分参数 γ，η，通过关于模型参数 α，φ 的证据下界的最大化，估计模型参数 α，φ。具体算法见式 (20.63) 和式 (20.67)。

根据变分参数 (γ, η) 可以估计模型参数 $\theta = (\theta_1, \theta_2, \cdots, \theta_m, \cdots, \theta_M), z = (z_1, z_2, \cdots, z_m, \cdots, z_M)$。 ■

以上介绍的是图 20.7 中简化 LDA 模型的变分 EM 算法，图 20.4 中完整 LDA 模型的变分 EM 算法作为推广可以类似地导出。

本章概要

1. 狄利克雷分布的概率密度函数为

$$p(\theta|\alpha) = \frac{\Gamma\left(\sum_{i=1}^{k}\alpha_i\right)}{\prod_{i=1}^{k}\Gamma(\alpha_i)} \prod_{i=1}^{k}\theta_i^{\alpha_i - 1}$$

① 牛顿法的介绍可参照附录 B。

其中，$\sum_{i=1}^{k}\theta_i=1$，$\theta_i\geqslant 0$，$\alpha=(\alpha_1,\alpha_2,\cdots,\alpha_k)$，$\alpha_i>0$，$i=1,2,\cdots,k$。狄利克雷分布是多项分布的共轭先验。

2. 潜在狄利克雷分配（LDA）是文本集合的生成概率模型。模型假设话题由单词的多项分布表示，文本由话题的多项分布表示，单词分布和话题分布的先验分布都是狄利克雷分布。LDA 模型属于概率图模型，可以由板块表示法表示。LDA 模型中，每个话题的单词分布、每个文本的话题分布、文本的每个位置的话题是隐变量，文本的每个位置的单词是观测变量。

3. LDA 生成文本集合的过程如下：

（1）话题的单词分布：随机生成所有话题的单词分布，话题的单词分布是多项分布，其先验分布是狄利克雷分布。

（2）文本的话题分布：随机生成所有文本的话题分布，文本的话题分布是多项分布，其先验分布是狄利克雷分布。

（3）文本的内容：随机生成所有文本的内容。在每个文本的每个位置，按照文本的话题分布随机生成一个话题，再按照该话题的单词分布随机生成一个单词。

4. LDA 模型的学习与推理不能直接求解。通常采用的方法是吉布斯抽样算法和变分 EM 算法，前者是蒙特卡罗法而后者是近似算法。

5. LDA 的收缩的吉布斯抽样算法的基本想法如下。目标是对联合概率分布 $p(w,z,\theta,\varphi|\alpha,\beta)$ 进行估计。通过积分求和将隐变量 θ 和 φ 消掉，得到边缘概率分布 $p(w,z|\alpha,\beta)$；对概率分布 $p(w|z,\alpha,\beta)$ 进行吉布斯抽样，得到分布 $p(w|z,\alpha,\beta)$ 的随机样本；再利用样本对变量 z，θ 和 φ 的概率进行估计，最终得到 LDA 模型 $p(w,z,\theta,\varphi|\alpha,\beta)$ 的参数估计。具体算法如下：对给定的文本单词序列，每个位置上随机指派一个话题，整体构成话题系列；然后循环执行以下操作，对整个文本序列进行扫描，在每一个位置上计算在该位置上的话题的满条件概率分布，然后进行随机抽样，得到该位置的新的话题，指派给这个位置。

6. 变分推理的基本想法如下。假设模型是联合概率分布 $p(x,z)$，其中 x 是观测变量（数据），z 是隐变量。目标是学习模型的后验概率分布 $p(z|x)$。考虑用变分分布 $q(z)$ 近似条件概率分布 $p(z|x)$，用 KL 散度计算两者的相似性，找到与 $p(z|x)$ 在 KL 散度意义下最近的 $q^*(z)$，用这个分布近似 $p(z|x)$。假设 $q(z)$ 中的 z 的所有分量都是互相独立的。利用 Jensen 不等式得到 KL 散度的最小化可以通过证据下界的最大化实现。因此，变分推理变成求解以下证据下界最大化问题：

$$L(q,\theta)=E_q[\log p(x,z|\theta)]-E_q[\log q(z)]$$

7. LDA 的变分 EM 算法如下：针对 LDA 模型，定义变分分布，应用变分 EM 算法。目标是对证据下界 $L(\gamma,\eta,\alpha,\varphi)$ 进行最大化，其中 α 和 φ 是模型参数，γ 和 η 是变分参数。交替迭代 E 步和 M 步，直到收敛。

（1）E 步：固定模型参数 α，φ，通过关于变分参数 γ，η 的证据下界的最大化，估计变分参数 γ，η。

（2）M 步：固定变分参数 γ，η，通过关于模型参数 α，φ 的证据下界的最大化，估计模型参数 α，φ。

继续阅读

LDA 的原始论文是文献 [1] 和文献 [2]，LDA 的吉布斯抽样算法见文献 [3]~文献 [5]，变分 EM 算法见文献 [2]。变分推理的介绍可参考文献 [6]。LDA 的分布式学习算法有文献 [7]，快速学习算法有文献 [8]，在线学习算法有文献 [9]。

习 题

20.1 推导狄利克雷分布数学期望公式。

20.2 针对 17.2.2 节的文本例子，使用 LDA 模型进行话题分析。

20.3 找出 LDA 的吉布斯抽样算法、变分 EM 算法中利用狄利克雷分布的部分，思考 LDA 中使用狄利克雷分布的重要性。

20.4 给出 LDA 的吉布斯抽样算法和变分 EM 算法的算法复杂度。

20.5 证明变分 EM 算法收敛。

参考文献

[1] BLEI D M, NG A Y, JORDAN M I. Latent Dirichlet allocation[C]//Advances in Neural Information Processing Systems 14. MIT Press, 2002.

[2] BLEI D M, NG A Y, JORDAN M I. Latent Dirichlet allocation[J]. Journal of Machine Learning Research, 2003, 3: 933–1022.

[3] GRIFFITHS T L, STEYVERS M. Finding scientific topics[J]. Proceedings of the National Academy of Science, 2004, 101: 5228–5235.

[4] STEYVERS M, GRIFFITHS T. Probabilistic topic models[C]//Landauer T, McNamara D, Dennis S, et al. Handbook of Latent Semantic Analysis. Psychology Press, 2014.

[5] GREGOR HEINRICH. Parameter estimation for text analysis[J]. Technical note, 2004.

[6] BLEI D M, KUCUKELBIR A, MCAULIFFE J D. Variational inference: a review for statisticians[J]. Journal of the American Statistical Association, 2017, 112(518).

[7] NEWMAN D, SMYTH P, WELLING M, et al. Distributed inference for latent Dirichlet allocation[J]. Advances in Neural Information Processing Systems, 2008: 1081–1088.

[8] PORTEOUS I, NEWMAN D, IHLER A, et al. Fast collapsed Gibbs sampling for latent Dirichlet allocation[C]//Proceedings of the 14th ACM SIGKDD International Conference on Knowledge Discovery and Data Mining. 2008: 569–577.

[9] HOFFMAN M, BACH F R, BLEI D M. Online learning for latent Dirichlet allocation[J]. Advances in Neural Information Processing Systems, 2010: 856–864.

第 21 章　PageRank 算法

在实际应用中许多数据都以图（graph）的形式存在，比如，互联网、社交网络都可以看作是一个图。图数据上的机器学习具有理论与应用上的重要意义。PageRank 算法是图的链接分析（link analysis）的代表性算法，属于图数据上的无监督学习方法。

PageRank 算法最初作为互联网网页重要度的计算方法，于 1996 年由 Page 和 Brin 提出，并用于谷歌搜索引擎的网页排序。事实上，PageRank 可以定义在任意有向图上，后来被应用到社会影响力分析、文本摘要等多个问题。

PageRank 算法的基本想法是在有向图上定义一个随机游走模型，即一阶马尔可夫链，描述随机游走者沿着有向图随机访问各个结点的行为。在一定条件下，极限情况访问每个结点的概率收敛到平稳分布，这时各个结点的平稳概率值就是其 PageRank 值，表示结点的重要度。PageRank 是递归定义的，PageRank 的计算可以通过迭代算法进行。

本章 21.1 节给出 PageRank 的定义，21.2 节叙述 PageRank 的计算方法，包括常用的幂法（power method）。

21.1　PageRank 的定义

21.1.1　基本想法

历史上，PageRank 算法作为计算互联网网页重要度的算法被提出。PageRank 是定义在网页集合上的一个函数，它对每个网页给出一个正实数，表示网页的重要程度，整体构成一个向量，PageRank 值越高，网页就越重要，在互联网搜索的排序中可能就被排在前面①。

假设互联网是一个有向图，在其基础上定义随机游走模型，即一阶马尔可夫链，表示网页浏览者在互联网上随机浏览网页的过程。假设浏览者在每个网页依照连接出去的超链接以等概率跳转到下一个网页，并在网上持续不断进行这样的随机跳转，这个过程形成一阶马尔可夫链。PageRank 表示这个马尔可夫链的平稳分布。每个网页的 PageRank 值就是平稳概率。

图 21.1 表示一个有向图，假设是简化的互联网例，结点 A，B，C 和 D 表示网页，结点之间的有向边表示网页之间的超链接，边上的权值表示网页之间随机跳转的概率。假设有一个浏览者，在网上随机游走。如果浏览者在网页 A，则下一步以 1/3 的概率分别转移到网页

① 网页在搜索引擎上的排序，除了网页本身的重要度以外，还由网页与查询的匹配度决定。在互联网搜索中，网页的 PageRank 与查询无关，可以事先离线计算，加入网页索引。

B，C 和 D。如果浏览者在网页 B，则下一步以 1/2 的概率分别转移到网页 A 和 D。如果浏览者在网页 C，则下一步以概率 1 转移到网页 A。如果浏览者在网页 D，则下一步以 1/2 的概率分别转移到网页 B 和 C。

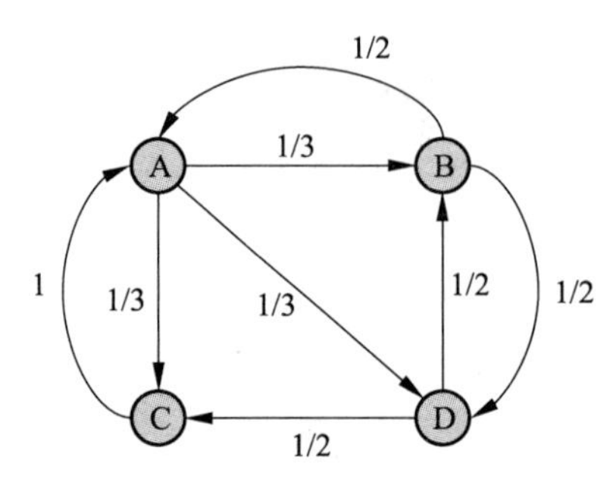

图 21.1 有向图

直观上，对于一个网页，指向该网页的超链接越多，随机跳转到该网页的概率也就越高，该网页的 PageRank 值就越高，这个网页也就越重要。一个网页，如果指向该网页的 PageRank 值越高，随机跳转到该网页的概率也就越高，该网页的 PageRank 值就越高，这个网页也就越重要。PageRank 值依赖于网络的拓扑结构，一旦网络的拓扑（连接关系）确定，PageRank 值就确定。

PageRank 的计算可以在互联网的有向图上进行，通常是一个迭代过程。先假设一个初始分布，通过迭代，不断计算所有网页的 PageRank 值，直到收敛为止。

下面首先给出有向图及有向图上随机游走模型的定义，然后给出 PageRank 的基本定义以及一般定义。基本定义对应于理想情况，一般定义对应于现实情况。

21.1.2 有向图和随机游走模型

1. 有向图

定义 21.1（有向图） *有向图（directed graph）记作 $G=(V,E)$，其中 V 和 E 分别表示结点和有向边的集合。*

比如，互联网就可以看作是一个有向图，每个网页是有向图的一个结点，网页之间的每一条超链接是有向图的一条边。

从一个结点出发到达另一个结点，所经过的边的一个序列称为一条路径（path），路径上边的个数称为路径的长度。如果一个有向图从其中任何一个结点出发可以到达其他任何一个结点，就称这个有向图是强连通图（strongly connected graph）。图 21.1 中的有向图就是一个强连通图。

假设 k 是一个大于 1 的自然数，如果从有向图的一个结点出发返回到这个结点的路径的长度都是 k 的倍数，那么称这个结点为周期性结点。如果一个有向图不含有周期性结点，则称这个有向图为非周期性图（aperiodic graph），否则为周期性图。

图 21.2 是一个周期性有向图的例子。从结点 A 出发返回到 A，必须经过路径 A–B–C–A，所有可能的路径的长度都是 3 的倍数，所以结点 A 是周期性结点。这个有向图是周期性图。

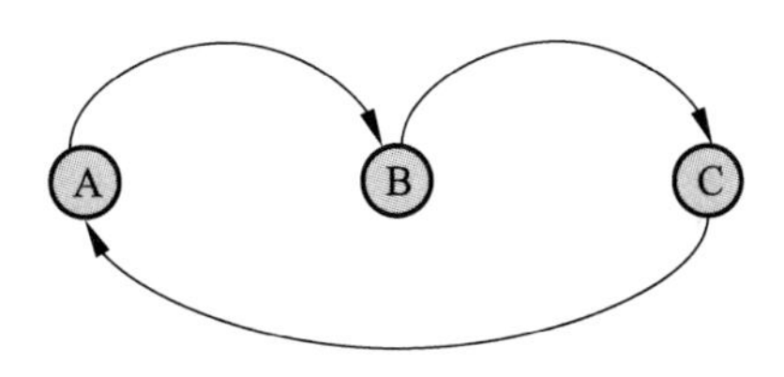

图 21.2 周期性有向图

2. 随机游走模型

定义 21.2（随机游走模型） 给定一个含有 n 个结点的有向图，在有向图上定义随机游走（random walk）模型，即一阶马尔可夫链[①]，其中结点表示状态，有向边表示状态之间的转移，假设从一个结点到通过有向边相连的所有结点的转移概率相等。具体地，转移矩阵是一个 n 阶矩阵 $\boldsymbol{M}$：

$$\boldsymbol{M} = [m_{ij}]_{n\times n} \tag{21.1}$$

第 i 行第 j 列的元素 m_{ij} 取值规则如下：如果结点 j 有 k 个有向边连出，并且结点 i 是其连出的一个结点，则 $m_{ij}=\dfrac{1}{k}$；否则 $m_{ij}=0$，$i,j=1,2,\cdots,n$。

注意转移矩阵具有性质：

$$m_{ij} \geqslant 0 \tag{21.2}$$

$$\sum_{i=1}^{n} m_{ij} = 1 \tag{21.3}$$

即每个元素非负，每列元素之和为 1，即矩阵 $\boldsymbol{M}$ 为随机矩阵（stochastic matrix）。

在有向图上的随机游走形成马尔可夫链。也就是说，随机游走者每经一个单位时间转移一个状态，如果当前时刻在第 j 个结点（状态），那么下一个时刻在第 i 个结点（状态）的概率是 m_{ij}，这一概率只依赖于当前的状态，与过去无关，具有马尔可夫性。

在图 21.1 的有向图上可以定义随机游走模型。结点 A 到结点 B，C 和 D 存在有向边，可以以概率 1/3 从 A 分别转移到 B，C 和 D，并以概率 0 转移到 A，于是可以写出转移矩阵的第 1 列。结点 B 到结点 A 和 D 存在有向边，可以以概率 1/2 从 B 分别转移到 A 和 D，并以概率 0 分别转移到 B 和 C，于是可以写出矩阵的第 2 列等。于是得到转移矩阵：

$$\boldsymbol{M} = \begin{bmatrix} 0 & 1/2 & 1 & 0 \\ 1/3 & 0 & 0 & 1/2 \\ 1/3 & 0 & 0 & 1/2 \\ 1/3 & 1/2 & 0 & 0 \end{bmatrix}$$

随机游走在某个时刻 t 访问各个结点的概率分布就是马尔可夫链在时刻 t 的状态分布，可以用一个 n 维列向量 $\boldsymbol{R}_t$ 表示，那么在时刻 $t+1$ 访问各个结点的概率分布 $\boldsymbol{R}_{t+1}$ 满足

$$\boldsymbol{R}_{t+1} = \boldsymbol{M}\boldsymbol{R}_t \tag{21.4}$$

① 马尔可夫链的介绍可参照第 19 章。

21.1.3 PageRank 的基本定义

给定一个包含 n 个结点的强连通且非周期性的有向图，在其基础上定义随机游走模型。假设转移矩阵为 $\boldsymbol{M}$，在时刻 $0,1,2,\cdots,t,\cdots$ 访问各个结点的概率分布为

$$\boldsymbol{R}_0,\ \boldsymbol{M}\boldsymbol{R}_0,\ \boldsymbol{M}^2\boldsymbol{R}_0,\ \cdots,\ \boldsymbol{M}^t\boldsymbol{R}_0,\ \cdots$$

则极限

$$\lim_{t\to\infty}\boldsymbol{M}^t\boldsymbol{R}_0=\boldsymbol{R} \tag{21.5}$$

存在，极限向量 $\boldsymbol{R}$ 表示马尔可夫链的平稳分布，满足

$$\boldsymbol{M}\boldsymbol{R}=\boldsymbol{R}$$

定义 21.3（PageRank 的基本定义） 给定一个包含 n 个结点 $v_1,v_2,\cdots,v_n$ 的强连通且非周期性的有向图，在有向图上定义随机游走模型，即一阶马尔可夫链。随机游走的特点是从一个结点到有有向边连出的所有结点的转移概率相等，转移矩阵为 $\boldsymbol{M}$。这个马尔可夫链具有平稳分布 $\boldsymbol{R}$:

$$\boldsymbol{M}\boldsymbol{R}=\boldsymbol{R} \tag{21.6}$$

平稳分布 $\boldsymbol{R}$ 称为这个有向图的 PageRank。$\boldsymbol{R}$ 的各个分量称为各个结点的 PageRank 值。

$$\boldsymbol{R}=\begin{bmatrix}\mathrm{PR}(v_1)\\ \mathrm{PR}(v_2)\\ \vdots\\ \mathrm{PR}(v_n)\end{bmatrix}$$

其中，$\mathrm{PR}(v_i)$, $i=1,2,\cdots,n$, 表示结点 v_i 的 PageRank 值。

显然有

$$\mathrm{PR}(v_i)\geqslant 0,\quad i=1,2,\cdots,n \tag{21.7}$$

$$\sum_{i=1}^{n}\mathrm{PR}(v_i)=1 \tag{21.8}$$

$$\mathrm{PR}(v_i)=\sum_{v_j\in M(v_i)}\frac{\mathrm{PR}(v_j)}{L(v_j)},\quad i=1,2,\cdots,n \tag{21.9}$$

这里 $M(v_i)$ 表示指向结点 v_i 的结点集合，$L(v_j)$ 表示结点 v_j 连出的有向边的个数。

PageRank 的基本定义是理想化的情况，在这种情况下，PageRank 存在，而且可以通过不断迭代求得 PageRank 值。

定理 21.1 不可约且非周期的有限状态马尔可夫链有唯一平稳分布存在，并且当时间趋于无穷时状态分布收敛于唯一的平稳分布。

根据马尔可夫链平稳分布定理，对于强连通且非周期的有向图上定义的随机游走模

型（马尔可夫链），当在图上的随机游走时间趋于无穷时状态分布收敛于唯一的平稳分布。

例 21.1 已知图 21.1 的有向图，求该图的 PageRank。①

解 转移矩阵

$$M = \begin{bmatrix} 0 & 1/2 & 1 & 0 \\ 1/3 & 0 & 0 & 1/2 \\ 1/3 & 0 & 0 & 1/2 \\ 1/3 & 1/2 & 0 & 0 \end{bmatrix}$$

取初始分布向量 R_0 为

$$R_0 = \begin{bmatrix} 1/4 \\ 1/4 \\ 1/4 \\ 1/4 \end{bmatrix}$$

以转移矩阵 M 连乘初始向量 R_0 得到向量序列：

$$\begin{bmatrix} 1/4 \\ 1/4 \\ 1/4 \\ 1/4 \end{bmatrix}, \quad \begin{bmatrix} 9/24 \\ 5/24 \\ 5/24 \\ 5/24 \end{bmatrix}, \quad \begin{bmatrix} 15/48 \\ 11/48 \\ 11/48 \\ 11/48 \end{bmatrix}, \quad \begin{bmatrix} 11/32 \\ 7/32 \\ 7/32 \\ 7/32 \end{bmatrix}, \quad \cdots, \quad \begin{bmatrix} 3/9 \\ 2/9 \\ 2/9 \\ 2/9 \end{bmatrix}$$

最后得到极限向量：

$$R = \begin{bmatrix} 3/9 \\ 2/9 \\ 2/9 \\ 2/9 \end{bmatrix}$$

即有向图的 PageRank 值。 ■

一般的有向图未必满足强连通且非周期性的条件。比如在互联网，大部分网页没有连接出去的超链接，也就是说从这些网页无法跳转到其他网页，所以 PageRank 的基本定义不适用。

例 21.2 从图 21.1 的有向图中去掉由 C 到 A 的边，得到图 21.3 的有向图。在图 21.3 的有向图中，结点 C 没有边连接出去。

图 21.3 的有向图的转移矩阵 M 是

$$M = \begin{bmatrix} 0 & 1/2 & 0 & 0 \\ 1/3 & 0 & 0 & 1/2 \\ 1/3 & 0 & 0 & 1/2 \\ 1/3 & 1/2 & 0 & 0 \end{bmatrix}$$

① 例 21.1 和例 21.2 来自文献 [2]。

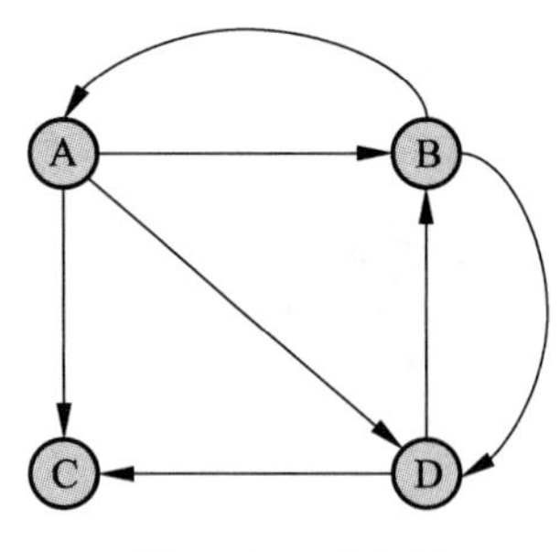

图 21.3 有向图

这时 $\boldsymbol{M}$ 不是一个随机矩阵，因为随机矩阵要求每一列的元素之和是 1，这里第 3 列的和是 0，不是 1。

如果仍然计算在各个时刻的各个结点的概率分布，就会得到如下结果：

$$\begin{bmatrix} 1/4 \\ 1/4 \\ 1/4 \\ 1/4 \end{bmatrix}, \begin{bmatrix} 3/24 \\ 5/24 \\ 5/24 \\ 5/24 \end{bmatrix}, \begin{bmatrix} 5/48 \\ 7/48 \\ 7/48 \\ 7/48 \end{bmatrix}, \begin{bmatrix} 21/288 \\ 31/288 \\ 31/288 \\ 31/288 \end{bmatrix}, \cdots, \begin{bmatrix} 0 \\ 0 \\ 0 \\ 0 \end{bmatrix}$$

可以看到，随着时间推移，访问各个结点的概率皆变为 0。 ■

21.1.4 PageRank 的一般定义

PageRank 一般定义的想法是在基本定义的基础上导入平滑项。

给定一个含有 n 个结点 v_i，$i=1,2,\cdots,n$，的任意有向图，假设考虑一个在图上的随机游走模型，即一阶马尔可夫链，其转移矩阵是 $\boldsymbol{M}$，从一个结点到其连出的所有结点的转移概率相等。这个马尔可夫链未必具有平稳分布。假设考虑另一个完全随机游走的模型，其转移矩阵的元素全部为 $1/n$，也就是说从任意一个结点到任意一个结点的转移概率都是 $1/n$。两个转移矩阵的线性组合又构成一个新的转移矩阵，在其上可以定义一个新的马尔可夫链。容易证明这个马尔可夫链一定具有平稳分布，且平稳分布满足

$$\boldsymbol{R} = d\boldsymbol{M}\boldsymbol{R} + \frac{1-d}{n}\boldsymbol{1} \tag{21.10}$$

式中 $d(0 \leqslant d \leqslant 1)$ 是系数，称为阻尼因子（damping factor）；$\boldsymbol{R}$ 是 n 维向量；$\boldsymbol{1}$ 是所有分量为 1 的 n 维向量。$\boldsymbol{R}$ 表示的就是有向图的一般 PageRank。

$$\boldsymbol{R} = \begin{bmatrix} \mathrm{PR}(v_1) \\ \mathrm{PR}(v_2) \\ \vdots \\ \mathrm{PR}(v_n) \end{bmatrix}$$

其中，$\mathrm{PR}(v_i)$，$i=1,2,\cdots,n$，表示结点 v_i 的 PageRank 值。

式 (21.10) 中第一项表示（状态分布是平稳分布时）依照转移矩阵 $\boldsymbol{M}$ 访问各个结点的概

率，第二项表示完全随机访问各个结点的概率。阻尼因子 d 取值由经验决定，例如，$d=0.85$。当 d 接近 1 时，随机游走主要依照转移矩阵 $\boldsymbol{M}$ 进行；当 d 接近 0 时，随机游走主要以等概率随机访问各个结点。

可以由式 (21.10) 写出每个结点的 PageRank，这是一般 PageRank 的定义。

$$\mathrm{PR}(v_i)=d\left(\sum_{v_j\in M(v_i)}\frac{\mathrm{PR}(v_j)}{L(v_j)}\right)+\frac{1-d}{n},\quad i=1,2,\cdots,n \tag{21.11}$$

这里 $M(v_i)$ 是指向结点 v_i 的结点集合，$L(v_j)$ 是结点 v_j 连出的边的个数。

第二项称为平滑项，由于采用平滑项，所有结点的 PageRank 值都不会为 0，具有以下性质：

$$\mathrm{PR}(v_i)>0,\quad i=1,2,\cdots,n \tag{21.12}$$

$$\sum_{i=1}^{n}\mathrm{PR}(v_i)=1 \tag{21.13}$$

下面给出 PageRank 的一般定义。

定义 21.4（PageRank 的一般定义） 给定一个含有 n 个结点的任意有向图，在有向图上定义一个一般的随机游走模型，即一阶马尔可夫链。一般的随机游走模型的转移矩阵由两部分线性组合组成，一部分是有向图的基本转移矩阵 $\boldsymbol{M}$，表示从一个结点到其连出的所有结点的转移概率相等，另一部分是完全随机的转移矩阵，表示从任意一个结点到任意一个结点的转移概率都是 $1/n$，线性组合系数为阻尼因子 $d(0\leqslant d\leqslant 1)$。这个一般随机游走的马尔可夫链存在平稳分布，记作 $\boldsymbol{R}$。定义平稳分布向量 $\boldsymbol{R}$ 为这个有向图的一般 PageRank。$\boldsymbol{R}$ 由公式

$$\boldsymbol{R}=d\boldsymbol{M}\boldsymbol{R}+\frac{1-d}{n}\boldsymbol{1} \tag{21.14}$$

决定，其中 $\boldsymbol{1}$ 是所有分量为 1 的 n 维向量。

一般 PageRank 的定义意味着互联网浏览者按照以下方法在网上随机游走：在任意一个网页上，浏览者或者以概率 d 决定按照超链接随机跳转，这时以等概率从连接出去的超链接跳转到下一个网页；或者以概率 $(1-d)$ 决定完全随机跳转，这时以等概率 $1/n$ 跳转到任意一个网页。第二个机制保证从没有连接出去的超链接的网页也可以跳转出。这样可以保证平稳分布，即一般 PageRank 的存在，因而一般 PageRank 适用于任何结构的网络。

21.2 PageRank 的计算

PageRank 的定义是构造性的，即定义本身就给出了算法。本节列出的 PageRank 的计算方法包括迭代算法、幂法、代数算法，常用的方法是幂法。

21.2.1 迭代算法

给定一个含有 n 个结点的有向图，转移矩阵为 $\boldsymbol{M}$，有向图的一般 PageRank 由迭代公式

$$\boldsymbol{R}_{t+1}=d\boldsymbol{M}\boldsymbol{R}_t+\frac{1-d}{n}\boldsymbol{1} \tag{21.15}$$

的极限向量 $\boldsymbol{R}$ 确定。

PageRank 的迭代算法就是按照这个一般定义进行迭代，直至收敛。

算法 21.1（PageRank 的迭代算法）

输入：含有 n 个结点的有向图，转移矩阵 $\boldsymbol{M}$，阻尼因子 d，初始向量 $\boldsymbol{R}_0$。

输出：有向图的 PageRank 向量 $\boldsymbol{R}$。

（1）令 $t=0$;

（2）计算

$$\boldsymbol{R}_{t+1}=d\boldsymbol{M}\boldsymbol{R}_t+\frac{1-d}{n}\boldsymbol{1}$$

（3）如果 $\boldsymbol{R}_{t+1}$ 与 $\boldsymbol{R}_t$ 充分接近，令 $\boldsymbol{R}=\boldsymbol{R}_{t+1}$，停止迭代;

（4）否则，令 $t=t+1$，执行步骤（2）。 ■

例 21.3 给定图 21.4 所示的有向图，取 $d=0.8$，求图的 PageRank。

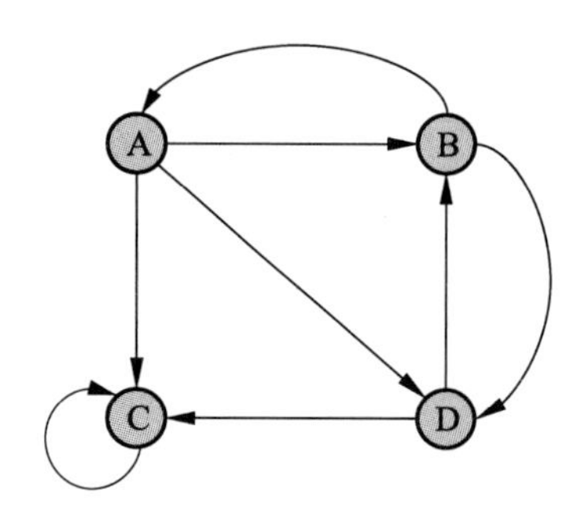

图 21.4 有向图

解 从图 21.4 得知转移矩阵为

$$\boldsymbol{M}=\begin{bmatrix} 0 & 1/2 & 0 & 0 \\ 1/3 & 0 & 0 & 1/2 \\ 1/3 & 0 & 1 & 1/2 \\ 1/3 & 1/2 & 0 & 0 \end{bmatrix}$$

按照式 (21.15) 计算：

$$d\boldsymbol{M}=\frac{4}{5}\times\begin{bmatrix} 0 & 1/2 & 0 & 0 \\ 1/3 & 0 & 0 & 1/2 \\ 1/3 & 0 & 1 & 1/2 \\ 1/3 & 1/2 & 0 & 0 \end{bmatrix}=\begin{bmatrix} 0 & 2/5 & 0 & 0 \\ 4/15 & 0 & 0 & 2/5 \\ 4/15 & 0 & 4/5 & 2/5 \\ 4/15 & 2/5 & 0 & 0 \end{bmatrix}$$

$$\frac{1-d}{n}\boldsymbol{1}=\begin{bmatrix} 1/20 \\ 1/20 \\ 1/20 \\ 1/20 \end{bmatrix}$$

迭代公式为

$$\boldsymbol{R}_{t+1}=\begin{bmatrix}0 & 2/5 & 0 & 0\\4/15 & 0 & 0 & 2/5\\4/15 & 0 & 4/5 & 2/5\\4/15 & 2/5 & 0 & 0\end{bmatrix}\boldsymbol{R}_t+\begin{bmatrix}1/20\\1/20\\1/20\\1/20\end{bmatrix}$$

令初始向量

$$\boldsymbol{R}_0=\begin{bmatrix}1/4\\1/4\\1/4\\1/4\end{bmatrix}$$

进行迭代：

$$\boldsymbol{R}_1=\begin{bmatrix}0 & 2/5 & 0 & 0\\4/15 & 0 & 0 & 2/5\\4/15 & 0 & 4/5 & 2/5\\4/15 & 2/5 & 0 & 0\end{bmatrix}\begin{bmatrix}1/4\\1/4\\1/4\\1/4\end{bmatrix}+\begin{bmatrix}1/20\\1/20\\1/20\\1/20\end{bmatrix}=\begin{bmatrix}9/60\\13/60\\25/60\\13/60\end{bmatrix}$$

$$\boldsymbol{R}_2=\begin{bmatrix}0 & 2/5 & 0 & 0\\4/15 & 0 & 0 & 2/5\\4/15 & 0 & 4/5 & 2/5\\4/15 & 2/5 & 0 & 0\end{bmatrix}\begin{bmatrix}9/60\\13/60\\25/60\\13/60\end{bmatrix}+\begin{bmatrix}1/20\\1/20\\1/20\\1/20\end{bmatrix}=\begin{bmatrix}41/300\\53/300\\153/300\\53/300\end{bmatrix}$$

等。最后得到：

$$\begin{bmatrix}1/4\\1/4\\1/4\\1/4\end{bmatrix},\begin{bmatrix}9/60\\13/60\\25/60\\13/60\end{bmatrix},\begin{bmatrix}41/300\\53/300\\153/300\\53/300\end{bmatrix},\begin{bmatrix}543/4500\\707/4500\\2543/4500\\707/4500\end{bmatrix},\cdots,\begin{bmatrix}15/148\\19/148\\95/148\\19/148\end{bmatrix}$$

计算结果表明，结点 C 的 PageRank 值超过一半，其他结点也有相应的 PageRank 值。■

21.2.2 幂法

幂法（power method）是一个常用的 PageRank 计算方法，通过近似计算矩阵的主特征值和主特征向量求得有向图的一般 PageRank。

首先介绍幂法。幂法主要用于近似计算矩阵的主特征值（dominant eigenvalue）和主特征向量（dominant eigenvector）。主特征值是指绝对值最大的特征值，主特征向量是其对应的特征向量。注意特征向量不是唯一的，只是其方向是确定的，乘以任意系数还是特征向量。

假设要求 n 阶矩阵 A 的主特征值和主特征向量，采用下面的步骤。

首先，任取一个初始 n 维向量 $\boldsymbol{x}_0$，构造如下的一个 n 维向量序列：

$$\boldsymbol{x}_0, \quad \boldsymbol{x}_1 = \boldsymbol{A}\boldsymbol{x}_0, \quad \boldsymbol{x}_2 = \boldsymbol{A}\boldsymbol{x}_1, \quad \cdots, \quad \boldsymbol{x}_k = \boldsymbol{A}\boldsymbol{x}_{k-1}$$

然后，假设矩阵 $\boldsymbol{A}$ 有 n 个特征值，按照绝对值大小排列：

$$|\lambda_1| \geqslant |\lambda_2| \geqslant \cdots \geqslant |\lambda_n|$$

对应的 n 个线性无关的特征向量为

$$\boldsymbol{u}_1, \boldsymbol{u}_2, \cdots, \boldsymbol{u}_n$$

这 n 个特征向量构成 n 维空间的一组基。

于是，可以将初始向量 $\boldsymbol{x}_0$ 表示为 $\boldsymbol{u}_1, \boldsymbol{u}_2, \cdots, \boldsymbol{u}_n$ 的线性组合：

$$\boldsymbol{x}_0 = a_1\boldsymbol{u}_1 + a_2\boldsymbol{u}_2 + \cdots + a_n\boldsymbol{u}_n$$

得到：

$$\begin{aligned}
\boldsymbol{x}_1 = \boldsymbol{A}\boldsymbol{x}_0 &= a_1\boldsymbol{A}\boldsymbol{u}_1 + a_2\boldsymbol{A}\boldsymbol{u}_2 + \cdots + a_n\boldsymbol{A}\boldsymbol{u}_n \\
&\vdots \\
\boldsymbol{x}_k = \boldsymbol{A}^k\boldsymbol{x}_0 &= a_1\boldsymbol{A}^k\boldsymbol{u}_1 + a_2\boldsymbol{A}^k\boldsymbol{u}_2 + \cdots + a_n\boldsymbol{A}^k\boldsymbol{u}_n \\
&= a_1\lambda_1^k\boldsymbol{u}_1 + a_2\lambda_2^k\boldsymbol{u}_2 + \cdots + a_n\lambda_n^k\boldsymbol{u}_n
\end{aligned}$$

接着，假设矩阵 $\boldsymbol{A}$ 的主特征值 λ_1 是特征方程的单根，由上式得：

$$\boldsymbol{x}_k = a_1\lambda_1^k\left[\boldsymbol{u}_1 + \frac{a_2}{a_1}\left(\frac{\lambda_2}{\lambda_1}\right)^k\boldsymbol{u}_2 + \cdots + \frac{a_n}{a_1}\left(\frac{\lambda_n}{\lambda_1}\right)^k\boldsymbol{u}_n\right] \tag{21.16}$$

由于 $|\lambda_1| > |\lambda_j|$，$j = 2, 3, \cdots, n$，当 k 充分大时有

$$\boldsymbol{x}_k = a_1\lambda_1^k(\boldsymbol{u}_1 + \varepsilon_k) \tag{21.17}$$

这里 ε_k 是当 $k \to \infty$ 时的无穷小量，$\varepsilon_k \to 0\ (k \to \infty)$。即

$$x_k \to a_1\lambda_1^k\boldsymbol{u}_1\ (k \to \infty) \tag{21.18}$$

说明当 k 充分大时向量 $\boldsymbol{x}_k$ 与特征向量 $\boldsymbol{u}_1$ 只相差一个系数。由式 (21.18) 知：

$$\boldsymbol{x}_k \approx a_1\lambda_1^k\boldsymbol{u}_1$$

$$\boldsymbol{x}_{k+1} \approx a_1\lambda_1^{k+1}\boldsymbol{u}_1$$

于是主特征值 λ_1 可表示为

$$\lambda_1 \approx \frac{x_{k+1,j}}{x_{k,j}} \tag{21.19}$$

其中，$x_{k,j}$ 和 $x_{k+1,j}$ 分别是 $\boldsymbol{x}_k$ 和 $\boldsymbol{x}_{k+1}$ 的第 j 个分量。

在实际计算时，为了避免出现绝对值过大或过小的情况，通常在每步迭代后即进行规范化，将向量除以其范数，即

$$\boldsymbol{y}_{t+1}=\boldsymbol{A}\boldsymbol{x}_t \tag{21.20}$$

$$\boldsymbol{x}_{t+1}=\frac{\boldsymbol{y}_{t+1}}{\|\boldsymbol{y}_{t+1}\|} \tag{21.21}$$

这里的范数是向量的无穷范数，即向量各分量的绝对值的最大值。

$$\|\boldsymbol{x}\|_\infty=\max\{|\boldsymbol{x}_1|,|\boldsymbol{x}_2|,\cdots,|\boldsymbol{x}_n|\}$$

现在回到计算一般 PageRank。

转移矩阵可以写作

$$\boldsymbol{R}=\left(d\boldsymbol{M}+\frac{1-d}{n}\boldsymbol{E}\right)\boldsymbol{R}=\boldsymbol{A}\boldsymbol{R} \tag{21.22}$$

其中，d 是阻尼因子，$\boldsymbol{E}$ 是所有元素为 1 的 n 阶方阵。根据 Perron-Frobenius 定理①，一般 PageRank 的向量 $\boldsymbol{R}$ 是矩阵 $\boldsymbol{A}$ 的主特征向量，主特征值是 1，所以可以使用幂法近似计算一般 PageRank。

算法 21.2（计算一般 PageRank 的幂法）

输入：含有 n 个结点的有向图，有向图的转移矩阵 $\boldsymbol{M}$，系数 d，初始向量 $\boldsymbol{x}_0$，计算精度 ε。

输出：有向图的 PageRank $\boldsymbol{R}$。

（1）令 $t=0$，选择初始向量 $\boldsymbol{x}_0$。

（2）计算有向图的一般转移矩阵 $\boldsymbol{A}$：

$$\boldsymbol{A}=d\boldsymbol{M}+\frac{1-d}{n}\boldsymbol{E}$$

（3）迭代并规范化结果向量：

$$\boldsymbol{y}_{t+1}=\boldsymbol{A}\boldsymbol{x}_t$$

$$\boldsymbol{x}_{t+1}=\frac{\boldsymbol{y}_{t+1}}{\|\boldsymbol{y}_{t+1}\|}$$

（4）当 $\|\boldsymbol{x}_{t+1}-\boldsymbol{x}_t\|<\varepsilon$ 时，令 $\boldsymbol{R}=\boldsymbol{x}_t$，停止迭代。

（5）否则，令 $t=t+1$，执行步骤（3）。

（6）对 $\boldsymbol{R}$ 进行规范化处理，使其表示概率分布。 ■

例 21.4 给定一个如图 21.5 所示的有向图，取 $d=0.85$，求有向图的一般 PageRank。

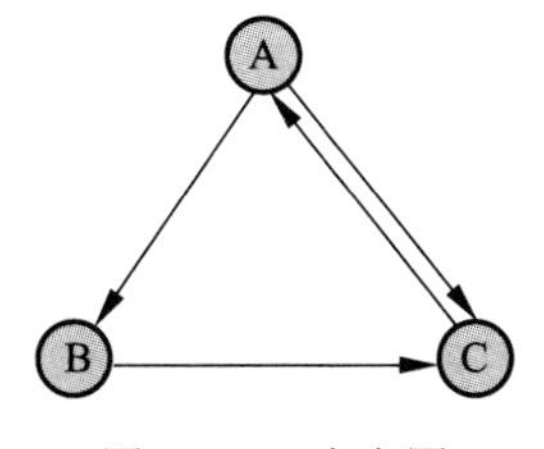

图 21.5 有向图

① Perron-Frobenius 定理的形式比较复杂，这里不予叙述。

解 利用幂法，按照算法 21.2，计算有向图的一般 PageRank。
由图 21.5 可知转移矩阵为

$$M = \begin{bmatrix} 0 & 0 & 1 \\ 1/2 & 0 & 0 \\ 1/2 & 1 & 0 \end{bmatrix}$$

（1）令 $t=0$，

$$x_0 = \begin{bmatrix} 1 \\ 1 \\ 1 \end{bmatrix}$$

（2）计算有向图的一般转移矩阵 $\boldsymbol{A}$：

$$\begin{aligned} A &= dM + \frac{1-d}{n}E \\ &= 0.85 \times \begin{bmatrix} 0 & 0 & 1 \\ 1/2 & 0 & 0 \\ 1/2 & 1 & 0 \end{bmatrix} + \frac{0.15}{3} \times \begin{bmatrix} 1 & 1 & 1 \\ 1 & 1 & 1 \\ 1 & 1 & 1 \end{bmatrix} \\ &= \begin{bmatrix} 0.05 & 0.05 & 0.9 \\ 0.475 & 0.05 & 0.05 \\ 0.475 & 0.9 & 0.05 \end{bmatrix} \end{aligned}$$

（3）迭代并规范化：

$$y_1 = Ax_0 = \begin{bmatrix} 1 \\ 0.575 \\ 1.425 \end{bmatrix}$$

$$x_1 = \frac{1}{1.425}\begin{bmatrix} 1 \\ 0.575 \\ 1.425 \end{bmatrix} = \begin{bmatrix} 0.7018 \\ 0.4035 \\ 1 \end{bmatrix}$$

$$y_2 = Ax_1 = \begin{bmatrix} 0.05 & 0.05 & 0.9 \\ 0.475 & 0.05 & 0.05 \\ 0.475 & 0.9 & 0.05 \end{bmatrix}\begin{bmatrix} 0.7018 \\ 0.4035 \\ 1 \end{bmatrix} = \begin{bmatrix} 0.9553 \\ 0.4035 \\ 0.7465 \end{bmatrix}$$

$$\boldsymbol{x}_2 = \frac{1}{0.9553}\begin{bmatrix} 0.9553 \\ 0.4035 \\ 0.7465 \end{bmatrix} = \begin{bmatrix} 1 \\ 0.4224 \\ 0.7814 \end{bmatrix}$$

$$\boldsymbol{y}_3 = \boldsymbol{A}\boldsymbol{x}_2 = \begin{bmatrix} 0.05 & 0.05 & 0.9 \\ 0.475 & 0.05 & 0.05 \\ 0.475 & 0.9 & 0.05 \end{bmatrix}\begin{bmatrix} 1 \\ 0.4224 \\ 0.7814 \end{bmatrix} = \begin{bmatrix} 0.7744 \\ 0.5352 \\ 0.8943 \end{bmatrix}$$

$$\boldsymbol{x}_3 = \frac{1}{0.8943}\begin{bmatrix} 0.7744 \\ 0.5352 \\ 0.8943 \end{bmatrix} = \begin{bmatrix} 0.8659 \\ 0.5985 \\ 1 \end{bmatrix}$$

如此继续迭代规范化，得到 $\boldsymbol{x}_t$，$t = 0, 1, 2, \cdots, 21, 22$ 的向量序列：

$$\begin{bmatrix} 1 \\ 1 \\ 1 \end{bmatrix}, \begin{bmatrix} 0.7018 \\ 0.4035 \\ 1 \end{bmatrix}, \begin{bmatrix} 1 \\ 0.4224 \\ 0.7814 \end{bmatrix}, \begin{bmatrix} 0.8659 \\ 0.5985 \\ 1 \end{bmatrix}, \begin{bmatrix} 0.9732 \\ 0.4912 \\ 1 \end{bmatrix}, \begin{bmatrix} 1 \\ 0.5516 \\ 0.9807 \end{bmatrix},$$

$$\begin{bmatrix} 0.9409 \\ 0.5405 \\ 1 \end{bmatrix}, \cdots, \begin{bmatrix} 0.9760 \\ 0.5408 \\ 1 \end{bmatrix}, \begin{bmatrix} 0.9755 \\ 0.5404 \\ 1 \end{bmatrix}, \begin{bmatrix} 0.9761 \\ 0.5406 \\ 1 \end{bmatrix}, \begin{bmatrix} 0.9756 \\ 0.5406 \\ 1 \end{bmatrix}, \begin{bmatrix} 0.9758 \\ 0.5404 \\ 1 \end{bmatrix}$$

假设后面得到的两个向量已满足计算精度要求，那么取

$$\boldsymbol{R} = \begin{bmatrix} 0.9756 \\ 0.5406 \\ 1 \end{bmatrix}$$

即得所求的一般 PageRank。如果将一般 PageRank 作为一个概率分布，进行规范化，使各分量之和为 1，那么相应的一般 PageRank 可以写作

$$\boldsymbol{R} = \begin{bmatrix} 0.3877 \\ 0.2149 \\ 0.3974 \end{bmatrix}$$ ■

21.2.3 代数算法

代数算法通过一般转移矩阵的逆矩阵计算求有向图的一般 PageRank。

按照一般 PageRank 的定义式 (21.14)：

$$\boldsymbol{R} = d\boldsymbol{M}\boldsymbol{R} + \frac{1-d}{n}\boldsymbol{1}$$

于是，

$$(\boldsymbol{I} - d\boldsymbol{M})\boldsymbol{R} = \frac{1-d}{n}\boldsymbol{1} \tag{21.23}$$

$$\boldsymbol{R} = (\boldsymbol{I} - d\boldsymbol{M})^{-1}\frac{1-d}{n}\boldsymbol{1} \tag{21.24}$$

这里 $\boldsymbol{I}$ 是单位矩阵。当 $0 < d < 1$ 时，线性方程 (21.23) 的解存在且唯一。这样，可以通过求逆矩阵 $(\boldsymbol{I} - d\boldsymbol{M})^{-1}$ 得到有向图的一般 PageRank。

本章概要

1. PageRank 是互联网网页重要度的计算方法，可以定义推广到任意有向图结点的重要度计算上。其基本思想是在有向图上定义随机游走模型，即一阶马尔可夫链，描述游走者沿着有向图随机访问各个结点的行为，在一定条件下，极限情况访问每个结点的概率收敛到平稳分布，这时各个结点的概率值就是其 PageRank 值，表示结点相对重要度。

2. 有向图上可以定义随机游走模型，即一阶马尔可夫链，其中结点表示状态，有向边表示状态之间的转移，假设一个结点到连接出的所有结点的转移概率相等。转移概率由转移矩阵 $\boldsymbol{M}$ 表示：

$$\boldsymbol{M} = [m_{ij}]_{n \times n}$$

第 i 行第 j 列的元素 m_{ij} 表示从结点 j 跳转到结点 i 的概率。

3. 当含有 n 个结点的有向图是强连通且非周期性的有向图时，在其基础上定义的随机游走模型即一阶马尔可夫链具有平稳分布，平稳分布向量 $\boldsymbol{R}$ 称为这个有向图的 PageRank。若矩阵 $\boldsymbol{M}$ 是马尔可夫链的转移矩阵，则向量 $\boldsymbol{R}$ 满足

$$\boldsymbol{M}\boldsymbol{R} = \boldsymbol{R}$$

向量 $\boldsymbol{R}$ 的各个分量称为各个结点的 PageRank 值。

$$\boldsymbol{R} = \begin{bmatrix} \mathrm{PR}(v_1) \\ \mathrm{PR}(v_2) \\ \vdots \\ \mathrm{PR}(v_n) \end{bmatrix}$$

其中，$\mathrm{PR}(v_i)$，$i = 1, 2, \cdots, n$，表示结点 v_i 的 PageRank 值。这是 PageRank 的基本定义。

4. PageRank 基本定义的条件现实中往往不能满足，对其进行扩展得到 PageRank 的一般定义。任意含有 n 个结点的有向图上，可以定义一个随机游走模型，即一阶马尔可夫链，转移矩阵由两部分线性组合组成，其中一部分按照转移矩阵 $\boldsymbol{M}$，从一个结点到连接出的所有结

点的转移概率相等，另一部分按照完全随机转移矩阵，从任一结点到任一结点的转移概率都是 $1/n$。这个马尔可夫链存在平稳分布，平稳分布向量 $\boldsymbol{R}$ 称为这个有向图的一般 PageRank，满足

$$\boldsymbol{R} = d\boldsymbol{M}\boldsymbol{R} + \frac{1-d}{n}\boldsymbol{1}$$

其中，$d(0 \leqslant d \leqslant 1)$ 是阻尼因子，$\boldsymbol{1}$ 是所有分量为 1 的 n 维向量。

5. PageRank 的计算方法包括迭代算法、幂法、代数算法。

幂法将 PageRank 的等价式写成

$$\boldsymbol{R} = \left(d\boldsymbol{M} + \frac{1-d}{n}\boldsymbol{E}\right)\boldsymbol{R} = \boldsymbol{A}\boldsymbol{R}$$

其中，d 是阻尼因子，$\boldsymbol{E}$ 是所有元素为 1 的 n 阶方阵。

可以看出 $\boldsymbol{R}$ 是一般转移矩阵 $\boldsymbol{A}$ 的主特征向量，即最大的特征值对应的特征向量。幂法就是一个计算矩阵的主特征值和主特征向量的方法。

步骤如下：选择初始向量 $\boldsymbol{x}_0$；计算一般转移矩阵 $\boldsymbol{A}$；进行迭代并规范化向量

$$\boldsymbol{y}_{t+1} = \boldsymbol{A}\boldsymbol{x}_t$$

$$\boldsymbol{x}_{t+1} = \frac{\boldsymbol{y}_{t+1}}{\|\boldsymbol{y}_{t+1}\|}$$

直至收敛。

继续阅读

PageRank 的原始论文是文献 [1]，其详细介绍可见文献 [2] 和文献 [3]。介绍马尔可夫过程的教材有文献 [4]。与 PageRank 同样著名的链接分析算法还有 HITS 算法 [5]，可以发现网络中的枢纽与权威。PageRank 有不少扩展与变形，原始的 PageRank 是基于离散时间马尔可夫链的，BrowseRank 是基于连续时间马尔可夫链的推广 [6]，可以更好地防范网页排名欺诈。Personalized PageRank 是个性化的 PageRank（文献 [7]），Topic Sensitive PageRank 是基于话题的 PageRank（文献 [8]），TrustRank 是防范网页排名欺诈的 PageRank（文献 [9]）。

习　题

21.1 假设方阵 $\boldsymbol{A}$ 是随机矩阵，即其每个元素非负，每列元素之和为 1，证明 $\boldsymbol{A}^k$ 仍然是随机矩阵，其中 k 是自然数。

21.2 例 21.1 中，以不同的初始分布向量 $\boldsymbol{R}_0$ 进行迭代，仍然得到同样的极限向量 $\boldsymbol{R}$，即 PageRank。请验证。

21.3 证明 PageRank 一般定义中的马尔可夫链具有平稳分布，即式 (21.11) 成立。

21.4 证明随机矩阵的最大特征值为 1。

参考文献

[1] PAGE L, BRIN S, MOTWANI R, et al. The PageRank citation ranking: bringing order to the Web[M]. Stanford University, 1999.

[2] RAJARAMAN A, ULLMAN J D. Mining of massive datasets[M]. Cambridge University Press, 2014.

[3] LIU B. Web data mining: exploring hyperlinks, contents, and usage data[M]. Springer Science & Business Media, 2007.

[4] SERFOZO R. Basics of applied stochastic processes[M]. Springer, 2009.

[5] KLEINBERG J M. Authoritative sources in a hyperlinked environment[J]. Journal of the ACM(JACM), 1999, 46(5): 604–632.

[6] LIU Y, GAO B, LIU T Y, et al. BrowseRank: letting Web users vote for page importance[C]//Proceedings of the 31st SIGIR Conference. 2008: 451–458.

[7] JEH G, WIDOM J. Scaling personalized Web search[C]//Proceedings of the 12th WWW Conference. 2003: 271–279.

[8] HAVELIWALA T H. Topic-sensitive PageRank[C]//Proceedings of the 11th WWW Conference. 2002: 517–526.

[9] GYÖNGYI Z, GARCIA-MOLINA H, PEDERSEN J. Combating Web spam with TrustRank[C] //Proceedings of VLDB Conference. 2004: 576–587.

第 22 章　无监督学习方法总结

22.1　无监督学习方法的关系和特点

第 2 篇详细介绍了八种常用的统计机器学习方法，即聚类方法（包括层次聚类与 k 均值聚类）、奇异值分解（SVD）、主成分分析（PCA）、潜在语义分析（LSA）、概率潜在语义分析（PLSA）、马尔可夫链蒙特卡罗法（MCMC，包括 Metropolis-Hastings 算法和吉布斯抽样）、潜在狄利克雷分配（LDA）、PageRank 算法。此外，还简单介绍了另外三种常用的统计机器学习方法，即非负矩阵分解（NMF）、变分推理、幂法。这些方法通常用于无监督学习的聚类、降维、话题分析以及图分析。

22.1.1　各种方法之间的关系

图 22.1 总结了一些机器学习方法之间的关系，包括第 1 篇、第 2 篇介绍的方法，分别用深灰色与浅灰色表示。图中上面是无监督学习方法，下面是基础机器学习方法。

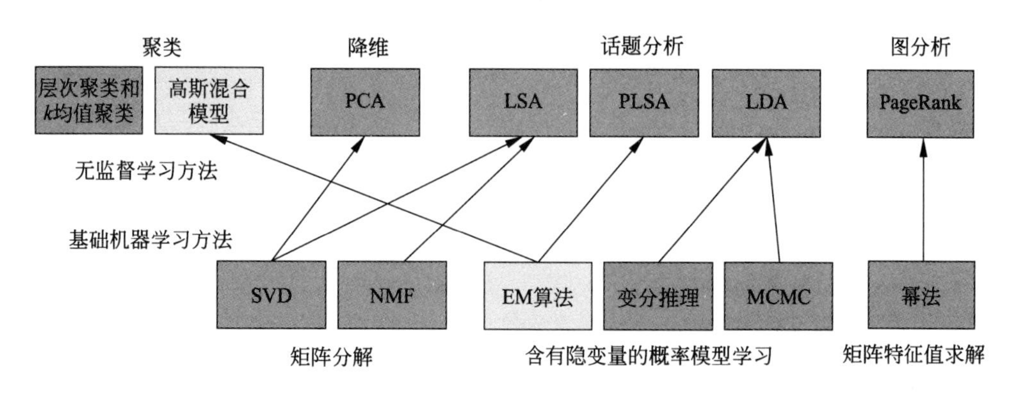

图 22.1　机器学习方法之间的关系

无监督学习用于聚类、降维、话题分析、图分析。聚类的方法有层次聚类、k 均值聚类、高斯混合模型，降维的方法有 PCA，话题分析的方法包括 LSA、PLSA、LDA，图分析的方法有 PageRank。

基础方法不涉及具体的机器学习模型。基础方法不仅可以用于无监督学习，也可以用于监督学习、半监督学习。基础方法分为矩阵分解、矩阵特征值求解、含有隐变量的概率模型估计，前两者是线性代数问题，后者是概率统计问题。矩阵分解的方法有 SVD 和 NMF，矩阵特征值求解的方法有幂法，含有隐变量的概率模型学习的方法有 EM 算法、变分推理、MCMC。

22.1.2 无监督学习方法

聚类有硬聚类和软聚类，层次聚类与 k 均值聚类是硬聚类方法，高斯混合模型是软聚类方法。层次聚类基于启发式算法，k 均值聚类基于迭代算法，高斯混合模型学习通常基于 EM 算法。

降维有线性降维和非线性降维，PCA 是线性降维方法。PCA 基于 SVD。

话题分析兼有聚类和降维特点，有非概率模型、概率模型。LSA 和 NMF 是非概率模型，PLSA 和 LDA 是概率模型。PLSA 不假设模型具有先验分布，学习基于极大似然估计；LDA 假设模型具有先验分布，学习基于贝叶斯学习，具体地后验概率估计。LSA 的学习基于 SVD，NMF 可以直接用于话题分析。PLSA 的学习基于 EM 算法，LDA 的学习基于吉布斯抽样或变分推理。

图分析的一个问题是链接分析，即结点的重要度计算。PageRank 是链接分析的一个方法，通常基于幂法。

表 22.1 总结了无监督学习方法的模型、策略、算法。

表 22.1 无监督学习方法的模型、策略和算法

	方法	模型	策略	算法
聚类	层次聚类	聚类树	类内样本距离最小	启发式算法
	k 均值聚类	k 中心聚类	样本与类中心距离最小	迭代算法
	高斯混合模型	高斯混合模型	似然函数最大	EM 算法
降维	PCA	低维正交空间	方差最大	SVD
话题分析	LSA	矩阵分解模型	平方损失最小	SVD
	NMF	矩阵分解模型	平方损失最小	非负矩阵分解
	PLSA	PLSA 模型	似然函数最大	EM 算法
	LDA	LDA 模型	后验概率估计	吉布斯抽样，变分推理
图分析	PageRank	有向图上的马尔可夫链	平稳分布求解	幂法

22.1.3 基础机器学习方法

矩阵分解基于不同假设：SVD 基于正交假设，即分解得到的左右矩阵是正交矩阵，中间矩阵是非负对角矩阵；非负矩阵分解基于非负假设，即分解得到的左右矩阵皆是非负矩阵。

含有隐变量的概率模型的学习有两种方法：迭代计算方法、随机抽样方法。EM 算法和变分推理（包括变分 EM 算法）属于迭代计算方法，吉布斯抽样属于随机抽样方法。变分 EM 算法是 EM 算法的推广。

矩阵的特征值与特征向量求解方法中，幂法是常用的算法。

表 22.2 总结了含隐变量概率模型的学习方法的特点。

表 22.2 含有隐变量概率模型的学习方法的特点

算法	基本原理	收敛性	收敛速度	实现难易度	适合问题
EM 算法	迭代计算、后验概率估计	收敛于局部最优	较快	容易	简单模型
变分推理	迭代计算、后验概率近似估计	收敛于局部最优	较慢	较复杂	复杂模型
吉布斯抽样	随机抽样、后验概率估计	依概率收敛于全局最优	较慢	容易	复杂模型

22.2 话题模型之间的关系和特点

在本书介绍的四种话题模型 LSA，NMF，PLSA 和 LDA 中，前两者是非概率模型，后两者是概率模型。下面讨论它们之间的关系（细节可参考文献 [1] 和文献 [2]）。

可以从矩阵分解的统一框架看 LSA，NMF 和 PLSA。在这个框架下，通过最小化一般化 Bregman 散度进行有约束的矩阵分解 $D=UV$，得到这三个话题模型：

$$\min_{U,V} B(D\|UV)$$

这里 $B(D\|UV)$ 表示 D 和 UV 之间的一般化 Bregman 散度（generalized Bregman divergence），当且仅当两者相等时取值为 0。一般化 Bregman 散度包含平方损失、KL 散度等。三个话题模型拥有三种不同的具体形式。表 22.3 给出了三个话题模型的损失函数和约束的公式，其中 PLSA 的矩阵 D 需要进行归一化 $\sum\limits_{m,n} d_{mn}=1$。

表 22.3 矩阵分解的角度看话题模型

方法	一般损失函数 $B(D\|UV)$	矩阵 U 的约束条件	矩阵 V 的约束条件
LSA	$\|D-UV\|_F^2$	$U^{\mathrm{T}}U=I$	$VV^{\mathrm{T}}=\Lambda^2$
NMF	$\|D-UV\|_F^2$	$u_{mk}\geqslant 0$	$v_{kn}\geqslant 0$
PLSA	$\sum\limits_{mn} d_{mn}\log\dfrac{d_{mn}}{(UV)_{mn}}$	$U^{\mathrm{T}}\mathit{1}=1$ $u_{mk}\geqslant 0$	$V^{\mathrm{T}}\mathit{1}=1$ $v_{kn}\geqslant 0$

话题模型 LSA 和 NMF 是非概率模型，但也有概率模型解释。可以从概率图模型的统一框架看 LSA，NMF，PLSA 和 LDA。在这个框架下，认为文本由概率模型生成，基于不同的假设得到四个不同的话题模型。四个话题模型有不同的概率图模型定义。对于 LSA 和 NMF，每个文本 d_n 由高斯分布 $P(d_n|U,v_n)\propto\exp(-\|d_n-Uv_n\|^2)$ 生成，其参数是 U 和 v_n，共有 N 个文本，如图 22.2 所示。两个话题模型有不同的约束条件，表 22.4 给出约束条件的公式。

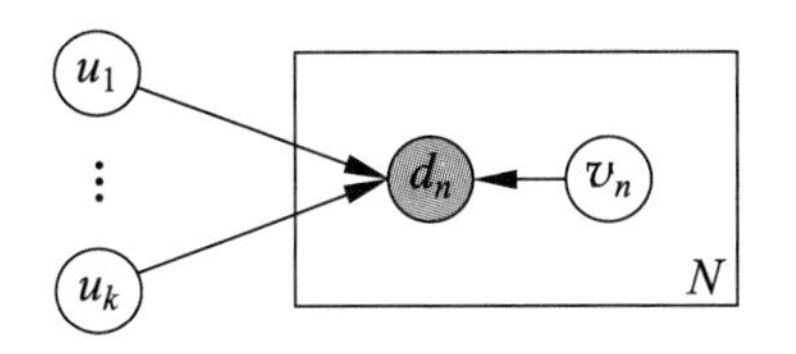

图 22.2 话题模型 LSA 和 NMF 的概率图模型表示

表 22.4 话题模型 LSA 和 NMF 的约束条件

方法	变量 u_k 的约束条件	变量 v_n 的约束条件
LSA	正交	正交
NMF	$u_{mk} \geqslant 0$	$v_{kn} \geqslant 0$

参考文献

[1] SINGH A P, GORDON G J. A unified view of matrix factorization models[M]//Daelemans W, Goethals B, Morik K. Machine Learning and Knowledge Discovery in Databases. Berlin: Springer, 2008.

[2] WANG Q, XU J, LI H, et al. Regularized latent semantic indexing: a new approach to large-scale topic modeling[J]. ACM Transactions on Information Systems (TOIS), 2013, 31(1), 5.

第3篇　深度学习

第 23 章　前馈神经网络

人工神经网络（artificial neural network）或神经网络（neural network）是受生物神经网络启发而发明的由神经元连接组成的网络状机器学习模型。前馈神经网络（feedforward neural network）或多层感知机（multilayer perceptron，MLP）是最具代表性的神经网络，主要用于监督学习，如分类和回归。

前馈神经网络由多层神经元组成，层间的神经元相互连接，层内的神经元不连接。其信息处理机制是：前一层神经元通过层间连接向后一层神经元传递信号，因为信号是从前往后转递的，所以是“前馈的”信息处理网络。这里，神经元是对多个输入信号（实数向量）进行非线性转换产生一个输出信号（实数值）的函数，整个神经网络是对多个输入信号（实数向量）进行多次非线性转换产生多个输出信号（实数向量）的复合函数。每一个神经元的函数含有参数，神经网络的神经元的参数通过学习得到。当前馈神经网络的层数达到一定数量时（一般大于 2），又称为深度神经网络（deep neural network，DNN）。

前馈神经网络学习算法是反向传播（back propagation）算法，是随机梯度下降法的具体实现。学习的损失函数通常在分类时是交叉熵损失，在回归时是平方损失，其最小化等价于极大似然估计。学习的正则化方法包括早停法（early stopping）、暂退法（dropout）。

McCulloch 和 Pitts 于 1943 年提出了最初的人工神经网络模型；Rosenblatt 于 1958 年发明了感知机，可以看作是前馈神经网络的前身；Rumelhart 等于 1986 年重新开发了反向传播算法，用于前馈神经网络学习；Hinton 于 2006 年提出了深度学习的概念，指包括深度神经网络（DNN）等复杂神经网络的机器学习。

本章 23.1 节讲述前馈神经网络的模型，23.2 节叙述前馈神经网络学习的算法，23.3 节叙述前馈神经网络学习的正则化方法。

23.1　前馈神经网络的模型

神经网络是由神经元连接组成的网络，采用不同类型的神经元以及神经元的不同连接方法可以构建出不同的网络结构，也就是不同的神经网络模型。本节讲述前馈神经网络的基本模型。首先给出前馈神经网络的定义，接着介绍具体例子，最后讨论前馈神经网络的表示能力。

23.1.1 前馈神经网络定义

1. 神经元

人工神经元（artificial neuron）或者简称神经元（neuron）是神经网络的基本单元。人工神经元是受生物神经元启发而发明的，本质是一个函数。生物神经元一般有多个树突接入，一个轴突接出。输入信号从树突传入，输出信号从轴突传出。当输入信号量达到阈值后，神经元被激活，产生输出信号。与其对应，人工神经元是以实数向量为输入，实数值为输出的非线性函数，表示多个输入信号（实数向量）到一个输出信号（实数值）的非线性转换。

定义 23.1（神经元） 神经元是如下定义的非线性函数:

$$y = f(x_1, x_2, \cdots, x_n) = a\Big(\sum_{i=1}^{n} w_i x_i + b\Big) \tag{23.1}$$

或者写作

$$y = f\left(x_1, x_2, \cdots, x_n\right) = a\left(z\right), z = \sum_{i=1}^{n} w_i x_i + b \tag{23.2}$$

其中，$x_1, x_2, \cdots, x_n$ 是输入，取实数值；y 是输出，取实数值；z 是中间结果，又称作净输入（net input），也取实数值；$w_1, w_2, \cdots, w_n$ 是权重（weight），b 是偏置（bias），也都取实数值；$z = \sum\limits_{i=1}^{n} w_i x_i + b$ 是仿射函数；$a(\bullet)$ 是特定的非线性函数，称为激活函数（activation function）。激活函数有多种形式，比如 S 型函数:

$$a\left(z\right) = \frac{1}{1 + \mathrm{e}^{-z}}$$

神经元函数由两部分组成，首先使用仿射函数对输入 $x_1, x_2, \cdots, x_n$ 进行仿射变换，得到净输入 z，然后使用激活函数 $a\left(z\right)$ 对净输入 z 进行非线性变换，得到输出 y。权重 $w_1, w_2, \cdots, w_n$ 与偏置 b 是神经元函数的参数，通过学习得到。

图 23.1 是神经元的示意图。图中结点表示变量，有向边表示变量之间的依存关系，有向图整体表示式（23.1）和式（23.2）的神经元函数。结点 $x_1, x_2, \cdots x_n$ 是神经元的输入变量，结点 y 是神经元的输出变量。通常不显式表示净输入变量 z。习惯上，将权重 $w_1, w_2, \cdots, w_n$ 附在有向边上。为了方便，经常增加一个恒为 $+1$ 的输入，取偏置 b 为其权重，将仿射变换转换成线性变换，得到一个等价的神经元函数，图 23.1 的有向图表示的就是这个形式的函数。

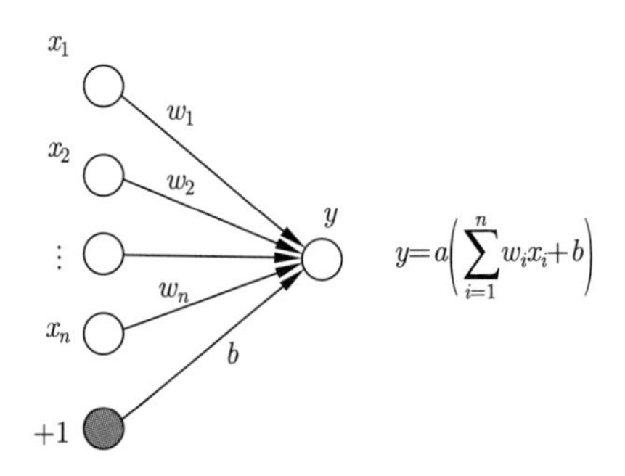

图 23.1 神经元

神经元也可以用向量表示。设向量

$$\boldsymbol{x}=\left[\begin{array}{c}x_1\\x_2\\\vdots\\x_n\end{array}\right]$$

$$\boldsymbol{w}=\left[\begin{array}{c}w_1\\w_2\\\vdots\\w_n\end{array}\right]$$

为输入和权重，则神经元为函数

$$y=f(\boldsymbol{x})=a(\boldsymbol{w}^{\mathrm{T}}\boldsymbol{x}+b) \tag{23.3}$$

或者写作

$$y=f\left(\boldsymbol{x}\right)=a\left(z\right),\quad z=\boldsymbol{w}^{\mathrm{T}}\boldsymbol{x}+b \tag{23.4}$$

例 23.1 图 23.2 是一个神经元，画出其函数的三维图形，其中激活函数是 S 型函数。

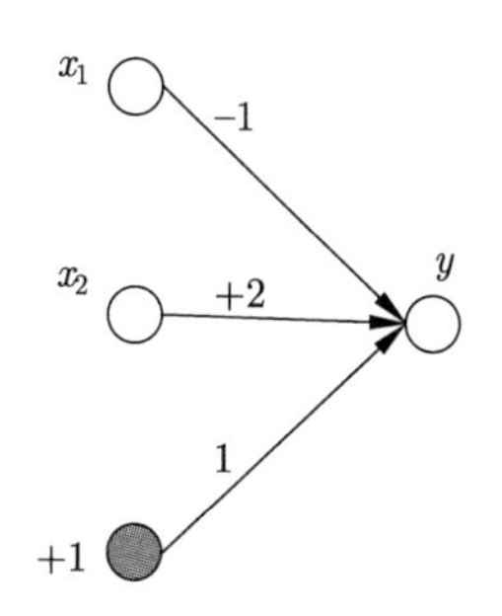

图 23.2 神经元例

解 神经元的仿射函数是 $z=-x_1+2x_2+1$，激活函数是 $a\left(z\right)=\dfrac{1}{1+\mathrm{e}^{-z}}$，神经元函数是

$$y=f(x_1,x_2)=\frac{1}{1+\mathrm{e}^{x_1-2x_2-1}}$$

图 23.3 是神经元函数的三维图形，整体是三维空间 (x_1,x_2,y) 中的一个 S 形曲面。S 形曲面由平行的等高线组成，每一条等高线对应着二维空间 (x_1,x_2) 中的一条直线 $z=-x_1+2x_2+1$，其中 z 是一个定值。当 z 趋于正无穷时，等高线趋近于平面 $y=1$；当 z 趋于负无穷时，等高线趋近于平面 $y=0$。

2. 前馈神经网络

前馈神经网络由多层神经元组成，层间的神经元相互连接，层内的神经元不连接，前一层神经元的输出是后一层神经元的输入。整体表示输入信号（实数向量）到输出信号（实数向量）的多次非线性转换。数学上，前馈神经网络是以实数向量为输入、以实数向量为输出的非线性函数的复合函数（这里，函数都是以向量为输入输出的一般函数的扩展）。前馈神经

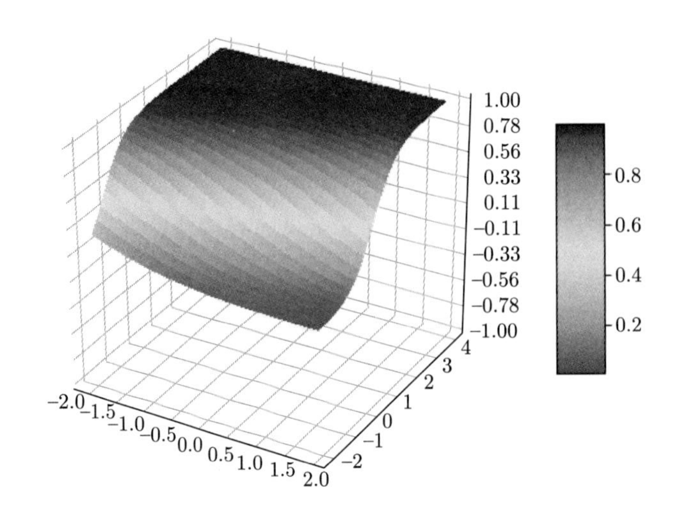

图 23.3 神经元的三维图形 (见文前彩图)

网络最后的输出也可以是一个实数值，是实数向量的特殊情况。先给出二层前馈神经网络的定义①。

定义 23.2（二层前馈神经网络） 二层前馈神经网络是如下定义的非线性函数的复合函数。输入是 $x_i, i=1,2,\cdots,n$，输出是 $y_k, k=1,2,\cdots,l$。神经网络有两层。第一层由 m 个神经元组成，其中第 j 个神经元是

$$h_j^{(1)} = a\left(z_j^{(1)}\right) = a\left(\sum_{i=1}^{n} w_{ji}^{(1)} x_i + b_j^{(1)}\right), \quad j=1,2,\cdots,m \tag{23.5}$$

这里 x_i 是输入，$w_{ji}^{(1)}$ 是权重，$b_j^{(1)}$ 是偏置，$z_j^{(1)}$ 是净输入，$a(\cdot)$ 是激活函数。第二层由 l 个神经元组成，其中第 k 个神经元是

$$y_k = g(z_k^{(2)}) = g\left(\sum_{j=1}^{m} w_{kj}^{(2)} h_j^{(1)} + b_k^{(2)}\right), \quad k=1,2,\cdots,l \tag{23.6}$$

这里 $h_j^{(1)}$ 是第一层神经元的输出，$w_{kj}^{(2)}$ 是权重，其中 $j=1,2,\cdots,m$，$b_k^{(2)}$ 是偏置，$z_k^{(2)}$ 是净输入，$g(\cdot)$ 是激活函数。神经网络整体是

$$y_k = g\left[\sum_{j=1}^{m} w_{kj}^{(2)} a\left(\sum_{i=1}^{n} w_{ji}^{(1)} x_i + b_j^{(1)}\right) + b_k^{(2)}\right], \quad k=1,2,\cdots,l \tag{23.7}$$

通常情况第二层只有一个神经元，即 $l=1$。

第一层神经元从输入输出的角度不可见，称为隐层。第二层神经元称为输出层。有时把输入也看作是一层，称为输入层。隐层和输出层的激活函数 $a(\cdot)$ 和 $g(\cdot)$ 通常有不同的定义。这里考虑层间的全连接，即前一层的每一个神经元都和后一层的每一个神经元连接。部分连接网络是其特殊情况，相当于未连接边的权重为 0。

① 也有人视输入层为一层，称这里的前馈神经网络为三层神经网络。本书采用通常的定义，以含有神经元的层作为神经网络的层。

图 23.4 是二层前馈神经网络的示意图。图中结点表示变量，有向边表示变量间的依存关系，边上的数值表示权重。结点 x_i 是神经网络的输入，结点 y_k 是神经网络的输出（也是输出层神经元），结点 $h_j^{(1)}$ 是神经网络的隐层神经元。数值 $w_{ji}^{(1)}$ 是隐层神经元的权重，数值 $w_{kj}^{(2)}$ 是输出层神经元的权重。数值 $b_j^{(1)}$ 是隐层神经元的偏置，数值 $b_k^{(2)}$ 是输出层神经元的偏置。其中，$i=1,2,\cdots,n, \quad j=1,2,\cdots,m, \quad k=1,2,\cdots,l$。

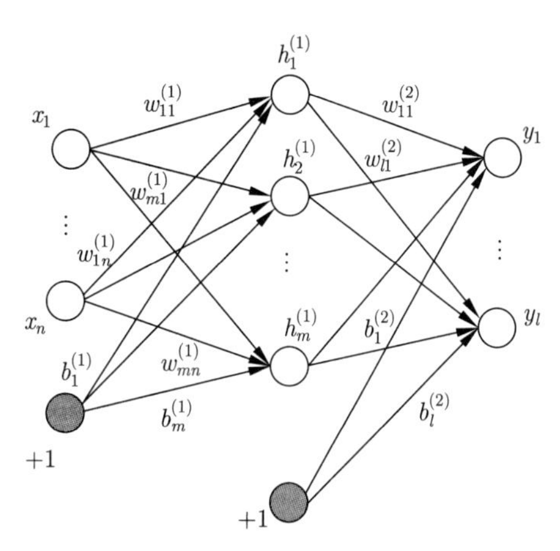

图 23.4　二层前馈神经网络

二层前馈神经网络也可以用矩阵来表示，简称矩阵表示。

$$\boldsymbol{h}^{(1)} = f^{(1)}(\boldsymbol{x}) = a(\boldsymbol{z}^{(1)}) = a\left({\boldsymbol{W}^{(1)}}^{\mathrm{T}}\boldsymbol{x} + \boldsymbol{b}^{(1)}\right) \tag{23.8}$$

$$\boldsymbol{y} = f^{(2)}\left(\boldsymbol{h}^{(1)}\right) = g(\boldsymbol{z}^{(2)}) = g\left({\boldsymbol{W}^{(2)}}^{\mathrm{T}}\boldsymbol{h}^{(1)} + \boldsymbol{b}^{(2)}\right) \tag{23.9}$$

其中，

$$\boldsymbol{x} = \begin{bmatrix} x_1 \\ x_2 \\ \vdots \\ x_n \end{bmatrix}$$

$$\boldsymbol{z}^{(1)} = \begin{bmatrix} z_1^{(1)} \\ z_2^{(1)} \\ \vdots \\ z_m^{(1)} \end{bmatrix}$$

$$\boldsymbol{h}^{(1)} = \begin{bmatrix} h_1^{(1)} \\ h_2^{(1)} \\ \vdots \\ h_m^{(1)} \end{bmatrix}$$

$$\boldsymbol{z}^{(2)}=\begin{bmatrix} z_1^{(2)} \\ z_2^{(2)} \\ \vdots \\ z_l^{(2)} \end{bmatrix}$$

$$\boldsymbol{W}^{(1)}=\begin{bmatrix} w_{11}^{(1)} & \cdots & w_{1m}^{(1)} \\ \vdots & & \vdots \\ w_{n1}^{(1)} & \cdots & w_{nm}^{(1)} \end{bmatrix}$$

$$\boldsymbol{W}^{(2)}=\begin{bmatrix} w_{11}^{(2)} & \cdots & w_{1l}^{(2)} \\ \vdots & & \vdots \\ w_{m1}^{(2)} & \cdots & w_{ml}^{(2)} \end{bmatrix}$$

$$\boldsymbol{b}^{(1)}=\begin{bmatrix} b_1^{(1)} \\ b_2^{(1)} \\ \vdots \\ b_m^{(1)} \end{bmatrix}$$

$$\boldsymbol{b}^{(2)}=\begin{bmatrix} b_1^{(2)} \\ b_2^{(2)} \\ \vdots \\ b_l^{(2)} \end{bmatrix}$$

向量 $\boldsymbol{x}$ 表示输入，向量 $\boldsymbol{y}$ 表示输出，向量 $\boldsymbol{z}^{(1)}$ 表示隐层的净输入，向量 $\boldsymbol{h}^{(1)}$ 表示隐层的输出，向量 $\boldsymbol{z}^{(2)}$ 表示输出层的净输入，矩阵 $\boldsymbol{W}^{(1)},\boldsymbol{W}^{(2)}$ 表示权重，向量 $\boldsymbol{b}^{(1)},\boldsymbol{b}^{(2)}$ 表示偏置。整体神经网络由复合函数 $f^{(2)}(f^{(1)}(\boldsymbol{x}))$ 表示。这里 $a(\cdot)$ 和 $g(\cdot)$，以及 $f^{(1)}(\cdot)$ 和 $f^{(2)}(\cdot)$ 是一般函数的扩展，作用在向量的每个元素上，得到的仍是一个向量。

下面给出更一般的多层前馈神经网络或深度神经网络的定义。

定义 23.3（多层前馈神经网络） 多层前馈神经网络或前馈神经网络是如下定义的非线性函数的复合函数。输入是 $x_i, i=1,2,\cdots,n$，输出是 $y_k, k=1,2,\cdots,l$。神经网络有 s 层（$s\geqslant 2$）。第一层到第 $s-1$ 层是隐层。假设其中的第 t 层由 m 个神经元组成，第 $t-1$ 层由 n 个神经元组成，$t=1,2,\cdots,s-1$，第 t 层的第 j 个神经元是

$$h_j^{(t)}=a\left(z_j^{(t)}\right)=a\left(\sum_{i=1}^{n} w_{ji}^{(t)} h_i^{(t-1)}+b_j^{(t)}\right), \quad j=1,2,\cdots,m \tag{23.10}$$

这里 $h_i^{(t-1)}, i=1,2,\cdots,n$，是第 $t-1$ 层的输出，设 $h_i^{(0)}=x_i$，$w_{ji}^{(t)}, i=1,2,\cdots,n$，是权

重，$b_j^{(t)}$ 是偏置，$z_j^{(t)}$ 是净输入，$a(\bullet)$ 是激活函数。第 s 层是输出层。假设第 s 层由 l 个神经元组成，第 $s-1$ 层由 m 个神经元组成，第 s 层的第 k 个神经元是

$$y_k = g\left(z_k^{(s)}\right) = g\left(\sum_{j=1}^{m} w_{kj}^{(s)} h_j^{(s-1)} + b_k^{(s)}\right), \quad k = 1, 2, \cdots, l \tag{23.11}$$

这里 $h_j^{(s-1)}, j = 1, 2, \cdots, m$，是第 $s-1$ 层的输出，$w_{kj}^{(s)}, j = 1, 2, \cdots, m$，是权重，$b_k^{(s)}$ 是偏置，$z_k^{(s)}$ 是净输入，$g(\bullet)$ 是激活函数。神经网络整体是

$$y_k = g\left\{\sum_{j=1}^{m} w_{kj}^{(s)} \cdots \left[a\left(\sum_{i=1}^{n} w_{ji}^{(1)} x_i + b_j^{(1)}\right)\right] \cdots + b_k^{(s)}\right\}, \quad k = 1, 2, \cdots, l \tag{23.12}$$

层数大于 2 时的前馈神经网络又称为深度神经网络。通常情况是第 s 层只有一个神经元，即 $l = 1$。

前馈神经网络的矩阵表示如下：

$$\begin{cases} \boldsymbol{h}^{(1)} = f^{(1)}(\boldsymbol{x}) = a(\boldsymbol{z}^{(1)}) = a\left({\boldsymbol{W}^{(1)}}^{\mathrm{T}} \boldsymbol{x} + \boldsymbol{b}^{(1)}\right) \\ \boldsymbol{h}^{(2)} = f^{(2)}\left(\boldsymbol{h}^{(1)}\right) = a(\boldsymbol{z}^{(2)}) = a\left({\boldsymbol{W}^{(2)}}^{\mathrm{T}} \boldsymbol{h}^{(1)} + \boldsymbol{b}^{(2)}\right) \\ \qquad \vdots \\ \boldsymbol{h}^{(s-1)} = f^{(s-1)}\left(\boldsymbol{h}^{(s-2)}\right) = a(\boldsymbol{z}^{(s-1)}) = a\left({\boldsymbol{W}^{(s-1)}}^{\mathrm{T}} \boldsymbol{h}^{(s-2)} + \boldsymbol{b}^{(s-1)}\right) \\ \boldsymbol{y} = \boldsymbol{h}^{(s)} = f^{(s)}\left(\boldsymbol{h}^{(s-1)}\right) = g(\boldsymbol{z}^{(s)}) = g\left({\boldsymbol{W}^{(s)}}^{\mathrm{T}} \boldsymbol{h}^{(s-1)} + \boldsymbol{b}^{(s)}\right) \end{cases} \tag{23.13}$$

其中，向量 $\boldsymbol{x}$ 表示输入，向量 $\boldsymbol{y}$ 表示输出，向量 $\boldsymbol{z}^{(1)}, \boldsymbol{z}^{(2)}, \cdots, \boldsymbol{z}^{(s)}$ 表示第 1 层到第 s 层的净输入，向量 $\boldsymbol{h}^{(1)}, \boldsymbol{h}^{(2)}, \cdots, \boldsymbol{h}^{(s)}$ 表示第 1 层到第 s 层的输出，矩阵 $\boldsymbol{W}^{(1)}, \boldsymbol{W}^{(2)}, \cdots, \boldsymbol{W}^{(s)}$ 表示权重，向量 $\boldsymbol{b}^{(1)}, \boldsymbol{b}^{(2)}, \cdots, \boldsymbol{b}^{(s)}$ 表示偏置。整体神经网络由复合函数 $f^{(s)}(\cdots f^{(2)}(f^{(1)}(\boldsymbol{x}))\cdots)$ 表示，也写作 $f(\boldsymbol{x}; \boldsymbol{\theta})$，其中 $\boldsymbol{\theta}$ 是所有参数组成的向量。

可以看出，前馈神经网络模型是矩阵与向量的乘积的非线性变换的多次重复，其基本结构是非常简单的。因此，多次非线性变换是前馈神经网络的本质。从后面的例子中可以看出，这种变换拥有很强的表示能力，可以进行复杂的信息处理。相比之下，多次线性变换等价于一次线性变换，其表示能力有限。

到目前为止考虑的是一个样本输入到神经网络的情况，这时输入由一个向量表示。也可以是多个样本批量同时输入到神经网络，这时输入样本由一个矩阵表示。可以用式（23.13）的矩阵表示扩展，细节省略，在例 23.3 中介绍。

3. 隐层的神经元

隐层神经元函数由两部分组成：仿射函数和激活函数。这里介绍常用的隐层激活函数，包括 S 型函数、双曲正切函数、整流线性函数。一个神经网络通常采用一种隐层激活函数。

S 型函数（sigmoid function）又称为逻辑斯谛函数（logistic function），是定义式如下的非线性函数。

$$a(z) = \sigma(z) = \frac{1}{1 + \mathrm{e}^{-z}} \tag{23.14}$$

其中，z 是自变量或输入，$\sigma(z)$ 是因变量或输出。函数的定义域为 $(-\infty,+\infty)$，值域为 $(0,1)$。如图 23.5 所示，S 型函数是将正负实数值映射到 0 和 1 之间实数值的单调递增函数，其特点是输入越接近 $+\infty$，输出越接近 1；输入越接近 $-\infty$，输出越接近 0；输入在 0 附近时，输出近似线性递增；输入是 0 时，输出是 0.5。

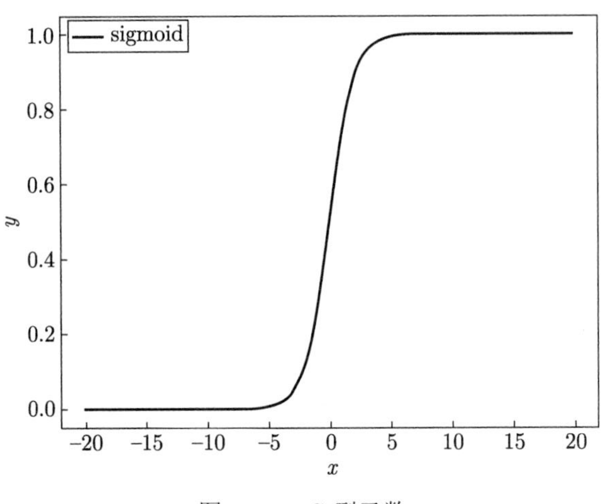

图 23.5 S 型函数

S 型函数的导函数是

$$a'(z)=a(z)(1-a\,(z)) \tag{23.15}$$

双曲正切函数（hyperbolic tangent function）是定义式如下的非线性函数。

$$a\,(z)=\tanh\,(z)=\frac{\mathrm{e}^{z}-\mathrm{e}^{-z}}{\mathrm{e}^{z}+\mathrm{e}^{-z}} \tag{23.16}$$

其中，z 是自变量或输入，$\tanh(z)$ 是因变量或输出。函数定义域为 $(-\infty,+\infty)$，值域为 $(-1,+1)$。如图 23.6 所示，双曲正切函数的特点是输入越接近 $+\infty$，输出越接近 $+1$；输入越接近 $-\infty$，输出越接近 -1；输入在 0 附近时，输出近似线性递增；输入是 0 时，输出也是 0。

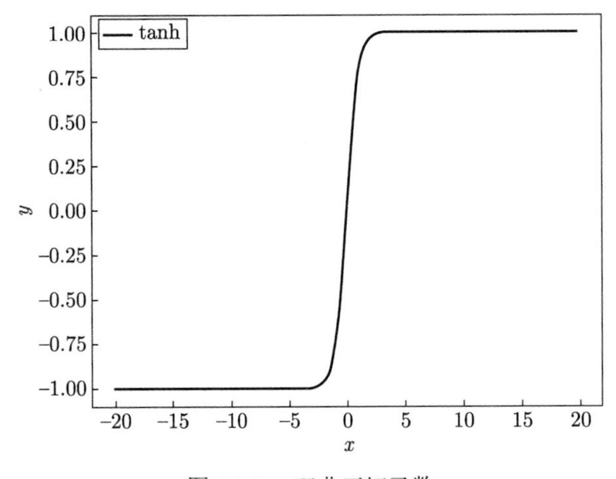

图 23.6 双曲正切函数

双曲正切函数的导函数是

$$a'(z) = 1 - a(z)^2 \tag{23.17}$$

双曲正切函数与 S 型函数有以下关系：直观上双曲正切函数将 S 型函数“放大”两倍，并向下平移 1 个单位。

$$\tanh(z) = 2\sigma(2z) - 1 \tag{23.18}$$

整流线性函数（rectified linear unit, ReLU）是定义式如下的非线性函数。

$$a(z) = \text{relu}(z) = \max(0, z) \tag{23.19}$$

其中，z 是自变量或输入，$\text{relu}(z)$ 是因变量或输出。函数定义域为 $(-\infty, +\infty)$，值域为 $(0, +\infty)$。如图 23.7 所示，整流线性函数的特点是输入是负值时，输出为 0；输入是正值时，输出为正且线性单调递增；输入是 0 时，输出也是 0。

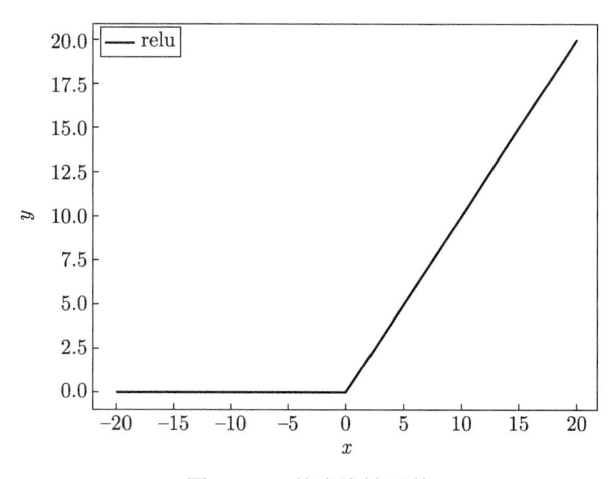

图 23.7 整流线性函数

整流线性函数的导函数是[①]

$$a'(z) = \begin{cases} 1, & z > 0 \\ 0, & \text{其他} \end{cases} \tag{23.20}$$

整流线性函数比 S 型函数和双曲正切函数在计算机上的计算效率更高，其导函数也是如此。整流线性函数在当前深度学习中被广泛使用。

对于激活函数 $a(z)$，当其导数满足 $\lim\limits_{z \to -\infty} a'(z) = 0$ 时，称为左饱和（left saturating）函数；当其导数满足 $\lim\limits_{z \to +\infty} a'(z) = 0$ 时，称为右饱和（right saturating）函数；同时满足左饱和、右饱和条件时称为（两边的）饱和（saturating）函数。整流线性函数是左饱和函数，S 型函数和双曲正切函数是饱和函数。

4. 模型

前馈神经网络可以作为机器学习模型用于不同任务，有以下几种代表情况。

① 严格意义上在 0 点并没有导数，这里定义函数在该处的导数为 0。

（1）用于回归。神经网络的输出层只有一个神经元，其输出是一个实数值。神经网络表示为 $y=f(\boldsymbol{x})$，其中 $y\in\mathcal{R}$。预测时给定输入 $\boldsymbol{x}$，计算输出 y。

（2）用于二类分类。神经网络的输出层只有一个神经元，其输出是一个概率值。神经网络表示为 $p=P\left(y=1|\boldsymbol{x}\right)=f\left(\boldsymbol{x}\right)$, 其中 $y\in\{0,1\}$，满足条件

$$0<P\left(y=1|\boldsymbol{x}\right)<1,\quad P\left(y=1|\boldsymbol{x}\right)+P\left(y=0|\boldsymbol{x}\right)=1$$

预测时给定输入 $\boldsymbol{x}$，计算其属于类别 1 的概率。如果概率大于 0.5，则将输入分到类别 1，否则分到类别 0。

（3）用于多类分类（multi-class classification）。神经网络的输出层只有一个神经元，神经元的输出是由 l 个概率值组成的概率向量。神经网络表示为 $\boldsymbol{p}=\left[P\left(y_k=1|\boldsymbol{x}\right)\right]=f\left(\boldsymbol{x}\right)$，其中 $y_k\in\{0,1\},k=1,2,\cdots,l$，满足条件

$$\sum_{k=1}^{l}y_k=1,\quad 0<P\left(y_k=1|\boldsymbol{x}\right)<1,\quad \sum_{k=1}^{l}P\left(y_k=1|\boldsymbol{x}\right)=1,\quad k=1,2,\cdots,l$$

也就是说 $[y_1,y_2,\cdots,y_l]$ 是只有一个元素为 1，其他元素为 0 的向量，这样的向量称为独热向量（one-hot vector），$\left[P\left(y_1=1|\boldsymbol{x}\right),P\left(y_2=1|\boldsymbol{x}\right),\cdots,P\left(y_l=1|\boldsymbol{x}\right)\right]$ 是定义在独热向量上的概率分布，表示输入 $\boldsymbol{x}$ 属于 l 个类别的概率。预测时给定输入 $\boldsymbol{x}$，计算其属于各个类别的概率。将输入分到概率最大的类别，这时输入只可能被分到一个类别。

（4）用于多标签分类（multi-label classification）。神经网络的输出层有 l 个神经元，每个神经元的输出是一个概率值。神经网络表示为 $\boldsymbol{p}=\left[P\left(y_k=1|\boldsymbol{x}\right)\right]=f\left(\boldsymbol{x}\right)$，其中 $y_k\in\{0,1\},k=1,2,\cdots,l$，满足条件

$$0<P\left(y_k=1|\boldsymbol{x}\right)<1,\quad P\left(y_k=1|\boldsymbol{x}\right)+P\left(y_k=0|\boldsymbol{x}\right)=1,\quad k=1,2,\cdots,l$$

$\left[P\left(y_1=1|\boldsymbol{x}\right),P\left(y_2=1|\boldsymbol{x}\right),\cdots,P\left(y_l=1|\boldsymbol{x}\right)\right]$ 表示输入 $\boldsymbol{x}$ 分别属于 l 个类别的概率。预测时给定输入 $\boldsymbol{x}$，计算其属于各个类别的概率。将输入分到概率大于 0.5 的所有类别，这时输入可以被分到多个类别（赋予多个标签）。

注意，在回归中神经网络的输出和模型的输出是相同的，都是实数值；在分类中神经网络的输出和模型的输出是不同的，前者是概率值，后者是类别。现实中经常对神经网络及其表示的模型不严格区分，这一点其他类型的神经网络也一样。

5. 输出层的神经元

输出层神经元函数由两部分组成：仿射函数和激活函数。输出层激活函数通常使用恒等函数、S 型函数、软最大化函数。在回归、二类分类、多类分类、多标签分类中，激活函数有不同的形式。

回归时，输出层只有一个神经元，其激活函数是恒等函数，神经元函数是

$$y=g\left(z\right)=z,\ z={\boldsymbol{w}^{(s)}}^{\mathrm{T}}\boldsymbol{h}^{(s-1)}+b^{(s)}\tag{23.21}$$

这里 $\boldsymbol{w}^{(s)}$ 是权重向量，$b^{(s)}$ 是偏置，$g\left(\cdot\right)$ 是恒等函数，$\boldsymbol{h}^{(s-1)}$ 是第 $s-1$ 隐层的输出。称这样的输出层为线性输出层。

二类分类时，输出层只有一个神经元，其激活函数是 S 型函数，神经元函数是

$$P(y=1|\boldsymbol{x})=g\left(z\right)=\frac{1}{1+\mathrm{e}^{-z}},\ z={\boldsymbol{w}^{(s)}}^{\mathrm{T}}\boldsymbol{h}^{(s-1)}+b^{(s)} \tag{23.22}$$

这里 $\boldsymbol{w}^{(s)}$ 是权重向量，$b^{(s)}$ 是偏置，$g(\cdot)$ 是 S 型函数，$\boldsymbol{h}^{(s-1)}$ 是第 $s-1$ 隐层的输出。

多类分类时，输出层只有一个神经元，其激活函数是软最大化函数（softmax function），神经元函数是

$$P(y_k=1|\boldsymbol{x})=g\left(z_k\right)=\frac{\mathrm{e}^{z_k}}{\sum\limits_{i=1}^{l}\mathrm{e}^{z_i}},\ z_k={\boldsymbol{w}_k^{(s)}}^{\mathrm{T}}\boldsymbol{h}^{(s-1)}+b_k^{(s)},\quad k=1,2,\cdots,l \tag{23.23}$$

这里 $\boldsymbol{w}_k^{(s)}$ 是权重向量，$b_k^{(s)}$ 是偏置，$g(\cdot)$ 是软最大化函数，$\boldsymbol{h}^{(s-1)}$ 是第 $s-1$ 隐层的输出。称这样的输出层为软最大化输出层。

软最大化函数的名字来自它是最大化（max）函数的近似这一事实。如果 $z_k \gg z_j, j\neq k$，那么 $p_k=P\left(y_k=1\right)\approx 1, p_j=P\left(y_j=1\right)\approx 0$。软最大化函数是 l 维实数向量 $\boldsymbol{z}$ 到 l 维概率向量 $\boldsymbol{p}$ 的映射。

$$\boldsymbol{z}=\begin{bmatrix} z_1 \\ z_2 \\ \vdots \\ z_l \end{bmatrix} \rightarrow \boldsymbol{p}=\begin{bmatrix} p_1 \\ p_2 \\ \vdots \\ p_l \end{bmatrix}$$

软最大化函数的偏导数或雅可比矩阵元素是 (推导见附录 F)

$$\frac{\partial p_k}{\partial z_j}=\begin{cases} p_k(1-p_k), & j=k \\ -p_j p_k, & j\neq k \end{cases},\quad j,k=1,2,\cdots,l \tag{23.24}$$

前馈神经网络用于多类分类时，为了提高效率，在预测时经常省去激活函数的计算，选取仿射函数（净输入）z_k 值最大的类别。这样做，分类结果是等价的，因为软最大化函数的分母对各个类别是常量，而分子的指数函数是单调递增函数。实数值 z_k 又称为对数几率（logit）。

多标签分类时，输出层有 l 个神经元，每个神经元的激活函数都是 S 型函数，神经元函数是

$$P(y_k=1|\boldsymbol{x})=g\left(z_k\right)=\frac{1}{1+\mathrm{e}^{-z_k}},\quad z_k={\boldsymbol{w}_k^{(s)}}^{\mathrm{T}}\boldsymbol{h}^{(s-1)}+b_k^{(s)},\quad k=1,2,\cdots,l \tag{23.25}$$

这里 $\boldsymbol{w}_k^{(s)}$ 是权重向量，$b_k^{(s)}$ 是偏置，$g(\cdot)$ 是 S 型函数，$\boldsymbol{h}^{(s-1)}$ 是第 $s-1$ 隐层的输出。

23.1.2 前馈神经网络的例子

例 23.2 图 23.8 是一个二层前馈神经网络，画出其函数的三维图形，其中第一层激活函数和第二层激活函数都是 S 型函数。

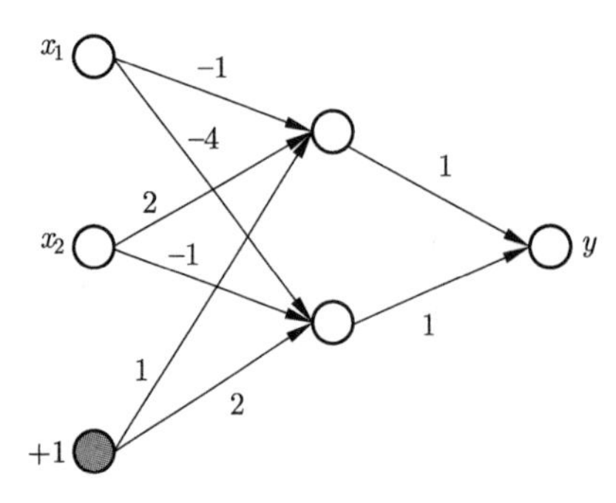

图 23.8 二层前馈神经网络例

解 第一层 (隐层) 的第一个神经元与例 23.1 相同，仿射函数是 $z=-x_1+2x_2+1$，激活函数是 $a(z)=\dfrac{1}{1+\mathrm{e}^{-z}}$，神经元函数是

$$h_1^{(1)}=\frac{1}{1+\mathrm{e}^{x_1-2x_2-1}}$$

图 23.3 是该神经元的三维图形。第一层的第二个神经元的仿射函数是 $z=-4x_1-x_2+2$，激活函数是 $a(z)=\dfrac{1}{1+\mathrm{e}^{-z}}$，神经元函数是

$$h_2^{(1)}=\frac{1}{1+\mathrm{e}^{4x_1+x_2-2}}$$

图 23.9 是该神经元的三维图形。

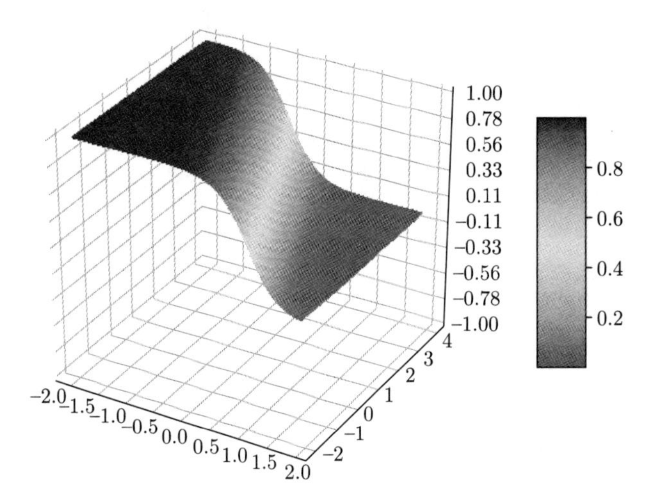

图 23.9 神经元的三维图形 (见文前彩图)

第二层（输出层）的神经元的仿射函数是 $z=h_1^{(1)}+h_2^{(1)}$，激活函数是 $g(z)=\sigma(z)$，神经元函数是 $f(x_1,x_2)=\sigma(h_1^{(1)}+h_2^{(1)})$。神经网络整体

$$f(x_1,x_2)=\sigma\left(\frac{1}{1+\mathrm{e}^{x_1-2x_2-1}}+\frac{1}{1+\mathrm{e}^{4x_1+x_2-2}}\right)$$

是一个二类分类模型。图 23.10 是神经网络的三维图形。图形中“高原”部分的输出值接近

1,“盆地”部分的输出值接近 0。可以看出，整个二层前馈神经网络能够比第一层的两个神经元表示更复杂的非线性关系。

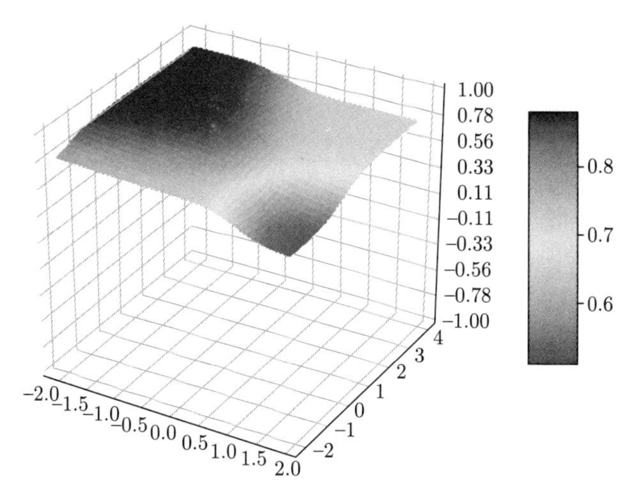

图 23.10 前馈神经网络例的三维图形 (见文前彩图)

例 23.3 构建一个前馈神经网络实现逻辑表达式 XOR 的功能。

解 采用矩阵表示，构建一个二层前馈神经网络，第一层有两个神经元，其激活函数是整流线性函数，第二层有一个神经元，其激活函数是恒等函数，如图 23.11 所示。

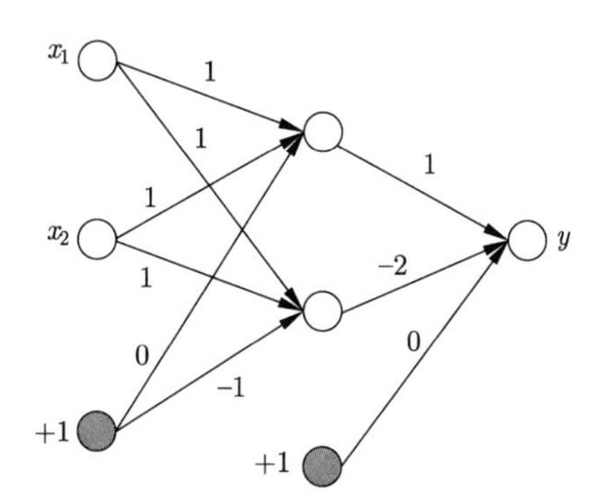

图 23.11 XOR 神经网络例

第一层的权重矩阵和偏置向量是

$$\boldsymbol{W}^{(1)}=\begin{bmatrix}1 & 1\\ 1 & 1\end{bmatrix}$$

$$\boldsymbol{b}^{(1)}=\begin{bmatrix}0\\ -1\end{bmatrix}$$

第二层的权重矩阵和偏置向量是

$$\boldsymbol{W}^{(2)}=\begin{bmatrix}1\\ -2\end{bmatrix}$$

$$\boldsymbol{b}^{(2)}=[0]$$

用矩阵表示四种可能的输入：

$$
\boldsymbol{X}=\begin{bmatrix} 0 & 0 & 1 & 1 \\ 0 & 1 & 0 & 1 \end{bmatrix}
$$

代表批量处理。代入神经网络，第一层输出是

$$
\begin{aligned}
\boldsymbol{H}^{(1)} &= \operatorname{relu}\left(\boldsymbol{W}^{(1)\mathrm{T}}\boldsymbol{X}+\boldsymbol{B}^{(1)}\right)\\
&= \operatorname{relu}\left(\begin{bmatrix} 1 & 1 \\ 1 & 1 \end{bmatrix}\begin{bmatrix} 0 & 0 & 1 & 1 \\ 0 & 1 & 0 & 1 \end{bmatrix}+\begin{bmatrix} 0 & 0 & 0 & 0 \\ -1 & -1 & -1 & -1 \end{bmatrix}\right)\\
&= \operatorname{relu}\left(\begin{bmatrix} 0 & 1 & 1 & 2 \\ -1 & 0 & 0 & 1 \end{bmatrix}\right)\\
&= \begin{bmatrix} 0 & 1 & 1 & 2 \\ 0 & 0 & 0 & 1 \end{bmatrix}
\end{aligned}
$$

其中 relu 计算对矩阵的每一个元素进行。第二层输出是

$$
\begin{aligned}
\boldsymbol{H}^{(2)} &= \boldsymbol{W}^{(2)\mathrm{T}}\boldsymbol{H}^{(1)}+\boldsymbol{B}^{(2)}\\
&= \begin{bmatrix} 1 & -2 \end{bmatrix}\begin{bmatrix} 0 & 1 & 1 & 2 \\ 0 & 0 & 0 & 1 \end{bmatrix}+\begin{bmatrix} 0 & 0 & 0 & 0 \end{bmatrix}\\
&= \begin{bmatrix} 0 & 1 & 1 & 0 \end{bmatrix}
\end{aligned}
$$

表示四种可能的输出。可以看出这个二层神经网络实现了 XOR 功能。图 23.12 是 XOR 神经网络函数的三维图形。作为线性模型的感知机不能实现 XOR 是众所周知的事实，而作为

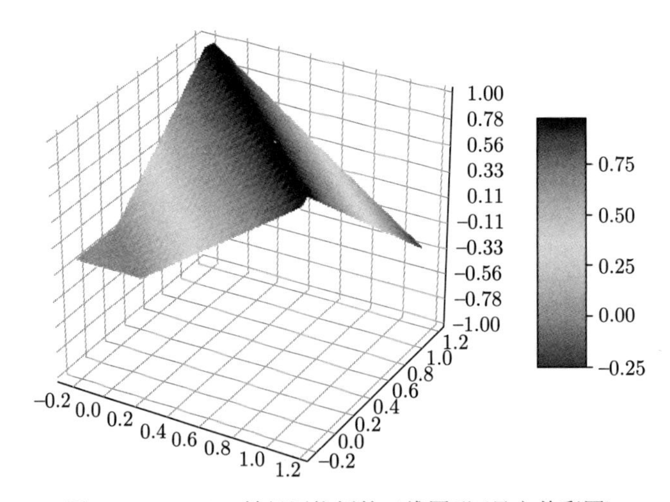

图 23.12 XOR 神经网络例的三维图形 (见文前彩图)

非线性模型的前馈神经网络可以实现 XOR，并且以很简单的方式实现。

例 23.4 手写数字识别网络。

MNIST 是一个机器学习标准数据集。每一个样本由一个像素为 28×28 的手写数字灰度图像以及对应的 0~9 之间的标签组成，像素取值为 0~255，如图 23.13 所示。

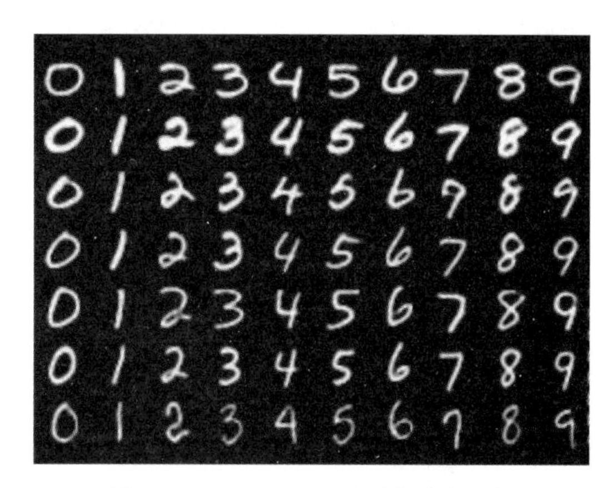

图 23.13 MNIST 手写数字数据例

可以构建图 23.14 所示的前馈神经网络对 MNIST 的手写数字进行识别，是一个多标签分类模型。输入层是一个 $28 \times 28 = 784$ 维向量，取自一个图像，每一维对应一个像素。第一层和第二层是隐层，各自有 100 个神经元和 50 个神经元，其激活函数都是 S 型函数。第三层是输出层，有 10 个神经元，其激活函数也是 S 型函数。给定一个图像，神经网络可以计算出其属于 0~9 类的概率，将图像赋予概率最大的标签。分类准确率能达到 90% 以上。

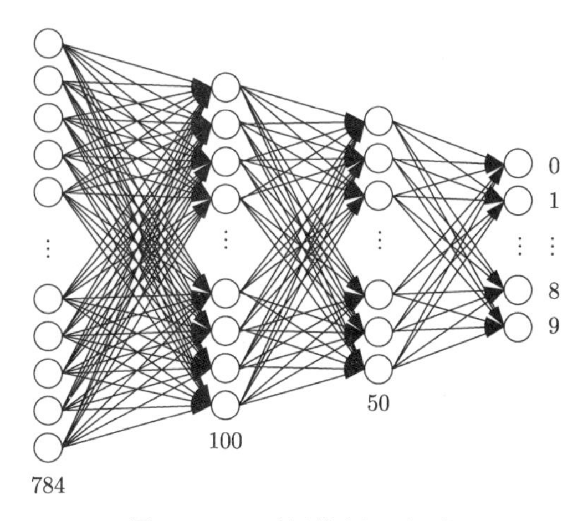

图 23.14 手写数字识别网络

从以上的例子可以看出，前馈神经网络拥有很强的语义表示能力，简单的网络就可以表示逻辑关系、抽象数字，进行简单逻辑推理、数字识别等处理。预测时，神经网络的每一层通过非线性变换对输入进行特征转换，多次这样的特征转换产生最终的判断结果。

23.1.3 前馈神经网络的表示能力

1. 与其他模型的关系

前馈神经网络与逻辑斯谛回归模型、感知机、支持向量机等有密切关系。

对于多类分类的一层神经网络，当其输出层激活函数是软最大化函数时，模型等价于多项逻辑斯谛回归模型。

$$P\left(y_{k}=1|\boldsymbol{x}\right)=f(\boldsymbol{x})=\frac{\mathrm{e}^{\left(\boldsymbol{w}_{k}^{(1)\mathrm{T}}\boldsymbol{x}+b_{k}^{(1)}\right)}}{\displaystyle\sum_{i=1}^{l}\mathrm{e}^{\left(\boldsymbol{w}_{i}^{(1)\mathrm{T}}\boldsymbol{x}+b_{i}^{(1)}\right)}},\quad k=1,2,\cdots,l \tag{23.26}$$

所以，前馈神经网络是逻辑斯谛回归模型的扩展。注意：前馈神经网络通常将所有 l 个类别的权重和偏置作为参数使用，而逻辑斯谛回归通常将前 $l-1$ 个类别的权重和偏置作为自由参数使用（见 6.1.4 节）。

对于二类分类的一层神经网络，当其输出层激活函数是双曲正切函数时,

$$f\left(\boldsymbol{x}\right)=\tanh(\boldsymbol{w}^{(1)\mathrm{T}}\boldsymbol{x}+b^{(1)}) \tag{23.27}$$

模型可以与感知机对应。感知机模型的定义是

$$y=\begin{cases}+1, & \operatorname{sign}(\boldsymbol{w}^{\mathrm{T}}\boldsymbol{x}+b)\geqslant 0\\ -1, & 其他\end{cases}$$

所以，可以认为前馈神经网络是感知机的扩展。这也是前馈神经网络又被称为多层感知机的原因。

对于二类分类的多层神经网络，当其输出层激活函数是双曲正切函数时，

$$\begin{aligned}f(\boldsymbol{x})&=\tanh(\boldsymbol{w}^{(s)\mathrm{T}}\boldsymbol{h}^{(s-1)}+b^{(s)})\\ \boldsymbol{h}^{(s-1)}&=f^{(s-1)}[\cdots f^{(2)}(f^{(1)}\left(\boldsymbol{x}\right))\cdots]\end{aligned} \tag{23.28}$$

模型可以与非线性支持向量机对应。非线性支持向量模型的定义是

$$y=\begin{cases}+1, & \operatorname{sign}(\boldsymbol{w}^{\mathrm{T}}\phi(\boldsymbol{x})+b)\geqslant 0\\ -1, & 其他\end{cases}$$

其中,$\phi(x)$ 是从输入空间到特征空间的非线性映射，$\boldsymbol{w}$ 和 b 是模型的参数。前馈神经网络的前 $s-1$ 层函数 $f^{(s-1)}[\cdots f^{(2)}(f^{(1)}\left(\boldsymbol{x}\right))\cdots]$ 与映射函数 $\phi(\boldsymbol{x})$ 对应。支持向量机学习是凸优化问题，保证可以找到全局最优，而前馈神经网络学习是非凸优化问题（见 23.2 节），不能保证找到全局最优。前馈神经网络比支持向量机有更多的参数可以调节。

2. 函数近似能力

前馈神经网络具有强大的函数近似能力。通用近似定理（universal approximation theorem）指出，存在一个二层前馈神经网络，具有一个线性输出层和一个隐层，其中隐层含

有充分数量的神经元，激活函数为挤压函数，这个网络可以以任意精度近似任意一个在紧的定义域上的连续函数 [7-8]。从这个意义上，前馈神经网络的函数近似能力是通用的。

设有实函数 $G(x): \mathcal{R} \rightarrow [0,1]$，如果 $G(x)$ 是非减函数，且满足 $\lim\limits_{x\rightarrow-\infty} G(x)=0$，$\lim\limits_{x\rightarrow+\infty} G(x)=1$，则称函数 $G(x)$ 为挤压函数 (squashing function)。S 型函数是一种挤压函数。

后续理论研究发现，定理的条件可以放宽，当激活函数是多项式函数以外的其他函数时，或者当被近似函数是波莱尔可测函数时，定理的结论依然成立。波莱尔可测函数包括连续函数、分段连续函数、阶梯函数。

下面的定理是通用近似定理的一个具体形式。

定理 23.1 对任意连续函数 $h:[0,1]^n \rightarrow \mathcal{R}$ 和任意 $\varepsilon>0$，存在一个二层前馈神经网络：

$$\begin{aligned} f(\boldsymbol{x}) &= \boldsymbol{\alpha}^{\mathrm{T}} \sigma\left(\boldsymbol{W}^{\mathrm{T}} \boldsymbol{x}+\boldsymbol{b}\right) \\ &= \sum_j \alpha_j \sigma\left(\sum_i w_{ji} x_i + b_j\right) \end{aligned}$$

使得对于任意 $x \in [0,1]^n$，有 $|\boldsymbol{h}(x) - f(\boldsymbol{x})| < \varepsilon$ 成立。这里隐层的激活函数是 S 型函数。

下面给出定理 23.1 的直观解释。假设 $h(x)$ 是一个连续函数，定义域是区间 $[0,1]$，值域是区间 $[0,1]$，可以用二层前馈神经网络 $f(x)$ 以任意精度近似 $h(x)$。(为了简单，这里假设 $h(x)$ 取正值，也可以取负值)

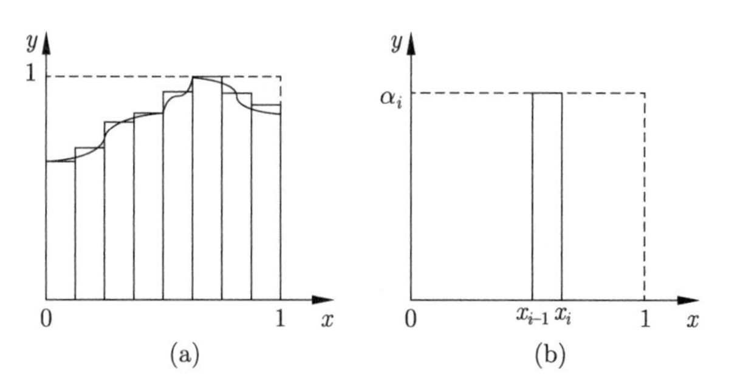

图 23.15 用阶梯函数近似连续函数

如图 23.15(a) 所示，可以用阶梯函数以任意精度近似函数 $h(x)$。如图 23.15(b) 所示，假设阶梯函数第 i 个分段函数是

$$s_i(x) = \begin{cases} \alpha_i, & x_{i-1} < x \leqslant x_i \\ 0, & \text{其他} \end{cases}$$

则该分段函数可以由以下二层神经网络近似。

$$f_i(x) = \alpha_i \cdot \sigma(w \cdot x - x_{i-1}) - \alpha_i \cdot \sigma(w \cdot x - x_i)$$

其中隐层有两个神经元，其激活函数是 S 型函数，输出层是线性的。这里参数 x_{i-1} 和 x_i 保证与分段函数的区间一致，参数 α_i 保证趋近分段函数，参数 w 控制与分段函数的趋近程度。这样，阶梯函数的每一分段函数 $s_i(x)$ 都可以用一个二层神经网络 $f_i(x)$ 近似，函数 $h(x)$ 整体也可以由所有 $f_i(x)$ 相加得到的二层神经网络 $f(x)$ 近似。

通用近似定理叙述的是理论存在性，并不意味着现实可行性。定理 23.1 中近似连续函数的二层前馈神经网络的隐层神经元的个数可能是非常大的，甚至是指数级的，参数个数也是如此，现实中不会有足够多的数据训练这样的网络。经验上，当前馈神经网络的层数增大时，也就是变成深度神经网络时，可以解决这个问题。

3. 函数等价性

前馈神经网络 $\boldsymbol{y}=f(\boldsymbol{x};\boldsymbol{\theta})$ 有大量的等价的函数，即参数 $\boldsymbol{\theta}$ 不同但对相同的输入 $\boldsymbol{x}$ 产生相同的输出 $\boldsymbol{y}$，而且等价函数的个数是指数级的。

假设某个隐层有 m 个神经元，其所有参数由向量表示。这一层有 $m!$ 个神经元的排列，每一个排列决定一个参数向量，因此有 $m!$ 种不同的参数向量。改变神经元的排列，参数向量发生变化，但神经网络的输入输出的映射关系不变，这时隐层有 $m!$ 个等价的参数向量。

假设某个隐层有 m 个神经元，其所有参数由向量表示，激活函数是双曲正切函数。双曲正切函数是奇函数，即满足 $\tanh(-z)=-\tanh(z)$。若这一层的某一个神经元的参数以及相连的后一层神经元的参数都反号，则对相同的输入，神经网络的输出不变。这时隐层（与后一层一起）有 2^m 个等价的参数向量。如果同时考虑神经元的不同排列，这个隐层共有 $m!2^m$ 个等价的参数向量。

当神经网络有多个隐层的时候，整体的等价函数的个数由各层的等价参数向量个数的乘积决定。

4. 网络的深度

前馈神经网络的深度指网络的层数，复杂度指神经元的个数。复杂度也代表神经网络的参数个数，因为参数个数与神经元个数成正比。深度神经网络与“浅度神经网络”可以有同等的表示能力，但深度神经网络比浅度神经网络有更低的复杂度。这一点可以由逻辑门电路理论间接论证。

定理 23.2　*存在这样的布尔函数，可以由深度为 k 的多项式复杂度的逻辑门电路表示，等价地深度为 $k-1$ 的逻辑门电路变为指数复杂度。其中深度指从输入到输出的最长路径的长度，复杂度指逻辑门的个数。*

这里给出定理的直观解释。假设有图 23.16 所示的逻辑门电路，其深度是 3，复杂度是 9。如果根据以下关系，将 AND 的 OR 子电路（可由合取范式表示）转换成等价的 OR 的 AND 子电路（可由析取范式表示）：

$$
\begin{aligned}
(x_1+\bar{x}_2)(\bar{x}_3+x_4)(x_5+x_6)=&\,x_1\bar{x}_3x_5+x_1\bar{x}_3x_6+x_1x_4x_5+x_1x_4x_6+\\
&\,\bar{x}_2\bar{x}_3x_5+\bar{x}_2\bar{x}_3x_6+\bar{x}_2x_4x_5+\bar{x}_2x_4x_6
\end{aligned}
$$

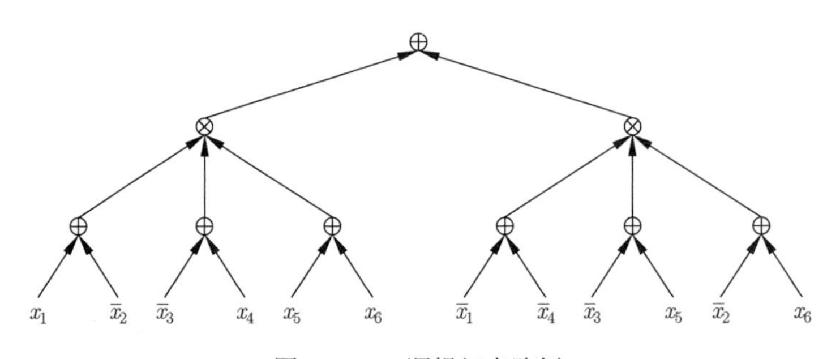

图 23.16　逻辑门电路例

那么得到图 23.17 所示的等价的逻辑门电路，其深度是 2，复杂度是 17。深的逻辑门电路复杂度低，而等价的浅的逻辑门电路复杂度高。

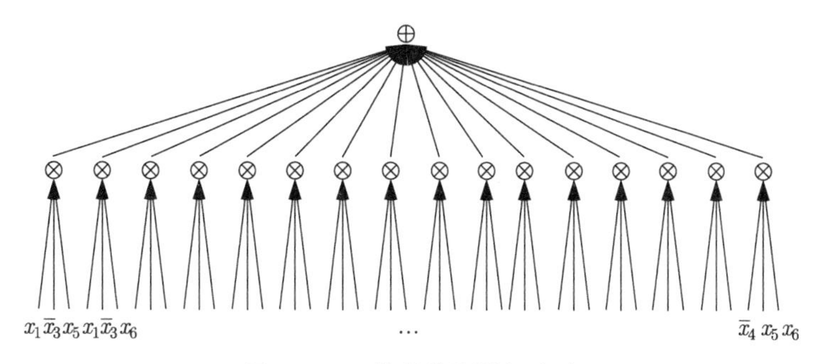

图 23.17 等价的逻辑门电路

逻辑门电路可以由前馈神经网络表示。定理 23.2 的推论是存在这样的深度神经网络，其等价的浅度神经网络的复杂度指数级地增加。所以，虽然深度神经网络与浅度神经网络可能有同等表示能力，但复杂度过高的浅度神经网络现实中并不可取。

在同等表示能力下，深度神经网络比浅度神经网络有更少的参数。所以，只需要更少的数据就可以学到，也就是说，深度神经网络有更低的样本复杂度（sample complexity）。这也是深度神经网络更加强大且实用的原因。

23.2 前馈神经网络的学习算法

本节讲述前馈神经网络学习算法。首先给出学习问题的定义，之后介绍学习的算法，包括一般的随机梯度下降法和具体的反向传播算法，以及在计算图上的实现，最后介绍学习的技巧。

23.2.1 前馈神经网络学习

1. 一般形式

前馈神经网络的学习和预测[①]是如下的监督学习问题。给定训练数据集

$$\mathcal{T}=\{(\boldsymbol{x}_1,y_1),(\boldsymbol{x}_2,y_2),\cdots,(\boldsymbol{x}_N,y_N)\}$$

其中，$(\boldsymbol{x}_i,y_i),i=1,2,\cdots,N$，表示样本，由输入 $\boldsymbol{x}_i$ 与输出 y_i 的对组成；N 表示样本容量。学习一个前馈神经网络模型 $f(\boldsymbol{x};\hat{\boldsymbol{\theta}})$，其中 $\hat{\boldsymbol{\theta}}$ 是估计的神经网络的参数向量。用学到的模型对新的输入 $\boldsymbol{x}_{N+1}$ 给出新的输出 y_{N+1}。

学习时通常假设神经网络的架构已经确定，包括网络的层数、每层的神经元数、神经元激活函数的类型。所以网络的参数已确定，需要从数据中学习或估计的是参数值。

学习问题可以形式化为以下的优化问题：

① 机器学习中的训练和预测在深度学习中习惯上称为训练和推理。

$$\hat{\boldsymbol{\theta}} = \underset{\boldsymbol{\theta}}{\operatorname{argmin}} \left[\sum_{i=1}^{N} L(f(\boldsymbol{x}_i; \boldsymbol{\theta}), y_i) + \lambda \cdot \Omega(f) \right] \tag{23.29}$$

其中，$L(\cdot)$ 是损失函数，$\Omega(\cdot)$ 是正则项，$\lambda \geqslant 0$ 是系数。当损失函数是对数损失函数、没有正则化时，问题变成极大似然估计。这是前馈神经网络学习的一般形式。

$$\hat{\boldsymbol{\theta}} = \underset{\boldsymbol{\theta}}{\operatorname{argmin}} \left[-\sum_{i=1}^{N} \log P_{\theta}(y_i | \boldsymbol{x}_i) \right] \tag{23.30}$$

这里 $P_{\boldsymbol{\theta}}(y|\boldsymbol{x})$ 表示输入 $\boldsymbol{x}$ 给定条件下输出 y 的条件概率，由神经网络决定；$\boldsymbol{\theta}$ 是神经网络的参数。

2. 具体形式

针对不同的问题，前馈神经网络学习的一般形式可以转化成不同的具体形式。

当问题是回归时，模型的输入是实数向量 $\boldsymbol{x}$，输出是实数值 y。神经网络 $f(\boldsymbol{x};\boldsymbol{\theta})$ 决定输入给定条件下输出的条件概率分布 $P_{\boldsymbol{\theta}}(y|\boldsymbol{x})$。假设条件概率分布 $P_{\boldsymbol{\theta}}(y|\boldsymbol{x})$ 遵循高斯分布：

$$P_{\boldsymbol{\theta}}(y|\boldsymbol{x}) \sim N(f(\boldsymbol{x};\boldsymbol{\theta}), \sigma^2)$$

其中，$y \in (-\infty, +\infty)$，$f(\boldsymbol{x};\boldsymbol{\theta})$ 是均值，σ^2 是方差。学习问题（极大似然估计）变为优化问题：

$$\hat{\boldsymbol{\theta}} = \underset{\boldsymbol{\theta}}{\operatorname{argmin}} \left[\frac{1}{2\sigma^2} \sum_{i=1}^{N} (y_i - f(\boldsymbol{x}_i;\boldsymbol{\theta}))^2 + N \log \sigma + \frac{N}{2} \log 2\pi \right] \tag{23.31}$$

假设方差 σ^2 固定不变，有等价的优化问题：

$$\hat{\boldsymbol{\theta}} = \underset{\boldsymbol{\theta}}{\operatorname{argmin}} \sum_{i=1}^{N} \frac{1}{2} (y_i - f(\boldsymbol{x}_i;\boldsymbol{\theta}))^2 \tag{23.32}$$

从另一个角度看，前馈神经网络用于回归时，使用平方损失（square loss）作为损失函数，学习进行的是平方损失的最小化。

当问题是二类分类时，模型的输入是实数向量 $\boldsymbol{x}$，输出是类别 $y \in \{0,1\}$，神经网络 $f(\boldsymbol{x};\boldsymbol{\theta})$ 决定输入给定条件下类别的条件概率分布：

$$p = P_{\boldsymbol{\theta}}(y=1|\boldsymbol{x}) = f(\boldsymbol{x};\boldsymbol{\theta}) \tag{23.33}$$

假设条件概率分布 $P_{\boldsymbol{\theta}}(y=1|\boldsymbol{x})$ 遵循贝努利分布，学习问题（极大似然估计）变为优化问题：

$$\hat{\boldsymbol{\theta}} = \underset{\boldsymbol{\theta}}{\operatorname{argmin}} \left\{ -\sum_{i=1}^{N} [y_i \log f(\boldsymbol{x};\boldsymbol{\theta}) + (1-y_i)\log(1-f(\boldsymbol{x};\boldsymbol{\theta}))] \right\} \tag{23.34}$$

这时损失函数是交叉熵（cross entropy）损失。离散分布的交叉熵的一般定义是 $-\sum_{k=1}^{l} P_k \log Q_k$，表示经验分布和预测分布的差异，其中 Q_k 是预测分布的概率，P_k 是经验分布的概率。

当问题是多类分类时，模型的输入是实数向量 $\boldsymbol{x}$, 输出是类别 $y_k \in \{0,1\}, k=1,2,\cdots,l$, $\sum_{k=1}^{l} y_k = 1$，神经网络 $f(\boldsymbol{x};\boldsymbol{\theta})$ 表示输入给定条件下类别的条件概率分布：

$$\boldsymbol{p} = P_{\boldsymbol{\theta}}(y_k = 1|\boldsymbol{x}) = f(\boldsymbol{x};\boldsymbol{\theta}) \tag{23.35}$$

假设条件概率分布 $P_{\boldsymbol{\theta}}(y_k = 1|\boldsymbol{x})$ 遵循类别分布（categorical distribution），学习问题变为优化问题：

$$\hat{\boldsymbol{\theta}} = \underset{\boldsymbol{\theta}}{\operatorname{argmin}} \left\{ -\sum_{i=1}^{N} \left[\sum_{k=1}^{l} y_{ik} \log f(\boldsymbol{x};\boldsymbol{\theta}) \right] \right\} \tag{23.36}$$

其中，$y_{ik} \in \{0,1\}, \sum_{k=1}^{l} y_{ik} = 1, k=1,2,\cdots,l, i=1,2,\cdots,N$。所以，前馈神经网络用于二类和多类分类时以交叉熵为损失函数，进行的是交叉熵的最小化。

23.2.2 前馈神经网络学习的优化算法

1. 非凸优化问题

前馈神经网络学习变成给定网络架构 $f(\boldsymbol{x};\boldsymbol{\theta})$、训练数据集 $\mathcal{T}$ 的条件下，最小化目标函数 $L(\boldsymbol{\theta})$，得到最优参数 $\hat{\boldsymbol{\theta}}$ 的优化问题（最小化问题）。

$$\hat{\boldsymbol{\theta}} = \underset{\boldsymbol{\theta}}{\operatorname{argmin}}\, L(\boldsymbol{\theta}) = \underset{\boldsymbol{\theta}}{\operatorname{argmin}} \frac{1}{N} \sum_{i=1}^{N} L(f(\boldsymbol{x}_i;\boldsymbol{\theta}), y_i) \tag{23.37}$$

前馈神经网络学习的目标函数一般是非凸函数，优化问题是非凸优化。从前馈神经网络的等价性可以得知，一个神经网路通常有大量等价的参数向量，所以其学习的优化问题有大量等价的局部最优点（最小点）。

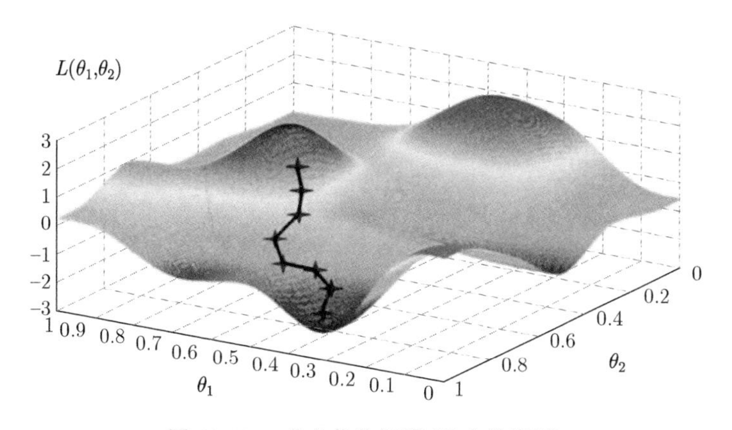

图 23.18 非凸优化问题 (见文前彩图)

图 23.18 示意了神经网络的非凸优化问题。参数向量是 (θ_1,θ_2)，目标函数是 $L(\theta_1,\theta_2)$，全局最小点是深蓝色，局部最小点是浅蓝色。因为目标函数非凸，有许多局部最小点。

2. 梯度下降法和随机梯度下降法

深度学习包括前馈神经网络学习，均使用迭代优化算法，包括梯度下降法（gradient descent）和随机梯度下降法（stochastic gradient descent），后者更为常用（附录 A 给出梯度下降法的一般介绍）。

优化目标函数写作

$$L(\boldsymbol{\theta})=\frac{1}{N}\sum_{i=1}^{N}L_i(\boldsymbol{\theta})=\frac{1}{N}\sum_{i=1}^{N}L(f(\boldsymbol{x}_i;\boldsymbol{\theta}),y_i) \tag{23.38}$$

其中，$L_i(\boldsymbol{\theta})$ 是第 i 个样本的损失函数。

梯度下降法首先随机初始化参数向量 $\boldsymbol{\theta}$；之后针对所有样本，通过以下公式更新参数向量 $\boldsymbol{\theta}$；不断迭代，直到收敛为止。

$$\boldsymbol{\theta}\leftarrow\boldsymbol{\theta}-\eta\frac{\partial L(\boldsymbol{\theta})}{\partial\boldsymbol{\theta}} \tag{23.39}$$

或写作

$$\boldsymbol{\theta}\leftarrow\boldsymbol{\theta}-\eta\frac{1}{N}\sum_{i=1}^{N}\frac{\partial L_i(\boldsymbol{\theta})}{\partial\boldsymbol{\theta}} \tag{23.40}$$

其中，$\eta>0$ 是学习率,$\dfrac{\partial L(\boldsymbol{\theta})}{\partial\boldsymbol{\theta}}$是所有样本的损失函数的梯度向量，$\dfrac{\partial L_i(\boldsymbol{\theta})}{\partial\boldsymbol{\theta}}$ 是第 i 个样本的损失函数的梯度向量。算法 23.1 给出梯度下降的具体算法。

梯度下降的基本想法如下。由于负梯度方向 $-\dfrac{\partial L(\boldsymbol{\theta})}{\partial\boldsymbol{\theta}}$是使函数值下降的方向，所以每一次迭代以负梯度更新参数向量 $\boldsymbol{\theta}$ 的值，从而达到减少函数值 $L(\boldsymbol{\theta})$ 的目的。函数极小值满足 $\nabla L(\boldsymbol{\theta})=\boldsymbol{0}$。在迭代过程中，梯度向量趋近 $\boldsymbol{0}$ 向量，参数向量 $\boldsymbol{\theta}$ 也趋近极小点。学习率控制参数更新的幅度。学习率的大小需要适当，学习率过小，参数向量每次更新的幅度会过小，迭代的次数会增加；学习率过大，参数向量每次更新的幅度会过大，产生振荡，迭代的次数也会增加。图 23.18 显示梯度下降的过程。

算法 23.1（梯度下降法）

输入：网络架构 $f(\boldsymbol{x};\boldsymbol{\theta})$, 训练数据集 $\mathcal{T}$。

输出：神经网络参数向量 $\hat{\boldsymbol{\theta}}$。

超参数：学习率 η。

1. 随机初始化参数向量 $\boldsymbol{\theta}$；
2. Do while($\boldsymbol{\theta}$ 不收敛) {

   针对所有样本，按照以下公式，更新参数向量 $\boldsymbol{\theta}$

$$\boldsymbol{\theta}\leftarrow\boldsymbol{\theta}-\eta\frac{\partial L(\boldsymbol{\theta})}{\partial\boldsymbol{\theta}}$$

   }
3. 返回学习到的参数向量 $\hat{\boldsymbol{\theta}}$。 ■

梯度下降用于深度学习（一般的机器学习）有两个缺点。每次迭代需要计算针对所有样本的梯度向量，计算效率不高；得到的解可能是局部最优，不能保证是全局最优。随机梯度下降能很好地解决这两个问题。

随机梯度下降法首先随机打乱样本顺序，将样本分成 m 个组（小批量），每一组有 n 个样本（假设 $m=\lfloor N/n \rfloor$）；接着随机初始化参数向量；之后针对每组样本，通过以下公式更新参数向量，并遍历所有样本组；不断迭代，直到收敛为止。

$$\boldsymbol{\theta} \leftarrow \boldsymbol{\theta} - \eta \frac{1}{n} \sum_{j=1}^{n} \frac{\partial L_j(\boldsymbol{\theta})}{\partial \boldsymbol{\theta}} \tag{23.41}$$

其中，$\eta > 0$ 是学习率，$\dfrac{\partial L_j(\boldsymbol{\theta})}{\partial \boldsymbol{\theta}}$ 是一个组中的第 j 个样本的损失函数的梯度向量。算法 23.2 给出随机梯度下降的具体算法。当 n 是 1 时，每次参数更新只使用一个样本，是一种特殊的随机梯度下降。当 n 是整体样本容量 N 时，随机梯度下降变为梯度下降（当前深度学习采用的 Adam 等优化算法，在随机梯度下降的迭代过程中，自适应地调整梯度向量。第 29 章对 Adam 等算法予以介绍）。

算法 23.2（**随机梯度下降法**）

输入：网络架构 $f(\boldsymbol{x};\boldsymbol{\theta})$，训练数据集 $\mathcal{T}$。

输出：神经网络参数向量 $\hat{\boldsymbol{\theta}}$。

超参数：学习率 η，小批量样本容量 n。

1. 随机打乱样本顺序，将样本分成 m 个组，每一组有 n 个样本；
2. 随机初始化参数向量 $\boldsymbol{\theta}$；
3. Do while($\boldsymbol{\theta}$ 不收敛) {

   For $(i=1,2,\cdots,m)$ {

   针对第 i 个组的 n 个样本，按照以下公式，更新参数向量 $\boldsymbol{\theta}$

   $$\boldsymbol{\theta} \leftarrow \boldsymbol{\theta} - \eta \frac{1}{n} \sum_{j=1}^{n} \frac{\partial L_j(\boldsymbol{\theta})}{\partial \boldsymbol{\theta}}$$

   }

   }
4. 返回学习到的参数向量 $\hat{\boldsymbol{\theta}}$。 ∎

随机梯度下降可以进行分布式并行计算，进一步提高学习效率，特别是当训练数据量大时非常有效。具体地，每组样本分配到不同的工作服务器（worker）上，各台工作服务器基于自己的数据并行更新参数向量，参数服务器（parameter server）再将所有工作服务器的参数更新结果汇总求平均，得到一轮的训练结果。

23.2.3 反向传播算法

基于梯度下降或随机梯度下降的学习算法的核心是针对给定样本，计算损失函数对神经网络所有参数的梯度 $\dfrac{\partial L}{\partial \boldsymbol{\theta}}$，更新神经网络的所有参数 $\boldsymbol{\theta}$。反向传播（back propagation）算法也称为误差反向传播（error back propagation）算法，提供了一个高效的梯度计算以及参数更新方法。只需要依照网络结构进行一次正向传播（forward propagation）和一次反向传播（backward propagation），就可以完成梯度下降的一次迭代。在梯度下降的每一步，参数已在前一步更新，正向传播旨在基于当前的参数重新计算神经网络所有变量（比如，神经元的输出），反向传播旨在基于当前的变量重新计算损失函数对所有参数的梯度，这样就可以根据梯度下降公式 (23.40) 和公式 (23.41) 更新神经网络的所有参数。

考虑一个 s 层神经网络（见图 23.19）。其中第 t 层（隐层）的神经元定义如下：

$$h_j^{(t)} = a\left(z_j^{(t)}\right), \quad j = 1, 2, \cdots, m \tag{23.42}$$

$$z_j^{(t)} = \sum_{i=1}^{n} w_{ji}^{(t)} h_i^{(t-1)} + b_j^{(t)} \tag{23.43}$$

第 $t+1$ 层（隐层）的神经元定义如下：

$$h_k^{(t+1)} = a\left(z_k^{(t+1)}\right), \quad k = 1, 2, \cdots, l \tag{23.44}$$

$$z_k^{(t+1)} = \sum_{j=1}^{m} w_{kj}^{(t+1)} h_j^{(t)} + b_k^{(t+1)} \tag{23.45}$$

梯度下降需要计算损失函数对所有参数的梯度。损失函数对第 t 层的权重和偏置的梯度分别是 $\dfrac{\partial L}{\partial w_{ji}^{(t)}}$ 和 $\dfrac{\partial L}{\partial b_j^{(t)}}$。根据链式规则，可以分别展开：

$$\frac{\partial L}{\partial w_{ji}^{(t)}} = \frac{\partial L}{\partial z_j^{(t)}} \frac{\partial z_j^{(t)}}{\partial w_{ji}^{(t)}} \tag{23.46}$$

$$\frac{\partial L}{\partial b_j^{(t)}} = \frac{\partial L}{\partial z_j^{(t)}} \frac{\partial z_j^{(t)}}{\partial b_j^{(t)}} \tag{23.47}$$

考虑损失函数对第 t 层的净输入 $z_j^{(t)}$ 的梯度：

$$\delta_j^{(t)} = \frac{\partial L}{\partial z_j^{(t)}}, \quad j = 1, 2, \cdots, m \tag{23.48}$$

称为在第 t 层的“误差”。求解式 (23.46) 和式 (23.47)，并代入式 (24.48)，得到：

$$\frac{\partial L}{\partial w_{ji}^{(t)}} = \delta_j^{(t)} h_i^{(t-1)} \tag{23.49}$$

$$\frac{\partial L}{\partial b_j^{(t)}} = \delta_j^{(t)} \tag{23.50}$$

其中，$h_i^{(t-1)}$ 是 $t-1$ 层的输出，从正向传播得到；$\delta_j^{(t)}$ 是第 t 层的误差，从反向传播得到。所以，可以根据式 (23.49) 和式 (23.50) 计算对第 t 层的权重与偏置的梯度。

正向传播是指输入从输入层到输出层的信号传递。给定神经网络参数，根据神经网络的函数计算。反向传播是指“误差”从输出层到输入层的传递。给定神经网络参数，以及正向传播的结果，通过以下方法计算。

对于第 t 层的误差 $\delta_j^{(t)}$，根据链式规则展开：

$$\delta_j^{(t)} = \frac{\partial L}{\partial z_j^{(t)}} = \sum_{k=1}^{l} \frac{\partial L}{\partial z_k^{(t+1)}} \frac{\partial z_k^{(t+1)}}{\partial z_j^{(t)}}, \quad j = 1, 2, \cdots, m \tag{23.51}$$

求解得到：

$$\delta_j^{(t)} = \frac{\mathrm{d}a}{\mathrm{d}z_j^{(t)}} \sum_{k=1}^{l} w_{kj}^{(t+1)} \delta_k^{(t+1)} \tag{23.52}$$

这里 $\delta_k^{(t+1)}$ 是第 $t+1$ 层的误差，$w_{kj}^{(t+1)}$ 是第 $t+1$ 层的权重，$\dfrac{\mathrm{d}a}{\mathrm{d}z_j^{(t)}}$ 是第 t 层的激活函数的导数。也就是说可以根据式 (23.52)，从第 $t+1$ 层的误差 $\delta_k^{(t+1)}$ 计算第 t 层的误差 $\delta_j^{(t)}$。

第 s 层（输出层）的误差通过以下方法计算。一般形式是

$$\delta_k^{(s)} = \frac{\partial L}{\partial z_k^{(s)}}, \quad k = 1, 2, \cdots, l \tag{23.53}$$

求解得到：

$$\delta_k^{(s)} = \frac{\mathrm{d}g}{\mathrm{d}z_k^{(s)}} \frac{\partial L}{\partial h_k^{(s)}}, \quad k = 1, 2, \cdots, l \tag{23.54}$$

这里 $\dfrac{\partial L}{\partial h_k^{(s)}}$ 是损失函数对输出的梯度，$\dfrac{\mathrm{d}g}{\mathrm{d}z_k^{(s)}}$ 是第 s 层的激活函数的导数。注意第 s 层的输出表示为 $h^{(s)}$。

回归时，输入层只有一个神经元，有一个输出取实数值。损失函数是平方损失 $\dfrac{1}{2}(h^{(s)} - y)^2$，激活函数是恒等函数 $g(z) = z$，这时误差是

$$\delta^{(s)} = h^{(s)} - y \tag{23.55}$$

表示第 s 层的输出 $h^{(s)}$ 与训练样本输出 y 的差。

多类分类（包含二类分类）时，输出层只有一个神经元，有 l 个输出表示 l 个类别的概率。损失函数是交叉熵损失 $-\displaystyle\sum_{k=1}^{l} y_k \log h_k^{(s)}$，激活函数是软最大化函数 $g(z) = \dfrac{\mathrm{e}^z}{\displaystyle\sum_{z'} \mathrm{e}^{z'}}$，这时误差是 (推导见附录 F)

$$\delta_k^{(s)} = h_k^{(s)} - y_k, \quad k = 1, 2, \cdots, l \tag{23.56}$$

表示第 s 层的输出 $h_k^{(s)}$ 与训练样本输出 y_k 的差。

可以看出无论是回归还是分类，由于特殊的激活函数与损失函数的使用，使得 $\delta^{(s)}$ 表示预测与真实值的差。这也是损失函数 L 对净输入 z 的梯度 $\dfrac{\partial L}{\partial z}$ 被称为误差的原因。

图 23.19 显示在第 t 层的正向传播和反向传播。首先，第 $t-1$ 层的输出通过网络正向传播到第 t 层，根据式 (23.42) 和式 (23.43) 计算出第 t 层的输出，用于后面各层的正向传播，

这时使用第 $t-1$ 层到第 t 层的权重和偏置。接着，第 $t+1$ 层的误差通过网络反向传播到第 t 层，根据式 (23.52) 计算出第 t 层的误差，用于这层和前面各层的反向传播，这时使用第 t 层到第 $t+1$ 层的权重。然后，根据式 (23.49) 和式 (23.50) 计算对第 t 层的权重和偏置的梯度，这时使用第 $t-1$ 层的输出和第 t 层的误差。最后，根据梯度下降公式更新第 t 层的权重和偏置。正向传播和反向传播都递归地进行，先进行正向传播，然后进行反向传播。正向传播从输入层的计算开始，反向传播从输出层的误差计算开始。

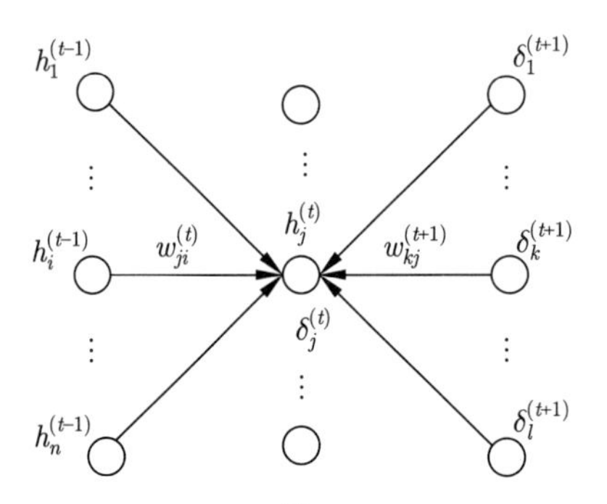

图 23.19 在神经元 $h_j^{(t)}$ 的正向传播与反向传播

算法 23.3 是前馈神经网络的反向传播算法的一次迭代算法。不失一般性，假设是基于一个样本的随机梯度下降（小批量样本容量为 1）。这里使用神经网络的矩阵表示，其中 $\odot$ 是向量的逐元素积（element-wise product）或阿达玛积（Hadamard product）。①

算法 23.3 （前馈神经网络的反向传播算法）

输入：神经网络 $f(\boldsymbol{x};\boldsymbol{\theta})$，参数向量 $\boldsymbol{\theta}$，一个样本 $(\boldsymbol{x},\boldsymbol{y})$。

输出：更新的参数向量 $\boldsymbol{\theta}$。

超参数：学习率 η。

{

1. 正向传播，得到各层输出 $\boldsymbol{h}^{(1)},\boldsymbol{h}^{(2)},\cdots,\boldsymbol{h}^{(s)}$

$$\boldsymbol{h}^{(0)}=\boldsymbol{x}$$

For $t=1,2,\cdots,s$, do{

$$\boldsymbol{z}^{(t)}=\boldsymbol{W}^{(t)}\boldsymbol{h}^{(t-1)}+\boldsymbol{b}^{(t)}$$

$$\boldsymbol{h}^{(t)}=a(\boldsymbol{z}^{(t)})$$

}

$$f(\boldsymbol{x})=\boldsymbol{h}^{(s)}$$

2. 反向传播，得到各层误差 $\boldsymbol{\delta}^{(s)},\cdots,\boldsymbol{\delta}^{(2)},\boldsymbol{\delta}^{(1)}$，同时计算各层的梯度，更新各层的参数。

计算输出层的误差

$$\boldsymbol{\delta}^{(s)}=\boldsymbol{h}^{(s)}-\boldsymbol{y}$$

For $t=s,\cdots,2,1$, do{

① 这里净输入习惯上写作 $\boldsymbol{z}=\boldsymbol{W}\boldsymbol{h}+\boldsymbol{b}$，而不是 $\boldsymbol{z}=\boldsymbol{W}^{\mathrm{T}}\boldsymbol{h}+\boldsymbol{b}$。

计算第 t 层的梯度

$$\nabla_{\boldsymbol{W}^{(t)}} L = \boldsymbol{\delta}^{(t)} \boldsymbol{\cdot} \boldsymbol{h}^{(t-1)^{\mathrm{T}}}$$

$$\nabla_{\boldsymbol{b}^{(t)}} L = \boldsymbol{\delta}^{(t)}$$

根据梯度下降公式更新第 t 层的参数

$$\boldsymbol{W}^{(t)} \leftarrow \boldsymbol{W}^{(t)} - \eta \nabla_{\boldsymbol{W}^{(t)}} L$$

$$\boldsymbol{b}^{(t)} \leftarrow \boldsymbol{b}^{(t)} - \eta \nabla_{\boldsymbol{b}^{(t)}} L$$

If $(t > 1)$ {

将第 t 层的误差传到第 $t-1$ 层

$$\boldsymbol{\delta}^{(t-1)} = \frac{\partial a}{\partial \boldsymbol{z}^{(t-1)}} \odot \left(\boldsymbol{W}^{(t)^{\mathrm{T}}} \boldsymbol{\cdot} \boldsymbol{\delta}^{(t)} \right)$$

}

}

3. 返回更新的参数向量

}

■

23.2.4 在计算图上的实现

计算图（computation graph）是表示函数计算过程的有向无环图，其结点表示变量，有向边表示变量（输入变量和输出变量）之间的函数依存关系。每一个非起点的结点对应一个基本函数，如加减乘除运算。图整体对应的是由基本函数组成的复合函数。计算图上的计算有正向传播和反向传播。

正向传播是从起点的输入（数值、向量、矩阵或张量）开始，顺着有向边，依次对结点的基本函数进行计算，直到得到终点的输出（数值、向量、矩阵或张量）的过程。这个过程可以看作是信号在图上的正向传播，在各个结点对信号进行了转换。

反向传播是从终点的梯度（数值、向量、矩阵或张量）开始，逆着有向边，依次对结点的梯度进行运算，直到得到起点的梯度（数值、向量、矩阵或张量）的过程，这里一个结点的梯度是指图整体函数对该结点变量的梯度。梯度计算使用链式规则。这个过程可以看作是梯度在图上的反向传播，在各个结点对梯度进行了展开。

链式法则是复合函数的求导法则，即一个复合函数的导数可以由构成这个复合函数的各个函数的导数表示。一元复合函数 $y = f(z), z = g(x)$ 的导数是

$$\frac{\mathrm{d}y}{\mathrm{d}x} = \frac{\mathrm{d}y}{\mathrm{d}z} \frac{\mathrm{d}z}{\mathrm{d}x}$$

多元复合函数 $y = f(z), z = g(x)$ 的导数是

$$\frac{\partial y}{\partial x_i} = \sum_j \frac{\partial y}{\partial z_j} \frac{\partial z_j}{\partial x_i}$$

前馈神经网络学习的随机梯度下降法和梯度下降法可以在计算图上实现。整个图对应的是包含神经网络函数的损失函数。计算图用基本函数（如加减乘除）的组合来表示这个复杂的损失函数，通常是一个很大的图。计算图上的正向传播和反向传播可以实现随机梯度下降和梯度下降，其中正向传播实现的是损失函数的计算，反向传播实现的是损失函数的梯度函数的计算。

下面通过具体例子来说明计算图的原理。图 23.20 是一个含有乘法运算的计算图例，上图显示正向传播，下图显示反向传播。起点 x, w 是输入变量，终点 L 是输出变量，中间结点 u 是中间变量。变量 u 由乘法运算 $u = w \cdot x$ 决定，变量 L 由函数 $L = l(u)$ 决定。计算图整体表示的是复合函数 $L = l\,(w \cdot x)$。在计算图上的正向传播就是计算复合函数 $L = l\,(w \cdot x)$ 的过程。从起点 x, w 开始，顺着有向边，在结点 u, L 依次进行计算，先后得到函数值 u, L；其中先将 x 和 w 相乘得到 u，然后对 u 计算 $l(u)$ 得到 L。反向传播就是计算复合函数 $L = l\,(w \cdot x)$ 对变量的梯度的过程。从终点 L 开始，逆着有向边，在结点 u, x, w 依次进行计算，先后得到梯度 $\dfrac{\mathrm{d}L}{\mathrm{d}u}, \dfrac{\mathrm{d}L}{\mathrm{d}x}, \dfrac{\mathrm{d}L}{\mathrm{d}w}$；其中先根据定义计算 $\dfrac{\mathrm{d}L}{\mathrm{d}u}$，再利用链式规则计算 $\dfrac{\mathrm{d}L}{\mathrm{d}x}, \dfrac{\mathrm{d}L}{\mathrm{d}w}$：

$$\frac{\mathrm{d}L}{\mathrm{d}w} = \frac{\mathrm{d}L}{\mathrm{d}u} \cdot \frac{\mathrm{d}u}{\mathrm{d}w} = \frac{\mathrm{d}L}{\mathrm{d}u} \cdot x$$

$$\frac{\mathrm{d}L}{\mathrm{d}x} = \frac{\mathrm{d}L}{\mathrm{d}u} \cdot \frac{\mathrm{d}u}{\mathrm{d}x} = \frac{\mathrm{d}L}{\mathrm{d}u} \cdot w$$

梯度在乘法结点 u 的反向传播呈现“翻转”现象，正向传播是 x 时，反向传播是梯度的 w 倍，正向传播是 w 时，反向传播是梯度的 x 倍。

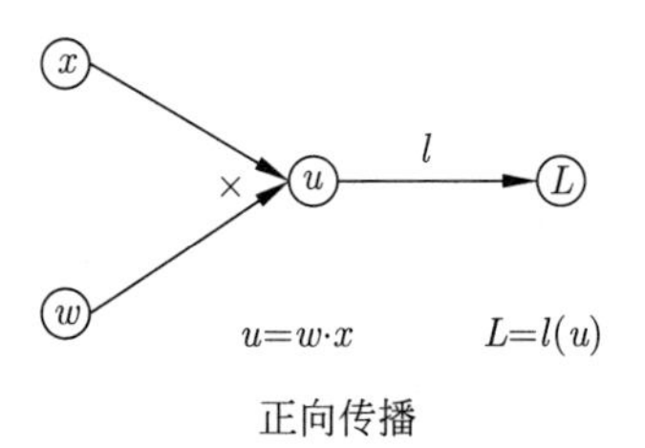

正向传播

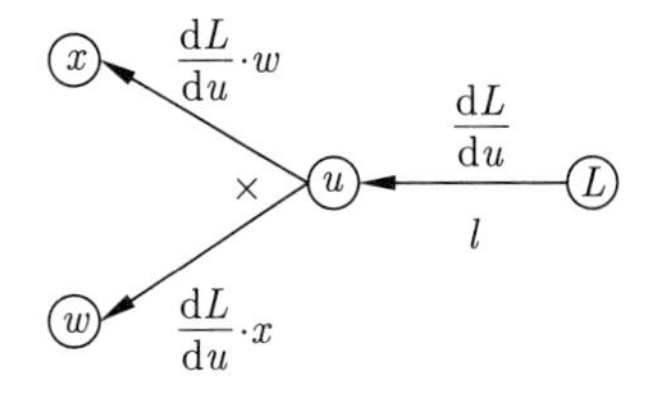

反向传播

图 23.20 计算图例：乘法

图 23.21 是一个含有加法运算的计算图例。起点 u, b 是输入变量，终点 L 是输出变量，中间结点 z 是中间变量。变量 z 由加法运算 $z = u + b$ 决定，变量 L 由函数 $L = l(z)$ 决定。计算图整体表示的是复合函数 $L = l\,(u + b)$。在计算图上的正向传播就是计算复合函数 $L = l\,(u + b)$ 的过程。从起点 u, b 开始，顺着有向边，在结点 z, L 依次进行计算，先后得到函

数值 z, L；其中先将 u 和 b 相加得到 z，然后对 z 计算 $l(z)$ 得到 L。反向传播就是计算复合函数 $L = l(u+b)$ 对变量的梯度的过程。从终点 L 开始，逆着有向边，在结点 z, u, b 依次进行计算，先后得到梯度 $\dfrac{\mathrm{d}L}{\mathrm{d}z}, \dfrac{\mathrm{d}L}{\mathrm{d}u}, \dfrac{\mathrm{d}L}{db}$；其中先根据定义计算 $\dfrac{\mathrm{d}L}{\mathrm{d}z}$，再利用链式规则计算 $\dfrac{\mathrm{d}L}{\mathrm{d}u}, \dfrac{\mathrm{d}L}{\mathrm{d}b}$：

$$\frac{\mathrm{d}L}{\mathrm{d}u} = \frac{\mathrm{d}L}{\mathrm{d}z} \cdot \frac{\mathrm{d}z}{du} = \frac{\mathrm{d}L}{\mathrm{d}z} \cdot 1$$

$$\frac{\mathrm{d}L}{\mathrm{d}b} = \frac{\mathrm{d}L}{\mathrm{d}z} \cdot \frac{\mathrm{d}z}{\mathrm{d}b} = \frac{\mathrm{d}L}{\mathrm{d}z} \cdot 1$$

梯度 $\dfrac{\mathrm{d}L}{\mathrm{d}z}$ 在加法结点 z 的反向传播保持不变传到输入结点 u, b。

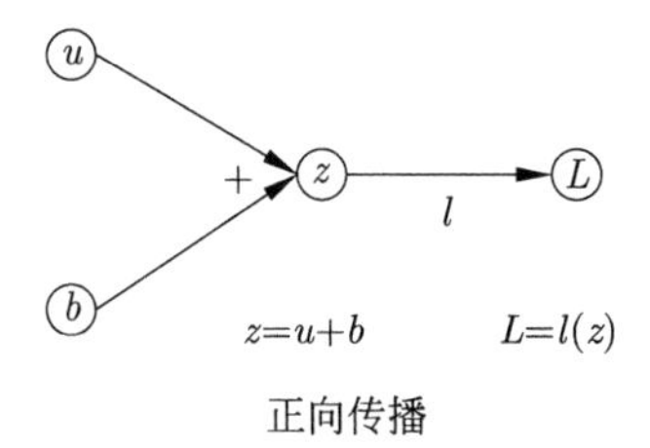

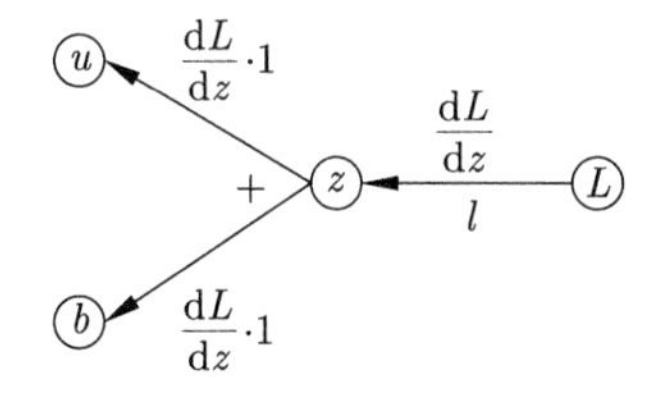

图 23.21　计算图例：加法

图 23.22 给出含有 S 型函数的计算图例。起点 z, y 是输入变量，终点 L 是输出变量，中间结点 f 是中间变量。变量 f 由 S 型函数 $f = \sigma(z)$ 决定，变量 L 由损失函数 $L = l(f, y)$ 决定。计算图整体表示的是复合函数 $L = l(\sigma(z), y)$。在计算图上进行的正向传播就是计算复合函数 $L = l(\sigma(z), y)$ 的过程。从起点 z, y 开始，顺着有向边，在结点 f, L 依次进行计算，先后

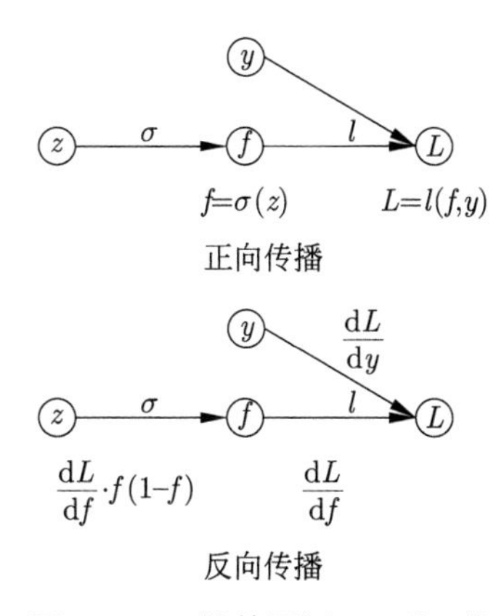

图 23.22　计算图例：S 型函数

得到函数值 f,L；其中先对 z 计算 $f(z)$ 得到 f，然后对 f 和 y 计算 $l(f,y)$ 得到 L。反向传播就是计算复合函数 $L=l\left(\sigma(z),y\right)$ 对变量的梯度的过程。从终止结点 L 出发，逆着有向边，在结点 y,f,z 依次进行，先后得到梯度 $\dfrac{\mathrm{d}L}{\mathrm{d}y},\dfrac{\mathrm{d}L}{\mathrm{d}f},\dfrac{\mathrm{d}L}{\mathrm{d}z}$；其中先根据定义计算 $\dfrac{\mathrm{d}L}{\mathrm{d}y},\dfrac{\mathrm{d}L}{\mathrm{d}f}$，再利用链式规则计算 $\dfrac{\mathrm{d}L}{\mathrm{d}z}$：

$$\frac{\mathrm{d}L}{\mathrm{d}z}=\frac{\mathrm{d}L}{\mathrm{d}f}\cdot\frac{\mathrm{d}f}{\mathrm{d}z}=\frac{\mathrm{d}L}{\mathrm{d}f}\cdot f(1-f)$$

梯度 $\dfrac{\mathrm{d}L}{\mathrm{d}f}$ 在结点 f 的反向传播变为梯度的 $f(1-f)$ 倍，传到输入结点 z。

考虑一层前馈神经网络的学习，神经网络函数和损失函数分别是

$$\boldsymbol{f}=\sigma\left(\boldsymbol{W}\cdot\boldsymbol{x}+\boldsymbol{b}\right)$$

$$L=l\left(\boldsymbol{f},\boldsymbol{y}\right)$$

其中，$\boldsymbol{x}$ 和 $\boldsymbol{y}$ 构成一个训练样本，表示输入向量和（真值）输出向量；$\boldsymbol{f}$ 是神经网络的输出向量；$\boldsymbol{W}$ 和 $\boldsymbol{b}$ 是权重矩阵和偏置向量；$l(\cdot,\cdot)$ 是损失函数。图 23.23 的计算图显示针对这个学习的正向传播和反向传播的过程。图上的结点表示神经网络函数和损失函数中的变量。事实上这个计算图是由图 23.20～图 23.22 的计算图组合扩展而得到的，其中变量从一元扩展到多元。注意，在每个结点正向传播和反向传播的向量的维度是相同的，因为正向传播的是结点的变量（向量），反向传播的是整体损失函数对结点变量（向量）的梯度向量。学习的过程中只有参数变量 $\boldsymbol{W}$ 和 $\boldsymbol{b}$ 在更新，训练数据变量 $\boldsymbol{x}$ 和 $\boldsymbol{y}$ 保持不变。可以看出，在计算图上的正向传播和反向传播可以实现神经网络学习的梯度下降法。

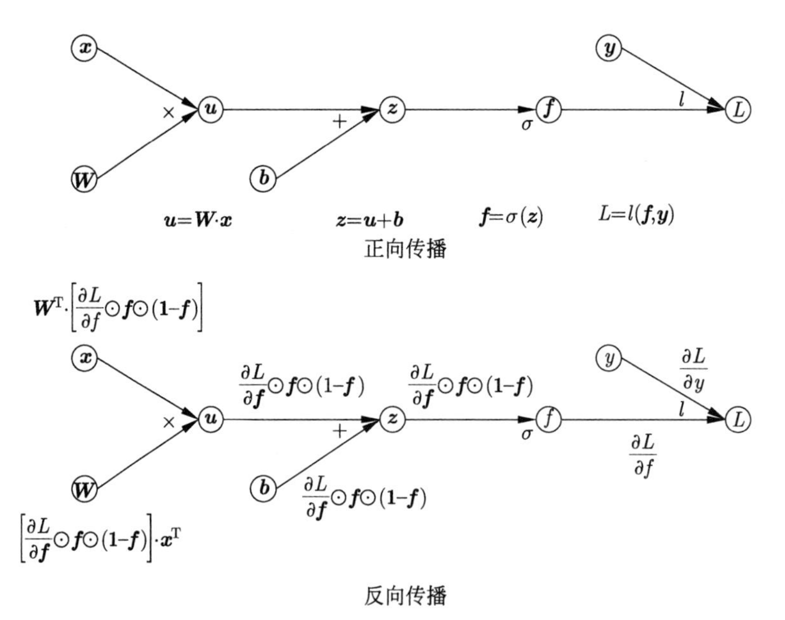

图 23.23　计算图例：一层神经网络的学习

这里 ⊙ 表示向量的逐元素积

图 23.24 所示的是同一个前馈神经网络的小批量学习的计算图。前向传播计算针对小批

量训练样本的神经网络的损失，反向传播计算针对小批量训练样本的损失函数的梯度。

$$\boldsymbol{F} = \sigma\left(\boldsymbol{W} \cdot \boldsymbol{X} + \boldsymbol{B}\right)$$

$$L = l\left(\boldsymbol{F}, \boldsymbol{Y}\right)$$

其中，$\boldsymbol{X}$ 和 $\boldsymbol{Y}$ 构成一个小批量训练样本集，表示多个样本的输入矩阵和（真值）输出矩阵；$\boldsymbol{F}$ 是多个样本的神经网络的输出矩阵；$\boldsymbol{W}$ 和 $\boldsymbol{B}$ 是神经网络的权重矩阵和偏置矩阵；$l(\cdot,\cdot)$ 是损失函数。

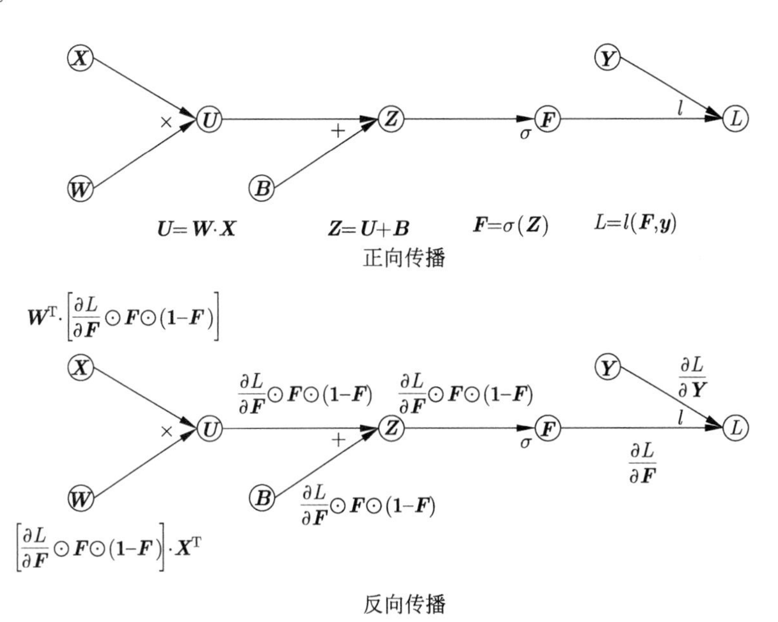

图 23.24 计算图例：一层神经网络的小批量学习

这里 $\odot$ 表示矩阵的逐元素积

前馈神经网络上的正向和反向传播算法（算法 23.3）及计算图上的正向和反向传播算法基于相同的基本原理，但具有不同的形式。

23.2.5 算法的实现技巧

深度神经网络学习是一个复杂的非凸优化问题，会产生一些优化上的困难。这里介绍梯度消失和爆炸及其解决方法、内部协变量偏移及其解决方法：批量归一化和层归一化。

1. 梯度消失与梯度爆炸

深度神经网络学习中有时会出现梯度消失 (vanishing gradient) 或者梯度爆炸 (exploding gradient) 现象。使用反向传播算法（算法 23.3）时，首先通过正向传播计算神经网络各层的输出，然后通过反向传播计算神经网络各层的误差以及梯度，接着利用梯度下降公式对神经网络各层的参数进行更新。在这个过程中，各层的梯度，特别是前面层的梯度，有时会接近 0（梯度消失）或接近无穷（梯度爆炸）。梯度消失会导致参数更新停止，梯度爆炸会导致参数溢出，都会使学习无法有效地进行。

反向传播中，首先计算误差向量：

$$\boldsymbol{\delta}^{(t-1)} = \left\{\operatorname{diag}\left(\frac{\partial a}{\partial \boldsymbol{z}^{(t-1)}}\right) \cdot {\boldsymbol{W}^{(t)}}^{\mathrm{T}}\right\} \cdot \boldsymbol{\delta}^{(t)} \tag{23.57}$$

之后计算梯度：

$$\begin{cases} \nabla_{\boldsymbol{W}^{(t)}} L = \boldsymbol{\delta}^{(t)} \cdot {\boldsymbol{h}^{(t-1)}}^{\mathrm{T}} \\ \nabla_{\boldsymbol{b}^{(t)}} L = \boldsymbol{\delta}^{(t)} \end{cases} \tag{23.58}$$

造成梯度消失和梯度爆炸的原因有两种。首先，每一层的误差向量实际由矩阵的连乘决定，连乘得到的矩阵的元素可能会接近 0，也可能会接近无穷，导致梯度的元素也会接近 0 或接近无穷，而且越是前面的层这个问题就越严重。考虑一种特殊情况：假设每一层的误差向量都与同一个矩阵 $\boldsymbol{U}$ 相乘。第 $t-1$ 层有

$$\boldsymbol{\delta}^{(t-1)} = \boldsymbol{U} \cdot \boldsymbol{\delta}^{(t)}$$

这样第 $t-1$ 层的误差向量 $\boldsymbol{\delta}^{(t-1)}$ 由矩阵 $\boldsymbol{U}^q$ 决定，设 $q = s - t$，s 是网络的层数。假设 $\boldsymbol{U}$ 的特征值分解存在，$\boldsymbol{U} = \boldsymbol{V} \cdot \operatorname{diag}(\boldsymbol{\lambda}) \cdot \boldsymbol{V}^{-1}$，其中 $\boldsymbol{\lambda}$ 表示特征值，$\boldsymbol{V}$ 表示特征向量，则有 $\boldsymbol{U}^q = \boldsymbol{V} \cdot \operatorname{diag}(\boldsymbol{\lambda})^q \cdot \boldsymbol{V}^{-1}$ 成立，对角矩阵由特征值的 q 次方组成。对于任意一个特征值 λ_i，如果其绝对值小于 1，那么其 q 次方 λ_i^q 会接近 0；如果其绝对值大于 1，那么其 q 次方 λ_i^q 会接近无穷。结果是第 $t-1$ 层的梯度会消失或爆炸。其次，得到每一层的误差向量之前每个元素乘以激活函数的导数，如果激活函数的导数过小，也容易引起梯度消失，而且越是前面的层，这个问题就会越严重。在第 $t-1$ 层得到误差向量 $\boldsymbol{\delta}^{(t-1)}$ 之前，各元素乘以 $\dfrac{\partial a}{\partial \boldsymbol{z}^{(t-1)}}$，如果 $\dfrac{\partial a}{\partial \boldsymbol{z}^{(t-1)}}$ 接近 0，就会让 $\boldsymbol{\delta}^{(t-1)}$ 的元素也接近 0。

有一些防止梯度消失和梯度爆炸的技巧。比如，进行恰当的随机参数初始化，一个经验性的方法是对每个神经元的权重 $\boldsymbol{w} = (w_1, w_2, \cdots, w_n)^{\mathrm{T}}$ 根据正态分布 $\mathcal{N}\left(0, \dfrac{1}{n}\right)$ 随机取值。再比如，使用整流线性函数作为激活函数，而不是 S 型函数或双曲正切函数，也可以一定程度上防止梯度消失，因为整流线性函数只是左饱和函数而不是（两边的）饱和函数。使用特定的网络架构，避免反向传播时只依赖于矩阵连乘，如第 24 章介绍的残差网络（ResNet）和第 25 章介绍的 LSTM 模型，可以更好地避免梯度消失和梯度爆炸问题的发生。

其他神经网络的学习，如卷积神经网络（CNN）、循环神经网络（RNN），也会出现梯度消失或梯度下降的问题（详见第 24 章和第 25 章）。

2. 批量归一化

批量归一化（batch normalization）是对前馈神经网络的每一层（除输出层外）的净输入或输入在每一个批量的样本上进行归一化，在其基础上训练神经网络的方法 [9]。这个方法将特征尺度变换（feature scaling transform）应用到神经网络学习，本质上改变了神经网络的结构。主要作用是防止内部协变量偏移（internal covariate shift），加快学习收敛速度；也可以在一定程度上防止梯度消失和梯度爆炸。

机器学习包括深度学习存在一个普遍现象：如果将输入向量的每一维的数值进行归一

化，使其在一定范围之内，比如 0 和 1 之间，那么就可以加快基于梯度下降的学习的收敛速度。其原因是：梯度下降以相同的学习率对每一维进行最小化，如果取值范围差异很大，学习就很难在各个维度上同时收敛；如果将学习率取的很小，可以避免这个问题，但学习效率会降低。归一化可以解决这个问题，称为特征尺度变换。

在深度神经网络的学习过程中，对于神经网络中间的每一层，其前面层的参数在学习中会不断改变，导致其输入也不断改变，不利于这一层及其后面层的学习，学习收敛速度会变慢。这种现象在神经网络的各层都会发生，称作内部协变量偏移。假设第 t 层的神经网络函数是 $\boldsymbol{h}^{(t)} = f^{(t)}(\boldsymbol{h}^{(t-1)})$，第 $t-1$ 层的神经网络函数是 $\boldsymbol{h}^{(t-1)} = f^{(t-1)}(\boldsymbol{h}^{(t-2)})$。如果要学习第 t 层及其后面层的参数，输入 $\boldsymbol{h}^{(t-1)}$ 相对比较固定为好，但 $\boldsymbol{h}^{(t-1)}$ 依赖于第 $t-1$ 层及其前面层的参数，在学习中会动态变化，导致第 t 层及其后面层的学习不容易收敛。批量归一化通过在每个批量的样本上的归一化来解决这个问题。

原理上在每一层对输入 $\boldsymbol{x}$ 和净输入 $\boldsymbol{z}$ 都可以进行归一化（两者的关系是 $\boldsymbol{z} = \boldsymbol{W}^{\mathrm{T}} \cdot \boldsymbol{x} + \boldsymbol{b}$）。现实中对净输入 $\boldsymbol{z}$ 效果略好，也更常用。这里只介绍对净输入的批量归一化。

批量归一化训练时，针对每一批量数据，按照以下方法扩展神经网络。假设批量数据在当前层的净输入是 $\{\boldsymbol{z}_1, \boldsymbol{z}_2, \cdots, \boldsymbol{z}_n\}$，其中 $\boldsymbol{z}_j$ 是第 j 个样本的净输入，n 是批量大小。首先计算当前层的净输入的均值与方差（无偏估计）。

$$\boldsymbol{\mu} = \frac{1}{n}\sum_{j=1}^{n}\boldsymbol{z}_j \tag{23.59}$$

$$\boldsymbol{\sigma}^2 = \frac{1}{n-1}\sum_{j=1}^{n}(\boldsymbol{z}_j - \boldsymbol{\mu})^2 \tag{23.60}$$

这里 $\boldsymbol{\mu}$ 和 $\boldsymbol{\sigma}^2$ 分别是均值向量和方差向量。然后对每一个样本的净输入进行归一化，得到向量

$$\bar{\boldsymbol{z}}_j = \frac{\boldsymbol{z}_j - \boldsymbol{\mu}}{\sqrt{\boldsymbol{\sigma}^2 + \boldsymbol{\epsilon}}}, \quad j = 1, 2, \cdots, n \tag{23.61}$$

这里 $\boldsymbol{\epsilon}$ 是每一个元素都是 ϵ 的向量，保证分母不为 0，其中 ϵ 是一个很小的正数，向量的除法是元素商。之后再进行仿射变换，得到向量

$$\tilde{\boldsymbol{z}}_j = \boldsymbol{\gamma} \odot \bar{\boldsymbol{z}}_j + \boldsymbol{\beta}, \quad j = 1, 2, \cdots, n \tag{23.62}$$

这里 $\boldsymbol{\gamma}$ 和 $\boldsymbol{\beta}$ 是参数向量，$\odot$ 是向量的逐元素积。最后将归一化加仿射变换的结果作为批量数据在这一层的净输入。

图 23.25 显示批量归一化训练网络一层的结构，是在神经网络一层对每一个批量的样本的归一化。对于每一个批量，每一层（除输出层外）都有同样的结构。注意：每一个批量在每一层有各自的均值 $\boldsymbol{\mu}$ 和方差 $\boldsymbol{\sigma}^2$，当输入样本和网络参数确定时，$\boldsymbol{\mu}$ 和 $\boldsymbol{\sigma}^2$ 就确定。另一方面，每一层有各自的参数 $\boldsymbol{\gamma}$ 和 $\boldsymbol{\beta}$，归所有批量共有。神经网络原始的参数 $\boldsymbol{\theta}$ 也是所有批量共有。

训练时，对神经网络每一层的净输入进行归一化，使净输入的均值是 $\boldsymbol{0}$、方差是 $\boldsymbol{1}$。这样可以提高下一层的学习收敛速度。

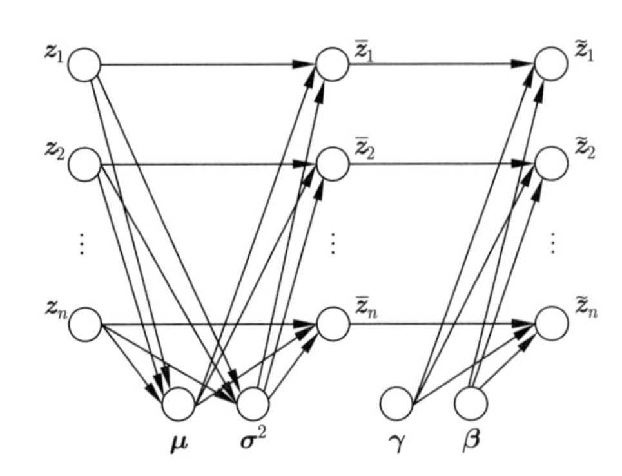

图 23.25 批量归一化：训练网络结构

当 $\boldsymbol{\gamma} \approx \boldsymbol{\sigma}$ 且 $\boldsymbol{\beta} \approx \boldsymbol{\mu}$ 时，有

$$\tilde{\boldsymbol{z}}_j \approx \boldsymbol{z}_j, \quad j = 1, 2, \cdots, n$$

归一化加仿射变换接近恒等变换。批量归一化方法保证这种“不做变换”情况也被包括在内。而具体进行怎样的变换通过数据决定。事实上，归一化后的净输入在原点附近时，S 型函数的输出也在原点附近，模型的表示能力降低，从学习的角度看未必最优，需要基于数据进行选择。

另外，每一层的输入到净输入的仿射变换实际根据 $\boldsymbol{z} = \boldsymbol{W}^{\mathrm{T}} \cdot \boldsymbol{x}$ 进行，省去偏置 $\boldsymbol{b}$，因为参数 $\boldsymbol{\beta}$ 能起到相应的作用。

预测时，通常将一个测试样本输入到推理网络。首先对样本在每一层的净输入进行归一化，得到向量：

$$\bar{\boldsymbol{z}}_j = \frac{\boldsymbol{z}_j - E_b(\boldsymbol{\mu})}{\sqrt{E_b(\boldsymbol{\sigma}^2) + \boldsymbol{\epsilon}}}, \quad j = 1, 2, \cdots, n \tag{23.63}$$

这里 $E_b(\boldsymbol{\mu})$ 和 $E_b(\boldsymbol{\sigma}^2)$ 分别是所有批量的均值和方差的平均。然后再进行仿射变换，得到向量：

$$\tilde{\boldsymbol{z}}_j = \boldsymbol{\gamma} \odot \bar{\boldsymbol{z}}_i + \boldsymbol{\beta}, \quad j = 1, 2, \cdots, n \tag{23.64}$$

这里 $\boldsymbol{\gamma}$ 和 $\boldsymbol{\beta}$ 是训练过程中得到的参数向量。图 23.26 显示批量归一化推理网络一层的结构。每一层（除输出层外）都有同样的结构。

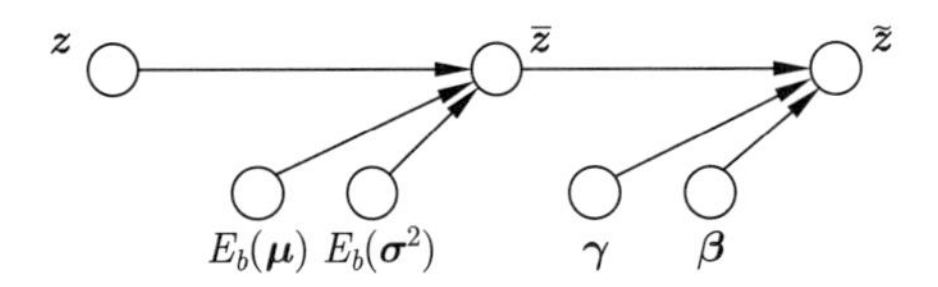

图 23.26 批量归一化：推理网络结构

算法 23.4 是批量归一化的算法。首先根据以上批量归一化方法构建训练神经网络，然后使用随机梯度下降法训练神经网络，最后输出推理神经网络对测试样本的预测值。

算法 23.4（批量归一化）

输入：神经网络结构 $f(\boldsymbol{x}; \boldsymbol{\theta})$，训练集，测试样本。

输出：对测试样本的预测值。

超参数：批量容量的大小 n。

{

初始化参数 $\boldsymbol{\theta},\boldsymbol{\phi}$，其中 $\boldsymbol{\phi}=\{\boldsymbol{\gamma}^{(t)},\boldsymbol{\beta}^{(t)}\}_{t=1}^{s-1}$

For each (批量 b){

For $t=1,2,\cdots,s-1$ {

针对批量 b 计算第 t 层净输入的均值 $\boldsymbol{\mu}^{(t)}$ 和方差 $\boldsymbol{\sigma}^{2(t)}$

进行第 t 层的批量归一化，得到批量净输入

$$\boldsymbol{z}_j^{(t)} \rightarrow \bar{\boldsymbol{z}}_j^{(t)} \rightarrow \tilde{\boldsymbol{z}}_j^{(t)}, \quad j=1,2,\cdots,n$$

}

}

构建训练神经网络 $f_{\mathrm{Tr}}(\boldsymbol{x};\boldsymbol{\theta},\boldsymbol{\phi})$

使用随机梯度下降法训练 $f_{\mathrm{Tr}}(\boldsymbol{x};\boldsymbol{\theta},\boldsymbol{\phi})$，估计所有参数 $\boldsymbol{\theta},\boldsymbol{\phi}$

For $t=1,2,\cdots,s-1$ {

针对所有批量计算第 t 层净输入的期待的均值 $E_b(\boldsymbol{\mu}^{(t)})$ 和方差 $E_b(\boldsymbol{\sigma}^{2(t)})$

针对测试样本，进行第 t 层的批量归一化，得到净输入

$$\boldsymbol{z}_j^{(t)} \rightarrow \bar{\boldsymbol{z}}_j^{(t)} \rightarrow \tilde{\boldsymbol{z}}_j^{(t)}, \quad j=1,2,\cdots,n$$

}

构建推理神经网络 $f_{\mathrm{Inf}}(\boldsymbol{x};\boldsymbol{\theta},\boldsymbol{\phi})$

输出 $f_{\mathrm{Inf}}(\boldsymbol{x};\boldsymbol{\theta},\boldsymbol{\phi})$ 对测试样本的预测值

} ■

3. 层归一化

层归一化（layer normalization）是另一种防止内部协变量偏移的方法 [10]。其基本想法与批量归一化相同，但是是在每一层的神经元上进行归一化，而不是在每一个批量的样本上进行归一化。优点是实现简单，也没有批量大小的超参数需要调节。

层归一化在每一层的神经元的净输入上进行。假设当前层的神经元的净输入是 $\boldsymbol{z}=(z_1,z_2,\cdots,z_m)^{\mathrm{T}}$，其中 z_j 是第 j 个神经元的净输入，m 是神经元个数。训练和预测时，首先计算这一层的神经元的净输入的均值与方差（无偏估计）。

$$\mu=\frac{1}{m}\sum_{j=1}^{m} z_j \tag{23.65}$$

$$\sigma^2=\frac{1}{m-1}\sum_{j=1}^{m}(z_j-\mu)^2 \tag{23.66}$$

然后对每一个神经元的净输入进行归一化，得到数值：

$$\bar{z}_j=\frac{z_j-\mu}{\sqrt{\sigma^2+\epsilon}}, \quad j=1,2,\cdots,m \tag{23.67}$$

其中, ϵ 是一个很小的正数。之后再进行仿射变换，得到数值：

$$\tilde{z}_j = \gamma \cdot \bar{z}_j + \beta, \quad j = 1, 2, \cdots, m \tag{23.68}$$

其中，γ 和 β 是参数。最后将归一化加仿射变换的结果作为这一层神经元的实际净输入。在每一层都做同样的处理。神经网络的每一层有两个参数 γ 和 β。图 23.27 显示层归一化的网络结构。

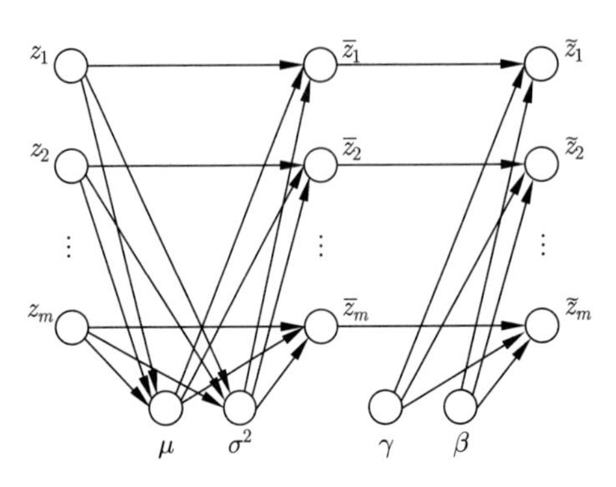

图 23.27 层归一化的网络结构

23.3 前馈神经网络学习的正则化

正则化 (regularization) 的目的是提高学习的泛化能力，即不仅使训练误差而且使测试误差达到最小。本节概述深度学习，特别是前馈神经网络学习中的正则化方法，具体介绍常用的早停法和暂退法。

23.3.1 深度学习中的正则化

深度学习的正则化有 L1 正则化、L2 正则化或称权重衰减 (weight decay)、早停法 (early stopping)、暂退法 (dropout) 等方法。前三种方法是机器学习通用的方法，最后一种方法是深度学习特有的方法。另外，深度学习中不做显式的正则化常常也能达到泛化的效果。具体哪种方法更有效需要在实际的问题和数据上验证。

现实中发现，深度学习中常常不做正则化也不产生过拟合。往往是在大规模训练数据、过度参数化 (over-parameterized) 神经网络及随机梯度下降训练的情况下发生的，也就是说这种组合能产生泛化能力，这里过度参数化是指神经网络的参数量级大于等于训练数据量级的情况。机器学习理论尚不能很好地分析这种现象，是当前热门的研究课题。普遍的解释是随机梯度下降起到隐式正则化的作用，能保证学到的模型不产生过拟合。

23.3.2 早停法

早停法 (early stopping) 在学习中使用验证集进行评估，判断训练的终止点，进行模型选择，是隐式的正则化方法。

早停法将数据分为训练集、验证集、测试集（比如以 1/2，1/4，1/4 的比例）。学习中，持续训练模型，得到训练误差（训练集上的损失），同时用验证集评估，得到验证误差（验证集上的损失）。图 23.28 示意训练过程。横轴表示训练步数，纵轴表示误差。通常训练误差不断减小，逐渐趋近于 0，而验证误差在某个点达到最小，之后逐渐增加。

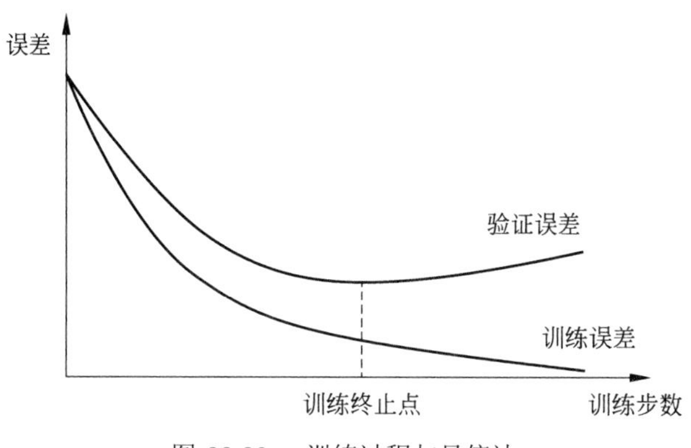

图 23.28 训练过程与早停法

如果选择训练误差很小而验证误差已经增大的点的模型，很有可能这个模型的测试误差不是最小的，即产生过拟合。早停法选择验证误差最小的点为训练终止点，将这时的模型作为最终模型输出。有很大概率这个模型也是测试误差最小的模型，即泛化最好的模型，因为用验证集代替测试集进行了模型评估。因为没有等到训练误差降到很小，甚至接近于 0 时结束训练，所以训练是早停的。早停法的优点是简单有效，缺点是需要将一部分标注数据用于训练评估而不是训练本身。算法 23.5 给出早停法的具体算法，其中 $l_{\rm dev}()$ 表示在验证集上的损失，即验证误差。

算法 23.5（早停法）

输入：神经网络结构 $f(\boldsymbol{x};\boldsymbol{\theta})$，训练集，验证集。

输出：学习得到的神经网络参数向量 $\hat{\boldsymbol{\theta}}$。

参数：评估间隔步数 m，持续评估上限 n。

{

$$i = 0$$

$$j = 0$$

$$l_{\min} = \infty$$

while $(j < n)\{$

用训练集连续训练模型 m 步，得到参数向量 $\boldsymbol{\theta}_i$

$$i \leftarrow i + m$$

用验证集评估模型的损失

$$l = l_{\rm dev}(\boldsymbol{\theta}_i)$$

if ($l < l_{\min}$) {

$$l_{\min} \leftarrow l$$

$$\boldsymbol{\theta}_{\min} \leftarrow \boldsymbol{\theta}_i$$

$$j = 0$$

}
else

$$j \leftarrow j + 1$$

}

$$\hat{\boldsymbol{\theta}} = \boldsymbol{\theta}_{\min}$$

返回参数向量 $\hat{\boldsymbol{\theta}}$
}
■

23.3.3 暂退法

暂退法（dropout）在训练过程中的每一步随机选取一些神经元，让它们不参与（退出）训练，学习结束后，对权重进行调整，然后将整体网络用于预测。暂退法是经验性的方法，在现实中很有效，但目前还没有严格的理论证明。可以认为暂退法是应用于深度学习的一种 Bagging 方法 [11]。

前馈神经网络训练时，设输入层和隐层的每一层（不包括输出层）都有一个保留概率 p（各层的概率不一定相同），每层的神经元以概率 p 保留，以概率 $1-p$ 退出，保留概率为 1 时不退出。通常输入层的保留概率设为 0.8，隐层的保留概率为 0.5。在训练的每一步，针对每一个样本或每一组样本，在每一层随机判断，选取保留的神经元和退出的神经元。所有保留的神经元构成了一个退化的神经网络，也是整体网络的一个子网络。使用随机梯度下降法更新子网络的权重。图 23.29 左边显示一个神经网络，右边显示一个随机得到的子神经网络。若每层有 m 个神经元，则每层有 2^m 种可能的神经元排列，所以子网络的种类数是指数级的。（也会以小概率得到一些输入输出层不相连的子网络，反向传播算法不适用，对整体学习不产生影响）

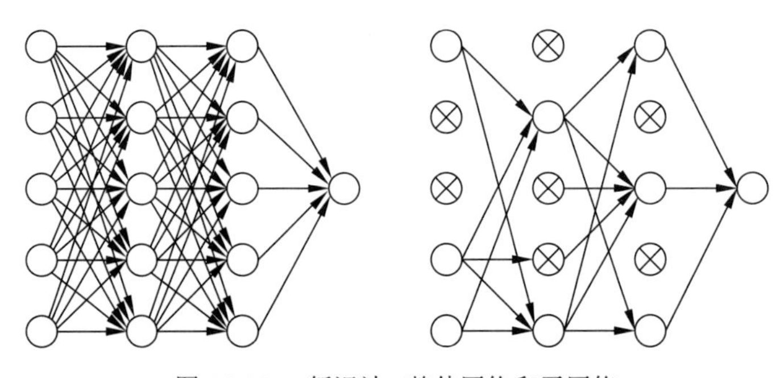

图 23.29 暂退法：整体网络和子网络

假设某一隐层的输出向量是 $\boldsymbol{h}$，误差向量是 $\boldsymbol{\delta}$, 该层神经元保留与退出的结果用随机向量 $\boldsymbol{d}$ 表示，其中 $\boldsymbol{d} \in \{0,1\}^m$ 是维度为 m 的 $0-1$ 向量，1 表示对应的神经元保留，0 表示对应的神经元退出。那么，在反向传播算法的每一步，经过保留与退出随机判断后，该层的向量表示变为

$$\tilde{\boldsymbol{h}} = \boldsymbol{d} \odot \boldsymbol{h} \tag{23.69}$$

$$\tilde{\boldsymbol{\delta}} = \boldsymbol{d} \odot \boldsymbol{\delta} \tag{23.70}$$

这里 $\odot$ 表示逐元素积，使用 $\tilde{\boldsymbol{h}}$ 进行正向传播和使用 $\tilde{\boldsymbol{\delta}}$ 进行反向传播。注意暂退法中每一步的 $\boldsymbol{d}$ 是随机决定的，各步之间并不相同。对输入层的处理方法也一样，细节省略。

预测时，对隐层的输出向量进行调整：

$$\tilde{\boldsymbol{h}} = p \cdot \boldsymbol{h} \tag{23.71}$$

其中，p 是这层的保留概率。等价地，可以认为对隐层的神经元输出的权重进行调整，每一个输出权重 w 乘以保留概率 p 作为最终的权重，如图 23.30 所示。其直观解释是学习中神经元以概率 p 参与训练，所以最终使用权重的期待值 $p \cdot w$ 作为真实值。神经元的偏置保持不变。

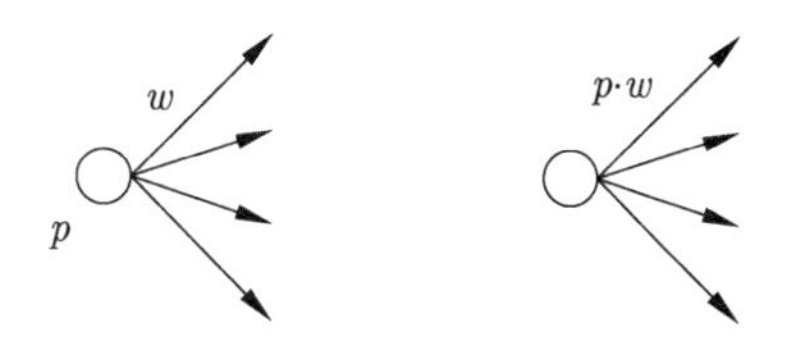

图 23.30　暂退法：权重的调整

为了方便暂退法的实现，常常采用以下等价的逆暂退法（inverted dropout）。训练时，将隐层的输出变量放大 $\dfrac{1}{p}$ 倍：

$$\tilde{\boldsymbol{h}} = \frac{1}{p} \cdot \boldsymbol{d} \odot \boldsymbol{h} \tag{23.72}$$

预测时，隐层的输出权重保持不变。

可以证明在特殊情况下暂退法是一种 Bagging 方法。假设有一个二层的多类分类网络，对其进行基于暂退法的学习。输入层由多个变量组成，保留概率是 1；输出层由一个神经元组成，激活函数是软最大化函数；隐层的输出向量是 $\boldsymbol{h}$，保留概率是 0.5，暂退法得到的一个随机向量是 $\boldsymbol{d} \in \{0,1\}^m$。这时，子网络（输出层）可以写作

$$\begin{aligned} P\left(y_k = 1 | \boldsymbol{h}, \boldsymbol{d}\right) &= \operatorname{softmax}(\boldsymbol{w}_k^{\mathrm{T}} \boldsymbol{d} \odot \boldsymbol{h} + b_k) \\ &= \frac{\exp(\boldsymbol{w}_k^{\mathrm{T}} \boldsymbol{d} \odot \boldsymbol{h} + b_k)}{\displaystyle\sum_{k'} \boldsymbol{w}_{k'}^{\mathrm{T}} \boldsymbol{d} \odot \boldsymbol{h} + b_{k'}} \end{aligned} \tag{23.73}$$

隐层共有 2^m 个随机向量，对应 2^m 个子模型（子网络）。所有子模型的权重和偏置是共有的。现实中暂退法训练的是这其中的部分子模型（因为子模型的个数是指数级的，现实中一般不可能学到所有的子模型）。暂退法最终的（经过权重调整的）模型是

$$P\left(y_k=1|\boldsymbol{h}\right)=\frac{\exp\left(\dfrac{1}{2}\boldsymbol{w}_k^{\mathrm{T}}\boldsymbol{h}+b_k\right)}{\sum\limits_{k'}\exp\left(\dfrac{1}{2}\boldsymbol{w}_{k'}^{\mathrm{T}}\boldsymbol{h}+b_{k'}\right)} \tag{23.74}$$

式中不包含隐层的随机向量 $\boldsymbol{d}$。

考虑集成学习，对暂退法中所有子模型的输出概率取几何平均，作为集成模型的输出概率，得到：

$$\begin{aligned}
P_{\text{ensemble}}\left(y_k=1|\boldsymbol{h}\right) &= \sqrt[2^m]{\prod_{\boldsymbol{d}\in\{0,1\}^m} P\left(y|\boldsymbol{h},\boldsymbol{d}\right)} \\
&= \sqrt[2^m]{\prod_{\boldsymbol{d}\in\{0,1\}^m} \operatorname{softmax}(\boldsymbol{w}_k^{\mathrm{T}}\boldsymbol{d}\odot\boldsymbol{h}+b_k)} \\
&\propto \sqrt[2^m]{\prod_{\boldsymbol{d}\in\{0,1\}^m} \exp(\boldsymbol{w}_k^{\mathrm{T}}\boldsymbol{d}\odot\boldsymbol{h}+b_k)} \\
&= \exp\left[\frac{1}{2^m}\sum_{\boldsymbol{d}\in\{0,1\}^m}(\boldsymbol{w}_k^{\mathrm{T}}\boldsymbol{d}\odot\boldsymbol{h}+b_k)\right] \\
&= \exp\left(\frac{1}{2}\boldsymbol{w}_k^{\mathrm{T}}\boldsymbol{h}+b_k\right)
\end{aligned} \tag{23.75}$$

中间用到的事实是软最大化函数的分母是对所有类别 y' 的归一化项，属于常量。也就是说，在这种情况下集成模型精确等价于暂退法模型。

暂退法在以下几点对一般的 Bagging 方法进行了改动，以提高神经网络的算法学习和预测的效率。不显式地定义和使用子模型，所有子模型共享整体网络的参数。学习时，每一步将一个随机样本或一组随机样本用于一个子模型的训练。预测时，使用参数调整后的整体网络近似实现子模型的集成（计算子模型预测概率的几何平均）。原理上，可以让子模型拥有不同的参数，或者对子模型进行抽样，然后集成，这些都会降低学习和预测的效率。

本章概要

1. 神经元是神经网络的基本单元，本质是一种非线性函数。神经元函数的基本形式是

$$y=a\left(\sum_{i=1}^{n}w_ix_i+b\right)$$

其中，$x_1,x_2,\cdots,x_n$ 是输入，y 是输出，$z=\sum\limits_{i=1}^{n}w_ix_i+b$ 是净输入，$w_1,w_2,\cdots,w_n$ 是权重，b 是偏置。$a(\cdot)$ 是激活函数，也可以写成

$$y=a(\boldsymbol{w}^{\mathrm{T}}\boldsymbol{x}+b)$$

2. 前馈神经网络由多层神经元组成，层间的神经元相互连接，层内的神经元不相连。其信息处理机制是前一层神经元通过连接向后一层神经元传递信号。整个神经网络是对多个输入信号（实数向量）进行多次非线性转换产生多个输出信号（实数向量）的复合函数。前馈神经网络的矩阵表示如下：

$$\boldsymbol{h}^{(1)} = a\left(\boldsymbol{W}^{(1)^{\mathrm{T}}}\boldsymbol{x} + \boldsymbol{b}^{(1)}\right)$$

$$\boldsymbol{h}^{(2)} = a\left(\boldsymbol{W}^{(2)^{\mathrm{T}}}\boldsymbol{h}^{(1)} + \boldsymbol{b}^{(2)}\right)$$

$$\vdots$$

$$\boldsymbol{h}^{(s-1)} = a\left(\boldsymbol{W}^{(s-1)^{\mathrm{T}}}\boldsymbol{h}^{(s-2)} + \boldsymbol{b}^{(s-1)}\right)$$

$$\boldsymbol{y} = g\left(\boldsymbol{W}^{(s)^{\mathrm{T}}}\boldsymbol{h}^{(s-1)} + \boldsymbol{b}^{(s)}\right)$$

前馈神经网络拥有很强的表示能力，可以进行复杂的信息处理。

3. 激活函数有多种形式。隐层的激活函数主要有 S 型函数：

$$a(z) = \frac{1}{1+\mathrm{e}^{-z}}$$

双曲正切函数：

$$a(z) = \frac{\mathrm{e}^{z} - \mathrm{e}^{-z}}{\mathrm{e}^{z} + \mathrm{e}^{-z}}$$

整流线性函数：

$$a(z) = \max(0, z)$$

输出层的激活函数主要有恒等函数：

$$g(z) = z$$

软最大化函数：

$$g(z_k) = \frac{\mathrm{e}^{z_k}}{\sum\limits_{i=1}^{l}\mathrm{e}^{z_i}}, \quad k = 1, 2, \cdots, l$$

4. 前馈神经网络可以用于不同任务。用于回归时，神经网络表示为 $y = f(\boldsymbol{x})$。用于二类分类时，神经网络表示为 $P(y=1|\boldsymbol{x}) = f(\boldsymbol{x})$。用于多类分类时，神经网络表示为 $[P(y_k=1|\boldsymbol{x})] = f(\boldsymbol{x})$，其中 $y_k \in \{0,1\}, \sum\limits_{k=1}^{l} y_k = 1, k = 1, 2, \cdots, l$。

5. 通用近似定理指出，对任意连续函数 $h: [0,1]^m \rightarrow \mathcal{R}$ 和任意 $\varepsilon > 0$，存在一个二层神经网络 $f(\boldsymbol{x}) = \boldsymbol{\alpha}^{\mathrm{T}}\sigma\left(\boldsymbol{w}^{\mathrm{T}}\boldsymbol{x} + \boldsymbol{b}\right)$，使得对于任意 $\boldsymbol{x} \in [0,1]^m$，有 $|h(\boldsymbol{x}) - f(\boldsymbol{x})| < \varepsilon$ 成立。通用近似定理从理论的角度阐述了深度神经网络的强大表示能力。

6. 深度神经网络与浅度神经网络可以有同等的表示能力，但深度神经网络比浅度神经网络有更低的样本复杂度。所以，深度神经网络比起浅度神经网络，只需要更少的数据就可以学到。

7. 前馈神经网络学习是监督学习，优化目标函数是

$$L(\boldsymbol{\theta})=\frac{1}{N}\sum_{i=1}^{N}L_i(\boldsymbol{\theta})=\frac{1}{N}\sum_{i=1}^{N}L(f(\boldsymbol{x}_i;\boldsymbol{\theta}),y_i)$$

分类时损失函数是交叉熵损失，回归时是平方损失。目标函数的优化都等价于极大似然估计。常用的优化算法是随机梯度下降。对于随机梯度下降，每次按以下公式对一个小批量样本进行参数更新，遍历所有样本组，不断迭代，直到收敛为止。

$$\boldsymbol{\theta}\leftarrow\boldsymbol{\theta}-\eta\frac{1}{n}\sum_{j=1}^{n}\frac{\partial L_j(\boldsymbol{\theta})}{\partial\boldsymbol{\theta}}$$

8. 前馈神经网络学习的具体算法是反向传播算法。只需要依照网络结构进行一次正向传播和一次反向传播，就可以完成梯度下降的一次迭代。主要部分如下。

正向传播，计算各层输出。

第 t 层的输出：

$$\boldsymbol{z}^{(t)}=\boldsymbol{W}^{(t)}\boldsymbol{h}^{(t-1)}+\boldsymbol{b}^{(t)}$$

$$\boldsymbol{h}^{(t)}=a(\boldsymbol{z}^{(t)})$$

反向传播，计算各层误差 $\boldsymbol{\delta}^{(s)},\boldsymbol{\delta}^{(s-1)},\cdots,\boldsymbol{\delta}^{(1)}$。

输出层的误差：

$$\boldsymbol{\delta}^{(s)}=\boldsymbol{h}^{(s)}-\boldsymbol{y}$$

第 $t-1$ 层的误差：

$$\boldsymbol{\delta}^{(t-1)}=\frac{\partial a}{\partial\boldsymbol{z}^{(t-1)}}\odot\left(\boldsymbol{W}^{(t)\mathrm{T}}\cdot\boldsymbol{\delta}^{(t)}\right)$$

计算第 t 层的梯度：

$$\nabla_{\boldsymbol{W}^{(t)}}L=\boldsymbol{\delta}^{(t)}\cdot\boldsymbol{h}^{(t-1)^{\mathrm{T}}}$$

$$\nabla_{\boldsymbol{b}^{(t)}}L=\boldsymbol{\delta}^{(t)}$$

更新第 t 层的参数：

$$\boldsymbol{W}^{(t)}\leftarrow\boldsymbol{W}^{(t)}-\eta\nabla_{\boldsymbol{W}^{(t)}}L$$

$$\boldsymbol{b}^{(t)}\leftarrow\boldsymbol{b}^{(t)}-\eta\nabla_{\boldsymbol{b}^{(t)}}L$$

9. 计算图是显示函数计算过程的有向无循环图，其结点表示变量，有向边表示变量之间的函数依存关系。每一个非起点的结点对应一个基本函数。图整体对应的是由基本函数组成的复合函数。计算图上的计算有正向传播和反向传播。可以将神经网络训练和预测分解为计算图上的矩阵或张量数据计算，便于在计算机上实现。

正向传播是从起点的输入开始，顺着有向边，依次对结点的基本函数进行计算，直到得到终点的输出为止的过程。反向传播是从终点的梯度开始，逆着有向边，依次对结点的梯度进行运算，直到得到起点的梯度为止的过程，这里一个结点的梯度是指图整体函数对该结点变量的梯度。

10. 深度神经网络学习是一个复杂的非凸优化问题，会产生一些优化上的困难，包括梯度消失和梯度爆炸、内部协变量偏移。

梯度消失和梯度爆炸的主要原因是在深度神经网络的学习过程中，每一层的梯度主要由矩阵乘积决定。如果连乘得到的矩阵的元素接近 0，那么梯度的元素也会接近 0（消失）；如果连乘得到的矩阵的元素接近无穷，那么梯度的元素也会接近无穷（爆炸）。梯度消失会导致参数更新停止，梯度爆炸会导致参数溢出，都会使学习无法有效地进行。

内部协变量偏移的现象是指在深度神经网络的学习过程中，对于网络的每一层，如果其输入相对比较固定，就很容易学习到这一层及其后面层的参数，但现实中这一层前面层的参数在学习中会不断改变，导致其输入也不断改变，不利于这一层及其后面层的学习，学习速度会变缓。

批量归一化和层归一化的主要作用是防止内部协变量偏移。批量归一化是指对网络的每一层（除输出层外）的净输入在批量的样本上进行归一化，然后训练网络的方法。层归一化是指对网络的每一层（除输出层外）的净输入在该层的神经元上进行归一化，然后训练网络的方法。

11. 学习的正则化方法包括早停法、暂退法（dropout）等。现实中发现，深度学习中常常不做正则化也不产生过拟合。往往是在大规模训练数据、过度参数化网络及随机梯度下降训练的情况下发生的，也就是说这种组合能产生泛化能力。

对于暂退法，在前馈神经网络训练时，设输入层和隐层的每一层都有一个保留概率 p，每层的神经元以概率 p 保留，以概率 $1-p$ 退出。针对每一个样本或每一组样本，在每一层随机判断，选取保留的神经元和退出的神经元；所有保留的神经元构成了一个退化的子网络，使用随机梯度下降法，更新子网络的权重。预测时，对隐层的神经元输出的权重进行调整，每一个输出权重 w 乘以保留概率 p 作为最终的权重。可以证明在特殊情况下暂退法是一种 Bagging 方法。

继续阅读

进一步学习前馈神经网络和相关的深度学习技术可参见文献 [1]~文献 [5]，学习 Python 和 MXNet 上的实现方法可参阅文献 [3] 和文献 [4]。通用近似定理、模型等价性的介绍可参阅文献 [1] 和文献 [2]，网络深度的讨论可见文献 [6]，暂退法的介绍可见文献 [1] 和文献 [9]，计算图的介绍可参阅文献 [1] 和文献 [3]。通用近似定理的原始论文是文献 [7] 和文献 [8]，批量归一化和层归一化的最初论文是文献 [9] 和文献 [10]，暂退法的论文是文献 [11]。

习 题

23.1 构造前馈神经网络实现逻辑表达式 XNOR，使用 S 型函数为激活函数。

23.2 写出多标签分类学习中的损失函数以及损失函数对输出变量的导数。

23.3 实现前馈神经网络的反向传播算法，使用 MNIST 数据构建手写数字识别网络。

23.4 写出 S 型函数的正向传播和反向传播的计算图。

23.5 图 23.31 是 3 类分类的正向传播计算图，试写出它的反向传播计算图。这里使用软最大化函数和交叉熵损失。

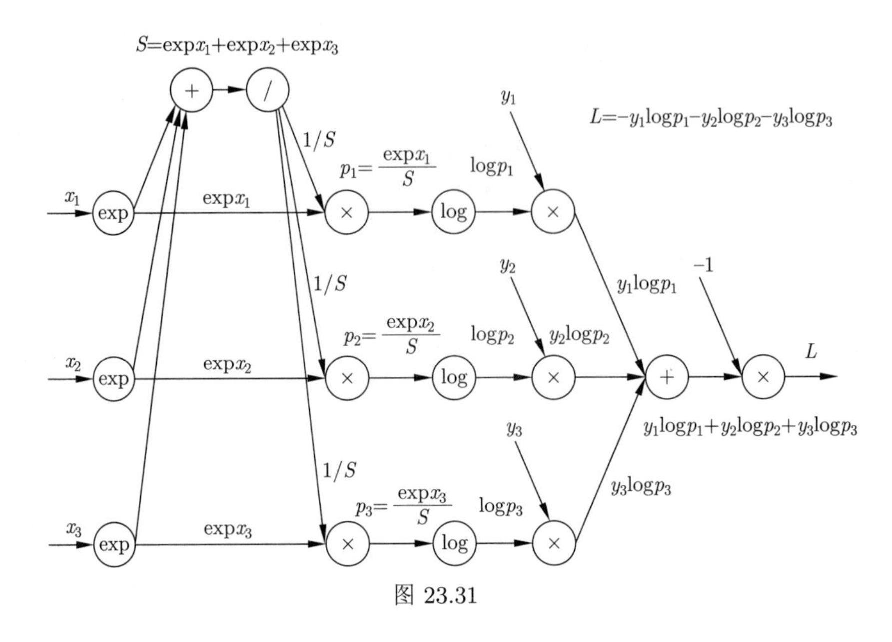

图 23.31

23.6 写出批量归一化的反向传播算法。

23.7 验证逆暂退法和暂退法的等价性。

参考文献

[1] GOODFELLOW I, BENGIO Y, COURVILLE A. Deep learning[M]. MIT Press, 2016.

[2] BISHOP C. Pattern recognition and machine learning[M]. Springer, 2006.

[3] 斋藤康毅. 深度学习入门：基于 Python 的理论与实现 [M]. 陆宇杰，译. 北京：人民邮电出版社，2018.

[4] 阿斯顿・张，李沐，扎卡里・立顿，等. 动手学深度学习 [M]. 北京：人民邮电出版社，2019.

[5] 邱锡鹏. 神经网络与深度学习 [M]. 北京：机械工业出版社，2020.

[6] BENGIO Y. Learning deep architectures for AI[M]. Now Publisher, 2002.

[7] CYBENKO G. Approximation by superpositions of a sigmoidal function[J]. Mathematics of Control, Signals and Systems, 1989, 2: 303-314.

[8] HORNIK K, STINCHCOMBE M, WHITE H. Multilayer feedforward networks are universal approximators[J]. Neural Networks, 1989, 2(5): 359-366.

[9] IOFFE S, SZEGEDY C. Batch normalization: accelerating deep network training by reducing internal covariate shift[C]//International Conference on Machine Learning. 2015: 448-456.

[10] BA J L, KIROS J R, HINTON G E. Layer normalization[Z/OL]. arXiv preprint arXiv: 1607.06450, 2016.

[11] SRIVASTAVA N, HINTON G, KRIZHEVSKY A, et al. Dropout: asimple way to prevent neural networks from overfitting[J]. The Journal of Machine Learning Research, 2014, 15(1): 1929-1958.

第 24 章　卷积神经网络

卷积神经网络（convolutional neural network, CNN）是对图像数据（更一般地格点数据）进行预测的神经网络。卷积神经网络具有层次化网络结构，可以看作是一种特殊的前馈神经网络，前一层的输出是后一层的输入；前面几层每一层进行卷积（convolution）运算或汇聚（pooling）运算，卷积实现的是特征检测，汇聚实现的是特征选择；最后几层是全连接的前馈神经网络，进行分类或回归预测。卷积神经网络是从生物视觉系统得到启发而发明的机器学习模型。

卷积神经网络的应用领域包括计算机视觉、自然语言处理、语音处理，在计算机视觉中用于图像分类、图像分割等任务，是该领域的核心模型。福岛（Fukushima）于 1980 年提出了 Neocognitron 模型；LeCun 于 1989 年在其基础上提出了基本的卷积神经网络，实现了反向传播学习算法；2012 年，Krizhevsky 等开发了被称为 AlexNet 的卷积神经网络，在 ImageNet 比赛中取得优异成绩，展示了深度学习的威力；2016 年，何恺明等提出了残差网络 ResNet，是计算机视觉中被广泛使用的卷积神经网络。

本章 24.1 节讲述卷积神经网络的模型，24.2 节叙述卷积神经网络的算法，24.3 节介绍卷积神经网络在图像分类中的应用，讲解 AlexNet 和残差网络。

24.1　卷积神经网络的模型

本节讲述卷积神经网络的模型，首先给出卷积和汇聚的定义，然后叙述卷积神经网络的架构和性质。

24.1.1　背景

考虑图像数据的预测问题，比如图像分类。假设是灰度图像，可以用实数矩阵表示，矩阵的一个元素对应图像的一个像素，代表像素的灰度（颜色的深度）。

一个朴素的方法是用前馈神经网络完成这个任务。将图像的矩阵数据展开成一个很长的向量作为输入，学习前馈神经网络，对图像数据进行分类预测。这个方法至少存在两个问题。一个是参数量问题。输入向量的维度很高，层与层之间的神经元是全连接，整个网络的参数量很大，很难很好地学习到模型。另一个是局部特征的表示和学习问题。图像数据通常在不同位置上有相似的局部特征，而前馈神经网络对不同位置的局部特征是分开表示和学习的，产生冗余，会降低表示和学习的效率。

卷积神经网络从生物视觉系统得到启发，在前馈神经网络中导入卷积运算解决以上问题。在生物视觉系统中，每一个神经元所感应的模式的种类是固定的，只被特定的模式激活，比如垂直的或水平的线段。每一个神经元所感应的视觉输入的区域是有限的，称为神经元的感受野（receptive field）。神经元呈层子化结构，前端神经元影响后端神经元，前端神经元的感受野窄，后端神经元的感受野宽。视觉系统对所感应的模式的位置变化不敏感。卷积神经网络中的卷积本质是数学函数，但也具有感受野的特性。下面先给出卷积神经网络的定义，然后再讨论其性质。

24.1.2 卷积

1. 数学卷积

在数学中，卷积（convolution）是定义在两个函数上的运算，表示用其中一个函数对另一个函数的形状进行的调整。这里考虑一维卷积。设 f 和 g 是两个可积的实值函数，则积分

$$\int_{-\infty}^{+\infty} f(\tau)\, g(t-\tau)\mathrm{d}\tau$$

定义了一个新的函数 $h(t)$，称为 f 和 g 的卷积，记作

$$h(t) = (f \circledast g)(t) = \int_{-\infty}^{+\infty} f(\tau)\, g(t-\tau)\mathrm{d}\tau \tag{24.1}$$

其中，符号 $\circledast$ 表示卷积运算。

根据定义可知，卷积满足交换律 $(f \circledast g)(t) = (g \circledast f)(t)$，即有

$$(f \circledast g)(t) = \int_{-\infty}^{+\infty} f(t-\tau)\, g(\tau)\mathrm{d}\tau \tag{24.2}$$

例 24.1 以下是数学卷积的例子

$$y(t) = (x \circledast w)(t) = \int_{-\infty}^{+\infty} x(\tau)\, w(t-\tau)\, \mathrm{d}\tau$$

其中，$x(\tau)$ 是任意给定函数，$w(t)$ 是高斯核函数。

$$w(t) = \frac{1}{\sqrt{2\pi}\sigma} \exp\left(-\frac{t^2}{2\sigma^2}\right)$$

卷积表示用高斯核函数 $w(t)$ 对给定函数 $x(\tau)$ 进行平滑得到的结果（见图 24.1）。

数学卷积也可以自然地扩展到二维和离散的情况。具体例子参见习题。

2. 二维卷积

卷积神经网络中的卷积与数学卷积并不相同，实际是数学中的互相关（cross correlation）。

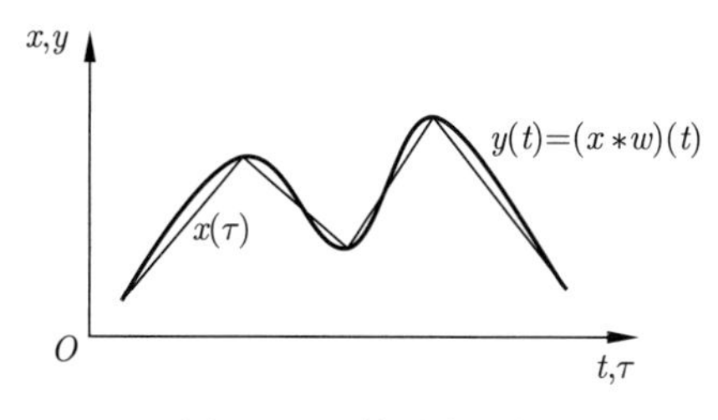

图 24.1 数学卷积例

两个实值函数 f 和 g 的互相关是指

$$(f * g)(t) = \int_{-\infty}^{+\infty} f(\tau)\, g(t+\tau) \mathrm{d}\tau \tag{24.3}$$

式中记号 $*$ 表示互相关运算。互相关不满足交换律 $(f * g)(t) \neq (g * f)(t)$。可以将以上互相关自然地扩展到二维和离散的情况。

卷积神经网络中的卷积一般为二维线性互相关，用矩阵形式表示。本书称之为机器学习卷积。

定义 24.1（二维卷积） 给定一个 $I \times J$ 输入矩阵 $\boldsymbol{X} = [x_{ij}]_{I \times J}$，一个 $M \times N$ 核矩阵 $\boldsymbol{W} = [w_{mn}]_{M \times N}$，满足 $M \ll I, N \ll J$。让核矩阵在输入矩阵上从左到右再从上到下按顺序滑动，在滑动的每一个位置，核矩阵与输入矩阵的一个子矩阵重叠。求核矩阵与每一个子矩阵的内积，产生一个 $K \times L$ 输出矩阵 $\boldsymbol{Y} = [y_{kl}]_{K \times L}$，称此运算为卷积（convolution）或二维卷积。写作

$$\boldsymbol{Y} = \boldsymbol{W} * \boldsymbol{X} \tag{24.4}$$

其中，$\boldsymbol{Y} = [y_{kl}]_{K \times L}$。

$$y_{kl} = \sum_{m=1}^{M} \sum_{n=1}^{N} w_{m,n} x_{k+m-1, l+n-1} \tag{24.5}$$

其中，$k = 1, 2, \cdots, K, l = 1, 2, \cdots, L, K = I - M + 1, L = J - N + 1$。

以上是基本卷积的定义，还有多种扩展。注意式 (24.4) 中的卷积符号是 $*$，$\boldsymbol{X}$ 和 $\boldsymbol{W}$ 的顺序是有意义的，本书将卷积核矩阵放在前面。卷积核又被称为滤波器（filter）。

比较定义式 (24.1) 和式 (24.3) 可知数学的卷积和互相关并不等价。卷积神经网络采用互相关作为“卷积”，主要是为了处理方便。如果数学的卷积和互相关的核矩阵都是从数据中学到，那么效果是一样的。本书中的卷积除特别声明外均指互相关。

例 24.2 给定输入矩阵 $\boldsymbol{X}$ 和核矩阵 $\boldsymbol{W}$：

$$\boldsymbol{X} = \begin{bmatrix} 3 & 2 & 0 & 1 \\ 0 & 2 & 1 & 2 \\ 2 & 0 & 0 & 3 \\ 2 & 3 & 1 & 2 \end{bmatrix}, \quad \boldsymbol{W} = \begin{bmatrix} 2 & 1 & 2 \\ 0 & 0 & 3 \\ 0 & 0 & 2 \end{bmatrix}$$

求卷积 $\boldsymbol{Y} = \boldsymbol{W} * \boldsymbol{X}$。

解 $\boldsymbol{W}$ 作用在 $\boldsymbol{X}$ 上，并不超出 $\boldsymbol{X}$ 的范围。按照式 (24.5)，计算

$$y_{11} = \sum_{m=1}^{3}\sum_{n=1}^{3} w_{mn}x_{mn} = 11$$

$$y_{12} = \sum_{m=1}^{3}\sum_{n=1}^{3} w_{mn}x_{m,n+1} = 18$$

同样可计算 y_{21}，y_{22}，得到输出矩阵 $\boldsymbol{Y}$：

$$\boldsymbol{Y} = \begin{bmatrix} 2 & 1 & 2 \\ 0 & 0 & 3 \\ 0 & 0 & 2 \end{bmatrix} * \begin{bmatrix} 3 & 2 & 0 & 1 \\ 0 & 2 & 1 & 2 \\ 2 & 0 & 0 & 3 \\ 2 & 3 & 1 & 2 \end{bmatrix} = \begin{bmatrix} 11 & 18 \\ 6 & 22 \end{bmatrix}$$

输入矩阵是 4×4 矩阵，核矩阵是 3×3 矩阵，输出矩阵是 2×2 矩阵。图 24.2 显示这个卷积计算的过程。

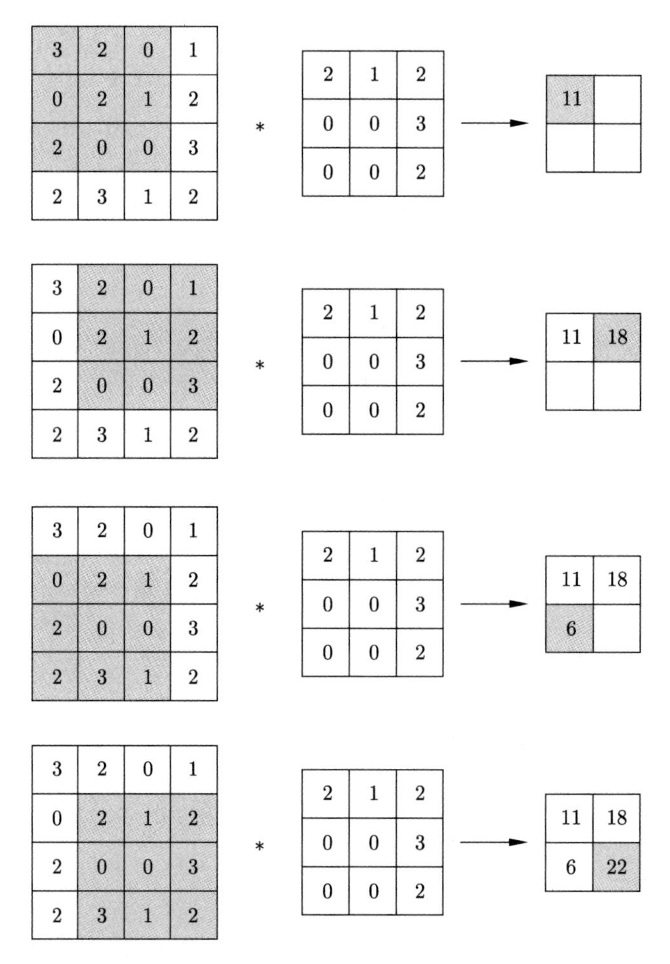

图 24.2 卷积计算例

3. 填充和步幅

卷积运算的扩展可以通过增加填充和步幅实现。在输入矩阵的周边添加元素为 0 的行和列，使卷积核能更充分地作用于输入矩阵边缘的元素，这样的处理称为填充 (padding) 或零填充 (zero padding)。下面是含有填充的卷积运算的例子。

例 24.3 对例 24.2 的输入矩阵进行填充，得到矩阵

$$
\tilde{\boldsymbol{X}} = \begin{bmatrix} 0 & 0 & 0 & 0 & 0 & 0 \\ 0 & 3 & 2 & 0 & 1 & 0 \\ 0 & 0 & 2 & 1 & 2 & 0 \\ 0 & 2 & 0 & 0 & 3 & 0 \\ 0 & 2 & 3 & 1 & 2 & 0 \\ 0 & 0 & 0 & 0 & 0 & 0 \end{bmatrix}
$$

核矩阵 $\boldsymbol{W}$ 不变，求卷积 $\boldsymbol{Y} = \boldsymbol{W} * \tilde{\boldsymbol{X}}$。

解 $\boldsymbol{W}$ 作用在 0 填充后的 $\boldsymbol{X}$ 上。按照式 (24.5) 可以计算每一个卷积的值，得到输出矩阵 $\boldsymbol{Y}$：

$$
\boldsymbol{Y} = \begin{bmatrix} 2 & 1 & 2 \\ 0 & 0 & 3 \\ 0 & 0 & 2 \end{bmatrix} * \begin{bmatrix} 0 & 0 & 0 & 0 & 0 & 0 \\ 0 & 3 & 2 & 0 & 1 & 0 \\ 0 & 0 & 2 & 1 & 2 & 0 \\ 0 & 2 & 0 & 0 & 3 & 0 \\ 0 & 2 & 3 & 1 & 2 & 0 \\ 0 & 0 & 0 & 0 & 0 & 0 \end{bmatrix} = \begin{bmatrix} 10 & 2 & 7 & 0 \\ 13 & 11 & 18 & 1 \\ 10 & 6 & 22 & 4 \\ 11 & 7 & 12 & 3 \end{bmatrix}
$$

输入矩阵通过填充由 4×4 变为 6×6 的矩阵，核矩阵是 3×3 矩阵，输出矩阵是 4×4 矩阵。图 24.3 显示这个卷积计算的一步。

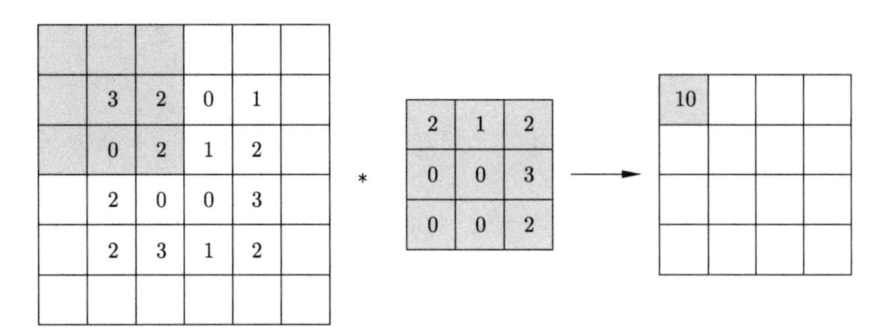

图 24.3 包含填充的卷积计算例

在卷积运算中，卷积核每次向右或向下移动的列数或行数称为步幅 (stride)。以上的卷积运算例中步幅均为 1。下面是步幅为 2 的卷积计算的例子。

例 24.4 给定输入矩阵 $\boldsymbol{X}$ 和核矩阵 $\boldsymbol{W}$：

$$\boldsymbol{X}=\begin{bmatrix}3&2&0&1&0&2&1\\0&2&1&2&1&2&1\\2&0&0&3&0&0&2\\2&3&1&0&1&1&3\\2&2&1&1&0&3&1\\1&1&0&0&1&2&2\\2&1&0&3&2&1&1\end{bmatrix},\quad \boldsymbol{W}=\begin{bmatrix}2&1&2\\0&0&3\\0&0&2\end{bmatrix}$$

设卷积步幅为 2，求卷积 $\boldsymbol{Y}=\boldsymbol{W}*\boldsymbol{X}$。

解 $\boldsymbol{W}$ 作用在 $\boldsymbol{X}$ 上，每次计算向右或向下移动两列或两行。按照式 (24.5) 可以计算每一个卷积的值，得到输出矩阵 $\boldsymbol{Y}$：

$$\boldsymbol{Y}=\begin{bmatrix}2&1&2\\0&0&3\\0&0&2\end{bmatrix}*\begin{bmatrix}3&2&0&1&0&2&1\\0&2&1&2&1&2&1\\2&0&0&3&0&0&2\\2&3&1&0&1&1&3\\2&2&1&1&0&3&1\\1&1&0&0&1&2&2\\2&1&0&3&2&1&1\end{bmatrix}=\begin{bmatrix}11&4&11\\9&6&15\\8&10&13\end{bmatrix}$$

输入矩阵是 7×7 矩阵，核矩阵是 3×3 矩阵，输出矩阵是 3×3 矩阵。图 24.4 显示这个卷积计算的两步。

卷积运算依赖于卷积核的大小、填充的大小、步幅。这些是卷积运算的超参数。假设输入矩阵的大小是 $I\times J$，卷积核的大小是 $M\times N$，两个方向填充的大小是 P 和 Q，步幅的大小是 S，则卷积的输出矩阵的大小 $I\times J$ 满足

$$K\times L=\left\lfloor\frac{I+2P-M}{S}+1\right\rfloor\times\left\lfloor\frac{J+2Q-N}{S}+1\right\rfloor \tag{24.6}$$

这里 $\lfloor a\rfloor$ 表示不超过 a 的最大整数。填充 P 和 Q 的最大值分别是 $M-1$ 和 $N-1$，这时的填充称为全填充 (full padding)。

在图像处理中，卷积实现的是特征检测。最基本的情况是二维卷积，卷积的输入矩阵表示灰度图像，矩阵的一个元素对应图像的一个像素，代表像素的灰度。卷积的核矩阵表示特征，比如物体的边缘，矩阵的一个元素代表特征在一个像素点上的灰度 (权重)，一个卷积核表示一个特征。卷积运算将卷积核在图像上进行滑动，在图像的每一个位置对一个特定的特征进行检测，输出一个检测值，参见图 24.2～图 24.4。当在某个位置的图像的特征和卷积核的特征一致时，检测值最大，这是因为卷积进行的是矩阵内积计算。注意在卷积神经网络中卷积核的权重是通过学习获得的，也就是说学习得到的是特征检测的能力。

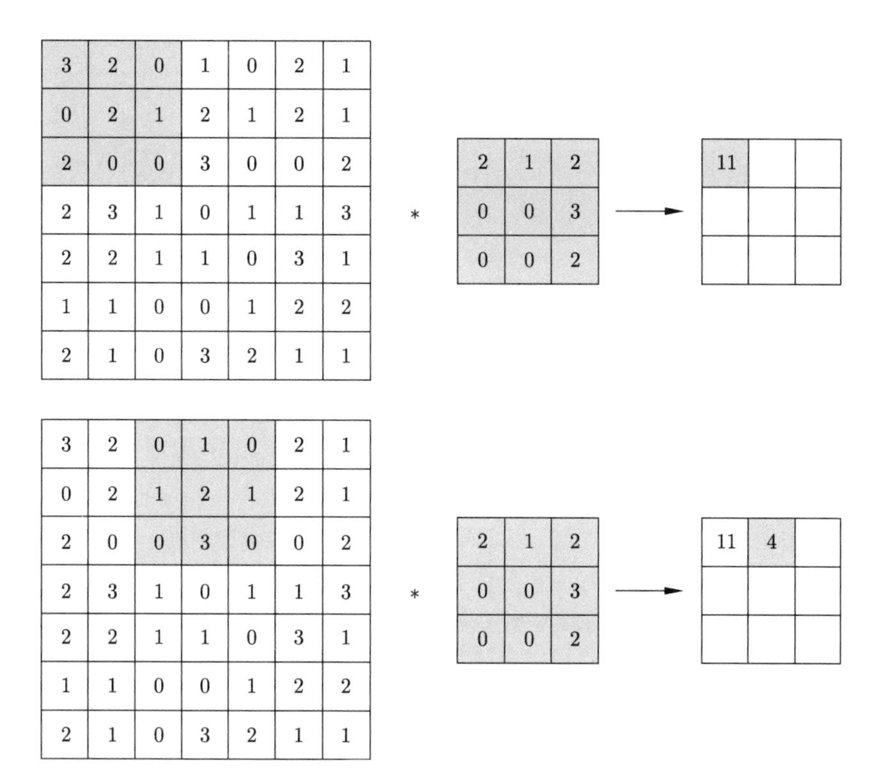

图 24.4 步幅为 2 的卷积计算例

卷积的输入和输出称为特征图 (feature map)。二维卷积的特征图一般是矩阵 (后面叙述特征图是张量的情况)。灰度图像的输入矩阵也可以看作是一种特殊的特征图。

例 24.5 给定输入矩阵 $\boldsymbol{X}$ 和核矩阵 $\boldsymbol{W}$:

$$\boldsymbol{X}=\begin{bmatrix}0&0&0&0\\0&2&0&0\\0&2&0&0\\0&2&2&2\end{bmatrix},\quad \boldsymbol{W}=\begin{bmatrix}2&0&0\\2&0&0\\2&2&2\end{bmatrix}$$

求卷积 $\boldsymbol{Y}=\boldsymbol{W}*\boldsymbol{X}$。

解 按照卷积公式计算可得:

$$\boldsymbol{Y}=\begin{bmatrix}2&0&0\\2&0&0\\2&2&2\end{bmatrix}*\begin{bmatrix}0&0&0&0\\0&2&0&0\\0&2&0&0\\0&2&2&2\end{bmatrix}=\begin{bmatrix}4&8\\8&20\end{bmatrix}$$

图 24.5 显示卷积进行特征检测的情况。输入矩阵 $\boldsymbol{X}$ 表示一个 4×4 图片，取值为 0 或 2，图片中有一个 L 字。核矩阵 $\boldsymbol{W}$ 表示一个特征，取值也是 0 或 2，也包含一个 L 字。输出矩阵表示特征检测值，当卷积核滑动到图片中的 L 字型边时，检测值最大。

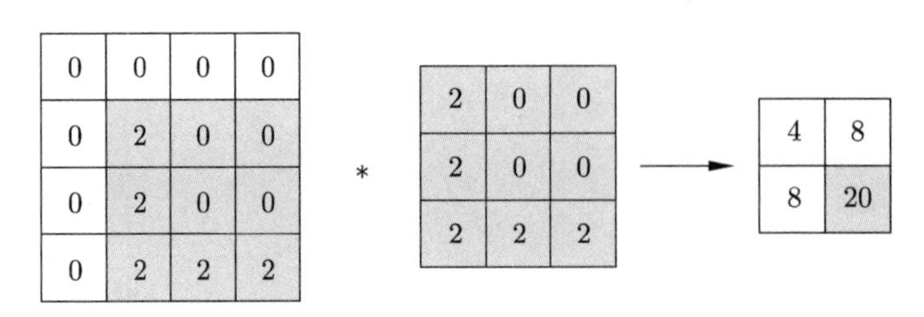

0	0	0	0
0	2	0	0
0	2	0	0
0	2	2	2

*

2	0	0
2	0	0
2	2	2

→

4	8
8	20

图 24.5 卷积计算例

4. 三维卷积

三维卷积的输入和输出一般是由张量（tensor）表示的特征图（注意矩阵表示的特征图可以看作是一张特征图，张量表示的特征图可以看作是多张特征图，本书都称为特征图）。这样的特征图有高度、宽度、深度。这里，将彩色图像数据也看作是一种特殊的特征图。

图像处理常使用彩色图像，由红、绿、蓝三个通道的数据组成。每一个通道的数据由一个矩阵表示，矩阵的每一个元素对应一个像素，代表颜色的深度。三个矩阵排列起来构成一个张量。三维卷积作用于这样的张量数据（特征图）。彩色图像三个通道的矩阵的行数和列数是特征图的高度和宽度，也就是彩色图像看上去的高度和宽度，通道数是特征图的深度（见图 24.6 左侧）。

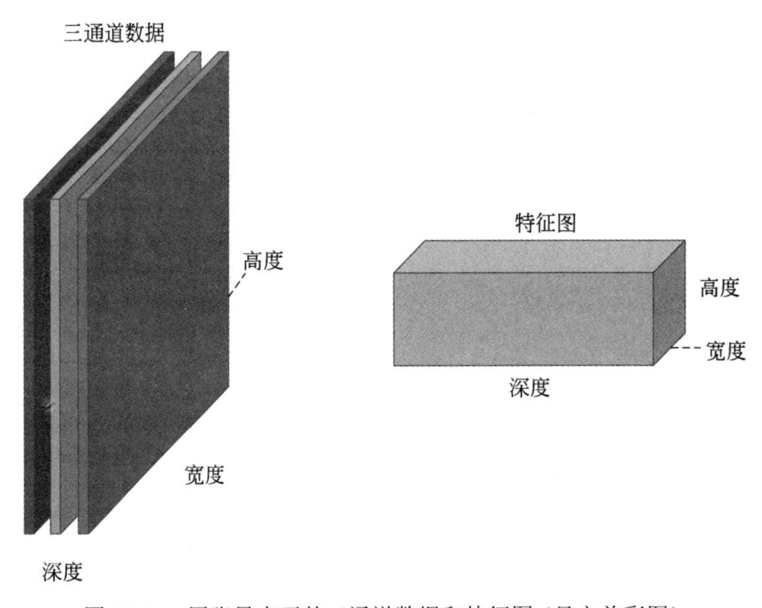

图 24.6 用张量表示的三通道数据和特征图（见文前彩图）

通过卷积或汇聚运算也得到由张量表示的特征图。张量由多个大小相同的矩阵组成。矩阵的行数和列数是特征图的高度和宽度，矩阵的个数是特征图的深度（见图 24.6 右侧）。三维卷积作用于这样的特征图。一个三维卷积的输出是一个矩阵。多个三维卷积的输出矩阵排列起来得到一个张量特征图。

下面，以彩色图像数据为例介绍三维卷积的计算方法。输入是三通道数据，用张量表示 $\boldsymbol{X}=(\boldsymbol{X}_{\mathrm{R}},\boldsymbol{X}_{\mathrm{G}},\boldsymbol{X}_{\mathrm{B}})$。其中 $\boldsymbol{X}_{\mathrm{R}}$，$\boldsymbol{X}_{\mathrm{G}}$，$\boldsymbol{X}_{\mathrm{B}}$ 是三个通道的数据，各自用矩阵表示。卷积核也用

张量表示 $\boldsymbol{W}=(\boldsymbol{W}_{\mathrm{R}},\boldsymbol{W}_{\mathrm{G}},\boldsymbol{W}_{\mathrm{B}})$，其中 $\boldsymbol{W}_{\mathrm{R}}$，$\boldsymbol{W}_{\mathrm{G}}$，$\boldsymbol{W}_{B}$ 是三个通道的（二维）卷积核，也各自由矩阵表示。那么，三维卷积可以通过以下等价关系计算。

$$\boldsymbol{Y}=\boldsymbol{X}*\boldsymbol{W}=\boldsymbol{X}_{\mathrm{R}}*\boldsymbol{W}_{\mathrm{R}}+\boldsymbol{X}_{\mathrm{G}}*\boldsymbol{W}_{\mathrm{G}}+\boldsymbol{X}_{\mathrm{B}}*\boldsymbol{W}_{\mathrm{B}} \tag{24.7}$$

也就是说以上的三维卷积计算首先使用三个不同的二维卷积核对三个通道的输入矩阵分别进行二维卷积计算，然后将得到的三个输出矩阵相加，最终得到一个三维卷积的输出矩阵。注意这时二维卷积核的个数和通道的个数相等。

例 24.6 输入张量由三个通道的矩阵组成 $\boldsymbol{X}=(\boldsymbol{X}_{\mathrm{R}},\boldsymbol{X}_{\mathrm{G}},\boldsymbol{X}_{\mathrm{B}})$，

$$\boldsymbol{X}_{\mathrm{R}}=\begin{bmatrix}3&2&0&1\\0&2&1&2\\2&0&0&3\\2&3&1&2\end{bmatrix},\quad \boldsymbol{X}_{\mathrm{G}}=\begin{bmatrix}3&2&0&1\\2&1&0&1\\1&0&2&1\\2&1&0&0\end{bmatrix},\quad \boldsymbol{X}_{\mathrm{B}}=\begin{bmatrix}4&2&0&1\\0&3&1&0\\3&1&0&2\\2&2&0&1\end{bmatrix}$$

卷积核张量由三个矩阵组成 $\boldsymbol{W}=(\boldsymbol{W}_{R},\boldsymbol{W}_{G},\boldsymbol{W}_{B})$，

$$\boldsymbol{W}_{\mathrm{R}}=\begin{bmatrix}2&1&2\\0&0&3\\0&0&2\end{bmatrix},\quad \boldsymbol{W}_{\mathrm{G}}=\begin{bmatrix}1&0&1\\0&1&0\\1&0&1\end{bmatrix},\quad \boldsymbol{W}_{\mathrm{B}}=\begin{bmatrix}1&0&-1\\1&0&-1\\1&0&-1\end{bmatrix}$$

求在其上的三维卷积 $\boldsymbol{Y}$。

解 按照式 (24.7) 计算，可得输出矩阵 $\boldsymbol{Y}$：

$$\begin{aligned}\boldsymbol{Y}&=\begin{bmatrix}2&1&2\\0&0&3\\0&0&2\end{bmatrix}*\begin{bmatrix}3&2&0&1\\0&2&1&2\\2&0&0&3\\2&3&1&2\end{bmatrix}+\begin{bmatrix}1&0&1\\0&1&0\\1&0&1\end{bmatrix}*\begin{bmatrix}3&2&0&1\\2&1&0&1\\1&0&2&1\\2&1&0&0\end{bmatrix}+\\&\quad\begin{bmatrix}1&0&-1\\1&0&-1\\1&0&-1\end{bmatrix}*\begin{bmatrix}4&2&0&1\\0&3&1&0\\3&1&0&2\\2&2&0&1\end{bmatrix}\\&=\begin{bmatrix}24&25\\14&30\end{bmatrix}\end{aligned}$$

输出矩阵是一个 2×2 矩阵。图 24.7 示意三维卷积计算的一步。

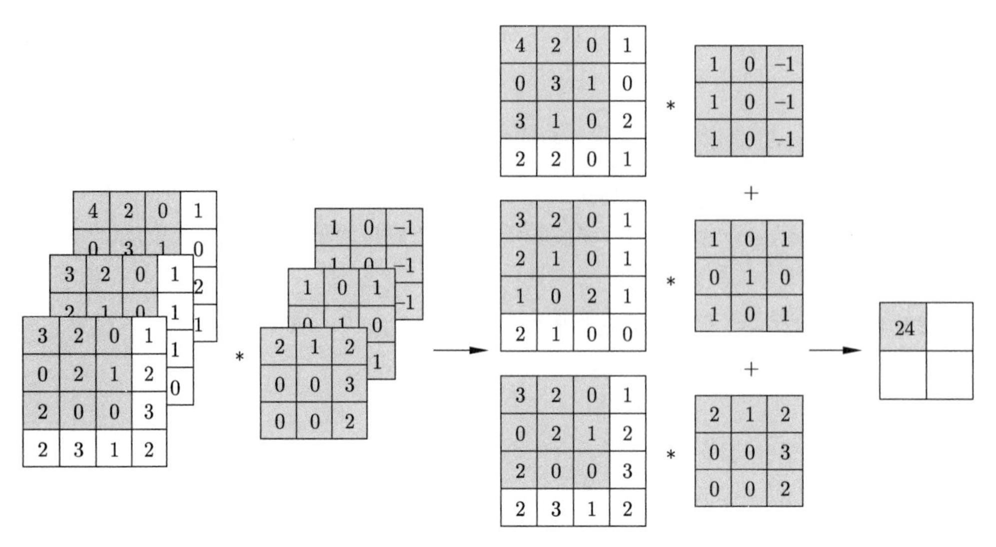

图 24.7 三维卷积计算例

24.1.3 汇聚

卷积神经网络还使用汇聚 (pooling) 运算。

1. 二维汇聚

定义 24.2（**二维汇聚**） 给定一个 $I \times J$ 输入矩阵 $\boldsymbol{X} = [x_{ij}]_{I \times J}$，一个虚设的 $M \times N$ 核矩阵，$M \ll I, N \ll J$。让核矩阵在输入矩阵上从左到右再从上到下滑动，将输入矩阵划分成若干大小为 $M \times N$ 的子矩阵，这些子矩阵相互不重叠且完全覆盖整个输入矩阵。对每一个子矩阵求最大值或平均值，产生一个 $K \times L$ 输出矩阵 $\boldsymbol{Y} = [y_{kl}]_{K \times L}$，称此运算为汇聚或二维汇聚。对子矩阵取最大值的称为最大汇聚（max pooling），取平均值的称为平均汇聚（mean pooling）。即有

$$y_{kl} = \max_{m \in \{1,2,\cdots,M\}, n \in \{1,2,\cdots N\}} x_{k+m-1,l+n-1} \tag{24.8}$$

或

$$y_{kl} = \frac{1}{MN} \sum_{m=1}^{M} \sum_{n=1}^{N} x_{k+m-1,l+n-1} \tag{24.9}$$

其中，$k = 1,2,\cdots,K$，$l = 1,2,\cdots,L$，K 和 L 满足

$$K = \frac{I}{M}, \quad L = \frac{J}{N}$$

这里假设 I 和 J 分别可以被 M 和 N 整除。

以上是基本汇聚的定义，还有多种扩展。在汇聚运算中，核矩阵每次向右或向下移动的列数或行数也称为步幅。通常汇聚的步幅与核的大小相同。汇聚运算也可以进行填充，即在输入矩阵的周边添加元素为 0 的行和列。汇聚运算依赖于核的大小、填充的大小和步幅，也就是说，这些都是超参数。

汇聚也称为下采样（down sampling），因为通过汇聚数据矩阵的大小变小。相反，使数据

矩阵变大的运算称为上采样（upsampling）。

比较式 (24.5) 和式 (24.9) 容易看出，平均汇聚是卷积的一种特殊情况，其参数个数为 0。

例 24.7 给定输入矩阵 $\boldsymbol{X}$：

$$
\boldsymbol{X}=\begin{bmatrix} 3 & 2 & 0 & 1 \\ 0 & 2 & 1 & 2 \\ 2 & 0 & 0 & 3 \\ 2 & 3 & 1 & 2 \end{bmatrix}
$$

核的大小为 2×2，步幅为 2。求 $\boldsymbol{X}$ 上的最大汇聚。

解 按照式 (24.8) 计算得到最大汇聚的输出矩阵 $\boldsymbol{Y}$：

$$
\boldsymbol{Y}=\begin{bmatrix} 3 & 2 \\ 3 & 3 \end{bmatrix}
$$

图 24.8 示意最大汇聚的计算过程。

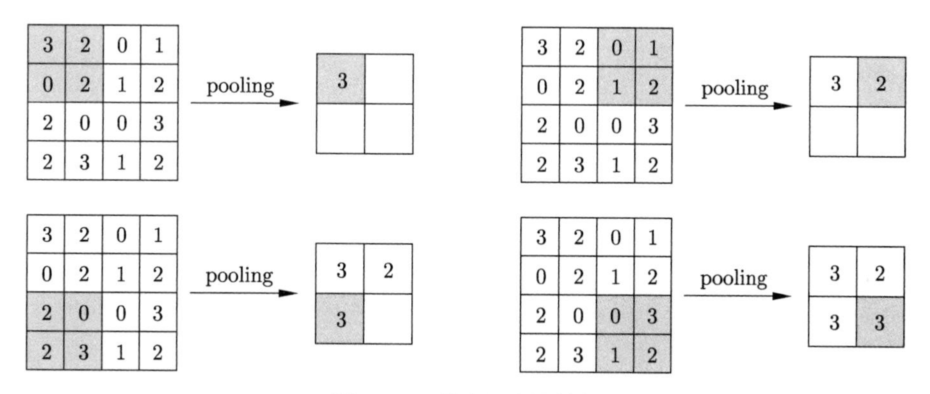

图 24.8 最大汇聚计算例

例 24.8 对于与例 24.7 相同的输入矩阵 $\boldsymbol{X}$，核的大小为 2×2，步幅为 2，求 $\boldsymbol{X}$ 上的平均汇聚。

解 按照式 (24.9) 计算得到平均汇聚的输出矩阵 $\boldsymbol{Y}$：

$$
\boldsymbol{Y}=\begin{bmatrix} 1.75 & 1 \\ 1.75 & 1.5 \end{bmatrix}
$$

图 24.9 示意平均汇聚计算的一步。

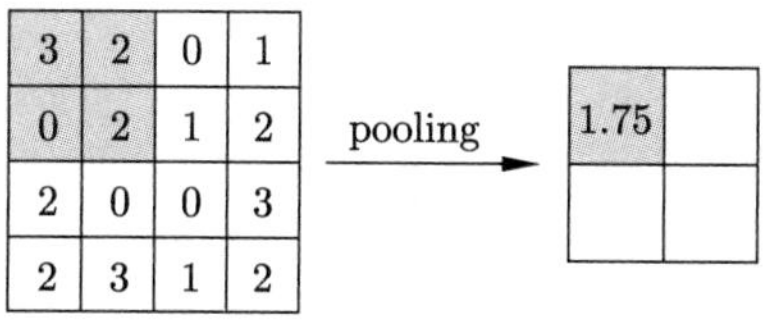

3	2	0	1
0	2	1	2
2	0	0	3
2	3	1	2

pooling →

1.75	

图 24.9 平均汇聚计算例

在图像处理中，汇聚实现的是特征选择。最基本的情况是二维汇聚，输入是一个矩阵，矩阵的一个元素表示一个特征，代表特征的检测值。汇聚运算实际是将汇聚核在输入矩阵上进行滑动，从汇聚核覆盖的特征检测值中选择一个最大值或平均值，这样可以有效地进行特征抽取。输出是一个缩小的矩阵，也就是进行了下采样。

2. 三维汇聚

三维汇聚的输入和输出都是张量表示的特征图。汇聚对输入张量的各个矩阵分别进行汇聚计算，再将结果排列起来，产生输出张量。汇聚的输入特征图和输出特征图的深度相同，输出特征图比输入特征图有更小的高度和宽度。

例 24.9　对于例 24.6 的输入张量，核的大小为 2×2，步幅为 2，求 $\boldsymbol{X}$ 上的三维最大汇聚。

解　对各个矩阵分别按照式 (24.8) 计算，可得输出张量 $\boldsymbol{Y}$：

$$
\boldsymbol{Y} = \text{pooling}\left(\begin{bmatrix} 3 & 2 & 0 & 1 \\ 0 & 2 & 1 & 2 \\ 2 & 0 & 0 & 3 \\ 2 & 3 & 1 & 2 \end{bmatrix}, \begin{bmatrix} 3 & 2 & 0 & 1 \\ 2 & 1 & 0 & 1 \\ 1 & 0 & 2 & 1 \\ 2 & 1 & 0 & 0 \end{bmatrix}, \begin{bmatrix} 4 & 2 & 0 & 1 \\ 0 & 3 & 1 & 0 \\ 3 & 1 & 0 & 2 \\ 2 & 2 & 0 & 1 \end{bmatrix}\right)
$$

$$
= \left(\begin{bmatrix} 3 & 2 \\ 3 & 3 \end{bmatrix}, \begin{bmatrix} 3 & 1 \\ 2 & 2 \end{bmatrix}, \begin{bmatrix} 4 & 1 \\ 3 & 2 \end{bmatrix}\right)
$$

输出特征图（输出张量）是一个 2×2×3 张量。输入特征图和输出特征图的深度都是 3。输入特征图高度和宽度都是 4，而输出特征图的高度和宽度都是 2。图 24.10 示意三维最大汇聚计算的一步。

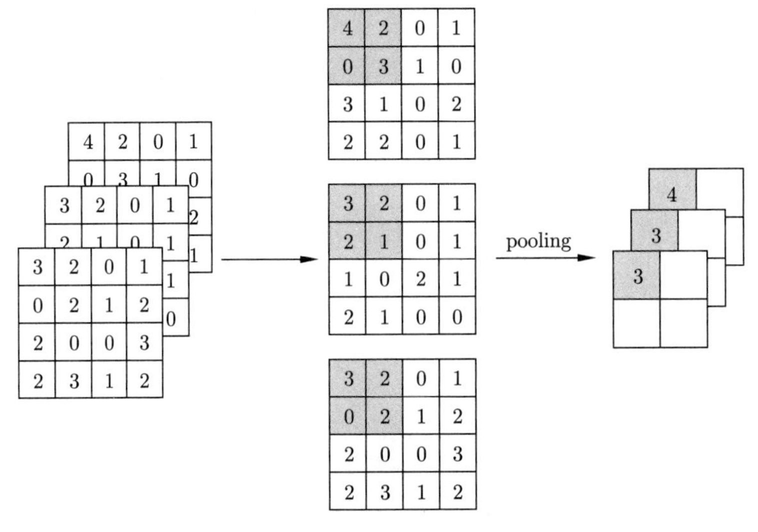

图 24.10　三维最大汇聚计算例

24.1.4 卷积神经网络

1. 模型定义

卷积神经网络是包含卷积运算的一种特殊前馈神经网络。卷积神经网络一般由卷积层、汇聚层和全连接层构成。卷积神经网络架构如图 24.11 所示。

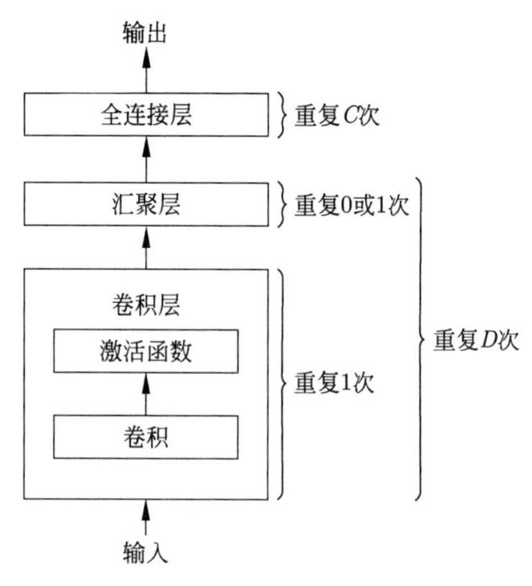

图 24.11 卷积神经网络架构

定义 24.3（卷积神经网络）

卷积神经网络是具有以下特点的神经网络。输入是张量表示的数据，输出是标量，表示分类或回归的预测值。经过多个卷积层，有时中间经过汇聚层，最后经过全连接层。每层的输入是张量（包括矩阵）表示的特征图，输出也是张量（包括矩阵）表示的特征图。

卷积层进行基于卷积函数的仿射变换和基于激活函数的非线性变换。假设第 l 层是卷积层，则第 l 层的计算如下：

$$\boldsymbol{Z}^{(l)} = \boldsymbol{W}^{(l)} * \boldsymbol{X}^{(l-1)} + \boldsymbol{b}^{(l)} \tag{24.10}$$

$$\boldsymbol{X}^{(l)} = a(\boldsymbol{Z}^{(l)}) \tag{24.11}$$

这里 $\boldsymbol{X}^{(l-1)}$ 是输入的 $I \times J \times K$ 张量，$\boldsymbol{X}^{(l)}$ 是输出的 $I' \times J' \times K'$ 张量，$\boldsymbol{W}^{(l)}$ 是卷积核的 $M \times N \times K \times K'$ 张量，$\boldsymbol{b}^{(l)}$ 是偏置的 $I' \times J' \times K'$ 张量，$\boldsymbol{Z}^{(l)}$ 是净输入的 $I' \times J' \times K'$ 张量，$a(\cdot)$ 是激活函数。可以认为式 (24.10) 和式 (24.11) 表示的变换由一组函数决定，也就是第 l 层的神经元，一个神经元对应输出张量 $\boldsymbol{X}^{(l)}$ 的一个元素。另一方面，输入张量 $\boldsymbol{X}^{(l-1)}$ 也就是第 $l-1$ 层的输出张量由第 $l-1$ 层的神经元决定。当 $\boldsymbol{X}^{(l-1)}$ 的元素到 $\boldsymbol{X}^{(l)}$ 的元素之间存在映射关系时，对应的神经元之间存在连接。

汇聚层进行汇聚运算。假设第 l 层是汇聚层，则第 l 层的计算如下：

$$\boldsymbol{X}^{(l)} = \text{pooling}(\boldsymbol{X}^{(l-1)}) \tag{24.12}$$

这里 $\boldsymbol{X}^{(l-1)}$ 是输入的 $I \times J \times K$ 张量，$\boldsymbol{X}^{(l)}$ 是输出的 $I' \times J' \times K$ 张量，$\text{pooling}(\cdot)$ 是汇聚运算。

可以认为式 (24.12) 表示的是基于神经元的变换（汇聚加恒等）。输入张量 $\boldsymbol{X}^{(l-1)}$ 由第 $l-1$ 层的神经元决定，输出张量 $\boldsymbol{X}^{(l)}$ 由第 l 层的神经元决定。当 $\boldsymbol{X}^{(l-1)}$ 的元素到 $\boldsymbol{X}^{(l)}$ 的元素之间存在映射关系时，对应的神经元之间存在连接。

全连接的第 l 层是前馈神经网络的一层，进行仿射变换和非线性变换。

$$\boldsymbol{z}^{(l)} = \boldsymbol{W}^{(l)}\boldsymbol{x}^{(l-1)} + \boldsymbol{b}^{(l)} \tag{24.13}$$

$$\boldsymbol{x}^{(l)} = a(\boldsymbol{z}^{(l)}) \tag{24.14}$$

这里 $\boldsymbol{x}^{(l-1)}$ 是 N 维输入向量，是由张量展开得到的；$\boldsymbol{x}^{(l)}$ 是 M 维输出向量；$\boldsymbol{W}^{(l)}$ 是 $M \times N$ 权重矩阵；$\boldsymbol{b}^{(l)}$ 是 M 维偏置向量；$\boldsymbol{z}^{(l)}$ 是 M 维净输入向量；$a(\,\cdot\,)$ 是激活函数。全连接的最后一层输出的是标量。

卷积神经网络中的所有参数，包括卷积核的权重和偏置、全连接的权重和偏置，都通过学习获得。

卷积神经网络也可以只有卷积层和全连接层，而没有汇聚层。步幅大于 1 的卷积运算也可以起到下采样作用，以代替汇聚运算。为了达到更好的预测效果，设计上的原则通常是使用更小的卷积核（如 3×3）和更深的结构，前端使用少量的卷积核，后端使用大量的卷积核。

可以将 $I \times J \times K$ 张量展开成 K 个 $I \times J$ 矩阵，将 $I' \times J' \times K'$ 张量展开成 K' 个 $I' \times J'$ 矩阵。卷积层计算也可以写作

$$\boldsymbol{Z}_{k'}^{(l)} = \sum_{k} \boldsymbol{W}_{k,k'}^{(l)} * \boldsymbol{X}_{k}^{(l-1)} + \boldsymbol{b}_{k'}^{(l)} \tag{24.15}$$

$$\boldsymbol{X}_{k'}^{(l)} = a(\boldsymbol{Z}_{k'}^{(l)}) \tag{24.16}$$

这里 $\boldsymbol{X}_{k}^{(l-1)}$ 是输入的第 k 个 $I \times J$ 矩阵，$\boldsymbol{X}_{k'}^{(l)}$ 是输出的第 k' 个 $I' \times J'$ 矩阵，$\boldsymbol{W}_{k,k'}^{(l)}$ 是二维卷积核的第 $k \times k'$ 个 $M \times N$ 矩阵，$\boldsymbol{b}_{k'}^{(l)}$ 是偏置的第 k' 个 $I' \times J'$ 矩阵，$\boldsymbol{Z}_{k'}^{(l)}$ 是净输入的第 k' 个 $I' \times J'$ 矩阵。图 24.12 显示卷积层的输入和输出张量（特征图）。

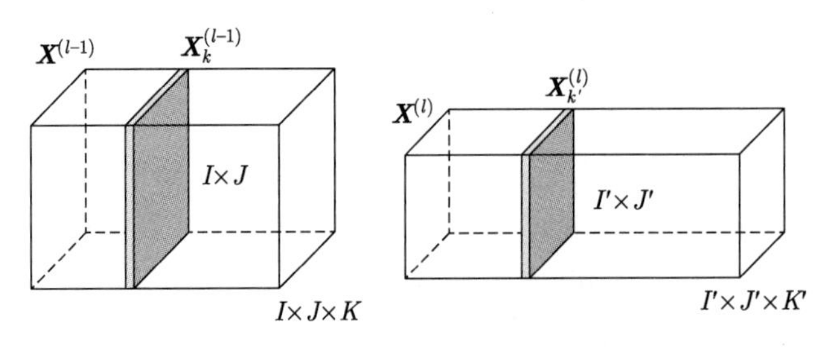

图 24.12　卷积层的输入和输出张量

每次对 K 个 $I \times J$ 矩阵同时进行卷积运算得到 1 个 $I' \times J'$ 矩阵，整体计算 K' 次得到 K' 个 $I' \times J'$ 矩阵，卷积核是 K' 个 $M \times N \times K$ 张量。输入和输出张量的深度分别是 K 和 K'。

可以将 $I \times J \times K$ 张量展开成 K 个 $I \times J$ 矩阵，将 $I' \times J' \times K$ 张量展开成 K 个 $I' \times J'$ 矩阵。汇聚层计算也可以写作

$$\boldsymbol{X}_{k}^{(l)} = \text{pooling}(\boldsymbol{X}_{k}^{(l-1)}) \tag{24.17}$$

这里 $\boldsymbol{X}_k^{(l-1)}$ 是输入的是第 k 个 $I \times J$ 矩阵，$\boldsymbol{X}_k^{(l)}$ 是输出的第 k 个 $I' \times J'$ 矩阵。图 24.13 显示汇聚层的输入和输出张量（特征图）。

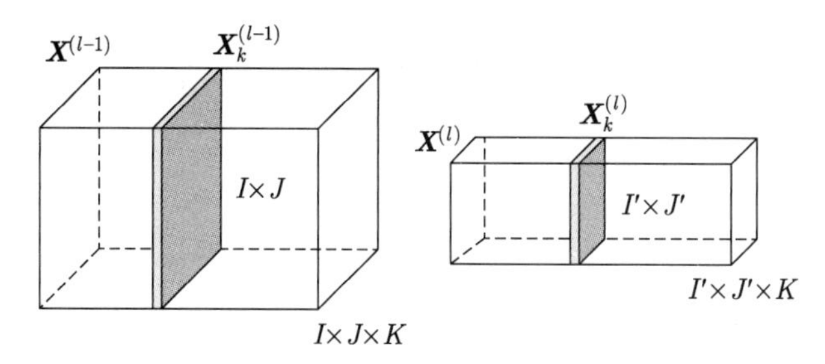

图 24.13　汇聚层的输入和输出张量

汇聚运算对 K 个 $I \times J$ 矩阵分别进行，得到 K 个 $I' \times J'$ 矩阵，汇聚核是 K 个 $M \times N$ 矩阵。输入和输出张量的深度都是 K。

卷积神经网络的特点可以由每一层的输入和输出张量体现，所以习惯上用输入和输出张量表示其架构。

2. 模型例子

下面是一个简单的卷积神经网络的例子。这个 CNN 模型与 LeCun 提出的 LeNet 模型有相近的架构和规模。该模型在手写数字识别上达到很高的准确率，是卷积神经网络最基本的模型。整个网络由两个卷积层、两个汇聚层、两个全连接层、一个输出层组成（图 24.14）。表 24.1 列出了卷积层、汇聚层、全连接层、输出层的超参数，输出特征图的大小，其中 F 表示卷积核或汇聚核的大小，S 表示步幅，W 表示权重矩阵的大小，B 表示偏置向量的长度。

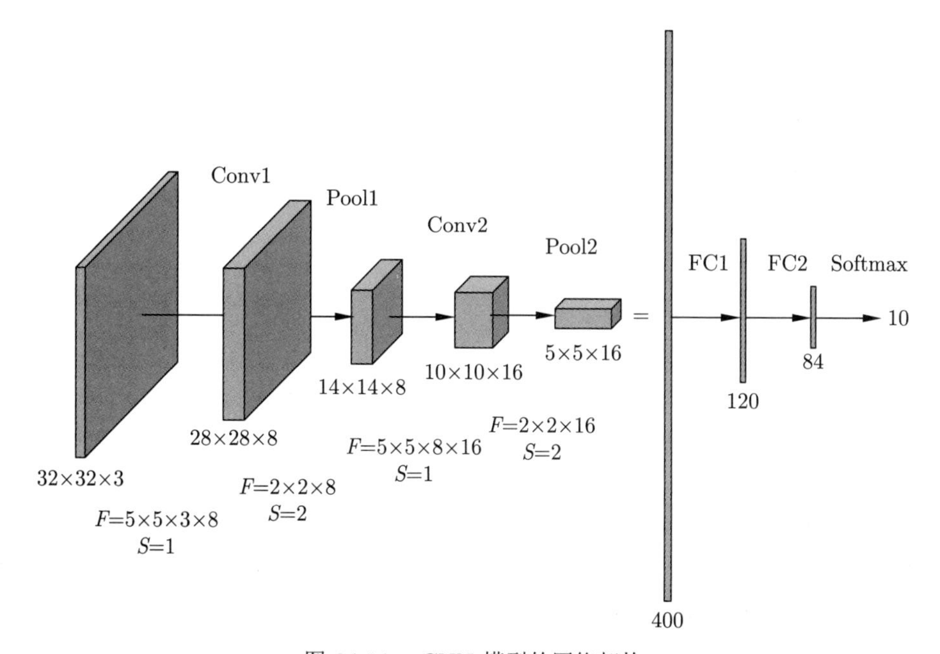

图 24.14　CNN 模型的网络架构

表 24.1 CNN 模型的规模

	超参数	输出特征图大小
输入		$32 \times 32 \times 3$
Conv1	$F = 5 \times 5 \times 3 \times 8, S = 1$	$28 \times 28 \times 8$
Pool1	$F = 2 \times 2 \times 8, S = 2$	$14 \times 14 \times 8$
Conv2	$F = 5 \times 5 \times 8 \times 16, S = 1$	$10 \times 10 \times 16$
Pool2	$F = 2 \times 2 \times 16, S = 2$	$5 \times 5 \times 16$
FC1	$W = 400 \times 120, \quad B = 120$	120×1
FC2	$W = 120 \times 84, \quad B = 84$	84×1
Softmax	$W = 84 \times 10$	10×1

24.1.5 卷积神经网络性质

1. 表示效率

卷积神经网络的表示和学习效率比前馈神经网络高。首先层与层之间的连接是稀疏的，因为卷积代表的是稀疏连接，比全连接的数目大幅减少，如图 24.15 所示。

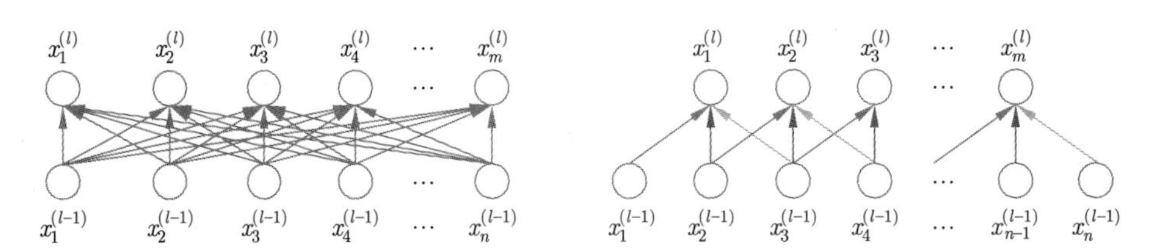

图 24.15 用卷积层代替全连接层（见文前彩图）

图中显示的是一维卷积

其次同一层的卷积的参数是共享的，卷积核在前一层的各个位置上滑动计算，在所有位置上具有相同的参数，这样就大幅减少了参数的数量。另外，每一层内的卷积运算可以并行处理，这样也可以加快学习和推理的速度。

2. 不变性

设 $f(\boldsymbol{x})$ 是以 $\boldsymbol{x}$ 为输入的函数，$\tau(\boldsymbol{x})$ 是对 $\boldsymbol{x}$ 的变换，如平移变换、旋转变换、缩放变换。如果满足以下关系，

$$f(\boldsymbol{x}) = f(\tau(\boldsymbol{x})) \tag{24.18}$$

则称函数 $f(\cdot)$ 对变换 $\tau(\cdot)$ 具有不变性。如果 $\tau(\cdot)$ 表示的是平移变换、旋转变换、缩放变换，则函数 $f(\cdot)$ 具有平移不变性、旋转不变性、缩放不变性。

卷积神经网络具有平移不变性，但不能严格保证；不具有旋转不变性、缩放不变性。这意味着在图像识别中，图像中的物体平行移动位置也能被识别。在图像识别中，往往通过数据增强的方法提高卷积神经网络的旋转不变性和缩放不变性。

例 24.10 图 24.16 给出从两张图片中进行特征抽取的例子。两张图片中都包含 L 字，但位置发生了平移。通过卷积和汇聚运算，可以分别抽取出两张图片中的这个特征，卷积使

用表示 L 字的卷积核，汇聚使用最大汇聚。所以，这里的卷积和汇聚运算对特征抽取具有平移不变性。

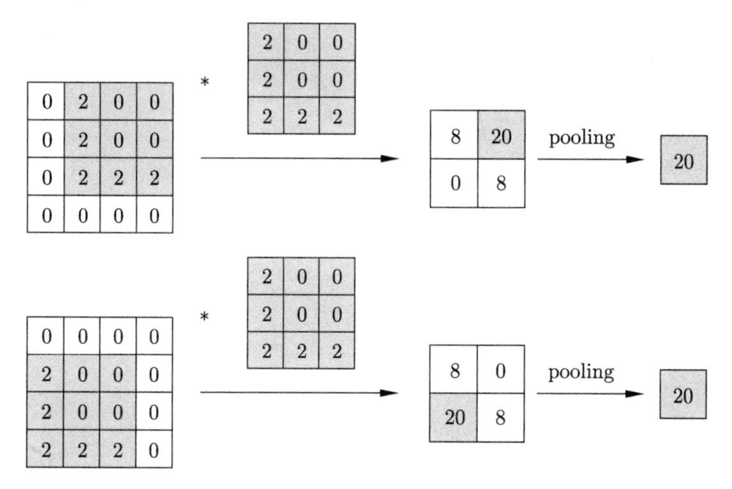

图 24.16 卷积和汇聚运算实现的特征抽取具有平移不变性

下面给出三个不变性的严格定义。在平面上的点的坐标 (x, y) 通过以下矩阵表示的变换变成新的坐标 (x', y')，则分别称变换为平移变换、旋转变换、缩放变换。

（1）平移变换

$$\begin{bmatrix} x' \\ y' \\ 1 \end{bmatrix} = \begin{bmatrix} 1 & 0 & t_x \\ 0 & 1 & t_y \\ 0 & 0 & 1 \end{bmatrix} \begin{bmatrix} x \\ y \\ 1 \end{bmatrix}$$

其中，t_x 和 t_y 分别表示点在 x 轴和 y 轴方向平移的幅度。

（2）旋转变换

$$\begin{bmatrix} x' \\ y' \\ 1 \end{bmatrix} = \begin{bmatrix} \cos\theta & -\sin\theta & 0 \\ \sin\theta & \cos\theta & 0 \\ 0 & 0 & 1 \end{bmatrix} \begin{bmatrix} x \\ y \\ 1 \end{bmatrix}$$

其中，θ 表示点围绕原点旋转的角度。

（3）缩放变换

$$\begin{bmatrix} x' \\ y' \\ 1 \end{bmatrix} = \begin{bmatrix} s_x & 0 & 0 \\ 0 & s_y & 0 \\ 0 & 0 & 1 \end{bmatrix} \begin{bmatrix} x \\ y \\ 1 \end{bmatrix}$$

其中，s_x 和 s_y 分别表示点在 x 轴和 y 轴方向缩放的尺度。

3. 感受野

卷积神经网络利用卷积实现了图像处理需要的特征的表示。前端的神经元表示的是局部的特征，如物体的轮廓；后端的神经元表示的是全局的特征，如物体的部件，可以更好地对图像数据进行预测。

卷积神经网络通过特殊的函数表示和学习实现了自己的感受野机制。卷积神经网络的感受野是指其神经元涵盖的输入矩阵的部分（二维图像的区域）。图 24.17 显示的网络有两个卷积层，输入层是二维图像。第一层的绿色神经元的感受野是输入层的绿色区域，第二层的黄色神经元的感受野是输入层的整个区域。感受野是从神经元的输出到输入反向看过去得到的结果。卷积核加激活函数产生的感受野具有与生物视觉系统中的感受野相似的特点。

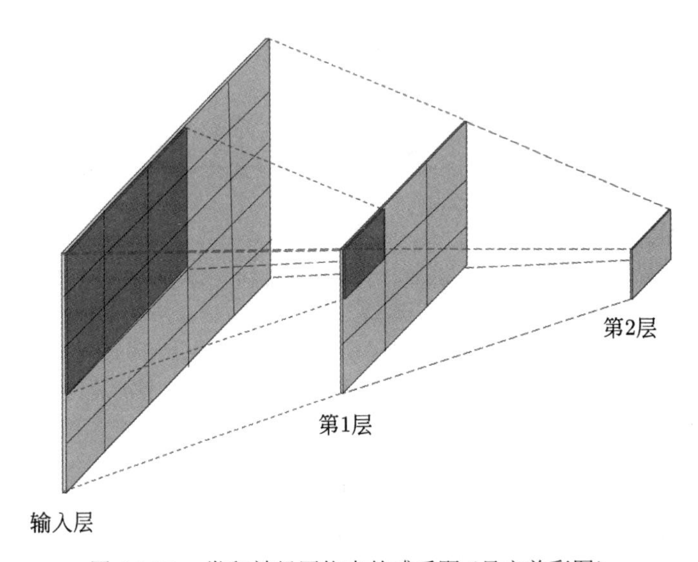

图 24.17 卷积神经网络中的感受野（见文前彩图）

考虑卷积神经网络全部由卷积层组成的情况，神经元的感受野的大小有以下关系成立。证明留作习题。

$$R^{(l)} = 1 + \sum_{j=1}^{l}(F^{(j)} - 1)\prod_{i=0}^{j-1} S^{(i)} \tag{24.19}$$

设输入矩阵和卷积核都呈正方形。$R^{(l)} \times R^{(l)}$ 表示第 l 层的神经元的感受野的大小，$F^{(j)} \times F^{(j)}$ 表示第 j 层的卷积核的大小，$S^{(i)}$ 表示第 i 层卷积的步幅，设 $S^{(0)} = 1$。

24.2 卷积神经网络的学习算法

卷积神经网络的学习算法也是反向传播算法，与前馈神经网络学习的反向传播算法相似，不同点在于正向和反向传播基于卷积函数。

24.2.1 卷积导数

设有函数 $f(\boldsymbol{Z})$, $\boldsymbol{Z} = \boldsymbol{W} * \boldsymbol{X}$, 其中 $\boldsymbol{X} = [x_{ij}]_{I\times J}$ 是输入矩阵，$\boldsymbol{W} = [w_{mn}]_{M\times N}$ 是卷积

核，$\boldsymbol{Z}=[z_{kl}]_{K\times L}$ 是净输入矩阵，则 $f(\boldsymbol{Z})$ 对 $\boldsymbol{W}$ 的偏导数如下：

$$\frac{\partial f(\boldsymbol{Z})}{\partial w_{mn}}=\sum_{k=1}^{K}\sum_{l=1}^{L}\frac{\partial z_{kl}}{\partial w_{mn}}\frac{\partial f(\boldsymbol{Z})}{\partial z_{kl}}=\sum_{k=1}^{K}\sum_{l=1}^{L}x_{k+m-1,l+n-1}\frac{\partial f(\boldsymbol{Z})}{\partial z_{kl}} \tag{24.20}$$

整体可以写作

$$\frac{\partial f(\boldsymbol{Z})}{\partial \boldsymbol{W}}=\frac{\partial f(\boldsymbol{Z})}{\partial \boldsymbol{Z}}*\boldsymbol{X} \tag{24.21}$$

$f(\boldsymbol{Z})$ 对 $\boldsymbol{X}$ 的偏导数如下：

$$\frac{\partial f(\boldsymbol{Z})}{\partial x_{ij}}=\sum_{k=1}^{K}\sum_{l=1}^{L}\frac{\partial z_{kl}}{\partial x_{ij}}\frac{\partial f(\boldsymbol{Z})}{\partial z_{kl}}=\sum_{k=1}^{K}\sum_{l=1}^{L}w_{i-k+1,j-l+1}\frac{\partial f(\boldsymbol{Z})}{\partial z_{kl}} \tag{24.22}$$

整体可以写作

$$\frac{\partial f(\boldsymbol{Z})}{\partial \boldsymbol{X}}=\mathrm{rot180}\left(\frac{\partial f(\boldsymbol{Z})}{\partial \boldsymbol{Z}}\right)*\boldsymbol{W}=\mathrm{rot180}(\boldsymbol{W})*\frac{\partial f(\boldsymbol{Z})}{\partial \boldsymbol{Z}} \tag{24.23}$$

其中，rot180() 表示矩阵 180 度旋转，这里的卷积 $*$ 是对输入矩阵进行全填充后的卷积。相关例子见习题。

24.2.2 反向传播算法

卷积神经网络和前馈神经网络一样，也是通过反向传播算法求出损失函数对各层参数的梯度，利用随机梯度下降法更新模型参数。对于每次迭代，首先通过正向传播从前往后传递信号，然后通过反向传播从后往前传递误差，最后求损失函数对每层的参数的梯度，对每层的参数进行更新。对于卷积神经网络，特殊的是卷积层和汇聚层的参数更新。

1. 卷积层

设第 l 层为卷积层。由式 (24.15) 和式 (24.16) 可知，第 l 层的第 k' 个净输入矩阵 $\boldsymbol{Z}_{k'}^{(l)}$ 为

$$\boldsymbol{Z}_{k'}^{(l)}=\sum_{k=1}^{K}\boldsymbol{W}_{k,k'}^{(l)}*\boldsymbol{X}_{k}^{(l-1)}+\boldsymbol{b}_{k'}^{(l)}$$

其中，$\boldsymbol{X}_{k}^{(l-1)}$ 是第 l 层的第 k 个输入矩阵，$\boldsymbol{W}_{k,k'}^{(l)}$ 是第 l 层的第 $k\times k'$ 个卷积核矩阵，$\boldsymbol{b}_{k'}^{(l)}$ 是第 l 层的第 k' 个偏置矩阵。第 k' 个输出矩阵 $\boldsymbol{X}_{k'}^{(l)}$ 为

$$\boldsymbol{X}_{k'}^{(l)}=a(\boldsymbol{Z}_{k'}^{(l)})$$

由此可以进行从第 $l-1$ 层到第 l 层的正向转播，$\boldsymbol{X}_{k}^{(l-1)}$ 从第 $l-1$ 层的神经元传递到第 l 层的相连神经元，得到 $\boldsymbol{X}_{k'}^{(l)}$。以上计算可以扩展到第 l 层的所有 K' 个输出矩阵上。

再考虑第 l 层的梯度更新。第 l 层的第 k 个输入矩阵是 $\boldsymbol{X}_{k}^{(l-1)}$。设第 l 层的第 k' 个误差矩阵 $\boldsymbol{\delta}_{k'}^{(l)}$ 是

$$\boldsymbol{\delta}_{k'}^{(l)}=\frac{\partial L}{\partial \boldsymbol{Z}_{k'}^{(l)}}$$

设从正向传播得到输出矩阵 $\boldsymbol{X}_k^{(l-1)}$，从反向传播得到误差矩阵 $\boldsymbol{\delta}_{k'}^{(l)}$。根据式 (24.21)，可以计算第 l 层的第 $k \times k'$ 个权重矩阵和第 k' 个偏置矩阵的梯度：

$$\frac{\partial L}{\partial \boldsymbol{W}_{k,k'}^{(l)}} = \frac{\partial L}{\partial \boldsymbol{Z}_{k'}^{(l)}} * \boldsymbol{X}_k^{(l-1)} = \boldsymbol{\delta}_{k'}^{(l)} * \boldsymbol{X}_k^{(l-1)} \tag{24.24}$$

$$\frac{\partial L}{\partial \boldsymbol{b}_{k'}^{(l)}} = \boldsymbol{\delta}_{k'}^{(l)} \tag{24.25}$$

由此可以对第 l 层（卷积层）的梯度进行更新。在其基础上进行参数更新，实现梯度下降的一步。以上计算可以扩展到第 l 层的所有 $K \times K'$ 个权重矩阵和 K' 个偏置矩阵上。

再考虑从第 l 层到第 $l-1$ 层的误差反向传播。设第 $l-1$ 层的第 k 个误差矩阵 $\boldsymbol{\delta}_k^{(l-1)}$ 是

$$\boldsymbol{\delta}_k^{(l-1)} = \frac{\partial L}{\partial \boldsymbol{Z}_k^{(l-1)}}$$

通过第 l 层的第 k' 个误差矩阵 $\boldsymbol{\delta}_{k'}^{(l)}$ 计算 $\boldsymbol{\delta}_k^{(l-1)}$。由链式法则和式 (24.23) 可得：

$$\begin{aligned}\boldsymbol{\delta}_k^{(l-1)} &= \frac{\partial L}{\partial \boldsymbol{Z}_k^{(l-1)}} = \frac{\partial \boldsymbol{X}_k^{(l-1)}}{\partial \boldsymbol{Z}_k^{(l-1)}} \frac{\partial L}{\partial \boldsymbol{X}_k^{(l-1)}} = \frac{\partial a}{\partial \boldsymbol{Z}_k^{(l-1)}} \odot \sum_{k'=1}^{K'} \left(\mathrm{rot180}\left(\boldsymbol{W}_{k,k'}^{(l)} \right) * \frac{\partial L}{\partial \boldsymbol{Z}_{k'}^{(l)}} \right) \\ &= \frac{\partial a}{\partial \boldsymbol{Z}_k^{(l-1)}} \odot \sum_{k'=1}^{K'} \left(\mathrm{rot180}\left(\boldsymbol{W}_{k,k'}^{(l)} \right) * \boldsymbol{\delta}_{k'}^{(l)} \right) \end{aligned} \tag{24.26}$$

这里 $\odot$ 表示矩阵的逐元素积或阿达玛积，rot180() 表示矩阵 180 度旋转，$*$ 是对输入矩阵进行全填充后的卷积。根据式 (24.26)，$\boldsymbol{\delta}_k^{(l)}$ 从第 l 层的神经元传递到第 $l-1$ 层的相连神经元，得到 $\boldsymbol{\delta}_k^{(l-1)}$。以上计算可以扩展到第 $l-1$ 层的所有 K 个误差矩阵上。

2. 汇聚层

设第 l 层为汇聚层。由式 (24.17) 可知，第 l 层的第 k 个输出矩阵 $\boldsymbol{X}_k^{(l)}$ 为

$$\boldsymbol{X}_k^{(l)} = \boldsymbol{Z}_k^{(l)} = \mathrm{pooling}(\boldsymbol{X}_k^{(l-1)})$$

这里 $\boldsymbol{X}_k^{(l-1)}$ 是第 l 层的第 k 个输入矩阵。引入第 l 层的第 k 个净输入矩阵 $\boldsymbol{Z}_k^{(l)}$，净输入 $\boldsymbol{Z}_k^{(l)}$ 和输出 $\boldsymbol{X}_k^{(l)}$ 之间是恒等变换。由此可以进行从第 $l-1$ 层到第 l 层的正向转播，$\boldsymbol{X}_k^{(l-1)}$ 从第 $l-1$ 层的神经元传递到第 l 层的相连神经元，得到 $\boldsymbol{X}_k^{(l)}$。以上计算可以扩展到第 l 层的所有 K 个输出矩阵上。

汇聚层没有参数，所以在学习过程中没有参数更新。

再考虑从第 l 层到第 $l-1$ 层的误差反向传播。设第 l 层的第 k 个误差矩阵是

$$\boldsymbol{\delta}_k^{(l)} = \frac{\partial L}{\partial \boldsymbol{Z}_k^{(l)}}$$

第 $l-1$ 层的第 k 个误差矩阵 $\boldsymbol{\delta}_k^{(l-1)}$ 是

$$\boldsymbol{\delta}_k^{(l-1)} = \frac{\partial L}{\partial \boldsymbol{Z}_k^{(l-1)}}$$

通过 $\boldsymbol{\delta}_k^{(l)}$ 计算 $\boldsymbol{\delta}_k^{(l-1)}$。由链式法则可得：

$$\boldsymbol{\delta}_k^{(l-1)} = \frac{\partial L}{\partial \boldsymbol{Z}_k^{(l-1)}} = \frac{\partial \boldsymbol{X}_k^{(l-1)}}{\partial \boldsymbol{Z}_k^{(l-1)}} \frac{\partial L}{\partial \boldsymbol{X}_k^{(l-1)}} = \frac{\partial \boldsymbol{X}_k^{(l-1)}}{\partial \boldsymbol{Z}_k^{(l-1)}} \frac{\partial \boldsymbol{Z}_k^{(l)}}{\partial \boldsymbol{X}_k^{(l-1)}} \frac{\partial L}{\partial \boldsymbol{Z}_k^{(l)}} = \frac{\partial a}{\partial \boldsymbol{Z}_k^{(l-1)}} \odot \text{up\_sample}(\boldsymbol{\delta}_k^{(l)}) \tag{24.27}$$

这里 $\odot$ 表示矩阵的逐元素积；$\text{up\_sample}(\boldsymbol{\delta}_k^{(l)})$ 是误差矩阵 $\boldsymbol{\delta}_k^{(l)}$ 的上采样，是汇聚（下采样）的反向运算。最大汇聚时，$\boldsymbol{\delta}_k^{(l)}$ 从第 l 层的神经元传递到第 $l-1$ 层的输出最大的相连神经元；平均汇聚时，$\boldsymbol{\delta}_k^{(l)}$ 从第 l 层的神经元平均分配到第 $l-1$ 层的相连神经元。以上计算可以扩展到第 $l-1$ 层的所有 K 个误差矩阵上。

3. 算法

算法 24.1 给出反向传播法的一次迭代的算法。不失一般性，假设卷积神经网络全部由卷积层组成，因为汇聚层和全连接层都可以看作是特殊的卷积层。网络有 s 层，正向传播各层的输出是张量 $\boldsymbol{X}^{(1)}, \boldsymbol{X}^{(2)}, \cdots, \boldsymbol{X}^{(s)}$，反向传播各层传递的误差是张量 $\boldsymbol{\delta}^{(s)}, \cdots, \boldsymbol{\delta}^{(2)}, \boldsymbol{\delta}^{(1)}$。各层的参数是张量 $\boldsymbol{W}^{(1)}, \boldsymbol{W}^{(2)}, \cdots, \boldsymbol{W}^{(s)}$ 和 $\boldsymbol{b}^{(1)}, \boldsymbol{b}^{(2)}, \cdots, \boldsymbol{b}^{(s)}$。

算法 24.1（CNN 的反向传播算法）

输入：神经网络 $f(\boldsymbol{X};\boldsymbol{\theta})$，一个样本 $(\boldsymbol{X}, \boldsymbol{y})$。

输出：更新的参数 $\boldsymbol{\theta}$。

参数：学习率 η。

{

1. 正向传播，得到各层输出 $\boldsymbol{X}^{(1)}, \boldsymbol{X}^{(2)}, \cdots, \boldsymbol{X}^{(s)}$

$$\boldsymbol{X}^{(0)} = \boldsymbol{X}$$

For $t = 1, 2, \cdots, s$, do {

$$\boldsymbol{Z}^{(t)} = \boldsymbol{W}^{(t)} * X^{(t-1)} + \boldsymbol{b}^{(t)}$$

$$\boldsymbol{X}^{(t)} = a(\boldsymbol{Z}^{(t)})$$

}

2. 反向传播，得到各层误差 $\boldsymbol{\delta}^{(s)}, \cdots, \boldsymbol{\delta}^{(2)}, \boldsymbol{\delta}^{(1)}$，计算各层的梯度，更新各层的参数

计算输出层的误差

$$\boldsymbol{\delta}^{(s)} = \nabla_{\boldsymbol{X}^{(s)}} L(\boldsymbol{X}^{(s)}, \boldsymbol{y})$$

For $t = s, \cdots, 2, 1$, do {

$$\boldsymbol{\delta}^{(t)} \leftarrow \frac{\partial a}{\partial \boldsymbol{Z}^{(t)}} \odot \boldsymbol{\delta}^{(t)}$$

计算第 t 层的梯度

$$\nabla_{\boldsymbol{W}^{(t)}} L = \boldsymbol{\delta}^{(t)} * \boldsymbol{X}^{(t-1)}$$

$$\nabla_{\boldsymbol{b}^{(t)}} L = \boldsymbol{\delta}^{(t)}$$

根据梯度下降公式更新第 t 层的参数

$$\boldsymbol{W}^{(t)} \leftarrow \boldsymbol{W}^{(t)} - \eta \nabla_{\boldsymbol{W}^{(t)}} L$$

$$\boldsymbol{b}^{(t)} \leftarrow \boldsymbol{b}^{(t)} - \eta \nabla_{\boldsymbol{b}^{(t)}} L$$

If $(t > 1)$ {

将第 t 层的误差传到第 $t-1$ 层

$$\boldsymbol{\delta}^{(t-1)} = \sum_{k'} \text{rot180}\left(\boldsymbol{W}_{k'}^{(t)}\right) * \boldsymbol{\delta}^{(t)}$$

}

}

3. 返回更新的参数向量 $\boldsymbol{\theta}$

}

■

24.3 图像分类中的应用

图像分类是将图片自动分配到已有类别的任务。ImageNet 是著名的图像分类比赛。本节介绍卷积神经网络在图像分类中的应用，特别是有代表性的 AlexNet 和残差网络 ResNet。

24.3.1 AlexNet

AlexNet 是一个深度卷积神经网络，使用卷积神经网络的所有基本技术，在 2012 年 ImageNet 图像分类竞赛中获得第一名，大幅领先其他传统机器学习模型，展现了深度学习的威力，促进了后续的深度学习研究，有力推动了深度学习的发展。

图 24.18 显示 AlexNet 的架构，有 5 个卷积层（Conv）、3 个汇聚层（Pool）、2 个全连接层（FC）、1 个输出层（Softmax）。FC1 层使用一个与输入特征图同样大小的卷积核以起到全连接的作用。表 24.2 列出了卷积层、汇聚层、全连接层、输出层的超参数及输出特征图的大

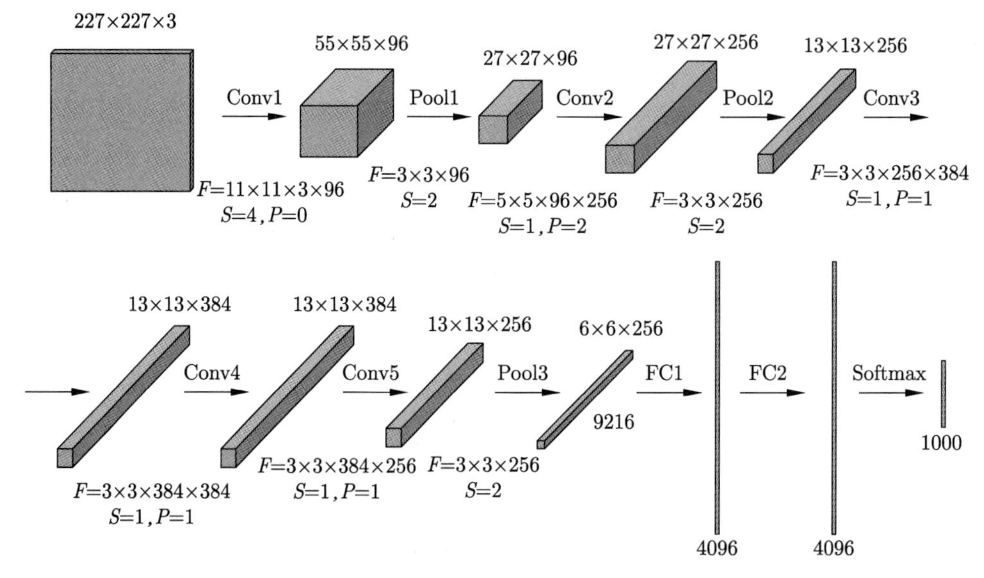

图 24.18 AlexNet 的网络架构

小，其中 F 表示卷积核或汇聚核的大小，S 表示步幅，P 表示填充，W 表示权重矩阵的大小，B 表示偏置向量的大小。

表 24.2 AlexNet 的模型规模

	超参数	输出特征图大小
输入		$227 \times 227 \times 3$
Conv1	$F = 11 \times 11 \times 3 \times 96, S = 4, P = 0$	$55 \times 55 \times 96$
Pool1	$F = 3 \times 3 \times 96, S = 2$	$27 \times 27 \times 96$
Conv2	$F = 5 \times 5 \times 96 \times 256, S = 1, P = 2$	$27 \times 27 \times 256$
Pool2	$F = 3 \times 3 \times 256, S = 2$	$13 \times 13 \times 256$
Cov3	$F = 3 \times 3 \times 256 \times 384, S = 1, P = 1$	$13 \times 13 \times 384$
Cov4	$F = 3 \times 3 \times 384 \times 384, S = 1, P = 1$	$13 \times 13 \times 384$
Cov5	$F = 3 \times 3 \times 384 \times 256, S = 1, P = 1$	$13 \times 13 \times 256$
Pool3	$F = 3 \times 3 \times 256, S = 2$	$6 \times 6 \times 256$
FC1	$W = 4096 \times 4096, \quad B = 4906$	4096×1
FC2	$W = 4096 \times 4096, \quad B = 4906$	4096×1
Softmax	$W = 4096 \times 1000$	1000×1

AlexNet 有以下特点：激活函数使用整流线性函数 ReLU，训练中使用暂退法（dropout）防止过拟合，使用数据增强的方法提高模型的准确率。受当时计算机能力的限制，最初的 AlexNet 模型的实现采用了双数据流的设计，目前的计算机实现这样规模的模型已经不是问题。

24.3.2 残差网络

1. 基本想法

残差网络（residual network, ResNet）是一种使用残差连接技术的深度神经网络，在 2015 年的 ImageNet 图像分类比赛中取得了第一名的好成绩。对于深度神经网络，当层数增加时，模型训练往往变得非常困难。除了梯度消失和梯度爆炸问题（见第 23 章），训练误差上升也是一个问题。残差网络是为解决这些问题而提出的通用深度学习技术。

实验中观察到，当把深度神经网络的层数增加到一定数量以后，训练误差不会降低反而会上升。但是从理论上说，如果学习（优化）算法的能力足够强，当网络层数增加时，训练误差至少应该保持不变。这是因为理论上存在等效的深度神经网络，其前面几层与“浅的”神经网络完全相同，后面几层只做恒等变换，那么强的学习算法至少应该能找到这个模型。因此深度学习还有提升空间。残差网络通过学习残差来解决这个问题。

假设要学习的真实模型是函数 $h(\boldsymbol{x})$。深度学习一般的想法是找到一个深度神经网络 $f(\boldsymbol{x})$，直接近似真实模型 $h(\boldsymbol{x})$。另一方面，真实模型也可以写作

$$h(\boldsymbol{x}) = \boldsymbol{x} + (h(\boldsymbol{x}) - \boldsymbol{x}) \tag{24.28}$$

也就是恒等变换 $\boldsymbol{x}$ 和残差 $h(\boldsymbol{x}) - \boldsymbol{x}$ 之和的形式。残差网络的想法是用一个神经网络 $f(\boldsymbol{x})$ 近似残差 $h(\boldsymbol{x}) - \boldsymbol{x}$，用 $\boldsymbol{x} + f(\boldsymbol{x})$ 近似真实模型 $h(\boldsymbol{x})$，整个过程以递归的方式进行。

残差网络进行以下递归计算：

$$\boldsymbol{x}_i = \boldsymbol{x}_{i-1} + f_i\left(\boldsymbol{x}_{i-1}\right), \quad i = 1, 2, \cdots, n \tag{24.29}$$

其中，$\boldsymbol{x}_i$ 表示第 i 次递归计算结果，设 $\boldsymbol{x}_0 = \boldsymbol{x}$；$f_i(\boldsymbol{x})$ 表示第 i 次计算的计算单元，称为残差单元，每一个残差单元都有相同的结构、不同的参数。

考虑 $\boldsymbol{x}$ 到 $h(\boldsymbol{x})$ 的映射，如果主体是恒等部分 $\boldsymbol{x}$ 的话，那么残差部分 $h(\boldsymbol{x}) - \boldsymbol{x}$ 应该更容易学习，这样可以增加残差单元的个数（网络的层数），更好地对真实模型进行近似。而事实也证明了这个想法的正确性。

2. 模型架构

残差网络可以是基于前馈神经网络的，也可以是基于卷积神经网络的，先考虑前者。残差网络由很多个残差单元（residual unit）串联组成（见式 (24.29)）。每一个残差单元相当于一般的前馈网络的两层，每一层由线性变换和非线性变换组成，还有一个残差连接（residual connection），如图 24.19 所示。这里为了简单，省略仿射变换的偏置，所以是线性变换。

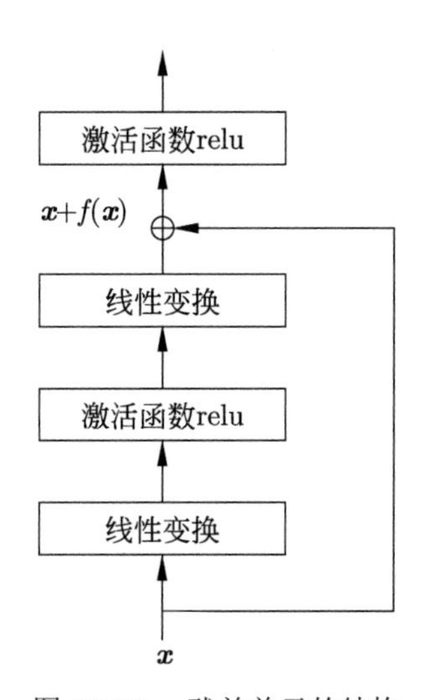

图 24.19 残差单元的结构

假设残差单元输入是向量 $\boldsymbol{x}$，输出是向量 $\boldsymbol{y}$。首先，在第一层通过基于权重矩阵 $\boldsymbol{W}_1$ 的线性变换将输入 $\boldsymbol{x}$ 转换为 $\boldsymbol{z}_1$(式 (24.30)), 再通过非线性变换 relu 将 $\boldsymbol{z}_1$ 转换为 $\boldsymbol{x}_1$(式 (24.31))。然后，在第二层通过基于权重矩阵 $\boldsymbol{W}_2$ 的线性变换将 $\boldsymbol{x}_1$ 转换为 $\boldsymbol{z}_2$(式 (24.32))，求 $\boldsymbol{z}_2$ 与输入 $\boldsymbol{x}$ 之和，再通过非线性变换 relu 对这个和进行转换得到输出 $\boldsymbol{y}$(式 (24.33))，其中 $\boldsymbol{z}_2$ 与 $\boldsymbol{x}$ 之和的计算通过残差连接实现。

$$\boldsymbol{z}_1 = \boldsymbol{W}_1 \boldsymbol{x} \tag{24.30}$$

$$\boldsymbol{x}_1 = \mathrm{relu}(\boldsymbol{z}_1) \tag{24.31}$$

$$\boldsymbol{z}_2 = \boldsymbol{W}_2 \boldsymbol{x}_1 \tag{24.32}$$

$$\boldsymbol{y} = \mathrm{relu}(\boldsymbol{x} + \boldsymbol{z}_2) \tag{24.33}$$

可以看出残差单元的前一层半 (式 (24.30)~式 (24.33)) 通过前馈神经网络实现了残差单元的

函数：

$$\boldsymbol{f}(x)=\boldsymbol{W}_2\text{relu}(\boldsymbol{W}_1x) \tag{24.34}$$

对输入 $\boldsymbol{x}$ 和残差 $f(\boldsymbol{x})$ 的和再通过 relu 就得到输出 $\boldsymbol{y}$。

$$\boldsymbol{y}=\text{relu}(\boldsymbol{x}+f(\boldsymbol{x})) \tag{24.35}$$

这里的实现是基本想法 (式 (24.29)) 的变种。后续残差网络有改进版，更直接地实现了基本想法。

当需要让输入 $\boldsymbol{x}$ 和输出 $\boldsymbol{y}$ 有不同的维度时，不能简单进行输入和残差的求和。这时可以对输入 $\boldsymbol{x}$ 进行一个线性变换，使用另一个权重矩阵 $\boldsymbol{W}_3$：

$$\boldsymbol{W}_3\boldsymbol{x}+f(\boldsymbol{x})$$

3. 模型特点

残差网络可以展开成为多个神经网络模块的集成，如图 24.20 所示。假设有由三个单元组成的残差神经网络，输入是 $\boldsymbol{x}_0$，输出是 $\boldsymbol{x}_3$。这个网络可以展开写作

$$\begin{aligned}\boldsymbol{x}_3&=\boldsymbol{x}_2+f_3(\boldsymbol{x}_2)=(\boldsymbol{x}_1+f_2(\boldsymbol{x}_1))+f_3(\boldsymbol{x}_1+f_2(\boldsymbol{x}_1))\\&=(\boldsymbol{x}_0+f_1(\boldsymbol{x}_0))+f_2(\boldsymbol{x}_0+f_1(\boldsymbol{x}_0))+f_3[(\boldsymbol{x}_0+f_1(\boldsymbol{x}_0))+f_2(\boldsymbol{x}_0+f_1(\boldsymbol{x}_0))]\end{aligned}$$

其中，f_1,f_2,f_3 是式 (24.34) 定义的残差单元函数。

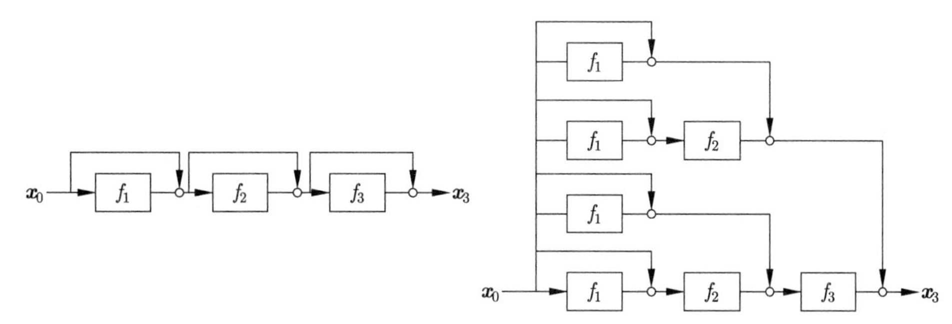

图 24.20 残差网络展开后成为神经网络的集成，左侧是原始的残差网络，右侧是展开后的神经网络集成，圆表示加法

可以看出，展开的神经网络是由深度从 0 到 3 的神经网络模块组成的集成（这里说的深度是指单元数而不是层数）。注意集成的模块之间残差单元函数存在共享，从深层到底层共享次数指数级地增加。从输入到输出有 2^n 个路径，其中 n 是残差单元个数。也就是说，输出是输入的指数量级的不同变换的线性组合。

总之，残差网络有很强的表示和学习能力。可以利用很多个残差单元的串联连接，构建很深的神经网络，解决深度神经网络训练困难的问题，包括有效地防止梯度消失和梯度爆炸。实际的实现中也使用批量归一化，以应对内部协变量偏移。

4. 图像分类

图像分类时残差网络 ResNet 使用卷积神经网络。每一个残差单元由两个卷积层及残差连接组成。输入是特征图 $\boldsymbol{X}$，输出是特征图 $\boldsymbol{Y}$。首先，在第一个卷积层通过卷积变换 $\boldsymbol{W}_1$ 将

输入 $\boldsymbol{X}$ 转换为 $\boldsymbol{Z}_1$(式 (24.36)), 再通过 relu 将 $\boldsymbol{Z}_1$ 转换为 $\boldsymbol{X}_1$(式 (24.37))。然后，在第二个卷积层通过卷积变换 $\boldsymbol{W}_2$ 将 $\boldsymbol{X}_1$ 转换为 $\boldsymbol{Z}_2$(式 (24.38))，求 $\boldsymbol{Z}_2$ 与输入 $\boldsymbol{X}$ 之和，再通过 relu 对这个和进行转换得到输出 $\boldsymbol{Y}$(式 (24.39)，其中 $\boldsymbol{Z}_2$ 与 $\boldsymbol{X}$ 之和的计算通过残差连接实现。

$$\boldsymbol{Z}_1 = \boldsymbol{W}_1 * \boldsymbol{X} \tag{24.36}$$

$$\boldsymbol{X}_1 = \mathrm{relu}(\boldsymbol{Z}_1) \tag{24.37}$$

$$\boldsymbol{Z}_2 = \boldsymbol{W}_2 * \boldsymbol{X}_1 \tag{24.38}$$

$$\boldsymbol{Y} = \mathrm{relu}(\boldsymbol{X} + \boldsymbol{Z}_2) \tag{24.39}$$

ResNet 的层数可以很深，有多个版本，包括 ResNet-18、ResNet-34 和 ResNet-152 等，这里的数字表示卷积层加输出层的层数（不包含汇聚层）。下面对 ResNet-18 做简单介绍。

图 24.21 显示 ResNet-18 的架构，有 17 个卷积层（Conv）、2 个汇聚层（Pool）、1 个输出层（Softmax）。首先有 1 个卷积层和 1 个最大汇聚层对输入的图像数据进行处理；之后有 16 个卷积层，共有 8 个残差单元，形成残差网络，对图像数据进行处理；最后有 1 个平均汇聚层和 1 个输出层给出最终预测结果。

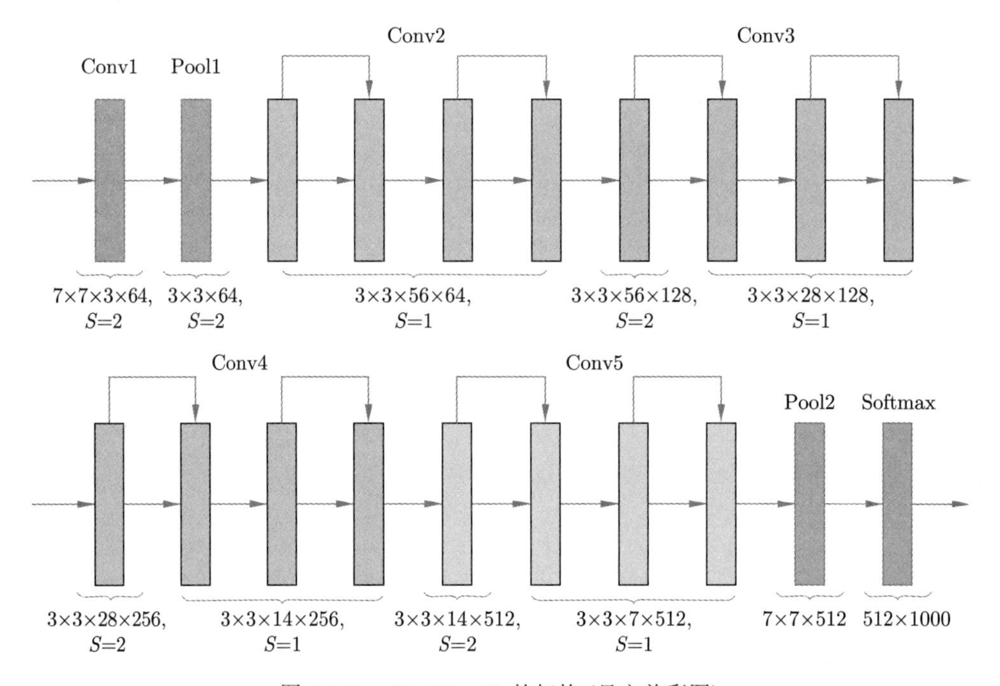

图 24.21 ResNet-18 的架构 (见文前彩图)

每一模块表示一层，有色模块是残差网络的卷积层，每一种颜色成一组，每一组有两个残差单元。数字是核的大小和步幅

8 个残差单元分 4 组，每两个单元成为 1 组。在组内特征图的大小保持不变，在相邻组之间特征图高度和宽度减半，深度增倍。也就是说，在组内进行了同规模采样，在相邻组之间进行了下采样。特征表示的复杂度整体不变。残差单元中的卷积核大小都是 3×3。进行同规模采样的卷积层的步幅是 1，进行下采样的卷积层的步幅是 2。

表 24.3 列出了卷积层、汇聚层、输出层的超参数及输出特征图的大小，其中 F 表示卷积

核或汇聚核的大小，S 表示步幅，W 表示权重矩阵的大小。各层的填充的大小可以从数值推算，予以省略。

表 24.3　ResNet-18 的模型规模

	超参数	输出特征图大小
输入		$224 \times 224 \times 3$
Conv1	$F = 7 \times 7 \times 3 \times 64, S = 2$	$112 \times 112 \times 64$
Pool1, Max	$F = 3 \times 3 \times 64, S = 2$	$56 \times 56 \times 64$
Conv2.1, Conv2.2, Conv2.3, Conv2.4	$F = 3 \times 3 \times 56 \times 64, S = 1$	$56 \times 56 \times 64$
Cov3.1,	$F = 3 \times 3 \times 56 \times 128, S = 2$	$28 \times 28 \times 128$
Conv3.2, Conv3.3, Conv3.4	$F = 3 \times 3 \times 28 \times 128, S = 1$	$28 \times 28 \times 128$
Cov4.1,	$F = 3 \times 3 \times 28 \times 256, S = 2$	$14 \times 14 \times 256$
Conv4.2, Conv4.3, Conv4.4	$F = 3 \times 3 \times 14 \times 256, S = 1$	$14 \times 14 \times 256$
Cov5.1,	$F = 3 \times 3 \times 14 \times 512, S = 2$	$7 \times 7 \times 512$
Conv5.2, Conv5.3, Conv5.4	$F = 3 \times 3 \times 7 \times 512, S = 1$	$7 \times 7 \times 512$
Pool2, Mean	$F = 7 \times 7 \times 512$	$1 \times 1 \times 512$
Softmax	$W = 512 \times 1000$	1000×1

本章概要

1. 给定输入矩阵 $\boldsymbol{X} = [x_{ij}]_{I \times J}$，核矩阵 $\boldsymbol{W} = [w_{mn}]_{M \times N}$。让核矩阵在输入矩阵上按顺序滑动，(二维) 卷积是定义在核矩阵与输入矩阵的子矩阵的内积，产生输出矩阵 $\boldsymbol{Y} = [y_{kl}]_{K \times L}$。

$$\boldsymbol{Y} = \boldsymbol{W} * \boldsymbol{X}$$

其中，$\boldsymbol{Y} = [y_{kl}]_{K \times L}$，$y_{kl} = \sum_{m=1}^{M} \sum_{n=1}^{N} w_{m,n} x_{k+m-1,l+n-1}$。

2. 卷积运算的扩展可以通过增加步幅和填充。卷积运算依赖于卷积核的大小、填充的大小、步幅。卷积的输出矩阵的大小 $K \times L$ 满足

$$K \times L = \left\lfloor \frac{I + 2P - M}{S} + 1 \right\rfloor \times \left\lfloor \frac{J + 2Q - N}{S} + 1 \right\rfloor$$

其中，$I \times J$ 是输入矩阵的大小，$M \times N$ 是卷积核的大小，P 和 Q 是两个方向填充的大小，S 是步幅的大小。

3. 卷积的输入和输出又称为特征图。二维卷积的输入和输出特征图是矩阵，三维卷积的输入和输出特征图是张量。

图像处理的红、绿、蓝三个通道的数据构成一个张量 (特征图)。三维卷积作用于这样的数据时，首先使用三个不同的二维卷积核对三个通道的输入矩阵分别进行二维卷积运算，然后将得到的三个输出矩阵相加，最终得到一个三维卷积的输出矩阵。

4. 给定输入矩阵 $\boldsymbol{X}=[x_{ij}]_{I\times J}$，$M\times N$ 虚设的核矩阵。让核矩阵在输入矩阵上滑动，得到输入矩阵的子矩阵，(二维) 汇聚运算对子矩阵求最大值或平均值，产生输出矩阵 $\boldsymbol{Y}=[y_{kl}]_{K\times L}$。

$$y_{kl}=\max_{m\in\{1,2,\cdots,M\},n\in\{1,2,\cdots N\}} x_{k+m-1,l+n-1}$$

$$y_{kl}=\frac{1}{MN}\sum_{m=1}^{M}\sum_{n=1}^{N}x_{k+m-1,l+n-1}$$

汇聚运算也有填充和步幅。

5. 三维汇聚的输入和输出都是张量表示的特征图。三维汇聚对输入张量的各个矩阵分别进行计算，再将结果排列起来，产生输出张量。

6. 卷积神经网络是具有以下特点的神经网络。输入是张量表示的数据，输出是标量，表示分类或回归的预测。经过多个卷积层，有时中间经过汇聚层，最后经过全连接层。每层的输入是张量表示的特征图，输出也是张量表示的特征图。

卷积层进行基于卷积的仿射变换和基于激活函数的非线性变换。第 l 层的卷积层计算如下：

$$\boldsymbol{Z}^{(l)}=\boldsymbol{W}^{(l)}*\boldsymbol{X}^{(l-1)}+\boldsymbol{b}^{(l)}$$

$$\boldsymbol{X}^{(l)}=a(\boldsymbol{Z}^{(l)})$$

汇聚层进行汇聚运算。第 l 层的汇聚层计算如下：

$$\boldsymbol{X}^{(l)}=\text{pooling}(\boldsymbol{X}^{(l-1)})$$

卷积神经网络被广泛应用于图像处理，代表的模型有 LeNet、AlexNet、ResNet 等。

7. 卷积神经网络的表示和学习效率比前馈神经网络高。首先层与层之间的连接是稀疏的，其次同一层的卷积的参数是共享的，这样大幅减少了参数的数量。

卷积神经网络利用卷积运算实现了图像处理需要的特征的表示。前端的神经元表示的是局部的特征，如物体的轮廓，后端的神经元表示的是全局的特征，如物体的部件。

卷积神经网络近似拥有平移不变性，不具有旋转不变性、缩放不变性。

8. 卷积神经网络的学习算法也是反向传播算法。与前馈神经网络学习的反向传播算法相似，不同点在于正向和反向传播基于卷积函数。对于每次迭代，首先通过正向传播从前往后传递信号，然后通过反向传播从后往前传递误差，最后对每层的参数进行更新。

在第 l 层的卷积层，正向传播：

$$\boldsymbol{Z}_{k'}^{(l)}=\sum_{k=1}^{K}\boldsymbol{W}_{k,k'}^{(l)}*\boldsymbol{X}_{k}^{(l-1)}+\boldsymbol{b}_{k'}^{(l)}$$

$$\boldsymbol{X}_{k'}^{(l)}=a(\boldsymbol{Z}_{k'}^{(l)})$$

反向传播：

$$\boldsymbol{\delta}_{k}^{(l-1)}=\frac{\partial a}{\partial \boldsymbol{Z}_{k}^{(l-1)}}\odot\sum_{k'=1}^{K'}\left(\text{rot180}\left(\boldsymbol{W}_{k,k'}^{(l)}\right)*\boldsymbol{\delta}_{k'}^{(l)}\right)$$

参数更新：

$$\frac{\partial L}{\partial \boldsymbol{W}_{k,k'}^{(l)}}=\boldsymbol{\delta}_{k'}^{(l)}*\boldsymbol{X}_{k}^{(l-1)}$$

$$\frac{\partial L}{\partial \boldsymbol{b}_{k'}^{(l)}} = \boldsymbol{\delta}_{k'}^{(l)}$$

在第 l 层的汇聚层，正向传播：

$$\boldsymbol{X}_k^{(l)} = \text{pooling}(\boldsymbol{X}_k^{(l-1)})$$

反向传播：

$$\boldsymbol{\delta}_k^{(l-1)} = \frac{\partial a}{\partial \boldsymbol{Z}_k^{(l-1)}} \odot \text{up\_sample}(\boldsymbol{\delta}_k^{(l)})$$

9. 残差网络是为了解决深度神经网络训练困难而提出的深度学习方法。假设要学习的真实模型是函数 $h(\boldsymbol{x})$，也可以写作

$$h(\boldsymbol{x}) = \boldsymbol{x} + (h(\boldsymbol{x}) - \boldsymbol{x})$$

残差网络的想法是用一个神经网络 $f(\boldsymbol{x})$ 近似残差 $h(\boldsymbol{x}) - \boldsymbol{x}$，用 $\boldsymbol{x} + f(\boldsymbol{x})$ 近似真实模型 $h(\boldsymbol{x})$，整个过程以递归的方式进行。

$$\boldsymbol{x}_i = \boldsymbol{x}_{i-1} + f_i(\boldsymbol{x}_{i-1}), \quad i = 1, 2, \cdots, n$$

10. 残差网络由很多个残差单元串联连接组成。每一个残差单元相当于一般的前馈网络的两层，每一层由线性变换和非线性变换组成，还有一个残差连接。

残差单元的输入是向量 $\boldsymbol{x}$，输出是向量 $\boldsymbol{y}$ 时，整个单元的运算是

$$f(\boldsymbol{x}) = \boldsymbol{W}_2 \text{relu}(\boldsymbol{W}_1 x)$$

$$\boldsymbol{y} = \text{relu}(\boldsymbol{x} + f(\boldsymbol{x}))$$

残差网络可以展开成多个神经网络模块的集成，有很强的表示和学习能力。

继续阅读

进一步学习卷积神经网络可参考文献 [1]~文献 [4]，特别是文献 [2] 有关于卷积和互相关的详细介绍。也可以阅读原始论文，NeoCognitron 的论文是文献 [5]，LeCun 等关于 CNN 的工作主要在文献 [6] 和文献 [7]，AlexNet 的论文是文献 [8]，ResNet 的最初论文和后续论文是文献 [9]~文献 [11]。

习　题

24.1　设有输入矩阵 $\boldsymbol{X} = [x_{ij}]_{I \times J}$，核矩阵 $\boldsymbol{W} = [w_{mn}]_{M \times N}$，满足 $M \ll I, N \ll J$，则称以下运算为二维数学卷积：

$$\boldsymbol{Y} = \boldsymbol{W} \circledast \boldsymbol{X}$$

产生输出矩阵 $\boldsymbol{Y} = [y_{kl}]_{K \times L}$，其中，

$$y_{kl}=\sum_{m=1}^{M}\sum_{n=1}^{N}w_{mn}x_{i-m+1,j-n+1}$$

$$K=I-M+1, L=J-N+1$$

证明数学卷积和机器学习卷积有以下关系：

$$\boldsymbol{W}\circledast\boldsymbol{X}=\text{rot180}(\boldsymbol{W})*\boldsymbol{X}$$

这里 $\circledast$ 表示数学卷积，$*$ 表示机器学习卷积，rot180() 表示对矩阵的 180 度旋转。

24.2　假设有矩阵

$$\boldsymbol{A}=\begin{bmatrix}3&2&0&1\\0&2&1&2\\2&0&0&3\\2&3&1&2\end{bmatrix},\quad \boldsymbol{B}=\begin{bmatrix}2&1&2\\0&0&3\\0&0&2\end{bmatrix}$$

其中，$\boldsymbol{A}$ 是输入矩阵，$\boldsymbol{B}$ 是核矩阵，可以求得数学卷积 $\boldsymbol{B}\circledast\boldsymbol{A}$ 是

$$\boldsymbol{B}\circledast\boldsymbol{A}=\begin{bmatrix}6&7&8&6&1&3\\0&4&13&15&4&7\\4&2&10&16&6&14\\4&8&15&15&6&17\\0&0&10&9&3&12\\0&0&4&6&2&4\end{bmatrix}$$

试求数学卷积 $\boldsymbol{A}\circledast\boldsymbol{B}$，并验证数学卷积满足交换律。

24.3　验证机器学习卷积（互相关）不满足交换律。

24.4　CNN 也可以用于一维数据的处理，求图 24.22 所示的一维卷积。

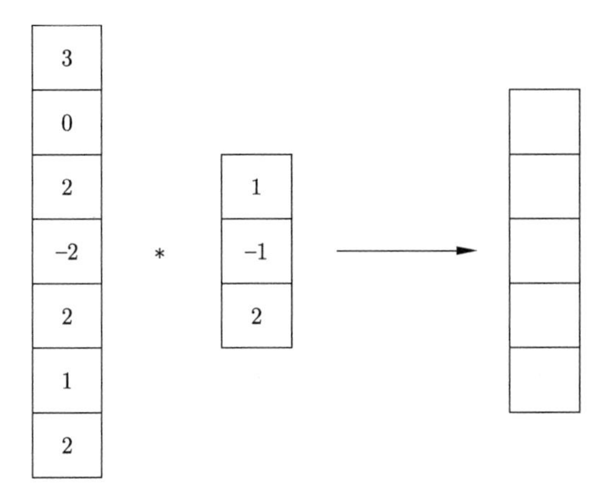

图　24.22

24.5 通过例 24.2 验证卷积运算不具有旋转可变性。假设对图像数据进行 90 度顺时针和逆时针旋转。

24.6 证明感受野的关系式 (24.19) 成立。

24.7 设计一个基于 CNN 的自然语言句子分类模型。假设句子是单词序列，每个单词用一个实数向量表示。

24.8 设有输入矩阵 $\boldsymbol{X}$ 和核矩阵 $\boldsymbol{W}$：

$$\boldsymbol{X} = [x_{ij}] = \begin{bmatrix} x_{11} & x_{12} & x_{13} & x_{14} & x_{15} \\ x_{21} & x_{21} & x_{23} & x_{24} & x_{25} \\ x_{31} & x_{32} & x_{33} & x_{34} & x_{35} \\ x_{41} & x_{42} & x_{43} & x_{44} & x_{45} \end{bmatrix}, \quad \boldsymbol{W} = [w_{mn}] = \begin{bmatrix} w_{11} & w_{12} & w_{13} \\ w_{21} & w_{22} & w_{23} \\ w_{31} & w_{32} & w_{33} \end{bmatrix}$$

有卷积 $\boldsymbol{Y} = \boldsymbol{W} * \boldsymbol{X}$：

$$\boldsymbol{Y} = [y_{kl}] = \begin{bmatrix} y_{11} & y_{12} & y_{13} \\ y_{21} & y_{22} & y_{23} \\ y_{31} & y_{32} & y_{33} \end{bmatrix}$$

求 $\dfrac{\partial \boldsymbol{Y}}{\partial \boldsymbol{W}}$ 和 $\dfrac{\partial \boldsymbol{Y}}{\partial \boldsymbol{X}}$，并具体地写出 $\dfrac{\mathrm{d}y_{kl}}{\mathrm{d}w_{mn}}$ 和 $\dfrac{\mathrm{d}y_{kl}}{\mathrm{d}x_{ij}}$。

24.9 设有输入矩阵 $\boldsymbol{X}$ 和核矩阵 $\boldsymbol{W}$：

$$\boldsymbol{X} = \begin{bmatrix} x_{11} & x_{12} & x_{13} \\ x_{21} & x_{22} & x_{23} \\ x_{31} & x_{32} & x_{33} \end{bmatrix}, \quad \boldsymbol{W} = \begin{bmatrix} w_{11} & w_{12} & w_{13} \\ w_{21} & w_{22} & w_{23} \\ w_{31} & w_{32} & w_{33} \end{bmatrix}$$

验证 $\mathrm{rot180}(\boldsymbol{W}) * \boldsymbol{X} = \mathrm{rot180}(\boldsymbol{X}) * \boldsymbol{W}$ 成立。

24.10 解释残差网络为什么能防止梯度消失和梯度爆炸。

参考文献

[1] GOODFELLOW I, BENGIO Y, COURVILLE A. Deep learning[M]. MIT Press, 2016.

[2] 邱锡鹏. 神经网络与深度学习 [M]. 北京：机械工业出版社，2020.

[3] 阿斯顿 • 张，李沐，扎卡里 • 立顿，等. 动手学深度学习 [M]. 北京：人民邮电出版社，2019.

[4] 斋藤康毅. 深度学习入门基于 Python 的理论与实现 [M]. 陆宇杰，译. 北京：人民邮电出版社，2018.

[5] FUKUSHIMA K. Neocognitron: A self-organizing neural network model for a mechanism of pattern recognition unaffected by shift in position[J]. Biological Cybernetics, 1980, 36(4): 193-202.

[6] LECUN Y, BOSER B, DENKER J S, et al. Backpropagation applied to handwritten zip code recognition[J]. Neural Computation, 1989, 1(4): 541-551.

[7] LECUN Y, BOTTOU L, BENGIO Y, et al. Gradient-based learning applied to document recognition[J]. Proceedings of the IEEE, 1998, 86(11): 2278-2324.

[8] KRIZHEVSKY A, SUTSKEVER I, HINTON G E. ImageNet classification with deep convolutional neural networks[J]. Advances in Neural Information Processing Systems, 2012: 1097-1105.

[9] HE K, ZHANG X, REN S, et al. Deep residual learning for image recognition[C]//Proceedings of the IEEE Conference on Computer Vision and Pattern Recognition. 2016: 770-778.

[10] HE K, ZHANG X, REN S, et al. Identity mappings in deep residual networks[C]//European Conference on Computer Vision. 2016: 630-645.

[11] VEIT A, WILBER M, BELONGIE S. Residual networks behave like ensembles of relatively shallow networks[C]//Proceedings of the 30th International Conference on Neural Information Processing System. 2016: 550-558.

第 25 章　循环神经网络

循环神经网络（recurrent neural network, RNN）是对序列数据进行预测的神经网络。循环神经网络在序列数据的每一个位置上具有相同的结构（因此是“循环”的），也可以看作是在序列数据上展开的前馈神经网络。循环神经网络的核心是隐层的输出，表示当前位置的状态，描述序列数据的顺序依存关系。

循环神经网络有多种类型，包括长短期记忆（long short term memory，LSTM）网络、门控循环单元（gated recurrent unit, GRU）网络、深度循环神经网络、双向循环神经网络。循环神经网络的学习通常使用反向传播算法。循环神经网络的应用领域包括自然语言处理、语音处理、时间序列预测。在自然语言处理中用于分类、序列标注、语言模型等。

Jordan 于 1986 年提出了最早的一种循环神经网络，Elman 于 1990 年提出了所谓简单循环神经网络，Hochreiter 和 Schmidhuber 于 1997 年提出了长短期记忆网络，Cho 等于 2014 年提出了门控循环单元网络。

本章 25.1 节讲述简单循环神经网络，25.2 节叙述其他常用的循环神经网络，25.3 节介绍循环神经网络在自然语言处理中的应用。

25.1　简单循环神经网络

循环神经网络是一系列神经网络的统一名称，其主要特点是在序列数据上重复使用相同的结构，对序列数据中的依存关系建模，用于序列数据的预测。本节讲述简单循环神经网络。简单循环神经网络是最基本的模型，大多数循环神经网络都是其扩展，学习算法是反向传播。

25.1.1　模型

1. 模型定义

考虑序列数据的预测问题。给定输入的实数向量序列 $\boldsymbol{x}_1,\boldsymbol{x}_2,\cdots,\boldsymbol{x}_T$；在第 $t=1,2,\cdots,T$ 个位置上[①]，对实数向量 $\boldsymbol{x}_t$ 进行预测，给出概率分布 $\boldsymbol{p}_t$；整体产生输出的概率向量序列 $\boldsymbol{p}_1,\boldsymbol{p}_2,\cdots,\boldsymbol{p}_T$。

一个朴素的方法是用前馈神经网络完成这个任务。假设序列数据的长度固定，将输入的

① 当数据是时间序列数据时称为第 $t=1,2,\cdots,T$ 个时刻。

实数向量序列拼接，作为前馈神经网络的输入，将输出的概率向量序列拼接，作为前馈神经网络的输出。这个方法在序列数据预测，特别是时间序列预测上存在两个问题。一个是序列长度问题。序列数据的长度通常是可变的，而前馈神经网络的输入层的宽度是固定的，需要对数据进行截断或补齐处理（比如用 $\boldsymbol{0}$ 向量补齐）。但无论如何，不易处理任意长度的序列数据。另一个是局部特征的表示和学习问题。序列数据通常在不同位置上有相似的局部特征，而前馈神经网络对不同位置的局部特征是分开表示和学习的，产生冗余，会降低表示和学习的效率。

循环神经网络的基本想法是：在序列数据的每一个位置上重复使用相同的前馈神经网络，并将相邻位置的神经网络连接起来；用前馈神经网络隐层的输出表示当前位置的"状态"，假设当前位置的状态依赖于当前位置的输入和之前位置的状态。这样就可以表示和学习序列数据中的局部和全局特征，并解决以上两个问题。

循环神经网络的基本模型是简单循环神经网络（simple recurrent neural network，S-RNN）。下面给出定义。

定义 25.1（简单循环神经网络） 称以下的神经网络为简单循环神经网络。神经网络以序列数据 $\boldsymbol{x}_1,\boldsymbol{x}_2,\cdots,\boldsymbol{x}_T$ 为输入，每一项是一个实数向量。在每一个位置上重复使用同一个神经网络结构。在第 t 个位置上（$t=1,2,\cdots,T$），神经网络的隐层或中间层以 $\boldsymbol{x}_t$ 和 $\boldsymbol{h}_{t-1}$ 为输入，以 $\boldsymbol{h}_t$ 为输出，其间有以下关系成立：

$$\boldsymbol{h}_t=\tanh\left(\boldsymbol{U}\cdot\boldsymbol{h}_{t-1}+\boldsymbol{W}\cdot\boldsymbol{x}_t+\boldsymbol{b}\right) \tag{25.1}$$

其中，$\boldsymbol{x}_t$ 表示第 t 个位置上的输入，是一个实数向量 $(x_{t,1},x_{t,2},\cdots,x_{t,n})^{\mathrm{T}}$；$\boldsymbol{h}_{t-1}$ 表示第 $t-1$ 个位置的状态，也是一个实数向量 $(h_{t-1,1},h_{t-1,2},\cdots,h_{t-1,m})^{\mathrm{T}}$；$\boldsymbol{h}_t$ 表示第 t 个位置的状态 $(h_{t,1},h_{t,2},\cdots,h_{t,m})^{\mathrm{T}}$，也是一个实数向量；$\boldsymbol{U},\boldsymbol{W}$ 是权重矩阵；$\boldsymbol{b}$ 是偏置向量。神经网络的输出层以 $\boldsymbol{h}_t$ 为输入，$\boldsymbol{p}_t$ 为输出，有以下关系成立：

$$\boldsymbol{p}_t=\mathrm{softmax}(\boldsymbol{V}\cdot\boldsymbol{h}_t+\boldsymbol{c}) \tag{25.2}$$

其中，$\boldsymbol{p}_t$ 表示第 t 个位置上的输出，是一个概率向量 $(p_{t,1},p_{t,2},\cdots,p_{t,l})^{\mathrm{T}}$，满足 $p_{t,i}\geqslant 0$ $(i=1,2,\cdots,l)$，$\sum\limits_{i=1}^{l}p_{t,i}=1$；$\boldsymbol{V}$ 是权重矩阵；$\boldsymbol{c}$ 是偏置向量。神经网络输出序列数据 $\boldsymbol{p}_1,\boldsymbol{p}_2,\cdots,\boldsymbol{p}_T$，每一项是一个概率向量。

以上公式还可以写作

$$\boldsymbol{r}_t=\boldsymbol{U}\cdot\boldsymbol{h}_{t-1}+\boldsymbol{W}\cdot\boldsymbol{x}_t+\boldsymbol{b} \tag{25.3}$$

$$\boldsymbol{h}_t=\tanh\left(\boldsymbol{r}_t\right) \tag{25.4}$$

$$\boldsymbol{z}_t=\boldsymbol{V}\cdot\boldsymbol{h}_t+\boldsymbol{c} \tag{25.5}$$

$$\boldsymbol{p}_t=\mathrm{softmax}\left(\boldsymbol{z}_t\right) \tag{25.6}$$

其中，$\boldsymbol{r}_t$ 是隐层的净输入向量，$\boldsymbol{z}_t$ 是输出层的净输入向量。隐层的激活函数通常是双曲正切函数，也可以是其他激活函数；输出层的激活函数通常是软最大化函数（见第 23 章）。

这里神经网络在每一个位置都产生输出，也可以只在最后一个位置产生输出，是一种特殊情况。通常假定 $\boldsymbol{h}_0=\boldsymbol{0}$，即 $\boldsymbol{h}_0$ 是每一个元素为 0 的向量。

图 25.1 给出简单循环神经网络 S-RNN 的架构。可以看作是在序列数据上展开的（unfolded）前馈神经网络，其中参数在各个位置共享。图 25.2 给出 S-RNN 的折叠（folded）形式。

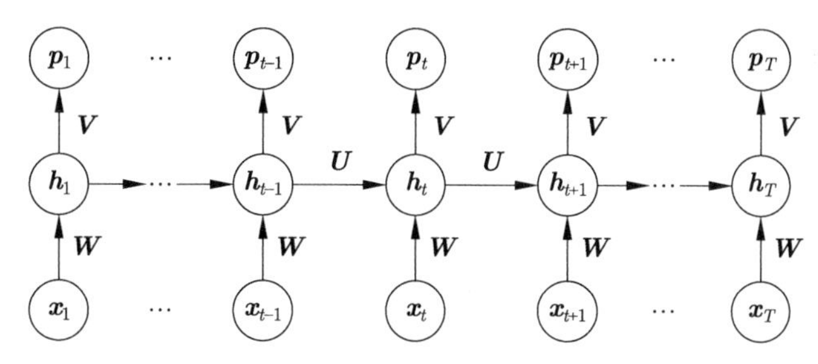

图 25.1 简单循环神经网络架构（展开形式）

偏置向量被省去

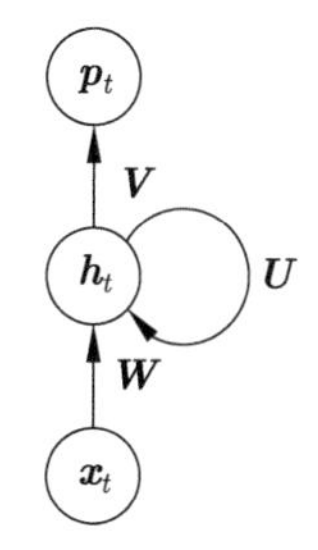

图 25.2 简单循环神经网络架构（折叠形式）

偏置向量被省去

2. 模型特点

循环神经网络[①]的定义中不仅涉及输入的空间和输出的空间，而且涉及状态的空间，并且状态的空间起着重要作用。这一点与一般的前馈神经网络不同。S-RNN 对依次给定的输入的实数向量序列 $\boldsymbol{x}_1,\boldsymbol{x}_2,\cdots,\boldsymbol{x}_T$，首先依次生成状态的实数向量序列 $\boldsymbol{h}_1,\boldsymbol{h}_2,\cdots,\boldsymbol{h}_T$，然后再依次生成输出的概率向量序列 $\boldsymbol{p}_1,\boldsymbol{p}_2,\cdots,\boldsymbol{p}_T$。在这个过程中，起核心作用的是式 (25.1) 的非线性变换，意味着当前位置的状态 $\boldsymbol{h}_t$ 由当前位置的输入 $\boldsymbol{x}_t$ 和之前位置的状态 $\boldsymbol{h}_{t-1}$ 决定。按顺序反向递归，可以看出每一个位置的状态表示的是到这个位置为止的序列数据的局部特征及全局特征，也称作短距离依存关系和长距离依存关系。

循环神经网络是自回归模型（auto-regressive model），也就是说，在序列数据的每一个位置上的预测只使用之前位置的信息，适用于时间序列的预测。循环神经网络的计算需要在序列数据上依次进行。循环神经网络的优点是可以处理任意长度的序列数据，缺点是不能进行并行化处理以提高计算效率。

循环神经网络具有强大的表示能力，是动态系统（dynamical system）的通用模型。自然界和人工界随时间变化的动态系统有如下基本形式。

① 这里讨论一般的循环神经网络，Jordan 类型的循环神经网络（见习题 25.1）有不同的特点。

$$\boldsymbol{s}(t)=F(\boldsymbol{x}(t),\boldsymbol{s}(t-1))$$

$$\boldsymbol{y}(t)=G(\boldsymbol{s}(t))$$

这里 $\boldsymbol{s}(t)$ 表示系统在时刻 t 的状态，$\boldsymbol{x}(t)$ 表示系统在时刻 t 的输入，$\boldsymbol{s}(t-1)$ 表示系统在时刻 $(t-1)$ 的状态，$\boldsymbol{y}(t)$ 表示系统在时刻 t 的输出，$F(\cdot)$ 表示系统的状态函数，$G(\cdot)$ 表示系统的输出函数。也就是说，系统的当前状态由当前的输入和之前的状态决定，而系统当前的输出由当前的状态决定。如果系统的初始状态以及在每一个时刻的输入依次确定，那么系统的每一个时刻的状态也就依次确定，每一个时刻的输出也依次确定。整个过程是一个确定性的过程，由状态函数和输出函数决定。动态系统的核心是状态之间按时间顺序的依存关系。可以看出，简单循环神经网络 S-RNN 是描述动态系统的非线性模型（见式 (25.1) 和式 (25.2)）。

循环神经网络也是计算的通用模型，可以模拟图灵机。理论证明，图灵机可计算的任何函数都可以通过有限规模的循环网络来计算 [9]。也就是说，循环神经网络可以计算任意可计算的函数，这里说的函数可计算是指丘奇-图灵论题定义的函数可计算。

25.1.2 学习算法

1. 反向传播算法

简单循环神经网络 S-RNN 的学习算法是反向传播算法。为了简单，考虑根据一个样本进行参数更新的情况，使用随机梯度下降法。

假设要学习的循环神经网络是 $f(\boldsymbol{x};\boldsymbol{\theta})$，参数是 $\boldsymbol{\theta}$。训练样本由输入序列 $\boldsymbol{x}_1,\boldsymbol{x}_2,\cdots,\boldsymbol{x}_T$ 和（真值）输出序列 $\boldsymbol{y}_1,\boldsymbol{y}_2,\cdots,\boldsymbol{y}_T$ 组成，其中 $\boldsymbol{x}_t$ 是第 t 个位置的输入实数向量（$t=1,2,\cdots,T$），$\boldsymbol{y}_t$ 是第 t 个位置的（真值）输出独热向量，表示这个位置的类别。

计算给定输入序列 $\boldsymbol{x}_1,\boldsymbol{x}_2,\cdots,\boldsymbol{x}_T$ 条件下产生输出序列 $\boldsymbol{y}_1,\boldsymbol{y}_2,\cdots,\boldsymbol{y}_T$ 的条件概率：

$$P(\boldsymbol{y}_1,\boldsymbol{y}_2,\cdots,\boldsymbol{y}_T|\boldsymbol{x}_1,\boldsymbol{x}_2,\cdots,\boldsymbol{x}_T)=\prod_{t=1}^{T}P(\boldsymbol{y}_t|\boldsymbol{x}_1,\boldsymbol{x}_2,\cdots,\boldsymbol{x}_t) \tag{25.7}$$

其中，条件概率 $P(\boldsymbol{y}_t|\boldsymbol{x}_1,\boldsymbol{x}_2,\cdots,\boldsymbol{x}_t)$ 由循环神经网络 $f(\boldsymbol{x};\boldsymbol{\theta})$ 计算得出。计算序列整体的交叉熵：

$$L=\sum_{t=1}^{T}L_t=-\sum_{t=1}^{T}\log P(\boldsymbol{y}_t|\boldsymbol{x}_1,\boldsymbol{x}_2,\cdots,\boldsymbol{x}_t) \tag{25.8}$$

目标是最小化交叉熵。通过随机梯度下降更新参数 $\boldsymbol{\theta}$：

$$\boldsymbol{\theta}\leftarrow\boldsymbol{\theta}-\eta\cdot\frac{\partial L}{\partial\boldsymbol{\theta}} \tag{25.9}$$

关键是计算梯度 $\dfrac{\partial L}{\partial\boldsymbol{\theta}}$。

图 25.3 是表示损失函数及其梯度的计算图。S-RNN 的定义采用式 (25.3)~式 (25.6)。考虑梯度的反向传播，关键是计算偏导数 $\dfrac{\partial L}{\partial\boldsymbol{z}_t}$ 和 $\dfrac{\partial L}{\partial\boldsymbol{r}_t}$。

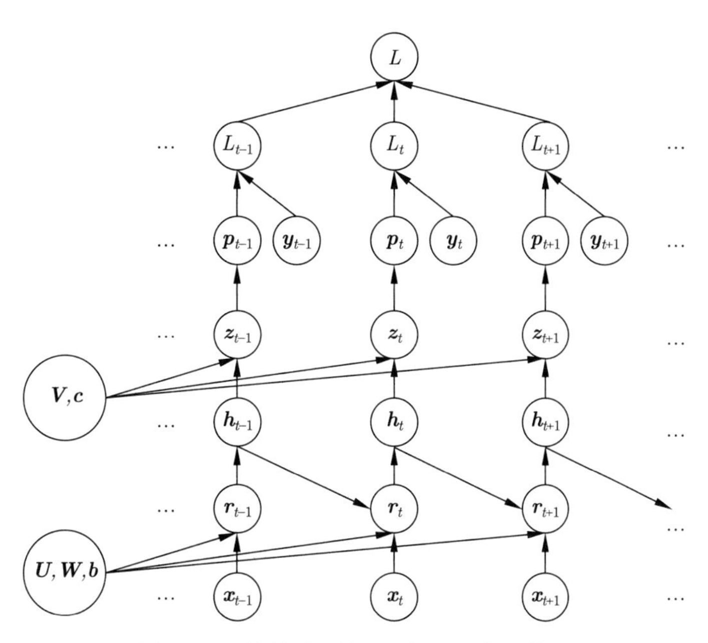

图 25.3 简单循环神经网络学习的计算图

梯度的反向传播从结点 L 开始。首先计算损失函数 L 对各个位置上的损失 L_t 的偏导数 $\dfrac{\partial L}{\partial L_t}$：

$$\frac{\partial L}{\partial L_t}=1, \quad t=1,2,\cdots,T \tag{25.10}$$

接着计算损失函数 L 对各个位置上的输出层净输入 $\boldsymbol{z}_t$ 的偏导数 $\dfrac{\partial L}{\partial \boldsymbol{z}_t}$（推导见附录 F）：

$$\frac{\partial L}{\partial \boldsymbol{z}_t}=\frac{\partial L}{\partial L_t}\frac{\partial L_t}{\partial \boldsymbol{z}_t}=\boldsymbol{y}_t-\boldsymbol{p}_t, \quad t=1,2,\cdots,T \tag{25.11}$$

然后计算损失函数 L 对各个位置上的隐层净输入 $\boldsymbol{r}_t$ 的偏导数 $\dfrac{\partial L}{\partial \boldsymbol{r}_t}$。注意隐层各个位置的净输入之间也有依存关系，所以需要先计算第 T 个位置的偏导数，再依次计算第 $T-1$ 个到第 1 个位置的偏导数。第 T 个位置的偏导数 $\dfrac{\partial L}{\partial \boldsymbol{r}_T}$ 只需通过 $\dfrac{\partial L}{\partial \boldsymbol{z}_T}$ 计算：

$$\frac{\partial L}{\partial \boldsymbol{r}_T}=\frac{\partial \boldsymbol{z}_T}{\partial \boldsymbol{r}_T}\frac{\partial L}{\partial \boldsymbol{z}_T}=\frac{\partial \boldsymbol{h}_T}{\partial \boldsymbol{r}_T}\frac{\partial \boldsymbol{z}_T}{\partial \boldsymbol{h}_T}\frac{\partial L}{\partial \boldsymbol{z}_T}=\operatorname{diag}\left(\boldsymbol{1}-\tanh^2 \boldsymbol{r}_T\right)\cdot \boldsymbol{V}^{\mathrm{T}}\cdot\frac{\partial L}{\partial \boldsymbol{z}_T} \tag{25.12}$$

第 t 个位置的偏导数 $\dfrac{\partial L}{\partial \boldsymbol{r}_t}$ 需要通过 $\dfrac{\partial L}{\partial \boldsymbol{r}_{t+1}}$ 和 $\dfrac{\partial L}{\partial \boldsymbol{z}_t}$ 计算：

$$\begin{aligned}\frac{\partial L}{\partial \boldsymbol{r}_t}&=\frac{\partial \boldsymbol{r}_{t+1}}{\partial \boldsymbol{r}_t}\frac{\partial L}{\partial \boldsymbol{r}_{t+1}}+\frac{\partial \boldsymbol{z}_t}{\partial \boldsymbol{r}_t}\frac{\partial L}{\partial \boldsymbol{z}_t}=\frac{\partial \boldsymbol{h}_t}{\partial \boldsymbol{r}_t}\frac{\partial \boldsymbol{r}_{t+1}}{\partial \boldsymbol{h}_t}\frac{\partial L}{\partial \boldsymbol{r}_{t+1}}+\frac{\partial \boldsymbol{h}_t}{\partial \boldsymbol{r}_t}\frac{\partial \boldsymbol{z}_t}{\partial \boldsymbol{h}_t}\frac{\partial L}{\partial \boldsymbol{z}_t}\\&=\operatorname{diag}\left(\boldsymbol{1}-\tanh^2 \boldsymbol{r}_t\right)\cdot \boldsymbol{U}^{\mathrm{T}}\cdot\frac{\partial L}{\partial \boldsymbol{r}_{t+1}}+\operatorname{diag}\left(\boldsymbol{1}-\tanh^2 \boldsymbol{r}_t\right)\cdot \boldsymbol{V}^{\mathrm{T}}\cdot\frac{\partial L}{\partial \boldsymbol{z}_t},\\&\qquad t=T-1,\cdots,2,1\end{aligned} \tag{25.13}$$

图 25.4 显示在神经网络上梯度反向传播的过程。梯度 $\dfrac{\partial L}{\partial \boldsymbol{r}_t}$ 的计算从第 T 个位置到第 1 个位置依次进行。因为与序列（时间）的顺序是相反的，所以这个算法被称为随时间的反向传播算法（back propagation through time, BPTT）。

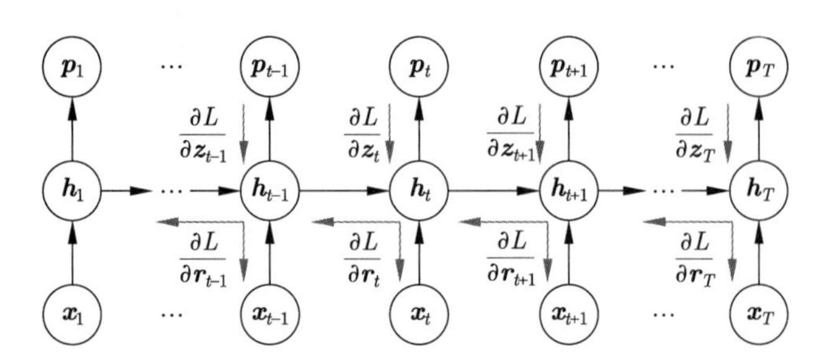

图 25.4 简单循环神经网络上的反向传播（见文前彩图）

下面计算损失函数对各个参数的偏导数，注意参数是在每一个位置共享的，所以要对所有位置求和。

$$\frac{\partial L}{\partial \boldsymbol{c}} = \sum_{t=1}^{T} \frac{\partial \boldsymbol{z}_t}{\partial \boldsymbol{c}} \frac{\partial L}{\partial \boldsymbol{z}_t} = \sum_{t=1}^{T} \frac{\partial L}{\partial \boldsymbol{z}_t} \tag{25.14}$$

$$\frac{\partial L}{\partial \boldsymbol{V}} = \sum_{t=1}^{T} \frac{\partial \boldsymbol{z}_t}{\partial \boldsymbol{V}} \frac{\partial L}{\partial \boldsymbol{z}_t} = \sum_{t=1}^{T} \frac{\partial L}{\partial \boldsymbol{z}_t} \cdot \boldsymbol{h}_t^{\mathrm{T}} \tag{25.15}$$

这里 $\dfrac{\partial \boldsymbol{h}_t}{\partial \boldsymbol{V}}, \dfrac{\partial \boldsymbol{Z}_t}{\partial \boldsymbol{V}}$ 是张量。

$$\frac{\partial L}{\partial \boldsymbol{b}} = \sum_{t=1}^{T} \frac{\partial \boldsymbol{r}_t}{\partial \boldsymbol{b}} \frac{\partial L}{\partial \boldsymbol{r}_t} = \sum_{t=1}^{T} \frac{\partial L}{\partial \boldsymbol{r}_t} \tag{25.16}$$

$$\frac{\partial L}{\partial \boldsymbol{U}} = \sum_{t=1}^{T} \frac{\partial \boldsymbol{r}_t}{\partial \boldsymbol{U}} \frac{\partial L}{\partial \boldsymbol{r}_t} = \sum_{t=1}^{T} \frac{\partial L}{\partial \boldsymbol{r}_t} \cdot \boldsymbol{h}_{t-1}^{\mathrm{T}} \tag{25.17}$$

这里 $\dfrac{\partial \boldsymbol{h}_t}{\partial \boldsymbol{U}}, \dfrac{\partial \boldsymbol{r}_t}{\partial \boldsymbol{U}}$ 是张量。

$$\frac{\partial L}{\partial \boldsymbol{W}} = \sum_{t=1}^{T} \frac{\partial \boldsymbol{r}_t}{\partial \boldsymbol{W}} \frac{\partial L}{\partial \boldsymbol{r}_t} = \sum_{t=1}^{T} \frac{\partial L}{\partial \boldsymbol{r}_t} \cdot \boldsymbol{x}_t^{\mathrm{T}} \tag{25.18}$$

这里 $\dfrac{\partial \boldsymbol{h}_t}{\partial \boldsymbol{W}}, \dfrac{\partial \boldsymbol{r}_t}{\partial \boldsymbol{W}}$ 是张量。之后根据式 (25.9) 更新参数，完成一轮迭代。

算法 25.1 给出具体算法。可以看出它是前馈神经网络的反馈向算法的推广。

算法 25.1（随时间的反向传播算法）

输入：循环神经网络 $\boldsymbol{y} = f(\boldsymbol{x};\boldsymbol{\theta})$，参数 $\boldsymbol{\theta}$，样本 $(\boldsymbol{x}_1, \boldsymbol{x}_2, \cdots, \boldsymbol{x}_T)$ 和 $(\boldsymbol{y}_1, \boldsymbol{y}_2, \cdots, \boldsymbol{y}_T)$。

输出：更新的参数 $\boldsymbol{\theta}$。

超参数：学习率 η。

{

1. 正向传播，得到各个位置的输出

For $t=1,2,\cdots,T$, do{

将信号从前向后传播，计算隐层的输出 $\boldsymbol{h}_t$ 和输出层的输出 $\boldsymbol{p}_t$

$$\boldsymbol{r}_t=\boldsymbol{U}\cdot\boldsymbol{h}_{t-1}+\boldsymbol{W}\cdot\boldsymbol{x}_t+\boldsymbol{b}$$

$$\boldsymbol{h}_t=\tanh(\boldsymbol{r}_t)$$

$$\boldsymbol{z}_t=\boldsymbol{V}\cdot\boldsymbol{h}_t+\boldsymbol{c}$$

$$\boldsymbol{p}_t=\mathrm{softmax}(\boldsymbol{z}_t)$$

}

2. 反向传播，得到各个位置的梯度

For $t=T,\cdots,2,1,$, do{

计算输出层的梯度 $\dfrac{\partial L}{\partial \boldsymbol{z}_t}$

$$\frac{\partial L}{\partial \boldsymbol{z}_t}=\boldsymbol{y}_t-\boldsymbol{p}_t$$

将梯度从后向前传播，计算隐层的梯度 $\dfrac{\partial L}{\partial \boldsymbol{r}_t}$

If $(t<T)$ {

$$\frac{\partial L}{\partial \boldsymbol{r}_t}=\mathrm{diag}\left(\boldsymbol{1}-\tanh^2\boldsymbol{r}_t\right)\cdot\boldsymbol{U}^{\mathrm{T}}\cdot\frac{\partial L}{\partial \boldsymbol{r}_{t+1}}+\mathrm{diag}\left(\boldsymbol{1}-\tanh^2\boldsymbol{r}_t\right)\cdot\boldsymbol{V}^{\mathrm{T}}\cdot\frac{\partial L}{\partial \boldsymbol{z}_t}$$

} else {

$$\frac{\partial L}{\partial \boldsymbol{r}_T}=\mathrm{diag}\left(\boldsymbol{1}-\tanh^2\boldsymbol{r}_T\right)\cdot\boldsymbol{V}^{\mathrm{T}}\cdot\frac{\partial L}{\partial \boldsymbol{z}_T}$$

}

}

3. 进行参数更新

计算梯度

$$\frac{\partial L}{\partial \boldsymbol{c}}=\sum_{t=1}^{T}\frac{\partial L}{\partial \boldsymbol{z}_t}$$

$$\frac{\partial L}{\partial \boldsymbol{V}}=\sum_{t=1}^{T}\frac{\partial L}{\partial \boldsymbol{z}_t}\cdot\boldsymbol{h}_t^{\mathrm{T}}$$

$$\frac{\partial L}{\partial \boldsymbol{b}}=\sum_{t=1}^{T}\frac{\partial L}{\partial \boldsymbol{r}_t}$$

$$\frac{\partial L}{\partial \boldsymbol{U}}=\sum_{t=1}^{T}\frac{\partial L}{\partial \boldsymbol{r}_t}\cdot\boldsymbol{h}_{t-1}^{\mathrm{T}}$$

$$\frac{\partial L}{\partial \boldsymbol{W}}=\sum_{t=1}^{T}\frac{\partial L}{\partial \boldsymbol{r}_t}\cdot\boldsymbol{x}_t^{\mathrm{T}}$$

根据梯度下降公式更新参数

$$\boldsymbol{c} \leftarrow \boldsymbol{c} - \eta \frac{\partial L}{\partial \boldsymbol{c}}$$

$$\boldsymbol{V} \leftarrow \boldsymbol{V} - \eta \frac{\partial L}{\partial \boldsymbol{V}}$$

$$\boldsymbol{b} \leftarrow \boldsymbol{b} - \eta \frac{\partial L}{\partial \boldsymbol{b}}$$

$$\boldsymbol{W} \leftarrow \boldsymbol{W} - \eta \frac{\partial L}{\partial \boldsymbol{W}}$$

$$\boldsymbol{U} \leftarrow \boldsymbol{U} - \eta \frac{\partial L}{\partial \boldsymbol{U}}$$

4. 返回更新的参数

}

■

2. 梯度消失与爆炸

在循环神经网络的学习过程中，会产生梯度消失和梯度爆炸。造成消失与爆炸的原因与前馈神经网络相同。反向传播的计算依赖以下矩阵的连乘，有可能使得到的矩阵的一些元素趋近 0 或无穷大（见第 23 章）。

$$\boldsymbol{A}_t = \mathrm{diag}\left(\boldsymbol{1} - \tanh^2 \boldsymbol{r}_t\right) \cdot \boldsymbol{U}^{\mathrm{T}}$$

循环神经网络的梯度消失与梯度爆炸更严重，因为矩阵的连乘接近矩阵的连续自乘，而前馈神经网络一般不是。

为避免梯度消失和梯度爆炸，可以使用 LSTM 和 GRU。

25.2　常用循环神经网络

本节讲述简单循环神经网络 S-RNN 的扩展，包括 LSTM、GRU、深度循环神经网络、双向循环神经网络。这些循环神经网络又可以根据情况组合到一起，形成更复杂的神经网络，学习算法也是反向传播。

25.2.1　长短期记忆网络

1. 模型定义

S-RNN 的每一个位置的状态以递归方式计算：

$$\boldsymbol{h}_t = \tanh\left(\boldsymbol{U} \cdot \boldsymbol{h}_{t-1} + \boldsymbol{W} \cdot \boldsymbol{x}_t + \boldsymbol{b}\right), \quad t = 1, 2, \cdots, T \tag{25.19}$$

状态表示序列数据中的短距离和长距离依存关系。S-RNN 对短距离依存关系可以有效地表示和学习，而对长距离依存关系的处理能力有限，因为长距离依存关系在模型中会被逐渐

“遗忘”。为了解决这个问题，长短期记忆（long short-term memory, LSTM）被提出。LSTM 也能解决学习中的梯度消失和梯度爆炸问题。

LSTM 的基本想法是记录并使用之前所有位置的状态，以便更好地描述短距离和长距离依存关系。为此导入两个机制，一个是记忆元（memory cell），另一个是门控（gated control）。记忆元用于记录之前位置的状态信息。门控是指用门函数来控制状态信息的使用，有三个门，包括遗忘门（forget gate）、输入门（input gate）、输出门（output gate）。之所以称其为长（的）短期记忆，是因为状态的表示包括对远距离的状态的“记忆”。

LSTM 和 GRU 又被称为门控循环神经网络（gate controlled RNN）。这里门是一个向量，每一维取值在 0 和 1 之间，与其他向量进行逐元素积计算，起到“软的”逻辑门电路的作用。当某一维取值是 1 的时候，门是开放的；取值是 0 的时候，门是关闭的。门依赖于所在位置，由所在位置的输入和之前位置的状态决定。

在循环神经网络的每一个位置上，有以当前位置的输入和之前位置的状态为输入、以当前位置的状态为输出的函数，称为单元（unit），是核心处理模块。S-RNN 的单元就是由式 (25.19) 表示的函数。

定义 25.2（长短期记忆网络） 以下的循环神经网络称为长短期记忆网络。在循环网络的每一个位置上有状态和记忆元，以及输入门、遗忘门、输出门，构成一个单元。第 t 个位置上（$t=1,2,\cdots,T$）的单元是以当前位置的输入 $\boldsymbol{x}_t$、之前位置的记忆元 $\boldsymbol{c}_{t-1}$、之前位置的状态 $\boldsymbol{h}_{t-1}$ 为输入，以当前位置的状态 $\boldsymbol{h}_t$ 和当前位置的记忆元 $\boldsymbol{c}_t$ 为输出的函数，由以下方式计算。

$$\boldsymbol{i}_t = \sigma(\boldsymbol{U}_i \cdot \boldsymbol{h}_{t-1} + \boldsymbol{W}_i \cdot \boldsymbol{x}_t + \boldsymbol{b}_i) \tag{25.20}$$

$$\boldsymbol{f}_t = \sigma(\boldsymbol{U}_f \cdot \boldsymbol{h}_{t-1} + \boldsymbol{W}_f \cdot \boldsymbol{x}_t + \boldsymbol{b}_f) \tag{25.21}$$

$$\boldsymbol{o}_t = \sigma(\boldsymbol{U}_o \cdot \boldsymbol{h}_{t-1} + \boldsymbol{W}_o \cdot \boldsymbol{x}_t + \boldsymbol{b}_o) \tag{25.22}$$

$$\tilde{\boldsymbol{c}}_t = \tanh(\boldsymbol{U}_c \cdot \boldsymbol{h}_{t-1} + \boldsymbol{W}_c \cdot \boldsymbol{x}_t + \boldsymbol{b}_c) \tag{25.23}$$

$$\boldsymbol{c}_t = \boldsymbol{i}_t \odot \tilde{\boldsymbol{c}}_t + \boldsymbol{f}_t \odot \boldsymbol{c}_{t-1} \tag{25.24}$$

$$\boldsymbol{h}_t = \boldsymbol{o}_t \odot \tanh(\boldsymbol{c}_t) \tag{25.25}$$

这里 $\boldsymbol{i}_t$ 是输入门，$\boldsymbol{f}_t$ 是遗忘门，$\boldsymbol{o}_t$ 是输出门，$\tilde{\boldsymbol{c}}_t$ 是中间结果。状态 $\boldsymbol{h}_t$、记忆元 $\boldsymbol{c}_t$、输入门 $\boldsymbol{i}_t$、遗忘门 $\boldsymbol{f}_t$、输出门 $\boldsymbol{o}_t$ 都是向量，其维度相同。

首先说明 LSTM 网络的整体架构。如图 25.5 所示，LSTM 网络整体是一个循环神经网络。在每一个位置上有输入 $\boldsymbol{x}_t$、状态 $\boldsymbol{h}_t$、输出 $\boldsymbol{p}_t$，特殊的还有记忆元 $\boldsymbol{c}_t$。状态和记忆元的信息在 LSTM 单元之间传递。

接着说明 LSTM 的单元结构。图 25.6 显示的是 LSTM 单元的结构。第 t 个位置上的单元的输入是当前位置的数据 $\boldsymbol{x}_t$、之前位置的记忆元 $\boldsymbol{c}_{t-1}$ 和状态 $\boldsymbol{h}_{t-1}$，输出是当前位置的状态 $\boldsymbol{h}_t$ 和记忆元 $\boldsymbol{c}_t$。内部有三个门和一个记忆元。遗忘门 $\boldsymbol{f}_t$、输入门 $\boldsymbol{i}_t$、输出门 $\boldsymbol{o}_t$ 有相同的结构，都是以当前位置的输入 $\boldsymbol{x}_t$ 和之前位置的状态 $\boldsymbol{h}_{t-1}$ 为输入的函数，相当于以 S 型函数为激活函数的一层神经网络 (式 (25.20)~式 (25.22))。遗忘门决定忘记之前位置的哪些信息，输入门决定从之前位置传入哪些信息，输出门决定向下一个位置传出哪些信息。为了确定记忆元 $\boldsymbol{c}_t$ 和状态 $\boldsymbol{h}_t$，首先计算中间结果 $\tilde{\boldsymbol{c}}_t$，是以当前位置的输入 $\boldsymbol{x}_t$ 和之前位置的状态 $\boldsymbol{h}_{t-1}$

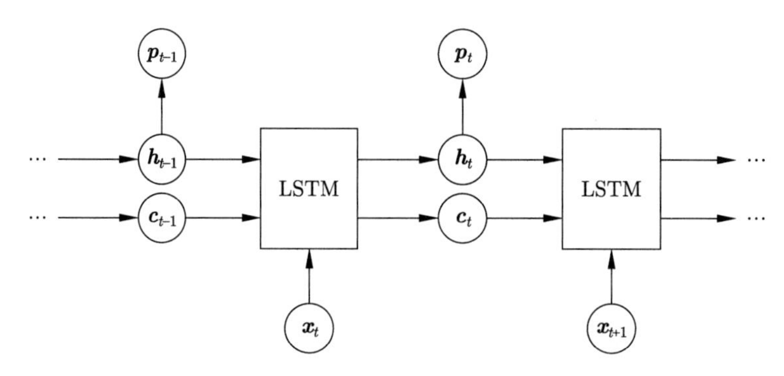

图 25.5 LSTM 的网络架构

为输入的函数，相当于以双曲正切函数为激活函数的一层神经网络 (式 (25.23))。然后计算当前位置的记忆元 $\boldsymbol{c}_t$，是中间结果 $\tilde{\boldsymbol{c}}_t$ 和之前位置的记忆元 $\boldsymbol{c}_{t-1}$ 的线性组合，分别以输入门 $\boldsymbol{i}_t$ 和遗忘门 $\boldsymbol{f}_t$ 为系数，其中系数乘积是向量的逐元素积 (式 (25.24))。最后计算当前位置的状态 $\boldsymbol{h}_t$，是以记忆元 $\boldsymbol{c}_t$ 为输入的双曲正切函数的输出，并以输出门 $\boldsymbol{o}_t$ 为系数 (式 (25.25))。

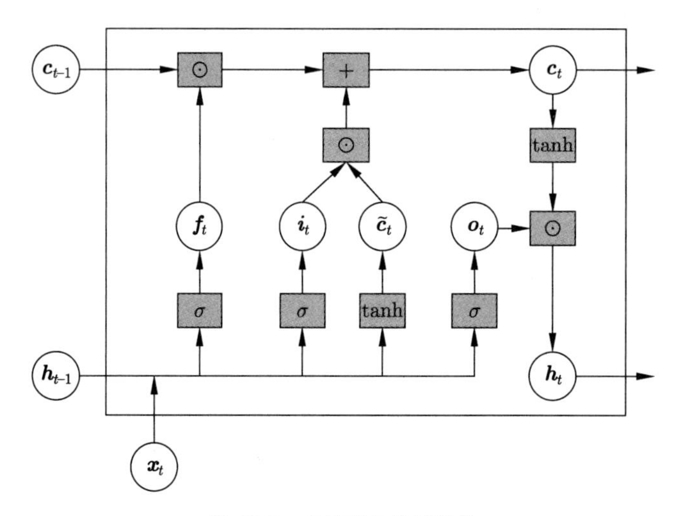

图 25.6 LSTM 单元结构

2. 模型特点

LSTM 能更好地表示和学习长距离依存关系。经验上，记忆元、输入门和遗忘门起着重要作用。

当输入门和遗忘门满足 $\boldsymbol{i}_t = \boldsymbol{1}, \boldsymbol{f}_t = \boldsymbol{0}$ 时，当前位置的记忆元 $\boldsymbol{c}_t$ 只依赖于当前位置的输入 $\boldsymbol{x}_t$ 和之前位置的状态 $\boldsymbol{h}_{t-1}$，LSTM 是 S-RNN 的近似。当输入门和遗忘门满足 $\boldsymbol{i}_t = \boldsymbol{0}, \boldsymbol{f}_t = \boldsymbol{1}$ 时，当前位置的记忆元 $\boldsymbol{c}_t$ 只依赖于之前位置的记忆元 $\boldsymbol{c}_{t-1}$，LSTM 将之前位置的记忆元复制到当前位置。

当前位置的记忆元 $\boldsymbol{c}_t$ 可以展开成以下形式 (将推导作为习题)：

$$\boldsymbol{c}_t = \boldsymbol{i}_t \odot \tilde{\boldsymbol{c}}_t + \boldsymbol{f}_t \odot \boldsymbol{c}_{t-1} = \sum_{i=1}^{t} \left(\prod_{j=i+1}^{t} \boldsymbol{f}_j \odot \boldsymbol{i}_i \right) \odot \tilde{\boldsymbol{c}}_i = \sum_{i=1}^{t} \boldsymbol{w}_i^t \odot \tilde{\boldsymbol{c}}_i \tag{25.26}$$

其中，$\boldsymbol{w}_i^t$ 表示计算得到的第 t 个位置的权重。可以看出记忆元 $\boldsymbol{c}_t$ 是之前所有位置的中间结果 $\tilde{\boldsymbol{c}}_i$ 的线性组合，而中间结果由所在位置的输入 $\boldsymbol{x}_i$ 和之前位置的状态 $\boldsymbol{h}_{i-1}$ 决定。所以，当前位置的记忆元以及状态由之前位置的状态综合决定。

学习中由于位置之间的梯度传播不是通过矩阵的连乘而是通过矩阵连乘的线性组合，所以可以避免梯度消失和梯度爆炸。

25.2.2 门控循环单元网络

1. 模型定义

门控循环单元（GRU）是对 LSTM 进行简化得到的模型。效果相当，但计算效率更高。GRU 有两个门——更新门（update gate）和重置门（reset gate），不使用记忆元。

定义 25.3（门控循环单元） *以下的循环神经网络称为门控循环单元网络。在循环网络的每一个位置上有状态及重置门、更新门，构成一个单元。第 t 个位置上（$t=1,2,\cdots,T$）的单元是以当前位置的输入 $\boldsymbol{x}_t$、之前位置的状态 $\boldsymbol{h}_{t-1}$ 为输入，以当前位置的状态 $\boldsymbol{h}_t$ 为输出的函数，按以下方式计算。*

$$\boldsymbol{r}_t = \sigma(\boldsymbol{U}_r \cdot \boldsymbol{h}_{t-1} + \boldsymbol{W}_r \cdot \boldsymbol{x}_t + \boldsymbol{b}_r) \tag{25.27}$$

$$\boldsymbol{z}_t = \sigma(\boldsymbol{U}_z \cdot \boldsymbol{h}_{t-1} + \boldsymbol{W}_z \cdot \boldsymbol{x}_t + \boldsymbol{b}_z) \tag{25.28}$$

$$\tilde{\boldsymbol{h}}_t = \tanh(\boldsymbol{U}_h \cdot \boldsymbol{r}_t \odot \boldsymbol{h}_{t-1} + \boldsymbol{W}_h \cdot \boldsymbol{x}_t + \boldsymbol{b}_h) \tag{25.29}$$

$$\boldsymbol{h}_t = (\boldsymbol{1} - \boldsymbol{z}_t) \odot \tilde{\boldsymbol{h}}_t + \boldsymbol{z}_t \odot \boldsymbol{h}_{t-1} \tag{25.30}$$

这里 $\boldsymbol{r}_t$ 是重置门，$\boldsymbol{z}_t$ 是更新门，$\tilde{\boldsymbol{h}}_t$ 是中间结果。状态 $\boldsymbol{h}_t$、重置门 $\boldsymbol{i}_t$、更新门 $\boldsymbol{f}_t$ 都是向量，其维度相同。

图 25.7 是 GRU 网络的架构图。整体是一个循环神经网络，在每一个位置有输入 $\boldsymbol{x}_t$、状态 $\boldsymbol{h}_t$、输出 $\boldsymbol{p}_t$。状态信息在 GRU 单元之间传递。

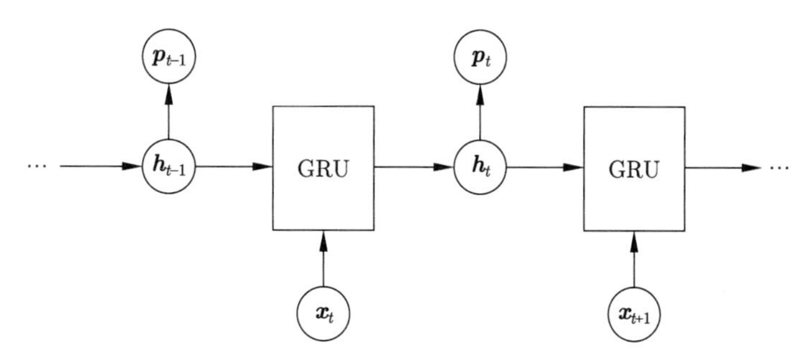

图 25.7 GRU 网络的架构图

图 25.8 显示的是 GRU 单元的结构。第 t 个位置上单元的输入是当前位置的数据 $\boldsymbol{x}_t$、之前位置的状态 $\boldsymbol{h}_{t-1}$，输出是当前位置的状态 $\boldsymbol{h}_t$。重置门 $\boldsymbol{r}_t$、更新门 $\boldsymbol{z}_t$ 有相同的结构，都是以当前位置的输入 $\boldsymbol{x}_t$ 和之前位置的状态 $\boldsymbol{h}_{t-1}$ 为输入的函数 (式 (25.27) 和式 (25.28))。首先计算中间结果 $\tilde{\boldsymbol{h}}_t$，是以当前位置的输入 $\boldsymbol{x}_t$、重置门 $\boldsymbol{r}_t$ 为系数的之前位置的状态 $\boldsymbol{h}_{t-1}$ 为输入的函数，其中系数计算是向量的逐元素积 (式 (25.29))。然后计算当前位置的状态 $\boldsymbol{h}_t$，是中间

结果 $\tilde{\boldsymbol{h}}_t$ 和之前位置的状态 $\boldsymbol{h}_{t-1}$ 的加权和，分别以更新门 $\boldsymbol{z}_t$ 和 $(\boldsymbol{1}\text{-}\boldsymbol{z}_t)$ 为权重，其中系数乘积是向量的逐元素积 (式 (25.30))。

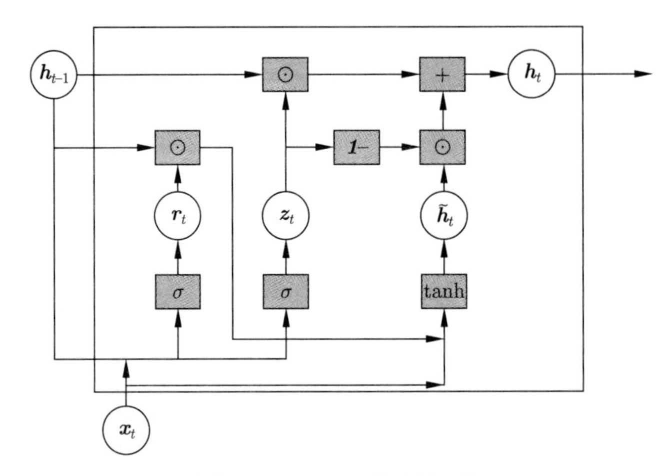

图 25.8 GRU 单元的结构

2. 模型特点

GRU 也能很好地表示和学习长距离依存关系。更新门和重置门起着重要作用。当更新门和重置门满足 $\boldsymbol{z}_t = \boldsymbol{0}, \boldsymbol{r}_t = \boldsymbol{1}$ 时，当前位置的状态 $\boldsymbol{h}_t$ 只依赖于当前位置的输入 $\boldsymbol{x}_t$ 和之前位置的状态 $\boldsymbol{h}_{t-1}$，GRU 回退到 S-RNN。当更新门和重置门满足 $\boldsymbol{z}_t = \boldsymbol{0}, \boldsymbol{r}_t = \boldsymbol{0}$ 时，当前位置的状态 $\boldsymbol{h}_t$ 只依赖于当前位置输入 $\boldsymbol{x}_t$，忽视之前位置的状态 $\boldsymbol{h}_{t-1}$。当更新门满足 $\boldsymbol{z}_t = \boldsymbol{1}$ 时，GRU 网络将之前位置的状态 $\boldsymbol{h}_{t-1}$ 复制到当前位置，忽视当前位置输入 $\boldsymbol{x}_t$。

当前位置的状态 $\boldsymbol{h}_t$ 可以展开成以下形式：

$$\boldsymbol{h}_t = \boldsymbol{z}_t \odot \boldsymbol{h}_{t-1} + (\boldsymbol{1} - \boldsymbol{z}_t) \odot \tilde{\boldsymbol{h}}_t = \sum_{i=1}^{t} \prod_{j=i+1}^{t} \boldsymbol{z}_j \odot (\boldsymbol{1} - \boldsymbol{z}_i) \odot \tilde{\boldsymbol{h}}_i = \sum_{i=1}^{t} \boldsymbol{w}_i^t \odot \tilde{\boldsymbol{h}}_i \tag{25.31}$$

其中，$\boldsymbol{w}_i^t$ 表示计算得到的第 t 个位置的权重。可以看出，状态 $\boldsymbol{h}_t$ 是之前所有位置的中间结果 $\tilde{\boldsymbol{h}}_i$ 的加权和，而中间结果由所在位置的输入 $\boldsymbol{x}_i$ 和之前位置的状态 $\boldsymbol{h}_{i-1}$ 决定。所以，当前位置的状态由之前位置的状态综合决定。

25.2.3 深度循环神经网络

简单循环神经网络只有一个隐层或中间层。可以扩展到有多个隐层的神经网络，称为深度循环神经网络。多个隐层的状态之间存在层次化关系，模型具有更强的表示能力。拥有 l 个隐层的深度循环神经网络在第 t 个位置的定义如下。

第 1 个隐层是

$$\boldsymbol{h}_t^{(1)} = \tanh(\boldsymbol{U}^{(1)} \cdot \boldsymbol{h}_{t-1}^{(1)} + \boldsymbol{W}^{(1)} \cdot \boldsymbol{x}_t + \boldsymbol{b}^{(1)}) \tag{25.32}$$

第 l 个隐层是

$$\boldsymbol{h}_t^{(l)} = \tanh(\boldsymbol{U}^{(l)} \cdot \boldsymbol{h}_{t-1}^{(l)} + \boldsymbol{W}^{(l)} \cdot \boldsymbol{h}_t^{(l-1)} + \boldsymbol{b}^{(l)}) \tag{25.33}$$

输出层是

$$\boldsymbol{p}_t = \mathrm{softmax}(\boldsymbol{V} \cdot \boldsymbol{h}_t^{(l)} + \boldsymbol{c}) \tag{25.34}$$

图 25.9 是深度循环神经网络的架构图。

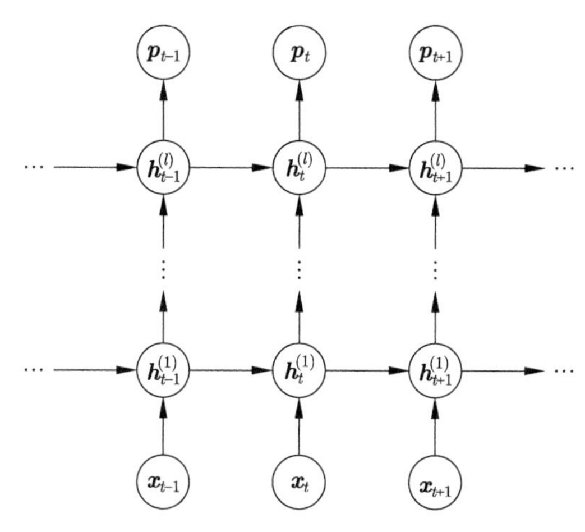

图 25.9　深度循环神经网络的架构图

25.2.4 双向循环神经网络

简单循环神经网络描述序列数据单方向的顺序依存关系。可以扩展到双方向，称为双向循环神经网络。引入前向的循环神经网络和后向的循环神经网络，在每一个位置将两个神经网络的状态向量拼接，构成新的状态向量。拼接的向量能结合两个方向的依存关系更好地表示序列数据的全局特征，模型具有更强的表示能力。双向循环神经网络在第 t 个位置的定义如下。

前向的循环神经网络的隐层（状态）是

$$\boldsymbol{h}_t^{(1)} = \tanh(\boldsymbol{U}^{(1)} \cdot \boldsymbol{h}_{t-1}^{(1)} + \boldsymbol{W}^{(1)} \cdot \boldsymbol{x}_t + \boldsymbol{b}^{(1)}) \tag{25.35}$$

后向的循环神经网络的隐层（状态）是

$$\boldsymbol{h}_t^{(2)} = \tanh(\boldsymbol{U}^{(2)} \cdot \boldsymbol{h}_{t+1}^{(2)} + \boldsymbol{W}^{(2)} \cdot \boldsymbol{x}_t + \boldsymbol{b}^{(2)}) \tag{25.36}$$

两者的拼接是

$$\boldsymbol{h}_t = [\boldsymbol{h}_t^{(1)}; \boldsymbol{h}_t^{(2)}] \tag{25.37}$$

其中，; 表示两个向量的拼接。

$$\boldsymbol{p}_t = \mathrm{softmax}(\boldsymbol{V} \cdot \boldsymbol{h}_t + \boldsymbol{c}) \tag{25.38}$$

图 25.10 是双向循环神经网络的架构图。

常用的双向循环神经网络有双向 LSTM。双向 LSTM-CRF 结合双向 LSTM 和 CRF 模型，其基本架构是在双向 LSTM 的输出层引入 CRF，是序列标注的有代表性的方法。关于 CRF 可以参照第 11 章。

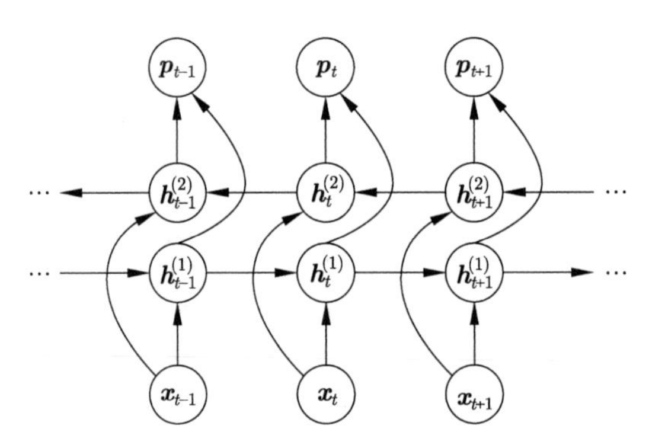

图 25.10 双向循环神经网络的架构图

25.3 自然语言生成中的应用

本节介绍循环神经网络在自然语言处理中的应用 —— 语言生成。首先介绍词向量，之后介绍语言模型，特别是基于循环神经网络的语言模型。

25.3.1 词向量

1. 词向量的定义

向量或单词向量（word vector）是指表示自然语言的单词的实数向量。把自然语言的单词映射到实数向量空间也称作词嵌入或单词嵌入（word embedding）。词向量空间的维度远小于单词表的大小。词向量的内积或余弦表示单词间的相似性。自然语言处理中，通常输入是一个句子，句子中的每一个单词用词向量表示。词向量表示属于分布式表示。

机器学习中概念（特征）的表示方法起着重要作用，直接影响到学习的效果和效率。图 25.11 的例子通过数字的不同表示法对算法的影响间接说明这一点。Hinton 提出了分布式表示（distributed representation）和局部式表示（local representation）的概念，指出分布式表示作为神经网络学习的概念的表示方法具有许多优点 [10]。

阿拉伯数字（十进制）：134
汉字数字：一百三十四
罗马数字：LXXXIV
二进制数字：10000110

不同的数字表示法进行四则运算时具有不同的算法复杂度。

图 25.11 表示对算法产生影响的例子

假设有 K 个概念，可以用两种方法表示。一种是 K 维独热向量。每一个概念由一个 K 维 0/1 向量表示，概念对应的维度取值为 1，其他维度取值为 0。称这种概念表示方法为局部式表示。另一种是用 N 维 0/1 向量或者 N 维实数向量，这时 $\log_2 K < N \ll K$。每一个概念

由一个 N 维 0/1 向量或者 N 维实数向量表示。称这种概念的表示方法为分布式表示。因为这种表示由向量的所有维度组合而成，所以是“分布式的”。分布式表示的向量可以是神经网络的某一层的输出，其中每一维对应一个神经元。

分布式表示与局部式表示相比有诸多优点。首先，容易表示相似性，用于机器学习可以提高模型的学习泛化能力。当表示是 0/1 向量时可以用汉明距离（Hamming distance），当表示是实数向量时可以用内积或余弦，很方便地计算概念之间的相似度，使学到的模型能对相似的输入产生相似输出。其次，表示的效率高。分布式表示中的维度 K 远远小于局部式表示中的维度 N。再次，拥有稳健性 (robustness)。由噪声等带来的表示在一定范围内的变化往往不会对相似度计算产生太大影响。最后，拥有可扩展性。有新增概念时，可以比较容易地将其表示加入到已有的表示中，不需要改变表示的框架（增加维度）。事实上，有大量证据证明生物神经网络中的表示也是分布式的。

词向量是分布式表示。图 25.12 给出一个简单的例子。假设只有三个单词，有 3 维的局部式表示，2 维的分布式表示。图左侧显示的是局部式表示，右侧是分布式表示。可以看出，单词的分布式表示，也就是词向量，可以用实数空间中的内积或余弦更好地描述单词之间的语义相似性。

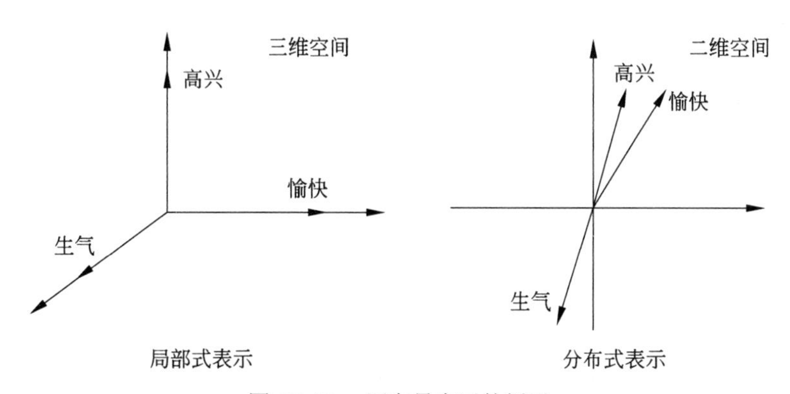

图 25.12　词向量表示的例子

2. 词向量的学习

在具体的学习任务中，词向量可以作为模型的一部分同模型一起学习，也可以预先学好然后在学习中固定使用。前者适合训练数据多的情况，后者适合训练数据少的情况。词向量的预先学习通过无监督学习进行。有多种方法，这里介绍常用的跳元模型加负采样（skip-gram model with negative sampling）方法，简称跳元模型（skip-gram）。

词向量学习方法的基本想法是在大量的语料中收集单词和上下文的共现数据，从共现数据中学习每一个单词的词向量，这里的上下文是指在文章中以一个单词为中心前后固定窗口内出现的所有单词。比如，单词是“高兴”，从句子“小朋友们高兴得手舞足蹈”中可以获得窗口内四个单词组成的上下文“小朋友、们、得、手舞足蹈”。可以从共现的上下文的单词“手舞足蹈”“小朋友”等学习单词“高兴”的语义表示。参见表 25.1。

假设所有单词的集合是 $\mathcal{W}$，所有上下文的集合是 $\mathcal{C}$。定义下面的单词和上下文的共现模型，代表单词 $w \in \mathcal{W}$ 和上下文 $c \in \mathcal{C}$ 共现的概率：

$$P\left(d=1|w,c\right)=\frac{1}{1+\exp(-\boldsymbol{w}\bullet\boldsymbol{c})} \tag{25.39}$$

$$P\left(d=0|w,c\right)=\frac{1}{1+\exp(\boldsymbol{w}\bullet\boldsymbol{c})} \tag{25.40}$$

其中，$\boldsymbol{w}$ 和 $\boldsymbol{c}$ 是维度为 l 的参数向量。实际是判断共现与否的分类模型。

表 25.1 单词和上下文共现数据的例子

	高兴	愉快	生气
{小朋友、们、得、手舞足蹈}	55		
{听、令人、的、音乐}	8	120	
{单词句、描写、的、心情}	4	11	1
{让、人、的、缺点}			87

针对大量单词和上下文共现数据，定义基于共现模型预测的目标函数，使用随机梯度下降进行优化，学习共现模型的参数向量 $\boldsymbol{w}$ 和 $\boldsymbol{c}$。目标函数是

$$\sum_{w}\sum_{c}f(w,c)\left(-\log P\left(d=1|w,c\right)-k\bullet E_{\bar{c}\in P(c)}\log P(d=0|w,\bar{c})\right) \tag{25.41}$$

其中，$f(w,c)$ 表示单词 w 和上下文 c 在共现数据中出现的次数，w 和 c 的一次共现看作是一个正样本，随机采样 k 个 w 未出现的上下文 $\bar{c}$，w 和 $\bar{c}$ 组成 k 个负样本。

这样得到的每一个单词 w 的参数向量 $\boldsymbol{w}$ 就是该单词的词向量。直观上通过学习得到参数向量 $\boldsymbol{w}$ 和 $\boldsymbol{c}$ 能很好地说明共现数据，其中的参数向量 $\boldsymbol{w}$ 是从共现数据角度对单词 w 的解释。

跳元模型还有以下解释。定义单词 w 和上下文 c 之间的互信息（mutual information）：

$$I\left(w,c\right)=\log\frac{P(w,c)}{P\left(w\right)P(c)} \tag{25.42}$$

其中，$P(w,c)$ 是 w 和 c 的共现概率，$P\left(w\right)$ 是 w 的出现概率，$P(c)$ 是 c 的出现概率。互信息的值越大，表示单词和上下文越相关。互信息 $I\left(w,c\right)$ 从共现数据计算。

$$I\left(w,c\right)=\log\frac{f(w,c)N}{f\left(w\right)f(c)} \tag{25.43}$$

其中，$f(w,c)$ 是 w 和 c 的共现频率，$f\left(w\right)$ 是 w 的频率，$f(c)$ 是 c 的频率，N 是样本容量。

所有单词和上下文的互信息减去一个常量 $\log k$，构成矩阵 $\boldsymbol{M}$：

$$\boldsymbol{M}=\left(m_{ij}\right),\quad m_{ij}=I\left(w_i,c_j\right)-\log k \tag{25.44}$$

其中的 k 与式 (25.41) 中的 k 相同。可以证明，对目标函数 (25.41) 的优化等价于对矩阵 $\boldsymbol{M}$(式 (25.44)) 的矩阵分解：

$$\boldsymbol{M}=\boldsymbol{W}\bullet\boldsymbol{C}^{\mathrm{T}} \tag{25.45}$$

得到的矩阵 $\boldsymbol{W}$ 的行向量就是单词的词向量。设 $\boldsymbol{M}$ 是 $m\times n$ 矩阵，$\boldsymbol{W}$ 是 $m\times l$ 矩阵,$\boldsymbol{C}$ 是 $n\times l$ 矩阵，这里有 $l\ll m,l\ll n$。所以，跳元模型得到的词向量是对单词与上下文的互信息进行压缩得到的表示。这里的矩阵分解是通过随机梯度下降得到的，而不是奇异值分解和非负矩阵分解。详细见第 15 章的奇异值分解和第 17 章的非负矩阵分解。

25.3.2 语言模型与语言生成

1. 语言模型

语言模型（language model）是定义在单词序列上的概率模型，用来计算一个给定的单词序列的概率。在自然语言处理中单词序列可以是一个句子或若干个句子。假设 $w_1, w_2, \cdots, w_T$ 是单词序列，则其概率可以通过概率乘法公式计算。

$$P(w_1, w_2, \cdots, w_T) = \prod_{t=1}^{T} P(w_t|w_1, w_2, \cdots, w_{t-1}) \tag{25.46}$$

令 $P(w_1|w_0) = P(w_1)$。不同的语言模型用不同的方法计算式中的条件概率 $P(w_t|w_1, w_2, \cdots, w_{t-1})$。显然，语言模型是自回归模型。

n 元语言模型（n-gram model）是一种常用的语言模型（这里 $n = t$），假设序列每一个位置上单词的出现只依赖于前 $n-1$ 个位置上的单词。也就是说，模型是 $n-1$ 阶马尔可夫链（见第 19 章）。

$$P(w_1, w_2, \cdots, w_T) = \prod_{t=1}^{T} P(w_t|w_{t-n+1}, w_2, \cdots, w_{t-1}) \tag{25.47}$$

语言模型的训练采用极大似然估计，最小化交叉熵。

$$L = -\frac{1}{T}\sum_{t=1}^{T} \log_2 P(w_t|w_1, w_2, \cdots, w_{t-1}) \tag{25.48}$$

等价地最小化困惑度（perplexity）。

$$PPL = 2^L \tag{25.49}$$

语言模型的评测经常使用困惑度。困惑度越小，说明模型对数据的预测越准确。

2. RNN 语言模型

循环神经网络可以用于表示语言模型，包括 S-RNN、LSTM、GRU。这里统称 RNN 语言模型。

RNN 语言模型以单词序列为输入，在第 $t-1$ 个位置上，将单词 w_{t-1} 转换为其词向量 $\boldsymbol{w}_{t-1}$，输入到 RNN，并且预测第 t 个位置上单词 w_t 出现的概率。

$$P_{\boldsymbol{\theta}}(w_t|w_1, w_2, \cdots, w_{t-1}) = g(\boldsymbol{w}_1, \boldsymbol{w}_2, \cdots, \boldsymbol{w}_{t-1}), \quad t = 1, 2, \cdots, T \tag{25.50}$$

其中，$\boldsymbol{w}_1, \boldsymbol{w}_2, \cdots, \boldsymbol{w}_{t-1}$ 是单词 $w_1, w_2, \cdots, w_{t-1}$ 的词向量，是 RNN 在第 $1, 2, \cdots, t-1$ 个位置的输入；$g()$ 表示 RNN 在第 $t-1$ 个位置的输出；$\boldsymbol{\theta}$ 是模型的参数。假设 w_1 是起始符，如 "<bos>"，w_T 是终止符，如 "<eos>"。图 25.13 是 RNN 语言模型的架构图，不失一般性，这里使用 S-RNN。

每一个单词的词向量表示这个单词的语义。每一个位置的状态表示单词序列到这个位置为止的语义，最后位置的状态表示整个单词序列的语义。单词的词向量是分布式表示，状态也是分布式表示。

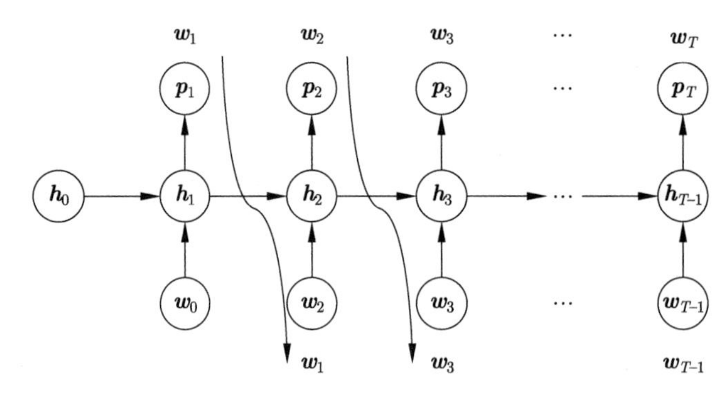

图 25.13 RNN 语言模型

单词序列 $w_1, w_2, \cdots, w_T$ 的概率可以由 RNN 语言模型计算得出：

$$P\left(w_1, w_2, \cdots, w_T\right)=\prod_{t=1}^{T} P_{\boldsymbol{\theta}}\left(w_t \mid w_1, w_2, \cdots, w_{t-1}\right) \tag{25.51}$$

令 $P_{\boldsymbol{\theta}}\left(w_1 \mid w_0\right)=P_{\boldsymbol{\theta}}(w_1)$。

3. 语言生成

RNN 语言模型可以用于自然语言的生成，有随机生成、贪心搜索（greedy search）和束搜索（beam search）等方法。

随机生成法使用 RNN 语言模型随机采样依次生成单词序列（自然语言句子）。假设初始位置的单词固定为 $\hat{w}_0$。首先根据条件概率分布 $P_{\boldsymbol{\theta}}(w_1|\hat{w}_0)$ 随机生成一个单词，作为第一个位置的单词 $\hat{w}_1$；然后在第一个位置，根据条件概率分布 $P_\theta\left(w_2|\hat{w}_1\right)$ 随机生成一个单词，作为第二个位置的单词 $\hat{w}_2$；依次处理，在第 $t-1$ 个位置，根据条件概率分布 $P_{\boldsymbol{\theta}}\left(w_t|\hat{w}_1, \hat{w}_2, \cdots, \hat{w}_{t-1}\right)$ 随机生成一个单词，作为第 t 个位置的单词 $\hat{w}_t$；当生成的单词是终止符时，终止生成，输出生成的单词序列 $\hat{w}_1, \hat{w}_2, \cdots, \hat{w}_T$。

贪心搜索使用 RNN 语言模型近似求解概率最大的单词序列。在每一个位置找出一个单词，使得到这个位置为止的单词序列的联合概率最大。假设初始位置的单词固定为 $\hat{w}_0$。首先找出概率 $P_\theta(\hat{w}_0, w_1)$ 最大的 w_1 的单词（等价地，条件概率 $P_\theta(w_1|\hat{w}_0)$ 最大），作为单词序列第一个单词 $\hat{w}_1$；然后在其基础上，找出概率 $P_\theta(\hat{w}_1, w_2)$ 最大的 w_2 的单词（等价地，条件概率 $P_\theta(w_2|\hat{w}_1)$ 最大），作为单词序列的第二个单词 $\hat{w}_2$；依次处理，在第 $t-1$ 个位置，在目前为止的序列 $\hat{w}_1, \hat{w}_2, \cdots, \hat{w}_{t-1}$ 的基础上，找出概率 $P_\theta(\hat{w}_1, \hat{w}_2, \cdots, \hat{w}_{t-1}, w_t)$ 最大的 w_t 的单词（等价地，条件概率 $P_\theta(w_t|\hat{w}_1, \hat{w}_2, \cdots, \hat{w}_{t-1})$ 最大），作为单词序列第 t 个单词 $\hat{w}_t$；当搜索到的单词是终止符时，终止生成，输出生成的单词序列 $\hat{w}_1, \hat{w}_2, \cdots, \hat{w}_T$。贪心搜索不能保证得到的单词序列是在所有单词序列中概率最大的。

束搜索是贪心搜索的扩展，在每一个位置找出 k 个单词，使得到该位置为止的单词序列的联合概率最大，得到"一束"单词序列，k 称为束宽。图 25.14 是束搜索的例子，假设单词个数是 5，束宽是 3。首先找出概率 $P_\theta(\hat{w}_0, w_1)$ 最大的 3 个 w_1 的单词，假设是 $\hat{w}_{1,2}, \hat{w}_{1,3}, \hat{w}_{1,4}$，得到 3 个单词序列 $\hat{w}_{1,2}$，$\hat{w}_{1,3}$，$\hat{w}_{1,4}$；然后在其基础上，找出概率 $P_\theta(\hat{w}_{1,2}, w_2)$，$P_\theta(\hat{w}_{1,3}, w_2)$ 和 $P_\theta(\hat{w}_{1,4}, w_2)$ 最大的 3 个 w_2 的单词，假设是 $\hat{w}_{2,1}, \hat{w}_{2,4}, \hat{w}_{2,5}$，得到 3 个单词的序列 $\hat{w}_{1,2}, \hat{w}_{2,1}$，$\hat{w}_{1,3}, \hat{w}_{2,4}$ 和 $\hat{w}_{1,4}, \hat{w}_{2,5}$；依次处理，当搜索到的单词是终止符时，终止所在单

词序列的生成，最后得到 3 个单词序列 $\hat{w}_{1,2},\hat{w}_{2,1},\hat{w}_{3,3},\hat{w}_{4,4},\hat{w}_{5,2}$，$\hat{w}_{1,3},\hat{w}_{2,4},\hat{w}_{3,2},\hat{w}_{4,1},\hat{w}_{5,3}$ 和 $\hat{w}_{1,4},\hat{w}_{2,5},\hat{w}_{3,4},\hat{w}_{4,5}$。图 25.14 中 3 个序列分别用紫色、红色、绿色折线表示，终止符为实心圆。束搜索也不能保证得到的单词序列是在所有单词序列中概率最大的，但因为比贪心算法进行了更大规模的搜索，所以更有可能找到最优解。束宽 k 可以权衡搜索效果和搜索效率。

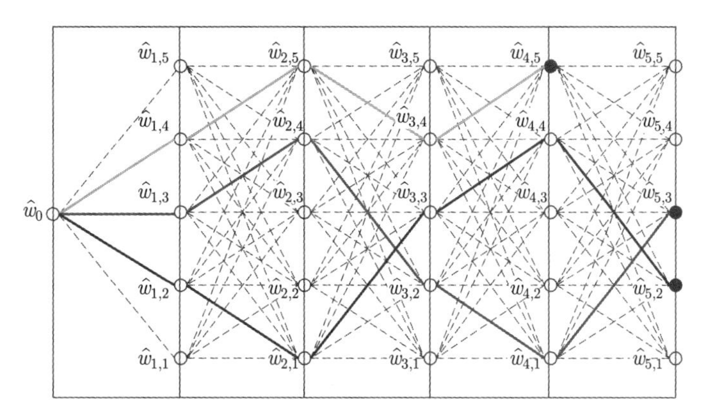

图 25.14　束搜索（见文前彩图）

事实证明：RNN 语言模型，特别是 LSTM 语言模型具有很强的语言生成能力，能够生成非常自然的句子。

4. 模型训练

RNN 语言模型的训练采用极大似然估计最小化单词序列的交叉熵。

$$L=-\sum_{t=1}^{T}\log P_{\boldsymbol{\theta}}\left(w_t|w_1,w_2,\cdots,w_{t-1}\right) \tag{25.52}$$

可以使用算法 25.1 的反向传播算法学习模型的参数。

RNN 语言模型的训练通常采用称为强制教学（teacher forcing）的方法。具体地，在每一个位置的条件概率分布 $P_{\boldsymbol{\theta}}\left(w_t|w_1,w_2,\cdots,w_{t-1}\right)$ 学习时，使用训练数据中的真实数据 $w_1,w_2,\cdots,w_{t-1}$ 而不是模型预测的数据 $\hat{w}_1,\hat{w}_2,\cdots,\hat{w}_{t-1}$。这样，模型的训练可以在各个位置上并行进行。

本章概要

1. 循环神经网络是一系列神经网络的统一名称，其主要特点是在序列数据上重复使用相同的结构，对序列数据的顺序依存关系建模，用于序列数据的预测。

循环神经网络具有强大的表示能力。循环神经网络是动态系统的通用模型，也是计算的通用模型，可以模拟图灵机。

2. 简单循环神经网络 S-RNN 是最基本的循环神经网络，其定义式如下：

$$\boldsymbol{h}_t=\tanh\left(\boldsymbol{U}\cdot\boldsymbol{h}_{t-1}+\boldsymbol{W}\cdot\boldsymbol{x}_t+\boldsymbol{b}\right)$$

$$\boldsymbol{p}_t=\operatorname{softmax}(\boldsymbol{V}\cdot\boldsymbol{h}_t+\boldsymbol{c})$$

状态是循环神经网络的重要概念。在 S-RNN 中，每一个位置的状态由当前位置的输入和之前位置的状态决定。表示的是到这个位置为止的序列数据的局部特征及全局特征，也就是短距离依存关系和长距离依存关系。

3. 循环神经网络的学习算法是反向传播算法。简单循环神经网络的反向传播算法的主要公式如下。

在第 $t=1,2,\cdots,T-1$ 个位置：

$$\frac{\partial L}{\partial \boldsymbol{r}_t}=\operatorname{diag}\left(\boldsymbol{1}-\tanh^2 \boldsymbol{r}_t\right) \cdot \boldsymbol{U}^{\mathrm{T}} \cdot \frac{\partial L}{\partial \boldsymbol{r}_{t+1}}+\operatorname{diag}\left(\boldsymbol{1}-\tanh^2 \boldsymbol{r}_t\right) \cdot \boldsymbol{V}^{\mathrm{T}} \cdot \frac{\partial L}{\partial \boldsymbol{z}_t}$$

在第 T 个位置：

$$\frac{\partial L}{\partial \boldsymbol{r}_t}=\operatorname{diag}\left(\boldsymbol{1}-\tanh^2 \boldsymbol{r}_t\right) \cdot \boldsymbol{V}^{\mathrm{T}} \cdot \frac{\partial L}{\partial \boldsymbol{z}_t}$$

计算梯度的公式如下：

$$\frac{\partial L}{\partial \boldsymbol{c}}=\sum_{t=1}^{T} \frac{\partial L}{\partial \boldsymbol{z}_t}$$

$$\frac{\partial L}{\partial \boldsymbol{V}}=\sum_{t=1}^{T} \frac{\partial L}{\partial \boldsymbol{z}_t} \cdot \boldsymbol{h}_t^{\mathrm{T}}$$

$$\frac{\partial L}{\partial \boldsymbol{b}}=\sum_{t=1}^{T} \frac{\partial L}{\partial \boldsymbol{r}_t}$$

$$\frac{\partial L}{\partial \boldsymbol{U}}=\sum_{t=1}^{T} \frac{\partial L}{\partial \boldsymbol{r}_t} \cdot \boldsymbol{h}_{t-1}^{\mathrm{T}}$$

$$\frac{\partial L}{\partial \boldsymbol{W}}=\sum_{t=1}^{T} \frac{\partial L}{\partial \boldsymbol{r}_t} \cdot \boldsymbol{x}_t^{\mathrm{T}}$$

4. 简单循环神经网络的扩展包括 LSTM 网络、GRU 网络、深度循环神经网络、双向循环神经网络。

5. LSTM 的基本想法是记录并使用之前所有位置的状态，以更好地描述短距离和长距离依存关系。为此导入两个机制，一个是记忆元，另一个是门控。有三个门，包括输入门、遗忘门、输出门。LSTM 的公式如下：

$$\boldsymbol{i}_t=\sigma(\boldsymbol{U}_i \cdot \boldsymbol{h}_{t-1}+\boldsymbol{W}_i \cdot \boldsymbol{x}_t+\boldsymbol{b}_i)$$

$$\boldsymbol{f}_t=\sigma(\boldsymbol{U}_f \cdot \boldsymbol{h}_{t-1}+\boldsymbol{W}_f \cdot \boldsymbol{x}_t+\boldsymbol{b}_f)$$

$$\boldsymbol{o}_t=\sigma(\boldsymbol{U}_o \cdot \boldsymbol{h}_{t-1}+\boldsymbol{W}_o \cdot \boldsymbol{x}_t+\boldsymbol{b}_o)$$

$$\tilde{\boldsymbol{c}}_t=\tanh(\boldsymbol{U}_c \cdot \boldsymbol{h}_{t-1}+\boldsymbol{W}_c \cdot \boldsymbol{x}_t+\boldsymbol{b}_c)$$

$$\boldsymbol{c}_t=\boldsymbol{i}_t \odot \tilde{\boldsymbol{c}}_t+\boldsymbol{f}_t \odot \boldsymbol{c}_{t-1}$$

$$\boldsymbol{h}_t=\boldsymbol{o}_t \odot \tanh(\boldsymbol{c}_t)$$

6. GRU 是对 LSTM 进行简化得到的模型，效果相当，但有更高的计算效率。GRU 的公式如下：

$$\boldsymbol{r}_t = \sigma(\boldsymbol{U}_r \cdot \boldsymbol{h}_{t-1} + \boldsymbol{W}_r \cdot \boldsymbol{x}_t + \boldsymbol{b}_r)$$

$$\boldsymbol{z}_t = \sigma(\boldsymbol{U}_z \cdot \boldsymbol{h}_{t-1} + \boldsymbol{W}_z \cdot \boldsymbol{x}_t + \boldsymbol{b}_z)$$

$$\tilde{\boldsymbol{h}}_t = \tanh(\boldsymbol{U}_h \cdot \boldsymbol{r}_t \odot \boldsymbol{h}_{t-1} + \boldsymbol{W}_h \cdot \boldsymbol{x}_t + \boldsymbol{b}_h)$$

$$\boldsymbol{h}_t = (\boldsymbol{1} - \boldsymbol{z}_t) \odot \tilde{\boldsymbol{h}}_t + \boldsymbol{z}_t \odot \boldsymbol{h}_{t-1}$$

7. 词向量是指表示自然语言单词的实数向量。词向量是分布式表示。词向量存在于向量空间，其内积或余弦表示单词的相似性。分布式表示相比局部式表示有容易表示相似性、表示的效率高、拥有稳健性和可扩展性等优点。

词向量的无监督学习方法有跳元模型。基本想法是在大量的语料中收集单词和上下文的共现数据，学习单词和上下文的共现模型，得到的共现模型的参数向量 $\boldsymbol{w}$ 就是单词的词向量。

8. 语言模型是定义在单词序列上的概率模型，用来计算给定的单词序列的概率。循环神经网络可以用于表示语言模型。

RNN 语言模型以单词序列为输入，在第 $t-1$ 个位置上，将输入单词 w_{t-1} 转换为其词向量 $\boldsymbol{w}_{t-1}$，并且预测第 t 个位置上单词 w_t 出现的概率：

$$P_{\boldsymbol{\theta}}\left(w_t | w_1, w_2, \cdots, w_{t-1}\right), \quad t = 1, 2, \cdots, T$$

RNN 语言模型可以用于自然语言的生成，有随机生成、贪心搜索、束搜索等方法。RNN 语言模型的学习使用反向传播算法。

继续阅读

进一步学习循环神经网络可以参考文献 [1]~文献 [3]，也可以阅读原始论文，如 S-RNN [4]、LSTM [5]、GRU [6]、BPTT [7]、双向 LSTM-CRF [8]。有关计算通用性的论文是文献 [9]，有关分布式表示的论文是文献 [10]。跳元模型可以参见文献 [11] 和文献 [12]。

习题

25.1 Jordan 提出的循环神经网络如图 25.15 所示。试写出这种神经网络的公式，并与 Elman 提出的简单循环神经网络做比较。

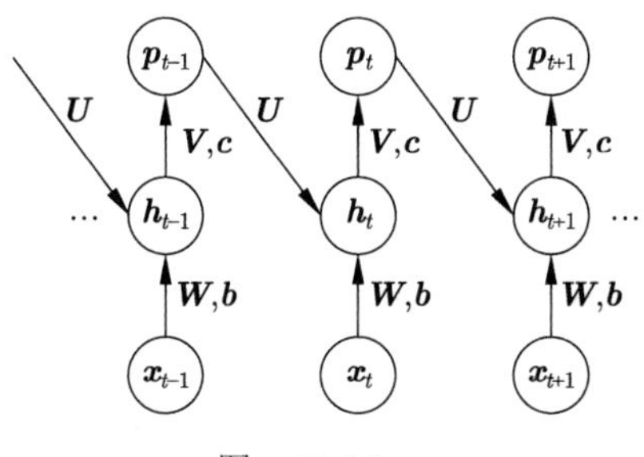

图 25.15

25.2 写出循环神经网络的层归一化的公式。

25.3 比较前馈神经网络的反向传播算法与循环神经网络的反向传播算法的异同。

25.4 写出 LSTM 模型的反向传播算法公式。

25.5 推导 LSTM 模型中记忆元的展开式 (25.26)。

25.6 写出双向 LSTM-CRF 的模型公式。图 25.16 是双向 LSTM-CRF 的架构图。

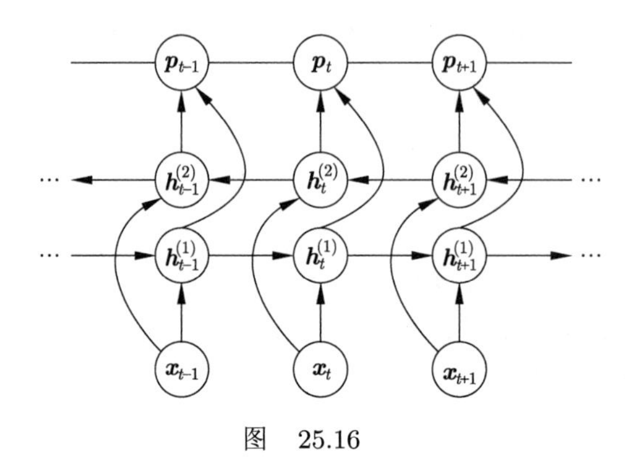

图 25.16

参考文献

[1] GOODFELLOW I, BENGIO Y, COURVILLE A. Deep learning[M]. MIT Press, 2016.

[2] 阿斯顿·张，李沐，扎卡里·立顿，等. 动手学深度学习 [M]. 北京：人民邮电出版社，2019.

[3] 邱锡鹏. 神经网络与深度学习 [M]. 北京：机械工业出版社，2020.

[4] ELMAN J L. Finding structure in time[J]. Cognitive Science, 1990, 14(2): 179-211.

[5] HOCHREITER S, SCHMIDHUBER J. Long short-term memory[J]. Neural Computation, 1997, 15, 9(8): 1735-1780.

[6] CHO K, VAN MERRIËNBOER B, GULCEHRE C, et al. Learning phrase representations using RNN encoder–decoder for statistical machine translation[C]//The Conference on Empirical Methods in Natural Language Processing (EMNLP). 2014: 1724-1734.

[7] WERBOS P J. Backpropagation through time: What it does and how to do it[J]. Proceedings of the IEEE, 1990, 78(10): 1550-1560.

[8] HUANG Z, XU W, YU K. Bidirectional LSTM-CRF models for sequence tagging[Z/OL]. arXiv preprint arXiv:1508.01991, 2015.

[9] SIEGELMANN H T, SONTAG E D. On the computational power of neural nets[C]//Proceedings of the Fifth Annual Workshop on Computational Learning Theory. 1992: 440-449.

[10] HINTON G E, MCCLELLAND J L, RUMELHART D E. Distributed representations[M]// Parallel Distributed Processing: Explorations in the Microstructure of Cognition: Volume I MIT Press, 1986.

[11] MIKOLOV T, SUTSKEVER I, CHEN K, et al. Distributed representations of words and phrases and their compositionality[J]. Advances in Neural Information Processing Systems, 2013: 3111-3119.

[12] LEVY O, GOLDBERG Y. Neural word embedding as implicit matrix factorization[J]. Advances in Neural Information Processing Systems, 2014: 2177-2185.

第 26 章　序列到序列模型

序列到序列学习（sequence to sequence learning, Seq2Seq）是将一个输入的单词序列转换为另一个输出的单词序列的任务，相当于有条件的语言生成。自然语言处理、语音处理等领域中的机器翻译、摘要生成、对话生成、语音识别等都属于这类问题。

序列到序列模型是执行这种任务的神经网络，由编码器网络和解码器网络组成。编码器将输入的单词序列转换成中间表示的序列（编码），解码器将中间表示的序列转换成输出的单词序列（解码）。有代表性的模型有基本模型、RNN Search 模型、Transformer 模型。基本模型使用循环神经网络（RNN）实现编码和解码，只将编码器最终位置的中间表示传递到解码器。RNN Search 模型也以 RNN 为编码器和解码器，使用注意力机制将编码器的各个位置的中间表示有选择地传递到解码器。Transformer 模型完全基于注意力机制，使用注意力实现编码、解码以及编码器和解码器之间的信息传递。Transformer 的编码器有多层，每层由多头自注意力（multi-head self-attention）和前馈网络子层组成；解码器也有多层，每层由多头自注意力、多头注意力（multi-head attention）和前馈网络子层组成。注意力实现相似或相关向量的检索计算，可以有效地表示概念的组合，是深度学习的核心技术。

2014 年 Sutskever 等和 Cho 等分别提出了序列到序列学习的基本模型，2015 年 Bahdanau 等发表了 RNN Search 模型，2017 年 Vaswani 等发表了 Transformer 模型。

本章 26.1 节讲述序列到序列学习的主要特点和基本模型；26.2 节给出注意力的定义，介绍 RNN Search 模型；26.3 节讲解 Transformer 模型。

26.1　序列到序列基本模型

Sutskever 等和 Cho 等分别提出了序列到序列学习的概念，给出了基于 LSTM 和 GRU 的序列到序列模型，这里称为基本模型。本节首先介绍序列到序列学习，然后讲解基本模型。

26.1.1　序列到序列学习

序列到序列学习是将一个输入的单词序列转换为另一个输出的单词序列的任务，比如一个句子到另一个句子。不失一般性，这里用单词序列作为例子，也可以是字的序列或者符号的序列。序列到序列模型表示的是序列到序列的映射。

假设输入的单词序列是 $x_1, x_2, \cdots, x_m$，输出的单词序列是 $y_1, y_2, \cdots, y_n$，单词都来自词

表。给定输入单词序列条件下输出单词序列的条件概率是

$$P(y_1, y_2, \cdots, y_n | x_1, x_2, \cdots, x_m) = \prod_{i=1}^{n} P(y_i | y_1, y_2, \cdots, y_{i-1}, x_1, x_2, \cdots, x_m) \tag{26.1}$$

其中，$P(y_i|y_1, y_2, \cdots, y_{i-1}, x_1, x_2, \cdots, x_m)$ 是输出序列第 i 个位置上单词出现的条件概率。设 $P(y_1|y_0, x_1, x_2, \cdots, x_m) = P(y_1|x_1, x_2, \cdots, x_m)$。

序列到序列学习是有条件的语言生成，即在给定单词序列 $x_1, x_2, \cdots, x_m$ 的条件下，生成单词序列 $y_1, y_2, \cdots, y_n$。模型是条件语言模型（conditional language model），$P(y_i|y_1, y_2, \cdots, y_{i-1}, x_1, x_2, \cdots, x_m)$，预测给定输入序列及已生成输出序列的条件下，下一个位置上单词出现的条件概率。

序列到序列模型由编码器网络和解码器网络组成。编码器将输入单词序列 $x_1, x_2, \cdots, x_m$ 转换成中间表示序列 $\boldsymbol{z}_1, \boldsymbol{z}_2, \cdots, \boldsymbol{z}_m$，每一个中间表示是一个实数向量。解码器根据中间表示序列 $\boldsymbol{z}_1, \boldsymbol{z}_2, \cdots, \boldsymbol{z}_m$ 依次生成输出单词序列 $y_1, y_2, \cdots, y_n$。前者的过程称为编码，后者的过程称为解码。

编码器网络可以写作

$$(\boldsymbol{z}_1, \boldsymbol{z}_2, \cdots, \boldsymbol{z}_m) = F(x_1, x_2, \cdots, x_m) \tag{26.2}$$

其中，$x_1, x_2, \cdots, x_m$ 是输入单词序列，$\boldsymbol{z}_1, \boldsymbol{z}_2, \cdots, \boldsymbol{z}_m$ 是中间表示序列。编码器定义在整体输入单词序列上。解码器网络可以写作

$$P(y_i|y_1, y_2, \cdots, y_{i-1}, x_1, x_2, \cdots, x_m) = G(y_1, y_2, \cdots, y_{i-1}, \boldsymbol{z}_1, \boldsymbol{z}_2, \cdots, \boldsymbol{z}_m) \tag{26.3}$$

其中，$\boldsymbol{z}_1, \boldsymbol{z}_2, \cdots, \boldsymbol{z}_m$ 是中间表示序列，$y_1, y_2, \cdots, y_{i-1}$ 是已生成的输出单词序列，$P(y_i|y_1, y_2, \cdots, y_{i-1}, x_1, x_2, \cdots, x_m)$ 是待生成的单词的条件概率。解码器定义在单词输出序列的每一个位置上。

图 26.1 显示由编码器和解码器组成的序列到序列学习的框架。编码器可以“看到”整个输入单词序列，而解码器只能“看到”已生成的输出单词序列，不能“看到”待生成的输出单词序列。解码是自回归过程[①]，编码可以是自回归过程也可以是非自回归过程。

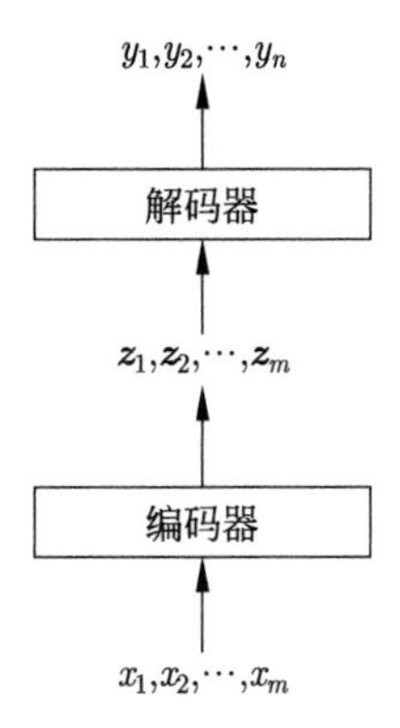

图 26.1 序列到序列学习框架

① 最近有研究将解码过程也作为非自回归实现，这里不予介绍。

序列到序列学习有几个特点：编码器和解码器联合训练、反向传播、强制教学（teacher forcing）。学习时，训练数据的每一个样本由一个输入单词序列和一个输出单词序列组成。利用大量样本通过端到端学习的方式进行模型的参数估计，包括编码器和解码器的参数估计。因为编码器的输出是解码器的输入，二者连接在一起，所以参数估计可以通过反向传播进行。与通常的语言模型学习一样，输出序列每一个位置的单词的条件概率的学习（式（26.3））使用训练数据中之前所有位置的单词。学习是强制教学的，可以在所有位置上并行处理。与通常的语言模型学习不同的是还有输入单词序列，学习依赖于整个输入单词序列。

序列到序列学习的预测（生成）通常使用束搜索（beam search）。目标是计算给定输入单词序列条件下概率最大的输出单词序列，束搜索用递归的方法近似计算条件概率最大的 k 个输出单词序列，其中 k 为束宽。

26.1.2 基本模型

基本模型的编码器和解码器是循环神经网络。编码器根据给定输入的单词序列产生其状态的序列，并且以状态序列为中间表示序列。编码器将最终位置的中间表示传递到解码器。解码器根据得到的中间表示决定其状态的序列以及输出的单词序列。基本模型实际是一个有条件的 RNN 语言模型。RNN 通常是 LSTM 和 GRU ，LSTM 和 GRU 可以更好地刻画长距离依存关系。

基本模型的编码器是 RNN，如 LSTM，状态是

$$\boldsymbol{h}_j = a\left(\boldsymbol{x}_j, \boldsymbol{h}_{j-1}\right), \quad j = 1, 2, \cdots, m \tag{26.4}$$

这里 $\boldsymbol{h}_j$ 是当前位置的状态；$\boldsymbol{h}_{j-1}$ 是前一个位置的状态；$\boldsymbol{x}_j$ 是当前位置的输入单词的词向量；a 是处理单元，如 LSTM 单元；假设 $\boldsymbol{h}_0 = \boldsymbol{0}$。

解码器也是 RNN，如 LSTM，状态是

$$\boldsymbol{s}_i = a(\boldsymbol{y}_{i-1}, \boldsymbol{s}_{i-1}), \quad i = 1, 2, \cdots, n \tag{26.5}$$

这里 $\boldsymbol{s}_i$ 是当前位置的状态；$\boldsymbol{s}_{i-1}$ 是前一个位置的状态；$\boldsymbol{y}_{i-1}$ 是前一个位置的输出单词的词向量；a 是处理单元，如 LSTM 单元。输出是

$$\boldsymbol{p}_i = g(\boldsymbol{s}_i), \quad i = 1, 2, \cdots, n \tag{26.6}$$

这里 $\boldsymbol{s}_i$ 是当前位置的状态；$\boldsymbol{p}_i$ 是当前位置的输出；g 是输出层函数，由线性变换和软最大化函数组成。$\boldsymbol{p}_i$ 表示的是下一个位置单词出现的条件概率。

编码器将其最终状态 $\boldsymbol{h}_m$ 作为整个输入单词序列的表示传递给解码器。解码器将 $\boldsymbol{h}_m$ 作为解码器的初始状态 $\boldsymbol{s}_0$，决定其状态序列，以及输出单词序列。

$$\boldsymbol{s}_0 = \boldsymbol{h}_m \tag{26.7}$$

这意味着解码器只依赖于编码器最终位置的中间表示。

图 26.2 显示基本模型的架构。图中矩形表示函数及其输出。基本模型整体是一种特殊的 RNN，或者一种特殊的语言模型。在前面 m 个和后面 n 个位置都有状态，在前面 m 个位置没有输出，在后面 n 个位置有输出。

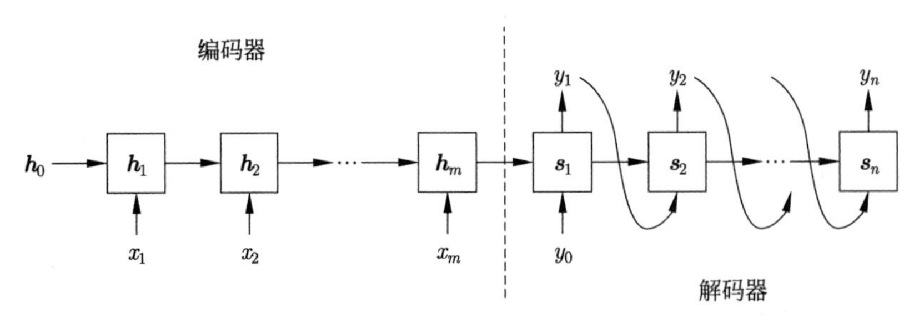

图 26.2 序列到序列学习基本模型

序列到序列学习可以用于机器翻译、对话生成、文本摘要等应用。图 26.3 给出用基本模型进行机器翻译的例子。机器翻译将一个语言的句子转化为另一个语言的句子，两者语义相同。对话生成中系统针对用户发话产生回复，两者形成一轮对话。文本摘要将一个长的文本转换为一个短的文本，使后者概括前者的内容。

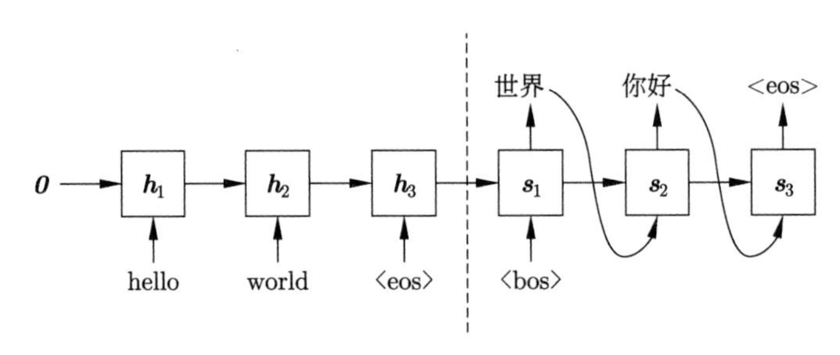

图 26.3 机器翻译的例子

26.2 RNN Search 模型

基本模型仅用一个中间表示描述整个输入序列，其表示能力有限。RNN Search 模型利用注意力 (attention) 机制在输出序列的每一个位置上产生一个组合的输入序列的中间表示，以解决这个问题。本节首先给出注意力的定义，然后讲解 RNN Search。

26.2.1 注意力

脑科学和心理学中的注意力是指人脑根据自己的意识有选择地对信息进行处理的机制。深度学习中的注意力更多的是受其启发而开发的相似或相关向量检索的计算方法。在深度学习中注意力经常被用于概念组合的表示的计算，比如，自然语言处理中单词组合的表示的计算。

定义 26.1（注意力） 假设有键-值数据库（key-value store），存储键-值对数据 $\{(\boldsymbol{k}_1,\boldsymbol{v}_1),(\boldsymbol{k}_2,\boldsymbol{v}_2),\cdots,(\boldsymbol{k}_n,\boldsymbol{v}_n)\}$，其中每一个键-值对 $(\boldsymbol{k}_i,\boldsymbol{v}_i)$ 的键和值都是实数向量。另有查询（query）$\boldsymbol{q}$，也是实数向量。向量 $\boldsymbol{q}$ 和 $\boldsymbol{k}_i$ 的维度相同，向量 $\boldsymbol{k}_i$ 和 $\boldsymbol{v}_i$ 的维度一般也相同。考虑从键-值数据库中搜索与查询 $\boldsymbol{q}$ 相似的键所对应的值。注意力是实现检索的一种计算方法。计算查询 $\boldsymbol{q}$ 和各个键 $\boldsymbol{k}_i$ 的归一化相似度 $\alpha(\boldsymbol{q},\boldsymbol{k}_i)$，以归一化相似度为权重，计算各个值 $\boldsymbol{v}_i$ 的

加权平均 $\boldsymbol{v}$，将计算结果 $\boldsymbol{v}$ 作为检索结果返回。

$$\boldsymbol{v}=\sum_{i=1}^{n}\alpha(\boldsymbol{q},\boldsymbol{k}_i)\cdot\boldsymbol{v}_i \tag{26.8}$$

满足

$$\sum_{i=1}^{n}\alpha(\boldsymbol{q},\boldsymbol{k}_i)=1$$

图 26.4 显示注意力机制。归一化的权重称作注意力权重，一般通过软最大化计算。

$$\alpha(\boldsymbol{q},\boldsymbol{k}_i)=\frac{e(\boldsymbol{q},\boldsymbol{k}_i)}{\sum_{j=1}^{n}e(\boldsymbol{q},\boldsymbol{k}_j)} \tag{26.9}$$

其中，$e(\boldsymbol{q},\boldsymbol{k}_i)$ 是查询 $\boldsymbol{q}$ 和键 $\boldsymbol{k}_i$ 的相似度。相似度计算可以有多种方法，包括加法注意力和乘法注意力。乘法注意力要求查询和键向量的维度相同，而加法注意力没有这个要求。乘法注意力比加法注意力计算效率更高。

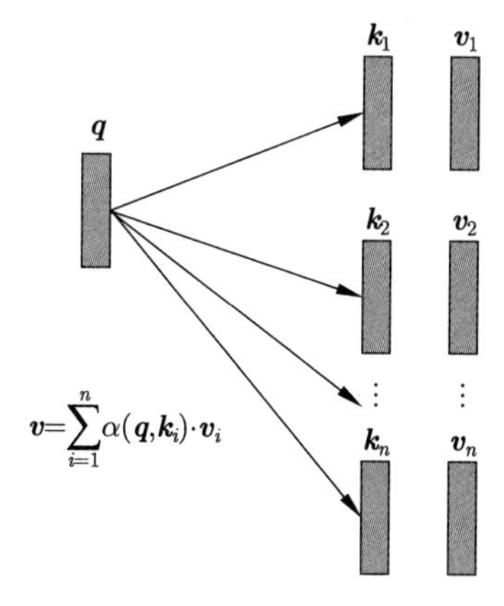

图 26.4 注意力机制

加法注意力使用一层神经网络计算相似度：

$$e(\boldsymbol{q},\boldsymbol{k}_i)=\sigma\left(\boldsymbol{w}^{\mathrm{T}}\cdot[\boldsymbol{q};\boldsymbol{k}_i]+b\right) \tag{26.10}$$

其中，σ 是 S 型函数，输入是 $\boldsymbol{q}$ 和 $\boldsymbol{k}_i$ 的拼接，[;] 表示向量的拼接。

乘法注意力使用内积或尺度变换的内积计算相似度：

$$e(\boldsymbol{q},\boldsymbol{k}_i)=\boldsymbol{q}^{\mathrm{T}}\cdot\boldsymbol{k}_i \tag{26.11}$$

$$e(\boldsymbol{q},\boldsymbol{k}_i)=\frac{\boldsymbol{q}^{\mathrm{T}}\cdot\boldsymbol{k}_i}{\sqrt{d}} \tag{26.12}$$

其中，d 是向量 $\boldsymbol{q}$ 和 $\boldsymbol{k}_i$ 的维度。尺度变换保证相似度的取值在一定范围内，避免学习时发生梯度消失。

注意力将与键相似的值的组合作为检索结果，是一种“软的”而不是“硬的”检索。对于一般的键-值数据库检索，键、值、查询都是符号，而对于注意力计算，键、值、查询都是实数向量。极端情况下，如果向量都是独热向量，注意力等价于一般的键-值数据库检索。

注意力的模型复杂度，也就是参数个数，不随键-值数据库规模的增大而增大。比如，使用加法注意力时，参数只有 $\boldsymbol{w}$ 和 b。

注意力是深度学习的重要手段，因为可以通过注意力，基于已有的表示（查询），有选择地搜索相似的表示（键），并将其对应的表示（值）组合起来，从而将注意力作为产生表示的组合的基本运算。

26.2.2 模型定义

RNN Search 模型对基本模型进行两个大的改动。用双向 LSTM 实现编码器，用注意力实现从编码器到解码器的信息传递。

编码器使用双向 LSTM。编码基于整个输入序列，是非自回归过程。正向 LSTM 的状态是

$$\boldsymbol{h}_j^{(1)} = a\left(\boldsymbol{x}_j, \boldsymbol{h}_{j-1}^{(1)}\right), \quad j = 1, 2, \cdots, m \tag{26.13}$$

这里 $\boldsymbol{h}_j^{(1)}$ 是正向的当前位置的状态；$\boldsymbol{h}_{j-1}^{(1)}$ 是前一个位置的状态；$\boldsymbol{x}_j$ 是当前位置的输入单词的词向量；a 是处理单元，如 LSTM 单元；假设 $\boldsymbol{h}_0^{(1)} = \boldsymbol{0}$。反向 LSTM 的状态是

$$\boldsymbol{h}_j^{(2)} = a\left(\boldsymbol{x}_j, \boldsymbol{h}_{j+1}^{(2)}\right), \quad j = m, m-1, \cdots, 1 \tag{26.14}$$

这里 $\boldsymbol{h}_j^{(2)}$ 是反向的当前位置的状态；$\boldsymbol{h}_{j+1}^{(2)}$ 是前一个位置的状态；$\boldsymbol{x}_j$ 是当前位置的输入单词的词向量；a 是处理单元，如 LSTM 单元；假设 $\boldsymbol{h}_{m+1}^{(2)} = \boldsymbol{0}$。在各个位置对正向和反向状态进行拼接，得到各个位置的状态，也就是中间表示。

$$\boldsymbol{h}_j = [\boldsymbol{h}_j^{(1)}; \boldsymbol{h}_j^{(2)}], \quad j = 1, 2, \cdots, m \tag{26.15}$$

这里 $[;]$ 表示向量的拼接。

解码器使用单向 LSTM，解码基于已生成的输出序列，是自回归过程。状态是

$$\boldsymbol{s}_i = a(\boldsymbol{y}_{i-1}, \boldsymbol{s}_{i-1}, c_i), \quad i = 1, 2, \cdots, n \tag{26.16}$$

这里 $\boldsymbol{s}_i$ 是当前位置的状态；$\boldsymbol{s}_{i-1}$ 是前一个位置的状态；$\boldsymbol{y}_{i-1}$ 是前一个位置的输出单词的词向量；$\boldsymbol{c}_i$ 是当前位置的上下文向量（context vector），上下文向量表示在当前位置的注意力计算结果；a 是处理单元，如 LSTM 单元。假设 $\boldsymbol{s}_0 = \boldsymbol{0}$。输出是

$$\boldsymbol{p}_i = g(\boldsymbol{s}_i), \quad i = 1, 2, \cdots, n \tag{26.17}$$

这里 $\boldsymbol{s}_i$ 是当前位置的状态；$\boldsymbol{p}_i$ 是当前位置的输出；g 是输出层函数，由线性变换和软最大化函数组成。$\boldsymbol{p}_i$ 表示的是下一个位置上单词出现的条件概率。

在解码器的每一个位置，通过加法注意力计算上下文向量。注意力的查询（query）是前一个位置的状态 $\boldsymbol{s}_{i-1}$，键和值相同，是编码器的各个位置的状态 $\boldsymbol{h}_j$。上下文向量是

$$\boldsymbol{c}_i = \sum_{j=1}^{m} \alpha_{ij} \boldsymbol{h}_j, \quad i = 1, 2, \cdots, n \tag{26.18}$$

其中，α_{ij} 是注意力权重。

$$\alpha_{ij}=\frac{\exp\left(e_{ij}\right)}{\sum\limits_{k=1}^{m}\exp\left(e_{ik}\right)},\quad i=1,2,\cdots,n,\ j=1,2,\cdots,m \tag{26.19}$$

相似度 e_{ij} 通过一层神经网络计算：

$$e_{ij}=\sigma\left(\boldsymbol{w}^{\mathrm{T}}\cdot[\boldsymbol{s}_{i-1};\boldsymbol{h}_j]+b\right),\quad i=1,2,\cdots,n,\ j=1,2,\cdots,m \tag{26.20}$$

在解码（生成）的过程中，将编码器得到的状态序列或中间表示序列通过注意力有选择地传递到解码器，决定解码器的状态序列，以及输出的单词序列。传递的上下文向量实际是从输出序列的当前位置看到的输入序列的相关内容。

图 26.5 是 RNN Search 的架构图，图中矩形表示函数及其输出。

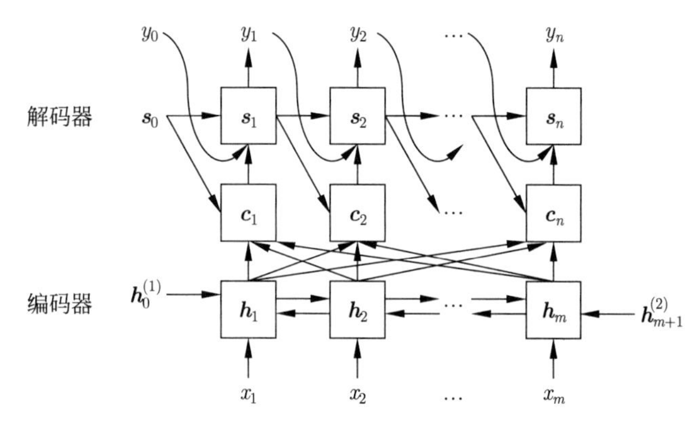

图 26.5　RNN Search 模型

26.2.3 模型特点

RNN Search 的最大特点是在输出单词序列的每一个位置，通过注意力搜索到输入单词序列中的相关内容，和已生成的输出单词序列一起决定下一个位置的单词生成。在机器翻译中，在目标语言中每生成一个单词，都会在源语言中搜索相关的单词，基于搜索得到的单词和目前为止生成的单词做出下一个单词选择的判断。

在每一个位置使用一个动态的中间表示（上下文向量），而不是始终只使用一个静态的中间表示。输入序列与输出序列的相关性由单词的内容决定，而不是由单词的位置决定。注意力的参数个数是固定的，可以处理任意长度的输入单词序列。

RNN Search 是神经机器翻译的代表模型，在翻译的性能上超过了传统的统计机器翻译。

26.3 Transformer 模型

Transformer 模型是完全基于注意力机制的序列到序列学习模型。使用注意力实现编码、解码以及编码器和解码器之间的信息传递。本节介绍 Transformer 的模型架构和模型特点。

26.3.1 模型架构

1. 整体架构

Transformer（转换器）由编码器和解码器组成。编码器有 1 个输入层、6 个编码层（一般是 L 层）。解码器有 1 个输入层、6 个解码层（一般是 L 层）、1 个输出层。编码器的输入层与第 1 个编码层连接，第 1 个编码层再与第 2 个编码层连接，依次连接，直到第 6 个编码层。解码器的输入层与第 1 个解码层连接，第 1 个解码层再与第 2 个解码层连接，依次连接，直到第 6 个解码层，第 6 个解码层再与输出层连接。第 6 个编码层与各个解码层之间也有连接。图 26.6 是 Transformer 的架构图。

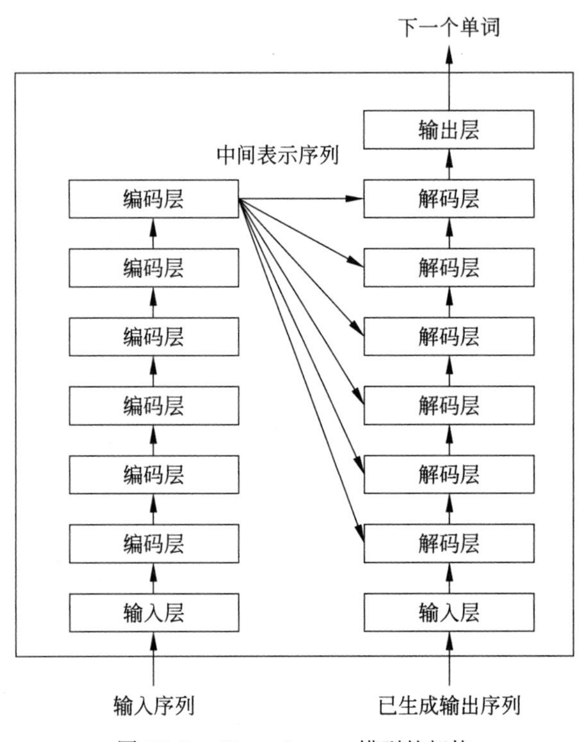

图 26.6 Transformer 模型的架构

编码器的 6 个编码层将输入单词序列进行转换，得到中间表示序列。解码器的 6 个解码层将已生成的输出单词序列进行转换，过程中使用编码层的中间表示序列的信息，得到已生成的输出单词序列的表示序列，输出层计算输出单词序列下一个位置的单词出现的条件概率。编码是非自回归的，而解码是自回归的。

编码器的 6 个编码层有相同的结构，每一个编码层由自注意力子层和前馈网络子层两部分组成。图 26.7 给出 Transformer 编码器的输入层和第 1 个编码层的架构。

在编码器的输入层，输入序列的各个位置有单词的词嵌入（word embedding）和位置嵌入（position embedding），其中位置嵌入表示在序列中的位置。在每一个位置以词嵌入和位置嵌入的和作为该位置的输入向量。单词的词嵌入通常通过对单词的独热向量进行一个线性变化得到，即用一个矩阵乘以独热向量，矩阵称为嵌入矩阵。

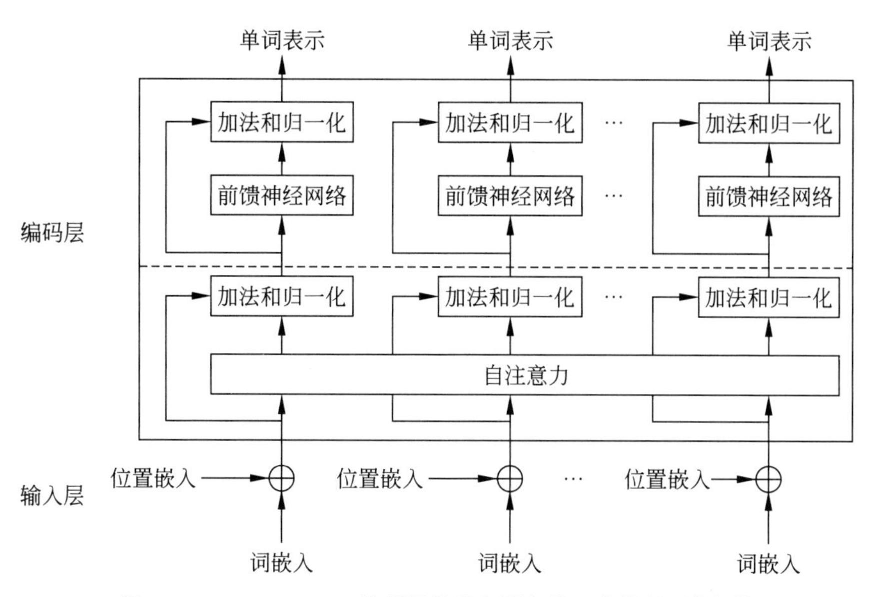

图 26.7　Transformer 编码器的输入层和第 1 个编码层的架构

在编码器的第 1 个编码层，得到输入序列在各个位置上的输入向量。在自注意力子层，利用多头自注意力计算每一个位置上的单词的基于输入序列的表示向量，通过残差连接（加法）和层归一化。接着在前馈网络子层，在每一个位置利用相同的前馈网络对表示向量进行非线性变换，再通过残差连接（加法）和层归一化。最后在各个位置输出一个单词的表示向量到第 2 个编码层。第 1 个编码层有自己的参数。之后的 5 个编码层的结构和处理相同，每一层有自己的参数。

解码器的 6 个解码层有相同的结构，每一个解码层由自注意力子层、注意力子层和前馈网络子层三部分组成。图 26.8 给出 Transformer 解码器的第 6 个解码层和输出层的架构。

在解码器的输入层，已生成的输出序列的各个位置上有单词的词嵌入和位置嵌入。在每一个位置以词嵌入和位置嵌入的和作为该位置的输入向量。单词的词嵌入使用与编码器相同的嵌入矩阵计算得到。

在解码器的第 1 层，得到已生成的输出序列在各个位置上的输入向量。首先在自注意力子层，利用多头自注意力计算每一个位置上的单词的基于已生成输出序列的表示向量，通过残差连接和层归一化。接着在注意力子层，通过多头注意力获取中间表示序列的信息，计算每一个位置上的单词的基于输入序列和已生成输出序列的表示向量，再通过残差连接和层归一化。之后在前馈网络子层，在每一个位置用相同的前馈网络对表示向量进行非线性变换，再通过残差连接和层归一化。最后在各个位置输出一个单词的表示向量到第 2 个解码层。在多头自注意力计算中对之后位置的信息进行掩码（masking）处理。第 1 个解码层有自己的参数。之后的 5 个解码层的结构和处理相同，每一层有自己的参数。

在解码器的输出层，得到当前位置的表示向量。通过线性变换和软最大化得到下一个位置的单词出现的条件概率。

在编码器和解码器的每一层的每一个位置上有一个表示向量，其维度相同，写作 d_m，称为模型的维度。

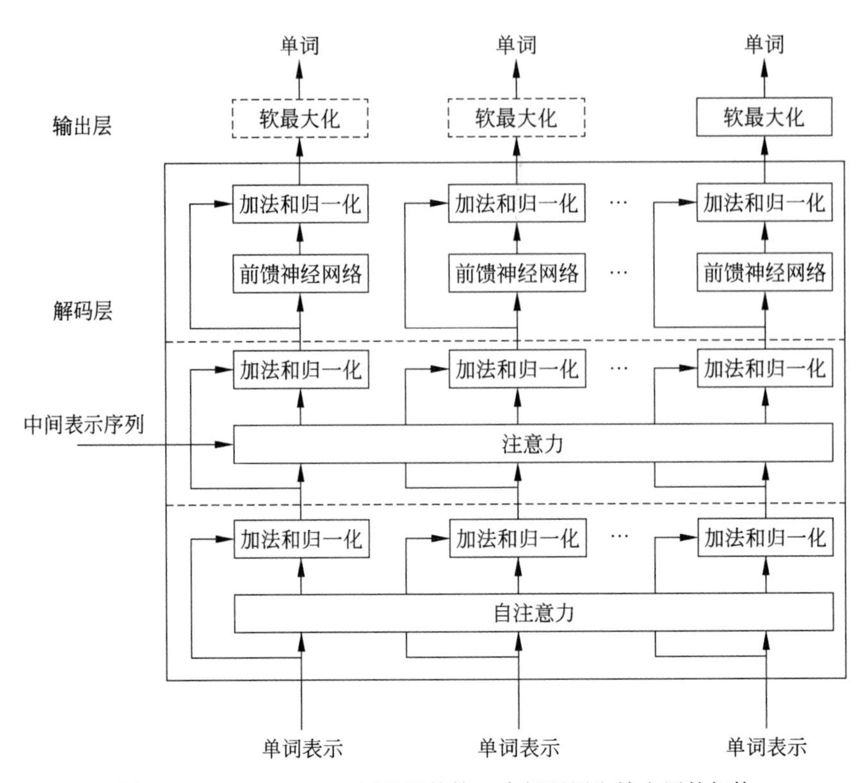

图 26.8 Transformer 解码器的第 6 个解码层和输出层的架构

2. 多头注意力

Transformer 中的注意力都是乘法注意力，更具体地，是尺度变换的内积。注意力计算在多个表示向量上并行进行。设 $\boldsymbol{Q}$ 是查询矩阵，每一列是一个查询向量；$\boldsymbol{K}$ 是键矩阵，每一列是一个键向量；$\boldsymbol{V}$ 是值矩阵，每一列是一个值向量。注意力 attend 的计算是

$$\operatorname{attend}(\boldsymbol{Q}, \boldsymbol{K}, \boldsymbol{V}) = \boldsymbol{V} \cdot \operatorname{softmax}\left(\frac{\boldsymbol{K}^{\mathrm{T}} \cdot \boldsymbol{Q}}{\sqrt{d_k}}\right) \tag{26.21}$$

其中，softmax 是在矩阵列上的软最大化函数，d_k 是查询和键向量的维度。注意力可以实现对单词序列的表示计算。图 26.9 显示注意力计算的过程。

Transformer 使用多头注意力（multi-head attention）和多头自注意力（multi-head self-attention）。多头是指多个并列的注意力。在多头注意力中，先通过线性变换将表示向量从所在的空间分别投影到多个不同的子空间，每一个子空间对应一个头，接着在各个子空间分别进行注意力计算，之后将各个子空间的注意力计算结果进行拼接，最后再对拼接结果进行线性变换，得到的表示向量的维度与原来的表示向量的维度相同。多头注意力可以实现从多个侧面对单词序列的表示。

设 $\boldsymbol{Q}$ 是查询矩阵，$\boldsymbol{K}$ 是键矩阵，$\boldsymbol{V}$ 是值矩阵。多头注意力 multi_attend 的计算是

$$\operatorname{multi\_attend}(\boldsymbol{Q}, \boldsymbol{K}, \boldsymbol{V}) = \boldsymbol{W}_o \cdot \operatorname{concate}(\boldsymbol{U}_1, \boldsymbol{U}_2, \cdots, \boldsymbol{U}_h) \tag{26.22}$$

$$\boldsymbol{U}_i = \operatorname{attend}\left(\boldsymbol{W}_Q^{(i)} \boldsymbol{Q}, \boldsymbol{W}_{\boldsymbol{K}}^{(i)} \boldsymbol{K}, \boldsymbol{W}_V^{(i)} \boldsymbol{V}\right), \quad i = 1, 2, \cdots, h \tag{26.23}$$

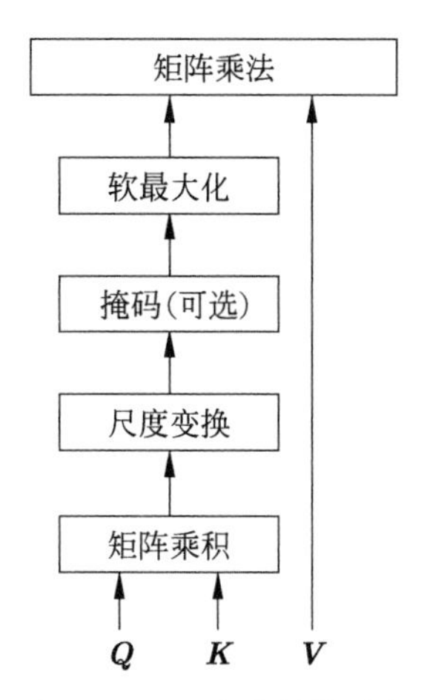

图 26.9 注意力计算过程

其中，h 是头的个数，$\boldsymbol{U}_i$ 是第 i 个头的注意力计算结果，concate 是矩阵列向量的拼接，$\boldsymbol{W}_o$ 是线性变换矩阵。$\boldsymbol{W}_Q^{(i)}$，$\boldsymbol{W}_K^{(i)}$，$\boldsymbol{W}_V^{(i)}$ 分别是第 i 个头的查询矩阵、键矩阵、值矩阵的线性变换矩阵，attend 是注意力函数。图 26.10 显示多头注意力计算的过程。

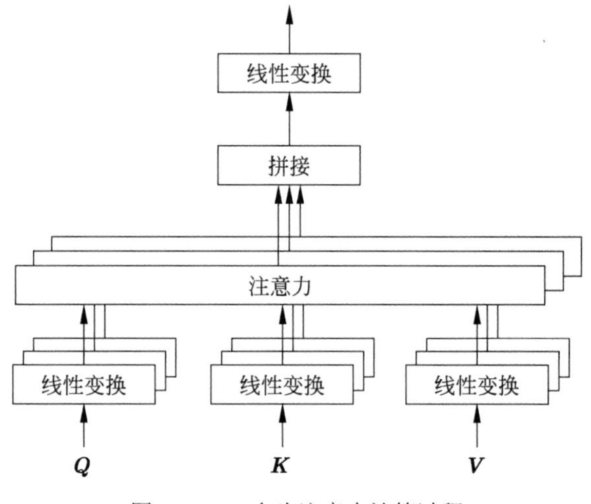

图 26.10 多头注意力计算过程

矩阵 $\boldsymbol{W}_Q^{(i)}$，$\boldsymbol{W}_K^{(i)}$，$\boldsymbol{W}_V^{(i)}$ 的大小分别是 $d_k \times d_m$、$d_k \times d_m$、$d_v \times d_m$，矩阵 $\boldsymbol{W}_o$ 的大小是 $d_m \times h \cdot d_v$，这里 d_k，d_k，d_v 分别是子空间注意力的查询、键、值向量的维度，d_m 是 Transformer 中的表示向量的维度。有以下关系成立：

$$d_k = d_v = \frac{d_m}{h}$$

当注意力中的查询、键、值向量 $\boldsymbol{Q},\boldsymbol{K},\boldsymbol{V}$ 相同，或者说是自己时，称为自注意力（self-attention）。多头自注意力是有多个头的自注意力。

自然语言的一个重要特点是具有组合性（compositionality），即单词可以组合成短语，短语可以组合成句子。多头自注意力可以有效地表示具有组合性的语言，描述句子的层次化的语法和语义内容。

在解码器中，多头自注意力计算对之后的位置进行掩码（masking）处理，让这些位置不参与计算。具体导入矩阵 $\boldsymbol{M}$，自注意力计算变成以下的掩码自注意力计算：

$$\operatorname{attend}(\boldsymbol{Q},\boldsymbol{K},\boldsymbol{V})=\boldsymbol{V}\cdot\operatorname{softmax}\left(\frac{\boldsymbol{K}^{\mathrm{T}}\cdot\boldsymbol{Q}+\boldsymbol{M}}{\sqrt{d_k}}\right) \tag{26.24}$$

$$\boldsymbol{M}=[m_{ij}],\ m_{ij}=\begin{cases}0, & i\leqslant j\\ -\infty, & \text{其他}\end{cases} \tag{26.25}$$

也就是说，自注意力在每一个位置以该位置的表示向量作为查询向量，该位置和之前位置的所有表示向量作为键向量和值向量。掩码注意力保证了解码的过程是自回归的，学习时可以使用强制教学的方法，即训练在各个位置上并行进行。

Transformer 有三种多头注意力的使用方法。如图 26.11(a) 所示，在编码器的每一层，利用多头自注意力计算每一个位置上的单词的基于输入序列的表示向量。每一个位置上的表示向量与其他位置的表示向量进行多头自注意力计算。如图 26.11(b) 所示，在解码器的每一层，利用掩码的多头自注意力计算每一个位置上的单词的基于已生成输出序列的表示向量。每一个位置上的表示向量只与之前位置的表示向量进行多头自注意力计算。如图 26.11(c) 所示，在解码器的每一层，利用多头注意力计算在已生成输出序列每一个位置上的单词的基于中间表示序列的表示向量。每一个位置上的表示向量与编码器的中间表示向量序列（编码器的输出）进行多头注意力计算。

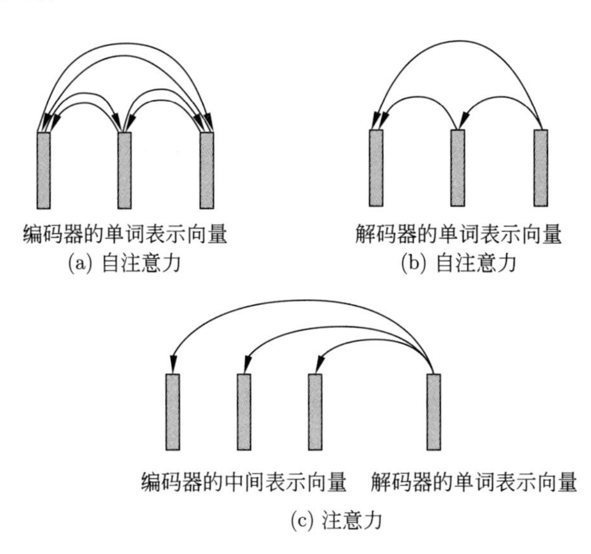

图 26.11 Transformer 的三种多头注意力

3. 前馈神经网络和残差连接

前馈神经网络和残差连接在 Transformer 中也起着重要作用。实验结果表明去掉前馈神经网络或残差连接都会使 Transformer 的预测准确率下降。注意力进行的是线性变换，前馈神经网络进行的是非线性变换。注意力加上前馈神经网络能够增强模型的表示能力。自注意力、注意力、前馈神经网络的输入和输出之间都有残差连接，意味着输入的表示向量不经过这些变换依然可以传递到下一个阶段，换言之，这些变化是针对输入的表示向量的残差进行的。正像 ResNet 一样，Transformer 实际是指数量级的小的神经网络的集成（参见第 24 章）。另外，残差连接也能帮助位置嵌入信息传递到编码器和解码器的各层。没有残差连接很容易使位置信息丢失。

4. 基本计算

下面给出 Transformer 的基本计算的公式。输入和输出都是表示向量，其维度是 d_m。

在编码器和解码器的输入层通过线性变换获得单词的词嵌入。

$$\boldsymbol{e} = \boldsymbol{W}_{\mathrm{e}} \cdot \boldsymbol{w} \tag{26.26}$$

其中，$\boldsymbol{w}$ 是单词的独热向量，$\boldsymbol{e}$ 是单词的词嵌入，$\boldsymbol{W}_{\mathrm{e}}$ 是嵌入矩阵。嵌入矩阵在学习中自动获得。

编码器和解码器的输入层的每一个位置的输入向量是

$$\boldsymbol{e} + \boldsymbol{p} \tag{26.27}$$

其中，$\boldsymbol{e}$ 是该位置的词嵌入，$\boldsymbol{p}$ 是该位置的位置嵌入①。位置嵌入在学习中自动获得。

编码器和解码器的每一层的每一个位置的前馈网路是

$$\mathrm{ffn}(\boldsymbol{z}) = \boldsymbol{W}_2 \mathrm{relu}(\boldsymbol{W}_1 \boldsymbol{z} + \boldsymbol{b}_1) + \boldsymbol{b}_2 \tag{26.28}$$

其中，$\boldsymbol{W}_1$ 和 $\boldsymbol{W}_2$ 是权重矩阵，$\boldsymbol{b}_1$ 和 $\boldsymbol{b}_2$ 是偏置向量。

编码器和解码器的每一层的每一个位置的残差连接是

$$\boldsymbol{z} + f(\boldsymbol{z}) \tag{26.29}$$

其中，$f(\boldsymbol{z})$ 是注意力函数或前馈网络函数。

编码器和解码器的每一层的每一个位置的层归一化函数是

$$\mathrm{norm}(\boldsymbol{z}) = \gamma \frac{\boldsymbol{z} - u \cdot \boldsymbol{1}}{\sqrt{\sigma^2 + \varepsilon}} + \beta \cdot \boldsymbol{1} \tag{26.30}$$

其中，u 是均值，σ^2 是方差，γ 和 β 是参数，ε 是常量。

5. 编码器和解码器

Transformer 的编码器和解码器每一层的所有位置的表示向量用一个矩阵表示。编码器的输入是输入单词序列，编码器的输入层的计算可以写作

$$\boldsymbol{H}_{\mathrm{E}}^{(0)} = \boldsymbol{E}_{\mathrm{E}} + \boldsymbol{P}_{\mathrm{E}} \tag{26.31}$$

其中，$\boldsymbol{H}_{\mathrm{E}}^{(0)}$ 是输入层所有位置的输出，$\boldsymbol{E}_{\mathrm{E}}$ 是所有位置的词嵌入，$\boldsymbol{P}_{\mathrm{E}}$ 是所有位置的位置嵌入。

编码器的第 l 个编码层的多头自注意力子层和前馈网络子层计算可以写作

$$\boldsymbol{Z}_{\mathrm{E}}^{(l)} = \mathrm{norm}(\boldsymbol{H}_{\mathrm{E}}^{(l-1)} + \mathrm{multi\_attend}(\boldsymbol{H}_{\mathrm{E}}^{(l-1)}, \boldsymbol{H}_{\mathrm{E}}^{(l-1)}, \boldsymbol{H}_{\mathrm{E}}^{(l-1)})) \tag{26.32}$$

$$\boldsymbol{H}_{\mathrm{E}}^{(l)} = \mathrm{norm}(\boldsymbol{Z}_{\mathrm{E}}^{(l)} + \mathrm{ffn}(\boldsymbol{Z}_{\mathrm{E}}^{(l)})) \tag{26.33}$$

其中，$\boldsymbol{H}_{\mathrm{E}}^{(l)}$ 是第 l 个编码层的所有位置的输出，$\boldsymbol{H}_{\mathrm{E}}^{(l-1)}$ 是所有位置的输入，$\boldsymbol{Z}_{\mathrm{E}}{}^{(l)}$ 是中间结果；ffn() 和 norm() 的计算针对矩阵的每一列进行，multi_attend() 的计算针对矩阵整体进

① 在原始论文中，作者提出位置嵌入可以由经验公式决定或者通过学习得到。这里只介绍后者。

行。编码器的第 l 个编码层的所有位置的输出，即中间表示序列是 $\boldsymbol{H}_{\mathrm{E}}{}^{(l)}$。

解码器的输入是已生成的输出单词序列，解码器的输入层的计算可以写作

$$\boldsymbol{H}_{\mathrm{D}}^{(0)} = \boldsymbol{E}_{\mathrm{D}} + \boldsymbol{P}_{\mathrm{D}} \tag{26.34}$$

其中，$\boldsymbol{H}_{\mathrm{D}}^{(0)}$ 是输入层所有位置的输入，$\boldsymbol{E}_{\mathrm{D}}$ 是所有位置的词嵌入，$\boldsymbol{P}_{\mathrm{D}}$ 是所有位置的位置嵌入。

解码器的第 l 个解码层的多头自注意力子层、多头注意力子层、前馈网络子层的计算可以写作

$$\boldsymbol{I}_{\mathrm{D}}^{(l)} = \mathrm{norm}(\boldsymbol{H}_{\mathrm{D}}^{(l-1)} + \mathrm{multi\_attend}(\boldsymbol{H}_{\mathrm{D}}^{(l-1)}, \boldsymbol{H}_{\mathrm{D}}^{(l-1)}, \boldsymbol{H}_{\mathrm{D}}^{(l-1)})) \tag{26.35}$$

$$\boldsymbol{Z}_{\mathrm{D}}^{(l)} = \mathrm{norm}(\boldsymbol{I}_{\mathrm{D}}^{(l)} + \mathrm{multi\_attend}(\boldsymbol{I}_{\mathrm{D}}^{(l)}, \boldsymbol{H}_{\mathrm{E}}{}^{(L)}, \boldsymbol{H}_{\mathrm{E}}{}^{(L)})) \tag{26.36}$$

$$\boldsymbol{H}_{\mathrm{D}}^{(l)} = \mathrm{norm}(\boldsymbol{Z}_{\mathrm{D}}^{(l)} + \mathrm{ffn}(\boldsymbol{Z}_{\mathrm{D}}^{(l)})) \tag{26.37}$$

其中，$\boldsymbol{H}_{\mathrm{D}}^{(l)}$ 是第 l 个解码层的所有位置的输出，$\boldsymbol{H}_{\mathrm{D}}^{(l-1)}$ 是所有位置的输入，$\boldsymbol{Z}_{\mathrm{D}}^{(l)}$ 和 $\boldsymbol{I}_{\mathrm{D}}^{(l)}$ 是中间结果；ffn() 和 norm() 的计算针对矩阵的每一列进行，multi_attend() 的计算针对矩阵整体进行。多头自注意力进行了掩码处理。解码器的第 l 个解码层的所有位置的输出是 $\boldsymbol{H}_{\mathrm{D}}^{(l)}$，是已生成输出序列的表示。

解码器的输出层计算在当前第 i 个位置的条件概率，也就是下一个位置的单词出现的条件概率。

$$\boldsymbol{p}_i = \mathrm{softmax}(\boldsymbol{W}_{\mathrm{e}}^{\mathrm{T}} \cdot \boldsymbol{h}_{\boldsymbol{i}}^{(L)}) \tag{26.38}$$

其中，$\boldsymbol{h}_i^{(l)}$ 是 $\boldsymbol{H}_{\mathrm{D}}^{(l)}$ 的第 i 列也是最后一列的向量，$\boldsymbol{W}_e$ 是嵌入矩阵。

预测时，在每一个位置，基于输入单词序列和已生成的输出单词序列，根据式 (26.38) 计算下一个位置的单词出现的条件概率。通过贪心算法或束搜索算法决定整个输出单词序列。学习时，基于给定的输入单词序列和输出单词序列，在输出序列的每一个位置上进行并行训练，更新模型的参数。由于解码器使用掩码自注意力，可以保证学习基于自回归过程，每一步都只使用“过去”的数据而不是“未来”的数据。

Transformer 模型有三个超参数：编码器和解码器的层数 l、头的个数 h、模型的维度 d_m。通常取 $l=6$，$h=8$，$d_m=512$。

26.3.2 模型特点

Transformer 的主要特点是：①使用注意力进行表示的生成，包括编码、解码及编码器和解码器之间的信息传递；②用多头注意力增强表示能力；③用前馈网络进行非线性变换，以增强表示能力；④用残差连接增强表示能力；⑤解码器用掩码自注意力，以实现并行训练；⑥用位置编码表示序列的位置信息；⑦使用层归一化提高学习效率。

Transformer 有很强的语言表示能力，可以有效地表示输入单词序列和输出单词序列的局部特征和全局特征。在每一层每一个位置上单词的表示向量可以描述该单词在其上下文的内容，称为基于上下文的表示（contextualized representation）。表示向量整体可以刻画单词序列（句子）的层次化的语法和语义内容。多头注意力可以描述单词之间不同侧面的关系，位

置嵌入可以表示单词之间的顺序关系。图 26.12 显示 Transformer 编码器产生中间表示的过程。编码器的语言表示特点在第 27 章进一步介绍。

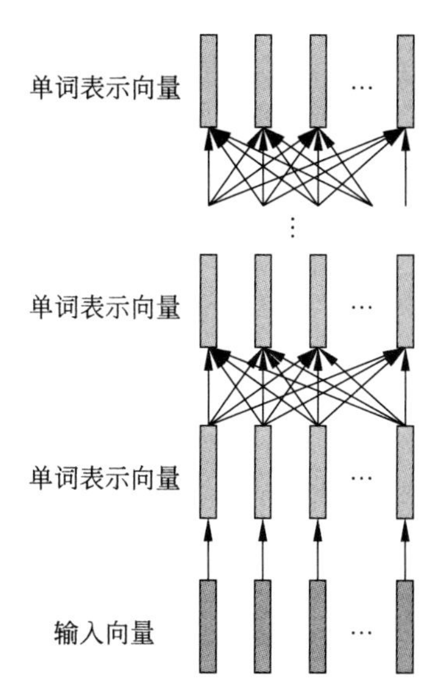

图 26.12 Transformer 编码器中的表示

Transformer 可以处理可变长的单词序列。模型的参数个数不随单词序列长度的变化而变化。注意力计算依赖于单词序列的内容，不依赖于单词序列的长度。前馈网络定义在单词序列的每一个位置上，在各个位置上重复使用。

Transformer 的学习可以进行并行处理，计算效率高。循环神经网络和卷积神经网络也可以以单词序列为输入生成中间表示序列。表 26.1 给出 Transformer、循环神经网络、卷积神经网络的每一层的计算复杂度。这里 n 是单词序列的长度，d 是表示向量的维度，k 是卷积神经网络的核的个数，通常 $n \ll d$。Transformer 在每一层的计算效率比循环神经网络和卷积神经网络更高。Transformer 和卷积神经网络可以进行并行计算，而循环神经网络不可以。

表 26.1 Transformer 与其他模型的计算复杂度比较

层的类型	每层计算复杂度	每层并行运算次数
Transformer（自注意力）	$O(n^2 \cdot d)$	$O(1)$
循环神经网络	$O(n \cdot d^2)$	$O(n)$
卷积神经网络	$O(k \cdot n \cdot d^2)$	$O(1)$

本章概要

1. 序列到序列学习是将一个输入的单词序列转换为另一个输出的单词序列的任务，是有条件的语言生成。

$$P(y_1, y_2, \cdots, y_n | x_1, x_2, \cdots, x_m) = \prod_{i=1}^{n} P(y_i | y_1, y_2, \cdots, y_{i-1}, x_1, x_2, \cdots, x_m)$$

2. 序列到序列模型由编码器和解码器组成。编码器将输入的单词序列转换成中间表示序列。解码器依次将中间表示序列转换成输出的单词序列。解码是自回归过程，编码可以是自回归过程也可以是非自回归过程。

序列到序列学习使用编码器和解码器联合训练、反向传播、强制教学，预测使用束搜索。

3. 对于序列到序列基本模型，编码器和解码器是循环神经网络，通常是 LSTM 和 GRU。编码器的状态是

$$\boldsymbol{h}_j = a\left(\boldsymbol{x}_j, \boldsymbol{h}_{j-1}\right), \quad j = 1, 2, \cdots, m$$

解码器的状态是

$$\boldsymbol{s}_i = a(\boldsymbol{y}_{i-1}, \boldsymbol{s}_{i-1}), \quad i = 1, 2, \cdots, n$$

解码器的输出是

$$\boldsymbol{p}_i = g(\boldsymbol{s}_i), \quad i = 1, 2, \cdots, n$$

编码器的最终状态 $\boldsymbol{h}_m$ 是解码器的初始状态 $\boldsymbol{s}_0$。

$$\boldsymbol{s}_0 = \boldsymbol{h}_m$$

4. 注意力是相似或相关向量检索的计算方法，可以用于多个单词组合的表示的计算。有键-值对的集合 $\{(\boldsymbol{k}_1, \boldsymbol{v}_1), (\boldsymbol{k}_2, \boldsymbol{v}_2), \cdots, (\boldsymbol{k}_n, \boldsymbol{v}_n)\}$ 和查询 $\boldsymbol{q}$ 都是实数向量。注意力计算是以 $\alpha(\boldsymbol{q}, \boldsymbol{k}_i)$ 为权重的值 $\boldsymbol{v}_i$ 的加权平均。

$$\boldsymbol{v} = \sum_{i=1}^{n} \alpha(\boldsymbol{q}, \boldsymbol{k}_i) \cdot \boldsymbol{v}_i$$

$$\alpha\left(\boldsymbol{q}, \boldsymbol{k}_i\right) = \frac{e\left(\boldsymbol{q}, \boldsymbol{k}_i\right)}{\sum\limits_{j=1}^{n} e\left(\boldsymbol{q}, \boldsymbol{k}_j\right)}$$

其中，$e\left(\boldsymbol{q}, \boldsymbol{k}_i\right)$ 是查询 $\boldsymbol{q}$ 和键 $\boldsymbol{k}_i$ 的相似度。有加法注意力和乘法注意力：

$$e\left(\boldsymbol{q}, \boldsymbol{k}_i\right) = \sigma\left(\boldsymbol{w}^{\mathrm{T}} \cdot [\boldsymbol{q}; \boldsymbol{k}_i] + b\right)$$

$$e\left(\boldsymbol{q}, \boldsymbol{k}_i\right) = \frac{\boldsymbol{q}^{\mathrm{T}} \cdot \boldsymbol{k}_i}{\sqrt{d}}$$

5. RNN Search 模型用双向 LSTM 实现编码，用单向 LSTM 实现解码，用注意力实现编码器到解码器的信息传递。在输出单词序列的每一个位置，通过注意力搜索到输入单词序列中的相关内容，以影响下一个位置的单词生成。

编码器的状态是

$$\boldsymbol{h}_j^{(1)} = a\left(\boldsymbol{x}_j, \boldsymbol{h}_{j-1}^{(1)}\right), \quad j = 1, 2, \cdots, m$$

$$\boldsymbol{h}_j^{(2)} = a\left(\boldsymbol{x}_j, \boldsymbol{h}_{j+1}^{(2)}\right), \quad j = m, m-1, \cdots, 1$$

$$\boldsymbol{h}_j = [\boldsymbol{h}_j^{(1)}; \boldsymbol{h}_j^{(2)}], \quad j = 1, 2, \cdots, m$$

解码器的状态是

$$\boldsymbol{s}_i = a(\boldsymbol{y}_{i-1}, \boldsymbol{s}_{i-1}, \boldsymbol{c}_i), \quad i = 1, 2, \cdots, n$$

解码器的输出是

$$\boldsymbol{p}_i = g(\boldsymbol{s}_i), \quad i = 1, 2, \cdots, n$$

通过注意力计算上下文向量 $\boldsymbol{c}_i$。注意力的查询是前一个位置的状态 $\boldsymbol{s}_{i-1}$，键和值是编码器的各个位置上的中间表示 $\boldsymbol{h}_j$。

$$\boldsymbol{c}_i = \sum_{j=1}^{m} \alpha_{ij} \boldsymbol{h}_j, \quad i = 1, 2, \cdots, n$$

$$\alpha_{ij} = \frac{\exp(e_{ij})}{\sum_{k=1}^{m} \exp(e_{ik})}, \quad i = 1, 2, \cdots, n, \ j = 1, 2, \cdots, m$$

$$e_{ij} = \sigma\left(\boldsymbol{w}^{\mathrm{T}} \cdot [\boldsymbol{s}_{i-1}; \boldsymbol{h}_j] + b\right), \quad i = 1, 2, \cdots, n, \ j = 1, 2, \cdots, m$$

6. Transformer 是完全基于注意力机制的序列到序列学习模型。使用注意力实现编码、解码及编码器和解码器之间的信息传递。

Transformer 主要使用以下技术：①基于注意力的编码、解码、编解码信息传递；②多头注意力；③前馈神经网络；④残差连接；⑤掩码自注意力；⑥位置编码；⑦层归一化。

Transformer 拥有非常简单的结构。编码器的输入是输入单词序列，编码器的输入层是

$$\boldsymbol{H}_{\mathrm{E}}{}^{(0)} = \boldsymbol{E}_{\mathrm{E}} + \boldsymbol{P}_{\mathrm{E}}$$

编码器的第 l 个编码层由多头自注意力子层和前馈网络子层组成：

$$\boldsymbol{Z}_{\mathrm{E}}{}^{(l)} = \mathrm{norm}(\boldsymbol{H}_{\mathrm{E}}{}^{(l-1)} + \mathrm{multi\_head}(\boldsymbol{H}_{\mathrm{E}}{}^{(l-1)}, \boldsymbol{H}_{\mathrm{E}}{}^{(l-1)}, \boldsymbol{H}_{\mathrm{E}}{}^{(l-1)}))$$

$$\boldsymbol{H}_{\mathrm{E}}{}^{(l)} = \mathrm{norm}(\boldsymbol{Z}_{\mathrm{E}}{}^{(l)} + \mathrm{forward}(\boldsymbol{Z}_{\mathrm{E}}{}^{(l)}))$$

解码器的输入是已生成的输出单词序列，解码器的输入层是

$$\boldsymbol{H}_{\mathrm{D}}^{(0)} = \boldsymbol{E}_{\mathrm{D}} + \boldsymbol{P}_{\mathrm{D}}$$

解码器的第 l 个解码层由多头自注意力子层、多头注意力子层、前馈网络子层组成：

$$\boldsymbol{I}_{\mathrm{D}}^{(l)} = \mathrm{norm}(\boldsymbol{H}_{\mathrm{D}}^{(l-1)} + \mathrm{multi\_head}(\boldsymbol{H}_{\mathrm{D}}^{(l-1)}, \boldsymbol{H}_{\mathrm{D}}^{(l-1)}, \boldsymbol{H}_{\mathrm{D}}^{(l-1)}))$$

$$\boldsymbol{Z}_{\mathrm{D}}^{(l)} = \mathrm{norm}(\boldsymbol{I}_{\mathrm{D}}^{(l)} + \mathrm{multi\_head}(\boldsymbol{I}_{\mathrm{D}}^{(l)}, \boldsymbol{H}_{\mathrm{E}}{}^{(L)}, \boldsymbol{H}_{\mathrm{E}}{}^{(L)}))$$

$$\boldsymbol{H}_{\mathrm{D}}^{(l)} = \mathrm{norm}(\boldsymbol{Z}_{\mathrm{D}}^{(l)} + \mathrm{forward}(\boldsymbol{Z}_{\mathrm{D}}^{(l)})$$

解码器的输出层计算下一个位置单词出现的条件概率。

$$\boldsymbol{p}_i = \mathrm{softmask}(\boldsymbol{W}_O \cdot \boldsymbol{h}_i^{(L)})$$

Transformer 有很强的语言表示能力，可以处理可变长的单词序列，学习可以进行并行处理。

7. 多头注意力是指多个并列的注意力计算。设 $\boldsymbol{Q}$ 是查询矩阵，$\boldsymbol{K}$ 是键矩阵，$\boldsymbol{V}$ 是值矩阵。多头注意力是

$$\text{multi\_head}\left(\boldsymbol{Q},\boldsymbol{K},\boldsymbol{V}\right)=\boldsymbol{W}_o\cdot\text{concate}\left(\boldsymbol{U}_1,\boldsymbol{U}_2,\cdots\boldsymbol{U}_h\right)$$

$$\boldsymbol{U}_i=\text{attend}\left(\boldsymbol{W}_Q^{(i)}\boldsymbol{Q},\boldsymbol{W}_K^{(i)}\boldsymbol{K},\boldsymbol{W}_V^{(i)}\boldsymbol{V}\right),\quad i=1,2,\cdots,h$$

多头注意力利用多个不同的子空间中的注意力实现从多个侧面对单词序列的表示。

继续阅读

进一步了解序列到序列模型可参阅文献 [1]～文献 [3]。基本模型、RNN Search、Transformer 的原始论文分别是文献 [4] 和文献 [5]、文献 [6]、文献 [7]。这些工作是关于机器翻译的，对话生成的工作见文献 [8]，摘要的工作见文献 [9] 和文献 [10]，最后的两个模型中导入了复制（copy）机制。

习　题

26.1　设计由 4 层 LSTM 组成的序列到序列的基本模型，写出其公式。

26.2　比较基本模型和 RNN Search 的异同。

26.3　写出多头自注意力的对损失函数的求导公式。

26.4　设计一个基于 CNN 的序列到序列模型。

26.5　写出 6 层编码器和 6 层解码器组成的 Transformer 的所有参数。

参考文献

[1] GOODFELLOW I, BENGIO Y, COURVILLE A. Deep learning[M]. MIT Press, 2016.

[2] 阿斯顿・张，李沐，扎卡里・立顿，等. 动手学深度学习 [M]. 北京：人民邮电出版社，2019.

[3] 邱锡鹏. 神经网络与深度学习 [M]. 北京：机械工业出版社，2020.

[4] SUTSKEVER I, VINYALS O, LE Q V. Sequence to sequence learning with neural networks[J]. Advances in Neural Information Processing Systems, 2014: 3104-3112.

[5] CHO K, VAN MERRIËNBOER B, GULCEHRE C, et al. Learning phrase representations using RNN encoder–decoder for statistical machine translation[C]//The Conference on Empirical Methods in Natural Language Processing (EMNLP). 2014: 1724-1734.

[6] BAHDANAU D, CHO K, BENGIO Y. Neural machine translation by jointly learning to align and translate[C]//The 3rd International Conference on Learning Representations (ICLR), 2015.

[7] VASWANI A, SHAZEER N, PARMAR N, et al. Attention is all you need[J]. Advances in Neural Information Processing Systems, 2017: 5998-6008.

[8] SHANG L, LU Z, LI H. Neural responding machine for short-text conversation[C]//Proceedings of the 53rd Annual Meeting of the Association for Computational Linguistics and the 7th International Joint Conference on Natural Language Processing. 2015: 1577-1586.

[9] GU J, LU Z, LI H, et al. Incorporating copying mechanism in sequence-to-sequence learning[C]//Proceedings of the 54th Annual Meeting of the Association for Computational Linguistics. 2016: 1631-1640.

[10] SEE A, LIU P J, MANNING C D. Get to the point: Summarization with pointer-generator networks[C]//Proceedings of the 55th Annual Meeting of the Association for Computational Linguistics. 2017: 1073-1083.

第 27 章　预训练语言模型

在自然语言处理中事先使用大规模语料学习基于 Transformer 等的语言模型，之后用于各种任务的学习和预测，称这种模型为预训练语言模型（pretrained language model）。代表性的模型有 BERT（bidirectional encoder representations from Transformers）和 GPT（generative pre-training）。BERT 的模型是 Transformer 的编码器。首先在预训练中使用大规模语料通过掩码语言模型化的方式估计模型的参数，之后在微调中使用具体任务的标注数据对参数进行进一步调节。前者的过程是无监督学习①，后者的过程是监督学习。GPT 的模型是 Transformer 的解码器，预训练通过一般的语言模型化方式进行。

BERT 和 GPT 具有很强的表示自然语言的能力，通过其多层多头自注意力等机制以及在大规模数据上的训练能够有效地表示自然语言的词汇、句法、语义信息，目前已经分别成为语言理解和语言生成的核心技术。Radford 等于 2018 年发表了 GPT，还有之后的改进和增强版 GPT-2 和 GPT-3。Devlin 等于 2019 年发表了 BERT。

本章 27.1 节讲解 GPT 的模型和学习，27.2 节讲解 BERT 的模型和学习。

27.1　GPT 模型

GPT 及其后续版本是有代表性的预训练语言模型，适合于语言生成。本节首先给出预训练语言模型的概述，然后叙述 GPT 模型及其学习算法，最后总结 GPT 模型的特点。

27.1.1　预训练语言模型

在实际应用中使用的深度学习主要还是监督学习，如在自然语言处理中的文本分类、文本序列标注。在具体的任务中需要有标注数据，普遍规律是标注数据质量越高和数量越大，学到的模型的准确率就越高。但问题是数据的标注成本通常很高，实际应用中往往很难获取大量的高质量标注数据。另外，不同的任务需要不同的标注数据，标注数据在任务之间很难通用。预训练语言模型是为解决这个问题而开发的用于自然语言处理的深度学习方法。

预训练语言模型的基本想法如下：基于神经网络，如 Transformer 的编码器或解码器（见第 26 章），实现语言模型，以计算语言的生成概率。首先使用大规模的语料通过无监督学习的方式学习模型的参数，称为预训练（pre-training），得到的模型可以有效地表示自然语言的

① 这种学习方式也被称为自监督学习（self-supervised learning）。自监督学习并没有严格的定义，这里仍使用无监督学习。

特征；之后将模型用于一个具体任务，使用少量的标注数据通过监督学习的方式进一步学习模型的参数，称为微调（fine tuning），任务称为下游任务（downstream task）。预训练使用通用的语料统一进行，微调使用各个下游任务的标注数据分别进行。微调（下游任务）的模型有时在预训练模型的基础上增加新的参数。

Transformer 具有强大的语言表示能力，大规模语料包含丰富的语言表达（这样的无标注数据可以较容易地获取），加之大规模深度学习的训练系统变得越来越高效，所以学习得到的预训练语言模型可以有效地表示语言的词汇、句法和语义特征。这样，当预训练语言模型用于下游任务时，只需要标注少量的数据训练就可以达到很高的准确率。预训练语言模型已成为当前语言理解和语言生成的核心技术。

有代表性的预训练语言模型有 GPT 和 BERT。表 27.1 比较了 GPT 和 BERT 的主要特点，其主要区别在于模型的架构和预训练方式。

表 27.1　GPT 和 BERT 的比较

	GPT	BERT
语言模型类型	单向语言模型	双向语言模型
模型架构	Transformer 解码器	Transformer 编码器
预训练方式	语言模型化	掩码语言模型化
预训练原理	序列概率估计	去噪自动编码器
下游任务	语言理解、语言生成	语言理解

GPT 是单向语言模型（unidirectional language model），从一个方向对单词序列建模，方向为从左到右或者从右到左，由 Transformer 的解码器实现。假设有单词序列 $\boldsymbol{x} = x_1, x_2, \cdots, x_n$，在单词序列的各个位置上，单向语言模型具有以下单词生成的条件概率：

$$P\left(x_i | x_1, x_2, \cdots, x_{i-1}\right), \quad i = 1, 2, \cdots, n \tag{27.1}$$

每一个位置的单词依赖于之前位置的单词。可以使用单向语言模型计算单词序列 $\boldsymbol{x} = x_1, x_2, \cdots, x_n$ 的生成概率。

BERT 是双向语言模型（bidirectional language model），从两个方向同时对单词序列建模，由 Transformer 的编码器实现。在单词序列的各个位置上，双向语言模型具有以下单词生成的条件概率：

$$P\left(x_i | x_1, \cdots, x_{i-1}, x_{i+1}, \cdots, x_n\right), \quad i = 1, 2, \cdots, n \tag{27.2}$$

每一个位置的单词依赖于之前位置和之后位置的单词。不可以使用双向语言模型直接计算单词序列 $\boldsymbol{x} = x_1, x_2, \cdots, x_n$ 的生成概率。

GPT 的预训练通过语言模型化（language modeling）的方式进行，基于序列概率估计。对给定的单词序列 $\boldsymbol{x} = x_1, x_2, \cdots, x_n$，计算以下负对数似然函数或交叉熵，并通过其最小化估计模型的参数。

$$-\log P(\boldsymbol{x}) = -\sum_{i=1}^{n} \log P_{\boldsymbol{\theta}}\left(x_i | x_1, x_2, \cdots, x_{i-1}\right) \tag{27.3}$$

其中，$\boldsymbol{\theta}$ 表示 GPT 模型的参数。

BERT 的预训练主要通过掩码语言模型化（mask language modeling）的方式进行，可以认为基于后叙去噪自动编码器。假设单词序列 $\boldsymbol{x}=x_1,x_2,\cdots,x_n$ 中有若干个单词被随机掩码，也就是被改为特殊字符 <mask>，得到掩码单词序列 $\tilde{\boldsymbol{x}}$，假设被掩码的几个单词是 $\bar{\boldsymbol{x}}$。计算以下负对数似然函数，并通过其最小化估计模型的参数。

$$-\log P\left(\bar{\boldsymbol{x}}|\tilde{\boldsymbol{x}}\right)\approx-\sum_{i=1}^{n}\delta_i\log P_{\boldsymbol{\theta}}\left(x_i|\tilde{\boldsymbol{x}}\right)\tag{27.4}$$

其中，$\boldsymbol{\theta}$ 表示 BERT 模型的参数；δ_i 取值为 1 或 0，表示是否对位置 i 的单词进行掩码处理。

GPT 适合于语言生成，也可以用于语言理解。BERT 只能用于语言理解。语言理解是指对自然语言进行分析的处理，如文本分类、文本匹配、文本序列标注。语言生成是指产生自然语言的处理，可以是无条件的，也可以是有条件的，基于语言、图像等输入，如机器翻译、图像标题生成。

27.1.2 模型和学习

1. 模型

GPT 是生成式预训练（generative pre-training）的缩写。GPT 的模型基于 Transformer 的解码器[①]，是单向语言模型。GPT 的预训练就是语言模型化，使用大规模语料基于序列概率估计原理进行模型的参数估计，学习的目标是预测给定单词序列中的每一个单词。学习和预测都是自回归过程（autoregressive process）。

GPT 模型有以下结构。输入是单词序列 $x_1,x_2,\cdots,x_n$，可以是一个句子或一段文章。首先经过输入层，产生初始的单词表示向量的序列，记作矩阵 $\boldsymbol{H}^{(0)}$：

$$\boldsymbol{H}^{(0)}=\boldsymbol{X}+\boldsymbol{E}\tag{27.5}$$

其中，矩阵 $\boldsymbol{X}$ 表示单词的词嵌入（表示单词的实数向量）的序列 $\boldsymbol{X}=(\boldsymbol{x}_1,\boldsymbol{x}_2,\cdots\boldsymbol{x}_n)$，矩阵 $\boldsymbol{E}$ 表示单词的位置嵌入（表示位置的实数向量）的序列 $\boldsymbol{E}=(\boldsymbol{e}_1,\boldsymbol{e}_2,\cdots\boldsymbol{e}_n)$。$\boldsymbol{X},\boldsymbol{E},\boldsymbol{H}^{(0)}$ 是 $d\times n$ 矩阵，设词嵌入和位置嵌入向量的维度是 d。图 27.1 显示的是 GPT 模型输入层的计算。

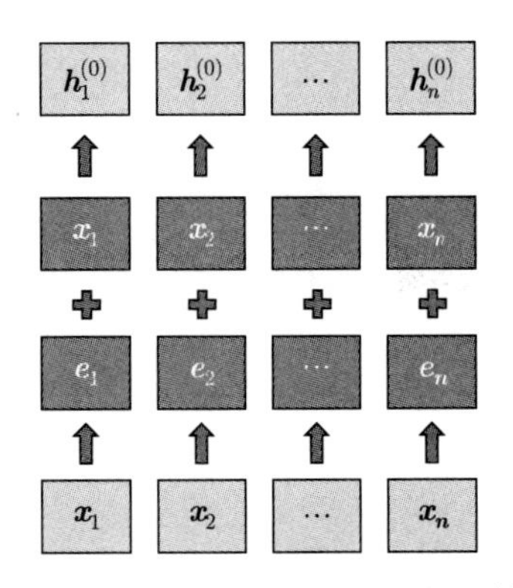

图 27.1 GPT 模型输入层的计算

① 这里的 Transformer 解码器的每一层只包含自注意力子层和前馈网络子层，不包含编码器和解码器之间的注意力子层。

之后经过 L 个解码层，得到单词表示向量的序列，记作矩阵 $\boldsymbol{H}^{(L)}$：

$$\boldsymbol{H}^{(L)} = \text{transformer\_decoder}(\boldsymbol{H}^{(0)}) \tag{27.6}$$

具体地，

$$\boldsymbol{H}^{(L)} = \left(\boldsymbol{h}_1^{(L)}, \boldsymbol{h}_2^{(L)}, \cdots, \boldsymbol{h}_n^{(L)}\right)$$

其中，$\boldsymbol{h}_i^{(L)}$ 是第 i 个位置的单词表示向量。GPT 模型中，在每一层，每一个位置的表示向量是该位置的单词基于之前位置的上下文的表示（contextualized representation）。注意：一般的词向量是不依赖于上下文的表示（见第 25 章）。

GPT 模型的输出是在单词序列各个位置上的条件概率，第 i 个位置的单词的条件概率 p_i 定义为

$$P_{\boldsymbol{\theta}}\left(x_i|x_1, x_2, \cdots, x_{i-1}\right) = \text{softmax}(\boldsymbol{W}_x^{\mathrm{T}}\boldsymbol{h}_i^{(L)}) = \frac{\exp(\boldsymbol{w}_{x_i}^{\mathrm{T}} \cdot \boldsymbol{h}_i^{(L)})}{\sum\limits_{x_i'} \exp(\boldsymbol{w}_{\boldsymbol{x}_i'}^{\mathrm{T}} \cdot \boldsymbol{h}_{\boldsymbol{i}}^{(L)})} \tag{27.7}$$

其中，$x_1, x_2, \cdots, x_{i-1}$ 是之前位置的单词序列，x_i 是当前位置的单词，$\boldsymbol{W}_x$ 表示所有单词的权重矩阵，$\boldsymbol{\theta}$ 表示模型的参数。

图 27.2 显示的是 GPT 模型的架构，其中输入层进行式 (27.5) 的计算，解码层整体进行式 (27.6) 的计算，输出层进行式 (27.7) 的计算。GPT 利用 Transformer 解码器对语言的内容进行层次化的组合式的表示。

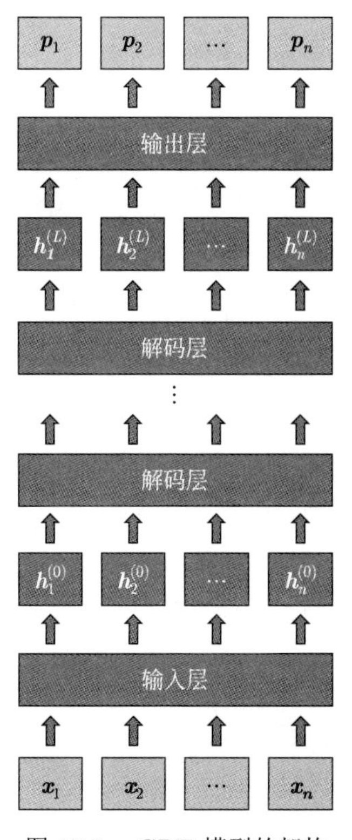

图 27.2　GPT 模型的架构

GPT 中解码层的多头自注意力都是单向的，也就是各个位置的单词只针对之前所有位置的单词进行自注意力计算。

GPT 模型有三个超参数：解码层的层数 L、头的个数 h、模型的维度 d。取 $L=12$，$h=12$，$d=768$。输入单词序列的最大长度一般是 128。

2. 预训练

预训练时，估计模型的参数，使模型对单词序列数据有准确的预测。损失函数是负对数似然函数或交叉熵 (式 (27.3))。

$$L_{\mathrm{PT}} = -\sum_{i=1}^{n} \log P_{\boldsymbol{\theta}}\left(x_i | x_1, x_2, \cdots, x_{i-1}\right) \tag{27.8}$$

其中，$\boldsymbol{\theta}$ 是模型的参数，通过预训练估计得到，作为下游任务模型的初始值。整个预训练通过 Transformer 解码器的学习进行，包括强制教学、掩码注意力、反向传播。

3. 微调

微调时，进一步调节参数，使模型对下游任务有准确的预测。假设下游任务是文本分类，输入是单词序列 $\boldsymbol{x}' = x_1, x_2, \cdots, x_m$，输出是类别 y，计算条件概率 $P\left(y | x_1, x_2, \cdots, x_m\right)$：

$$P_{\boldsymbol{\theta},\boldsymbol{\phi}}\left(y | x_1, x_2, \cdots, x_m\right) = \mathrm{softmax}(\boldsymbol{W}_y^{\mathrm{T}} \boldsymbol{h}_m^{(L)}) = \frac{\exp(\boldsymbol{w}_y^{\mathrm{T}} \cdot \boldsymbol{h}_m^{(L)})}{\sum_{y'} \exp(\boldsymbol{w}_{y'}^{\mathrm{T}} \cdot \boldsymbol{h}_m^{(L)})} \tag{27.9}$$

其中，$\boldsymbol{h}_m^{(L)}$ 是第 L 个解码层最后位置的单词的表示向量，$\boldsymbol{W}_y$ 是类别的权重矩阵，$\boldsymbol{\phi}$ 表示分类的参数。

损失函数包括两部分（λ 是系数）：

$$L_{\mathrm{FT}} = L_{\mathrm{CLS}} + \lambda \cdot L_{\mathrm{LM}} \tag{27.10}$$

一个是分类的损失函数：

$$L_{\mathrm{CLS}} = -\log P_{\boldsymbol{\theta},\boldsymbol{\phi}}(y | \boldsymbol{x}') \tag{27.11}$$

另一个是语言模型化的损失函数：

$$L_{\mathrm{LM}} = -\sum_{j=1}^{m} \log P_{\boldsymbol{\theta}}\left(x_j | x_1, x_2, \cdots, x_{j-1}\right) \tag{27.12}$$

前者是微调的主要部分。微调中，预训练模型的参数 $\boldsymbol{\theta}$ 作为初始值，在这个过程中得到进一步学习，同时分类的参数 $\boldsymbol{\phi}$ 也得到学习。

如果下游任务是生成，针对输入单词序列是 $x_1, x_2, \cdots, x_m$，进一步调节模型的参数，使得模型对之有准确的预测。损失函数只有语言模型化的部分。

$$L_{\mathrm{FT}} = L_{\mathrm{LM}}$$

4. 模型特点

GPT 的模型是单向语言模型，而不是双向语言模型。学习（预训练）和预测的过程都是自回归的，保证学习和预测的一致。可用于语言生成，而用于语言理解时不具备优势。因为语言理解中，输入是一个句子或一段文章，从两个方向同时对语言建模更加合理。BERT 可以解决这个问题。

27.2 BERT 模型

BERT 及其扩展版本是常用的预训练语言模型，适合于语言理解任务。BERT 的预训练使用掩码语言模型化，可以认为是一种去噪自动编码器的学习。本节首先介绍自动编码器和去噪自动编码器，之后叙述 BERT 的模型和学习算法，最后总结 BERT 模型的特点。

27.2.1 去噪自动编码器

1. 自动编码器

自动编码器（auto encoder）是用于数据表示的无监督学习的一种神经网络。自动编码器由编码器网络和解码器网络组成。学习时，编码器将输入向量 $\boldsymbol{x}$ 转换为中间表示向量 $\boldsymbol{z}$，解码器再将中间表示向量 $\boldsymbol{z}$ 转换为输出向量 $\boldsymbol{y}$。假设 $\boldsymbol{x}$ 和 $\boldsymbol{y}$ 的维度相同，而 $\boldsymbol{z}$ 的维度远低于 $\boldsymbol{x}$ 和 $\boldsymbol{y}$ 的维度。学习的目标是尽量使输出向量 $\boldsymbol{y}$ 和输入向量 $\boldsymbol{x}$ 保持一致，或者说重建输入向量 $\boldsymbol{x}$。认为学到的中间表示向量 $\boldsymbol{z}$ 就是数据 $\boldsymbol{x}$ 的表示。图 27.3 显示自动编码器的架构。

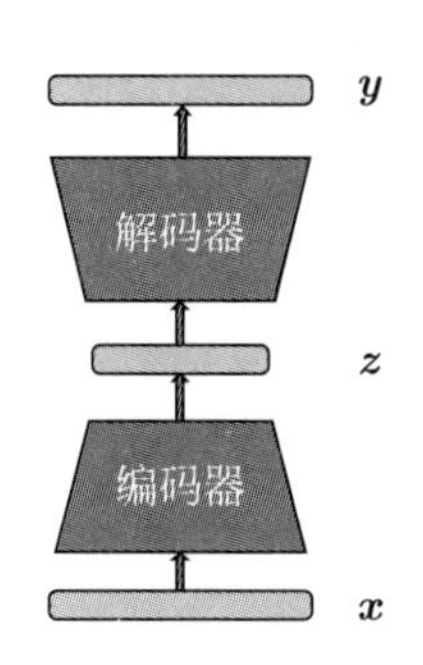

图 27.3 自动编码器的架构

最基本的情况下，编码器和解码器分别都是一层神经网络，编码器是

$$\boldsymbol{z}=F(\boldsymbol{x})=a(\boldsymbol{W}_{\mathrm{E}}\boldsymbol{x}+\boldsymbol{b}_{\mathrm{E}}) \tag{27.13}$$

其中，$\boldsymbol{W}_{\mathrm{E}}$ 是权重矩阵，$\boldsymbol{b}_{\mathrm{E}}$ 是偏置向量，$a(\cdot)$ 是激活函数。解码器是

$$\boldsymbol{y}=G(\boldsymbol{z})=a(\boldsymbol{W}_{\mathrm{D}}\boldsymbol{z}+\boldsymbol{b}_{\mathrm{D}}) \tag{27.14}$$

其中，$\boldsymbol{W}_{\mathrm{D}}$ 是权重矩阵，$\boldsymbol{b}_{\mathrm{D}}$ 是偏置向量，$a(\cdot)$ 是激活函数。有时假设 ${\boldsymbol{W}_{\mathrm{E}}}^{\mathrm{T}}=\boldsymbol{W}_{\mathrm{D}}$ 成立。可见以上的自动编码器是一种特殊的前馈神经网络。

学习时，目标函数是

$$L=\frac{1}{N}\sum_{i=1}^{N}L(\boldsymbol{x}_i,\boldsymbol{y}_i)=\frac{1}{N}\sum_{i=1}^{N}L(\boldsymbol{x}_i,G(F(\boldsymbol{x}_i))) \tag{27.15}$$

其中，N 是样本容量；$L(\boldsymbol{x}_i,\boldsymbol{y}_i)$ 是损失函数，比如平方损失：

$$L(\boldsymbol{x},\boldsymbol{y}) = ||\boldsymbol{x}-\boldsymbol{y}||^2$$

学习的算法一般是梯度下降。

自动编码器学习实际进行的是对数据的压缩（编码），得到的中间表示能有效地刻画数据的特征。因为通过解压（解码）可以得到原始数据的近似，说明中间表示保留了数据中的主要信息。

预测时，通常用编码器将新的输入向量 $\boldsymbol{x}'$ 转换为中间表示向量 $\boldsymbol{z}'$。

$$\boldsymbol{z}' = F(\boldsymbol{x}') = a(\boldsymbol{W}_{\mathrm{E}}\boldsymbol{x}' + \boldsymbol{b}_{\mathrm{E}}) \tag{27.16}$$

自动编码器可以用于数据的压缩、聚类等应用。

当编码器和解码器都是线性函数时，即 $F(\boldsymbol{x}) = \boldsymbol{W}_{\mathrm{E}}\boldsymbol{x}$，$G(\boldsymbol{z}) = \boldsymbol{W}_{\mathrm{D}}\boldsymbol{z}$ 时，可以通过主成分分析（见第 16 章）学习自动编码器。也就是说主成分分析是自动编码器的一种特殊情况。证明留作习题。

2. 去噪自动编码器

去噪自动编码器（denoising autoencoder）是自动编码器的扩展，学习时在输入中加入随机噪声，以学到稳健的自动编码器。去噪自动编码器不仅可以用于数据表示学习，而且可以用于数据去噪。

学习时，首先根据条件概率分布 $P(\tilde{\boldsymbol{x}}|\boldsymbol{x})$ 对输入向量 $\boldsymbol{x}$ 进行随机变换，得到有噪声的输入向量 $\tilde{\boldsymbol{x}}$。比如随机地选取 $\boldsymbol{x}$ 的一些元素将其置为 0，然后以 $\tilde{\boldsymbol{x}}$ 为输入学习自动编码器。编码器将有噪声的输入向量 $\tilde{\boldsymbol{x}}$ 转换为中间表示向量 $\boldsymbol{z}$，解码器再将中间表示向量 $\boldsymbol{z}$ 转换为输出向量 $\boldsymbol{y}$。学习的目标是尽量使输出向量 $\boldsymbol{y}$ 和原始输入向量 $\boldsymbol{x}$ 保持一致，或者说重建原始输入向量 $\boldsymbol{x}$，比如复原 $\tilde{\boldsymbol{x}}$ 的置为 0 的元素的值。最基本的情况下，编码器、解码器、目标函数分别是

$$\boldsymbol{z} = F(\boldsymbol{x}) = a(\boldsymbol{W}_{\mathrm{E}}\tilde{\boldsymbol{x}} + \boldsymbol{b}_{\mathrm{E}}) \tag{27.17}$$

$$\boldsymbol{y} = G(\boldsymbol{z}) = a(\boldsymbol{W}_{\mathrm{D}}\boldsymbol{z} + \boldsymbol{b}_{\mathrm{D}}) \tag{27.18}$$

$$L = \frac{1}{N}\sum_{i=1}^{N} L(\boldsymbol{x}_i,\boldsymbol{y}_i) = \frac{1}{N}\sum_{i=1}^{N} L(\boldsymbol{x}_i, G(F(\tilde{\boldsymbol{x}}_i))) \tag{27.19}$$

因为学习的目标是排除噪声的干扰重建数据，去噪自动编码器能更有效地学到数据的主要特征。

预测时，用编码器将新的输入向量 $\boldsymbol{x}'$ 转换为中间表示向量 $\boldsymbol{z}'$，或者进一步用解码器将中间表示变量 $\boldsymbol{z}'$ 转换为输出向量 $\boldsymbol{y}'$。

$$\boldsymbol{z}' = F(\boldsymbol{x}') = a(\boldsymbol{W}_{\mathrm{E}}\boldsymbol{x}' + \boldsymbol{b}_{\mathrm{E}}) \tag{27.20}$$

$$\boldsymbol{y}' = G(\boldsymbol{z}') = a(\boldsymbol{W}_{\mathrm{D}}\boldsymbol{z}' + \boldsymbol{b}_{\mathrm{D}}) \tag{27.21}$$

如果输入向量 $\boldsymbol{x}'$ 是含有噪声的数据，那么 $\boldsymbol{y}'$ 就是去噪后的数据。用去噪自动编码器可以对数据去噪。

27.2.2 模型和学习

1. 模型

BERT 是双向 Transformer 编码器表示（bidirectional encoder representations from Transformers）的缩写。BERT 的模型基于 Transformer 的编码器，是双向语言模型。BERT 的预训练主要是掩码语言模型化，使用大规模语料基于去噪自动编码器原理进行模型的参数估计，学习的目标是复原给定的掩码单词序列中被掩码的每一个单词。学习和预测都是非自回归过程（non-autoregressive process）。

BERT 模型有以下结构。输入是两个合并的单词序列。

$$<\text{cls}>, x_1, x_2, \cdots, x_{m-1}, <\text{sep}>, x_{m+1}, x_{m+2}, \cdots, x_{m+n-1}, <\text{sep}>$$

其中，$x_1, x_2, \cdots, x_{m-1}$ 是第一个单词序列，$x_{m+1}, x_{m+2}, \cdots, x_{m+n-1}$ 是第二个单词序列，<cls> 是表示类别的特殊字符，<sep> 是表示序列分割的特殊字符，合并的单词序列共有 $m+n+1$ 个单词和字符。每一个单词序列是一个句子或一段文章。首先经过输入层，产生初始的单词表示向量的序列，记作矩阵 $\boldsymbol{H}^{(0)}$：

$$\boldsymbol{H}^{(0)} = \boldsymbol{X} + \boldsymbol{S} + \boldsymbol{E} \tag{27.22}$$

其中，矩阵 $\boldsymbol{X}$ 表示单词的词嵌入的序列 $\boldsymbol{X} = (\boldsymbol{x}_0, \boldsymbol{x}_1, \cdots, \boldsymbol{x}_{m+n})$；矩阵 $\boldsymbol{E}$ 表示单词的位置嵌入的序列 $\boldsymbol{E} = (\boldsymbol{e}_0, \boldsymbol{e}_1, \cdots, \boldsymbol{e}_{m+n})$；矩阵 $\boldsymbol{S}$ 是区别前后单词序列的标记序列 $\boldsymbol{S} = (\boldsymbol{a}, \boldsymbol{a}, \cdots \boldsymbol{a}, \boldsymbol{b}, \boldsymbol{b}, \cdots, \boldsymbol{b})$，含有 $m+1$ 个向量 $\boldsymbol{a}$ 和 n 个向量 $\boldsymbol{b}$。$\boldsymbol{X}, \boldsymbol{E}, \boldsymbol{S}, \boldsymbol{H}^{(0)}$ 是 $d \times (m+n+1)$ 矩阵，设词嵌入、位置嵌入、标记向量的维度是 d。图 27.4 显示的是 BERT 模型输入层的计算。

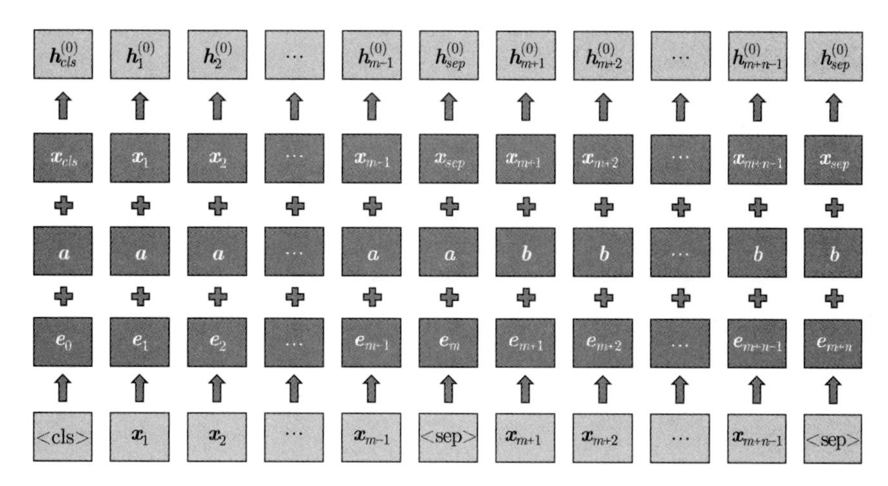

图 27.4 BERT 模型输入层的计算

使用拼接的单词序列（两个单词序列）作为输入是让 BERT 不仅能用于以一个文本为输入的任务，如文本分类，也能用于以两个文本为输入的任务，如文本匹配。

之后经过 L 个编码层，得到单词的表示向量的序列，记作 $\boldsymbol{H}^{(L)}$：

$$\boldsymbol{H}^{(L)} = \text{transformer\_encoder}(\boldsymbol{H}^{(0)}) \tag{27.23}$$

具体地，

$$\boldsymbol{H}^{(L)}=\left(\boldsymbol{h}_0^{(L)},\boldsymbol{h}_1^{(L)},\cdots,\boldsymbol{h}_{m+n}^{(L)}\right)$$

其中，$\boldsymbol{h}_i^{(L)}$ 是第 i 个位置的单词的表示向量。BERT 模型中，在每一层，每一个位置的表示向量是该位置的单词基于之前位置和之后位置的上下文的表示（contextualized representation）。

BERT 模型的输出是在合并的单词序列的各个位置上的条件概率，第 i 个位置的单词（包括特殊字符）的条件概率 p_i 定义为

$$P_{\boldsymbol{\theta}}(x_i|x_0,\cdots,x_{i-1},x_{i+1},\cdots,x_{m+n})=\operatorname{softmax}\left(\boldsymbol{W}_x^{\mathrm{T}}\boldsymbol{h}_i^{(L)}\right)=\frac{\exp(\boldsymbol{w}_{x_i}^{\mathrm{T}}\cdot\boldsymbol{h}_i^{(L)})}{\sum\limits_{x_i'}\exp(\boldsymbol{w}_{\boldsymbol{x}_i'}^{\mathrm{T}}\cdot\boldsymbol{h}_i^{(L)})} \tag{27.24}$$

其中，$x_0,\cdots,x_{i-1},x_{i+1},\cdots,x_{m+n}$ 是其他位置的单词，x_i 是当前位置的单词，$\boldsymbol{W}_x$ 表示所有单词的权重矩阵，$\boldsymbol{\theta}$ 表示模型的参数。

图 27.4 显示的是 BERT 模型的架构，其中输入层进行式 (27.22) 的计算，编码层整体进行式 (27.23) 的计算，输出层进行式 (27.24) 的计算。BERT 利用 Transformer 编码器对语言的内容进行层次化的组合式的表示。

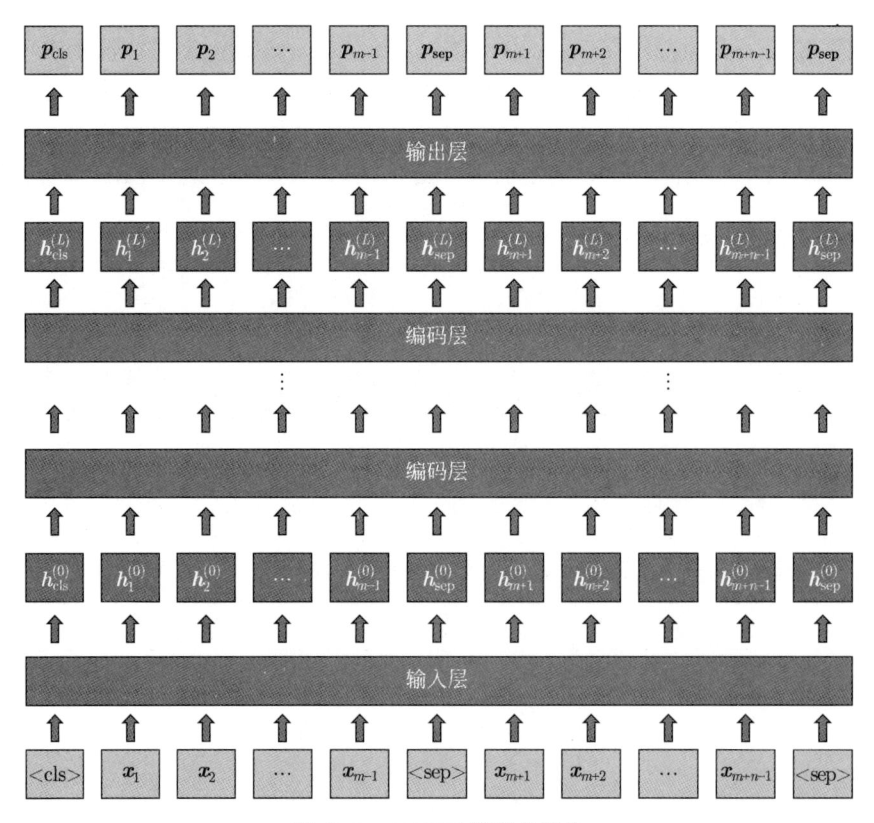

图 27.5 BERT 模型的架构

BERT 中编码层的多头自注意力都是双向的，也就是各个位置的单词针对其他位置的单词都进行自注意力计算，这一点与 GPT 不同。图 27.6 比较了 BERT 和 GPT 中表示之间

关系的差异。BERT 中每一层每一个位置的表示都是由下一层所有位置的表示组合而成，而 GPT 中每一层每一个位置的表示都是由下一层之前所有位置的表示组合而成。

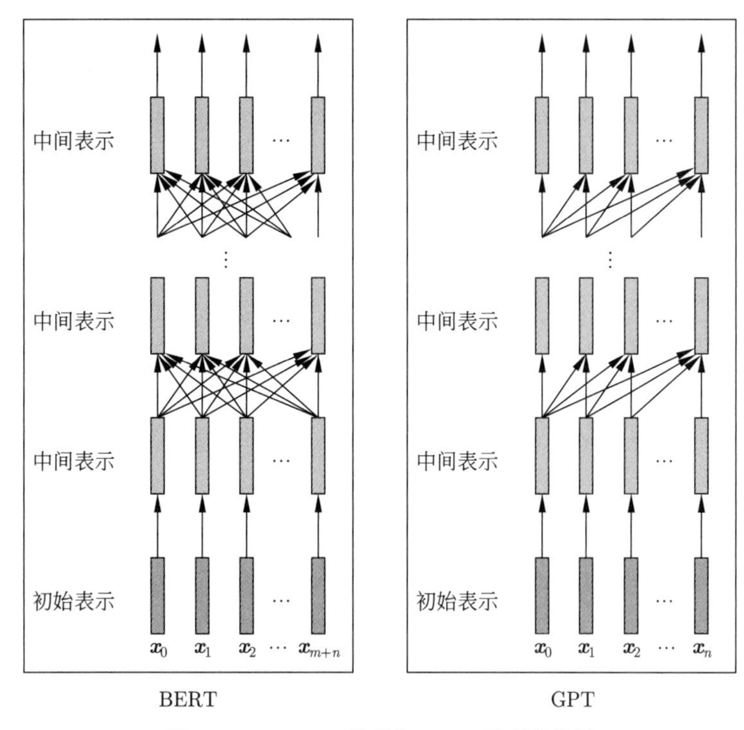

图 27.6 BERT 模型和 GPT 模型的比较

BERT 模型有三个超参数：编码层的层数 L、头的个数 h、模型的维度 d。BERT Base 模型取 $L=12$，$h=12$，$d=768$。输入合并单词序列的最大长度一般是 128。

2. 预训练

预训练数据的每个样本由两个单词序列 A 和 B 合并组成，中间由特殊字符 <sep> 分割。50%的样本中 A 和 B 是同一篇文章中的连续文本，50%的样本中 A 和 B 来自不同篇文章。在每一个样本的合并单词序列中，随机选择 15%的位置进行掩码操作。对于掩码操作，在选择的 15%的位置上，有 80%的单词替换为特殊字符 <mask>，有 10%的单词随机替换为其他单词，剩下 10%的单词保持不变。

BERT 模型的预训练由两部分组成，掩码语言模型化（mask language modeling）和下句预测（next sentence prediction）。掩码语言模型化的目标是复原输入单词序列中被掩码的单词。可以看作是去噪自动编码器学习，对被掩码的单词独立地进行复原。下句预测的目标是判断输入单词序列是否来自同一篇文章。这里说的下句未必是一个自然句，也可以是多个自然句。掩码单词序列表示为 $\tilde{\boldsymbol{x}}$。

掩码语言模型化在每一个掩码位置计算条件概率（式 (27.4)）：

$$P_\theta\left(x_i|\tilde{x}_0,\tilde{x}_1,\cdots,\tilde{x}_{m+n}\right)=\operatorname{softmax}\left(\boldsymbol{W}_x^{\mathrm{T}}\boldsymbol{h}_i^{(L)}\right)=\frac{\exp(\boldsymbol{w}_{x_i}^{\mathrm{T}}\cdot\boldsymbol{h}_i^{(L)})}{\sum\limits_{x_i'}\exp(\boldsymbol{w}_{x_i'}^{\mathrm{T}}\cdot\boldsymbol{h}_i^{(L)})} \tag{27.25}$$

假设第 i 个位置是掩码位置，$\boldsymbol{h}_i^{(L)}$ 是在第 L 层第 i 个位置的表示，x_i 是预测的单词，$\boldsymbol{W}_x$ 是单词的权重矩阵。

下句预测计算条件概率：

$$P_{\boldsymbol{\theta}}\left(s|\tilde{x}_0,\tilde{x}_1,\cdots,\tilde{x}_{m+n}\right)=\sigma\left(\boldsymbol{w}_s^{\mathrm{T}}\cdot\boldsymbol{h}_{\mathrm{cls}}^{(L)}\right)=\frac{\exp(\boldsymbol{w}_s^{\mathrm{T}}\cdot\boldsymbol{h}_{\mathrm{cls}}^{(L)})}{1+\exp(\boldsymbol{w}_s^{\mathrm{T}}\cdot\boldsymbol{h}_{\mathrm{cls}}^{(L)})} \tag{27.26}$$

其中，$\boldsymbol{h}_{\mathrm{cls}}^{(L)}$ 是在第 L 层的类别特殊字符 <cls> 的表示向量；$\boldsymbol{w}_s$ 是下句预测的权重向量；s 取值为 1 或 0，表示两个单词序列是否来自同一篇文章。

预训练的损失函数为

$$L_{\mathrm{PT}}=L_{\mathrm{MLM}}+\lambda\cdot L_{\mathrm{NSP}} \tag{27.27}$$

其中，L_{MLM} 是掩码语言模型化损失，L_{NSP} 是下句预测损失，λ 是系数。

$$L_{\mathrm{MLM}}=-\sum_{i=0}^{m+n}\delta_i\log P_{\theta}\left(x_i|\tilde{x}_0,\tilde{x}_1,\cdots,\tilde{x}_{m+n}\right) \tag{27.28}$$

其中，δ_i 取值为 1 或 0，表示第 i 个位置是否被掩码；$\boldsymbol{\theta}$ 是模型的参数。

$$L_{\mathrm{NSP}}=-\log P_{\boldsymbol{\theta}}\left(s|\tilde{x}_0,\tilde{x}_1,\cdots,\tilde{x}_{m+n}\right) \tag{27.29}$$

预训练得到的模型参数 $\boldsymbol{\theta}$ 作为下游任务模型的初始值。

掩码语言模型化是预训练的主要部分，下句预测的目标是让 BERT 既能用于以一个单词序列为输入的任务，如文本分类，也能用于以两个单词序列为输入的任务，如文本匹配。后续的研究发现，下句预测未必一定需要。当数据量足够大时，可以只通过掩码语言模型化进行预训练。也就是说，

$$L_{\mathrm{PT}}=L_{\mathrm{MLM}}$$

改进版 RoBERTa 模型就采用这个方法。

3. 微调

微调时，进一步调节参数，使模型对下游任务有准确的预测。假设下游任务是文本分类，输入单词序列是 $\boldsymbol{x}'=x_0,x_1,\cdots,x_l$，输出是类别 y，计算条件概率 $P\left(y|x_0,x_1,\cdots,x_l\right)$：

$$P_{\theta,\boldsymbol{\phi}}\left(y|x_0,x_1,\cdots,x_l\right)=\mathrm{softmax}(\boldsymbol{W}_y^{\mathrm{T}}\boldsymbol{h}_{\mathrm{cls}}^{(L)})=\frac{\exp\boldsymbol{w}_y^{\mathrm{T}}\cdot\boldsymbol{h}_{\mathrm{cls}}^{(L)}}{\sum\limits_{y'}\exp\boldsymbol{w}_{y'}^{\mathrm{T}}\cdot\boldsymbol{h}_{\mathrm{cls}}^{(L)}} \tag{27.30}$$

其中，$\boldsymbol{h}_{\mathrm{cls}}^{(L)}$ 是第 L 层的类别特殊字符 <cls> 的表示向量，$\boldsymbol{W}_y$ 是类别的权重矩阵，$\boldsymbol{\phi}$ 表示分类的参数。这时单词序列 $x_0,x_1,\cdots,x_l$ 是一个句子或一段文章，以特殊字符 <cls> 开始，以特殊字符 <sep> 结束。

微调的损失函数为

$$L_{\mathrm{FT}}=-\log P_{\boldsymbol{\theta},\boldsymbol{\phi}}(y|x') \tag{27.31}$$

微调中，预训练模型的参数 $\boldsymbol{\theta}$ 作为初始值，在这个过程中进一步得到学习，以帮助更好地分类；同时分类的参数 $\boldsymbol{\phi}$ 也得到学习。

如果下游任务是文本匹配，如判断两句话是否形成一问一答。输入单词序列是 $x_0, x_1, \cdots, x_l$，输出是类别 y，仍然计算条件概率 $P(y|x_0, x_1, \cdots, x_l)$。类别有两类，表示匹配或不匹配。这时单词序列 $x_0, x_1, \cdots, x_l$ 是两个单词序列合并的序列，如一个问句和一个答句合并而成。以特殊字符 <cls> 开始，中间以特殊字符 <sep> 间隔，最后以特殊字符 <sep> 结束。

27.2.3 模型特点

BERT 通过其多层多头注意力机制能够有效地表示语言的词汇、语法、语义信息（Transformer 和 GPT 也有类似的特点）。通过自注意力，每一层的每一个位置的单词表示与其他位置的单词表示组合成新的表示，传递到上一层的同一位置。自注意力是多头的，一个头代表一个侧面，因此每一个位置的单词表示由多个不同侧面的表示组合而成。单词表示的内容可以通过自注意力的权重推测。图 27.7 和图 27.8 给出显示 BERT 的权重分布的例子。权重的大小代表了单词表示的组合过程中各个单词表示的作用的大小。

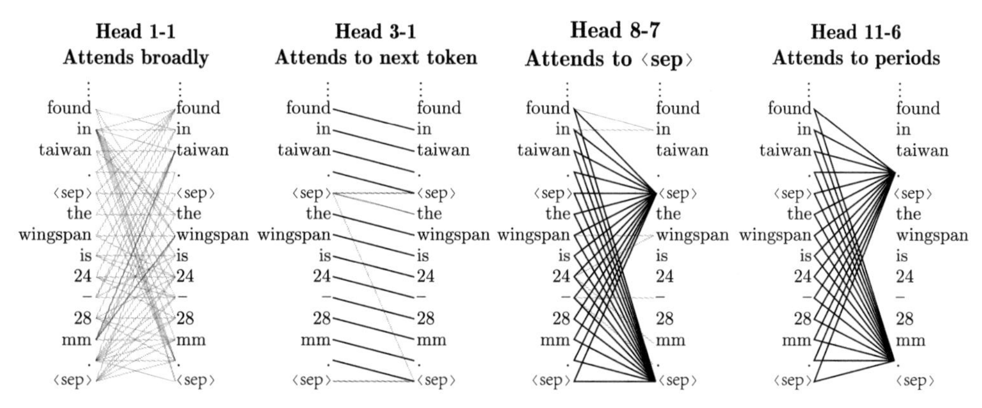

图 27.7　BERT 模型的注意力权重分布的例子

存在于不同层不同头

注意力权重的分布有几种类型。如图 27.7 所示，注意力可能是发散的，可能集中到前一个位置的单词或者后一个位置的单词，可能集中到特殊字符 <sep>，也可能集中到标点符号。这里说的注意力集中是指自注意力计算中只有一个位置的权重很大而其他位置的权重很小的情况。研究发现，有些注意力是冗余的，屏蔽掉它们（权重置为 0），模型预测的结果并没有大的改变，但模型整体的多层多头自注意力机制对语言刻画是有必要的。

BERT 的各层有不同的特点。底层主要表示词汇信息，中层主要表示语法信息，上层主要表示语义信息。从图 27.8 中的例子可以看出，对给定的自然语言输入，不同层不同头可以表示其中的动词-宾语关系、冠词-名词关系、介词-名词关系、代词指代关系等。

对 BERT 和 GPT 的直观解释是：机器基于大量的语料，做了大量的词语填空（BERT）或词语接龙（GPT）练习，捕捉到了由单词组成句子、再由句子组成文章的各种规律，并且把它们表示并记忆在模型之中（注意：文章不是由单词和句子随机组成的，而是遵循词汇、语法、语义规则组合而成）。也就是说，BERT 通过无监督学习获取了大量的词汇、语法、语

Head 8-10

- **Direct objects** attend to their verbs
- 86.8% accuracy at the dobj relation

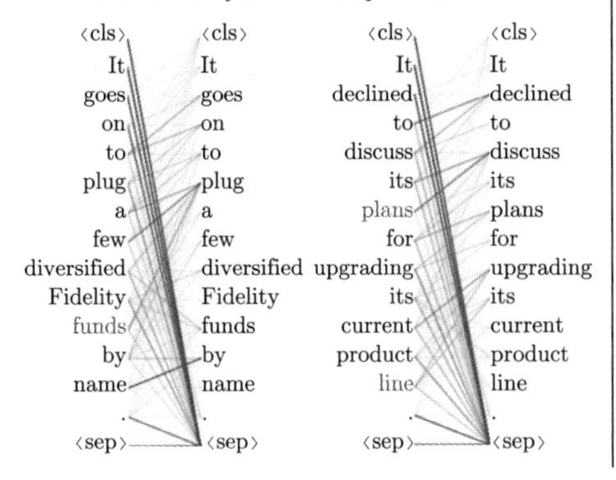

Head 8-11

- **Noun modifiers** (e.g., determiners) attend to their noun
- 94.3% accuracy at the det relation

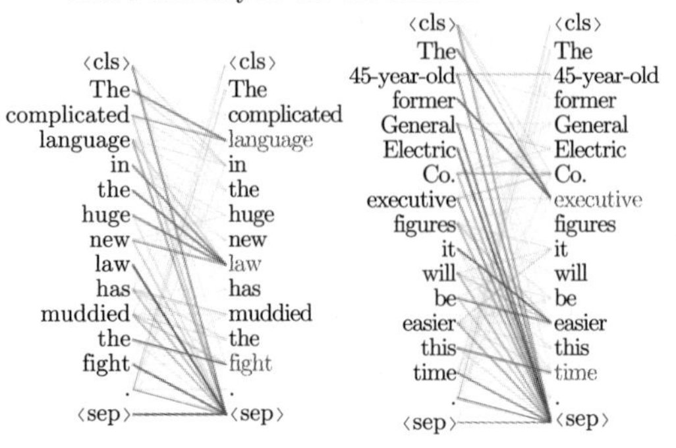

Head 9-6

- **Prepositions** attend to their objects
- 76.3% accuracy at the pobj relation

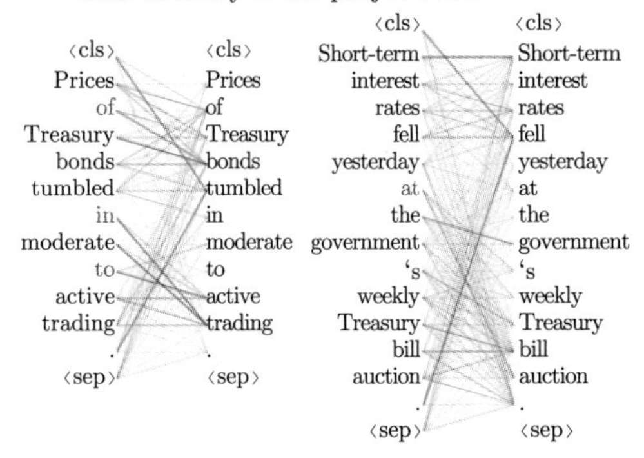

Head 5-4

- **Coreferent** mentions attend to their antecedents
- 65.1% accuracy at linking the head of a coreferent mention to the head of an antecedent

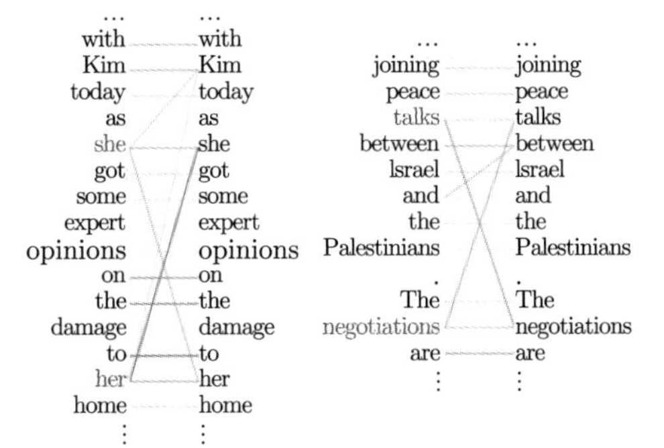

图 27.8 BERT 模型中的注意力权重分布的例子（见文前彩图）

可以表示词汇、语法、语义关系

义知识。当用于一个下游任务时，只需要很少的标注数据就可以学习到完成该任务所需的知识。

本章概要

1. 预训练语言模型是基于具有强大表示能力的神经网络的语言模型。首先在预训练中，使用大规模的语料通过无监督学习的方式学习模型的参数。之后在微调中，将模型用于一个具体任务，使用少量的标注数据通过监督学习的方式进一步调节模型的参数。预训练语言模型通常可以有效地表示语言的词汇、句法和语义特征，用于下游任务。

2. 有代表性的预训练语言模型有 GPT 和 BERT，分别由 Transformer 的解码器和编码器实现。GPT 是单向语言模型，适用于语言生成，也可以用于语言理解。BERT 是双向语言模型，只能用于语言理解。

GPT 的单向语言模型由以下单词的生成条件概率组成：

$$P\left(x_i|x_1,\cdots,x_{i-1}\right),\quad i=1,2,\cdots,n$$

每一个位置的单词依赖于之前位置的单词。GPT 的预训练通过语言模型化进行，基于序列概率估计原理。

BERT 的双向语言模型由以下单词生成的条件概率组成：

$$P\left(x_i|x_1,\cdots,x_{i-1},x_{i+1},\cdots,x_n\right),\quad i=1,2,\cdots,n$$

每一个位置的单词依赖于之前位置和之后位置的单词。BERT 的预训练主要通过掩码语言模型化进行，基于去噪自动编码器原理。

3. GPT 模型的输入是单词序列，可以是一个句子或一段文章。首先经过输入层，产生初始的单词表示向量的序列。之后经过 L 个 Transformer 解码层，得到单词表示向量的序列，GPT 模型的输出是在单词序列各个位置上的条件概率。

GPT 预训练时，通过极大似然估计学习模型的参数。

$$L_{\text{train}}=-\sum_{i=1}^{n}\log P_{\boldsymbol{\theta}}\left(x_i|x_1,x_2,\cdots,x_{i-1}\right)$$

GPT 微调时，通过优化下游任务的目标函数，进一步调节模型的参数。

4. 自动编码器是用于数据表示的无监督学习的一种神经网络。自动编码器由编码器网络和解码器网络组成。学习时编码器将输入向量转换为中间表示向量，解码器再将中间表示向量转换为输出向量。编码器和解码器可以是

$$\boldsymbol{z}=F\left(\boldsymbol{x}\right)=a(\boldsymbol{W}_{\mathrm{E}}\boldsymbol{x}+\boldsymbol{b}_{\mathrm{E}})$$

$$\boldsymbol{y}=G\left(\boldsymbol{z}\right)=a(\boldsymbol{W}_{\mathrm{D}}\boldsymbol{z}+\boldsymbol{b}_{\mathrm{D}})$$

学习的目标是尽量使输出向量和输入向量保持一致，或者说重建输入向量。认为学到的中间表示向量就是数据的表示。

$$L=\frac{1}{N}\sum_{i=1}^{N}L(\boldsymbol{x}_i,G(F\left(\boldsymbol{x}_i\right)))$$

学习的算法一般是梯度下降。自动编码器学习实际进行的是对数据的压缩。

5. 去噪自动编码器是自动编码器的一种扩展，去噪自动编码器不仅可以用于数据表示学习，而且可以用于数据去噪。学习时首先根据对输入向量进行的随机变换，得到有噪声的输入向量。编码器将有噪声的输入向量转换为中间表示向量，解码器再将中间表示向量转换为输出向量。编码器、解码器、目标函数分别是

$$\boldsymbol{z}=F\left(\boldsymbol{x}\right)=a(\boldsymbol{W}_{\mathrm{E}}\tilde{\boldsymbol{x}}+\boldsymbol{b}_{\mathrm{E}})$$

$$\boldsymbol{y}=G\left(\boldsymbol{z}\right)=a(\boldsymbol{W}_{\mathrm{D}}\boldsymbol{z}+\boldsymbol{b}_{\mathrm{D}})$$

$$L=\frac{1}{N}\sum_{i=1}^{N}L(\boldsymbol{x}_i,G(F\left(\tilde{\boldsymbol{x}}_i\right)))$$

学习的目标是尽量使输出向量和原始输入向量保持一致，或者说重建原始输入向量。因为学习的目标是排除噪声的干扰重建数据，去噪自动编码器能更有效地学到数据的主要特征。

6. BERT 模型的输入是两个合并的单词序列。首先经过输入层，产生初始的单词表示向量的序列。之后经过 L 个 Transformer 编码层，得到单词的表示向量的序列。BERT 模型的输出是在单词序列的各个位置上的条件概率。

BERT 模型的预训练由掩码语言模型化和下句预测组成。掩码语言模型化的目标是复原输入单词序列中被掩码的单词。下句预测的目标是判断输入单词序列是否来自同一篇文章。预训练以掩码语言模型化为主，其损失函数是

$$L_1 = -\sum_{i=0}^{m+n} \delta_i \log P_{\boldsymbol{\theta}}\left(x_i | \tilde{x}_0, \tilde{x}_1, \cdots \tilde{x}_{m+n}\right)$$

BERT 微调时，通过优化下游任务的目标函数，进一步调节模型的参数。

继续阅读

BERT 的原始论文是文献 [1]，GPT，GPT-2，GPT-3 的原始论文是文献 [2]~文献 [4]。BERT 的改进工作有 RoBERTa[5]，XLNet[6] 等。本章介绍的 BERT 的分析结果见文献 [7]。DAE 的原始论文可见文献 [8]。BERT 和 GPT 之前的预训练语言模型有 ELMo[9]。

习 题

27.1 设计基于双向 LSTM 的预训练语言模型，假设下游任务是文本分类。

27.2 假设 GPT 微调的下游任务是两个文本的匹配，写出学习的目标函数。

27.3 设计一个 2 层卷积神经网络编码器和 2 层卷积神经网络解码器组成的自动编码器（使用第 28 章介绍的转置卷积）。

27.4 证明当编码器和解码器都是线性函数时，主成分分析可以作为自动编码器学习的方法。

27.5 解释为什么 BERT 预训练中的掩码语言模型化是基于去噪自动编码器原理的。

27.6 比较 BERT 与 Transformer 编码器在模型上的异同。

参考文献

[1] DEVLIN J, CHANG M W, LEE K, et al. BERT: pre-training of deep bidirectional transformers for language understanding[C]//Proceedings of the 2019 Conference of the North American Chapter of the Association for Computational Linguistics: Human Language Technologies. 2019: 4171-4186.

[2] RADFORD A, NARASIMHAN K, SALIMANS T, et al. Improving language understanding by generative pre-training[J]. 2018.

[3] RADFORD A, WU J, CHILD R, et al. Language models are unsupervised multitask learners[J]. OpenAI Blog, 2019, 1(8).

[4] BROWN T B, MANN B, RYDER N, et al. Language models are few-shot learners[Z/OL]. arXiv preprint arXiv:2005.14165, 2020.

[5] LIU Y, OTT M, GOYAL N, et al. Roberta: A robustly optimized bert pretraining approach[Z/OL]. arXiv preprint arXiv:1907.11692, 2019.

[6] YANG Z, DAI Z, YANG Y, et al. Xlnet: Generalized autoregressive pretraining for language understanding[J]. Advances in Neural Information Processing Systems, 2019: 5754-5764.

[7] CLARK K, KHANDELWAL U, LEVY O, et al. What does BERT look at? An analysis of BERT's attention[C]//Proceedings of the 2019 ACL Workshop BlackboxNLP: Analyzing and Interpreting Neural Networks for NLP. 2019: 276-286.

[8] VINCENT P, LAROCHELLE H, BENGIO Y, et al. Extracting and composing robust features with denoising autoencoders[C]//Proceedings of the 25th International Conference on Machine Learning. 2018: 1096-1103.

[9] PETERS ME, NEUMANN M, IYYER M, et al. Deep contextualized word representations[C]// Proceedings of NAACL-HLT. 2018: 2227-2237.

第 28 章　生成对抗网络

生成对抗网络（generative adversarial networks, GAN）是一种基于博弈的生成模型，在图像生成等领域被广泛使用。GAN 于 2014 年由 Goodfellow 等提出，之后有诸多的模型被开发，包括 DCGAN 和 W-GAN。其中 DCGAN 是 Radford 等于 2015 年开发的用于图像生成的模型。

GAN 由生成网络和判别网络组成，生成网络自动生成数据，判别网络判断数据是已给的（真的）还是生成的（假的）。学习的目标是构建生成网络，能自动生成同已给训练数据同分布的数据。学习的过程就是博弈的过程，生成网络和判别网络不断通过优化自己网络的参数进行博弈。当达到均衡状态时，学习结束，生成网络可以生成以假乱真的数据，判别网络难以判断数据的真假。GAN 在没有使用标注数据的意义下属于无监督学习方法。

本章 28.1 节讲述 GAN 基本模型，28.2 节介绍用于图像生成的 DCGAN 模型。

28.1　GAN 基本模型

本节首先介绍 GAN 基本模型的定义，然后给出其学习算法，最后给出相关理论分析结果。

28.1.1　模型

目标是从已给训练数据中学习生成数据的模型，用模型自动生成新的数据，包括图像、语音数据。一个直接的方法是假设已给数据是由一个概率分布产生的数据，通过极大似然估计学习这个概率分布，即概率密度函数。当数据分布非常复杂时，很难给出适当的概率密度函数的定义，以及有效地学习概率密度函数。生成对抗网络 GAN 不直接定义和学习数据生成的概率分布，而是通过导入评价生成数据“真假”的机制来解决这个问题。

GAN 由一个生成网络（generator）和一个判别网络（discriminator）组成，相互进行博弈（对抗），生成网络生成数据（假数据），判别网络判别数据是已给数据（真数据）还是生成数据（假数据）。学习的过程就是博弈的过程。生成网络和判别网络不断提高自己的能力，当最终达到纳什均衡（Nash equilibrium）时，生成网络可以以假乱真地生成数据，判别网络不能判断数据的真假。

这里假设生成网络和判别网络是深度神经网络，都有足够强的学习能力。训练数据并没有直接用于生成网络的学习，而是用于判别网络的学习。判别网络能力提高之后用于生成网络能力的提高，生成网络能力提高之后再用于判别网络能力的提高，不断循环。

图 28.1 显示 GAN 的框架。假设已给训练数据 $\mathcal{D}$ 遵循分布 $P_{\text{data}}(\boldsymbol{x})$，其中 $\boldsymbol{x}$ 是样本。生成网络用 $\boldsymbol{x} = G(\boldsymbol{z};\boldsymbol{\theta})$ 表示，其中 $\boldsymbol{z}$ 是输入向量（种子）,$\boldsymbol{x}$ 是输出向量（生成数据），$\boldsymbol{\theta}$ 是网络参数。判别网络是一个二类分类器，用 $P(1|\boldsymbol{x}) = D(\boldsymbol{x};\boldsymbol{\varphi})$ 表示，其中 $\boldsymbol{x}$ 是输入向量,$P(1|\boldsymbol{x})$ 和 $1 - P(1|\boldsymbol{x})$ 是输出概率，分别表示输入 $\boldsymbol{x}$ 来自训练数据和生成数据的概率，$\boldsymbol{\varphi}$ 是网络参数。种子 $\boldsymbol{z}$ 遵循分布 $P_{\text{seed}}(\boldsymbol{z})$，如标准正态分布或均匀分布。生成网络生成的数据分布表示为 $P_{\text{gen}}(\boldsymbol{x})$，由 $P_{\text{seed}}(\boldsymbol{z})$ 和 $\boldsymbol{x} = G(\boldsymbol{z};\boldsymbol{\theta})$ 决定。

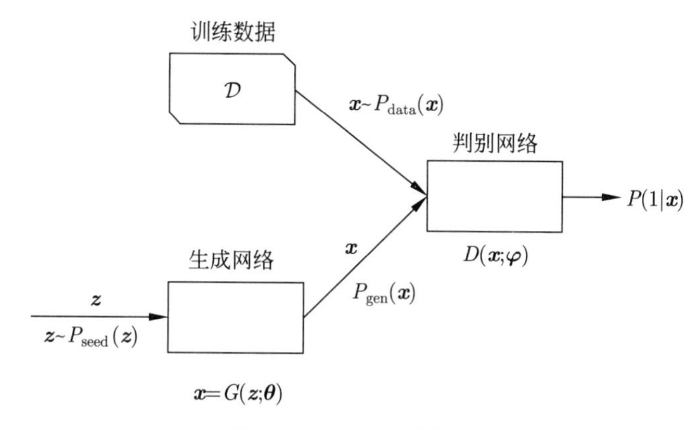

图 28.1 GAN 的框架

如果生成网络参数 $\boldsymbol{\theta}$ 固定，可以通过最大化以下目标函数学习判别网络参数 $\boldsymbol{\varphi}$，使其具备判别真假数据的能力。

$$\max_{\boldsymbol{\varphi}} \left\{ E_{\boldsymbol{x}\sim P_{\text{data}(\boldsymbol{x})}} [\log D(\boldsymbol{x};\boldsymbol{\varphi})] + E_{\boldsymbol{z}\sim P_{\text{seed}}(\boldsymbol{z})} [\log(1 - D(G(\boldsymbol{z};\boldsymbol{\theta});\bar{\boldsymbol{\varphi}})] \right\} \tag{28.1}$$

如果判别网络参数 $\boldsymbol{\varphi}$ 固定，那么可以通过最小化以下目标函数学习生成网络参数 $\boldsymbol{\theta}$，使其具备以假乱真地生成数据的能力。

$$\min_{\boldsymbol{\theta}} \left\{ E_{\boldsymbol{z}\sim P_{\text{seed}}(\boldsymbol{z})} [\log(1 - D(G(\boldsymbol{z};\boldsymbol{\theta});\bar{\boldsymbol{\varphi}})] \right\} \tag{28.2}$$

判别网络和生成网络形成博弈关系，可以定义以下的极小极大问题，也就是 GAN 的学习目标函数。

$$\min_{\boldsymbol{\theta}} \max_{\boldsymbol{\varphi}} \left\{ E_{\boldsymbol{x}\sim P_{\text{data}(\boldsymbol{x})}} [\log D(\boldsymbol{x};\boldsymbol{\varphi})] + E_{\boldsymbol{z}\sim P_{\text{seed}}(\boldsymbol{z})} [\log(1 - D(G(\boldsymbol{z};\boldsymbol{\theta});\boldsymbol{\varphi})] \right\} \tag{28.3}$$

后述定理证明这个极小极大问题的解 $\boldsymbol{\varphi}^*$ 和 $\boldsymbol{\theta}^*$ 存在，也就是纳什均衡存在。GAN 的学习算法就是求极小极大问题的最优解的方法。

可以对 GAN 做这样一个比喻。生成网络是仿造者，判别网络是鉴别者。仿造者制作赝品；鉴别者既得到真品又得到赝品，判断作品的真伪。仿造者与鉴别者之间展开博弈，各自不断提高自己的能力，最终仿造者制作出的赝品真假难辨，鉴别者无法判断作品的真伪。注意在这个过程中鉴别者间接地把自己的判别方法告诉了仿造者，所以两者之间既有对抗关系，又有“合作”关系。

28.1.2 学习算法

对 GAN 的目标函数 (式 (28.3)) 进行优化，迭代地学习判别网络和生成网络的参数，就是 GAN 的学习算法。

算法 28.1（GAN 学习算法）

输入：训练数据集 $\mathcal{D}$。

输出：生成网络 $G(\boldsymbol{z};\boldsymbol{\theta})$。

超参数：训练数据集，对抗训练次数 T，判别网络训练次数 S，小批量样本数量 M，学习率 η。

1. 随机初始化参数 $\boldsymbol{\theta}$，$\boldsymbol{\varphi}$
2. for $(t=1,2,\cdots,T)$ {

   \# 训练判别网络 $D(\boldsymbol{x};\boldsymbol{\varphi})$

   for $(s=1,2,\cdots,S)${

   从训练数据中随机采样 M 个样本 $\left\{\boldsymbol{x}^{(m)}\right\},1\leqslant m\leqslant M$

   根据分布 $P_{\text{seed}}(\boldsymbol{z})$ 随机采样 M 个样本 $\left\{\boldsymbol{z}^{(m)}\right\},1\leqslant m\leqslant M$

   计算以下梯度，使用梯度上升法更新参数 $\boldsymbol{\varphi}$

$$\nabla_{\boldsymbol{\varphi}}\left[\frac{1}{M}\sum_{m=1}^{M}\log D\left(\boldsymbol{x}^{(m)};\boldsymbol{\varphi}\right)+\log\left(1-D\left(G\left(\boldsymbol{z}^{(m)};\boldsymbol{\theta}\right);\boldsymbol{\varphi}\right)\right)\right]$$

$$\boldsymbol{\varphi}\leftarrow\boldsymbol{\varphi}+\eta\nabla_{\boldsymbol{\varphi}}$$

   }

   \# 训练生成网络 $G(\boldsymbol{z};\boldsymbol{\theta})$

   根据分布 $P_{\text{seed}}(\boldsymbol{z})$ 随机采样 M 个样本 $\left\{\boldsymbol{z}^{(m)}\right\},1\leqslant m\leqslant M$

   计算以下梯度，使用梯度上升法更新参数 θ

$$\nabla_{\boldsymbol{\theta}}\left[\frac{1}{M}\sum_{m=1}^{M}\log\left(D\left(G\left(\boldsymbol{z}^{(m)};\boldsymbol{\theta}\right);\boldsymbol{\varphi}\right)\right)\right]$$

$$\boldsymbol{\theta}\leftarrow\boldsymbol{\theta}+\eta\nabla_{\boldsymbol{\theta}}$$

   }
3. 输出生成网络 $G(\boldsymbol{z};\boldsymbol{\theta})$。

■

这里不进行 $\log(1-D(G(\boldsymbol{z};\boldsymbol{\theta});\boldsymbol{\varphi}))$ 的最小化，而是进行 $\log(D(G(\boldsymbol{z};\boldsymbol{\theta});\boldsymbol{\varphi})$ 的最大化。这是因为在学习的初始阶段，生成网络较弱，判别网络很容易区分训练数据和生成数据，最小化 $\log(1-D(G(\boldsymbol{z};\boldsymbol{\theta});\boldsymbol{\phi}))$ 会使学习很难进行下去。因此，判别网络和生成网络的学习都使用梯度上升法。

判别网络训练时从训练数据和生成数据中同采样 M 个样本，也就是各以 0.5 的概率选取训练数据和生成数据。判别网络学习迭代 S 次后，生成网络学习迭代 1 次。这样可以保证训练判别网络有足够能力时再训练生成网络。M 和 S 是超参数，要在具体应用中调节。

28.1.3 理论分析

不考虑网络参数，将 GAN 学习的极小极大问题写成

$$\min_G \max_D L(G,D) = \min_G \max_D \left\{E_{\boldsymbol{x}\sim P_{\text{data}(\boldsymbol{x})}}[\log D(\boldsymbol{x})] + E_{\boldsymbol{z}\sim P_{\text{seed}}(\boldsymbol{z})}[\log(1-D(G(\boldsymbol{z})))]\right\} \tag{28.4}$$

定理 28.1 当生成网络固定为 $\bar{G}$ 时，问题 (28.4) 变成以下最大化问题:

$$\max_D L(\bar{G},D) = \max_D \left\{E_{\boldsymbol{x}\sim P_{\text{data}(\boldsymbol{x})}}[\log D(\boldsymbol{x})] + E_{\boldsymbol{z}\sim P_{\text{seed}}(\boldsymbol{z})}\left[\log(1-D(\bar{G}(\boldsymbol{z})))\right]\right\}$$

该最大化问题的解——判别网络 D_G^* 满足以下关系:

$$D_G^*(\boldsymbol{x}) = \frac{P_{\text{data}}(\boldsymbol{x})}{P_{\text{data}}(\boldsymbol{x}) + P_{\text{gen}}(\boldsymbol{x})} \tag{28.5}$$

证明

$$\begin{aligned} L(\bar{G},D) &= \int_{\boldsymbol{x}} P_{\text{data}}(\boldsymbol{x})\log D(\boldsymbol{x})\mathrm{d}\boldsymbol{x} + \int_{\boldsymbol{z}} P_{\text{seed}}(\boldsymbol{z})\log(1-D(\bar{G}(\boldsymbol{z})))\mathrm{d}\boldsymbol{z} \\ &= \int_{\boldsymbol{x}} P_{\text{data}}(\boldsymbol{x})\log D(\boldsymbol{x})\mathrm{d}\boldsymbol{x} + \int_{\boldsymbol{x}} P_{\text{gen}}(\boldsymbol{x})\log(1-D(\boldsymbol{x}))\mathrm{d}\boldsymbol{x} \end{aligned} \tag{28.6}$$

式 (28.6) 达到最大值的判别网络表示为 D_G^*，则有式 (28.5) 成立。这是因为，针对任意的 $(a,b)\in\mathcal{R}^2\setminus(0,0)$，函数 $f(x)=a\log x + b\log(1-x)$，$x\in(0,1)$，当 $x=\dfrac{a}{a+b}$ 时取最大值。函数 $D(\boldsymbol{x})$ 在 $\text{supp}(P_{\text{data}}(\boldsymbol{x}))\cup\text{supp}(P_{\text{gen}}(\boldsymbol{x}))$ 之外无须定义。

■

定理 28.2 当判别网络固定为 D_G^* 时，问题 (28.4) 变成以下最小化问题:

$$\min_G L(G,D_G^*) = \min_G \left\{E_{\boldsymbol{x}\sim P_{\text{data}(\boldsymbol{x})}}[\log D_G^*(\boldsymbol{x})] + E_{\boldsymbol{z}\sim P_{\text{seed}}(\boldsymbol{z})}[\log(1-D_G^*(G(\boldsymbol{z})))]\right\}$$

该最小化问题的解——生成网络 G^* 满足以下关系:

$$P_{\text{gen}}^*(\boldsymbol{x}) = P_{\text{data}}(\boldsymbol{x}) \tag{28.7}$$

最小值是 $-2\log 2$。

证明

$$\begin{aligned} L(G,D_G^*) &= \int_{\boldsymbol{x}} P_{\text{data}}(\boldsymbol{x})\log D_G^*(\boldsymbol{x})\mathrm{d}\boldsymbol{x} + \int_{\boldsymbol{z}} P_{\text{seed}}(\boldsymbol{z})\log(1-D_G^*(G(\boldsymbol{z})))\mathrm{d}\boldsymbol{z} \\ &= \int_{\boldsymbol{x}} P_{\text{data}}(\boldsymbol{x})\log D_G^*(\boldsymbol{x})\mathrm{d}\boldsymbol{x} + \int_{\boldsymbol{x}} P_{\text{gen}}(\boldsymbol{x})\log(1-D_G^*(\boldsymbol{x}))\mathrm{d}\boldsymbol{x} \\ &= \int_{\boldsymbol{x}} P_{\text{data}}(\boldsymbol{x})\log\frac{P_{\text{data}}(\boldsymbol{x})}{P_{\text{data}}(\boldsymbol{x})+P_{\text{gen}}(\boldsymbol{x})}\mathrm{d}\boldsymbol{x} + \int_{\boldsymbol{x}} P_{\text{gen}}(\boldsymbol{x})\log\left(\frac{P_{\text{gen}}(\boldsymbol{x})}{P_{\text{data}}(\boldsymbol{x})+P_{\text{gen}}(\boldsymbol{x})}\right)\mathrm{d}\boldsymbol{x} \\ &= \text{KL}\left(P_{\text{data}}(\boldsymbol{x})||\frac{P_{\text{data}}(\boldsymbol{x})+P_{\text{gen}}(\boldsymbol{x})}{2}\right) + \text{KL}\left(P_{\text{gen}}(\boldsymbol{x})||\frac{P_{\text{data}}(\boldsymbol{x})+P_{\text{gen}}(\boldsymbol{x})}{2}\right) - 2\log 2 \\ &= \log \text{JS}(P_{\text{data}}(\boldsymbol{x})||P_{\text{gen}}(\boldsymbol{x})) - 2\log 2 \end{aligned} \tag{28.8}$$

$\mathrm{JS}(P||Q)$ 是两个概率分布 P 和 Q 之间的 Jessen-Shannon 散度，当且仅当两个概率分布相同时，取最小值 0。所以，式 (28.8) 当且仅当 $P_{\mathrm{gen}}(\boldsymbol{x}) = P_{\mathrm{data}}(\boldsymbol{x})$ 时达到最小值，且最小值为 $-2\log 2$。达到最小值的生成分布表示为 $P^*_{\mathrm{gen}}(\boldsymbol{x})$，即有式 (28.7) 成立。

■

理论上的最优解（即纳什均衡状态）满足：

$$P^*_{\mathrm{gen}}(\boldsymbol{x}) = P_{\mathrm{data}}(\boldsymbol{x}) \tag{28.9}$$

$$D^*(\boldsymbol{x}) = \frac{1}{2} \tag{28.10}$$

也就是生成网络可以以与训练数据相同的分布生成数据，判别网络无法辨别数据是来自训练数据还是生成的数据。以上定理只是表示理论上最优解存在。实际上，生成网络和判别网络需要用参数 $\boldsymbol{\theta}$ 和 $\boldsymbol{\varphi}$ 表示，算法 28.1 不能保证求得最优解。

图 28.2 示意 GAN 的学习过程。图中下面横线表示生成网络输入 $\boldsymbol{z}$ 的分布，这里假设是均匀分布。中间横线表示生成网络输出 $\boldsymbol{x}$ 的分布。两条横线之间的有向实线表示生成网络的映射 $\boldsymbol{x} = G(\boldsymbol{z};\boldsymbol{\theta})$。上面黑色点线表示真实数据分布 $P_{\mathrm{data}}(\boldsymbol{x})$，绿色实线表示生成数据分布 $P_{\mathrm{gen}}(\boldsymbol{x})$，蓝色点线表示判别网络判别分布 $D(\boldsymbol{x})$。训练初始，生成数据分布和真实数据分布相差较远，判别网络的判别概率也不准确 (图 28.2(a))。生成网络固定判别网络训练后，其判别概率趋于 $D^*_G(\boldsymbol{x}) = \dfrac{P_{\mathrm{data}}(\boldsymbol{x})}{P_{\mathrm{data}}(\boldsymbol{x}) + P_{\mathrm{gen}}(\boldsymbol{x})}$(图 28.2(b))。判别网络固定生成网络训练后，其生成数据分布和真实数据分布趋于接近 (图 28.2(c))。训练收敛后，生成网络达到最优 $P^*_{\mathrm{gen}}(\boldsymbol{x}) = P_{\mathrm{data}}(\boldsymbol{x})$，判别网络也达到最优 $D^*(\boldsymbol{x}) = \dfrac{1}{2}$(图 28.2(d))。

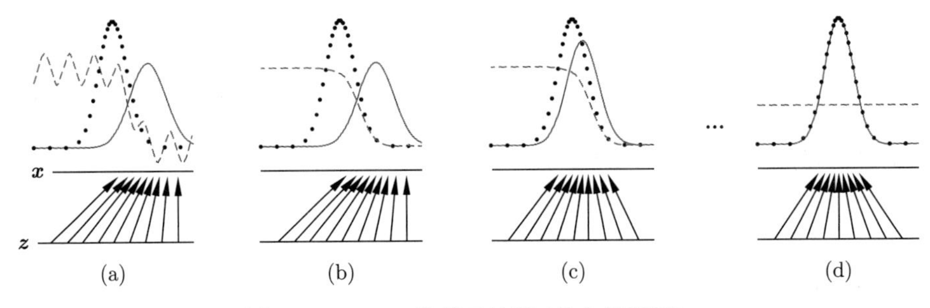

图 28.2 GAN 的学习过程（见文前彩图）

GAN 的模型训练并不容易，需要一定的技巧。有很多改进的模型被提出，包括 W-GAN（Wasserstein GAN）。

28.2 图像生成中的应用

可以使用 GAN 技术从图像数据中学习生成网络，用于图像数据的自动生成。比如，训练数据是人脸图片，可以学习 GAN，自动生成“人脸”的图片。本节介绍常用的用于图像生成的 GAN 模型 DCGAN，先讲解 DCGAN 使用的转置卷积。

28.2.1 转置卷积

1. 转置卷积的定义

转置卷积（transposed convolution）也称为微步卷积（fractionally strided convolution）或反卷积（deconvolution）[①]，在图像生成网络、图像自动编码器等模型中广泛使用。卷积可以用于图像数据尺寸的缩小，而转置卷积可以用于图像数据尺寸的放大，又分别称为下采样和上采样（参见第 24 章）。

卷积运算可以表示为线形变换。假设有核矩阵为以下矩阵 $\boldsymbol{W}$、填充为 0、步幅为 1 的卷积运算。

$$\boldsymbol{W} = \begin{bmatrix} w_{11} & w_{12} & w_{13} \\ w_{21} & w_{22} & w_{23} \\ w_{31} & w_{32} & w_{33} \end{bmatrix} \tag{28.11}$$

图 28.3 显示以上卷积运算的过程，蓝色格点表示输入矩阵，绿色格点表示输出矩阵，深色部分表示具体的卷积计算。输入矩阵的大小是 4×4，输出矩阵的大小是 2×2，这个卷积进行的是下采样。

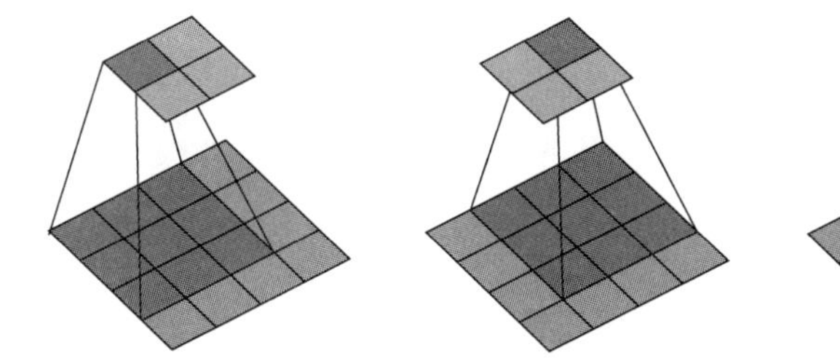

图 28.3 卷积例（见文前彩图）

构建矩阵 $\boldsymbol{C}$：

$$\begin{bmatrix} w_{11} & w_{12} & w_{13} & 0 & w_{21} & w_{22} & w_{23} & 0 & w_{31} & w_{32} & w_{33} & 0 & 0 & 0 & 0 & 0 \\ 0 & w_{11} & w_{12} & w_{13} & 0 & w_{21} & w_{22} & w_{23} & 0 & w_{31} & w_{32} & w_{33} & 0 & 0 & 0 & 0 \\ 0 & 0 & 0 & 0 & w_{11} & w_{12} & w_{13} & 0 & w_{21} & w_{22} & w_{23} & 0 & w_{31} & w_{32} & w_{33} & 0 \\ 0 & 0 & 0 & 0 & 0 & w_{11} & w_{12} & w_{13} & 0 & w_{21} & w_{22} & w_{23} & 0 & w_{31} & w_{32} & w_{33} \end{bmatrix}$$

考虑基于矩阵 $\boldsymbol{C}$ 的线性变换，其输入是输入矩阵展开的向量，输出是输出矩阵展开的向量。这个线性变换对应神经网络前一层到后一层的信号传递（正向传播），而以上卷积运算表示在这个线性变换中。

另一方面，考虑基于转置矩阵 $\boldsymbol{C}^{\mathrm{T}}$ 的线性变换。这个线性变换对应神经网络后一层到前一层的信号传递（反向传播）。事实上，存在另一个卷积运算，表示在基于转置矩阵 $\boldsymbol{C}^{\mathrm{T}}$ 的线性变换中，其核矩阵为以下矩阵：

① 反卷积是容易引起误解的名称，因为它不是卷积的逆运算。

$$\text{rot180}(\boldsymbol{W}) = \begin{bmatrix} w_{33} & w_{32} & w_{31} \\ w_{23} & w_{22} & w_{21} \\ w_{13} & w_{12} & w_{11} \end{bmatrix} \tag{28.12}$$

称这个卷积为转置卷积。这个转置卷积是核矩阵为 rot180($\boldsymbol{W}$)、填充为 2、步幅为 1 的卷积运算。这里 rot180 表示矩阵 180 度旋转，卷积计算时对输入矩阵进行全填充。

图 28.4 显示以上转置卷积运算的过程，蓝色格点表示输入矩阵，绿色格点表示输出矩阵，虚线部分表示填充，深色部分表示具体的卷积计算。输入矩阵的大小是 2×2，输出矩阵的大小是 4×4，转置卷积进行的是上采样。

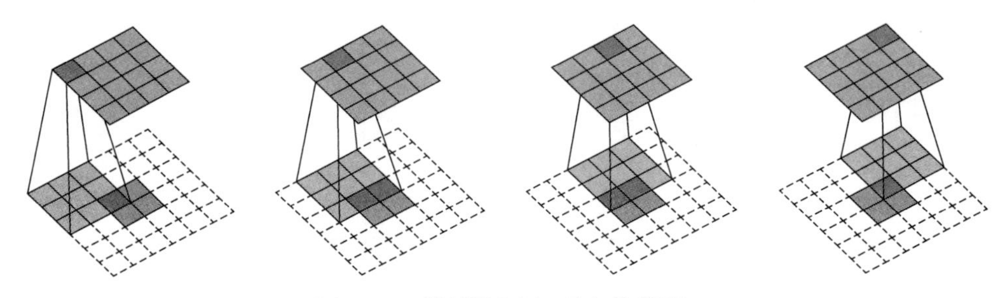

图 28.4 转置卷积例（见文前彩图）

原始卷积和转置卷积是相互对应、互为反向的运算，注意不是逆运算。这个关系的直观解释是在卷积神经网络的两层之间，正向和反向的传播（不考虑基于激活函数的非线性变换）都是卷积运算，相互对应，方向相反。

给定任意一个以 $\boldsymbol{W}$ 为核矩阵的卷积，可以构建一个以 rot180($\boldsymbol{W}$) 为核矩阵的转置卷积。卷积核和转置卷积核之间有 $\text{rot180}(\text{rot180}(\boldsymbol{W})) = \boldsymbol{W}$ 成立，相应地，矩阵和转置矩阵之间有 $(\boldsymbol{C}^{\mathrm{T}})^{\mathrm{T}} = \boldsymbol{C}$ 成立。

2. 转置卷积的大小

首先，计算原始卷积的大小。这里考虑简单的情况。假设输入矩阵是方阵，卷积核矩阵也是方阵。设 I 是输入矩阵的尺寸，K 是卷积核的尺寸，P 是填充的尺寸，S 是步幅。输出矩阵的尺寸 O 满足

$$O = \frac{I + 2P - K}{S} + 1 \tag{28.13}$$

这里考虑可以整除的情况。式 (28.13) 可以改为对应的形式：

$$I = \frac{[O + (O-1)(S-1)] + 2(K-P-1) - K}{1} + 1$$

接着，计算转置卷积的大小。设 I' 是输入矩阵的尺寸，K' 是卷积核的尺寸，P' 是填充的尺寸，S' 是步幅。输出矩阵的尺寸 O' 满足

$$O' = \frac{I' + 2P' - K'}{S'} + 1 \tag{28.14}$$

这里也考虑可以整除的情况。转置卷积的输出矩阵尺寸 O' 与原始卷积的输入矩阵尺寸 I 相

同。因此，可以推算，当 $S=1, P=0$ 时，转置卷积的大小和原始卷积的大小之间有以下关系成立：

$$I'=O, P'=K-1, K'=K, S'=1$$

$$O'=O+K-1$$

图 28.3 的卷积有 $I=4, K=3, S=1, P=0, O=2$。图 28.4 的转置卷积有 $I'=2, K'=3, S'=1, P'=2, O'=4$。

3. 转置卷积的上采样

可以通过增大卷积的步幅 $S>1$ 实现下采样，即将大尺寸的输入矩阵降低为小尺寸的输出矩阵。相反，也可以通过减小转置卷积的步幅 $S'<1$ 实现上采样，即将小尺寸的输入矩阵提高为大尺寸的输出矩阵。采用 $S'<1$ 的步幅，实际是在输入矩阵的相邻两行之间插入适当数量的 0 行向量，相邻的两列之间插入适当数量的 0 列向量。转置卷积中经常使用这样的处理，这是被称为微步卷积的原因。

图 28.5 给出一个转置卷积的例子。原始卷积输入矩阵尺寸为 5，卷积核尺寸为 3，步幅为 2，填充尺寸为 0，输出矩阵尺寸为 4，即 $I=5, K=3, S=2, P=0, O=2$。转置卷积实际是在输入矩阵的相邻的两行之间插入一行 0 向量，相邻的两列之间插入一列 0 向量。转置卷积实际的输入矩阵（插入 0 向量后）尺寸为 3，卷积核尺寸为 3，实际的步幅为 1，填充为 2，输出矩阵尺寸为 5，即 $\hat{I}'=3, K'=3, \hat{S}'=1, P'=2, O'=5$。

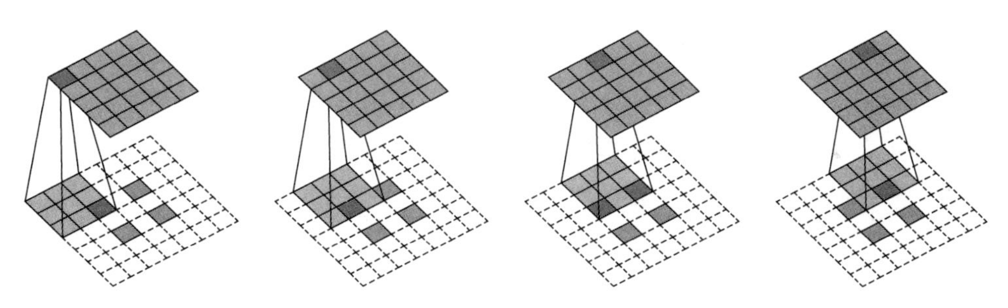

图 28.5 转置卷积例（见文前彩图）

当 $S=2, P=0$ 时，转置卷积的大小和原始卷积的大小之间有以下关系成立：

$$\hat{I}'=O+(O-1), P'=K-1, K'=K, \hat{S}'=1$$

$$O'=2(O-1)+K$$

28.2.2 DCGAN

深度卷积生成对抗网络（deep convolutional generative adversarial networks，DCGAN）是 GAN 用于图像生成的代表性模型。DCGAN 和其他 GAN 模型一样由生成网络和判别网络组成。图 28.6 给出 DCGAN 的架构，用特征图表示各层的卷积运算。DCGAN 的学习算法和 GAN 的算法完全一样（算法 28.1），但包含一些实现上的技巧。

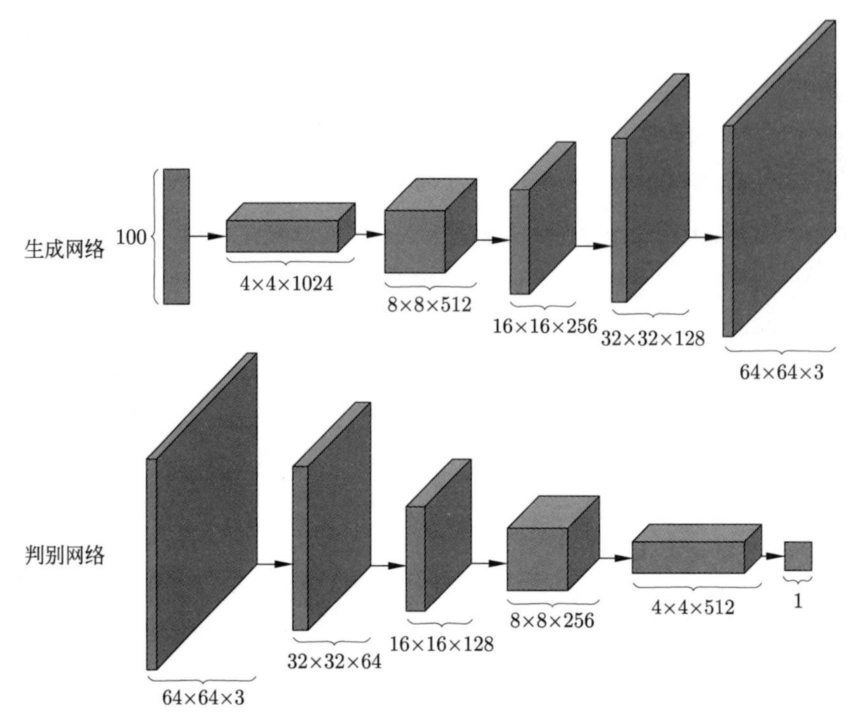

图 28.6 DCGAN 整体的架构（用特征图表示）

DCGAN 的生成网络和判别网络有以下特点：

- 生成网络使用转置卷积进行上采样，判别网络使用卷积进行下采样。
- 生成网络和判别网络都没有汇聚层（pooling layer）。
- 生成网络和判别网络都没有全连接的隐层。
- 生成网络的激活函数除输出层使用双曲正切以外，其他层均使用 ReLU。
- 判别网络的激活函数除输出层使用 S 型函数以外，其他层均使用渗漏整流线性函数（Leaky ReLu）。
- 生成网络和判别网络的学习都采用批量归一化。

渗漏整流线性函数 $a(z)$ 的定义如下：

$$a(z) = \begin{cases} z, & z \geqslant 0 \\ \alpha \cdot z, & z < 0 \end{cases} \tag{28.15}$$

其中，$\alpha > 0$ 是参数，比如取 $\alpha = 0.01$。

生成网络的输入是 100 维的向量，按照均匀分布采样得到，输出是 $64 \times 64 \times 3$ 的张量。第一层是线性变换层，将 100 维的向量转换为 $4 \times 4 \times 1024$ 的张量，接着连续通过 4 个由转置卷积组成的卷积层，对张量连续进行卷积变换。判别网络的输入是 $64 \times 64 \times 3$ 的张量，连续通过 4 个由（原始）卷积组成的卷积层，对张量连续进行卷积变换, 得到 $4 \times 4 \times 512$ 的张量，最后一层是 S 型函数层，输出是 1/0 标量。

生成网络的所有卷积层的转置卷积核尺寸都是 5，步幅都是 2，进行的是上采样。判别网络的所有卷积层的卷积核尺寸都是 5，步幅都是 2，进行的是下采样。

图 28.7 是 MNIST 手写数字数据的例子，包括训练数据、GAN 生成的数据、DCGAN 生成的数据。可以看出 DCGAN 生成的数据更接近真实的手写数字数据。

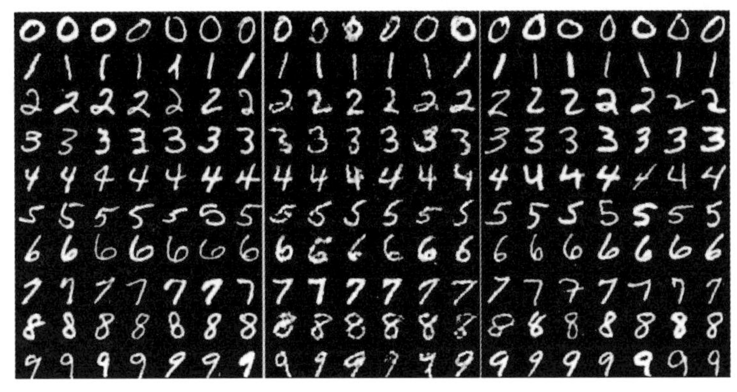

(a) MNIST训练数据 (b) GAN生成的数据 (c) DCGAN生成的数据

图 28.7 手写数字数据生成例

本章概要

1. 对抗生成网络 GAN 由一个生成网络和一个判别网络组成，生成网络生成数据，判别网络判别数据是真实数据还是生成数据。两者进行博弈，不断提高自己的能力，最终达到纳什均衡。生成网络可以以假乱真地生成数据，判别网络不能判断数据的真假。

2. 判别网络和生成网络的博弈关系可以定义为以下的极小极大问题，也就是 GAN 的学习目标函数。

$$\min_{\boldsymbol{\theta}} \max_{\boldsymbol{\varphi}} \left\{ E_{\boldsymbol{x}\sim P_{\text{data}(\boldsymbol{x})}} \left[\log D\left(\boldsymbol{x};\boldsymbol{\varphi}\right)\right] + E_{\boldsymbol{z}\sim P_{\text{seed}}(\boldsymbol{z})} \left[\log(1 - D\left(G\left(\boldsymbol{z};\boldsymbol{\theta}\right);\boldsymbol{\varphi}\right)\right]\right\}$$

这里生成网络由 $\boldsymbol{x} = G\left(\boldsymbol{z};\boldsymbol{\theta}\right)$ 表示，$\boldsymbol{\theta}$ 是网络参数。判别网络由 $D\left(\boldsymbol{x};\boldsymbol{\varphi}\right)$ 表示，是一个二类分类器，$\boldsymbol{\varphi}$ 是网络参数。$P_{\text{data}}(\boldsymbol{x})$ 是训练数据 $\boldsymbol{x}$ 的分布，$P_{\text{seed}}(\boldsymbol{z})$ 是输入 $\boldsymbol{z}$ 的分布。

3. GAN 的学习算法如下。

for $(t = 1, 2, \cdots, T)$ {

\# 训练判别网络 $D\left(\boldsymbol{x};\boldsymbol{\varphi}\right)$

for $(s = 1, 2, \cdots, S)${

从训练数据中随机采样 M 个样本 $\left\{\boldsymbol{x}^{(m)}\right\}$

随机采样 M 个样本 $\left\{\boldsymbol{z}^{(m)}\right\}$

计算以下梯度，使用梯度上升法更新参数 $\boldsymbol{\varphi}$

$$\boldsymbol{\varphi} \leftarrow \boldsymbol{\varphi} + \eta\nabla_{\boldsymbol{\varphi}}$$

}

\# 训练生成网络 $G\left(\boldsymbol{z};\boldsymbol{\theta}\right)$

随机采样 M 个样本 $\left\{\boldsymbol{z}^{(m)}\right\}$

计算以下梯度，使用梯度上升法更新参数 θ

$$\boldsymbol{\theta} \leftarrow \boldsymbol{\theta} + \eta \nabla_{\boldsymbol{\theta}}$$

}

4. GAN 学习的最优解存在，这时生成网络和判别网络满足：

$$P^*_{\text{gen}}(\boldsymbol{x}) = P_{\text{data}}(\boldsymbol{x})$$

$$D^*(\boldsymbol{x}) = \frac{1}{2}$$

也就是说，生成网络与训练数据有相同的分布，判别网络不能对训练数据和生成数据进行区分。

5. 对任意一个卷积运算，存在对应的线性变换的矩阵 $\boldsymbol{C}$。针对转置矩阵 $\boldsymbol{C}^{\mathrm{T}}$，引入新的卷积运算，称为转置卷积。原始卷积和转置卷积是相互对应、互为反向的运算。原始卷积的卷积核是 $\boldsymbol{W}$ 时，转置卷积的卷积核是 $\text{rot180}(\boldsymbol{W})$。卷积核和转置卷积核之间有 $\text{rot180}(\text{rot180}(\boldsymbol{W})) = \boldsymbol{W}$ 成立。

6. 深度卷积生成对抗网络 DCGAN 是 GAN 用于图像生成的代表性模型。DCGAN 由生成网络和判别网络组成。生成网络和判别网络都只使用卷积运算，不使用汇聚运算和隐藏的全连接。生成网络利用转置卷积进行上采样，判别网络利用卷积进行下采样。

继续阅读

GAN 的第一个工作发表在文献 [1]，在文献 [2] 和文献 [3] 中也有介绍。DCGAN 的最初论文是文献 [4]，W-GAN 的最初论文是文献 [5]。

习　题

28.1 GAN 的生成网络的学习也可以定义为以下的最小化问题：

$$\min_{\boldsymbol{\theta}} \left\{ E_{\boldsymbol{z} \sim P_{\text{seed}}(\boldsymbol{z})} [\log(1 - D(G(\boldsymbol{z};\boldsymbol{\theta});\bar{\boldsymbol{\varphi}}) - \log(D(G(\boldsymbol{z};\boldsymbol{\theta});\bar{\boldsymbol{\varphi}})] \right\}$$

比较与式 (28.2) 的不同，并考虑其作用。

28.2 两个人进行零和博弈，参与人 X 和 Y 可选择的策略分别是 $\mathcal{X} = \{1,2\}$ 和 $\mathcal{Y} = \{1,2\}$。在博弈中，若参与人 X 和 Y 分别选择 $i \in \mathcal{X}$ 和 $j \in \mathcal{Y}$，则 X 的损失或 Y 的收益是 a_{ij}。整体由矩阵 $\boldsymbol{A} = (a_{ij})$ 表示，矩阵 $\boldsymbol{A}$ 定义为

$$\boldsymbol{A} = \begin{bmatrix} -1 & 2 \\ 4 & 1 \end{bmatrix}$$

针对这个博弈求 $\min_i \max_j a_{ij}$ 和 $\max_j \min_i a_{ij}$，并验证这时 $\max_j \min_i a_{ij} \leqslant \min_i \max_j a_{ij}$ 成立。

28.3 计算以下两个概率分布的 Jessen-Shannon 散度。设 $0\log 0=0$。

0.1	0.7	0.1	0.1	0
0.2	0	0	0.8	0

28.4 证明两个概率分布 P 和 Q 之间的 Jessen-Shannon 散度满足以下关系，当且仅当 P 和 Q 相同时取最小值 0，设对数是自然对数。

$$0 \leqslant \mathrm{JS}(P||Q) \leqslant \ln 2$$

28.5 考虑一维卷积运算，其输入是 5 维的向量 $\boldsymbol{x}$，输出是 3 维的向量 $\boldsymbol{z}$。卷积核是 $\boldsymbol{w}=(w_1,w_2,w_3)$，步幅为 1，填充为 0。写出该卷积运算的矩阵表示，给出对应的转置卷积，并且验证原始卷积核 $\boldsymbol{w}$ 和转置卷积核 $\boldsymbol{w}'$ 之间有 $\boldsymbol{w}=\mathrm{rot180}(\boldsymbol{w}')$ 成立。

28.6 写出图 28.8 中转置卷积的大小和原始卷积的大小之间的关系，转置卷积有输入矩阵尺寸 $\hat{I}'$、卷积核尺寸 K'、步幅 S'、填充尺寸 P'、输出矩阵尺寸 O'。

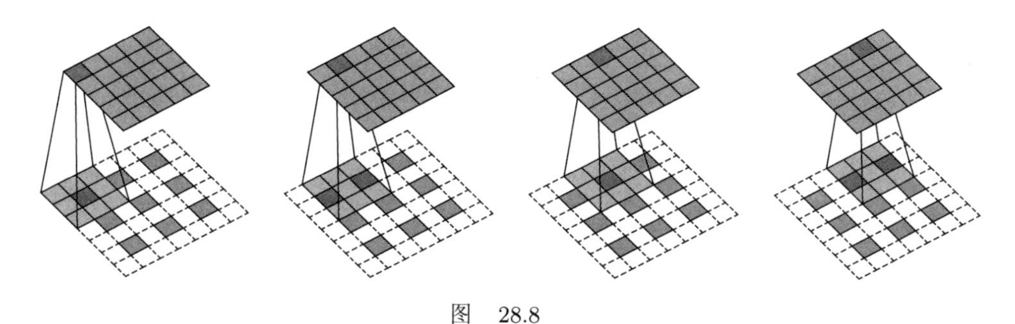

图 28.8

参考文献

[1] GOODFELLOW I, POUGET-ABADIE J, MIRZA M, et al. Generative adversarial nets[J]. Advances in neural information processing systems, 2014: 2672-2680.

[2] GOODFELLOW I, BENGIO Y, COURVILLE A, et al. Deep Learning[M]. MIT Press, 2016.

[3] 邱锡鹏. 神经网络与深度学习 [M]. 北京：机械工业出版社，2020.

[4] RADFORD A, METZ L, CHINTALA S. Unsupervised representation learning with deep convolutional generative adversarial networks[Z/OL]. arXiv preprint arXiv:1511.06434. 2015.

[5] ARJOVSKY M, CHINTALA S, BOTTOU L. Wasserstein Generative Adversarial Networks[C]// InInternational Conference on Machine Learning. 2017: 214-223.

第 29 章　深度学习方法总结

29.1　深度学习的模型

1. 基本神经网络

深度学习是指以复杂神经网络为模型的机器学习。神经网络是含有参数的非线性函数的复合函数，其参数通过学习得到，可以用于监督学习、无监督学习、强化学习。用于监督学习的基本神经网络有前馈神经网络、卷积神经网络、循环神经网络、图神经网络、Transformer 等。

前馈神经网络是最基本的神经网络。前馈神经网络（FNN）以实数向量为输入，对实数向量进行分类或回归。卷积神经网络（CNN）和循环神经网络（RNN）以一维格点数据或二维格点数据为输入，其中每一个格点由实数向量表示，模型对各个格点进行分类或回归，或者对格点数据整体进行分类或回归。语言数据可以表示为一维格点数据，图像数据可以表示为二维格点数据。本书介绍了卷积神经网络用于图像数据和语言数据处理的情况，以及循环神经网络用于语言数据处理的情况。其实循环神经网络也可以用于图像数据处理 [1]。卷积神经网络和循环神经网络拥有各自的局部重复的结构，卷积神经网络在各个格点上进行卷积运算，循环神经网络在各个格点上进行基本单元运算。

神经网络也可以定义在图数据上，称为图神经网络（graph neural network），如图卷积神经网络（graph convolutional neural network），参见文献 [2] 和文献 [3]。图神经网络对图的每一个结点进行分类或回归，或者对图整体进行分类或回归。

Transformer 是序列到序列学习模型，由编码器和解码器组成，编码器将输入序列转换为中间表示序列，解码器将中间表示序列转换为输出序列。编码器和解码器有类似的结构，一般是多层，使用多头注意力、非线性变换、残差连接、层归一化、位置嵌入。编码器和解码器之间通过注意力进行信息传递。比如，Transformer 将自然语言的一个单词序列转换为单词的上下文表示序列，再将单词的上下文表示序列转换为另一个单词序列。编码器进行非自回归的预测，解码器进行自回归的预测。Transformer 是定义在输入序列和已生成输出序列上的模型。

表 29.1 总结了监督学习的基本神经网络的作用和特点。

用于无监督学习的基本神经网络有自动编码器、去噪自动编码器、变分自动编码器等。自动编码器由编码器网络和解码器网络组成。学习时编码器将输入向量转换为中间表示向量（编码），解码器再将中间表示向量转换为输出向量（解码），实际是对数据进行压缩，得到的中间表示能有效地刻画数据的主要特征。预测时通常用编码器将新的输入向量转换为中间表示向量。去噪自动编码器也由编码器网络和解码器网络组成，不同点在于学习时对输入向

表 29.1 监督学习的基本神经网络的作用和特点

	模型输入	模型输出	模型作用	模型特点
前馈神经网络	实数向量	分类或回归结果	分类或回归：对实数向量的分类或回归	在每层进行非线性变换，一般是多层
卷积神经网络	一维或二维格点数据	分类或回归结果	分类或回归：对各个格点的分类或回归，或者对整体的分类或回归	在每一个格点上进行卷积运算，一般是多层
循环神经网络	一维或二维格点数据	分类或回归结果	分类或回归：对各个格点的分类或回归（序列标注），或者对整体的分类或回归	在每一个格点上进行基本单元运算，可以是多层
图神经网络	图数据	分类或回归结果	分类或回归：对各个结点的分类或回归，或者对整体的分类或回归	在每一个结点上进行卷积等运算，可以是多层
Transformer	输入序列	输出序列	序列到序列：将输入序列转换为中间表示序列，再将中间表示序列转换为输出序列	使用多头注意力、非线性变换、残差连接、层归一化、位置嵌入，一般是多层

量加入随机噪声，对有噪声的输入向量进行编码。去噪自动编码器能更有效地学习到数据的主要特征。变分自动编码器（variational autoencoder）[4-5] 也由编码器和解码器组成，但与自动编码器不同，本质上是数据生成模型（也就是其解码器）。编码器表示基于输入向量生成参数向量的条件概率分布，解码器表示基于参数向量生成输出向量的条件概率分布。假设参数向量的先验分布是高斯分布。学习的目标是使输出向量与输入向量尽量一致，也就是使学到的模型能生成给定的数据（输入向量）。得到的解码器用于数据的随机生成。

表 29.2 总结了无监督学习的基本神经网络的作用和特点。

表 29.2 无监督学习的基本神经网络的作用和特点

	模型输入	模型输出	模型作用和特点	模型特点
自动编码器	原始实数向量	还原的实数向量	压缩或表示学习：首先进行数据压缩，然后进行数据还原	编码器和解码器由前馈神经网络实现
去噪自动编码器	带噪声的实数向量	原始实数向量	压缩、去噪或表示学习：首先对带噪声的数据进行压缩，然后进行原始数据还原	编码器和解码器由前馈神经网络实现，学习时在输入中加入随机噪声
变分自动编码器	原始实数向量	生成的实数向量	数据生成：编码器表示基于输入向量生成参数向量的条件概率分布，解码器表示基于参数向量生成输出向量的条件概率分布	编码器和解码器由前馈神经网络实现，参数向量的先验分布是高斯分布

2. 深度学习与表示学习

相比传统机器学习，深度学习的最大特点是系统可以进行端到端（end-to-end）的模型训练；系统可以自动地学习模型的特征，而不需要人工定义。所以深度学习与表示学习（representation learning）密切相关。

输入的特征（如实例的特征、格点数据中的格点特征、图数据中的结点特征）、模型中的特征都用实数向量表示，都是分布式表示。

3. 深度学习与计算

可以把深度学习中的各种建模工具看作是计算机编程工具的扩展。前馈神经网络可以近似地表示 AND，OR，XOR，NAND 等逻辑门电路。深度学习中的函数、指针、门控、残差连接、注意力可以分别看作是计算机编程工具中的函数、指针、分支、递归、键-值查询的扩展 [6]。计算机编程工具一般是定义在符号或数值上的，深度学习工具定义在向量、矩阵或张量上。计算机编程工具实施的是“硬的”（离散的）操作，深度学习实施的是“软的”（连续的）的操作。深度学习中的函数是指前馈神经网络等模型。指针在指针网络（pointer network）中使用 [7]，门控在 GRU 模型中使用，残差连接在 ResNet 和 Transformer 中使用，注意力在 Transformer 中使用。

表 29.3　深度学习工具与计算机编程工具的比较

	计算机编程工具	深度学习工具
函数	输入：x，输出：$y=f(x)$	输入：$\boldsymbol{x}$，输出：$\boldsymbol{y}=f(\boldsymbol{x})$
指针	输入：x，输出：$\#y=f(x)$	输入：$\boldsymbol{x}$，输出：$\#\boldsymbol{y}=f(\boldsymbol{x})$
分支、门控	输入：x，输出： IF $\delta(x)=1$, THEN $y=f(x)$, ELSE $y=g(x)$	输入：$\boldsymbol{x}$，输出： $\boldsymbol{y}=\delta(\boldsymbol{x})\odot f(\boldsymbol{x})+(\mathbf{1}-\delta(\boldsymbol{x}))\odot g(\boldsymbol{x})$
递归、残差连接	输入：x_1，输出：x_{n+1} For $(l=1,2,\cdots,n)$ $\{x_{l+1}=x_l+f_l(x_l)\}$	输入：$\boldsymbol{x}_1$，输出：$\boldsymbol{x}_{n+1}$ For $(l=1,2,\cdots,n)$ $\{\boldsymbol{x}_{l+1}=\boldsymbol{x}_l+f_l(\boldsymbol{x}_l)\}$
键-值查询、注意力	输入：$q,(k_1,v_1),(k_2,v_2),\cdots,(k_n,v_n)$， 输出：IF $\delta(q,k_i)=1$, THEN v_i	输入：$\boldsymbol{q},(\boldsymbol{k}_1,\boldsymbol{v}_1),(\boldsymbol{k}_2,\boldsymbol{v}_2),\cdots,(\boldsymbol{k}_n,\boldsymbol{v}_n)$， 输出：$\sum\limits_{i=1}^{n}\alpha(\boldsymbol{q},\boldsymbol{k}_i)\cdot\boldsymbol{v}_i$

29.2　深度学习的方法

深度学习的算法主要是梯度下降，具体地是反向传播，可以用于监督学习和无监督学习。预训练语言模型和生成对抗网络使用大量无标注数据学习，可以认为是无监督学习方法。

1. 学习算法和技巧

深度学习无论是监督学习还是无监督学习，学习的目标一般都是最大化似然函数或者最小化交叉熵，也就是进行极大似然估计。神经网络是复杂的非线性模型，比起传统机器学习模型有更多的参数，但无论模型如何复杂，只要目标函数对参数可导，主要是神经网络函数对参数可导，就可以进行学习。

学习的算法通常使用随机梯度下降法。因为神经网络的参数很多，更适合于使用一阶优化算法，如随机梯度下降，而不是二阶优化算法，如拟牛顿法。

反向传播算法提供了一个高效的随机梯度下降法的实现。只需要依照网络结构进行一次正向传播和一次反向传播，就可以完成梯度下降的一次迭代。正向传播使用当前的所有参数重新计算神经网络所有变量，从前往后进行计算。反向传播使用当前的所有变量重新计算网络的所有参数，过程中基于当前模型的预测值与真实值之间的误差，从后往前进行梯度计算以及参数更新计算。

反向传播算法也可以在计算图上实现，每一个结点表示一个函数或变量。正向传播从起点的输入开始，顺着有向边，依次对结点的函数进行计算，直到得到终点的输出为止，都可以看作是张量的流动。反向传播从终点的梯度（整体函数的梯度）开始，逆着有向边，依次对结点的梯度进行运算，直到得到起点的梯度为止，也都可以看作是张量的流动。

深度学习中常常不做正则化也不产生过拟合。常用的防止过拟合的方法有早停法和暂退法（dropout）。暂退法在训练过程中每一步随机选取一些神经元，让它们不参与训练，学习结束后，对权重进行调整，然后用整体网络进行预测。

深度学习训练中有时会遇到稳定性问题，包括梯度消失和梯度爆炸、内部协变量偏移。梯度消失和梯度爆炸是指在学习过程中，目标函数对参数的梯度有时会接近 0（梯度消失）或接近无穷（梯度爆炸），导致无法有效地学习的问题。本质原因是反向传播过程中要进行矩阵连乘计算，使得结果矩阵的一些元素趋近于零或趋近于无穷。为防止这个问题，可以进行更恰当的初始化或使用更合适的激活函数，如整流线性函数 ReLu。更重要的是使用更合理的网络架构，比如 LSTM 和 ResNet。

在深度神经网络的学习过程中，各个层的参数会发生变化，各个层的输出也会随之发生变化。对于其中任意一层，其输入也会不断改变，其结果是这一层及其后面层的学习会产生振荡，学习速度会变缓。也就是说会发生内部协变量偏移现象。防止这个问题的方法有批量归一化和层归一化。这些归一化方法也有防止梯度消失和梯度爆炸的作用。

2. 预训练语言模型

实际应用中深度学习主要用于监督学习，主要挑战是缺少标注数据。自然语言处理中的预训练语言模型成功地解决了这个问题。

预训练语言模型的基本想法是基于 Transformer 的编码器或解码器实现语言模型，在其基础上定义监督学习模型。在预训练中，使用大规模的语料通过无监督学习的方式学习模型的参数，在微调中，将模型用于一个具体任务，使用少量的标注数据通过监督学习的方式进一步调节模型的参数。常用的预训练语言模型有 BERT 和 GPT，前者用于语言理解任务，后者用于语言生成任务。

3. 生成对抗网络

深度学习也可以用于生成模型的学习，也就是针对给定的数据学习生成这些数据的分布。生成对抗网络 GAN 是一个有效的方法，特别是对图像数据的生成。

GAN 由一个生成网络和一个判别网络组成，两者的学习是一个博弈的过程。在学习的过程中生成网络尝试学习生成接近真实的数据，判别网络尝试判别数据是已给的真实数据还是对手生成的数据。两者不断提高自己的能力，最终达到均衡状态时，生成网络可以以假乱真地生成数据。

29.3 深度学习的优化算法

1. 随机梯度下降法

深度学习的优化算法一般是随机梯度下降法（SGD）。随机梯度下降法在第 t 步对参数进行如下更新（通常用小批量随机梯度下降）：

$$\boldsymbol{\theta}_t = \boldsymbol{\theta}_{t-1} - \eta \boldsymbol{g}_t \tag{29.1}$$

其中，$\boldsymbol{\theta}_t$ 和 $\boldsymbol{\theta}_{t-1}$ 分别是第 t 步和第 $t-1$ 步的参数，$\boldsymbol{g}_t$ 是第 t 步的梯度，η 是学习率。

基本的随机梯度下降法计算效率并不高，因为每一步的梯度更新（包括方向和大小）都是基于当前所在位置，整体收敛速度未必很快。有多个改进的算法，其中 Adam 是最常用的算法 [8]，是动量算法和 RMSProp 算法的组合。其核心想法是在每一步利用之前的所有步的梯度对当前的梯度进行调整。这里做一简单介绍。

2. 动量算法

动量（momentum）算法在第 t 步对参数进行如下梯度更新：

$$\boldsymbol{v}_t = \beta_1 \boldsymbol{v}_{t-1} + (1-\beta_1)\boldsymbol{g}_t \tag{29.2}$$

$$\boldsymbol{\theta}_t = \boldsymbol{\theta}_{t-1} - \eta \boldsymbol{v}_t \tag{29.3}$$

其中，$\boldsymbol{\theta}_t$ 和 $\boldsymbol{\theta}_{t-1}$ 分别是第 t 步和第 $t-1$ 步的参数，$\boldsymbol{v}_t$ 和 $\boldsymbol{v}_{t-1}$ 分别是第 t 步和第 $t-1$ 步的中间变量，$\boldsymbol{g}_t$ 是第 t 步的梯度，β_1 是系数（$0 \leqslant \beta_1 < 1$），η 是学习率。

设 $\boldsymbol{v}_0 = \boldsymbol{0}$，则在第 t 步有

$$\boldsymbol{v}_t = (1-\beta_1)\sum_{\tau=1}^{t} \beta_1^{t-\tau} \boldsymbol{g}_\tau \tag{29.4}$$

动量算法在第 t 步计算迄今为止所有步的梯度的加权平均 $\boldsymbol{v}_t$，并用 $\boldsymbol{v}_t$ 进行参数的更新，其中权重从后往前指数性递减，称为指数加权移动平均（exponentially weighted moving average）。当 $\beta_1 = 0$ 时，动量算法回退到 SGD。

下面给出动量算法的直观解释，图 29.1 是一个随机梯度下降（SGD）的例子。图中显示的是目标函数的等高线以及 SGD 的迭代轨迹。目标函数是一个凸的椭球面。SGD 每步都从最陡的方向下降，形成的迭代轨迹在纵向上不断振荡，在横向上移动缓慢，并不能以最快的

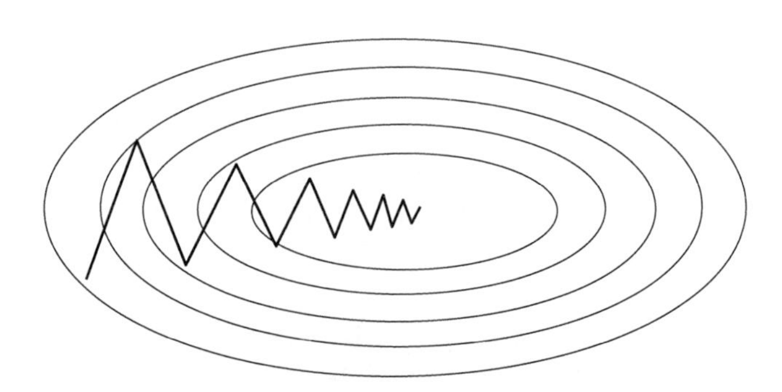

图 29.1 随机梯度下降的例子

速度达到最小点。在动量算法的每一步，如果迄今为止梯度在某一个方向（图中纵向）上的值有正有负，其加权平均在这个方向上就会取一个小的值，那么就在这个方向上进行小幅度的更新；如果迄今为止梯度在某一个方向（图中横向）上的值同正或同负，其加权平均在这个方向上就会取一个大的值，那么就在这个方向上进行大幅度的更新。这样就可以减轻 SGD 收敛不快的问题。

动量算法有物理解释——梯度加权平均 $\boldsymbol{v}_t$ 表示速度，这里不予介绍。

3. RMSProp 算法

RMSProp（root mean square propagation）算法是 AdaGrad 算法的改进。在第 t 步对参数进行如下更新：

$$\boldsymbol{s}_t = \beta_2 \boldsymbol{s}_{t-1} + (1-\beta_2)\boldsymbol{g}_t \odot \boldsymbol{g}_t \tag{29.5}$$

$$\boldsymbol{\theta}_t = \boldsymbol{\theta}_{t-1} - \eta \frac{1}{\sqrt{\boldsymbol{s}_t + \boldsymbol{\varepsilon}}} \boldsymbol{g}_t \tag{29.6}$$

其中，$\boldsymbol{\theta}_t$ 和 $\boldsymbol{\theta}_{t-1}$ 分别是第 t 步和第 $t-1$ 步的参数；$\boldsymbol{s}_t$ 和 $\boldsymbol{s}_{t-1}$ 分别是第 t 步和第 $t-1$ 步的中间变量；$\boldsymbol{g}_t$ 是第 t 步的梯度；$\odot$ 表示向量的逐元素积；β_2 是系数（$0 \leqslant \beta_2 < 1$）；$\boldsymbol{\varepsilon}$ 是每一个元素都为正数 ε 的向量，防止分母为 0；η 是学习率。

设 $\boldsymbol{s}_0 = \boldsymbol{0}$，则在第 t 步有

$$\boldsymbol{s}_t = (1-\beta_2)\sum_{\tau=1}^{t} \beta_2^{t-\tau} \boldsymbol{g}_\tau \odot \boldsymbol{g}_\tau \tag{29.7}$$

RMSProp 算法在第 t 步计算迄今为止梯度的元素平方的加权平均 $\boldsymbol{s}_t$，并用 $\boldsymbol{s}_t$ 对当前梯度的元素进行归一化，然后进行参数的更新，其中加权平均是指数加权移动平均。当 $\beta_2 = 0$ 时，RMSProp 算法是 SGD 的近似，每一步对梯度的元素进行归一化。

RMSProp 算法也可以减轻 SGD 收敛不快的问题。在每一步，如果迄今为止梯度在某一个方向（图 29.1 中纵向）上的值都很大，梯度元素平方的加权平均就会很大，归一化的梯度在这个方向上就会取一个小的值，在这个方向上进行小幅度的更新；如果梯度在某一个方向（图 29.1 中横向）上的值都很小，梯度元素平方的加权平均就会很小，归一化的梯度在这个方向上就会取一个大的值，在这个方向上进行大幅度的更新。RMSProp 算法实际上是在每一步对梯度的每一个元素做自适应的调整。

4. Adam 算法

Adam 算法（adaptive moment estimation algorithm）将动量算法和 RMSProp 算法的技巧结合，以提高迭代的收敛速度。在第 t 步对参数依次进行如下更新：

$$\boldsymbol{v}_t = \beta_1 \boldsymbol{v}_{t-1} + (1-\beta_1)\boldsymbol{g}_t \tag{29.8}$$

$$\boldsymbol{s}_t = \beta_2 \boldsymbol{s}_{t-1} + (1-\beta_2)\boldsymbol{g}_t \odot \boldsymbol{g}_t \tag{29.9}$$

$$\boldsymbol{v}_t = \frac{\boldsymbol{v}_t}{1-\beta_1^t} \tag{29.10}$$

$$\boldsymbol{s}_t = \frac{\boldsymbol{v}_t}{1-\beta_2^t} \tag{29.11}$$

$$\boldsymbol{\theta}_t = \boldsymbol{\theta}_{t-1} - \eta \frac{\boldsymbol{v}_t}{\sqrt{\boldsymbol{s}_t + \varepsilon}} \tag{29.12}$$

在式 (29.10) 和式 (29.11) 对 $\boldsymbol{v}_t$ 和 $\boldsymbol{s}_t$ 进行矫正计算。超参数通常取 $\beta_1 = 0.9$，$\beta_2 = 0.999$，$\varepsilon = 10^{-8}$。

实验证明 Adam 算法对不同的神经网络都有很好的学习收敛速度。

29.4 深度学习的优缺点

1. 优势

深度学习的优点主要体现在三个方面：

（1）神经网络拥有强大的函数近似能力。通用函数近似定理指出，二层神经网络就可以以任意精度近似任意一个连续函数。假设实现某一功能的“理想”的函数存在，则存在一个神经网络是这个函数的充分近似。

（2）深的神经网络比浅的神经网络拥有更精简的表达能力，更高的样本效率。存在这样的情况，深而窄的神经网络与浅而宽的神经网络是等价的。但前者的参数比后者更少，只需要较少的样本就可以学到。在极端情况下，浅而宽的神经网络的宽度是指数级的，现实中并不可取。

（3）深度学习有很强的泛化能力，也就是从训练集上学到的预测误差小的模型在测试集上也同样有小的预测误差。深度学习中常常不做正则化也不产生过拟合。通常是在大规模训练数据、过参数化神经网络以及随机梯度下降训练的条件下发生的，这里过参数化是指网络的参数量大于训练数据量。已有机器学习理论尚不能很好地解释这种现象，是当前重要的研究课题。

2. 不足

深度学习也有缺点，缺乏稳健性（robustness）是一个突出的问题，也就是数据中很小的扰动就会导致预测错误。这也是深度学习的强大学习能力所致。稳健的学习可以定义为极小极大（min max）的优化问题。一般的机器学习的目标是在平均情况下预测误差最小，而稳健的学习的目标是在最坏情况下预测误差最小，具体地，数据在某个范围内发生对自己最不利的扰动时也能保证预测误差最小。最近的理论研究证明，在一些条件下，稳健的学习比一般的学习需要更多的样本，结论对深度学习和传统机器学习都适用。这意味着深度学习需要更多的样本才能变得稳健。稳健的学习可以定义为以下极小极大优化问题：[9]

$$\min_{\theta} E_x \left[\max_{\|x-x'\|_\infty \leqslant \varepsilon} L(\theta, x') \right]$$

其中，L 是损失函数，x 和 x' 是样本，θ 是模型参数。

深度学习的另一个缺点是恰当性（adequacy）的问题。由于训练数据的偏差和机器学习的特点（预测误差最小化导向、训练中的随机性）等原因，深度学习常常“学到不恰当的知识”。比如，图像识别中认为有把手的就是杯子，有轮胎的就是汽车。传统机器学习也存在这个问题，但深度学习的问题更突出。恰当性是站在人的角度看到的问题，并不一定能算是缺陷。

3. 可解释性

神经网络不具备可解释性，但这并不一定是缺点。可解释性依赖于应用，比如在金融、医疗等领域的预测需要可解释性，但是在其他领域的预测未必如此。人也不能解释自己是如何进行感知和认知处理的，未必需要深度神经网络能够解释自己的判断过程。

参考文献

[1] GOODFELLOW I, BENGIO Y, COURVILLE A. Deep learning[M]. MIT Press, 2016.

[2] SCARSELLI F, GORI M, TSOI A C, et al. The graph neural network model[J]. IEEE Transactions on Neural Networks, 2008, 20(1): 61-80.

[3] KIPF T N, WELLING M. Semi-supervised classification with graph convolutional networks[J]. ICLR 2017.

[4] KINGMA D P, WELLING M. Auto-encoding variational bayes[Z/OL]. arXiv preprint arXiv:1312.6114, 2013.

[5] KINGMA D P, WELLING M. An introduction to variational autoencoders[Z/OL]. arXiv preprint arXiv:1906.02691, 2019.

[6] MCALLESTER D. Universality in deep learning and models of computation[C]//The 2nd International Workshop on Symbolic Neural Learning, 2018.

[7] VINYALS O, FORTUNATO M, JAITLY N. Pointer networks[J]. Advances in Neural Information Processing Systems, 2015, 28: 2692-2700.

[8] KINGMA D P, BA J. Adam: A method for stochastic optimization[Z/OL]. arXiv preprint arXiv:1412.6980, 2014.

[9] SCHMID L, SANTURKAR S, TSIPRAS D, et al. Adversarially robust generalization requires more data[J]. Advances in Neural Information Processing Systems, 2018, 31: 5014-5026.

附录 A　梯度下降法

梯度下降法（gradient descent）或最速下降法（steepest descent）是求解无约束最优化问题的一种最常用的方法，具有实现简单的优点。梯度下降法是迭代算法，每一步需要求解目标函数的梯度向量。

假设 $f(x)$ 是 $\boldsymbol{R}^n$ 上具有一阶连续偏导数的函数，要求解的无约束最优化问题是

$$\min_{x\in\boldsymbol{R}^n} f(x) \tag{A.1}$$

x^* 表示目标函数 $f(x)$ 的极小点。

梯度下降法是一种迭代算法。选取适当的初值 $x^{(0)}$，不断迭代，更新 x 的值，进行目标函数的极小化，直到收敛。由于负梯度方向是使函数值下降最快的方向，在迭代的每一步，以负梯度方向更新 x 的值，从而达到减少函数值的目的。

由于 $f(x)$ 具有一阶连续偏导数，若第 k 次迭代值为 $x^{(k)}$，则可将 $f(x)$ 在 $x^{(k)}$ 附近进行一阶泰勒展开：

$$f(x)=f(x^{(k)})+g_k^{\mathrm{T}}(x-x^{(k)}) \tag{A.2}$$

这里，$g_k=g(x^{(k)})=\nabla f(x^{(k)})$ 为 $f(x)$ 在 $x^{(k)}$ 的梯度。

求出第 $k+1$ 次迭代值 $x^{(k+1)}$：

$$x^{(k+1)}\leftarrow x^{(k)}+\lambda_k p_k \tag{A.3}$$

其中，p_k 是搜索方向，取负梯度方向 $p_k=-\nabla f(x^{(k)})$；λ_k 是步长，由一维搜索确定，即 λ_k 使得

$$f(x^{(k)}+\lambda_k p_k)=\min_{\lambda\geqslant 0} f(x^{(k)}+\lambda p_k) \tag{A.4}$$

梯度下降法算法如下：

算法 A.1（梯度下降法）

输入：目标函数 $f(x)$，梯度函数 $g(x)=\nabla f(x)$，计算精度 ε。

输出：$f(x)$ 的极小点 x^*。

（1）取初始值 $x^{(0)}\in\boldsymbol{R}^n$，置 $k=0$。

（2）计算 $f(x^{(k)})$。

（3）计算梯度 $g_k=g(x^{(k)})$，当 $\|g_k\|<\varepsilon$ 时，停止迭代，令 $x^*=x^{(k)}$；否则，令 $p_k=-g(x^{(k)})$，求 λ_k，使

$$f(x^{(k)}+\lambda_k p_k)=\min_{\lambda\geqslant 0} f(x^{(k)}+\lambda p_k)$$

（4）置 $x^{(k+1)} = x^{(k)} + \lambda_k p_k$，计算 $f(x^{(k+1)})$。当 $\|f(x^{(k+1)}) - f(x^{(k)})\| < \varepsilon$ 或 $\|x^{(k+1)} - x^{(k)}\| < \varepsilon$ 时，停止迭代，令 $x^* = x^{(k+1)}$。

（5）否则，置 $k = k + 1$，转步骤（3）。■

当目标函数是凸函数时，梯度下降法的解是全局最优解。一般情况下，其解不保证是全局最优解。梯度下降法的收敛速度也未必是很快的。

附录 B　牛顿法和拟牛顿法

牛顿法（Newton method）和拟牛顿法（quasi-Newton method）也是求解无约束最优化问题的常用方法，有收敛速度快的优点。牛顿法是迭代算法，每一步需要求解目标函数的黑塞矩阵的逆矩阵，计算比较复杂。拟牛顿法通过正定矩阵近似黑塞矩阵的逆矩阵或黑塞矩阵，简化了这一计算过程。

1. 牛顿法

考虑无约束最优化问题

$$\min_{x \in \boldsymbol{R}^n} f(x) \tag{B.1}$$

其中，x^* 为目标函数的极小点。

假设 $f(x)$ 具有二阶连续偏导数，若第 k 次迭代值为 $x^{(k)}$，则可将 $f(x)$ 在 $x^{(k)}$ 附近进行二阶泰勒展开：

$$f(x) = f(x^{(k)}) + g_k^{\mathrm{T}}(x - x^{(k)}) + \frac{1}{2}(x - x^{(k)})^{\mathrm{T}} H(x^{(k)})(x - x^{(k)}) \tag{B.2}$$

这里，$g_k = g(x^{(k)}) = \nabla f(x^{(k)})$ 是 $f(x)$ 的梯度向量在点 $x^{(k)}$ 的值，$H(x^{(k)})$ 是 $f(x)$ 的黑塞矩阵（Hessian matrix）

$$H(x) = \left(\frac{\partial^2 f}{\partial x_i \partial x_j} \right)_{n \times n} \tag{B.3}$$

在点 $x^{(k)}$ 的值。函数 $f(x)$ 有极值的必要条件是在极值点处一阶导数为 0，即梯度向量为 0。特别是当 $H(x^{(k)})$ 是正定矩阵时，函数 $f(x)$ 的极值为极小值。

牛顿法利用极小点的必要条件

$$\nabla f(x) = 0 \tag{B.4}$$

每次迭代中从点 $x^{(k)}$ 开始，求目标函数的极小点，作为第 $k+1$ 次迭代值 $x^{(k+1)}$。具体地，假设 $x^{(k+1)}$ 满足：

$$\nabla f(x^{(k+1)}) = 0 \tag{B.5}$$

由式 (B.2) 有

$$\nabla f(x) = g_k + H_k(x - x^{(k)}) \tag{B.6}$$

其中，$H_k = H(x^{(k)})$。这样，式 (B.5) 成为

$$g_k + H_k(x^{(k+1)} - x^{(k)}) = 0 \tag{B.7}$$

因此，

$$x^{(k+1)}=x^{(k)}-H_k^{-1}g_k \tag{B.8}$$

或者

$$x^{(k+1)}=x^{(k)}+p_k \tag{B.9}$$

其中，

$$H_kp_k=-g_k \tag{B.10}$$

用式 (B.8) 作为迭代公式的算法就是牛顿法。

算法 B.1（**牛顿法**）

输入：目标函数 $f(x)$，梯度 $g(x)=\nabla f(x)$，黑塞矩阵 $H(x)$，精度要求 ε。

输出：$f(x)$ 的极小点 x^*。

（1）取初始点 $x^{(0)}$，置 $k=0$。

（2）计算 $g_k=g(x^{(k)})$。

（3）若 $\|g_k\|<\varepsilon$，则停止计算，得近似解 $x^*=x^{(k)}$。

（4）计算 $H_k=H(x^{(k)})$，并求 p_k：

$$H_kp_k=-g_k$$

（5）置 $x^{(k+1)}=x^{(k)}+p_k$。

（6）置 $k=k+1$，转步骤（2）。

步骤（4）求 p_k，$p_k=-H_k^{-1}g_k$，要求 H_k^{-1}，计算比较复杂，所以有其他改进的方法。

2. 拟牛顿法的思路

在牛顿法的迭代中，需要计算黑塞矩阵的逆矩阵 H^{-1}，这一计算比较复杂，考虑用一个 n 阶矩阵 $G_k=G(x^{(k)})$ 来近似代替 $H_k^{-1}=H^{-1}(x^{(k)})$。这就是拟牛顿法的基本想法。

先看牛顿法迭代中黑塞矩阵 H_k 满足的条件。首先，H_k 满足以下关系。在式 (B.6) 中取 $x=x^{(k+1)}$，即得：

$$g_{k+1}-g_k=H_k(x^{(k+1)}-x^{(k)}) \tag{B.11}$$

记 $y_k=g_{k+1}-g_k$，$\delta_k=x^{(k+1)}-x^{(k)}$，则

$$y_k=H_k\delta_k \tag{B.12}$$

或

$$H_k^{-1}y_k=\delta_k \tag{B.13}$$

式 (B.12) 或式 (B.13) 称为拟牛顿条件。

如果 H_k 是正定的（H_k^{-1} 也是正定的），那么可以保证牛顿法搜索方向 p_k 是下降方向。这是因为搜索方向是 $p_k=-H_k^{-1}g_k$，由式 (B.8) 有

$$x=x^{(k)}+\lambda p_k=x^{(k)}-\lambda H_k^{-1}g_k \tag{B.14}$$

所以 $f(x)$ 在 $x^{(k)}$ 的泰勒展开式 (B.2) 可以近似写成

$$f(x)=f(x^{(k)})-\lambda g_k^{\mathrm{T}}H_k^{-1}g_k \tag{B.15}$$

因 H_k^{-1} 正定，故有 $g_k^{\mathrm{T}} H_k^{-1} g_k > 0$。当 λ 为一个充分小的正数时，总有 $f(x) < f(x^{(k)})$，也就是说 p_k 是下降方向。

拟牛顿法将 G_k 作为 H_k^{-1} 的近似，要求矩阵 G_k 满足同样的条件。首先，每次迭代矩阵 G_k 是正定的。同时，G_k 满足下面的拟牛顿条件：

$$G_{k+1} y_k = \delta_k \tag{B.16}$$

按照拟牛顿条件选择 G_k 作为 H_k^{-1} 的近似或选择 B_k 作为 H_k 的近似的算法称为拟牛顿法。

按照拟牛顿条件，在每次迭代中可以选择更新矩阵 G_{k+1}：

$$G_{k+1} = G_k + \Delta G_k \tag{B.17}$$

这种选择有一定的灵活性，因此有多种具体实现方法。下面介绍 Broyden 类拟牛顿法。

3. DFP (Davidon-Fletcher-Powell) 算法 (DFP algorithm)

DFP 算法选择 G_{k+1} 的方法是假设每一步迭代中矩阵 G_{k+1} 是由 G_k 加上两个附加项构成的，即

$$G_{k+1} = G_k + P_k + Q_k \tag{B.18}$$

其中，P_k，Q_k 是待定矩阵。这时，

$$G_{k+1} y_k = G_k y_k + P_k y_k + Q_k y_k \tag{B.19}$$

为使 G_{k+1} 满足拟牛顿条件，可使 P_k 和 Q_k 满足：

$$P_k y_k = \delta_k \tag{B.20}$$

$$Q_k y_k = -G_k y_k \tag{B.21}$$

事实上，不难找出这样的 P_k 和 Q_k，例如，取

$$P_k = \frac{\delta_k \delta_k^{\mathrm{T}}}{\delta_k^{\mathrm{T}} y_k} \tag{B.22}$$

$$Q_k = -\frac{G_k y_k y_k^{\mathrm{T}} G_k}{y_k^{\mathrm{T}} G_k y_k} \tag{B.23}$$

这样就可得到矩阵 G_{k+1} 的迭代公式：

$$G_{k+1} = G_k + \frac{\delta_k \delta_k^{\mathrm{T}}}{\delta_k^{\mathrm{T}} y_k} - \frac{G_k y_k y_k^{\mathrm{T}} G_k}{y_k^{\mathrm{T}} G_k y_k} \tag{B.24}$$

称为 DFP 算法。

可以证明，如果初始矩阵 G_0 是正定的，则迭代过程中的每个矩阵 G_k 都是正定的。

DFP 算法如下。

算法 B.2（DFP 算法）

输入：目标函数 $f(x)$，梯度 $g(x) = \nabla f(x)$，精度要求 ε。

输出：$f(x)$ 的极小点 x^*。

（1）选定初始点 $x^{(0)}$，取 G_0 为正定对称矩阵，置 $k=0$。

（2）计算$g_k=g(x^{(k)})$。若$\|g_k\|<\varepsilon$，则停止计算，得近似解$x^*=x^{(k)}$；否则转步骤（3）。

（3）置 $p_k=-G_k g_k$。

（4）一维搜索：求 λ_k 使得

$$f(x^{(k)}+\lambda_k p_k)=\min_{\lambda\geqslant 0} f(x^{(k)}+\lambda p_k)$$

（5）置 $x^{(k+1)}=x^{(k)}+\lambda_k p_k$。

（6）计算 $g_{k+1}=g(x^{(k+1)})$，若 $\|g_{k+1}\|<\varepsilon$，则停止计算，得近似解 $x^*=x^{(k+1)}$；否则，按式 (B.24) 算出 G_{k+1}。

（7）置 $k=k+1$，转步骤（3）。

4. BFGS (Broyden-Fletcher-Goldfarb-Shanno) 算法 (BFGS algorithm)

BFGS 算法是最流行的拟牛顿算法。

可以考虑用 G_k 逼近黑塞矩阵的逆矩阵 H^{-1}，也可以考虑用 B_k 逼近黑塞矩阵 H。这时，相应的拟牛顿条件是

$$B_{k+1}\delta_k=y_k \tag{B.25}$$

可以用同样的方法得到另一迭代公式。首先令

$$B_{k+1}=B_k+P_k+Q_k \tag{B.26}$$

$$B_{k+1}\delta_k=B_k\delta_k+P_k\delta_k+Q_k\delta_k \tag{B.27}$$

考虑使 P_k 和 Q_k 满足：

$$P_k\delta_k=y_k \tag{B.28}$$

$$Q_k\delta_k=-B_k\delta_k \tag{B.29}$$

找出适合条件的 P_k 和 Q_k，得到 BFGS 算法矩阵 B_{k+1} 的迭代公式：

$$B_{k+1}=B_k+\frac{y_k y_k^{\mathrm{T}}}{y_k^{\mathrm{T}}\delta_k}-\frac{B_k\delta_k\delta_k^{\mathrm{T}}B_k}{\delta_k^{\mathrm{T}}B_k\delta_k} \tag{B.30}$$

可以证明，如果初始矩阵 B_0 是正定的，则迭代过程中的每个矩阵 B_k 都是正定的。

下面写出 BFGS 拟牛顿算法。

算法 B.3（BFGS 算法）

输入：目标函数 $f(x)$，$g(x)=\nabla f(x)$，精度要求 ε。

输出：$f(x)$ 的极小点 x^*。

（1）选定初始点 $x^{(0)}$，取 B_0 为正定对称矩阵，置 $k=0$。

（2）计算 $g_k=g(x^{(k)})$。若 $\|g_k\|<\varepsilon$，则停止计算，得近似解 $x^*=x^{(k)}$；否则转步骤（3）。

（3）由 $B_k p_k=-g_k$ 求出 p_k。

（4）一维搜索：求 λ_k 使得

$$f(x^{(k)}+\lambda_k p_k)=\min_{\lambda\geqslant 0} f(x^{(k)}+\lambda p_k)$$

（5）置 $x^{(k+1)} = x^{(k)} + \lambda_k p_k$。

（6）计算 $g_{k+1} = g(x^{(k+1)})$，若 $\|g_{k+1}\| < \varepsilon$，则停止计算，得近似解 $x^* = x^{(k+1)}$；否则，按式 (B.30) 算出 B_{k+1}。

（7）置 $k = k+1$，转步骤（3）。

5. Broyden 类算法 (Broyden's algorithm)

我们可以从 BFGS 算法矩阵 B_k 的迭代公式 (B.30) 得到 BFGS 算法关于 G_k 的迭代公式。事实上，若记 $G_k = B_k^{-1}$，$G_{k+1} = B_{k+1}^{-1}$，那么对式 (B.30) 两次应用 Sherman-Morrison 公式①即得：

$$G_{k+1} = \left(I - \frac{\delta_k y_k^{\mathrm{T}}}{\delta_k^{\mathrm{T}} y_k}\right) G_k \left(I - \frac{\delta_k y_k^{\mathrm{T}}}{\delta_k^{\mathrm{T}} y_k}\right)^{\mathrm{T}} + \frac{\delta_k \delta_k^{\mathrm{T}}}{\delta_k^{\mathrm{T}} y_k} \tag{B.31}$$

称为 BFGS 算法关于 G_k 的迭代公式。

由 DFP 算法 G_k 的迭代公式 (B.23) 得到的 G_{k+1} 记作 G^{DFP}，由 BFGS 算法 G_k 的迭代公式 (B.31) 得到的 G_{k+1} 记作 G^{BFGS}，它们都满足方程拟牛顿条件式，所以它们的线性组合

$$G_{k+1} = \alpha G^{\mathrm{DFP}} + (1-\alpha) G^{\mathrm{BFGS}} \tag{B.32}$$

也满足拟牛顿条件式，而且是正定的。其中 $0 \leqslant \alpha \leqslant 1$。这样就得到了一类拟牛顿法，称为 Broyden 类算法。

① Sherman-Morrison 公式：假设 A 是 n 阶可逆矩阵，u, v 是 n 维向量，且 $A + uv^{\mathrm{T}}$ 也是可逆矩阵，则

$$(A + uv^{\mathrm{T}})^{-1} = A^{-1} - \frac{A^{-1} u v^{\mathrm{T}} A^{-1}}{1 + v^{\mathrm{T}} A^{-1} u}$$

附录 C　拉格朗日对偶性

在约束最优化问题中，常常利用拉格朗日对偶性（Lagrange duality）将原始问题转换为对偶问题，通过解对偶问题得到原始问题的解。该方法应用在许多统计学习方法中，例如，最大熵模型与支持向量机。这里简要叙述拉格朗日对偶性的主要概念和结果。

1. 原始问题

假设 $f(x)$，$c_i(x)$，$h_j(x)$ 是定义在 $\boldsymbol{R}^n$ 上的连续可微函数。考虑约束最优化问题：

$$\min_{x\in \boldsymbol{R}^n} \quad f(x) \tag{C.1}$$

$$\text{s.t.} \quad c_i(x) \leqslant 0, \quad i=1,2,\cdots,k \tag{C.2}$$

$$h_j(x)=0, \quad j=1,2,\cdots,l \tag{C.3}$$

称此约束最优化问题为原始最优化问题或原始问题。

首先，引入广义拉格朗日函数（generalized Lagrange function）：

$$L(x,\alpha,\beta)=f(x)+\sum_{i=1}^{k}\alpha_i c_i(x)+\sum_{j=1}^{l}\beta_j h_j(x) \tag{C.4}$$

这里，$x=(x^{(1)},x^{(2)},\cdots,x^{(n)})^{\mathrm{T}}\in \boldsymbol{R}^n$，$\alpha_i$，$\beta_j$ 是拉格朗日乘子，$\alpha_i \geqslant 0$。考虑 x 的函数：

$$\theta_P(x)=\max_{\alpha,\beta:\alpha_i\geqslant 0} L(x,\alpha,\beta) \tag{C.5}$$

这里，下标 P 表示原始问题。

假设给定某个 x。如果 x 违反原始问题的约束条件，即存在某个 i 使得 $c_i(x)>0$ 或者存在某个 j 使得 $h_j(x)\neq 0$，那么就有

$$\theta_P(x)=\max_{\alpha,\beta:\alpha_i\geqslant 0}\left[f(x)+\sum_{i=1}^{k}\alpha_i c_i(x)+\sum_{j=1}^{l}\beta_j h_j(x)\right]=+\infty \tag{C.6}$$

因为若某个 i 使约束 $c_i(x)>0$，则可令 $\alpha_i\to+\infty$；若某个 j 使 $h_j(x)\neq 0$，则可令 β_j 使 $\beta_j h_j(x)\to+\infty$，而将其余各 α_i，β_j 均取为 0。

相反地，如果 x 满足约束条件式 (C.2) 和式 (C.3)，则由式 (C.5) 和式 (C.4) 可知，$\theta_P(x)=f(x)$。因此，

$$\theta_P(x)=\begin{cases} f(x), & x \text{ 满足原始问题约束} \\ +\infty, & \text{其他} \end{cases} \tag{C.7}$$

所以如果考虑极小化问题：

$$\min_{x} \theta_P(x) = \min_{x} \max_{\alpha,\beta:\alpha_i \geqslant 0} L(x,\alpha,\beta) \tag{C.8}$$

它是与原始最优化问题 (C.1)~(C.3) 等价的，即它们有相同的解。问题 $\min\limits_{x} \max\limits_{\alpha,\beta:\alpha_i \geqslant 0} L(x,\alpha,\beta)$ 称为广义拉格朗日函数的极小极大问题。这样一来，就把原始最优化问题表示为广义拉格朗日函数的极小极大问题。为了方便，定义原始问题的最优值：

$$p^* = \min_{x} \theta_P(x) \tag{C.9}$$

称为原始问题的值。

2. 对偶问题

定义

$$\theta_{\mathrm{D}}(\alpha,\beta) = \min_{x} L(x,\alpha,\beta) \tag{C.10}$$

再考虑极大化 $\theta_{\mathrm{D}}(\alpha,\beta) = \min\limits_{x} L(x,\alpha,\beta)$，即

$$\max_{\alpha,\beta:\alpha_i \geqslant 0} \theta_{\mathrm{D}}(\alpha,\beta) = \max_{\alpha,\beta:\alpha_i \geqslant 0} \min_{x} L(x,\alpha,\beta) \tag{C.11}$$

问题 $\max\limits_{\alpha,\beta:\alpha_i \geqslant 0} \min\limits_{x} L(x,\alpha,\beta)$ 称为广义拉格朗日函数的极大极小问题。

可以将广义拉格朗日函数的极大极小问题表示为约束最优化问题：

$$\max_{\alpha,\beta} \theta_{\mathrm{D}}(\alpha,\beta) = \max_{\alpha,\beta} \min_{x} L(x,\alpha,\beta) \tag{C.12}$$

$$\text{s.t.} \quad \alpha_i \geqslant 0, \quad i=1,2,\cdots,k \tag{C.13}$$

称为原始问题的对偶问题。定义对偶问题的最优值：

$$d^* = \max_{\alpha,\beta:\alpha_i \geqslant 0} \theta_{\mathrm{D}}(\alpha,\beta) \tag{C.14}$$

称为对偶问题的值。

3. 原始问题和对偶问题的关系

下面讨论原始问题和对偶问题的关系。

定理 C.1 若原始问题和对偶问题都有最优值，则

$$d^* = \max_{\alpha,\beta:\alpha_i \geqslant 0} \min_{x} L(x,\alpha,\beta) \leqslant \min_{x} \max_{\alpha,\beta:\alpha_i \geqslant 0} L(x,\alpha,\beta) = p^* \tag{C.15}$$

证明 由式 (C.12) 和式 (C.5) 知，对任意的 α,β 和 x，有

$$\theta_{\mathrm{D}}(\alpha,\beta) = \min_{x} L(x,\alpha,\beta) \leqslant L(x,\alpha,\beta) \leqslant \max_{\alpha,\beta:\alpha_i \geqslant 0} L(x,\alpha,\beta) = \theta_P(x) \tag{C.16}$$

即

$$\theta_{\mathrm{D}}(\alpha,\beta) \leqslant \theta_P(x) \tag{C.17}$$

由于原始问题和对偶问题均有最优值，所以，

$$\max_{\alpha,\beta:\alpha_i\geqslant 0}\theta_{\mathrm{D}}(\alpha,\beta)\leqslant\min_{x}\theta_P(x) \tag{C.18}$$

即

$$d^*=\max_{\alpha,\beta:\alpha_i\geqslant 0}\min_{x}L(x,\alpha,\beta)\leqslant\min_{x}\max_{\alpha,\beta:\alpha_i\geqslant 0}L(x,\alpha,\beta)=p^* \tag{C.19}$$

■

推论 C.1　设 x^* 和 α^*,β^* 分别是原始问题 (C.1)~(C.3) 和对偶问题 (C.12)~(C.13) 的可行解，并且 $d^*=p^*$，则 x^* 和 α^*,β^* 分别是原始问题和对偶问题的最优解。

在某些条件下，原始问题和对偶问题的最优值相等，$d^*=p^*$。这时可以用解对偶问题替代解原始问题。下面以定理的形式叙述有关的重要结论而不予证明。

定理 C.2　考虑原始问题 (C.1)~(C.3) 和对偶问题 (C.12)~(C.13)。假设函数 $f(x)$ 和 $c_i(x)$ 是凸函数，$h_j(x)$ 是仿射函数；并且假设不等式约束 $c_i(x)$ 是严格可行的，即存在 x，对所有 i 有 $c_i(x)<0$，则存在 x^*,α^*,β^*，使 x^* 是原始问题的解，α^*,β^* 是对偶问题的解，并且

$$p^*=d^*=L(x^*,\alpha^*,\beta^*) \tag{C.20}$$

定理 C.3　对原始问题 (C.1)~(C.3) 和对偶问题 (C.12)~(C.13)，假设函数 $f(x)$ 和 $c_i(x)$ 是凸函数，$h_j(x)$ 是仿射函数，并且不等式约束 $c_i(x)$ 是严格可行的，则 x^* 和 α^*,β^* 分别是原始问题和对偶问题的解的充分必要条件是 x^*,α^*,β^* 满足下面的 Karush-Kuhn-Tucker (KKT) 条件:

$$\nabla_x L(x^*,\alpha^*,\beta^*)=0 \tag{C.21}$$

$$\alpha_i^* c_i(x^*)=0,\quad i=1,2,\cdots,k \tag{C.22}$$

$$c_i(x^*)\leqslant 0,\quad i=1,2,\cdots,k \tag{C.23}$$

$$\alpha_i^*\geqslant 0,\quad i=1,2,\cdots,k \tag{C.24}$$

$$h_j(x^*)=0,\quad j=1,2,\cdots,l \tag{C.25}$$

特别指出，式 (C.22) 称为 KKT 的对偶互补条件。由此条件可知：若 $\alpha_i^*>0$，则 $c_i(x^*)=0$。

附录 D　矩阵的基本子空间

简要介绍本书用到的矩阵的基本子空间相关的定义和定理。

1. 向量空间的子空间

若 S 是向量空间 V 的非空子集，且 S 满足以下条件：

（1）对任意实数 a，若 $x \in S$，则 $ax \in S$；

（2）若 $x \in S$ 且 $y \in S$，则 $x + y \in S$。

则 S 称为 V 的子空间。

设 $v_1, v_2, \cdots, v_n$ 为向量空间 V 中的向量，则其线性组合

$$a_1 v_1 + a_2 v_2 + \cdots + a_n v_n$$

构成 V 的子空间，称为 $v_1, v_2, \cdots, v_n$ 张成（span）的子空间，或 $v_1, v_2, \cdots, v_n$ 的张成，记作

$$\operatorname{span}(v_1, v_2, \cdots, v_n)。$$

如果 $\operatorname{span}\{v_1, v_2, \cdots, v_n\} = V$，就说 $v_1, v_2, \cdots, v_n$ 张成 V。

2. 向量空间的基和维数

向量空间 V 中的向量 $v_1, v_2, \cdots, v_n$ 称为空间 V 的基，如果满足条件

（1）$v_1, v_2, \cdots, v_n$ 线性无关；

（2）$v_1, v_2, \cdots, v_n$ 张成 V。

反之亦然，则向量空间的基的个数即向量空间的维数。

3. 矩阵的行空间和列空间

设 A 为 $m \times n$ 矩阵。A 的每一行可以看作是 $\boldsymbol{R}^n$ 中的一个向量，称为 A 的行向量。类似地，A 的每一列可以看作是 $\boldsymbol{R}^m$ 中的一个向量，称为 A 的列向量。

设 A 为 $m \times n$ 矩阵，则由 A 的行向量张成的 $\boldsymbol{R}^n$ 的子空间称为 A 的行空间；由 A 的列向量张成的 $\boldsymbol{R}^m$ 的子空间称为 A 的列空间。

矩阵 A 的行空间的维数等于列空间的维数。

一个矩阵的行空间的维数（等价地列空间的维数）称为矩阵的秩。

4. 矩阵的零空间

设 A 为 $m \times n$ 矩阵，令 $N(A)$ 为齐次方程组 $Ax = 0$ 的所有解的集合，则 $N(A)$ 为 $\boldsymbol{R}^n$

的一个子空间，称为 A 的零空间（null space），即

$$N(A)=\{x\in \boldsymbol{R}^n|Ax=0\} \tag{D.1}$$

一个矩阵的零空间的维数称为矩阵的零度。

秩-零度定理。设 A 为 $m\times n$ 矩阵，则 A 的秩与 A 的零度之和为 n。事实上，若 A 的秩为 r，则方程组 $Ax=0$ 的独立变量的个数为 r，自由变量的个数为 $(n-r)$。$N(A)$ 的维数等于自由变量的个数。所以定理成立。

5. 子空间的正交补

设 X 和 Y 为 $\boldsymbol{R}^n$ 的子空间，若对每一 $x\in X$ 和 $y\in Y$ 都满足 $x^{\mathrm{T}}y=0$，则称 X 和 Y 是正交的，记作 $X\perp Y$。

令 Y 为 $\boldsymbol{R}^n$ 的子空间，$\boldsymbol{R}^n$ 中与 Y 中的每一向量正交的向量集合记作 $Y^{\perp}$，即

$$Y^{\perp}=\{x\in \boldsymbol{R}^n|\, x^{\mathrm{T}}y=0,\forall y\in Y\} \tag{D.2}$$

集合 $Y^{\perp}$ 称为 Y 的正交补。

可以证明，若 Y 是 $\boldsymbol{R}^n$ 的子空间，则 $Y^{\perp}$ 也是 $\boldsymbol{R}^n$ 的子空间。

6. 矩阵的基本子空间

设 A 为 $m\times n$ 矩阵，可以将 A 看成是将 $\boldsymbol{R}^n$ 映射到 $\boldsymbol{R}^m$ 的线性变换。一个向量 $z\in \boldsymbol{R}^m$ 在 A 的列空间的充要条件是存在 $x\in \boldsymbol{R}^n$，使得 $z=Ax$。这样 A 的列空间和 A 的值域是相同的。记 A 的值域为 $R(A)$，则

$$\begin{aligned}R(A)&=\{z\in \boldsymbol{R}^m|\,\exists x\in \boldsymbol{R}^n, z=Ax\}\\&=A\text{ 的列空间}\end{aligned} \tag{D.3}$$

类似地，一个向量 $y\in \boldsymbol{R}^n$，y^{T} 在 A 的行空间的充要条件是存在 $x\in \boldsymbol{R}^m$，使得 $y=A^{\mathrm{T}}x$。这样 A 的行空间和 A^{T} 的值域 $R(A^{\mathrm{T}})$ 是相同的。

$$\begin{aligned}R(A^{\mathrm{T}})&=\left\{y\in \boldsymbol{R}^n|\,\exists x\in \boldsymbol{R}^m, y=A^{\mathrm{T}}x\right\}\\&=A\text{ 的行空间}\end{aligned} \tag{D.4}$$

矩阵 A 有四个基本子空间：列空间、行空间、零空间、A 的转置零空间（左零空间）。有下面的定理成立。

定理 D.1　*若 A 为 $m\times n$ 矩阵，则 $N(A)=R(A^{\mathrm{T}})^{\perp}$，且 $N(A^{\mathrm{T}})=R(A)^{\perp}$。*

证明　容易验证 $R(A^{\mathrm{T}})\perp N(A)$。由于 $R(A^{\mathrm{T}})\perp N(A)$，故得 $N(A)\subset R(A^{\mathrm{T}})^{\perp}$。另一方面，若 x 为 $R(A^{\mathrm{T}})^{\perp}$ 中的任何向量，则 x 和 A^{T} 的每一个列向量正交。因此，可得 $Ax=0$。于是 x 必为 $N(A)$ 的元素，由此得到：

$$N(A)=R(A^{\mathrm{T}})^{\perp} \tag{D.5}$$

类似可得

$$N(A^{\mathrm{T}}) = R(A)^{\perp} \tag{D.6}$$

图 D.1 示意了矩阵的基本子空间之间的关系。 ■

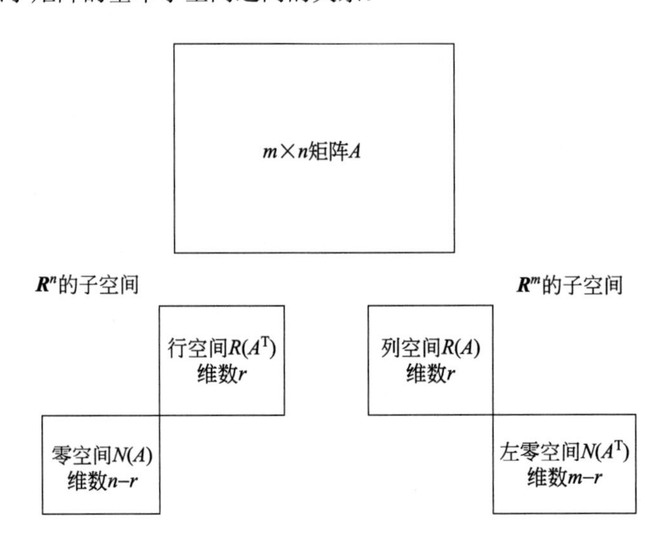

图 D.1 矩阵的基本子空间之间的关系

附录 E　KL 散度的定义和狄利克雷分布的性质

1. KL 散度的定义

首先给出 KL 散度（KL divergence，Kullback–Leibler divergence）的定义。KL 散度是描述两个概率分布 $Q(x)$ 和 $P(x)$ 相似度的一种度量，记作 $D(Q\|P)$。对离散随机变量，KL 散度定义为

$$D(Q\|P)=\sum_i Q(i)\log\frac{Q(i)}{P(i)} \tag{E.1}$$

对连续随机变量，KL 散度定义为

$$D(Q\|P)=\int Q(x)\log\frac{Q(x)}{P(x)}\mathrm{d}x \tag{E.2}$$

容易证明 KL 散度具有性质：$D(Q\|P)\geqslant 0$。当且仅当 $Q=P$ 时，$D(Q\|P)=0$。事实上，利用 Jensen 不等式即得：

$$\begin{aligned}-D(Q\|P)&=\int Q(x)\log\frac{P(x)}{Q(x)}\mathrm{d}x\\&\leqslant\log\int Q(x)\frac{P(x)}{Q(x)}\mathrm{d}x\\&=\log\int P(x)\mathrm{d}x=0\end{aligned} \tag{E.3}$$

KL 散度是非对称的，也不满足三角不等式，不是严格意义上的距离度量。

2. 狄利克雷分布的性质

设随机变量 θ 服从狄利克雷分布 $\theta\sim\mathrm{Dir}(\theta|\alpha)$，利用指数分布族性质，求函数 $\log\theta$ 的关于狄利克雷分布的数学期望 $E[\log\theta]$。

指数分布族是指概率分布密度可以写成如下形式的概率分布集合：

$$p(x|\eta)=h(x)\exp(\eta^{\mathrm{T}}T(x)-A(\eta)) \tag{E.4}$$

其中，η 是自然参数，$T(x)$ 是充分统计量，$h(x)$ 是潜在测度，$A(\eta)$ 是对数规范化因子$A(\eta)=\log\int h(x)\exp(\eta^{\mathrm{T}}T(x))\mathrm{d}x$。

指数分布族具有性质：对数规范化因子 $A(\eta)$ 对自然参数 η 的导数等于充分统计量 $T(x)$ 的数学期望。事实上，

$$\begin{aligned}
\frac{\mathrm{d}}{\mathrm{d}\eta}A(\eta) &= \frac{\mathrm{d}}{\mathrm{d}\eta}\log\int h(x)\exp(\eta^{\mathrm{T}}T(x))\mathrm{d}x \\
&= \frac{\displaystyle\int T(x)\exp(\eta^{\mathrm{T}}T(x))h(x)\mathrm{d}x}{\displaystyle\int h(x)\exp(\eta^{\mathrm{T}}T(x))\mathrm{d}x} \\
&= \int T(x)\exp(\eta^{\mathrm{T}}T(x)-A(\eta))h(x)\mathrm{d}x \\
&= \int T(x)p(x|\eta)\mathrm{d}x \\
&= E[T(X)]
\end{aligned} \tag{E.5}$$

狄利克雷分布属于指数分布族，因为其密度函数可以写成指数分布族的密度函数形式：

$$\begin{aligned}
p(\theta|\alpha) &= \frac{\Gamma\left(\displaystyle\sum_{l=1}^{K}\alpha_l\right)}{\displaystyle\prod_{k=1}^{K}\Gamma(\alpha_k)}\prod_{k=1}^{K}\theta_k^{\alpha_k-1} \\
&= \exp\left[\left(\sum_{k=1}^{K}(\alpha_k-1)\log\theta_k\right)+\log\Gamma\left(\sum_{l=1}^{K}\alpha_l\right)-\sum_{k=1}^{K}\log\Gamma(\alpha_k)\right]
\end{aligned} \tag{E.6}$$

自然参数是 $\eta_k=\alpha_k-1$，充分统计量是 $T(\theta_k)=\log\theta_k$，对数规范化因子是 $A(\alpha)=\displaystyle\sum_{k=1}^{K}\log\Gamma(\alpha_k)-\log\Gamma\left(\sum_{l=1}^{K}\alpha_l\right)$。

利用性质 (E.5)，对数规范化因子对自然参数的导数等于充分统计量的数学期望，得到狄利克雷分布的数学期望 $E_{p(\theta|\alpha)}[\log\theta]$ 的计算式：

$$\begin{aligned}
E_{p(\theta|\alpha)}[\log\theta_k] &= \frac{\mathrm{d}}{\mathrm{d}\alpha_k}A(\alpha) = \frac{\mathrm{d}}{\mathrm{d}\alpha_k}\left[\sum_{k=1}^{K}\log\Gamma(\alpha_k)-\log\Gamma\left(\sum_{l=1}^{K}\alpha_l\right)\right] \\
&= \Psi(\alpha_k)-\Psi\left(\sum_{l=1}^{K}\alpha_l\right), \quad k=1,2,\cdots,K
\end{aligned} \tag{E.7}$$

其中，Ψ 是 digamma 函数，即对数伽马函数的一阶导数。

附录 F　软最大化函数的偏导数和交叉熵损失函数的偏导数

1. 软最大化函数的偏导数

软最大化函数的定义是

$$p_k = \frac{e^{z_k}}{\sum_{i=1}^{l} e^{z_i}} \quad k = 1, 2, \cdots, l \tag{F.1}$$

其中，$z_k \in (-\infty, +\infty)$, $p_k \in (0, 1)$，满足 $\sum_{k=1}^{l} p_k = 1$。

求其偏导数

$$\frac{\partial p_k}{\partial z_j} = \frac{\partial}{\partial z_j}\left(\frac{e^{z_k}}{\sum_{i=1}^{l} e^{z_i}}\right), \quad k, j = 1, 2, \cdots, l$$

当 $j = k$ 时，

$$\begin{aligned}
\frac{\partial p_k}{\partial z_j} &= \frac{\partial}{\partial z_j}\left(\frac{e^{z_j}}{\sum_{i=1}^{l} e^{z_i}}\right) = \frac{e^{z_j}\left(\sum_{i=1}^{l} e^{z_i}\right) - e^{z_j} e^{z_j}}{\left(\sum_{i=1}^{l} e^{z_i}\right)^2} \\
&= \frac{e^{z_j}}{\sum_{i=1}^{l} e^{z_i}}\left(1 - \frac{e^{z_j}}{\sum_{i=1}^{l} e^{z_i}}\right) = p_j(1 - p_j)
\end{aligned}$$

当 $j \neq k$ 时，

$$\frac{\partial p_k}{\partial z_j} = \frac{\partial}{\partial z_j}\left(\frac{e^{z_k}}{\sum_{i=1}^{l} e^{z_i}}\right) = \frac{0 - e^{z_j} e^{z_k}}{\left(\sum_{i=1}^{l} e^{z_i}\right)^2}$$

$$= -\frac{\mathrm{e}^{z_j}}{\sum_{i=1}^{l}\mathrm{e}^{z_i}}\frac{\mathrm{e}^{z_k}}{\sum_{i=1}^{l}\mathrm{e}^{z_i}} = -p_j p_k$$

可统一表示为

$$\frac{\partial p_k}{\partial z_j} = \begin{cases} p_j(1-p_j), & j=k, \\ -p_j p_k, & j \neq k, \end{cases} \quad j,k=1,2,\cdots,l \tag{F.2}$$

2. 交叉熵损失函数的偏导数

交叉熵损失函数的定义是

$$L = -\sum_{k=1}^{l} y_k \log p_k \tag{F.3}$$

其中，$y_k \in \{0,1\}$, $k=1,2,\cdots,l$，满足 $\sum_{k=1}^{l} y_k = 1$；$p_k \in (0,1)$, $k=1,2,\cdots,l$，满足 $\sum_{k=1}^{l} p_k = 1$。这里 y_k 是常量，p_k 是变量，由式 (F.1) 定义。

求其对变量 z_j 的偏导数：

$$\begin{aligned}\frac{\partial L}{\partial z_j} &= -\sum_{k=1}^{l} y_k \frac{\partial \log p_k}{\partial z_j} \\ &= -\sum_{k=1}^{l} \frac{y_k}{p_k}\frac{\partial p_k}{\partial z_j}, \quad j=1,2,\cdots,l\end{aligned}$$

代入式 (F.2)，得到：

$$\begin{aligned}\frac{\partial L}{\partial z_j} &= -y_j(1-p_j) + \sum_{k=1,k\neq j}^{l} y_k p_j \\ &= p_j \sum_{k=1}^{l} y_k - y_j \\ &= p_j - y_j, \quad j=1,2,\cdots,l\end{aligned} \tag{F.4}$$

索　　引

数字和字母

A

B

C

D

E

F

G

H

J

W

X

Y

Z